U0161574

得利满水处理手册

苏伊士水务工程有限责任公司　编写

上册

化学工业出版社

·北京·

内容简介

本书是一部水处理技术工具书，总结了80多年来得利满（Degrémont）在水处理领域耕耘和积淀的工艺技术和工程实践经验，浓缩了得利满水处理技术的精华。

本书分为上、下册。上册共八章，主要介绍水处理基本理论和技术基础，重点介绍不同水的性质及处理要求，水的物理化学处理、生物处理原理，水质分析与可处理性测试等内容；下册共十七章，主要介绍水处理（包括臭气和污泥处理等）单体工艺、综合应用和工程实例，重点介绍常用的物理化学及生化处理等不同工艺。本书内容全面细致，数据翔实准确，图表完整清晰，技术理论与工程实践紧密结合。

本书可供从事环境工程和给水排水专业的工程设计人员、运行管理人员阅读，也可供大专院校相关专业师生参考。

图书在版编目（CIP）数据

得利满水处理手册：上下册 / 苏伊士水务工程有限责任公司编写. —北京：化学工业出版社，2020.10（2024.8重印）

ISBN 978-7-122-37436-3

Ⅰ.①得… Ⅱ.①苏… Ⅲ.①水处理-技术手册 Ⅳ.①TU991.2-62

中国版本图书馆CIP数据核字（2020）第133234号

责任编辑：左晨燕　　装帧设计：张　辉
责任校对：宋　夏

出版发行：化学工业出版社（北京市东城区青年湖南街13号　邮政编码100011）
印　　装：北京建宏印刷有限公司
787mm×1092mm　1/16　印张 $77^{3}/_{4}$　字数1834千字　2024年8月北京第1版第6次印刷

购书咨询：010-64518888　　售后服务：010-64518899
网　　址：http://www.cip.com.cn
凡购买本书，如有缺损质量问题，本社销售中心负责调换。

定　价：628.00元

《得利满水处理手册》编委会

主　编：杨燕华　刘灿生

副主编：刘　田　籍文法

主要校编人员：

杨燕华　刘灿生　刘　田　籍文法　肖兴国　桂继欢
季　华　刘　佳　张　敏　刘鹏远　疏明君　魏小明
程忠红　史　平　王晓华　刘　威　赵　禹　宋　阳
玄小立　赵　欣　吴婷婷　赵　馨　沈　琦　温艳军
宋泽亮　陈占领　李会海　陈　花　李美霞　何　怡
刘春雪　林　晗　刘　莹　李　丹　刘青巍　杨凌霄
朱先富　范学钢　李　冬　徐曼婧

Preface

The Water Treatment Handbook, through its many revised editions, has become one of the profession's essential reference works. This new edition has been published in a particularly critical background in terms of water problems: scarcity and quality degradation of water resources.

SUEZ's teams have turned to these problems as a major theme that enables them to contribute to the development of the new and innovative solutions that will be used to safeguard our future and secure the resource.

There is no doubt that much progress has been achieved in terms of international exchanges and of the publication of reference documents and this progress has laid the institutional, financial and technical foundations for resolving problems that exist throughout the world.

Since 1939, the men and women of SUEZ are specialist of the water treatment. These experts design, construct and operate drinking water production plants as well as reverse osmosis desalination units, plants used to remove pollution and reuse wastewater, and for treating sludge produced by the wastewater treatment system. This know how is key in the cycle of the water management and matches perfectly with SUEZ's strategy to bring added value services and to deliver the best circular economy solutions.

Each edition of the Water Treatment Handbook has formalized this expertise, making it state-of-the art. These editions also continue a long tradition: in effect, in 1950, Degrémont laid the cornerstone for a true water treatment science, thus taking knowledge forward in a field where excellence relies on technologies. By providing all its readers with the technical means required to identify and understand the solutions offered, this work also promoted a true spirit of partnership between SUEZ and the actors in the system.

This revised version includes now new chapters dealing with sludge treatment, which is clearly a challenge for the 21th century and an important matter for sustainability development. It deals also with the water treatment thanks to membranes; it details also all the desalination techniques, notably the reverse osmosis, which are perfectly adapted to regions where hydric stress is a permanent issue.

We hope that you will find this Handbook a valuable tool that will always be by your side. We also hope that it will help you share the passion the men and women of SUEZ feel for their discipline, and their pride in their work. Full actors in the resource revolution, they are wholeheartedly devoted to providing their clients with concrete, innovative and efficient solutions. And if we focus finally on the Chinese market, which moved so quickly and positively in the recent decades on its environmental issues and notably in water management quality, we may hope also that sharing our knowhow in that field will comfort our relations and links in this country for the sake of our generation and the next ones!

Jean-Louis Chaussade

译序

《得利满水处理手册》自 1950 年出版以来，历经数次精心修订，已成为业内最权威的参考书之一。这次新版是在当前水资源短缺和水质恶化的严峻形势背景下出版的。

苏伊士团队高度关注这样背景下的挑战，希望能通过开发出更多的创新型解决方案为保护资源、保护我们的未来做出贡献。

近年来，国际交流及专业文献的发表毋庸置疑地推动了水处理行业的巨大发展，也为解决世界范围内普遍存在的环境问题奠定了体制、财政和技术的基础。

自 1939 年成立以来，苏伊士（得利满）始终作为水处理行业的专家活跃在世界各地。我们设计、建造和运营饮用水厂、海水淡化厂、污水处理厂和污泥处理厂。我们的战略理念是提供卓越的品质服务及最佳的循环经济解决方案。

1950 年首发的《得利满水处理手册》为真正意义上的水处理科学奠定了基石，也将水处理技术向前推进了一大步。此后的每一版手册都记载和浓缩了苏伊士最前沿的专业技术，每一版手册也都延续了一个悠久的历史传统，即以前沿技术推动行业发展。通过为广大读者提供全面翔实的水处理技术及应用，帮助大家更好地理解不同的解决方案，这本手册有效促进了苏伊士与业内同仁之间的真正合作和交流。

此次的修订版本增加了污泥处理的章节，这显然是二十一世纪的挑战，也是可持续发展的重要课题。手册中还涉及了膜处理工艺；详细阐述了海水淡化技术，特别是反渗透技术，海水淡化技术能够完美地解决某些地区的水资源短缺问题。

我们希望这本手册是一本长伴您左右的有价值的工具书。我们也希望通过它向您传递苏伊士员工对专业的热情及对工作的自豪感。作为资源革命的先行者，我们致力于全心全意为客户提供具体、创新和高效的解决方案。我们十分关注中国市场，近几十年来，中国一直在非常积极迅速地解决环境问题，尤其是水环境方面的问题。我们愿意与广大中国客户分享我们的专有技术及经验，也希望我们能和广大中国客户建立更为紧密的关系，为了我们这一代，也为了我们的子孙后代！

舒赛德

序

《得利满水处理手册》中文版堪称同类手册中精品之精品。原书于 1950 年在法国首次出版，并历经数次修订，先后出版了 20 余种版本，包括法、英、西班牙、德、南斯拉夫及汉语六种文字。在中国，化学工业出版社于 1959 年根据英文版第一版出版了第一部中文译本；中国建筑工业出版社于 1983 年根据英文版第五版出版了第二部中文译本，本人作为总校参与了第二部中文译本的编译工作。本书是在英文版最新版的基础上，结合中国的实际情况重新编写而成。相较于前面的几个版本，本手册的内容更为全面翔实。全书由 25 个章节组成，不仅系统地阐述了什么是水、为什么要进行水处理、水处理中需要利用或去除哪些微生物机体，同时还介绍了各种水处理工艺及技术的基本概念、水质评估及适用技术选择所必需的水质分析方法、为避免腐蚀而选择最佳材料的方法、苏伊士专有的工艺和技术以及针对饮用水、市政污水及工业废水等适用的工艺路线等。更为重要的是手册还根据近年来市场上技术的发展和变化，就污泥的处理处置技术、膜处理工艺、超纯水的处理等热点进行了内容的补充，并新增了很多工业及市政领域污水回用的案例，让读者既可以查阅到各种经典的水处理技术理论知识，又可以便捷地获取各类前沿水处理技术及其应用情况的信息。

溯往追今，我们既要看到我国水环境治理已经取得的巨大成就以及水环境质量的显著改善，也要看到生态文明建设依然面临着水资源短缺，水污染严重等水环境问题。积极创新是中国水处理行业的时代任务、迎接新时代挑战的必然出路。我相信这本有着 80 多年经验积累的手册会成为广大业内同仁的一本很好的参考书，会帮助大家更好地去理解、甄别和选择合适的水处理技术，更全面地了解前沿的技术及应用，从而实现更有效地解决水环境问题，走上绿色发展之路！

百岁叟许保玖

2018, 12, 18

前 言

得利满（Degrémont），曾译为德格雷蒙、德克雷蒙，是法国苏伊士集团（SUEZ）旗下的全资子公司，于 1939 年在法国成立，业务已遍布全球 70 多个国家。2015 年，苏伊士集团开始实施全球单一品牌战略，得利满正式使用苏伊士品牌在全球开展业务，其在中国的业务实体更名为苏伊士水务工程有限责任公司。

《得利满水处理手册》（Memento Technique de l'eau）原是公司内部工具书，最早公开发行的版本于 1950 年出版，引起业内的广泛关注，后被译成英文（已出版七版）、西班牙文（已出版五版）、葡萄牙文、德文、中文、南斯拉夫文等多种文字，是世界上出版次数最多的水处理专业书籍。

本手册是得利满基于其 80 余年的水处理应用研究和工程实践并结合全球数以万计的给水和污水处理厂站的经验反馈进行的系统性总结，被誉为浓缩了得利满水处理技术精华的经典之作。理论与工程实践的紧密结合是本书最大的特色。

本手册分上下两册。上册侧重介绍水处理基本理论和技术基础；下册主要介绍水处理单体工艺、综合应用和实例。

上册包括：第 1 章 - 水和水的性质，第 2 章 - 不同水的性质及处理要求，第 3 章 - 水的物理化学处理原理，第 4 章 - 水的生物处理原理，第 5 章 - 水质分析与可处理性测试，第 6 章 - 水生生物学，第 7 章 - 金属和混凝土的腐蚀，第 8 章 - 基本数据和公式。

下册包括：第 9 章 - 预处理，第 10 章 - 絮凝—沉淀—浮选单元，第 11 章 - 生物处理，第 12 章 - 厌氧消化，第 13 章 - 滤池，第 14 章 - 离子交换的应用，第 15 章 - 膜分离，第 16 章 - 脱气、除臭和蒸发，第 17 章 - 氧化—消毒，第 18 章 - 液态污泥的处理，第 19 章 - 脱水污泥的处理，第 20 章 - 药剂的储存与投加，第 21 章 - 仪表及控制系统，第 22 章 - 饮用水处理，第 23 章 - 城市污水处理，第 24 章 - 工业用水处理，第 25 章 - 工业废水处理。

得利满的大多数专利工艺和注册技术没有中文译名。为了便于读者理解和查询，本书中出现的有关设备、设施和构筑物的专有名词仍采用原文的原始名称。此外，编写过程中还加入了中国现行的一些法律法规及标准规范等，以方便广大中国读者查阅。

哈尔滨工业大学刘灿生教授和苏伊士水务工程有限责任公司技术总监杨燕华先生对全书进行了统编和审定。张敏博士参与了本手册第 1、2、4 章的审稿工作。编委会所有成员也为本书的编写付出了巨大的努力。此外，本书编写过程中还得到了刘骥远、宋双杰、李铭瑞、邓鑫、单琨及戴珊珊等人的大力协助。

苏伊士水务工程有限责任公司总裁张军先生为编写本手册的倡议人和牵头人，邓晓玲女士为本手册的编写、审阅及出版的总协调人。

本书也有幸邀请到苏伊士集团前总裁舒赛德先生（Mr. Jean-Louis Chaussade）和清华大学许保玖教授作序，在此一并深表谢意。

最后，编者衷心希望这本手册能够为国内同仁所借鉴，以期对技术方案和工程设计的优化提供有益参考。限于水平，书中难免会出现遗漏和不确切之处，同时个别用语、描述和表达方式可能还有待商榷，望读者不吝赐教。

刘灿生、杨燕华

2020 年 6 月　于北京

目 录

第7章 金属和混凝土的腐蚀 437

第12章 厌氧消化 690

第13章 滤池 699

第22章 饮用水处理 —— 1014

第25章 工业废水处理 —— 1153

第1章 水和水的性质

引言

人类在对浩瀚宇宙的探索过程中，渴求通过寻找一种物质来寻找其他生命。找到它就很可能会发现地外生命，这种物质就是水。

水分子由一个氧原子和两个氢原子构成，可用简单的三角形表示水分子模型。水分子的两极都带负电荷，由于电矩作用其键角为105°（图1-1），而不是键角为90°的严格意义上的共价键。这种特性也使水分子呈四面体结构（图1-2），因此水具有独特的物理化学性质。水的化学分子式可以简写为H_2O。

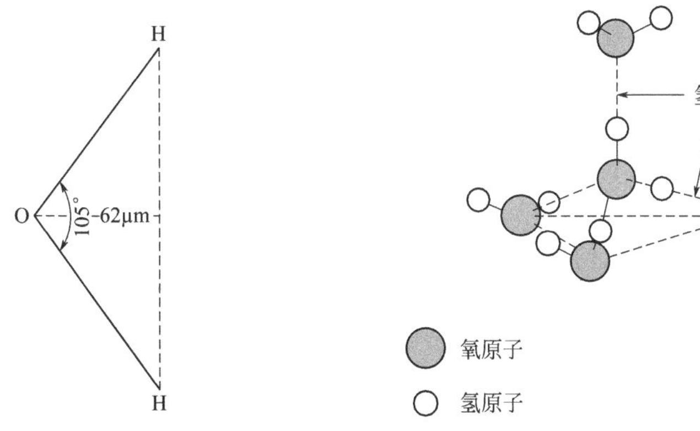

图1-1　气态水的结构　　图1-2　固态或液态水的四面体结构

提及水，人们脑海中就会浮现出人类第一次进入太空时所看到的表面覆盖着水的蓝色星球——地球。

水是地球上分布最广的物质。据估计，地球上的水资源约为$1.385\times10^9km^3$，其中海水占97.4%（覆盖了地球表面的71%）；冰川水占2%；仅有0.6%（约为$8\times10^6km^3$）的水是陆地上的淡水（包括地下水和土壤中的水分）。地球上可利用的地表淡水资源（河流、湖泊等）仅有约 $3.5\times10^5km^3$，而极地冰盖却有 $2.5\times10^7km^3$ 的淡水。此外，还有 $1.3\times10^4km^3$ 的水以云中水汽的形式存在于大气层中。全球每年的总蒸发量约为 $5.0\times10^5km^3$，而陆地的总降水量约为 $1.1\times10^5km^3$。

最为重要的是，水，意味着生命！

水是生命体的主要组成成分，其在生命体内的平均比重为 80%。高等生物体的含水量约为 60%～70%；而在某些海洋生物体中，比如水母和一些藻类，水的比重高达 98%；相反，处于休眠状态的孢子菌，其含水量可低至 50%。

作为自然界中的主要成分，水是人类生活和社会发展的基本要素。目前，全球综合单位用水量，包括生活用水、工业和农业用水量，人均达到 $250m^3/a$。各个国家的用水量差距也很大，发展中国家的年人均用水量还不足 $100m^3$，而美国已超过了 $2000m^3$。可以确信，随着社会发展，人们对水的需求将不断增长。

因此，无论是为了满足人们对日常生活用水及工业用水的需求，还是为了消减排入环境的污染物，都迫切需要保护水资源以及加强对水的净化和处理。

1.1 水物理学

1.1.1 水的三种状态

水的分子结构取决于其物理状态。

气态水（水蒸气）的元素构成与化学分子式 H_2O 完全相符，特别是其分子结构与三角形结构模型（图 1-1）完全一致。

但是，凝聚态水（水或冰）的结构更复杂，使得水具有一些独特的性质（见本章 1.1.2 节）。

固态水（冰）是由水分子有序排列形成的结晶，即一个中心水分子与 4 个周边水分子形成了一个四面体，组成水的基本结构（图 1-2）。这种结构的形成是由于受到分子间键能，即氢键的影响：水分子中的每个氢原子都会受到邻近的氧原子的吸引（氧原子与氢原子的极性相反）。基于冰的种类不同，其基本的四面体单元能组成不同的晶体结构，其中最常见的是六角形（普通的冰）。冰晶由大量的六角星形结构构成，并且具有对称性（图 1-3）。

图 1-3 冰

对冰结晶变化的研究，特别是得助于拉曼（Raman）光谱，可以了解冰的中空结构是如何转化为液体状态的：当温度升高时，游离的水分子逐渐进入空隙中，使晶体结构破坏，从而形成液态的水；对于液态水，其四面体结构与冰相似，只是键合分子聚集体和自由分子混合在一起；随着温度的继续升高，破裂后分子向自由分子转化，达到沸点时，所有的水分子在蒸汽相中全部变成了自由分子。

1.1.2　水的物理性质

与水处理相关的最重要的物理性质包括以下几种。

1.1.2.1　密度

由于分子结构的紧实程度不同，水的密度随温度和压力的改变而变化。

在常压下，温度约 4℃（精确温度 3.982℃）时，纯水的密度最大，其密度随温度变化情况见表 1-1。

表1-1　不同温度下水的密度

温度 /℃	密度 /(kg/L)	温度 /℃	密度 /(kg/L)
0	0.999839	20	0.998204
4	0.999972	25	0.997045
10	0.999699	30	0.995647
15	0.999099	100	0.958365

水的这种性质对自然界（例如湖泊分层现象）和水处理厂（例如澄清池的污泥上浮）都会产生影响。

液态的水，通常可以认为是一种不可压缩流体。但严格来讲，它是略有弹性的：当压力每增加一个大气压时，水的体积将减少约 0.048%。

含盐量为 35g/L 的海水在 0℃时的平均密度为 1.0281kg/L；含盐量每变化 1g/L，密度变化 0.0008kg/L。

注意：在测量液体和固体的密度时，以纯水作为参照物，纯水在常温常压下的密度定义为 1.000kg/L。

1.1.2.2　水的热学性质

（1）比热容

水是具有高比热容的液体，在 20℃时其比热容为 4.18kJ/（kg • ℃）或 4.18kJ/（kg • K）。比热容随温度而变化，在 30℃时达到最小值 4.1784kJ/（kg • K），在 100℃时上升至 4.2159kJ/（kg • K）。

（2）相变焓（或潜热）

冰的熔化潜热为 334kJ/kg（或 6.01kJ/mol）；水的汽化潜热为 2259kJ/kg（或 40.657kJ/mol）。

由于水的比热容和汽化潜热相当大，使得地球表面上浩瀚的水体构成了真正的热库。这也是工业上把水作为传热载体的原因。

1.1.2.3　水的黏滞性

黏滞性是流体（液体或气体）抵抗各种运动的能力，包括内部运动（例如紊流）和总体运动（例如流动）。黏滞性是由于运动分子间的相互摩擦力引起的。它是导致水头损失的基本原因，所以在水处理中起着重要作用。

黏滞度有两种类型：

① 动力（或绝对）黏度 μ，一般简称为黏度。以与滑动面垂直的 y 方向上的剪切应力 T(Pa) 与速度梯度 dV/dy 的比值表示：

$$\mu(\mathrm{Pa\cdot s})=T/(\mathrm{d}V/\mathrm{d}y)$$

常用标准单位：mPa • s。

② 运动黏度 v，是以流体的动力黏度 μ(Pa • s) 和密度 ρ(kg/m^3) 之间的比值表示：

$$v(\mathrm{m^2/s})=\mu/\rho$$

当水温升高时，黏度减小（表 1-2）。

表1-2　不同温度下的水的动力黏度

温度 /℃	动力黏度 μ/(mPa • s)	温度 /℃	动力黏度 μ/(mPa • s)
0	1.797	20	1.007
5	1.523	25	0.895
10	1.301	30	0.800
15	1.138	35	0.723

另一方面，水中的溶解盐含量高时，黏度增大，所以海水比河水更黏些（表 1-3）。

表1-3　不同盐度下的水的动力黏度

盐度（Cl^- 含量）/（g/L）	20℃时的动力黏度 /（mPa • s）	盐度（Cl^- 含量）/（g/L）	20℃时的动力黏度 /（mPa • s）
0	1.007	12	1.052
4	1.021	16	1.068
8	1.035	20	1.085

压力对水的黏度有特殊的影响。与其他液体不同，低温时适度地增大压力会使水的黏度降低：因为它在一定程度上能破坏水分子的组织结构。当压力继续增大时，液态水分子的结构不再受内应力影响，此时遵循常规定律，即水的黏度随压力的升高而增大。

1.1.2.4　水的表面张力

这是一个描述界面（两相交界面）性质的量。作用于液体表面使液体表面积尽可能缩小的力称为表面张力（图 1-4）。

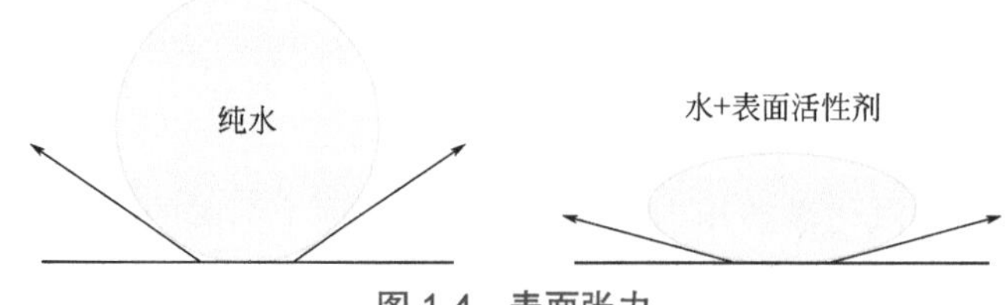

图 1-4　表面张力

在 18℃时它可使直径为 0.1mm 的毛细管内的水上升 15cm。

表面张力随温度的升高而下降（表 1-4）。

向水中加入溶解盐，可增大其表面张力（18℃时 1mol/L 的 NaCl 水溶液的表面张力为 74.6mN/m）。

能降低表面张力的物质称为表面活性剂（例如洗涤剂）。

表1-4　不同温度下水的表面张力

温度 /℃	表面张力 /（mN/m）	温度 /℃	表面张力 /（mN/m）
0	75.60	50	67.91
10	74.22	60	66.18
20	72.75	70	64.40
30	71.18	80	62.60
40	69.56	100	58.90

1.1.2.5　水的电学性质

（1）介电常数

水的介电常数约为 80F/m，是已知的最高介电常数之一。这也是水的电离能力很强的原因。

（2）水的电导率

水的电导率很低。20℃时纯水的电导率为 4.2μS/m（相当于电阻率 23.8MΩ • cm）。电导率随水中溶解盐含量的增加而提高（见第 8 章 8.3.2 节），且随温度变化而相应变化。

1.1.2.6　水的光学性质

水的透明度与通过它的光线波长有关。紫外线穿透水的能力很强，而从物理学和生物学观点认为很有用的红外线则很难穿透它。水对可见光中的橙色和红色部分吸收能力很强，而蓝色光则能通过较厚的水层。

透明度常用来测定某些形式的污染以及相应的净化处理的效果。紫外线用于水的消毒同样也是利用了水的光学性质。

1.1.3　水中杂质的物理状态

自然界中的水都含有杂质，而处理过的水也是如此。

水主要含两种不同状态的杂质：

（1）悬浮固体（图 1-5）

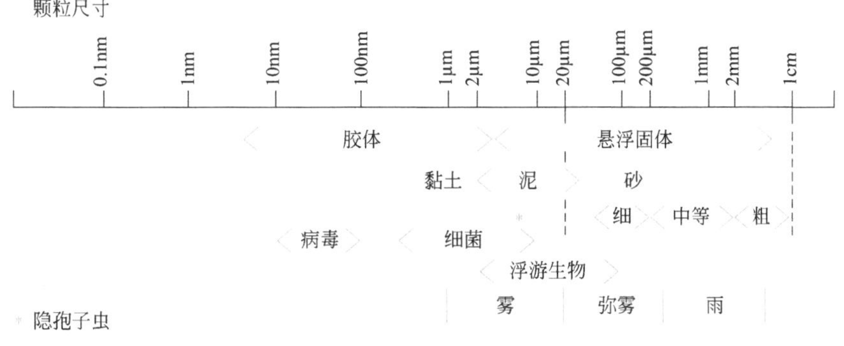

图 1-5　各种颗粒尺寸

由于水的紊动或者悬浮固体物质的密度与水过于接近，矿物质或是细小有机物颗粒往往悬浮在水中，和周围的水几乎互不干扰（除了对澄清和浮选有重要影响的浮力，见第 3 章）。

胶态悬浮物是很细小的固体（0.01～5μm），具有非常大的比表面积（cm^2/g），通常带负静电荷并在固/液分界面聚集（见第3章3.1.1.2节的Zeta电位）。这些悬浮物一般为固体，也可以是不溶于水的液体，例如悬浮在水中的油珠等。在此情况下，未经化学稳定的被称为自然乳浊液；而经乳化剂处理、在水与不溶于水的液体的分界面阻止液滴凝聚，从而形成的超级稳定的乳浊液（例如“溶解性油”）则被称为化学乳浊液。

（2）溶解性物质或真溶液

溶解质包括矿物质、有机化合物以及具有高水溶性的气体，例如 CO_2、SO_2、NH_3 等。图 1-6 给出了天然水体或污水中溶解性和悬浮态化合物颗粒的尺寸和分子量。

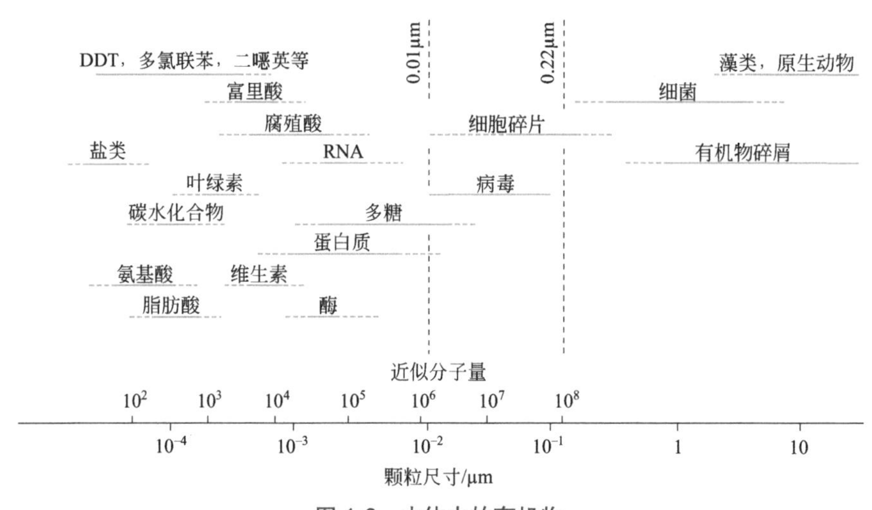

图 1-6　水体中的有机物

1.2　水化学

水分子的生成焓较高，为 242kJ/mol（在 0.1MPa，298.15K 的条件下）。因此，水极其稳定。这种稳定性和其特有的电特性、高极性（μ=1.84D）及高介电常数（ε=78.5F/m）使其特别适合溶解多种物质。大多数矿物质溶解于水，多种气体和有机物质也溶解于水。

1.2.1　水的溶剂作用

溶解一种物质就是破坏其内聚力，内聚力是由静电力（库仑力）所形成的，它们可能是：

① 原子间的（强化学键）：原子间的共价键，或离子间的离子键；

② 分子间的：分子间的结合键（范德华键、氢键）。

水（双极性分子）的溶剂特性对溶解物质的分子（电离）或原子（解离）之间的各种静电键起着完全或部分的破坏作用，代之以与水分子形成一些新的化学键（水合作用），并形成新的扩散结构，完全溶剂化就形成溶解。

1.2.1.1　化学物质在水中的溶解度

（1）气体

气体的溶解遵循亨利定律（见第 3 章 3.14.1 节和第 8 章 8.3.3 节）。

在温度为10℃时，一个标准大气压（101.325kPa）下，常见气体的溶解度见表1-5。

表1-5 一个标准大气压（101.325kPa）下气体的溶解度

气体	10℃时的溶解度/(mg/L)	气体	10℃时的溶解度/(mg/L)
N_2	23.2	H_2S	5112
O_2	54.3	CH_4	32.5
CO_2	2318	H_2	1.6

高极性气体（如CO_2、H_2S）在水中的溶解度远高于其他气体。

氧气比氮气易溶于水，在平衡状态下从水中提取的溶解气体中，氧的含量高于其在大气中的含量。

（2）液体

由于水分子是极性分子，因而某种液体在水中的溶解度与液体分子的极性有关。例如：含OH基（如乙醇、糖类）、SH基或NH_2基的分子极性很强，很容易溶于水；而另一些非极性液体（如烃类化合物、四氯化碳、油脂等）则很难溶解。

有时可能发生部分混溶：例如一种物质只能高于临界温度（水-苯酚混溶的温度高于63.5℃），或是低于某一最低的温度（三甲胺仅在温度低于18.5℃时，才能以任意比例溶于水），或在两个临界温度之间时（例如水-尼古丁系统），才是可混溶的。

（3）固体

矿物盐易溶于水，其溶解度取决于温度。几种物质在10℃时的溶解度见表1-6。

表1-6 无机盐的溶解度

化合物	溶液溶解度/(g/100g)	化合物	溶液溶解度/(g/100g)
$CaCl_2$	39.19	$KMnO_4$	4.12
$CaSO_4$	0.191	$K_2Cr_2O_7$	7.12
$CuSO_4$	14.4	$MgSO_4$	21.7
$FeCl_3$	44.9	NaCl	26.32
$FeSO_4$	17	NaOH	39
KI	57.6	Na_2CO_3	10.8

离子或极性化合物的溶解是阳离子与水分子中的氧原子相结合以及阴离子与氢原子相结合的过程。物质的溶解度随离子极性的增强而增大，离子的极性是其电荷数与离子半径的平方之比（例如钙、镁硫酸盐、烧碱和氯化钠）。离子的溶解作用使水分子形成了多分子层。那些很小、具有较高的电荷密度的离子（例如Li^+、Na^+、Mg^{2+}、Ca^{2+}、F^-和OH^-），其溶液的结构与纯水结构大为不同，这些离子称为第Ⅰ型结构离子，在相同温度下，其溶液比水的黏度大；在中型的带电离子（K^+、Cs^+、NH_4^+、NO_3^-、ClO_4^-等）的溶解过程中，其结构由于重组发生不可逆转的改变，这些结构变化后的离子导致黏度下降。而那些只有轻微极性的离子，例如季铵离子（NR_4^+，R为烷基基团）会与水产生微弱的作用：它们溶于液体，但基本没有改变水的氢键结构。此为第Ⅱ型结构离子。

具有极性的或易电离的固体有机化合物（如柠檬酸）可溶于水。相反，标准的长链聚合物（聚乙烯、聚氯乙烯、纤维素、聚脲等）不溶于水。引入极性官能团能在一定程度上提高其溶解性（例如洗涤剂以及聚丙烯酰胺等聚合电解质）。

1.2.1.2 亲水性的改变

物质在水中的溶解度与物质的性质或是某些官能团有关。因此，特征官能团分为亲水性和疏水性两种。亲水性的官能团能与水有相互作用的吸引力（—OH、—CO—、—NH_2 等），而疏水性的则受到水分子的排斥力（—CH_2—CH_3、—C_6H_5 等）。这样，可用亲水性描述化合物与水的亲和力。

（1）亲水性

在某些情况下，需要第三种组分作为中间剂来帮助物质溶解。对于真溶液这种组分称为增溶剂，对于胶体溶液称为胶溶剂，对于乳浊液称为稳定剂，对于悬浊液称为乳化剂。

这些中间剂使得溶剂与被溶解或被分散的物质之间形成了真正的化学键。

表面活性剂的分子由含烷基碳的疏水结构和磺酸盐、乙醇或季铵盐等亲水官能团构成，故其同时具有两亲性，即极性的亲水端与水相连，非极性的疏水端与难溶性化合物相连，其作用为：

① 后者通过相转移达到增溶作用；

② 通过破坏分子间的疏水作用达到分散效果（如洗涤剂中的烷基苯磺酸盐、磷酸三钠、膜脂和“可溶性油”中起稳定作用的乳化剂）。

（2）亲水性的丧失

某些中间剂的化合物能破坏溶剂和所溶解的、分散的物质之间的连接键。根据具体情况，这种中间剂称为沉淀剂、混凝剂、絮凝剂或增稠剂。这种破坏作用的产生是化学反应的结果，例如丧失了 OH^- 离子或离子化官能团被中和。中间剂可以破坏亲水性内聚力键，这是通过捕获亲水部分，或把疏水部分吸附在空气泡表面（浮选）或者吸附到一种大致是亲水的不溶性的吸附剂表面上而实现的。

这种破坏作用可能是静电力中和的结果（通过多价阳离子和聚合电解质的作用）。

1.2.1.3 浓度和活性

溶质（B）在溶剂（A）中的浓度可用以下几种方法表示：

① 摩尔分数 x_B：溶质 B 的摩尔数与总摩尔数（A+B）的比值。

② 摩尔浓度 [B]：1L 溶液中所含溶质 B 的摩尔数。

③ 质量摩尔浓度 [B]：1kg 溶剂 A 中所含溶质 B 的摩尔数。

溶质分子在溶剂中的作用与一种气体在另一种气体中的作用方式相同。当溶质被大量地稀释时，可以将溶液视作理想溶液。这种理想溶液的溶剂的浓度遵循拉乌尔定律，其溶质的溶解度符合亨利定律。

拉乌尔定律：　　$p_A=x_A p_A^*$

亨利定律：　　$p_B=x_B H_B$

式中 p_A、p_B——溶剂和溶质的分压；

x_A、x_B——溶剂和溶质的摩尔分数；

p_A^*——溶剂的蒸气压；

H_B——溶质相对于溶剂 A 的亨利常数。

当溶液浓度相当大时，溶质分子间发生的相互作用使实际溶液与理想溶液产生偏差。

为此，用相对活度 a_B 代替溶质的浓度。相对活度是一个热力学量，它通过活度系数与浓度建立关系式。根据浓度单位的不同，活度系数可表示为 γ 或 f。

$$a_B=f_B x_B \text{ 或 } a_B=\gamma_B[B]$$

当溶液很稀时，该系数趋近于1。

1.2.2　电离作用

溶解的无机化合物会在水中进行不同程度的电离，形成阴离子和阳离子。这种溶解物质称为电解质，在电解质溶液中能进行电流的传输。

$$AB \rightleftharpoons A^+ + B^-$$

当一种溶液中有几种电解质时，每种都会电离，电离后的离子间又能相互结合形成新的化合物。例如，同时溶解两种化合物AB和CD，则能发现在溶液中存在AB、CD、AD和CB分子以及 A^+、B^-、C^+ 和 D^- 离子，它们都处于平衡状态。若能生成不溶性化合物、络合物或气体，这种平衡就会发生变化（勒夏特列定律）。例如在下式的反应中，若AD是不溶性化合物，平衡会向正反应方向发生移动：

$$AB + CD \rightleftharpoons AD\downarrow + CB$$

即使在浓度较高的溶液中，强酸、强碱及其盐类都能完全解离。它们统称为强电解质（例如硝酸、硫酸、盐酸、烧碱、钾碱和氯化钠）。

另外一些物质，如乙酸、硫化氢和磷酸，在水中只能部分电离。它们被称为弱电解质。用于混凝的聚合电解质，也属于这一类。根据其总酸度（包含所有可能的 H^+）和游离酸度（只包括游离 H^+）区分弱电解质的电离能力。

水本身将按下列可逆反应部分电离成为离子：

$$H_2O \rightleftharpoons H^+ + OH^-$$

水溶液中不存在自由态的质子 H^+。H^+ 会与水分子结合形成水合质子，即水合氢离子。

$$H^+ + H_2O \rightleftharpoons H_3O^+$$

因此，在水中既有水分子 H_2O，也有氢氧根离子 OH^- 和水合氢离子 H_3O^+。

（1）质量作用定律

假设化学平衡反应：

$$mA + nB \underset{2}{\overset{1}{\rightleftharpoons}} m'C + n'D$$

方向1和2的反应速率由如下关系决定：

$$v_1=k_1\, a_A^m\, a_B^n$$
$$v_2=k_2\, a_C^{m'}\, a_D^{n'}$$

式中　a_A、a_B、a_C、a_D——溶液中 A^+、B^-、C^+、D^- 离子的活度；

k_1、k_2——反应速率常数。

平衡状态时 $v_1=v_2$，因此：

$$k_1\, a_A^m\, a_B^n = k_2\, a_C^{m'}\, a_D^{n'}$$

$$\frac{a_A^m a_B^n}{a_C^{m'} a_D^{n'}}=\frac{k_2}{k_1}=K$$

式中　K——热力学解离常数。为方便起见，可用下式表示：

$$pK = -\lg K$$

25℃时标准酸和标准碱的 pK 值详见第 8 章 8.3.2.5 节的相关表格。

（2）质量作用定律在水中的应用：pH 的概念

假设活度系数为 1（极稀的溶液），有如下公式：

$$\frac{[H^+][OH^-]}{[H_2O]} = K$$

由于水分子只能微弱解离，其浓度近似不变，上式可写成如下形式：

$$[H^+][OH^-] = K_e$$

25℃时水的解离常数（或离子积）约为 $10^{-14}(mol/L)^2$，其随温度变化而变化（见表 1-7）。

表1-7　不同温度下水的解离常数

温度	解离常数 $10^{14}K_e$	pK_e	温度	解离常数 $10^{14}K_e$	pK_e
0	0.12	14.938	25	1.01	13.995
15	0.46	14.340	50	5.31	13.275
20	0.69	14.163	100	54.30	12.265

在纯水中，

$$[H^+]=[OH^-]=10^{-7}mol/L$$

水溶液的 pH 取决于水中 H^+ 的浓度：

$$pH = -\lg[H^+]$$

pH 是用电量法测定的（玻璃电极 pH 计）。

pH<7 的溶液称为酸性介质，而 pH>7 的溶液称为碱性介质。

（3）水溶液中酸和碱的强度

酸是一种能给出质子或是 H^+ 的物质；碱是一种能接受质子的物质。在水溶液中，通过下列平衡关系定义一个共轭酸碱对：

$$酸 + H_2O \rightleftharpoons 碱 + H_3O^+$$

在极稀的溶液中（$[H^+]=[H_3O^+]$），由质量作用定律可以得到：

$$\frac{[碱][H^+]}{[酸]} = K_a \qquad pK_a = -\lg K_a$$

因此，将 K_a 定义为共轭酸碱对的电离常数。

例如，乙酸水溶液平衡时的 pK_a 为 4.8：

$$CH_3COOH + H_2O \rightleftharpoons CH_3COO^- + H_3O^+$$

水中的 H^+ 越多，其酸性越强，即 K_a 越大则 pK_a 越小。反之，pK_a 越大则碱性越强。

因此，含铵溶液呈弱酸性，在 25℃时，其 pK_a=9.2。相应地，氨水（水介质中为 NH_4OH）是一种弱碱。

（4）盐类水解

根据酸碱的相对强度，盐可以分为四种类型：a. 强酸强碱盐（例如：氯化钠）；b. 强碱弱酸盐（例如：乙酸钠）；c. 强酸弱碱盐（例如：氯化铵）；d. 弱酸弱碱盐（例如：甲酸铵）。

以上四种盐中后三种盐的水溶液可能呈中性、酸性或碱性，这取决于水中离子间的相互作用。例如，由弱酸 AH 和强碱 BOH 形成的 AB 盐溶液中，解离的阴离子 A^- 与水中电离的质子结合形成非解离的酸 AH。因此，溶液中氢氧根离子浓度会增大，使溶液呈碱性。总的反应式如下：

$$A^- + H_2O \rightleftharpoons OH^- + AH$$

例如，浓度为 0.01mol/L 的乙酸钠水解使溶液 pH 值为 8.4：

$$CH_3COO^- + H_2O \rightleftharpoons OH^- + CH_3COOH$$

由于相应的酸和碱都是强电解质，第一种盐的水溶液呈中性。

（5）**水溶液的 pH 值**

由 pK_a 的概念可以计算摩尔浓度 C 的酸溶液、碱溶液或是盐溶液的 pH 值。

在 25℃时，各类溶液的 pH 为：

① 酸溶液的 pH 为：

$$pH = \frac{1}{2}pK_a - \frac{1}{2}\lg C$$

② 碱溶液的 pH 为：

$$pH = 7 + \frac{1}{2}pK_a + \frac{1}{2}\lg C$$

③ 盐溶液的 pH 为：

对于强碱弱酸盐：

$$pH = 7 + \frac{1}{2}pK_a + \frac{1}{2}\lg C$$

对于强酸弱碱盐：

$$pH = 7 - \frac{1}{2}pK_b - \frac{1}{2}\lg C$$

对于弱酸弱碱盐：

$$pH = 7 + \frac{1}{2}pK_a - \frac{1}{2}pK_b$$

式中　K_a、K_b——相应的酸和碱的电离常数。

（6）**微溶盐的溶解度、溶度积**

经验表明，在一定温度下，溶液的离子强度一定时，微溶盐 AB（溶解度低于 0.01mol/L）的饱和溶液中，其离子浓度积 $[A^+][B^-]$ 是一个常数。这个乘积记为 K_S，称为溶度积。

物质的溶解度越小，其 K_S 值也就越小。例如碳酸钙在水中的溶解度是 12mg/L，其溶度积 K_S 为 $10^{-8.32}(mol/L)^2$。与 pH 类似，可以写作 $pK_S=-\lg K_S$。

当溶液中存在其他盐类时能增强离子强度，由此导致物质的溶解度发生变化。这种溶解度发生变化的现象称为盐效应。值得注意的是，当电解质与盐不含有相同离子时，其溶解度增大；反之，其溶解度会降低。例如，在 0.01mol/L 的氯化钠溶液中，氯化银的溶解度会降低至原来的 1/1000。

（7）**缓冲溶液和缓冲能力**

当加入少量的酸或碱时不会引起 pH 值明显变化的溶液称为缓冲溶液。在实际中，如果需要控制溶液的 pH 保持不变时可以用这种缓冲溶液。可用弱酸及其钠或钾盐混合，或是用弱碱及其强酸盐混合配制成缓冲溶液。例如：乙酸-乙酸钠（pH=3.7～5.6），磷酸氢二钠-磷酸二氢钠（pH=6.0～9.0）等。

1.2.3 氧化还原

在水处理的所有领域中（无论是要除去的杂质还是水处理使用的药剂），氧化还原反应都起到重要作用。能够改变氧化数（或化合价）的元素具有氧化还原性质，例如：碳、氮、硫、铁、锰、铬、砷、氯、臭氧等。

根据不同的试验条件，水可按照下述可能的反应式参与氧化还原反应：

$$4H^+ + O_2 + 4e^- \rightleftharpoons 2H_2O$$

$$2H_2O + 2e^- \rightleftharpoons 2OH^- + H_2$$

在第一种情况下，水作为电子供体，是还原剂；而电子受体为氧化剂并生成了氧。在第二种情况下，水作为电子受体，是氧化剂；电子供体是还原剂并释放出氢。

如果反应中没有催化剂，上述反应速率会很慢，因此水的氧化还原反应作用一般可忽略不计。

氧化 / 还原电对的强度通常称为“氧化还原电对”，它是参照相关的 H_3O^+/H_2 系统确定的（标准氢电极，SHE）：

$$H_3O^+ + e^- \rightleftharpoons \frac{1}{2} H_2 + H_2O$$

通常来说，当氢气在 1 个大气压下，且 H_3O^+ 浓度为 1mol / L 时，上式反应的标准自由焓变为零。

对于 Ox/Red 氧化还原电对：

$$Ox + ne^- \rightleftharpoons Red$$

在温度为 T（K）的溶液中插入抗腐蚀的铂电极，其氧化还原电对的电位符合能斯特方程：

$$E = E^\ominus + \frac{RT}{nF}\ln\frac{[Ox]}{[Red]}$$

式中 F——法拉第常数；

R——理想气体常数；

$E^\ominus$——[Ox]=[Red] 时氧化还原电对的标准电极电位。

标准电极电位可以用来预测相应的氧化还原反应。对于反应

$$n_2\,Ox_1 + n_1\,Red_2 \rightleftharpoons n_1\,Ox_2 + n_2\,Red_1$$

由于两个电对的相互作用，

$$Ox_1 + n_1e^- \rightleftharpoons Red_1 \quad (E_1^\ominus)$$

$$Ox_2 + n_2e^- \rightleftharpoons Red_2 \quad (E_2^\ominus)$$

要使反应向右进行，$E_1^\ominus$必须大于 $E_2^\ominus$。

有些氧化还原反应会涉及质子或是氢氧根离子的反应（例如，Fe^{2+} 被 MnO_4^- 氧化）。为了说明各种不同反应的情况，可以用电位 -pH 图（或普尔贝图），也称为稳定图来说明。这是因为它能确定各种化学热力学稳定的区域。

对于大多数反应：

$$a\,\mathrm{Ox} + b\,\mathrm{H}^+ + ne^- \rightleftharpoons c\,\mathrm{Red} + d\,\mathrm{H_2O}$$

在 25℃时，能斯特方程表示为：

$$E = E^{\ominus} + \frac{0.06}{n}(a\lg[\mathrm{Ox}] - c\lg[\mathrm{Red}]) - \frac{0.06b}{n}\mathrm{pH}$$

电位 E 与 pH 值、氧化剂和还原剂的浓度呈线性关系。各个不同的浓度决定了发生各种不同化学反应（可以在固态、气态或液体中）的热力学区域。图中包含了电化学和酸碱平衡点。

可从下面的分解和电离反应中绘制水相的图：

$$2\mathrm{H_2O} \rightleftharpoons 2\mathrm{H_2} + \mathrm{O_2}$$

$$\mathrm{H_2O} \rightleftharpoons \mathrm{H^+} + \mathrm{OH^-}$$

图 1-7 显示：

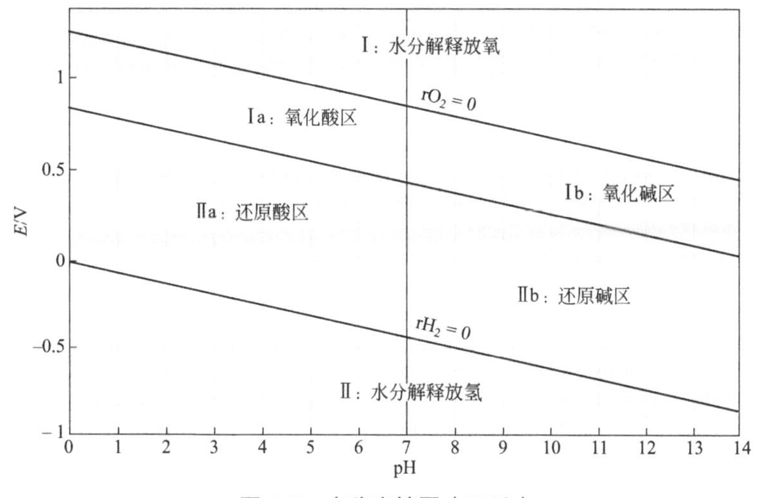

图 1-7　水稳定性图（25℃）

① 氧化区Ⅰ在直线 $E = 1.23 - 0.06\mathrm{pH}$ 上方，处于此区域的水分解并释放氧；

② 还原区Ⅱ在直线 $E = -0.06\mathrm{pH}$ 的下方，处于此区域的水分解并释放氢；

③ 两个氧化区Ⅰa 和Ⅰb（分别为酸和碱）在电离反应平衡线（氢分压是氧分压的两倍）的上方，其平衡线为 $E=0.82-0.06\mathrm{pH}$，被 pH=7 的直线分成两个区域；

④ 两个还原区Ⅱa 和Ⅱb（分别为酸和碱）在其电离反应平衡线的下方，被 pH=7 的直线分成两个区域。

在区域Ⅰa、Ⅰb、Ⅱa 和Ⅱb 中，水处于热力学稳定状态。在这些区域中，只有很强的氧化剂或还原剂才能以显著的反应速率与水反应；例如，氯在水中很容易转化为阴离子（$\mathrm{Cl^-}$）状态：

$$\mathrm{Cl_2} + 2\mathrm{e^-} \rightleftharpoons 2\mathrm{Cl^-}$$

其与水反应的总反应式为：

$$2\mathrm{Cl_2} + 2\mathrm{H_2O} \rightleftharpoons 4\mathrm{H^+} + 4\mathrm{Cl^-} + \mathrm{O_2}$$

释放出氧，介质变成酸。

用 rH（或 rH_2）和 rO_2 指数分别表示反应中氢分压和氧分压的负对数值。用 rH 指数来表征系统的氧化状态，它可以用 E 电势和 pH 按下式确定：

$$rH = \frac{EH}{0.029} + 2pH$$

式中　EH——与标准氢电极相比较所得的氧化还原电位，V。

注意：上述的电位是与氢电极相比较所得电位，实际常用的测量设备是铂-甘汞电极（Pt-Hg/$HgCl_2$）。

计算其他的电极电位可用如下公式：

$$EH=EHg + K \text{ 和 } rH = \frac{EHg + K}{0.029} + 2pH$$

式中　EHg——与甘汞电极相比较所得的电位（仪表上读取）；

K——温度变化常数，见表 1-8。

表1-8　温度变化常数

温度 /℃	*K*/mV	温度 /℃	*K*/mV
5	+257	20	+248
10	+254	25	+245
15	+251		

1.3　水生物学

1.3.1　水和细胞代谢作用

生物体在外部环境中寻找所需的基本物质（即基本代谢物质）来维持其活性、生长及繁殖。

水是所有生命最重要的组成元素之一，它不仅是所有生物不可或缺的组成部分，也能为食物散播和食物链的传递提供一个有利的环境。本节着重介绍水生生物。

1.3.1.1　代谢作用的概念

代谢作用是维持生物生存活动的基本功能，包括生物所有的化学反应和能量交换（包括吸收和排泄）。所有的反应都是在酶（特别复杂的蛋白质）的催化下完成的，这种代谢作用分成两类：

① 合成代谢或同化作用，借助吸热代谢（涉及能量消耗），合成生物体自身所需的物质（如形成自身组织结构、储能和酶催化蛋白）；

② 分解代谢或异化作用，是放热反应，是分解食物并储存营养物质（如碳水化合物）的过程，以生产生物体所需的能量。三磷酸腺苷（ATP）在能量传输的过程中起着重要作用；各种氧化反应是分解代谢中最重要的步骤，其中包括有机物的脱氢反应，且根据氢受体的不同可分为好氧分解、缺氧分解和厌氧分解。其中，好氧分解必须有游离态的氧存在，氧气接受氢原子而生成水；缺氧分解是在没有游离氧但存在含氧无机化学键（如—NO_3或—SO_4）的环境下发生，它会通过失去氧原子而发生化学还原反应；而厌氧分解是在既没有氧气又没有含氧化学键的介质中分解有机物的反应。

1.3.1.2　生物的营养作用

根据获取营养的方式，可以将生物体分为两种基本的种群：自养生物和异养生物（见图 1-8）。

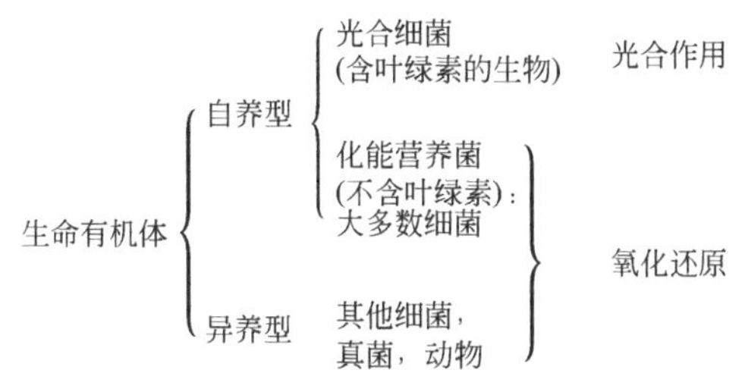

图 1-8　自养生物和异养生物

（1）自养作用

自养生物能够通过同化无机碳（CO_2，HCO_3^-）甚至是甲烷合成自身的代谢物质，在给它们补充某些矿物盐类，如氨氮或硝酸盐氮（可以合成氨基酸、蛋白质等）、磷酸盐（组成 DNA 和 ATP）、微量元素等的情况下，可以合成碳水化合物。它们是水中天然有机物的来源，故称之为初级生产者；以下是发生同化作用可能的两种能量来源：

① 太阳能。植物借助太阳光和叶绿素可以进行光合作用，产生能量，形成储存能量的产物。这些植物包括藻类、水生植物以及一些稀有的光合细菌。其中最具代表性的是葡萄糖分子的合成：

$$6CO_2 + 6H_2O \rightleftharpoons C_6H_{12}O_6 + 6O_2 -2.72\text{kJ/mol}（-650\text{cal/mol}）$$

在自然界众多反应中，光合作用过程是最为重要的；几乎所有其他的生物和传统能量都是从光合作用中获得的，同时也是水和大气中氧的主要来源。

上述方程可以逆向反应，从右到左是需氧分解反应。

② 化学能。化学能来源于化能营养菌对无机物进行的氧化还原反应：很多化能营养菌在水处理中是很重要的，特别是以下几种：

a. 硝化细菌：属于亚硝化单胞菌属的细菌，可以把氨氧化成亚硝酸盐；属于硝化菌属的细菌，可以把亚硝酸盐转化为硝酸盐。

b. 铁细菌和锰细菌：可以将亚铁离子和二价锰离子氧化成铁和锰的氧化物或氢氧化物。

c. 硫氧化细菌：可以将还原态的硫（硫化氢）氧化成胶质硫（贝日阿托氏菌-发硫菌群）或硫酸（产硫酸杆菌群）。

这些细菌大多数是好氧菌，另外有少数细菌是在厌氧环境下生存的（例如甲烷化过程中的某些产乙酸和产甲烷细菌）。

（2）异养作用

异养微生物只能摄取食物链上已经合成的有机物，有机物由其他自养生物或其他异养生物合成，即遵从食物链概念。

在异化作用中，基质被分解成简单的分子，然后被氧化以提供同化作用所需的能量：因此，同化和异化作用是紧密联系的，是氧化还原反应进行的必要条件；有机基质既是分解代谢能量的来源，也是供给合成代谢的细胞营养物。

异养型生物包括所有不含叶绿素的生物：细菌（化能营养菌除外）、真菌和动物。下文将主要介绍细菌。

新陈代谢所需的酶可以在细胞内作用，也可以透过细胞壁，分泌到细胞外去分解大分子物质，以使其透过细胞壁。

根据分解或发酵的类型（见上文），分解代谢的氧化反应所需要的氢受体包括：好氧介质（如活性污泥中的细菌）中的游离氧，缺氧介质中存在的具有含氧化学键的无机物如硫酸盐（被硫酸还原菌还原为硫化氢和硫化物）、硝酸盐（在反硝化细菌存在下还原成二价氮）以及在厌氧条件下的有机物（如甲烷菌）。

好氧阶段的最终反应产物是二氧化碳和水；厌氧阶段的最终反应产物是二氧化碳和甲烷。介于严格的好氧和厌氧细菌两者之间的是半厌氧细菌，其分解代谢视介质的物理和化学条件而定。

1.3.1.3 实际应用成果

编者将在第 2 章（2.1.5 氮循环和 2.1.7 硫循环）和其他关于饮用水和城市污水、工业废水生物处理的相关章节中介绍这些概念的应用。例如，这些概念有助于理解为什么异养细菌在反硝化作用中需要有机营养物，而自养菌在硝化过程中则不需要。硝酸盐能为呼吸作用提供所需的氧，而 NH_4^+ 氧化（由外源供应的氧）为重要代谢产物的化学合成提供所需的能量。

1.3.2 水——微生物生命的介质

1.3.2.1 何为微生物？

有些著者认为“微生物”这个术语只包括致病菌，但其他著者认为应包括所有的细菌和病毒。从广义上来说，微生物是通过显微镜观察到的所有单细胞和多细胞的生命有机体，包括细菌、病毒、微藻类和微型无脊椎动物（尤其是原生动物）。从这种意义上来说，微生物与微小生物体是同义词。

对于有些致病微生物，相对于整个微生物种群它们所占比例很小，但可能造成严重的水生疾病，例如机会性感染病原体或寄生虫引起的疾病，而水仅仅是一个载体。

相反，其他的微生物可以发挥其有益的作用，如作为初级生产者或分解有机物质，在天然环境中作为自净剂，在处理厂作为生物处理的媒介等。

各种水生微生物中，细菌起到特别重要的作用。

1.3.2.2 细菌的细胞结构

和所有生物细胞一样，细菌细胞（图 1-9）含有的脱氧核糖核酸（DNA）构成了遗传信息支持体系：它是基因的主要组成部分，排列成线状染色体。但是细菌与其他生物有一个重要的区别：所有植物和动物的细胞中染色体都是成对存在的（如人有 46 个或 23 对）。它们集中在一个细胞核内，通过核膜与细胞质隔开，这种生物称为真核生物。

相反，在细菌中，大多数遗传物质构成了单一的染色体（细菌染色体），其两端结合在一起（形成环状 DNA），并且是裸露的，没有膜与细胞质分开。故细菌被称为原核生物。细菌的这一特征仅与蓝绿藻（又称蓝细菌，它现在的分类属于真细菌）类似。

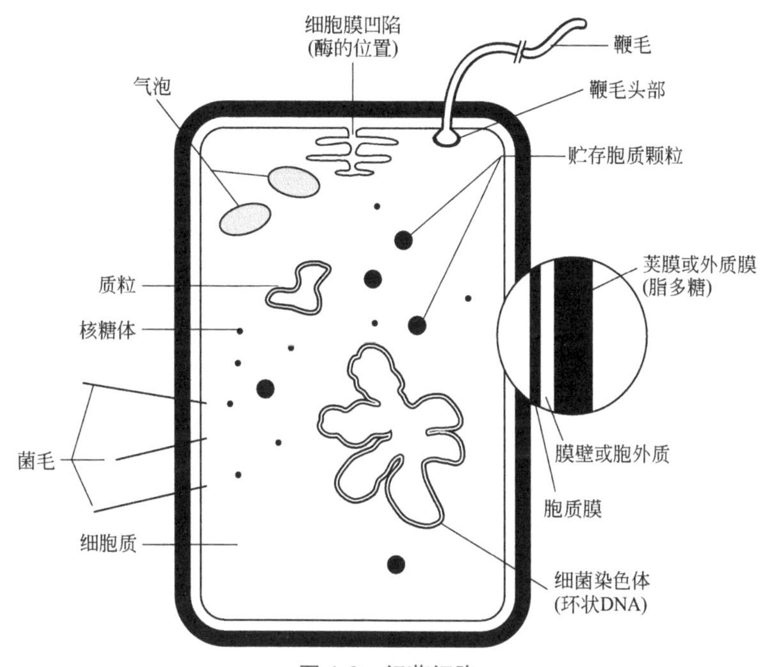

图 1-9　细菌细胞

注：所示细胞膜为革兰氏阴性菌、如大肠杆菌的细胞膜；而像枯草杆菌这种革兰氏阳性菌，只有胞质膜及一层厚的肽聚糖的膜壁。

在细菌中，还可以发现独立于染色体外的小的环状 DNA 结构，这就是质粒。它也携带基因，其中带有对抗生素有抗药性的基因。

遗传信息以遗传密码的形式编码在 DNA 分子上，通过 DNA 复制由亲代传递给子代。DNA 还控制蛋白质（特别是酶）的合成，遗传信息在子代的生长发育中通过 DNA 转录成 RNA（核糖核酸），然后由 RNA 翻译成特定的蛋白质。细胞质中的核糖体是蛋白质合成的场所。细胞被硬质细胞膜包裹着以维持细胞的形状。游动型微生物有纤毛或鞭毛。

1.3.2.3　细菌和周围环境的关系

细菌的繁殖速度取决于营养物质通过细胞质膜的传输速度。因此，这个速度取决于：

① 环境中营养物质的浓度；

② 温度（决定基质的扩散速度）；

③ 比表面积（表面积 / 体积），尽管它们的尺寸很小（从 0.4μm 至数微米），但在所有的生物中，细菌的比表面积是最高的；这就解释了为什么在各种有利条件下有可能每 15～30min 观察到一次细胞分裂。

细菌只有在一定环境中才能生存，这些环境条件包括：水分含量、pH 值、盐度、氧化还原电位和温度。取决于其是好氧菌还是厌氧菌，利于细菌生存的氧化还原电位变化范围较大。这些条件和细菌分泌的酶的成分密切相关。环境条件的重大变化可能会导致物种的变化。

根据其体内酶的最适温度，细菌可分为嗜热菌（50℃以上）、嗜温菌（约 30℃）、嗜冷菌（0～15℃）和嗜冰菌（−5～0℃）。

某些种类的细菌因形成孢子可能具有特殊的性状：它们产生的孢子是假死的细胞，

对不良环境的耐受能力极强，如耐热和耐干。当环境条件恢复正常时，孢子发芽并再生出活的细菌。

因此，通过选择和变异，可以使复杂菌群适应其培养基质成分的缓慢变化。

1.3.3 营养物质

1.3.3.1 碳基质

如前所述，自养微生物可以利用无机碳，如二氧化碳和 HCO_3^- 合成自身的物质，一些稀有自养微生物甚至在厌氧环境中以甲烷为碳源。

对于异养生物，主要营养基质有下列三类：糖类、蛋白质和脂类。

① 糖类曾被称为“糖”，因为其中较简单的糖类物质具有甜味；或称为碳水化合物，其通式为 $C_m(H_2O)_n$。由于在植物组织中的含量丰富，因而糖类是异养生物的常用营养物。

糖类分为非水解型（单糖，如葡萄糖）和水解型（多糖，如淀粉、纤维素和糖原）。

② 蛋白质是最重要的生命组成成分，构成了细胞质的物质基础。蛋白质由简单的物质氨基酸组成。氨基酸分子是一个或多个羧基（—COOH）和一个或多个氨基（$—NH_2$）连接到同一个碳原子上所组成的物质。

```
      H
      |
H — C — NH2
      |
     COOH
```

取决于其所在介质的 pH 值，蛋白质呈酸性或碱性。羧基和氨基可相互固着，形成长链大分子，其分子量可达到 50000 或更高。根据分子量大小，可以将蛋白质分为多肽、简单的蛋白质和络合的蛋白质。

③ 简单和络合的脂类物质都是络合程度不一的脂肪酸和醇酯，一般不溶于水，但可以在水中乳化。它们在植物和动物的生命体中构成重要的能源储备以满足其能量需求。

在某些情况下，异养生物能够适应并利用其他有机基质（如醇类、酚类、醛类、烃类化合物等）来维持生命。

1.3.3.2 氮、磷和微量元素

除了上述营养物质，细菌（自养菌和异氧菌）生长还需要基本的矿物元素，包括微量元素。

氮、磷在细菌物质构成中所占比例较大，平均值为：氮 7%～10%，磷 2%～3%。

氮、磷在细胞（结构、代谢）中的作用范围较广，但磷主要用于细胞的能量储存和释放。在细胞的能量储备过程中发现 P—P 键存在于特殊分子中：磷酸腺苷（AMP）、二磷酸腺苷（ADP）、三磷酸腺苷（ATP）。

ATP、ADP 和 AMP 中 P—P 键断裂引起能量的释放。

$$ATP + H_2O \rightleftharpoons ADP + \text{磷酸盐} + 30.5kJ/mol\ (7.3kcal/mol)$$

严格地说，微量元素主要是金属元素。生长介质中浓度仅为 1μg/L 的微量元素就足以满足细胞的基本需要。高浓度的微量元素会迅速变成细胞毒素。微量元素控制细胞的生理作用，如膜两侧的离子浓度梯度（如 Na^+），也能在形成大分子结构如酶络合物时发挥

作用。

所有细菌都需要微量元素，但对于某一具体的细菌类型所需要的微量元素是特定的。镍是产甲烷细菌中控制乙酸盐甲基化作用的酶所需的重要元素，因此它对沼气发酵的正常运行至关重要。

1.3.4 有害物质

和所有的生物体一样，细菌对某些有毒或抑菌物质较为敏感。这些物质过量时，会抑制细菌的生长，降低依赖它们新陈代谢作用的水处理系统的运行效果。有毒物质可以分为有机类（酚、烷基磺酸盐、羟胺等）或无机类（重金属、过渡金属、氰化物、硫化物等）。表1-9提供了好氧生物净化处理中各种毒性物质阈值的参考值。

表1-9 好氧生物净化中各种物质的毒性阈值

物质元素	毒性阈值/(mg/L)	物质元素	毒性阈值/(mg/L)
镉	1～3	烷基磺酸盐	7～9.5
六价铬	2	烯丙醇	19.5
铜	1	氯仿	18
镍	1～2.5	邻甲酚	12.8
铅	1～2	二硝基酚	4
锌	5～10	甲醛	135～175
氰化物	1～1.6	异硫氰酸盐	0.8～1.9
硫化物	20	酚	5.6

有毒物质的性质和毒性阈值取决于细菌类型（例如：0.2～0.3mg/L的锌即可抑制生物除铁）。需要特别指出的是，某些化合物的毒性阈值能通过适当的驯化大幅提高（如苯酚、甲醛、烷基磺酸盐、硫化物、氰化物等）。

此外，消毒处理的目的是灭活微生物。消毒剂应能使蛋白质变性（严格意义上的消毒）或处于受限制的代谢水平（即防腐剂和抗生素的作用）。有不同的水消毒方法，如加入重金属离子（Ag^{2+}和Cu^{2+}）、各种射线（紫外线、中子、X射线等）、各种氧化剂（臭氧、过氧化氢、过乙酸等）；但是，在流量大的情况下，只能投加强氧化剂（臭氧或氯及其化合物）或使用紫外线照射消毒（见第3章3.12节和第17章）。

1.4 水质分析中的专业术语

为有效处理水，必须尽可能了解并准确分析其水质。水处理及水质分析领域所使用的专业术语在某些方面与常用的科学术语有本质区别。

最常见的参数列举如下。这些参数的分析方法见第5章。

（1）浊度

浊度与悬浮固体的测定有关，其是表征水中悬浮和胶体物质含量（无论是矿物质还是有机物）的一个基本指标（与清洁度相对）。浊度的测定可采用目测法，即测量液体的能见度（透明度板法，即利用铂丝和塞克板测定），或利用浊度仪测量水样中与入射光成 90°方向的散射光强度来进行更科学的测定（见第 5 章），其比色基底用乳白色悬浮标准液（福尔马肼 Formazine）校准。取决于所在国家，浊度的单位用 NTU 或 FNU 来表示。

（2）悬浮固体（SS）

该参数包含了水中所有的悬浮成分。这些悬浮颗粒的尺寸大到可以被一定孔隙率的过滤器截留，或是通过离心沉淀的方式收集。浊度和悬浮物之间没有确定的关系，但各类水体也能根据经验建立一定的相关性。

（3）污染指数

污染指数反映水体污染状况和污染程度。污染指数越高，则表示污染越严重。因此，它也与悬浮固体有一定的相关性，也是膜处理方面的一个考察因素。

（4）色度

通常情况下，过滤后的真色，是水中含有的溶解性物质或是胶体有机物质所呈现出的颜色。色度和有机物浓度之间不一定总是存在相关性。色度是通过对比参考溶液（铂-钴标准溶液）测定的，其标准单位为度：在每升溶液中含有 2mg 六水合氯化钴和 1mg 铂（以六氯铂酸计）时产生的颜色为 1 度，也被称为黑曾（Hazen）色度。

（5）浓度（以体积计）

单位体积的水中所溶解或扩散的物质的质量，单位是 mg/L、g/m^3、g/L 等。

（6）克当量[1]

克当量是水溶液中物质的分子量与 1mol 这种物质释放的离子所带的电荷数之比。

因此，1mol 的磷酸 H_3PO_4 释放 3mol 正电荷（$3H^+$）和 3mol 负电荷（PO_4^{3-}）。由此可见，H_3PO_4 的克当量是 1mol H_3PO_4 质量的 1/3。

（7）当量浓度（N）[1]

当量浓度是指每升溶液中所含溶质的克当量数，以符号 N 表示。

一般来说，当电解质当量浓度为 N_2 时，按照体积为 V_1 当量浓度为 N_1 的规律，体积 V_2 可由下式推导出：

$$N_1V_1 = N_2V_2$$

(8) 毫克当量浓度[1]

毫克当量浓度（meq/L）= 毫克当量 / 溶液体积（L），是当量浓度 N 的 1/1000。

（9）法国度（℉）

在法国仍然用这个单位来表征水中主要离子的浓度。

例如：25 ℉的钙盐溶液（分子量为 40g，化合价 =2）含 $\frac{40\times5}{2\times1000}$ =0.1（g/L）或 100mg/L 的钙。

（10）硬度 / 碱度单位

表 1-10 给出了硬度 / 碱度等单位的换算系数。

[1] 此单位在我国已废止，但在其他国家以及我国以前的文献中还经常使用，故本书中保留概念介绍，以及一些简单的换算。

表1-10　水的硬度/碱度单位换算

	法国度	德国度	mg/L（以 $CaCO_3$ 计）
法国度	1	0.56	10
德国度	1.786	1	17.86
mg/L（以 $CaCO_3$ 计）	0.1	0.056	1

（11）滴定硬度（TH）

滴定硬度，简称为“硬度”，表示水中碱土离子的浓度。下面几种单位的区别是：

总硬度：钙和镁的含量。

钙硬度：钙的含量。

碳酸盐硬度（暂时硬度）：钙和镁的重碳酸盐以及碳酸盐的含量。当总硬度大于甲基橙碱度（M-alk.）时，碳酸盐硬度等于甲基橙碱度；当甲基橙碱度（M-alk.）大于总硬度时，碳酸盐硬度等于总硬度（见下文）。

非碳酸盐硬度（永久硬度）：指钙和镁与强酸阴离子所产生的硬度。它等于总硬度与碳酸盐硬度之差。

（12）酚酞碱度（P-alk.）和甲基橙碱度（M-alk.）

酚酞碱度和甲基橙碱度的相对值可以代表水中的氢氧化物、碳酸盐、碱性物质和碱土碳酸氢盐的含量。表 1-11 表明：

① 酚酞碱度，表示待测水样中全部的氢氧根含量以及一半的碳酸盐含量；

② 甲基橙碱度代表水中碳酸氢盐的含量。在一些高污染水（废水）中，甲基橙碱度还包括弱有机酸（乙酸等）。

表1-11　不同酚酞碱度和甲基橙碱度下的氢氧化物、碳酸盐和碳酸氢盐含量

溶解性盐	浓度值/（mg/L）	酚酞碱度（P-alk.）及甲基橙碱度（M-alk.）				
		如 P-alk.=0	如 P-alk.<M-alk./2	如 P-alk.=M-alk./2	如 P-alk.> M-alk./2	如 P-alk.=M-alk.
OH^- CaO $Ca(OH)_2$ MgO $Mg(OH)_2$ NaOH	3.4 5.6 7.4 4.0 5.8 8	0	0	0	2P-alk.−M-alk.	M-alk.
CO_3^{2-} $CaCO_3$ $MgCO_3$ Na_2CO_3	6 10 8.4 10.6	0	2 P-alk.	M-alk.	2（M-alk.−P-alk.）	0
HCO_3^- $Ca(HCO_3)_2$ $Mg(HCO_3)_2$ $NaHCO_3$	12.2 16.2 14.6 16.8	M-alk.	M-alk.−2P-alk.	0	0	0

（13）强酸盐的测定（SSA）

在天然水体中，没有游离的强酸，只存在这些酸的盐类，尤其是硫酸盐、氯化物和硝酸盐。强酸盐的测定结果代表以上这些盐类的总含量。

（14）含盐量

水的总含盐量是水中存在的阳离子与阴离子的总量，用 mg/L 表示。

碳酸氢盐经蒸发能分解成碳酸盐和 CO_2，因而由此方法得到的干固体的含量一般偏低。

（15）高锰酸盐指数

所有能被高锰酸钾（$KMnO_4$）氧化的物质都可以用这个指数表示。一般测定的是有机物，但有时是无机还原剂。高锰酸盐指数通常用于天然水体以及饮用水水质的测定。不同的测定方法（不同的温度、反应介质的 pH 值和接触时间）会得到不同的结果。在法国以外，该测定结果也称为高锰酸盐需氧量，甚至称为 COD，但要注意不能和下面的指标相混淆。

（16）化学需氧量（COD）

化学需氧量专门用于污水，是重铬酸钾氧化有机物消耗氧的总量，可代表水中绝大部分有机化合物以及可氧化的矿物盐。

（17）生化需氧量（BOD）

生化需氧量是指在 20℃的避光条件下，在一定时间内用生物方法氧化有机物所需要的氧的量。常用的 BOD_5 是用生物法培养五天消耗的氧量。若是在反应中设法阻止硝化反应的发生，BOD_5 则仅表示可生物降解的有机碳污染物的含量。

（18）总有机碳（TOC）

总有机碳表示有机物中的碳的含量，用完全氧化后测定的 CO_2 总量表示。

一方面，这种测定方法比较快捷，而且需要的水样量比较少，与前面的测定结果相关性不强。另一方面，在大多数情况下，用这种方法测定总有机碳前需要先去除水中的悬浮固体。

（19）凯氏氮（TKN）

凯氏氮是以有机物和氨氮形式存在的氮，有时被人们错误地称之为总氮。

（20）总氮（NGL 或 TN）

总氮是水中所有存在形式的氮，包括有机氮（N_{orga}）、氨氮（NH_4^+-N）、亚硝酸盐氮（NO_2^--N）和硝酸盐氮（NO_3^--N）。因此它是凯氏氮概念的延伸，包括了氮的氧化形式，其中还包含了无机氮（N_{in}，见德国标准）：

$$N_{in} = TN - N_{orga} = NH_4^+\text{-N} + NO_3^-\text{-N} + NO_2^-\text{-N}$$

（21）经 2h 沉淀的水质测定

在法国有时把 ad_2 用作 COD、SS、BOD_5、NH_4^+ 和其他参数的后缀。例如，$CODad_2$ 表示在经 2h 沉淀后的水中的 COD 浓度，因此该水样中无粒径较大的悬浮固体。

第2章 不同水的性质及处理要求

2.1 天然水

可利用的天然水资源包括地下水（地下水补给区、含水层）、静态地表水（湖泊、水库）、动态地表水（溪流、江河）以及海水。

本节将主要介绍以下内容：

① 简要介绍上述三种类型的水源；

② 阐述与生态及水处理系统有关的主要物质循环（碳、氮、磷、硫、铁、锰）的基本原理；

③ 最后，对造成淡水富营养化的水质退化的概念进行介绍：各种类型的污染（如化学物质、放射性物质等）。

在法国，每年开采 $4\times10^{10}m^3$ 的淡水，其中 60% 用于热电厂，15% 经处理后作为饮用水，13% 为农业用水，剩余的 12% 为工业用水。根据《2018 年中国水资源公报》，中国用水总量 $6\times10^{11}m^3$，其中，61.4% 为农业用水，21.0% 为工业用水，14.3% 为生活用水，3.3% 为人工生态环境补水。

世界人均年需水量的变化范围较大，由不足 $100m^3$ 到 $2000m^3$ 以上。2018 年，我国人均需水量（综合用水量）为 $432m^3$。某些国家的人均年需水量非常高，是因为这些国家或地区的灌溉用水量非常大（美国即为一个典型代表）。

有学者认为，只有全球每年总的可再生水资源为 $4\times10^{13}m^3$ 时，才能满足人类的用水需求。除此之外，还存在全球水资源分布的区域差异性问题。在地域较为辽阔的国家，人均可用水量往往容易掩盖地区性差异问题。比如，美国的东北部地区水量丰富，与其比邻的西南部地区则非常缺水；智利北部是一片沙漠而在南部却有充沛的水资源。

联合国和世界水委会认为，当人均年可再生水资源低于 $1700m^3$ 时，就会出现水资源紧张问题（即用水紧张），如果低于 $1000m^3$，水资源紧张问题将变得更加严重。显而易见，许多国家已达到或即将达到这种极限状态（请参阅人口统计中人口的增长），因此被迫进行长距离输水（有时甚至是跨国界的）或者寻求污水回用或海水淡化等新的水资源。除此之外，也不应该忽视在管网漏损和其他方面浪费的潜在水资源。

2.1.1 地下水

2.1.1.1 来源

贮存有地下水的地下岩层就像水库一样，通常称之为含水层。

地层中多孔介质的性质和地质构造决定了含水层的类型以及地下水循环条件。

潜水是具有自由水面的地下水，由高处向低处渗流（或称潜水含水层，当其距离地表足够近时可通过打井的方式获得）。在这种情况下，地下水直接由雨水渗入进行补给。潜水位取决于含水层中贮存的水量。

冲积层水是一种特殊的地下水；这类水常见于由地表水体（河流）所形成的冲积层。冲积层地下水的水质将直接受江河水水质的影响。

最常见的地下水是埋藏最深的、赋存于两个隔水层之间的承压水。在正常情况下，承压水水位是位于上部隔水层顶面（隔水顶板）与地表之间的；当承压水水位高于地表时，可以沿天然或人工开凿的通道溢出地表，所以承压水又称作自流水（即当在地面上钻井时，这部分水会喷涌出来）。

在多孔地形中（如砂、砂岩和冲积层）地下水可以渗透与之有关的全部地质地层。而在变质岩、火成岩和石灰石地形中，地下水仅存在于地下岩体裂隙或孔隙中。在石灰石地形中，原有空隙在含有二氧化碳的水的溶解作用下逐渐扩大，形成巨大的洞穴乃至连成一片的地下河流，这就是所谓的喀斯特地形。

2.1.1.2 基本特征

地层的地质特征对其所含地下水的化学成分具有决定性的影响。因为无论是静止的还是循环流动的水都会不断地与地层接触。在这个过程中，地层的成分会与地下水中的成分达到一种平衡。当流经砂质或花岗岩底土时，水将会呈酸性并且其矿物质含量会很低。当流经石灰岩土时，水将会具有碳酸钙碱度，通常还会有较高的硬度。

表 2-1 提供了基于主要水质指标的地下水特征，尤其需要注意以下几个方面：极低的细菌含量、低浊、恒温、化学成分恒定以及由于缺氧而可能产生的有害的还原性物质。

喀斯特地形中的水质可能会突然改变，这种变化表现为不同程度的浑浊度和污染。在地下水系统中，这些波动与降水量和地表径流有关。

2.1.1.3 可饮用性

虽然长期以来，地下水由于其本身满足饮用性标准的自然属性而被视为“洁净水”，但实际上，地下水只是对偶发的水污染不太敏感而已。

此外，许多地下水受到地表水水质的影响。正如前文所述，喀斯特地形中的水和冲积层地下水就属于这种情况。

当地下水被污染后，其水质将很难恢复到原有的状态：实际上，这些污染物不仅存在于水中，而且会被岩石和底土中的矿物质吸附。

表2-1　地表水和地下水的主要区别

水质指标	地表水	地下水
温度	随季节变化	相对比较稳定
浊度、悬浮物浓度（胶体或悬浮颗粒）	不稳定，偶尔偏高	含量低，甚至为0（喀斯特地形除外）
色度	主要取决于悬浮固体（如黏土、藻类等），软水及酸性水除外（腐殖酸）	主要与溶解性物质（腐殖酸）或者沉积物质（Fe-Mn）有关
嗅味物质	经常会有	很少会有（硫化氢除外）
常规矿物质（如：盐度、TDS）	随着地形、降水量、排放等情况而不断变化	相对稳定；一般情况下，明显高于同一地区的地表水中的含量
二价铁和锰（溶解状态）	水体富营养化状态下深水中存在（见本章2.1.9节），否则通常不存在	通常情况下存在
侵蚀性二氧化碳	通常不存在	通常大量存在
溶解氧	大部分情况下接近饱和；水污染严重情况下会缺乏	大部分情况下缺乏
硫化氢	通常不存在	通常会存在
铵根离子	仅在水体受污染时存在	频繁性存在，但目前还没有形成一个检验细菌污染的系统指标
硝酸盐	浓度一般不高	有时浓度会偏高
二氧化硅	一般情况含量适中	经常性偏高
有机或无机微污染物	目前在工业化国家中存在，但一旦该污染源移除后，这种污染物也就会随之消失	一般情况下不存在，但如果突发事故可能持续存在很长的时间
氯化溶剂	目前很少	可能出现（在地下水受到污染时）
生物体	细菌（有些是具有致病性的）、病毒、浮游生物（包括浮游动物和植物）	常会有铁硫还原菌出现
富营养化特性（参阅本章2.1.9节）	可能会出现，在高温情况下这种情况会加剧	没有

地下水也可能含有浓度远远超过饮用水标准的元素。这是由于受到贮存地下水的岩层成分的影响，其中一部分元素则是受到水中还原性物质（例如 Fe^{2+}、Mn^{2+}、NH_4^+、H_2S 等）的影响。

地下水在使用之前，无论何时，只要这些元素中的任意一种的浓度超出了现行法规所规定的限值，就必须对其进行相应的处理。

2.1.1.4　矿泉水、泉水、纯净水

法国的法规将瓶装水分为三种类型。

矿泉水是深层地下水，因此其中某些元素的含量可能高于饮用水标准的限值，并被赋予了公认的保健特性。矿泉水在被灌装入瓶之前有时还会采用一些业已成熟的工艺对其进行处理，如：自然沉淀，曝气砂滤除铁，去除或重新注入 CO_2。

原则上讲，与矿泉水不同，泉水的各种指标必须满足饮用水标准，且无需任何处理；但是，有时也需要去除某些不稳定的元素，如采用与处理矿泉水相同的天然处理方法去除溶解性铁。

与上述两种类型的水不同，处理后的可饮用水（即纯净水）是指经过预先处理并且满足饮用水水质标准的瓶装水。

我国瓶装水一般分为天然矿泉水、纯净水和其他饮用水等类型。

根据《食品安全国家标准　饮用天然矿泉水》（GB 8537—2018），饮用天然矿泉水是指从地下深处自然涌出的或经钻井采集的，含有一定量的矿物质、微量元素或其他成分，在一定区域未受污染并采取预防措施避免污染的水。在不改变水源水基本特性和主要成分含量的前提下，允许通过曝气、倾析、过滤等方法去除不稳定组分，允许加入食品添加剂二氧化碳，或者除去水中的二氧化碳。

根据《食品安全国家标准　包装饮用水》（GB 19298—2014），饮用纯净水是以符合生活饮用水卫生标准的水（自来水或其他地表水、地下水）为水源，采用蒸馏法、电渗析法、离子交换法、反渗透法或其他适当净化工艺，加工制成的包装饮用水。

其他饮用水（GB 19298—2014）：以来自非公共供水系统的地表水或地下水为生产水源，仅允许通过脱气、曝气、倾析、过滤、臭氧化作用或紫外线消毒杀菌过程等有限的处理方法，不改变水的基本物理化学特征的自然来源饮用水或者添加适量食品添加剂加工制成的水，如矿物质水等。

2.1.2　地表水

包括陆地表面上所有的参与循环的或储存起来的水。

2.1.2.1　来源

地表水来源于从地下涌出的泉水或者地表径流。地表水形成河流并在快速流动过程中与大气接触，其水-气接触面不断变化。地表水可以在天然水体（湖泊）或人工水体（水库）中贮存，其水-气交界面几乎静止，同时还具有水深大及接触时间相当长的特征。

2.1.2.2　基本特点

地表水的化学成分主要取决于其所流经的地层的性质。随着河流的蜿蜒曲折，水中会溶解地层构造中的各种不同的元素。另一方面，地表水中溶解性气体的含量（如氧气，氮气，二氧化碳）取决于气-水交界面的气体交换和一些水生生物的新陈代谢活动。

表 2-1 将地表水与地下水的特性进行了比较。应该注意以下几点：

① 水中存在溶解性气体，尤其是氧气。

② 至少对于流动的水来说，含有高浓度的悬浮固体。河水流量明显增大时，其所携带的悬浮固体变化范围也随之增大，包括胶体颗粒和其他可检测的悬浮颗粒。对于水库水，一定的接触时间使得水中较粗的颗粒得以自然沉降：这一特点使水库水具有较低的、以胶体为特征的浊度。

③ 含有天然有机物，这是由生活在水库或河流表面的动植物的新陈代谢直至死亡腐败所致。

④ 浮游生物的存在：地表水水质能够满足浮游植物（藻类）和浮游动物的生长繁殖所需，尤其是在水体富营养化发生时（请参阅本章 2.1.9 节）。这些微生物能分泌出具有特殊气味或臭味的物质或毒素。

⑤ 每日或季节性变化（温差、光照强度），气候变化（气温、降雨量、融雪）和植物

的变化（落叶）。这些变化也具有随机性：急风暴雨以及突发的污染事件都可能引起这些变化。

在由地表水汇集而成的水库中，从水库水面到其底部的水质会发生很大的变化（温度、pH、氧气、铁、锰、氧化能力、浮游生物）。这些水质指标的波动也取决于季节性的水位分层或循环。

2.1.2.3　地表水的可饮用性

未经处理的地表水一般不能直接饮用。另外，除了本章 2.1.2.2 节中所提到的各种因素外，地表水也总是受到由各种排放物引起的不同程度的污染，这些排放物有：

① 城市污水，来源：城市污水系统收集的污水，即使这部分污水已经过污水处理厂的处理。

② 工业废水，来源：工业废物和有机微污染物（烃类化合物、溶剂、合成产品、酚）或无机污染物（重金属、氨、有毒物品）。

③ 农业污水，来源：在密集型牧场区域，所施用的化肥和农药（除草剂、杀虫剂、杀真菌剂）随雨水和地表径流进入水体，这些排放物质含有大量的氮、磷和有机污染物。

④ 来源于人类和动物的细菌污染。

2.1.3　海水和苦咸水

一方面，全球海水通过蒸发、降水和河流输入之间的平衡而含有一定的盐度；另一方面，这些相互连接的不同水域之间也存在着水的交换。因此，海水盐度的变化较大，如表 2-2 所示。表 2-3 对典型海水进行了分析：在总盐度为 36.4g/L 的美国材料实验协会（ASTM）标准水条件下，分析各种离子的含量。

表2-2　不同海域的盐度

水域	盐度 /（g/L）	水域	盐度 /（g/L）
波罗的海	17	地中海	37～40
黑海	22～25	红海、阿拉伯湾	40～47
大西洋和太平洋	32～38	死海	270

表2-3　典型的海水水质 pH=8.2～8.3

阴离子	mg/L	阳离子	mg/L
Cl^-	19880	Ca^{2+}	440
SO_4^{2-}	2740	Mg^{2+}	1315
NO_3^-	—	Na^+	11040
HCO_3^-	183	K^+	390
Br^-	68	Sr^{2+}	1.3
合计	22871	合计	13186.3
总盐度：36.4g/L			

根据其用途的不同（作为冷却水、海水淡化装置进水等），除盐度之外海水还有其他非常重要的水质指标，并且这些指标的波动范围很大，如表 2-4 所示。

表2-4　不同海域海水的其他特性

水质指标		公海	沿海海域	河口
悬浮固体	悬浮固体 /（mg/L）	0.2～2	2～200	20～5000
	浊度 /（NTU）	0.2～1.5	1.5～100	15～>1000
	FI/（%/min）	2～10	5～>20	无法测量
有机质	TOC/（mg/L）	0.5～2	0.5～5	1～10
	UV/（%/m）	0.8～2	1～15	2～30

（1）悬浮固体

浮游植物和浮游动物是远海海水中悬浮固体的主要来源。但是，即使是在物产丰富的外海区域（冰冷而又富含氧气），当藻类含量为 10000 个细胞 /mL 时，由浮游生物所致的悬浮固体含量也很少超过 1mg/L。与之相反，在靠近海岸的地区，由于受到海浪或潮汐的影响，水中的砂、淤泥以及其他的固体物质所形成的悬浮固体的含量可能达到数十毫克每升。此外，在靠近城市中心、工业区和港口等沿海地区时，海水污染将会变得尤为严重，因为这些地区的排污量往往超过海水的自净能力。

（2）溶解性有机物

除去新近排入海中的污染物，溶解性有机物主要是由难生物降解的腐殖酸产生的，这是植物有机质分解的最终阶段。

溶解性有机物的浓度可通过测定 TOC 获得（注意：由于海水中存在氯化物，该测量会相对困难）或者是通过测定其紫外吸光度值得到，后者相对比较简单（请参阅表 2-4）。

一般来讲，由人类活动所产生的污染物，可以通过 TOC 测定方法，或者采用那些专门用于淡水的检测方法（如对烃类化合物、有机氮、多糖等的测定）进行测定。

在河水与海水相汇的河口处，河流会受到海水潮汐的影响（在河口，海水回流河中有时会涌潮）。这些现象是引起水样的盐度和悬浮物固体的突然而剧烈变化的主要原因。

当水流反向流动时，沉积物将会被搅起恢复为悬浮态，这种扰动会产生“泥渣剧增”现象，其中的悬浮固体含量可以达到数克每升。

2.1.4　碳循环

碳在自然界中的存在形式如表 2-5 所示。

表2-5　碳在自然界中的存在形式

形式	溶解态	固态	液态	气态
单质	—	金刚石、石墨	—	—
无机碳	CO_2、HCO_3^-、CO_3^{2-}	含碳岩石	—	CO_2、CO
有机碳	天然或合成的，内源性或外源性有机质	生物、碎屑、腐殖质、煤	石油	CH_4 等烃类化合物

二氧化碳是碳循环的基础。如果地球上没有生命，空气中的二氧化碳含量将主要取决于火山运动。含有二氧化碳的雨水接触硅酸盐可形成碳酸盐，并随着硅酸盐的变化达到某种平衡，而碳酸盐经火山活动又可转变为二氧化碳。

生物循环和人类活动共同改变着地质循环，如图 2-1 所示。

① 生物循环的调节作用［合成作用（特别是藻类以及陆地植物的光合作用）、呼吸作用（或厌氧条件下的发酵作用）］。

② 由人类活动所产生的二氧化碳破坏了平衡（因为这仅仅可以由后续的碳捕集进行部分补偿），有机物质的燃烧（木材）、化石燃料的燃烧（石油、煤、天然气）或是碳酸盐岩石的分解（水泥厂、石灰窑）释放出大量的二氧化碳，通过温室效应加剧了地球变暖。

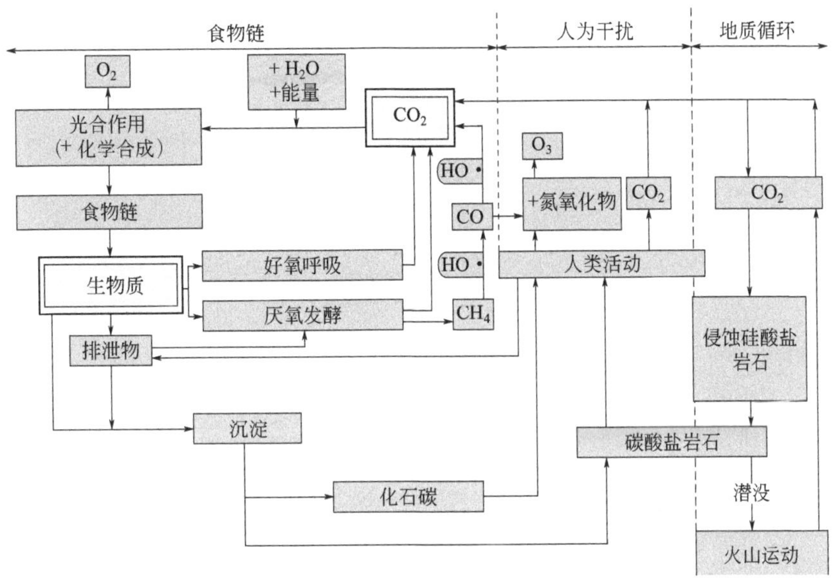

图 2-1　碳的生物地球化学循环

除以上所述，还应该考虑不同来源的甲烷释放。在自然界中甲烷是通过厌氧发酵产生的，包括由植物的腐烂、反刍动物的胃部以及液体肥料等所释放的甲烷，也成为影响碳循环平衡的额外因素。

由图 2-2 所示，溶解在水中的二氧化碳一方面与大气中的二氧化碳相平衡，另一方面也与水中的其他含碳化合物（HCO_3^-、CO_3^{2-}）相平衡。大部分溶解性无机碳储存于海洋中，其通过藻类或水生植物（相对藻类，其程度较小）的光合作用转化为有机碳化合物；由此所产生的全球碳流量大约为每年 600 亿吨（与其相比较，陆地植物每年产生的碳循环为 1100 亿吨）。其中，80% 的碳将会通过呼吸作用转变为二氧化碳被排放；剩余的 20% 则以有机碳、颗粒有机碳（POC）或是溶解性有机碳（DOC）的形式存在，由分泌的代谢产物和排泄废物所组成。

有机体由参与碳循环的生物质组成，包括作为初级生产者的生物（上文提及的植物及光能或化能营养菌，请参考第 1 章 1.3.1.2 节）和食物链中所存在的生物（浮游动物、大型无脊椎动物、脊椎动物）。这些生物体在其生命周期内所排放的颗粒有机碳及其死后遗骸所产生的物质（在某些情况下，除一小部分会沉降形成沉积物外，大部分碳最终会释放出来），会在细菌作用下进行酶水解，从而增加 DOC 的总量。

由地面逸散和 / 或随污染物（内源性）排放所产生的其他形式的碳量，增加了水中（外源性）POC 和 DOC 的含量。

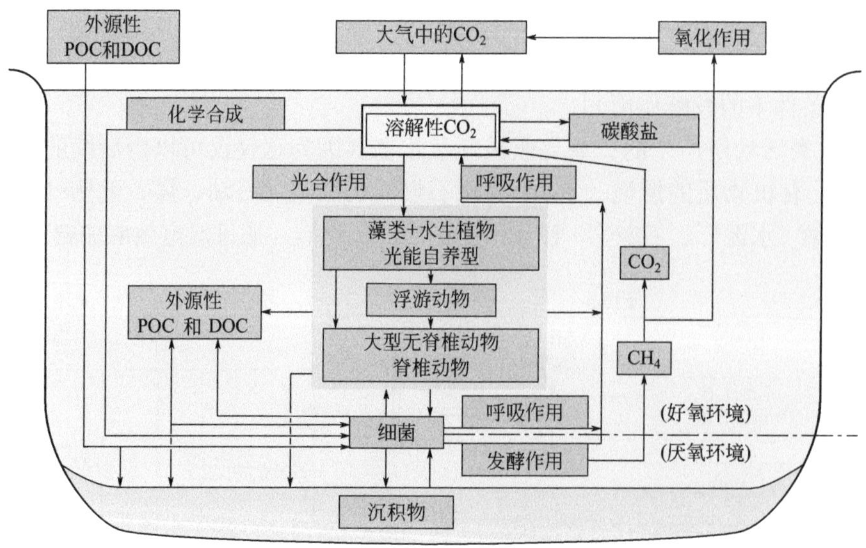

图 2-2　水体中的碳循环

在总的 DOC 中，一部分是由异氧细菌同化吸收；其余的难降解 DOC（如腐殖酸）则以溶解态的形式存在，有机物中可生物降解的组分通过合成代谢成为细菌体的组成部分，并通过分解代谢排放。

① 在水中，好氧环境下（呼吸作用）产生了二氧化碳；

② 在淤泥和沉积物附近或其中（特别是在湿地），厌氧环境下（发酵作用）产生了二氧化碳和甲烷；如果是在有氧的介质中，甲烷很可能被进一步氧化为二氧化碳。

有机物经过矿化作用再生的二氧化碳能够再次被吸收，从而完成水体中的碳循环。

2.1.5　氮循环

图 2-3 是氮循环示意图。

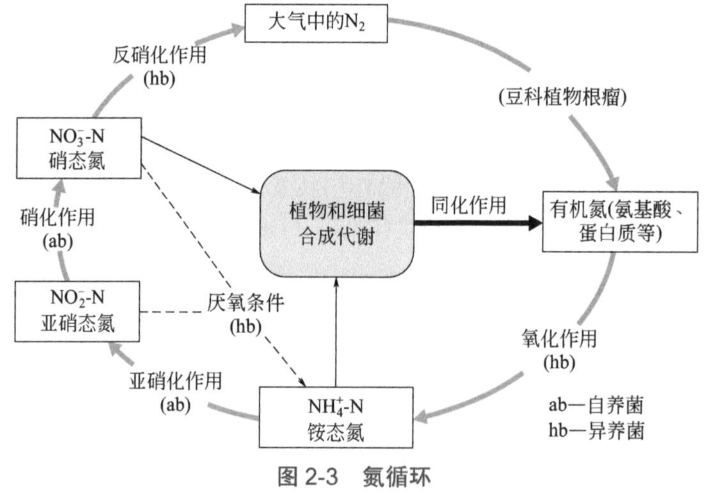

图 2-3　氮循环

在好氧环境中，有机氮首先通过氨化作用转化成为铵态氮或氨氮，然后通过消耗氧，氨盐转化成亚硝酸盐，进而转化为硝酸盐。硝化反应包括以下两个阶段：

① 亚硝化作用是由亚硝化细菌（亚硝化单胞菌属、亚硝化囊菌属、亚硝化螺菌属、亚硝化胶团菌属等）反应完成的；

② 硝化作用是由硝化细菌（硝化杆菌属、硝化囊菌属、皮肤杆菌属等）反应完成的。

这些细菌都是严格意义上的好氧型自养菌。在氨的氧化和亚硝酸盐的氧化过程中所产生的能量被这些细菌利用，对二氧化碳或碳酸盐中的无机碳进行还原反应。

为使反应完全，氧化 1mg 氮需要消耗 4.6mg 的氧气，如下列简化反应方程式所示：

$$NH_3 + 2O_2 \longrightarrow HNO_3 + H_2O$$

实际上，并非所有氨氮的氧化都会持续到硝酸盐阶段（形成组成细菌细胞的中间有机化合物），氧化 1mg 氮仅需 4.2mg 的氧气即可。

硝化作用往往消耗溶解于水体中的氧气，正如有机污染物的同化作用一样。

另一方面，当缺氧的还原条件重新出现时，这些硝酸盐中的氧可以通过反硝化作用释放出来。对河流而言，很难满足缺氧条件。但是，这些条件在沉积物中比较常见，该反应在地表水体补给含水层中起着重要的作用。

2.1.6　磷循环

水中磷的来源有：

① 天然污染源（侵蚀、浸出的方式）；

② 面源污染（化肥的施用）或点源污染（污水，特别是磷酸盐洗涤剂的排放）。

磷具有以下几种存在形态：

① 溶解性无机磷（正磷酸盐、聚磷酸盐）；

② 溶解性有机磷（DOP）；

③ 矿物微粒（磷灰石、磷酸铁、悬浮固体吸附的磷酸盐）；

④ 有机微粒（如细胞中的 DNA、RNA、ATP 物质；粪便颗粒等）。

天然水体中的磷循环如图 2-4 所示。有关污水中磷的生物化学反应机理，将在生物除磷处理工艺章节中进行介绍（第 4 章 4.2.1.4 节）。

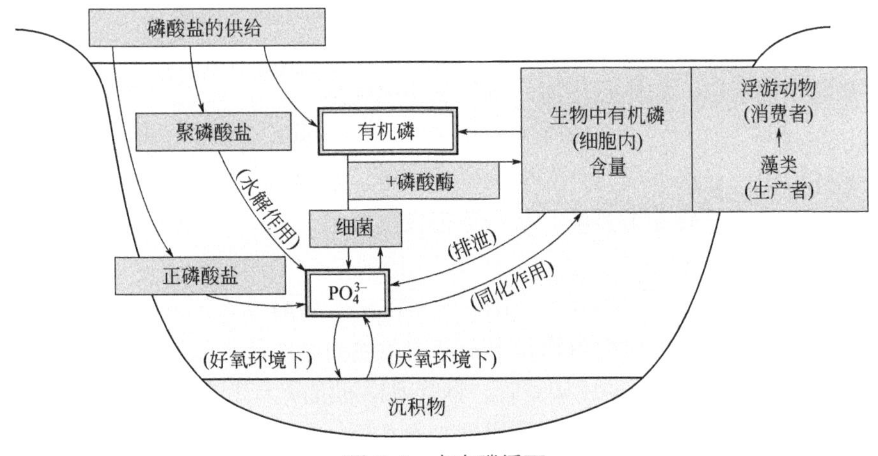

图 2-4　水中磷循环

藻类和细菌主要是吸收磷酸根离子（它们溶解于水的能力主要是由微生物作用引起的，特别是由于矿物或有机酸的产生）进行生长的；尽管如此，通过特定的酶（磷酸酶）

的作用，它们也能同化 DOP，这种磷酸酶的酸碱性取决于实现其最高效率时的 pH 值。

水生生物在其生长过程中或死亡后，都会释放有机磷（颗粒或溶解态磷）或无机磷；利用上述的各种不同的机制，所有形式的磷可以直接循环或者是在细胞矿化后得到循环。

除此之外，磷在水和沉积物之间存在两种变化形式：

① 在好氧条件下沉淀（如磷灰石、铁盐等）；

② 在厌氧条件下溶解（磷酸盐还原为亚磷酸盐与磷化氢、二价铁离子的溶解作用）。

生物和沉积物中所含的磷维持着水体的富营养化状态（见本章 2.1.9 节）。

2.1.7 硫循环

图 2-5 为硫循环简图。第 6 章将介绍参与硫循环的不同种属的微生物。

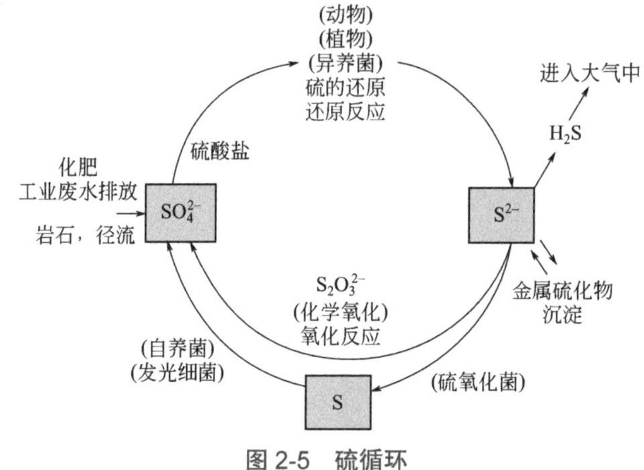

图 2-5 硫循环

有机硫化合物在厌氧发酵过程中转化为硫化氢，另外一些好氧细菌则能够将硫化氢氧化为胶体硫，在一定条件下可能会进一步转化为硫酸。

① 在简单的氧化还原反应中：

a. 白硫杆菌目（即无色硫细菌），如贝氏硫细菌属或丝硫细菌属，存在以下反应：

$$2H_2S + O_2 \longrightarrow 2H_2O + 2S$$

b. 某些原生菌亚门，如排硫杆菌，将硫氧化成硫酸。

$$2S + 3O_2 + 2H_2O \longrightarrow 2H_2SO_4$$

在好氧环境中，最终形成的是硫酸盐；相反地，在厌氧环境中，这些硫酸盐可以被其他细菌（脱硫弧菌或脱硫芽孢弧菌、某些芽孢梭菌属等）还原，这些细菌分泌的硫酸还原酶能促进下述反应：

$$H_2SO_4 + 4H_2 \longrightarrow H_2S + 4H_2O$$

还有一些硫还原菌（芽孢梭菌属和韦尔奇氏菌属的某些种类）。

在这些细菌中，某些还会造成铸铁管、钢管或钢筋混凝土管道的腐蚀（详见第 7 章）。

② 红硫杆菌目（或紫硫细菌）能够进行光合作用，例如红硫细菌属、硫螺旋菌属（图 2-6）或板硫菌属。绿硫杆菌目（或绿硫细菌）也能进行光合作用，例如绿硫细菌属或绿硫杆菌属；反应中被氧化的硫作为电子供体，为无机碳（CO_2）转化为有机物的过程提供电子，同时生成单质硫：

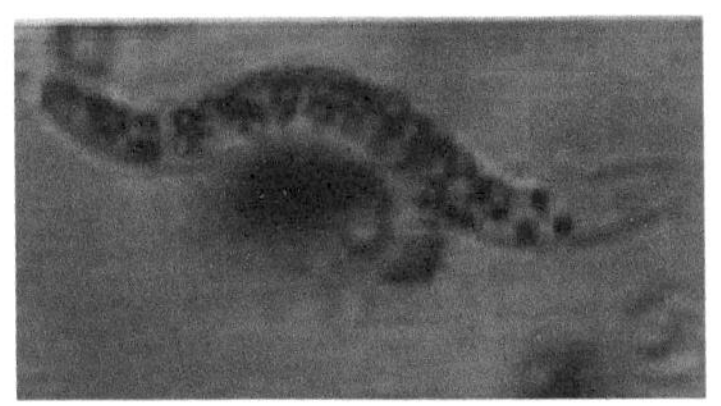

储存在细胞质中的单质硫颗粒清晰可见

图 2-6　紫硫螺菌属（×1000）

$$2H_2S + CO_2 \xrightarrow[\text{能量}]{\text{光}} (CH_2O)^* + H_2O + 2S$$

根据菌种的不同，生成的单质硫或者贮存在细菌细胞内，或者排泄出去。之后，硫可能会转变成硫酸。

$$2S + 3CO_2 + 5H_2O \xrightarrow[\text{能量}]{\text{光}} 3(CH_2O)^* + 2H_2SO_4$$

总的反应可以用下式表示：

$$H_2S + 2CO_2 + 2H_2O \xrightarrow[\text{能量}]{\text{光}} 2(CH_2O)^* + H_2SO_4$$

注意：这些反应中，$(CH_2O)^*$ 表示被合成的有机物。

2.1.8　铁、锰循环

2.1.8.1　还原和溶解反应

在厌氧或缺氧的条件下，氧化态的铁（Ⅲ）和锰（Ⅳ）可以作为电子受体，通过细菌作用将不同的可生物降解有机物（糖类、有机酸）最终氧化为二氧化碳。这个过程被称为异化还原，它使得铁和锰转变成可溶解的离子，同时降低水的氧化还原电位和 pH 值，使得水中出现还原态的 Fe^{2+} 和 Mn^{2+}。

这些反应是在许多异养菌如不动杆菌、芽孢杆菌、假单胞菌等的作用下发生的。在自然界中，这些细菌经常出现在地下水和沉积物中，它们形成了最重要的生物地球化学循环之一（这是地下水和湖泊底部水必须要去除铁锰的原因）。在受污染的滤池停止运行期间，在缺氧状态下也能发现这些细菌。

2.1.8.2　氧化反应

在好氧或微好氧的条件下，某些细菌在特定的 pH 值和适宜的条件下能通过氧化铁（Ⅱ）和锰（Ⅱ）使自身细胞得到生长。

（1）铁

铁氧化是一个放热反应，是由某些细菌分泌的氧化还原酶（黄素蛋白）进行催化反应的结果。不溶性的氢氧化物 $Fe(OH)_3$ 或羟基氧化铁 FeOOH 的三价铁贮存于这些细菌的黏性分泌物（鞘、茎、荚膜等）中。产生这些作用的细菌主要为铁细菌纲，尤其是：

① 鞘杆菌科：纤毛菌属（赭色纤发菌、厚纤发菌、生盘纤发菌）。

② 铁细菌科：泉发菌属（多孢泉发菌）、细枝发菌属（锈色细枝发菌、茶色细枝发菌）。

③ 鞘铁菌科：鞘铁菌属、亚铁杆菌属、铁单胞菌属。

④ 嘉氏菌科：嘉氏菌属（锈色嘉氏菌、大嘉氏菌），或是原生菌科（氧化亚铁硫杆菌）。

这个氧化过程主要有两个作用：一是为自养型生物提供生长、繁殖所需的能量；二是通过消除对这类细菌有毒的溶解性铁，以达到对介质解毒的目的。

在这些铁细菌中，可通过显微镜镜检出 3 种主要的细菌：

① 纤发菌属：纤丝（菌丝体）被菌鞘包围的单线圆柱状细胞，菌鞘在开始时薄而无色，随氧化铁浸入逐渐变厚，颜色变为棕色（图 2-7）。

② 泉发菌属：菌丝体在一端扩散，孢子细胞（分生孢子）由此端逸出分成几列，形成新的菌丝体，其菌鞘会发生与纤发菌属菌鞘一样的变化。

③ 嘉氏杆菌：分离的细胞沿螺旋状菌柄生长（分支或不分支）。由于细胞与菌柄的结合并不牢固，故常常仅见到菌柄（图 2-8）。

图 2-7　赭纤毛菌（×400）

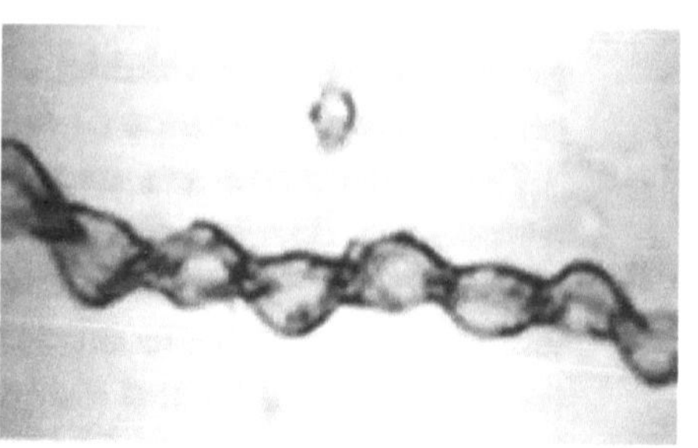

图 2-8　锈色螺状菌（×1000）

（2）锰

当铁锰两种元素同时存在时，假如铁的氧化过程已经完成，那么这些生物中的绝大多数（嘉氏菌除外）也能够将锰氧化为二氧化锰；此外，其他细菌在这方面也会表现出特异的活性，例如：

① 真细菌：假单胞菌属（氧化锰假单胞菌）、生金菌属（覆盖生金菌、共生生金菌）。

② 铁细菌纲：纤发菌属（猥毛纤发菌、冠毛纤发菌）。

③ 生丝微菌目：生丝微菌属（普通生丝微菌）。

（3）实际结果

这些微生物的作用是采用生物处理工艺去除地下水中铁锰的基础（请参阅第 22 章 22.2.1 节和 22.2.2 节）。但是，这一作用同样也存在不利的一面，比如说在地下水集水盆地中这一作用会造成井管堵塞，还能引起铸铁管和钢管内部的细菌腐蚀（请参阅第 7 章 7.3.3 节）。

2.1.9　污染和富营养化

2.1.9.1　污染的普遍含义

“污染”这个词被最广泛认可的含义是指任何对自然环境有危害的、人为造成的改变。

更具体地说，水的污染是由各种各样的排放物所造成的，包括点源污染和面源污染，其形式可以是向环境中注入热量（热污染）、无机物或有机物（化学污染），或致病微生物（细菌污染）。

以化学污染为例，其污染物包括：

① 自然环境中本来就存在的物质，可根据预先制定的参考浓度来判断水体被污染的程度。例如，加速水体富营养化现象的营养成分就属于这种情况（请参考本章 2.1.9.2 节）；

② 自然环境中原本不存在的物质（例如一些重金属和放射性同位素、有机微污染物，

详见本章 2.2.6.3 节）。

在许多国家，通过利用传感器和物理化学水质分析仪建立监测网络，同时结合动植物取样分析来监测这些污染。在动植物的取样分析中，一些生物标志物的出现可以作为判断环境状况良好或者恶化的标志。

在欧盟内部，各成员国均遵循关于评估、恢复（如果可能，到 2015 年）以及保持水的生态质量的纲要指令（2000 年 10 月 23 日发布）的要求。在法国，水质评估体系（SEQ）自 1992 年起已开始进行编制。这些指令以生物、物理以及化学标记化合物为基础，长期负责监测陆地水环境（河道、湖泊、地下水、海岸）的生态条件（为此，法国建立国家级的水质连续监测网）。

主要进行以下三方面的水质评价：a. 进行河道水文评价的 SEQ-物理系统；b. 进行物理化学评价的 SEQ-水系统；c. 进行生物评价的 SEQ-生物系统。欧洲的水政策是基于上述水质评价结果制定的。

根据《湖库水生态环境质量评价技术指南（试行）》及《河流水生态环境质量评价技术指南（试行）》，我国地表水生态环境质量评价要素主要包括：a. 水体理化参数；b. 物理生境（生物栖息地）；c. 生物类群。

水质评价：参照《地表水环境质量标准》（GB 3838—2002）基本项目标准限值，水质指标的评价根据不同功能分区水质类别的标准限值，进行单因子评价（其中水温和 pH 不作为评价指标）。

生境评价：按照《河流水生态环境质量监测技术指南（试行）》中生境调查方法获得生境监测数据，并根据“栖息地生境评价计分表”对 10 项参数进行分别评分。

生物评价：按照《河流水生态环境质量监测技术指南（试行）》要求对监测区域样品中的大型底栖生物和 / 或藻类和 / 或浮游动植物进行定性（或定量）采集和鉴定分析，记录定性定量分析数据。

该技术指南利用综合指数法对水生态环境质量进行综合评估，通过水化学指标、生境指标和水生生物指标加权求和，构建综合评估指数，以该指数表示各评估单元和水环境整体的质量状况。根据水生态环境综合评价指数（WQI）分值大小，将水生态环境质量状况等级分为五级，分别为优秀、良好、轻度污染、中度污染和重度污染，为地表水生态环境保护和可持续发展提供技术支撑，以加强流域生态环境保护。

2.1.9.2　湖泊富营养化

最初，该术语用以描述天然湖泊变化的现象，概括如下：

① 贫营养湖的形成历史较短且水深大，水呈蓝色且透明；直到湖底尚有溶解氧存在，生物量稀少。

② 随着湖的老化，由于藻类的光合作用和外源性物质的影响作用，湖泊富集了有机物，逐渐成为中营养湖，而后变为富营养湖。于是出现下列现象：由于逐渐淤积，湖泊水深减小；水的颜色发生变化（从绿色到褐色）；水中透明度降低；生物量增加，在水面上层（分层湖泊的最上水层，称为表水层）浮游藻类不断增殖，而深水层（下层滞水带）缺氧，这也使得元素以还原和溶解态的形式被富集（铁、锰、硫化氢、氨氮）。最终湖泊将会变为池塘、沼泽、泥炭沼泽。

在受到人类活动干扰以前，湖泊从一种类型转变为另一种类型需要的时间很长，是以数千年计的。但是，随着人类生活和生产活动的加强，这种自然进程正在不断加速，在许多情况下，这种现象在人一生当中就可能观察到。这种状况是由人类活动造成的，例如农业活动，排放生活污水或工业废水，将有机物和肥料（特别是氮和磷）带入静止水体中。这种状况有时在扩大水域时也会存在（如向未预先去除周边陆生植物的水库进行补水）。藻类中的蓝细菌（即蓝绿藻）作为常见指示物，当其在藻类中占据优势时，就预示着湖泊可能会发生富营养化现象。

这种人为的富营养化（如前所述的污染）可能会对旅游业和渔业造成巨大损失；此外，这种现象也会大大增加水处理的费用，这是因为无论是去除水中的生物及其代谢产物，还是去除湖底所存在的还原性化学物质，都需要必要的设备和药剂。

可采取下列措施防治湖泊富营养化：

① 治理措施：充氧，消除水体分层现象，投加化学药剂（如使用铜盐作为除藻剂）或者进行生物处理。

② 预防措施：修建环湖截污管（如云南滇池）或避免将污水排入湖泊。

③ 在污水处理厂中进行彻底的处理（降低悬浮固体含量，脱氮尤其是除磷），之后再排入水域中。

因为积累了所有排入的物质，静水也由此容易受到其他形式的污染。因此需要对其进行特殊的保护。

2.1.9.3　河流

虽然其定义并不完全适用于河流，但许多河流也面临着富营养化的问题，特别是浮游藻类的过度繁殖（如滇池流域的柴河、巢湖流域的南淝河等），偶尔也会伴随着大型植物的侵入。对于大型河流来说，可将预测模型应用于该河流的各个支流流域，以考察河流的富营养化程度。该模型综合考虑了水文、气候、点源和面源污染的输入等因素。同样地，对于水库和湖泊而言，在应对水体富营养化问题时，磷酸盐的去除是应该重点考虑的一个方面。

反映河流污染的生物学指标有很多种。在法国，多年以前采用的是污水生物系统，之后采用生物指数，如今统一使用下列指标：

① 标准总生物指数，SGBI（NF T90-350，1992 年 12 月）：SGBI 是由上述提及的生物指数衍生，并通过专家系统而完善的。这一指数是基于对底栖大型无脊椎动物种群（蠕虫、软体动物、甲壳动物、昆虫幼虫等）的分析而得出，但其不适用于大型河流。已开发出用于评价大型河流的“改进总生物指数（AGBI）”，包括物种在地理上的分布。

② 硅藻土生物指数，DBI（NF T90-354，2000 年 6 月）：该指标主要分析底栖硅藻土植物群（样本在完全淹没状态下提取），这种植物群对化学变化非常敏感，因为这些化学变化会影响它们的生存条件（有机质、氮、磷、矿化、pH 值等）。

这些指标由 0 到 20 之间的数值表示，并根据得分将水体分为五个不同的等级。

结合其他生物指标（鱼类、大型植物、寡毛纲动物、鸟类等），这些方法用于评价河流的生物特性及其在时间、空间上的变化；这些方法同样用于评估排污口上、下游之间的物种变化（敏感物种的消失，耐受物种的出现，物种数量的减少，各物种中个别种类数量的增加）；还可以用于评估污水处理的效果以及富营养化发展的趋势等。前面提到的

SEQ-生物处理系统也利用了这些生物指标。

如前文所述，《河流水生态环境质量监测技术指南（试行）》对国内河流进行生物评价常使用下列几种生物指标，并根据指标赋分将河流水质状况分为优秀、良好、轻度污染、中度污染和重度污染 5 个等级。

① BMWP 记分系统（Biological Monitoring Working Party Scoring System）：利用对大型底栖动物的定性监测数据进行记分评价，不需定量监测数据；只需将物种鉴定到科，工作量少、鉴定引入的误差少。此评价系统在松花江和火溪河中有应用。

② Chandler 生物指数：利用对大型底栖动物的定量监测数据进行记分评价，可反映水体受污染的程度。物种鉴定时需要鉴定到属，对鉴定要求较高；在东江干流、辽河、松花江等河流中都有应用。

③ Shannon-Wienner 多样性指数：利用藻类或大型底栖动物的定量监测数据进行评价。多样性指数更适合于同一溪流或河流上下游样点之间的群落结构差异的评价，不适用于反映群落中敏感和耐污物种组成差异信息的评价。对于某些特殊的水体（如不具备高物种多样性的源头水）不宜用多样性指数值对水体质量进行评价。在淮河、东江干流、辽河等多条河流中都有应用。

④ Hilsenhoff 指数：利用大型底栖动物的定量监测数据和各分类单元耐污值数据进行评价；在江苏、浙江等太湖周边河流有应用。

⑤ Palmer 藻类污染指数：用于藻类定性监测结果进行记分评价。样品鉴定到属即可，不需要定量监测结果，监测的工作量比较小；在沣河和松花江有应用。

⑥ 生物完整性指数（IBI）：利用大型底栖动物、藻类监测数据及多项参数信息，从生物完整性角度进行评价。建立 IBI 工作量比较大；但 IBI 涵盖信息更全面、丰富，可以得到更科学、更有针对性的评价结果；在辽河、漓江、松花江、太湖等多类水体有应用。

2.1.9.4　地下水污染

污染物主要影响浅层地下水（潜水、冲积层以及岩溶层的地下水等）。水生动物在地下水中普遍存在（甲壳类、原生动物等），甚至是深达数百米的地下水中也能发现水生动物。关于该环境下的总生物指数目前正在研究中。

2.1.10　放射性

2.1.10.1　天然放射性

来自宇宙的 ^{3}H、^{14}C 等物质，自地球形成以来就已存在的铀系和钍系放射性核素，以及 ^{40}K 等天然放射性物质是人类受照射的辐射来源。但是，受到放射性污染的饮用水的比例通常是比较低的。饮用水的放射性污染主要是由 ^{40}K 所引起的。

根据《2018 年全国辐射环境质量报告》，我国主要江河、重点湖泊（水库）和地下水中总 α 和总 β 活度浓度、天然放射性核素铀浓度及镭活度浓度均处于天然本底水平。

（1）地下水

地下水的放射性主要是由于岩石中所存在的镭引起的。镭是一种微溶于水的元素，但其衰变产物 ^{222}Rn（无色无味的化学惰性稀有气体）极易溶于低温有压水，因此其很容易传输至自来水中。

其他放射性核物质如铀、钍、铅、钋，主要来自花岗岩、铀矿、褐煤和沉积磷酸盐。其主要形式是 ^{238}U 及其同位素 ^{234}U，其中 ^{238}U 在沉积物中的含量可以达到 99% 以上。

表 2-6 列举了我国和法国水体中放射性水平的变化范围。在西班牙和芬兰的花岗岩地区，地下水中放射性元素分别高达 60Bq/L 和 100Bq/L。

表2-6 水体中放射性水平的变化范围

水体	总 α 放射性 /（Bq/L）	总 β 放射性 /（Bq/L）	镭 /（Bq/L）	^{40}K β 放射性 /（Bq/L）	铀 /（μg/L）
法国地下水	0.24～7.7	1.4～6.3	0.13～1.8	0.3～5	1～70
中国地下水①	0.01～0.18	0.03～0.60	0.001～0.025	0.027～0.7②	0.03～20
中国江河水①	0.01～0.33	0.03～0.92	0.002～0.022	0.015～0.59②	0.05～7.6
中国湖库水①	0.01～0.89	0.03～1.50	0.001～0.021	0.011～0.50②	0.03～11

① 生态环境部，《2018 年全国辐射环境质量报告》，除 ^{40}K β 放射性。

② 数字源自国内相关研究文献。

（2）地表水

大气中存在的放射性核素彼此黏附形成气溶胶，然后被降水带至地面。这些放射性物质以 ^{3}H 和 ^{222}Rn 为主，还有氩、铍、磷。

溶解在土壤中的放射性物质主要为氡和铀等，地表水中的放射性通常是相当低的，在水中所发现的放射性物质均是人类活动造成的。

（3）铀矿

在铀矿的下游，无论采取何种处理方式其放射性水平都将很高。在有关地区，从单独水井中取水是目前普遍的做法，但必须对取水进行处理。地表水的污染可认为是持续矿化作用的结果，其中放射性污染主要由以下物质引起：a. ^{230}Th、^{226}Ra（α 射线源）；b. ^{228}Ra、^{210}Pb（β 射线源）。

应当注意的是，在金矿排水中，由于经常含有放射性铀，也面临着同样的问题（见第 25 章 25.12 节）。

2.1.10.2 人工放射性

大多数的 β 射线源（不包括 ^{40}K 和 ^{228}Ra）与人类军事用核（大气核试验）、工业（能源发电）、医疗（放射诊断和治疗）和研究活动有关。以下是排放到环境中的主要放射性核素：

① ^{58}Co、^{60}Co、^{54}Mn、^{3}H（由核电站产生的液态污水）；

② ^{134}Cs、^{137}Cs、^{90}Sr、^{3}H、^{106}Ru、^{131}I、^{239}Pu（大气原子实验和发电厂产生的气体污染）；

③ ^{131}I（在医院中产生的）。

在地表水中发现的较低水平的放射性污染通常来源于：大气中的放射性尘埃，由地面径流渗入土壤的沉积物，污水的排放，意外核泄漏。举例来说，在切尔诺贝利核电厂核泄漏事件中排放至大气中的放射性物质总量约为 5×10^{17}Bq ^{131}I 和 7×10^{16}Bq ^{137}Cs。

氚 ^{3}H（T）是在大气中自然产生的。但是，这种放射性物质同样也会大量排放至自然环境中（如发电站，核爆炸）。

在环境中，99% 的氚是以氚水（THO）的形式存在的：它通过土壤进行扩散，很容易与液态生物物质相结合，但与其他放射性核素不同，其不附着在沉积物或悬浮固体上。

一般情况下，水中氚的含量如下：a. 雨水，约2Bq/L ; b. 地下水，<10Bq/L ; c. 地表水，<20Bq/L。

值得注意的是，欧洲饮用水水质标准中规定饮用水中氚的最大浓度为 100Bq/L。

2.2　饮用水

2.2.1　需求量

被普遍认可的人类日常饮用以及烹调用水量为平均每人每天 2.5L。该定额取决于当地的气候条件，在热带国家该值可以上升至 3～4L，但与家庭用水相比仍然较低。在许多没有集中供水和生活便利设施水平较低的国家，居民用水为每天数升左右；但在发达国家，居民用水则上升至每天数百升（表 2-7）。

表 2-8 给出了不同家庭活动所消耗的水量。

表2-7　发达国家居民耗水状况

地区	分布	水量分配 / [L/（人・d）]	
		变化范围	平均值
城市	住宅内	70～300①	165
	街道喷泉	25～70	40
农村	住宅内或街道喷泉	25～125	60

① 独立式花园住宅。

表2-8　家庭活动所消耗的水量

家庭活动	消耗水量 /L	家庭活动	消耗水量 /L
冲洗厕所	5～10	手洗碗碟	15～20
淋浴	30～40	洗碗机	30～40
盆浴	100～200	洗车	150～200
洗衣机	90～120	浇灌花园	200～600

需水量需考虑第三产业（办公楼、商业等）以及各种公共服务场所 [如学校、医院、游泳池（图 2-9）、街道清扫等] 用水，有时这些场所会成为主要的用水大户。除此之外，某些工业同样需要使用自来水。

需水量也需要考虑供水管网的条件以及管网中的漏失水量。目前已有管网考核指标：用户住处记录的用水量与出厂水量的比值。对于维护良好的管网，该比值至少应该达到 80%，即漏损率应小于 20%。

《水污染防治行动计划》（“水十条”）中明确指出：到 2017 年，全国公共供水管网漏损率控制在 12% 以内；到 2020 年，控制在 10% 以内。2018 年，全国生活用水量达 859.9 亿立方米，即人均生活用水量 62m^3；城镇人均生活用水量（含公共用水）为 225L/d，农村居民人均生活用水量为 89L/d。表 2-9 说明了不同居住条件的生活用水量变化情况。

图 2-9　游泳馆

表2-9　不同居住条件下的生活用水量

居住地	每人每年用水量 /m³	数据来源
农村	32	《2018 年中国水资源公报》
城镇	82	
北京 居民区 单位等办公区	77 40 37	北京市节水管理中心 2013 年度数据
巴黎	150	里昂水务（Lyonnaise desEaux）手册资料
里昂	140	
纽约	500	

2.2.2　水质标准

在任何情况下，通过输水管网系统输配给用户的水必须经过处理达到适于饮用的标准。也就是说，尽管人们只是直接饮用其中一小部分水，也要确保所提供的水能够全部满足现行饮用水水质标准。编者不赞成建设分质供水系统，即一个系统为人们提供直接饮用水，另外一个系统为其他用途提供水质相对较差的水。即使不考虑由于可能误接以及交叉连接所带来的巨大风险，分质供水系统在经济上也是不可行的。

因此，只要任何一个水质指标超过了饮用水标准规定的限值，都必须对水进行处理。对于每一个水质指标，WHO（世界卫生组织）都已经提供了推荐值。各个国家可根据各自的健康和经济水平，对推荐值进行调整，以制定符合本国国情的饮用水水质标准。

在欧盟国家中，欧盟指令规定了饮用水水质，各成员国都必须将其转化为本国的国家法律。欧盟最初的 1980 年指令，于 1989 年 1 月 3 日转化为法国的法律。该法律明确了水质等级标准以及 64 个水质指标相应的最大允许浓度；而第二个规定（MAC）是在一个修订指令（98/83/CE）中提出的，这个指令于 1998 年 12 月 5 日在欧盟官方公报（ECOG）上发布，并于 2001 年 12 月 20 日转为法国法令（2001-1220 号）。

后来的指令规定了一系列水质指标的数值（其中一些在一定的时间段是保持不变的）以保障用户的身体健康，这和 WHO 建立的系统是一致的。初始指令中的一些指标已被删除，还对一些指标进行了更为严格的修定（例如：锑、砷、铅、镍、多环芳烃等）；有的指标是第一次被列入（例如：丙烯酰胺、钡、苯、溴酸盐、三卤甲烷、农药代谢产物等）。

法国还增加了次氯酸盐和微囊藻毒素等指标。此外，考虑到水在输配管网中流动时可能造成的水质恶化，该法令第一次明确提出了用户龙头水必须强制符合水质标准这一规定。

由于水质标准经常更新，读者可以参考最新的官方数据。

注意：在法国，根据实际情况，颁布的水质参数已被更名为限值或参考值。

我国的生活饮用水水质标准也关注水中有毒有害物质、微生物的健康风险，对保护人体健康的水质指标要求非常严格。截至 2006 年，我国生活饮用水水质标准曾进行 6 次修订。目前执行的《生活饮用水卫生标准》（GB 5749—2006）于 2012 年 7 月 1 日起全面实施，与 GB 5749—85 相比主要增加了 59 项毒理指标、4 项微生物指标、5 项感官性状及理化指标等 71 项水质指标，并修订了 8 项指标。GB 5749—2006 修订稿预计于 2020 年发布，其中又新增 5 项毒理指标，并根据健康效应确定并调整水质指标的限值。

2.2.3　水源选择

在输配水至用户之前，待处理的水源的选择由许多因素决定，在对每一种可利用水资源（地下水，流动或是静止的地表水）进行评价时需要考虑以下因素：

① 水量：在任何情况下，水源必须满足供水能力。在降水量变化非常大的国家，可能不得不兴建水坝以在雨季贮存雨水，期间所储存的水量可满足干旱时期的需要。

② 水质：原水水质必须符合其所在国家的法律法规。在法国，以 1976 年 6 月 16 日欧盟指令（75/440/CEE）为基础的 2001-1220 号指令（见本章 2.2.2 节），规定了三种类型的地表水水质（A1～A3），与之相对应的是三种类型的处理方法 T1～T3（T1 为直接过滤，T2 为全面澄清，T3 为澄清和深度净化），所有处理方式都伴有消毒处理；当水质劣于 A3 类型时，原水只有经过授权批准才可用于生产饮用（食品级）水，地下水也受到类似的限制。

我国采用地表水为生活饮用水水源时应符合《地表水环境质量标准》（GB 3838）的要求，即地表水为Ⅱ类或Ⅲ类水体，且满足集中式生活饮用水地表水源地补充项目和特定项目的标准限值规定；采用地下水为生活饮用水水源时应符合《地下水质量标准》（GB/T 14848）的要求，除Ⅴ类地下水不宜作为生活饮用水水源之外，其余四类地下水均可以作为生活饮用水水源。

天然水水质变化大，一般必须选用最适宜的水处理工艺和处理设备。工艺和设备也必须根据往年的水质变化状况（日常的、季节性的、气候变化）和潜在的可预测的变化（水坝的建设、额外的土地开发等）进行评价。同时，值得注意的是，地下水并不是“纯净水”的同义词。除了经常含有铁和锰以外，许多地下水还会遭受细菌的污染，以及硝酸盐、农药、氯溶剂或烃类化合物的污染。

③ 经济：需要对可利用的水资源、原水的储存和输送、水处理流程、净化后水的储存和分配等方面相关的投资和运行费用进行经济性比较。

2.2.4　生物杂质

所有的水都可能受到内源性或外源性微生物的污染。第 6 章将对此进行详细介绍。

2.2.4.1　细菌和病毒

对于排入环境的城市污水，无论是否经过处理，都必须进行粪便污染细菌检测。这些细菌可用来指示水体可能受到致病的细菌或病毒潜在的污染（见第 6 章 6.3.2 节）。

常见细菌的生长繁殖给城市的供水管网带来严重问题：消耗氯和溶解氧，腐蚀，产生令人不快的味道。

2.2.4.2 各种微生物（浮游植物和浮游动物）

地表水中含有许多生物，包括各种植物和动物，分别形成了浮游植物和浮游动物（见第 6 章 6.3.1 节）。由于产生了一定的生物量，必须将其去除。

某些生物（尤其是放线菌和蓝细菌或蓝绿藻）所分泌的化合物（例如土臭素）使得水体产生令人不快的味道或气味。

某些蓝绿藻在生长繁殖或死亡时，排出的代谢产物对高等动物有毒性（对动物的神经和肝具有毒性）。

此外，当管网中出现了藻类和无脊椎动物时（枨水虱类、桡足类、线虫、寡毛纲、昆虫幼虫），会令用户在视觉上感到不快，这些生物的生长繁殖会带来许多问题（扩散、沉积、出现厌氧条件），最终会导致用户的投诉。

最后，几乎所有的地表水都携带有原虫和寄生虫，这些微生物是导致肠胃炎流行病的主要原因（阿米巴、贾第虫、隐孢子虫、孢子）。

2.2.5 矿物杂质

有些矿物杂质会影响水的感官性状，以及水在配水管网中的外观及性状。但是，部分杂质并不会对健康带来明显影响，而另外一部分杂质则被认为是有害的。

2.2.5.1 对健康没有明显影响的杂质

（1）浊度

同色度一样，浊度是可由用户立即感知的首要指标。浊度过高的水将直接被用户拒绝使用。降低浊度还基于以下原因：

① 为了确保对水进行有效的消毒；

② 为了去除吸附在悬浮固体上的污染物（如重金属等）；

③ 防止在输配水管网中产生沉积物。

（2）色度

水的色度可能是由某些矿物杂质（如铁等）引起的，但多半是由一些溶解性有机物（腐殖酸和富里酸）造成的。为了使饮水感观良好，水的色度必须去除。在去除色度的同时某些有害有机物也随之被去除，如形成氯仿或三卤甲烷等的前驱物。

（3）矿化度

水中的钙硬度和碱度，与水的 pH 值和溶解的碳酸一起，影响着碳酸盐的平衡（见第 3 章 3.13 节）。保持水中碳酸盐的平衡主要是为了防止管网的腐蚀或结垢。硫酸盐浓度过高会影响水的口感，且当镁离子存在时还会导致腹泻。同样地，氯离子含量过高也会影响水的口感并造成一定的腐蚀。

（4）某些金属物质

在管网系统中，铁和锰会造成染色和积垢现象，这些积垢能引起管道的腐蚀。此外，它们与其他金属（如铜、铝和锌）一样还影响水的感官性状。

（5）溶解性气体

硫化氢的出现意味着存在厌氧条件和氧化还原电位太低的情况；它会产生令人不快的气味，并可能引发腐蚀。硫化氢在水处理中必须被去除。

（6）氨

氨对人体健康并没有太明显的作用，但当其出现在地表水中时，就意味着水体已经受到了污染。在深水中，氨可以在还原性的环境中产生。氨必须从水中去除，因为它影响水处理中的加氯消毒过程（形成氯胺），并且它是一种能够促进某些细菌在管网中滋生的营养素。

2.2.5.2　影响健康的杂质

（1）重金属

工业废水中的镉、铬、铜、镍、铅和汞必须从水中去除（请参阅现行标准，如我国的污染物综合排放标准和行业排放标准，世界卫生组织、欧盟以及美国环境保护署等的标准）。

在原水中，这些重金属常常吸附在悬浮物上，因此去除这些悬浮物一般就能将其去除。重金属也能溶解于水，因此需在适宜的 pH 条件下，通过混凝絮凝形成氢氧化物沉淀的形式而被去除。

在某些情况下，这些金属（如汞）可以和天然有机物或者污染物质螯合。采用的处理工艺必须能够破坏或消除这种螯合物。

（2）硝酸盐

原水的硝酸盐浓度通常是逐渐上升的。因为硝酸盐能导致婴幼儿的高铁血红蛋白血症（或苍白病），甚至是癌症，所以当硝酸盐氮（NO_3^--N）浓度达到 11.3mg/L 时必须予以去除。我国饮用水中硝酸盐氮浓度应低于 10mg/L（地下水源限制时不超过 20mg/L）。

（3）石棉纤维

尽管石棉被认为是通过呼吸道吸入的致癌物质，但饮用水中石棉纤维的致癌效应并没有得到充分的证实。不过，最好还是尽可能将其去除，因为石棉纤维可被带到水蒸气中（如开水、淋浴等）。有效降低浊度也可确保石棉纤维得到充分去除。

（4）硬度

硬度不会对健康产生任何明显影响。但是，也会造成一些间接影响，如通过钠离子交换系统对水进行软化，会引起钠含量的增高，而高含量的钠会诱发高血压的发生。GB 5749—2006 规定饮用水中的总硬度（以 $CaCO_3$ 计）限值为 450mg/L。

（5）氟

过多的氟会导致牙齿珐琅质染色和氟骨症。我国饮用水中氟化物浓度限值为 1mg/L。当氟的浓度高于 1mg/L 时，必须使用特殊的方法降低氟的浓度。

（6）锑

目前有学者认为锑能影响血液的成分，世界卫生组织（1994 年）、欧洲议会（1998 年）和我国 GB 5749—2006 中限定饮用水中锑的含量不应超过 5μg/L。

（7）砷

目前在某些水体中存在，砷能导致皮肤癌和其他类型的癌症，甚至是血液循环的问题；饮用水中砷的允许浓度正在不断降低（GB 5749—2006 中限值为 10μg/L）。

（8）钡

常存在于自然界中，这种金属可能导致心血管疾病，饮用水中钡的允许含量现在已经进行调整（欧洲和我国的限值均为 0.7mg/L）。

（9）硼

一般来讲，城市污水和工业废水中硼的含量很低，在自然环境下淡水中硼的含量仅在某些地域会很高。但是，大量使用含有硼酸盐的洗涤剂使情况发生改变。尽管硼的影响仍在讨论之中，作为一项预防措施，欧洲指令（1998 年）规定了硼的浓度限值为 1mg/L，而我国 GB 5749—2006 标准综合考虑世界卫生组织（1998）的建议浓度，将硼的浓度限值规定为 0.5mg/L。

（10）硒

硒在自然界中普遍存在，但对人体是有毒性的，对肝、指甲和头发都会有影响，饮用水中硒的含量被限制在 10μg/L 以下（中国、世界卫生组织、欧盟等）。

2.2.5.3 研究水对人体健康影响的方法

某一种物质或产品对人体健康的直接影响是很难评估的。为了控制剧毒物质的致死性（即中毒）所引发的事故，可以对摄入某些产品时可能导致的死亡、致癌或者其他病症进行流行病学研究。

但是，考虑到个体环境的影响因素众多，以及当今社会人口的大量流动，使得流行病学研究是一个长期的、高成本的而且结果常常是饱受争议的过程。因此，必须对实验方法进行筛选。

为了能更加了解各种污染物对人体健康的影响，实践中，会用某些动物而不是直接对人进行相关的研究和实验，所选的实验动物已经证明与人类有相似的敏感度。然后，根据实验结果，再用同样的模型尽可能地推演出发生在人类身上的结果。

污染物质对不同动物的影响如下：

① 急性毒性：对于动物来讲是瞬间致命的。LD_{50} 表示在规定的时间内（例如 24h）杀死 50% 的实验个体的致死剂量；另一个类似的概念（LC_{50}）用来定义致死浓度。

② 慢性毒性：这是人类新陈代谢所能承受的最高摄入量，只要每日不超过最高摄入量就没有任何风险，称为 ADI（每日允许摄入量），超过这个量死亡风险就会增大。

③ 细胞毒性：这是取代活体实验，通过细胞培养进行的研究，所研究的物质会造成一定的细胞死亡率。据此，可以对细胞毒性进行定义。

④ 致突变性：某种物质的摄入很可能会导致遗传性突变（某些基因结构上的变化），这些突变是可遗传的，从而影响生物的全部或者部分细胞。无论摄入剂量如何，致突变性风险是始终存在的，只不过是摄入量低时风险小，致突变的风险随着摄入量的增加而增大。

⑤ 致癌效应：暴露在某些物质下或者是摄入某些物质，能够最终导致恶性肿瘤的发生。和致突变作用一样，无论摄入剂量是多少，致癌效应都是存在的。

2.2.6 有机杂质

研究有机杂质对人体健康影响的方法和前文所述的研究矿物杂质的方法大致相同（请

见本章 2.2.5.3 节）。

目前在《化学文摘》上登录的有机化合物大约有 1500 万种，这些化合物都会与水体有不同程度的接触。因此，无论是现在还是在未来，对水中的有机化合物进行详尽的分析都是不可能完成的任务。但可将其分为以下两个主要类别：

① 人工合成有机微污染物，这是由人类活动产生的，如杀虫剂、烃类化合物等，尽管它们在水中的浓度仅为若干微克每升（恰合其名称——微污染物），但却能对公众健康产生巨大的威胁，下文将介绍这些微污染物所带来的危害并识别出最具危险性的物质（见本章 2.2.6.3 节）。

② 天然有机物（OM 或 NOM），占水中有机物总量的 80%～90%。

在实际的常规分析中，采用色谱分析法，通过对综合指标、反应官能团和目标物图谱（预测在当地条件下可能产生的微污染物）的测定对有机物进行分析鉴定（见第 5 章 5.3.2 节）。

2.2.6.1　有机物综合指标

该指标的测定结果可以表示由大量有机物所组成的总浓度，并不能反映某一种有机化合物的浓度。

虽然综合指标与毒性或细胞毒性测定、致癌或致突变检测之间不存在相关性，但是如果在整个处理系统中对综合指标进行监测，并确定最低浓度水平，它们可以用于优化水处理厂的运行操作并对各个系统的处理效果进行比较。例如在美国，当溶解性有机碳的含量超过 4mg/L 时，会建议加强澄清处理。

以下参数是最值得注意的：

① 高锰酸盐指数（COD_{Mn}）和总有机碳（TOC）量是测定总有机物浓度的指标。建议采用合适的处理方法尽可能地降低 TOC 和 COD_{Mn}，尤其是其中可生物降解的部分。这些可降解的有机物能促进管网中微生物的生长，因此必须将其去除。此外，也有必要区分 TOC 中的溶解组分：可生物降解溶解性有机碳（BDOC），可生物同化有机碳（AOC）和难降解溶解性有机碳（RDOC），如图 2-10 所示。

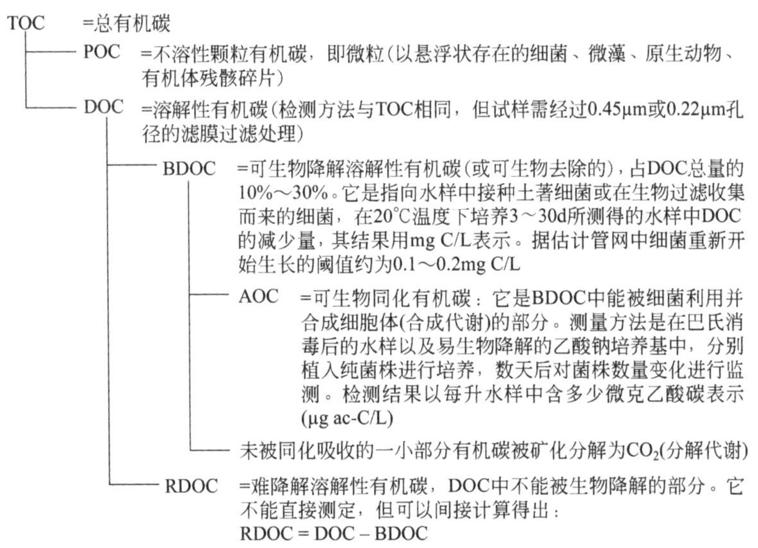

图 2-10　不同形式的有机碳（法国分类方法）

② 254nm 紫外吸收光谱法是测定含有双键的有机化合物含量的标准方法（脂肪类、羧基类、芳香族类有机物）。

③ TOCI（或者 TOX）可以用于测定水中含氯（卤素）有机物的含量，其浓度在水经氯化处理后将会升高，而对于输送至用户的龙头水，其浓度必须要尽可能地低。

2.2.6.2 天然有机物

天然有机物对人体健康无害，但会影响饮用水处理工艺的正常运行；尤其是部分天然有机物（NOM）汇集了氧化副产物的前驱物（请见本章 2.2.8.2 节）。氧化副产物包括氯化消毒后产生的三卤甲烷（THM）、卤乙酸（HAA）和卤代乙腈（HAN），和臭氧处理后产生的具有果香味的乙醛。另外，这部分 NOM 可能造成膜污染，并且在利用颗粒活性炭去除人工合成微污染物时会产生竞争吸附的现象。

图 2-11 说明了对于 5 种不同来源的水，富里酸中酚碳比例与疏水性 NOM（用 ^{13}C 核磁共振进行确定）对需氯量以及加氯消毒后余氯量的直接影响。虽然比较复杂，但是对天然有机物进行分析鉴定有助于更好地理解水处理工艺中发生的现象。

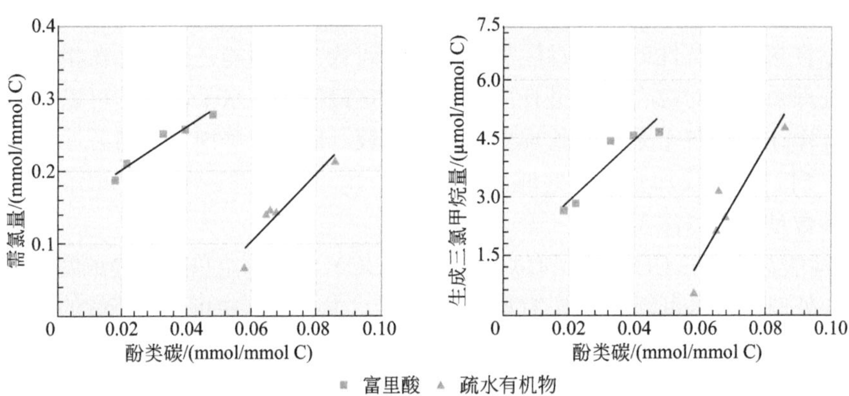

图 2-11 酚类有机物对需氯量和加氯消毒后所形成的三氯甲烷的影响

某些天然有机物有着复杂多变的结构，主要利用光谱技术（例如红外线或紫外线吸收、^{13}C 核磁共振）对其进行研究。因此，利用气相色谱-质谱热解技术，可以对不同水源中的有机物进行分析。这些有机物是构成绝大部分动物体和植物体的生物高聚物，例如多聚糖（纤维素、淀粉）、氨基糖（存在于细菌和真菌细胞壁中）、蛋白质、多酚化合物（由单宁酸和木质素分解产生）（图 2-12）。

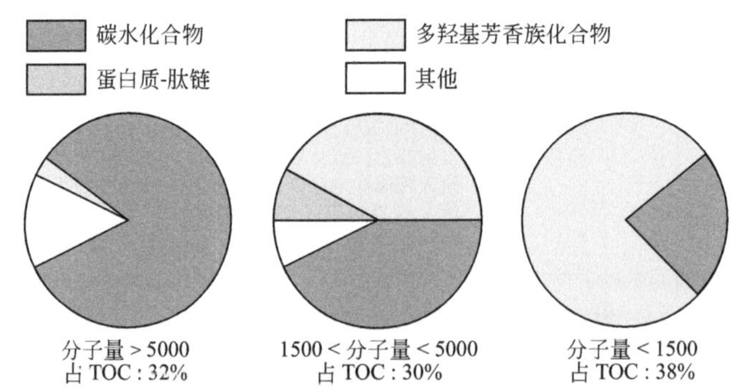

图 2-12 塞纳河水中有机碳的组分分布（法国）（根据 A. Bruchet）

2.2.6.3　人工合成有机微污染物

（1）农药及植物护理剂

这些产品主要是在农业生产中用于消灭害虫（除草剂、杀虫剂、杀真菌剂、除藻剂），其中有一部分可以迅速水解，另外一部分则非常难降解并会在食物链中富集。对于农业国家，三嗪类（莠去津、西玛津、去草津等）和苯基脲（异丙隆、敌草隆等）是最常用的农药。这些产品中一部分本身就具有毒性，另一部分则具有致突变或致癌作用。世界卫生组织于 1994 年公布了大约 40 种农药的推荐值。本节列出了这些农药中最重要的一部分，如表 2-10 所示。

表2-10　摘录自世界卫生组织1994年推荐值

复合物或异构体	推荐值 / (μg/L)	每日允许摄入量（ADI）/ (μg/kg 人体重)
2,4-二氯苯氧乙酸 (2,4-D)	30	10
草不绿	20	
涕灭威	10	4
艾氏剂和狄氏剂	0.03	0.1
莠去津	2	0.5
氯丹（所有异构体）	0.2	0.5
DDT（所有异构体）	2	20
七氯和环氧七氯	0.03	0.1
六氯苯	1	
异丙隆	9	3
林丹（六氯环己烷或 γ- 六氯环己烷）	2	5
异丙甲草胺	10	3.5
西玛津	2	0.52
氟乐灵	20	7.5

为了更好地保护水质，欧洲和法国法律法规（见本章 2.2.2 节）制定了更为严格的限制浓度（参考值）：每种物质浓度不得超过 0.1μg/L（其中艾氏剂、狄氏剂、七氯和环氧七氯的浓度不得超过 0.03μg/L），所有污染物的总浓度不得超过 0.5μg/L。

对于最近颁布的法律法规，其最重要的特点是对农药代谢物（由原分子经过化学或生化降解所产生的产物）进行了规定：农药代谢产物的限值与原农药相同。这就给水处理专家带来了新的问题，因为这些农药代谢产物比农药本身的极性更强，因而更难去除。因此，对于莠去津的主要分解副产物二丁基莠去津，很难利用活性炭对其进行吸附处理。

（2）卤仿化合物

请参阅本章 2.2.8 节：水处理过程产生的污染。

（3）氯化溶剂

许多深层水体被下列物质污染：工业废水，注入排水井中的物质，排放的浸取液。这些物质具有不同程度的致癌或致突变性，必须予以消除。

世界卫生组织已针对这些溶剂制定了推荐值，如表 2-11 所示。对于某些溶剂，欧洲标准所规定的限值甚至更低。

表2-11　世界卫生组织的推荐值

物质	推荐值 /（μg/L）	物质	推荐值 /（μg/L）
四氯化碳	2	1,1- 二氯乙烯	30
二氯甲烷	20	1,2- 二氯乙烯	50
1,2- 二氯乙烷	30	三氯乙烯	70
1,1,1- 三氯乙烷	2000	四氯乙烯	40

（4）酚类及其衍生物

酚类及其衍生物构成了工业污染指数。水中含有氯时，酚类物质与氯形成的氯酚所引起的味道最令人讨厌，而且在氯酚浓度很低的情况下就能感受到。一般来说，只要将纯苯酚的含量降至 1μg/L，就可以避免出现水的嗅味问题；但是，在某些情况下，只要存在痕量的氯酚（浓度为 0.1～0.01μg/L）甚至是 0.0005μg/L 的 2,6- 二溴苯酚，也会产生令人不快的味道。即使是利用最先进的色谱分析技术，如此低浓度的氯酚类物质也是非常难以测定的。

氯酚的感官检测阈值明显低于对用户健康能造成危害的水平。因此，这些物质需被去除至人们感觉不到异味为止。

（5）烃类化合物

烃类化合物有可能污染地表水或地下水，它们主要来自石油产品、污油和各种工业排放的废水，其中芳香族烃类化合物极易溶于水。

烃类化合物的生物降解速率很低。当意外污染发生时，在江河水处理厂的取水口处，芳香族烃类化合物会存在一段有限的时间，但其在地下水中的存留时间可能会很长（根据土壤的截留能力，可达数年之久）。这就是为什么必须严格保护地下水资源以避免其受到烃类化合物污染的原因。

烃类可能产生下列毒性和不良后果：

① 在水表面形成一层膜，降低水体的复氧和自净能力；

② 对给水处理厂的运行造成不利影响；影响絮凝沉淀效果，烃类化合物在滤料中可以附着很长时间；

③ 取决于烃的种类，产生嗅味的阈值浓度有所不同（从 0.5μg/L 的汽油到 1mg/L 的石油、润滑油）。某些新型无铅汽油添加剂，如甲基叔丁基醚（MTBE）在许多地下水中被检出，尤其是在美国。这些添加剂在水中的嗅阈值为 15～20μg/L ；

④ 毒性：当这些添加剂在饮用水中的浓度超过嗅阈值时，就有可能产生毒性。由燃油添加剂产品所导致的皮肤疾病已经有过报道。环境中的苯主要来源于燃油和尾气排放。苯具有致癌作用，WHO 标准中的推荐值为 10μg/L，我国 GB 5749—2006 中苯的限值也是 10μg/L。而欧洲饮用水水质标准对苯的规定更为严格，其参考值为 1μg/L。甲苯和二甲苯在汽油中也存在，其毒性均小于苯。

（6）多环芳烃（PAH）

有些多环芳烃具有很强的致癌作用，必须全部去除。世界卫生组织建议苯并 [*a*] 芘的限制浓度为 0.7μg/L，而欧洲法令对其要求更为严格：最大允许浓度为 0.01μg/L。对于其他多环芳烃，包括苯并 [*b*] 荧蒽、苯并 [*k*] 萤蒽、苯并 [*g*, *h*, *i*] 花和茚并 [1,2,3-Cd] 芘，欧洲标准要求其总浓度必须低于 0.1μg/L。此外，还需防止多环芳烃从具有煤焦油内衬的管道或旧水库释放到水中。

（7）多氯联苯（PCB）

这些产品直到 20 世纪 70 年代中期才逐渐发展起来，主要用于生产增塑剂、溶剂、润滑剂、热交换器液压油，尤其是用于制造变压器和电容器。这类物质在水中的检出浓度通常很低，但在事故情况下或者在处理旧变压器时，偶尔能检测到较高的浓度。

当这些物质燃烧或高温分解时，所释放的产物如多氯二苯并呋喃（简称呋喃）和多氯二苯并二噁英（简称二噁英）等被怀疑具有很高的毒性。这些物质非常稳定，因此能在环境中长期存在。它们可以被生物所同化，并能通过食物链进行传播。在天然水体中，它们往往存在于颗粒相中，因此大多可以通过澄清作用加以去除。

（8）洗涤剂

洗涤剂是合成表面活性剂或表面剂，随着城市污水和工业废水的排放进入水体。商业产品包括表面活性剂和辅助添加剂：

① 表面活性剂：用于降低表面张力，提高固体与水接触的润湿性，主要包括：

a. 阴离子表面活性剂：阴离子表面活性剂是使用最早和最为广泛的，它难于生物降解或具有很低的可生物降解性，通常带有诸如烷基苯磺酸盐（ABS）型支链。现在已被直链洗涤剂（LAS）所取代，因为至少有 80% 的 LAS 可被生物降解。阴离子表面活性剂可采用亚甲基蓝滴定法测定，因此，易于对其生物降解性进行全过程监测。

b. 非离子表面活性剂（目前主要使用的是烷基苯酚或聚乙氧基醇类）：它们的使用越来越普遍，但是对其进行测定却存在问题。1,2,3- 乙氧壬基苯酚被视为剧毒物质，实际上已不再使用。但其可能是长链乙氧基壬基苯酚厌氧降解的产物，特别是在污水处理厂。

c. 阳离子表面活性剂：由季铵盐组成，仅用于加强生物抑制性的特殊用途，日常中很少使用。

② 辅助添加剂，其中包括：

a. 合适的添加剂，如聚磷酸盐、碳酸盐、硅酸盐；

b. 螯合或配位剂［聚磷酸盐、次氮基三乙酸（NTA）、乙二胺四乙酸（EDTA）］；

c. 提高活性的辅助剂（氨基氧化物、羧甲基纤维素、链烷醇酰胺）；

d. 添加剂：漂白剂、高硼酸盐、光学增白剂、着色剂、香精；

e. 强化性能的矿质土；

f. 某些有助于水解污渍的酶。

在使用可生物降解产品之前，河水中阴离子洗涤剂的浓度在 0.05～6mg/L 范围波动，其后河水中阴离子洗涤剂浓度显著下降。

非离子型洗涤剂有很多配方，因此难以对其进行准确检测。由于其毒性，现在很多环境领域的不同部门，包括从事水资源研究的机构，都在集中研究分子最短的乙氧壬基苯酚（NP、NP1、NP2、NP3）的浓度。

洗涤剂对水体产生如下不利影响：

① 当阴离子洗涤剂浓度等于或大于 0.3mg/L 时，就会产生稳定的泡沫，形成的泡沫会富集杂质，易于传播细菌和病毒（气溶胶）。

② 即使在没有泡沫产生的情况下，洗涤剂会在气-水界面形成一个“绝缘”膜，从而减缓水中氧的传递，进而减缓自然或人工的净化过程。

③ 当洗涤剂含量超过泡沫阈值时，水将会有“肥皂 ”的味道。

④ 聚磷酸盐与表面活性剂结合，增加了磷酸盐的量，从而加速水体富营养化。因此，在一些国家大部分多聚磷酸盐已被 NTA（次氮基三乙酸）所取代。

⑤ 由于洗涤剂中过硼酸钠的大量存在，表层和深层水体中硼的含量日渐增大。

除了乙氧壬基苯酚，若洗涤剂的浓度保持在 3mg/L 以下，其将不会对细菌、藻类、鱼或是其他水中生物体造成毒害作用。而对于乙氧壬基苯酚而言，其对水生生物的致死浓度（LC_{50}）为 0.1～0.3mg/L。

最后，在洗涤剂中添加的酶，不会对受纳水体或处理厂产生不利影响。

（9）其他的微污染物（新出现的问题）

除了以上所述的常规污染物，还有数千种可能污染水体的有害物质。虽然法律法规只对有限数量的物质进行了规定，但一旦发现法令规定以外的有害物质，整个流域都将停止取水及使用。在法国东部供给 3 万用户饮用水的流域，当发现水中含有痕量的二硝基甲苯时，立即停止从该流域取水。危害最大的污染物是那些具有潜在致癌性的物质，如胺（苯胺）、氟化或硝化芳香族化合物，以及亚硝胺等。

在 20 世纪 90 年代中期，出现了一些新的水环境问题，如痕量的某些系列的“药物”，尤其是内分泌干扰物。这些物质不仅包括药物残留，还包括避孕药中的人工合成激素或其降解产物。自然的（人类产生的荷尔蒙、植物激素）或合成的（有机氯杀虫剂、多氯联苯、邻苯二甲酸酯、双酚 A、乙氧壬基苯酚、三丁基锡）物质均有干扰水生生物或哺乳动物内分泌系统的能力（控制生殖功能）。某些动物数量减少（佛罗里达的短吻鳄、波罗的海的灰海豹）就是因为这些物质的作用而引起的。对于人类而言，有理由相信这些物质与男性生殖能力降低有关系。睾丸癌、前列腺癌以及乳腺癌等发病量的增加甚至其他生殖器官畸形也可能是这些物质影响的结果。许多国家或国际组织（经济合作与发展组织、美国环境保护署、欧盟）对这些上千种物质分别展开了研究和实验，通过化学和生物实验可以测定这些物质的种类及其影响作用。

因此，对于新出现的污染物，相关法律法规将对其进行限制。而水处理厂要确保这些污染物在任何情况下均能够被有效去除。

2.2.7 放射性

放射性物质的摄入（请见本章 2.1.10 节）可能导致放射性病变，特别是恶性肿瘤的发生。或在非常高辐射的情况下，会对人体的重要器官（如消化或神经系统、红细胞的产生）产生致命的伤害。尽管这种后果能否给后代带来遗传风险并没有相关报道，但是这种风险性是应该引起注意的。

水质须符合每个国家法定要求，根据水中污染物的不同可以选取各种处理方法，这些方法有：混凝、絮凝、石灰沉淀、颗粒活性炭过滤、离子交换或反渗透（请见第 22 章 22.2.10 节）。

2.2.8 水处理过程产生的污染

当向水中投加化学药剂时，可能产生两种污染物：药剂本身含有的杂质，药剂与水中的有机物反应所产生的物质。

2.2.8.1　化学药剂中的杂质

在许多国家，化学药剂的使用必须经过卫生当局的批准。对于每种药剂，规范对其所含杂质的最高含量进行规定。化学药剂必须要经过严格的化学分析。当发现杂质存在时，有必要对其进行检测，以确保处理系统能够去除这些杂质。

（1）无机混凝剂

一些混凝剂来源于矿石或金属，这些物质中会含有一定量的不容忽视的杂质。铝土矿酸化处理制备硫酸铝以及利用废旧金属制备氯化铁都将会带来杂质（钨、锰、砷）。

另外一些混凝剂是其他工业的副产物。由钛行业产生的硫酸铁制备而成的氯化铜，可能含有相对较高浓度的锰。

（2）聚合电解质，助凝剂

合成聚合电解质是由单体（如丙烯酰胺、胺等）聚合而成。

当处理生活饮用水时，各国规范可以规定使用的单体物质的种类、聚合物中可接受的残留单体浓度以及最大的限制浓度（在法国，聚丙烯酰胺的情况如下：0.025% 丙烯酰胺单体和最大可接受浓度为 0.4mg/L，以满足欧洲的供水小于 0.1μg/L 的参考值。我国要求饮用水中的丙烯酰胺浓度小于 0.5μg/L）。

（3）氯及其衍生物

液态氯由于其来源不同，包含了多种杂质，如：溴、四氯化碳、三氯甲烷、氯化氢、六氯乙烷、六氯代苯和铁盐类等。

同样，根据制备工艺的不同，二氧化氯中会含有不同浓度的亚氯酸盐和氯酸盐，当其与水中的有机物反应时，将会重新变为亚氯酸盐。次氯酸钠（漂白剂）也含有氯酸盐。

（4）石灰——pH 值调节剂

生石灰或熟石灰很少能达到 93% 的纯度（杂质主要为不溶的碳酸钙、二氧化硅等）。当使用的石灰水未预先在饱和器中澄清时，其中的杂质将影响饮用水的浊度。

2.2.8.2　氧化副产物

第 3 章 3.12 节将介绍氧化消毒剂和水中污染物反应的机理。

本章 2.2.6 节强调氧化剂（氯气、双氧水、臭氧）与水中的有机物发生反应，会产生氧化副产物（如 THM、HAA、HAN 等），其中部分副产物会对人体健康造成威胁（致癌或致畸影响），也会产生令人不快的产物（如产生嗅味等），这主要是氯气和次氯酸盐作用的结果。但是，投加任何氧化剂都会产生副产物；例如臭氧在一定的 pH 值或温度条件下（第 17 章 17.4 节）能够将溴氧化成溴酸盐（研究表明生成的溴酸盐浓度达 10μg/L）。

氯气与水反应形成的 ClO^- 或是其他卤素（如溴或碘）与水反应形成的 XO^- 可以根据以下基础反应生成 THM：

$$R-\overset{\overset{\large O}{\|}}{C}-CH_3+3XO^- \longrightarrow R-\overset{\overset{\large O}{\|}}{C}-O^-+CHX_3+2OH^-$$

导致上述反应发生的含碳有机物主要由甲基酮组成，或者由任何能够被氧化生成甲基酮的有机物组成。这些 THM 前驱物主要包括腐殖质及由藻类衍生的有机物。

有机质被氯化时，还会生成其他形式的未被分析鉴定出的化合物（图 2-13）。目前还在对这些氧化副产物进行研究，根据各个国家的重视程度，水质标准对其含量的规定在不断变化。

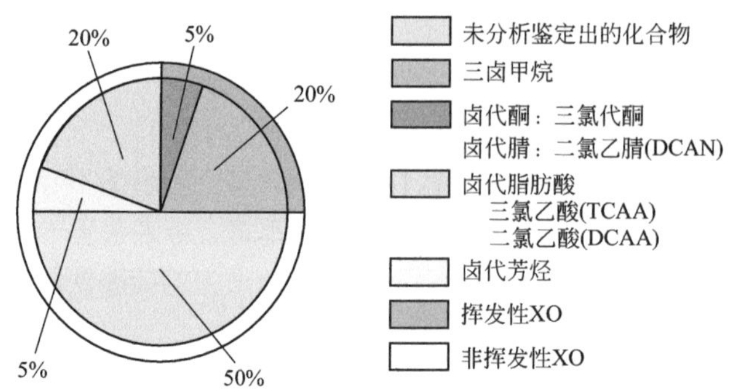

图 2-13　水被氯化处理后各卤素化合物的含量

现代水处理系统（详见第 22 章）的设计宗旨是尽可能地减少这些副产物的含量。但正如 WHO 所强调的，相关研究决不能干扰灭菌消毒处理的根本目标（如 1991 年发生在秘鲁的霍乱）。

2.2.9　外源污染

在水处理或输配水过程中使用的材料（如密封用的橡胶、油漆中的溶剂、建筑涂料，以及用于生产塑料管的单体和添加剂）也可能对水造成污染。

其中，有些材料具有不同的毒性，另外一些材料也可能释放出有机碳化合物，这些有机碳在管网中会作为营养物质被细菌利用以促其生长繁殖。一些国家和地区（美国、欧盟）已经公布了一系列明令禁止与水接触的材料清单，以及其他需通过测试才能获准使用的材料名录。

同样，管道、水龙头以及阀门所采用的材料也可能会受到水的侵蚀（腐蚀），腐蚀导致的铅析出有导致铅中毒的风险。此外，欧洲现行标准规定：用户水龙头出水中所含的铅应低于 10μg/L。欧洲已投入大量资金对旧的含铅管道进行更换，或内衬无铅材料，或将其与水隔离。

《生活饮用水输配水设备及防护材料的安全性评价标准》（GB/T 17219—1998）规定，凡与饮用水接触的输配水设备（水管、设备和机械部件等）和防护材料不得污染水质，管网末梢水水质须符合 GB 5749 的要求，即铅含量小于 10μg/L。饮用水输配水设备和防护材料进行浸泡试验时，铅析出量不能高于 5μg/L。

2.3　工业用水

2.3.1　水的用途和水质目标

不同工业用水对水质和水量的要求变化范围很大。

另外，由于环境和资源保护法规对排放标准、与税收挂钩等方面的要求日益严格，工厂内部及所在工业园区进行水的梯级利用和循环利用也愈来愈频繁，导致工业用水量和水质指标的不断变化。

2.3.1.1　水在工业中的基本作用

工业用水的基本目的和主要用途（图 2-14 和表 2-12）。

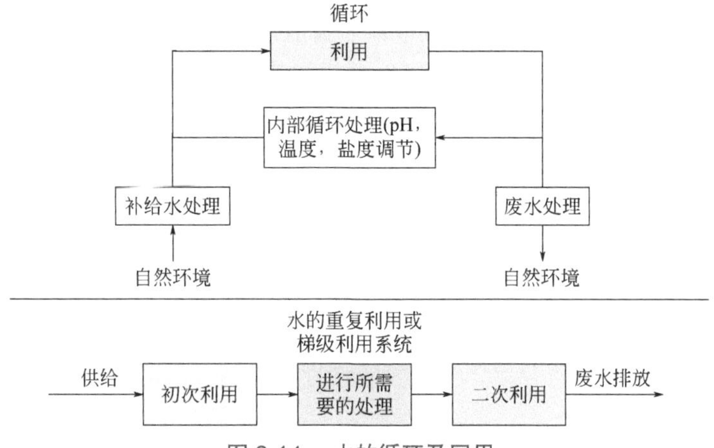

图 2-14　水的循环及回用

表2-12　不同工业用水的主要用途

用途	主要应用	用途	主要应用
汽化	锅炉，空气加湿	容器、反应器洗涤	印染业，农产品工业，化学制品
热交换器	蒸汽冷凝，液体和固体的冷却，加热	离子转输	表面处理槽，水基切削液
气体净化	钢铁厂，生活垃圾焚烧，废气除硫	淬熄	炼焦，熔渣，造粒，铸铁
固体洗涤	煤炭，矿石，农副产品	保压	二次采油
固体输送	纸浆，煤浆，农产品工厂，电泳颜料	动力能源	切割，钢铁除碳，各种造粒
表面清洗	表面处理，半导体，微电子	产品的原料	啤酒及碳酸饮料

① 单一用途：a. 直流冷却水（图 2-15）或直接补给水；b. 循环水，其水质可能恶化或水质未发生变化。

② 两种不同用途的连续利用，即回用或梯级用水。

2.3.1.2　轻污染循环用水

轻污染循环用水是指为某一用途将同一股水多次重复循环使用，且受污染很轻的循环水。补给水用于补给水量损失（如渗漏、泄空、排泥水等）或蒸发损失。这类水在使用过程中，不会有其他离子的汇集、气体溶解或矿物质及有机物的溶解，因此其水质不会明显恶化，但水中的盐类会因蒸发作用而被浓缩。

目前这种清洁循环系统常用的两个实例是：利用空气作为冷却剂，即开式循环回路进行冷却作用（见本章 2.3.3.2 节及 2.3.3.3 节），以及回收重复使用锅炉的冷凝水。

图 2-15　核电站冷却塔

循环水的基本知识：

① 循环比 R：循环水流量 Q 与补给水流量 A 的比值，若其值大，则由于蒸发作用导致各种盐类浓度的增大，这要求尽可能地去除补给水中的可溶性盐，且需要在工艺流程中进行排污稀释。

② 循环水的浓缩倍数 C 很重要，其取决于排放流量 D 和补给水流量 A。

由图2-16可以看出，C 可通过测定 S 和 s 并根据盐量平衡来计算，或是通过流量来计算：

① 按水量平衡　　$A = E + D$

② 按盐量平衡　　$As = DS$

由上式可得：

$$C = \frac{S}{s} = \frac{A}{D} = \frac{E + D}{D}$$

式中 A——补给水流量；

D——浓缩排放流量（人为排放量或渗漏损失量）；

E——蒸发量；

S——循环系统中水的含盐量；

s——补给水的含盐量。

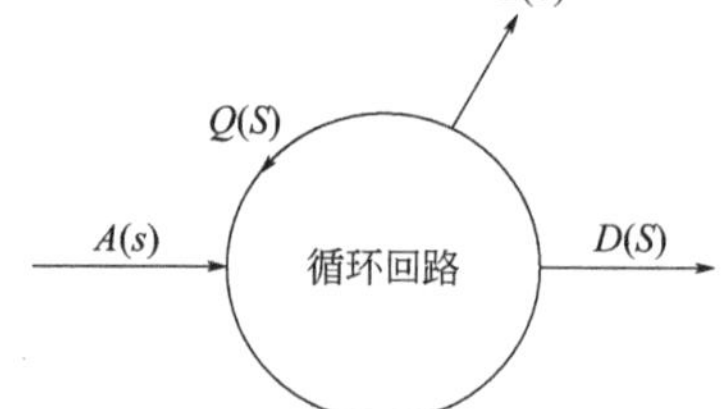

图 2-16　敞开式循环回路流量（浓度）平衡

Q——循环水流量

在一个敞开式循环冷却回路中，C 值的变化范围为1～6，有时能达到10。当外部没有氯化物的输入时，以锅炉水为例，其 C 值可以很高（如压水式反应堆核电站约为100）。

2.3.1.3　伴随严重污染的循环水

水在某一使用过程中产生了污染，或是外源性化合物杂质混入补给水中造成了污染。这种类型的应用有：

（1）伴随冷却同时进行的过程

① 洗涤含有盐酸雾（HCl）的烟气（如城市垃圾焚烧）；

② 洗涤含有二氧化硫（SO_2）成分的烟气（如锅炉烟气）；

③ 洗涤含有氢氟酸（HF）、氢氰酸（HCN）成分的烟气（如高炉煤气）；

④ 炼钢脱碳及轧钢喷淋过程裹挟出油渍和锈渍；

⑤ 氮肥造粒的氨氮吸收溶解；

⑥ 淬火车间及浆料输送过程中硫化物的吸收溶解。

（2）无冷却功能的过程

① 电铸清洗水引入溶解性盐；

② 磷酸盐工业中的气洗；

③ 原材料的输送（各种洗涤车间、湿法冶金等）引入悬浮固体和盐类。

在这种情况下，盐类的浓度水平不仅是由蒸发引起的。当有外源性氯化物混入时，含盐量通常很难确定；而且由于湿气冷凝（湿气洗涤），可能难以计算所需的补给水量。

于是，循环比 R 就成为估算补给水利用率的唯一参数。

根据系统中的水污染程度，污染的水可通过循环系统本身或旁路上的净化装置进行处理（图2-17）。

当循环水中的污染比较严重时（如洗气水），补给水的盐度及其所含杂质的影响将变得次要，补给水甚至可不经净化处理，主要是要解决循环水的处理问题。

当水中污染程度较轻时（极端情况是超纯水的循环利用），补给水中的杂质就成为主要去除对象；此时循环水处理就变得非常次要，考虑的是水量而非水质。

2.3.1.4　水的再利用或梯级利用

当水极为匮乏时，仅循环用水可能难以达到节水目标。另外可将水连续复用到其他不同用途，并可根据情况进行中间的净化处理。

水的再利用对水质的要求通常会低于初次利用的水，在这种情况下，无需进行中间处理。例如，高炉冷却气体的循环管路中排放的水，可直接用于高炉气体净化系统（图 2-17）。

同样的，在缺水国家，处理后的城市污水越来越多地用于工业水的补给。

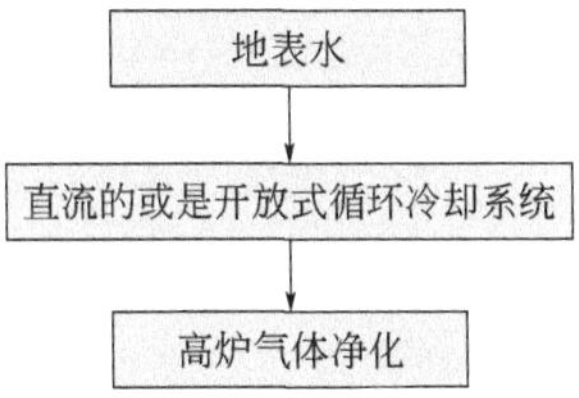

地表水
↓
直流的或是开放式循环冷却系统
↓
高炉气体净化

图 2-17　水的再利用

2.3.1.5　水源的选择

除了经济方面的考虑，选择水源时应考虑如下标准：

① 水利用适应性指标：碳酸盐平衡、总硬度、温度，以及 SO_4^{2-}、SiO_2、Ca^{2+}、Cl^- 等的浓度水平；

② 水与特定的某种处理方法的适应性（膜、离子交换器）。

根据不同的用途，表 2-13 列出了可被利用的水源。

表2-13　水的主要工业用途及其潜在的水源

用途		可接受的水源（通常经过适当处理）
优质水	啤酒、碳酸饮料① 农业产品① 纸类 纺织品 漂染厂 化学制品	饮用水 深井水 轻度污染地表水 脱盐水 彻底处理后的污水 彻底处理后的污水
去离子水，甚至是超纯水	制药① 中压和高压锅炉 各种水浴的制备 电镀清洗 超纯水	深井水 地表水 脱盐水 彻底处理后的污水 彻底处理后的污水
直流循环冷却水	空气制冷	去氯地表水 三级处理后的污水
开式循环冷却水	冷凝器和热交换器	地表水 海水 经过初级或物化处理的污水
洗气水或其他洗涤水	焚烧和冶金燃气洗涤洗煤	经过筛滤和预澄清的地表水 经过预处理的污水

①迄今为止，实践当中还不能采用回用污水，即使已对其进行彻底的处理。

海水在以下两种应用中不需要降低盐度：a. 用于冷凝器中的冷却；b.“近海”的二次回收。在其他情况下，海水需要进行脱盐处理。

2.3.2 锅炉水

2.3.2.1 锅炉供水的水循环

根据运行压力，锅炉分为低压（LP）锅炉、中压（MP）锅炉和高压（HP）锅炉。表 2-14 提供了每种锅炉通常的压力界限。

表2-14 锅炉的分类

种类	低压	中压	高压
压力 /bar(1bar=0.1MPa)	0.5～20	20～45①	> 45

① 各国规定的中压和高压的分界线各不相同，在 40～80bar 之间变化。

考虑到锅炉的类型，水的循环可以由图 2-18 进行简单的说明。

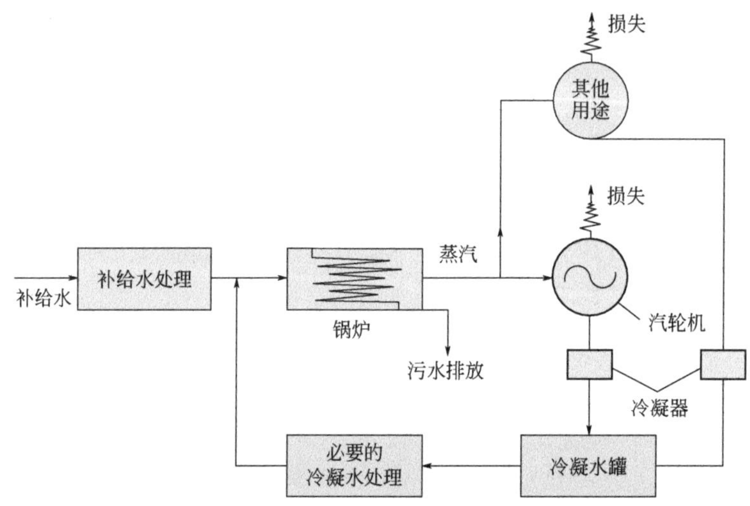

图 2-18 锅炉的水循环

锅炉进水包括按一定比例组合的两种水，一是冷凝水，或称回水；二是经过不同程度净化的新鲜水，也称补给水。

从汽化器中释放出的蒸汽常含有气水混合物（尤其是二氧化碳），在很高的压力下，蒸汽中将会含有盐分。这些盐类包括二氧化硅，在极高温的情况下还会含氯化物。

以液态形式存在于锅炉底部的水将会滞留浓缩已蒸发水中的所有物质（除去那些被水蒸气携带走的部分）。

稀释排污是将锅炉剩余浓缩的水的一部分排入下水道，该过程被称为“排污”或“清污”。

为简化起见，当锅炉连续运行时，水蒸气中的盐度是可以忽略不计的，即被排入下水道的盐量等于补给水所增加的盐量（因此冷凝水可以认为是纯净的）。

同理（详细介绍见本章 2.3.1.2 节），可得到下列平衡：

$$S = s\frac{A}{D}$$

水完全转化为蒸汽，当单元处理能力不再是以补给水量而是以产生蒸汽的吨数 T 表示时，就不能忽略 $A=T+D$，浓缩倍数将以下式表示：

$$\frac{S}{s}=\frac{T+D}{D}$$

因此，倾向于提高浓缩倍数从而减少采样分析。但是，采用这套参数时要考虑到经济上的可行性（请见本章 2.3.2.2 节）。

2.3.2.2　水中盐分和杂质产生的危害

锅炉用水或涡轮机（发电）用水问题：

① 在锅炉内壁结晶沉积造成的结垢，阻碍传热，引起局部过热并形成“热点”。同时，结垢导致了导热性能的降低。表 2-15 列出了一些物质的热导系数。

表2-15　部分物质的热导系数

物质	钢铁	硫酸钙	碳酸钙	二氧化硅
热导系数 /[kcal/（m^2・h・℃）]	15	1～2	0.5～1	0.2～0.5

结垢主要是由水中钙盐（碳酸盐或硫酸盐）引起的。当温度升高，或锅炉水碱度高时，这些盐的溶解度会降低。因此，在锅炉中局部过热的地方会剧烈汽化，形成含有过饱和盐的过热表面膜，从而使排污水中的含盐量很低。在第 24 章中将介绍无机或有机调质剂的使用能够有效避免沉积、结垢和腐蚀现象，从而降低锅炉补给水的处理成本或锅炉本身的材料成本。

② 蒸汽带水：蒸汽中的液体（泡沫或水雾）会含有一定量的杂质，这会降低蒸汽的能量效率，并导致盐的结晶沉积在过热器上或汽轮机中。蒸汽带水与水的黏性和表面张力有关。这些特性是由碱度、存在的某些有机物以及总含盐量决定的。蒸汽带水的重要性还取决于锅炉本身的特点及其汽化条件。

③ 挥发性矿物在沸点时会夹杂在蒸汽当中，其中危害最大的矿物质二氧化硅就是在 250℃以上的温度下产生的。这些盐类会沉积在汽轮机叶片上，严重影响汽轮机的正常工作。矿物质的挟带随压力和温度的升高而增加，其挟带量取决于锅炉水箱的水中有害物质的含量。

④ 腐蚀，引起的原因和性质有很大的不同，有的由于溶解氧的作用；有的因酸性介质尤其是二氧化碳的作用引起；或者由于铁直接被水腐蚀。在采取矫正措施之前，首先必须分析锅炉水中各种有损锅炉或汽轮机运行的有害物质的含量。在这些数据和排污量的基础上，考虑补给水中所允许的浓度。

可以发现，排污率越低（即锅炉中的盐度越高），解决上述四个问题的难度越大。

2.3.2.3　常规蒸汽锅炉中的补给水水质要求

表 2-16 是摘自于欧洲标准草案中关于水管锅炉和火管锅炉对水质的规定，其中对可能引起最大危害的杂质的含量进行了限定：铁、铜、二氧化硅（沉积）、钙、镁（结垢）、电导率和所有的电离盐（腐蚀、蒸汽质量）。

（1）火管锅炉

蒸汽锅炉给水（不包括减温器中的注入水）和过热热水锅炉给水的水质要求见表 2-16。

（2）水管锅炉

自然、辅助循环蒸汽或过热热水锅炉的补给水水质要求见表 2-17。

表2-16　火管锅炉的水质要求

参数	单位	含有溶解固体的蒸汽锅炉补给水		过热热水锅炉的补给水
工作压力	MPa	0.05～2	>2	所有范围
外观	—	清澈透明，不含悬浮固体物		
电导率（25℃）	μS/cm	未规定，只有被要求提供锅炉用水参考值时才提供		
pH（25℃）①	—	>8.5②	8.5②	>7.0
总硬度（Ca+Mg）（滴定确定）	mmol/L	<0.02③	<0.01	<0.05
铁（Fe）	mg/L	<0.3	<0.1	<0.2
铜（Cu）	mg/L	<0.05	<0.03	<0.1
二氧化硅（SiO_2）	mg/L	在锅炉中最大允许浓度		—
氧（O_2）	mg/L	<0.05④	<0.02	—
油 / 油脂	mg/L	<1	<1	<1

①对于采用铜合金材质的系统，pH 要保持在 8.7～9.2 之间。

②采用软化水时，锅炉水的 pH 允许大于 7.0。

③在工作压力 <0.5MPa 时，总硬度最大允许值为 0.05mmol/L。

④只限于连续运行和 / 或采用节煤器的情况，在间歇运行或无脱气装置操作中，必须投加成膜剂或采用脱氧装置。

表2-17　水管锅炉的水质要求

参数	单位	含有溶解固体的蒸汽锅炉补给水			给水和无盐减温器注入水	过热热水锅炉的补给水
工作压力	bar（0.1MPa）	>0.5～20	>20～40	>40～100	任何范围	任何范围
外观		清澈，不含悬浮固体物				
直接电导率（25℃）	μS/cm	未规定，只有被要求提供锅炉用水参考值时才提供				未规定，只有被要求提供锅炉用水参考值时才提供
阳离子电导率（25℃）①	μS/cm	—	—	—	<0.2	—
pH（25℃）②	—	>9.2③	>9.2	>9.2	>9.2④	>7.0
总硬度（Ca+Mg）（滴定测定）	mmol/L	<0.02⑤	<0.01	<0.005	—	<0.05
钠 + 钾（Na+K）	mg/L	—	—	—	<0.010	—
铁（Fe）	mg/L	<0.050	<0.030	<0.020	<0.020	<0.2
铜（Cu）	mg/L	<0.020	<0.010	<0.003	0.003	<0.1
二氧化硅（SiO_2）	mg/L	在锅炉中设定最大允许浓度			<0.020	—
氧（O_2）	mg/L	<0.020⑥	<0.020	<0.020	<0.1	—
油 / 油脂	mg/L	<1	<0.5	<0.1	<0.1	<1
有机物（TOC）	mg/L	见表注⑧		<0.5⑦	<0.2	见表注⑧
高锰酸盐指数	mg/L	5		3	5	—

① 必须考虑到有机调质剂的影响。

② 采用铜合金材质的系统，pH 值必须保持在 8.7～9.2 之间。

③ 在 pH>7.0 的微软化水中，需要考虑锅炉中调节水 pH。

④ 只有碱性易挥发性药剂被允许出现在注入水中。

⑤ 在服务压力 <1bar 时，可以接受的最大总硬度为 0.05mmol/L。

⑥ 在间歇运行或无脱气装置时，必须对成膜剂和除氧器进行监测。

⑦ 服务压力 >60bar 时，TOC 的浓度建议值为 <0.2mg/L。

⑧ 有机物质常常是由若干化合物组合而成。锅炉运行时难以预计每种化合物以及它们组合的特性。有机物质可能分解成碳酸或其他酸性分解物，这将提高水的硬度并造成腐蚀以及沉积物的形成。这些有机物也能导致泡沫的形成，因此，有机物浓度要尽量低。

2.3.2.4　低压（<20bar）和中压（<80bar）锅炉水质控制

随着锅炉场站自动化控制系统的发展，正常情况下仅要求对表 2-18 中所列的项目进行每日一次的人工检测。

表2-18　人工检测锅炉水质

项目	净化水[①]	锅炉给水	锅炉
pH	√	√	√
总硬度（TH）	√	√	
P-alk.–M-alk.	√	√	√
SiO_2	√	√	√
PO_4^{3-}			√
N_2H_4/SO_3^{2-}			√

① 调质前的锅炉补给水。

2.3.2.5　特殊形式的锅炉

（1）强制循环锅炉或核电厂蒸汽发生器

有些核电厂采用无排污设施的管式蒸汽发生器。因此，溶解在进水中的任何杂质都会积存在蒸发受热面或蒸汽当中。所以，最重要的是将水中的外源性物质限制在可接受的浓度范围内。

这适用于所有的常规强制循环锅炉、化工行业中使用的锅炉以及特指的“余热锅炉”，这种锅炉的明显特征是它没有水室并需定期排污。

（2）热电联产汽轮机

一些燃汽轮机采用水或蒸汽注入工艺，其目的是提高运行效率以及降低燃烧温度以大幅降低烟气中的氮氧化物含量。

因此，为了避免受热段的腐蚀和沉积物的形成，所注入去离子水中的杂质含量必须很低：一般来说，需要满足电导率小于 1μS/cm 和二氧化硅含量小于 0.1mg/L 的要求。

（3）高压锅炉或高热流锅炉

对于这些精密的锅炉，必须要将所有溶解性盐的含量降至最低，尤其是硅盐。

必须遵循锅炉厂家给出的对锅炉水质的极其严格的要求。

冷凝水回流时可能将杂质带入锅炉中，这些杂质包括：

① 溶解盐（来源于冷凝交换器渗漏或锅炉蒸汽带水）；

② 氧气造成的腐蚀产物。

如果必要的话，这些杂质必须经过处理后，才能回到锅炉（见冷凝水处理，第 14 章和第 24 章）。

2.3.2.6　压水反应堆（PWR）核电站

这些压水堆发电站有两个独立的循环回路，如图 2-19 所示。

① 主循环回路（一回路）用于从反应堆堆芯输出热能，这是一个主动回路；

② 副循环回路（二回路）负责产生蒸汽，包括蒸汽轮机、冷凝器，可能的话还有冷凝水处理系统、加热器和给水泵。该回路仅在蒸汽发生器泄漏时起作用。

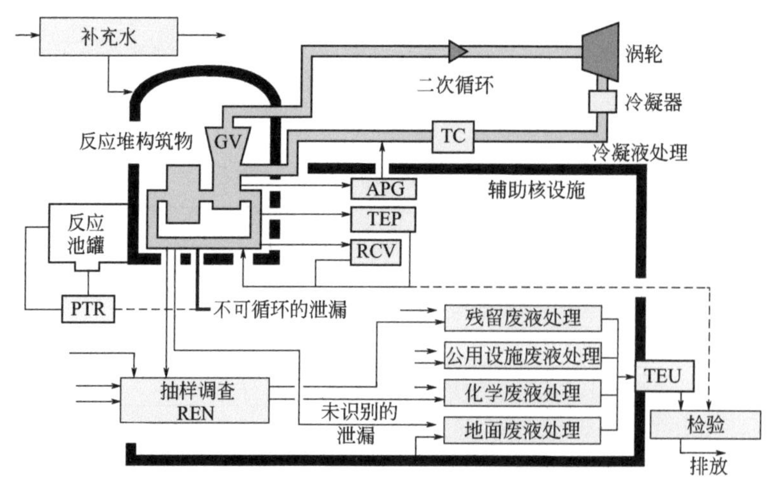

法国电力公司循环回路术语

APG：蒸汽发生器排污系统(GV)

GV：蒸汽发生器

PTR：安全水池冷却处理系统

RCV：化学与容积控制系统

TEP：污水初级处理

TEU：废液处理

图 2-19　PWR 压水堆发电站循环回路

主回路中的水，在大约 150bar 的压力下保持为液态，反应堆出水水温大约为 320℃（回水水温 280℃）。

两个回路均必须严格控制腐蚀，因此，回路中输送的水必须满足严格的水质要求。

以下两种药剂用于主回路调节控制：

① 氢氧化锂，用于维持偏碱性的环境以避免腐蚀；

② 硼酸，作为中性蒸汽慢化剂，用于调控反应堆供给的能量。

（1）主回路

表 2-19 列出了主回路补给水水质的推荐值及限制值。

表2-19　补给水水质（主回路）

参数	单位	目标值	限制值
氧	mg/kg		<0.10
氯化物＋氟化物	mg/kg		<0.10
钠	mg/kg		<0.015
总电导率（25℃）	μS/cm	<1.0①	<2.0①
		25②	<30②
总二氧化硅	mg/kg	<0.1	<0.2
硫酸根	mg/kg	<0.01	<0.05
镁、钙、铝	mg/kg		<0.015

① 反应器水箱未进行调质处理。

② 反应器水箱采用氢氧化锂进行了调质处理。

该回路的循环时间大约为 1min。从燃料槽泄漏或腐蚀产物活化所导致的各种放射性杂质可能会在承压水中聚积。这就是在主回路系统中安装数个旁路净化系统的原因。

（2）副回路

表 2-20 列出了副回路补给水水质要求（调质去离子水）。

表2-20　补给水水质（副回路）

参数	单位	目标值	限制值
25℃时的 pH 值		9	8.5～9.2
钠	μg/kg	<1	<2
氯化物	μg/kg	<2	
硫酸盐	μg/kg	<2	
阳离子电导率（25℃）	μS/cm	<1	
电导率（25℃）	μS/cm	2～3	
总二氧化硅	μg/kg	<50	
离子态二氧化硅	μg/kg		<20
悬浮固体	μg/kg	<50	
吗啉①	mg/kg	4～8	≥ 4
氨①	mg/kg	0.3	0.2～0.5

① 根据采用的调质处理方法确定。

2.3.3　循环冷却水

2.3.3.1　循环回路组成

工业冷却工艺有以下两个阶段：

① 通过冷却剂与热交换器直接地或更多间接地接触，从而将热量吸收转移至冷却剂中；

② 利用冷却剂将热量释放至环境中。

用于冷却环节的主要设备有：a. 冷凝器和换热器；b. 油、空气、气体或液体等冷却剂；c. 发动机、压缩机；d. 鼓风炉、窑、轧钢机、连铸机、转化器；e. 化学反应器等。

这些装置的运行将取决于：a. 设备的结构类型（管式、板式等）；b. 水循环系统（内部、外部、流速等）；c. 与水接触的金属（钢、不锈钢、铜及其合金、铝等）；d. 循环回路所采用的施工材料（混凝土、木材等）。

可能存在以下三种情况（图 2-20）：

① 热水直接排入海洋、河流或是下水道，这是直流式循环回路；

② 热水通过与二次循环流体（空气或水）接触冷却后重新回到装置中，而不是直接排入大气中，这是闭式循环回路；

③ 热水通过空气冷却器部分蒸发而冷却，然后回到装置中，这是一种敞开式循环回路。

直流式循环回路［见图 2-20（a）］需要大量的水，并且产生“热污染”，因此现在它仅应用于老旧系统或海水冷却系统。

闭式循环回路［见图 2-20（b）］，即密闭的、没有蒸发的且仅需要很少补给水的循环，但此系统的热效率非常有限。因此，这类系统主要用于规模较小的回路或是在特殊用途中使用。

敞开式循环回路［见图 2-20（c）］的使用最为广泛，因为它对环境的影响小于直流式循环回路，而成本效益优于闭式循环回路。

还有一种所谓的混合式循环回路［见图 2-20（d)］，它指的是循环水可以与工艺中所产生的污染物质（如气洗）直接接触的系统。

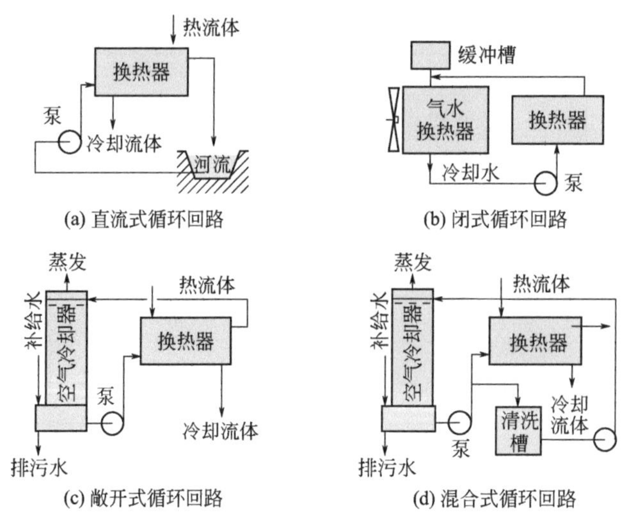

图 2-20　不同的冷却回路

2.3.3.2　敞开式循环系统

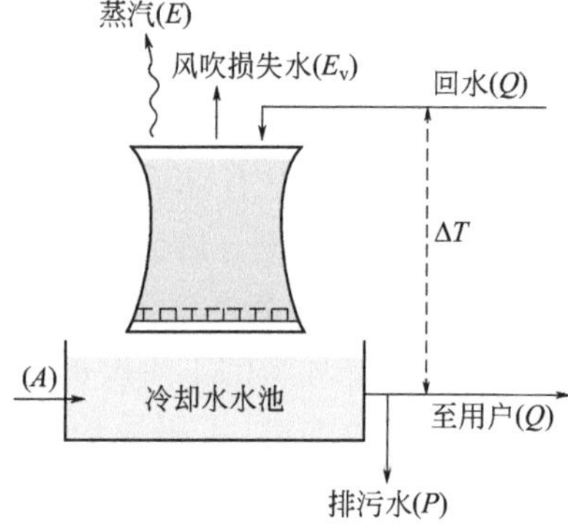

图 2-21　敞开式循环系统图：水流量

图 2-21 是对图 2-20（c）的详细描述。下面给出所涉及的各种水的流量，同时结合热参数、浓度参数等进行说明，以便更好地介绍此类循环回路的特征：

V (m^3)：循环回路中总水量，由以下几个部分组成：热水箱、冷水箱、换热器、连接管线等。

Q (m^3/h)：回到冷却器中的热水循环流量。

ΔT（℃)：冷却水进出水温差。

T_{max}（℃)：与回路中最热的换热壁接触的水的薄膜温度（表面温度)。

W (kcal/h)：空气冷却效率；该值由前面两个参数的乘积得到：

$$W=1000Q\Delta T$$

E (m^3/h)：蒸发量，即为了回水流量 Q 而需蒸发的水量。

该蒸发量由不含任何溶解盐类的纯水组成。假设汽化潜热为 560Mcal/m^3（2340MJ/m^3)，那么可得到下列理论公式：

$$E=\frac{Q\Delta T}{560}$$

由于进入空气冷却器的空气（水流量的 700～1000 倍）与水相接触而变热，因此它同样也有助于热量的释放。故下式更接近实际情况：

$$E=\frac{Q\Delta T}{600}$$

E_v (m^3/h)：指的是风吹损失水量。这是指空气中挟带的以液滴形式存在的水量。因此，这部分水所含的成分与循环水相同。

运行时应尽可能地减少风吹损失量。通常它相当于流量 Q 的 0.005%，但是在实际中，考虑到收水器的欠维护情况，经常使用以下公式：

$$E_v=0.01\%Q$$

D（m^3/h）：为了维持溶解盐最大允许浓度的总排放水量。在不考虑任何泄漏、沉淀以及腐蚀的前提下，除了风吹损失 E_v 外，还需要在循环水中考虑一定比例的排污水量 P，如下式所示：

$$P+E_v=D$$

A（m^3/h）：补给水量。

补给水必须弥补整个循环过程中所有的水量损失，包括总的排污损失和蒸发损失。

$$A=E+D=E+E_v+P$$

t（h）：停留时间，在排污影响下，加入的药剂浓度降至初始值一半时所需的时间。

$$t=\frac{V}{D}\ln 2\approx 0.7\frac{V}{D}$$

C：浓缩倍数，指的是循环水中的溶解盐浓度 S 与补给水中溶解盐浓度 s 的比值（如前所述，它也表示补给水量与总排污水量的比值）。

同样地，$sA=CsD$，因此 $A=CD$，由此可得：

$$E+D=CD \qquad D=\frac{E}{C-1}$$

2.3.3.3　所需水量

（1）发电站冷凝器冷却用水

举例来说：

① 循环流量

a. 在 T=8.4℃时，常规火电厂满负荷运行（500MW）时的循环流量为 16～17m^3/s；

b. 在 T=12.6℃时，核电站满负荷运转（1300MW）时的循环流量为 46～47m^3/s。

② 补给水及敞开式循环系统

对于浓缩倍数为 3～4 的循环系统，根据空气湿度的不同，其循环流量为 2.4～3.6$m^3/(h\cdot MW)$。

（2）各种工业冷却水系统

表 2-21 提供了某些工艺的循环系统的循环流量（不包括气体净化）。

表2-21　某些工艺的循环系统的循环流量

工艺	循环流量	工艺	循环流量
合成氨	250～350m^3/t	转炉	2-3～10m^3/t（钢），根据是否产生蒸汽而定
尿素	65～100m^3/t（NH_4NO_3） 80～100m^3/t		
甲醇（例如油类产品）	100～250m^3/t	连续浇铸	5～20m^3/t（钢）
焦化厂	0.8～1m^3/t（焦炭）	钢带轧机	10～20m^3/t（钢）
鼓风炉	1～30m^3/t（铸铁）	线材轧机	2～8m^3/t（钢）

2.3.3.4 冷却循环回路本身存在的问题

这些问题由以下情况引起：污垢，包括由生物繁殖形成的污垢；结垢；腐蚀。

（1）**污垢**

污垢由冷却系统中沉积的全部外源性和内源性物质组成（表 2-22）。

表2-22 污垢的来源及其引起的问题

种类	直接问题	种类	直接问题
悬浮固体和胶体	沉积、侵蚀、抑制剂的过度消耗、沉积物下不同的通风条件造成的腐蚀	溶解物质 有机质 氮和磷	水藻的繁殖以及水体酸化
大气降尘 氧化物、泥砂和黏土 植物残渣	堵塞孔洞		
藻类和细菌 真菌和酵母菌	黏性有机体的繁殖、破坏木材	烃类化合物（泄漏）	形成薄膜

引起这些污垢的原因有以下几种：补给水、空气、运行产物、内源性生物繁殖。

① 补给水

补给水可能引入：

a. 颗粒物质，这些物质可以被过滤掉，以防止其在循环回路中循环速度最慢的区域形成沉淀；

b. 不稳定的胶体物质，温度或浓度的稍许提高，可能使污垢形成具有黏着性和吸附性凝胶的沉淀；

c. 例如 Fe^{2+} 和 Mn^{2+} 等物质，在无氧条件下是可溶的，但在曝气的情况下是不可溶的。

② 空气

冷却塔具有良好的空气洗涤作用。由空气所夹带的一切物质都会对循环水造成污染：a. 沙尘暴（沙漠地区，矿物储存地）；b. 沿海地区富含 NaCl 的浪花；c. 钢铁厂和水泥厂的石灰和氧化物粉尘；d. 焚化燃烧炉附近的 HCl 和 SO_2；e. 化肥厂中的 NH_3 和 NH_4NO_3。

可溶性盐类或气体将永久改变循环水的化学成分，其改变的方式往往取决于风向。因此，在设计循环水处理和调质系统时，需要了解污染的来源及其周边环境。

③ 运行产物

这分为两种情况：

a. 单一的敞开式循环回路：污染主要是由油、液体（溶剂）和冷却气体（氨气）的意外泄漏造成的。这些泄漏物质的累积非常危险，必须采取相应的预防和处理等措施尽可能避免其在循环回路中累积。

b. 混合型敞开式循环回路：由水的二次运行所造成的永久性污染（在洗涤和传输过程中）。

④ 内源性生物繁殖

冷却系统为生物的繁殖提供了理想环境，包括空气、热量和光，所有这些都为微生物甚至是大型生物迅速、失控地繁殖提供了条件。

那些能够适应冷却系统的环境并进行繁殖的致病生物中，应该特别注意阿米巴虫和嗜肺军团菌，它们能够引起军团病（一种严重的肺部传染病）。污染主要在吸入气溶胶时发生，因此有必要对收水器进行适当的维护，并采取措施以防止促进细菌生长的矿物质沉积和生物膜的产生。

除了会导致阻塞之外，由污垢逐步形成的内部结垢层会降低换热系数并增大水头损失。在较长的时间后，它将会导致沉积物底部的腐蚀，最终造成穿孔泄漏。

（2）结垢

结垢是由难溶性钙盐或硅盐沉积在换热壁表面而形成的。控制垢渣沉淀形成的主要参数有：a. 温度，通常升高温度会降低盐的溶解度；b. 离子浓度；c. 局部湍流。

① 钙盐

常见的难溶性钙盐主要有：

a. 碳酸盐，主要是 $CaCO_3$，如方解石、文石和球霰石等钙盐杂垢（见第 3 章 3.13 节），最常出现在无 pH 值调节的系统或者当回路水中 pH 值大于 8.5 时。

b. 硫酸钙在 40℃时达到其最大溶解度，当温度降低时会形成石膏（$CaSO_4 \cdot 2H_2O$）沉淀，当温度升高时，其以无水或半水化合物的形式存在（见第 8 章 8.3.2.4 节）。硫酸钙比碳酸盐更易溶于水，其溶解度与 pH 值无关。但是，一旦硫酸钙沉淀形成，其在循环水中溶解得十分缓慢。

c. 磷酸钙［$Ca_3(PO_4)_2$］和羟基磷灰石［$Ca_5(PO_4)_3OH$］能形成非常坚硬的结垢物。

d. 当过量使用时，聚磷酸盐及磷酸盐（调质药剂，见第 24 章）会以钙盐的形式形成沉淀。

② 二氧化硅

二氧化硅在水中有以下几种存在形式：

a. 离子态和溶解态的二氧化硅。

b. 二氧化硅胶体：通常由极细（几十纳米）的钙、铝（土）和硅铝酸盐组成。

硅的溶解度取决于 pH 值及温度（见第 8 章 8.3.2.4 节）。垢壳中所含的硅酸盐非常坚硬，具有很强的黏着性和绝缘性。

碳酸钙杂垢（Tartar）的危害见图 2-22。

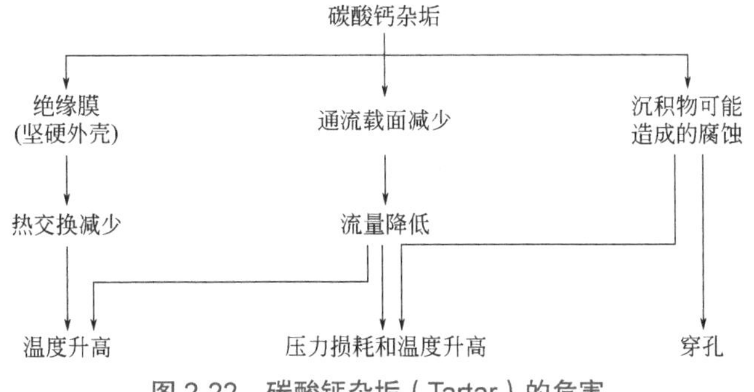

图 2-22　碳酸钙杂垢（Tartar）的危害

（3）腐蚀

腐蚀造成了各种输水材料的变化。相关的腐蚀过程在第 7 章中有比较详细的说明。在钢铁中已经发现的最普遍的现象是形成蚀损斑和水泡（异质性或差异曝气腐蚀），这能导致管道穿孔或破坏。

腐蚀造成的危害见图 2-23。

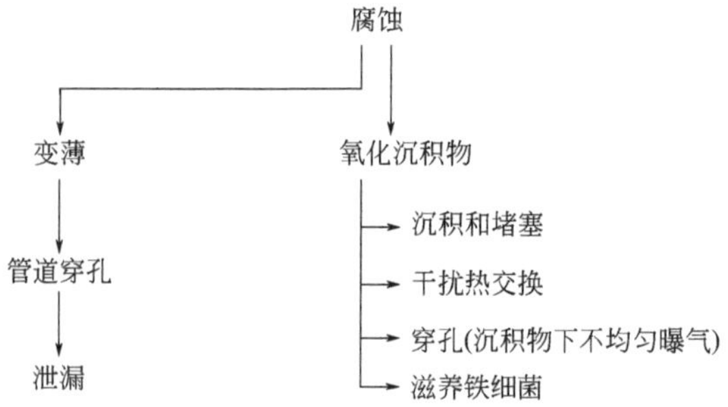

图 2-23 腐蚀造成的危害

2.3.4 工艺用水

一般来讲，不同行业对冷却水和锅炉水水质的要求和限制是大体相同的。但不同行业的工艺用水的处理工艺却各不相同。

此外，本章 2.5 节阐述了不同行业所产生的工业废水，可通过需水量、工艺用水情况以及由此产生的污水量等多种途径检验复核。

2.3.4.1 啤酒厂和碳酸饮料厂用水

（1）啤酒厂

① 用途

包括：a. 啤酒的制备；b. 容器、设备和地板的清洗；c. 冷却；d. 瓶子的清洗。

② 补给水水质

根据专业建议，补给水水质与所生产的啤酒质量是密不可分的。当富含磷酸钙的麦芽被注入工艺流程时，将会形成重碳酸盐沉淀。因此，重碳酸盐在酿造工艺中是必须被去除的。

首先需要满足下列条件：

a. 系统性去除重碳酸盐（沉淀或酸化，然后脱气）；

b. 尽可能降低镁的浓度（<10 mg/L）；

c. SO_4^{2-}/Cl^- 比值最好大于 1（更爽口）；

d. 钠浓度 <100mg/L，以尽量减少苦味；

e. NO_3^-<50mg/L，NO_2^-<1mg/L（基于可饮用性和发酵毒性的限制）。

③ 用水量

每生产 1L 啤酒需要消耗 4～6L 水：啤酒制备，1.5L；洗涤，1.5～3L；冷却，1～2L。

（2）碳酸饮料厂

每生产 1L 饮料大约需要 1～5L 水。由于在最终的产品中这部分水占有一定比例，因此，其水质必须满足饮用水标准。

制造商通常会制定特殊的水质标准。这些水质标准包括总碱度要维持在 50mg/L（以 $CaCO_3$ 计）以下，总的含盐量要低于 500mg/L。同时，对于清洗水来说，还要求满足余氯量的要求。

（3）矿泉水和泉水

瓶装天然矿泉水、泉水和纯净水的水质需满足特殊法律法规的要求。在极少数情况下，其水质标准低于饮用水水质标准。

另外，不稳定的元素例如铁、锰，能够导致瓶装水在贮存时产生沉淀，因此要将任何不稳定的元素去除。

2.3.4.2 乳品加工厂

在乳品加工厂，水主要用于以下几方面：a. 设备和容器消毒；b. 清洗地板；c. 清洗产品；

d. 复原乳；e. 冷却。

为了满足各项要求，每生产 1L 牛奶需要消耗 2～5L 的水。

2.3.4.3　制糖厂和精炼糖厂

（1）甜菜加工厂

采用工业水处理技术对补给水和糖浆进行净化处理。图 2-24 是甜菜糖厂各生产工艺水循环的简图。作为用水大户，制糖厂已经采用以下循环利用和内部回用系统，逐渐降低耗水量。

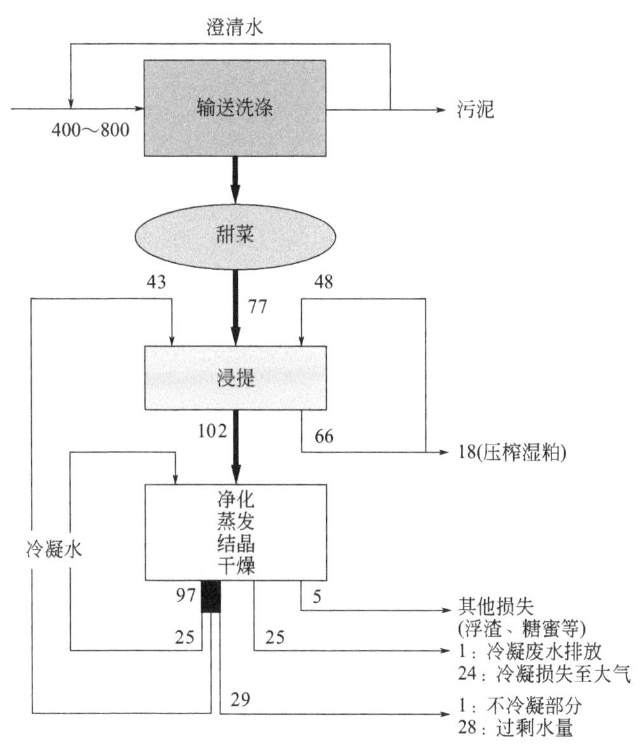

图 2-24　甜菜糖加工厂中的水循环（以 m^3 水 /100t 糖用甜菜计）

① 甜菜清洗：通过带刮泥装置的沉淀池回收污水。

② 甜菜丝浸取（制备生汁）：含氨的冷凝水经处理后回收至浸取器的入口。

③ 稀糖汁的加工：

a. 二次碳酸化糖汁的脱钙处理（保护蒸发设备使其不结垢）；

b. 去除糖汁中的矿物质（减少糖蜜的量）；

c. 糖汁通过活性炭或吸附树脂脱色。

④ 糖汁的浓缩：在蒸发器中对汁液进行蒸发结晶。

⑤ 副产物处理（母液或糖蜜）提取加工以降低糖蜜量（即减少成品糖损失）：

a. 通过用氯化镁再生（Quentin 法）的阳离子树脂处理母液。用镁离子置换钠、钾离子以降低糖蜜中挟带的糖分；

b. 为得到液态糖，用离子交换法去除母液和糖蜜中的矿物质，可能还需进行补充处理。

⑥ 补给水：

a. 在制糖工艺启动初期，或由于事故导致冷凝水无法回流，则需要为锅炉补水；

b. 在涡轮发电机冷却箱和甜菜入口处不间断补水。

众所周知，糖用甜菜含有大约77%的水，因此甜菜加工行业会产生过剩水，如图2-24所示。

应该指出的是，排出的28m³水中有10m³回用于甜菜的清洗，8m³用于各种要求的清洗水以及锅炉补给水，只有10m³排至自然环境中。

（2）**蔗糖厂**

在蔗糖的生产中，可以用与水处理类似的处理方法净化生汁：

① 投加石灰净化糖汁以加速其澄清；

② 对净化糖汁进行浮选，以分离出“蔗渣末”；

③ 循环系统的消毒（必须进行）。

（3）**炼糖厂（甜菜或甘蔗）**

由融化的糖或者是液态糖制成的糖浆必须经过彻底的脱色处理。

2.3.4.4 水果和蔬菜罐头厂

每生产1t罐头，一般需要消耗40t的水。

一部分工艺用水经常需要进行软化处理。因此，为了防止瓶罐的腐蚀，需要降低水的总盐度。

2.3.4.5 纺织工业

主要用于锅炉用水（有时需要大量的补给水）、生产加工（染色、水洗）和空气调节（加湿、除尘）。

这些过程消耗了大量的水。从表2-23中可看出，用水量在采用以下处理工艺的不同纤维加工过程中有显著差别：

① 用于纺纱尤其是制造人造纤维的软化水或去离子水；

② 用于纤维漂白和染色的除碳酸盐软化水；

③ 用于纺纱和织布车间空调系统的去离子水（反渗透、离子交换）。

表2-23 耗水量（纺织工业）

纤维	处理	需水量/（L/kg纤维处理）	纤维	处理	需水量/（L/kg纤维处理）
棉花	脱浆 清洗，漂煮 漂白 丝光 染色	3～9 26～43 3～124 232～308 8～300	丙烯酸树脂	脱脂 染色 最后清洗	50～67 17～33 67～83
羊毛	脱脂 染色 清洗，漂煮 中和 漂白	46～100 16～22 334～835 104～131 3～22	聚酯纤维	脱脂 染色 最后清洗	25～42 17～33 17～33
			粘胶	脱浆和染色 最后清洗	17～33 4～13
尼龙	脱脂，脱浆 染色	50～67 17～33	醋酸纤维	清洗和染色	33～50

2.3.4.6　制浆造纸工业

该工业在下列生产过程中需要消耗大量的水：a. 蒸汽生产；b. 制备纸浆；c. 造纸。

（1）补给水的消耗

在 1975 年前后，生产每吨纸浆的耗水量为 100～300m³。之后，由于颁布了严格的排放控制政策，以及增加对水的重复利用，这部分用水量已显著降低（见表 2-24）。但每个车间的某些特定循环水量仍然很高。

表2-24　耗水量（纸浆和造纸厂）

工厂	耗水量 / (m^3/t)	工厂	耗水量 / (m^3/t)
纸浆生产（每个车间循环水量）		废纸（全部消耗量）	
未漂白牛皮纸	20～30	未脱墨回收利用	1.5～10
漂白牛皮纸	40～60	脱墨回收利用	8～20
亚硫酸盐漂白	40～70	造纸（全部消耗量）	
半化学法	12～20	综合厂	15～20
化学-热-机械制浆	15～40	非综合厂	10～20

（2）水质

对于造纸业，主要是尽量去除原水中的浊度、色度和暂时硬度。

美国国家纸业委员会根据纸的类型推荐的水质指标如表 2-25 所示。

表2-25　美国国家纸业委员会（NCPI）推荐造纸用水水质标准

指标	生产用水浓度限值			
	精质纸	牛皮纸		机制纸浆纸
		漂白	未漂白	
浊度（SiO_2）/（mg/L）	10	40	100	50
色度（Pt/Co）/ 度	5	25	100	30
总硬度（以 $CaCO_3$ 计）/（mg/L）	100	100	200	200
钙硬度（以 $CaCO_3$ 计）/（mg/L）	50	—	—	—
甲基橙碱度（以 $CaCO_3$ 计）/（mg/L）	75	75	150	150
铁 /（mg/L）	0.1	0.2	1.0	0.3
锰 /（mg/L）	0.05	0.1	0.5	0.1
余氯 /（mg/L）	2.0	—	—	—
溶解性二氧化硅 /（mg/L）	20	50	100	50
含盐量 /（mg/L）	200	300	500	500
游离 CO_2/（mg/L）	10	10	10	10
氯化物 /（mg/L）	—	—	—	75

2.3.4.7　石油工业

（1）注入油层的水或蒸汽（驱油采收油）

为了维持采油时的油层压力，或者使高黏度原油流化以降低采油难度，传统的方法即为注入水（淡水、近海海水、回收的井水）或蒸汽。

在不同的油田，注入的水或蒸汽的用量可高达采油量的5～6倍。这些水必须满足以下要求：

① 不会造成注水井附近地层堵塞，根据注水井的多孔特性与渗透性的不同，注入的水中的油含量必须要降至10mg/L以下甚至2mg/L以下。同时粒径超过一定限值的颗粒也要去除掉（如去除所有粒径>2μm的颗粒，或至少去除98%的>2μm的颗粒）；

② 具有“兼容性”，也就是说，当与地层中的水混合时不会发生反应生成不溶性沉淀物。例如，应避免将海水（高SO_4^{2-}浓度）注入富含Sr^{2+}或Ba^{2+}的地层水中，如遇这种情况，应先采用纳滤工艺去除海水中的大部分硫酸盐；

③ 水中不能含有微生物（如：硫酸盐还原菌），因为它们将增大杀菌剂的用量。

至于所注入的蒸汽（压力在60～120bar之间），它是由当地的淡水或地层回用水所产生的。根据锅炉的类型，至少需满足下列要求：

① 如果是传统锅炉，需要对全部锅炉给水进行去离子处理（通过反渗透、离子交换）；

② 对于经常用于此用途的蒸汽带水量很高的锅炉（接近20%挟气量），至少要进行除硅和完全软化处理［总硬度TH通常<0.5mg/L（以$CaCO_3$计）］。

（2）炼油厂及石化用水

炼油厂需要消耗大量水，这些水在炼油操作单元中是必不可少的。

炼油用水可以是地表水、地下水，甚至海水。

以下处理单元需要补给水：

① 用于生产各操作单元所需蒸汽的锅炉，但是一部分蒸汽经常被浪费掉；

② 冷却循环系统，是主要的耗水单元；

③ 脱盐装置；

④ 某些裂化和精炼工艺单元；

⑤ 各种工艺用水（洗涤、环境卫生等）；

⑥ 消防系统。

根据不同处理单元的特点，水质要求变化很大（图2-25）。

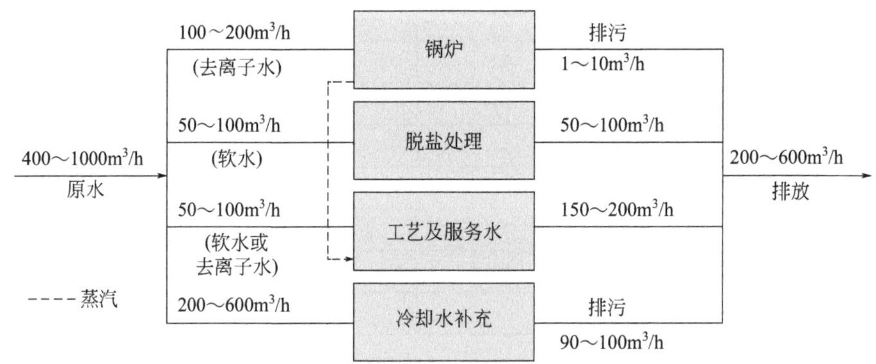

图2-25 年加工（0.8～1）×10^7t原油的炼油厂的需水量

图2-25为敞开式循环系统。利用海水冷却的敞开式循环系统的需水量要高得多。

原油脱盐器可以使用回用水，如经氨吹脱和H_2S吹脱的裂解装置产生的酸性冷凝液，这样可以实现节水减排。

2.3.4.8 钢铁工业

作为用水大户，多年以来，钢铁工业已建立了敞开式循环系统，以适应特定的工作条件。

在钢铁工业中，水有两个主要用途：

① 采用换热器的间接冷却，用于处理高温水。补给水一般需要去除碳酸盐或脱盐。该循环系统也可以是封闭的；

② 直接冷却，用于气体洗涤、产品造粒和除锈。在这些操作过程中，水会被污染，因而在循环系统中必须不断进行处理。补给水必须去除碳酸盐或直接使用原水。

（1）炼焦厂

① 初级煤气间接冷凝或最终煤气直接冷凝；

② 采用湿式除尘系统处理预热煤加入焦炉以及焦炉出焦时逸出的废气。

（2）高炉

① 对高炉装置的冷却，如风口、护孔顶、热空气调节阀、高炉炉壳；

② 高炉煤气洗涤。

（3）直接还原

该工艺需要消耗大量的水：

① 海绵铁冷却过程中释放出来的气体的洗涤和冷却。用水量（5～15m^3/t 海绵铁）比高炉多。而且因为气体温度高，洗涤塔排水的温度也很高（50～70℃）；

② 机械装置的冷却（压缩机和油冷器）。

煤气转化所需的蒸汽需要消耗大量的去离子水。

（4）转炉

该工艺主要有以下循环水系统：

① 用于冷却排气罩和吹氧管的水（有时用蒸汽冷却）；

② 低压锅炉中通过部分煤气燃烧和气化进行气洗，并伴随着热量回收。

（5）电炉和钢包冶金

通过电弧炉或钢包炉生产优质钢，并利用电感或电弧进行加热；该过程要经过沸钢的真空脱气。水用于以下三个方面：

① 熔炉和钢包的常规冷却；

② 生产用于真空成型喷射器的蒸汽；

③ 使用去离子水对铸件和电极进行冷却。

（6）钢板与钢坯的连续浇铸

常用三类循环水系统：

① 用于冷却钢锭模的封闭系统，采用去离子水或软化水作为补给水；

② 用于冷却机械的敞开式循环系统，需要采用合适的调质处理工艺；

③ 用于喷淋冷却机械、钢板及钢坯的系统，废水中含有铁鳞、矿渣和气割渣。

（7）热轧车间

需要两种类型的循环系统：

① 对熔炉、压缩机、电动机等的间接冷却；

② 直接冷却，用于金属和轧钢机架冷却、钢除锈。

市场上有许多不同的热轧机：

① 带材轧机

对于最大产量为300～1000t/h钢板的带材轧机，循环流量包括：a. 直接冷却，10～25000m^3/h；b. 间接冷却，5～10000m^3/h。

发动机、油浴锅和重热炉有独立的冷却循环系统。

除了这些冷却系统，还经常有其他的用水点：a. 自动烧剥，这个过程会产生大量的粒状钢渣；b. 在水池中、隧道中或用喷雾冷却钢板，使用大量水而无重大污染。

② 其他热轧机

包括：a. 平板轧机或四辊式轧机；b. 板坯初轧机；c. 条钢、钢梁、型钢轧机；d. 回合轧机或线材轧机；e. 管材轧机。

（8）冷轧车间

薄板及镀锌钢材的生产需要对金属进行预处理，如脱脂和酸洗之类。后者的操作越来越经常对盐酸进行现场再生。

镀锌或镀锡车间最后的冲洗水需要使用去离子水。为了制备可溶性油浴也需要使用超纯水和软化水。

2.3.4.9　铜金属加工

这种金属可根据矿石性质用干法或湿法制取。通常采用硫酸浸提和电解的湿法冶金工艺（见本章2.3.4.10节），由于其可处理低品质矿石和浮选残渣，故该工艺的应用越来越普遍。

由线锭压轧制成的铜线棒用于生产型材、电缆或电线。

粗轧过程中需要用水清洗金属表面，从而产生铜氧化物的悬浮液，这部分铜氧化物一般都具有一定的回收价值。此外，铜金属加工的运行成本与炼钢的除锈和冷却工艺相近。

2.3.4.10　湿法冶金

湿法冶金常用于铀、金、钴等金属的提取，基本处理方法如下：a. 通过酸或碱反应提取金属（浸取作用）；b. 固液分离，过滤和/或沉淀；c. 金属离子浓缩，使用溶剂或离子交换器提取；d. 其他沉淀分离方法。

这些处理工艺的优势在于它们可以在低温下进行，从而有助于减轻腐蚀现象。其采用的技术往往与水处理技术很相似，因此可以从水处理领域所获得的经验中受益。其中，最重要的参数如下（特别是对于液体的澄清）：

① 悬浮固体：溶液在沉淀之后，经常还会含有100～200mg/L，偶尔甚至几克每升的悬浮固体。在直接提取金属和利用有机溶剂或树脂的浓缩净化过程中，这些残余悬浮固体都会带来很多问题。许多用户希望能将残留物质降低至10～20mg/L。

② 胶态二氧化硅：二氧化硅以离子态形式（硅酸或氟硅酸）存在于溶液中，最高浓度可达200～500mg/L，或者以弱电离的聚硅酸凝胶形式存在。该胶体分散物是带正电的，因此不能用常规方法使之凝聚。这种二氧化硅可以利用树脂或溶剂进行沉淀。

③ 硫酸钙：用硫酸处理石灰石和白云石矿会产生$CaSO_4$过饱和溶液，形成结垢以及沉淀物。在进行其他处理之前，需要撒入石膏微粒以破坏其过饱和状态。

④ 有机物质：有机物质在两种情况下会产生不利影响。

a. 在液液提取法中，残余溶剂会对金属沉淀产生不利影响，尤其是在电解过程中；

b. 通过碳固定：某些被吸附的有机物质不能通过化学再生进行洗脱，某些有机物质会与金属形成难以吸附的络合物。

2.3.4.11 汽车和飞机工业

汽车工业包括下列机械车间：电动机和变速箱生产车间、车身车间、组装车间和许多独立分包车间。根据各自的情况，它们所需要的补给水会有很大的变化。

主要有以下三个方面的用水：

① 冷却用水，主要用于压缩机和空调设备；

② 各种电镀和喷涂的水浴，经常需要使用去离子水；

③ 用于铣削和磨削车床使用的低矿化度水或软化水。

航空工业与汽车工业有相似的要求。

2.3.4.12 电子工业

该行业对水质的要求特别高。在每个基本元件和电路的安装操作之后，大部分水都用来冲洗硅晶片。

表 2-26 说明了引用动态随机存储器（DRAM）文件中的冲洗水标准的变化。由于蚀刻技术日益精密，故要求必须用水冲走微粒沉淀、细菌（包括死亡细菌）或者会引起重大故障的盐类。

表2-26 用于电子工业的超纯水水质标准的变化

蚀刻精度	单位	0.9μm	0.7μm	0.5μm	0.35μm	0.25μm
DRAM		1M	4M	16M	64M	256M
电阻率（25℃）	MΩ·cm	17.8	18.0	18.2	18.2	18.2
细菌	CFU/L	1000	100	10	1	1
TOC	10^{-9}	50	10	5	1	0.5
SiO_2	10^{-9}	5	3	1	1	0.2
阳离子	10^{-12}	1000	500	50	5	2
阴离子	10^{-12}			100	50	10
氧	10^{-9}	500	100	10	5	1
粒径 >0.5μm 的颗粒	个 /L	2500	100			
粒径 >0.2μm 的颗粒	个 /L	15000	1000	100		
粒径 >0.1μm 的颗粒	个 /L		5000	500	100	50
粒径 >0.05μm 的颗粒	个 /L			5000	1000	500

注：CFU—菌落形成单位。

注意：根据工作文件的类型，每家制造商对其所生产的集成电路等都有特殊的要求，这种趋于小型化的竞争导致极端严格的要求。另外，还需要高度的可靠性（见第 24 章）。任何质量问题都有可能导致废品数量的增加，甚至造成停产或蒙受巨大的经济损失。

2.3.4.13 制药和生物技术产业

这些行业都需要水质极高的水：

① 用于生产药品，尤其是注射液；后者涉及一系列国家规范（法律），见第 24 章 24.3.4.4 节，尤其是不得含有：

a. 任何细菌；

b. 任何病毒；

c. 溶液必须是不致热的（当注射时不会引起发热），这意味着溶液中不能含有来自灭菌过程中被杀死细菌的抗体、全部或部分细胞膜，或细胞内物质。

② 用于某些细菌菌株或酵母菌繁殖的水，从这些微生物中可以提取有效成分。

上述生产线都必须遵循严格的生产规范。但是，如同电子行业一样，为了保证质量和可靠性，膜组合处理工艺不可或缺（见第 24 章 24.3.4 节）。

2.4 城市污水

2.4.1 城市污水的来源及收集方式

城市污水系统常由收集、输送及污水处理系统组成。

城市污水包括：

① 污水；

② 雨水，或者更确切的说是降雨时形成的雨水径流；

③ 入渗水，渗透到未经防渗处理的城市管网中的地下水。

城市污水（UWW）主要来源于家庭生活污水（“黑”水、“灰”水），另外还有一定比例的工业废水（这在很大程度上取决于城区情况）。

一些排污量很大或者废水需经特殊处理的工厂均按要求设有厂内的废水净化系统。根据处理程度，处理后的工业废水排至受纳水体或者城市污水收集处理系统。一般会有标准规定市政管网系统所能接受的污染物种类以及相应的极限浓度，例如我国的《污水综合排放标准》（GB 8978—1996）及法国通用技术标准（CCTG）（参见本章 2.4.3.3 节中表 2-30）。

按照惯例，城市污水日污染量是以人口当量（p.e.）表示的，即每个居民所排放至生活污水系统的平均污水量（见表 2-27）。

表2-27　每人每日污染物排放量

污染物	排放量 /[g/(p.e.·d)]	污染物	排放量 /[g/(p.e.·d)]
BOD_5	60	总凯氏氮	12～15
COD	120～150	总磷	2.5～3
悬浮固体	70～90		

主要的污水收集系统都是连续运行的：

① 合流制排水系统：是将污水和雨水收集至同一管渠内的排水系统；

② 分流制排水系统：有两个不同的管道系统，一个是雨水系统，其大小和合流制系统相当，另一个是专门的污水系统，相对较小。

最初，所有的污水收集系统都是合流制的，分流制系统的发展较晚（1970 年后）。因此，目前城区中的污水收集系统中很少是单一体制的。

不完全分流制系统是分流制系统的一种，所有流经屋顶和庭院的雨水都将通过它输送至污水管网系统。

为了避免发生溢流，合流制系统设有雨水溢流口，这可以使一部分的水流在降雨时直接排入河流。因此，只有大部分污水能够排入污水处理厂（图 2-26）。降雨时排入河流的污水造成的污染以及旱季时管道较差的自清洁能力，是合流制系统的两大缺点。检验一个系统的建设是否合理还是比较容易的，即管网系统的基本特征是必须不漏水，不能使用户或者地下水（因泄漏）受到污染，也不能有地下水或者地表水渗入管网。

图 2-26　巴黎 Colombes（上塞纳）城市污水处理厂（水量：$1.035 \times 10^6 m^3/d$）

污水尽可能以重力形式输送；但是受限于地形条件，经常需要设立中间提升泵站，为较长的承压干管加压。

同时，也需要意识到有两种排水系统没有公共的收集管道：

① 污水单独处理或分组处理方案适用于单栋住宅或几座距离很近的住宅，通常被称为独立排水系统。生活污水直接进入净化系统，处理后出水通常直接排至土壤中（多数情况下由一个化粪池和一个地下渗井组成，如图 2-27 所示）；

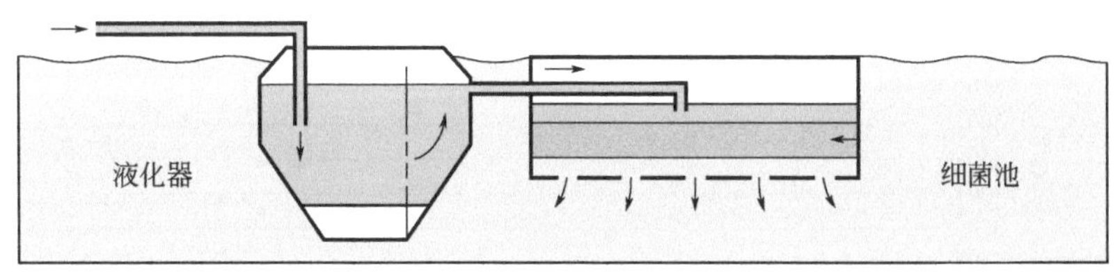

图 2-27　化粪池和渗井

② 排放的污物被收集装入容器中，并运至处理厂进行集中处理。这种排水系统由每栋住宅用来储存高浓度污水的密封坑组成。这些密封坑的作用就是把“数吨的粪便”定期输送至一个集中处理站。这种排水系统依然应用于一些老旧住宅区，或者难以建设排水管道系统的人口密集区。这种系统有时也应用于收集由化粪池清洗产生的污水。在亚洲国家，这种粪便收集和处理系统仍在普遍使用。

2.4.2 污水处理量

2.4.2.1 污水

居民每人每天所产生的污水总量随着城市规模的扩大而呈增加趋势，这主要是由于人民生活方式的改变和对第二、第三产业投入的增加所引起的。同时也因世界各地区发展程度的不同而有所不同，此外也会受到饮用水价格体系的影响。

我国很多农村地区的污水量低于70L/（人·d），而城镇地区的污水量已经达到了约200L/（人·d）。在法国巴黎，使用大量的水清洗街道，其污水排放量高于300L/（人·d）。在美国和瑞士的很多城市污水量更是远远高于400L/（人·d）。对于未采取防渗措施的排水干管，水位较高的地下水会渗透至其内部，再加上排水管网维护不善，使得依地形坡度而建的零散排水系统增大了污水排放量。

这种情况的代价很大，这是因为污水处理厂的规模取决于待处理水中的污染物总量以及污水处理厂的水力负荷。

城市污水的排放量在一天内是变化的。在一些小城镇，通常记录有两个排水高峰，而在大城市的中心区域只有一个排水高峰。社会的发展变化使得后一种日变化模式更为普遍（图2-28）。

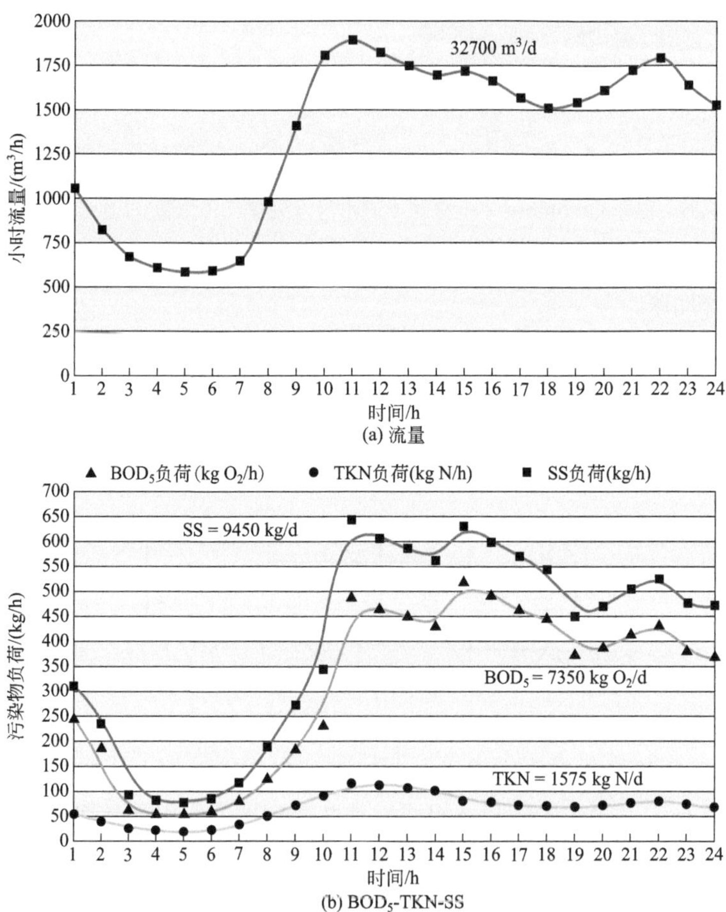

图2-28 某社区污水排放的日变化情况

管网规模越小，所服务的人口越少，排水高峰值就越大。当管网中设有很多提升单元时，也会带来同样的影响，即会使排水高峰值增大。

一般来讲，污染物负荷的变化范围要大于污水流量的变化（如图 2-28 及表 2-28 所示），而且污水流量峰值往往伴随着污染物浓度峰值的出现而出现。

表2-28　污水及污染物的日变化

项目	流量	悬浮固体	BOD	总凯氏氮
最大值 / 最小值	3.1	6.3	7.6	5.5

另外，即使曲线形状相同，每种污染物自主地衰减变化，也会相应地得到最大值与最小值之间不同的比值，如图 2-28 所示（一个很典型的例子）。

在很多国家，旱季流量是以白天平均污水排放量 Q_m 来定义的。若用 Q_d 表示日排放量，则 Q_m 的变化范围通常在 $\frac{Q_d}{14}$ 和 $\frac{Q_d}{18}$ 之间。

注意：Q_d 的单位应是 m^3/d，Q_m（白天平均流量）的单位应是 m^3/h，这和下面 Q_m 的含义（全日平均流量）和单位 L/s 是不同的。

同时，在独立系统中，旱季高峰排水量 Q_p 可用下面的公式近似计算得出：

$$Q_p = Q_m\left(1.5 + \frac{2.5}{\sqrt{Q_m}}\right)$$

其中，Q_m= 平均日排水量 $= \frac{Q_d}{86400}$

同时，峰值系数的限值为：

$$\frac{Q_p}{Q_m} \leqslant 3$$

除了污水量的日变化，也越来越多地看到其周变化（周末）甚至季节波动，这种情况在大城市也能看到。这些波动与节假日密切相关，反映了城市居民前往夏季或冬季休闲中心的流动性。

2.4.2.2　雨水

雨水流量取决于：a. 汇水流域的坡度和面积；b. 地面的渗透系数；c. 降雨强度。

很多学者已经提出了一些涵盖以上参数的公式，包括 Caquot 公式。越来越多的软件应用于计算整个或者部分汇水流域的雨量，而且还能在降雨中及时地提供实际降雨深度，这与由雨量计测得的数据相同。

设计降雨强度取决于降雨重现期及降雨历时，国内各城市基本均有当地的设计暴雨径流计算标准，如北京市地方标准《城镇雨水系统规划设计暴雨径流计算标准》（DB11/T 969—2016）。

2.4.3　旱季污染物估算

2.4.3.1　悬浮固体

原水中每人每日所带来的悬浮固体粗略估计为：

① 分流制系统：60～80g，包括 70%～80% 挥发性物质；

② 合流制系统：70～90g，包括 60%～80% 挥发性物质。

居民所排放的污染物的量会随着人民生活水平的提高以及城市规模的扩大而增加。但是污染物量的增加没有污水量增加得快，结果使得所收集污水的浓度越来越低。污水管网系统的建设水平较低导致的地下水渗入加重了这一趋势。

上文提及的悬浮固体的量，主要是指原污水经格栅和除砂处理后悬浮固体的量，并没有考虑预处理单元收集的产物，包括：

（1）格栅

① 格栅间距 40mm，2～5L 栅渣 /（人 • a）；

② 格栅间距 20mm，5～10L 栅渣 /（人 • a）；

③ 格栅间距 6mm，10～25L 栅渣 /（人 • a）。

这类栅渣经过排水并压榨后的含水率为 60%～75%。

（2）除砂

在合流制系统中，每人每年的砂量约为 5L（合建公寓楼地区）到 12L（独立别墅地区）。

（3）除油脂

油脂的去除量因国家和生活习惯的不同而有所不同。法国的油脂量为 16～18g/（p.e. • d）。但只有一小部分油脂是固态的（受温度影响极大的那一部分），可以被除油器收集：一般而言，在温度约为 15℃时，固态油脂只占油脂总量的 10%～20%，或者 1.5～3.5g/（p.e.•d）（见第 9 章 9.4.1 节）。

2.4.3.2　含碳有机污染物

《室外排水设计规范》（GB 50014—2006）规定，城镇生活污水（城市污水）的设计水质应根据调查资料确定，或参照邻近城镇、类似工业区和居住区的水质确定。无调查资料时，生活污水的五日生化需氧量（BOD_5）可按每人每天 25～50g 计算。

在欧洲，经过预处理之后，城市污水中每人每天所排放的 BOD_5 负荷（除非有特别说明，否则一般所讲的 BOD 就是指 BOD_5）较高：分流制 50～70g；合流制 60～80g。

因此，1991 年 5 月 21 日的欧盟指令 n° 91/271/CEE 以 60g/（p.e. • d）作为一个参考标准。

大约有 1/3 的污染物是溶解于水中的，剩余的 2/3 吸附在颗粒状的物质上（可沉或不可沉）。一般来说，合流制系统中可沉有机物所占的比重要高于分流制系统，但这也因地理位置的不同而有所不同。

城市污水系统中 $\frac{COD}{BOD_5}$ 的比值在 2～2.8 之间变化。

大体上，发达国家的这一比例（2.2～2.8）要高于发展中国家（2～2.3）。

2.4.3.3　其他成分

表 2-29 列出了典型城市污水污染物含量的平均范围。

（1）氮

我国生活污水的总氮量可按每人每天 5～11g 计算。在欧洲地区的生活污水中，总凯氏氮（TKN）大约是 BOD_5 的 20%～25%，TKN 每人每天排放量为 10～15g。

表2-29　典型城市污水水质特性

参数	法国城市	中国城市	参数	法国城市	中国城市
pH	7.5～8.5	7～8.5	NH_4^+-N/（mg/L）	20～80	25～50
总干物质重 /（mg/L）	500～1500	500～1500	NO_2^--N/（mg/L）	<1	<1
总悬浮固体 /（mg/L）	150～500	100～400	NO_3^--N/（mg/L）	<1	<1
BOD_5/（mg/L）	100～400	100～250	表面活性剂 /（mg/L）	6～13	—
COD/（mg/L）	300～1000	200～600	P/（mg/L）	4～18	4～6
TOC/（mg/L）	100～300	80～200	油脂 /（mg/L）	50～120	20～50
TKN/（mg/L）	30～100	30～60			

（2）磷

我国生活污水的总磷量可按每人每天 0.7～1.4g 计算，而欧洲地区每人每日磷的排放量约为 2.5～3g，主要来源于人体的新陈代谢以及使用的洗涤产品。有关限制含磷洗涤剂使用的法规的实施使得磷的排放量逐步降低。

（3）表面活性剂

可生物降解洗涤剂的广泛使用减少了污水处理厂运行中的泡沫问题。但表面活性剂这类产品的消耗仍在不断增大。

（4）微量元素

重金属是危害最大的元素（特别是在污水处理厂排放的污泥中）。这些主要是由于金属加工企业的排污水与城市污水管道相连的结果所造成的（即使这种工业废水已经进行了适当的预处理）。重金属是可以扩散的，如住宅区的管道腐蚀现象等。铜、锌、铬、铅、镉、汞和镍是最常见的重金属污染物。这些元素的浓度通常小于 1mg/L。法律禁止将有毒物质（例如氰化物、羟基环状化合物）直接排入市政排水管道或自然环境中（更为恶劣）。尽管如此，仍有一部分溶剂（除污剂）、清洁剂和家庭日常用品排至城市下水道，它们都含有不可生物降解 COD（难降解 COD），都是对环境影响极大的持久性有机污染物。例如，氯化溶剂、多氯联苯以及多环芳烃都是以痕量（μg/L～mg/L）存在的，有些已经在饮用水水源中被检出（如本章 2.2 节所述）。

因此，法国通用技术规范规定了进入城市污水处理厂的污水平均每小时取样的水质需要满足表 2-30 的条件。

表2-30　污水水质要求

指标	要求	指标	要求
pH	5.5～8.5	每种重金属 Zn，Pb，Cd，Cr，Cu，Ni	低于 2.0mg/L
温度	低于 25℃	汞（以 Hg 计）	低于 0.2mg/L
氢压指数（rH）	进水口处高于 18	酚类化合物	低于 5.0mg/L
有效氰化物（以 CN^- 计）	低于 0.5mg/L	总烃类化合物	低于 30mg/L
六价铬（以 Cr 计）	低于 0.2mg/L	硝化抑制作用	不高于 20%
总重金属（Zn+Pb+Cd+Cr+Cu+Hg+Ni）	低于 10mg/L	曝气池内氯化物（以 Cl^- 计）	在 24 小时内都应低于 500mg/L

我国《污水排入城镇下水道水质标准》（GB/T 31962—2015）规定了排入城镇下水道污水的水质要求，并根据城镇下水道末端污水处理厂的处理程度，将控制项目限值分为A、B、C 三个等级。此外，如前文所述，一些处理后的工业废水在排入城市污水处理厂（间接排放）前也应符合相关行业的污染物排放标准。

2.4.3.4 病原体

城市污水携带很多包括病原体在内的微生物：细菌、病毒、原生动物及寄生虫（见第 6 章）。

由于水中病原生物体的鉴定是一个漫长的过程，常规的检测方法只是测定水中的细菌总数。最常用的方法就是测定总大肠杆菌和粪大肠杆菌，以大肠埃希氏菌为主，有时也包括粪链球菌。在 100mL 的城市污水中，一般有 10^7～10^9 个总大肠杆菌，10^6～10^8 个粪大肠杆菌。（注意：指定地点的总大肠杆菌与粪大肠杆菌的比值一般在 4～7 之间变化）。

检测城市污水中细菌的意义在于能够估计污水的净化水平（或者局部的消毒水平）：对某个给定的处理工艺采用对数单位（10 的幂）来表示细菌总数。例如每 100mL 污水中当总大肠杆菌群从 10^7 个减少至 10^4 个时，会降低 3 个数量级，以 3lg 表示。

注意：尽管某股污水中可能不含大肠杆菌，但是并不意味着这股污水中没有致病菌。

2.4.4 降雨带来的水污染估算

在降雨期间，来自合流制系统甚至分流制系统的污水溢流都将会给自然环境带来显著的污染。当污水处理厂的处理能力只能处理常规的旱季污水时，过量的污水则会成为污染自然环境的主要原因。表 2-31 和表 2-32 关于法国巴黎地区的例子就反映了这种情况。

表2-31 理论案例（占地面积170ha、不透水率30%、人口10000人）：由污水处理厂、合流制或分流制系统产生的污染物质的量　　单位：t/a

污染物指标	污水处理厂排放量（处理效率 =90%）	合流制系统溢流	分流制系统排放的雨水
悬浮固体	10～17	40～200	25～100
COD	30～50	40～130	10～50
BOD_5	10～17	15～30	2.5～10

表2-32 法国巴黎地区10个汇水流域每公顷面积（不透水）上的平均年污染量与相同面积（100人）污水处理厂排放的平均污染量比较

雨水	每年的污染负荷 /[kg/(a·ha 不透水面积)]		年平均浓度 /(mg/L)		污水处理厂按每 100 人计算产生的流量（处理效率 90%）/[kg/(a·ha)]
	分流制雨水系统	合流制系统	分流制雨水系统	合流制系统	
BOD	90	165	25	65	237
COD	630	810	180	310	521
悬浮固体	665	1225	235	485	225
烃类化合物	15	22	5.5	6.5	0.3
铅	1	1	0.35	0.4	0.1

如果希望改善这一情况，则可以采取以下措施：

① 采用物理化学方法（见第 23 章 23.3 节）处理这些过量的污水；

② 暂时存储这些过量的污水直到总进厂污水流量降低时再输送至污水厂进行处理。

应当指出，雨水径流中的主要污染物为悬浮固体（来源于不透水地面）。据估计，大约 85% 的 COD 和 BOD、70% 的总凯氏氮、90% 的烃类化合物以及超过 95% 的重金属（Pb、Zn、Cu）都是以颗粒形式存在的。

同样，雨水径流通常含有较多的金属元素，尤其是由生锈的屋顶、落水管、轮胎磨损、碳水化合物燃烧的残留物等带来的铅、锌、镉等。这些残留物也会引起微生物污染（尤其是动物的粪便）。在暴雨过程的前几个小时，分流制系统的污水浓度与旱季污水浓度是接近的，例如每 100mL 污水含 10^8 个总大肠杆菌群。

2.4.5 氧化还原电位

新鲜城市污水的氧化还原电位大约为 100mV，即 pH=7 左右时的氢压指数（rH）为 17～21（见第 1 章 1.2.3 节）；如电位低于 40mV（即 pH=7 时 rH=15）或为负电位则污水为还原态（腐败、发酵，或存在还原剂）；电位高于 300mV（即 pH=7 时 rH=24）污水则为异常的氧化态（混入了大量雨水或渗漏水）。

在 SO_4^{2-} 存在的条件下，污水的腐化生成 S^{2-} 进而产生 H_2S 气体，除了引起腐蚀外，还会有 H_2S 气体释放到管网中。

图 2-29 根据 pH 和 rH 将污水进行了分类。

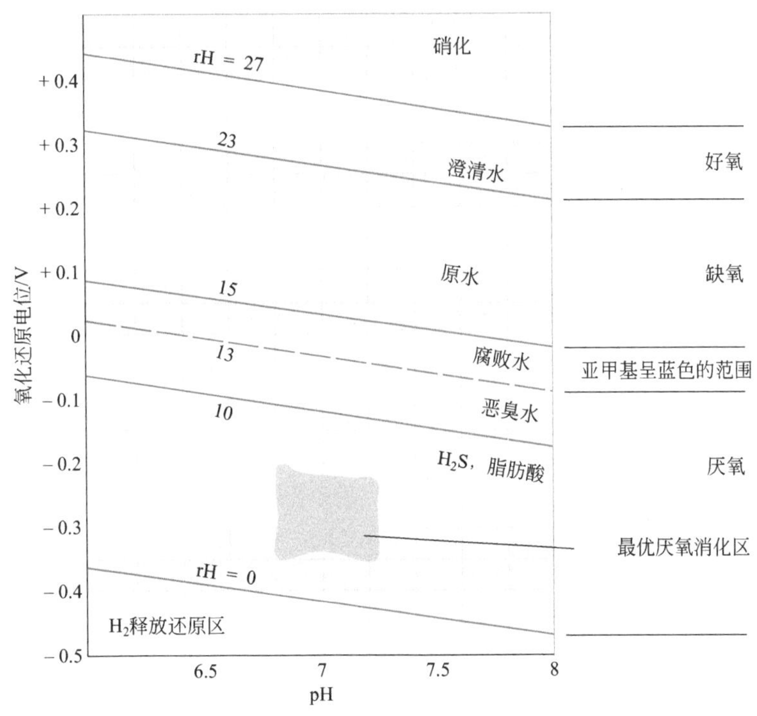

图 2-29 污水氧化还原电位 -pH 图

值得注意的是，有四个因素对管网中亚硫酸盐的形成起到了重要的作用：

① 温度：在 15℃以下，很少发现 S^{2-} 浓度在 2～3mg/L 以上；

② 水中 SO_4^{2-} 浓度：大部分 S^{2-} 是在硫还原菌的作用下产生的；

③ 污染物浓度：BOD 越高，厌氧条件下可以为硫还原菌提供的食物越多；

④ 水在管网中的停留时间，即管网长度和管网内的流速。

因此，在较长的管网中（停留时间 >12h），温度为 20℃时，S^{2-} 含量在 5～10mg/L 之间；温度为 25～28℃时，S^{2-} 含量在 20～30mg/L 之间；在热带国家，当停留时间延长至约 24h 且 SO_4^{2-} 含量在 300mg/L 以上时，S^{2-} 含量甚至会在 50～70mg/L 之间。

2.4.6 粪便污水

粪便污水的性质因其来源不同而不同；主要来源于以下两种类型的不透水粪池：

① 一种被称为“水效应”（很少量的水与排泄物混合），通常一年清掏一次。这种粪便污水的浓度很高（COD 一般在 12～30g/L）；

② 另一种用水冲洗，清掏相对较频繁，因而浓度较低（COD 一般在 2g/L 左右）。

第二种粪池的有效空间应能够使其经过或长或短的间隔期进行清空，间隔期的长短决定了初级消化是否能够进行。表 2-33 为一些国家粪便污水的成分。

表2-33　粪便污水的成分

参数	习惯差异		特例
	法国	日本	沙特阿拉伯（塔伊夫）
pH	7.7～8.5	6.4～7.9	6.2
COD/（g/L）	2～30	8～15	1.75
BOD/（g/L）	1.5～10	5～9	0.42
悬浮固体 /（g/L）	2～10	20～35	0.66
TKN/（g/L）	0.5～2.5	3.5～6	0.17
NH_4^+-N/（g/L）	0.4～2	3～4	0.12

2.4.7 水处理水质目标

在污水排放之前，除了考虑水重复利用的情况，水处理的目的是保护自然环境（见本章 2.4.8 节）。

为逐步达到主管机构制定的水质标准，应根据不同水体的受纳能力制定不同的法规。

例如，欧洲于 1991 年 5 月 21 日制定的关于城市污水处理的指令（91/271/CEE）将受纳水体划分为三种类型：正常水体、富营养化敏感水体、富营养化不敏感水体，每一种水体都对应不同的排放标准。

尽管如此，为使得下游水质满足更为广泛用途的要求（钓鱼、游泳、作为饮用水水源），根据地方水质目标，法国当地政府可以对欧洲标准进行更加严格的修订。一般来说，这些地方标准是基于法国当地发展规划制定的［见法国的流域水资源开发与管理总体规划（SDAGE）或子流域水资源开发与管理规划（SAGE）］。

考虑到河流水文无序变化的自然特性，必须遵守这些水质标准的规定，即在参考流量的限值范围内，不达标（考虑临界浓度值和效率）日均水样的数量必须少于根据年测定总水样规定的数量。

但是，所有水样的 BOD_5、COD 和悬浮固体的测定值都不可以超过相应的固定限值，分别为 50mg/L、250mg/L 和 85mg/L。

这些标准的可接受限值必须与英国常规的百分制概念相比较。例如，95% 的限值意味着至少 95% 的样本须满足排放标准的要求。

考虑到出水排放至河口或者海洋时，排放条件必须要保证沿海区域的特定活动（旅游、游泳、贝类养殖）的正常进行。

《城镇污水处理厂污染物排放标准》（GB 18918—2002）根据城镇污水处理厂排入地表水域环境功能和保护目标，以及污水处理厂的处理工艺，将基本控制项目（包括影响水环境和城镇污水处理厂一般处理工艺可以去除的常规污染物）的标准值分为一级标准、二级标准、三级标准。一级标准分为 A 标准和 B 标准（表 2-34）。

表2-34　基本控制项目最高允许排放浓度（日均值）

序号	基本控制项目		一级标准		二级标准	三级标准
			A 标准	B 标准		
1	化学需氧量（COD）/（mg/L）		50	60	100	120①
2	生化需氧量（BOD_5）/（mg/L）		10	20	30	60①
3	悬浮物（SS）/（mg/L）		10	20	30	50
4	动植物油 /（mg/L）		1	3	5	20
5	石油类 /（mg/L）		1	3	5	15
6	阴离子表面活性剂 /（mg/L）		0.5	1	2	5
7	总氮（以 N 计）/（mg/L）		15	20	—	—
8	氨氮（以 N 计）②/（mg/L）		5（8）	8（15）	25（30）	—
9	总磷（以 P 计）/（mg/L）	2005 年 12 月 31 日前建设的	1	1.5	3	5
		2006 年 1 月 1 日起建设的	0.5	1	3	5
10	色度（稀释倍数）		30	30	40	50
11	pH		6-9			
12	粪大肠菌群数 /（个 /L）		10^3	10^4	10^4	—

① 下列情况下按去除率指标执行：当进水 COD 大于 350mg/L 时，去除率应大于 60%；BOD 大于 160mg/L 时，去除率应大于 50%。

② 括号外数值为水温 >12℃时的控制指标，括号内数值为水温≤ 12℃时的控制指标。

当污水处理厂出水排入稀释能力较小的河湖作为城镇景观用水和一般回用水等用途时，执行一级标准的 A 标准。

城镇污水处理厂出水排入 GB 3838 地表水Ⅲ类功能水域（划定的饮用水水源保护区和游泳区除外）、GB 3097 海水二类功能水域和湖、库等封闭或半封闭水域时，执行一级标准的 B 标准。

城镇污水处理厂出水排入 GB 3838 地表水Ⅳ、Ⅴ类功能水域或 GB 3097 海水三、四类功能海域，执行二级标准。

非重点控制流域和非水源保护区的建制镇的污水处理厂，根据当地经济条件和水污染控制要求，采用一级强化处理工艺时，执行三级标准。但必须预留二级处理设施的位置，分期达到二级标准。

2.4.8 污水再利用

2.4.8.1 农业利用

以农用为目的的污水利用已经有很长的历史，利用污水灌溉土地形成了早期的污水净化系统。土壤是一种高效的过滤器，1ha 土地含有 1～2t“净化”微生物。

现如今，污水在农业方面重复利用的主要价值趋向于向农作物供水这一基本用途，而不是通过土壤净化污水或者是为作物供给营养物质。

必须采用一些措施以避免污水在配水系统中的沉淀和腐蚀，在任何情况下，都推荐对原污水进行预沉淀和生物预处理。特别是生物预处理可以减轻臭味带来的危害甚至避免发生由 H_2S 排放引起的事故（贮存池）。

这种污水再利用形式主要有以下两类风险：

① 健康风险：影响农业工作者、周边居民和农产品尤其是新鲜农产品的消费者的健康。该风险的大小取决于当地经济健康状况、耕作方式、生活习惯和气候条件。无论如何，都禁止将未经处理的污水或经二级处理的污水用于灌溉可生食农作物或排放至其周边环境中。污水用于牧草草场的灌溉似乎不存在任何重大问题，但同样道理，不能将污水用于牧场以及休闲公园等地。最适合的作物是树木、谷物、甜菜和产油作物。漫灌方式优于喷灌方式（因为污染物可以通过飞沫蔓延）。污水回用方式的选择需遵循相应的标准，但这些标准在各个国家甚至在美国的不同州都有所不同（表 2-35）。

表2-35 以农业利用为目的的城市污水回用国际标准摘录

作物类型	可直接食用的蔬菜地、运动场或高尔夫球场的灌溉	牧场、公园灌溉	谷物或者经济作物灌溉
加利福尼亚标准	TC<2.2/100mL 浊度 <2NTU 病毒去除 >5lg	TC<23/100mL	FC=0
必需的处理	二级处理 + 澄清过滤或者超滤 + 消毒	二级处理 + 消毒 须满足排放标准的要求	二级处理
EPA92	FC<1/100mL Cl_2>1mg/L TN<2mg/L	FC<200/100mL BOD<30mg/L 悬浮固体 <30mg/L Cl_2>1mg/L	FC<200/100mL BOD<30mg/L Cl_2>1mg/L
必需的处理	二级处理 + 过滤 + 消毒	二级处理 + 消毒	二级处理 + 消毒
世界卫生组织（WHO）	FC<1000/100mL HE<1/L	HE<1/L	HE<1/L
以色列	BOD<15mg/L 悬浮固体 <15mg/L TC<2.8/100mL	BOD<60mg/L 悬浮固体 <50mg/L	BOD<35mg/L 悬浮固体 <30mg/L TC<250/100mL

注：TC—总大肠杆菌；HE—寄生虫卵；FC—粪大肠杆菌；TN—总氮。

② 土壤和农作物风险：堵塞土壤、增大土壤盐度、富集有毒物质。土壤的物理性质也会因漫灌而发生改变，尤其是黏土的结构会随着钠元素的过量输入和渗滤的不足而遭到破坏（特别是降雨较少的区域）。所以对污水 SAR（钠的吸收率）的认识变得尤为重要：

$$\mathrm{SAR}=\frac{[\mathrm{Na}^{+}]}{\sqrt{\dfrac{[\mathrm{Ca}^{2+}]+[\mathrm{Mg}^{2+}]}{2}}}$$

当 SAR 值接近 10 的时候就会存在风险。一般来讲，这种情况只发生在受到高浓度工业废水（酿酒厂、制糖厂、奶酪厂）的影响或者受到海水污染的时候。

如果污水的含盐量过高（根据农作物不同 >1g/L 或 2g/L），同样也会带来问题，这时要更加注意灌溉水量以及农田盐度的改变。需要通过现场排水来防止盐分积累。

一定的碳氮比是作物生长所必需的。对于生活污水，在其氮磷钾的平衡中，氮通常都会大量过剩。最终，将污水进行农业回用的一个缺点就是会使地下水中的硝酸盐含量过高（除非先将回用的水送至处理厂进行硝化反硝化处理）。

污水也可回用于水娱乐场所、高尔夫球场以及公园。在这种情况下，经常会用到洒水器。这就要求在彻底去除悬浮固体和有机污染物后再进行消毒处理（见第 17 章）。

2.4.8.2　工业用途

经物理处理之后，污水水质就可以达到某些工业用水的要求，尤其是用于直流式以及近似密闭式冷却系统以及某些清洗用途，现已建成很多这样的工程。

考虑其他方面的应用时，需要彻底地去除有机污染物，并且推荐采用硝化 - 反硝化的生物处理工艺。

包括膜处理阶段（澄清和 / 或脱盐膜处理，参见第 3 章 3.9 节以及第 15 章 15.4 节）在内的综合三级处理对于处理后污水水质要求很高的领域都是不可或缺的。例如，中高压锅炉（尤其是在美国，建有很多这样的工程）所用的去离子水。请参阅第 15 章 15.4 节，第 24 章 24.4 节和第 23 章 23.3 节 Sempra 案例。

2.4.8.3　家庭和社区利用

在用户家庭内或城市范围内处理污水以得到不同水质的回用水都是可行的，可以采取以下几个方案：

① 住宅区污水部分回用。该回用方案在日本已经很普及，通常将处理后的水回用于冲洗厕所、清洗地板等。对于用户有可能与水接触的情况，为避免任何污染风险，强烈建议采用膜处理工艺，如果有必要可同时结合化学消毒。

② 市政清洗系统（街道、卡车、公共汽车等）、公园浇灌以及消防系统。这种形式的利用不能影响主管网的运行（沉淀、细菌滋生、腐蚀等），也不能存在任何的健康风险，因此建议对二级出水进行三级处理和消毒处理（澄清 + 消毒、膜生物反应器）。

③ 补给水库：提供水库水以满足饮用水供应。

④ 部分补给地下水。

⑤ 构成地下水力屏障，防止海水入侵至沿海含水层。

后面三种情况需要一套能生产出接近饮用水水质的并且在技术上可行的综合水处理系统。

所有的这些污水回用方式都要求处理工艺具有足够高的可靠性。考虑到这一点，可采用包括澄清和脱盐在内的两级膜处理工艺，并设置备用功能和设备以保证运行的可靠性。

这种形式的处理系统已经在一些缺水地区得到了应用（典型的例子：加利福尼亚的West Basin处理厂，见图2-30），并已证明所有的饮用水水质标准均可持续地满足。然而迄今为止，只有在温特和克（纳米比亚）将回用水直接接入饮用水供给系统。尽管可行，但也存在以下缺点：a. 公众的接受程度低；b. 发生事故时需要运营方快速做出反应。

图2-30 West Basin处理厂（处理家庭和社区污水）

因此，必须首选间接利用方式（通过地下水、水库等）。

2.5 工业废水

2.5.1 工业废水的性质

城市或生活污水的水质特性基本是一致的，但是工业废水的水质特性却存在很大的差异，需要对每一种工业废水进行调查，制订专门的处理工艺。

如若明确需求，建立一套运行良好的处理系统（如图2-31所示），除了一些必要的数据分析，了解产品的生产流程和系统组织的详细信息也是至关重要的。第25章将介绍多种工业废水处理系统的示例。

图2-31 墨西哥石油公司精炼厂工艺水生产和生产用水处理工艺（Salina Cruz-Mexico）（流量：6000m^3/d）

2.5.1.1 工业废水来源

下面介绍4种主要的工业废水：

（1）生产废水

很多生产过程排放的污染物都是由于水与气体、液体和固体接触产生的。

废水的排放可以是连续的也可以是间歇的。在很多情况下，废水只在一年中的几个月内产生（季节性农产品加工业：例如生产周期为期两个月的甜菜制糖业）。

一般来说，如果产品产量是一定的，废水的流量也就是一定的；但是，对于一些特殊的行业（化学品合成、制药、芳族聚酰胺化学制品），由于其排放的废水水质经常变化，使得相应的水质分析面临很多问题。

因此，设置均质池是很有必要的。对于间歇性的生产过程，这些均质池也可以用于满足处理尤其是生物处理的需要。

（2）特种废水

有些废水很可能需要进行隔离：

① 为了对废水进行特殊处理，以实现原材料的回用以及生产过程中水的循环利用；

② 为了调节进入处理系统的废水流量，废水先进入贮存池（如果有必要，在预处理之后）。

这适用于：

① 酸洗和电镀废水，使用过的氢氧化钠，焦化厂的氨水；

② 造纸厂冷凝液，化学制品和农产品行业的储备水；

③ 有毒废水以及高浓度废水。

（3）公共设施排水

① 洗涤废水（食堂等）；

② 锅炉废水（锅炉排污、清洗用水）；

③ 污泥处理过程中的排水；

④ 冷却水排污。

（4）临时排水

这项不容忽视，它包括：

① 在操作或存储过程中产品的意外泄漏；

② 生产工具和地板的清洗用水；

③ 被污染的水包括雨水，同样可以产生一定的水力负荷。

这类污水常常被排放至一个观察池（调节池）。

2.5.1.2　工业废水的一般特性

以下数据对建设一座达标排放的污水处理厂是不可或缺的：

① 典型的产量、生产能力、生产周期、原材料消耗量；

② 工厂补给水的组成；

③ 废水单独排放和 / 或循环利用的可能性；

④ 每股废水的日流量；

⑤ 每股废水的平均日流量和最大日流量（持续性和频率）；

⑥ 每股废水的平均流量、最大流量、污染物量（持续性和频率）以及特殊行业的污染物。

即使是次要的或偶然排放的污染物（黏合剂、焦油、纤维、油类、砂粒、有毒物质等），其数据也是很重要的，因为这些污染物可严重影响某些处理单元的运行。

在设计新的污水处理厂时，分析工厂生产工艺所得到的数据要与现有类似工厂的数据进行比较。

对生产中补给水成分的了解也是很有必要的。

2.5.1.3 污染物特性

按照可接受的处理方法的种类，污染物主要分为以下几种：

（1）可用带絮凝的或不带絮凝的物理法分离的不溶物质

① 漂浮物质：油脂、脂肪烃类物质、焦油、有机油类、树脂等；

② 悬浮固体：砂类、氧化物、氢氧化物、颜料、胶态硫、乳胶、纤维、过滤添加剂等。

（2）可吸附分离的有机物

染料、洗涤剂、酚类化合物、硝化衍生物、氯化衍生物。

（3）可沉淀分离的物质

① 金属：在一定的pH范围内可沉淀的Fe、Cu、Zn、Ni、Al、Hg、Pb、Cr、Cd、Ti、Be等，以及硫化物；

② 阴离子：PO_4^{3-}、SO_4^{2-}、SO_3^{2-}、F^-。

（4）可通过脱气或吹脱来分离的物质

H_2S、NH_3、SO_2、CO_2、酚类、轻芳族烃以及氯衍生物。

（5）需要进行氧化还原反应的物质

氰化物、六价铬、硫化物、氯气以及亚硝酸盐。

（6）无机酸类和碱类

① 盐酸、硝酸、硫酸、氢氟酸；

② 各种碱类。

（7）可通过离子交换和反渗透进行浓缩的物质

① 放射性核物质，如I^*、Mo^*、Cs^*；

② 利用强酸或强碱生产出的盐类，可电离的（离子交换）或不可电离的（反渗透）有机化合物。

（8）可生物降解物质

例如糖类、蛋白质和酚类。污泥经驯化后，一些有机化合物如甲醛、苯胺、洗涤剂、甚至芳烃化合物可以用与降解无机化合物（$S_2O_3^{2-}$、SO_3^{2-}）一样的方法进行生物降解。

（9）可通过强氧化剂（O_3、O_3+H_2O_2）氧化去除的物质

如农药、大分子化合物、多环芳烃、多氯联苯以及洗涤剂等有机化合物。

（10）色度

工业废水一般都具有很高的色度，其是由胶体（染料、硫化物）或溶解物质（有机物质、硝化衍生品）引起的。

从水质分析的角度来说，需要考虑：

① 工业废水的COD/BOD_5比值与城市污水有很大不同，该比值在处理的各个阶段都会发生变化且最终比值可能会高于10；

② 高毒性物质的存在会掩盖废水中的可生物降解物质，这样会严重干扰BOD_5的测定。

有关废水的可生物处理性的基本概念见第5章。

2.5.2 废水排放标准

现行的各排放标准之间存在很大的不同：

① 工业废水的污染物指标要比城市污水多，这些指标与某一行业、某个国家、甚至某受纳水体都相关；

② 法律规定的一些具体指标的限值（烃类化合物、重金属、F^-、CN^-，尤其是酚类化合物）取决于所采用的检测系统，这在各个国家之间存在很大的差异。

工业废水可以直接排放到自然环境中或者通过市政下水道进入污水处理厂；所排放的废水不能影响污水处理厂的正常运行。

如果现行法规规定了废水中各污染物的极限浓度，那么每天或生产每单位产品所排放的最大废水量也会有一个相应的基准限制值，同时还需要考虑其月平均值以及日最大值。

在任何情况下，排放标准的制定都必须要考虑检测方法的灵敏度以及处理技术的可选择性。

表 2-36 和表 2-37 表明了这个问题的复杂性。

表2-36　氰化物及部分有机化合物的标准检测方法及可能的检测浓度范围①

化合物	方法	标准的检测范围 /（mg/L）
易释放氰化物	NF T 90.108（法国） ASTM D2036 C（美国） HJ 823（中国）	0.05～0.2
总氰化物	NF T 90.107（法国） ASTM D2036 A（美国） HJ 823（中国）	0.05～0.2
丙烯腈	EPA 8316（美国） HJ/T 73（中国）	1～5
挥发酚	ISO 6439 ASTM D1783（美国） HJ 502，HJ 503（中国）	0.05～5
苯酚	APHA② 6420（美国） HJ 676，HJ 744（中国）	0.002～1
五氯酚及五氯酚钠	NF T 90.126（法国） APHA 6410 B、6420 B、6640 B（美国） GB9803，HJ 591（中国）	0.05～10
酚类化合物	APHA 5530（美国） HJ 676，HJ 744（中国）	1～10
石油类	NF T90.203（法国） EPA 1664，ASTM D3921（美国） HJ 637，HJ 970（中国）	1～20
动植物油	EPA 1664，ASTM D3921（美国） HJ 637（中国）	1～100
阴离子表面活性剂	NF T90-039（法国） APHA 5540，ASTM D1681（美国） GB 7494，HJ 826（中国）	0.5～20

① 也可参阅第 5 章表 5-2。

② APHA (American Public Health Association)：美国公共卫生协会。

表2-37　金属元素排放标准实例　　单位：mg/L

金属元素总量	法国电镀表面处理	荷兰废弃物焚烧（ELG）	联邦德国烟道气脱硫（ELG）	瑞士排入湖泊	中国《电镀污染物排放标准》（GB 21900—2008）
Ag		0.1		0.1	0.3
Al	5			10	3
Cd	0.2	0.05	0.05	0.1	0.05
Cr（Ⅲ）	3	0.2	0.5	2	1（总铬）
Cr（Ⅵ）	0.1	0.1		0.1	0.2
Cu	2	0.5	0.5	0.5	0.5
Fe	5			2	3
Hg		0.05	0.05	0.01	0.01
Ni	5	0.5	0.5		0.5
Pb	1	0.5	0.1	0.5	0.2
Se				2	
Sn	2	2			
Zn	5	0.5	1	2	1.5

注：法国标准除了满足上面的标准即每种金属元素浓度不得超过相应的规定值外，Zn+Cu+Ni+Al+Fe+Cr+Cd+Pb+Sn 元素的总浓度必须保持在 15mg/L 以下。

注意：当工厂使用的金属元素（包括 Fe 和 Al）超过 5 种时，可能很难达到总浓度低于 15mg/L 的要求。在这种情况下，对总金属排放量的影响开展研究，确保在任何情况下总金属浓度值都不能超过 20mg/L。

工厂也很可能会用到其他金属或者非金属（锆、钒、钼、钴、镁、钛、铍等）。在适用的情况下，授权法令必须制定一个规定每种元素浓度限值的排放标准。

2.5.3　水循环和清洁技术的影响

工业发展两个持续的动力就是要降低废水排放量和污染物质总量。

2.5.3.1　水循环

水的循环利用最先应用于冷却系统以减少耗水量，其下一个目标就是排放控制。水的循环利用在钢铁制造业（生产 1t 钢需要 200m³ 水，但在冷却回路中需要的补给水量为每吨钢仅需 5m³ 甚至 3m³）和造纸业（耗水量从每吨 50～100m³ 降至 5m³）的应用已很普遍。由于该废水中的主要污染物是不溶于水的，所以只需要在循环过程中或者更常见地在某一旁路设置一简单的物理-化学处理工艺即可有效地去除废水中的不溶污染物。

水的循环利用降低了废水的排放量但却提高了污染物的浓度，即使污染物总量几乎总是减少的。

2.5.3.2　清洁技术

作为可持续发展的一部分，在提高产量的同时降低污染是工业发展需要面对的一个环境挑战。

清洁生产领域已经采取了很多措施，并且也取得了一定的成绩。显然，有必要借鉴一些专门处理废水的相关实例。

废气通过洗涤可以转化为废液，但这种形式的转化不应转移污染物。只有当废液相对比较容易净化或者该洗涤废水可直接循环利用时（例如硝酸铵厂），才可认为这种形式的转变是合理的。

这些技术措施可以按以下特点分类：

① 通过开发新的干法工艺来减少或避免废水排放；这种方法值得考虑，例如其在表面处理领域的应用：

a. 以热离子氮化法代替镀铬工艺；

b. 以电离的气态铝的应用代替镉电镀工艺；

c. 以丽绚（塑料）涂层代替镀锌工艺；

d. 用超临界 CO_2 代替有机溶剂或者水；

e. 其他技术措施等。

② 分离，如果有必要，回收有毒物质或者有价值的溶解的原材料，例如：

a. 通过蒸馏分离溶剂，应用于生产油漆、磺化树脂（二氯乙烷），制药（乙醇）和硝皮（石油工业）行业；

b. 在农产品加工业 / 纸张涂料工业通过超滤膜提取蛋白质、乳胶；

c. 将镀铬池中的三价铬固定在树脂上然后以铬酸盐、铬酸的形式从贮存循环洗出液的钝化池中回收。

③ 将生产过程产生的悬浮态化合物分离，并以可行的方式重新进入生产过程：

a. 沉淀污泥，甚至是卡纸工业的生物污泥；

b. 食品加工厂、黄油、肥皂制造过程中产生的油脂；

c. 从屠宰场到肉类加工行业产生的油脂和蛋白质。

④ 生产过程中合成的溶解性化合物的分离：来自焦化厂生成水、氨基酸生产以及消化回用料的铵盐，通过空气或水蒸气的携带作用分离，然后通过冷凝和硫化过程回收。

2.5.4　农产品行业

食品行业生产废水的共同特征是：污染物主要为可生物降解的有机物质，并一般有酸化和迅速发酵的倾向。处理这些废水大多采用生物处理方法，但水中常常缺少氮和磷。

2.5.4.1　养猪场

养猪场污染取决于农场类型、围栏清洗方法、围栏内污物的清洗周期以及饲料的种类（表 2-38 和表 2-39）。

在热带国家，一般用水对猪进行喷洒清洗，产生的废水量也会因此而有所增加。

表2-38　养猪场污染情况

每头猪每天的排放物	水力清洗	干式清洗	每头猪每天的排放物	水力清洗	干式清洗
水量	17～25L	11～13L	TKN	18～35g	
BOD_5	100～200g	80～120g	COD	300～500g	

表2-39　液体粪便分析

项目	含量	项目	含量
悬浮固体 / (g/L)	30～80	Cl^-/ (g/L)	0.8
COD/ (g/L)	25～60	SO_4^{2-}/ (g/L)	1.5～2
BOD_5/ (g/L)	10～30	总碱度（以 $CaCO_3$ 计）/ (mg/L)	4000～15000
TKN/ (g/L)	2～5	pH	7～8
总 NH_4^+-N/ (g/L)	3～4		

2.5.4.2　屠宰场和肉类加工厂

（1）***产业化屠宰场***

除了屠宰场，还有内脏加工车间以及粪便排放造成的污染，其占比超过总污染物的 50%。这些污染物取决于：

a. 血液回收率（BOD_5 150～200g/L，COD 300～400g/L，TKN 25g/L），在大型屠宰场，该回收率可达到 90% 以上；

b. 去除粪污的方法，水力去污法逐渐被淘汰；

c. 内脏加工车间的规模；

d. 辅助车间（肉类腌制、罐装）。

因此，现代屠宰场废水的排放量相对较少。在欧洲，这类废水量的估算值如下：

a. 屠宰 1kg 牛肉产生 6～9L 废水（每头牛重 320～350kg）；

b. 屠宰 1kg 猪肉产生 5～11L 废水（每头猪重 80～90kg）。

根据法国农业与环境工程研究院的调研，耗水量的详细分项如表 2-40 所示。

表2-40　耗水量　　单位：L/kg肉类

车间或工厂	耗水量	车间或工厂	耗水量
屠宰厂生产线		大型牛内脏加工车间	2.4
屠宰牛	4.8（包括内脏清洗）	包装车间	
屠宰猪	4.1	大型牲畜（牛）	0.4～0.7
内脏清洗	2.0	货车清洗	0.20～0.6

根据同一调研，屠宰产生的污染物负荷如表 2-41 所示。

表2-41　污染负荷　　单位：g/kg肉类

项目	大型牲畜（牛）和多功能屠宰场	小型牲畜（猪）屠宰场
COD	32.3±5.2	27.3±9
BOD_5	13.2±2.2	13.2±4.3
油脂（SEC）	5.2±1.5	
总氮	1.6±0.3	1.6±0.5
悬浮固体	11.8±2.5	9.3±3.4

需要注意的是：

a. 内脏加工车间产生的废水中的 COD 占整个屠宰场废水中 COD 总量的 50%；

b. 高浓度的悬浮固体中有时会含有难降解的纤维物质；

c. 辅助车间（肉类腌制、罐装）的 BOD_5 负荷约为 10～20g/kg 成品。

目前我国畜类屠宰企业的废水排放量平均水平为 0.64m^3/ 头猪、1.2m^3/ 头牛，0.3m^3/ 头羊；禽类屠宰企业的平均废水量为 2.75m^3/ 百只。由于屠宰企业的生产一般是非连续性的，每日只有一批或两批生产，废水量在一天之内变化较大，最大时流量与最小时流量之比可能超过 3∶1。我国屠宰废水的 COD 一般为 1500～3500mg/L，BOD_5 为 500～1000mg/L，氨氮浓度达 50～200mg/L。

（2）家禽屠宰场

引起污染的工序主要有：a. 放血；b. 在干 / 湿输送机（气动的）上烫毛或者拔毛；c. 在传送带上采用水力或干式方法开膛取出内脏并洗涤。

水的循环或其他操作会对废水浓度有一定的影响。副产品加工-干燥车间（动物食品）产生的污染量大约还不及屠宰场所产生的 1/10。

即使在用于回收处理水中蛋白质的分流制系统，由于各单元的复杂特性和下水道位置的固定性，仅能采取分散性措施。分离出热废水可以使其冷却更为经济；这种系统也使得分离出高油脂污染并对其进行的特殊预处理变得更加容易。

法国农业与环境工程研究院（CEMAGREF）对 5 个工厂进行了调研，记录了生产每千克肉类所产生污染物的平均值（家禽平均重量为 1.4～1.5kg）（表 2-42）。

表2-42　生产每千克肉类所产生污染物的平均值

项目	废水量 /L	COD/g	BOD_5/g	悬浮固体 /g
测量值	8.1±0.9	21±6	9.3±2.5	4.5±1

（3）制革厂、黏合剂和明胶制造厂

① 制革厂

在这些工作车间进行常规的皮毛预处理，包括：浸泡、在含有硫化物的石灰池进行石灰处理、冲洗；该废水中含有整个处理过程 3/4 的污染物。

下一个处理工序是制革：

a. 制革厂使用植物单宁或者使用的主要药剂为铬盐，随后排放的废水中将会含有这些药剂；

b. 制革厂使用 NaCl 盐水和明矾（主要为无机污染）。

废水量估算：相关的废水排放量差异很大。

a. 采用铬盐制革时，每吨皮革产生废水 20～120m^3（每吨皮革含 Cr^{3+} 2～3kg）；

b. 采用植物单宁制革时，每吨皮革产生废水 20～90m^3；

c. 生产每吨皮革产生 200～250kg COD 和 75～150kg 悬浮固体（一头牛的牛皮大约为 30kg）。

大型工厂要求将下列废水分开收集：

a. 预处理废水；

b. 制革槽废水（含 Cr^{3+} 3～6g/L，pH 为 3.5）；

c. 硫化碱性废水。

由石灰处理系统排放的废水中将含有蛋白质胶体、油脂、毛发、色度、氯化物和硫化物。

② 胶及明胶

在这个行业，其原材料是来自皮革厂的毛皮和屠宰场的骨头，先将其加酸溶解再在石灰浆中进行碱解；猪皮只需在油脂浮选前进行酸洗。

加工每吨骨头所产生的废水量可以达到60～70m^3，生产每吨胶产生50kg的BOD_5。

（4）屠宰场废水中的蛋白质回收

屠宰1000t家畜产生的废水中将会含有2t蛋白质；这些蛋白质将在格栅、沉砂，甚至除油之后的一级净化处理系统中，以初沉污泥的形式回收。

投加无机或有机絮凝剂进行的物理-化学处理会降低废水中的BOD_5和悬浮固体含量，去除率分别为80%～85%和85%～90%。

冲洗水和用于清洗场地、卡车的废水必须与屠宰废水分开收集处理。

2.5.4.3 乳制品行业

（1）废水来源

① 巴氏灭菌和装袋：牛奶损耗、pH多变的稀释清洗水。

② 奶酪制作和酪蛋白生产：排放乳糖含量高但蛋白质含量低的乳清。

③ 黄油生产：排放乳糖和蛋白质含量高但脂肪含量低的脱脂乳。

乳清和脱脂乳越来越多地成为需要额外处理的对象：

① 通过超滤回收蛋白质；

② 通过电渗析软化废水并从乳清中回收乳糖，相应地减少这方面排放的污染物。

（2）废水排放量（表2-43和表2-44）

表2-43 乳制品行业废水排放

生产车间或场站	废水量/（L/L牛奶）	BOD/（mg/L）	悬浮固体/（mg/L）
牛奶损耗	1～3	600～1800	300～600
奶粉和黄油制作	1～2	500～1500	200～400
酪蛋白生产间	2～4	400～500	100
乳酪生产	2～4	1500～2500	500～1000
多功能生产间	3～6	300～750	120
酸奶生产	2～4	1500～2500	600～800

表2-44 乳制品典型成分　　单位：g/L

浓度测定	全脂牛奶		脱脂牛奶	乳清	脱脂乳
	奶牛	山羊			
BOD_5	90～120		50～73	34～55	60～70
Ca	1.25	1.3	1.2		1.2
K	1.5	2.0			
P	0.95	0.9	0.9	0.8	0.95
Cl	1.1	1.3	1		1
干固体量	130	114		60～45	

续表

浓度测定	全脂牛奶		脱脂牛奶	乳清	脱脂乳
	奶牛	山羊			
脂肪	39	33	0.8	0.5～2	3
MAT①	33	29	35	7.9	30
乳糖	47	43	50	47～50	44
乳酸				2～6	1
灰分	8～9	8		5～7	

① MAT= 可溶性氮化物 + 蛋白质。

废水排放量取决于循环利用程度（冷却和冷凝重复利用）：每生产 1L 牛奶产生 1～6L 废水。

废水的浓度也取决于乳产品的种类特性和允许损失量。

注意：

① 牛奶的 COD/BOD_5 约为 1.4，乳清的 COD/BOD_5 比值约为 1.9；

② 每生产 100L 牛奶，将排放 1～20g 的 TKN；

③ 常规废水中 BOD_5 含量为 700～1600mg/L；

④ 废水均化后，pH 值趋于 7.5～8.8 之间。

2.5.4.4　啤酒废水

（1）废水来源

① 啤酒罐装过程中的损失；

② 清洗（回收酒瓶、发酵罐、调节罐、地板）废水；

③ 麦芽汁的滤除物和分离出的酵母泥或者酵母；

④ 罐底排出物等。

（2）污染物

由啤酒（灌内残液、瓶罐破损）、酵母、混杂颗粒（溢出物、硅藻土、硅藻类）引起的污染。

（3）废水排放量估计（表 2-45）

表2-45　废水排放量

生产单元或操作台	BOD_5/（mg/L）	悬浮固体 /（mg/L）
瓶子清洗	200～400	100
发酵罐和过滤器清洗	1000～3000	500
储存罐清洗	5000～15000	<50

注：沉淀之后，COD/BOD_5 大约为 1.8，BOD/N/P 约为 1000/10/1，由此可见该废水缺乏营养物。

① 每生产 100L 啤酒产生 400～700L 废水，平均为 500L，主要是在啤酒装瓶和装桶的过程中产生的；

② 每生产 100L 啤酒产生 400～800g BOD_5，这取决于厂内的啤酒废液产量和酵母回收水平；

③ pH 通常为碱性。

2.5.4.5 马铃薯产业—马铃薯淀粉生产

马铃薯含有 12%～20% 的淀粉、70%～80% 的水分和大量的蛋白质。

污染可能由以下生产单元引起：

① 常规来源：马铃薯块茎清洗和输送（黏附于马铃薯表层的土和茎叶），用于去皮的氢氧化钠溶液或者蒸汽（高浓度可回收的浆状物、淀粉和蛋白质）。

② 特殊来源：马铃薯薯片薯条生产（含大量脂肪），热烫处理（高 BOD 浓度）。

表 2-46 为一些典型值。

表2-46 马铃薯产业废水排放

生产单元或场站	废水量 / (m^3/t)	悬浮固体 / (kg/t)	BOD_5/ (kg/t)
预处理单元 输送和清洗 剥皮和切削	 2.5～6 可回收 2～3	 20～200 	 — 5～10
薄片：烹饪	2～4		10～15
薯片：烹饪	2.2～5	5～10	5～15
淀粉厂 洗涤、磨碎、粉碎 压榨-精炼	 2～6（红水） 1	 可回收黏浆 	 20～60[①]

① 包括预处理单元排水。

2.5.4.6 淀粉工业

淀粉厂从木薯块茎和马铃薯中提取淀粉。湿法淀粉厂主要从富含淀粉的谷物（小麦、大米、玉米）中提取淀粉。在后一种情况下，其污染由水分蒸发引起，主要污染物为挥发性有机酸。如果该厂同时生产葡萄糖，废水中将含有大量的溶解性蛋白质。

废水的特性取决于原材料常规洗涤后进行的特殊处理（表 2-47）。

表2-47 废水的特性

原材料	水量 / (m^3/t)	BOD_5/ (kg/t)
玉米淀粉	2～4	3～5
小麦淀粉（重力分离）	10～12	40～60
大米淀粉	8～12	5～10

由于乳酸发酵或者投加亚硫酸对其进行处理，废水一般呈酸性。

2.5.4.7 其他农产品行业废水（表 2-48）

表2-48 其他农产品行业的废水排放

生产	来源	排放量和污染物	
		m^3/t	kg COD/t
油料植物	橄榄油萃取	0.8～7	50～80
	棕榈油压榨	5	80

续表

生产	来源	排放量和污染物	
		m^3/t	kg COD/t
炼油厂	冷凝和气味去除	0.23	0.5～1
	离心法清洗油品	0.15（pH 10，50～80℃）	3～5
	黏浆清洗	0.6（pH 1～2）	2～6（2～5g/L PO_4^{3-}）
	人造黄油生产	0.1（30℃）	0.2～0.5
水果、蔬菜、冷冻食品的保存	清洗、去皮、热烫处理	15～30 5～10	8～38
果汁①	压榨	0.15～0.25	0.3～1 pH 3～4
甜菜糖厂	清洗和输送	0.4～1.2③	2～3（200～600kg 悬浮固体）
	压榨水	0.2	
	过量的冷凝物	0.1	（NH_4^+）
	洗出液再生		（盐分）
蔗糖糖厂	甘蔗清洗	5～10	14～25
	气压柱（过量）	0.5～1.5	
	过量冷凝物	0.1	
酿酒厂②	一次蒸馏的葡萄渣	3～6	6～12
	葡萄酒泥	2～3	60～200
	葡萄酒	0.6～1.2	25～35
	甘蔗或甜菜糖浆	1.2～1.8	80～100
	甘蔗或甜菜汁	0.8～1.6	25～40
	谷物	0.1～0.2	2～8
鱼类加工	清洗和烹饪	15～30	40～60
面粉及其贮存	制备	1～5	15～25
泡菜厂	清洗		20～40
饭菜制作	准备和烹饪		15～45

① 数值以每 100L 果汁计。② 数值以每 100L 纯酒精计。③如果采用闭式循环。

2.5.5　纺织工业

对于高度多元化的纺织工业，与确定废水水质相比，造成污染的主要生产环节更易于确认。

2.5.5.1　羊毛的洗涤和梳理

原毛中带有大量的杂质（每吨羊毛含杂质 250～600kg），包括：a. 25%～30% 的油脂（羊毛脂和脂肪酸）；b. 10%～15% 的泥土和砂粒；c. 40%～60% 的有机盐类和粗羊毛脂。

以上产生的大量污染物的浓度取决于洗涤和回收工艺（羊毛脂）（表 2-49）。COD 可以达到 60g/L 以上。

表2-49　产生的污染量

参数		产生的污染量 /（kg/kg 原毛）	参数	产生的污染量 /（kg/kg 原毛）
脱脂后	COD	100～200	油脂	100～150
	BOD_5	24～40	悬浮固体	20～30

该废水一般为热水（40～80℃），pH 在 8.2～8.4 之间。通过内循环可以达到降低废水产生量的目的，使得生产每吨原毛产生的废水量由 $7m^3$ 降至 $3m^3$。

2.5.5.2　干式填充前的预处理

这种预处理主要适用于天然纤维（表 2-50）。

表2-50　织物预处理的废水排放

织物预处理	水量 /（m^3/t）	BOD_5/（kg/t）	说明
纯棉丝光	60	20～60	pH 12～14
棉花和亚麻布煮炼（煮炼和清洗）	5～6	60～150	pH 11～13（脂肪）
布料脱浆（去除淀粉）	10～20	20～50	$\frac{COD}{BOD}\approx 1.5$

2.5.5.3　纺织品干式填充

这个过程通常会产生相当大的污染，包括以下几个操作：漂白、染色、印花、上浆。

废水排放量取决于干式填充制品的种类，在这种情况下只能提供一些粗略的数据：腈纶 $35m^3/t$；羊毛 $70m^3/t$；棉花 $100m^3/t$；毛巾 $200m^3/t$。

事实上，污染负荷取决于：

① 纤维类型：天然或者人工合成纤维。

② 染色工艺（开幅染色、扎染、高压染色）和印花工艺。

③ 根据其水溶性选用的产品（表 2-51）。

表2-51　染色剂和织物干式填充的排放物

产品	水溶性物质	非水溶性物质	产品	水溶性物质	非水溶性物质
染色剂	酸（羊毛）	分散性染料	副产物	无机酸	树胶
	碱			有机酸（乙酸、柠檬酸、甲酸、酒石酸）	淀粉
	白色-脂类（溶淀素）			氧化剂（NaOCl、H_2O_2、硼酸盐）	
	直接染料①（棉花）	磺酸基类染料（pH<8.5）		还原剂	
	金属（Ni、Co、Cr）	偶氮染料＋萘酚		藻酸盐（印花）	
	铬	苯胺黑		羧甲基纤维素 CMC（印花）	
	试剂①			抑制剂	
				洗涤剂	

① 使用 NaCl 或 Na_2SO_4 溶液制备直接染料和药剂。

与预处理水混合之后，废水会被稀释，可以由以下几个特征值来说明：

① pH 为 4～12，通常为碱性；羊毛针织品染色后排放废水的 pH 为 4.5，棉花染色后

排放废水的 pH 为 11。

② COD：250～1500mg/L，即 50～150kg/t。

③ BOD_5：80～700mg/L，COD/BOD_5 在 2.2～5 之间变化。

④ 色度：500～2000 度。

⑤ 悬浮固体：30～400mg/L（浓度不是很高，纤维、短纤丝、绒毛），但是有时会达到 1000mg/L（棉织品的情况）。

⑥ 铬（六价）：1～4mg/L。

⑦ S^{2-}：0～50mg/L。

⑧ 废水排放量随温度的升高而降低。

用浮石（1kg/kg）清洗牛仔制品会产生大量的悬浮固体。

2.5.5.4　洗衣业

根据其规模，这些洗衣店会排放大量的污染物，主要来自使用的不同洗涤产品（碳酸钠、三聚磷酸盐、各种肥皂、可生物降解的洗涤剂、荧光增白剂、氯衍生物）。

对于现代化逆流式洗衣设备，每 100kg 织物残留的废水量大约为 $2m^3$，含有 1.5～2.0kg BOD_5。

2.5.6　制浆造纸工业

该行业包括两方面生产内容：制浆和造纸。两种生产废水中所含污染物类型有很大的不同。一些企业的生产同时涵盖这两项内容。

2.5.6.1　纸浆生产厂

（1）未漂白的纸浆生产流程

废水的成分取决于：

① 所用原材料的性质：木材种类，软木或者硬木（同时也与其储存时间有关）或者其他材料，如甘蔗渣、稻草、棉花、废纸等。

注意：废纸回收利用的趋势正在增长。但是，为了通过脱墨甚至漂白工艺重新获得接近纯正的纤维，对其进行处理也是很有必要的。

② 生产流程：有 5 种加工方法用于分解木材，从半纤维素尤其是木质素中较为彻底地分离出纤维素。

a. 化学处理：用于生产优质纸张（印刷纸，书写纸）所需的纸浆，又分以下 2 种：

i. 牛皮纸浆法仍然被广泛地应用；用碱性溶液（NaOH、Na_2S）煮沸木材，得到含木材干固体 40%～50%（效率 50%～60%）的溶液，有机物以蒸煮液（黑液）或以纸浆洗涤水的形式存在。这类纸浆经漂白后，总效率大约降低 10%，漂白过程使排出废液的色度大为提高；

ii. 亚硫酸氢盐制浆法是对木材进行酸性蒸煮（木质素被钙、镁或亚硫酸氢铵溶解）；纸浆几乎是漂白了的，总效率可达到 50%。

b. 化学与机械作用相结合的半化学法：最著名的是中性亚硫酸盐半化学工艺（Neutral Sulphite Semi Chemical，NSSC），其效率约为 75%。

c. 机械-热机械法（TMP），应用于木材加工的效率为90%～95%，用于生产新闻纸纸浆。

d. 化学-热机械法（CTMP）用于生产书写打印纸张所需的纸浆，这项工艺的效率极高，可达 90%。尽管该生产工艺耗水量较少而且不会散发出难闻的气体，但是其能耗相对较高。

（2）漂白

未漂白纸浆无法得到广泛应用（由于其色度、不可渗透性的原因）。因此，纸浆必须进行漂白。使用氯 / 二氧化氯漂白纸浆的各个工段如图 2-32 所示。表 2-52 强调了漂白对纸浆厂废水（COD 和染剂）带来的影响。

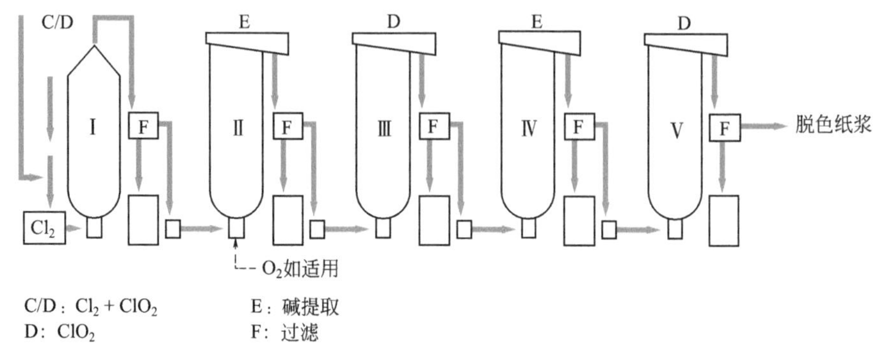

图 2-32　经典 Cl_2+ClO_2 漂白工艺

表2-52　纸浆厂：耗水量和污染负荷

生产工艺	效率①/%	耗水量 / (m^3/t)	$BOD_5$②/（kg/t）	悬浮固体 /（kg/t）	铂-钴色度 /（kg/t）
机械制浆	>90	15～25	10～20	10～30	
亚硫酸氢盐制浆					
未漂白	60	40～60	25～50	10～110	10～30
漂白	50	50～100	20～60	20～50	75～150
牛皮纸					
未漂白	55	20～60	10～20	5～15	20～50
常规漂白	45	30～80	10～40③	5～10	100～240
OZP 漂白	45		1～20		40～80
CTMP 法					
漂白	>90	10～30	20～40	10～30	
纸浆脱墨	50～80	15～30	15～20	20～40	

① 效率 = 生产得到的纸浆重量与所用木材重量的百分比。

② COD/BOD_5 因木材类型不同而在 6～2.5 之间变化。

③ 表中数据考虑了黑液的回收。

事实上，用氯溶解木质素产生的副产品含有很多氯化有机物（测定为可吸附有机卤化物、总有机氯、二噁英、呋喃），这些有机物大多可溶并排放至废水中。但是，有些污染物包括微量二噁英，仍然附着在纤维上，最终进到纸张中。应该注意的是，运行最优的污水处理厂对这些化合物的去除率也只能达到 40%～60%。

自从 20 世纪 80 年代后期以来，许多研究表明，在最终产品特性（洁白度、纤维力学性能等）具有相同满意度的情况下，纸浆的漂白可以使用臭氧替代 Cl_2，即采用 OZP 工艺，依次使用氧气（O）去除木质素、臭氧（Z）处理和过氧化氢（P）处理生产出 TCF（全无氯漂白）纸张，不会生成任何氯化漂白副产物。表 2-53 所示的 OZP 生产流程定量地说明了这一影响（废水 COD 为原来的 1/2～1/10）。更经济的是，在用氧去除木质素后，只需要保留臭氧漂白阶段，之后在氧气环境下进行洗涤萃取和最后的二氧化氯漂白，如图 2-33 所示。这是一个最经济有效的系统，因而其在 ECF（无元素氯漂白）纸张生产领域的应用很广泛。OZP 工艺可将废水中氯化有机物的排放量降至原来的 1/10，该工艺还能减少 COD 的排放量（见表 2-53）。

表2-53　漂白：COD和氯衍生物的产生量（以AOX/ADt 纸浆计）

工艺	软木牛皮纸		硬木牛皮纸	
	AOX/（kg/t）	COD/（kg/t）	AOX/（kg/t）	COD/（kg/t）
常规 Cl_2/ClO_2	约 2	63		38
O_2 去除木质素	约 0.8	32	0.5	27
O_2 去除木质素和 ZD 法漂白①	约 0.1	6	0.1	3
O_2 去除木质素和 ZPO_2 漂白②	0.0	6	0.0	3

① 无元素氯漂白（ECF）纸浆。

② 全无氯漂白（TCF）纸浆。

注：P—H_2O_2 阶段；Z—臭氧氧化阶段；D—二氧化氯；AOX—可吸附有机卤素；ADt—吨风干浆。

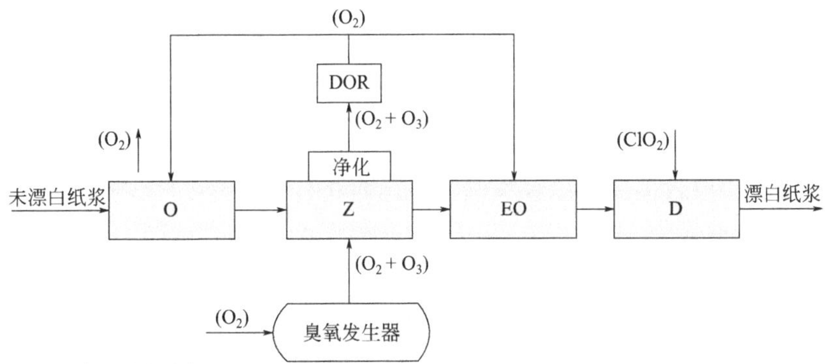

图 2-33　典型的 O_3/ClO_2 纸浆化学漂白流程图

应该注意的是，下列应用已展示出臭氧的优势（在工业化或大型中试规模）：

① 脱墨后废纸纸浆的漂白；

② 高岭土和碳酸钙漂白：用量与纸张的成分有关；

③ 改善由热机械法（去除一部分木质素）得到的纤维制品的力学性能。

对于现代化的制浆造纸单元，其臭氧耗量为 100～500kg/h（3～5kg O_3/ADt）。制浆造纸业已成为臭氧应用的主要领域（如瑞典、芬兰、南非、巴西、美国、日本等）。

应该指出的是，当臭氧发生器出口的臭氧含量（臭氧的质量与臭氧和氧气混合气体的质量之比）约为 10%～13% 时，其成本效益最佳。这在能耗大约为 12kWh/kg O_3 的有利条件下较容易达到（见第 17 章 17.4 节）。

臭氧用于：

① 高浓度纸浆生产（30%～40% 的干固体含量），在这种情况下，需要使用工作压力为 2bar 的混合器；

② 中等浓度纸浆生产（10%～12% 的干固体含量），在这种情况下，混合器的工作压力为 12～13bar；这里假定受控压缩阶段不会破坏臭氧的性质。在 Ozonia 公司开发的臭氧处理系统中，损耗小于 3%，用于压缩和接触纸浆的总能耗为 5～6kWh/kg O_3。

（3）废水

高浓度的纸浆黑液通常需要单独处理（蒸发、焚烧、试剂回收）。

在现代工厂，有四种不同的废水来源：a. 蒸发冷凝液；b. 洗涤排水；c. 木材预处理（去皮、切削、压整）；d. 漂白。

产生的废水的特征如下：

① 流量大，一般在 15m^3/t（机械纸浆）和 100m^3/t（化学纸浆）之间，但废水流量呈下降趋势；

② 大量的不溶性污染物质（纤维和原纤维、碳酸钙、黏土），其中有相当比例的不可沉的悬浮固体（大约占总悬浮固体的 10%～30%）；

③ 溶解性污染物，其变化情况取决于有关生产工艺：

a. BOD_5：100～1000mg/L；

b. COD：300～4000mg/L（可生物降解性能在很大程度上取决于木材的性质：针叶树、硬木）；

c. 色度：很高且难以通过生物处理方法去除。

表 2-52 列举了各类工厂生产每吨成品产生的典型污染值，目前运行产生的污染量靠近表中数值范围的下限。

黑液蒸发冷凝液可单独处理；这些冷凝液是高浓度污染物的来源：其体积还不到排放废水总量的 10%，但是 BOD_5 却占排放量的 30%～50%。这些冷凝液的特点见表 2-54。

表2-54　冷凝液产生的污染

污染物	亚硫酸氢盐纸浆	牛皮纸浆	污染物	亚硫酸氢盐纸浆	牛皮纸浆
pH	1.8～2.2	8～9	乙酸盐 /（g/L）	2.5～4	
COD/（g/L）	4～10	4～7	甲醇 /（g/L）	0.2～1.2	
BOD/（g/L）	2～5	1～2	甲酸 /（g/L）	0.15～0.5	
SO_2/（g/L）	0.2～2	0.4～1			

在制浆业，废水排放标准的制定通常与生产的产品有关（表 2-55）。

通常，色度标准以色度去除率来表示。

一般来说，COD 和色度去除率是相关的，很难在低成本的条件下达到较高的去除率。

2.5.6.2　纸厂和卡片纸厂

纸张是由新纸浆、废纸（脱墨或者不脱墨）和碎布生产的。单独或者联合使用这些原

表2-55　制浆造纸工业污染物排放标准草案

产品	COD /(kg/t)	BOD /(kg/t)	悬浮固体 /(kg/t)	AOX /(kg/t)	TN /(kg/t)	TP /(kg/t)	废水量 /(m³/t)
漂白牛皮纸	8～23	0.3～1.5	0.6～1.5	<0.25	0.1～0.25	0.01～0.03	30～50
未漂白牛皮纸	5～10	0.2～0.7	0.3～1	0	0.1～0.2	0.005～0.02	15～25
漂白的亚硫酸盐纸浆	20～30	1～2	1.0～2.0	0	0.15～0.5	0.02～0.05	40～55
化学-热机械法	10～20	0.5～1	0.5～1	0	0.1～0.5	0.005～0.01	15～20
集成机械制浆（新闻纸、LWC、SC）	2～5	0.2～0.5	0.2～0.5	<0.01	0.04～0.1	0.004～0.01	12～20
未脱墨再生纸（PPO、新闻纸）	0.5～1.5	0.05～0.15	0.05～0.15	—	0.02～0.05	0.002～0.05	<7
脱墨再生纸（纸巾等）	2～4	0.05～0.02	0.1～0.3	—	0.05～0.1	0.005～0.01	8～15
非集成制浆（特殊纸浆、白纤维纸浆）	0.5～2	0.1～0.5	0.3～0.5	—	0.05～0.2	0.005～0.02	10～15

注：LWC—低定量涂布纸；SC—超级压光纸；PPO—封箱胶纸。

材料都能生产出优质纸、包装纸以及瓦楞纸这一类的产品。

根据需要的不同纸质等级，可能会使用不同的添加剂和涂料：

① 无机添加剂：高岭土、碳酸钙、滑石粉、二氧化钛；

② 有机添加剂：淀粉、乳胶；

③ 着色剂、硫酸铝、护色剂。

可采用下列两种方法进行脱墨处理：

① 用大量的水反冲洗；

② 采用机械浮选工艺，耗水量较少但药剂（氢氧化钠、硅酸钠、脂肪酸、非离子型洗涤剂）的投加量很大，同时会排放大量的悬浮固体。

当使用废纸时，有一些特殊废料如订书钉、塑料、胶带等，也会进入到需要处理的废水中。

因此，该废水的特征就是所含纤维的类型和添加剂的负荷会经常变化，而且通常它们都是不可溶的。

大多现代化的处理机械都配置 2 套内循环系统（如图 2-34）：

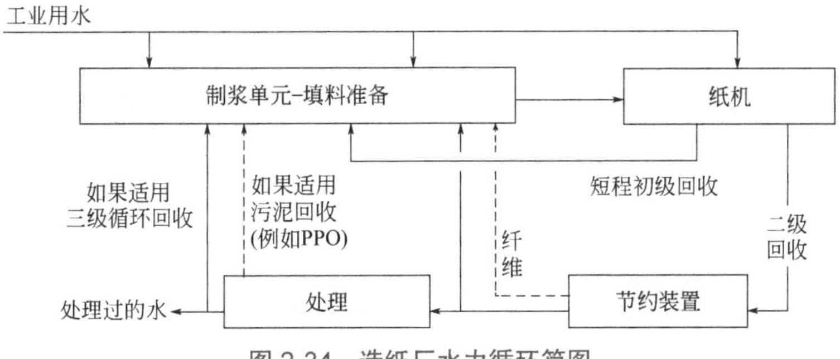

图 2-34　造纸厂水力循环简图

① 设计成“短程的”一级循环，可以使得废水从操作台（含大量纤维）立即排出并

被重复利用；

② 二级循环收集吸水箱、压力容器、漂洗产生的废水，一般包括纤维回收单元（收集装置）。

机械设备外部的循环系统（三级循环）接收二级循环中过量的水和生产辅助用水。

依据所生产的纸质等级，循环系统采用常规处理工艺，废水和污泥都可被回收再用于生产。在利用废纸生产纸浆时，废水和污泥的回用率可分别达到50%～100%和100%。可行的回收利用率取决于造纸和水处理技术水平。

一般说来，该废水的COD浓度是BOD_5的2～3倍。

在利用废纸生产纸浆时，溶解性有机污染物的浓度将会特别高。

表2-56是三级循环回路的污染特征；表2-57为我国制浆造纸工业污染物排放限值。

表2-56　生产每吨纸张或卡纸产生的污染物参数（水处理厂之前）

产品类型	耗水量/(m^3/t)	悬浮固体/(kg/t)	BOD_5/(kg/t)
新闻用纸	10～20	8～20	2～5
平滑铜版纸	10～20	10～20	2～5
印刷书写纸	10～30	12～25	3～8
牛皮包装纸	5～15	8～15	1～3
扁平卡纸（新纸浆）	15～20	2～8	2～7
波纹纸	1.5～10	10～25	10～20
优质纸和专用纸张	很大程度上取决于所生产纸张的类型		
卫生纸	20～40	20～30	5～10

表2-57　制浆造纸工业污染物排放限值（GB 3544—2008）

企业生产类型			制浆企业	制浆和造纸联合生产企业	造纸企业	污染物排放监控位置
排放限值	1	pH值	6～9	6～9	6～9	企业废水总排放口
	2	色度（稀释倍数）	50	50	50	企业废水总排放口
	3	悬浮物/(mg/L)	50	30	30	企业废水总排放口
	4	五日生化需氧量（BOD_5）/(mg/L)	20	20	20	企业废水总排放口
	5	化学需氧量（COD_{Cr}）/(mg/L)	100	90	80	企业废水总排放口
	6	氨氮/(mg/L)	12	8	8	企业废水总排放口
	7	总氮/(mg/L)	15	12	12	企业废水总排放口
	8	总磷/(mg/L)	0.8	0.8	0.8	企业废水总排放口
	9	可吸附有机卤素（AOX）/(mg/L)	12	12	12	车间或生产设施废水排放口
	10	二噁英/(pgTEQ/L)	30	30	30	车间或生产设施废水排放口
单位产品基准排水量/(t/t浆)			50	40	20	排水量计量位置与污染物排放监控位置一致

注：1. 可吸附有机卤素（AOX）和二噁英指标适用于采用含氯漂白工艺的情况。

2. 纸浆量以绝干浆计。

3. 核定制浆和造纸联合生产企业单位产品实际排水量，以企业纸浆产量与外购商品浆数量的总和为依据。

4. 企业自产废纸浆量占企业纸浆总用量的比重大于80%的，单位产品基准排水量为20t/t浆。

5. 企业漂白非木浆产量占企业纸浆总用量的比重大于60%的，单位产品基准排水量为60t/t浆。

2.5.7　石油工业

石油工业有四类生产活动可能产生特殊废水。

2.5.7.1　石油开采

排放废水包括地层水、随原油一起抽出的水以及钻井泥浆。海上石油开采活动由于对设备重量和紧凑性的要求极为严格，会有突发事件产生的废水。

2.5.7.2　原油和精炼产品的运输

在码头，油轮排放的压舱水有时不得不与清洗水一起处理。

2.5.7.3　炼油厂

生产工艺简单的炼油厂主要有原油蒸馏装置，工艺复杂的精炼厂还配置蒸汽裂解单元，通常还有氟裂解单元，因而废水和污染物的排放量随之增大。少量的废碱液随后成为主要污染物（氢氧化钠、S^{2-}、硫醇类、酚类化合物）的代表。

在前三种石油生产过程中，烃类是主要的常规污染物（表 2-58）。

表2-58　石油开采和炼制过程所排放的废水的特性

来源		水量（以石油处理量的百分比计）/%	主要污染物 /（mg/L）	其他污染物
开采	采出水	0～600	HC（三相分离后）：200 ～ 1000	NaCl、砂、黏土
油井	残留物和污泥			盐分、皂土、木素磺化盐
运输	压舱水 油罐清洗	（25%～30% 的油轮容量）	石蜡（存储后平均）：50～80 乳化物（存储后平均）：500～1000	NaCl、砂 碱性洗涤剂
炼油	脱盐 催化氟裂解（CFC） 常压蒸馏冷凝液 减压蒸馏冷凝液	5～6 6～10 2～2.5 1～1.5	轻质 HC：50～150 HC 100～150 HC 50 HC 150	NaCl、酚类、S^{2-} S^{2}、RSH、酚类化合物、NH_4^+、F^- 酚类化合物、NH_4^+ 酚类化合物、NH_4^+
雨水			变化的	砂
其他	脱硫装置的废碱液 CFC 产生的含酚碱液 蒸馏裂解单元 Merox 产生的硫化钠		酚类化合物：10～60 S^{2-}、硫醇类化合物、HC：0.3～5 S^{2-}：20～80 硫醇类化合物：0.3～10 酚类化合物：0.2～2	
	润滑油 芳香物和非石蜡提取物			呋喃甲醛、甲基-乙基-酮

注：HC—烃类化合物。

可溶有机污染物（含氧化合物、酚类、醛类）的比例随着石油的裂解而有所升高，而且提高重质和高含硫量原油的炼制量也增大了硫化物的排放量。

2.5.7.4　石油化工产品

生产石化衍生品的三种复杂生产工艺如图 2-35 所示。

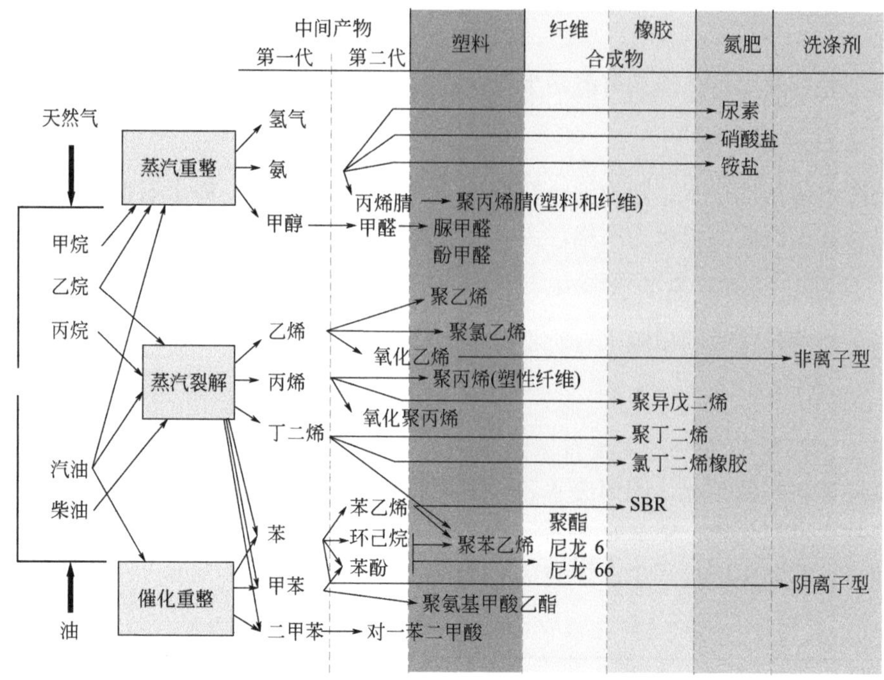

图 2-35　石化产品组织图（法国石油协会）

① 合成气复合物，由蒸汽重整转化产生（包括氨和甲醇的合成）；

② 烯族复合物，最熟知的是蒸汽裂解石脑油或其他油类；

③ 芳香族复合物，由催化重整产生，包括 BTX 混合物（苯、甲苯、二甲苯）及其衍生物。

除非采用聚乙烯或偶尔采用聚丙烯，聚合物的生产通常是与上述一体化联合生产装置分开的独立单元。

废水中的污染物包括原材料、溶剂、催化剂和悬浮态及乳化态的聚合物。

排放的主要无机盐及其来源包括：

① NaCl：合成含氯有机化合物（聚氯乙烯和溶剂）；

② $CaCl_2$：合成环氧丙烷和环氧乙烷；

③ $(NH_4)_2SO_4$：生产己内酰胺和丙烯酸酯。

精炼（汽油）和生产乙苯及异丙苯（含磷酸）时发生的烷基化反应生成了 $AlCl_3$。

表 2-59 列举了各生产工艺产生的主要污染物的特征。

表2-59　主要的石油制品及其污染物

产品 / 生产工艺		溶解性有机物	其他污染物
蒸汽裂解	乙烯、丙烯、丁二烯	酚类化合物、有机酸	S^{2-}、硫醇类化合物、烃类化合物
炼厂气化工	甲醇（石脑油蒸汽重整和部分氧化）	甲醇、重醇	
	尿素	$CO(NH_2)_2$、$(CONH_2)_2NH$	尿素 1～10g/L NH_4OH 0.1～0.5g/L
	C4、C5 烯烃裂解气化工		

续表

产品 / 生产工艺		溶解性有机物	其他污染物
炼厂气化工	甲基叔丁基醚 MTBE（异丁烯醚）	甲醇、异丁烯	
	MEC（水合丁烷）	丁醇	硫酸催化剂
氧化或氯化中间产物	环氧乙烷（直接乙烯氧化）	乙二醇、乙醛、CO_2、烃类化合物	烃类化合物
	氧化丙烯（氯醇）	二氯丙烷、2- 异丙醚	碱性水、$CaCl_2$、$CaCO_3$ 污泥
	叔丁醇	氧化丙烯、异丁烷、丙酮	
	乙醛（乙烯氧化）	乙醛、乙酸、草酸	酸性水
	乙酸（甲醇乙醛氧化、Co）	甲酸、乙酸盐、丙酮	酸性水、碘化物、铑
	苯酚（异丙基苯氧化）	苯、异丙基苯	皂土、$AlCl_3$、烃类化合物
乙烯基单体	醋酸乙烯酯（来源于乙炔）	乙醛、丙烯醛、丙酮、$FeCl_3$	
	氯乙烯（氯化乙烯）	二氯乙烷	HCl、NaCl、烃类化合物
	丙烯酸、丙烯酸酯、甲基丙烯酸酯（丙烯氧化）	乙酸、丙烯醛	催化剂、$(NH_4)_2SO_4$
	丙烯氰（丙烯铵氧化）	CN^-、乙腈	催化剂、$(NH_4)_2SO_4$
	己内酰胺（尼龙 6）（由羟胺产生）	环己烷、内酰胺、羟胺	$(NH_4)_2SO_4$、高浓度强酸
	己二酸	环己烷、苯	硝酸盐、NaOH
	对苯二甲酸（丙烯氧化）	乙酸、芳香酸、二甲苯	催化剂
	聚醚、多元醇	聚乙二醇、聚丙二醇	
橡胶单体	丁二烯（丁烷脱氢作用）	烯烃、烃类化合物	
	氯丁橡胶、聚氯丁烯	氯衍生物	
	苯乙烯（乙苯脱氢作用）	苯、乙苯	$AlCl_3$、油类、硅藻土
聚合物和树脂	聚酯：纤维、树脂	对苯二甲酸、乙二醇、乙二酸、马来酸、顺丁烯二乙二醇	高浓度强酸
	聚乙烯：PEDB、PEHB		油脂、寄生虫、聚乙烯粉尘、催化剂
	聚丙烯（干法）	己烷、非离子洗涤剂	弱酸、Al^{3+}、Ti^{4+}、聚丙烯粉尘、洗涤剂
	PVC 聚氯乙烯	甲醇、乙酸盐	强酸、聚氯乙烯酸、很细的 PVC 颗粒
	橡胶：SBR 丁苯橡胶、聚丁二烯	苯乙烯和丁二烯、丁腈胶、含氧化合物	皂类、催化剂、Al^{3+}，凝结乳胶、催化剂 Ti^{4+}、NH_4^+
	环氧树脂	环氧氯丙烷、芳香族酚类化合物	
	丙烯酸树脂	二甲基丙烯酸甲酯	CN^-
	聚亚胺酯树脂	异氰酸盐和聚醚-多元醇、聚酯-多元醇	
	酚醛树脂	乙醛、甲醛、酚类化合物	H_2SO_4、非离子型洗涤剂

2.5.8 钢铁制造业

钢铁制造业主要有四类生产活动：一些生产活动（焦化厂、热轧操作）产生的废水中含有大量的溶解性有机物，因此该废水很难在处理后再进行循环利用（见表 2-60）；其他生产活动（热轧、气体洗涤）产生的废水中含有高浓度悬浮污染物（氧化物、悬浮固体、不溶性烃类），几乎所有的这些废水都可以进行再循环利用（见表2-61）。

表2-60 钢铁厂特种废水（不能进行简单和低成本的回用）

	车间	废水量	主要污染物
焦化厂	稀氨水[①]	110～160L/t 焦炭	焦油 苯酚 1～4g/L 游离态 NH_4^+ 2～6g/L 固定态 NH_4^+ 0.5～4g/L H_2S、CN^-、SCN^-
	浓氨水	30～60L/t 焦炭	游离态 NH_4^+ 8～14g/L HCO_3 1～4g/L S^{2-}
	副产品加工间和最终冷凝液排放	10～100L/t 焦炭	苯酚 0～50mg/L CN^- 100～400mg/L
	向焦炉加煤时送风除尘	50～300	悬浮固体
冷轧	H_2SO_4 洗涤 HCl 洗涤	2m³/t 钢	Fe^{2+} 50～300mg/L 几乎再无其他污染
	高压下率冷轧	1m³/t 钢	悬浮固体 0.2g/L 油类 0.4～0.6g/L COD 0.7～1.2g/L
	镀锡前电解除油	1.5～2m³/t 钢	悬浮固体 0.5～1g/L 油类 0.1～0.2g/L COD 0.3～0.5g/L 硅酸盐

① 氨水的盐度取决于 Cl^- 的含量，南非产的煤中基本不含 Cl^-，而法国洛林产的煤中 Cl^- 的含量很高。

表2-61 钢铁制造业废水循环回用排水系统

车间	污染来源	废水量 /（L/t）	污染物 /（mg/L）	
1. 气体洗涤				
高炉	煤气洗涤循环水排污或污泥滤液	50～300	粉尘 NH_4^+ CN^- Zn^{2+}、Pb^{2+}	200～1000 0～500 0～20 5～20
	冲渣水	200～500	S^{2-} S_2O_3 SiO_2 油泥颗粒	0～600 100～400
直接还原	气体洗涤和冷却	500	NH_4HCO_3 $KHCO_3$ SO_2/SO_3 悬浮固体氧化物	500～5000
氧气转炉	循环水排污或污泥滤液	20～100	$CaCO_3$ $Ca(OH)_2$ 或 K_2CO_3 氧化物	1000～5000

续表

车间	污染来源	废水量 /（L/t）	污染物 /（mg/L）
2. 轧制和铸粒			
连铸车间	循环水排污或过滤器清洗废水	50～100	烃类化合物细料、液压剂
板坯火焰清理		20～50	细颗粒泥浆
线材轧机间		100～200	烃类化合物细料
钢管轧机间		50～100	细料
片材热轧机间		25～100	烃类化合物细料

总之，水循环利用完善的钢铁制造厂生产每吨钢铁所需的补充水为 3～6m^3，给定的总浓缩倍数为 3～4；敞开式循环系统的废水量为每吨钢铁 1～1.5m^3。

2.5.8.1　焦化

炼焦厂的氨水是由含有水分的煤炭生成的。它们都是含酚的稀氨水。气体洗涤过程本身会产生含大量有效氨的浓氨水。

2.5.8.2　酸洗

当使用硫酸酸洗时，清洗废水含有大量的 Fe^{2+} 和硫酸。当使用盐酸酸洗时（目前使用越来越广泛），HCl 的热再生可以去除废水的酸度和溶解性铁离子。

2.5.8.3　气体洗涤

气体洗涤主要涉及造粒、烧结、高炉、直接还原和炼钢工艺。悬浮固体是主要的污染物（不包括由料浆造粒和直接还原工艺产生的）。几乎所有的炼钢厂都采用敞开式循环系统，故只有少量的排放废水需要处理。

2.5.8.4　轧钢厂

从连铸到板坯火焰清理到产品制造（带材轧机、型钢轧机、钢板轧机、线材轧机、钢管轧机），一系列机械操作（除锈、造粒、喷雾）都需要用水。水可以带走氧化物（锈垢）或炉渣，这些炉渣含有由钢铁或者润滑剂产生的少量烃类。

高减速比笼辊的润滑会产生含大量动植物油脂的碱性废水。在镀锡之前的电解除油也一样。对于低减速比笼辊，一般需使用水溶液（通常是常见的可乳化油）对其进行喷洒，因此一小部分这类流体需作为排污水进行处理。

在特殊情况下，将会出现一些由连铸机液压油泄漏造成的溶解性污染物。所有这些都会给敞开式循环系统带来少量待处理的废水。

2.5.9　汽车飞机制造业

这些工业排放的废水主要包括：a. 水溶性切削液排污水；b. 酸洗和脱脂废水；c. 去矿化作用洗出液；d. 机器清洗排污水；e. 油漆设备排污水；f. 冷却循环系统排污水；g. 一般性废水（卫生设备和地板清洗废水）。

同样，加工车间、油漆车间和清洗设备都有循环水量为 500～1000m^3/h 的循环回路，全部或者部分水量（所谓的旁路处理）必须经常通过排污或者适当的处理才能保证水质。

图 2-36 显示了所需处理的废水类型和排放废水中的残余污染物浓度，这部分排放废水需要进行集中处理。

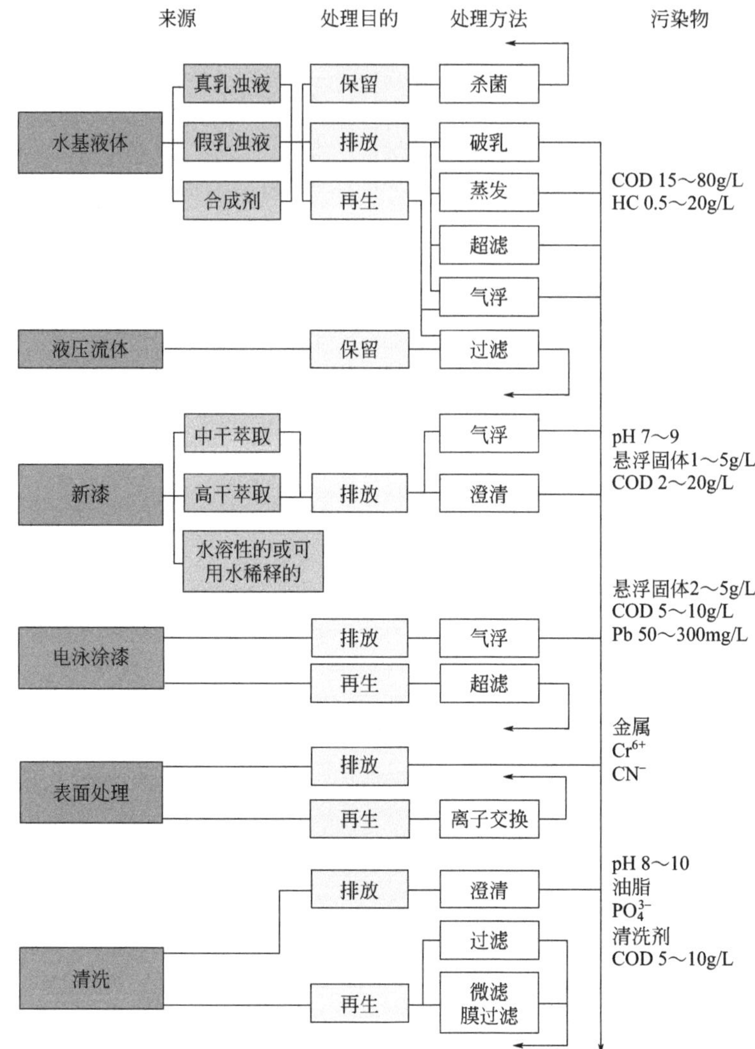

图 2-36 汽车工业镀液的处理与污水排放

2.5.10 表面处理工业

（1）废水的来源和性质

表面处理技术主要用于处理金属制品，但也用于某些合成材料的处理。

表面处理技术包括：

① 初步表面处理（脱脂、酸洗）；

② 电镀，即采用电镀法将某些物质沉积于工件表面而形成镀层；

③ 化学镀。

每一项操作之后都必须用水冲洗。

所有废水分为 3 类（图 2-37）：

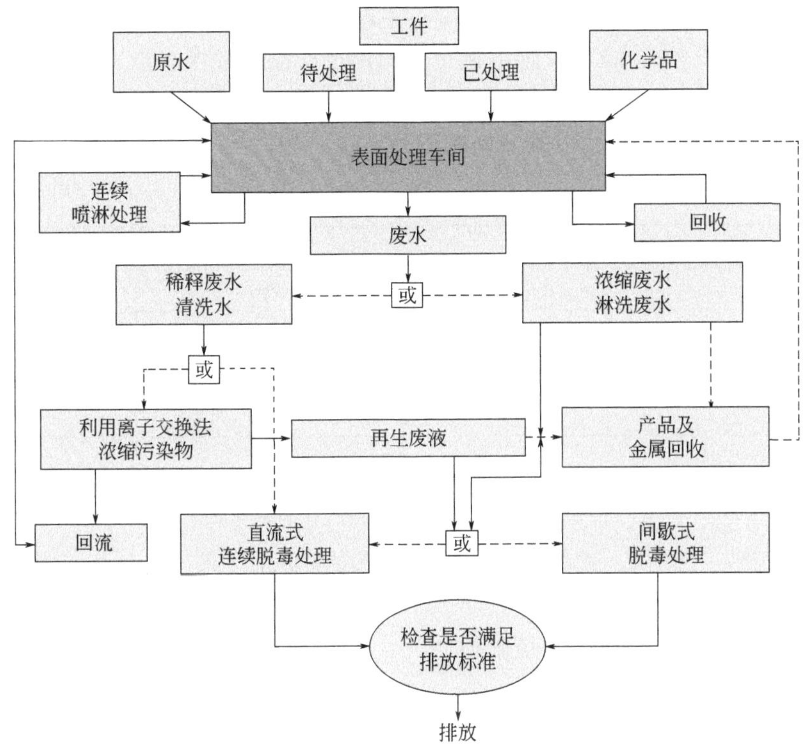

图 2-37　表面处理废水循环

① 浓缩浴液废水；

② 含可沉淀物（皂类、油脂、金属盐）的中等浓度清洗废水；

③ 稀释的且经处理后可回用的冲洗水。

考虑到处理的安全性和便利性，含酸和铬酸盐的废水必须从碱性和氰化废水中分离。

（2）污染物分类

污染物主要分为以下几类：

① 有毒污染物，例如氰化物、六价铬和氟化物；

② 改变 pH 值的污染物（酸或碱）；

③ 能增加悬浮固体含量的污染物，例如氢氧化物、碳酸盐、磷酸盐；

④ 特殊规定的污染物，例如硫化物和铁盐；

⑤ 脱脂工艺产生的有机污染物（EDTA 等）；

⑥ 浴液的所有成分在冲洗水中都能检出。也可能含有处理的金属工件被化学腐蚀形成的金属离子。

2.5.10.1　排放标准

各国间的法规有很大差异，且随着污染物浓度和冲洗水量控制的日益严格而迅速变化。

例如，在法国，1985 年 11 月 8 日的法令规定如下：

① 每平方米冲洗面积所产生的废水量不得大于 8L；

② 金属：Zn+Cu+Ni+Al+Fe+Cr+Cd+Pb+Sn<15mg/L。

对于一些特殊金属元素，其排放浓度不能超过表 2-62 的限值。根据《电镀污染物排放标准》（GB 21900—2008），我国电镀企业的单位产品基准排水量为 500L/m^2 镀件镀层，在环境敏感区则降至 250L/m^2 镀件镀层。各类有毒污染物总铬、六价铬、总镍、总镉、总银、总铅、总汞等的排放浓度限值参见表 2-37。

表2-62　特殊金属元素排放浓度　单位：mg/L

金属元素	浓度	金属元素	浓度
Cr（Ⅵ）	0.1	Zn	5.0
Cr（Ⅲ）	3.0	Fe	5.0
Cd	0.2	Al	5.0
Ni	5.0	Pb	1.0
Cu	2.0	Sn	2.0

注意：

① 镉元素是一个特例：镉的排放量不仅受浓度的限制还受固体负荷标准的约束，每使用 1kg 镉，排放的镉要少于 0.3g；

② 表 2-63 为其他污染物的排放限值；

表2-63　其他污染物排放限值　单位：mg/L

污染物	限值	污染物	限值
悬浮固体	30	Pt	10
CN^-	0.1	COD	150
F^-	15	总烃类化合物	5
亚硝酸盐	1		

③ 相关标准对 F^-、PO_4^{3-} 和 COD 的要求相对宽松。因此需要为每种具体情况制订最佳的、最经济有效的处理方案。

如要达到成本效益最佳的处理效果，污染的预防和污染产物的回收是很有必要的。

2.5.10.2　预防

预防的目的是减少车间污染物的排放，通过以下方式进行：

① 减少污染物夹带现象（通过改变工件组合的形状和连接方式，改进排放次数等实现）；

② 改变浴液的特性。

2.5.10.3　回收

（1）水

合理用水至关重要。对于一个给定的任务、达到相同的清洗标准以及同样的产品质量，通过以下方式清洗构件可以显著节省清洗水量：a. 静态清洗或回收；b. 可通过离子交换回收的串联清洗。

（2）原料

原料可通过以下方式实现回收：a. 离子交换（铬盐、酸洗浴液中的酸）；b. 电解（铜、锌、镉、银、镍等）。

就成本效益和环保的角度而言，后者是最佳的回收系统。

采用反渗透浓缩处理工艺，无论是在电解前还是对于浴液回收都很有价值。

2.5.11　水基切削液

水基切削液可用于机械、汽车制造、航空工业以及轧机工厂。

所排放的废水中都含有可溶性油或切削油。废水中含水量为 90%～97%，COD 含量很高。这种废水难以处理，因为其含有不同种类的有机化合物，而这些化合物既不能被生物降解，也无法通过絮凝去除。这种污水可分为三类（见图 2-38 和表 2-64）。

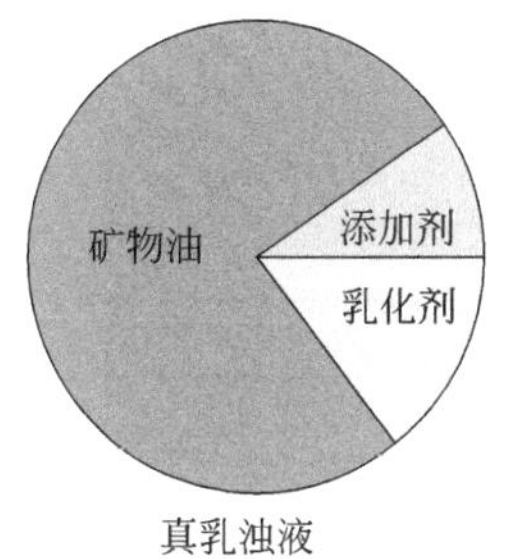

真乳浊液

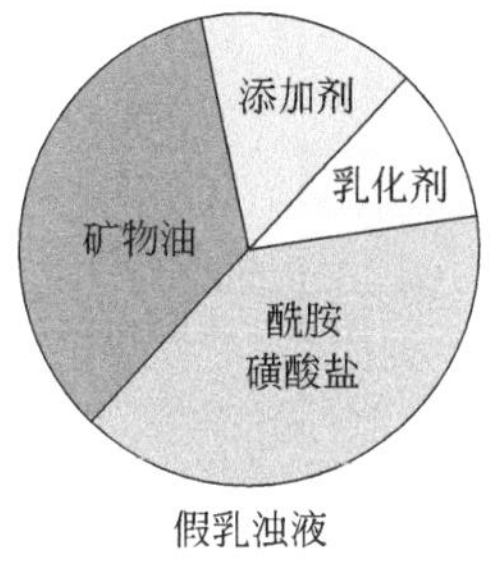

假乳浊液

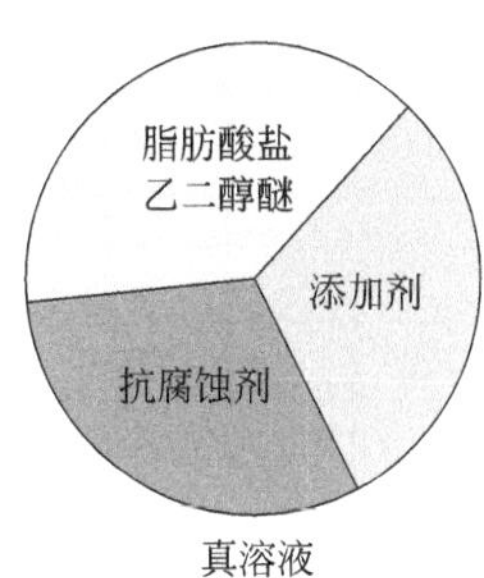

真溶液

图 2-38　三组水基切削液

表2-64　水基切削液的性质

类型	组成	溶质含量 /%	COD/（g/L）
真乳浊液	分散的矿物油 + 乳化剂（15%～20% 的油）	5～15	50～100
半合成液体或假乳浊液	矿物油、乳化剂、非离子型洗涤剂、磺酸盐、脂肪酸酰胺	3～6	40～50
合成液体或真溶液	短链脂肪酸盐、间羧基丙烯磺胺、乙二醇聚醚	3	40～50

注：通用的添加剂：①缓蚀剂和消泡剂；②杀菌剂和杀真菌剂、着色剂。

水基切削液系统的流量为 10～500m^3/h，所以这些流体都处于循环状态，其润滑性能被以下的污染物逐渐地破坏：

① 金属粉尘及氧化物；

② 外源性或杂散油类；

③ 被氧化的有机物或聚合有机物；

④ 细菌降解，生物发酵过程中产生的污泥和有机酸。

这些液体需要在一个闭合回路中再生（降低悬浮性固体和杂散油类含量）和稳定；排放的需净化的废水量也会在每小时几吨到每天几吨之间变动。

2.5.12　能源工业

表 2-65 介绍了与能源生产相关的废水。

2.5.13　冶金和湿法冶金工业

表 2-66 为冶金和湿法冶金废水的主要类型。

表2-65　与能源生产相关的废水

能源	污染源	污染物
热电站	燃料储存	烃类化合物、悬浮固体
	空气加热器清洗	碱性氧化物洗液、铁、钒、镍、铜
	锅炉清洗	柠檬酸、NaF 或 H_2SO_4 和 NH_4F
	灰分清理及输送	悬浮固体、$Ca(OH)_2$ 或碱性 KOH
	飞灰和炉渣	SO_2 酸度
烟道气洗涤	脱硫 GWE NO_x 去除（脱硝）	HCl、H_2SO_4、SO_x、NO_x、重金属、石膏、甲酸、NH_4^+、高盐度
煤气化	煤气化工艺水和 GWE 第 1 代气化炉 第 2 代气化炉	酚类化合物、NH_4^+、CN^-、SCN^-、酸、焦油 NH_4^+、CN^-、SCN^-、HCOOH、腐蚀抑制剂
煤矿	洗涤间	悬浮固体：10～100g/L
生活垃圾焚烧	GWE	HCl、SO_x、NO_x、重金属、二噁英 / 呋喃
压水堆核电站（PWR）	洗衣房、地面清洗、实验室取样	放射性 <103Bq/L 盐分、悬浮固体
	蒸汽发生器排污系统	放射性很低

注：GWE 为气体洗涤废水。

表2-66　冶金和湿法冶金工业废水的主要类型

产品	污染来源	污染物
铝	冰晶石电解 GWE	SO_2、HF、炭粉尘和冰晶石
	釉压碎	F^- 和 CN^-、炭粉尘
	预焙阳极铝电解法	酸度、Al^{3+}、F^-、焦油
	在铸造模具中冷却	高岭土和油脂
黄金（湿法冶金）	氰化法 硫脲工艺	NaOH、CN^- H_2SO_4、Fe^{2+}、硫脲
铀（湿法冶金）	矿井排水	该废水通常是酸性的，富含硫酸盐和溶解性金属元素（铁，铀）。放射性有时为（50～100）$\times 10^{-12}$Ci
	离子交换或溶剂萃取	酸性废水、放射性（镭）萃余液、溶剂
	无菌污泥车间	悬浮固体
锌（冶金）	棒条栅和还原：GWE	酸性废水、锌、铅、镉，有时还有汞、硒

请同时参阅第 25 章 25.12 节关于矿山排水的处理（正在开采的矿山或废矿）。

2.5.14　普通化工行业

表 2-67 只介绍了几个典型化工行业的排放废水。

2.5.15　精细化工 / 制药 / 化妆品行业

这是一个非常广泛的领域，它几乎包括了所有化学工业：主要利用石油化工、碳纤维化学，甚至是生物技术的副产品来生产终端产品，例如药品、化妆品、染料、油漆等。

因此，废水中含有一部分初始产品，生产辅助剂（溶剂、盐、催化剂等），不可回收的合成副产品和最终产品。

表2-67 典型化工废水

产品	污染来源	主要污染物
NH_3	冷凝液 1m^3/t	1～4g/L NH_4HCO_3，0.21g/L 甲醇
NH_4NO_3 合成物	碱性冷凝液 0.5m^3/t 车间清洗	2～3g/L NH_4NO_3，0.2～0.8g/L NH_4OH NH_4^+，NO_3^-，悬浮固体
尿素	冷凝液 0.6m^3/t 地板清洗	未经水解，浓度 0.1～0.5g/L 的 NH_3，0.5～2g/L 尿素
过磷酸钙	GWE	强酸水：H_2SO_4、SiF_6H_2、HF、H_3PO_4 大量的污泥：石膏、SiO_2、CaF_2 和 $Ca_3(PO_4)_2$
洗衣粉 洗涤剂	生产	ABS-LAS- 三聚磷酸盐、硼酸盐、硫酸盐或乙氧基脂肪醇、SO_4^{2-}

由于生产工艺的极度多样性和非连续性，因而无法提供一份涵盖全行业的废水特性报告。只能根据具体情况进行具体分析，对每一座工厂甚至对每个化学操作单元提供有价值的污染评估报告。

2.5.16 其他工业

其他工业产生的各类废水见表 2-68。

表2-68 其他工业产生的各类废水

产品	污染来源	污染物
玻璃和镜子	毛面玻璃、修饰与装饰	高酸度：氢氟酸、氟氢化铵
	切割、抛光、精加工	刚玉和浮石粉、金刚砂、氧化铈、石榴石
玻璃纤维	纤维制造与成型	由于糊精导致悬浮固体、BOD 和 COD 高，明胶、硅酮、各种乙酸盐、酚醛树脂
背衬磨料	黏合剂混合物的制备	苯甲醛和尿素甲醛树脂、明胶、淀粉、环氧树脂和溶剂、高浓度 COD、中等浓度 BOD 和悬浮固体
陶瓷	脱水 地板清洗	高悬浮固体含量
纤维板		木纤维、高溶解性 COD 含量、杀菌剂
胶水和黏合剂		乙烯共聚物黏合剂和胶水、高 COD 含量、乳化剂、有可能结块
轮胎	外胎生产	铁和铜、润滑油、可溶性油类、脱模废水
	胶料混炼	皂类、金属氧化物和盐类、溶剂
	轮胎制造	液压油、油脂
炸药与炸药粉	硝酸盐合成物生产	高浓度硫酸和硝酸、难生物降解 COD、着色剂
	炸药粉的成粒与注入	乙酸乙酯、硝化纤维、硝化甘油、Na_2SO_4、黏合剂、增塑剂：相对可生物降解的废水
飞机维修	油漆酸洗	高浓度 COD 和洗涤剂、硅酸盐、磷酸盐、铬酸、脂肪油、酚类、煤油

2.6 污泥

在任何水处理过程中，以沉淀或浮选的形式从液体中分离出来的污染物以及处理产物，不论这些污染物的性质如何，最终基本都会以浓缩悬浮物的形式收集，这就是污泥。

所有污泥的共同特征是：它们都是一种非常稀的液体废弃物（大多数情况下只有0.5%～5%的悬浮固体量），其中含有：

① 可自然沉降的悬浮固体；

② 进行化学处理（絮凝、中和、沉淀）后的产物，例如氢氧化铝或氢氧化铁；其他金属氢氧化物、结晶产物，例如碳酸盐、硫酸钙、磷酸铁等；

③ 由生物处理产生的剩余生物污泥，以絮体形式存在，包括剩余生物质、难生物降解或因为颗粒太大而不能生物降解但被细菌絮体截留的固体杂质。

有些污泥是惰性污泥，但即便是有机物含量很少的污泥以及生物污泥都会在一段时间以后开始腐化并产生难闻的气味（温度越高，这一时间越短）。因此，污泥需要进行稳定化处理。

无论是进行回收、重复利用或自然处置，所有的污泥都需经过专门的处理。

污泥处理一般包括浓缩/去除水分（浓缩后脱水）和污泥稳定。

污泥处理是不可避免的，不能将其与水处理分离。有时候，污泥处理的成本（投资和运行成本）甚至比水处理的成本还要高。

本节主要介绍确定污泥最佳处理工艺的两个基本方面：

① 全面了解待处理污泥：污泥的分类和特性见本章2.6.1节和2.6.2节；

② 对有关控制污泥厂外排放，即污泥最终归宿的可能条件要有确切的认识和规划。详见本章2.6.3节，它受到很多法律法规的制约。各国的法律法规有所不同，主要条款见本章2.6.3.3节。

此外，第18章将介绍液态污泥处理的主要装置和系统；第19章则将介绍污泥经过脱水处理之后的后处理，对污泥进行回收利用或者将其作为最终废弃物进行处置。

2.6.1 污泥的特性/分类

在选择污泥的处理方法或者预测所用设备的效率时，确定污泥的特性是最基本的要求。表2-69根据各种污泥的来源和成分对其进行了分类。

表2-69 污泥分类

主要的污泥特性	来源	处理工艺	污泥组成成分
有机亲水类	城市污水 初沉污泥和经物理化学处理后的初级污泥 生物污泥 分离的或混合的三级处理污泥 混合污泥 农产品加工工业废水 纺织业、有机化工、石化等行业废水 任何深度生物处理	任何物理-化学和/或生物处理	高有机物含量：VS/DM40%～90% 可发酵有机物 对上述物质进行混凝处理所产生的铝或铁的氢氧化物 生物絮凝体 磷酸铁盐
无机疏水类	炼钢、采矿、冶金工业废水	投加药剂或无药剂沉淀处理 中和处理	氧化物、灰分、密实的无机矿物颗粒 硫酸钙
	井水或河水用于饮用水	碳酸盐去除（生物处理）	碳酸盐含量>80%～90%
		铁和锰的生物去除	铁、锰氧化物

续表

主要的污泥特性	来源	处理工艺	污泥组成成分
无机疏水类	高浊度河水用于饮用水	预沉	粉砂、细砂
	烟气洗涤废水	沉淀、中和	密实的无机颗粒：石膏等
	城市污水 / 农产品加工行 业污水	湿式氧化系统	无机物质：>95%
无机亲水类	中浊度河流、湖泊、水库水用于饮用水	絮凝-沉淀	黏土 铁、铝的氢氧化物：20%～60% 活性炭（如果投加） 有机物：10%～25%
	高浊度河水用于饮用水	絮凝沉淀	铁、铝氢氧化物：15%～25% 黏土、泥砂、砂砾
	井水或河水用于饮用水	碳酸盐部分去除	碳酸盐 50%～65% 铁、铝氢氧化物
	废水 无机化学工业、表面处理工业	中和 脱毒 絮凝沉淀	金属氢氧化物
	回用 （城市污水-工业废水）	三级澄清	铁、铝氢氧化物 + 有机物
	废水 染色和制革工业	絮凝-生化沉淀深度处理	无机氢氧化物 + 有机物（微生物、油脂）
疏水性油类	废水 轧钢厂（钢铁厂）	絮凝-沉淀	油脂覆盖的密实的无机颗粒（氧化物、铁屑） 油脂覆盖的氢氧化物 矿物油
亲水性油类	废水 炼油厂 机械车间	除油 絮凝-生化沉淀深度处理	乳化或可溶性油脂 / 絮凝后氢氧化物 偶尔含有生物有机物质
纤维类	造纸厂、制板厂、纸浆行业废水	絮凝-沉淀 生物处理	纤维素：20%～90% 矿物填料（高岭土、明矾、碳酸盐）：10%～80% 生物污泥：10%～20%

各种不同干固体含量 / 形态的污泥照片如图 2-39 所示。

图 2-39　液态污泥 / 糊状污泥 / 固态污泥 / 干污泥

分类基于两个主要特性：

① 污泥的有机或无机特性：有机物质通常需要进行稳定化和最终热氧化处理；

② 污泥的亲水性和疏水性：当悬浮固体与水紧密结合即具有亲水性时，将增大污泥脱水的难度。

污泥的成分取决于原水的污染性质以及所采用的净化工艺：物理、物理化学、生物处理。

（1）有机-亲水类污泥

这是体量最大的污泥种类之一，由于这种污泥含有较大比例的亲水胶体，故其脱水性能很差。这类污泥包括废水生物处理产生的各种污泥，其挥发性固体含量可达总干固体含量的 90%（例如食品加工行业、有机化学工业废水）。

（2）无机-亲水类污泥

这类污泥含有金属氢氧化物，是采用物理-化学沉淀处理方法时，由于原水中含有的金属离子（Al^{3+}、Fe^{3+}、Zn^{2+}、Cr^{3+}）产生的。

（3）含油污泥

这类污泥的特点是产生污泥的废水中含有少量的油类和矿物（或动物）油脂。这些油呈乳液状或者吸附于亲水性或疏水性的污泥颗粒上，尤其是生物絮凝体上（例如炼油厂的废水处理）。

（4）无机-疏水类污泥

这类污泥主要由结合水含量较低的颗粒物质（砂、淤泥、矿渣、污垢、结晶盐类等）组成，其典型的来源为饮用水预沉淀处理或某些工业废水初级处理系统。

（5）无机-亲水-疏水类污泥

这类污泥中的疏水性物质结合了大量亲水性物质。这些亲水性物质主要是由无机混凝剂（铁盐和铝盐）沉淀形成的金属氢氧化物，其脱水性能很差。

（6）纤维类污泥

这类污泥通常比较容易脱水，除了为使纤维完全回收而使用氢氧化物或生物污泥的存在而引起污泥亲水性增强的情况。

多数系统都需要处理混合污泥。污泥处理系统的设计要从评估共存的不同性质的污泥比例开始：有机成分 / 无机成分和亲水性成分 / 疏水性成分。

2.6.2 污泥性质

2.6.2.1 表征污泥性质的因素

第 5 章 5.6 节将详细介绍以下几个主要指标的分析方法：

① DM= 干物质（105℃）：包括总悬浮固体和可溶物质；

② 悬浮固体（105℃）：即总悬浮固体。设计污泥系统时需要考虑的主要指标；

③ 烧失量（105℃～180℃）：包括盐结晶水、氢氧化物结合水、极易挥发物质和易燃物质（油脂、纤维素）；

④ 烧失量（105℃～250℃）：假定所有的纤维素已被燃烧；

⑤ 烧失量（105℃～550℃）：最典型的分析方法。即所谓的挥发性物质（VS），一般

与有机物质（OM）性质相似。对某些污泥而言，两者也会存在区别（见第 5 章 5.6 节污泥检测），这些区别通常以下面这个比率的形式体现：

$$\frac{\text{挥发性固体}}{\text{总悬浮固体}}\%$$

⑥ 烧失量（555～900℃）：主要为碳酸盐分解产生的 CO_2；

⑦ 元素组成（特别是有机污泥）：

a. 碳、氢、氧、氮、硫对污泥稳定系统、农业利用和焚烧（发热量）至关重要。

虽然糖类、脂肪和蛋白质的测定较为困难，但无疑是很有必要的。

b. 金属（Fe、Al、Mg、Cd、Hg、Zn、Cu、Cr、Pb、Ni 等）。

c. 二氧化硅和粒度分析。

d. 钙盐（碳酸盐和硫酸盐）。

e. 钾。

f. 磷酸盐。

g. 多氯联苯（PCB）和多环芳烃（PAH）以及其他有毒产物。

⑧ 温度、pH、氧化还原电位（EH）、电导率；

⑨ 碱度（甲基橙碱度，以 $CaCO_3$ 计）和挥发性脂肪酸（挥发酸，以乙酸当量计）；

⑩ 脂肪：通常以己烷提取物（HES）表示；

⑪ 纤维含量（纤维素）：一般使用 500μm（有时 350μm）的过滤器进行测定；

⑫ 病原体：肠道病毒、沙门氏菌、寄生虫卵和其他病原体（大肠菌群、埃希氏大肠杆菌等）；

⑬ 盐度、氯化物：对于设备材质的选择很重要；

⑭ 悬浮固体中的结合水含量：使用热重量测量仪粗略估计极限干固体含量；

⑮ 污泥间隙水特性：BOD_5、COD、TP、TKN、NH_4^+、pH、甲基橙碱度、盐度。这些参数可以用于评价污泥系统的回流液对进厂污水的影响。

2.6.2.2　表征污泥结构特性的因素

污泥的结构可由以下因素确定：

① 与流变行为有关的表观黏度：污泥悬浮体是非牛顿流体。测量数据取决于所使用流变仪的类型（同轴圆筒流变仪、螺旋流变仪等）和所施加的应力（剪切力）。

因此，当述及污泥的黏度时，必须对所使用流变仪的类型和所施加应力做出详细说明。

② 贯入度测试：该测试提供了一个可比较指标，用于评价脱水泥饼的糊状结构性能。

③ 坍落度测试：这是设计污泥储存设施时需考虑的一个重要因素。当污泥堆积至 1m 高时，至少可以与地面形成一个 30°的倾角，这样的污泥可被认为是固体。

④ 粒度分析：用于测定热干化污泥的粒度。

需注意，粒径小于 500μm 的微粒在污泥中所占的比例很难估计。实际上，由于筛网的磨损，产生了原始样品中本来不存在的细小颗粒。

2.6.2.3　表征脱水过程中污泥特性的因素

污泥的脱水性能可根据以下指标进行评价：

① 浓缩性能，参见第 5 章 5.6.9 节和第 18 章 18.2 节；

② 过滤性能、可压缩性能、极限干固体含量和离心脱水性能，参见第 5 章 5.6 节、第 18 章 18.5 节、18.6 节和 18.7 节。

2.6.3 污泥的最终处置

国内外对污泥处理和污泥处置的定义及分类并没有统一。

欧洲环境署（European Environment Agency）文件（Sludge Treatment and Disposal Management Approaches and Experiences，Environmental Issues NO.7）将污泥处置工艺分为农用（Agricultural use）、焚烧（Incineration）、建筑材料利用（Industrial use）和填埋（Landfill）。

美国环保署（Environmental Protection Agency）发布的标准（Standards for the use or disposal of sewage sludge，40 CFR-Part 503）中对污泥处置没有明确分类，但涉及污泥处置的内容共分三大章节：土地利用（Land application）、地面处置（Surface disposal）和焚烧（Incineration）。

日本下水道协会发布的《下水道设施规划、设计指引和解说》(2001) 没有区分污泥处理和污泥处置，而是将污泥输送、浓缩、消化、脱水、干燥、焚烧、熔融、堆肥和污泥利用等均归纳于污泥处理章节中；在污泥利用章节中，又分为绿地农地利用、建筑材料利用、能量利用和填埋。

我国《城镇污水处理厂污泥处理处置技术规范（征求意见稿）》及《城镇污水处理厂污泥处置　分类》(GB/T 23484—2009) 综合了国内外的标准及文献，将污泥处理和污泥处置定义如下：

污泥处理：对污泥进行稳定化、减量化和无害化处理的过程，一般包括浓缩（调理）、脱水、厌氧消化、好氧消化、堆肥和干化等。

污泥处置：对污泥的最终消纳，一般包括土地利用、填埋、建筑材料利用和焚烧等。

2.6.3.1 污泥处置

对于在水或污水处理过程中所产生的污泥，其处置方式主要包括：

① 循环利用：主要在农业领域（土地利用），有时外加其他物质，还可用于受侵蚀场地的修复（采石场、道路开挖、垃圾填埋场恢复植被等），在林业和城市绿化领域也有所应用。循环利用意味着在利用污泥主要元素（碳、氮、磷）作为肥料的同时，它们也可通过土壤进入主要的地球化学循环中。

② 采用热处理工艺（单独焚烧或协同焚烧、热解 / 气化、湿法氧化，见第 19 章）降解去除有机物并回收利用产生的热量：每一级处理的目的都是在尽可能考虑成本效益的基础上最大限度地氧化污泥中所含的有机物，因此余下的物质是最终的无机残留物。根据适用的法规，这些残留物质可以在材料工程中得到重复利用或者直接进行填埋处置，并根据渗滤液测试的结果判断是否需要进一步惰性化。

③ 填埋：填埋场在法国被称为“技术填埋中心”，近年来被称作“废物储存中心”。欧洲共有 3 类填埋场：第一类用于危险废物（或者特殊工业废物）填埋，第二类用于生活垃圾废物填埋，第三类用于惰性垃圾填埋。

我国填埋场分为生活垃圾填埋场（GB 16889—2008）、危险废物填埋场（GB 18598—2019）和一般工业废物贮存、处置场（GB 18599—2001）。城镇污水处理厂污泥进入生活垃圾填埋场用于混合填埋处置或用作覆盖土添加料时，其基本指标及限值应满足《城镇污水处理厂污泥处置　混合填埋用泥质》（GB/T 23485—2009）和《生活垃圾填埋场污染控制标准》（GB 16889—2008）的要求。

2.6.3.2　污泥处置方式的限制

（1）循环利用

① 将不再允许将未经稳定化处理的脱水污泥进行农业利用；污泥的稳定化处理（消化、石灰处理、堆肥、彻底干燥）已经成为一个强制要求；

② 污泥消毒：尽管目前在法国没有强制执行，但其已经日益成为美、英等国家基于健康考虑的要求。有关更详细的信息，请参阅本章 6.3.3.2 节污泥消毒的相关条例。为确保公众健康与环境安全，我国也要求对污泥进行无害化处理，以使其生物学指标达到相关控制标准 [《城镇污水处理厂污染物排放标准》（GB 18918—2002），《城镇污水处理厂污泥处置　混合填埋用泥质》（GB/T 23485—2009）和《农用污泥污染物控制标准》（GB 4284—2018）等]；

③ 要建设一座成本不菲、有足够容量的大型存储设施，根据具体情况，污泥的储存时间可长达 6～9 个月，甚至更长的时间，并需要一套序批式管理系统来保证其可追溯性。从成本效益的角度讲，这个需求是合理的，它将通过生物分解、干化，或通过堆肥实现完全稳定以减少需要储存的污泥量；

④ 当水厂外运的是成型污泥时（避免采用产生糊状或黏性污泥的系统），有利于循环利用；

⑤ 最后需要注意的是，设计污泥脱水处理系统时需要考虑配置一个备用处置系统（填埋、焚烧等），以应对当污泥不能再用于农业领域时的情况。

（2）焚烧等热法处置

由于相关法律法规对污泥处置的要求日益严格以及媒体对污泥循环利用系统长期愿景宣传的缺乏，使得社会对污泥循环利用的认可度较低，污泥热解处理工艺（焚烧、湿法氧化、高温热解）因而得以发展。

在任何情况下，烟气的处理与排放必须满足相关法律法规的要求。这些法规在整个欧洲正逐步统一（参见第 19 章）。

就单独焚烧而言，为了减少甚至消除燃料的消耗以及需经处理的烟气排放量，污泥必须通过机械脱水（尽量降低无机调质药剂的投加量）尽可能地获得最高的干固体含量。污泥处理系统的选择也必须为水处理系统的选择提供指导，以得到挥发性固体（VS）和干固体（高净热值）含量较高的污泥。

（3）填埋处置

污泥填埋处置成本日益增长（第二类废物填埋中心 60～90 欧元 /t，第一类废物填埋中心 180～275 欧元 /t）使其竞争力越来越低。通过合理的处理工艺（干化、湿法氧化、焚烧等）达到最大程度的污泥减量已经成为一个必然。在欧洲，1999 年 4 月 26 日的 1999/31/EC 指令中提出了一项国家战略发展目标，即到 2015 年，应逐步减少可生物降解类废弃物（例如污泥）（非最终废物）进入填埋场。2018 年 5 月 30 日的欧盟 2018/850 指令（1999/31/EC 指令的修正案）强调，对未经处理的可生物降解类废弃物进行填埋处置，会严重污染周围环境并排放大量温室气体，应进一步限制此类废弃物进入填埋场。

为了设计出令人满意的污泥处理系统，必须熟知当地环境条件和法律法规对污泥最终处置的要求。以下将概要介绍国外（欧洲和美国）和国内有关污泥处置和管理的法规政策。

2.6.3.3 国外有关污泥处置和管理的法规

（1）水处理厂污泥处置的相关法规

请同时参阅 www.europa.eu.int 网站有关欧洲的立法的文章和 www.journal-officiel.gouv.fr 网站关于法国立法的资料。

国家立法从两个逻辑来解决污泥处置的问题：a.“污泥 = 废物”的逻辑；b.“污泥 = 产品”的逻辑。

将污泥视作废物并不排斥对污泥进行循环利用（农业利用或者热利用），反而更有助于污泥的循环利用。但是，这一观点在不同的国家存在很大的差异，特别是在微污染物限值方面：

① 在法国，“污泥 = 产品 ”的逻辑受审批和标准的双重管理。

1979 年 7 月 13 日的法令为污泥产品的免费供应、作为肥料，或者作为生长培养基销售制定了三项强制授权的标准：

a. 该产品对人类、动物和环境必须是无害的；

b. 该产品对农业必须是有肥效的；

c. 该产品的成分必须是始终如一的（稳定、不变、均质）。

1998 年 12 月 21 日的法令（1999 年 2 月 12 日政府公报）介绍了关于递交一种产品审批的手续。基于技术与管理的申请材料，法国农业部可以批复：

a. 一份合格证书（当以上三项标准全部满足时）；

b. 一份临时销售和进口许可证。

或者继续审查其申请材料，或者拒绝其认证。

1998 年 12 月，法国农业部发布了一个指南，详尽地说明了申请证书的各种手续。到 2003 年底，几乎没有申请获得证书或者临时销售许可，其中包括法国圣布里厄镇剩余污泥处理项目（由 Naratherm 干化机干化的消化污泥，以 Ferti' Armor 商标销售），以及由 SITA 在法国的 Castelnaudary 以及孚日山脉的 Clairefontaine 造纸厂建造的两个污泥堆肥厂。

如果满足以下条件，污泥及其副产品可以作为肥料以其他的一到两种方式重复利用：

a. 污泥泥质必须符合强制性标准（见下面的 NFU 44 095 标准）；

b. 依据水法和分类处理设施法施用于农业的污泥（参见 1997 年 12 月的法令和 1988 年 1 月的相关条例）。

② 在欧洲，一般废物和特殊剩余污泥的管理已形成两条路线：

a. 土壤途径，土壤必须受到保护，不但要考虑满足其有机物质需要而且要限制微污染物的输入。

b. 有机废物循环利用途径，两个指导草案正在制定中（“应用于农业领域的堆肥和污泥”和“应用于农业领域的生物废物和污泥”指导草案）。第一个草案的目标是根据每类污泥的特性及其利用的限制条件确定三种类型堆肥工艺。

③ 美国法规提倡污泥（生物固体）的农业循环利用，这是因为该污泥可以像其他任何化学肥料一样作为一种肥料产品进行销售。因此，美国环保署条例（40 CFR-Part 503）将污泥分为两类：在农业施用方面受到很少的限制的 A 级污泥，以及对其利用有严格限制条件的质量较差的 B 级污泥［见本章 2.6.3.3 节中的（2）]。

关于废弃物和污泥管理的主要法规和法国法律如下。

① 欧洲指令

1975 年 7 月 15 日关于废弃物的 75/442/CEE 指令（废物的制造者和管理者的责任和义务，信息披露的义务，以及如果这些义务没有履行将会受到的惩罚）。

1986 年 6 月 12 日的 86/278/CEE 指令（最近修订），这是当水处理污泥应用到农业领域时，与环境保护尤其是土壤保护有关的问题。

1991 年 12 月 23 日的 91/692/CEE 指令，这是有关环境指令颁布的标准化和合理化报告。

1991 年 5 月 21 日关于城市污水处理的 91/271/CEE 指令。

1991 年 12 月 12 日关于保护水体不受农业活动产生的硝酸盐污染的 91/676/CEE 指令。

1991 年 12 月 12 日关于有毒废物的 91/689/CEE 指令。

废弃物名录（2000 年 5 月 3 日的 n° 2000/532/CE 法令）：通过关于废物的 75/442/CEE 指令和关于有毒废物的 91/689/CEE 指令的实施而起草。污泥来自标题 19 下的“由废物处理厂、废水处理厂区外和水工业产生的废物”。

② 关于污泥填埋场的欧洲指令

1993 年 4 月 26 日的理事会指令，根据是否为有毒 / 无毒 / 惰性废物，将填埋场分为三类。

注意：法国在 1992 年 7 月开始实施的关于废物填埋处置的法规，可以解读为从 2002 年 7 月开始禁止以这种方式处理污泥。这种解读遭到了环保部门的驳回，这是由于对术语“最终垃圾”的曲解造成的。上述指令并不是禁止将污泥进行填埋处置，只是制定了一个到 2015 年，减少填埋场接受可生物降解的废物量的计划，但是其他国家包括德国在内提出，要从 2005 年起禁止将污泥进行填埋处置。

③ 关于焚烧的欧洲指令

请参阅 2000 年 12 月 4 日的 2000/76/EC 指令。

④ 法国规章

a. ICPE（有关环境保护设施的分类）文本。ICPE 文本中所列 1976 年 7 月 19 日生效的 n° 76-663 法规适用于产生废物的工厂以及处理废物的工厂。

b. 关于填埋处理的文本规定。

特种工业废物（SIW）（由 1997 年 5 月 15 日的法令分类确认的废物，并且不久即包含在 2001 年 1 月出版的新欧洲废物目录里），应在第一类填埋场处置，包括：

i. 废物焚烧残余物（飞灰、细末、烟气处理废物）；

ii. 某些工业废水产生的污泥；

iii. 根据 1994 年 2 月 18 日的指令修订的 1992 年 12 月 18 日的指令，控制特种工业废物进入垃圾填埋场处理。

生活垃圾（HSW）或类似垃圾：须在第二类填埋场（官方名称为 CSDMA，生活废物和类似废物储存中心）进行处置：由城市污水产生的污泥一定是 HSW 的组成部分，除非其中含有剧毒物质。1997 年 9 月 9 日的指令控制生活垃圾在第二类填埋场进行处置；这个指令根据 2001 年 12 月 31 日的指令进行了修订，并考虑了 1999/31/CE 指令，但是对城市污水污泥没有影响。

惰性废物须在第三类填埋场进行处置。

c. 关于焚烧或者协同焚烧的文本。考虑到由焚烧和协同焚烧产生的有毒和无毒废物，根据 2002 年 9 月 20 日的指令将 2000/76/EC 指令纳入法国法律（见第 19 章）。

d. 关于城市污泥进行农业循环利用的文本。

1997 年 12 月 8 日的 n° 97-1133 法令（1997 年 12 月 10 日官方公报）关于污水处理所产生污泥的农业应用主要规定如下：

i. 这种污泥必须视作废物进行处理（条款 2）。污泥应用归于 1992 年 1 月 3 日关于水的 n° 92-3 法律中第十条的范围内；因此，该用途需要公告或得到授权；

ii. 该法令不包括下列产品（参见上述的认证和标准）：

i）污水收集系统清理产生的废物只能在经过除砂除油处理后才能施用于农田；

ii）禁止将砂粒和油脂施用于农田；

iii）分散收集的粪渣必须当作污泥处理；

iii. 在用于农业施肥之前，污泥必须经过一些处理（物理、生物、化学、热、长期储存或其他合适的处理）以降低其发酵性能和对其利用带来的健康风险；

iv. 污泥处理厂需要进行一些初期的研究，以确保土壤可以接受这种污泥；

v. “田边”存储原则贯彻于整个施用期间并防止危害产生；

vi. 配置一个备用污泥处理处置系统；

vii. 需要对可利用污泥的出处、起源、特性，以及施用时间和每块地的施用量或庄稼的生长情况做好记录；

viii. 污泥利用必须与土壤的特性和植物所需营养保持一致；

ix. 污泥处理厂必须提供临时施肥计划表和年度农学报告；

x. 在一年的某段时间或者在某敏感区域禁止施用污泥；

xi. 这个法令同样适用于林地或者再造林施肥，须遵循公布的相关法令（迄今未公布）。

1998 年 1 月 31 日的官方公报发布并由 1998 年 6 月 3 日的法令修订（1998 年 6 月 30 日官方公报公布）的 1998 年 1 月 8 日法令。这项法令的目的是指定农田利用污泥的技术规范；这项法令包括之前颁布的 1997 年 12 月 8 日法令，给出了固体、稳定化和消毒污泥的定义。表 2-70 和表 2-71 列出了微量元素（金属和有机的）含量。对于消毒的污泥，法令规定了某些微生物的最大含量（沙门氏菌、肠病毒、寄生虫卵）；对消毒污泥施用的限制有所减少。法令基于受保护活动的性质规定了污泥的摊铺距离。法令说明了用于确定污泥农用价值的基本要素，以及根据摊铺的吨数、污泥和土壤的采样方法确定的分析频率。

1998 年 2 月 2 日的法令（条款 36～42）是 1976 年 7 月 19 日 76-663 法律的具体落实：这项法令界定了将由分类处理厂产生的污泥进行农业施用的控制条件。法令规定了进行环境影响分析、制定农田施用计划、实施后续污泥分析的职责义务。

1988 年 2 月的法令（1998 年 2 月 12 日官方公报）：这项指令废除了 1985 年 7 月关于肥料物质和城市污水处理构筑物所产生的污泥的 NFU44-041 标准的强制应用。

表2-70　微量金属元素限值

微量元素	污泥中的限值 /（mg/kg DM）	由 10 年以上污泥产生的最大累积量 /（g/m²）
Cd	10	0.015
Cr	1000	1.5
Cu	1000	1.5
Hg	10	0.015
Ni	200	0.3
Pb	800	1.5
Zn	3000	4.5
Cr+Cu+Ni+Zn	4000	6

表2-71　微量有机元素限值

微量化合物	污泥中的限值 /（mg/kg DM）		由 10 年以上污泥产生的最大累积量 /（g/m²）	
	一般情况	牧场施用	一般情况	牧场施用
7 种主要的多氯联苯总量①	0.8	0.8	1.2	1.2
荧蒽	5	4	7.5	6
苯并 [*b*] 荧蒽	2.5	2.5	4	4
苯并 [*a*] 芘	2	1.5	3	2

① PCB28、PCB52、PCB101、PCB118、PCB138、PCB153、PCB180。

e. 法国标准。标准 44-095 制定了水处理工艺产生的具有农用价值的污泥（MAV-WT）作为有机土壤改良剂需要满足的要求。因此，污泥经过堆肥处理后作为农作物的肥料、土壤保养改良剂是有市场前景的。

有机土壤改良剂必须由 MAV-WT 和某种植物合剂进行混合制备。该混合物必须经过好氧处理（堆肥）或者先经过厌氧处理再进行好氧处理。油脂、砂粒、清洗废物或栅渣不能被视作 MAV-WT。

农业规范（替代 1979 年 7 月 13 日关于负责农作物肥料的监察机构的 n° 79-595 法律）第 L.255-1～L.255-11 条涉及了这项标准。这些条款基于肥效和无害的要求，界定了污泥作为农作物肥料进行销售的条件。这项标准的目的是确立名称、定义、规格、标志以及识别含 MAV-WT 的堆肥的数据。这项标准依据有机物、干物质、有机物 / 氮以及氮、P_2O_5 和 K_2O 的量说明了最终产品的性质。当微量金属元素、微量有机化合物和微生物量低于限值时，也就满足了产品的无害化要求。

NFU 44-095 标准于 2002 年 5 月被批准，其强制实施法令发布于 2004 年 3 月。

（2）污泥消毒法规

消毒是一个通用专业术语，它是指去除最初在污泥中检出的所有病原微生物，达到无害化水平（法国，1998 年 1 月 8 日关于水处理污泥农业利用的法令，条款 12 和 16）；这些病原体主要包括以下几类微生物：细菌、病毒、放线菌、原生动物和寄生虫。

关于污泥储存和循环利用的各种法规（地方的、国家的、社区的）规定了达到消毒标准的条件。限于篇幅，无法对每个国家的法规进行一一介绍，下文仅介绍美国和法国的相关法规。

① 美国环保署条例（40 CFR-Part 503）（请访问 www.epa.gov/docs/epacfr40/chapt-I.info/subch-O.htm.）

该项法规界定了两类污泥（生物固体 A 和 B），它们还需要满足病原携带者传染能力下降的条件（动物与污泥接触之后有可能成为病原的携带者；这些动物包括蚊子、苍蝇和啮齿动物等）。

a. A 级污泥（表 2-72）

表2-72　适用于A级污泥的标准列表

方案	A 级污泥（生物固体 A） 粪大肠杆菌群 <1000MPC/g DM 或沙门氏菌 <3MPC/4g DM（施用时）
方案 1	当污泥 DM 含量≥ 7% 时 情况 A：最低温度 T=50℃ 最短接触时间 t=20min 一般公式：$t=131700000\times10^{-0.14T}$ 其中 t 单位为 d，T 单位为℃ 情况 B：微粒形的干污泥（干化机） 最低温度 T=50℃ 最短接触时间 t=15s 一般公式：$t=131700000\times10^{-0.14T}$ 当污泥 DM 含量≤ 7% 时 情况 C：接触时间 t=15s～30min 一般公式：$t=131700000\times10^{-0.14T}$ 情况 D：最低温度 T=50℃ 最短接触时间 t=30min 一般公式：$t=50070000\times10^{-0.14T}$
方案 2	污泥 pH>12 保持 72h 期间污泥温度 >52℃，至少保持 12h 经历此阶段后干固体含量≥ 50%
方案 3（批准的程序，必须遵守的操作规程）	肠病毒：（①或②） ① 处理前污泥中的肠病毒≥ 1PFU/4g DM 及处理后污泥中的肠病毒 <1PFU/4g DM ② 处理前污泥中肠病毒 <1PFU/4g DM 但这种情况需要定期检测 寄生虫卵：（①或②） ① 处理前污泥中存活寄生虫卵≥ 1/4g DM，及处理后污泥中寄生虫卵 <1/4g DM ② 处理前存活寄生虫卵 <1/4g DM，但这种情况需进行定期检测
方案 4（新的或未授权的处理）	使用、去除、销售时需做定期检测 肠病毒 <1PFU/4g DM 存活寄生虫卵 <1/4g DM
方案 5	采用经批准的 PFRP 处理污泥（进一步去除病原体的方法），见表 2-73
方案 6	采用经有关主管部门批准的与 PFRP 等同的污泥处理方法（除了表 2-73 所列举的方法外）

注：MPC—最大可能计数；PFU—菌落平板计数。

这类污泥用于农业时不受任何限制，可以进行销售。应该指出一些条款（5，6）仅指定了要使用的方法而不是要取得的结果。

为了达到 A 级污泥的质量标准，至少要满足六项备选条件中的一项，同时在任何情况下均要低于粪大肠杆菌群和沙门氏菌的限值。

表2-73　进一步去除病原体的处理工艺（PFRP）列表

工艺	说明
堆肥	① 用反应器处理或对料堆强制曝气；堆料温度必须在 55℃保持 3d ② 静态料堆处理，堆料温度必须在 55℃保持 15d 或者更长时间；在这期间料堆必须至少翻抛 5 次
热干化	污泥用直接或者间接方式干化，将污泥含水率降至小于 10%；污泥温度或者与污泥接触的气体在干化机出口处的温度必须升至 80℃以上（湿球温度）
热处理	将液态污泥在最低温度为 180℃的条件下加热 30min
高温好氧消化	污泥在 55～60℃的温度下用空气或者纯氧搅拌 10d
β 射线照射	由加速器释放的 β 射线照射污泥，在室温（20℃）条件下最低照射剂量 10000Gy
γ 射线照射	用同位素钴 60 或铯 137 产生的 γ 射线照射污泥
巴氏灭菌法	污泥维持在高于或等于 70℃至少 30min

b. B 级污泥（表 2-74）

这类污泥既不能销售也不能施用于公共区域（花园、草地）；应用于这类污泥的处理将会去除部分但并非所有的病原微生物。

表2-74　适用于B级污泥的条件列表

方案	B 级污泥（生物固体 B）用于农业、林业或者场地修复等领域的限制条件
方案 1	污泥粪大肠杆菌群的 7 个代表性样品 <2000000MPC/g DM 或 <2000000CFU/g DM（施用时）
方案 2	采用经批准的 PSRP 污泥处理工艺（显著去除病原体的处理工艺）：表 2-75
方案 3	采用有关主管机构批准的与 PSRP 工艺效果相同的处理工艺（除了表 2-75 所列举的工艺外）处理污泥

注：CFU—菌落形成单位。

表2-75　显著去除病原体的处理工艺（PSRP）列表

工艺	说明
好氧消化	用空气或纯氧搅拌污泥；通常，污泥的接触时间在 20℃时为 40d，15℃时为 60d
风干	在无论是否采取防渗措施的干化床或者污泥池中风干至少 3 个月，在此期间环境温度必须保持在 0℃以上至少两个月
厌氧消化	污泥在厌氧环境下进行处理，通常污泥接触时间在 35～55℃时需 15d，20℃时需 60d
堆肥	无论采用何种堆肥处理工艺（封闭式，料堆曝气或不曝气），温度必须在 40℃或者更高保持 5d，在这 5d 内堆肥污泥的温度必须在 55℃以上维持 4h
石灰稳定	将石灰加入污泥的目的是使污泥的 pH 在与其接触 2h 后达到 12

有关农业利用的限制条件主要涉及摊铺方法的类型（埋覆）、从污泥埋进土壤到收割农作物或者到开始放牧的时间间隔以及与公众接触的程度。

注意：这类污泥似乎受到了美国某些人士的质疑。

c. 病原携带者传染能力的下降

共有 11 种方法（备选方案）可以用于降低污泥对这些生物体的传染力，如表 2-76 所示（所需方法是除表 2-73 和表 2-75 中详列的方法之外额外增加的）。

另外，美国环保署条例（40 CFR-Part 503），规定了必须采用的分析方法和根据水厂规模而定的分析频率。

表2-76　用于降低污泥中病原携带者传染能力的处理工艺

方案	病原携带者传染能力降低
方案 1	对于整个污泥系统，污泥中挥发性固体的含量至少降低 38%
方案 2	通过厌氧消化不能将挥发性固体含量降低 38% 时，须经实验室测试证实：在温度为 30～37℃之间的厌氧条件下维持 40d，消化污泥样品再减少的挥发性物质不超过最初值的 17%
方案 3	通过好氧消化不能将挥发性固体含量降低 38% 时，须经实验室测试证实：在温度为 20℃的好氧条件下维持 30d，消化污泥（干固体含量≤ 2%）中所减少的挥发性物质不超过最初值的 15%
方案 4	经过好氧处理系统处理后，20℃时测得的污泥比耗氧量≤ 1.5mg O_2/（h · g DM）
方案 5	污泥好氧处理系统的接触时间至少为 14d，最低温度为 40℃（平均处理温度为 45℃）（堆肥应用）
方案 6	投加碱性物质时，污泥的 pH 值最小为 12；不投加任何碱性化合物时，污泥的 pH 值必须维持在 12 以上达到 2h，之后 22h 维持在 11.5（短期储存条件为 7d）
方案 7	在与其他物质混合之前，不含新鲜初沉污泥的污泥混合物的干固体含量至少必须达到 75%
方案 8	在与其他物质混合之前，含新鲜初沉污泥的污泥混合物的干固体含量至少必须达到 90%
方案 9	在污泥农用时将其施用至土壤表层以下。当施用 A 级污泥时，必须在消毒处理之后的 8h 之内进行
方案 10	摊铺于土壤表层或者储存在特殊单元的污泥必须在 6h 内施用至土壤表层以下。当施用 A 级污泥时，这个必须在消毒处理后的 8h 内进行
方案 11	储存在特殊处理单元的污泥必须在每个生产日结束时用土壤或其他材料覆盖

是否需要将全部污泥处理成 A 级或 B 级污泥是应当要明确的。这意味着污泥处理需采用推流式或序批式反应器。

② 法国和欧洲法规

1998 年 1 月 8 日的法令没有禁止未消毒污泥的利用。但是，对于未消毒剩余污泥的使用有强制性限制条件（必须考虑与住宅、排水口和水道的距离，施用后距农作物、牧草出售所需等待的时间等）。

该项法令采纳了法国公共健康高级委员会（CSHPF）的建议。表 2-77 将该项法令与欧洲指导委员会制定的要求进行了比较（如果草案没有变化）。

表2-77　法国和欧洲关于污泥消毒法规的比较

微生物	1998 年 1 月 8 日颁布的法国法令（当满足下述的浓度水平要求时，即完成污泥消毒）	2000 年 4 月 27 日颁布的欧洲指令草案（污泥经过认可的深度处理①并且当其每 50g DM 含有 0CFU 的沙门氏菌时，即完成污泥消毒）
沙门氏菌	<8 MPC/10g DM	山夫顿堡沙门氏菌 W775 降低 6 个数量级
肠道病毒	<3 CFU/10g DM	
寄生虫卵	<3 存活寄生虫卵 /10g DM	
大肠杆菌	根据生产工艺特点，相应调整阈值	5×10^2CFU/g DM

① 热干化（在处理的第一个小时内，污泥温度 >80℃，最终含水率 <10%，水活度 >0.90）；高温好氧稳定化（20h 的序批式处理，温度≥ 55℃）；高温厌氧消化（20h 的序批式处理，温度≥ 53℃）；热处理（70℃的温度持续 30min）后接着进行温度 35℃、平均接触时间为 12d 的中温厌氧消化；投加石灰维持 pH 值≥ 12，并持续 2h 保持温度≥ 55℃；投加石灰后在 3 个月内维持 pH 值≥ 12。

2.6.3.4　国内有关污泥处置和管理的政策法规

（1）法律法规

我国近年来颁布的与污泥处置与管理相关的法规主要包括：

①《中华人民共和国环境保护法》（2014 年 4 月 24 日第十二届全国人民代表大会常务委员会第八次会议修订，简称为《环保法》）。

②《中华人民共和国水污染防治法》（2017 年 6 月 27 日第十二届全国人民代表大会常务委员会第二十八次会议第二次修正，简称为《水污染防治法》）。

③《中华人民共和国固体废物污染环境防治法》（2020 年 4 月 29 日第十三届全国人民代表大会常务委员会第十七次会议第二次修订，简称为《固废污染防治法》）。

④《城镇排水与污水处理条例》（国务院令第 641 号，2013 年 9 月 18 日国务院第 24 次常务会议通过）。

⑤《水污染防治行动计划》（国发〔2015〕17 号，简称为“水十条”）。

⑥《土壤污染防治行动计划》（2016 年 5 月 28 日国务院印发，简称为“土十条”）。

随着新《环保法》《水污染防治法》《固废污染防治法》等一系列法律法规的颁布实施，水处理行业逐步由“重水轻泥”向“水、泥并重”转变，污泥处理与污水处理逐渐合为一体，污泥无害化处理率逐年提高，合理和有效利用途径逐步增多。

（2）标准体系

20 世纪 80 年代以前，我国污水处理厂数量较少，正规的污泥处理处置设施就更少。厌氧消化或堆肥后进行土地利用是当时主要的污泥处理处置方式。为指导污泥农用，城乡建设环境保护部于 1984 年发布了《农用污泥中污染物控制标准》（GB 4284—84），对污泥中的有害物质含量进行了限制并规定了污泥农用的期限，在一定程度上对污泥农用的安全性初步给予了指导。该标准年代久远，现已被《农用污泥污染物控制标准》（GB 4284—2018）代替。但由于我国缺乏对污泥农用的长期定位监测，无法保障污泥农用的安全性，因此“土十条”中规定严禁将污泥直接用作肥料。

2002 年，国家环境保护总局和国家技术监督检验总局批准发布《城镇污水处理厂污染物排放标准》（GB 18918—2002）。该标准规定了污泥稳定化处理后的指标：无论是采用厌氧消化还是好氧消化工艺，有机物降解率都要大于 40%；并进一步规定了含水率、蠕虫卵死亡率、粪大肠菌群值等指标限值。

2007 年，为了加快我国污泥处理处置标准体系的建设，经国家技术质量监督总局批准，在住房和城乡建设部（简称住建部）的具体管理下，成立了全国城镇污水厂污泥处理处置标准化分技术委员会，负责城镇污水厂污泥处理处置标准的归口和管理。历时数年，共发布 10 项行业标准，其后有 8 项升级为国家标准。

2010 年，环境保护部发布国家环境保护标准《城镇污水处理厂污泥处理处置技术规范（征求意见稿）》，规定了城镇污水处理厂污泥处理处置过程中所涉及的污泥产生、堆置、运输、贮存、处理、处置和综合利用等环节的技术要求。该标准不适用于经鉴定为危险废物的污泥处理。

2012 年，住建部发布国家标准《水泥窑协同处置污泥工程设计规范》（GB 50757—2012），对城市污水处理厂污泥、工业污泥及河道排淤污泥进行协同处置的干法水泥熟料生产线工程的设计做了规定。

2013 年，环境保护部发布国家环境保护标准《水泥窑协同处置固体废物环境保护技术规范》（HJ 662—2013），规定了利用水泥窑协调处置固体废物的设施选择、设备建设和改造、操作运行以及污染控制等方面的环境保护技术要求，适用于包括城市和工业污水处理污泥、危险废物、生活垃圾等固体废物在水泥窑中的协同处置。2014 年，《水泥窑协同处置固体废物技术规范》（GB 30760—2014）正式发布。

2014 年，环境保护部发布《生活垃圾焚烧污染控制标准》（GB 18485—2014），将生活污水处理设施产生的污泥、一般工业固体废物的专用焚烧炉的污染控制纳入该标准。同年，原环境保护部发布国家环境保护标准《城镇污水处理厂运行监督管理技术规范》（HJ 2038—2014），明确规定了污泥处理处置的运行要求。

2017 年，住建部印发修订版《城镇污水处理厂污泥处理技术标准（征求意见稿）》，与 CJJ 131—2009 相比，补充了污泥处理新技术并增加了污泥处置单元技术等内容。

2020 年，为落实国务院《土壤污染防治行动计划》“鼓励将处理达标后的污泥用于园林绿化”的精神，中国工程建设标准化协会发布《城镇污水处理厂污泥处理产物园林利用指南（征求意见稿）》，为污泥处理处置提供可行的园林利用方案，指导处理产物规范化、市场化的园林利用，提高达标的污泥处理产物园林资源化利用水平。

对于经鉴定为危险废物的污泥的处置，要满足《危险废物焚烧污染控制标准》（GB 18484—2001）和《危险废物填埋污染控制标准》（GB 18598—2019）的要求。生态环境部已于 2019 年发布标准 GB 18484—2001 修订版的二次征求意见稿，规定了危险废物焚烧设施的选址要求、技术要求、污染物排放控制要求、运行要求、监测要求、实施与监督等内容。《危险废物填埋污染控制标准》（GB 18598—2019）则规定了危险废物填埋的入场条件，填埋场的选址、设计、施工、运行、封场及监测的环境保护要求。

除上文所介绍的国家标准外，国内还制定了很多行业标准和地方标准，限于篇幅，本文不再一一赘述。在对污泥（包括危险废物）进行处置时，所需满足的部分国家标准如表 2-78 所示。

表2-78 污泥处置相关国家标准

序号	分类	范围	适用现行国家标准
1	污泥土地利用	园林绿化	城镇污水处理厂污泥处置 园林绿化用泥质 (GB/T 23486—2009)
		土地改良	城镇污水处理厂污泥处置 土地改良用泥质（GB/T 24600—2009）
		农用	农用污泥污染物控制标准（GB 4284—2018）
2	污泥填埋	单独填埋	生活垃圾填埋场污染控制标准（GB 16889—2008）
		混合填埋	生活垃圾填埋场污染控制标准（GB 16889—2008） 城镇污水处理厂污泥处置 混合填埋用泥质（GB/T 23485—2009）
		危险废物安全填埋	危险废物填埋污染控制标准（GB 18598—2019）
3	污泥建筑材料利用	制水泥	水泥窑协同处置污泥工程设计规范（GB 50757—2012） 水泥窑协同处置固体废物技术规范（GB 30760—2014）
		制砖	城镇污水处理厂污泥处置 制砖用泥质（GB/T 25031—2010）
		制轻质骨料（陶粒等）	生活垃圾焚烧污染控制标准（GB 18485—2014）
4	污泥焚烧	单独焚烧	生活垃圾焚烧污染控制标准（GB 18485—2014） 危险废物焚烧污染控制标准（GB 18484—2001）
		与垃圾混合焚烧	生活垃圾焚烧污染控制标准（GB 18485—2014）
		污泥燃料利用	火电厂大气污染物排放标准（GB 13223—2011）

注：污泥焚烧或建材利用烟气排放还应满足《大气污染物综合排放标准》（GB 16297—1996）及相关行业废气排放的标准要求。

本章 2.6.3.3 节中的（2）对国外的污泥消毒法规作了详细介绍，如法国和美国对污泥的管理和处置都提出了综合性要求，对污泥中的病原体等微生物指标制定了严格的限制标准。与国外相比，我国在污泥消毒领域的研究还较少，但对污泥中微生物的二次污染问题越来越重视。

《污水综合排放标准》（GB 8978—1996）中未规定污泥控制指标，《城镇污水处理厂污染物排放标准》（GB 18918—2002）则增加了污泥控制标准，但其中生物学指标（蠕虫卵死亡率和粪大肠菌群值）的要求仅限于好氧堆肥处理。《城镇污水处理厂污泥处置　混合填埋用泥质》（GB/T 23485—2009）和《农用污泥污染物控制标准》（GB 4284—2018）也要求污泥用作填埋场覆盖土添加料和农用时要控制蛔虫卵死亡率和粪大肠菌群数 2 个生物学指标。《医疗机构水污染物排放标准》（GB 18466—2005）中医疗机构污泥的控制指标包括粪大肠菌群数、肠道致病菌、肠道病毒、结核杆菌和蛔虫卵死亡率。

如前文所述，美国法规将污泥产物分为 A 级污泥和 B 级污泥，并分别规定了进行农用的限制指标。我国《农用污泥污染物控制标准》（GB 4284—2018）也根据所含污染物的浓度，将农用污泥分为 A 级污泥和 B 级污泥，其污染物浓度限值应满足表 2-79 的要求。A 级污泥可以施用于耕地、园地和牧草地；B 级污泥可以施用于园地、牧草地以及不种植食用农作物的耕地。污泥产物农用时，年用量累计不应超过 7.5t/ha（以干基计），连续使用不应超过 5 年。

表2-79　我国农用污泥产物的污染物浓度限值

序号	控制项目	污染物浓度限值	
		A 级污泥产物	B 级污泥产物
1	总镉（以干基计）/（mg/kg）	<3	<15
2	总汞（以干基计）/（mg/kg）	<3	<15
3	总铅（以干基计）/（mg/kg）	<300	<1000
4	总铬（以干基计）/（mg/kg）	<500	<1000
5	总砷（以干基计）/（mg/kg）	<30	<75
6	总镍（以干基计）/（mg/kg）	<100	<200
7	总锌（以干基计）/（mg/kg）	<1200	<3000
8	总铜（以干基计）/（mg/kg）	<500	<1500
9	矿物油（以干基计）/（mg/kg）	<500	<3000
10	苯并 [*a*] 芘（以干基计）/（mg/kg）	<2	<3
11	多环芳烃（PAHs）（以干基计）/（mg/kg）	<5	<6

（3）技术政策及指南

2000 年，建设部、国家环保总局与科技部联合发布了《城市污水处理及污染防治技术政策》，对污泥的处理提出了要求。该技术政策规定，应采用厌氧、好氧和堆肥等方法对城市污水处理产生的污泥进行稳定化处理，也可采用卫生填埋方法予以妥善处理。经过处理后的污泥，达到稳定化和无害化要求的可农田利用，否则应按有关标准和要求进行卫生填埋处置。

2009 年 2 月，建设部、环境保护部和科技部联合发布了《城镇污水处理厂污泥处理处置及污染防治技术政策（试行）》，该技术政策明确了污泥处理处置的技术路线，规定在安全、环保和经济的前提下实现污泥的处理处置和综合利用，同时规定了污泥处理处置的保障措施。

2010 年 2 月，环境保护部发布了《城镇污水处理厂污泥处理处置及污染防治最佳可行技术指南（试行）》，筛选出了污泥处理处置的最佳可行技术：对于在园林和绿地等土地资源丰富的中小型城市的城镇污水厂产生的污泥，宜进行土地利用；在大中型城市且经济发达的地区，对于大型城镇污水处理厂或部分污泥中有毒有害物质含量较高的城镇污水处理厂污泥，采用干化焚烧的处置方式。

2011 年 3 月 14 日，针对我国城镇污水处理厂污泥大部分未得到无害化处理处置，资源化利用相对滞后的现状，住建部和发改委联合发布《城镇污水处理厂污泥处理处置技术指南（试行）》（建科 [2011]34 号），为城镇污水处理厂污泥处理处置工作从污泥处理处置的技术路线与方案选择、污泥处置方式及相关技术、应急处置与风险管理等方面进行了规划：在选择污泥处理处置方案时，优先研究污泥土地利用的可行性；不具备土地利用条件时，可考虑采用焚烧及建材利用方式；不适合土地利用且不具备焚烧和建材利用条件时，采用填埋的处置方式。

第3章 水的物理化学处理原理

3.1 混凝絮凝

3.1.1 概述

3.1.1.1 悬浮固体和胶体

(1) 定义

水处理中需要处理的杂质主要分为三类（具体的介绍和讨论参见第 1 章 1.1.3 节，第 2 章 2.1.1～2.1.3 节）：

① 悬浮固体（砂砾、泥沙、浮游生物、有机残骸等）；

② 胶体物质（细黏土、原生动物孢囊、细菌、大分子物质等）；

③ 溶解性物质（有机物质、盐分、气体等）。

其中，前两种杂质主要影响水的浊度，后两种影响水的色度，而最后一类则与水中盐度及其他水质特征有关。

(2) 混凝-絮凝的作用

混凝和絮凝是将悬浮固体和胶体凝聚成絮体颗粒的过程，随后可以通过沉淀、气浮或过滤等工艺将絮体分离（参见本章 3.3～3.5 节，和第 10～13 章）。

上述的基础处理工艺主要用于去除水中全部或者大部分的无机颗粒（泥沙、黏土、胶体）或生物颗粒（浮游生物包括微型藻类、微型无脊椎动物，尤其是寄生性原生动物孢囊；变形虫、贾第虫、隐孢子虫等；细菌）；同时也可去除一部分可絮凝的有机物（大分子物质，以及可使水中色度升高的腐殖酸）、一些重金属离子，以及更为普遍的是去除与这些悬浮固体和大分子胶体相关联的微污染物（包括由水中悬浮固体和胶体所携带的病毒）。

3.1.1.2 胶体悬浮液——混凝的必要性

（1）胶体悬浮液的稳定性

表 3-1 列举了一些杂质和有机体微粒的尺寸，及其在 20℃的水中依靠重力垂直沉降 1m 所需要的时间。

表3-1 根据斯托克斯定理得到的不同微粒的沉降时间（见本章3.3.1节）

微粒直径		微粒类型	水中沉淀 1m 所需时间	比表面积 /（m^2/m^3）	备注
mm	μm				
10	10^4	砂砾	1s	6×10^2	可沉降悬浮固体
1	10^3	砂	10s	6×10^3	
10^{-1}	10^2	细沙	2min	6×10^4	
10^{-2}	10	粉沙	2h	6×10^5	
10^{-2}	10	原生动物孢囊	20h	6×10^5	胶体
10^{-3}	1	黏土	2d	6×10^6	
10^{-3}	1	细菌	8d	6×10^6	
10^{-4}	10^{-1}	胶体	2a	6×10^7	
10^{-5}	10^{-2}	胶体	20a	6×10^8	

从表 3-1 中可看出，胶体微粒具有如下特性：

① 不能自然沉降；

② 拥有巨大的比表面积，因此在水中可以稳定地悬浮。

事实上，为了获得更快的沉降速率，必须使胶体大量地聚集以形成粒径至少为 10～100μm 的凝聚物；但是胶体间存在静电斥力，因此它们不但难于聚集，并且会在水中保持非常稳定的分散状态［见本节中（4）］。

（2）双电层理论

由于晶格置换和离子化作用，原水中的胶体通常呈强负电性。为了中和这些表面负电荷，原水中已有的或者人为添加的阳离子（所谓的“反离子”）被吸附聚集在胶体表面。目前已经提出了许多相关的理论来解释这一过程（图 3-1）：

① 赫尔姆霍兹理论：胶体表面完全被一层阳离子包围以使其整体呈电中性（吸附层）；

② 古伊-查普曼理论：阳离子层不均匀地分布在胶体周围，在距胶核一定距离处实现电中性（扩散层）；

③ 斯特恩理论将上述两个理论结合，提出了双电层模型：第一层由液体中的离子形成并黏附于胶体上；第二层扩散在液体中直接包裹胶体。如图 3-1 所示（曲线 3），电位在吸附层上会首先快速降低，然后随着距离增大下降速度变缓，直到电位在 A 点降为零（等电位点）。

（3）Zeta 电位

胶体有两种电位（图 3-1）：

① E：热力学电位也被称为能斯特电位，存在于胶体的实际表面上，不能用简单的方法测量；

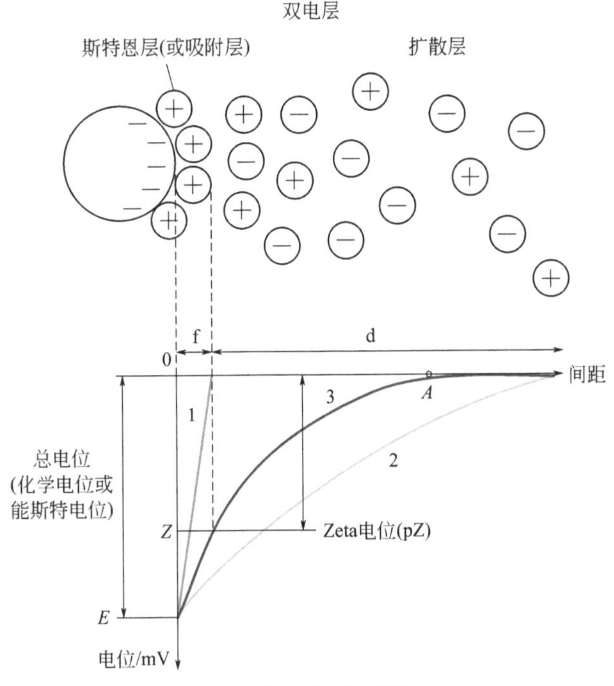

图 3-1　双电层理论

f—固定层；d—扩散层；1—赫尔姆霍兹；2—古伊-查普曼；3—斯特恩

② Z：吸附层表面的电位也被称为动电电位或者 Zeta 电位（pZ）。如前所述，由于吸附层离子电荷不能中和胶体表面的负电荷，因而动电电位是负的。这种电位控制着胶体间的相互作用，可以通过电泳法进行测定；实际上，当胶体受到电场作用时，它能够在指向阳极的电场引力和由介质黏性产生的摩擦力之间达到一个平衡的速率。关于这个速率（电泳淌度）和 Zeta 电位的方程如下所示：

$$Z=\frac{k\mu}{\varepsilon}m_e$$

式中　m_e——颗粒的迁移率，μm/（s・V）；

ε——介质的介电常数；

μ——动力黏度，Pa・s；

k——基于胶体粒径和双电层厚度的常数。

应该指出的是，无论粒径大小如何，Zeta 动电电位相同的微粒都将会有相同的电泳淌度。用于测定 Zeta 动电电位的设备称为 Zeta 电位测定仪［见第 5 章 5.4.1.2 节中的（1）］。

（4）胶体悬浮液的失稳机理：混凝

当两个胶体粒子相互靠近时，主要受到两个相反方向的力（图 3-2）：

① 范德华力（引力）F_A，与比表面积、胶体质量和介质的特性有关；

② 静电斥力 F_R，与胶体表面电荷，即 Zeta 电位 pZ 有关。

二者的合力远大于重力（故重力可忽略不计），且决定了胶体间凝聚是否会发生（$F_A>F_R$ 时发生聚合，$F_A<F_R$ 时相互排斥）。发生在自然水体中的第二种情况（排斥），是胶体悬浮液保持稳定的原因。从图 3-2 中的右图可看出，由于合力的变化在胶粒周围形成了能量势垒。

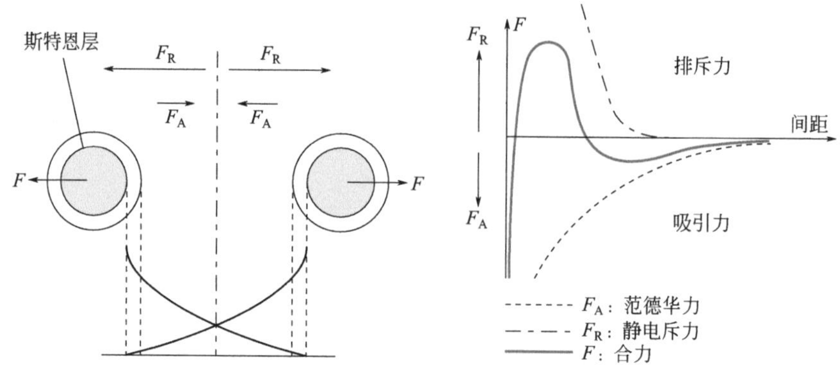

图 3-2　胶体悬浮稳定性

因此，为了使悬浮液脱稳，需中和胶体表面的电荷，降低其静电斥力，这就是向水中投加混凝剂的目的［即进行混凝，见图 3-3 和本章 3.1.1.3 节中（1）的说明］。

在双电层理论中，最佳的混凝效果可以定义为投加一种药剂而使得水中胶体的 Zeta 电位趋于零。

3.1.1.3　混凝阶段

（1）影响混凝的因素

混凝是通过投加化学药剂使得胶体微粒脱稳的过程。在这个过程中混凝剂提供了游离的或与有机高分子（聚合电解质阳离子）结合的多价阳离子，这些阳离子被吸附至斯特恩层，pZ 电势随之上升（图 3-3）至零或者直至所有微粒的负电荷被中和到可被忽略为止（见第 5 章 5.4.1.2 节，图 5-8）。

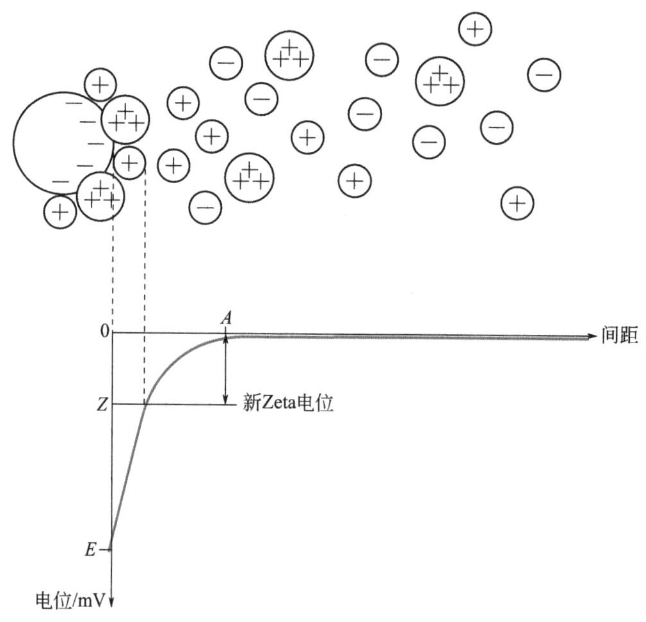

图 3-3　向原水投加混凝剂后（部分混凝）

需要强调的是，为了强化混凝效果，必须在混凝剂形成氢氧化物沉淀之前使其与原水充分混合。为了达到这个目的，需要在短时间内消耗大量的能量，即在速度梯度较大的条件下进行混合。

紊流条件下的速度梯度的定义为：

$$G=\sqrt{\frac{P}{V\mu}}=K\sqrt{\frac{P}{V}}$$

式中　G——平均速度梯度，s^{-1}；

P——吸收功率，W；

V——流体体积，m^3；

μ——动力黏度，Pa・s；

K——常数。

G 值随常数 K 受温度的影响而变化（表 3-2）。

表3-2　常数K

温度 /℃	K	温度 /℃	K
0	23.6	20	31.5
5	25.6	30	35.4
10	27.6	40	38.9
15	29.6		

（2）絮凝

絮凝是微粒（电荷中和之后）在一定的外部协助作用下（如架桥作用）凝聚形成微小絮体的过程。这个过程可以通过投加絮凝添加剂（简称絮凝剂）来强化。同时，由无机混凝剂产生的氢氧化物沉淀或阳离子聚合电解质中的大分子物质也会对絮凝过程起到促进作用。这些微小絮体随后逐渐聚集形成越来越多的可沉絮片，即矾花。

絮体的形成取决于控制絮凝速率的两个迁移现象：

① 异向絮凝：由布朗运动（热运动）决定，这时所有微粒具有相同的动能，因而最小的微粒具有最快的速度从而有更大的概率形成凝聚絮体。经过一段时间凝聚后微粒的絮凝速率为：

$$\frac{\mathrm{d}n}{\mathrm{d}t}=-\alpha\frac{8kT}{3\mu}n^2$$

式中　n——单位体积内的颗粒数量；

t——絮凝时间；

α——碰撞系数；

k——玻尔兹曼常数；

T——水的绝对温度。

这个理论只适用于直径小于 10μm 的微粒，其对絮体形成过程进行了阐释；需要注意微粒密度（颗粒数量 n）或者温度带来的影响。

② 同向絮凝：与絮凝区输入的机械能量有关，可以产生大量的可分离的絮体，其絮凝速率详见表 3-3。

速度梯度也是影响絮凝速率的一个很重要的因素。在絮凝过程中，速度梯度会在一定程度上影响絮体聚集的可能性。实际上，当 G 值达到一个很高的数值时，已形成的絮体

表3-3 同向絮凝速率

絮凝速率	层流	紊流
$\frac{dn}{dt}$	$-\frac{1}{6}\alpha n^2 d^3 G$	$-kn^2 d^3 G$

注：d—颗粒直径。

将会因受到机械剪切力的作用而被破坏。一般可接受的 G 值为：

a. 混凝阶段：$400s^{-1}$，甚至 $1000s^{-1}$；

b. 絮凝阶段：约 $100s^{-1}$，当絮体粒径大于 1mm 时可接受的 G 值更低。

（3）混凝和絮凝时间

混凝的时间一般是以秒计的，而絮凝的时间一般是以分钟计的，典型时间为 3s～20min。

絮凝反应的应用可通过无量纲参数 $G\xi$（ξ 为接触时间）进行表征，ξ 值可通过絮凝实验确定（参见第 5 章 5.4.1.2 节）。

（4）小结

表 3-4 总结了胶体悬浮物形成絮体的各个阶段的特性。

表3-4 混凝阶段

阶段	现象		术语	动力
投加混凝剂	与水反应	电离	水解	瞬时
		水解-聚合		相当慢（取决于温度 T、pH、离子力等）
失稳	混凝离子吸附于微粒表面		混凝	很快，需要很高的 G 值
	混凝离子黏合在微粒表面			
	胶体被氢氧化物沉淀包裹		絮凝	快速（取决于 T、μ、pH、G）
	混凝剂中的聚合成分在微粒间架桥黏附			相当慢，见“水解”
迁移	布朗运动		异向絮凝	快速（取决于 T、μ、n）
	输入能量（速度梯度）		同向絮凝	慢速（取决于 T、pH、μ、G）

3.1.1.4 混凝剂

（1）三价阳离子

阳离子化合价越高，混凝反应的效率就越高（叔采-哈代理论）：

$$C=kz^{-6}$$

式中 C——所需药剂投加量；

z——反离子的化合价。

三价阳离子的混凝效率大约是二价阳离子的 10 倍。因此，三价的铝盐或铁盐在混凝处理中有着广泛的应用。

① pH 值的影响

无机混凝剂的水解会改变待处理水的物理-化学性质（pH、碱度、电导率）：

$$M^{3+}+3H_2O \rightleftharpoons M(OH)_3\downarrow+3H^+$$

此外，最佳 pH 值取决于：

a. 混凝所需的 pH 值（与胶体的性质和等电位点有关）；

b. 絮凝所需的 pH 值（与铝盐和铁盐絮体的增长有关，如表 3-5 所示），一般是指相关氢氧化物的溶解度最小（同时也是根据饮用水标准，确保溶解于水的金属含量最低）时所对应的 pH 值。

表3-5　絮凝所需的pH值

阳离子	Al^{3+}	Fe^{3+}
最佳凝聚-絮凝 pH 值	6.0～7.4	>5

最佳 pH 值和最小溶解度在很大程度上会受离子强度和有机化合物（如腐殖酸）的影响。

如有必要，需要投加酸或碱调节水的 pH 值。

② 投加量

可以通过絮凝试验来确定合适的药剂投加量（参见第 5 章 5.4.1.2 节）。

理想混凝会使得 pZ=0，以确保对所有微粒（黏土浊度、微藻等）均达到最佳的去除效果。在饮用水处理中，溶解性有机物的彻底去除也许需要更高水平的处理。当混凝剂投加过量时（比消除 pZ 电位所需的用量高），将会导致胶体在被过剩絮体俘获前（卷扫混凝）发生电性反转的现象（三价阳离子使得 pZ 电位变成正的），从而引起残留浊度的升高（图 3-4）；有时可以结合使用 H_2SO_4 降低 pH 值以达到强化混凝的效果（强化混凝特别适用于去除可生成氧化副产物的有机物）。

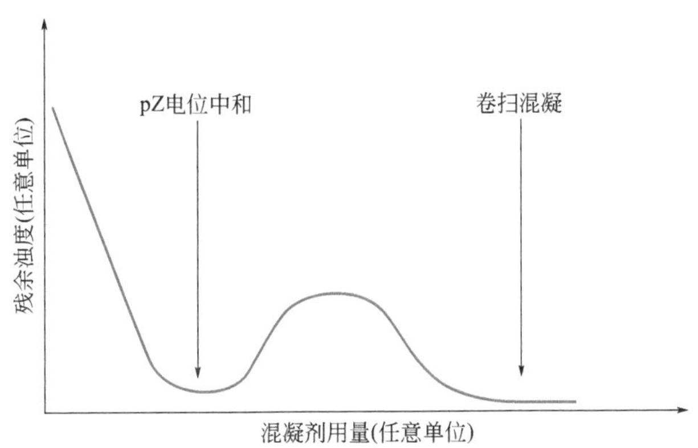

图 3-4　混凝的两种类型

在另一方面，所谓的微絮凝有时是指在较短的絮凝时间内形成大量的直径为 1～2mm 的絮体的过程，这些微小絮体在气浮或过滤工艺中被有效地去除。在直接过滤工艺中，也可以投加少量的混凝剂以强化过滤效果。

③ 污泥产物

金属氢氧化物的生成导致较高的污泥产量。这种污泥一般不适宜直接排放至自然环境中，因此排放之前必须对其进行处理（参见第 18 章和第 22 章 22.1.10 节）。

（2）有机混凝剂

有机混凝剂有时用于代替无机混凝剂，或用作无机混凝剂的补充。这些阳离子聚合物会直接利用其所带的正电荷中和胶体的负电荷。其在胶体表面的吸附会产生架桥作用，与此同时发生絮凝。其主要的优点之一就是会显著降低污泥产量（没有氢氧化物的生成）。

3.1.1.5 助凝剂（或絮凝剂）

为了增强絮凝效果，最先使用的絮凝剂是无机高分子物质（活化硅酸或活性二氧化硅）或者天然高分子物质（淀粉、藻酸钠）。合成聚合物（很长的大分子结构，因此易于被微絮体吸附并由此将其连接在一起）的使用大大提高了絮凝效果，能够产生更大的、可抵抗更高剪切力的絮体。

在联合投加混凝剂的情况下，最佳的处理效果需要由絮凝试验测定［烧杯实验，参见第 5 章 5.4.1.2 节中的（2）］，如有必要，作为补充还可进行污泥沉降试验。

投加混凝剂和絮凝剂的时间间隔至关重要：实际上，絮凝剂只在微絮凝阶段已经完成时发挥作用。这个时间间隔取决于很多因素（水质、水温等），必须通过试验来确定。

人工合成絮凝剂的使用使得污泥量大为降低，结合现代分离技术（例如高密度澄清池，参见第 10 章），可以产生适于直接进行脱水处理的高浓度污泥。

3.1.1.6 预氧化作用

预加氯氧化（例如海水的处理），尤其是预臭氧氧化可对混凝-絮凝反应起到促进作用。其机理是氧化剂对围绕胶体颗粒的有机薄膜具有破坏或脱吸作用，从而有助于失稳阳离子的附着。此外，少量的臭氧（$<1g/m^3$）可以减少微粒的数量和增大某些有机化合物的分子量（网捕作用），这对混凝是有利的。处理富含有机物质和藻类或者含有铁锰络合有机物的水是预氧化的典型应用。在后一种情况中，臭氧会破坏有机络合物并氧化从有机络合物中释放出的金属离子。

3.1.2 典型药剂

混凝剂和絮凝剂一般为单一或聚合的无机盐，以及有机的、天然的或人工合成的聚合物。第 8 章 8.3.5.1 节和 8.3.5.7 节汇总了各种市售药剂的特性。

3.1.2.1 无机混凝剂

本节所介绍的反应涵盖了不同类型的反应。所有的产物除了 $Al(OH)_3$ 和 $Fe(OH)_3$ 之外都是可溶的。

主要的混凝剂为铝盐或铁盐，这是因为：

① 无危害性（铝盐在有些国家被认为能在一定程度上导致老年痴呆疾病的发生，但未经科学证实）；

② 在 pH 约为 7 时，其溶解度最小（三价阳离子）；

③ 较低的成本。

在某些情况下也会使用合成药剂，如阳离子聚合电解质（下文将做进一步介绍）。

（1）铝盐

① 简单盐类

当 Al^{3+} 投加至水中时，其基本反应是形成氢氧化铝沉淀，同时提高水的酸度（水解作用）：

$$Al^{3+}+3H_2O \rightleftharpoons Al(OH)_3\downarrow+3H^+$$

氢离子与可溶物质反应，尤其是碳酸氢根离子（碳酸氢盐）：

$$HCO_3^- + H^+ \rightleftharpoons H_2O + CO_2$$

总反应为：

$$Al^{3+} + 3HCO_3^- \rightleftharpoons Al(OH)_3 \downarrow + 3CO_2$$

若水中碱度不足，当投加混凝剂时，必须同时投加一些碱性物质（氢氧化物、石灰、碳酸钠）以中和所产生的酸度。

实际上，这只是一个总反应，实际的反应机理更加复杂，并且涉及 Al^{3+} 和 $Al(OH)_3$ 之间的一些中间产物，形式为：$Al(OH)_x^{(3-x)+}$，其中 $1<x<2.5$。例如，$Al(OH)^{2+}$、$Al(OH)_2^+$ 等。

这些离子也可以水合物的形式存在：$[Al(H_2O)_{6-x}(OH)_x]^{(3-x)+}$。

这种复杂的离子再通过羟连作用聚合，构成氢氧根架桥：

```
   OH
 /    \
Al      Al—
 \    /
   OH
```

根据外界条件的不同（pH 值、温度、溶解性盐、胶体的性质和数量等），会形成不同的聚合物，从 $Al_6(OH)_{12}^{6+}$ 和 $Al_7(OH)_{17}^{4+}$ 到 $Al_{54}(OH)_{154}^{8+}$［参见一般公式 $Al_n(OH)_p^{(3n-p)+}$］，这也解释了絮凝反应效果在不同水质条件下的差异性。

这些现象显然与原水中悬浮物的中和过程有关：事实上，这些复杂的离子倾向于迁移至微粒表面，并使这些微粒与絮体充分混合，因此絮体的形成可以被认为是羟基-铝络合物在原水中胶体物质间形成架桥的过程。

常用药剂如下：

a. 硫酸铝：包括十四或十八水合硫酸铝固体，或者浓度为 600～720g/L 的十八水合硫酸铝溶液，通常称之为明矾；

b. 液态氯化铝 $AlCl_3$（高效但是较少见）；

c. 液态铝酸盐 $Al_2O_3 \cdot nNaOH$，常水解产生 AlO^- 和 NaOH。

如前所述，当硫酸盐、氯化物甚至是硫酸铝氯化物水解时，产生的酸度需要通过分解碳酸氢盐来中和。由总反应式可知（例如最常见的硫酸根），pH 值急速骤降的程度（超出最佳 pH 值范围）取决于原水的缓冲能力：

$$Al_2(SO_4)_3 + 3Ca(HCO_3)_2 \longrightarrow 3CaSO_4 + 2Al(OH)_3 \downarrow + 6CO_2$$

从中，可以作出如下推算：对于由带 18 个结晶水的明矾固体商品配制而成的溶液，当其制备浓度为 10mg/L 时，Al 的浓度为 0.81mg/L。

a. 碱度降低 4.5mg/L（以 $CaCO_3$ 计）的同时增加等量的硫酸盐；

b. 生成 2.35mg/L 的氢氧化铝；

c. 释放 4mg/L CO_2。

同时在上例中，在碱度极低的情况下，还必须投加 3.33mg/L 氢氧化钙以维持 pH 值在最优区间（参见本章 3.13 节）。

另一方面，当使用铝酸盐时，必须用酸中和其水解产生的氢氧化钠；此外，这种药剂成本较高，因此仅在去除二氧化硅时有所应用。

② 聚合铝

对于前述的铝盐，如果在使用前投加 OH^- 部分地改变其碱性，将会提前聚合形成氢氧化物链，而剩下很多可用于混凝的 Al^{3+}。

铝聚合物的一般通式为 $Al(OH)_p(Cl)_{3n-p}$（聚氯化铝）或者 $Al_n(OH)_p(Cl)_q(SO_4)_r$（聚氯化硫酸铝盐）。这些铝聚合物可以通过其摩尔比 R 来区分。摩尔比越大，链越长，药剂的絮凝能力也就越强，能够快速地产生一种稠密的（有结合能力的）大小合适的絮体；但是，R 值越大，絮体越不稳定；实际上，R 值一般限制在 0.4～0.6。

$$R=\frac{p}{n}=\frac{\mathrm{OH}}{\mathrm{Al}}$$

市场上该类产品一直在不断地升级，聚合氯化铝（PAC）、聚硫氯化铝（PACS）、碱性聚氯硫酸铝（WAC）、高碱基度聚氯硫酸铝（WAC-HB）是常见的市售产品。

如果希望进一步增大 R 值，可以选择在现场制备 BAPC（基本聚合氯化铝），这样 R 值可以大于 2，从而在投加量最小的条件下实现快速混凝并去除有机物。

但直到现在该药剂的现场制备仍比较困难，这个缺点阻碍了它的广泛使用。

（2）铁盐

三价铁盐是最经常使用的一种铁盐，它的总反应和铝盐的反应是类似的：

$$Fe^{3+}+3HCO_3^- \longrightarrow Fe(OH)_3\downarrow+3CO_2 \tag{3-1}$$

例如，氯化铁和碳酸氢钙在水中反应：

$$2FeCl_3+3Ca(HCO_3)_2 \longrightarrow 2Fe(OH)_3\downarrow+3CaCl_2+6CO_2 \tag{3-2}$$

使用铁盐时，同样也有消耗碱度的问题，为了维持水的 pH 值在最佳的范围（当然这个范围比适合铝盐的范围要广很多），必须向水中投加碱性药剂。

市售的不同种类的铁盐包括：

① 无水 $FeCl_3$ 或者结晶 $FeCl_3\cdot 6H_2O$ 固体，液态商品一般含 600g/L 的 $FeCl_3$（质量比 41%）；

② 结晶铁盐 $Fe_2(SO_4)_3\cdot 9H_2O$，甚至是氯化硫酸亚铁；

③ 粉末状的硫酸亚铁 $FeSO_4\cdot 7H_2O$，但这种药剂必须先被氧化（$Fe^{2+}\rightarrow Fe^{3+}$）然后才能在 pH 值接近中性时使用；常用的氧化剂是 Cl_2。此外需要注意的是，$FeSO_4$ 作为一种工业副产品，其品质很少能够达到饮用水处理甚至工业水处理所要求的等级。

同样地，反应式（3-2）表明浓度为 10mg/L、41% 的三氯化铁商品液能降低 3.8mg/L（以 $CaCO_3$ 计）的碱度，同时增加等量的氯化物，生成 2.7mg/L 的 $Fe(OH)_3$ 并释放出 3.3mg/L 的 CO_2。

需要注意的是，铁盐的聚合物在市面上较为少见。

此外，高铁酸盐（高铁酸钠或者更稳定的高铁酸钾）也有一些应用前景，因为其具有以下双重作用：

① 氧化，FeO_4^{2-} 离子中的六价铁作为氧化剂会接受电子，从而被还原为三价铁 Fe(Ⅲ)；

② 混凝，利用产生的 Fe^{3+}。

当高铁酸盐溶解于水中时，会生成氧气和 OH^-（会引起 pH 值的变化，如果有必要可以和有酸化效果的典型混凝剂一起使用）。

（3）常规投加量

在选择最佳药剂（质量 / 价格）和确定所需投加量之前通常需要进行试验。

表 3-6 所示为澄清处理中铝盐或铁盐的一个粗略的指导用量，单位为 g/m^3（或 mg/L）。

表3-6　澄清处理中铝盐或铁盐的指导用量　　单位：g/m^3

水体		结晶明矾	氯化铁	
			纯物质	41% 溶液
地表水	过滤絮凝	3～10	1.5～4	3.5～10
	沉淀			
	低浊度水	15～30	6～12	15～30
	中浊度水	30～60	12～25	30～60
	高浊度水	60～150	25～60	60～150
	高色度水	100～250	40～100	100～250
	富含浮游生物水	60～150	25～60	60～150
废水	原水	40～300	16～120	40～300
	三级处理	10～60	4～25	10～60

3.1.2.2　天然絮凝添加剂

（1）无机絮凝剂

① 活性二氧化硅

活性二氧化硅是最早被使用的絮凝剂，其在低温水中与硫酸铝结合使用会有很好的絮凝效果。由于活化硅不是很稳定，因此在其活化后应立即使用。

H_2SO_4 是常规的酸化药剂，但也可以使用 HCl、$NaHCO_3$、氯水等进行酸化。在精确的 pH 和浓度条件下，硅酸释放的 $Si(OH)_4$ 将会以 Si—O—Si 键的形式聚合，首先产生一个二聚体 $(OH)_3Si—O—Si(OH)_3$，然后是一种具有如下通式的可电离的聚合物：

$$\mathrm{HO{-}\underset{OH}{\overset{OH}{Si}}{-}O{-}\left[\underset{OH}{\overset{O^-}{Si}}{-}O\right]_n{-}\underset{OH}{\overset{OH}{Si}}{-}OH}$$

一般所需用量为 0.5～4mg/L，以 SiO_2 计。

② 硅酸铝

酸和明矾溶液可以用于活化硅酸钠，采用这种方法可以生产出聚合硅酸铝。市场上也有一些用于混凝和絮凝的复合产品，聚合硅酸铝可以通过将聚硅酸注入铝盐中进行制备，根据不同条件形成聚硅酸硫酸铝盐（PASS）或者聚硅酸氯化铝盐（PASIC）。

③ 其他矿物添加剂

在沉淀或者过滤工艺的上游，当原水浊度较低时，可以通过投加一些药剂来提高原水浊度。这些药剂不是絮凝剂，但是有助于絮体的增长和稠化。

主要包括：a. 黏土（膨润土、高岭土）；b. 粉末碳酸钙；c. 粉末活性炭（主要用作吸附剂）；d. 细砂［所谓的载体絮凝沉淀（或压载絮凝沉淀）技术，参见本章 3.3.5 节］。

（2）有机絮凝剂（天然聚合物）

这些是从动植物中提取的天然聚合物。

① 藻酸盐

藻酸钠可以由提取于海藻的藻酸制得。这种聚合物的主要成分是甘露糖酸和古洛糖醛酸，其分子量为2×（10^3～10^4）。

这些药剂作为絮凝剂与三价铁盐和铝盐联合投加时均产生很好的效果。一般用量为0.5～2mg/L。

② 淀粉

淀粉可以从土豆和木薯中制得或者从植物种子中提取。淀粉是带分支的非线性吡喃葡萄糖聚合物，其有时会降解（OH^-）或产生衍生物（羧基-乙基-糊精）。它们的投加浓度在1～10mg/L之间，最好与铝盐结合使用。

淀粉和海藻酸盐都是固体药剂，使用前需要制备成浓度为5～10g/L的溶液。一旦被稀释，这两种药剂就会很快地进行生物降解，其降解在高于20℃的条件下尤为迅速。

③ 其他化合物

一些天然的多糖（来源于纤维素、树胶、单宁酸、黄原胶）都具有絮凝特性。但其絮凝效果并不是很好，很少用于水处理。

3.1.2.3 合成的有机混凝剂

这些合成的有机分子呈阳性，具有中等分子量（10^4～10^5），只能以水基溶液的形式存在。

这些产品（无需制备单元）可以全部或部分地取代无机混凝剂。它们必须经过在线稀释后才能投加。

有机混凝剂对pH值和盐度只有轻微的影响。有机混凝剂的使用能显著降低污泥产量，但排出的污泥也相对更浓且更具“黏性”，因此并不适用于所有的分离工艺。

（1）分类

主要分为三类：

① 三聚氰胺甲醛

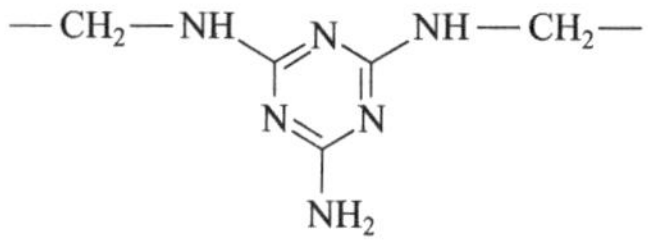

—CH_2—NH—(三嗪环：N, N, N)—NH—CH_2—
NH_2

② 聚环氧氯丙烷-二甲胺（EPI-DMA）

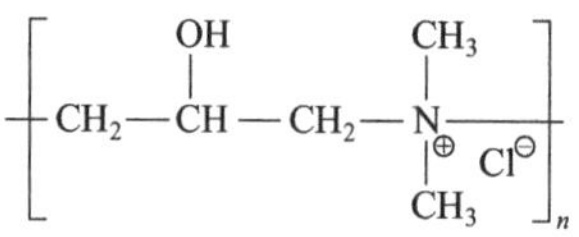

$$\left[-CH_2-\underset{OH}{CH}-CH_2-\overset{CH_3}{\underset{CH_3}{N^{\oplus}}}- \quad Cl^{\ominus} \right]_n$$

③ 聚二甲基二烯丙基氯化铵（PDADMAC）

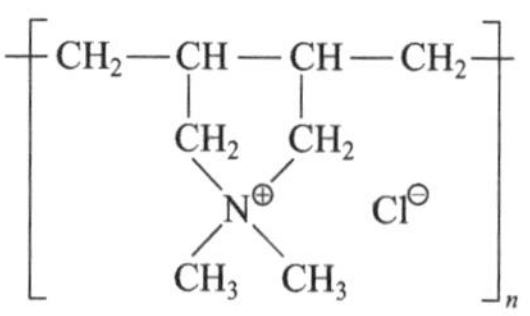

$$\left[-CH_2-CH-CH-CH_2- \right]_n \quad (CH_2,\ CH_2 \text{ 连接 } N^{\oplus}(CH_3)(CH_3) \quad Cl^{\ominus})$$

此外还有其他的产品，如不同于EPI-DMA的多聚胺类和聚乙烯基亚胺，它们主要用于工业废水的澄清处理。

注意：还有一些天然的有机混凝剂（例如壳聚糖、热带树木种子提取物等），但其很少应用。

（2）应用领域

鉴于可用的阳离子电荷数量有限，有机混凝剂主要用于处理含细悬浮固体和低胶体浓度（Zeta 电位较低）的水，这种应用简单且成本低。

① 澄清

当用于饮用水处理时，必须满足所在国家的相关法规的要求。以商品溶液计量的药剂投加量应在 5～15g/m^3 范围内。

② 滤池前混凝

在对海水进行过滤处理时，海水的高盐度对混凝沉淀的效果会有一些不利影响。因此只有一少部分混凝剂适用。

③ 工业废水

这是有机混凝剂应用的一个重要领域。投加量（5～50g/m^3）主要取决于所需的处理水水质。

（3）与无机混凝剂的协同作用

在某些情况下，单独使用有机混凝剂并不能获得使用无机混凝剂处理后的水质。

两种混凝剂的结合使用可以大大节约无机混凝剂的用量（40%～80%），并可以降低污泥产量。

3.1.2.4　合成的有机絮凝剂

一些合成单体能够聚合成长链的高分子物质，其中一些带有电荷或者具有变形结构。它们都是分子量（10^6～10^7）很大的产品，由其形成的絮体特性（尺寸、强度、密度）通常要大幅优于由一般天然聚合物形成的絮体。

（1）分类

每一种聚合物都是根据其电离度分类的。

① 阴离子型

这类产品通常是丙烯酰胺和丙烯酸的共聚物。

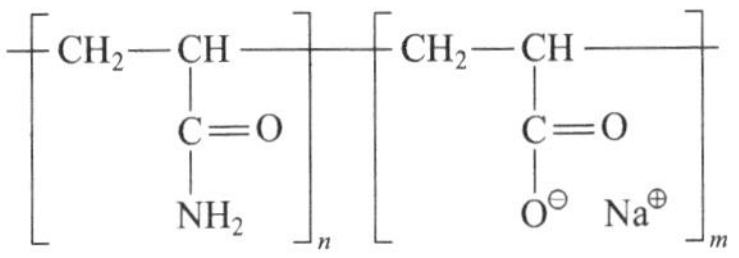

$$\left[CH_2 - \underset{\underset{NH_2}{|}}{\underset{C=O}{\underset{|}{CH}}} \right]_n \left[CH_2 - \underset{\underset{O^{\ominus}\quad Na^{\oplus}}{|}}{\underset{C=O}{\underset{|}{CH}}} \right]_m$$

② 中性（或非离子型）

这类主要是聚丙烯酰胺。

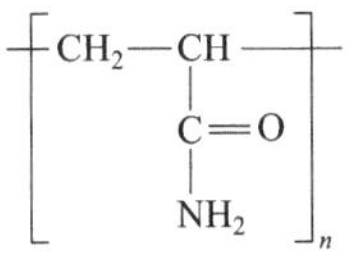

$$\left[CH_2 - \underset{\underset{NH_2}{|}}{\underset{C=O}{\underset{|}{CH}}} \right]_n$$

③ 阳离子型

这类是丙烯酰胺与含氯氮阳离子单体的共聚物，通常是二甲基氨基-甲基丙烯酸乙酯（R=CH_3）或二甲基氨基-丙烯酸乙酯（R=H）。

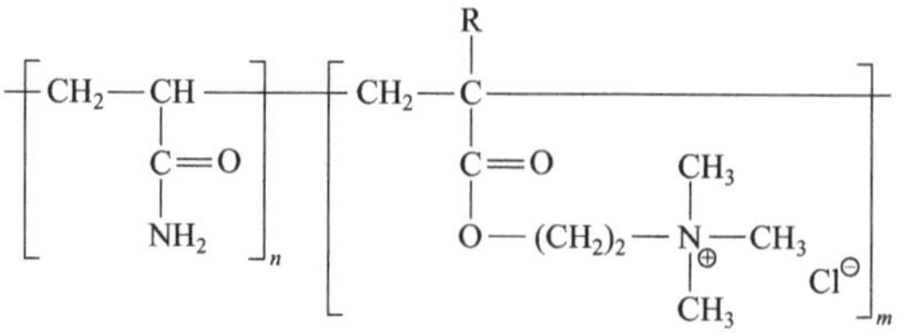

$$\left[CH_2-\underset{\underset{NH_2}{|}}{\underset{C=O}{|}}{CH}\right]_n\left[CH_2-\overset{R}{\underset{|}{C}}\right]_m \quad C=O,\ O-(CH_2)_2-N^{\oplus}(CH_3)_3\ Cl^{\ominus}$$

（2）使用

有机絮凝剂有以下三种存在形式：a. 固态；b. 乳液（聚合物的有机溶剂乳状液）；c. 溶液（溶剂为水时约 20g/L）。

固态或者乳状絮凝剂在使用之前需要进行专门的溶液制备。这类产品在使用时一般需要进行二次稀释（参见第 20 章 20.6.1 节）。

（3）应用领域

① 地表水

在澄清处理中，合成絮凝剂要与混凝剂结合使用。处理效果最佳的聚合物通常是阴离子型的，较为少见的是非离子型或者弱阳离子型聚合物。

注意：在多数国家，聚合物在饮用水处理中的使用是有限制的，参见第 2 章 2.2.8.1 节。

② 工业废水

当使用无机混凝剂处理工业废水时，阴离子聚合物的投加量通常要超过 $2g/m^3$。在某些特殊情况下（表面处理、钢铁制造、废气洗涤），阳离子混凝-絮凝聚合物是最好的选择（$0.5\sim5g/m^3$）。

③ 城市污水（物理-化学处理）

当与无机混凝剂结合使用时，阴离子絮凝剂是最好的选择。当只需要去除悬浮固体时，合成絮凝剂可以单独使用。

④ 污泥脱水

阳离子絮凝剂通常适用于有机污泥的处理，而处理无机污泥则需要投加阴离子型絮凝剂。处理每吨干泥需投加 0.5～10kg 的聚合物（参见第 18 章）。

3.1.3 污泥接触絮凝

如果将适用于同向絮凝的微分方程求解［参见本章 3.1.1.3 节中的（2）］，即可得到下面的方程：

$$e=kC^{\alpha}G^{\beta}t^{\gamma}$$

式中 e——与形成絮体的性质（尺寸、沉降性、过滤能力等）或澄清水水质有关的参数；

C——絮凝池中的污泥浓度；

G——速度梯度；

t——接触时间；

α、β、γ——系数，均 >0。

此式可以用于表征絮凝的效果。

一般而言，不断增多的接触物质（C）增大了池中物质发生碰撞的可能性，从而提高了絮凝的效率。在污泥接触工艺中，将大量的污泥投加至絮凝区就是基于这个原理。以下为两种不同的应用方法（参见本章 3.3.4 节）：

① 污泥循环：一个集成的或外部系统，不断地将沉淀池底部的浓缩污泥输送至絮凝区；

② 悬浮污泥层：在上向流构筑物中，在水的流速和絮凝微粒的受阻沉降速度之间将会达到一个平衡。絮凝微粒一旦达到一定的浓度，就会形成一个悬浮污泥层，同时起到絮凝器和流化滤床的作用，产生良好的絮凝效果和优化的沉淀效果。

污泥接触絮凝还有一些其他的优势：

① 提高了絮凝速率；

② 絮体均匀，没有细微颗粒；

③ 提高了沉降速率，因此仅需要较小的构筑物；

④ 可完成特定的反应（沉淀、粉末活性炭吸附等）；

⑤ 絮体吸附强化了有机物的去除；

⑥ 节约化学药剂用量（提高了药剂、混凝剂的使用效率和回流污泥的絮凝效果）。

污泥接触絮凝的应用范围很广：澄清、特殊沉淀（除碳、除硅等）、色度去除、铁锰的去除、好氧或厌氧生物处理的预处理或后处理。

注意：当反应器中的污泥浓度过高时，将会对沉降速率产生影响。在本章 3.3 节和第 10 章将介绍这些概念的重要性。

3.1.4　乳化液

烃类化合物或乳化油的絮凝取决于这些乳化液的特性：

① 机械乳化液相对不太稳定，主要体现在经过 1h 的初步静沉后，胶团粒径在 10～100μm 之间；

② 化学乳化液相对较稳定，这可能是由于相关烃类化合物（沥青、粗气油）特性，或者由于分散剂（碱式盐、洗涤剂等）的存在。经过 1h 的初步静沉之后，这类乳剂胶团的粒径在 0.1μm（微乳液）至几十微米之间，同时烃类化合物的浓度会在 100mg/L（合成的石油化工废液）～50g/L（水基切削液）之间有很大变化。

同胶体的情况一样，乳化液的混凝处理需要使其 Zeta 电位为电中性。但是，之后的液滴合并机理将会占主导地位。

机械乳化液的处理包括脱稳或利用有机混凝剂进行局部混凝后直接进行过滤或气浮处理。

化学乳化液的处理必须包括完整的混凝、絮凝以及溶气气浮分离过程。

可以不需要进行脱稳而直接进行微滴 / 水分离的超滤膜在乳化液处理中有着越来越多的应用。与常规处理不同的是，乳化液越稳定，将其浓缩的程度也就越高，这是因为稳定的乳化液能够阻止覆膜在膜表面的形成。这种方法可以将油和水分离，分别产生含 30%～40% 浓度的油脂浓缩液和无烃类化合物的水溶液。

3.2　化学沉淀

水处理中，化学沉淀（上一节中的混凝絮凝除外）可以通过将影响水质的矿物质转变为不溶物的方式将其去除。这些矿物质包括硬度（Ca^{2+} 和 Mg^{2+}）、各种金属离子和一些阴

离子如 SO_4^{2-}、PO_4^{3-}、F^- 等。

因此，向水中投加溶解性药剂，即可使待去除的化合物与这些药剂结合形成溶解度尽可能低的沉淀而被去除。

在特定温度和 pH 条件下，沉淀化合物的溶解度（K_S，见第 1 章 1.2.2 节）决定了水中残余溶解物的量。因此可以通过药剂的过量投加（超过化学反应计算比）改变待去除离子的沉淀平衡，从而控制该离子的残余浓度。

但是，这种处理方法往往成本很高（需投加大量药剂），而且残留在水中的过量反应物离子有时会带来一些问题。

3.2.1 去除硬度（钙、镁）

3.2.1.1 主要方法

（1）***石灰去除硬度***

① 基础反应

石灰除碳酸盐反应如下：

$$Ca(OH)_2 + Ca(HCO_3)_2 \longrightarrow 2CaCO_3\downarrow + 2H_2O \tag{3-3}$$

但是，大多数情况下水中含有游离 CO_2，它会优先和石灰反应生成碳酸氢钙：

$$2CO_2 + Ca(OH)_2 \longrightarrow Ca(HCO_3)_2 \tag{3-4}$$

这将导致 TAC（总碱度）和 CaH（钙硬度）升高，直至发生反应（3-3）。

当 CaH<TAC 时（水中既有钙碱度又有镁碱度），还会发生如下反应：

$$Ca(OH)_2 + Mg(HCO_3)_2 \longrightarrow MgCO_3 + CaCO_3\downarrow + 2H_2O \tag{3-5}$$

由于碳酸镁有一定溶解度（约 70mg/L），过量的石灰将会继续发生如下反应：

$$Ca(OH)_2 + MgCO_3 \longrightarrow CaCO_3\downarrow + Mg(OH)_2\downarrow \tag{3-6}$$

在常温下，如果精确控制石灰投加量，水的碱度可降至 $CaCO_3 + Mg(OH)_2$ 系统的理论溶解度，即 20～30mg/L（以 $CaCO_3$ 计）。

而实际上因为水中存在溶解杂质（如有机酸、铵、磷酸根等），这个 TAC 限值可能会提高。

如以上方程式所示，这些反应仅能去除碳酸氢盐硬度（一部分 TAC 代表了总硬度 TH）。因此，这些反应既无法去除永久硬度（TH−TAC>0），这需要投加碳酸钠［见本节（2）］；也无法去除非钙镁碳酸氢盐（水中的钠碱度），这需要投加更多的石灰。

以水中碳酸氢盐碱度为例，图 3-5 展示了水中滴定度随石灰投加量的变化。

② 结晶机理

碳酸钙形成的晶体在沉淀动力学上遵循晶体生长定律，也就是：

a. 当没有晶种时，沉淀非常缓慢。水中的碳酸盐呈过饱和状态。一些悬浮物会在固液接触面特别是金属表面（反应器壁、搅拌机、渠道、阀门等）形成沉淀，逐渐结垢但通常会很快显现。

b. 相反，当有晶种存在时会发生非常迅速的沉淀反应，只需几分钟就可达到反应平衡。这种反应要求晶种表面足够清洁：不能有诸如吸附的有机聚合物、胶体、金属氢氧化物等杂质。尤其是 $Mg(OH)_2$ 沉淀的存在会使絮体显著变轻，从而降低沉淀速度。因此相应地需要更大的反应器和分离器，见第 10 章。

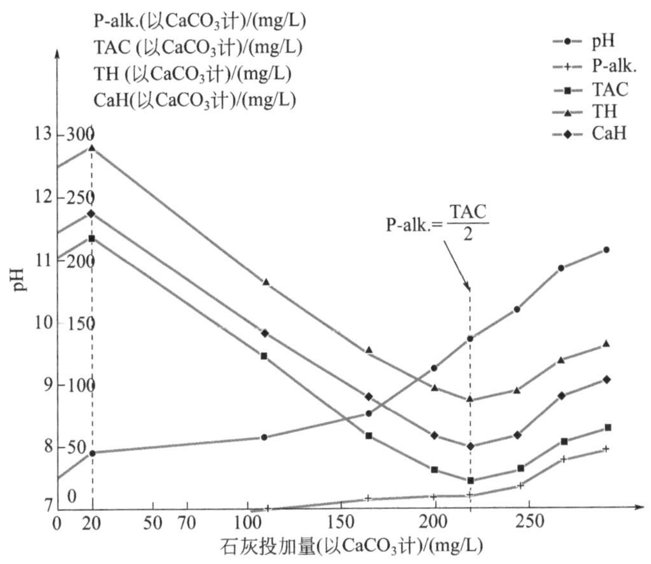

图 3-5　水中滴定度随石灰投加量的变化

因此，一个好的除碳酸盐单元必须包括：

a. 一个混合区，进水、石灰和回流晶体在此进行混合；

b. 一个沉淀区，形成的沉淀晶体在该区被沉淀下来，同时一部分回流到混合区。

为了提高沉淀速率，一般需要设置混凝区和絮凝区例如高速斜管沉淀池（高密度澄清池 Densadeg，沉淀速率 >30m/h）。

（2）**碳酸钠去除硬度**

冷法碳酸钠除永久硬度可以和石灰除钙镁碳酸氢盐联合使用，也可单独使用。其反应如下所示：

$$CaSO_4 + Na_2CO_3 \longrightarrow Na_2SO_4 + CaCO_3\downarrow \quad (3\text{-}7)$$

$$CaCl_2 + Na_2CO_3 \longrightarrow 2NaCl + CaCO_3\downarrow \quad (3\text{-}8)$$

但即便在最佳工况下，这种工艺也无法将 TAC 降至低于 30mg/L 或 40mg/L（以 $CaCO_3$ 计）。

（3）**氢氧化钠去除硬度**

氢氧化钠除钙镁离子的反应可以说是石灰和碳酸钠去除硬度的组合。

其反应如下所示：

$$Ca(HCO_3)_2 + 2NaOH \longrightarrow Na_2CO_3 + CaCO_3\downarrow + 2H_2O \quad (3\text{-}9)$$

碳酸钙的沉淀伴随着碳酸钠的生成，碳酸钠又继续和永久硬度按照反应式（3-7）和式（3-8）发生反应。因此，使用氢氧化钠去除硬度，水的硬度的降幅为碱土碳酸氢盐下降量的两倍。仅当水中有足够的永久硬度和已形成的碳酸钠反应时，水的 TAC 才可降至约 30～40mg/L（以 $CaCO_3$ 计），因此一般只在这种情况下利用氢氧化钠去除硬度。但其也可用于对钙硬度较高（CaH>TAC）的水进行部分软化。

3.2.1.2　沉淀计算和控制（得到最低碱度）

以下为新出现的符号及释义：

① CaH：钙硬度，单位 mg/L（以 $CaCO_3$ 计），代表总钙含量；

② MgH：镁硬度，单位 mg/L（以 $CaCO_3$ 计），代表总镁含量；

③ TH：总硬度，单位 mg/L（以 $CaCO_3$ 计），代表钙镁总含量；

④ C：游离二氧化碳含量，单位 mg/L：

$$C = \text{游离 } CO_2(\text{mg/L})/4.4$$

（1）石灰投加量

① 当 TH>TAC 时

根据反应（3-3），为达到最佳的碳酸钙沉淀效果，所需的理论石灰量为：

$$CaO: 0.56(TAC + C/0.44)\text{g/m}^3$$

$$\text{或 } Ca(OH)_2: 0.74(TAC + C/0.44)\text{g/m}^3$$

如果同时沉淀碳酸钙和氢氧化镁（也就是沉淀 TAC 中的镁成分）时，由于 MgH 大于 TH－TAC［$Mg(HCO_3)_2$ 滴定度 =TAC－CaH］，所需石灰量为：

$$CaO: 0.56(2TAC - CaH + C/0.44)\text{g/m}^3$$

$$\text{或 } Ca(OH)_2: 0.74(2TAC - CaH + C/0.44)\text{g/m}^3$$

② 当 TH<TAC 时

此时水中含有钠碱度。如果按照 TAC+C 计算石灰投加量，总能得到满意的钙镁沉淀效果。但这种方法会使水中含有氢氧化钠，因此需要减少石灰的投加量。可以将投加量控制在仅沉淀析出结垢最严重的钙离子即可：

$$CaO: 0.56(CaH + C/0.44)\text{g/m}^3$$

$$\text{或 } Ca(OH)_2: 0.74(CaH + C/0.44)\text{g/m}^3$$

③ 结果检验

无论总碱度和总硬度的关系如何，在如下检验标准得到的理论值中，P-alk. 每增减 10mg/L（以 $CaCO_3$ 计），都应相应增减 5.6g/m^3 CaO 或 7.4g/m^3 $Ca(OH)_2$。

上文所提到的 5.6g 和 7.4g 指的是 100% 纯物质。实际上石灰中含有杂质，而且会受二氧化碳的影响而被碳酸化。因此根据具体情况，投加量需要增大 10%～30%。如果仅需沉淀碳酸钙，理论上可以得到：

$$\text{P-alk.} = \frac{TAC}{2} \pm 5\ (\text{mg/L，以 } CaCO_3 \text{ 计})$$

也就是说，当水中不含镁或者结晶抑制剂时，TAC 最低可以达到 20mg/L（以 $CaCO_3$ 计）。

当 MgH 大于 TH−TAC 时，由于碳酸镁有一定的溶解度，TAC 可能会过高。在这种情况下，通过将处理水的 P-alk. 控制在最低，处理水分析指标如下所示时，可以得到最佳结果：

$$\text{P-alk.} = \frac{TAC}{2} + 5 \sim 10\ (\text{mg/L，以 } CaCO_3 \text{ 计})$$

（2）碳酸钠投加量

所需纯碳酸钠的量如下所示：

$$1.06(TH-TAC)\text{g/m}^3$$

理论上，如果水中不含镁，应能得到如下分析结果：

$$TH = TAC = 2\text{P-alk.}$$

实践中，如果待处理水中的永久硬度包含镁盐，上述规律不再适用，实际指标需要具体分析。

（3）氢氧化钠投加量

所需纯氢氧化钠的量如下所示：

$$0.8\left(\frac{\Delta\text{CaH}}{2}+\frac{C}{0.44}\right)\text{g/m}^3$$

TAC 下降 10mg/L（以 $CaCO_3$ 计），TH 需降低 20mg/L（以 $CaCO_3$ 计）。

实践中，投加到待处理水中的氢氧化钠的量根据水中最小残余 TAC 值进行调节。这样既可避免过量投加，又能避免水中生成过多的碳酸钠。

3.2.1.3　特例：除部分碳酸盐

如果仅需去除部分钙硬度（比如雨水处理），所需石灰的投加量应根据 $C/0.44+\Delta$CaH（或 $C/0.44+\Delta$TAC）进行计算。如果使用氢氧化钠，上述计算变为下式：

$$0.8\left(\frac{\Delta\text{CaH}}{2}\right)=0.8(\Delta\text{TAC}+\frac{C}{0.44})\text{g/m}^3$$

3.2.2　二氧化硅沉淀

二氧化硅沉淀包括通过铝或镁的氢氧化物絮体吸附共沉。

这种共沉可分为热法和冷法，并常常和去除碳酸盐的碳酸钙沉淀一同进行。

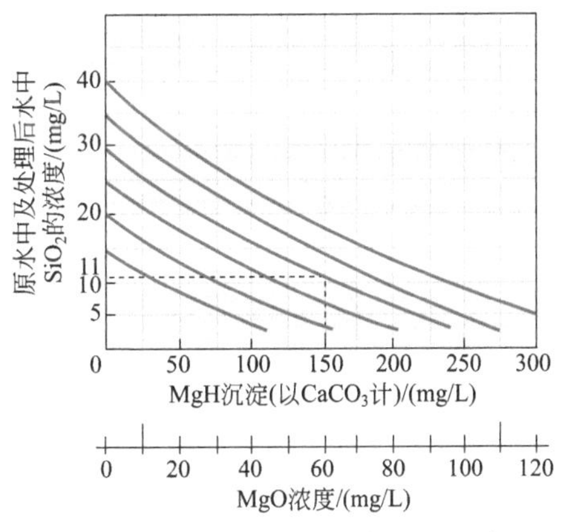

图 3-6　使用氧化镁去除二氧化硅，温度 25℃

3.2.2.1　用 Mg^{2+} 去除二氧化硅

在地下水的 pH 足够高，且含有镁的情况下，二氧化硅会伴随着除碳酸盐的过程被共沉。采用冷法时，将氧化镁粉末投加至水中，溶解的 Mg^{2+} 与 CO_3^{2-} 生成 $MgCO_3$。投加氯化镁或硫酸镁也是可行的。

根据原水水质、目标温度和去除率，可以用图 3-6 计算需要补充的氧化镁投加量。

采用冷法去除二氧化硅时，如果水中初始二氧化硅浓度为 20～40mg/L，每吸附 1mg 二氧化硅，大约需要 1.8～3.2mg 氧化镁。

举例如下：

① 可沉淀的 MgH 为 150mg/L（以 $CaCO_3$ 计）；

② 原水二氧化硅浓度为 30mg/L；

③ 处理后水二氧化硅浓度为 11mg/L；

④ 如果目标出水二氧化硅浓度为 8mg/L，至少要投加 25mg/L（以 $CaCO_3$ 计）的镁剂。

3.2.2.2　用铝酸钠去除二氧化硅

在使用铝酸钠去除二氧化硅时，冷法的处理效果更佳（图 3-7），但二氧化硅的残留量要高于氧化镁法。

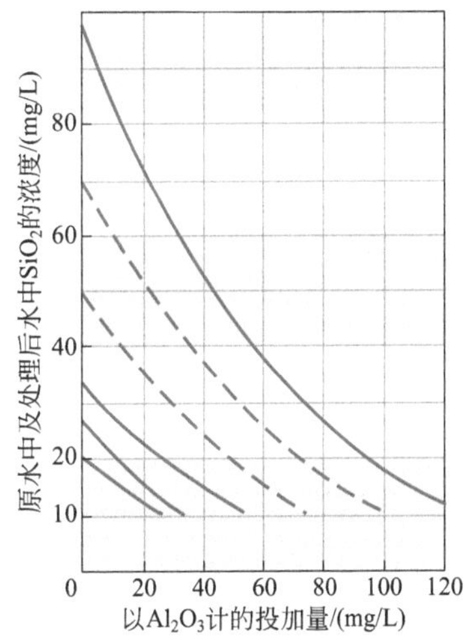

图 3-7　使用铝酸盐去除二氧化硅

在处理苦咸水时，以 Al_2O_3 计的铝酸钠投加量大约为 2～2.6mg/mg 沉淀去除的二氧化硅。

当使用石灰或氢氧化钠去除地下水中的碳酸盐时，如果水中二氧化硅初始浓度为 20～40mg/L，处理后残余二氧化硅的浓度基本和表 3-7 一致。

表3-7 向水中投加氧化镁和铝酸钠后的残余二氧化硅浓度

药剂	温度 /℃	pH	残余 SiO_2/（mg/L）
MgO	50～55	9.6～10	4～6
Al_2O_3，xNa_2O	25～30	8.6～9.5	8～10

水中的初始镁浓度、药剂费用和污泥产量是决定使用氧化镁或铝酸钠时需要考虑的因素。

使用 $FeCl_3$：将 $FeCl_3$ 和铝酸钠联合使用，在 pH 值为 8.5～9 时铝的残留浓度可低至 0.2～0.3mg/L，而单独采用铝酸钠这一浓度达 3mg/L。

3.2.2.3 胶体二氧化硅

胶体二氧化硅具有多变的化学性质，其通常由细小的黏土颗粒（0.2～0.005μm）组成，偶尔是聚合态的二氧化硅。

在温带地区，河水中的胶体二氧化硅的浓度仅为数百微克每升。而在热带地区的河水、湿法冶金酸性废水或油井采出水中，二氧化硅胶体的含量可高达数十毫克每升。

由于胶体二氧化硅是非离子态的，因而使用传统锅炉水处理工艺（澄清 + 离子交换）（见第 24 章）无法将其有效去除，从而会带来严重的问题（结垢、蒸汽质量差等）。因此建议采用以下辅助处理方法：

① 不同 pH 条件下的双重絮凝，适用于低胶体二氧化硅含量（<1～2mg/L）的河水；

② 经澄清或脱盐处理后再进行超滤处理。

3.2.3 金属沉淀

金属表面处理、矿井、湿法冶金、煤制气清洗和生活垃圾焚烧等工艺会产生含有溶解态金属的废水。

最常用的处理工艺是将这些酸性废水进行中和并使其中的金属形成氢氧化物沉淀。鉴于不同金属的最佳沉淀 pH 值不同，需要针对不同金属设计不同的 pH 反应区间，因此有时需要采用两级 pH 调节和两级絮体分离工艺。

最理想的情况是，在多种待去除的金属离子中有一种含量相对很高（摩尔比浓度至少高出 5 倍），根据这种金属确定最佳的沉淀 pH 值。

如果金属离子的氢氧化物溶解度较高，难以使其形成不溶物，可考虑采用下列去除方法：

① 形成碳酸盐或羟基碳酸盐（例如 Pb^{2+}，见本章 3.11.3.4 节）；

② 形成磷酸盐或羟基磷酸盐［如 $Ca_3(PO_4)_2$、$Zn_3(PO_4)_2$］；

③ 形成硫化物（二价金属），可使用的药剂有：

a. Na_2S，需要注意的是，多余的 S^{2-} 需要被沉淀去除，而硫化物的形态为细小的胶体，最终需要混凝絮凝处理；

b. 有机 S^{2-} 衍生聚合物，同时也作为絮凝剂（因此为其使用带来极大的便利，至少对沉淀去除量不是很大的情况是如此）。

需要注意的是，当存在天然（如腐殖酸）或合成（如 EDTA）络合物时，以上方法还不足以实现金属的有效去除：有必要先用臭氧等强氧化剂破坏络合物并释放出金属，进而将其沉淀。

3.2.4 其他沉淀（阴离子情形）

3.2.4.1 硫酸盐

当废水排入下水道（腐蚀混凝土问题）、进行回用（结垢问题）或需满足特定的排放要求时，常常需要将硫酸盐沉淀去除。

最常用的工艺是冷法石膏沉淀（$CaSO_4 \cdot 2H_2O$）工艺，向含有高浓度 SO_4^{2-} 的废水中，以石灰（常用在酸性废水中）或 $CaCl_2$（苦咸水）的形式加入 Ca^{2+}，其反应如下：

$$SO_4^{2-} + Ca^{2+} + 2H_2O \longrightarrow CaSO_4 \cdot 2H_2O \downarrow$$

无论投加何种药剂，异构晶体的沉淀速度都非常慢。为避免出现过饱和及后沉淀的现象，这个反应必须在有高浓度晶种（>20g/L）的条件下进行。

SO_4^{2-} 的去除取决于盐度、介质的离子活性和 Ca^{2+} 的过剩度，详见第 8 章 8.3.2.4 节的图 8-13 和图 8-14。这些图表粗略给出了不同盐度下石膏的溶解度。例如，可以得到如下 SO_4^{2-} 残余浓度：a. 用 $CaCl_2$ 处理苦咸水，2～3g/L；b. 用石灰中和酸性废水，1.5～2.5g/L。

还可以投加 $BaCl_2$ 形成硫酸钡沉淀以去除 SO_4^{2-}，可以使残余 SO_4^{2-} 浓度小于 20mg/L，但此方法的药剂成本非常高，故很少使用。

当污染物浓度中等而排放 SO_4^{2-} 和 Cl^- 的代价很高时，使用强阴离子树脂置换 $SO_4^{2-}/2Cl^-$ 也是可行的。

3.2.4.2 氟化物

焚烧烟气洗涤、铝冶金、磷酸、玻璃以及电子工业所产生的酸性废水都可通过沉淀法除氟。在上述后三种情况中，F^- 常常和高浓度的二氧化硅一同出现，从而改变了沉淀条件。一般采用石灰作为中和药剂，如果需要进一步降低 F^- 的出水浓度，可以补充投加 $CaCl_2$：

$$2F^- + Ca^{2+} \longrightarrow CaF_2 \downarrow$$

当主要污染物是氟化物和硫酸盐或氯化物时，沉淀设计应以 CaF_2 为基础，其结晶与沉淀速率介于 $CaCO_3$ 和石膏之间。因此反应器的尺寸可以参照除碳酸盐工艺进行设计，但反应时间需要延长。

在沉淀时，如果只投加石灰，在给定盐度下 CaF_2 的溶解度取决于溶液的 pH 值（图 3-8）。

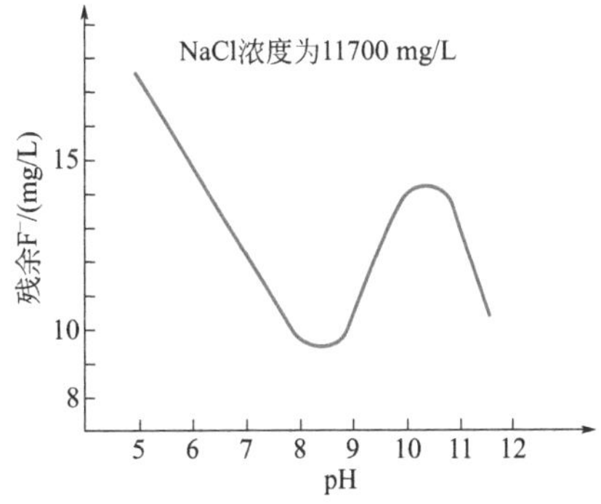

图 3-8　向氯化钠水溶液中投加石灰沉淀氟化物

氟化物沉淀还取决于其他因素及其生产工艺，不同情况出水 F^- 浓度如下所示：

① 电镀废水，16～30mg/L；

② 磷酸生产废水，使用羟基磷灰石吸附 F^-，2～5mg/L；

③ 含盐废水，20～40mg/L。

高浓度的溶解铝是一个不利的螯合因素。相反地，大量的 $Al(OH)_3$ 或 $Mg(OH)_2$ 的氢氧化物共沉可以吸附 F^-，从而降低出水浓度。

基于 $Al^{3+}/F^-=1$ 的投加比例，这种吸附可将 F^- 浓度降至很低（2～4mg/L）。

当有大量硅存在时，有如下平行反应发生：

$$SiF_6^{2-} + 4OH^- \longrightarrow SiOH_4 \downarrow + 6F^-$$

处理水中 F^- 浓度取决于介质中的 Ca^{2+} 浓度。

二氧化硅凝胶质沉淀物含水率高，沉淀速度较慢。在设计沉淀池时，需要考虑其污泥浓缩性能。

3.2.4.3 磷酸盐

磷酸盐在水中以多种形态存在，浓度也很不相同：

① 磷肥厂排水中的磷酸盐，其中混有 HF 和 SiO_2；

② 生活污水中的磷酸盐；

③ 锅炉排污水中的磷酸盐；

④ 循环冷却水（见本章 3.2.6.2 节）中的聚磷酸盐和六偏磷酸盐。

磷酸盐有两种可能的沉淀形式：

① 酸性排水：使用石灰；

② 非酸性排水：使用铁盐或铝盐（形成金属磷酸盐）。

（1）使用石灰沉淀

根据初始酸度的不同，会有如下两个反应：

① 磷酸二氢钙沉淀，最优 pH 范围为 6～7：

$$2H_3PO_4 + Ca(OH)_2 \longrightarrow Ca(H_2PO_4)_2 \downarrow + 2H_2O$$

磷酸二氢钙沉淀迅速，但是其残余浓度较高（根据温度不同可达 130～300mg/L，以 P_2O_5 计）。

② 磷酸钙沉淀，最优 pH 范围为 9～12：

$$Ca(H_2PO_4)_2 + 2Ca(OH)_2 \longrightarrow Ca_3(PO_4)_2 \downarrow + 4H_2O$$

磷酸钙的残余浓度为几个毫克每升（以 P_2O_5 计），但以胶体形式存在。它沉淀缓慢，甚至投加絮凝剂也难以改善。

如果此时有镁存在，会产生更复杂的影响：

a. $pH<9$，磷酸钙溶解度随镁浓度的增大而提高；

b. $pH>10$，磷酸钙和氢氧化镁共沉，磷酸钙残余浓度小于 1mg/L。

（2）通过 Fe^{3+} 或 Al^{3+} 沉淀

$AlPO_4$ 和 $FePO_4$ 是低溶解度盐，但是它们可以胶体的形式沉淀。这些胶体通过过量的金属氢氧化物絮凝而被去除（见图 3-9）。

在最佳 pH 条件下（如表 3-8 所示），通过投加相对大剂量的铁盐或铝盐，可以使磷的残余浓度显著低于 1mg/L。

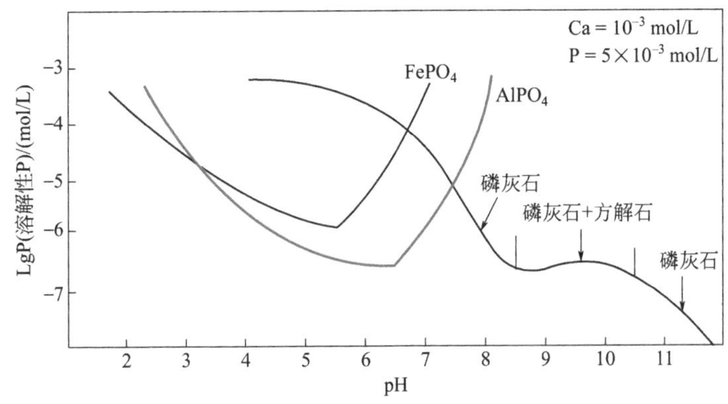

图 3-9 Fe、Al 及 Ca 磷酸盐溶解度示意图

表3-8 磷沉淀最优pH

药剂	pH	说明	沉淀物性质
$Ca(OH)_2$	10～12	需投加絮凝剂	羟磷灰石①-磷酸三钙
Fe^{3+}	5.5	需投加过量氢氧化物	磷酸盐及金属氢氧化物
Al^{3+}	6.5		

① 羟磷灰石［$3Ca_3(PO_4)_2$-$Ca(OH)_2$］，或磷灰石［$3Ca_3(PO_4)_2$-$CaCO_3$］。

3.2.5 沉淀污泥

前文所述沉淀产生的污泥可以分为两类：

① 颗粒状污泥：由晶体形成，粒径为几到几十微米，如 $CaCO_3$、$CaSO_4\cdot 2H_2O$、CaF_2、$Ca_3(PO_4)_2$ 等；

② 金属氢氧化物污泥：其中可能含有（无定形的）二氧化硅沉淀物。

颗粒状污泥的含水率较低，因此在不含杂质的情况下其具有良好的浓缩性能（固体负荷可达数百千克每平方米每小时），例如 $CaCO_3$ 含量超过 95% 的除碳酸盐污泥：

① 可被浓缩至大约 200～400g/L；

② 使用带式脱水机对其进行脱水处理后的污泥干度可达 50 %。在这种情况下，务必要注意防止管道堵塞（原因可能是：间歇排泥、刮泥机故障停机等）。

另一方面，如果这些颗粒状污泥含有一些氢氧化物［$Fe(OH)_3$、$Al(OH)_3$、$Mg(OH)_2$ 等］，其中可能存在硅酸盐沉淀，其浓缩性能和脱水性能将骤降：在上述例子中，如果污泥中含有 10% 的 $Mg(OH)_2$，浓缩后浓度能达到 60～80g/L，如果 $Mg(OH)_2$ 的含量达到 30%，则浓缩污泥的浓度降至 25～30g/L。

纯氢氧化物污泥［$Fe(OH)_3$、$Cu(OH)_2$］的浓缩脱水性能仅略优于剩余活性污泥，$Al(OH)_3$、$Zn(OH)_2$ 的脱水性能与剩余活性污泥基本相同，而 $Mg(OH)_2$ 的脱水性能最差。

因此，颗粒状污泥与氢氧化物污泥的比值就成为污泥脱水设备选型的基础（见第 2 章 2.6 节及第 18 章）。

3.2.6 沉淀抑制剂

某些化合物可使水中的化学沉淀变慢，甚至停止。自发抑制会对所期望的沉淀带来不利影响。

而另一方面，如果不希望沉淀发生，则可以引入抑制剂以抑制沉淀。

这些有机化合物（抑制剂）使待沉淀离子形成相对可溶的络合物，或将沉淀产物分散以达到抑制沉淀的效果。

3.2.6.1 自发抑制：示例

（1）在除碳酸盐过程中

① 在除碳酸盐高 pH 条件下，NH_4^+ 形成 NH_4OH，因此残余总碱度（TAC）增大；

② 某些有机物、腐殖酸或富里酸可以和钙离子反应生成溶解态络合物，同时，这些络合物会增大残余硬度；

③ 在被生活污水污染的地表水中，多磷酸盐（螯合剂）会降低结晶生成和增长速率，使这些沉淀以分散的胶体形式存在。

（2）在工业废水处理应用中

在诸如气体洗涤塔排水这样的工业废水中，同时存在的金属离子（Ni^{2+}、Zn^{2+} 等）和 NH_4^+ 使金属-氨络合物保持相对稳定的形态。

（3）在物理-化学法除铁过程中

水中的二氧化硅增大了残余铁的浓度，因为会产生铁-二氧化硅络合物（见第 22 章）。

3.2.6.2 诱导抑制

（1）主要性质

诱导抑制剂在不同的应用中发挥着不同的作用。

① 结晶抑制

在过饱和溶液中，小剂量（大约 1mg/L）的抑制剂将会延长晶种生成时间并且降低晶种生长速度（见图 3-10），这被称为阈值效应。

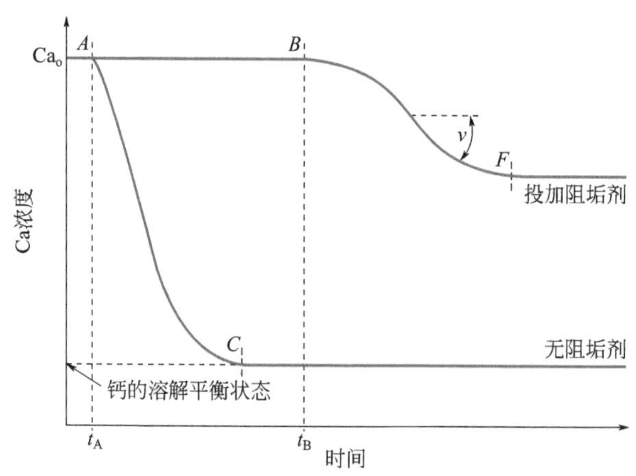

图 3-10 $CaCO_3$ 沉淀曲线

AB—晶种生成时间；*v*—增长速率；*AC*，*BF*—沉淀进度

② 晶体畸变

该作用通过改变沉淀物同素异形体的晶面而使晶体生长速率发生改变，进而降低了在器壁黏附、结垢的风险。

③ 分散剂的能力

当固体颗粒呈现出凝聚趋势时，投加分散剂可使其保持分散的悬浮状态。这种分散能力借由颗粒表面聚合物的吸附或电荷发生作用（强化了颗粒的 pH）。

有些制剂在高投加量情况下，可使器壁上已生成的沉淀恢复为溶解态或悬浮态（部分清洁 / 除垢助剂）。

④ 络合（或螯合）势

络合（或螯合）势是指能够在无沉淀药剂的情况下，将阴离子或阳离子吸纳入分子中，并形成一种新的稳定的溶解态化合物的能力。

在药剂投加量较高时，络合作用才会发生。

（2）主要化合物

① 络合剂或螯合剂

例如 EDTA（乙二胺四乙酸）及其钠盐。

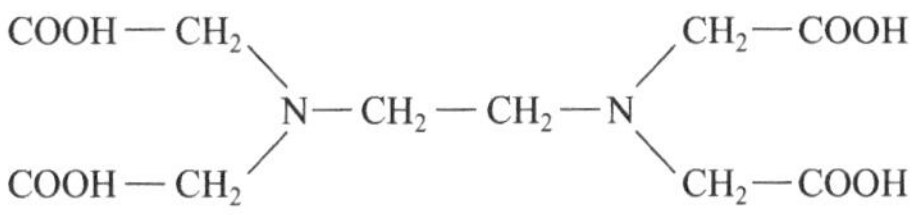

```
COOH — CH2                          CH2 — COOH
          \                        /
           N — CH2 — CH2 — N
          /                        \
COOH — CH2                          CH2 — COOH
```

这些药剂主要用于处理含有痕量硬度或需要除垢的锅炉用水，不过这些药剂使用比较困难。

出于成本考虑，倾向于利用其他药剂的阈值效应进行预防性处理，特别是在循环冷却水应用中。

② 聚磷酸盐

这是一组最常用的复配药剂。

聚磷酸盐具有线性结构，$M_{n+2}P_nO_{3n+1}$ 是其基本分子式。钠盐系列中首先是焦磷酸钠（$Na_4P_2O_7$），其后是偏磷酸钠（$NaPO_3$）或三聚磷酸钠（$Na_5P_3O_{10}$）。

聚偏磷酸盐具有环状结构，$(MPO_3)_n$ 是其基本分子式。最常见的是三偏磷酸钠［$(NaPO_3)_3$］和六偏磷酸钠［$(NaPO_3)_6$］。以这些名称出售的商品常是混合物，它们的词头代表平均缩合度。

聚磷酸盐对碳酸钙结晶的抑制作用非常有效，但对氧化镁及硫酸钙则稍差。

通常投加约 $2g/m^3$ 的聚磷酸盐对 TH 和 TAC 为 200mg/L（以 $CaCO_3$ 计）的水进行稳定处理。这一剂量随 TH、TAC、浊度及使用温度的提高而增大。根据法国法律的规定，应用于饮用水处理时聚磷酸盐的最大投加量为 $5g/m^3$，以 P_2O_5 计。

市售聚磷酸盐主要有三种形式：a. 易于溶解的结晶聚磷酸盐；b.“玻璃状”聚磷酸盐；c. 液体聚磷酸盐。

聚磷酸盐在水解作用下逐渐解体，生成正磷酸盐离子 PO_4^{3-}：水解率随温度和酸度的升高而升高，不过没有准确的数值指示温度和酸度到达何种程度聚磷酸盐才开始被破坏。当温度高于 60℃时，聚磷酸盐的阻垢效果变得不稳定。当温度较高且有钙离子存在时，甚至有可能生成几乎不溶于水的磷酸三钙。

在循环冷却水处理领域，最常用的有机磷衍生物是膦酸盐。膦酸盐有两种主要形式：

a. AMP，氨基三甲叉膦酸

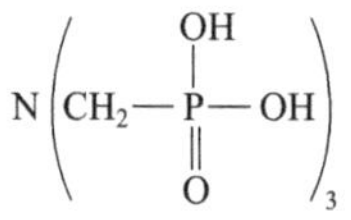

$$N\left(CH_2-\underset{\underset{O}{\|}}{\overset{\overset{OH}{|}}{P}}-OH\right)_3$$

b. HEDP，羟基亚乙基二膦酸

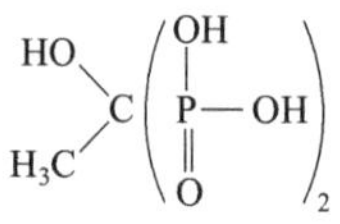

$$\begin{matrix}HO\\ \quad\diagdown\\ \quad C\\ \quad\diagup\\ H_3C\end{matrix}\left(\underset{\underset{O}{\|}}{\overset{\overset{OH}{|}}{P}}-OH\right)_2$$

这些化合物通常以浓溶液形式出售。它们在温度高于100℃的条件下仍然非常稳定，但对水中的游离氯较为敏感。虽然其没有毒性，但在应用于饮用水处理时也要经过主管当局的批准。

它们的使用剂量视水质和应用条件而异，而且不同商品液之间也各不相同。平均用量约为1g/m^3，以 P_2O_5 计，或以商品液计为10g/m^3。

由于P—C—P键比P—O—P键更稳定，因此这些产品可以在高温条件下使用，比如在超过130℃的蒸汽中。

③ 合成有机聚合物

最近，抑制剂在水处理中的应用有了大幅发展，主要药剂有：

a. 丙烯酸或甲基丙烯酸类

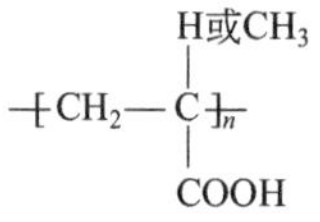

$$\left[CH_2-\underset{\underset{COOH}{|}}{\overset{\overset{H或CH_3}{|}}{C}}\right]_n$$

b. 顺丁烯类

$$\left[\underset{\underset{COOH}{|}}{CH}-\underset{\underset{COOH}{|}}{CH}\right]_n$$

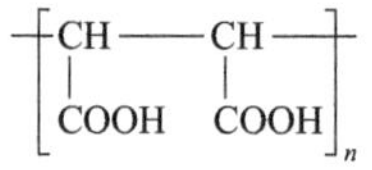

高分子聚合物是不同大小分子的集合体，根据其克分子量以及克分子量分布进行分类。

需注意其下列性质：

a. 阴离子性；

b. 分子量为10^3数量级的用作分散阻垢剂，10^4数量级的用作分散剂；

c. 其分散性能优于聚磷酸盐和膦酸盐；

d. 在高温（高至150℃）和含氯条件下具有较高的稳定性；

e. 排放后易于生物降解；

f. 根据使用条件，其配方中常包括共聚物及三元共聚物以增强其处理效果。

④ 其他分散剂

樟脑及聚苯乙烯磺酸盐为阴离子性，而且可以与聚磷酸盐或膦酸盐联合使用。

从木材中提取的单宁酸钠仍然应用于低压和中压锅炉用水的处理，去除1mg/L钙离子所需的投加量为0.5mg/L。

有关诸如结垢机理及阻垢药剂如何发挥作用等更详细的介绍，请参考《纳尔科水处理手册》等文献。

3.3　沉淀

沉淀是分离悬浮固体和胶体最常用的方法。在分离胶体之前，必须经过混凝-絮凝过程形成絮体（见本章 3.1 节）。

3.3.1　沉淀的类型

沉淀的类型有以下两种：

① 颗粒状沉淀物彼此之间互不干扰地进行沉淀，沉淀效果与颗粒物各自恒定的沉淀速度有关；

② 微粒之间会发生絮凝作用，颗粒尺寸因此发生变化，导致其沉淀速度不同。在浓度较低时，絮状物通过与其他微粒碰撞使得尺寸不断增大，从而使沉淀速度不断加快，这种现象被称为絮凝沉淀。

当水中悬浮物浓度较高时，大量存在的絮凝体及其之间的相互作用将会导致区域性整体沉淀，致使上清液与污泥层之间形成清晰的交界面，这种沉淀称为受阻沉淀（又称区域沉淀），沉淀速率在特定的悬浮物浓度范围内会达到最佳值。

3.3.1.1　颗粒状物质的沉淀

颗粒状物质沉淀是最简单的，也是唯一一个较容易用数学方程式来描述的沉淀形式。

（1）静止流体理论

当颗粒存在于静止液体中时，将会受到驱动力 F_M（重力减去浮力）以及由黏度和惯性力引起的阻力 F_T（水阻力）的共同作用，公式表示如下：

$$F_M = gV\Delta\rho$$

$$F_T = \frac{CS\rho_F v^2}{2}$$

$$\Delta\rho = \rho_p - \rho_F$$

F_T ↑ ○ ↓ F_M

式中　ρ_p、ρ_F——颗粒物、液体的密度；

S、V——颗粒的投影表面积（球体按 $\pi d^2/4$ 考虑，d 为颗粒直径）和体积；

v——颗粒沉降速度；

g——重力加速度；

C——阻力系数（无量纲）。

在很短时间内，颗粒物达到受力平衡状态（F_M=F_T）。若将颗粒物视作球体，则其将以恒定速率 v_0 进行沉淀，公式表示如下：

$$v_0^2 = \frac{4}{3}g\frac{d}{C}\frac{\Delta\rho}{\rho_F}$$

（2）水力条件

阻力系数 C，用于表征流体流动所受到的阻力，该阻力与沉淀速度有关。这种阻力现象可用雷诺数表征，公式表示如下：

$$Re = \frac{\rho_F v d}{\mu}$$

式中 Re——雷诺数（无量纲）；

μ——动力黏度。

当雷诺数较低时，黏滞力将远远大于惯性力；当雷诺数较高时，黏滞力则可以被忽略。

阻力系数可通过下式确定：

$$C=aRe^{-n}$$

式中 a、n——常数。

表 3-9 提供了与不同的雷诺数相对应的 a、n 和 C 的数值。

表3-9 a、n、C数值

雷诺数（Re）	状态	a	n	C	公式
$10^{-4}<Re<1$	层流状态	24	1	$24/Re$	斯托克斯公式
$1<Re<10^3$	过渡区	18.5	0.6	$18.5/Re^{0.6}$	阿伦公式
$10^3<Re<2\times10^5$	紊流状态	0.44	0	0.44	牛顿公式

这些公式是计算水中颗粒物质运动的基础，适用于沉淀（水中颗粒物质、空气中的水滴）、上浮（水中的气泡、水中的油滴）、离心分离和流化过程。

在层流状态下，斯托克斯公式适用于球形颗粒，其表达式为：

$$v_0=\frac{g}{18\mu}\Delta\rho d^2$$

凝聚现象会导致颗粒物粒径增大，沉淀速率因此会迅速地加快。

在过渡区状态下，阿伦定律也说明随着颗粒物粒径的增大，沉降速率会加快，但在这种状态下速率的增加要缓慢得多，这一点由下式可以看出：

$$v_0^{1.4}=\frac{g}{13.875\mu^{0.6}}\frac{\Delta\rho}{\rho_F^{0.4}}d^{1.6}$$

或

$$v_0=kd^{1.143}$$

式中 k——玻尔兹曼常数。

（3）**球度系数**

球度系数可由下式确定：

$$\Psi=\frac{\text{具有相同表面积的球体的体积}}{\text{颗粒体积}}$$

若将上式中的 C 更换为 $C'=\Psi C$，斯托克斯定律将变为下式的形式：

$$v_0=\frac{g}{18\mu\psi}\Delta\rho d^2$$

表 3-10 列举了扁平物质的球度系数参考值。

表3-10 球度系数

物质	ψ 值	物质	ψ 值
砂	2	石膏	4
煤	2.25	石墨粉	22
滑石粉	3.25	云母	170

（4）临界条件

对于一个矩形沉淀池，其长度为 L，纵断面面积 $S=Hb$（其中 H 是水的深度，b 为水面的宽度），水平剖面面积 $S_H=Lb$，当总量为 Q 的流体均匀地垂直或水平通过此沉淀池时，要使在静水中沉淀速率为 v_0 的颗粒物可以在该沉淀池内沉降，需要满足以下条件：

① 垂直上向流沉淀

当颗粒的沉降速度大于流体向上的流速时，颗粒物会被去除。这种现象可以被描述为：

$$v_0 > v_{asc} = \frac{Q}{S_H}$$

式中　Q——液体流量；

S_H——沉淀池自由水面面积。

② 水平流动沉淀（图 3-11）

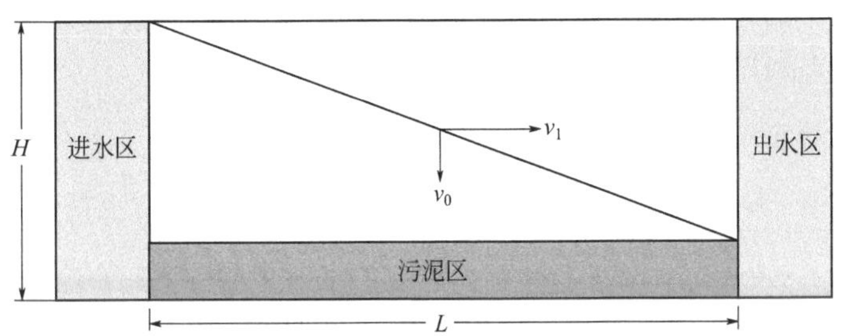

图 3-11　平流沉淀应用示意图（颗粒物质）

从沉淀池上部进入的物质的速度有两个方向：

a. v_1：水平流速，等于 Q/S；

b. v_0：垂直沉降速度，可由斯托克斯公式求出。

当沉淀颗粒抵达池底（或达到污泥区）的时间 $t_1=\frac{H}{v_0}$ 小于沉淀池的停留时间 $t_2=\frac{L}{v_1}=\frac{LS}{Q}$ 时，颗粒物能在该沉淀池沉淀。

即：

$$\frac{H}{v_0} < \frac{LS}{Q} \text{或者} v_0 > \frac{HQ}{LS} = \frac{HQ}{LbH} = \frac{Q}{S_H} = v_H$$

式中　v_H——哈真速度（或称为表面负荷），类似于先前例子中的 v_{asc}，其单位为 $m^3/(m^2 \cdot h)$ 或是 m/h。

这里必须说明的是，v_H 的大小与池深没有关系。

理论上讲，当颗粒物沉降速率大于 v_H 时，所有的颗粒都能够被去除。但是，当进水点分布在沉淀池的整个深度方向时，如果颗粒的沉降速率 v 小于哈真速度 v_H，仍会有 v/v_H 比例的颗粒能够被去除，但是在向上流沉淀池中这些颗粒则无法被沉淀去除。

理论上，对于液面面积相同的沉淀池，平流沉淀池能分离出更多的颗粒物（图 3-12）。

在实际应用中，这种效果差异会减弱，甚至当平流沉淀池出现以下问题时，情况会产生逆转：

① 在沉淀池构筑物的进口和出口处的垂直平面内，水力分配存在问题；

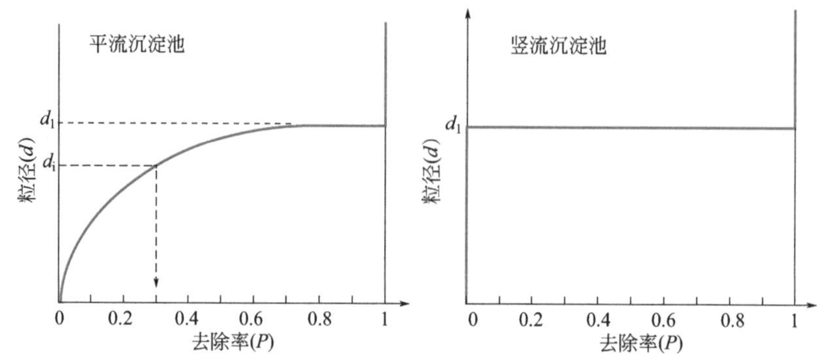

图 3-12 平流与竖流沉淀池的效果比较（球形颗粒物）

② 污泥的累积减小了池中可用的空间；

③ 在一个圆形的平流沉淀池内，颗粒速度的水平分速度（v_1）从中心到外侧会下降，颗粒的运动将形成曲线轨迹。

3.3.1.2 凝聚性颗粒的絮凝沉降

在沉淀过程中，絮凝反应将会持续进行，颗粒的沉淀速度 v_0 也将会增大（图 3-13）。

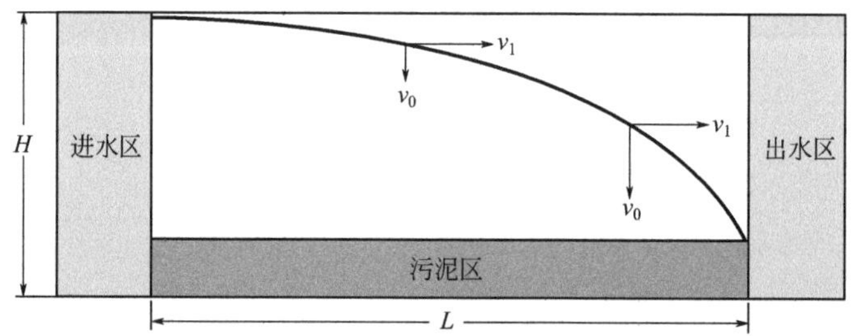

图 3-13 平流沉淀应用示意图（凝聚性颗粒）

当絮凝物质的浓度超过大约 50mg/L 时，这种絮凝沉降过程就会发生。

絮凝沉降效果并不仅仅取决于表面水力负荷，其与接触时间也有关系。目前还没有数学公式可用于计算这种沉降速度。只有采用实验室测试和图解法，才能确定这个速度。图 3-14 提供了一个测试的结果。

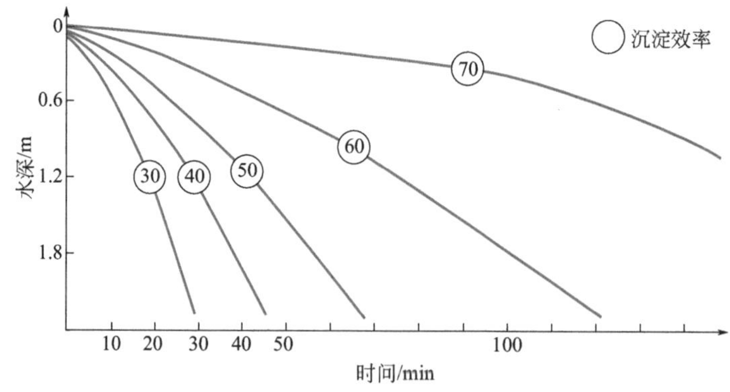

图 3-14 凝聚性颗粒絮凝沉淀中，沉淀时间、有效水深以及沉淀效率之间的关系图

3.3.1.3　絮凝颗粒的受阻沉降

当絮凝颗粒浓度增大时，粒子间的相互作用就不能再被忽视，颗粒间会开始发生受阻沉淀。起初，这会提高絮凝和沉淀效果（见固体接触澄清池），然而当超过某一临界浓度时絮凝沉淀的效果就会受阻，这被称为受阻沉降（又称拥挤沉降、成层沉降或区域沉降等）。受阻沉降是在活性污泥和絮凝悬浮物的浓度超过约 500mg/L 时所发生的特征性现象。

（1）目测法

当受阻沉降发生在一个有足够高度和直径的量筒中时（至少为 1L 的量筒），通常能观察到 4 个区域（图 3-15）。

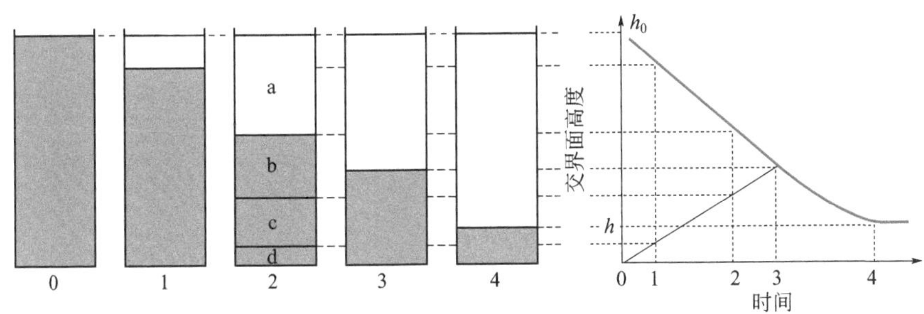

a：澄清区，液体是透明的；
b：均匀悬浮区，与初始溶液有相同的外观，a-b间有一个清晰的分界面；
c：过渡区(并非总能观察得到)；
d：污泥浓缩区，界面迅速升高然后缓慢下降。

图 3-15　受阻沉降：肯奇（Kynch）曲线

经过一段时间之后，b 区和 c 区将会消失：这是临界点。a-b 分界面高度随时间变化的曲线称为肯奇（Kynch）曲线。

（2）肯奇（Kynch）曲线（图 3-16）

肯奇（Kynch）理论的基本假设是，颗粒沉降速度完全取决于局部的颗粒浓度 C。

A 和 B 之间的分界面几乎是清晰的：这是一个很薄的水平交界面，但并非总是存在的。

从 B 到 C 的直线部分可确定一个恒定沉淀速度 v_0（直线的斜率）。在量筒直径确定的前提下，v_0 取决于初始悬浮固体浓度和悬浮絮凝体的性质。当初始浓度 C_0 升高时，颗粒的沉淀速度将会降低：例如，对于城市污水活性污泥，悬浮固体的浓度从 1g/L 上升到 4g/L 时，其 v_0 由 6m/h 降至 1.8m/h。

CD 区域是凹曲线，这表明沉积物表层的沉淀速度是逐渐降低的。

从 D 点开始，薄层开始相互挤压，对底层造成挤压效应。

肯奇（Kynch）理论适用于 BC 区域和 CD 区域，涵盖了絮凝污泥主要的沉淀区域。

（3）说明

假设悬浮液的澄清过程中没有 AB 段过程（图 3-17），理论表明：

① 在 BOC 三角区中，污泥浓度和沉淀速度均为常数，分别等于在 B 点处的初始值；

② 在 COD 三角区中，等浓度曲线为通过原点的直线，这意味着在沉淀开始的瞬间，靠近底部的各层开始从各自的初始浓度向 D 点代表的浓度转变，压缩过程开始。

相应地，污泥层在时间为 t_1 时对应的 eb 高度，将会存在三个独立的区域：

① 上部区域 bc，其沉淀速度和浓度保持一致，保持它们的初始值 v_0 和 C_0；

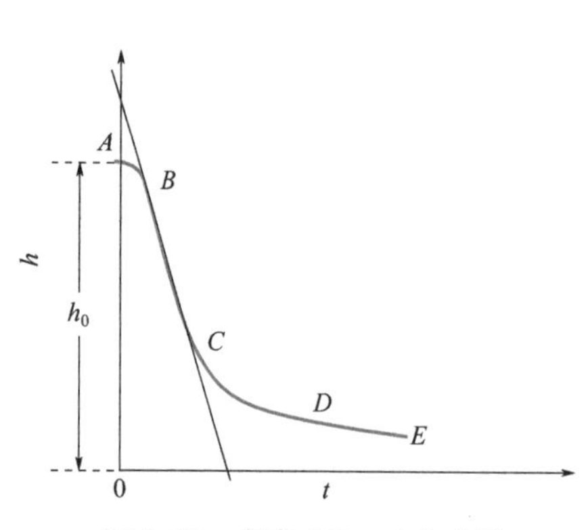

图 3-16　肯奇（Kynch）曲线

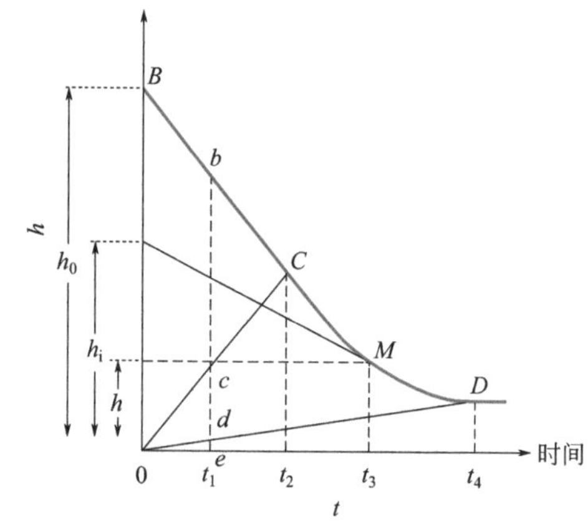

图 3-17　肯奇曲线（无凝聚阶段的受阻沉降）

② 中间区域 *cd*，浓度从 *c* 到 *d* 逐渐增大，沉淀速度相应下降；

③ 下层区域，在这里污泥层受到挤压。

在时间 t_2 时，上层区域会消失，在时间为 t_4 时，只有下层区域会存在。

关于 *CD* 区域中的点 *M*，存在有两个浓度：C_M^i 为分界面浓度；C_M 为平均浓度。

根据肯奇（Kynch）理论：

$$C_M^i = C_0 \frac{h_0}{h_i}$$

$$C_M = C_0 \frac{h_0}{h}$$

肯奇（Kynch）曲线（图 3-16）中的 *BC*、*CD* 和 *DE* 三个区域常用于确定沉淀池的尺寸。*BC* 段应用于固体接触澄清区域；*CD* 段用于设计污泥浓度达到设定值的构筑物（适用于浓缩污泥循环）；*DE* 段应用于污泥的浓缩。

① 莫尔曼（Mohlman）指数（污泥容积指数：SVI）

作为肯奇（Kynch）曲线上的一个特殊点，根据沉降时间为 30min 时的污泥特性定义了一个重要指数：Mohlman 指数或污泥容积指数 SVI，其在评估生化污泥沉降性能、确定沉淀池尺寸和污泥膨胀发生时的应对措施等方面有着广泛的应用。请参阅第 6 章 6.3.3.1 节和第 11 章。

$$I_M = \frac{V}{M} (\mathrm{cm^3/g})$$

式中　I_M——Mohlman 指数，cm^3/g；

V——沉降 30min 后污泥的体积，cm^3；

M——该体积下悬浮固体的质量，g。

Mohlman 指数即污泥容积指数（SVI），它不仅在一定程度上反映了活性污泥的沉降性能，而且其测定方法简单、快速、直观，因此是评价活性污泥系统的重要指标之一。一般认为，SVI<100cm^3/g 时污泥的沉降性能好；100cm^3/g<SVI<200cm^3/g 时，污泥的沉降性能一般；SVI>200cm^3/g 时，污泥的沉降性能差。对于国内城市污水处理厂，在正常情况下，SVI 一般控制在 50～150cm^3/g 为宜。

Mohlman 指数的缺点是受污泥的初始浓度影响较大。因此，有学者提出要建立一个不依赖于初始浓度而仅与污泥特性有关的指数，这就是下面所说的污泥指数（IB）。

② 污泥指数（IB）或稀释 Mohlman 指数（DSVI）

通过稀释污泥样本，使每升污泥经过 30min 沉淀后的污泥体积在 200～250mL 左右时得到的肯奇（Kynch）曲线，用于表征污泥指数（IB）或稀释 Mohlman 指数（DSVI）。在法国，污泥指数 IB 适用于沉淀后污泥体积介于 100～300mL 之间的情况；在英美国家使用 DSVI 指数，其适用于沉淀后污泥体积介于 150～250mL 之间的情况。在这两种情况下，当污泥指数 IB 或 DSVI 介于 50～100cm^3/g 时，都可说明活性污泥具有很好的沉降性能，介于 100～200cm^3/g 时沉降性能比较正常，大于 250cm^3/g 时则沉降性能较差。

3.3.2　沉淀池的设计

计算沉淀池表面积的两个关键参数是：

① 表面负荷，即单位沉淀面积和单位时间允许通过的水量［$m^3/(m^2 \cdot h)$］；

② 固体通量，即单位沉淀面积和单位时间可沉淀的悬浮颗粒质量［$kg/(m^2 \cdot h)$］。

沉淀池构筑物的尺寸取决于上述两个参数中哪个是主要限制因素。

3.3.2.1　表面负荷的影响

表面负荷与水中悬浮固体自由沉降或絮凝沉降的速率直接相关，前文已就沉降速度及其所需最小表面积的计算方法进行了介绍。

3.3.2.2　固体通量的影响

絮凝颗粒在受阻沉降过程中存在着浓缩现象，因此在计算沉淀池表面积时，质量流量常常成为需要考虑的因素。

对于一个截面积为 S 的沉淀池，其进水流量为 Q_E，所含悬浮固体浓度为 C_E，污泥从沉淀池池底以流量 Q_S 流出，流出浓度为 C_S。

在没有影响悬浮固体物浓度的化学或生物反应时，如果考虑 100% 的去除率，有以下公式：

处理的水量　　$Q = Q_E - Q_S$

物料平衡　　$Q_S C_S = Q_E C_E$

或者以固体通量的形式表示为：

$$\frac{Q_S C_S}{S} = \frac{Q_E C_E}{S}$$

对于肯奇曲线上的一点，若其污泥固体浓度为 C_i，则沉淀速率 v_i 可由该点的正切值得到。由此可求出相应的质量流量为 $F_i = C_i v_i$。而对此质量流量 F_i，还需要考虑流出的质量流量 F_S，这个可由 $C_i v_S$ 求出，其中 $v_S = Q_S/S$。

因此总的固体通量可表示为：

$$F = C_i v_i + C_i v_S$$

如图 3-18 所示，在沉淀池某一深度 L 处有着最小的固体通量 F_L，与其对应的浓度为临界固体浓度 C_L，此时需要最大的截面面积 S_m 以满足固体通量的要求。因此沉淀池的截面面积至少应为：

$$S_m = \frac{Q_E C_E}{F_L}$$

这个特殊的浓度点 L 能够直接在固体通量曲线 F 上进行测定［图 3-18（c）］，所用的公式为：

$$\left(\frac{dF}{dC_i}\right)_L = \left(\frac{dF_i}{dC_i}\right)_L + v_S = 0$$

曲线 F_i 上 L 点处切线斜率的绝对值即为外排速度 v_S［图 3-18（a）］。这些结果通过肯奇曲线可以用不同的方法进行计算。L 点的极限固体通量 F_L 由下式进行计算：

$$F_L = C_L(v_L + v_S) = C_L\left(v_L + \frac{Q_E C_E}{S} \times \frac{1}{C_S}\right)$$

式中　v_L——L 点的沉降速率。

因此，沉淀需要满足：

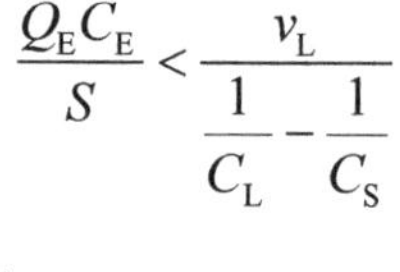

$$\frac{Q_E C_E}{S} < \frac{v_L}{\frac{1}{C_L} - \frac{1}{C_S}}$$

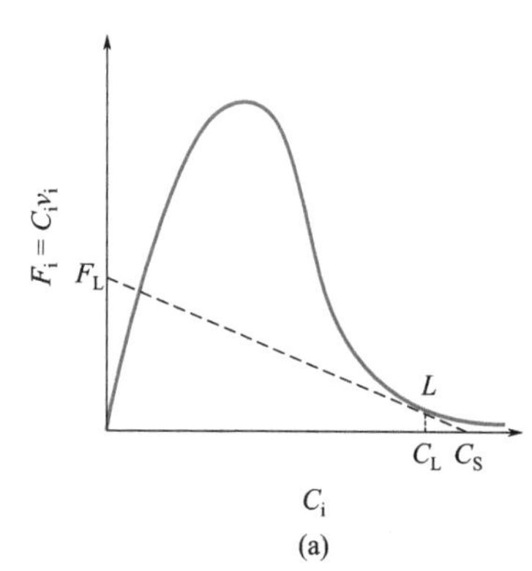

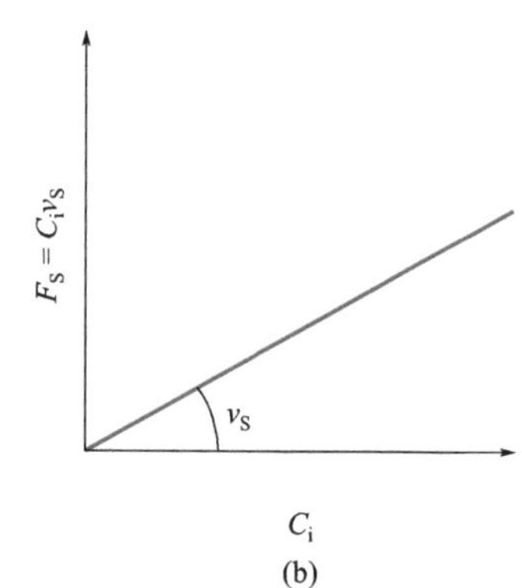

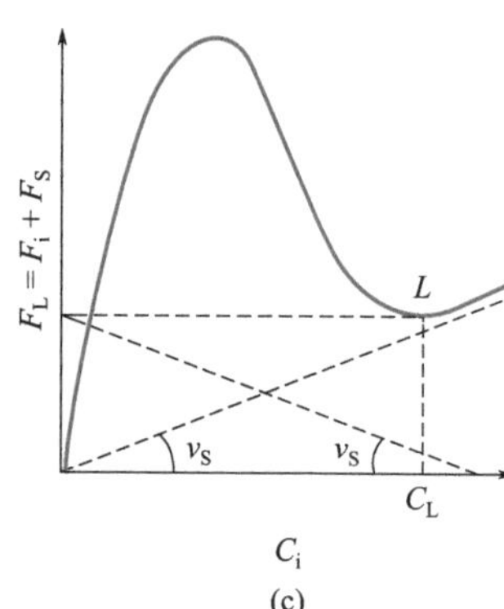

图 3-18　固体通量沉降曲线

3.3.2.3　沉淀池的结构

实际上，理想的沉淀池是不存在的：水中会发生扰动现象，尤其在进水区域；除此之外，由风引起的水面波动、局部温差（阳光）和密度差造成的对流也将对澄清效果产生影响。为达到较好的澄清效果，应尽可能地使水处于稳定的层流状态。这种状态可由适当的雷诺数来判别，公式如下：

$$Re = \frac{vd_h}{\nu}$$

式中　Re——雷诺数；

v——水的流速，m/s；

d_h——等效水力直径，m；

ν——水的运动黏度，m^2/s。

其中：

$$d_h = 4 \times \frac{过流截面面积}{湿周}$$

说明：对于满流圆形管道，其水力直径即为管道的直径。

在实践中，当 Re<800 时可以认为处于层流状态。

此外，当水流中主要影响因素为重力和惯性力的时候，弗劳德数（Fr）常用于判断水体是否能保持界面的稳定性。

$$Fr = \frac{v^2}{gd_h}$$

水流越稳定，整个沉淀区域的速度分布就越均匀，分离效果就越好。稳定性好的水流有较高的弗劳德数。

最佳的 H/L 或 H/R 能够在实际应用中确定，其中 H 是沉淀池的水深，L 和 R 分别代表矩形沉淀池的池长和圆形沉淀池的半径。在接触时间为 2h 时，Schmidt-Bregas 提供了以下的建议公式：

对于矩形平流沉淀池

$$\frac{1}{35} < \frac{H}{L} < \frac{1}{20}$$

对于圆形沉淀池

$$\frac{1}{8} < \frac{H}{R} < \frac{1}{6}$$

池体结构的形状、进水、出水收集还有排泥的方式等，都会对沉淀池的性能产生重要影响。

对于含有大量悬浮固体物质的水或溶液，“密度流”的存在会使在池底沉淀积累的悬浮固体向出水收集渠侧上升。这就是当用于活性污泥沉淀时，由于传统的矩形或圆形沉淀池太长所发生的情况（图 3-19）。

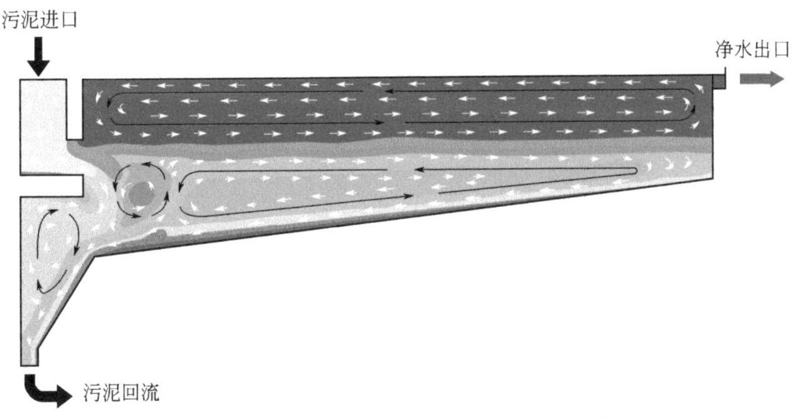

图 3-19 沉淀池中的密度流（CFD 研究）

同样，温度（阳光、水温快速波动）及盐度（河口水、工业废水）变化都会在沉淀池中形成不同的密度流，从而形成对流运动，甚至是完全翻转的紊流。因此，理想沉淀池并不存在，但所有这些现象：稳定或扰动，如今都能进行数值模拟，因此如果有必要的话可使用 CFD 软件进行校核和优化（在法国也常用 MFN 软件）。

3.3.3 斜板沉淀

3.3.3.1 原则

斜板沉淀是基于哈真（Hazen）原理［参见本章 3.3.1.1 节中的（4）］，即自由沉淀中粒状颗粒的截留与池体结构的高度无关发展而来。因此，在沉淀池构筑物的高度方向上叠加相当数量的泥 / 水分离单元，可以显著增大用于沉淀的可利用表面积。

从图 3-20 中可看出，在达到相同的处理效果时，在构筑物中叠加 n 层高度为 H/n 的斜板单元即可相应提高沉淀池的进水流量，或缩小沉淀池的尺寸，节约占地。

3.3.3.2 应用

目前可利用的斜板沉淀填料包括：平板式、波纹板式、圆管式、方管式、人字形叠板式、六角形模块。

为了确保沉淀下来的污泥能够通过重力被移除，采用斜板与水平面呈一定夹角（θ）的倾斜安装方式。哈真（Hazen）速度可根据斜板投影的总面积进行计算。

$$v_{\mathrm{H}} = \frac{Q}{nS_{\mathrm{L}}\cos\theta}$$

式中　S_{L}——斜板的单元面积。

图 3-21 展示了平行斜板沉淀池系统的原理，以及与其等效的平面沉淀面积。

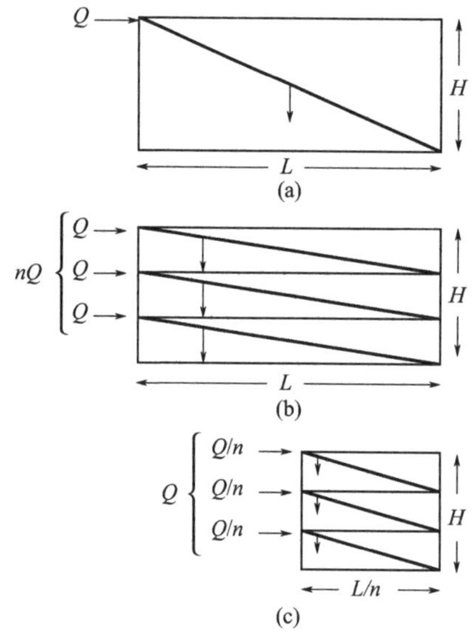

图 3-20　水平流斜板沉淀

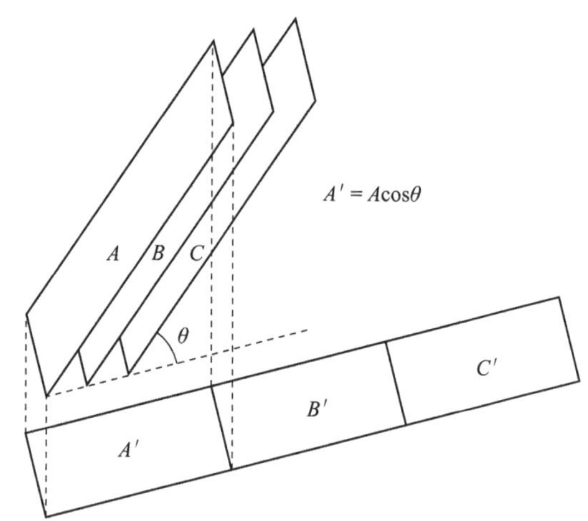

图 3-21　斜板沉淀：单位表面积的累积效应

为使斜板沉淀池达到较高的处理效率，沉降颗粒必须在各斜板之间完成凝聚并改变其状态，以便它们一旦脱离斜板区，既不会被水流带走也不会立即沉入池底。

有三种常见的斜板沉淀类型（图 3-22）。

（1）逆向流

水和污泥相向流动（水流以速度 v_0 向上流动，污泥向下流动）。当原水进入到系统中时，颗粒物的沉降路径由水流流速 v_0 和沉速 u 共同决定。

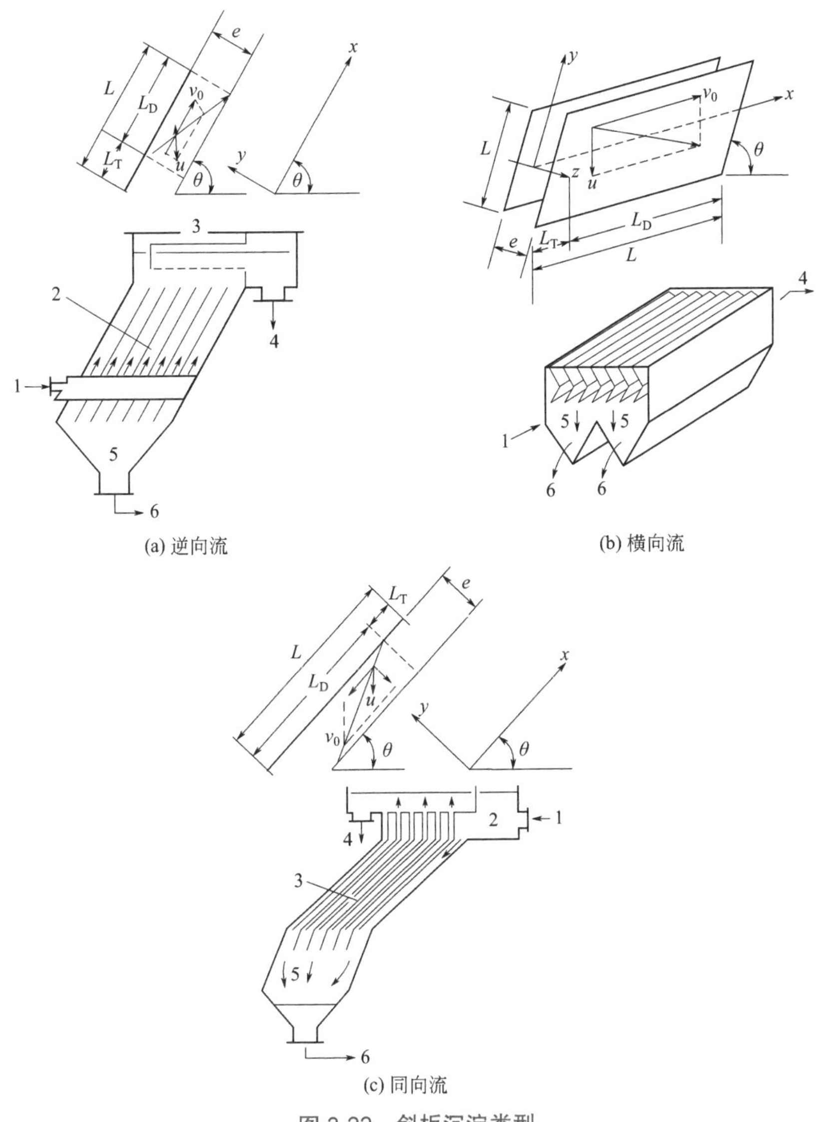

图 3-22　斜板沉淀类型

1—絮凝后进水；2—配水区；3—澄清水收集；4—澄清水出水；5—污泥斗；6—排泥

（2）横向流

水和污泥的流动方向彼此成直角（水流是水平流动，污泥从顶部流向底部）。

（3）同向流

水和污泥自上而下同向流动。

逆向流沉淀的水力设计最为简单可靠。而同向流沉淀的主要难点是澄清水的收集。对于横向流沉淀，能否稳定的分配水流是一个比较敏感的影响因素。

3.3.3.3　斜板沉淀填料的选择

斜板系统的效率与以下参数有关：

（1）水力条件

斜板的形状必须能够促进系统从湍流状态（斜板的进口处，L_T 区）变为层流状态（斜板内部，L_D 区），因此，需要避免使用有间隔性支撑的斜板系统，以防止其阻碍水的流动和颗粒的沉淀。

（2）沉淀单元的配水

沉淀单元应尽可能流量相同以防流量不匀使沉淀性能下降。

（3）斜板间距

斜板间的间距（e）必须有足够的空间能够防止斜板被污泥阻塞，以便在必要时进行清洗。

（4）等效沉淀面积

总体上有效沉淀表面积越大，澄清的效果越好，但仍需考虑上述各种因素。

表 3-11 用等效沉淀面积作为指数，假设填料的水力直径为 80mm、安装角度为 60°、长度为 1.5m，将上述提到的不同种类斜板填料的处理效率进行了比较。

表3-11　不同种类斜板填料的等效沉淀面积

填料类型	无填料	平板		网状圆管	交错圆管	方管	六角管
当量直径 /mm	—	80（板间距 40）	160（板间距 80）	80	80	80	80
布置	—						
等效沉淀面积	1	16.2	8.1	6.4	7.4	8.1	10.8

绝对不能根据所实现的最大等效沉淀面积选择斜板填料的类型。如果平行斜板间的间距进一步减少，能够增大等效沉淀面积，但是这样会降低设备运行的可靠性（堵塞的风险），并增大运行难度（难以有效清洗斜板间间隙）。

除此之外，斜板的安装较为困难，不仅需要支撑和间隔结构，这些结构还往往会干扰水力和澄清效果，并会加剧污泥堵塞。

3.3.3.4　结论

六角管与其他形式的斜板 / 管填料相比具有更好的水力效率。这种模块显著降低了填料被堵塞的风险，与此同时也提供了一个较大的沉淀面积。

得利满（Degrémont）根据不同的应用场合选用水力直径不等（50～80mm）的六角管填料。

3.3.4　污泥接触澄清

污泥接触澄清结合了污泥接触絮凝（参见本章 3.1.3 节）及絮凝颗粒受阻沉降（参见本章 3.3.1.3 节）的工作原理。经过混凝处理的水，进入沉淀池与已经存在于内的污泥接触：水中的胶粒与污泥床中的絮凝体有很大概率进行碰撞，这能极大地提高絮凝和沉淀的速率。

需要特别注意的是，这类澄清池中需要设置与沉淀区隔离（下方或侧方）的污泥浓缩区，因此，沉淀区只受到 Kynch 曲线（见本章 3.3.1.3 节）上直线部分（*BC* 段）的影响；Kynch

曲线上其他部分将分别适用于沉淀池中的浓缩区（*CD* 段）和其他浓缩装置（*DE* 段）。

正如已在本章 3.1.3 节指出的，这些原理可以应用于两种形式的沉淀（澄清）池。

3.3.4.1　污泥循环澄清池

该型澄清池将已经过澄清处理的污泥，再经适当除渣后重新投加至待处理的水中，并尽可能地与之完全混合。

循环的方式有：

① 外部循环：当污泥变密实时，污泥通过不会对絮体造成破坏的泵系统循环至絮凝反应器中（例如：Densadeg 高密度澄清池，见第 10 章）。

② 更常见的内部循环（图 3-23）：利用系统内部的设备（螺旋、叶轮、水射器）将污泥回流到絮凝区，同时产生絮凝所需要的湍流（请参阅第 10 章的例子：加速澄清池、循环澄清池、涡轮循环澄清池）。

3.3.4.2　悬浮污泥层澄清池

悬浮污泥层澄清池的运行原理是将絮凝和澄清结合于一体，形成了絮凝-澄清池。

在澄清过程中，混凝后水垂直向上通过絮凝体（悬浮污泥层，图 3-24 中区域 2）。

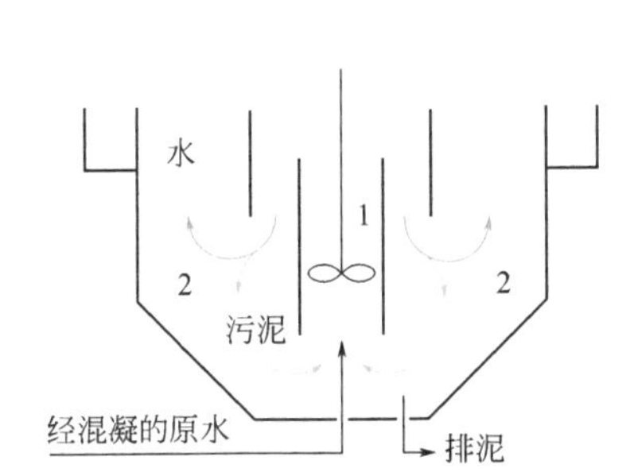

图 3-23　内部污泥循环澄清器的基本原理

1—絮凝区；2—沉淀区

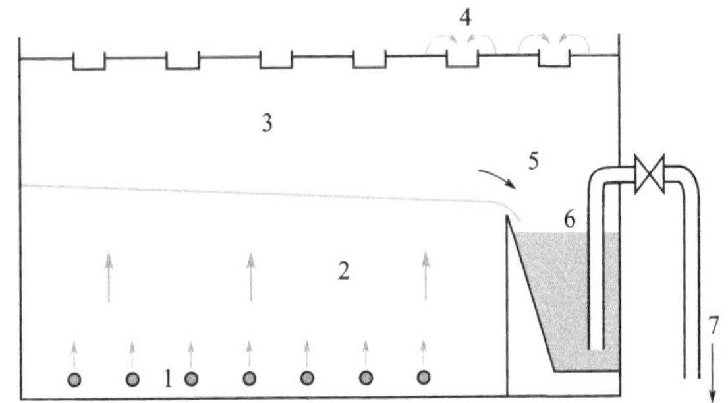

图 3-24　悬浮污泥层工作原理

1—原水分配；2—悬浮污泥层；3—澄清水；4—澄清水收集；5—剩余污泥排放；6—污泥浓缩区；7—污泥排放

有些絮凝澄清池底部并列排布着倒锥形的腔室，通过管道将原水注入腔室底部。这种水力条件不能使沉淀池按同一个上升流速运行（按整个底面积计算），与静态沉淀池相差很大。

与之相反，如果混凝后的水均匀地分布在整个沉淀池的底部，并且沉淀池的底部是平整的，那么此时向上流的水流流态将基本是垂直的，并且各点在污泥层中的上升速度是相同的。

污泥层有一定的黏聚力（或内聚力），使其比单独絮体能够承受更高的上升速度。黏聚力可以表征污泥层的弹性特质，正如一个弹簧在重力作用下（颗粒沉降）会压缩，污泥层在上升水流的影响下会有不同程度的膨胀。如果上升速度过高，沉降速率将不再足以确保整个污泥层的稳定，就像“弹簧”突然折断一样，污泥层间的黏聚力消失，分散的絮体随着水流而流出。

污泥层的黏聚力，可以通过污泥内聚力系数 *K* 进行测定而计算得出（见第 5 章 5.4 节中的测定方法）。因此，*K* 值是悬浮污泥层澄清池设计中一个基础设计参数。

脉冲澄清池及其衍生工艺（见第 10 章）中的脉冲现象可以向水中注入大量的能量，使污泥层达到均质状态，进行最佳的絮凝反应，之后随着一个平静期（低流速）使得前文提及的“弹簧”重新压缩。需要强调的是，脉冲澄清池的平均流速依然高于维持恒定状态的澄清池。

3.3.4.3 与斜板沉淀结合

在污泥层澄清池（污泥循环或悬浮污泥层）的上部清水区中增设斜板模块，有以下优点：

① 对于相同的上升流速，通过拦截从污泥层中脱离的残余絮体而改善澄清出水的水质；

② 在获得相同的出水水质时，可增大处理单元的水量（例如脉冲澄清池、高密度澄清池，见第 10 章）。

同样地，如果在悬浮污泥层中设置斜板，污泥层中的沉淀速率将会增大，污泥将在斜板的上表面沉积，并且不受上升水流减速作用的影响而向下滑落。而水会倾向于沿斜板的下表面流动（图 3-25），因此将产生密度流，从而加速固液分离。

将相同性质的污泥置于竖直摆放的试管中和与水平方向成 60°倾角的试管中（图 3-26），再对分别测得的 Kynch 曲线［见本章 3.3.1.3 节中的（2）］进行比较，就可以很容易地在实验室中观察到上述现象。这种污泥层 / 斜板澄清的组合可以浓缩污泥层，相较于传统的污泥层澄清池，其上升流速可提高 2～3 倍。这就是超高速脉冲澄清池 Superpulsator 和 Ultrapulsator 的基本原理（见第 10 章）。

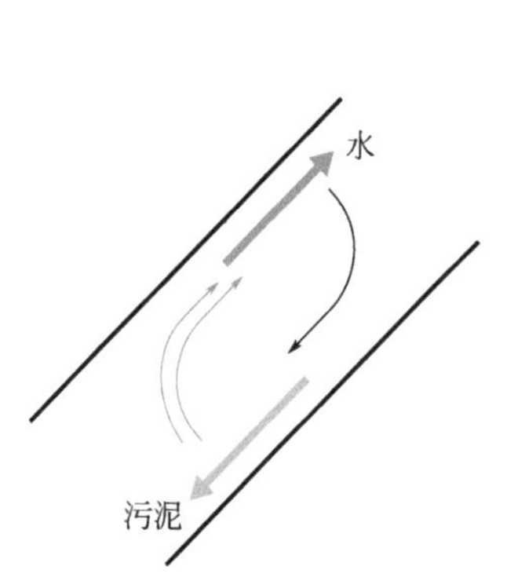

图 3-25 斜板澄清装置内的固液分离流态

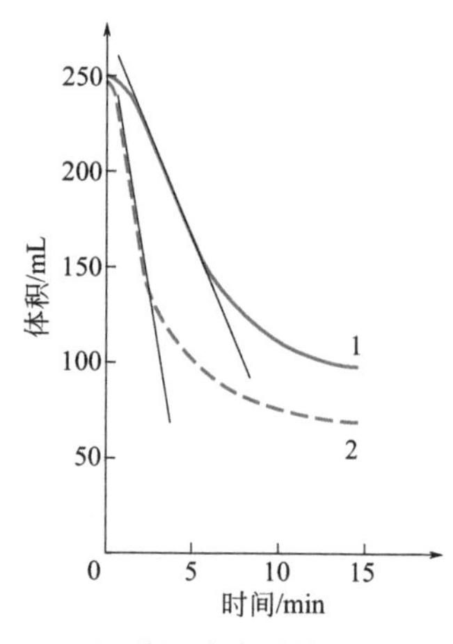

图 3-26 两种沉淀类型的 Kynch 曲线图

1—竖直试管；2—倾斜试管

3.3.5 载体絮凝沉淀

斯托克斯（Stokes）定律［参见本章 3.3.1.1 节中的（2）］可以做如下简化：

$$v_0=K\Delta\rho d^2$$

式中 $\Delta\rho$——絮体与水的密度差，$\Delta\rho=\rho_p-\rho_L$。

作为一个影响工艺机理的变量（参见本章 3.3.3 及 3.3.4 节），通过改变密度差可以有效地改变固液分离速率：

① 在絮体中注入气泡从而减小絮体的表观密度，使密度差 $\Delta\rho$ 变为负值，这个过程称

为气浮（见本章 3.4 节）；

② 人为地增大密度差 $\Delta\rho$（例如在絮凝体产生时，向其内部投加微小砂粒）。絮凝体中含砂量越高，沉淀速率也就越快。在以此为原理工作的工艺中（图 3-27），沉淀的污泥必须先用泵（5）进行收集，再经水力旋流器（6）将低浓度污泥从微砂中分离出来，微砂则循环至絮凝反应池（3），其占絮凝物质的比重高达 95%。水力旋流器溢流污泥的悬浮物含量为 1～6g/L，需做进一步浓缩处理。

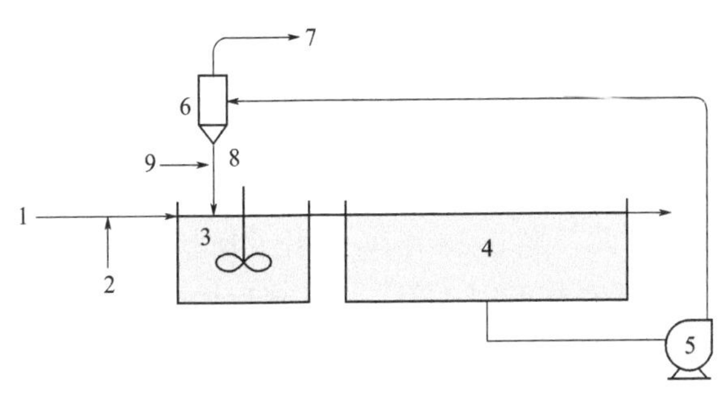

图 3-27　微砂为载体的絮凝沉淀基本原理

1—原水进水；2—药剂（混凝剂、絮凝剂、补充微砂）；3—絮凝反应池；4—沉淀池；5—混合液提升泵（污泥+细砂）；6—水力旋流器；7—污泥排放（至浓缩池）；8—微砂回流；9—聚合物药剂

3.4　浮选

3.4.1　可浮性和上升速度

3.4.1.1　概要和术语

浮选工艺用于固液分离或液液分离。与沉淀不同的是，该工艺是将悬浮于液体内且密度小于所在承载液体的颗粒凝聚，并最终将其从装置的表面以浮渣（气浮污泥）的形式收集去除的一种处理方法。

当凝聚物与水的密度差足够大而能使分离自然进行时，被称作自然浮选。当使用外部辅助方法（空气或空气和药剂）强化可自然漂浮颗粒物的分离（但分离率不足）时，被称作辅助浮选。当密度大于水的颗粒物通过人工方法减小其密度以实现浮选时，被称作诱导浮选。浮选利用了一些固体（液体）颗粒结合气泡的能力，形成密度小于液体的“带气颗粒物”，从而实现分离。因此，浮选是一种三相（气-液-固）分离工艺，其分离效果取决于三相的物理化学性质尤其是其表面亲和力（基本是疏水性）。

在常用术语中普通气泡的粒径为 2～4mm，细气泡从数微米到 1mm，而微气泡的粒径仅为 40～70μm。

在水处理领域，通常浮选（严格意义上讲）专指由微气泡诱导的浮选过程，这些气泡类似于由溶有大量气体的高压自来水管上水龙头释放出来的“白水”中的气泡，因此被称为溶气浮选（DAF 或 FAD）。

但在采矿和石油工业中，当利用空气或其他气体扩散形成的直径为 0.2～2mm 的细气泡时，被称为机械浮选（IAF）或引气浮选（IGF）。

3.4.1.2 气泡尺寸和上升速度之间关系

微气泡在层流中的上升速度可以通过斯托克斯（Stokes）公式计算：

$$v = \frac{g}{18\mu}(\rho_L - \rho_g)d^2$$

式中 g——重力加速度；

d——气泡直径；

ρ_g——气体密度；

ρ_L——液体密度；

μ——动力黏度。

随着气泡直径的增大，上升速度不断加快使气泡周围呈紊流状态，斯托克斯（Stokes）公式因而就不再适用。因此，图 3-28 连续使用了斯托克斯（Stokes）、艾伦（Allen）及牛顿（Newton）公式（见本章 3.3.1.1 节）以计算粒径在 20～20000μm 间的气泡的上升速度。

从图 3-28 和图 3-29 中可以看出，对于直径为 50μm 的气泡，在 30℃时其上升速度约为 6m/h，在 10℃时约为 4m/h；而对于直径约为 1mm 的气泡，其上升速度大约会提高 100 倍。

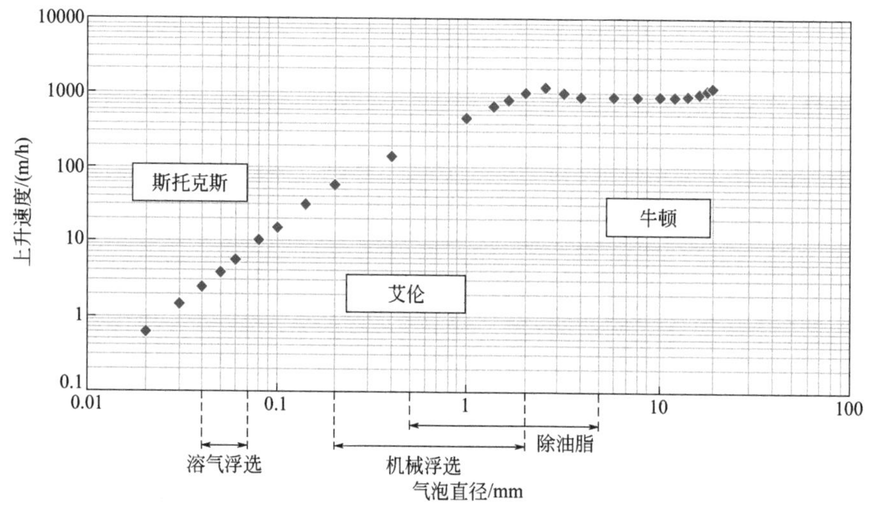

图 3-28 水温 10℃时 0.02～20mm 直径气泡的上升速度（斯托克斯、艾伦、牛顿公式）

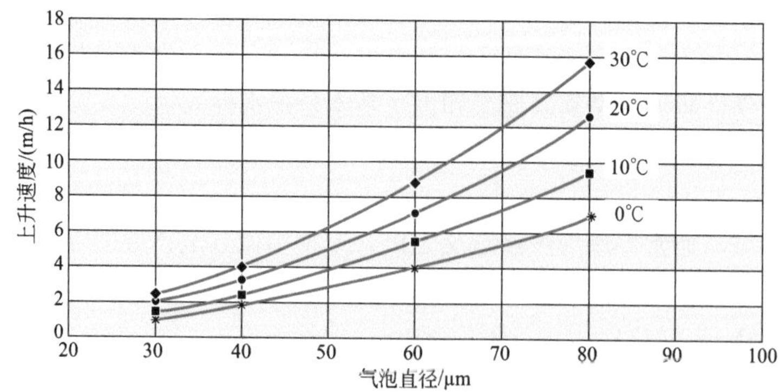

图 3-29 不同温度水中气泡上升速度

3.4.1.3　颗粒-气泡复合物

（1）上升速度

在本章 3.4.1.2 节中介绍的 Stokes 公式也适用于以下情况：

① d 代表颗粒-气泡复合物的直径，当 ρ_g 被 ρ_a（颗粒-气泡结合物密度）替代，其值直接取决于空气与结合物体积比；

② 已考虑气泡颗粒的形状或球度系数的影响。

（2）气泡尺寸的考虑

一般进行絮体分离需要利用微气泡，主要基于以下原因：

首先，粒径为 1.2mm 的气泡内的空气量比 60μm 微气泡多了 8000 倍。如若使气泡在装置的整个区域均匀分布，使用直径为数毫米的气泡会比使用微气泡所用的空气量大大增加，而过量的空气会形成极度混乱的紊流。

其次，高的气泡浓度提高了固体颗粒与气泡碰撞的概率。此外，微气泡相较于液体其上升速度较低，因此更容易附着在易碎的颗粒上而形成絮体。

最后，微气泡的直径比悬浮絮凝体小，使其更容易与絮体结合。

较大的气泡（细或中型气泡）可以用于浮选大量的比水轻的疏水性颗粒，例如油脂的分离。这些颗粒可以自然漂浮，仅需要强化其浮选效果并使泥层漂浮在水面。

（3）保证浮选需要的最小空气体积

通过以下公式可计算出在密度为 ρ_L 的水中，为了保证密度为 ρ_s、体积为 V_s 的颗粒能被浮选处理，所需密度为 ρ_g 的气体的最小体积 V_g：

$$V_g/V_s=[(\rho_s-\rho_L)/(\rho_L-\rho_g)]$$

其中，如果 $\rho_L=1$，且 ρ_L 远大于 ρ_g：

$$V_g/V_s=\rho_s-1$$

可见浮选只需要很少的气量（0.5%～2%）。实际上，为保证复合物能迅速上升，使用的空气量通常为絮体体积的 4%～6%，对于饮用水处理这个百分比甚至更高。

（4）絮体质量的重要性

由于微气泡的粒径比胶体大 10～100 倍，因此胶体的碰撞可以忽略不计，混凝-絮凝成为对其进行浮选（和沉淀）处理的必要前提条件。

另外，微气泡 / 絮凝体混合区总是处于紊流状态，因此絮凝体必须有足够强度以承受剪切力。

至于生物絮体，絮凝的质量对浮选效果（水合作用、莫尔曼指数、絮体大小等）也具有毋庸置疑的影响，尤其是膨胀的活性污泥（含有丝状细菌）是最难进行浮选处理的。

3.4.2　自然浮选和辅助浮选

3.4.2.1　自然浮选

尽管通常不称其为“浮选装置”，但所有初级除油系统通常都会应用自然浮选工艺。这种（两相）浮选之前需要先使微滴凝聚并达到有利于分离的最小尺寸。

图 3-30 展示了不同粒径的烃类化合物液滴的上升速度，这些数值可作为静态油水分离器（见第 25 章 25.4 节）的设计基础。

3.4.2.2 辅助浮选（中或细气泡）

（1）无药剂投加的空气辅助浮选（中或细气泡）

无药剂投加气浮（中、细气泡）是通过向液体中注入气泡从而促进自然浮选进行的工艺。该工艺特别适用于分散油脂（疏水性固体颗粒，其表面更容易吸附空气）的分离。

对于粗略的脂分离，通过中型气泡（2～4mm）分散器注入空气来产生紊流，从而从水中分离与油脂粘在一起的较重的矿物颗粒或有机颗粒。

作为城市污水预处理工艺之一，使用机械曝气机扩散细小气泡（直径数百微米至1mm）可实现更为彻底的油脂分离。通过积累漂浮物并使其浮在水面上，从而达到一个准浮选的状态。

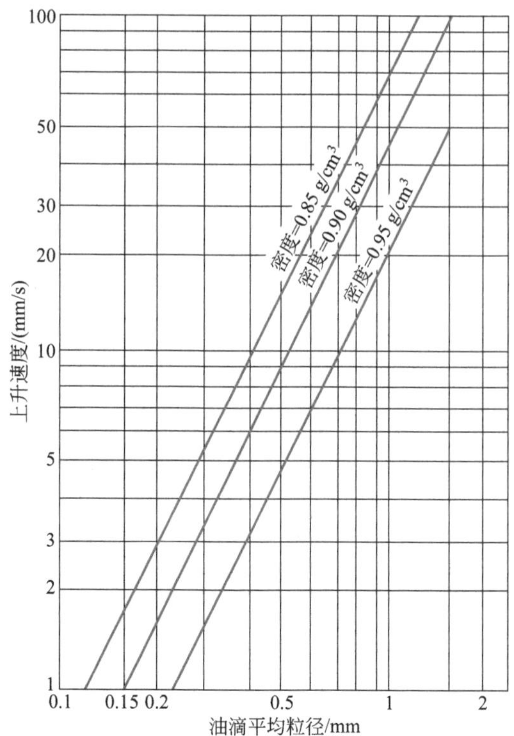

图 3-30 油滴在水中的上升速度（15℃清水中）

第 9 章 9.4 节将介绍包括两级除油池在内的不同的除油脂系统。同样的工艺也应用于处理城市污水和工业废水的 Sedipac 3D 除油脂区（见第 10 章）。

（2）辅助或空气引气浮选（中、细小气泡）、药剂浮选，及机械浮选或泡沫浮选

这些工艺的适用条件在固体颗粒大小及密度、使用气泡的大小和混合条件等方面与溶气气浮截然不同，而且一般需要通过投加特殊的药剂来改变表面张力，其最常见的应用如下。

① 选择性浮选在选矿中的应用

矿石被粉碎至粒径小于 0.2mm，以便释放出岩石中的矿物成分。然后在粉末与水形成的悬浮液中加入表面活性剂（聚集剂、活化剂或抑制剂）。活性剂将有选择性地附着在一些矿物质的表面，使其表面具有一定的疏水性。当使用机械搅拌机将矿浆与细气泡搅拌混合后，可以使这些矿物质颗粒实现选择性上浮。该工艺所需输入能量很高，难以形成氢氧化物絮体，从而可从岩石中分离出各种矿物成分。

② 处理高含油废水的工艺

当处理油田污水（含有烃类物质的油井采出水）时，可以通过机械浮选进行油水分离，也称之为发泡。这种分离过程是先向待处理水中投加有机助凝剂和 / 或抗乳化剂，然后再将空气（或天然气）混入待处理水中。浮选装置可设置一个或数个串联的隔间，停留时间较短（3～5min）。

③ 表面活性剂分离

可以将空气注入水中产生泡沫以将水中含有的表面活性剂分离，或者在加入表面活性剂后将其随泡沫去除，例如废纸脱墨装置去除油墨。

3.4.3　微气泡浮选（DAF 或 FAD）

微气泡浮选在水处理中有广泛的应用。实际上，该工艺非常适合于易碎的且密度相对较小的絮体（一般含有氢氧化物和 / 或有机物）的处理。请参考第 10 章 10.4 节中有关得利满不同浮选装置技术的介绍。

3.4.3.1　DAF 中加压产生的微气泡

加压溶气是产生微气泡最广为使用的技术。

① 将水注入空气饱和罐中，在几巴的压力下空气与水接触，并根据亨利定律在水中溶解。图 3-31 中为 20℃时不同压力下空气在水中的溶解度。

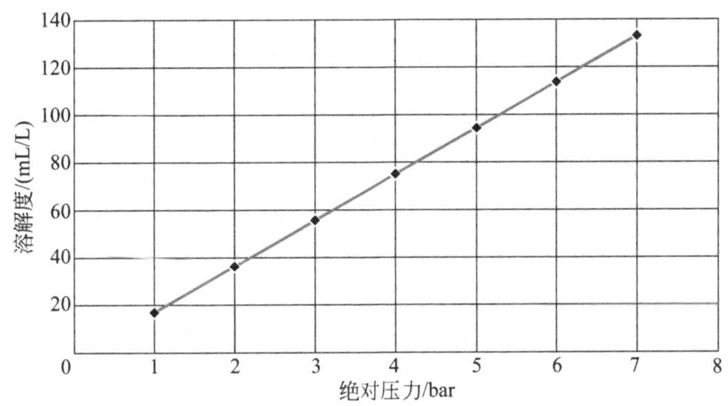

图 3-31　水温 20℃时空气的溶解度

② 待增压的液体可以是全部或部分原水（直接增压），也可以是部分循环处理后的水（间接增压）（图 3-32）。

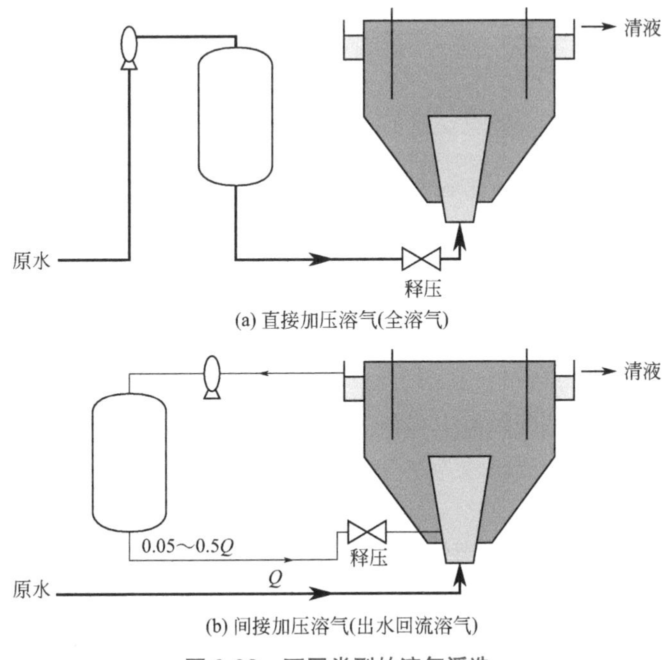

图 3-32　不同类型的溶气浮选

③ 间接增压可用于地表水或工业废水的澄清处理，增压水量占处理流量的5%～50%，处理压力为4～6bar。事实上，空气在对应压力下大约以70%～95%的饱和度溶解，而压缩空气消耗量则根据不同的应用会有很大的变化（见表3-12）。

④ 在污泥浓缩中（氢氧化物污泥或剩余活性污泥），考虑到所要处理的悬浮固体浓度（2～6g/L），因此需要的空气浓度要高得多，所以使用直接加压。

⑤ 一个特殊装置在释放加压水的压力时产生气泡。图3-33表明了当水达到100%饱和与去饱和时，以微气泡形式释放出来的空气量。压力释放装置的类型对产生气泡的性质（大小、均匀性）有着决定性的影响。

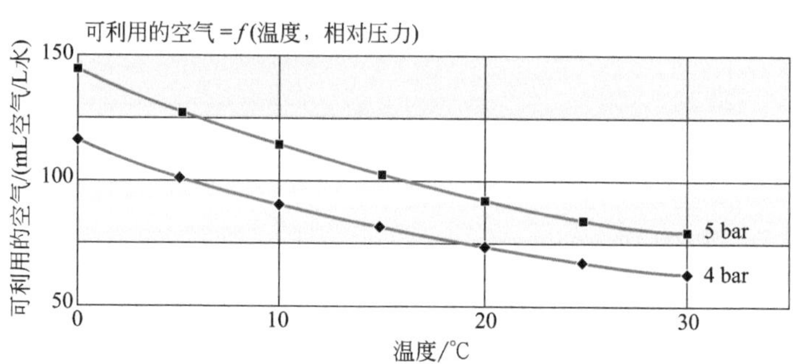

图3-33 在达到饱和状态和泄压之后可利用的空气（假设溶气效率为100%）

需要注意的是，仅一个直径为2mm的气泡就需要多达10^6个直径为20μm的气泡的空气量。另外，这种大小的气泡会产生紊流，以至于会破坏白水（气泡流）与絮凝水流的良好混合（图3-34观察白水的喷射，几乎无大的气泡）。

图3-34 DAF中的气泡流

注意：

① 在饱和罐内安装填料可以使溶气效率超过90%，但这样一方面面临更高的结垢风险，另一方面，在压力水分配线路上任何的水头损失都会引起水中压力开始释放，从而过早地形成气泡，结果导致大气泡成为空气流中的主要成分。因此，不建议在溶气饱和罐中安装填料。

② 有关将水电解（电浮选）产生气泡的技术现已基本不再使用。

3.4.3.2 工艺技术

完整的DAF浮选装置包括：

① 位于上游的絮凝区；

② 微气泡产生区域及与其紧邻的絮凝体与释压水的混合区；

③ 利用机械刮渣或水力排渣的浮选区；

④ 溢流出水区。

这些区域是连续的并有不同的布置形式，详见第 10 章 10.4 节的介绍。

需要注意的是，在处理污水时不可能浮起所有的悬浮物。有些太重的悬浮物会不可避免地沉积在装置的底部。因此，在处理城市污水、工业废水或污泥的气浮池中通常会设置底部排泥系统（圆锥形池底或底部刮泥机）。

3.4.3.3　DAF 的应用

DAF 在水处理领域有很多应用：

① 在地表水澄清处理中分离絮凝物质（处理只含有少量悬浮固体，但富含有机物、水藻和 / 或高色度的水，例如湖泊水或水库水）；

② 从造纸废水中分离并回收纤维，或从农产食品工业中回收蛋白质和脂肪；

③ 从炼油厂、机场和冶金工业产生的废水中分离出油；

④ 分离金属氢氧化物或色素；

⑤ 取代澄清池用于活性污泥的沉淀澄清（这种情况很少见）；

⑥ 三级物理化学处理；

⑦ 用于浓缩污水生化处理工艺产生的剩余污泥（包括滤池和生物滤池反洗废水）或给水澄清工艺产生的污泥，见第 18 章。

每个浮选系统所采用的水分离速率或下向流流速是不同的，其取决于待处理悬浮液的性质，以及产生和分配微气泡的方法，但更重要的是取决于分离区的水力条件（见第 10 章 10.4 节）。

对于给定的系统，溶解空气量与需要浮起的物质量之间的比值对最大允许分离速率（或浓缩时的额定固体负荷）和浮渣浓度有非常大的影响：比值越大，颗粒受到的上升力就越大，允许的下向流流速也会越大。除此以外，浮渣的表观密度会减小而其干物质含量会增加，从而更加容易与水分离。

表 3-12 总结了应用于水处理的不同浮选工艺，以及一些相关特征参数。

表3-12　应用于水处理的不同浮选工艺

工艺	使用的空气量 /（L/m^3 水）	气泡大小	处理 1m^3 水的能耗 /（Wh/m^3）	理论接触时间 /min	表面水力负荷 /（m/h）
辅助浮选（去除油脂）	100～400	2～5mm	5～10	5～15	10～30
通过细气泡去除油脂，如 Sedipac 3D	通过机械设备引气生成	0.5～1mm	2～4	5～10	10～30
投加药剂的机械浮选（发泡）	10000	0.2～2mm	60～120	4～8	
溶气气浮（工业废水和饮用水的澄清）	5～40	40～70μm	40～80	5～25（不包括气浮）	4～40
溶气气浮用于污泥浓缩	100～150	40～70μm	300～400		1～3①
溶气气浮用于氢氧化物污泥浓缩	20～60	40～70μm	100～200		3～12①

① 真正设计指标：*F/M* 比值，kg DM/（m^2・h）（见第 18 章 18.1 节）。

3.5 过滤

过滤工艺是将固-液混合物流经多孔介质（过滤器），在理想情况下截留固体颗粒，而使液体（滤液）通过的分离过程，主要采用深层过滤（通过颗粒床的过滤）和滤饼过滤（通过支承介质的过滤）。本节重新整理了有关过滤的原理和机理、过滤周期的监测和控制方法，以及各种冲洗系统。有关滤池的介绍请参阅第 13 章。

由通过支承介质的过滤所衍生出的澄清膜过滤可参见本章 3.9节。有关污泥过滤，包括关于滤饼形成的一些技术将在第 19 章 19.2 节作详细介绍。

3.5.1 基本方程式

3.5.1.1 深层过滤

（1）**水头损失**

当水通过颗粒床过滤器时，由于摩擦导致其能量降低，即压力降低，这被称为水头损失。在低速流动时（在层流条件下），可由达西公式推导出该水头损失：

$$\frac{\Delta p}{H}=\frac{\mu}{K}v=R\mu v \quad 即 \quad R=\frac{1}{K}=\frac{\Delta p}{H}\times\frac{1}{v\mu}$$

式中 Δp——通过滤层引起的水头损失；

H——相应的滤层厚度；

v——过滤速度；

K——滤层的渗透率；

μ——水的动力黏度；

R——滤层的过滤阻力。

水头损失 Δp 与过滤速度 v、水的动力黏度 μ、滤层厚度 H 成正比，而与滤料的渗透率 K 成反比（或与这种滤料的过滤阻力成正比）。

科泽尼（或科泽尼-卡尔曼，Kozeny-Carman）公式引用了达西公式，其阐明了滤料孔隙率对颗粒比表面积的影响。

$$\frac{\Delta p}{H}=\frac{k\mu}{\rho g}\times\frac{(1-\varepsilon)^2}{\varepsilon^3}\left(\frac{a}{V}\right)^2 v$$

式中 k——科泽尼常数（大约为 5）；

ρ——流体密度；

g——重力加速度；

ε——滤料的孔隙率；

a/V——直径为 d 的过滤颗粒单位体积所具有的比表面积，对于球形颗粒为 $6/d$。

对于更高的速度，在向上流或向下流模式中（如冲洗模式或接近流态化），水流会进入层流到湍流的过渡状态或者湍流状态。此时需要使用厄根（Ergun）公式，即修订科泽尼公式中的常数 k，并且对 k 添加一个修正项，以代表通过滤料时的动能损失。

$$\frac{\Delta p}{H}=\frac{k_1\mu}{\rho g}\times\frac{(1-\varepsilon)^2}{\varepsilon^3}\left(\frac{a}{V}\right)^2 v+\frac{k_2}{g}\times\frac{(1-\varepsilon)}{\varepsilon^3}\left(\frac{a}{V}\right)v^2$$

式中，$k_1=4.17$；$k_2=0.3$（圆颗粒）～0.48（碎颗粒）。

厄根（Erg un）公式的使用更为普遍，因为其适用于所有的水力学条件。在高流速的情况下，与速度平方成正比的第二项会更加与实际相吻合。

目前已经建立了一些经验公式。例如，下列公式适用于 0.5～1.5mm 粒径范围的圆颗粒砂：

$$\frac{\Delta p}{H}=k'(\mathrm{ES})^{-1.8}\frac{\mu_t}{\mu_{10℃}}(v)^{1.2}$$

式中　ES——砂的有效粒径（见第 5 章 5.7.1.1 节）；

μ_t——t℃时水的动力黏度。

影响速度的指数 1.2 表明水流在典型滤速范围内不再是理想的层流。

（2）滤料堵塞的影响

上述公式适用于清洁、均质的滤料（过滤阻力 R 在整个滤层厚度上保持不变）。但是，当含有悬浮固体的溶液通过滤料过滤时，这些悬浮固体逐渐被截留，这对滤料的性能，尤其是孔隙率和水头损失会有影响。根据下列经验公式，滤料的孔隙率会减小，同时水头损失会增大：

$$\Delta p=\Delta p_0(1+a\sigma)$$

式中　Δp_0——初始状态（t=0）时的水头损失；

σ——比截留率（单位体积滤床所截留的沉淀物体积）；

a——试验系数。

污染物即被截留的悬浮颗粒均匀分布在整个过滤器中（上层截留更多的颗粒）。根据被去除固体颗粒的性质以及这些颗粒是否经过混凝处理，不同系数的数值会大相径庭。因此，通过试验测定系数是很重要的，而且上式可以用于内插和外推所得到的结果。

（3）最小流态化速度

在上升流条件下，当水头损失等于滤床每单位表面积的表观重量时（实际重量小于阿基米德浮力），即达到最小流态化速度（v_{mf}，见本章 3.7 节）。

$$\Delta p=H(\rho_s-\rho_L)g(1-\varepsilon)$$

也可以使用经验公式［利瓦（Leva）公式、摩尔（Moll）公式］计算该速度（本章 3.7 节表 3-15 列出了常用滤料的 v_{mf} 值）。

3.5.1.2　伴随滤饼形成的悬浮液过滤

在这种情况下，考虑将富含固体颗粒的液体通过支承介质进行过滤。在过滤过程中，泥饼形成且逐渐增厚。污泥处理即属于此种过滤（使用板框压滤机或者带式压滤机对污泥进行加压过滤）。与其类似的过滤方式是使用滤带或者滤筒的过滤系统。

根据达西定律，过滤阻力 R 包括两个连续的阻力：滤饼阻力 R_g 和滤带初始阻力 R_m。

有关公式将在第 18 章 18.7 节中做进一步介绍。关于测定污泥过滤比阻 $r_{0.5}$ 和压缩系数的实验室测试方法请参见第 5 章 5.6.6 节。污泥过滤比阻（污泥比阻）指单位质量的污泥在一定压力下在单位过滤面积上的过滤阻力，是表征污泥过滤特性的综合性指标。一般来说，污泥比阻越大，过滤性能越差。

3.5.2 基本过滤原理

3.5.2.1 过滤机理

过滤包含三个连续的机理：捕获、黏附和分离。过滤机理取决于所要截留的颗粒和所用滤料的性质。

（1）捕获机理

主要有两种类型：

① 机械过滤：其所截留的颗粒大于过滤器的孔眼尺寸或大于已沉积的颗粒之间的孔隙，这些已沉积的颗粒本身就形成一层滤料。滤料的孔隙越小，这种现象就越发明显。对于由较粗滤料组成的滤床，这种现象是无关紧要的；但在通过薄层支承介质（如滤网、滤袋等）的过滤中，它却至关重要。

② 沉积在滤料上：悬浮颗粒随着液体的流线流动。如果颗粒的尺寸小于滤料孔隙，则它们可能穿过滤料而不被截留。但是，当颗粒沿着曲折的路线通过滤床时，会导致颗粒与滤料接触而被捕获。这是深层过滤极为重要的机理。

（2）黏附机理

低流速有利于颗粒黏附到滤料表面。这种现象是由物理力（楔入力、内聚力等）和吸附力，主要是范德华力所造成的。

（3）分离机理

作为上述两个机理的结果，由于滤料被已沉积的颗粒覆盖，致使滤料表面之间的孔隙减小，于是颗粒间的流速增大。因而已经黏附到滤料上的截留颗粒将部分分离，被带至滤料深部（过滤峰前移），甚至随滤液带出（穿透现象）。

液体中的固体颗粒和絮凝程度不同的胶体颗粒具有不同的性质，其对上述三种机理的反应程度也有所不同。因此，直接过滤未经处理、悬浮固体保持原始状态且电荷稳定的液体，与过滤经过混凝的液体之间有显著的差别。

3.5.2.2 滤料的堵塞与冲洗

堵塞是指滤料的孔隙逐渐地被阻塞。正如前文所述，滤池堵塞会引起水头损失的增大，如果滤池的进水压力维持恒定，滤液流量则会降低（减速过滤）。

因此，如果维持在恒定的流速下进行过滤，必须：

① 随着堵塞程度的增大提高滤池的过滤压力（如恒定滤速变水头过滤）；

② 或者维持过滤压力恒定，在滤池出口设置一个提供额外水头损失的调节系统，此调节系统的水头损失会随着滤料堵塞程度的增加而降低。这种恒滤速阻塞值补偿的滤池在水处理领域中应用最为广泛（见第 13 章）。

堵塞速率取决于：

① 被截留的物质：液体中悬浮物越多，待去除物质黏附力越强，以及这些物质本身越容易受到（藻类、细菌）增殖的影响，堵塞速率随之也越大。

② 过滤速度。

③ 滤料性质：孔隙尺寸，粒度均匀性，粗糙度，滤料形状。

当滤池水头损失达到设计最大值时，则表明它已经被堵塞了，此时必须进行有效地冲洗使其复原。冲洗模式取决于滤池的类型及其截留物质的性质。两次相邻冲洗所间隔的运行时间称为一个过滤周期。

3.5.2.3　过滤模式的选择

选用不同类型的表面过滤（通过支承介质过滤）或深层过滤（通过颗粒床过滤）时，取决于以下标准：

① 待过滤液体的性质及其杂质随时间的变化；

② 要获得滤液的质量及容许极限；

③ 安装条件；

④ 可用的冲洗方式和设备。

在选择滤池时，选用简单、有效、经济的冲洗方法与获得高质量滤液同样重要。只有采用一种能使滤料在每一个过滤周期初始时都恢复原样的冲洗方法，过滤效果才能得到持续的保证。

3.5.3　通过机械支承介质的过滤

3.5.3.1　筛滤和微筛滤

筛滤是通过由金属或塑料织物或过滤元件制成的薄片进行的相对不太精密的过滤。这些薄片上的孔眼相对比较均匀。根据孔眼的大小，筛滤分为微（筛）滤和粗（筛）滤（见表 3-13 和第 9 章 9.1 节）。

表3-13　筛滤分类

筛孔或孔眼大小	25～150μm	0.15～2.5mm
技术	微（筛）滤	粗（筛）滤
运行条件	重力或加压过滤	重力或加压过滤

滤网孔眼尺寸决定了颗粒的去除能力：即假定该系统将去除所有超过网孔大小的颗粒。事实上：

① 随着系统的运行，截留的颗粒将部分阻塞网孔和过滤器，从而导致所截留颗粒的粒径将小于网孔尺寸；

② 如果颗粒没有变形，过滤器将只去除比其孔隙大的颗粒。但在压力和高水头损失的条件下，更大的可变形颗粒也可能通过该过滤器（例如细菌絮体）。

在重力过滤的运行模式中，考虑到所使用纤维织物的易损坏性，过滤器通常设计为较低的只有几十厘米的最大水头损失，否则在运行及 / 或冲洗过程中，这些纤维织物可能在过高的压力作用下而被撕裂。

（1）自由面过滤

这些装置使用部分淹没在水中的滚筒或滤带，可以连续或间歇旋转，能够使用高压水射流对暴露在水面以外的结构进行冲洗。

① 微滤

微滤机主要用于去除地表水中的浮游生物，能够同时去除水中粗大的悬浮固体和动植物碎屑。微滤机还可用于生物净化或氧化塘之后，以去除水中的残余悬浮固体。

除非水中的微藻类细胞超过 1×10^5 个 /mL，否则不建议在澄清工艺的上游使用微滤。微滤能有效去除 40%～70% 的浮游生物。作为比较，在没有任何预氧化的条件下，运行良好的澄清池（或浮选装置）能够去除 75%～90% 的浮游生物；而在有预氧化的条件下，浮游生物的去除率甚至达到 85%～99%。微滤机仅适用于处理含有少量悬浮固体的水，不适用于脱色或去除溶解性有机物，并且只能去除悬浮颗粒中最粗大的部分。

② 粗滤

粗滤用于清除碎屑（植物碎片、塑料袋），从而保护泵或某些类型的澄清池（图 3-35）。

图 3-35　在 Pulsator 脉冲澄清池上游安装的保护滤网，Johore Bahru（马来西亚）

（2）加压过滤

可以在加压条件下对水进行过滤（微滤或粗滤）。加压过滤的目的是：

① 防止较大的滤网孔眼（数毫米）堵塞。如用于过滤精度为 0.5～5mm 的清洗用喷射器和一些直流或开式循环冷却回路。在中空纤维超滤膜的上游，需要使用更精细的滤网（100～200μm）。

② 为了连续去除微小的物质（微滤）。过滤器所能截留颗粒的粒径可低至 50～75μm 或更小，而且该过滤器可以集成至一条处理线。加压过滤可应用于二次采油中的海水注入。

这些过滤器被称为自清洗过滤器（基于所使用的技术和过滤器冲洗方式），有时也被称为压力式机械过滤器。其设计水头损失为 0.5～2bar。

3.5.3.2　通过滤筒和滤柱的过滤

（1）处理对象

在水处理应用中，这些过滤器用于解决以下问题：

① 处理悬浮物含量很低的水，需要达到极高的滤液水质，例如：a. 在启动或连续运行模式中，高压锅炉凝结水的处理；b. 超纯水系统进水处理；c. 保护反渗透膜。

应用于超纯水领域旨在去除粒径最小为 0.2μm 的微细颗粒（细菌）。但其成本不菲，可能需更换支撑消耗材料。

② 保护液体水力回路，如：a. 用于二次采油中的海水注入；b. 冷却或加工回路。

这是为防止回路中夹带颗粒，特别是防止滤料损失（纤维、树脂、活性炭等）或大气中颗粒物的进入。过滤精度为 1～200μm。

（2）滤料的选择

应根据要求的过滤效率和运行参数选择滤料。

① 过滤效率标准

对于特定的支承过滤装置和待处理悬浮液，滤料生产商将给出名义过滤精度。名义过滤精度是指所截留的最细微颗粒的粒径，但是没有具体规定严格的去除百分比。

绝对过滤精度是指在某一特定的应用中，颗粒的 β 指数能够达到目标值时的最小颗粒的直径。

β 指数 = 过滤前水中的颗粒数 / 滤液中的颗粒数，其通过过滤悬浮液控制试样来测量。

使用电子激光计数器计算颗粒总数。图 3-36（β 指数以颗粒直径为基础）是通过过滤器测试所获得的 β 指数示例。根据不同行业的要求，β 指数的目标值可以是 5000/1、2000/1 或 200/1。

需要注意的是，若将名义过滤精度提升至绝对过滤精度将会付出高达数十倍的成本。

污染指数 FI（淤泥密度指数 SDI）（见第 5 章 5.4.2.1 节）：该指数降低，则意味着水对澄清膜或脱盐膜的污染堵塞趋势变小（见本章 3.9 节）。相比于大于给定粒度范围的颗粒的数量，污染指数经常（对于含有胶体的水）更为重要。

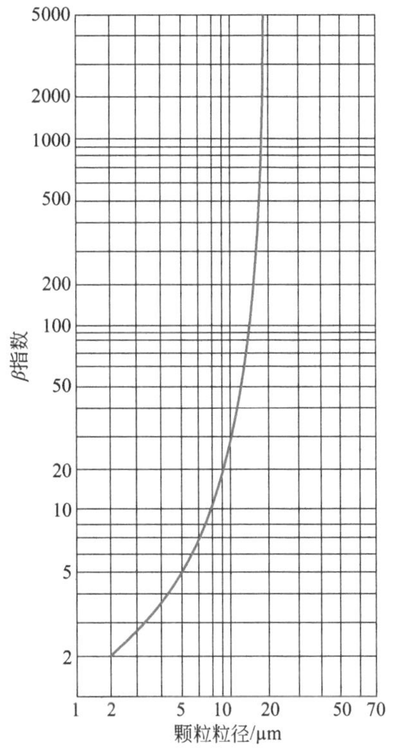

图 3-36　β 指数测量范例

② 运行参数

a. 支承介质的再生或消耗；

b. 水头损失及允许的周期；

c. 待处理水中的悬浮固体浓度；

d. 经过任一再生循环后，支承介质或支承介质所截留的物质都有被盐析出来的风险。

在选择过滤设备和过滤支承装置时，这些参数都必须加以考虑。

（3）过滤器的类型

可以通过以下方面进行区分：

① 可消耗的滤筒，配备有：a. 由纸、聚碳酸酯薄膜或尼龙 66、无纺布、热焊接织物（聚丙烯）制成的褶皱膜；b. 毛毡、无纺布、卷轴织物、塑料微粒聚合体。

这些过滤器的绝对过滤精度为 0.1～20μm。

② 可以用水进行反冲洗的滤筒，配备有：a. 纤维和烧结金属，名义过滤精度为 6～100μm；b. 单纤维硬质织物（聚脂纤维），名义过滤精度为 200～100μm。

反冲洗只应用于采用具有较高名义过滤精度的滤筒处理含有少量悬浮物的水。

③ 可再生滤柱，配备有：a. 烧结金属或陶瓷；b. 塑料微粒聚合体。

与适用于支承介质的其他特殊清洗方法（蒸汽、酸、超声波等）相比，用滤后水进行反冲洗能减少再生频率。

一般来说，无论是否对滤筒进行反冲洗或将滤柱再生，污水过滤都会使支承装置的过滤性能逐渐恶化，进而使过滤器在整个滤层深度上都会堵塞。因此，经过一定的过滤周期后，它们必须进行更换。

3.5.3.3　预膜过滤

期望最终过滤能够去除粒径约为 1μm 的颗粒，形成滤层可通过：

① 滤饼本身，当颗粒大小和浓度适当时（0.5g/L 至几毫克每升），例如：a. 制糖厂碳

酸化的“浊液”; b.“罐底”酿造沉渣; c. 湿法冶金浆;

② 在过滤周期开始时使用助滤剂（纤维素、硅藻、微树脂）进行预膜，随后这些助滤剂被用作活化的滤层。例如，微树脂用来过滤并软化电厂凝结水。图 3-37 是一个预膜过滤器示意图。一旦过滤器达到最高水头损失，预膜层会在新的周期开始前遭到破坏并被反冲洗掉。

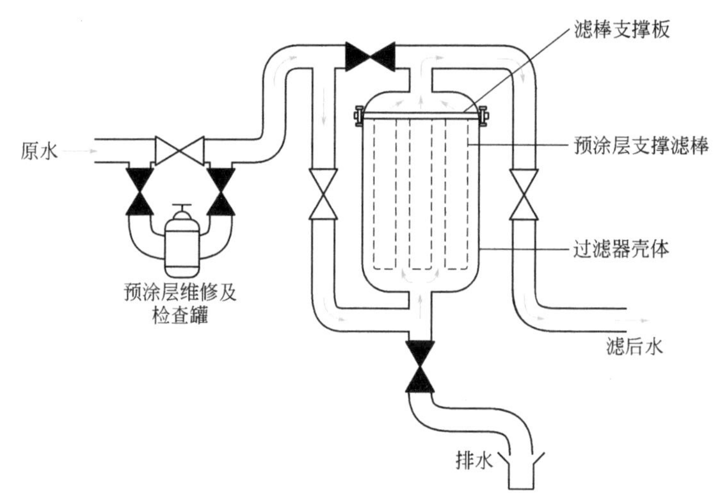

图 3-37　预涂层过滤器

实际上，除非能够进行自预膜，这类系统相关的维护费用，尤其是预膜材料（每个周期需更新）的成本都非常高。因此预膜过滤已逐渐被之前介绍的过滤系统所取代，并在大多数情况下采用澄清膜过滤（见本章 3.9 节以及第 15 章）。

3.5.4　通过颗粒滤料床的过滤

有关过滤器技术应用的介绍请参阅第 13 章，本节将只阐释对过滤有影响的参数。

通过颗粒滤料床的过滤是指待滤水经过由一种或多种颗粒滤料构成的滤床进行渗滤。这些颗粒材料的性质和滤床的深度必须根据待处理水和所选择过滤器的类型进行调整。悬浮固体在颗粒之间的孔隙被截留，甚至能够贯穿大部分的滤床深度。

3.5.4.1　多孔介质

（1）物理性质

过滤材料一般用下列参数表征其特性。不同参数的测定方法见第 5 章 5.7 节。

① 粒度：通过颗粒的有效粒径（ES）和均匀系数（UC）共同确定。

② 颗粒形状：颗粒形状包括有棱角的（破碎材料）、圆形的（河或海砂）或基本扁平或片状的（见第 5 章 5.7.1.2 节中片状指数的测定）。颗粒形状是很重要的：在使用有棱角的粗糙颗粒进行过滤时，为了使滤后水质与使用圆形颗粒时相近，需要采用有效粒径更小的颗粒。但是，对于同样的粒度，有棱角的粗糙颗粒的水头损失增量要小于圆形颗粒。因为与所想象的相反，实际上有棱角颗粒滤床的孔隙率会更高，这种颗粒不如圆形颗粒那样容易压紧密实，从而留有更大的孔隙供水通过。

③ 脆性（易碎性）：根据此性质可选择合适的滤料，避免在冲洗过程中产生碎屑。必

须避免使用太易碎的材料，特别是对于下向流滤池，否则冲洗只是以水使滤层处于膨胀阶段而结束，因为产生的碎屑会在滤层表面积累并阻碍污垢被冲洗掉。

④ 酸侵蚀损失：显而易见，当水中可能含有侵蚀性二氧化碳或有一定酸度时，不容许因有酸侵蚀而引起滤料的大量损失。

⑤ 颗粒密度：与滤料的最小流化速度有关。

⑥ 在空气和水中的表观密度（堆积密度）。

其他吸附性材料，如活性炭所固有的性质，也将第5章5.7节介绍。

（2）多孔介质的种类

石英砂是过滤工艺首先考虑使用的材料之一，而且现在其仍是大部分过滤器所使用的基本材料。

有些过滤器使用多种材料的组合（多介质过滤器）。砂可与脆性低同时酸侵蚀损失很小的材料组合使用，如不同孔隙度的无烟煤、浮石、石榴石、页岩等。

强度足够高的颗粒活性炭也可以用于过滤：用作一级过滤去除残留絮体并吸附去除污染物；或最好是用作二级过滤作为精制处理或脱氯处理。

对于某些需要生物强化处理的过滤工艺，具有较大比表面积的材料更为适用，如Biolite生物滤料、膨胀页岩、火山岩等。

如果某些工业应用不允许哪怕是痕量的二氧化硅（如凝结水处理）残留，或者无烟煤/大理石更容易获得，则可用它们代替砂（使用大理石时，水的腐蚀性不能太强）。

3.5.4.2　控制与优化

（1）过滤周期的监控

通常有3种检测方法用于监测过滤器的运行。

① 检测滤后水水质的变化

图3-38（b）中的浊度变化曲线展示了滤液浊度在滤池运行周期中的变化趋势。

滤后水浊度将在 t_1 时间达到可允许的浊度限值（e），此时该过滤周期必须终止。

② 检测总水头损失的变化

图3-38（a）中曲线表示水头损失 p 随运行时间的变化趋势。通过计算，滤池运行时不能超过设计最大水头损失，如 p_2=20kPa（2mH_2O）。滤池将在 t_2 时间达到此水头损失。

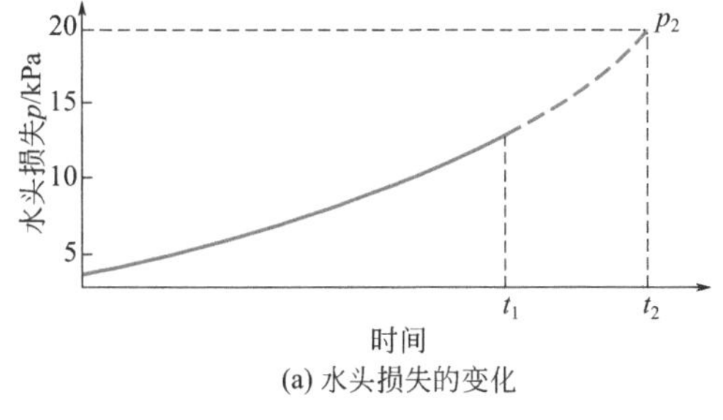

(a) 水头损失的变化

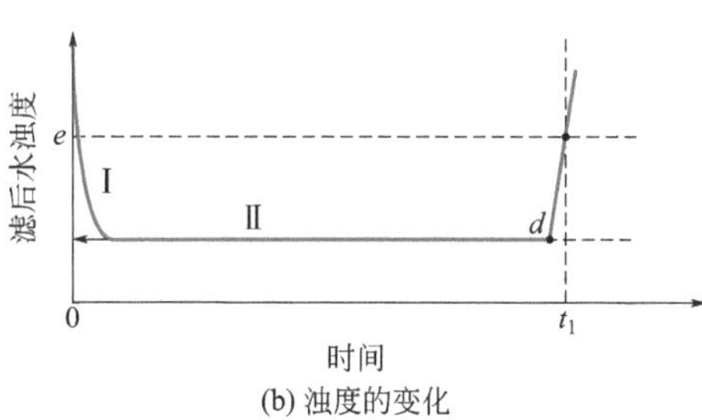

(b) 浊度的变化

图3-38　通过颗粒床过滤的曲线

p_2—设计最大水头损失；Ⅰ—熟化阶段；Ⅱ—正常运行阶段；d—滤池开始穿透；e—可允许的浊度限值

③ 压力图（三角图）

图3-39中敞开式重力滤池的砂床深度为 BD，滤料上方的水深为 AB。右图纵坐标为

从滤池底板 D 起测的测压点 A、B、C、D 的标高，横坐标为以水深表示的压力，尺度与纵坐标相同。于是，在滤池的 B 点即滤床顶部，压力等于水深 AB，绘为 $B'b$。当滤池停止运行时，滤床 C 点的压力值为 AC，绘为 $C'c_0$。同样，底板处的静压等于 AD，绘为 $D'd_0$。代表滤池不同标高处静压的所有点都在 45°的直线 $A'd_0$ 上。所有测压点的大气压力在直线 $A'D'$ 上。

若滤池已调试完毕且其砂床清洁均质，根据达西定律，水头损失与砂床深度和流量成正比，这里可认为水头损失为一恒量。此时，滤池 C 点的压力变为 $C'c_1$，c_0c_1 代表 B 点和 C 点之间的砂床水头损失；同样，在底板处 D 点的压力变为 $D'd_1$，清洁砂床的水头损失为 d_0d_1。由于 c_0c_1 和 d_0d_1 与砂床深度成正比（达西定律），因而 bc_1d_1 为一条直线。

砂床完全熟化以后，标绘砂床不同标高处的压力 $C'c_2$ 和 $D'd_2$，得到一条代表滤池内压力的曲线 bc_2d_2；其有一个代表污堵滤层的弯曲段和一个平行于清洁滤池水头损失直线 bd_1 的平直段。c_2 点表示直线水头损失的开始，表明砂床中截留的杂质已达到标高 C 处。因此，c_2 点确定了在所考虑时刻的“过滤峰”的深度 BC。

c_2 点在堵塞期间的移动表示过滤峰前移［如图 3-39（a）中曲线Ⅲ］。在图 3-38（a）中，

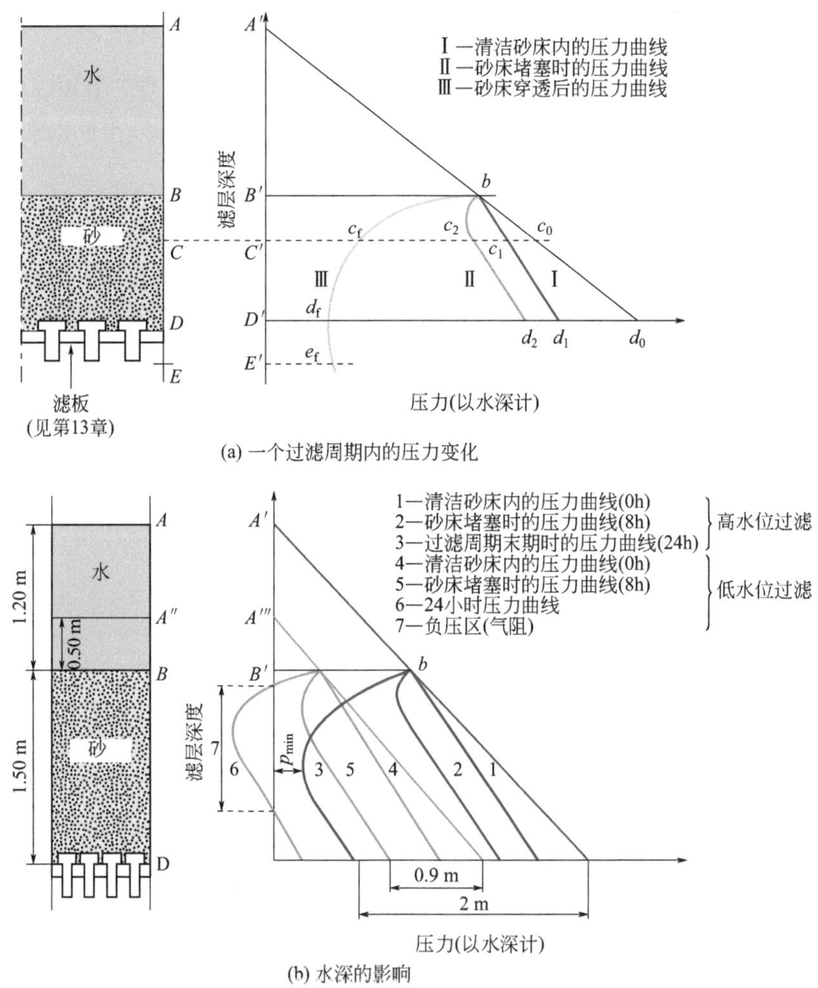

图 3-39　滤床中的压力曲线［见本章 3.5.4.2 节中的（2）和 3.5.4.3 节］

一旦达到最大水头损失 p_2，滤池将不再产出清洁的水。此时代表滤池中不同点压力的曲线 $bc_fd_fe_f$ 一直延伸到底板而没有直线部分，这意味着过滤峰已通过底板，并且已产生滤床穿透现象（$t_2>t_1$）。

如果采用砂床更深的滤池，在最大可用水头损失下，代表滤池不同点压力的曲线将在 e_f 点变成直线；这就直接给出了使 $t_1=t_2$ 所应增加的砂床最小深度 DE［如图 3-39（a）］。

经验表明，相应于一特定砂料不同深度的 t_1 值与相应的深度近似成正比关系。

（2）表面堵塞与深层堵塞

图 3-38 和图 3-39（a）即代表一种深层堵塞（在这种情况下，杂质甚至通过了滤层的最低点，即穿透现象）。

图 3-39（b）中的曲线 6 表示表面堵塞。此现象是由能增大堵塞程度的过滤絮体所造成的。选用不合适的滤料（太细小）也能够造成表面堵塞。负压区 7 能够导致气阻，继而降低滤料的孔隙率 ε［见本章 3.5.1.1 节中的（1）］并产生额外的水头损失；这样即便有一部分滤床并未得到使用，运行周期仍会缩短。砂床上部的水深也会对表面堵塞造成影响（见本章 3.5.4.3 节）。

最佳的过滤运行是使绝大部分的滤层得到利用，同时没有出现穿透现象［如图 3-39（b）中的曲线 3］。

（3）优化后的运行

对于投加金属盐进行混凝处理后的水，t_1 和 t_2 通过下列经验公式确定，这意味着 t_1 和 t_2 变量由设计和运行参数确定。

$$t_1 = aV^{-0.95}K^{0.75}D^{-0.45}L^{0.95}v^{-1.85}$$
$$t_2 = bV^{-0.75}K^{-0.7}D^{1.5}p^{0.9}v^{-0.65}$$

式中　D——滤料的有效粒径；

L——滤层厚度；

p——允许的水头损失（与 p_2 相比）；

v——滤速；

K——被截留絮体的黏附系数［或称为内聚力系数，见第 5 章 5.4.1.2 节中的（3）］；

V——待滤水中絮凝后悬浮物的体积（经过 24h 沉淀）；

a、b——试验系数。

根据一个单独的过滤测试，上述公式能计算出适用于不同运行条件的 t_1 和 t_2。

为了保证滤后水水质，滤池须在时间 t_1（滤层穿透时）之前达到水头损失 p_2（此时的时间为 t_2），即 $t_1>t_2$。但是，为了优化运行成本，建议将 t_1/t_2 降至稍大于 1。t_1/t_2 可用下列公式推导出：

$$\frac{t_1}{t_2}=\left(\frac{a}{b}\right)V^{-0.20}K^{1.45}D^{-1.95}L^{0.95}p^{-0.90}v^{-1.20}$$

因此，对于一个给定的滤层厚度，由于滤料的有效粒径及被截留絮体的黏附系数指数最高，它们是决定 t_1/t_2 变化最重要的参数。

（4）滤池的最大纳污能力

悬浮固体被截留在滤料颗粒之间，任何时候都必须留有足够的空间让水透过，因此被截留悬浮颗粒所占据的空间一般不得大于滤料中孔隙总体积的 1/4。

不论滤料粒径大小如何，只要其具有合适的均匀系数（<1.5），那么 1m^3 滤料中的孔隙约为 450L。因而，只要滤料的有效粒径和设计水头损失适合于要截留的颗粒物的性质，那么可用于截留颗粒物的容积则为 100L 左右。

在使用敞开式重力滤池及待截悬浮固体含有氢氧化物絮体时，这种絮体的干物质含量（即以松散物质为主的污泥）不超过 10g/L。因此每立方米滤料所能去除的悬浮固体量不大于 1kg（100L×10g/L=1000g）。

当絮体含有重矿物质（黏土、碳酸钙）时，这个数值即增大。对于干物质含量为 60g/L 的污泥，此数值可为 100×60=6000（g）。

例如，滤床深 1m 的滤池在 10m/h 的滤速下运行，要求每 8h 冲洗一次（即两次冲洗操作之间每立方米滤床过滤 80m^3 的水），那么当絮凝悬浮固体大于 1000/80=12.5（mg/L），或致密的无机矿物性悬浮固体大于 6000/80=75（mg/L）时，滤池将无法承受。

对于河水中的悬浮固体，其数值在上述两个数值之间。

对于加压过滤（如海水或工业水过滤），滤层厚度可达 2m，水头损失为 0.5bar 甚至 2bar。对于含有大量悬浮物的水，滤池可以截留：a. 碳酸钙 4～15kg/m^2 过滤面积；b. 油沙 10～25kg；c. 水垢 20～100kg。

当滤速和两次冲洗操作之间的最短过滤周期时间已确定时，这些截留量可用于评估滤池的最大纳污量以及原水中所允许的最高悬浮物浓度。反之亦然，若滤速和待滤水的水质已知，则能够计算出滤池的冲洗频率。

3.5.4.3 滤床的选择

滤床的选择取决于待滤水的性质（原水直接过滤、澄清水过滤、二级生化处理出水或深度处理出水过滤）以及要求的滤后水水质。滤床的选择还取决于所使用的滤池（压力滤池或敞开式重力滤池）及设计水头损失。表 3-14 总结了最常影响滤后水水质和过滤周期时长的不同参数。

表3-14 过滤工艺参数对滤后水水质和过滤周期的影响

参数	颗粒粒径↗	滤层深度↗	滤速↗	可用水头↗
滤后水水质	=或↘	↗	=或↘	=或↘
过滤周期时长	↗	↗	↘	↗
每平方米过滤面积的截污量	↗	↗	=	↗

大多数情况常采用下向流式过滤。根据冲洗类型（见本章 3.5.4.4 节），有两种过滤方式适用于不同的滤料及 / 或粒度。

（1）通过均质滤料的过滤（通常为砂料）

气和水同时冲洗而不使滤床膨胀。这样可使滤床非常均质：滤层底部和顶部的滤料的粒度保持一致。过滤峰在过滤周期内逐渐确定并以固定速度前移，易于控制过滤周期。滤层内的压力变化趋势见图 3-39（a）中的曲线Ⅰ、曲线Ⅱ、曲线Ⅲ以及图 3-39（b）（深层堵塞）。

图 3-39（b）也揭示了滤料上部水深对设计水头损失的影响：对于第一种滤池（压力曲线 1、2、3），其砂床上部水深为 1.2m，为了维持最小正压（见曲线 3 的最小压力 p_{min}），只

能承受2m的堵塞水头；而对于第二种滤床（压力曲线4、5、6），其砂床上部水深为0.5m，只能承受0.9m的堵塞水头。因而，其过滤周期大为缩短，即从第一种滤池的24h缩短至约8h。对于第二种滤池，若试图进一步增大滤床的堵塞程度，则代表深层压力的曲线将部分向代表大气压力的纵坐标轴外侧移动（曲线6），与之对应的滤床区域被称为负压区（见负压区7），气阻现象将在滤床内发生。

注意：水洗仅能使滤床膨胀并引起粒径分级，使细小的颗粒集中于表面，从而缩短过滤周期（如曲线6所示的表面堵塞）。

（2）通过多层滤床的过滤（两种滤料或多种滤料）

为了促进在滤床深度上截留更多杂质，可用有效粒径大于其下面砂滤料的轻质滤料（通常为无烟煤）来代替一部分细砂。下部细砂层用于精滤及保安过滤。选择每一滤层的粒径时应使冲洗水流量相同时它们的膨胀程度也相同，这样可使其在重新开始过滤以前重新得到分级。

设置多层滤床（此设计可追溯至19世纪）可确保悬浮固体在滤床内更好地分布：最粗大的部分位于上部的粒径较大的滤层截留，这样能够增加每个过滤周期的产水量，尤其是当水中含有成分非常复杂的悬浮固体时（典型的直接过滤）。

也有由3层甚至更多层滤料（如无烟煤、浮石、砂和石榴石）所组成的滤池，提高上部滤层对悬浮固体的纳污能力从而改善滤后水水质。但这需要精心选择滤料及冲洗流速。

3.5.4.4　滤料的冲洗

滤料的冲洗是一项极为重要的操作。如果冲洗不当，会导致滤池的部分区域永久堵塞，使可供水通过的截面积减小。这意味着水头损失将会增加得更快，同时局部滤速加快（形成优先流通道），过滤效率降低。

滤料用水流冲洗，水流自滤料底部向上流并均匀分布在整个底板表面。其目的是将杂质洗涤分离（为此，杂质将承受足够大的洗涤强度）并将其输送至排水槽。有多种冲洗方法可以采用。

（1）单纯用水冲洗使滤床膨胀（带表面扫洗）

冲洗水的流量必须足以使滤料膨胀（见本章3.7节），即滤料表观体积至少增加20%。

由于水的黏度随温度变化，因此建议在某些应用场合配备一个系统来测定并调整冲洗水的流量，以确保滤料的膨胀率在一年四季都满足要求。

滤床膨胀导致对流的发生：在某些区域内，滤料向下移动，而在相邻区域内则向上移动。这种流动使滤料相互混合并使已经截留在滤床内的悬浮固体逐渐分离。

另一方面，致密的污泥层（在滤料表面形成的硬壳）碎片可能被带入滤层深部，在涡流的作用下形成坚硬的大个泥球。用固定的或旋转的喷嘴（表面冲洗器）喷射强力高压水来破碎表面壳层可使这一问题得到部分解决。

采用这种冲洗方法必须十分谨慎，同时需要准确测定滤料的膨胀程度。其最大缺点是会引起滤料粒径分级，使细小的滤料集中于表面。如上文讨论（图3-39），这将缩短过滤周期；此外，由于较粗的滤料移动至滤池底部，出水的水质也会变差。

（2）气水同时冲洗而不使滤床膨胀

第二种是自20世纪50年代以来得利满广泛采用的冲洗方法：采用不致引起砂床膨胀

的较低的反冲洗流速，但是当同时注入压力空气时砂层即会剧烈搅动。这样砂层不再膨胀也就不会产生滤料分级，表面污泥壳层可被空气完全破碎，因而不会形成泥球。事实上，采用这种冲洗方法根本不会发生这种问题。

① 在滤料冲洗期间主要进行的是气水同时冲洗（气水冲阶段）。实际上，在此期间，滤料的搅动最为剧烈。有效冲洗所需的最小冲洗水流量及为防止滤料损失而不能超过的最大冲洗水流量取决于滤料及所采用的过滤工艺。冲洗水流速一般为 5～15m/h，决定冲洗强度的空气流速一般为 40～60m/h。

② 当杂质已从滤料中脱离并聚集在滤料与冲洗排水槽之间的水层中时，必须进行“漂洗”，即用清水置换出这层脏水。漂洗阶段只采用水洗，冲洗水流量为 15～20m/h。结合反冲洗水，用原水或澄清水辅助横向扫洗滤池表面能够减少冲洗水耗量（见 Aquazur V 型滤池，第 13 章 13.3.1 节）。

（3）先气洗再水洗

如果由于滤料的粒径及 / 或密度不允许气水同时冲洗时（滤料太细小或不够密实），采用这种冲洗方法可避免滤料流失（气泡黏附在滤料上，能够降低密度并产生浮选效果）。这种方法适用于细砂滤床（ES<0.5mm）与低密度滤料（无烟煤、浮石、活性炭、生物滤料），以及这些滤料的组合（多介质滤池）。在冲洗操作的第一阶段，用空气使截留的杂质同滤料分离。在第二阶段，将反洗水流量提高至足以使滤料膨胀，把第一阶段分离下来的杂质从滤床中去除被水流带走。当滤料膨胀率足够大时（>20%），可确保多介质滤池中在吹扫阶段混合在一起的滤料重新分级。在杂质较重或特别难以去除（如污水）的情况下，这种冲洗程序可重复多次。

（4）特殊的冲洗方法

本节所介绍的冲洗方法的优势在于通过连续制备冲洗水而无需配置滤后水储池甚至排污水储池。

① 互洗

互洗是指使用滤池在产水阶段所生产的全部或部分水对污堵的滤池进行冲洗，无需配置滤后水储池，从而使冲洗工艺大为简化（见第 13 章）。此原理适用于有或没有空气吹扫的冲洗。

② 滤池各格室顺次冲洗

在滤池中，固定的滤墙将很多单独的冲洗格室分隔开。与覆盖滤池全部表面的常规冲洗不同，这些格室被顺次单独冲洗（如 ABW 滤池，见第 13 章 13.4.3 节）。

此方法只进行水洗（冲洗水由相邻单元提供，也是一种互洗），不使用气洗。这些滤池通常由相对较薄的细滤料层组成。

③ 连续过滤及冲洗（图 3-40）

砂滤料置于类似锥底筒仓的滤池内。过滤时，原水向上流经砂床。

纳有污染物的脏砂由锥斗底部排出，而后通过一个设在过滤装置中心或外部的特殊装置进行冲洗。在

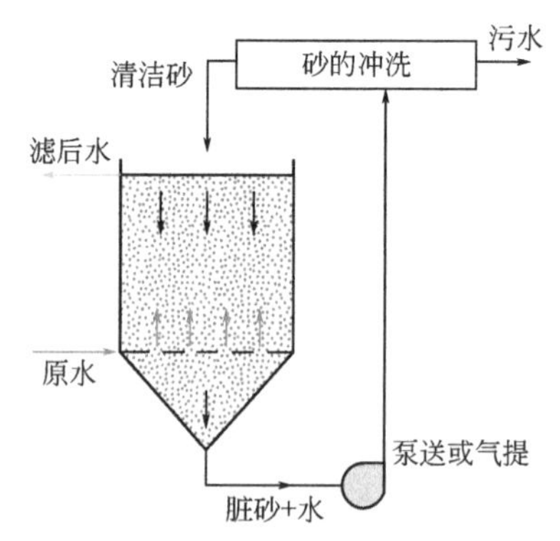

图 3-40　连续滤池示意图 - 砂的外循环

砂床上部，进行泥水-砂的分离并将清洁的砂重新分布于砂床表面。床层下降速度（举例来说）为 10～20cm/h，因而所有的砂大约在 6～15h 内被清洗一遍。

由于锥斗的坡度要求，这种滤池的表面积较小，因而仅适用于小型给水厂或工业废水及城市污水的回用。

（5）冲洗频率及冲洗水消耗量

冲洗频率取决于能够影响 t_1 和 t_2 的一系列参数（见本章 3.5.4.2 节）。

每次冲洗所消耗的冲洗水量（4～10m³/m² 过滤面积）主要取决于所截留颗粒的性质和每立方米滤料截留的颗粒的重量，以及所采用的冲洗方法。联合进行空气、水反冲和表面扫洗比单独用水冲洗可降低耗水量约 20%～40%。

下述情况将增大冲洗水耗量：a. 滤料上部的水深增大；b. 冲洗水槽之间的距离增大；c. 要去除的污泥量增加；d. 污泥的黏附力和密度增加；e. 采用表面高压冲洗。

3.5.4.5　应用

（1）下向流快滤池

根据应用场合，此种滤池采用敞开式（重力流）或封闭式系统，或加压滤池（见第 13 章），滤速为 4～50m/h。这是在物化处理系统中应用最为广泛的过滤工艺。相对于老旧、较慢的过滤系统（约 5m/d），其被称为快滤池。

在饮用水或工业水处理领域，通常采用下列过滤方式：

① 不投加混凝剂的直接过滤；

② 滤池内混凝的过滤：在过滤之前水未被澄清处理。所用药剂可为混凝剂、絮凝剂和氧化剂；

③ 水经混凝和澄清或气浮处理后进行过滤：对于澄清或气浮处理后出水，其水质几乎恒定不变且悬浮物含量较低，滤池的运行工况非常理想。根据澄清水的水质和所使用滤池的性质，滤速介于 7～20m/h 之间。在这种情况下，当水温为 15～20℃时，滤池每平方米滤料每个过滤周期的产水量至少可以达到 250m³，如采用典型的 5m³/m² 反洗水消耗量，水损耗将限制在 2% 以内。

还可采用两级过滤顺次进行的过滤方式，每级过滤都可投加助滤剂和氧化剂进行混凝处理。

最近完工的一些项目将这种滤池的处理性能发挥至极致，例如在澳大利亚悉尼的一个滤池内混凝案例［见第 13 章 13.3.1.2 节和第 22 章 22.1.4.2 节中的（2）］，其基本运行工况如下：

① 最大滤速高达 24m/h，但滤后水水质极佳（浊度 <0.1NTU）；

② 使用均质、粒度较大的砂料（ES=1.8mm）组成厚达 2.1m 的深床砂层。与双层滤料滤池相比，选用均质砂滤池不仅能够节约建设成本，还能减少冲洗水耗量；

③ 药剂使用三氯化铁和两种絮凝剂（阴离子型和阳离子型各一种），形成能够被滤池截留且非常结实的絮体；

④ 采用“高强度”冲洗（气水同时冲洗）。

过滤用于污水深度处理的应用条件与上述饮用水的相类似。

（2）其他类型的过滤

对于密度大于水的滤料，下向流过滤是最为合理的过滤工艺。除此之外，还有其他采用不同水流方向的滤池。

① 上向流滤池

水流向上流经滤床这种工艺的应用越来越少。使用重新分级的不均匀滤料，其纳污能力有所增大，但水头损失受滤料重量限制。超过其设计水头损失，滤料将膨胀并发生穿透现象。为了避免此缺点，需要配置一个系统（如格栅）将滤料固定就位或者使用连续冲洗的均质砂料滤池（见本章 3.5.4.4 节）。

② 浮动床滤池（图 3-41）

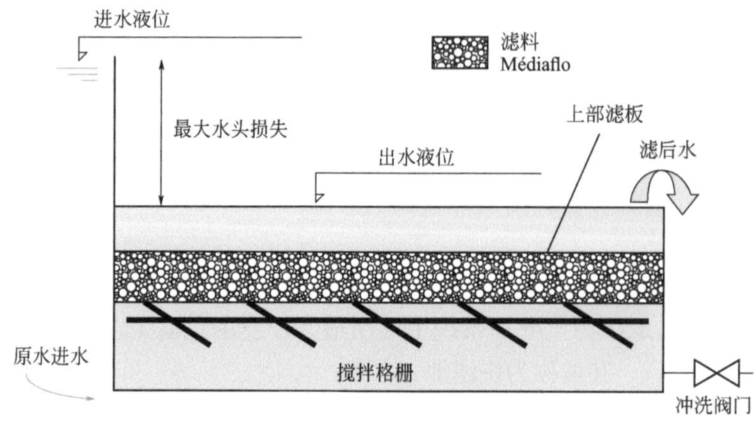

图 3-41　浮动床滤池示意图

为了发挥上向流的优势同时避免上向流砂滤池的缺点，可使用比水轻的能够漂浮的滤料，如发泡聚苯乙烯。这种滤池无需配置冲洗水池，仅通过利用滤床上部的水层反冲即完成冲洗（反洗水损耗小于 $0.8m^3/m^2$）。

此外，在相同的运行条件下，浮动床滤池与砂滤池的处理性能并无差异（见第 13 章 13.4.1 节）。

浮动床滤池可用作饮用水或城市污水深度处理工艺。

③ 双向流滤池

待滤水可以从滤料顶部或底部进入滤床进行过滤并完成产水。这种非常紧凑的过滤工艺在过去应用较少。

④ 平流滤池

这种过滤工艺有时用于小型农村水处理装置（如使用碎石的粗滤池）。

（3）生物滤池

在饮用水处理领域，对于下列应用，其处理效果主要取决于滤池的生物性能：a 天然地表水的慢滤；b. 地下水生物除铁除锰；c. 天然水的氮转化（硝化及反硝化）；d. 活性炭滤池中可生物降解有机物的矿化。

第 4 章 4.6 节将阐述上述不同类型的过滤工艺的原理。

在污水处理领域，用于简单深度处理的滤池通过利用被截留悬浮颗粒的生物活性从而获得理想的处理效果。但在最近数十年间，用于去除碳源或氮源污染物的生物滤池取得了令人瞩目的发展。这类生物滤池有的需要曝气有的则不需要。生物作用优先于过滤作用。第 4 章 4.2.2 节将介绍生物滤池的运行原理，其技术应用见第 11 章 11.2.2 节。

3.6　离心分离

在水处理领域，离心分离最重要的应用是剩余污泥的脱水（及浓缩）。这两种应用及相关设备（主要为卧螺离心机）将在第 18 章 18.6 节和其他污泥浓缩和脱水方法一并介绍。因此，本节内容仅包括：

① 离心分离的基本原理；

② 离心技术在特殊水处理领域特别是除油领域的应用；

③ 旋流分离器。

3.6.1　离心分离的基本原理

离心分离是利用离心力使固液混合物中的固体颗粒加速沉降的分离过程。

在离心室内，会存在以下两种分离的形态：

① 离心下层混合物（称为沉积物）。由于固体颗粒根据其密度产生分级，所以该混合物并非均质结构；

② 上清液（称为分离液或离心液）。上清液并不一定是澄清的（尤其是当其含有胶体时）。当上清液中含有比水轻的液相时（比如油），它也可能以两相状态存在。

3.6.2　离心力

固液混合物在圆柱形容器内（图 3-42）以角速度 ω（r/s）转动。转子中心轴到沉降颗粒之间的平均离心半径为 R（m）。

质量为 m 的颗粒受到离心加速度 γ 的影响，如下式表示：

$$\gamma = m\omega^2 R$$

产生的加速度用 g 值表示，g 为地球重力加速度，则离心力 F_c 为：

$$F_c = \frac{\gamma}{P} = \frac{m\omega^2 R}{mg} = \frac{\omega^2 R}{g}$$

式中　P——固体颗粒的质量；

g——重力加速度，为 9.81m/s²。

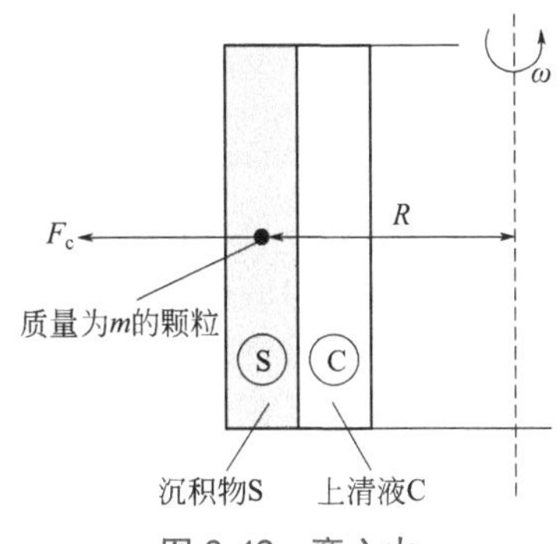

图 3-42　离心力

实际上，以每分钟的转速 N 表示装置的旋转速度会更加简便。

$$F_c = \left(\frac{2\pi}{60}\right)^2 \frac{N^2 R}{g} = 1.12\times10^{-3} N^2 R$$

简单来说，可以认为 $F_c = \frac{N^2 R}{900}$，式中 N 的单位为 r/m，R 的单位为 m。

在水处理应用中，所用设备能产生 2000～4000g 的离心加速度。

注意：将固体颗粒从水（液体环）中分离出的力 F_s 为：

$$F_s = 0.011N^2 R(d_S - d_L)\frac{1}{g} = F_c(d_S - d_L)$$

式中 d_S——固体颗粒密度；

d_L——液体密度。

显然，液环外施加于颗粒上的离心力会更大些。

3.6.3 水处理中的应用

3.6.3.1 分离悬浮物浓度较低的含油悬浮液

在这种应用中，使用的设备为碟式分离机（图 3-43）。

碟式分离机是立式离心机，其能产生非常强的离心加速度（3000～8000g）。通过以下两种形式应用于污水分离系统：

① 通过喷嘴连续排渣（直径 1～2mm）：污水中悬浮物浓度不能太高（沉淀物体积应低于 2%～3%），特别是不能含有粗颗粒（有必要在离心前设置细格栅）。

② 通过离心室下部间歇排渣（这类设备称为自清洗钵式机）。在合适的处理量下，可以将黏性颗粒从较高浓度的悬浮液中分离出来（沉淀物体积可达 5%～6%）。

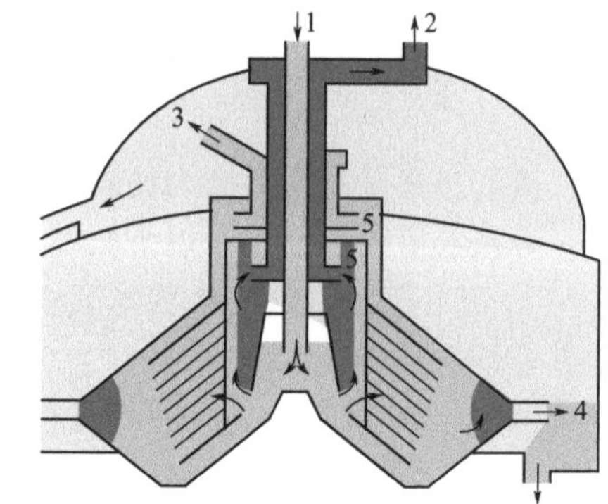

图 3-43 三相碟式分离机的剖面示意图

1—含油悬浊液进口；2—油相出口；3—水相出口；4—排渣口；5—离心转鼓

离心机的运行参数需要随着污水水质（含油量）波动而精确设置。

实际上，能够将油回收利用使得这一工艺在经济性上具有吸引力。因此，应使分离出的油中不含有水分，同时要保证处理后水中的含油量尽可能低（即达到最高回收率）。

这种工艺广泛应用于汽车工业（溶解性油）、钢铁厂、农产食品等行业的生产废水处理。

3.6.3.2 分离高含油量、高污泥浓度的悬浊液

当水中悬浮物浓度较高时（体积约为 6%～15%），可以使用配置水平轴的卧式锥形转鼓三相离心机对固体 / 水 / 油进行连续分离。

该应用通常需要将污水预加热到 90℃，并对三相离心机进行精心操作。

只有悬浮物的理化性质相对稳定时，分离工艺才能可靠、有序地进行。

设备厂商正在开发能够在线调整液环的三相离心机，使得油 / 水的回收更容易调整。

应用：例如炼油厂。

3.6.3.3 使用旋流分离器分离粒度大的重质颗粒

旋流分离器也是利用液体切线进入一个固定的筒锥形腔室时对其施加的离心力。虽然其加速度低，但仍足以分离出密度较大的颗粒（见第 9 章 9.2.4 节）。

3.7 流化技术

流化技术在水处理中具有广泛的应用：

① 除碳酸盐流化床，如 Gyrazur；

② 流化床生物反应器，如 Anaflux；

③ 流化床干化机和焚烧炉（如流化床焚烧炉 Thermylis-HTFB），或应用于某工艺的单一阶段（物料冲洗或分级）；

④ 仅用水洗的生物填料反应器和过滤器；

⑤ 采用混床的离子交换柱和多介质过滤器（分级和分离填料）。

在上流式反应器中，固体颗粒被向上流动的流体穿过。这些颗粒既受其自身重力影响，又受由流体通过所产生的摩擦力影响。结果是在临界流速时处于平衡状态（如果为层流，参考斯托克斯定律）。若上升流速低于临界流速，固体颗粒将会沉淀；若上升流速高于临界流速，固体颗粒将会随流体向上流出。

流化床的移动方式与自由颗粒不同。与之相反，它是由相互作用的颗粒形成的密相系统，其移动方式更像流体，称为流体化。

实际上，当在柱体中放入大量均匀系数为 1 的固体颗粒并不断提高流速时，可以得到图 3-44 中的曲线。

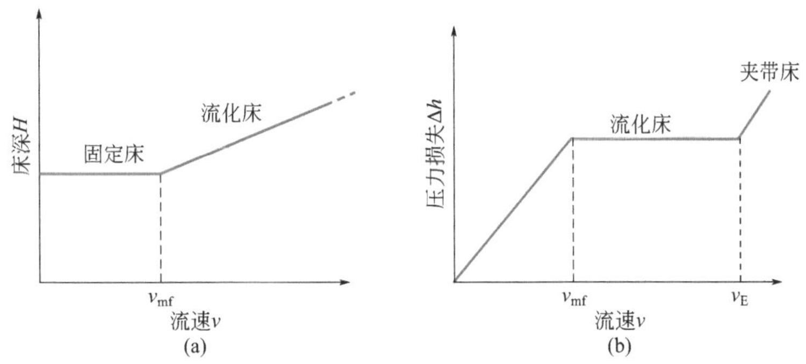

图 3-44 在上升流作用下的流化床特征变化曲线

v_{mf}—最低流化速度；v_E—流化床夹带速度

初期，固体颗粒不会膨胀（固定床或“密实”床），但之后其会随着流体流速的增大而膨胀，即为流化床膨胀过程。

相应地，压力损失［图 3-44（b）］会在密实床阶段中先增大，然后在两种临界流速 v_{mf} 和 v_E 间保持不变。

应该注意的是，尽管摩擦力会增大，但随着流化床的膨胀，其系数 ε 也会增大（见本章 3.5.1 节）。

这两种临界流速取决于颗粒的尺寸和密度，同时也取决于流体的黏度，因此，温度也会对其产生影响。应该注意的是，当流速超过 v_E 时，流化床将失去其集聚力，颗粒会逐渐被上升流体带走。

通常情况下，颗粒物质的均匀系数会大于 1，尽管如此，也应该可以观察到流化床具有稳定的流化状态。在压力损失图中可以清晰标记出临界流速 v_{mf} 和 v_E。但是，如果只关注流化床的高度，就会难以观察到固定床-流化床-夹带床之间的变化。

实际上，流化床的上升流速一般应控制为使固定床的膨胀率为 20%～40%。

总体来说，流化床反应器的合理运行条件应为：a. 流体在反应器底部分布良好；b. 反应器中的颗粒物（接触填料）均质、耐磨。

如果三相（固-液-气）流化床中的气体体积所占比例不是很高（<10%），其性能表现将会与两相床相同，流化均质性取决于良好的流体分配。

在生物处理中，将流化床内的载体颗粒与进水充分接触，能够充分发挥在载体上附着的微生物的生物处理作用。同时，为了给生物繁殖提供更大的表面积，推荐使用有效粒径较小的载体（0.2～0.5mm）。因此，流化床经常被称为最有效率的反应器（单位容积去除BOD的能力），但其运行较为复杂。

另外，需要注意的是，随着生物生长，载体表面会覆盖一层低密度的膜。这层膜会降低流化速度并增大流化床的膨胀率。因此，需利用某些设备（水泵、射流器等）实现载体颗粒表面挂膜，同时保持一定的挂膜量以确保反应器性能。生物载体可以采用砂、生物滤料（Biolite）等。

表 3-15 提供了几种不同填料的最低流化速度。

表3-15　不同填料的最低流化速度（t=20℃）

材料	砂（圆颗粒）		无烟煤	浮石	破碎生物滤料 Biolite	
名义有效粒径 NES/mm	0.55	0.95	天然状态		2.7	1.6
实测有效粒径 ES/mm	0.53	0.95	1.1	1.6	2.6	1.6
最低流化速度 v_{mf}/（m/h）	21	48	25	25	130	80
20% 膨胀率时的流速 /（m/h）	50	93	48	40	180	125

3.8 电解

3.8.1 基本原理

电解作用原理见图 3-45。由浸入电解池（含离子溶液）的两个电极形成的电位差，会产生使离子在溶液中运动的定向电场：阳离子向阴极运动，阴离子向阳极运动。当提供的电压足够高时，在电解液和电极表面会发生如下反应：

阳极：失去电子，发生氧化反应。

$$A^- \longrightarrow A + e^-$$

阴极：得到电子，发生还原反应。

$$C^+ + e^- \longrightarrow C$$

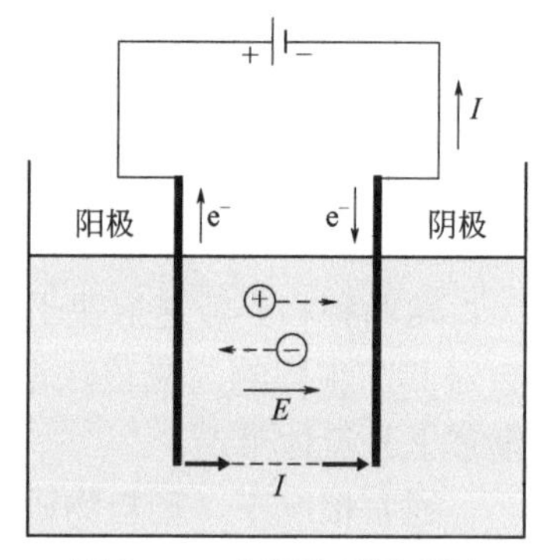

图 3-45　电解作用原理图

3.8.1.1　能斯特方程

当电极处于电解液中（零电流），其电压为 E_0。当电解液处于动态平衡时，这一电压被称为平衡电位，可用能斯特（Nernst）方程进行计算（见第 1 章 1.2.3 节）。

$$E_0 = E_0^\ominus + \frac{RT}{nF}\ln\frac{A_{ox}}{A_{red}}$$

式中　E_0——与标准氢电极相比的电极平衡电位；

$E_0^\ominus$——标准条件下的电极平衡电位（氧化物质和还原物质活性相同）；

R——理想气体摩尔常数；

F——法拉第常数；

T——绝对温度；

n——电极反应中的得失电子数；

A_{ox}——氧化态物质的活性；

A_{red}——还原态物质的活性。

表 3-16 给出一些电化学对的标准平衡电位（25℃下与标准氢电极电位相比）。

表3-16　参照能斯特方程的标准平衡电位

金属	电极反应	平衡电位 /V	金属	电极反应	平衡电位 /V
Mg	$Mg{=\!=}Mg^{2+}+2e^-$	–2.34	Pb	$Pb{=\!=}Pb^{2+}+2e^-$	–0.13
Be	$Be{=\!=}Be^{2+}+2e^-$	–1.70	H_2	$H_2{=\!=}2H^++2e^-$	0.00（默认）
Al	$Al{=\!=}Al^{3+}+3e^-$	–1.67	Cu	$Cu{=\!=}Cu^{2+}+2e^-$	+0.34
Mn	$Mn{=\!=}Mn^{2+}+2e^-$	–1.05	Cu	$Cu{=\!=}Cu^++e^-$	+0.52
Zn	$Zn{=\!=}Zn^{2+}+2e^-$	–0.76	Ag	$Ag{=\!=}Ag^++e^-$	+0.80
Cr	$Cr{=\!=}Cr^{3+}+3e^-$	–0.71	Pt	$Pt{=\!=}Pt^{2+}+2e^-$	+1.20
Fe	$Fe{=\!=}Fe^{2+}+2e^-$	–0.44	Au	$Au{=\!=}Au^{3+}+3e^-$	+1.42
Ni	$Ni{=\!=}Ni^{2+}+2e^-$	–0.25			

3.8.1.2　电解电压

当电解池正常运行时，电压 V 可由下式计算：

$$V = (E_0 + s)_{阳极} - (E_0 + s)_{阴极} + rl$$

式中　E_0——电极平衡电位；

s——电极电压；

rl——电解质电阻率导致的压降。

3.8.1.3　法拉第定律

法拉第定律阐释了电解池在电极上通过的电量与电极反应物重量之间的关系：

$$P = R_F \frac{M}{n} \frac{It}{Ne_0}$$

式中　P——反应物质量，g；

R_F——电流效率；

M——反应物的分子质量，g；

It——通过电解池的电量，C；

n——反应中交换的电子数量；

N——阿伏伽德罗常数，为 $6.02\times10^{23}mol^{-1}$；

e_0——电子电荷，为 $1.6\times10^{-19}C$。

3.8.2　水处理中的应用

3.8.2.1　电解制氯

电解制氯技术通过就地电解氯化钠溶液（海水或苦咸水）生产次氯酸钠稀溶液。

（1）化学反应

下式为氯化物形成次氯酸盐的总反应式：

$$2NaCl + H_2O \longrightarrow NaClO + NaCl + H_2$$

实际上，它包含以下反应。

① 电化学主反应

阴极反应　　　　阳极反应

$$2H_2O + 2e^- \longrightarrow H_2 + \boxed{2OH^-} \qquad \boxed{Cl_2} + 2e^- \longleftarrow 2Cl^-$$

$$Cl_2 + 2OH^- \longrightarrow ClO^- + Cl^- + H_2O$$

$$ClO^- + H_2O \rightleftharpoons HClO^- + OH^-$$

② 副反应

在阳极，OH^- 的电子迁移及部分氧化：

$$2OH^- \longrightarrow \frac{1}{2}O_2 + H_2O + 2e^-$$

在阴极，ClO^- 的部分还原：

$$ClO^- + 2H^+ + 2e^- \longrightarrow Cl^- + H_2O$$

形成氢氧化物的反应主要是：

$$Mg^{2+} + 2OH^- \longrightarrow Mg(OH)_2\downarrow$$

前两个反应降低了电解制氯的效率。最后一个是电解海水制氯典型的副反应。随着反应的进行，电极会逐渐结垢，需要定期进行酸洗。

（2）应用领域

次氯酸盐作为氧化-消毒剂，在水处理中应用广泛。从安全和采购的角度出发，使用电解制氯技术在现场生产次氯酸盐，就不再受制于储存氯或运输和储存次氯酸盐溶液的限制（见第 20 章 20.5.1 节）。

开发出的电解海水制氯技术主要用于海上平台、使用海水的发电站及工厂中设置的冷却水循环系统，避免其受藻类和软体动物类的影响，这一技术也可应用于游泳池用水的处理。

工业化制备单元生产 1kg 有效氯耗电约 4kWh，制得的次氯酸盐溶液浓度为 1～3g/L 有效氯。

3.8.2.2　金属回收

金属回收主要涉及表面处理、湿法冶金和电子产品等行业，可以利用电解技术从各种溶液中提取金属（Cu、Zn、Ni、Au 等），进而循环使用。

3.8.2.3　电凝法

可采用电化学法对某些废水进行处理，主要用作基于以下反应过程的混凝-絮凝工艺：

① 在电极间产生电场，引起污水中带电颗粒的相互碰撞；

② 可溶性阳极能够释放金属离子（Fe^{3+}、Al^{3+}）。这些均匀分散在液体中的离子，能够引发上文介绍的混凝-絮凝反应（见本章 3.3.1 节）。

对于不同的应用该工艺的能耗也有差异，通常为 2～4kWh/m^3 水。

3.8.2.4　其他应用

① 电浮选：通过电解水产生氧和氢的微气泡进行浮选（应用极少）。

② 电渗析：见本章 3.9.5.3 节。

3.9　膜分离

渗透和反渗透现象已经被发现超过一百年了。然而，直到 20 世纪 60 年代以后，这些原理才随着合成膜的发展逐渐实现产业化。在 20 世纪 70 年代后，膜分离工艺又取得了长足发展，主要归功于以下原因：a. 开发了多种类型的膜并且推向市场；b. 它们的性能，以及在工业应用中处理水和其他液体的潜能。

本节将对这些膜的分类及应用进行详细介绍。对于仅限于用于处理水溶液和悬浊液的膜，可根据以下几方面进行分类：a. 膜的结构；b. 水和溶质的过膜方式；c. 膜的功能，脱盐或过滤。

最后，本节将会描述膜的运行机理和影响膜性能的主要参数。

需要指出的是，经过数十年的发展，随着膜在净水处理中的普及（饮用水、工艺用水、海水淡化），膜在污水处理中的应用逐渐增多，如：城市污水或工业废水的三级处理、MBR 工艺（膜生物反应器）。

第 15 章将介绍在设计膜系统时需要考虑的主要因素及其在水处理中的主要应用。第 22～25 章将分别介绍应用于各种类型水处理中的膜系统案例。

3.9.1　概述

膜可以是任何薄膜形式（0.05～2mm）的材料，能够选择性地截留液体或气体中的某些成分，因此，能够分离液体中某些特定成分（颗粒、溶质或者溶剂）。

3.9.1.1　膜结构

自从最初的纤维素乙酸酯反渗透膜面世以来，许多有机（聚合物）或无机膜（例如，通过烧结陶瓷微粒如氧化铝、碳、碳化硅、氧化锆而制成）逐渐在市场上出现。根据膜的结构，可将其分为以下几种（表 3-17）。

表3-17　膜的种类及其结构

膜类型	均质膜	非对称膜	复合膜
结构示意图	50～200μm 膜孔	100～300μm(基层) 0.1～1μm(表皮层) 纤维支承层(若存在)	选择性渗透材料 0.05～0.5μm 膜孔 50～200μm

（1）均质膜

从微观结构上来看，均质膜各处厚度相同，呈多孔或密实状态。

（2）非对称膜（图 3-46）

非对称膜由同种材料制成，为两层结构叠合而成：一个非常薄的表皮层（0.1～1μm）和一个较厚的、多孔的、通常用纺织物加固的基层（100～300μm）。这种膜的分离性能主要与表皮层的性质有关，多孔基质仅提供机械强度而不影响物质迁移。

当膜为中空纤维制成时，如果表皮层在纤维的内腔，称之为内表层，如果在纤维的外表面，则称为外表层。

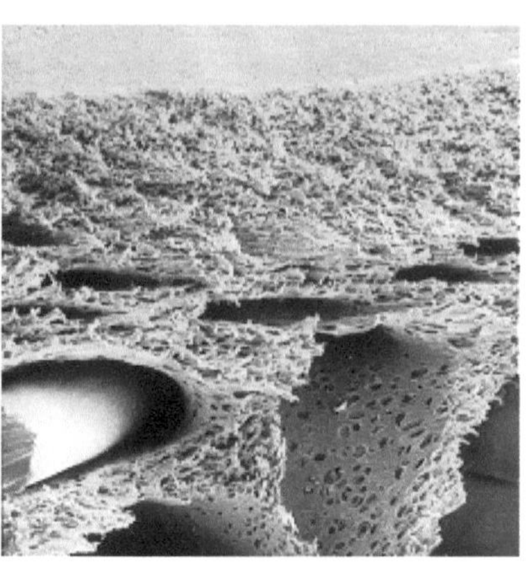

图 3-46　非对称膜的横截面图

（3）复合膜

近年来这种技术开始出现，复合膜是在已有的多孔膜（通常为非对称膜）上形成一层极薄的薄膜。由于同时使用两种不同的材料，因此能充分利用两种材料的特性：一种材料的机械特性和另一种材料的选择特性。复合薄层（TFC）渗透膜的尼龙半透膜厚度远小于 1μm，覆盖在通常为聚砜超滤膜的支承介质上。

3.9.1.2　跨膜迁移机理

跨膜迁移机理可分为以下四类（表 3-18）。

表3-18　跨膜迁移机理

方式	过滤	溶液化-扩散/渗透	渗析
迁移机理	大分子 胶体类物质 水 小分子 可溶解性物质 颗粒物	溶质 蒸气 水	水 溶质 颗粒物

（1）过滤

溶液或者悬浮物在通过水选择性膜时被浓缩（溶剂迁移的驱动力是多孔介质的对流状态），液体中的其他成分会根据自身尺寸大小而被多孔介质表面截留。

（2）溶液化-扩散

在压力梯度和化学势能的影响下，溶质和溶剂依据其化学性质吸附到膜上并且以不同的速率进行扩散（迁移）。不同物质的分离是由速率差而形成的。

（3）渗透（气态）

混合物可以在气相状态下，通过选择性膜从而将组分中的某种成分分离。

（4）渗析

在渗析应用中，溶质在不同程度上有选择性地穿过膜，而水不能通过。溶质可以是中性或者带电的。如果渗析膜是带电的（与用于离子交换树脂的片状材料一样），它们将选择性地运输带有相反电荷的离子。基于此，可以设计出只能通过阳离子的阳离子膜，或者只能通过阴离子的阴离子膜。

3.9.1.3　脱盐和过滤膜

使用这些膜时，在压力梯度作用下，水会优先进行过滤迁移。这些膜通常被称为过滤膜或选择性渗透膜，根据孔径的大小或由其筛滤出颗粒和溶质的大小来分类（图 3-47），可以分为以下类型：

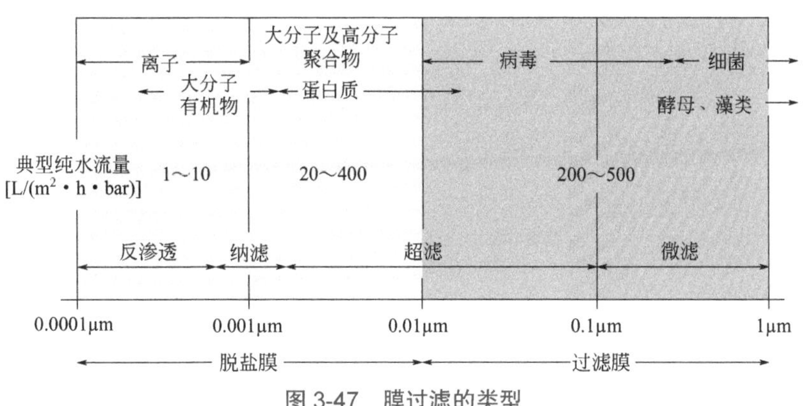

图 3-47　膜过滤的类型

① 反渗透膜，有致密的表层，是非对称膜或合成膜，在理想情况下，其能让水分子通过同时截留住所有的盐类；

② 纳滤膜，也是反渗透膜，其能截留住高价离子和直径大于 1nm 的有机溶质（分子质量大于 300g/mol），纳滤膜的命名由此而来；

③ 超滤膜，其孔径为 1～50nm，是非对称膜或合成膜，它们允许无机盐和有机分子通过，只能截留住大分子物质；

④ 微滤膜，最常见的是均质或稍不对称的多孔膜。孔径在 0.1～10μm 之间。它们几乎能让每一种溶解物质通过，而只截留固体颗粒。

虽然上述分类方法被普遍使用，但也有不足之处：

① 只要涉及超滤领域，更不必说渗透领域，就很难使用常规方法准确表征孔径（气泡点、水银孔率法、电子显微测定法）；

② 传统的过滤迁移机理（水在多孔介质中以对流的形式迁移，过滤 / 筛滤出大于孔径的颗粒）可以适用于微滤膜和孔径比较大的超滤膜，但对纳滤膜和反渗透膜不太适用。

在水处理应用中，最好将脱盐膜和过滤膜予以区分。脱盐膜能够部分或完全去除盐类，过滤膜则仅可以去除造成浊度的悬浮物但不会改变水中盐类成分。

需要说明的是，根据这种分类方法，不能去除任何盐类但能阻止溶解性大分子通过的小孔径超滤膜将被归类为脱盐膜，只有大孔径超滤膜被归类为过滤膜。

大孔径的超滤膜在水处理中的应用越来越多，而小孔径超滤膜则由于通量过低而应用很少。因此，下文介绍的过滤膜特指这些大孔径超滤膜（见本章 3.9.3 节）。

3.9.2　脱盐膜

脱盐膜因其能滤除离子（盐）或有机溶质而得名，这种膜没有任何膜孔，由亲水和水胀的高分子结构组成，水过膜的形式为迁移扩散。

下文中将会提到，这些膜本身被归类为反渗透膜和纳滤膜。

3.9.2.1 膜传质

理想的反渗透膜只允许水和一些与水性质类似的有机分子（小分子量、强极性，如乙醇、甲醇和甲醛）通过，其他所有的溶质都会被截留。

机理：当采用这类膜（也被称为选择性渗透膜）从稀溶液中分离出浓缩的盐溶液时（图 3-48），化学电位差会使水从低电位的一侧流向更高电位的一侧，从而得到稀释后的溶液（直接渗透）。当系统处于平衡状态时，产生的压力差被称为系统的渗透压（图 3-48）。若要阻止扩散的发生，需要在浓溶液一侧施加与渗透压一样大的压力；若要改变渗透方向，在浓溶液一侧施加的压力就必须大于渗透压。

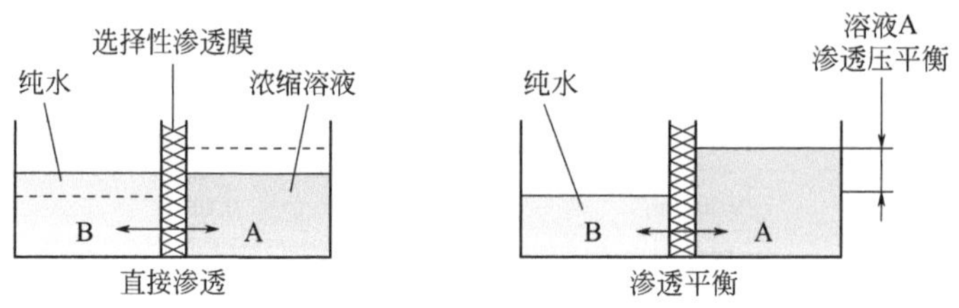

图 3-48 渗透现象

在稀溶液中，渗透压和浓度的关系遵循范特霍夫定律：

$$\pi = CRT$$

式中 π——渗透压，Pa；

C——浓度，mol/m^3，C = 浓度（kg/m^3）/ 分子质量（kg/mol）；

R——理想气体摩尔常数，为 8.314J/（mol • K）；

T——温度，K。

举例说明，在 $T = 300K$ 下，浓度为 10g/L（即 $10kg/m^3$）的非离子溶液，化合物的摩尔质量为 0.050kg/mol，则

$$C = \frac{10}{0.050} \mathrm{mol/m^3}$$

根据范特霍夫定律，可计算出渗透压 π 为：

$$\pi = \frac{10}{0.050} \times 300 \times 8.314 = 5 \times 10^5 (\mathrm{Pa})，即 5bar$$

假设在相同的浓度下：

① 对于摩尔质量为 0.5kg/mol 的化合物，$\pi = 0.5bar$；

② 对于摩尔质量为 50kg/mol 的高分子，$\pi = 0.05bar$。

可以看出，分子量越小（摩尔质量越小），相同浓度下的渗透压越大。表 3-19 列出了在相同的渗透压（10bar）下，不同化合物的浓度。

表3-19 10bar下不同化合物的浓度

化合物	氯化钠	乙醇	硫酸镁	果糖	蔗糖
浓度 / (g/L)	12.6	30	40	70	110

对于离子类的盐，可以利用单个离子的摩尔浓度及上述公式进行计算。在具有相同摩尔质量时，可完全电离成单价离子的盐与不能电离的化合物相比，渗透压会成倍增大。

当多种离子和非离子化合物同时影响渗透压时，可以用下式计算渗透压：

$$\pi = RT\sum_{i=1}^{n} C_i$$

如果膜的两侧都与盐溶液接触，需要根据下式计算渗透压差：

$$\Delta\pi = \pi_{进水侧} - \pi_{产水侧}$$

当海水浓度为 35g/L 时，π 为 28.5bar，或者说每克溶解盐会导致 0.8bar 的渗透压。图 3-49 说明了范特霍夫定律只适用于低浓度溶液，例如 NaCl 浓度不高于 30g/L。

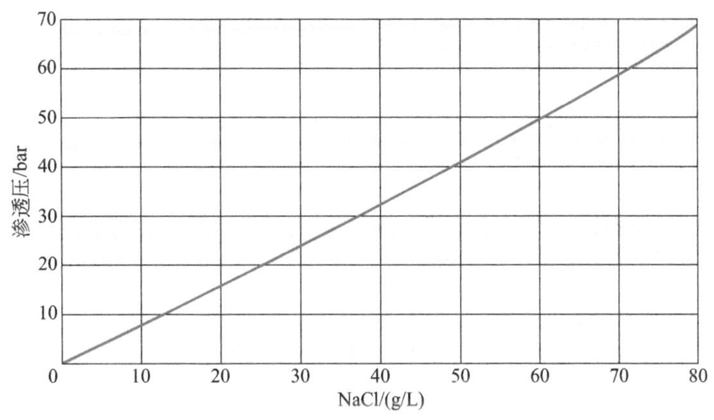

图 3-49　25℃时 NaCl 的渗透压

实际上，为了从盐溶液中制得纯水，需要施加超过溶液渗透压的压力。对于每升含有几克盐的浓盐水，通常需要超过 5～15bar 的压力，而对于海水（35～45g/L），则需要超过 50～80bar 的压力。

还有一种现象也会增大渗透压。如图 3-50 所示，当水进行迁移时，被膜截留下来的分子和离子会倾向于在膜边界的底部积累，从而提高了膜实际处理水的盐浓度。为了进行溶液脱盐需要克服渗透压，这种情况所需的能耗更高。此外，当膜边界底部的可溶性阴阳离子对中任一离子浓度过高时，会有沉淀物析出的风险。

这种现象被称为膜的浓差极化，可以用下式进行计算：

$$\psi = \frac{C_m}{C_e}$$

式中　ψ——浓差极化系数；

C_m——膜表面液体的浓度；

C_e——待处理液的浓度。

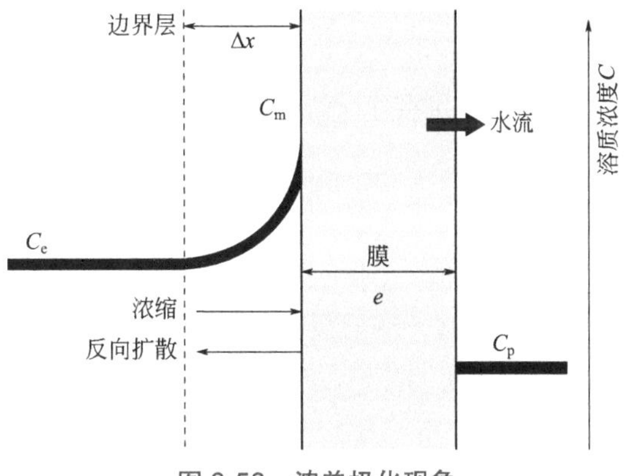

图 3-50　浓差极化现象

为了减轻浓差极化现象，可以增大膜上游液体的横向流动，从而降低边界层的厚度，同时促进被截留溶质的反向扩散。但是这会导致产水率下降。在工业脱盐系统中，通常将这一系数保持在 1.05～1.4 之间。

为了对这一现象进行描述，通常利用扩散定律进行建模。根据初步估算，水通量与有效压力差（$\Delta p-\Delta\pi$）成正比，盐通量与浓度差（ΔC）成正比。

（1）水

有下列计算公式：

$$Q_p = K_p S(\Delta p-\Delta\pi)K_t \tag{3-10}$$

式中 Q_p——通过膜的水流量；

K_p——膜的水渗透系数；

S——膜表面积；

Δp——膜两侧的压力差；

$\Delta\pi$——膜两侧的渗透压差；

K_t——温度系数。

因此，通过膜的水流量直接与有效的压力差成正比。

系数 K_t 影响水的黏度。随着温度上升，水的黏度会降低。因此当温度上升时，产水量会增大（在 15℃附近，温度每变化 1℃，产水量会有 2.5%～3% 的差别）。

（2）盐

有下列计算公式：

$$Q_S = K_S S\Delta C K_t \tag{3-11}$$

式中 Q_S——通过膜的盐流量；

K_S——膜的溶质渗透系数；

ΔC——膜两侧离子的浓度差，$\Delta C = C_m - C_p$ 或 $C_e\varphi - C_p$；

C_p——膜出水中的盐浓度。

盐流量直接与通过膜的浓度梯度成正比，对于给定的膜和溶液，它的值不受压力的影响。

产水（膜出水）中的盐浓度可以通过上述两个公式的比值进行计算。

$$C_p = \frac{Q_S}{Q_p} = \frac{K_S}{K_p} \times \frac{C_m - C_p}{\Delta p - \Delta\pi}$$

由于 C_p 远低于 C_m，当忽略不计时：

$$C_p = \frac{K_S \psi C_e}{K_p(\Delta p - \Delta\pi)} \tag{3-12}$$

该浓度（产水水质）与通过膜的浓度梯度成正比，与有效压力梯度（$\Delta p - \Delta\pi$）成反比。

因此，对于任何反渗透系统，从公式（3-10）和公式（3-11）中都能推导出下列趋势（表 3-20）。

表3-20 反渗透系统的运行参数对产水性能的影响

项目		产水量 Q_p	产水盐度 C_p
压力	↗	↗	↘
温度	↗	↗	=
盐度	↗	↘	↗
浓差极化系数，ψ	↗	↘	↗

通常情况下，压力增大带来的水质提高和流量增大并不会如预期一样高［参照上述公式（3-10）和公式（3-12）］。这是因为：

① 提高流量会导致 ψ 变大，因此 Δp 和 ΔC 也会变大；流量增大和水质提高不会十分明显。

② 此外，虽然有反向扩散，但大分子和胶体还是会在膜上累积（见膜污染）。因此，在提高流量之前，需要确定待处理液体的物理性质以判断是否可行。如果不能，则有可能起到相反的效果：即污染和浓差极化现象将会占优势。这些问题也会在第 15 章进行研究。

3.9.2.2　膜应用及膜水平衡

图 3-51 展示了最简单的渗透系统，其包括以下组成部分：

① 为系统提供能量的高压泵；

② 一个或多个膜组件；

③ 为了维持系统内压力，在排水侧安装的阀门。

这类系统通常用以下三个变量中的两个来表征：

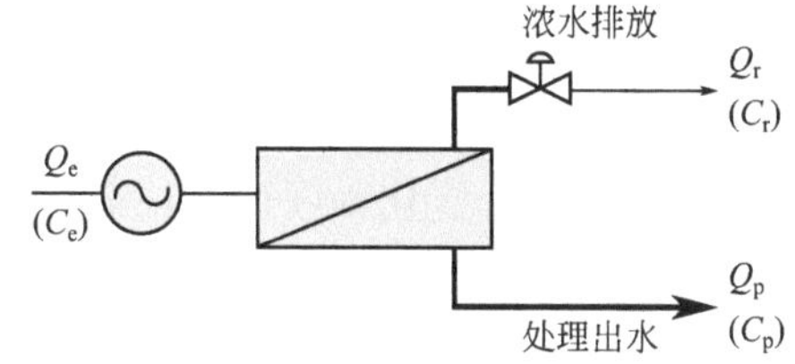

图 3-51　渗透装置示意图

① 回收率 Y（%），定义为：$Y = 100\dfrac{Q_p}{Q_e}$

② 浓缩系数 CF，定义为：$CF = \dfrac{C_r}{C_e}$，C_r 为浓水中盐浓度

③ 整体盐透过率 SP（%）定义为：$SP = 100\dfrac{C_p}{C_e}$

在以上三个变量中，整体盐透过率 SP 在很大程度上取决于膜的类型。另外两个变量，回收率 Y 和浓缩系数 CF，取决于为达到特定产量而使用的原水量。这些变量有如下关系：

① 随着转换率 Y 上升，吨水能耗 E 将会降低。这是因为在产水量相同时，所需的进水水量要少。

② 与此同时，C_r 和 CF 会升高，产水水质下降。这是因为一方面膜前溶液平均浓度从入口处的 C_e 提高到出口处的 C_r［这就意味着在前面的公式中，沿着膜的长度方向，C_e 需要用平均浓度（C_e+C_r）/2 来代替］，盐的含量有所增大；另一方面由于 Q_p 降低［实际上，渗透压 π 与 ψ（C_r+C_e）/2 成正比］，水的流量也会降低。

因此，回收率的变化带来的影响如表 3-21 所示。

表3-21　回收率变化的影响

回收率 Y	吨水能耗 E	膜出水流量 Q_p	膜出水盐浓度 C_p	浓缩系数 CF
↗	↘	↘	↗	↗

在第 15 章中，将会介绍由 Y 提高（即 CF 增大）而产生的正面影响（排放的浓盐水减少）和负面影响（结垢、污染）。

随着 Y 的提高，能耗并没有等比例下降，由于有效压差 $\Delta p - \Delta\pi$ 会降低，能耗会在达到一个最低值后开始上升。

3.9.2.3 反渗透

反渗透膜能够完全截留住离子态的盐，基本截留住非离子分子，少量截留住溶解性气体（如氧气、二氧化碳等，如果存在）。

第 15 章将介绍反渗透膜，其 *SP* 系数为：单价离子 *SP* 为 0.3%～5%；二价离子 *SP* 为 0.05%～1%。

因为这些数值非常小，在进行初始估算时，通常更关注 C_e 和 C_r 值，而将 C_p 值忽略不计，因此可以将上文提到的公式简化成以下形式：

$$CF=\frac{1}{100-Y}$$

反渗透膜可以应用于所有的脱盐系统：a. 通过海水淡化制取饮用水或工艺（锅炉等）用水；b. 苦咸水淡化（应用方式与海水淡化相同）；c. 淡水脱盐以制取软化水或超纯水；d. 以及一些其他应用。

由于渗透压变化幅度很大，需要根据实际使用情况选择不同的膜或膜组件，它们之间的差别主要是由运行压力（5～80bar）和膜通量［10～40L/（m^2 • h)］引起，因此不同系统的投资和运行费用也不尽相同（见第 15 章）。

此外，反渗透膜可以完全去除所有大分子（分子量 >300），此时颗粒物（包括微小胶体）的去除就显得轻而易举了。

3.9.2.4 纳滤

纳滤膜作为反渗透膜的变种最近才开始使用，其具有以下特点：a. 单价离子的通过率较高，10～80%；b. 二价离子的通过率明显较低，1%～10%；c. 有机溶质的通过率与渗透膜一样。

采用纳滤膜的主要优势在于，单价离子的通过率较高（这是影响渗透压的主要因素），能够降低 $\Delta\pi$，因此能降低能耗：

① 部分脱盐，使水软化至可接受范围；

② 净化水中的有机污染物，比如，有效去除自然水体中的色度、三卤甲烷的前驱物质甚至大部分杀虫剂等。

3.9.3 过滤膜

过滤膜的微孔在电子显微镜下可见。在对流作用下水穿过这些微孔，夹带着比孔径小的溶质和颗粒物。

过滤膜可分为超滤膜和微滤膜，在下文中将会进行介绍。

3.9.3.1 超滤（UF）膜

有机超滤膜包括所有非对称膜，而无机膜是复合型膜。它们允许盐类自由通过，只截留大分子溶质和特定物质，比如病毒、细菌和胶体等。

超滤膜通常以截留能力进行表征：超过 90% 的最小摩尔质量的蛋白质会被膜去除。在这类膜中，能被工业膜截留的分子量范围在 2×10^3～4×10^5 之间。

这个概念只能用于参考，特别是当一些生产商以用摩尔质量表示的分散大分子为基础来表征膜的截留特性时。同时相同蛋白质分子在不同盐度、pH 条件下的空间结构变化较大。所以，截留率在很大程度上取决于运行条件。

对于洁净的水来说，超滤膜的单位产量是 0.05～0.5m^3/（m^2・h・bar）。注意：对于低截留率（分子量 <50000）的超滤膜，有两个主要原因会使产量明显下降：由浓差极化导致的膜污染和胶体的出现。

第一种原因已经在研究反渗透膜通量时做过介绍。在超滤中，随着跨膜压差的升高，膜通量会逐渐增大，但是会存在一个临界膜通量（见图 3-52），甚至在新膜中也会出现这种现象。

由于大分子的反向扩散效果很差，浓差极化系数往往超过 10。

膜通量一般为每平方米每小时几十升左右。

提高膜通量的唯一方法是保持液体具有较高的切向速度，但这同时也会增大能耗。

如上所述，这种膜的作用类似于脱盐膜，因此在水处理中的应用并不广泛。相反，在化工、制药、乳制品加工等行业中，它们能够用于回收可循环利用的大分子物质（如酶、蛋白质、抗生素等）。

在水处理应用中，最常应用的膜是“松散”类型的，其能截留分子量大约为 10^5 的物质，或者仅能去除少量的大分子物质（孔径为 0.01～0.03μm）（例如，在含有腐殖酸的水中去除 10%～20% 的色度）。它们的主要作用是去除悬浮物，这就是过滤膜的设计用途。在这种情况下，新膜不会再存在临界膜通量的问题，但是另一种现象又会出现：膜上的微孔很容易被堵塞。在恒定的浓度和压力下，随着时间的推移，膜通量会不断下降，最终可能会导致膜的彻底污堵。

随着膜的使用，膜表面会形成一层胶体结构，同时膜孔附近会附着多种溶质，最终导致膜污堵。第一种情况可通过反冲洗恢复（通过施加压力，使产水反向通过膜，从而冲掉膜上的沉淀物）（见图 3-53）。但是，膜表面吸附的溶质往往无法被反洗水或高流速的冲洗水去除，此时只能采用合适的化学方法对膜进行清洗。

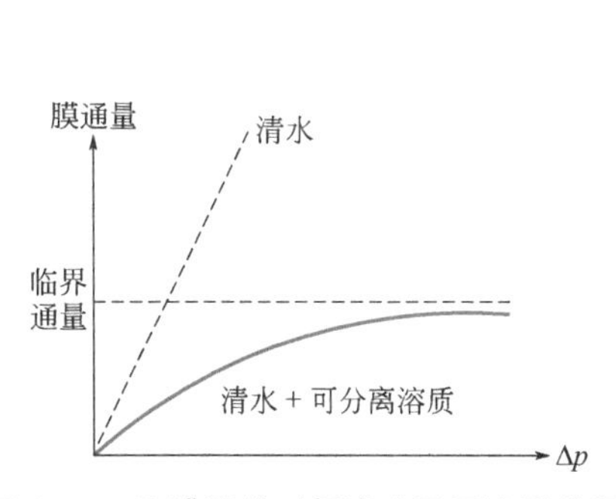

图 3-52　跨膜压差对超滤（用于溶质截留）膜通量的影响

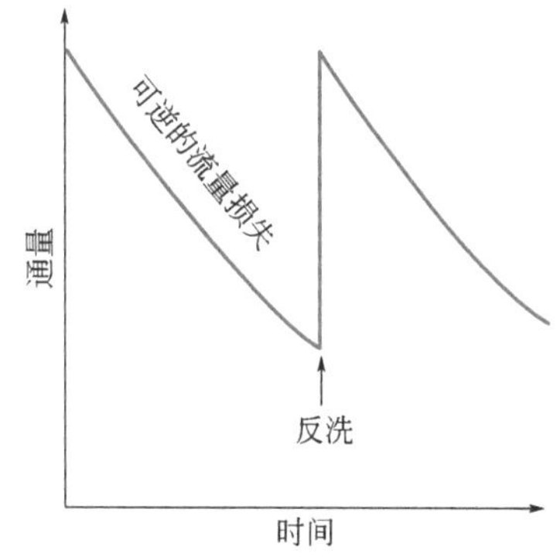

图 3-53　反洗对膜通量的影响

在第 15 章中将会介绍，所有在水处理中应用的超滤膜都是由非对称的中空纤维制成的，超滤膜为内表层或外表层形式，取决于表层时间在纤维的内侧或者外侧。[例如图 3-54 Aquasource 膜丝中的（a）和（b）]。这种几何结构能够使膜在没有机械支承介质的情况下进行高效的低压反冲洗（反洗压力约为过滤压力的两倍）。

(a) Aquasource 醋酸纤维膜

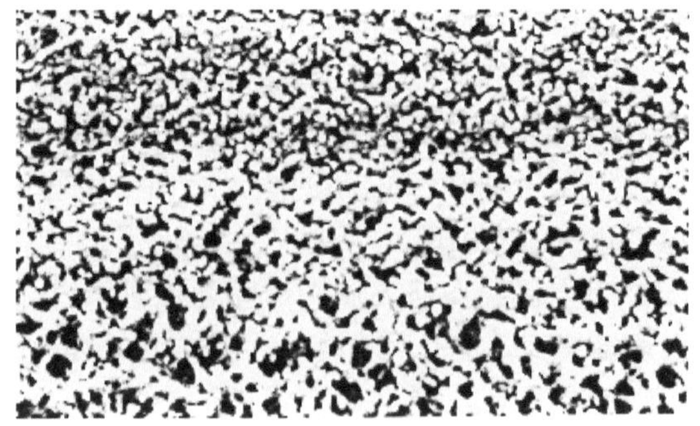

(b) 内表层局部断面结构

图 3-54　Aquasource 醋酸纤维超滤膜及内表层局部断面结构

3.9.3.2　微滤（MF）膜

微滤膜的孔径更大，通常为 0.1～0.45μm，其可用于去除大分子的细菌、原生动物和胶体，但不能去除那些黏附于悬浮固体上的病毒或更细的胶体（如硅胶）。此外，微滤膜较大的孔隙可允许气体通过（泡点 <2～3bar），因此可以用空气清洗污垢。

另外，无论中空纤维膜为内表层或外表层的形式，其产水量都会高于超滤膜，运动初期大于 0.5m³/（m²·h·bar）。

3.9.3.3　过滤膜定义

如图 3-55 所示，膜的产水量将取决于：

① 压力，至少在曲线的第一段呈线性关系，见 *AB* 部分（在膜由于压力作用而被压实前）；

② 温度，水的黏度会影响水以对流传输方式穿过膜孔（参见第 8 章 8.3.2.3 节图 8-12）。

在了解过滤膜时要熟悉以下概念：

① 压力降，膜组件的进水压力和浓水压力会有所不同（图 3-56），由于进水压力 p_a 的存在，压力降 Δp 无法忽略不计（通常低于 0.3bar，最大 1.3bar）。因此，膜内平均压力可以根据以下公式计算：

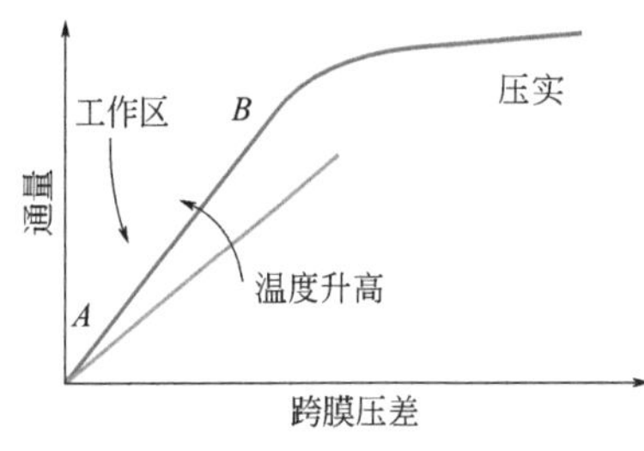

图 3-55　过滤膜水通量

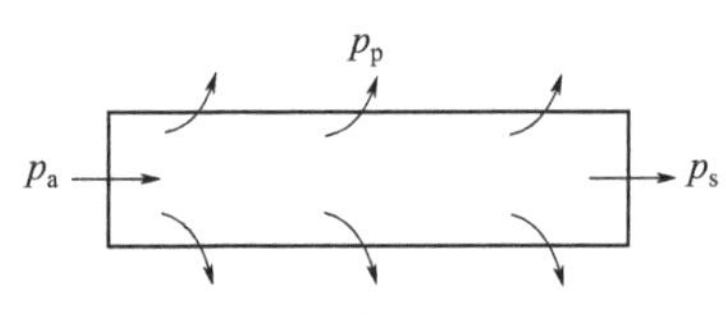

图 3-56　膜组件的压力

$$p_M = \frac{p_a + p_s}{2} \text{ 或者 } \frac{2p_a - \Delta p}{2}$$

② 此外，也不能忽略产水侧压力 p_p，以及平均跨膜压差（TMP）：

$$TMP = p_M - p_p = \frac{p_a + p_s}{2} - p_p = p_a - p_p - \frac{\Delta p}{2}$$

③ 膜在运行条件下的渗透通量，通常称为膜通量，用 L/（m²·h）或 LMH 表示。

④ 膜的渗透率以及膜的标准化特性通量［以 L/（m²·h·bar）表示］，实际上是在温度为 20℃，TMP 为 1bar 下的膜通量。为了将通量转化为渗透率，可以参照图 3-55 中的曲线（曲线的直线部分）来修正 TMP（按比例）和温度的影响（见第 8 章 8.3.2.3 节图 8-12）。

需要指出的是，在 20℃附近，温度每相差 1℃膜产水量会有约 2.5% 的变化。举例来说：在 27℃下，当膜通量为 118L/（m²·h）时，相当于 20℃下，渗透率为 100L/（m²·h·bar），如果将处理水的温度降至 2℃，则膜通量会下降至 60L/（m²·h）。因此，渗透率是唯一可以用于不同膜之间比较的特征性数值。它也可以用于评估给定膜在某一时间点 t 的性能（通过与使用初期的性能进行比较），这种比较可以用于监测（刚反洗后）膜不可逆转性污堵的程度，如果有需要，可以根据膜的使用状态来决定是否需要调整反洗条件或者进行化学清洗。

3.9.3.4　不可逆污染的原因和机理

过滤膜主要用于去除颗粒物，这些颗粒物通常会以块状形式在膜表面积累。由此所形成滤饼产生的阻力会增大膜的实际运行阻力，与膜自身阻力相比，它往往是导致膜的渗透性随着时间而迅速下降的主要原因。因此，为了恢复初始过滤条件，需要进行反冲洗去除这些污染物：水冲洗（超滤膜）；水冲洗或气冲洗（微滤膜）。

反冲洗是通过在出水侧加压而使水流反向通过膜而实现的，其使已经积聚的块状污染物分离，然后将脱落的污染物冲到中空纤维（内部表层）之外，最后从膜组件中冲洗出去（内表层或外表层）。同样地，气冲洗也是在出水侧将空气加压，从而产生气泡使块状污染物脱落。

若膜产水量在污染物被去除之后可以恢复［如：在 20℃的 100L/（m²·h·bar）］，这类污染称为可逆污染。

图 3-57 和图 3-58 是两种最常用的使用产水进行反洗的运行模式。

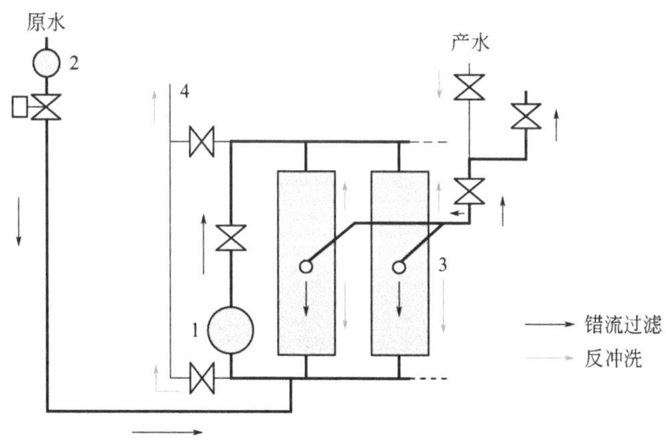

图 3-57　错流过滤

1—循环水泵；2—进水泵；3—产水（反洗进水）；4—反洗出水

此外，在运行中会发现：

① 取决于膜的类型，膜的亲水性越强，泥饼就越容易被分离。在这种情况下，泥饼会在每次反冲洗最初的几秒内从膜上脱落下来。无论何种膜污垢，反冲洗水流的分配都必

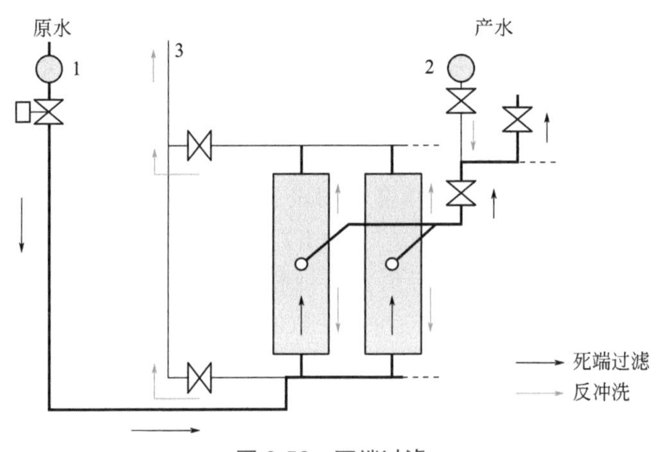

图 3-58 死端过滤

1—进水泵；2—反洗水泵；3—反洗出水

须尽可能均匀。即使膜具有良好的亲水性，仍然需要较高的反冲洗流速（通常至少是过滤流速的两倍）。泥饼碎片需要被冲至装置外，这比仅去除沉淀物要耗费更多的时间，根据具体情况一般需要 30～60s。

② 即使膜具有良好的亲水性，也无需使它完全恢复至初始状态。在运行过程中，不可逆转的污染将在膜表面慢慢累积（图 3-59）。在运行一定时间后就需要进行更有效的化学清洗。

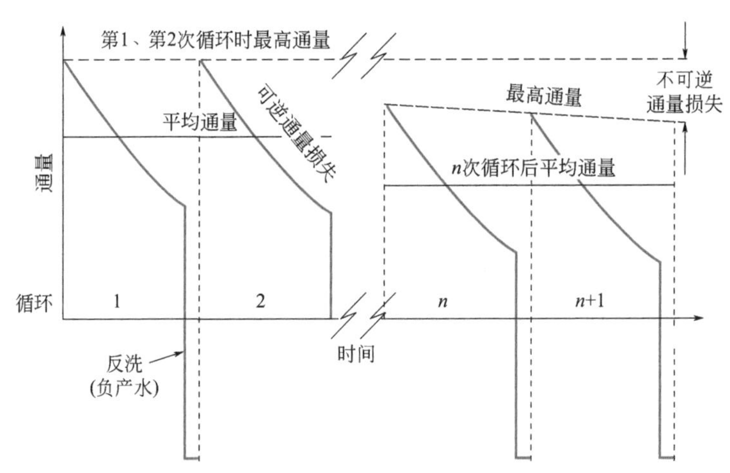

图 3-59 过滤膜：过滤和反冲洗过程中的通量变化

为了更好地了解不可逆污染，业内已经开展了很多研究，这类研究未来也会持续进行。如果可能的话，将为此污染构建模型。这种污染主要来源于以下两个方面：

① 膜孔被机械性阻塞（主要在微滤中存在的风险）。图 3-60 展示了膜的过滤流量逐渐降低的变化过程；一些膜孔会被与其孔径大小相同的胶体堵塞，通常这种污堵可以通过反冲洗解决。

② 吸附在膜表面与内部的有机物质，溶解的有机物质通过膜孔扩散并进入大量的聚合物中。吸附的风险大小在很大程度上取决于膜的材料和原水中存在的有机物质，以及在正常情况下膜与这种有机物质之间的亲和力。

随着时间的推移，一些残余的絮凝剂（即使残余浓度仅为几毫克每升）也足以使膜产生不可逆的污染，而且这些絮凝剂易被吸附且能污染几乎所有类型的膜。

3.9.3.5　死端过滤和错流过滤的应用

当原水含有大量的悬浮固体和胶体时，为了防止块状污染物积累过快，需要保持水在膜周围高速流动，这样才能使污染物层厚度最小，这就是所谓错流过滤系统的原理。在错流过滤系统中，循环水泵 1（图 3-57）能使水维持高达 5m/s 的流速通过管状陶瓷膜，或以接近 0.5～1m/s 的流速通过聚合物纤维膜。进水泵 2 仅仅起到补充原水从而维持跨膜压力的作用。

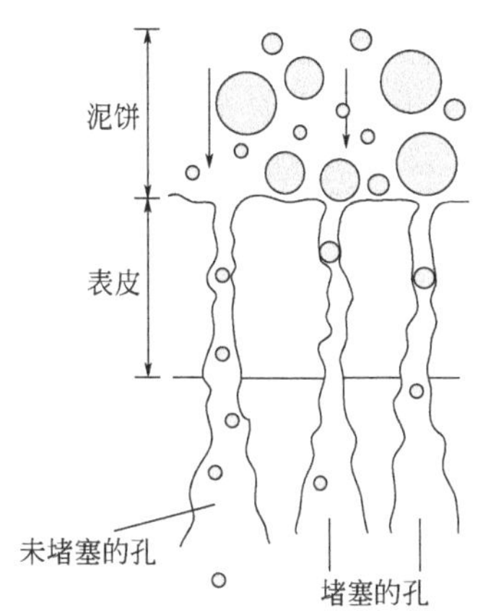

图 3-60　通过过滤膜分离的示意图

当原水中悬浮固体浓度超过 20mg/L 时，推荐内表层膜采用错流过滤模式，此外，对于悬浮固体浓度超过 40mg/L 的水，为保证膜通量，必须采用这种模式。但是，这种运行模式并不会改变引起不可逆污染的原因及其带来的后果。

错流过滤的主要缺点是循环水需要的能耗较高，在循环流速为 0.6m/s 或 0.8m/s 时，每立方米产水能耗约为 200～300W。

相反地，如果待处理水仅含有少量能形成块状污染物的胶体，采用死端过滤模式的系统（图 3-58）投资更低，运行更简单（不需要循环水泵 1 和循环水管道）。唯一的能耗用于产生使水透过膜的压力，能耗约为 0.1～0.2kWh/m^3。

注意：图 3-57 中，通过关闭循环水泵 1，可以很容易地从错流过滤模式自动切换为死端过滤模式。当待处理水为岩溶水时，通常会在操作过程中进行模式切换。因为岩溶水 90% 的时间都为低浊度水，此时采用死端过滤即可达到较好的产水水质。当出现浊度峰值时，可切换至错流过滤模式以保证水质。

反冲洗频率可根据实际情况进行调整：通常是每过滤 30～120min 冲洗 30s～1min。

浸没式膜组件也会面临相同的问题，此时无法采用真正的错流过滤模式，必须使用空气沿着膜纤维制造涡流。气混频率根据悬浮物浓度确定，此时气混是该系统中能耗最大的环节。

如上所述，为了解决随时间变化的不可逆的膜阻塞问题，需要采用强度更大的冲洗方式，即化学清洗。化学清洗通常需要根据污染情况选取特定药剂，并将膜在此化学溶液中浸泡一个周期。化学清洗经常使用的药剂有：

① 酸和 / 或螯合剂：柠檬酸或草酸能够用于去除金属氧化物和氢氧化物沉积物，如 Fe、Al、Mn 的氧化物和氢氧化物；这些金属可以渗透至膜的不同深度，Fe 和 Mn 的氧化物和氢氧化物甚至可以渗透至受污染膜的产水侧，这些药剂适用于处理含有溶解性的铁离子和锰离子（还原态的）的水。但是，为了避免膜上的细菌（生物污染）对产水水质带来影响，若向产水中加入杀菌剂（如 Cl_2、ClO_2、H_2O_2），则杀菌剂会将溶解态铁和锰氧化为不溶形态的铁和锰氧化物，当膜进行反冲洗时，该氧化物会污染膜的产水侧。这类影响可以通过测定产水中可溶性铁和锰的浓度值来判断（要求小于 0.05mg/L）。

② 碱性除垢剂：主要用于尽可能地分离和分散结块的有机物。

③ 氧化剂（Cl_2、ClO_2）（氧化剂需要与膜材料兼容）：用于氧化、解吸被吸附在膜表面和内部的有机分子，同时可用于给膜消毒。

所有这些化学反应都需要启动时间和接触时间，随后再进行大流量冲洗，因此在化学清洗时需要至少4h，最长可达24h的停产。为了尽量减少停产次数，化学清洗频率通常在每年1～12次之间。完整的化学清洗是必要且有效果的，为了尽量降低化学清洗频次，可以定期（时间间隔短，比如每周一次）采用柠檬酸溶液或者加氯水（氯化处理后的水）进行短时间浸泡（比如1h）。

3.9.4 渗透膜

渗透膜有以下几种。

3.9.4.1 气体渗透膜

对于适用的结构致密的膜，在压力梯度作用下，气体混合物中的特定组分可以一定的扩散速率被其去除或浓缩。例如：

① 从炼油工业中的烃混合物或生产氨时的尾气中回收氢气［图3-61（a）］；

② 对空气中的氮或氧进行浓缩。

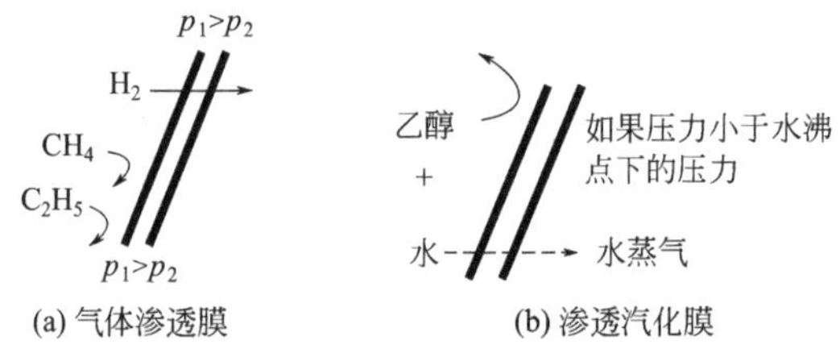

图3-61 渗透过程

3.9.4.2 脱气膜（脱氧作用）

在压力梯度（真空效应）或下游的扫洗（化学梯度）作用下，这些不可渗透水但可以渗透氧气的膜将使水中的溶解氧透过膜进入产气室，而水不需要进入产气室与脱气化学品（清除剂）接触，因而无二次污染的风险。现在这种膜的使用越来越广泛，它可以采用单级或多级模式，如在超纯水制备中将溶解氧的浓度降至通常要求的微克每升级（第2章表2-26）。疏水微孔膜就是一种脱气膜。

3.9.4.3 渗透汽化膜

渗透汽化膜是有着致密皮层结构的合成膜。

当在这类膜的下游侧施加负压以形成气压时，这一气压比溶液中与膜上游侧接触的某种溶质的气压低，这种溶质将会以气体形式选择性地迁移通过膜。若需要，可以将气体冷凝以回收溶质。应用案例：

① 乙醇脱水：可以使水蒸气选择性地迁移通过亲水性渗透汽化膜来回收无水乙醇［图3-61（b）］（例如聚乙烯醇）。

② 去除饮用水中的三卤甲烷（THM）：同样地，可以将这些有机化合物选择性地扩散通过疏水性渗透汽化膜（如硅树脂）。

3.9.4.4　膜蒸馏

膜蒸馏的过程见图 3-62。通过在微孔膜的下游侧产生局部真空状态，可以得到下列系统：

假设通过膜的压差始终比通过膜的毛细管压力低，系统将会抑制在上游侧进行的液相迁移。对于疏水性膜，当其孔径小于 0.8μm 时，1bar 的压差并不会使水以液体形式渗透过膜。

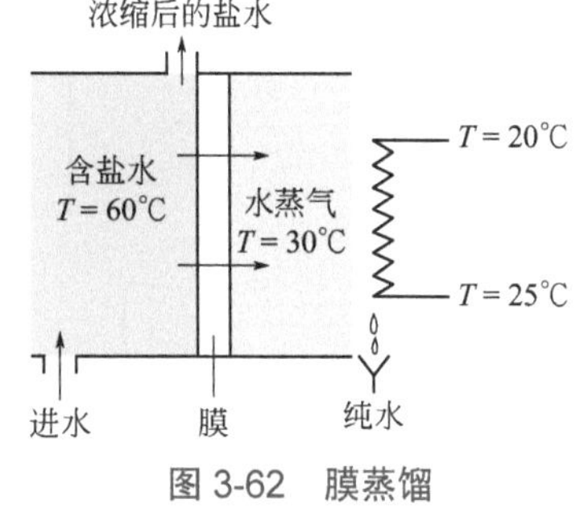

图 3-62　膜蒸馏

相反地，水蒸气可以通过膜。当蒸汽冷凝时，冷凝液可液化成纯度很高的水；其他挥发性组分也能像水一样同时穿过膜。

有些工业系统利用该原理运行。但是，它们都有单级蒸馏系统能耗高的特点，参见第 16 章。为了避免类似蒸发器中出现的腐蚀现象，需要采用有机膜。

潜在应用：在焚烧或结晶前浓缩工业废水（有毒的）。

3.9.5　渗析膜

溶质可以迁移过渗析膜而水不能。渗析过程可以通过使用的驱动力（压力、浓度或电势差）和膜类型来区分。

3.9.5.1　加压渗析（压力梯度和两性膜）

无工业应用。

3.9.5.2　简单渗析（浓度梯度）

杂质迁移是为了平衡膜两侧的化学电位（低分子量的有机溶质和盐类）。当进行浓缩时，如果液相能充分地更新，则杂质的去除率几乎可达 100%。

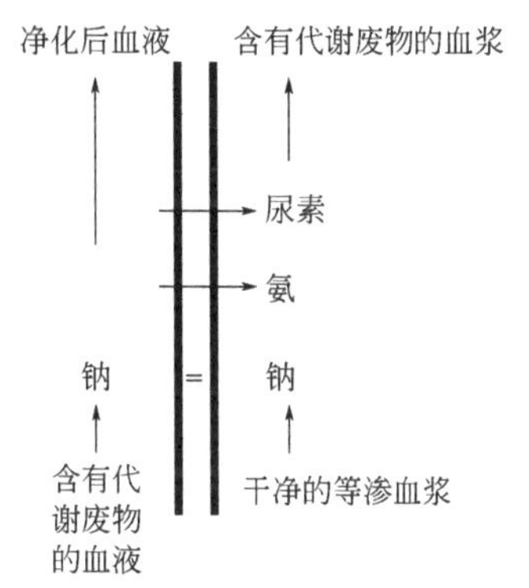

图 3-63　血液透析原理

该系统的主要应用是血液透析（图 3-63），让血液通过介孔膜与含有矿物盐的渗析液接触来净化肾功能衰竭病人的血液（去除盐类、尿素等）。这类膜允许低分子量的含氮化合物和盐类通过（尿素、尿酸等），同时完全过滤出蛋白质。因此，只去除那些多余的成分，而且可以通过调节渗析液的盐含量重新达到等渗平衡。

3.9.5.3　电渗析（电场梯度）

（1）原理

当富含离子的液体受到两电极间产生的电场影响时，它们之间就会有连续的电势差，则阳离子会向负极（或阴极）移动，同时阴离子会向正极（或阳极）移动。如果离子移动未被中断，则离子会到与其相反电性的电极上放电，即为电解。

但是，如果在这些电极间设置很多选择性渗析膜：有些膜呈阳性，只允许阳离子通过；其他膜呈阴性，只允许阴离子通过。若这些膜如图 3-64 所示那样设置，则可以限制离子的迁移方向，因为阴离子不能通过负极膜，阳离子不能通过正极膜。

对于由三张膜组成的渗析单元，在隔室 1、2、3、4 和 5 中注入氯化钠溶液，在电极产生的电场作用下，隔室 1、3 和 5 中的离子会移动到隔室 2 和 4。

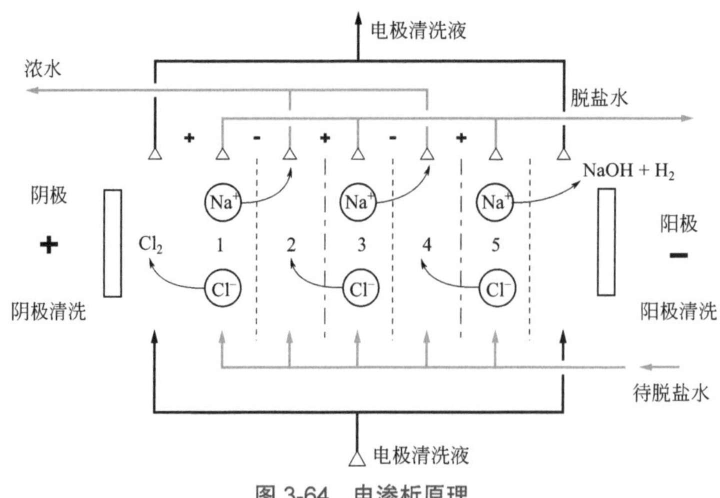

图 3-64　电渗析原理

在这种条件下，隔室 1、3 和 5 中水的盐分会被去除（脱盐水），而隔室 2 和 4 中的水会被浓缩。

每向系统中引入 1C 电量，就会有一价克的阴离子和阳离子离开淡水室（1、3 和 5），这些离子会进入到浓水室（2、4）中。

由于电势差与渗析单元数呈正比，所以去除每千克盐所需的能量基本保持恒定（去除每千克盐需耗电 0.6～0.8kWh）。

该工艺可以使水脱盐。而无法电离的分子和胶体仍然会留在处理后的水中，例如所有形态的硅、多数溶解态有机物和所有微生物。

该工艺也存在以下缺点：

① 它不会产出高度脱盐的水。这是因为，相关隔室的电阻很高，会引起欧姆损失。通常情况下，几乎无法将产水盐度降至 200mg/L 以下。

② 随着进水盐度的提高，制水成本会显著上升。这是因为：一方面，如上所述，能耗与去除盐量成正比；另一方面，当膜两侧浓度梯度过高时，离子的反向扩散会导致膜的选择性下降，为避免这种情况发生，需要限制膜两侧的浓度梯度。实际上，在选用电渗析工艺时，进水盐浓度需要低于 2g/L。

③ 盐去除率的局限：取决于电渗析设备内部的水力条件（沿膜的紊流），每次水流通过能达到的最高盐去除率为 70%～85%（此时盐通过率为 15%～30%）。因此，若想达到更高的盐去除率，需要进行回流或者多级电渗析（如图 3-65）。

④ 需要预处理：

a. 去除浊度（为避免颗粒物沉积，特别是在水流分布不均的区域）；

b. 降低金属含量，例如 Fe 和 Al<0.3mg/L，Mn<0.1mg/L 等；

c. 降低有可能在浓水室沉淀的盐类的浓度，这是考虑到电渗析、极化现象往往不仅会使待处理水中的离子高度浓缩，同时也会改变其 pH 值（OH^- 或 H^+ 离子的局部高度浓缩，会增强某些化合物沉淀的趋势）。化学性质与离子交换树脂相同的膜，也都有如下描述的限制条件（见本章 3.11.2.1 节）：对氧化剂特别敏感（Cl_2<0.1mg/L）。最重要的是，当待处理水含有可能被阴离子膜吸附的有机分子时，这些膜就有可能发生永久性的污染。

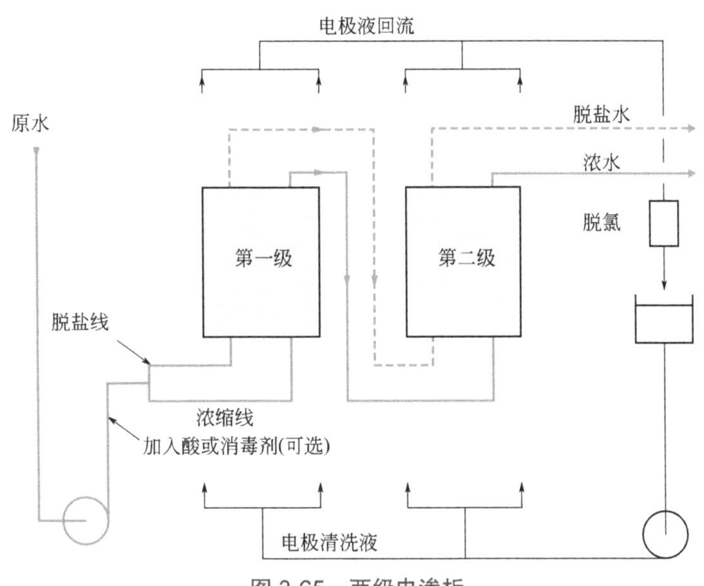

图 3-65　两级电渗析

（2）倒极电渗析（PRE）

为了避免任何水垢导致的风险，简单的解决办法是定期变换电极极性（如每 30～60min 转换 5min），从而将电渗析装置中浓水室和淡水室暂时调换，使极化层的位置移到膜的另一侧。

在电极变换期间生产的水必须排至排水系统。

该技术可应用于所有的现代电渗析装置，因为它可以简化预处理，但代价是装置更为复杂：

① 设置自动阀门，确保在电极变换期间产水被排至排水系统；

② 两个电极都能耐受阳极腐蚀。

电渗析技术应用的主要领域是有机（甚至胶体）溶液除盐，如乳清液除盐。在这一领域，唯一的竞争工艺为离子交换器。实际上，反渗透应用于这种类型的水处理中会出现各组分共存的情况，产生脱盐水和乳清浓缩物，而电渗析只去除离子。在水处理应用中，当该系统应用于处理低浓度含盐水（0.8～2g/L），处理目标仅为部分去除盐分时（饮用水），该工艺的直接竞争工艺为低压反渗透以及纳滤工艺（见第 15 章）。

应该注意的是，所有工业用平板膜的安装方式都与压滤系统类似。

3.9.5.4　电脱盐

前文介绍了电渗析原理并解释了关于要求脱盐水总盐度低于 150mg/L 甚至 200mg/L 并不经济适用的原因（淡水室电阻上升）。为了克服这个困难，大约 50 年前，人们就想到了在隔室里装填可完全再生的强阴阳离子树脂床（H^+ 和 OH^- 形式），见图 3-66。

在这种情况下，脱盐和电渗析机理一样，只是隔室的电导率明显不同。该电导率不再取决于溶液中的离子而是两个选择性膜间紧密排列的树脂。离子沿电极方向从一个树脂转移到另一个树脂，直至转移到选择性膜上，最后离子透过选择性膜进入到浓水室（这个迁移与伴随树脂再生的一系列附属反应有些相像）。

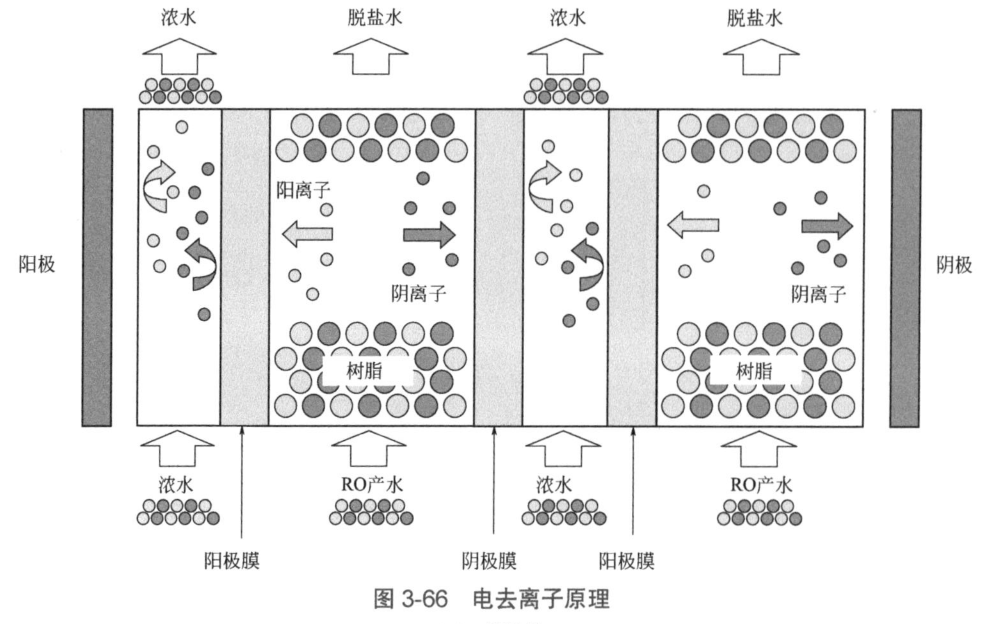

图 3-66　电去离子原理

RO—反渗透

这种方法可以完全地去除水中的离子，在复合床中也可以采用此方法，达到的效果基本相同，且无需投加任何化学试剂。

在实际应用中，直到 20 世纪 90 年代才出现隔室仅为几毫米厚的现代去离子装置。在这种情况下，膜的电阻就不能再被忽略。

基本装置是由大量隔室组成，包括脱盐管路、浓水回收系统和电极扫洗设备（取决于制造商，这些装置的运行流量为 1～3m³/h），这些装置可以并联安装。

该系统有以下局限性：

① 考虑到通道的狭窄以及保持树脂混床完全洁净的需要（不允许混床有任何即使轻微的污染），进水的物理指标必须达到要求（没有胶体）；

② 为了避免在电极上发生反应，水必须经过部分脱盐处理，从而达到最低电导率限值 0.2μS/cm。

综合以上两个限制条件，电脱盐（EDI）只能置于反渗透或甚至两级渗透（串联渗透）之后，作为深度处理单元使用。这种情况下，图 3-67 展示了 EDI 系统在运行一年后

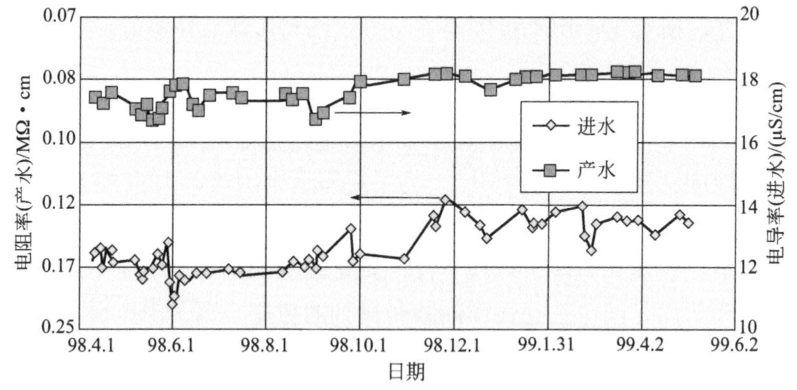

图 3-67　EDI 系统处理效果（运行一年后）

常见的处理效果，表 3-22 重新整合了产水水质和装置的运行条件（注意：规模是不同的）。

表3-22　EDI系统的产水水质和运行参数

项目	条件	项目	条件
电阻率	在 20℃时，16～18MΩ・cm	回收率	约 95%（5% 浓水排放）
SiO_2	$<20\times10^{-9}$	能耗	约 $0.3kWh/m^3$
TOC	降低约 50%	电压	400～600V（电极间）
pH	6.8～7.2	压力	最大约 6bar

提示：10μS/cm 相当于 0.1MΩ・cm。

应该注意的是：

① 硅和硼离子以及溶解气体，尤其 CO_2 是最不容易分离出的；

② 在树脂颗粒端室和膜片极端的 pH（2 或 11）能产生对于超纯水极有价值的灭菌效果。

EDI 最常应用于那些需要少量（流量<$50m^3/h$，甚至 $100m^3/h$）超纯水作为工艺用水的行业，如：电子工业、制药业、能源业。

第 24 章将会详细介绍电脱盐工艺在前两个工业的应用。在应用于能源工业时，其主要的优势是再生时不需要化学试剂，在追求尽量少排放，甚至零排放的处理系统中优势尤为明显。

图 3-68 展示了为一间制药实验室准备的仍在组装中的 Centripure 系统，其产水能力大约为 $2.5m^3/h$。相同的支架内安装了两级反渗透系统（可见 4 个压力膜件），和一级电去离子系统（压滤膜块位于支架底部）。

图 3-68　Centripure 系统：$2.5m^3/h$（反渗透 + 电去离子）

3.10　吸附

3.10.1　机理

吸附是一些物质具有将其他离子或分子（气体、金属、有机分子等）固定在其表面的特性，吸附大多数是可逆的。在吸附时物质从液相或气相内向固相的表面移动聚集。

固体物质的吸附能力取决于：

① 物质展开的表面积或比表面积（m^2/g）。自然界中的一些固体物质有很高的比表面积（如黏土、硅黏土等）并随水溶液物理化学性质（pH 值、键结阳离子性质）的变化而变化。例如，一些黏土如斑脱土（如高岭土）拥有 40～$100m^2/g$ 的比表面积，可吸附许多分子。这些物质具有极易变化的吸附能力，构成一项控制元素在自然界的交换和迁移至关重要的参数。

拥有极大比表面积（约 600～2500m²/g）的工业吸附剂（主要是活性炭）具有极高的微孔率。其他吸附剂，如混凝-絮凝过程形成的金属氢氧化物同样具有极大的比表面积，其比表面积与 pH 值密切相关。

② 吸附质-吸附剂连接键特性，即在吸附部位和与其接触的分子间的能量 G。在吸附气体的情况下，这种能量可以直接被测定；但在水性介质中，能量测定技术只能测定被吸附分子的吸附能和接触面处水的解吸能之间的吸附焓差。总的来说，吸附力的产生主要源自范德华力和静电力（库仑力）。例如，可以注意到芳香分子与碳的石墨结构具有极强的亲和力，并且会排斥非芳香极性分子。

③ 固体吸附剂与溶质的接触时间：即允许污染物迁移到炭表面的时间。

单位质量吸附剂所吸附的污染物的质量取决于污染物在水相中的浓度。在平衡状态下，吸附相中的分子和溶液中的分子发生动态交换。有许多理论尝试模拟平衡状态时被吸附的分子数量（g/g 或 g/m²）与留在水相中的分子数量的关系。在活性炭吸附领域应用最广泛的理论之一是弗雷德里希（Freundlich）定律（图 3-69）：

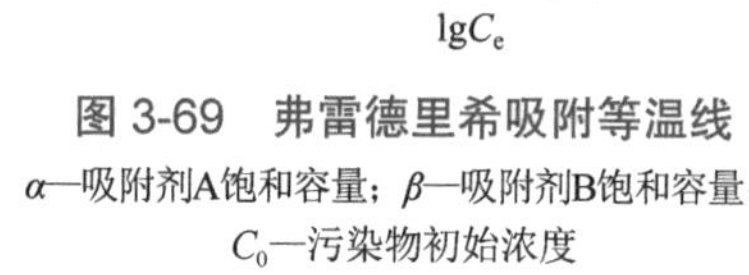

图 3-69　弗雷德里希吸附等温线

α—吸附剂A饱和容量；β—吸附剂B饱和容量；C_0—污染物初始浓度

$$X/m = K\,C_e^{1/n}$$

式中　X/m——单位质量吸附剂吸附溶质的质量；

C_e——吸附平衡后水相中污染物浓度；

K、n——基于在给定温度下的吸附质、吸附剂所对应的能量常数，该温度在整个实验过程中保持恒定（在相关图表中注明的等温线）。

事实上，由于整个物质表面在物理上和能量上的不均匀性，无论模型多么复杂，都无法覆盖整个等温线，更无法完全解释吸附机理。

3.10.2　主要吸附剂

3.10.2.1　活性炭

活性炭是通过严格控制的热活化工艺（干燥、500～600℃下炭化、850～1000℃下控制氧化）处理各种天然材料（煤、褐煤、木材等）来生产的。

经过处理后只留下原料的炭骨架和去除挥发性物质后的完整孔隙网（图 3-70），因此活性炭有很大的表面积。不同的活性炭随碳源和活化处理的不同而变化，因而具有不同的孔径、结构以及特性（吸附能力、强度）。需要指出的是，将活性炭重组为颗粒可以解决其强度问题（如压制成几毫米的柱体）。

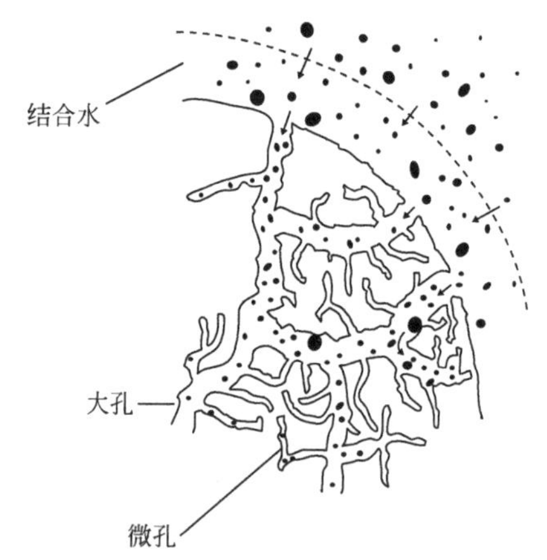

图 3-70　活性炭孔隙结构示意图

经验表明，合适的活性炭是广谱吸附剂，大多数有机物分子可被吸附在活性炭表面。最难吸附的是高极性分子和分子量极低的线性分子（简单醇类、初级有机酸等）。由于种种原因，活性炭对散发味道和气味的具有低极性、相对较高分子量的分子有较好的吸附能力。

除了这些吸附剂的特性之外，活性炭还能成为降解吸附相中可生物降解成分的优良微生物载体（见第 4 章 4.6.3 节），这能使部分活性炭得到生物再生。

活性炭同时还具有还原氧化剂的能力。

活性炭主要应用于以下领域：

① 饮用水和高纯水精制处理。活性炭用于吸附未被自然生物降解（水体自净）和未被上游物理化学处理单元去除的溶解性有机物。事实上，活性炭最早用于去除与口感、嗅味及色度有关的有机物以改善水的感观质量。但随着污染的加重，其应用范围逐渐扩大到去除许多污染物和微污染物，如酚类、烃类、农药、洗涤剂甚至某些重金属。活性炭还可用于去除三卤化物（THM）前驱物和消毒副产物。

② 工业废水处理。当污水不能被生物降解或者含有有毒组分而无法进行生物降解处理时，可以用活性炭选择性地吸附有毒元素，随后再进行正常的生物降解。

③ 工业水或污水的三级处理。活性炭可吸附未被上游生物处理单元去除的溶解性有机物，因此可以对残留的 COD（难降解 COD）进行不同程度的去除。

④ 还原氧化物。活性炭的另一个性质是可以还原氧化物（氯、二氧化氯、高锰酸盐、氯胺、臭氧等）。

根据下列反应式之一，在氯处理过量时需要进行脱氯处理：

$$HClO + C^* \longrightarrow C^*O + H^+ + Cl^-$$

$$ClO^- + C^* \longrightarrow C^*O + Cl^-$$

其中，C* 和 C*O 分别代表活性炭纯净的表面和被氧化的表面。这个反应可以连续产生 CO_2 并消耗一定量的炭，因此需要部分补充投加活性炭。

半脱氯值是活性炭脱氯反应的综合表征性指标，是指在给定速度下，出水中氯浓度达到进水时氯浓度一半时所需要的活性炭滤床深度（见第 5 章 5.7.2.5 节），pH 值对此值有一定影响。

在实际应用中针对不同的温度，根据有效氯含量和允许余氯值确定工作负荷，一般为单位容积活性炭每小时处理 5～15 倍体积水量。

此还原反应也适用于将氯胺分解成氮气和盐酸。但其反应速度低于脱氯的情况（大得多的半脱氯值）。因此，为了得到类似的结果需要显著地降低负荷。

必要时，此反应还可用于去除药剂残留：臭氧（气味、腐蚀）、高锰酸盐（色度）。

任何存在于炭和被处理水交界面的物质，例如碳酸钙沉淀，表面吸附各种污染物达到饱和等，都会影响炭的脱氯能力。

相反地，活性炭表面被氧化表明了活性炭对不易吸附污染物的吸附效率的降低。

3.10.2.2　其他吸附剂

除了上述的天然吸附剂之外，一些新的吸附剂也开始得到应用：

① 矿物吸附剂：各种氧化铝和金属氧化物，虽然有些具有很大的比表面积（300～400m^2/g），但这些物质的吸附能力比炭更有选择性，其吸附能力与 pH 和它们的孔隙率密切相关。当低于等电位时，只有带负电的分子可以被吸附在阳性吸附位。这些吸附剂吸附水中有机物的能力比活性炭差，但是一些吸附剂比如氧化铝、羟基氧化铁（可负载氧化

锰）更适用于砷、氟和磷酸盐的去除。

② 有机吸附剂：高分子树脂的比表面积为300～750m²/g，与活性炭相比其吸附容量较低。但这些树脂有较好的吸附动力（单位体积树脂每小时可处理5～10倍体积的水）并容易再生（低键能）。此外还应提及净化剂，即具有大孔结构的阴离子交换树脂（见本章3.11.2.3节）。由于这种树脂具有较小的比表面积以及它们的离子电荷对极性物质具有活性（如：腐殖酸、阴离子表面活性剂），从而与其他吸附剂相比拥有特殊的吸附性能。

3.10.3 活性炭的应用原则

活性炭有两种应用形式：粉末活性炭和颗粒活性炭。

3.10.3.1 粉末活性炭（PAC）

粉末活性炭通常为10～50μm的颗粒并经常与澄清处理结合使用，与絮凝剂配合连续地注入水中，并掺杂在絮凝物（污泥）中一并被排出。

为了充分利用粉末活性炭（PAC），建议使用污泥循环澄清池（Densadeg）或悬浮污泥床澄清池（Pulsator或Superpulsator）（见第10章）。这两种工艺都延长了水与炭的接触时间，并使炭接近或达到平衡饱和容量。在达到同样的处理效果时，使用Pulsator比静态澄清池能够节约15%～40%的炭。

同样，在超滤循环回路使用粉末活性炭可以去除溶解性有机物，对去除悬浮物的膜处理起到补充作用（见本章3.9节），这被称为Cristal水晶工艺（见第15章）。值得一提的是，通过反洗回收的活性炭可回到污泥循环系统或（设在膜处理单元上游的）污泥床澄清池重复进行利用。

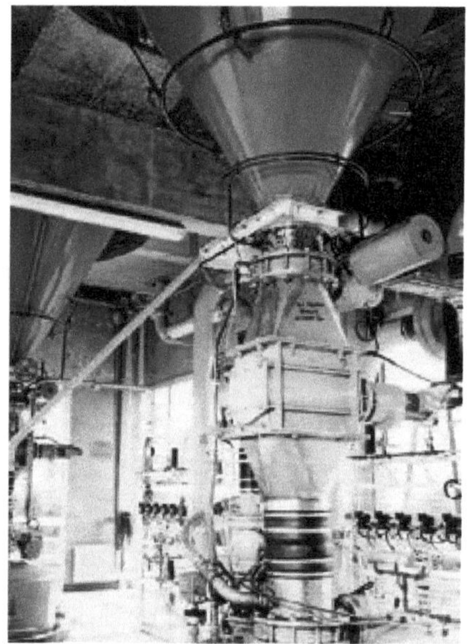

图3-71 南特市（法国）水厂（能力：11700m³/h）活性炭（PAC）投加装置

（1）优点

① 粉末活性炭价格是颗粒活性炭的1/4～1/3；

② 可根据污染物负荷和浓度调整粉末活性炭的投加量；

③ 在絮凝-沉淀处理工艺的基础上增加的投资有限（只需要一个活性炭投加单元），见图3-71和第20章20.6.3节；

④ 具有易于直接接触的巨大表面积，因而其吸附反应非常迅速；

⑤ 促进压载絮凝沉淀。

（2）缺点

① 活性炭与污泥混合后不能再生；

② 如不过量投加活性炭很难彻底去除痕量杂质；

③ 如果仅在污染高峰时段投加活性炭，必须有相应的污染物检测手段；

④ 因此粉末活性炭床主要用于间歇投加或低剂量（<10～25g/m³，根据实际需要）的情况。否则，应采用更经济的可再生颗粒活性炭。

3.10.3.2　颗粒活性炭（GAC）

（1）颗粒活性炭的物理性质

不同厂家生产的颗粒活性炭的物理性质有很大的差异（表 3-23）。为专门处理目的选择活性炭时，有必要熟悉这些参数。

表3-23　颗粒活性炭物理性质

原料	泥煤、沥青片岩、无烟煤、木屑、椰壳
外观	破碎、挤压
粒度：有效粒径 /mm 均匀系数	0.25～3 1.4～2.2
耐磨性：750 击 /% 1500 击 /%	10～50 20～100
表观（压实的）密度 /（g/cm^3）	0.20～0.55
比表面积 /（m^2/g）	600～2500
灰分 /%	4~12

（2）活性炭有效吸附容量

用颗粒活性炭作滤床对水进行过滤，水中的杂质被逐渐吸附到活性炭中。实际上，随着水中的污染物逐渐减少，水将与活性炭饱和程度越来越低也就是活性越来越高的部分接触。

活性炭处理水的成本效益主要取决于活性炭的有效吸附容量，即单位质量（kg）活性炭吸附的污染物（COD、TOC）的质量（g），根据预期的效果控制炭消耗。对于一个给定的系统（受污染的水-活性炭），其有效吸附容量取决于：

① 床深：床层越深，承受增加的污染负荷以及在确保上层完全饱和后无泄漏的能力越强（类似离子交换的概念，见本章 3.11.1.1 节以及图 3-72），实际应用中床深一般为 0.8～3m，在处理浓度高的水（工业废水）时甚至更深。

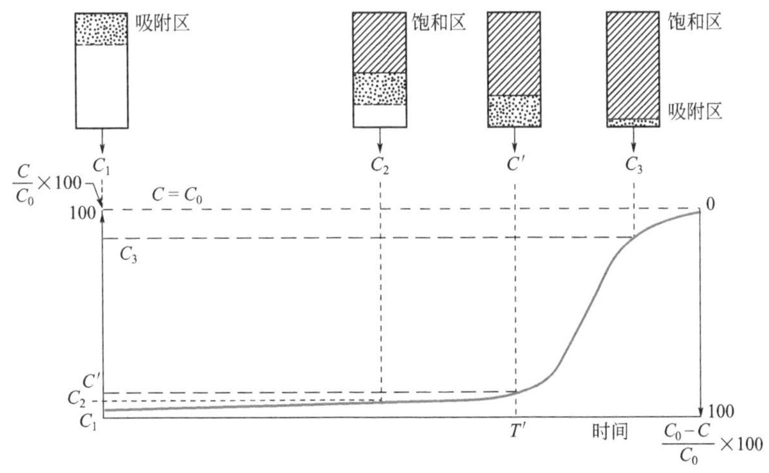

图 3-72　粒状活性炭吸附带扩展

② 交换速度：经验表明，在污染物含量高的情况下（工业废水），处理负荷（每小时单位体积活性炭处理水量）很少超过活性炭体积的 3 倍。对于水中可吸附污染物含量较低

的饮用水处理，由于投资原因，不得不接受较低的饱和度而采用较高的负荷（单位体积活性炭每小时处理 5～10 倍体积的水）。

③ 以高锰酸盐指数或 TOC 表示的水中有机物成分：各种有机成分与微污染物竞争颗粒活性炭（GAC）的吸附点，使得随 TOC 的增大颗粒活性炭（GAC）对污染物的吸附能力降低。

理论只能对变化规律提供指导，对于实际应用有必要征求专家意见，并 / 或进行活性炭柱的动态试验。目前已有根据实验室测试结果建立的计算模型用于计算活性炭的有效吸附容量（这些模型必须由专家使用）。

（3）活性炭床功能

紧密床的四项功能：

① 过滤：为了避免滤床堵塞，应尽量减少发挥其过滤作用。如果没有有效的反冲洗，系统将不可避免发生堵塞（实际上活性炭难以承受像砂滤料一样的频繁剧烈反洗）。而且每次反冲洗均会使滤料发生混合从而降低了活性炭的利用率。此外，滤床截留的絮凝物中吸附的污染物在冲洗过程中被释放，使炭床过早达到饱和。基于这些原因，建议使用砂滤先进行第一级过滤［这样，颗粒活性炭被作为第二级过滤，见第 22 章 22.1.5.2 节中的（2）］。

② 微生物载体（又称作生物再生活性炭）：此功能对工艺有利，但如果控制不当也存在风险（发酵、产生嗅味、滤床堵塞、滋生原生动物等），因此需设有专门为饮用水处理而开发的反冲洗操作系统：此时不再是颗粒活性炭（GAC），而是生物活性炭（BAC，见第 4 章 4.6.3 节）。

③ 还原作用［见本章 3.10.2.1 节中的（1）］：如用于饮用水处理，一般需在颗粒活性炭过滤之后进行消毒。

④ 吸附：活性炭的主要功能（见下）。

（4）粒状活性炭系统

颗粒活性炭有三种使用形式：

① 单固定床：该技术被广泛应用于饮用水处理（见 Carbazur 滤池，第 13 章 13.3.3 节）。由于活性炭吸附了微量污染物致使吸附带向深处移动（图 3-72），出水残留的污染物浓度达到报警值 C' 时需要用新炭代替废炭。否则，出水中污染物浓度将迅速上升并达到进水污染物水平 C_3。废活性炭要么废弃（非再生级活性炭），要么在受控环境下进行热处理再生［见本章 3.10.3.2 节中的（5）］。

② 串联固定床：对于污水处理，多个炭柱串联排列并依次循环再生（图 3-73）。为此需在适当位置设置一个逆流再生装置。双向流炭滤池 Carbazur DF（见第 13 章 13.3.3.3 节）为该系统的一个双单元变种工艺。

③ 移动床：这种床利用了逆流原理，但只有一个单床体（图 3-74），滤床底部可以被流化，以促进饱和炭的排出。

（5）再生

活性炭（类似人造吸附剂）是一种昂贵的产品，因此应尽量避免使用新炭替换饱和的炭，这就是为什么需要对活性炭进行再生的原因。目前已经开发出三种再生方法。

① 蒸汽再生

这种再生方法只适用于吸附了少量高挥发性污染物（氯化溶剂等）的活性炭的再生。

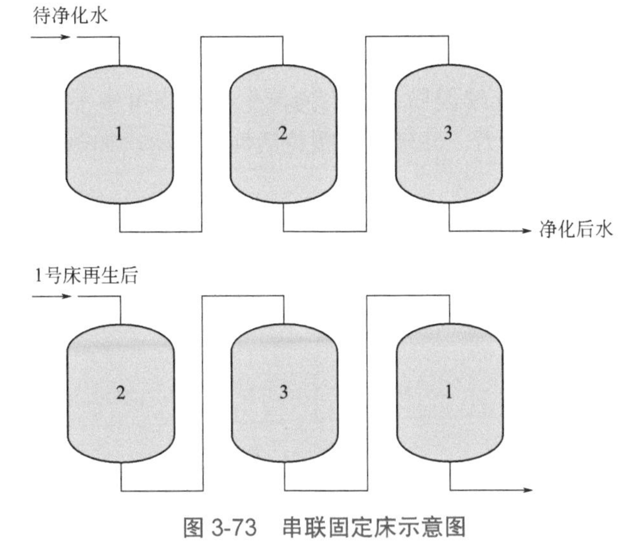

图 3-73　串联固定床示意图

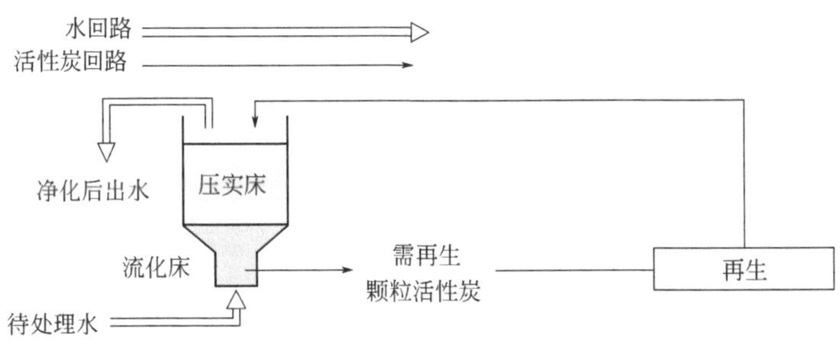

图 3-74　移动床示意图

但是，蒸汽可以用于清理活性炭表面的污垢并对炭进行消毒。

② 加热再生

在控制避免活性炭燃烧的环境下将炭加热到大约 800℃，可以将活性炭吸附的污染物热解成小分子，这些小分子污染物在脱离活性炭后在燃烧室内被焚烧。这种方法使用最为广泛，它可以彻底再生活性炭，但存在两个缺点：

a. 该系统需要很高的投资。根据情况，可采用多膛炉、流化床炉或回转炉系统，此炉必须配备温度和空气控制装置，并需要在进口处设置脱水系统以及在出口安装炭淬火系统。

b. 此系统的炭损失率较高（约 7%～10% 的再生炭量）。这就意味着从统计上，颗粒活性炭再生 10～14 次后会被完全替换一遍。可以通过电加热法（红外炉、感应炉）来降低炭损失率，但这种方法非常昂贵且目前只用于贵金属的回收。

注意：再生装置可安装在运行现场（当用量大或交通运输不便时，如图 3-75），通常情况下，废炭可由专门的服务供应商进行再生。

图 3-75　Taif（沙特阿拉伯）（产水量 12600m³/d，颗粒活性炭再生炉能力：6t/d）

③ 生物再生

在活性炭表面吸附的可生物降解的有机物可被附着在颗粒活性炭表面的细菌生物膜全部或部分矿化，这可看作是连续但局部的生物再生。生物再生不能代替加热再生，但可以强化对难降解分子的吸附能力，并延长了颗粒活性炭在两次加热再生之间的时间间隔。

3.11 离子交换

3.11.1 概述

3.11.1.1 原理

离子交换剂是在分子结构上具有可交换的酸性或碱性基团的不溶性颗粒物质。固着在这些基团上的正、负离子能和周围溶液中有相同电荷的离子进行交换，但没有外在物理形态或可溶性的改变，这个过程被称为离子交换，其可以改变被处理溶液中的离子成分而不改变溶液中的电荷总数。

最早的离子交换材料为土质颜料（沸石），之后是合成无机矿化物（硅铝酸盐）及有机化合物。后者几乎是目前使用的唯一材料，又名树脂，其产品一般为颗粒状材料，更多为球状。

树脂结构为在树脂骨架上嫁接的活性基团。目前有三种类型工业骨架：聚苯乙烯树脂、丙烯酸树脂或酚醛树脂。前两种是聚合而成的（球状），后一种是缩聚而成的（颗粒状），聚合骨架由附加剂（如二乙烯基苯）网联在一起。这种高度网状化结构可以同时增强对机械应力（压力下降）和渗透压（与可交换离子相关）的抵抗力。

凝胶型树脂具有均质结构。

大孔型骨架树脂的孔隙率是由添加发泡剂获得的，这些大孔隙在晶体结构上形成断层，因此对光不透明。大孔树脂有高度的网状结构，对有机物有较好的吸附和解吸能力。

活性阳离子或阴离子基团被嫁接到骨架上产生酸或碱，其离子强度取决于被骨架固定的基团［羧基（—COOH）、磺酸基团（$—SO_3H$）、氨基（$—NH_2$）等］。

按惯例，含有阴离子嫁接点位的树脂因为被用于交换阳离子而被称为阳离子交换树脂，反之亦然。根据其是否能交换 Ca^{2+} 或 Na^+ 离子而叫作 R_2-Ca 或 R-Na。

3.11.1.2 离子交换机理

（1）软化型可逆反应

例如：

$$2R\text{-}Na + Ca^{2+} \rightleftharpoons R_2\text{-}Ca + 2Na^+$$

与任何化学平衡一样，该反应遵循质量守恒定律。逆反应用于交换器的再生。

若待处理液与交换剂为静态接触，则当液体与树脂达到平衡时反应将迅速终止。但一直会存在不同程度的固着离子的泄漏。

可逆离子交换机制：对于包括两个有相同电荷的离子 A 和 B 的反应，可以用图解法得出离子 A 和 B 在液体和树脂中达到平衡的浓度（图 3-76）。

在平衡条件下，溶液中离子 B 的浓度为 X，交换树脂中的饱和浓度为 Y。当离子 A 和

B 对交换树脂的亲和力相同时，平衡曲线即为此正方形的对角线。交换树脂对 B 的选择性越强，曲线越向箭头方向移动。

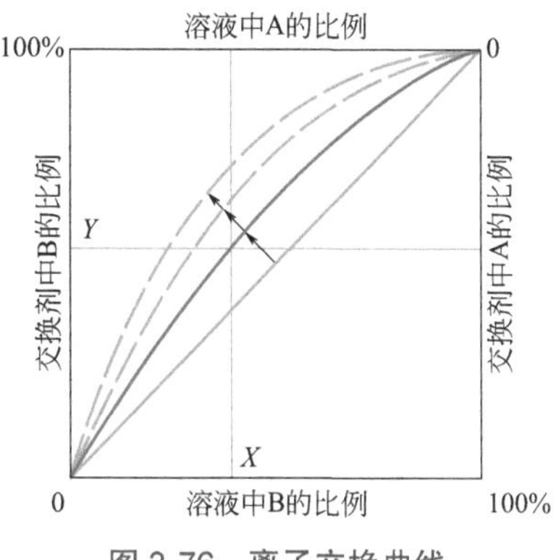

图 3-76　离子交换曲线

在给定的双离子系统中，平衡曲线的形状取决于以下因素：离子性质、离子化合价和对交换树脂的亲和力。因此，在 $Ca^{2+} \rightleftharpoons 2Na^{+}$ 聚苯乙烯树脂系统中，交换树脂对钙离子的亲和力总是比对钠离子的强，并且亲和力随溶液浓度的降低而增大。

如上所述，仅将交换树脂与处理液在交换器里接触，会在平衡曲线上的某点达到平衡。如果要使处理持续进行，直至一种离子被另一种离子有效去除，则需要使平衡点逐渐移动，方法是使液体通过一系列连续的交换位置层，这些层中所含待去除的离子逐层减少，从而使平衡点沿着平衡曲线移动，直至要去除的离子浓度趋于零。

如果假定一层交换材料完全为 A 离子，同时假定一种含有 B 离子的液体通过它，那么由 A 和 B 之间的连续平衡点可得到一系列的等时浓度曲线。若交换树脂对两种离子亲和力相同，其等时浓度曲线如图 3-77（a）；若交换树脂对 B 的亲和力远大于 A，则如图 3-77（b）。等时浓度曲线脱离右纵轴时（B 在出口液体中的浓度大于 0）会出现泄漏点，在该点曲线如图 3-77（c）。

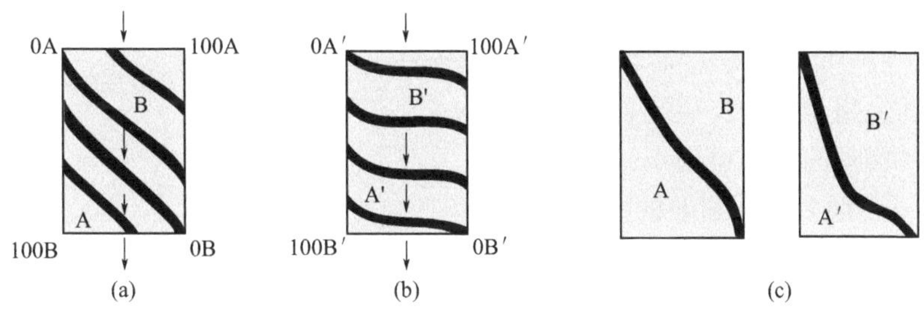

图 3-77　等时浓度曲线的移动

若以面积 $\frac{B}{A+B}$ 表示出现泄漏时交换树脂总容量中已使用的比例，很明显 B′ 远大于 B。

这种特征同样也出现在处理液中，如饱和曲线所示（图 3-78）。

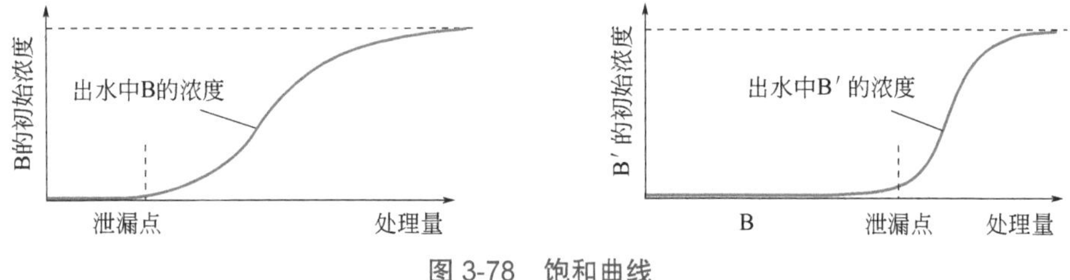

图 3-78　饱和曲线

这种曲线的形状不仅与上述提到的静力平衡曲线有关，还与溶液与交换树脂的交换动力学有关，这种动力学涉及溶质对交换树脂的渗透，它遵循唐南平衡定律。

这些现象十分复杂。它们涉及离子离解程度和浓度、温度、交换树脂-溶液界面的性质和交换树脂的渗透动力学。

离子交换树脂的总容量，即每升交换树脂中可用于交换的总量，其实用价值很有限。工业上必须考虑的因素是建立在等时浓度曲线或饱和曲线基础上的有效容量。

在实际应用中，出水的水质完全取决于最后一层交换树脂的饱和状态，而与上层的状态无关。

如果用如下的可逆反应分析：$R\text{-}A + B \rightleftharpoons R\text{-}B + A$

其中，固着反应为从左到右，再生反应为从右到左，再生周期之后的固着周期开始时需要检查交换树脂的状态。很明显，在固着周期开始时，处理水的质量（以离子泄漏表示）主要取决于交换器最后一层的再生程度。

（2）**不可逆反应**

这涉及用强碱性阴离子交换器（中和反应）去除强酸。

$$HCl + R\text{-}OH \longrightarrow R\text{-}Cl + H_2O$$

此反应的逆反应过程（水解）实际上并不存在，交换是完全的，可以通过静态接触和渗滤实现。在这种情况下，若水与树脂的接触时间足够长，就可以实现零离子泄漏。氯化物型树脂只能使用强碱再生。

$$R\text{-}Cl + NaOH \longrightarrow R\text{-}OH + NaCl$$

生成不溶化合物的平衡反应与上述交换过程相似。例如，如果用银离子饱和型交换树脂处理海水，得到：

$$R\text{-}Ag + NaCl \longrightarrow R\text{-}Na + AgCl$$

AgCl 由于不可溶解而沉淀下来。在这些条件下，根据贝托莱定律，即使在静态接触系统中，平衡会完全移动，反应可以进行到底。

以上两种类型的反应可用于：

① 去除一种或多种不需要的离子；

② 在交换树脂中选择性地浓缩一种或多种离子，而在随后的再生液中得到这些业已提纯和浓缩的离子。

（3）**预先固着的络合阴离子**

这种络合阴离子很可能诱发二次反应，如氧化还原反应现象影响水中或处理液中的离子，但本身不会在溶液中溶解。

例如，通过将亚硫酸盐树脂（$R\text{-}NH_3\text{-}SO_3H$）氧化成硫酸盐树脂（$R\text{-}NH_3\text{-}SO_4H$）固定溶解氧。

（4）**其他应用**

除了离子交换，树脂可用作催化剂（如酸）、吸附剂或除色剂等。

3.11.1.3 再生方法

在软化和脱盐过程中，当饱和曲线达到图 3-77（c）（A′ 和 B′ 混合物）时，交换周期即告结束。至少对于上层交换树脂，可认为离子交换树脂中 B′ 离子已饱和，并与进水溶液中 B′ 离子浓度达到平衡。

通过渗透 A′ 离子浓溶液可使交换树脂再生，可以采取与饱和过程相同的方向（顺流再生），也可以采取相反的方向（逆流再生）。

（1）顺流再生

在这种再生过程中（图 3-79），首先是 A′ 离子的浓溶液与 B′ 离子饱和的离子交换树脂层接触，之后这些被去除的 B′ 离子被转移到饱和程度较低的，更有利于被重新固着的交换层。因此交换柱底层主要为 A′ 离子，并在再生开始时被洗脱。

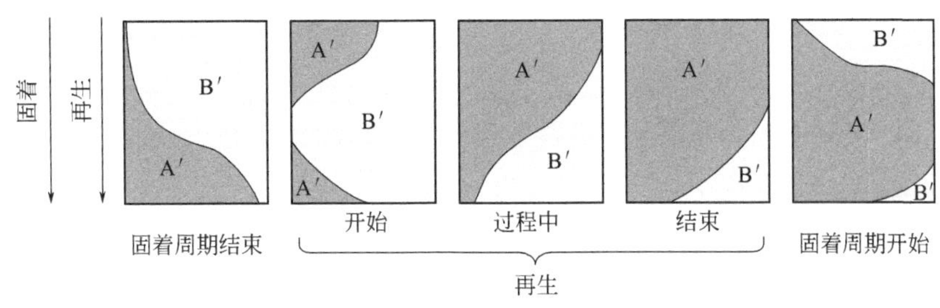

图 3-79　顺流再生

最后，如果再生剂的数量有限，B′ 离子不会全部从交换树脂中洗脱，因而底层的离子交换树脂不会被彻底再生。

因此，在之后的周期中，B′ 离子会由从上层洗脱的 A′ 离子自动再生。

所以，为了达到满意的离子交换再生效果，有必要使用大量的 A′ 离子再生液（两倍 A′/B′ 化学计量比）。

（2）逆流再生

当再生剂从底部向上注入时，则会出现另一种现象：浓度高的 A′ 离子首先与浓度低的 B′ 离子树脂层接触，洗脱条件较好。此外，B′ 离子不会在饱和的上层交换树脂内被再次捕获（图 3-80）。

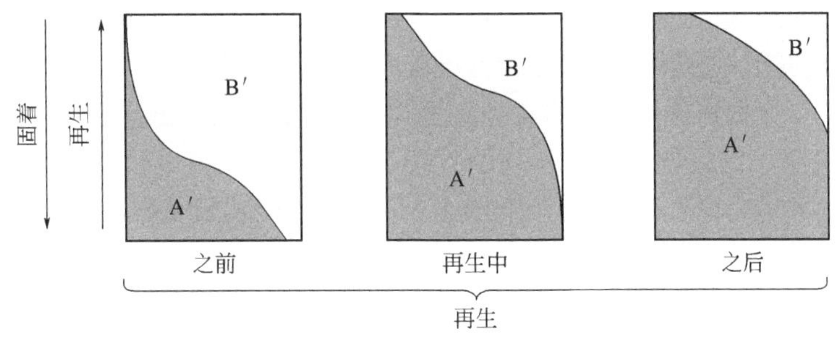

图 3-80　逆流再生

逆流再生有两大优点：

① 再生效率提高，同样的有效容量只需更少的再生剂；

② 出水水质提高，这是因为底层交换树脂的再生是在再生剂大大过量的条件下进行的。

3.11.1.4　离子交换术语

离子交换树脂容量（交换势）：单位体积或单位质量树脂可以固着离子的量，用单位体积或单位质量压实树脂可交换的质子摩尔或质子毫摩尔等单位表示。包括：①总容量，树脂可以交换的离子总量，是树脂本身的特性；②有效容量，总容量中可用的部分，取决于水力和化学条件。

床负荷：$\dfrac{\text{每小时处理的水的体积}}{\text{树脂体积}}$

离子流：床负荷 × 水的盐度

再生程度：$\frac{\text{再生剂质量}}{\text{离子交换剂体积}}$

再生倍率：$\frac{\text{再生剂质子摩尔量}}{\text{洗脱离子质子摩尔量}}\times 100\%$，这个比率总是大于等于 100%（100% 指的是化学计量比）。

离子泄漏：需要被固着的离子浓度及处理后水中的残余浓度，用 mg/L、μg/L、mmol/L 表示，有时用进水百分比表示。

穿透：产水周期最大允许的离子泄漏。

磨损：运行中交换树脂受到的机械磨损。

3.11.2 离子交换树脂主要种类

3.11.2.1 离子交换树脂特性

在工业应用中，离子交换树脂需满足以下要求：

① 聚合物残留溶出量极低，用 TOC 衡量，特别是用于食品（需使用由卫生主管部门批准的树脂）、核电厂和超纯水行业时。

② 需计算树脂粒径和粒径范围，以限制交换柱的压降。

下述使用的离子交换树脂，采用 0.3～1.2mm 直径的球形树脂。应用于逆流再生时，特别是顶压床的情况下，常使用单一树脂（如 0.65mm）。

对于某些特殊应用，树脂会被破碎到粒径为 5～30μm，经过处理后使用（冷凝处理），这些微型树脂无法再生。

③ 树脂颗粒的机械和渗透性质稳定（破碎颗粒很少）。

交换过程中，交换树脂应能固着各种离子或各种不同大小和分子量的离子化络合物。

在一些情况下，这将导致不可忽视的收缩或膨胀［对于某些羧酸型树脂（COOH-R），H^+ 相和 NH_4^+ 相之间的体积差异高达 100%］。显然，这种膨胀或收缩不应引起任何颗粒的破碎。而且在最差情况下，设备尺寸必须允许这种膨胀发生，且在树脂层内不产生过高的膨胀压力。

使用离子交换树脂应符合以下条件：

① 离子交换树脂是用于固着离子而不是用于过滤悬浮固体、胶体或油性乳液，若有这些物质存在，将缩短离子交换树脂的使用寿命；

② 去除溶解性有机物是一项复杂的任务，需要特别研究；

③ 水中含有大量溶解性气体会严重干扰交换器的运行；

④ 强氧化性物质 Cl_2、O_3 会破坏树脂；

⑤ 最后，根据实验室测试结果或树脂生产商提供的数据进行工业化推广还需要实践的检验。

设备的设计及规范的操作与树脂的理论性能同样重要。

3.11.2.2 阳离子交换树脂

阳离子交换树脂分为两种类型：强酸性阳离子交换树脂、弱酸性阳离子交换树脂。

（1）强酸性交换树脂

这种树脂的特点之一是含有与硫酸酸度接近的—SO_3H 自由基。目前，此类磺化聚苯乙烯树脂的制取方式为：

① 苯乙烯和二乙烯基苯以乳状液的形式共聚以获得理想的球状凝固颗粒；

② 磺化所获取的颗粒。

采用这种方式生产出的几乎是单一功能产品，其物理化学性质取决于二乙烯基苯对苯乙烯的百分比，称作网络率或交联度，变化范围通常为 6%～16%。

对于传统的固定床，阳离子交换树脂的交联度约为 8%。

对高流速（连续或间歇）、短周期处理或含微量氧化剂的水的处理，应采用胶质和大孔结构的高交联度树脂。

（2）弱酸性交换树脂

弱酸性交换树脂是含—COOH 羧基自由基的聚丙烯酸树脂，可以类比某些有机酸，如甲酸或乙酸。其与强酸性交换树脂有两点不同：

① 它们只能固着与碳酸氢根结合的 Ca^{2+}、Mg^{2+}、Na^{2+} 等离子，而不能和与强阴离子（SO_4^{2-}、Cl^-、NO_3^-）平衡的阳离子交换。

② 易于再生（强酸与弱酸盐反应）。反应完全彻底，再生水平接近理论值。

3.11.2.3　阴离子交换树脂

阴离子交换树脂有：弱碱性阴离子交换树脂、强碱性阴离子交换树脂。

在有酸存在的情况下它们有不同的表现：

① 弱碱性离子交换树脂不会固着非常弱的酸如碳酸、硼酸或硅酸，不像强碱性交换树脂可以将它们完全固着；

② 根据如下反应类型，强碱性交换树脂单独可以和强碱盐反应（盐分离）：

$$\text{R-OH} + \text{NaCl} \rightleftharpoons \text{R-Cl} + \text{NaOH}$$

弱碱性交换树脂对纯水置换已被树脂固着的离子的水解反应有一定的敏感性；

$$\text{R-Cl} + H_2O \longrightarrow \text{R-OH} + \text{HCl}$$

而强碱性交换树脂则几乎不存在这种现象。

弱碱性交换树脂再生比较容易（强碱与弱碱盐反应），反应完全并可达到近乎理论值的再生水平。

（1）弱碱性阴离子交换树脂

弱碱性阴离子交换树脂通常为叔胺，伯胺的碱度很低，很少被使用。

其骨架通常为聚苯乙烯或大孔结构，或聚丙烯酸结构。聚丙烯酸树脂具有较高的交换容量，可以固着碳酸但是很难清洗。

（2）强碱性阴离子交换树脂

强碱性阴离子交换树脂都是季胺。它们通常具有胶质或大孔结构的聚苯乙烯或丙烯酸骨架。

聚苯乙烯的变种有：碱度高的三甲基团（Ⅰ型）和碱度稍低的二甲基团（Ⅱ型）。

① Ⅰ型：高碱度，对硅和二氧化碳的亲和力高，容量低，再生性能差。

② Ⅱ型：碱度低，对硅和二氧化碳的亲和力低，化学稳定性低，容量高，再生性能

稍好。

丙烯酸树脂碱度在Ⅰ型与Ⅱ型之间，容易洗脱有机物但不能承受高于35℃的温度。

同样也存在双组分丙烯酸树脂，即在同一树脂床内既有高碱度的树脂又有低碱度树脂。这类树脂有较高的交换容量但只能用于处理二氧化硅含量较低的水。

3.11.2.4 一些技术参数

（1）总容量

表3-24给出了各种离子交换树脂的总交换容量，用质子mol/L树脂（参见第1章1.4节）表示。

表3-24 各种离子交换树脂的总交换容量 单位：质子mol/L树脂

交换树脂种类	凝胶型	大孔型	交换树脂种类	凝胶型	大孔型
弱酸阳离子	3.5～4.2	2.7～4.8	强碱阴离子		
强酸阳离子	1.4～2.2	1.7～1.9	Ⅰ型	1.2～1.4	1.0～1.1
弱碱阴离子	1.4～2.0	1.2～1.5	Ⅱ型	1.3～1.5	1.1～1.2

（2）再生程度

树脂的再生程度受树脂种类影响不大，主要取决于使用条件，这是数值变化范围较大的原因，如表3-25所示（用g纯物质/L树脂表示）。

表3-25 离子交换树脂的再生程度 单位：g纯物质/L树脂

交换树脂种类		顺流再生	逆流再生
强阳离子	NaCl	150～250	80～100
	H_2SO_4	100～200	50～80
	HCl	80～150	40～60
弱阳离子		使用容量的110%	
弱阴离子		使用容量的125%～130%	
强阴离子 Ⅰ型 Ⅱ型	NaOH NaOH	100～150 80～120	60～90 40～60

3.11.2.5 吸附树脂和特殊树脂

（1）吸附树脂

与可逆的离子交换不同，这类产品用于固着极性和非极性溶剂溶液中的非离子化合物（主要是有机分子）。

发生在固体上的吸附现象极为复杂，树脂的吸附容量主要取决于以下因素：

① 骨架的化学成分（聚苯乙烯、丙烯酸、酚醛）；

② 极性吸附官能团的种类（伯胺、叔胺、季胺）；

③ 极化程度；

④ 孔隙率（产品通常含有孔径最大达130nm的大孔结构）；

⑤ 比表面积，高达750m^2/g；

⑥ 亲水性；

⑦ 颗粒形状。

潜在的应用领域：

① 吸附水中的污染物（腐殖酸、表面活性剂等）以保护后续离子交换系统；

② 糖浆、甘油、葡萄汁、乳清等液体的脱色；

③ 医药工业和合成化学工业中用于分离、净化、浓缩。

吸附树脂的再生方式主要取决于所吸附的物质，常用的洗脱液有酸、碱、氯化钠、甲醇、合适的有机溶剂，在某些情况下，也可以使用纯净水或蒸汽。

选择吸附剂并不是件简单的工作，经常需要开展实验室测试或中试试验。

（2）特殊树脂

① 螯合树脂

此类树脂含有特殊的官能团（氨基膦、氨基二乙酸、氨基肟、硫醇），可用于选择性固着各种污水中的重金属（锌、铅、汞等）、色谱金属分离及电解产生的高盐水的软化。

② 原子能用树脂

这种树脂比常用的树脂纯度高，强阳离子树脂中含有 99% 的再生 H^+，OH^- 强阴离子树脂中 Cl^- 含量少于 0.1%。

③ 催化树脂

a. 传统的酸、碱催化树脂（如葡萄糖转化生产液体糖）；

b. 金属催化剂树脂（如用于去离子水或海水脱氧的钯树脂）。

3.11.3　经典系统

必须强调的是，在离子交换工艺之前必须设有预处理系统，特别是去除悬浮固体、有机物、余氯、氯胺等的处理单元。

3.11.3.1　顺流再生

旧时的离子交换方式为顺流再生的固定离子交换床：待处理水和再生液从上向下渗透经过树脂床。

完整的交换周期包括：

① 生产：交换器生产周期由树脂层的有效交换容量决定，即两次再生之间处理的水量。

② 疏松（松散）：上升的水流疏松树脂床并去除表面堆积的树脂碎片和微粒。

③ 再生：再生液从上向下慢慢渗滤经过树脂层（顺流再生）。

④ 置换（慢冲）：水以与再生液相同的流速和方向注入，直到清除几乎所有的再生剂。

⑤ 快冲：水注入的流速与生产过程的流速相同直到处理出水满足产水水质要求。

顺流再生离子交换装置：无论离子交换的目的是软化、去碳酸盐或除盐，装置通常由一个垂直封闭的填装有树脂的圆柱形容器组成，它可以直接与处理后液体收集单元相连，收集单元由均匀分布在底板的管嘴或多歧管组成。也可将树脂置于惰性粒料承托层上（硅石、无烟煤或塑料颗粒）。该层设有放空管网（图 3-81）。

树脂层之上应有足够的空间，以允许疏松树脂时正常膨胀（树脂压实体积的 50%～100%，取决于树脂性质）。

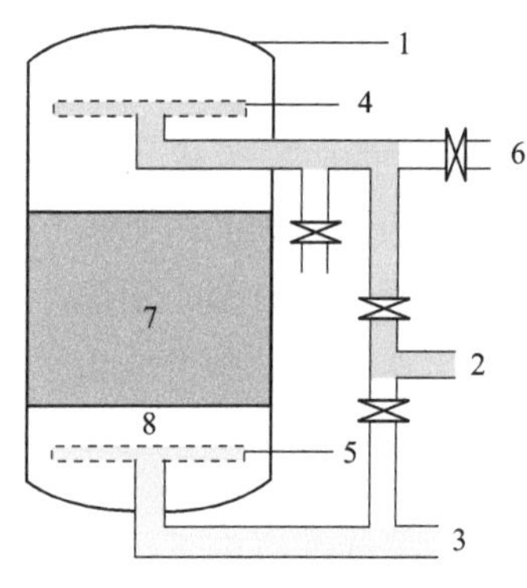

图 3-81 顺流再生

1—交换器外壳；2—原水进口；3—处理水出口；4—原水分配；5—处理水和洗出液回收；6—再生液进口；7—树脂；8—支撑层

待处理水和再生液均从顶部进入交换器，共用一套较为复杂的分配系统。

装置还配有用于生产、疏松、再生和冲洗各种操作的外部阀门和管道。

3.11.3.2 逆流再生

当前使用的离子交换器几乎都是逆流再生型。最早的逆流系统是在 20 世纪 70 年代和 80 年代时使用的空气或水顶压型。现在的系统被称为顶压床系统，树脂置于两个滤板之间（上下两侧均被限制住），使树脂在交换器内无法上升。

对于顶压床系统，生产过程可以从上向下也可以从下向上。

再生程序被简化为：a. 压实（如果需要）；b. 注入药剂；c. 置换（慢洗）；d. 漂洗和 / 或再循环。因此阀组也得以简化。

定期通过水力输送将树脂转移到交换器外单独的清洗罐进行清洗并去除碎屑，见第 14 章 14.1 节。

3.11.3.3 水软化

对于水软化所使用的阳离子交换树脂，用氯化钠溶液进行再生（图 3-82）。

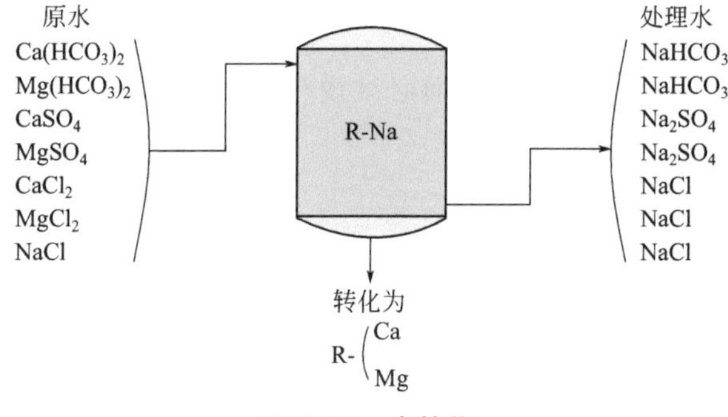

图 3-82 水软化

处理后水中的所有盐都被转换成钠盐，其硬度几乎为零，pH 和碱度维持不变。软化可以在采用石灰去除碳酸氢盐、并将碱度降至 20～40mg/L（以 $CaCO_3$ 计）的预处理之后。在这种情况下，处理后的水中去除了碳酸盐，即被软化（图 3-83）。

3.11.3.4 除碳酸盐

该系统使用酸对羧酸型树脂进行再生处理，以使其成为 H 型树脂（结构以 R-H 表示，R 代表含有 1mol 交换离子 H^+ 的树脂固体部分）（图 3-84）。这种树脂有固着二价阳离子并释放相应阴离子形成自由酸的性质，直到处理水的 pH 达到 4～5。由于与阳离子结合的强酸阴离子（Cl^-、NO_3^-、SO_4^{2-}）没有被树脂固着，其释放的自由酸等同于碳酸氢盐所释放的碳酸总量。

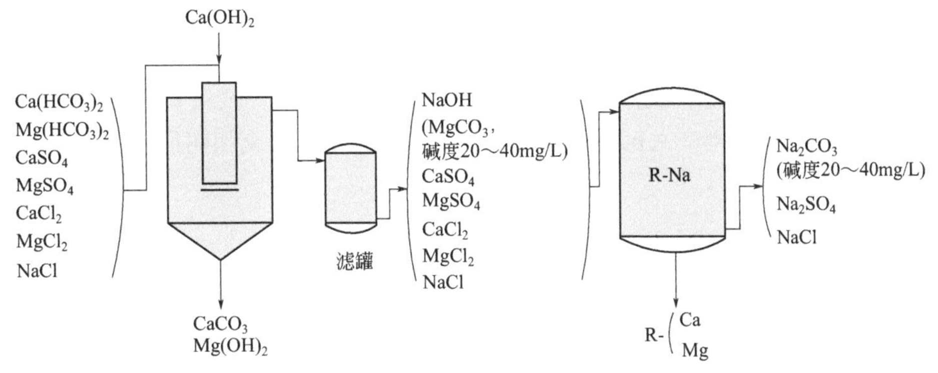

图 3-83　水软化及用石灰除碳酸盐

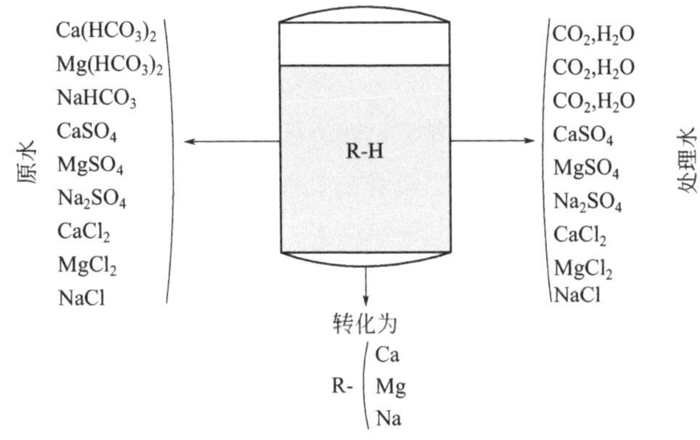

图 3-84　除碳酸盐

在这种条件下，处理水中含有最初所有的强酸盐和一定比例的溶解二氧化碳，二氧化碳等于原水中的碳酸氢盐的量。这种水碱度可能为零，硬度等于原水 TH−TAC。

因此，当 TH 小于或等于 TAC 时硬度可能等于零，因为碱土离子和碱离子会优先交换。

如果相反，可以在同一单元中混合羧酸树脂层和磺酸树脂层，用强酸和氯化钠溶液相继再生，以获得零硬度的水。当原水总碱度（TAC）高于总硬度（TH）时，H 型羧酸树脂能够去除与原水中碱度同等质子摩尔的硬度，即固着等于 TAC 量的 TH。磺酸树脂交换钠离子，固着等于 TH−TAC 的永久硬度。这种系统产出去除了碳酸盐的软化水。

对于钠碱度水，羧酸树脂固定能力变差。

在任何情况下，最好用除碳器去除离子交换释放的溶解性 CO_2（见第 16 章 16.1.1 节）。

3.11.3.5　除盐

用下列符号表示常用的交换树脂：

WAR：弱酸性阳离子交换树脂；

SAR：强酸性阳离子交换树脂；

WBR：中性或弱碱性阴离子交换树脂；

SBR：强碱性阴离子交换树脂；

MB：混合床。

下文及第 14 章将介绍离子交换装置的除盐性能。

（1）部分除盐（SAR+WBR 系统）

这种系统由装填强酸性阳离子交换树脂（SAR）的单元和装填弱碱性阴离子交换树脂（WBR）的单元串联组成，SAR 由强酸再生，WBR 由氢氧化钠或铵再生。如果碳酸对离子交换系统的运行无害则产水可直接使用，否则，要在阴离子交换树脂的上游或下游用除碳器脱除 CO_2（图 3-85）。

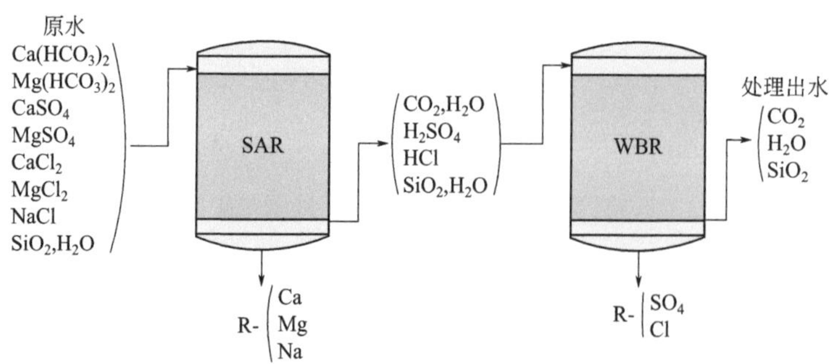

图 3-85　SAR+WBR 系统部分除盐

处理水中含有原水中存在的所有二氧化硅，脱气后碳酸浓度大约为 10～15mg/L。根据选择的阳离子交换树脂的再生程度，电导率在 2～20μS/cm 之间。脱除 CO_2 后，pH 在 6～6.5 之间。

这种方式生产的水常用于中压锅炉和某些工业工艺。

（2）完全除盐

① SAR+SBR 系统

该系统去除包括二氧化硅在内的所有离子（图 3-86）。一般情况下，建议在阴离子交换器和阳离子交换器之间设置脱碳器，以减少进入阴离子交换器的离子量。这可降低强碱性阴离子交换树脂的用量，并减少再生剂的消耗。

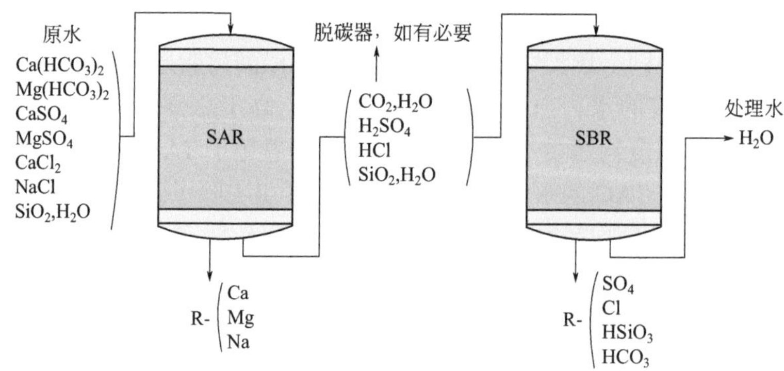

图 3-86　SAR+SBR 系统完全除盐

实际出水电导率为 1～10μS/cm，二氧化硅含量为 0.05～0.5mg/L，pH 在 7～9 之间。

这是用于制取脱盐水最简单的系统。

② SAR+WBR+SBR 系统

这种系统（图 3-87）是之前系统的变形，生产的水质相同，但在处理含大量强阴离子（Cl^-、SO_4^{2-}）的水时，其经济效益更高。待处理水先后通过弱碱阴离子交换树脂和强碱阴离子交换树脂。脱碳器为可选项，可设在阳床和第一级阴床之间，也可以在两级阴床之间。

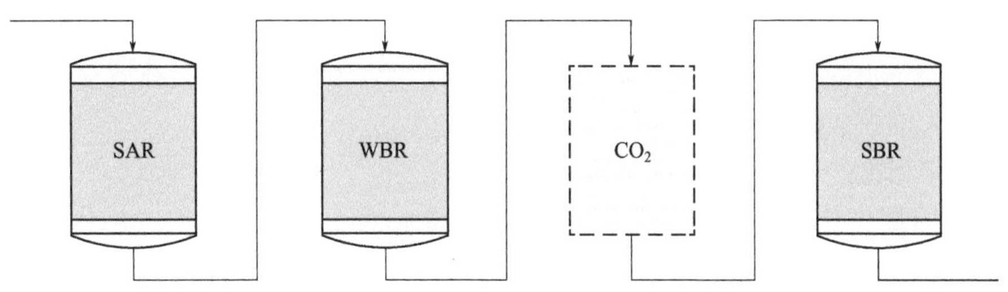

图 3-87　SAR+WBR+SBR 系统完全除盐

阴离子树脂用氢氧化钠溶液串联再生，氢氧化钠溶液先通过强碱树脂，然后通过弱碱树脂。这种方法与上个方法比可显著节约氢氧化钠用量，因为通常来说，用正常量氢氧化钠溶液再生强碱树脂后剩余的氢氧化钠溶液，足以彻底再生弱碱树脂。此外，当原水含有有机物时，弱碱树脂可以保护强碱树脂。

③ WAR+SAR 和 WBR+SBR 组合

该系统主要用于水中所含碳酸氢盐的比例较高的情形。再生以先通过磺酸离子交换树脂再通过羧酸离子交换树脂的方式串联运行。

因为羧酸树脂再生几乎完全是用磺酸树脂再生后剩余的游离酸，整体再生水平显著下降。

图 3-88 为药剂用量最少的系统（显然采用逆流再生模式）。

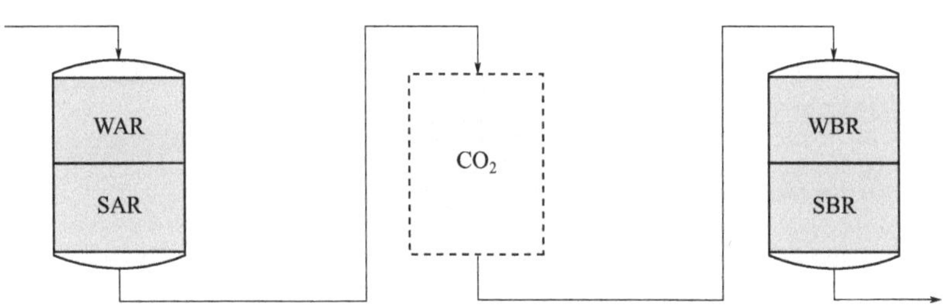

图 3-88　复合床：强、弱树脂在同一交换器中进行完全除盐

④ 除盐水水质

脱盐水水质主要取决于阳离子交换树脂的再生率。

实际上，阳离子交换器内产生的任何离子泄漏都会在阴离子交换器内形成自由碱（NaOH），使阴离子交换器产生硅泄漏。因此有必要设置阴阳离子的分离床或混合床精制系统。

⑤ 混合床（MB）

混合床与分离床的主要区别是两种强树脂（强阳离子树脂和强阴离子树脂）被封闭在同一单元中。树脂完全混合，并排的树脂颗粒就像无数串联的阴、阳离子交换器（如图 3-89 所示）。

为了再生考虑，两种树脂在松散阶段将进行水力分级。较轻的阴离子树脂上升到顶部，较重的阳离子树脂下沉到底部。

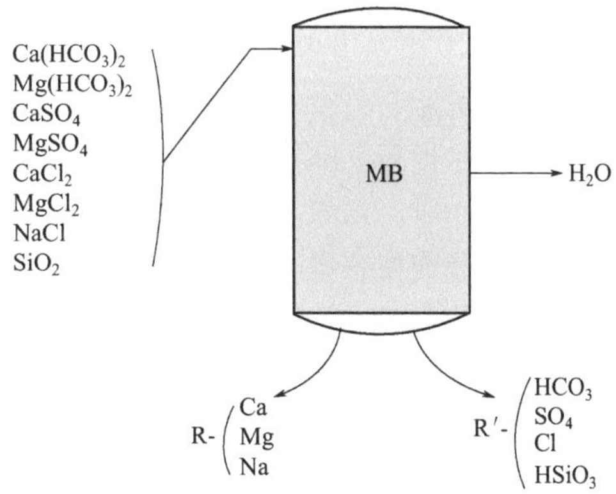

图 3-89　混合床完全除盐系统

树脂实现分离之后可以分别使用氢氧化钠溶液和强酸独立再生。分别清洗每个床使剩余的再生剂得以去除。设备清洗干净后，通入压缩空气混合树脂。在该清洗过程完成后，设备即可投入下一个循环过程。

与分离床相比，混合床有以下优点：

a. 整个周期生产极纯且水质稳定的水（电导率低于 0.2μS/cm，二氧化硅含量低于 10μg/L）；

b. pH 接近于中性。

混合床的缺点是交换势低而且不易控制，因为树脂需要实现完美的分离和混合。

混合床交换器可直接用于处理仅含少量矿物质的水（如事先经过反渗透或蒸馏处理的水、冷凝水或核反应堆闭路循环水等)。有可能用单个混合床来代替完整的离子交换器系统。

但混合床交换器主要用于末端的精制处理，由于离子负荷低，前处理系统每工作 5～10 个周期，混合床才再生一次。

⑥ 分离床精制处理系统

这个系统可以采用两个交换柱串联的方式，即 SAR-SBR。为节省再生剂用量可以与初级系统串联进行再生。

这样可以得到电导率低于 0.5μS/cm，二氧化硅含量在 5～20μg/L 之间的产水。

不过这一系统的使用日趋减少，并逐渐被处理水质更好的混合床替代（见上文)。

对于某些精制处理，可以用一个强酸或弱酸阳离子交换树脂装置中和从初级阴离子交换器泄漏的碱。这种精制处理交换器用于制取几乎无阳离子（电导率小于 1μS/cm）的水，pH 值 6～7。

3.11.4 离子交换系统的选择

图 3-90 给出了脱盐处理中使用的常用组合。在第 14 章中会有进一步的介绍。

3.11.5 脱盐系统计算原理

计算将用到以下数据：

① 原水的总碱度（甲基橙碱度，TAC 或 M-alk.)，单位 mg/L ;

② 原水强酸盐（SSA，$SO_4^{2-}+Cl^-+NO_3^-$)，单位质子 mmol/L ;

③ 二氧化硅含量（[SiO_2])，单位质子 mmol/L（1 质子 mmol/L=60mg/L SiO_2)；

④ 水中碳酸含量，或碳酸被去除后（[CO_2])，单位质子 mmol/L（1 质子 mmol/L=22mg/L CO_2)；

⑤ 再生过程之间提供的水的体积 V，包括工艺水（若有)，单位 m^3；

⑥ 每小时产水量，单位 m^3；

⑦ 树脂交换容量 C，用质子 mmol/L 压实树脂表示。

为粗略计算，交换容量可通过每种树脂的技术规格书获得或通过制造商提供的软件计算得到。首先计算出阴离子交换容量 C，树脂体积用量可用下列公式计算：

对于弱碱交换树脂，使用公式：

$$V_a=\frac{V\times \mathrm{SSA}}{C}$$

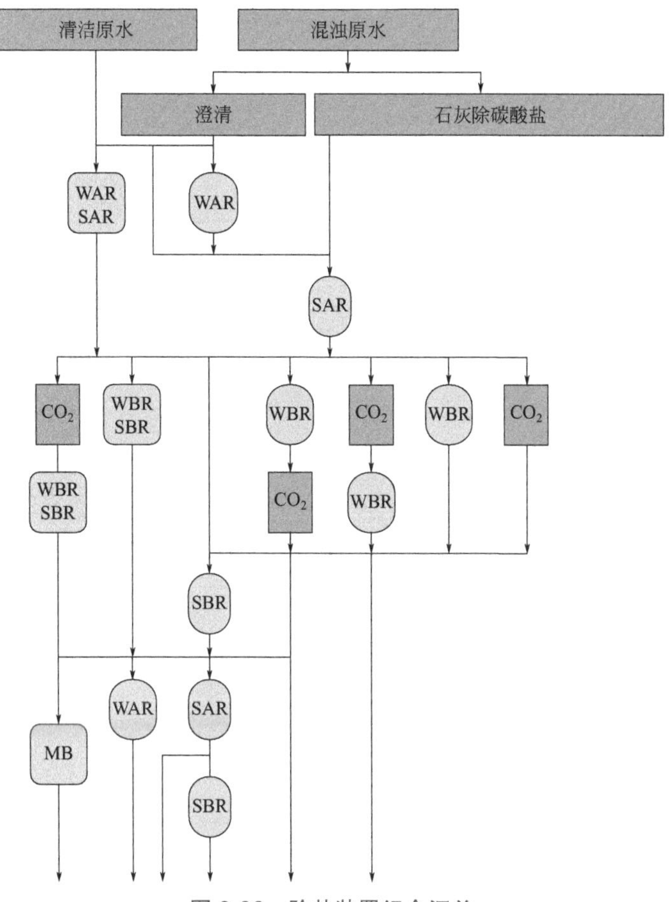

图 3-90　除盐装置组合汇总

WAR—弱酸（羧酸）阳离子交换器；WBR—弱碱阴离子交换器；SAR—强酸阳离子交换器；SBR—强碱阴离子交换器（除硅）；CO_2—除二氧化碳器；MB—混合床

对于强碱交换树脂，使用公式：

$$V_a = \frac{V(\mathrm{SSA} + [\mathrm{CO_2}] + [\mathrm{SiO_2}])}{C}$$

考虑清洗阴离子交换树脂所需的多余水量 αV_a，可计算出阳离子交换树脂的体积。由此得到：

$$V_c = \frac{(V + \alpha V_a)(\mathrm{SSA} + \mathrm{TAC}/50)}{C}$$

用这种方法计算出来的容量必须与每小时处理水量、过流速度或床负荷上限比较。

若 V_c 或 V_a 值太小，必须对其进行调整，这样会增大每个周期的产水量 V。

3.11.6　完全脱盐装置的运行与维护

3.11.6.1　处理效果的检定

完全脱盐装置需要进行的检测主要包括：a. 电导率（电阻率）；b. 硅浓度；c. 钠浓度（如有）；d. pH（如有）。

要获得最大的可靠性需要对某些指标进行连续检测，特别是电导率和硅。

为了精确测量电导率和推断离子泄漏值，需要注意的是，除盐水只含痕量的氢氧化钠（第 8 章 8.3.2.2 节）。

3.11.6.2　树脂消毒

微生物的存在会引起运行问题：

① 细菌菌落侵入引起的交换床污堵（特别是对羧酸树脂）；

② 树脂内部孔隙的污染（特别是对阴离子交换树脂）。

有两种修复方法，但在未咨询专业人员之前切勿使用：

① 预防措施：对原水连续或间歇地进行预加氯；

② 补救措施：采用甲醛、季铵溶液或含 200g/L 氯化钠的盐水对树脂进行消毒，pH 碱化到 12。

3.11.6.3　树脂存储

（1）未开封前

① 防脱水

树脂需要在未开封的包装中储存，避免光照，温度低于 40℃。定期检查包装，若树脂包装已破坏，应通过喷水在重新包装前保持树脂湿度。

② 防冻

树脂可以放在防冻的房间或用饱和盐水处理。

（2）在装置中

① 防脱水

保持交换柱一直充满水。

② 防冻

温度在 −17℃以上时可以用饱和盐水替换水来保护树脂。在更低的温度时，用适当比例的水 / 乙二醇混合液。

③ 防细菌滋生

在系统停止运行前，进行一次加长反洗以去除悬浮固体。阳离子和阴离子树脂应保持饱和状态。对于阴离子树脂，这种方法同样可以防止强碱组分水解成弱碱组分而造成容量降低。

用 0.5% 甲醛溶液充满阳离子交换树脂床，建议定期检查以确保溶液浓度不低于 0.2%。

用 0.1% 季铵盐溶液充满阴离子交换树脂床。

浓度不低于 200g/L 的浓盐水也很有效，这种方法同样还可以用于防冻和防水解。

3.12　氧化还原

除了沉淀和中和，水处理主要应用的化学反应还有氧化还原反应（见第 1 章 1.2.3 节），氧化也可以物理的形式加以实现，尤其是通过紫外光照射。

3.12.1　氧化还原的目的

物理化学氧化用于各种类型的水处理，其用途包括：

① 在供给生活和工业使用前对水进行消毒以消除细菌污染风险；

② 将溶解态元素或化合物（铁、锰、硫化物）转化为沉淀物；

③ 分解有机物，尤其是在水中产生颜色、气味、味道，以及有毒的物质。通常，上述物质增大了水中的化学需氧量；

④ 去除氨氮；

⑤ 将不可生物降解的有机物转化成可生物降解的有机物，使其能够被后续的生物处理工艺降解利用。

不同情形下选用氧化剂的原则包括：

① 氧化能力尽可能高；

② 目标污染物的选择性强；

③ 引起的毒性或副作用可控；

④ 相关处理费用可以接受。

物理化学还原应用很少，主要专门用于：

① 去除溶解氧，以降低工业用水系统中的腐蚀风险；

② 六价铬转化为三价铬；

③ 消除剩余的氧化剂。

3.12.2　氧化还原反应基本概念

（1）氧化还原反应和氧化还原电耦

每个氧化还原反应都可以看成两个氧化还原电对的半反应，包括电子从还原剂 Red_2 传递到氧化剂 Ox_1。

全反应：

$$n_2Ox_1 + n_1Red_2 \rightleftharpoons n_1Ox_2 + n_2Red_1$$

是两个同时进行的半反应结果。

$$Ox_1 + n_1e^- \rightleftharpoons Red_1 \quad \text{电势：} E_1 = E_1^\ominus + \frac{RT}{n_1F}\ln\frac{[Qx_1]}{[Red_1]}$$

$$Ox_2 + n_2e^- \rightleftharpoons Red_2 \quad \text{电势：} E_2 = E_2^\ominus + \frac{RT}{n_2F}\ln\frac{[Qx_2]}{[Red_2]}$$

式中，F——法拉第常数，F=96485.34C/mol。

氧化剂 Ox_1 得到的电子总数一定等于还原剂 Red_2 释放的电子总数，全反应为逐项将两个半反应相加，一个半反应的总电子数为另一个半反应的电子总数。如亚铁离子在酸性溶液中与高锰酸钾溶液的反应可写成：

$$5(Fe^{2+} \rightleftharpoons Fe^{3+} + e^-)$$

$$MnO_4^- + 8H^+ + 5e^- \rightleftharpoons Mn^{2+} + 4H_2O$$

$$\overline{MnO_4^- + 8H^+ + 5Fe^{2+} \rightleftharpoons Mn^{2+} + 5Fe^{3+} + 4H_2O}$$

（2）氧化还原反应分析

平衡移动方向取决于 Ox_1/Red_1 和 Ox_2/Red_2 氧化还原电对之间的推动力。每个氧化还原电对的推动力由 pH 为 0、温度为 T 时相对于 H_3O^+/H_2 对的标准电位 $E^\ominus$ 决定。

总反应的平衡常数为：

$$K=\frac{[Qx_2]^{n_1}[Red_1]^{n_2}}{[Qx_1]^{n_2}[Red_2]^{n_1}}\text{，此处 }\ln K=\frac{n_1n_2F}{RT}\ (E_1^{\ominus}-E_2^{\ominus})$$

因此，为使反应向右进行，需满足 $K>1$，也就是说，Ox_1 和 Red_2 必须分别比 Ox_2 和 Red_1 强，即 Ox_1/Red_1 电位强于 Ox_2/Red_2：$E_1^{\ominus}>E_2^{\ominus}$。

表 3-26 给出了水中化合物的标准氧化还原电位（$T=298K$），是表 3-16（见本章 3.8.1.1 节）的补充。

表3-26 标准氧化还原电势（298K，相对于标准的氢电极测量值）

反应式	电势 $E^{\ominus}$ /V	反应式	电势 $E^{\ominus}$ /V
Br_2（水溶液）$+2e^- \longrightarrow 2Br^-$	1.09	$H_2O_2+2H^++2e^- \longrightarrow 2H_2O$	1.78
$HBrO+H^++e^- \longrightarrow 1/2Br_2+H_2O$	1.57	$I_2+2e^- \longrightarrow 2I^-$	0.54
$HBrO+H^++2e^- \longrightarrow Br^-+H_2O$	1.33	$Mn^{3+}+e^- \longrightarrow Mn^{2+}$	1.54
$BrO^-+H_2O+2e^- \longrightarrow Br^-+2OH^-$	0.76	$MnO_2+4H^++2e^- \longrightarrow Mn^{2+}+2H_2O$	1.22
Cl_2（气体）$+2e^- \longrightarrow 2Cl^-$	1.36	$MnO_4^-+4H^++3e^- \longrightarrow MnO_2+2H_2O$	1.68
$HClO+H^++e^- \longrightarrow 1/2Cl_2+H_2O$	1.61	$MnO_4^-+2H_2O+3e^- \longrightarrow MnO_2+4OH^-$	0.60
$HClO+H^++2e^- \longrightarrow Cl^-+H_2O$	1.48	$N_2+2H_2O+6H^++6e^- \longrightarrow 2NH_4OH$	0.09
$ClO^-+H_2O+2e^- \longrightarrow Cl^-+2OH^-$	0.81	$NO_3^-+H_2O+2e^- \longrightarrow 2NO_2^-+2OH^-$	0.01
$ClO_2+e^- \longrightarrow ClO_2^-$	1.15	$O_2+4H^++4e^- \longrightarrow 2H_2O$	1.23
$ClO_2+H^++e^- \longrightarrow HClO_2$	1.28	$O_2+2H^++2e^- \longrightarrow H_2O_2$	0.69
ClO_2（水溶液）$+e^- \longrightarrow ClO_2^-$	0.95	$O_2+H_2O+2e^- \longrightarrow HO_2^-+OH^-$	−0.08
$(CN)_2+2H^++2e^- \longrightarrow 2HCN$	0.37	$O_2+2H_2O+2e^- \longrightarrow H_2O_2+2OH^-$	−0.15
$2HCNO+2H^++2e^- \longrightarrow (CN)_2+2H_2O$	0.33	$O_2+2H_2O+4e^- \longrightarrow 4OH^-$	0.40
$CO_2+2H^++2e^- \longrightarrow HCOOH$	−0.2	$O_3+2H^++2e^- \longrightarrow O_2+H_2O$	2.08
$Co^{3+}+e^- \longrightarrow Co^{2+}$	1.92	$O_2+H_2O+2e^- \longrightarrow O_2+2OH^-$	1.24
$Cr_2O_7^{2-}+14H^++6e^- \longrightarrow 2Cr^{3+}+7H_2O$	1.23	$S+2H^++2e^- \longrightarrow H_2S$（水溶液）	0.14
$Cu^{2+}+e^- \longrightarrow Cu^+$	0.15	$SO_4^{2-}+H_2O+2e^- \longrightarrow SO_3^{2-}+2OH^-$	−0.93
$Fe^{3+}+e^- \longrightarrow Fe^{2+}$	0.77		

（3）氧化度或氧化值

如果说大多数金属元素的氧化性十分容易确定，如 Fe^{3+}/Fe^{2+}，那么鉴别各种含有相同元素的复杂化合物就有些困难了，如氯离子（Cl^-）、氯（Cl_2）、次氯酸离子（ClO^-）、亚氯酸离子（ClO_2^-）、氯酸离子（ClO_3^-）、高氯酸离子（ClO_4^-）系列。这里，用到了原子的氧化度或氧化值（ON），数值与从纯物质形成分子或离子化合物转化的电子相同。假设化合物中所有的元素键位为离子态，当其转化为氧化时氧化值为正；当转化为还原时氧化值为负。为了与离子电荷区分，用罗马数字表示，根据下列规则确定：

① 所有单质元素氧化值为 0；

② 分子物质，所有元素氧化值的加权代数和为 0；

③ 离子态，所有元素氧化值的加权代数和为电荷数；

④ 氢原子氧化值 + Ⅰ［除了其氢化物，ON(H)= – Ⅰ］；

⑤ 氧原子氧化值 – Ⅱ［除了其过氧化物，ON(O)= – Ⅰ］。

对于氯化合物系列，氯的氧化值 ON（Cl^-）为 – Ⅰ、ON（Cl_2）为 0、ON（ClO^-）为 + Ⅰ、ON（ClO_2^-）为 + Ⅲ、ON（ClO_3^-）为 + Ⅴ、ON（ClO_4^-）为 + Ⅶ。氧化值越高，其氧化性越强。

有机物氧化还原反应的半反应未知时，氧化值的计算就尤为重要。事实上，可以根据参加反应的物质的氧化值和残余的物质，确定完整的反应方程。回到氧化亚铁与酸性高锰酸钾溶液的反应：

$$x[Fe^{2+}(ON = +\text{Ⅱ}) \rightleftharpoons Fe^{3+}(ON = +\text{Ⅲ})]$$

$$MnO_4^-(\text{对于 Mn，}ON = +\text{Ⅶ}) \rightleftharpoons Mn^{2+}(ON = +\text{Ⅱ})$$

可以得出 x=5。此外，氧的氧化值不变并与质子形成水：4 个氧原子与 8 个质子形成 4 个水分子。总反应为：

$$MnO_4^- + 8H^+ + 5Fe^{2+} \rightleftharpoons Mn^{2+} + 5Fe^{3+} + 4H_2O$$

（4）氧化还原电势随 pH 的变化

对于部分含有水分子、质子（H^+）和氢氧根离子（OH^-）维持电荷平衡的氧化还原反应，其氧化还原电势取决于 pH。将一个氧化还原对用下列半反应类型表征：

$$a\text{Ox} + bH^+ + ne^- \rightleftharpoons c\text{Red} + dH_2O$$

当温度为 298K 时，电势 $E = E^\ominus - \dfrac{0.06b}{n}\text{pH} + \dfrac{0.06}{n}\lg\dfrac{[\text{Qx}]^a}{[\text{Red}]^c}$。

可以得到一个表观标准电势 $E_a^\ominus = E^\ominus - \dfrac{0.06b}{n}\text{pH}$（与 $[\text{Ox}]^a = [\text{Red}]^c$ 相对）。

当氧化剂或还原剂参与化学平衡时，如酸碱反应、螯合、沉淀，会根据 pH 改变 $[\text{Ox}]^a/[\text{Red}]^c$ 的比例，从而使氧化还原电位表达式变得十分复杂。

相应元素的所有这些现象都可以在电位-pH 图中观察到。该图也称普尔贝图（Pourbaix），其展示了相关元素根据 pH 和电位形成的氧化还原的各种优势和热力学存在域。将出现元素的曲线图叠加，就可以预测发生的反应及其方式。例如，铁在水中的电势-pH 图（图 3-91）显示，用弱的氧化剂如碘或氧就可以很容易将亚铁氧化成氢氧化铁或三价铁。这也是在充

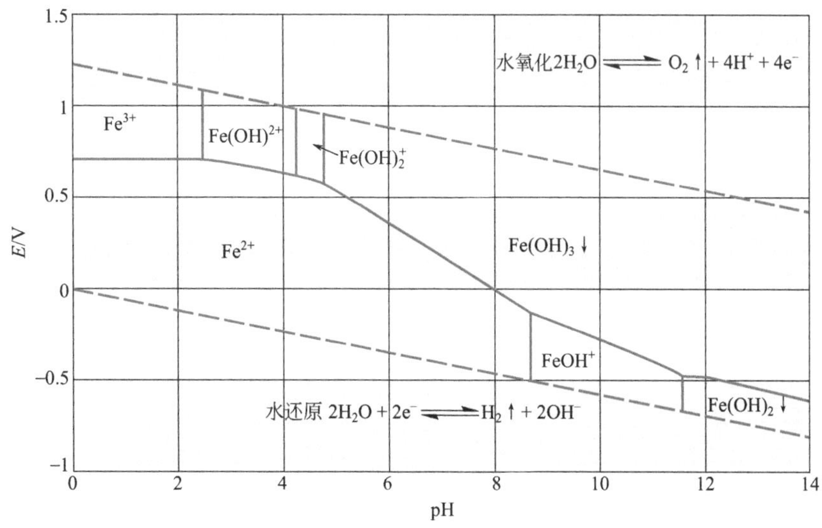

图 3-91　水中铁的电势-pH 图（$[Fe]=2\times10^{-7}$mol/L）

分曝气的地表水中溶解性铁含量极低的原因。化学除铁也利用了这种原理：通过提高氧化还原电位将 Fe^{2+} 转化为 Fe^{3+}，形成氢氧化铁沉淀物加以去除。

3.12.3　消毒基本概念

消毒是使水中携带的致病生物如细菌、病毒、寄生虫等失去活性。消毒与将微生物全部去除的灭菌不同。消毒剂的消毒作用是基于氧化还原原理。因此，化学消毒剂的消毒效果与消毒剂的氧化能力有关，其氧化能力又与温度和 pH 相关。

消毒剂的效果取决于微生物的性质和化学结构。一般来说：

① 对于细菌，氧化剂使细胞膜呈更多孔状结构，影响核酸大分子物（DNA、RNA），抑制其繁殖；

② 对病毒，氧化剂侵入（病毒）壳体修改 DNA 或 RNA 蛋白质。

普通微生物对化学消毒剂的抵抗能力大致如图 3-92 所示。

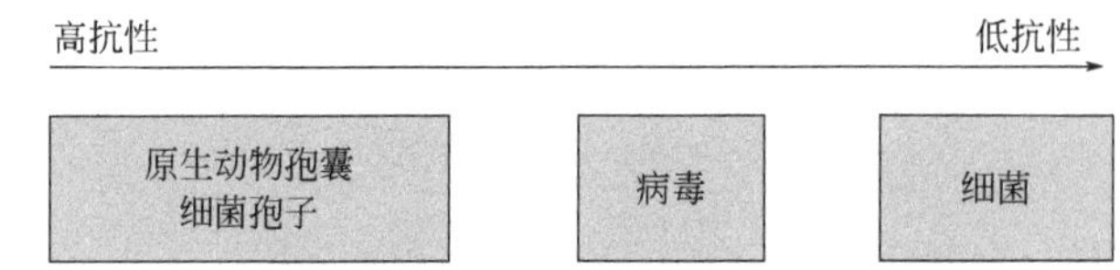

图 3-92　不同微生物对化学消毒的抵抗能力

物化消毒效果通过残余活体（基于一级失活反应速率）百分比的对数表示（表 3-27）。

表3-27　失活单位

失活率 /%	90	99	99.9	99.99	99.999
对数单位	1	2	3	4	5

一般认为细菌灭活遵循 Chick-Watson 动力学定律：

$$N=N_0\exp(-kDT)$$

式中　N_0、N——处理前和处理时间 T 时的微生物数量；

D——被吸收的氧化剂的量（化学消毒剂浓度 C 或紫外线辐射强度 I）；

k——速率常数。

因此，在实际中采用 CT（浓度 × 时间）概念比较各种化学消毒剂的效果。

评价消毒效果还需考虑以下指标和情况：a. 氧化剂残余量；b. 在修复机制作用下微生物的再生。

第 17 章介绍影响消毒效果的所有参数：氧化系统选择、病菌灭活率、反应器设计以及水质的影响。

3.12.4　氧化剂和消毒剂

3.12.4.1　氧气

氧是自然界中含量最丰富的元素之一。两个氧原子结合形成的氧气（化学式为 O_2）是无色气体，相对难溶于水（物理性质见第 8 章 8.3.3 节）。

根据氧化还原方程式阐明的原理，氧气的氧化能力在很大程度上取决于 pH，且低于其他使用的氧化剂。在中性 pH 时，氧气的氧化还原电位为 +0.815V。这表明水中的溶解氧只能氧化特定的化合物，如亚铁。除铁是氧作为化学氧化剂的主要应用：

$$O_2 + 4Fe^{2+} + 8OH^- + 2H_2O \longrightarrow 4Fe(OH)_3 \text{（0.14mg } O_2\text{/mg } Fe^{2+}\text{）}$$

pH 越高反应进行得越快。向水中曝气充氧的副作用之一是可同时去除水中的溶解气体，如硫化氢和二氧化碳（见碳酸盐平衡，本章 3.13 节）。

在其基本的三重电子态，氧就像一个双游离基。相对于有机物其具有化学惰性，这解释了为什么活生物体会继续存在。三种主要技术可用于激活氧的活性：

① 在感光剂参与下用紫外线照射激发单态氧（主要用于有机合成系统）；

② 氧与过渡金属螯合（例如加氧酶作用）；

③ 氧还原成与氢过氧自由基（HOO·）酸碱平衡的超氧自由基阴离子（O_2^-·），这两种物质都可以触发自由基氧化机制。

只有后两种机理才应用于水处理的有机物氧化反应。Spin-off 工艺被称作湿式空气氧化（WAO）工艺，在高温高压下进行以加快反应速度。基于运行条件和使用的催化剂，氧可以氧化一系列有机化合物。这种工艺可以用于处理高浓度的工业废水或用于污泥处理（见第 19 章 19.6节）。

3.12.4.2　氯和次氯酸盐

常温常压下，氯气为气体，化学式 Cl_2，其性质见表 3-28。

表3-28　氯气性质

项目	数值	项目	数值
摩尔质量	70.906g/mol	临界压力	7710.83kPa
15℃时物理状态	黄绿色气体	相对空气的密度	2.491
熔点	−101.00℃	0℃时密度	3.222g/L
沸点	−34.05℃	20℃时水中的溶解度	7.3g/L
临界温度	144℃		

根据下列吸热反应，氯气加入水中后很快反应生成次氯酸和盐酸。

$$Cl_2 + H_2O \rightleftharpoons HClO + HCl$$

氯气完全水解只需要十分之几秒，接着是次氯酸分解：

$$HClO \rightleftharpoons H^+ + ClO^-$$

水中溶解的氯因而由次氯酸和次氯酸根组成，比例随 pH 和溶液温度的不同而变化。在 15℃时，两种物质的相对浓度随 pH 值的变化如图 3-93 所示。

氯可以氯气或次氯酸盐［次氯酸钠溶液（漂白剂）或次氯酸钙粉剂］的形式注入水中，其后水的 pH 值将决定存在的组分。实际上，需区分以下浓度：

① 有效氯含量，即次氯酸和次氯酸盐分析总量；

② 以次氯酸形式出现的活性氯量（例如图 3-93 所示的曲线中有效氯含量中的次氯酸部分）；

③ 次氯酸盐溶液的氯量度（氯度，chlorometric），表示溶液加入盐酸时常温常压下释放 1L 氯气的浓度。1°氯量度相当于 3.17g/L 有效氯；

④ 有效氯含量以等效次氯酸盐自由氯浓度表示，1g 次氯酸钠相当于 0.95g 有效氯。

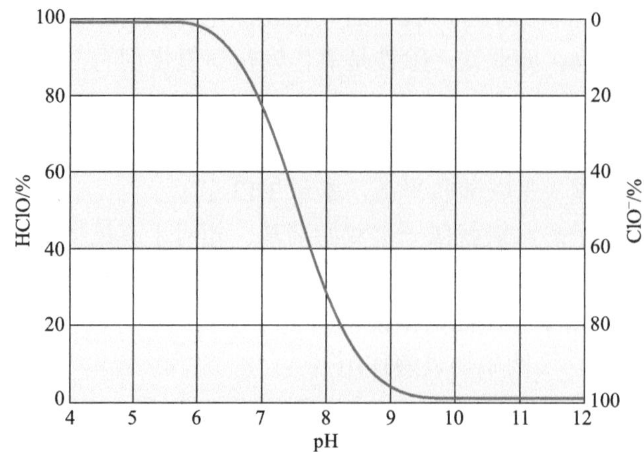

图 3-93　15℃时次氯酸和次氯酸根离子基于 pH 的相对浓度

取决于氯化处理水的 pH 值，氯以次氯酸和 / 或次氯酸根离子的形式与各种物质反应。

（1）对氨氮的作用

氨氮与氯反应生成氮气：

$$2NH_4^+ + 3Cl_2 \longrightarrow N_2 + 6Cl^- + 8H^+ \quad (7.6mg\ Cl_2/mg\ NH_4^+\text{-}N)$$

这个反应机理复杂，首先从生成氯胺开始：

形成一氯胺：$$NH_4^+ + HClO \longrightarrow NH_2Cl + H_3O^+ \quad (3\text{-}13)$$

形成二氯胺：$$NH_2Cl + HClO \longrightarrow NHCl_2 + H_2O \quad (3\text{-}14)$$

形成三氯胺：$$NHCl_2 + HClO \rightleftharpoons NCl_3 + H_2O \quad (3\text{-}15)$$

有机的和无机的氯胺组成的氯共同被称作与有效氯相对应的结合氯。高浓度氯化会生成氮气。氮气的产生主要源自初期反应中形成的一氯胺和二氯胺（水解、复合、被氯氧化）。在中性 pH、$HClO/NH_4^+<1$ 时，一氯胺占主体。一氯胺按以下反应式被氯氧化：

$$2NH_2Cl + HClO \longrightarrow N_2 + 3HCl + H_2O \quad (3\text{-}16)$$

将方程式（3-13）与方程式（3-16）相加得到总反应式：

$$2NH_4^+ + 3HClO \longrightarrow N_2 + 3HCl + H_2O + 2H_3O^+$$

注入的氯量被称为临界点或折点（化学理论值）。在氯吸收曲线中（图 3-94），折点 C

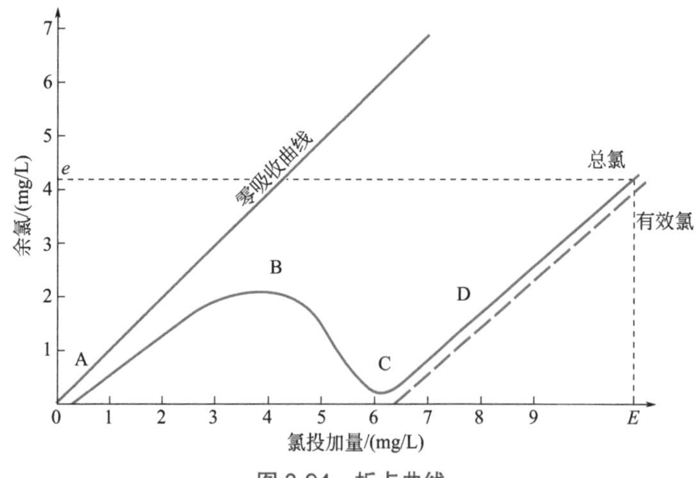

图 3-94　折点曲线

标志着完成对生成的氯胺（A 到 B）的完全转化（B 到 C）并且开始出现有效氯（D）。当对天然水进行氯化处理时，吸收曲线会向右移动：存在的有机物会立即消耗氯，使折点超过 10mg/mg NH_4^+-N。

（2）对其他无机化合物的作用

无机物质在氯化作用下生成被认为是有害的并受到法规限制的物质（氯胺、溴酸根离子）。水加氯后出现的副产物主要取决于水的 pH 值、氯投加量和反应时间。氯与无机化合物反应见表 3-29。

表3-29　氯与无机化合物反应

项目	反应及说明
铁的化学沉淀	铁通常以碳酸氢盐的形式出现，被转化成氯化铁，接着快速水解生成氢氧化铁。 $2Fe(HCO_3)_2 + Cl_2 + Ca(HCO_3)_2 \longrightarrow 2Fe(OH)_3 + CaCl_2 + 6CO_2$（0.64mg Cl_2/mg Fe^{3+}） 该反应导致 pH 值降低，最佳 pH 值为 7。在此 pH 值下，与无机铁反应非常迅速，有机络合物则较为困难
锰的化学沉淀	锰沉淀物为二氧化锰。 $Mn^{2+} + Cl_2 + 4OH^- \longrightarrow MnO_2 + 2Cl^- + 2H_2O$（1.29mg Cl_2/mg Mn^{2+}） 该反应 pH 值范围在 8～10，最佳的 pH 值为 10
硫化物氧化	取决于当时的 pH 值，地下水中的硫化氢与氯迅速反应生成硫或硫酸。 $H_2S + Cl_2 \longrightarrow S + 2HCl$（2.08mg Cl_2/mg H_2S） $H_2S + 4Cl_2 + 4H_2O \longrightarrow H_2SO_4 + 8HCl$（8.34mg Cl_2/mg H_2S），pH<6.4
氰化物氧化	当介质 pH 值大于 8.5 时，氰化物被氯以次氯酸形式氧化。 $CN^- + Cl_2 + 2OH^- \longrightarrow CNO^- + 2Cl^- + H_2O$（2.73mg Cl_2/mg CN^-）
亚硝酸盐氧化	亚硝酸盐被氯（次氯酸）氧化。 $NO_2^- + HClO \longrightarrow NO_3^- + HCl$（1.54mg 有效氯 /mg NO_2^-）①
溴化物氧化	该反应通过次氯酸发生。 $Br^- + HClO \longrightarrow HBrO + Cl^-$（0.89mg 有效氯 /mg Br^-）① 当 pH 值降至低于 7 时会形成少量的溴酸盐

① 以有效氯（Cl）表示含氯化合物（HOCl 等）中氧化能力相当的氯量。

（3）对有机化合物的作用

氯对有机物的氧化作用有相对选择性，氯的反应往往涉及攻击特殊部位（还原体、未饱和键、亲核体）并引起结构改变，伴随形成氧化性和 / 或置换能力更强的化合物（有机氯）。因此，饮用水加氯处理可能会产生有令人讨厌的味道 / 气味的（醛、氯酚）、有毒的（三卤甲烷）或可能致癌的（有机卤素）化合物（见第 2 章 2.2.8 节）。在无机物存在的情况下，水氯化处理后的副产物主要取决于水的 pH、氯投加量和反应时间。这些不希望出现的副产物主要在存在有效氯，也就是在折点之上的处理程度时生成。氯与有机物反应见表 3-30。

表3-30　氯与有机物反应

有机物	氯处理产物	有机物	氯处理产物
乙醇	醛、酸和氯化酮	胺	氯胺
醛和酮	氯酮、氯仿、氯代酸	氨基酸	羟基、胺、腈
硫醇类	二硫化物	芳香化合物	氯代芳香化合物
硫化物	亚砜、砜		

（4）对病原生物体的作用

氯，特别是次氯酸是强力的杀菌剂。因此，为了获得好的消毒效果，加氯量不得不超过折点。氯的杀菌效能和显著的肠道病毒灭活性已被认可，但是，其对寄生生物如孢囊生物体影响甚微（见第 17 章 17.2 节）。

氯与氨氮反应可生成具有持久抑菌作用的氯胺。形成氯胺可以通过向含铵离子的水中控制在折点以下加氯，或同时加入氯和铵或氨盐而实现，Cl_2/NH_4^+-N 的质量比为 2～4。

3.12.4.3 二氧化氯

二氧化氯由含 + Ⅳ度氧化值的氯组成。二氧化氯分子含有一个配对电子，被认为是一个相对稳定的自由基。二氧化氯性质见表 3-31。

表3-31 二氧化氯性质

项目	数值	项目	数值
摩尔质量	67.45g/mol	沸点	11℃
15℃时物理状态	橙色气体	气体相对空气密度	2.4
熔点	−59.5℃	20℃时水中的溶解度（101.325kPa）	70g/L

二氧化氯极易溶于水，其溶解度与温度和压力有关。在中性 pH 水中溶解形成亚氯酸和氯酸。

$$2ClO_2 + H_2O \rightleftharpoons HClO_2 + HClO_3$$

在碱性条件下，二氧化氯通过歧化作用形成亚氯酸根和氯酸根离子。当 pH 高于 11 时该反应不可逆。

$$2ClO_2 + 2OH^- \rightleftharpoons ClO_2^- + ClO_3^- + H_2O$$

在中性或酸性条件下，二氧化氯缓慢反应形成氯酸。

$$6ClO_2 + 3H_2O \rightleftharpoons 5HClO_3 + HCl$$

二氧化氯与溶解态铁、锰的反应比氯更快。二氧化氯同样也能氧化硫化物、亚硝酸盐和氰化物。但它不能氧化溴化物（除非同时有光照射）和氨。

此外，当氯在水中以次氯酸形式存在时，可以氧化二氧化氯和亚氯酸盐并生成氯酸盐。

$$2ClO_2 + HClO + H_2O \longrightarrow 2ClO_3^- + 3H^+ + Cl^-$$

$$ClO_2^- + HClO + OH^- \longrightarrow ClO_3^- + Cl^- + H_2O$$

二氧化氯与无机物反应见表 3-32。

表3-32 二氧化氯与无机物反应

项目	反应及说明
铁沉淀	$Fe^{2+} + ClO_2 + 3OH^- \longrightarrow Fe(OH)_3 + ClO_2^-$（1.2mg ClO_2/mg Fe^{2+}） 该反应最佳 pH 值范围为 8～9
锰沉淀	$Mn^{2+} + 2ClO_2 + 4OH^- \longrightarrow MnO_2 + 2ClO_2 + 2H_2O$（2.45mg ClO_2/mg Mn^{2+}） pH 值大于 7 时可反应完全
硫化物氧化	$2S^{2-} + 2ClO_2 \longrightarrow SO_4^{2-} + S + 2Cl^-$（2.1mg ClO_2/mg S^{2-}）
氧化亚硝酸盐	$NO_2^- + 2ClO_2 + H_2O \longrightarrow NO_3^- + 2ClO_2^- + 2H^+$（2.94mg ClO_2/mg NO_2^-）
氧化氰化物	$CN^- + 2ClO_2 + 2OH^- \longrightarrow CNO^- + 2ClO_2^- + H_2O$（5.19mg ClO_2/mg CN^-） 与镍或钴螯合的氰化物非常难以氧化，与铁络合的氰化物则无法被氧化。在中性到酸性 pH 条件下，氧化氰酸盐是可行的

对于不同有机污染物，二氧化氯有不同的氯反应能力和更狭窄的反应频谱。

① 二氧化氯可以迅速地与苯酚衍生物、叔胺和伯胺、有机硫化物反应；

② 二氧化氯事实上不与不饱和化合物反应，除了酚类化合物、含氧化合物、伯胺（氨基酸类化合物）。

用二氧化氯处理水所生成的有机物主要是羧酸、乙二醛、乙醛、酮，可能还有聚合物。在处理过程中，大部分二氧化氯会被转化成亚氯酸根离子，而剩余的二氧化氯则转化成氯酸根和氯离子。但是，就像亚硝酸盐一样亚氯酸盐也是有毒的（形成高铁血红蛋白），这也是许多国家要控制饮用水中二氧化氯、亚氯酸盐和氯酸盐的总浓度在许可范围内的原因。

与饮用水加氯相比，二氧化氯的主要优点是既不产生三卤化物（THM）也不产生有机卤素化合物（TOX）。实际上，生产二氧化氯时过量的氯也会产生少量的 TOX。氯仍然是去除酚（造成水的口感和嗅味问题）的首选药剂，但如果药剂投加量不足则会产生口感如同药味的有机氯产物。

二氧化氯是一种比氯更有效的杀菌剂，其能消灭病毒、细菌和孢子，以及输水管网内的生物膜。

3.12.4.4　臭氧

臭氧是天然存在于平流层的气体，由太阳紫外线照射氧气而反应生成。臭氧提供了防止紫外线有害辐射的保护。

如臭氧的化学分子式 O_3 所示，臭氧由三个氧原子组成。其性质见表 3-33。

表3-33　臭氧的性质

项目	数值	项目	数值
摩尔质量	48g/mol	临界压力	5460kPa
15℃时物理状态	气体	相对空气密度	1.657
熔点	−193℃	气体密度（0℃，101.325kPa）	2.144g/L
沸点	−111.9℃	20℃时水中的溶解度（101.325kPa）	0.24mg/L
临界温度	−12.1℃		

臭氧在水中的溶解度并不是很高，其溶解度随温度的升高或臭氧在气体中的浓度减小而降低（见第 8 章 8.3.3.7 节）。

随着臭氧在水中分解，在水中存在或处理过程中释放的不同溶质的影响下发生一个复杂的连锁反应，该反应机理为：

① 由羟离子（高 pH）、过氧化氢（形成于有机物氧化）、亚铁、甲酸和乙醛酸、腐殖质诱发反应；

② 由促进剂如芳基化合物、甲酸和乙醛酸、伯醇和仲醇、腐殖质加速扩大反应；

③ 通过消耗羟基的抑制剂结束反应：碳酸盐和碳酸氢盐、高浓度磷酸盐离子、乙酸、叔醇、烷基有机物、腐殖质。

因此，溶解性臭氧的寿命取决于上述所有参数。

臭氧在水中的化学作用取决于两个类型的反应：一个是直接以分子态产生氧化效果；另一个是经过一系列机理分解成羟基自由基（HO•），一种比臭氧更强的氧化剂（$E^{\ominus}$=2.80V）。

某种底物（M）的氧化可通过图 3-95 所示的两个反应同时进行。而实际上，哪个氧化类型（羟基自由基或臭氧）占据优势主要取决于介质条件（主要是 pH）、臭氧与化合物的反应速度、形成产物的性质（可能加速或减慢臭氧分解）。

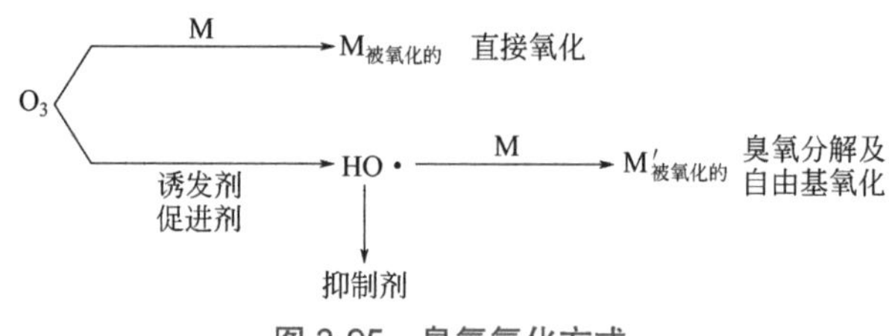

图 3-95　臭氧氧化方式

根据臭氧与有机物反应形式的不同，可将有机物分为以下三类：

① 容易被氧化的不饱和脂肪族化合物和芳香化合物；

② 可被轻微降解的饱和与不饱和含氧卤代化合物；

③ 不含 C—H 键的化合物，如四氯化碳或五氯酚是完全惰性的。

臭氧与无机化合物反应见表 3-34。臭氧与有机化合物反应见表 3-35。

表3-34　臭氧与无机化合物反应

项目	反应及说明
铁沉淀	$2Fe^{2+} + O_3 + 5H_2O \longrightarrow 2Fe(OH)_3 + O_2 + 4H^+$（0.43mg O_3/mg Fe^{2+}） 亚铁离子迅速被臭氧氧化形成氢氧化铁沉淀
锰沉淀	$Mn^{2+} + O_3 + H_2O \longrightarrow MnO_2 + 2H^+ + O_2$（0.88mg O_3/mg Mn^{2+}） 臭氧与锰反应的速度比与铁反应慢。水中含有机物时去除速度极慢，另外，臭氧过量投加会产生高锰酸盐，出现粉红色
硫化物氧化	$S^{2-} + 4O_3 \longrightarrow SO_4^{2-} + 4O_2$（6mg O_3/mg S^{2-}） 臭氧将硫化物氧化成硫酸盐。反应速度随固定在硫上的质子增加而减慢
亚硝酸盐氧化	$NO_2^- + O_3 \longrightarrow NO_3 + O_2$（1.04mg O_3/mg NO_2^-） 亚硝酸盐与臭氧完全反应
氰化物氧化	$CN^- + O_3 \longrightarrow CNO^- + O_2$（1.85mg O_3/mg CN^-） 臭氧可在碱性条件下氧化氰化物。氰酸根在碱性条件下可能继续转化。实际上，臭氧去除氰化物的需求量比化学理论计算量高，这是因为其他可被氧化的物质在碱性条件下增强了反应活性
氨氧化	$NH_3 + 4O_3 \longrightarrow NO_3^- + 4O_2 + H_3O^+$（13.71mg O_3/mg NH_4^+-N） 这个反应在碱性 pH 下，通过强化直接和间接氧化作用达到最大限度
卤化物氧化	理论上，臭氧可以氧化所有的卤化物。实际上，与氯化物反应的速度为 0，与碘化物反应的速度极高，与溴化物反应的速度在两者之间。溴离子被转化为次溴酸根离子的反应如下： $Br^- + O_3 \longrightarrow BrO^- + O_2$，$2BrO^- + 2O_3 \longrightarrow 2BrO_3^- + O_2$（0.5mg O_3/mg BrO^-） 产生的次溴酸盐可转化为溴化物，经部分氧化后生成溴酸盐，与有机物或氨反应。必须控制溴酸盐的生成

表3-35　臭氧与有机化合物反应

有机物	臭氧处理后产物
烯烃	酸、饱和醛、二氧化碳
芳香化合物	酚、醌、脂肪酸、二氧化碳
胺	羟胺、氧化物、胺氧化物、酰胺、氨、硝酸根、羧酸
乙醇	醛、羧酸、酮
醛和酮	羧酸

臭氧是用于水处理的氧化性最强的化学消毒剂。此外，它对病原体的消毒作用不受pH影响。但是，由于臭氧的不稳定性，出于配水管网安全考虑，有必要进行二次消毒。臭氧对细菌灭活的能力可达到细胞溶解程度，这一特性已被用于生化污泥减量处理工艺Biolysis O（见第 11 章 11.4 节）。

3.12.4.5　高锰酸盐

高锰酸盐是锰的氧化产物，其氧化值为 + Ⅶ度。高锰酸根是阴性离子，钾盐形式为$KMnO_4$，其性质见表 3-36。

表3-36　高锰酸钾的性质

项目	数值	项目	数值
摩尔质量	158.03g/mol	密度	2.073kg/L
15℃时物理状态	紫色固态晶体	20℃时水中的溶解度	65g/L

这种化合物在水中的溶解度随温度的升高而增大。在处理天然水时，根据其 pH 可以引发两种反应。

（1）酸性条件

$$KMnO_4 + 4H^+ + 3e^- \longrightarrow MnO_2 + 2H_2O + K^+ \quad (E^{\ominus}=1.68V)$$

（2）中性或碱性条件

$$KMnO_4 + 2H_2O + 3e^- \longrightarrow MnO_2 + KOH + 3OH^- \quad (E^{\ominus}=0.59V)$$

高锰酸盐还原产物二氧化锰在 pH 大于 3.5 时是不溶的，因此，这些二氧化物沉淀在随后的混凝-澄清或过滤阶段被分离。

高锰酸盐与水中污染物的反应受 pH 影响显著。建议实际应用的 pH 值范围为 6～8.5。在这种条件下，受高锰酸盐影响的无机污染物主要是溶解的铁离子和锰离子。硫化物和氰化物同样可以被氧化，而氨氮和溴离子则基本不被氧化。高锰酸盐与无机化合物反应见表 3-37。

表3-37　高锰酸盐与无机化合物反应

项目	反应及说明
铁沉淀	$3Fe^{2+} + MnO_4^- + 2H_2O + 5OH^- \longrightarrow 3Fe(OH)_3 + MnO_2$（0.94mg $KMnO_4$/mg Fe^{2+}） pH 为 6～10 时该反应非常迅速。实际上，由于 pH 较高时生成的二氧化锰对亚铁离子的吸附占主导，高锰酸盐的投加量小于理论化学计量比
锰沉淀	$3Mn^{2+} + 2MnO_4^- + 2H_2O \longrightarrow 5MnO_2 + 4H^+$（1.92mg $KMnO_4$/mg Mn^{2+}） 该反应速度随 pH 降低而加快，同理二氧化锰的吸附作用可以降低高锰酸盐的投加量

高锰酸盐氧化有机化合物的反应见表 3-38，其机理较为复杂。反应速度如以下次序：

① 与硫化物、伯胺和醛反应迅速；

② 与酮和芳香化合物反应缓慢。

表3-38　高锰酸盐与有机化合物反应

有机化合物	烯烃	乙醇和醛	硫化物	胺
氧化产物	乙醇	羧酸	磺酸盐	羧酸、氨

向水中投加高锰酸盐不会导致三卤甲烷的生成。

最后，普遍认为高锰酸盐反应不足以对饮用水进行彻底消毒，还需要后消毒。

3.12.4.6 过氧化氢

过氧化氢化学式为 H_2O_2，其化学性质见表 3-39。

表3-39 过氧化氢化学性质

项目	数值	项目	数值
摩尔质量	34.02g/mol	熔点	−0.43℃
15℃时物理状态	无色液体	沸点	152℃
0℃时密度	1.463kg/L	水溶性	互溶

过氧化氢是亚稳定化合物，容易分解成氧气并伴随放热过程。

$$2H_2O_2 \longrightarrow O_2 + 2H_2O$$

受多孔物质（如浮石、铂泡沫、二氧化锰）或溶解物质（如氢氧根离子和一些金属）的影响过氧化氢会发生分解。该反应是否强烈取决于过氧化氢溶液浓度。

水溶液中过氧化氢的有效质量为 30%～70%。溶液浓度常表示为标准状态（0℃和 101.325kPa）下 1L 溶液释放的氧气的体积。按以下公式将重量百分比转换成体积百分比：

体积百分比 =3.67× 质量百分比（如，质量百分比 30% 等于体积百分比 110%）

过氧化氢在水中的反应与其自身弱酸性和氧化还原能力有关。

$$H_2O_2 + H_2O \rightleftharpoons HO_2^- + H_3O^+ \text{（}K_a = 2.4\times10^{-12}\text{，25℃时）}$$

酸性条件： $H_2O_2 + 2H^+ + 2e^- \rightleftharpoons 2H_2O \quad E^\ominus=1.78V$

碱性条件： $HO_2^- + H_2O + 2e^- \rightleftharpoons 3OH^- \quad E^\ominus=0.88V$

在天然水的 pH 条件下，过氧化氢以分子形式存在于水中，与污染物的反应概括如表 3-40 所示。

表3-40 过氧化氢与有机和无机物反应

项目	反应及说明
硫化物氧化	$H_2S + H_2O_2 \longrightarrow S + 2H_2O$（1.06mg H_2O_2/mg S） 硫化物迅速被过氧化氢氧化，主要产生胶体态硫。该反应最佳的 pH 值范围在 7～13，在该条件下硫化氢占主导
氰化物氧化	$CN^- + H_2O_2 \longrightarrow CNO^- + H_2O$（1.31mg H_2O_2/mg CN^-） 过氧化氢与氰化物反应缓慢，加入铜或次氯酸钠会加快反应
烯烃氧化	烯烃 $\xrightarrow{H_2O_2}$ 环氧化合物 过氧化氢在碱性条件下与一些烯烃反应
醛和酮氧化	醛、酮 $\xrightarrow{H_2O_2}$ 羧酸
有机硫氧化	硫烃 $\xrightarrow{H_2O_2}$ 二硫化物、磺酸 硫化物 $\xrightarrow{H_2O_2}$ 亚砜、砜
胺氧化	胺 $\xrightarrow{H_2O_2}$ 硝基化合物、羟基苯胺，胺氧化物 叔胺与过氧化氢反应生成胺氧化物。仲胺生成羟胺，芳香族的伯胺导致硝基副产物产生

过氧化氢并未广泛应用于水处理，主要用于去除硫化物和氰化物的特殊处理。

同样，它的杀菌和除藻性能仅限于用在少数游泳池和工业循环水系统。

3.12.4.7　过氧乙酸

过氧乙酸又称为乙醇过氧乙酸，与过氧化氢一样因为有两个相连的氧原子故被归类为过氧化物（—O—O—，过氧基），其化学式为 CH_3COOOH。

过氧乙酸是有强烈刺激性气味的无色液体，可以与水以任何比例互溶，其性质见表 3-41。这种化合物极不稳定且不存在纯态的过氧乙酸，其按下列平衡与乙酸和过氧化氢以混合水溶液形式存在：

$$CH_3-C(=O)-OOH + H_2O \rightleftharpoons CH_3-C(=O)-OH + H_2O_2$$

表3-41　过氧乙酸性质（40%溶液）

项目	数值	项目	数值
摩尔质量	79.06g/mol	20℃时蒸气压力	1.432kPa
20℃时密度	1.226kg/L	自燃温度	200℃
熔点	−0.2℃	25℃时酸度系数 pK_a	8.2
沸点	105℃		

除过氧乙酸、乙酸、过氧化氢和水外，工业用溶液还含有酸型螯合稳定剂（硫酸）。浓度最高的溶液含有 40% 过氧乙酸、40% 乙酸、5% 过氧化氢和 13% 的水。

过氧乙酸水溶液的稳定性弱于过氧化氢，过氧乙酸能自发分解形成乙酸和氧气。加热（加热到 110℃会爆炸）和有金属离子（铁、铜、锰、镍、铬等）的存在会加快反应速度。

$$CH_3COOOH \longrightarrow CH_3COOH + \frac{1}{2}O_2$$

过氧乙酸是一种强氧化剂，能与很多有机和无机化合物发生反应。主要在以下方面利用其氧化性质：①化学合成（聚合反应引发剂和交联剂）；②纺织纤维和纸浆漂白；③农产品、食品和医院消毒、杀菌。

过氧乙酸抗菌作用的指示反应（总大肠菌群、大肠杆菌、粪链球菌、梭状芽孢杆菌孢子、噬菌体）意味着其可以被用于污水消毒，尤其是临时消毒（每年少数几个月）。

3.12.4.8　紫外线（UV）辐射

紫外线辐射适用于波长介于可见光与 X 射线之间，即 100～400nm 之间的电磁波谱。紫外线本身分为四个波段（图 3-96）。

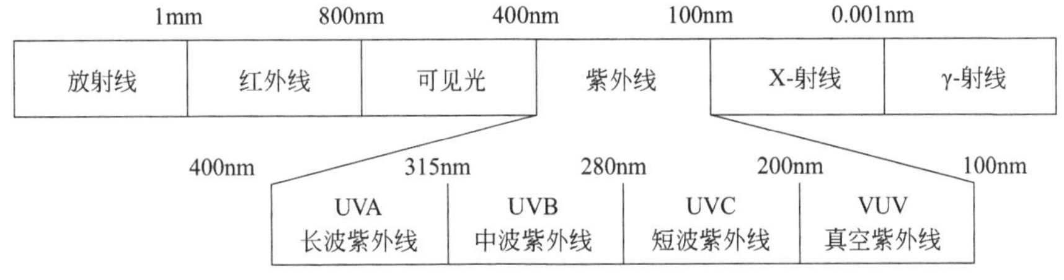

图 3-96　紫外线电磁波谱范围

完整的紫外线是指定的光化学或化学波中心，因为释放的光子能通过光化学作用产生化学转化。消毒使用的紫外线是短波紫外线（UVC）。实际上，细胞、蛋白质、核酸物质所吸收的紫外线波长为200～300nm，DNA的最大吸收波长为260nm。

紫外线由中低压汞蒸气灯、汞灯或带石英套管的汞灯产生。此时，发射的光几乎是单色（254nm）或多色的（见第17章17.6节）。

紫外线杀菌的原理是DNA（嘧啶碱基）吸收光子，主要包括胸腺嘧啶及胞嘧啶，随后引起相邻的碱基错位，形成嘧啶二聚体，抑制或阻碍核酸复制和蛋白表达，导致细胞凋亡（图3-97）。紫外线辐射的效能在去除无论孢子是否成型的细菌、轮状病毒、脊髓灰质炎病毒、原生动物，如隐囊肿孢囊的应用中已得到验证。但其不能灭活寄生虫卵。

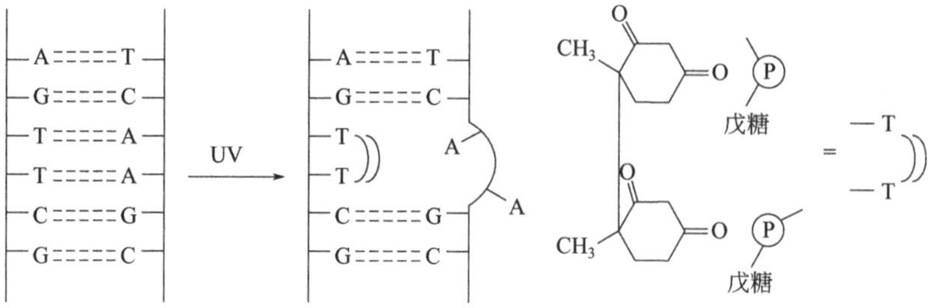

A=====T
G=====C
T=====A
T=====A
C=====G
G=====C
UV
A=====T
G=====C
T
T
C=====G
G=====C
A
A
O
CH_3
O
P
戊糖
O
O
CH_3
P
戊糖
—T
=
—T

图3-97 紫外线对DNA的作用机理

A—腺嘌呤；G—鸟嘌呤；T—胸腺嘧啶；C—胞嘧啶；U—尿嘧啶

紫外线的消毒效果受到一些微生物的再生限制。这个问题与DNA结构再生机制的发展有关：

① 光复活（嘧啶二聚体解聚成单体）；

② 切补修复（更换受损的核苷酸并重组未受损的核苷酸）。

研究表明，光致复活对总大肠菌、埃希氏大肠杆菌、链霉菌、产气杆菌、酵母菌和微细球菌是有可能的。

紫外辐射作为一种用于处理水的消毒技术，被公认为其产水的消毒副产物最少。但水中的化合物吸收消毒波却能够产生副产物。紫外线发生器产生的特定光谱与杀菌波长（中压汞灯）相比范围扩大时会增强这种现象。

这种现象主要针对芳香族核心化合物、卤代脂肪化合物而言。但经受远超常规辐射剂量的照射才能将其光氧化。当辐射剂量很高时，水中溶解的有机物受到辐射吸收200～250nm波长的紫外线，会强化可同化有机物的形成和诱变。

同样，在波长小于240nm的紫外线的作用下，硝酸根可通过光分解产生亚硝酸根。

3.12.4.9 高级氧化系统

为了进一步提高化学氧化工艺的处理效果，现已开发出对水中有机物有高氧化性的所谓的高级氧化法。其原理是已有的初级氧化剂经活化处理后在反应介质中能产生更强的、选择性更小的二次氧化剂。在多数情况下，活性反应组分是标准氧化还原电位达到2.8V（25℃）的羟基自由基。

$$HO\cdot + H^+ + e^- \rightleftharpoons H_2O$$

这种二次氧化可以促进对大多数有机物的氧化直至其被完全矿化为二氧化碳和水。羟基自由基反应至少比臭氧或过氧化氢快一百万倍，因此所需设备的规模更小。

很多高级氧化反应，根据其初级氧化剂的活化类型可以分为三类，见图3-98。

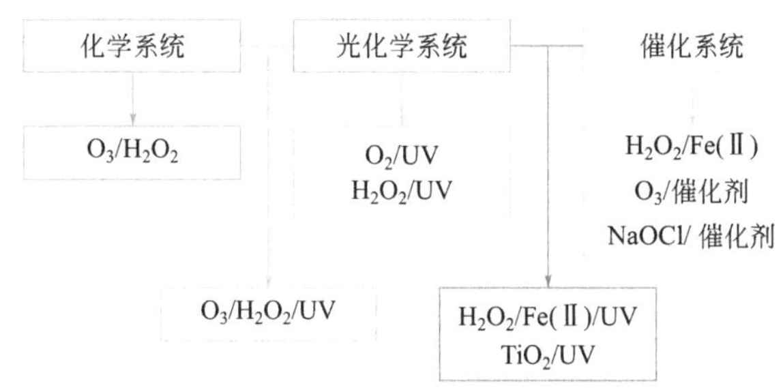

图 3-98　主要高级氧化工艺

① 臭氧 / 过氧化氢对的化学活化：

$$2O_3 + H_2O_2 \longrightarrow 2HO\bullet + 3O_2 \text{（0.35g } H_2O_2\text{/g } O_3\text{，pH 接近 7.5）}$$

② 紫外线与臭氧、过氧化氢或二氧化钛等半导体催化剂结合的光化学活化；

$$O_3 + H_2O \xrightarrow{hv} H_2O_2 + O_2 \qquad (\lambda=254\text{nm})$$

$$H_2O_2 \xrightarrow{hv} 2HO\bullet \qquad (\lambda<365\text{nm})$$

$$\text{半导体} \xrightarrow{hv} (e^-, h^+) \qquad (\lambda \text{ 根据半导体确定})$$

$$h^+ + H_2O \longrightarrow HO\bullet + H^+ \qquad \text{电子空穴反应}$$

$$e^- + O_2 \longrightarrow O_2^-\bullet \qquad \text{光电子反应}$$

③ 催化活化，最早开发出的是芬顿（Fenton）工艺（亚铁 / 过氧化氢），臭氧催化工艺包括托卡塔（Toccata，见第 17 章 17.4.5 节）和基于次氯酸盐的催化工艺。

自从 20 世纪 70 年代被引入市场，高级氧化工艺在水处理领域逐渐得到应用。O_3/H_2O_2 联用系统是其中应用最广泛的技术，特别是在饮用水处理领域用于去除水中的农药。由于其会产生副产物（溴酸盐和农药氧化产物），法国现已禁止使用这种工艺。光化学工艺似乎仅限于去除低浓度有机物的应用场合，例如地下水修复。催化工艺的应用已扩展至造纸、纺织、化工等不同工业废水处理领域（见第 17 章 17.4.5 节，Toccata）。

3.12.5　氧化剂选择指南

表 3-42 和表 3-43 比较了目前水处理常用氧化剂和消毒剂的处理效果及其缺点。每种氧化剂对各种目标污染物的去除效果及其产生的副产物取决于一系列相互影响的因素。

表3-42　主要氧化剂的潜在应用

处理对象	氯	二氧化氯	臭氧	高锰酸盐
铁、锰	+	++	++++	++++
氨氮	+++	0	+	0
色度	+	++	+++	0
影响口感的物质	+/–	++	++++	+/–
有机物	+/–	+	++++	0
生物降解性	–	–	++	0
缺点	处理效果取决于 pH 产生三卤甲烷（THM）、卤代产物、改变水的口感的物质	形成亚氯酸盐和氯酸盐	处理效果取决于 pH 产生溴酸盐	产生带有颜色的物质、沉淀

注：0 无效果；+/– 效果不定；+ 效果有限；++ 效果一般；+++ 效果好；++++ 效果极佳。

表3-43 主要消毒剂的潜在应用

消毒剂	氯	氯胺	二氧化氯	臭氧	紫外线
灭活细菌	++	+	++	+++	++
灭活病毒	+++	+	++	+++	++
灭活原生动物	0	0	0	+	+++
残留效果	+	++	+	0	0

注：0 无效果；+ 有效果；++ 效果好；+++ 效果极佳。

① 待处理水的水质决定了反应的性质，这些反应可能是相互竞争的；

② 氧化剂的投加量必须根据各种污染物的反应速度进行调整。

氧化剂的使用条件在第 17 章与氧化剂的使用技术局限性一起进行介绍。

图 3-99 展示了目前使用的主要氧化剂的优点和局限性。在实际应用中应采用一种或多种适用的组合氧化工艺以优化水处理系统。

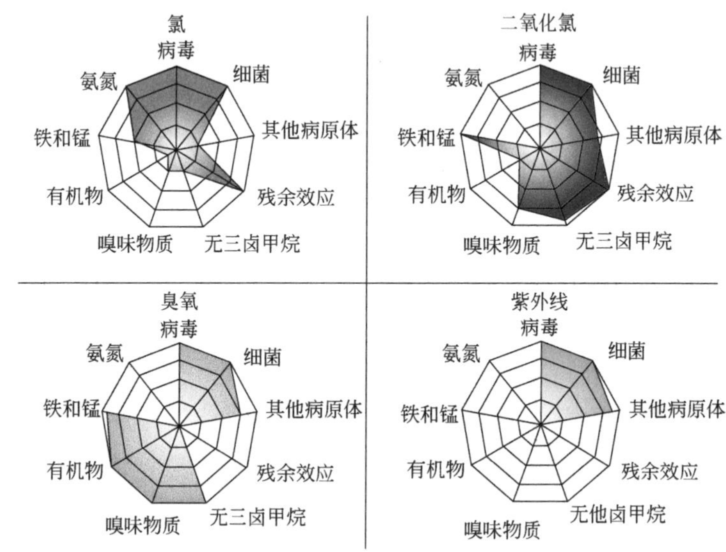

图 3-99 主要氧化剂的总体比较

3.12.6 还原剂

化学还原工艺用于达成特殊的处理目标，如：a. 除氧；b. 还原六价铬；c. 还原亚硝酸盐；d. 去除残余氧化剂。

3.12.6.1 化学还原氧

可使用亚硫酸钠或亚硫酸铵将氧还原。尽管亚硫酸铵价格昂贵，但其使用方便、有较大的缓冲能力。还原氧的反应见表 3-44。

表3-44 还原氧的反应

投加还原剂	反应式
投加亚硫酸钠	$O_2 + 2Na_2SO_3 \longrightarrow 2Na_2SO_4$（7.9mg Na_2SO_3/mg O_2）
投加亚硫酸铵	$O_2 + 2NH_4HSO_3 \longrightarrow 2NH_4HSO_4$（6.2mg NH_4HSO_3/mg O_2）

主要有三种用途：锅炉水处理、闭路循环冷却水调质及二次回用水（油田）调质。

3.12.6.2　还原六价铬

工业废水主要含有三价铬或六价铬。化学法去除总铬分两个阶段：首先将六价铬还原成三价铬，然后以氢氧化物形式沉淀。六价铬一般形式为：铬酸离子（CrO_4^{2-}）、重铬酸离子（$Cr_2O_7^{2-}$）、铬酸（H_2CrO_4）。

表 3-45 列出了各种还原方法和理论药剂用量，最常使用的是亚硫酸钠。

表3-45　六价铬还原反应

投加还原剂	反应式及说明	
在酸性条件下投加亚硫酸氢钠	$2H_2Cr_2O_7 + 6NaHSO_3 + 3H_2SO_4 \longrightarrow 2Cr_2(SO_4)_3 + 3Na_2SO_3 + 10H_2O$ $H_2Cr_2O_7 + 3NaHSO_3 + 3H_2SO_4 \longrightarrow 2Cr_2(SO_4)_3 + 3NaHSO_3 + 4H_2O$ pH 在 2.5 以下时反应瞬间完成，随 pH 升高反应速度迅速下降（临界 pH=3.5）	3mg $NaHSO_3$ 2.83mg H_2SO_4 } /mg Cr
在酸性条件下投加硫酸亚铁	$H_2Cr_2O_7 + 6FeSO_4 + 6H_2SO_4 \longrightarrow 2Cr_2(SO_4)_3 + 3Fe_2(SO_4)_3 + 14H_2O$ 反应在酸性、中性、碱性条件下均可以进行，但是最适 pH 为 6 以下，反应最终以氢氧化物沉淀结束。	8.77mg $FeSO_4$ 5.66mg H_2SO_4 } /mg Cr
投加亚硫酸钠	$2H_2CrO_4 + 3Na_2SO_3 + 3H_2SO_4 \longrightarrow 2Cr_2(SO_4)_3 + 3Na_2SO_4 + 5H_2O$	3.64mg Na_2SO_3 2.83mg H_2SO_4 } /mg Cr
投加二氧化硫	$2H_2CrO_4 + 3SO_2 \longrightarrow Cr_2(SO_4)_3 + 2H_2O$	1.85mg SO_2/mg Cr

3.12.6.3　还原常规氧化剂

某些情况下，残余的氧化剂必须被还原或全部去除：

① 当制备饮用水或城市污水（UWW）经消毒之后为了减少有害副产物的产生；

② 水在经过膜或离子交换树脂处理之前；

③ 饮用水经长距离输送之后；

④ 在臭氧装置尾气排放或循环使用之前。

（1）去除余氯

最常用的还原剂为二氧化硫（以液态产品形式供应的气体）或亚硫酸氢钠（SO_2 含量为 23%～24% 的水溶液），反应方程式为：

$$SO_2 + H_2O \longrightarrow H_2SO_3$$

$$H_2SO_3 + HClO \longrightarrow H_2SO_4 + HCl \text{（0.90mg } SO_2\text{/mg 有效氯）}$$

$$NaHSO_3 + HClO \longrightarrow H_2SO_4 + NaCl \text{（1.47mg } NaHSO_3\text{/mg 有效氯）}$$

也可以采用其他二氧化硫的衍生物，如：

① 偏亚硫酸钠（$Na_2S_2O_5$），SO_2 含量为 60%～62% 的晶体；

② 亚硫酸钠晶体（Na_2SO_3）。

氯胺按照以下反应还原：

$$H_2SO_3 + NH_2Cl \longrightarrow H_2SO_4 + NH_4Cl$$

此反应非常迅速，在饮用水输配系统内的接触时间即可保证反应完全。还原剂用量取决于余氯含量。

在反渗透上游，药剂投加量一般需略微过量，比理论化学计量比大约多 20%。

注意：在反渗透的上游不能使用硫代硫酸钠，因为硫代硫酸盐分解二次反应（歧化）时有形成矿质硫黄的风险（导致膜组件污堵）。

对于锅炉水处理，第 24 章将介绍物理和化学处理工艺的使用条件（药剂的性质）。在农产品-食品工业，普遍使用纯无水亚硫酸钠（除非特殊条件下采用抗坏血酸）。

活性炭可以用于脱氯。在交换柱中的接触时间目前倾向于延长到数分钟［见第 3 章 3.10.2.1 节中的（1）］，这种技术主要用于饮料工业或脱盐系统上游，不建议用于反渗透上游：有细菌增殖及粉末污染的风险。

（2）消除残余臭氧

有三种技术可用于分解臭氧装置尾气中的臭氧：

① 热分解，加热到 300～350℃，持续 2～4s；

② 将吸附臭氧的活性炭进行焚化处理；

$$2O_3 + 3C \longrightarrow 3CO_2$$

每分解 1g 臭氧消耗 0.38g 活性炭。为达到较高的臭氧去除效果，此工艺通常需将活性炭床加热到 60～80℃。在反应过程中，活性炭颗粒被转化成粉末，存在爆炸的风险但可以通过加湿进行控制；

③ 催化破坏。很多催化剂可用于分解臭氧，最常用的是二氧化锰和负载钯的氧化铝。为了避免处理气体中含有的冷凝水造成催化剂失效，运行温度为 50～70℃。

其他技术需要更长的接触时间，因此使用受到限制：

① 光化学破坏：利用波长为 254nm 的紫外线辐射数分钟；

② 化学破坏：投加硫酸亚铁、次氯酸钠、过氧化氢等在洗涤塔中洗涤。

基于同样的原理，当液相中的残余臭氧自然分解速度不足时，可以投加下列药剂：

① 活性炭；

② 无烟煤；

③ 紫外线；

④ 亚硫酸氢盐；

⑤ 碘化物或溴化物，产生的自由碘或溴可以用作消毒剂，尤其可用于游泳池用水的处理。

3.13 中和—再矿化

3.13.1 概述：应用及其作用

pH 修正处理是指将水的 pH 调整到一个特定值，其常被错误地认为等同于中和这个泛称。pH 修正在下列领域有着广泛的应用：

① 在各种类型的污水排入自然水体之前的中和处理：酸性或碱性工业废水，酸性矿井排水等；

② 在生物处理或物化处理之前的 pH 修正（如絮凝阶段 pH 值调整）；

③ 用作脱盐膜前的酸化处理，工业循环水的酸接种（见第 24 章）；

④ 调节钙-碳酸离子的平衡，保护构筑物和输配管道以防止腐蚀（促进管道内碳质保护层的形成）或结垢。

调节钙-碳酸离子的平衡是饮用水处理的主要工序之一，将在本节单独作更详细的介绍。

中和-再矿化涉及所有的水处理工艺和输配构筑物，其作用在于：

（1）保护人体健康

① 消除有毒金属例如铅和铜的溶出风险；

② 消除水龙头（锈蚀的铸铁或钢制管道）流出红色铁锈水的风险；

③ 维持系统内余氯量（工艺的恶化将会导致余氯消耗量的增大）；

④ 维护管网的完好（无泄漏等），从而确保管线不易受污水的侵蚀。

（2）保护设备资产

① 防止腐蚀引起的泄漏和破损；

② 防止结垢造成水头损失的增加，以及因此造成的额外能耗和水力元件的堵塞（例如阀等）。

如果没有促进碳酸盐保护层形成的条件（见本章 3.13.2 节），输配管道也可以通过下列措施得到保护：

① 投加阻蚀剂进行处理，形成薄层保护膜以防止腐蚀（见第 7 章）；

② 对水进行化学处理以防止结垢，特别是由非碳酸钙所形成的结垢。在工业循环水处理领域，有害人体健康的离子的存在并不是特别重要，因而经常采用这种处理方法（见第 2 章 2.3 节或第 24 章）。

3.13.2　钙－碳酸离子的平衡

3.13.2.1　概述：自然水体

如第 1 章 1.2 节、1.4 节和第 2 章 2.1 节所述，地表的地质构造将水汇集、排放及储存，并决定了水的外观。

低溶解度花岗岩构造环境与含盐量低但含 CO_2 可能较多（取决于上层岩层的性质）的水息息相关。相反，冲积或岩溶地区将产生含有高浓度离子的水，尤其是 Ca^{2+}、Mg^{2+} 和 HCO_3^-。而当水在河湖表面流动，它夹带着污染物，与大气层交换并处于平衡状态，所有这些都会逐渐改变水体的原有性质。

3.13.2.2　软水 / 硬水

水的硬度用总硬度（TH）来度量，其随着地域的不同而呈现很大的变化（表 3-46 和表 3-47）。

例如，总硬度（以 $CaCO_3$ 计）小于 50mg/L 的水称为软水，总硬度（以 $CaCO_3$ 计）介于 150～200mg/L 之间的水称为硬水。

由于钙盐的溶解度受存在的重碳酸盐影响，水的总碱度（即甲基橙碱度，TAC）也可用于表征其硬度（除非水中含有大量的钠碱度）。

3.13.2.3　侵蚀性水 / 结垢性水

在开始讨论碳酸钙的溶解 / 沉淀现象的理论解释之前，可以非常合理地推断出：含盐

表3-46 中国和法国主要河流的水的硬度

河流		TH（以 $CaCO_3$ 计）/（mg/L）	河流		TH（以 $CaCO_3$ 计）/（mg/L）
中国	长江（重庆）	50～120	中国	黄河（济南）	250～300
	长江（上海）	85～250		南羌塘河（藏北）	150～300
	辽河（抚顺）	50～150		拉萨河（中上游）	55～85
	珠江（广州）	50～270		雅鲁藏布江（中上游）	85～170
	海河	80～170		额尔齐斯河	100～150
法国	维泽尔河（Vézère）	5～10	法国	杜河（Doubs）	170～230
	波河（Gave de Pau）	20～25		默兹河（Meuse）	130～240
	维埃纳河（Vienne）	15～30		莱茵河（Rhine）	130～250
	克勒兹河（Creuse）	20～30		安德尔河（Indre）	140～250
	马耶讷河（Mayenne）	40～80		萨尔特河（Sarthe）	110～260
	洛特河（Lot）	50～90		萨内河（Saône）	170～270
	维莱讷河（Vilaine）	70～90		塞纳河（Seine）	170～290
	谢尔河（Cher）	40～100		马恩河（Marne）	190～290

表3-47 世界不同河流的水的硬度

国家	城市	河流	TH（以 $CaCO_3$ 计）/（mg/L）
巴西	玛瑙斯	内格罗河（Rio Negro）	10
马来西亚	吉隆坡	雪兰莪河（Sungai Selangor）	10
刚果（金）	金沙萨	恩吉利河（N'Djili）	10
印度	新德里	恒河（Ganges）	100
埃及	开罗	尼罗河（Nile）	90～170
俄罗斯	莫斯科	伏尔加河（Volga）	150
摩洛哥	卡萨布兰卡	乌姆赖比阿河（Oum er Rbia）	350
智利	圣地亚哥	里奥迈坡河（Rio Maipo）	400
伊拉克	巴士拉	阿拉伯河（Shatt Al Arab）	500～1200

注：地下水的硬度可能更高。例如法国贡特泽维利（Contrexeville）的地下水硬度高达 1560mg/L（以 $CaCO_3$ 计）。

量较低的水对与其接触的材料（容器、管道等）具有一定的溶解能力。

相反地，高盐分的水特别是含有属于碱土盐的水能够将这些难溶的盐沉淀下来。它们往往会产生沉淀物，在固液交界面处生成晶体。

碳酸氢钙的一个重要特点是它只以溶解态的形式存在；而且其只以在水中微量溶解的碳酸钙的形式进行沉淀。碳酸氢钙只存在于水中，与水中 CO_2 浓度保持着平衡：

$$Ca(HCO_3)_2 \rightleftharpoons CaCO_3 + CO_2 + H_2O \tag{3-17}$$

由于二氧化碳含量对水的 pH 值有影响，因此可以得出如下结论：对于给定的矿化度（固定的钙硬度及总碱度），在水和碳酸钙之间将存在一个平衡的 pH 值：称之为平衡 pH 或朗格利尔 pH 或饱和 pH，符号为 pH_S（相应的二氧化碳含量称为平衡二氧化碳，这一概念将在稍后进行量化定义）。

因此，可以根据 pH 和 pH_S 的对比对水进行分类：

① 如果 pH > pH_S，将会生成 $CaCO_3$ 沉淀，这种水即为结垢性水；

② 如果 pH < pH_S，将会溶解 $CaCO_3$，这种水称为侵蚀性水。

注意：水的 pH_S 值随着总碱度（以及它的矿化度）的降低而升高。例如（图 3-100），pH 设为 8（排至总管网系统时）时，矿化度较低的水由于其 pH_S 值较高，因而仍然是侵蚀性水；另一方面，矿化度较高的水由于其 pH_S 较低，因此为结垢性水。这解释了软水与侵蚀性水，硬水与结垢性水的相关程度，尽管它们的含义并不相同。

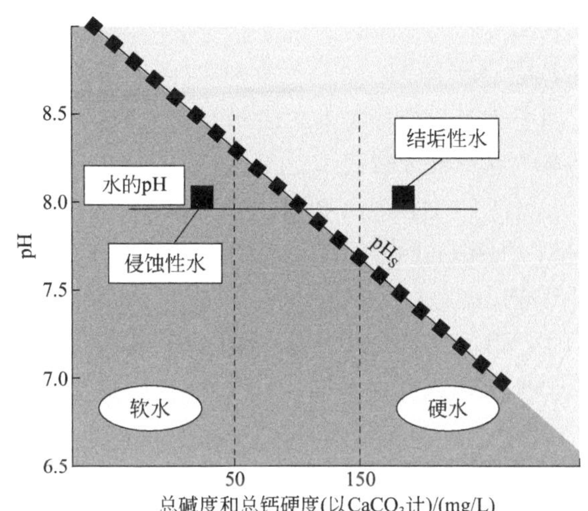

图 3-100　硬水 / 软水，结垢性水与侵蚀性水存在的区域

3.13.3　处理目的

对于由水处理厂所制备的水，应确保其接近平衡状态，即既不具有侵蚀性也不具有结垢性。

为了保证上述条件并同时确保 pH 值符合可饮用性（pH<8.5）或者防止其他元素在水中的溶出（例如铅在 pH<7.5 时溶出），应使产水的 pH_S 处于 7.5～8.5 之间，这样水既不会太软也不会太硬。

有关对软水进行再矿化处理的大部分方法将在本章 3.13.5 节介绍。对于由过硬的水引起的问题（形成结垢 / 铅溶出），可通过去除碳酸盐及 / 或软化等特殊处理方法降低水的矿化度来解决，要达到的典型目标是：

① 对于软水（“3 个 8”原则）：a. 总碱度（TAC）接近 80mg/L（以 $CaCO_3$ 计）；b. 钙硬度（CaH）接近 80mg/L（以 $CaCO_3$ 计）；c. pH_S 接近 8，pH_S <pH ≤ pH_S + 0.2；d. 溶解氧≥ 5mg/L。

这些条件对在钢内壁或铸铁管上形成碳酸盐保护膜是必不可少的。这一保护层是由 $CaCO_3$（方解石）、$FeCO_3$（菱铁矿）、FeOOH（针铁矿）、Fe_3O_4（磁铁矿）的混合物组成，能够将金属与水隔离开，防止由于与水接触而产生的腐蚀作用（见第 7 章 7.2.2 节）。

② 对于硬水：a. 总碱度和钙硬度接近 150mg/L（以 $CaCO_3$ 计）；b. pH_S <pH ≤ pH_S + 0.2，并且拉森（Larson）指数 < 0.6；c. 溶解氧≥ 5mg/L。

拉森（Larson）指数定义为水中氯离子和硫酸根离子之和与重碳酸盐的比率：$\frac{[Cl^-]+[SO_4^{2-}]}{[HCO_3^-]}$，拉森指数高的水能够腐蚀钢铁。

3.13.4 pH_S 的测定方法

3.13.4.1 存在的离子

离子包括：

① 成分离子：H^+ 或水合离子 H_3O^+，以及 OH^-；

② 其他基本离子：Ca^{2+}、HCO_3^-、CO_3^{2-}；

③ 次级离子：Na^+、K^+、Mg^{2+}、Fe^{2+}、Cl^-、SO_4^{2-}、NO_3^-、SiO_3^{2-} 等。

3.13.4.2 化学平衡及其热力学常数

在这些离子之中，四个主要平衡控制着它们相互的浓度。

（1）相等的正负电荷（电中性方程式）

$$[H^+] + 2[Ca^{2+}] + 2[Mg^{2+}] + [Na^+] + [K^+] = [OH^-] + [HCO_3^-] + 2[CO_3^{2-}] + [Cl^-] + [NO_3^-] + 2[SO_4^{2-}] \quad (3\text{-}18)$$

上述方程式也可以写成：

$$[H^+] + 2[Ca^{2+}] + P = [OH^-] + [HCO_3^-] + 2[CO_3^{2-}] + N$$

P 代表 Mg^{2+}、K^+ 和 Na^+ 的浓度和，N 代表 Cl^-、NO_3^- 和 SO_4^{2-} 的浓度和（对于二价离子，是浓度的 2 倍之和）。

注意：Fe、Mn、SiO_2 被称为“微量”元素，与其他元素相比它们的浓度可忽略不计。

（2）水的电离

$$H_2O \rightleftharpoons H^+ + OH^-$$

其中，$[H^+][OH^-] = K_e \approx 10^{-14}$，$pK_e = -\lg K_e \approx 14$（在 25℃时）。

（3）碳酸的溶解和解离

$$CO_2 + H_2O \rightleftharpoons H_2CO_3 \quad (3\text{-}19)$$

$$H_2CO_3 \rightleftharpoons HCO_3^- + H^+ \quad (3\text{-}20)$$

$$HCO_3^- \rightleftharpoons CO_3^{2-} + H^+ \quad (3\text{-}21)$$

当温度为 25℃且没有其他任何溶解盐存在时，由质量作用定律根据平衡式（3-20）和式（3-21）可以推导出下列常数（请参阅第 1 章 1.2.2 节）：

$$K_1 = \frac{[H^+][HCO_3^-]}{[H_2CO_3]} \approx 10^{-6.37}\text{（或 }pK_1 \approx 6.37\text{）} \quad (3\text{-}22)$$

$$K_2 = \frac{[H^+][HCO_3^{2-}]}{[HCO_3^-]} \approx 10^{-10.33}\text{（或 }pK_2 \approx 10.33\text{）} \quad (3\text{-}23)$$

（4）碳酸钙溶解 / 沉淀平衡

$$Ca^{2+} + CO_3^{2-} \rightleftharpoons CaCO_3 \downarrow$$

在 25℃时：

$$K_S = [Ca^{2+}][CO_3^{2-}] \approx 10^{-8.34}\text{（或 }pK_S \approx 8.34\text{）} \quad (3\text{-}24)$$

注意：

① SiO_2、H_2S 或腐殖酸等弱酸也可能引发其他的平衡状态，因为它们属于特殊情况，本文将不予考虑。

② 上述热力学常数主要受温度的影响（表 3-48）。

表3-48　不同温度时碳酸钙在水中的溶度积常数

温度 /℃	pK_e	pK_1	pK_2	pK_s	pK_2-pK_s
0	14.94	6.58	10.63	8.02	2.61
10	14.53	6.48	10.49	8.15	2.34
18	14.24	6.41	10.40	8.26	2.14
20	14.17	6.39	10.38	8.28	2.10
25	14.00	6.37	10.33	8.34	1.99
30	13.84	6.34	10.29	8.39	1.90
40	13.54	6.31	10.22	8.51	1.71
50	13.26	6.30	10.17	8.62	1.55
60	13.02	6.30	10.14	8.74	1.40
70	12.70	6.30	10.12	8.86	1.26
80	12.30	6.31	10.12	8.97	1.15

③ 出于可操作性的原因，表 3-48 提供的数据适用于表观常数（德拜-休克尔 Debye-Hückel 理论），这些常数是基于各种离子的浓度（经分析测定得出，以 mol/L 计）得出，而不是基于它们的活度；此外，这些常数也与水的盐度相关。盐度对这些常数的影响可用离子强度来评估。离子强度用符号 μ 表示，以 mol/L 计，由下列方程式计算得出：

$$\mu = \frac{1}{2}\sum c_i v_i^2$$

式中　c_i、v_i——不同离子的浓度、价态。

可以用 ε 作为离子强度校正项对不同的 pK 进行修正：

$$\varepsilon = \frac{\sqrt{\mu}}{1+1.4\sqrt{\mu}}$$

$$pK_e' = pK_e - \varepsilon \tag{3-25}$$

$$pK_1' = pK_1 - \varepsilon \tag{3-26}$$

$$pK_2' = pK_2 - 2\varepsilon \tag{3-27}$$

$$pK_S' = pK_S - 4\varepsilon \tag{3-28}$$

表 3-49 大致列出了有关 ε 的一些数值（如果没有达到完全的离子平衡，也可以由电导率推算出来）。

表3-49　ε的数值

盐度 /（mg/L）	总阴离子或阳离子 / ℉	ε	盐度 /（mg/L）	总阴离子或阳离子 / ℉	ε
15	1.5	0.02	500	35	0.09
120	10	0.05	1500	100	0.15
200	15	0.06	3000	200	0.21

④ 由这些方程式可以得出，水的 pH 一方面直接取决于其游离态 CO_2 的含量，另一方面取决于 HCO_3^- 和 CO_3^{2-} 的浓度（即总碱度）；特别是，从方程式（3-22）和式（3-26）可

以推导出以下方程式：

$$[H^+] = K_1 \frac{[H_2CO_3]}{[HCO_3^-]}$$

即：

$$pH = pK_1' + \lg [HCO_3^-] - \lg [H_2CO_3] = pK_1 - \varepsilon + \lg [HCO_3^-] - \lg [H_2CO_3] \quad (3\text{-}29)$$

与温度和 ε 相关的 pK_1 值已在前文讨论，其中 ε 为盐度的应变量；此外，对于 pH 低于 8.4 的水（大多数自然水体），水中的 CO_3^{2-} 浓度可忽略不计，并可假定总碱度仅与 HCO_3^- 离子有关；最后，由于无法分别测定未解离的 H_2CO_3 与溶解在水中的 CO_2，因而 $[H_2CO_3]$ 指的是测定的总的游离态 CO_2 浓度。

由此可见，无论什么水，其 pH、总碱度都与游离态 CO_2 密切相关。当把浓度转换成 mol/L 时：

a. $[HCO_3^-] = \dfrac{TAC}{5000}$（mol/L），总碱度（TAC）单位为 mg/L，以 $CaCO_3$ 计。

b. $[H_2CO_3] = [CO_2] = \dfrac{游离CO_2}{44000}$（mol/L），游离 CO_2 单位为 mg/L。

方程式（3-29）可以写成如下形式：

$$pH = pK_1 + 0.056 - \varepsilon + \lg TAC\ (mg/L) - \lg CO_2\ (mg/L)$$

3.13.4.3 通过计算得出 pH_S 的近似值

当水处于钙-碳酸离子平衡时（既无侵蚀性也无结垢性，见本章 3.13.2 节），这意味着 $CaCO_3$ 已经饱和并且 CO_3^{2-} 和 Ca^{2+} 离子的浓度（以 mol/L 计）满足溶度积公式（3-24），即：

$$[CO_3^{2-}] = \frac{K_S'}{[Ca^{2+}]}$$

如果把 CO_3^{2-} 离子的浓度代入定义常数 K_2' 的方程式（3-23）中，可得到下列公式：

$$\frac{[H^+]K_S}{[HCO_3^-][Ca^{2+}]} = K_2'$$

如果把这个方程式写成另外一种形式（见下列方程式），可以看出水是处于钙-碳酸离子平衡状态的：

$$[H^+] = \frac{K_2'}{K_S'} [HCO_3^-][Ca^{2+}] \quad (3\text{-}30)$$

如果将方程式（3-30）两边取负对数，则得出 pH_S 值：

$$pH_S = pK_2' - pK_S' - \lg [HCO_3^-] - \lg [Ca^{2+}] = pK_2 - pK_S + 2\varepsilon - \lg [HCO_3^-] - \lg [Ca^{2+}] \quad (3\text{-}31)$$

$pK_2 - pK_S$（取决于温度）和 ε（取决于盐度）的数值可以直接从表 3-48 和表 3-49 中查到。由于 ε 和 pH_S 随着盐度的升高而升高，因此 ε 是苦咸水（盐度 >1g/L）的一个重要指标。

对于 pH 约小于 8.4 的水，使用总碱度 TAC（mg/L）和钙硬度 CaH（mg/L），这个方程式变为：

$$pH_S = pK_2 - pK_S + 2\varepsilon + 9.7 - \lg TAC - \lg CaH$$

由前文已知，当 $pH<pH_S$ 时，水将使石灰石溶解（具有侵蚀性）；当由过量的溶解态 CO_2 造成 pH 太低时，与碳酸钙发生反应的那部分 CO_2 称为侵蚀性 CO_2。正好达到 pH_S 时

的 CO_2 浓度称为平衡 CO_2 浓度［从本章 3.13.2.3 节中讨论的化学饱和度式（3-17）的意义上来说］；因此，总的溶解态游离 CO_2 浓度将等于平衡 CO_2 与过量 CO_2 含量的总和（使平衡向左移动侵蚀石灰石的这部分 CO_2）。

另一方面，$pH>pH_S$ 的水是具有结垢性的：水中溶解态 CO_2 不足，往往靠 $CaCO_3$ 的沉淀使平衡式（3-17）向右移动生成 CO_2 进行补偿。

3.13.4.4　利用图解法计算 pH_S 的近似值

（1）概述

有众多的学者采用不同的方法计算 pH_S：其中，弗兰昆（Franquin）和玛瑞考柯斯（Marécaux）、蒂尔曼（Tillmans）、哈罗皮阿（Hallopeau）和杜宾（Dubin）、莱格兰德（Legrant）和波爱瑞尔（Poirier）最为著名。

不同方法的目的都是相同的：即绘制一个曲线图，其坐标轴分别代表一个参数（pH）或者一些参数（总碱度、总 CO_2 含量）；在图中标出代表水处于钙-碳酸离子平衡时的点并绘成线：这条曲线称为平衡曲线，它把这个图分成两部分，即侵蚀性水（$pH<pH_S$）和结垢性水（$pH>pH_S$）两个区域。

蒂尔曼（Tillmans）提出了使用由铁和碳酸钙组成的保护膜（蒂尔曼膜的名字由此而来）来保护金属的概念。

（2）朗格利尔图

朗格利尔根据水样实测的 pH 值减去 pH_S 值的差值，提出了朗格利尔指数的概念：

$$I_L \text{ 或 } I_S\text{（饱和指数）} = pH - pH_S$$

因此，$I_S = 0$ 时水达到平衡；$I_S<0$ 时水具有侵蚀性；$I_S > 0$ 时水具有结垢性。

为了确定 pH_S，朗格利尔绘出一张表示碱度和钙含量的曲线图，碱度和钙分别用 $CaCO_3$ 和总盐度（以干重计）表示，单位均为 mg/L。

下面的方程式用于根据朗格利尔图（图 3-101）计算出 pH_S：

$$pH_S = C + pCa + \lg(\text{P-alk.})$$

其中，$C = pK_2 - pK_S + 2\varepsilon$［见方程式（3-31）］。

这个图考虑了温度及盐度（最大为 3g/L）对 pH_S 的影响，但其不适用于计算中和处理时所需投加药剂的用量。

【示例】（如图 3-101 所示）

假设水的性质如下：

① pH = 8.0；

② 碱度：100mg/L $CaCO_3$ ⟶ $\lg(\text{P-alk.}) = 2.70$；

③ 钙硬度：120mg/L $CaCO_3$ ⟶ $pCa = 2.92$；

④ 总固体：210mg/L $CaCO_3$。

冷水管网

$$T = 18℃\text{时} \longrightarrow C = 2.3$$

$$pH_S = 2.70 + 2.92 + 2.3 = 7.92$$

$$I_S = pH - pH_S = 8 - 7.92 = 0.08$$

水几乎处于平衡状态。

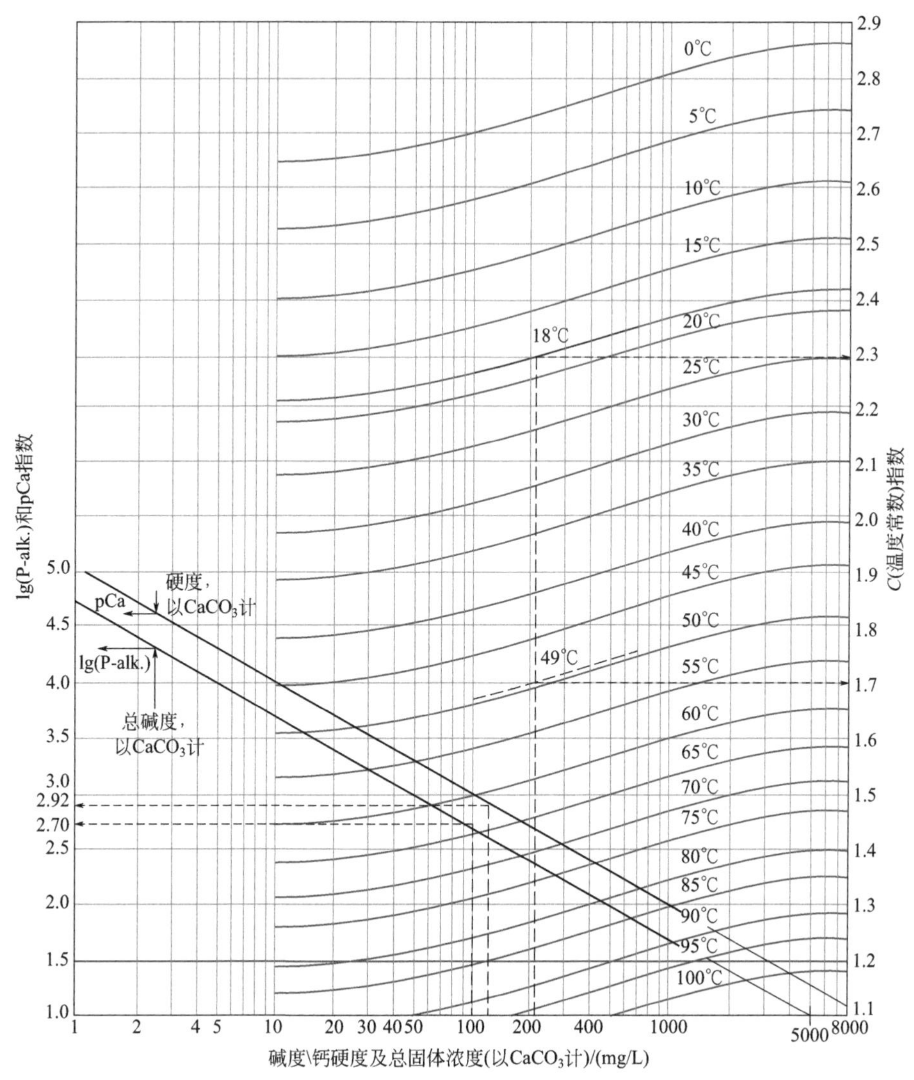

图 3-101　朗格利尔图

生活热水供应管网

$$T = 49℃时 \longrightarrow C = 1.7$$

$$pH_S = 2.70 + 2.92 + 1.7 = 7.32$$

$$I_S = pH - pH_S = 8 - 7.32 = 0.68$$

此时为结垢性水。

对于苦咸水特别是海水，使用由史蒂夫（Stiff）和戴维斯（Davis）提出的修正系数 K 计算 pH_S：

$$pH_S = K + pCa + \lg(P\text{-alk.})$$

其中，$K = pK_2 - pK_S$，取决于水的离子强度 μ 和温度（图 3-102）。

（3）哈罗皮阿（Hallopeau）和杜宾（Dubin）法

哈罗皮阿和杜宾法能够定量分析水中游离态 CO_2 浓度及能侵蚀石灰石的 CO_2 浓度，既可以计算中和药剂的用量，也能够预测在调节 pH 使其达到钙-碳酸盐平衡之后的水的性质。

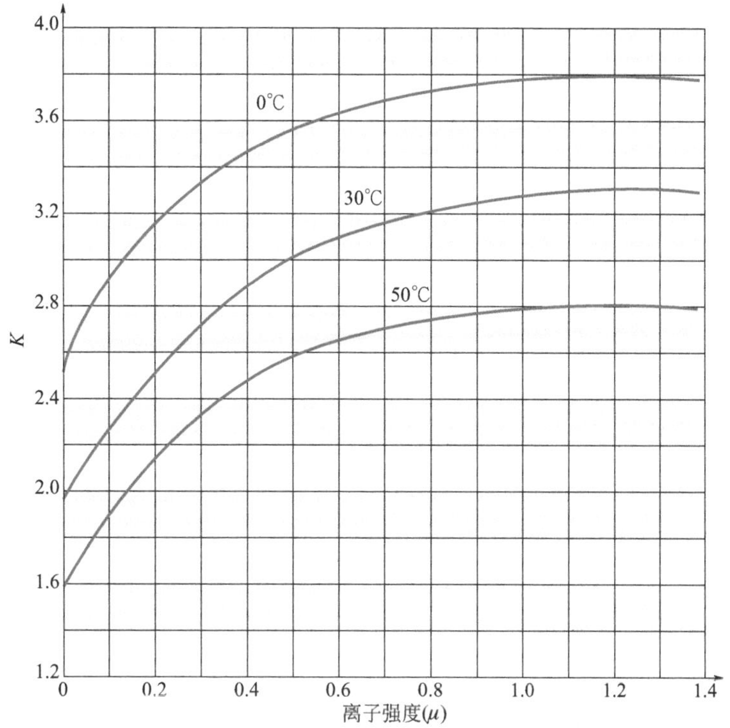

图 3-102　Stiff 和 Davis 系数 K 值随离子强度和温度的变化曲线

这个方法用碱度（总碱度，以 mol/L 计）和钙硬度（以 mol/L 计）的对数来表示平衡 pH：

$$pH_S = \lg K_S - \lg K_2 - \lg(\text{P-alk.}) - \lg(Ca^{2+}) + \lg p$$

式中，$p = 1 + \dfrac{2K_2'}{[H^+]}$

在图 3-103 中，两组平行直线分别表示游离态 CO_2 和平衡 pH。对于给定的水，pH_S 将由以下两条直线的交点来确定：

① 从代表点 M 引出的垂线，M 点的位置根据水的总碱度和 pH 确定；

② 与 $CaCO_3$ 在 15℃时的饱和线相平行的直线，其是从左侧辅助图上水的代表点绘出的。辅助图中横坐标为总碱度与钙硬度的比值，纵坐标为温度。

如果 M 点已经位于与“$CaCO_3$ 在 15℃时的饱和线”相平行的直线上，则水处于钙-碳酸离子平衡状态；如果 M 点位于此条直线下方区域，则水具有侵蚀性；若高于此条直线，则水具有结垢性。

由该图也能得出在 25℃时 $Mg(OH)_2$ 沉淀所对应的 pH_S 值，即：

$$pH_{S,Mg} = 2.3 + 0.5\lg K_{S,Mg} - \lg K_2 - 0.5\,[MgO]$$

已知水的 pH 值和碱度即可确定游离 CO_2 和饱和 CO_2（在右侧与之平行的倾斜直线）。图中可标绘出 CO_2 溶解或物理损失曲线，石灰（或氢氧化钠）或钙（或 Na_2CO_3）的中和曲线。中和曲线是通过描点绘图得到，从水的代表点开始，沿横坐标轴平行移动得到一条平行于相应基础曲线的曲线。

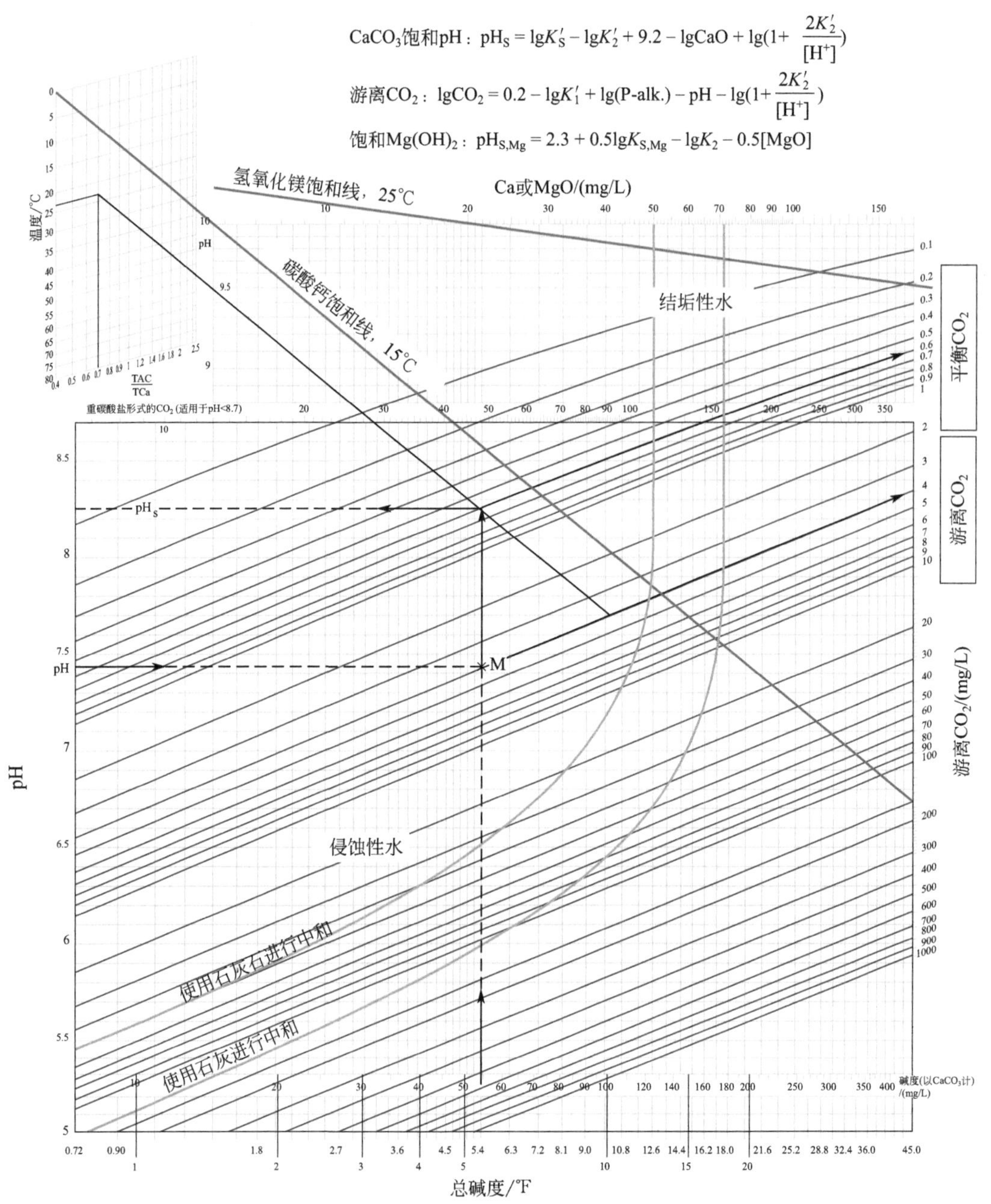

图 3-103　哈罗皮阿和杜宾法（钙-碳酸离子平衡图）

图 3-104 为一个范例：根据总碱度和 pH，可确定代表点 M 位于侵蚀区域。如下 3 种方法可能将水重新恢复至平衡状态：

第一种：通过曝气释放出 CO_2；总碱度和钙含量保持不变，平衡 pH 与原水的 pH_S 相同（实际上，这是很难实现的，除非水的碱度很高，同时饱和 CO_2 的含量足够高）。

第二种：投加碱进行中和；使用石灰时，总碱度将升高，钙含量也将以同样的比例升高。

第三种：投加碳酸盐（$CaCO_3$ 或 Na_2CO_3）进行中和；在投加 $CaCO_3$ 的情况下，总碱

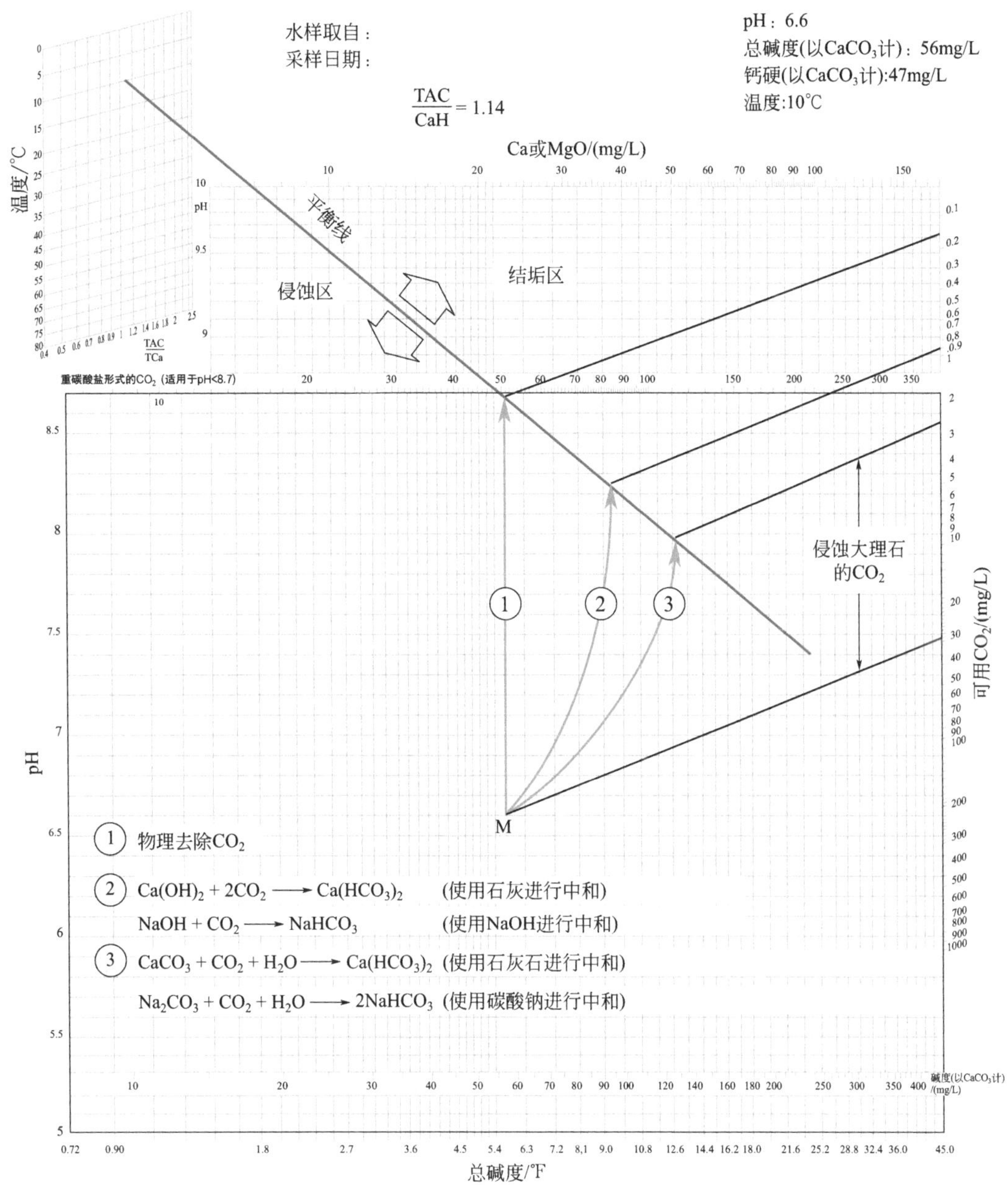

图 3-104　钙-碳酸离子平衡曲线（使侵蚀性水 M 重新恢复平衡的方法）

度和钙含量比第二种方法增加了大概一倍。

由此可看出，平衡 pH 在上述三种情况下会有所不同；最终总碱度越高，平衡 pH 就越低。

对于后两种方法，结合由于发生中和反应而引起平衡线的移动（因为总碱度与钙硬度之比值的改变），可以利用最终总碱度与初始总碱度的差值来计算碱性药剂的用量。

虽然这种方法引入了总硬度和钙硬度的概念，但其没有考虑总盐度，因而只适用于低到中等矿化度的水。

（4）莱格兰德（Legrant）和波爱瑞尔（Poirier）法

莱格兰德和波爱瑞尔法是以 Ca^{2+} 浓度为横坐标，以总 CO_2 含量为纵坐标，绘制出水质分区模型图（见图 3-105）。

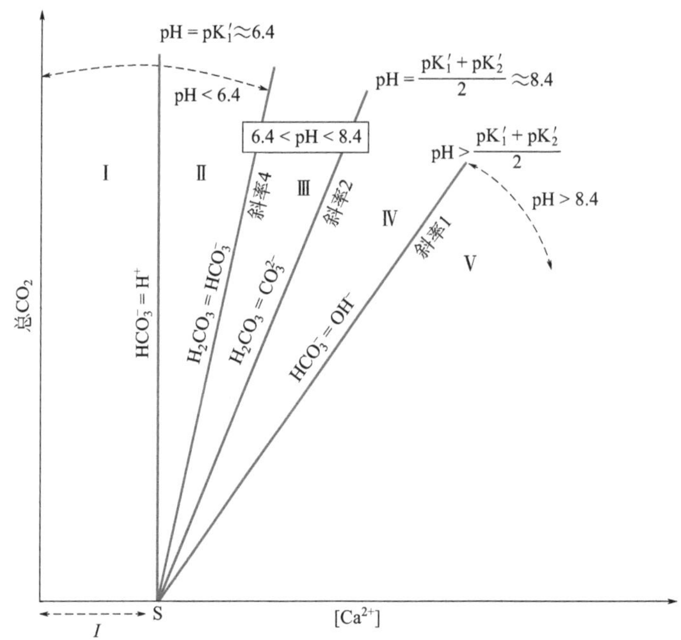

图 3-105　莱格兰德和波爱瑞尔模型水质分区图（以 20℃时的水为例）

该方法的优点在于：其所使用的算术坐标（原则上以 mmol/L 计）能避免原点从坐标消失；所有基本元素的浓度即时可见；对于给定的水质，其表征水质的点几乎总是沿着直线或者平衡曲线移动；最终，根据图中水质点的移动及 / 或平衡曲线的变化，即可知对水进行处理的可行性。

使用 N 和 P 分别代表所有的次级阳离子和次级阴离子的浓度之和（见本章 3.13.4.2 节），假设 $\frac{N-P}{2}=\lambda$，则电中性方程式（3-18）即变为：

$$[HCO_3^-] = 2([Ca^{2+}] - \lambda) - 2[CO_3^{2-}] - [OH^-] + [H^+]$$

如果在等式两边同时加上 $[CO_3^{2-}] + [H_2CO_3]$，则

$$总\ CO_2 = 2([Ca^{2+}] - \lambda) + [H_2CO_3] - [CO_3^{2-}] - [OH^-] + [H^+]$$

根据几种主要特殊情况（取决于不同 pH 时的常数曲线及其与横坐标的交汇点 S），莱格兰德和波爱瑞尔模型被划分为不同的区域，如图 3-105 所示。显而易见的是，实际上几乎所有的天然水（无论处理前还是处理后）都位于区域Ⅲ，即在斜率 4 的直线（在 20℃时，$pH = pK_1' \approx 6.4$）和斜率 2 的直线（在 20℃时，$pH = \frac{pK_1' + pK_2'}{2} \approx 8.4$）之间。

对于给定温度和参数 λ 的任何水体，其钙-碳酸离子的平衡曲线如图 3-106 所示。此外，图中给出了一个示例：对于给定的水质，根据水质点 M 相对于平衡曲线的位置（图中 M 点位于平衡曲线的左侧），则可判断其是具有侵蚀性的水；也能够从平衡曲线获得与水质有关的数据（特别是侵蚀性 CO_2 占游离 CO_2 总含量的比例）。

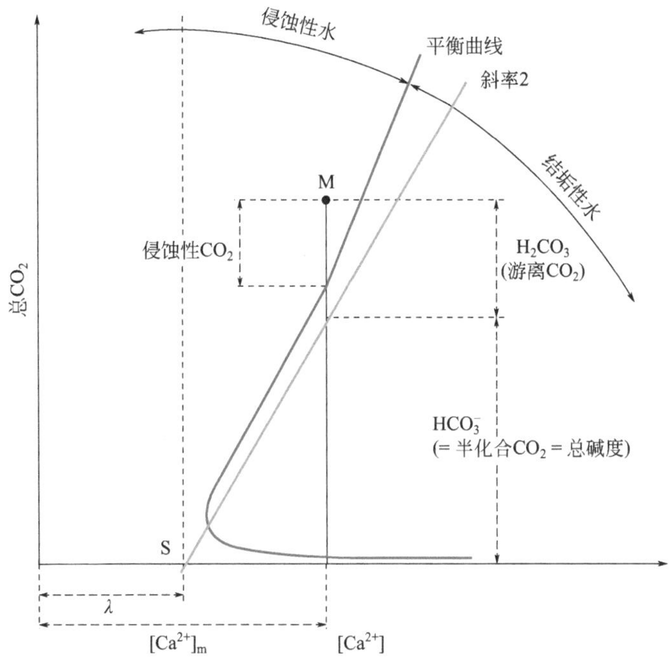

图 3-106　水质点（M）和平衡曲线

该图能够准确地预测在全部可能的情况下（在适用时给出所需要的药剂投加量）平衡曲线有无变化时系统水质的变化与发展情况。

莱格兰德和波爱瑞尔法能够获得较为精确的结果但是需要冗长复杂的计算。利用市场上已开发的计算软件，该方法的应用已经大为简化并获得了广泛推广。

（5）得利满方法：Calcograph

这种方法是从哈罗皮阿和杜宾法衍生出来的，即使用线性坐标绘出水的 pH 随总碱度变化的曲线图。

总碱度 = $[HCO_3^-] + 2[CO_3^{2-}] + [OH^-]$

其中，$[HCO_3^-]$、$[CO_3^{2-}]$ 和 $[OH^-]$ 单位为 mol/L，CO_2 单位为 mg/L。

则可以得到：

总碱度（mg/L，以 $CaCO_3$ 计）= $50000\times([HCO_3^-] + 2[CO_3^{2-}] + [OH^-])$

CO_2（以 mg/L 计）= $[H_2CO_3] \times 44000$

将上述方程式结合，则可得到：

$$[HCO_3^-] = \left[\frac{TAC}{50000} - 10^{(pH-pK_e)}\right]\frac{1}{1+2\times10^{(pH-pK_2)}} \tag{3-32}$$

$$[CO_3^{2-}] = 10^{pH-pK_2}[HCO_3^-]$$

$$[OH^-] = 10^{pH-pK_e}$$

$$[CO_2] = 10^{pK_1-pH}[HCO_3^-]\times44\times10^3 \tag{3-33}$$

$$Ca^{2+} = 10^{-5}\,CaH$$

$$pH_S = (pK_2 - pK_S) + \lg[1 + 2\times10^{(pK_s-pK_2)}]$$

$$-\lg\left[\frac{TAC}{50000}-10^{(pH_S-pK_e)}\right]+5-\lg CaH \tag{3-34}$$

随后使用软件进行计算：

① 利用 pH 和总碱度计算 CO_2，或者利用 CO_2 和总碱度计算 pH［方程式（3-32）和方程式（3-33）］；

② 利用总碱度和钙硬度计算 pH_S［方程式（3-34）］。

这个方法考虑了 pK 随温度和水的离子浓度［表 3-48 和方程式（3-25）～式（3-28）］的变化。

通过水的 pH 和总碱度即可确定水质点，并可描绘出 pH 等于 pH_S 的水在不同碱度时的曲线，即碳酸离子平衡曲线（或者原水 -pH_S 曲线）。

每次投加药剂时，软件都要重新定义新的参数并表征新的水质点，及加药处理前后水的 pH_S 曲线，由此得到 Calcograph 图（图 3-107）。

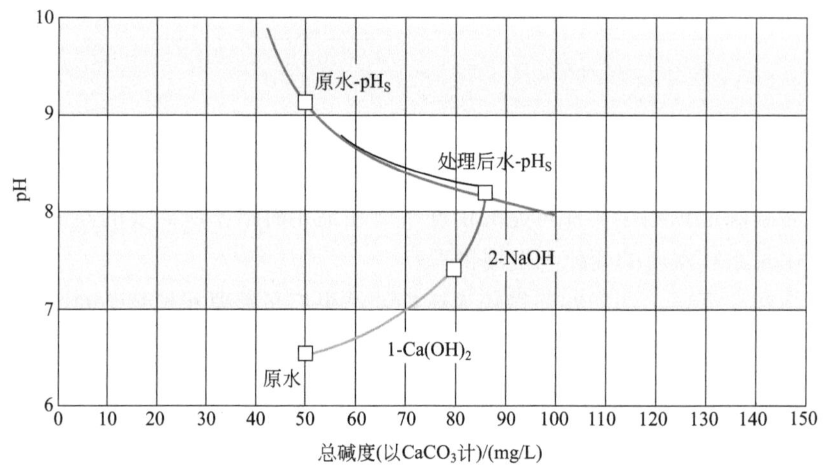

项目	原水	$Ca(OH)_2$	NaOH
药剂/(mg/L)	0	22.0	4.6
总碱度(以 $CaCO_3$ 计)/(mg/L)	50	80	85
游离 CO_2/(mg/L)	32.3	6.15	1.09
pH	6.5	7.41	8.19
pH_S	9.1	8.26	8.24

图 3-107 Calcograph：先用石灰再加氢氧化钠进行中和处理的示例

3.13.4.5 适用于侵蚀性水的修正方法——指数

本章 3.13.4.3 节已经将不同形式的 CO_2 分别定义为：游离 CO_2、过量 CO_2、侵蚀性 CO_2 和饱和 CO_2。本章 3.13.4.4 节和图 3-104 亦对将侵蚀性水恢复至钙-碳酸平衡的三种方法做了介绍。图 3-108 和表 3-50 列出了使用这三种方法后水达到平衡时的最终 pH_S 和不同的平衡 CO_2 含量（由程序计算并在表 3-50 的最后一行显示）。

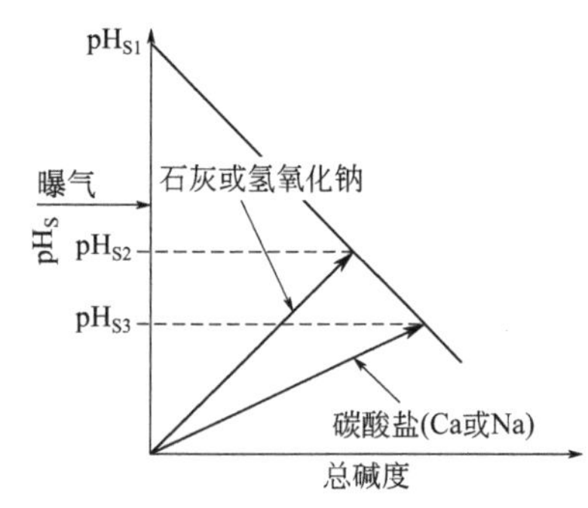

图 3-108 将侵蚀性水恢复至钙 - 碳酸平衡时的最终 pH_S

表3-50　侵蚀性水的修正（温度=15℃）

项目	原水	曝气 pH_{S1}	投加石灰 pH_{S2}	投加碳酸钙 pH_{S3}
pH	6.5	9.1	8.15	7.87
总碱度（以 $CaCO_3$ 计）/（mg/L）	50	50	87.2	120
钙硬度（以 $CaCO_3$ 计）/（mg/L）	50	50	87.2	120
CO_2 /（mg/L）	34.1	0.26	1.30	3.36

综上，可以推导出过量 CO_2 的不同形式：

① 碱度恒定时进行曝气：33.84mg/L（= 34.1 – 0.26）的 CO_2 被吹脱；

② 使用石灰中和：32.80mg/L（= 34.1 – 1.3）的 CO_2 被中和；

③ 使用 $CaCO_3$ 中和：能够侵蚀 $CaCO_3$ 的 CO_2 含量为 30.74mg/L（= 34.1 – 3.36）；侵蚀性 CO_2 被定义为能够侵蚀（腐蚀）石灰石的 CO_2，通过大理石试验的方法进行测定：在中国和法国，其是以 mg CO_2/L 计，而英美则用可溶性 $CaCO_3$ 表示，以 mg/L 计。

$$可溶性\ CaCO_3 = 侵蚀性\ CO_2 \times \frac{100}{44}$$

各种指数经常用于表征水的性质，包括钙-碳酸离子平衡（特别是侵蚀性水）及对有色金属的腐蚀性。其中，最常使用的指数是：

① 朗格利尔（Langelier）指数或饱和指数（见本章 3.13.4.4 节）：$I_L = I_S = pH - pH_S$。

a. 如果 $I_S < 0$（$pH < pH_S$），水具有侵蚀性；

b. 如果 $I_S > 0$（$pH > pH_S$），水具有结垢性；

c. 如果 $I_S = 0$（$pH = pH_S$），水处于平衡状态。

② 拉森（Larson）指数，是强酸性盐和碳酸氢根离子的比值（见本章 3.13.3 节）；

③ 雷兹纳（Ryznar）指数，被定义为：

$$I_R = 2pH_S - pH = pH_S - I_S$$

雷兹纳指数总是为正值。通过实验（温度在 0～60℃之间）测定水的雷兹纳指数，根据其数值即可确定水的性质，见表 3-51。

表3-51　根据雷兹纳指数判断水的性质

雷兹纳指数	水的性质	雷兹纳指数	水的性质
4～5	强结垢性	7～7.5	轻微腐蚀性
5～6	轻微结垢性	7.5～8.5	显著腐蚀性
6～7	平衡状态	>8.5	强腐蚀性

对侵蚀性水进行中和处理的主要目的在于：

① 当朗格利尔指数一开始就小于 0 时就将其抵消；

② 拉森指数表明，其指数越高，水的腐蚀性越强，对其可能需要采取特别措施（如使 I_S>0，再矿化等）；

③ 雷兹纳指数特别适用于工业水系统（参见第 7 章和第 24 章），通过测定雷兹纳指数和其他参数（如溶解氧、矿化度、铁-锰、腐蚀性细菌等）能够确定是否需要对其进行辅助处理。

3.13.5 可用的药剂和处理方法

3.13.5.1 中和或软水的再矿化

中和是指利用原水中的 CO_2 产生重碳酸盐。

当加入 CO_2（或者可能是 HCO_3^- 离子）时，即称之为再矿化。

图 3-109 展示了在不同的平衡恢复过程中水质的变化情况，即：

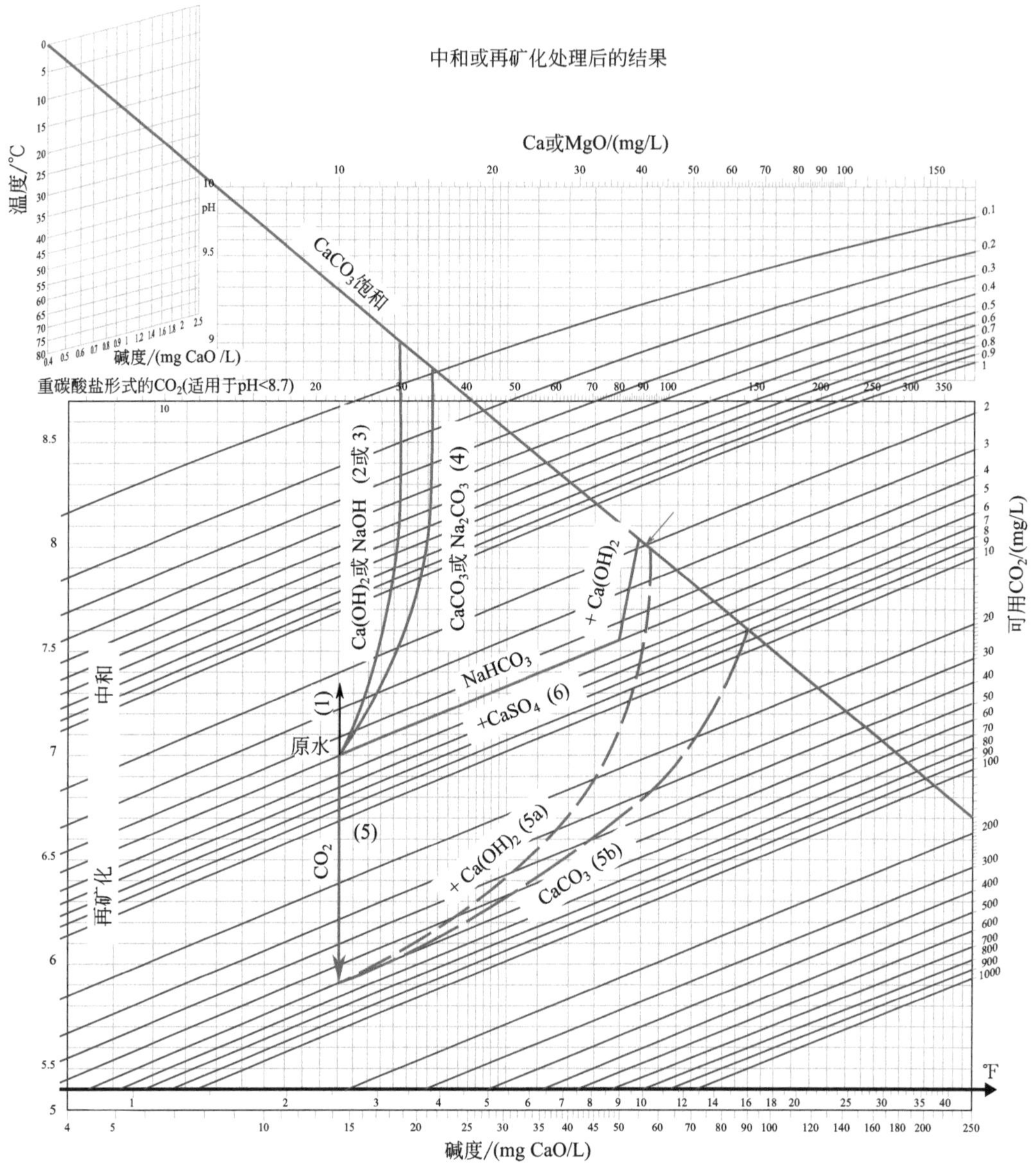

图 3-109 使水恢复钙 - 碳酸平衡的不同方法

方法 1，CO_2 吹脱（一种处理工艺使残余 CO_2 含量最低可降至 5～7mg/L）。

方法 2，使用石灰中和：$Ca(OH)_2 + 2CO_2 \longrightarrow Ca(HCO_3)_2$。

方法 3，使用氢氧化钠中和：$NaOH + CO_2 \longrightarrow NaHCO_3$。

方法 4，使用碳酸盐中和。

方法 4a，碳酸钙：$CaCO_3 + CO_2 + H_2O \longrightarrow Ca(HCO_3)_2$。

方法 4b，碳酸钠：$Na_2CO_3 + CO_2 + H_2O \longrightarrow 2NaHCO_3$。

方法 5，再矿化：使用 CO_2+$Ca(OH)_2$（方法 5a）或 CO_2 +$CaCO_3$（方法 5b），反应式同方法 2 和 4a。

方法 6，通过加入碳酸氢钠和钙盐（或者在钙硬度足够高的情况下只加入碳酸氢盐）进行再矿化。

注意：由于引入的钠离子无益于形成蒂尔曼（Tillmans）膜，因此必须避免采用方法 3、方法 4b 和方法 6 作为基本的处理方法。

此外，方法 6 导致有害离子（Cl^- 或 SO_4^{2-}）浓度的提高而且该方法只能在总碱度增幅非常微小的时候考虑使用，同时还要考虑拉森指数的变化。

实际上，只有方法 1、方法 2、方法 4a 和方法 5 是推荐的处理方法并有工业化应用。

方法 3 可以用于对方法 1、方法 5a、方法 5b 或方法 6 的补充，以达到使用较低加药量精确调节 pH 的目的（法国公共健康高级委员会建议 $\Delta Na \leqslant 5mg/L$）。

3.13.5.2　硬水的中和

（1）酸化

硬水有一个天然的趋势，即平衡式（3-17）向右移动使过量的碳酸氢盐沉淀。因此，它的水质点非常接近平衡曲线，因而这种结垢性水几乎很少需要修正处理：它所需要的是加入强酸释放出中和所需的 CO_2。

CO_2 也可以直接注入水中。

（2）碳酸盐去除

当输水系统含有铅管或铅质配件时，若超硬水的平衡 pH 过低，则无法形成碳酸铅沉淀，也就无法确保水中的铅浓度满足标准限值的要求（Pb<10μg/L）。此外，一旦这种水被加热，其将具有非常强的结垢性（见洗衣机、热水器等）。

在这种情况下，建议采用碳酸盐去除工艺（图 3-110）。有关的反应已在本章 3.2.1 节介绍。一般使用石灰和氢氧化钠，而当水中含有足够的永久硬度（与氯化物或硫酸盐有关）时，则可使用碳酸钠。与石灰相比，使用氢氧化钠去除的钙比去除的碳酸氢盐要多，但水中的钠将增多：即这是一种软化工艺；另外，如果考虑钙硬度的波动，则产生的沉淀物将减半但总碱度却不会降低太多。

图 3-110　Isle Adam 处理厂（Val d'Olse- 法国）使用高密沉淀池去除碳酸盐

因此，在选择处理药剂之前，需要确认处理后的水不会具有腐蚀性。

如需详细了解在再矿化和平衡恢复处理过程中得利满所采用的工艺及设备，请参阅第 22 章 22.3 节。

3.14 气液交换

水处理工艺包括很多涉及两相之间物质转移的过程，这两相为：液体和气体。

气液传质包括组分从一个相转移到另一个相，其可以分为两个子类：

① 吸收或溶解，使成分从气相转移到液相。这涉及将气体（空气、氧气、臭氧、氯气、二氧化碳等）溶解到水中，以达到生物净化、除铁、氧化、消毒、调整 pH 值等处理目的；或者将气体中的污染物（H_2S、硫醇、SO_2、NO_x、NH_3、有机挥发物、HCl 等）溶解到液体中以净化气体如气洗（除臭等）。

这种吸收通常与沉淀、氧化等化学反应相结合。

② 解吸，溶解在水中的挥发性气体（二氧化碳、氧气、硫化氢、氨、氯化溶剂）的反向转移：经常被称为气提或脱气。

解吸不需要发生任何化学反应。

在任何情况下，液 / 气相系统都遵守决定物质从一相转移到另一相最终达到平衡状态的定律。

第 16 章将介绍利用该反应原理的相关应用和技术。

3.14.1 气 / 液交换的理论基础

决定气 / 液交换的主要定律包括：

① 平衡时的液相：亨利定律指出，对于一个给定的温度，气体的分压 p_i 与其在液相中的摩尔百分数 x_i 可以表示为 $p_i=Hx_i$，H 为亨利常数。主要气体的亨利常数请参阅第 8 章 8.3.3 节；

② 在气相中：道尔顿定律与理想气体定律。

因此，对于一种温度为 T、压力为 p、体积为 V 的气体混合物，各组分气体的质量分别为 m_1、m_2、…、m_n，摩尔质量分别为 M_1、M_2、…、M_n，分压分别为 p_1、p_2、…、p_n，则可以得出：

$$p=p_1+p_2+p_3+\cdots+p_n$$

以及

$$\frac{p_1M_1}{m_1}=\frac{p_2M_2}{m_2}=\cdots=\frac{p_nM_n}{m_n}$$

对于转移：双膜理论（Whitman & Lewis 理论），用于量化溶质通过没有任何积累的交换界面 S 的传质通量 N（图 3-111）：

$$N=K_LS(C_{Li}-C_L)=K_GS(C_G-C_{Gi})$$

式中 C_L、C_G——气体分别在液相和气相中的浓度，这是唯一可以测定的物理量；

C_{Li}、C_{Gi}——界面处的浓度；

K_L、K_G——取决于交界面和紊流条件的转移系数（又称为传递系数或传质系数）。

这些定律强调了对有效气液传质起重要作用的条件：

① 保持液相与气相之间的高浓度梯度，该梯度是气液传质的动力；

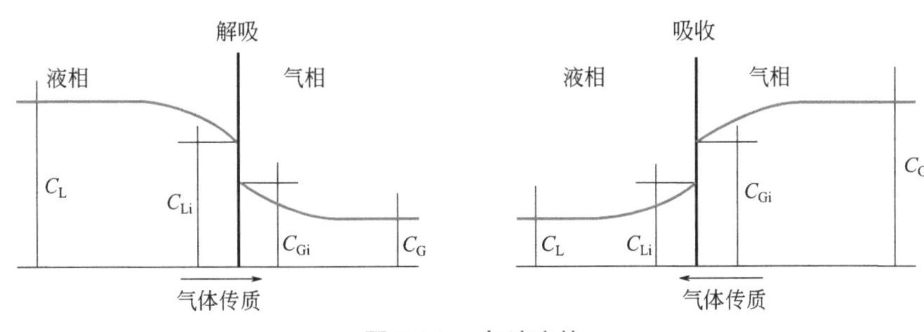

图 3-111　气液交换

② 形成一个尽可能大的气 / 液接触界面；

③ 在气液两相中产生较强的湍流。

3.14.2 气体溶解（吸收）

此过程用于处理水（除铁、氧化、消毒、生物净化）或净化被污染的气体。气体的溶解通常较为困难，液膜阻力会阻碍传质过程，可由下列方程表示：

$$N = \frac{\mathrm{d}m}{\mathrm{d}t} = K_{\mathrm{L}} S (C_{\mathrm{S}} - C_{\mathrm{L}})$$

式中　m——转移气体的质量；

C_S——气体在液体中的饱和浓度；

C_L——气体在液体中的浓度；

S——接触面的表面积。

$$\frac{\mathrm{d}m}{\mathrm{d}t} = V \frac{\mathrm{d}C_{\mathrm{L}}}{\mathrm{d}t}$$

式中　V——液体的体积。

所以：

$$\frac{\mathrm{d}C_{\mathrm{L}}}{\mathrm{d}t} = K_{\mathrm{L}} \frac{S}{V} (C_{\mathrm{S}} - C_{\mathrm{L}})$$

$$K_{\mathrm{La}} = K_{\mathrm{L}} \frac{S}{V}$$

式中　K_{La}——总转移系数，h^{-1}。

一般来说，在水处理应用中，吸收会伴随着某种化学反应，通常是反应速度不同的氧化反应（如 Fe^{2+} 的氧化、CO_2 转化成 HCO_3^-、消毒、有无细菌呼吸作用的有机物氧化等）。当气体与水中的某些成分发生剧烈反应时，传质系数将比其在纯水中的数值更大，这时需要考虑的不只是气体的溶解度和扩散能力，还须考虑限制水中 O_2、O_3、CO_2 吸收浓度的化学动力。

有两种主要类型的设计：

① 在液体内：为了获得巨大的接触面积，气体可以通过扩散器（多孔元件、薄膜等），或被注入涡轮（表面安装或浸没式），或通过文丘里系统，变成微细泡进行扩散（见曝气原理，第 11 章 11.1.2 节）。

② 在液体表面：通过在规则或不规则堆放的填料上滴滤，尽量增大接触面积，如气

体洗涤器、CO_2 去除器、CO_2 溶解器等。

还有结合这两种吸收模式的复合工艺：如除铁反应池、Nitrazur N 硝化滤池、Biofor 曝气生物滤池。

3.14.3 气提（解吸）

气提的目的是去除水中溶解的气体，使其向气相转移，尽可能降低水中溶解的气体的含量。从液相中脱除气体需要大量的洗脱气。当应用传质定律时，为了得到含有低浓度溶解气体的水，需要：

① 降低洗脱气体中待去除气体的摩尔分数：用空气洗脱 CO_2，用天然气洗脱 O_2 等。

② 降低气相总压力：真空脱氧、CO_2、CH_4 等。

③ 增大脱气亨利常数：高温加热（O_2、CO_2）。

对于上述提到的大多数溶解性气体，其在水中的溶解度是极低的，因此解吸将受液相传质控制。对于易溶气体（如氨气），解吸受气相控制。

最常用的气提装置是填料塔，其设计与蒸馏塔类似。

脱气所需填料高度有两种计算方法：

① 对于难溶气体，H = HUT × NUT，其中：

a. HUT：传质设备的高度，这主要取决于填料的特性。

b. NUT：传质单元的数量，这完全取决于不同阶段的初始浓度、最终浓度和传质界面浓度。

② 对于易溶气体，H = HETP × NTS，其中：

a. HETP：达到理论饱和需要的高度，主要取决于填料。

b. NTS：利用分析或图表法对所需传质单元（分级）的数量进行理论计算。

若要将 15℃饱和水中的氧浓度最终降至 10～50μg/L，需设置 8～12 个传质单元（或级数）。

CO_2 解吸装置一般无需精心设计。在脱盐水处理中，将 CO_2 从 70mg/L 降至 10mg/L 理论上只需一级传质单元。

第4章 水的生物处理原理

4.1 概述

污水的生物处理是利用自然界中广泛分布的微生物，尤其是细菌的新陈代谢作用（见第 6 章 6.3 节）对污水进行处理。这些微生物将污水中可生物降解的有机物分解成简单产物，例如二氧化碳，并产生新的生物质。根据生长环境的不同，生物处理技术又可分为好氧生物降解、厌氧生物降解和缺氧生物降解。

生物处理是城市污水和工业废水处理厂的核心工艺（主要用于处理可生物降解的有机污染物），同时也常用于剩余污泥的处理（见第 18 章 18.4 节和第 19 章 19.1 节）。由于生物处理的独特优势，其也常用于饮用水处理（见本章 4.6 节）。

相关处理工艺将在第 11 章进行介绍，其应用系统与案例将在第 22 章（饮用水）、第 23 章（城市污水）和第 25 章（工业废水）进行归纳总结。

4.1.1 细菌生长的各个阶段

细菌接种后，在适宜的条件下，其数量会持续增长直至营养物消耗殆尽。图 4-1 展示了在具有恒定条件（温度、pH 等）的间歇式反应器内，细菌浓度（X）和底物浓度（S）随时间变化的关系。

（1）迟缓期（第 1 阶段）

这是细菌适应新环境的阶段，细胞合成新的酶系，用于分解底物。如果此前水中未接种过合适菌群，这一过程将尤其重要。细胞在这个时期不会繁殖。

（2）对数生长期（第 2 阶段）

生长速率 dX/dt 在此阶段随着 X 的增大而加快：

$$\frac{dX}{dt}\cdot\frac{1}{X}=\mu_m$$

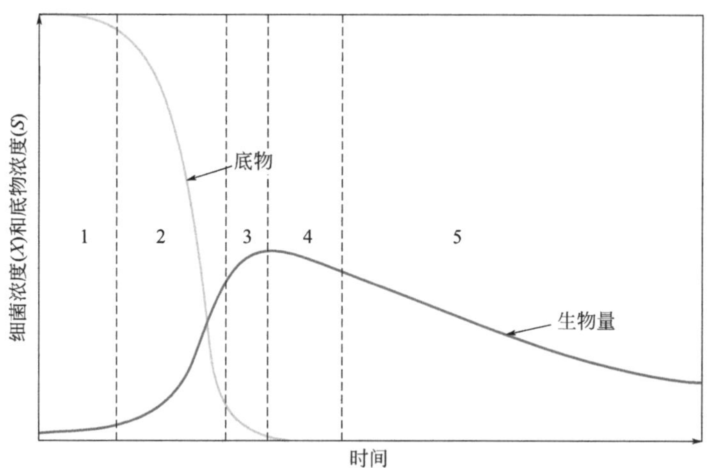

图 4-1 细菌生长曲线（生物量和底物浓度变化曲线）

式中 μ_m——最大比生长速率（与微生物和底物种类有关），如果底物充足这个速率会保持下去。

（3）减速增殖期（第 3 阶段）

随着底物逐渐消耗，细菌生长所需的一种或多种营养元素被消耗殆尽，细菌生长进入减速增殖期。这个阶段 X 仍会增大，但 dX/dt 会减小。有些情况下，细菌自身代谢过程中产生的抑制性物质累积也会导致减速增殖期的到来。

（4）稳定期（第 4 阶段）

在此阶段，X 达到最大值 X_{max}。菌群总数趋于平衡，细菌保持自身新陈代谢。此时，细菌开始逐渐消耗细胞内储存的物质，直至死亡，平衡被打破。

（5）衰亡期（也称内源呼吸期）（第 5 阶段）

细胞死亡速率随时间的推移而加快，活细胞浓度降低。细胞的死亡是由酶促自溶现象导致的。

好氧菌和厌氧菌的生长情况均可以参照上述五个阶段及相应的公式。但是，每种微生物都有自己特定的生长曲线，其形状取决于多种因素（底物浓度、温度、pH、溶解氧等）。

4.1.2 细菌生长模型

为绘制出细菌生长曲线，现已开发出许多相关的数学模型。

最早出现、广为人知且至今仍广泛应用的是莫诺（Monod）方程，其是在试验数据基础上，通过统计其规律而得出的经验公式。莫诺方程准确地描述了细菌生长的第 2 和第 3 阶段，其与米氏方程（Michaelis-Merten）中的酶促反应很相似。方程式表示如下：

$$\frac{dX}{dt}=\mu X\text{，其中 }\mu=\mu_m\frac{S}{K_S+S}$$

式中 K_S——饱和常数，也称为半速度常数，即 $\mu=\frac{\mu_{max}}{2}$ 时的底物浓度。

当底物浓度低于 K_S 时，细菌的生长速度主要取决于底物浓度。K_S 通常很小，但仍大于排放标准中的设定值。

需要注意的是，对于由多种微生物构成的菌群，细菌生长曲线模型中的 μ 值实际上是一个平均值。在任一时刻，不同的细菌可能有其特有的生长速率。

在细菌生长曲线中的第 4 阶段，其增殖速度几乎与衰亡速度相等。细菌等微生物对摄入的一部分有机物进行氧化分解（分解代谢），最终形成 CO_2 和 H_2O 等无机物质，并从中获取合成新细胞物质所需要的能量；另一部分有机物用于合成新细胞（合成代谢），所需能量取自分解代谢。在第 5 阶段，多数细菌进行内源代谢而逐步衰亡，即对自身的细胞物质进行代谢反应（详见本章 4.2.1.2 节）。

4.1.3　生物活性

生物活性可用如下不同方法进行测定：

① 通过观察生长曲线，该法仅适用于单一菌种，通过测定浊度近似确定第 2 和第 3 阶段生长曲线；

② 通过检测多种“常见”酶的活性，然而，现有的方法均无法得到令人满意的结果。

实际上，对于生物活性的检测，以下方法更为有效：

① 测定 O_2 的消耗量或者 CO_2、CH_4 的产生量；这种测定呼吸速率的方法更有代表性，参照第 5 章 5.5.2 节的应用描述。

② 测定底物的消耗速率，并与生物利用的量进行比较。例如：g COD/(g VS • h)、g NH_4^+-N/(g VS • h)。

4.1.4　好氧生物处理、厌氧生物处理

污水生物处理利用了自然界中微生物的新陈代谢作用。异养细菌通过以下两种方式去除水中污染物：

① 好氧降解：在水中存在分子氧的条件下，污水中的有机碳转化为 CO_2 和微生物自身生物质，有机氮则转化为 NH_4^+（氨化作用）或硝酸盐（条件适宜时）（见本章 4.2.1.3 节）；

② 厌氧降解：在没有分子氧及化合态氧存在的条件下，在还原性介质中发生的反应。在反应过程中，有机碳转化为 CO_2、CH_4 和微生物自身物质。较低的氧化还原电位使得氮转化为 NH_4^+，硫转化为 H_2S 或多种有机硫化物（例如硫醇）。

下面是葡萄糖通过以上两种方式分解的方程式：

好氧：$C_6H_{12}O_6 + 6O_2 \xrightarrow[\text{好氧微生物}]{} 6CO_2 + 6H_2O + 2.72\text{kJ/mol}$（650cal/mol）

厌氧：$C_6H_{12}O_6 \xrightarrow[\text{厌氧微生物}]{} 3CO_2 + 3CH_4 + 0.144\text{kJ/mol}$（34.4cal/mol）

无论采用哪种工艺，合成每克生物质所需的能量是相同的。采用好氧工艺产生的能量大约是厌氧工艺的 20 倍，因此好氧菌的生长速率要高于厌氧菌，同时也能够更快地分解有机物。但相应地，采用厌氧工艺产生的泥量更少。

缺氧条件是指环境中没有溶解氧但含有硝酸盐。在这种情况下，异养菌会从硝酸盐中得到氧，同时将硝酸盐还原为 N_2（反硝化作用）。

总体上，表 4-1 根据具有代表性的电子供体与受体、可用的底物和反应副产物对菌群进行了分类。

表4-1 细菌分类

细菌类型	常用名字	碳源	电子供体	电子受体	副产物
异养好氧菌	好氧氧化	有机物	可生化的有机物	O_2	CO_2、H_2O、NH_3
自氧好氧菌	硝化	CO_2 CO_3H^-	NH_3、NO_2^-	O_2	NO_2^-、NO_3^-
	硫氧化	CO_2 CO_3H^-	H_2S、S、$S_2O_3^{2-}$	O_2	SO_4^{2-}
兼性异养菌	反硝化	有机物	可生化有机物	NO_2^- NO_3^-	N_2、CO_2、H_2O
异养厌氧菌	酸化①	有机物	可生化有机物	有机物	挥发性脂肪酸
	硫酸盐还原①	有机物	有机物	SO_4^{2-}	H_2S、CO_2、H_2O
	甲烷化①	有机物	H_2 及挥发性脂肪酸	CO_2	CH_4

① 见本章 4.3.1 节。

4.1.5 毒性、抑制性

厌氧或好氧发酵的顺利进行对环境条件要求比较严格，其中温度和 pH 值尤为重要。但介质中也不能存在对微生物有抑制和毒害作用的物质，避免其降低细菌活性甚至导致细菌不可逆转地失活。

大多数重金属都会对微生物产生毒害作用，尤其是铜、铬、镍、锌、汞、铅以及一些阴离子和有机物（见第 1 章 1.3.4 节和第 2 章 2.4.3.3 节）。

不同细菌对不同有毒物质的敏感性不同。例如，本章 4.2.1.3 节中的表 4-5 列出了对硝化细菌有抑制性的一些物质。此外，如果其浓度较低，一些细菌甚至能够降解如氰化物、苯酚等有毒物质。实际上，一般来说，细菌通过培养驯化能够提高其抗毒性，使细菌能适应有毒或抑制性物质的存在。

但是，超过一定浓度后，一些细菌自身的代谢产物也可能成为细菌活性的抑制物质（如厌氧发酵过程中产生的 NH_3）。

4.1.6 生物反应器

4.1.6.1 悬浮生长及附着生长工艺

根据细菌生长方式不同，通常将生物反应器分为悬浮生长和附着生长两类。

在悬浮生长工艺中，细菌呈絮状生长于待处理液体中。为保持细菌处于悬浮状态，反应器中需要进行搅拌混合。

在附着生长工艺中，利用大部分微生物能够产生胞外酶这一特性，使这些微生物附着在各种物质上形成生物膜。为了使表 4-2 的内容便于理解，在此定义了混合生长工艺这一概念。与附着介质固定不动、液体沿着附着介质长度方向流动的严格意义上的附着生长工艺不同，混合生长微生物附着在很小和 / 或很轻的介质上，因此微生物能像絮状体细菌一样在生物反应器中保持悬浮状态。

悬浮、附着或者混合生长工艺可应用于好氧、缺氧或厌氧处理，归纳于表 4-2。

表4-2　生物反应器

类型		常用名称	去除污染物，反应过程
好氧工艺	悬浮生长	活性污泥法	BOD、硝化
		曝气塘[①]	BOD、硝化
		三级稳定塘[①]	BOD、硝化
		好氧硝化	污泥稳定、硝化
	附着生长	滴滤池	C-BOD、硝化
		生物滤池	C-BOD、硝化
		生物转盘	C-BOD、硝化
	混合生长	混合生长	C-BOD、硝化
缺氧工艺	悬浮生长	活性污泥-反硝化	NO_2、NO_3
	附着生长	生物滤池-反硝化	NO_2、NO_3
厌氧工艺	悬浮生长	污水甲烷发酵[②]	C-BOD
		厌氧污泥消化	稳定化减量化
	附着生长	附着生长甲烷发酵[②]	C-BOD
	混合生长	混合生长甲烷发酵（包括流化床）	C-BOD

① 见本章 4.5 节。② 见本章 4.3 节和第 12 章。

注：C-BOD 为碳质 BOD 。

4.1.6.2　生物反应器的水力学特性

（1）流动特性

另一个重要的参数，特别是对于悬浮生长工艺来说，是生物反应器内的水力学特性。如果反应器中各个位置的浓度（生物量、底物、含氧量等）和温度均一致，这种生物反应器被称为完全混合反应器。而在理想的推流式反应器中，含有悬浮物的流体沿反应器方向流动，与相邻的流体没有任何的混合作用。反应器的长宽比很高，在此情形下存在轴向的浓度梯度。

理论上，在完全混合反应器中，任一悬浮颗粒的水力停留时间都是相同的，但实际上，液体中所有颗粒的水力停留时间服从高斯分布。

这些水力学特性很重要，因为其可以影响反应器内不同区域的物质浓度，进而影响反应动力学，甚至会使某些菌种成长为优势菌种。

（2）反应动力学

理论研究已经证实：在一个给定容积的反应器内，若反应从零开始，推流式的反应速率会比完全混合式要快，或者给定相同的反应速率，推流式所需的反应器容积更小。

实际上，在工业化应用中，不可能具备实现完全混合或者理想推流的条件。而且，虽然有一些反应器能够接近完全混合的条件（强烈搅拌），但很少有反应器能接近推流式的反应条件。通常用纵向扩散系数对这种接近理想条件的趋势进行定量表征。当纵向扩散系数为零时，为理想推流式；当纵向扩散系数为无限大时，则为理想的完全混合式。

（3）水力停留时间分布

理论水力停留时间由 V（反应器体积）和 Q（流量）确定，即 HRT=V/Q。

可以通过投加示踪剂的方法计算实际的停留时间，并以此计算进出水的加权平均时长（t_r）。

① 如果 t_r=HRT，且出水呈阶梯式均匀分布，反应器近似于理想推流式。

② 如果 t_r=HRT，但出水遵循高斯分布，反应器近似于完全混合式。

③ 如果 t_r<HRT，且反应器中有明显的死区（混合不均匀），将会有滞后性（图 4-2）。

④ 如果 t_r>HRT，但是有明显峰值（图 4-3），则意味着有一个或者多个短流区导致水流比预期更快地到达出水口。

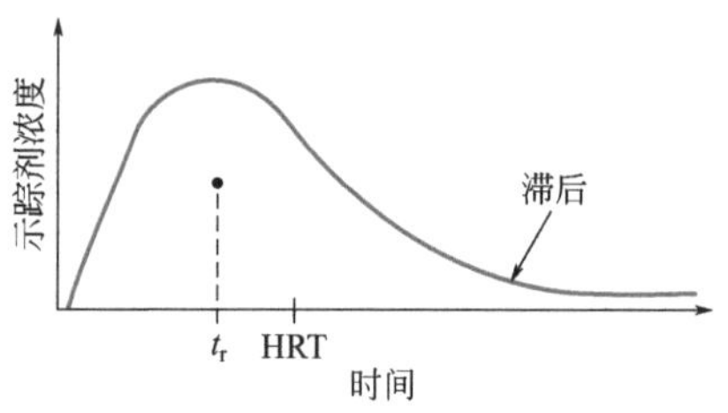

图 4-2　具有死区的反应器曲线变化图

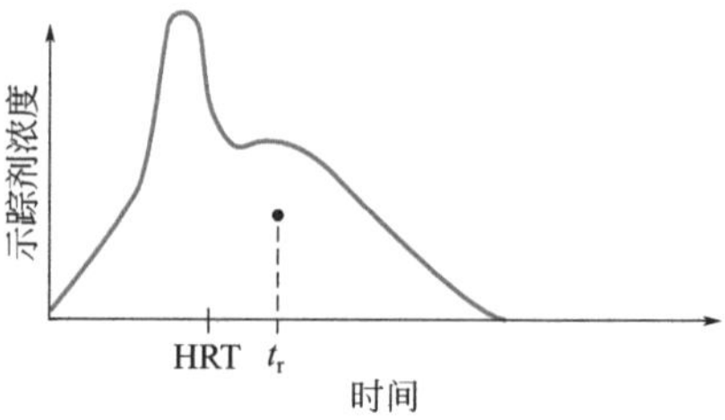

图 4-3　出现短流的反应器曲线变化图

有一些软件程序可以用于分析这类曲线（除非水力条件太差），通过将多个完全混合反应器串联布置，可提供最接近真实情况的水力模拟。

4.1.7　底物性质

底物是指水中能被细菌生长所利用的所有物质。这些物质通常被分为如下几类：a. 主要元素，C、H、O 以及 N；b. 微量元素，P、K、S 以及 Mg；c. 维生素和激素；d. 痕量元素（Co、Fe、Ni 等）。

大多数污水的成分比较复杂，痕量元素、维生素、激素以及 K、S、Mg 等物质的存在足够满足污水处理所需。但待处理的污水，特别是工业废水（即使与城市污水混合）中磷或者氮的含量可能不足，需要补充磷源和氮源。

另一方面，如果这些物质含量过高可能会引发水体富营养化现象，必须将其去除［本章 4.2.1.3 节中的（3）和（4）］。

4.1.7.1　碳源污染物

总体来说，碳源有机污染物是水中需要去除的主要污染物，同时其也是生物质的主要组成部分（简化式：$C_5H_7O_2N$，C 含量为 53%）。由于碳源有机污染物种类繁多，通常用下列几个指标来表征（见第 1 章 1.4 节）：生化需氧量（BOD）、化学需氧量（COD）、总有机碳（TOC）。

图 4-4 为通过测定细菌耗氧量得到的 BOD 变化曲线。完成整个测定需要在 20℃下耗时约 3 周，由此得到最终的 BOD 或者 BOD_{21}。

如果水中的所有有机物都可以被生物降解，则：

$$COD = BOD_{21}$$

对于葡萄糖（详见第 8 章 8.3.2.7 节），则有：

$$\frac{BOD_{21}}{BOD_5} - \frac{COD}{BOD_5} = 1.46$$

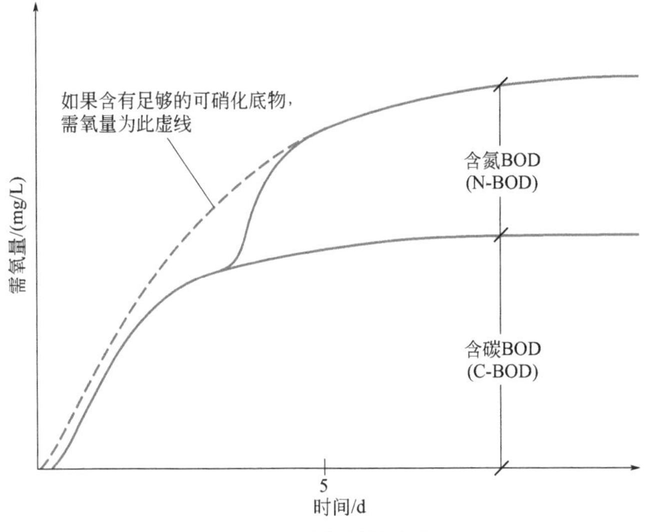

图 4-4　需氧量的变化

当水中含有不可生物降解的有机物时（如城市污水和很多工业废水），则有：

$$COD > BOD_{21}$$

典型的不可生物降解有机物包括纤维素、木质素、丹宁酸等。

在生化处理过程中，出水 COD/BOD_5 比值会明显增高。净化效果越好，比值增大越明显。

图 4-4 也显示出，如果把去除有机物消耗的氧与硝化作用消耗的氧混淆的话则可能会产生误差。

4.1.7.2　氮污染物

对于排入城市污水管网之前的污水，氮主要是以蛋白质和尿素的形式存在。污水进入城市管网后，大部分有机氮水解形成氨氮。当其进入污水厂后，氮主要以氨氮（占 60%～75%）、溶解性和颗粒性有机氮（占 25%～40%）的形式存在。

微生物能够利用氮源（包括有机氮和无机氮，见第 2 章 2.1.5 节），将其转化为蛋白质、核酸以及细胞壁聚合物。氮约占纯微生物干重的 12.4%，在污水处理工艺中，这个数值通常小于 10%，一般在 5%～8% 之间。

4.1.7.3　磷污染物

磷在污水中主要以正磷酸盐、聚磷酸盐或者有机磷的形式存在。

磷主要存在于核酸、磷脂以及细胞壁的聚合物中。在某些特定情况下，磷能以不同的方式储存在细胞中（生物除磷详见本章 4.2.1.4 节）。

除了生物除磷菌外，磷通常占微生物干重的 1.5%～2%。需要指出的是，这个百分比会随着微生物生长速率的加快而升高，并与温度的变化成反比。

4.1.8　污水类型

若要很好地把控污水处理（包括工艺选型、确定处理规模和设计参数、建模、运行等），就需要对污水的类型有准确的了解。

由于污水的来源不同（取决于排水系统、气候条件和饮食文化等），水质（浓度、悬浮固体/BOD的值和VS含量等）相差很大。例如，悬浮固体/BOD的值在拉丁美洲小于1，而在印度为2，法国的平均值则是1.2。

此外，不能仅用这些常用参数（如BOD、COD、悬浮固体等）表征水污染，还需要尽可能全面了解水中各种主要污染物的物理性质和生物降解能力。例如，对悬浮固体而言，需要了解其有机组分和无机组分，以及这些组分中易生物降解物、难生物降解物、甚至无法生物降解物的比例。

可以通过一系列的检测和测试来了解污水各项参数。如果难以实现，可以通过与“标准”类型比较以达到这一目的。

4.1.8.1 原理

根据其性质，将主要污染物进行如下分类：

① 根据污染物的物理性质可分为可沉淀的颗粒物（大的悬浮固体）、絮凝物（胶体）、可溶物；

② 根据污染物的生物降解性可分为易（快速）生物降解物、难（慢速）生物降解物、不可生物降解物。

例如，初沉池的处理效果主要取决于可沉淀物质的组分；物理-化学处理效果取决于可沉和混凝可沉的组分；反硝化及生物除磷（见本章4.2.1节）的效果取决于易吸收可同化有机物的组分。

通过这种分类方式，可得到如下三种污染物的分类图：图4-5（COD）、图4-6（TKN）、图4-7（P）。

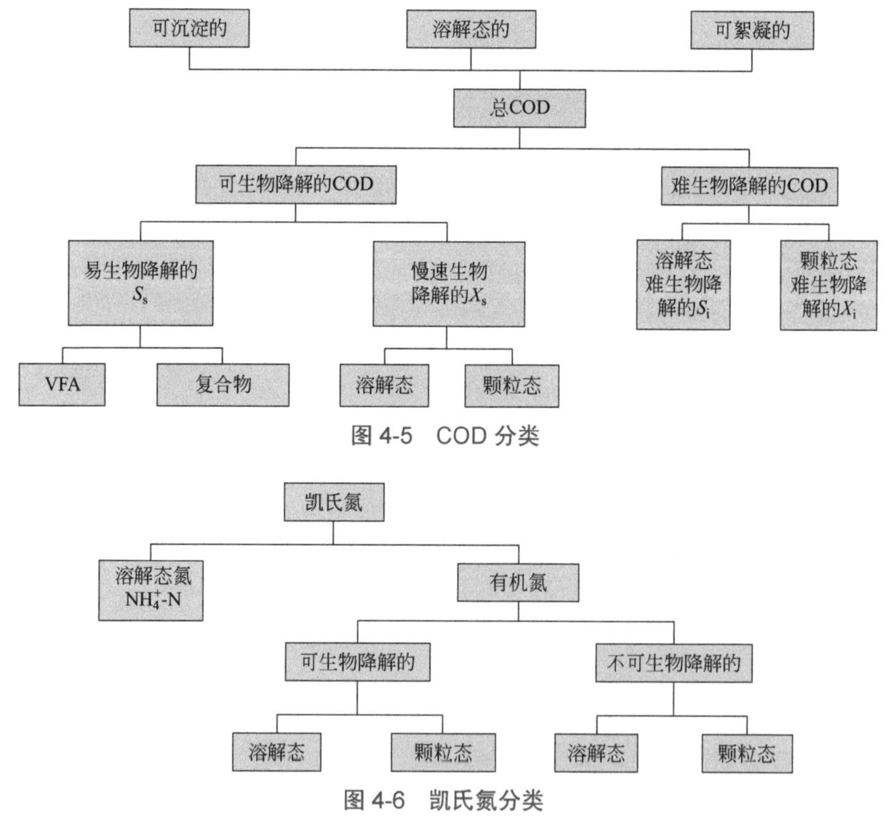

图4-5 COD分类

图4-6 凯氏氮分类

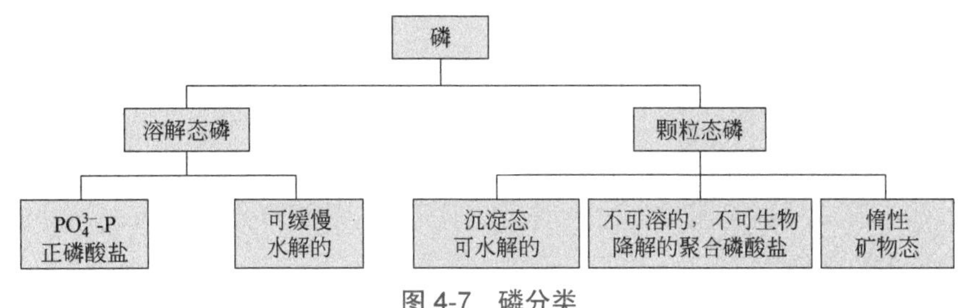

图 4-7　磷分类

4.1.8.2　标准测试和分类

有学者已开发出许多用于测定这些组分的测试方法，但由于其操作复杂，这些方法很难在实际中应用。

因此，苏伊士水与环境国际研发中心（CIRSEE）和得利满合作开发出一系列简单的测试方法（无需在实验室进行），用于评估这些不同的组分，见表 4-3。

表4-3　污水组分试验

试验	方法	所得组分	试验	方法	所得组分
物理化学	静置沉淀	可沉淀的	生物处理	呼吸计量法	易生物降解的 难生物降解的
	混凝沉淀	可混凝的			
过滤	0.1μm 滤纸过滤	溶解态的			

注：此处将能通过 0.1μm 滤膜的物质定义为溶解态物质，与常规意义上的通过 0.45μm 滤膜的溶解态物质有显著不同。

基于大量不同污水的检测经验，可以得到：

① 不同组分之间的相关性；

② 对一些不能现场检测的典型城市污水进行标准化分类。这种经验分类法需要经常将预估值与获得的实测值进行比较。

对污水中的污染物组成进行分析非常重要，因为组分的不同会不可避免地对污水厂规模产生影响，尤其会影响初沉效果、池体容积、处理能力和污泥性质。

4.1.9　污染与受纳水体模型参数

可以通过现场直接检测来评估污水排入受纳水体后造成的影响，但这只能在少数情况下实现。

同样，若想预测未来正常情况或事故情况下污染物排放的影响，或者制订减排计划，必须建立数学模型。建立模型的目的是预测从污染物排放点到河流下游溶解氧、BOD（或者 TOC）、NH_4^+-N 等指标的变化情况。

这些模型主要涉及溶解氧平衡（鱼类生长最重要的因素），因此，一方面，必须考虑水生植物和藻类的光合作用，及水体与空气接触对水体的复氧作用；另一方面，应考虑细菌活动消耗的溶解氧（有机物和还原态氮的氧化）。

建模存在以下困难：

① 河道的再曝气取决于其水力条件，如河道的深度和水流流速；

② 由于污染源具有不确定性（特别是由农业引起的污染），导致对还原态氮的建模比

较困难；

③ 悬浮物的沉积及沉积物的再悬浮受水力条件变化影响，这是建立此类模型面临的主要障碍。

尽管如此，还是建立了一系列的模型。如果能够很好地与河流、湖泊“衔接 ”起来，这些模型就能够准确描述河流、湖泊的现状。因此也能够很好地预测旨在开发这些区域的政策所产生的潜在影响。

4.1.10 生物工程展望

医药行业及生物技术相关领域（基因工程、酶工程等）新技术的开发给生物处理工艺的革命带来了希望。然而，由于污水中待处理污染物的性质极其复杂，同时受制于成本因素，在污水处理中很难采用这些新技术。

但是，在以下领域还是可以有所期待：

① 利用膜固定不同种类的酶以强化其对特定物质的作用，并密切观察其生物净化作用。

② 原位生产酶用于促进反应的进行，Biolysis E 工艺是这一领域应用最早的先例之一（见第 11 章 11.4.2 节）。

4.2 好氧生物处理

本节主要介绍主流的污水好氧生物处理工艺，必要时需将其与缺氧反应（反硝化）或者缺氧-厌氧反应（生物除磷）相结合。

长久以来，污水处理厂一直采用经验法设计厌氧消化系统，而对于好氧处理系统，则采用“黄金数值”法则：即，曝气池体积为每人口当量 150～200L，生物滤池体积为每人口当量 100L。

随着基于运行参数的降解动力学研究的发展（这些参数在本章 4.1 节已经介绍），目前可以遵照传统方法近似确定污水厂的设计和规模，进行如下计算：

① 菌群在一定反应条件下（接触时间、底物、生物量等）达到平衡状态的计算；

② 当限定接触时间（流速）和进水底物浓度随时间变化时（通过动态模拟或建模），模拟出水水质随时间的变化。

很多软件可以实现这些功能。但在使用这些软件前，需要：

① 从流体力学角度（各参数均处于理想状态）准确阐释生物反应器以及与之配套的沉淀池（具有沉淀和浓缩功能）的特征（参见本章 4.1.6.2 节）；

② 对污水类型进行明确分类（本章 4.1.8 节），并描述出水浓度随时间的变化，描述越精细，预测越准确。

污泥好氧稳定也利用相同的生物反应机理，相关工艺将在第 18 章 18.4 节中进行介绍。

4.2.1 悬浮生长（活性污泥）工艺

4.2.1.1 简介和背景

活性污泥法的起源可以追溯至 1914 年 4 月 3 日（星期五），当时两位英国学者 Edward

Ardern 和 William Lockett 向位于伦敦的化学工业协会提交了一篇论文，题目为《无需过滤的污水氧化研究》。

污水处理厂活性污泥法基本流程如下（图 4-8）：

① 曝气池：待处理污水在曝气池中与细菌充分接触；

② 沉淀池：混合液中的悬浮固体在沉淀池中进行泥水分离；

③ 污泥回流系统：沉淀池的污泥回流至曝气池；

④ 剩余污泥（如：生化反应中增殖的微生物）的分离与去除；

⑤ 曝气装置；

⑥ 搅拌设备：保证细菌与污水充分接触，同时能够促进氧气充分扩散至所有区域，防止沉积物生成。通常情况下，这套设备可用于曝气和混合。

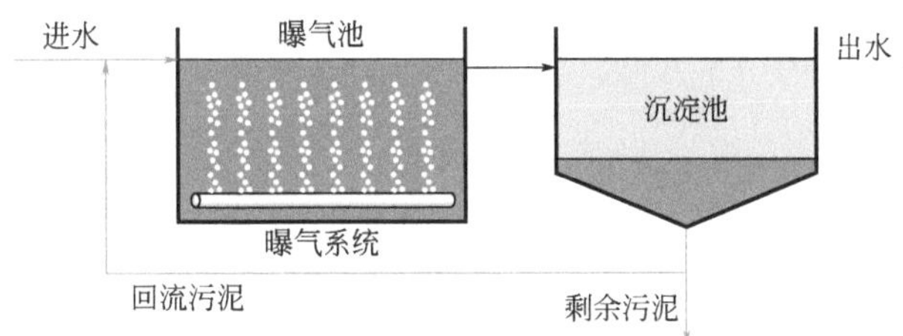

图 4-8　活性污泥法基本流程

在序批式反应器（SBR）中，反应的不同阶段（曝气-沉淀）是在同一反应器内依次进行的：曝气—混合—停止曝气—沉淀。因此，它仅仅是活性污泥法的一个变种。该工艺将在第 11 章 11.1.5 节中详细介绍。

采用活性污泥法的污水处理厂最初可通过污泥负荷 F/M [kg BOD_5/（kg VS · d）] 来分类，这一比值可以用于区分不同工艺（见本章 4.2.1.2 节表 4-4）。

直到第二次世界大战结束前，污水处理厂的设计都是十分保守的。二战后高负荷系统陆续出现，组合式反应器（例如加速曝气池、加速氧化）和生物吸附或接触稳定工艺开始应用。这些工艺显著降低了投资成本，但代价是牺牲操作简便性及出水水质。

目前的研究热点是，在低负荷处理系统中实现高净化性能并满足脱氮除磷的要求。图 4-9 是一个采用活性污泥法去除碳、氮和磷的污水处理厂简图。图中标注了影响处理厂规模和运行的主要参数及其表述符号，并突出展示出它们之间的联系。下文将详细介绍这些处理工艺，并会用到图中的表述符号。

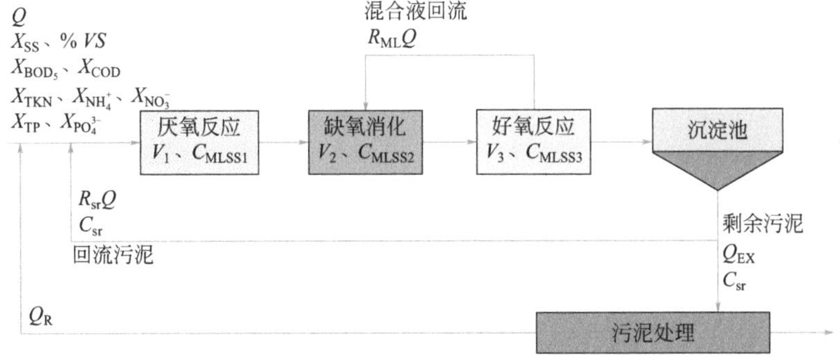

图 4-9　完整的污水处理厂简图

（1）进水/出水

Q：进水流量和出水流量（常称为处理量，当Q_{EX}忽略不计时，进水流量=出水流量），单位是m^3/d。

污染物浓度（进水浓度X，出水浓度Z）包括：

X_{SS}（Z_{SS}）：进水（出水）中悬浮物浓度（小部分的惰性悬浮物会吸附到微生物絮体上，但对微生物絮体无毒害作用），单位是mg/L。Z_{SS}一般为10～30mg/L。

X_{BOD_5}（Z_{BOD_5}）、X_{COD}（Z_{COD}）：进水（出水）中BOD_5、COD的浓度，以O_2计，单位是mg/L。

X_{TKN}（Z_{TKN}）、$X_{NH_4^+}$（$Z_{NH_4^+}$）、$X_{NO_3^-}$（$Z_{NO_3^-}$）：进水（出水）中TKN、NH_4^+、NO_3^-的浓度，以N计，单位是mg/L。

X_{TP}（Z_{TP}）、$X_{PO_4^{3-}}$（$Z_{PO_4^{3-}}$）：进水（出水）中TP、PO_4^{3-}的浓度，以P计，单位是mg/L。

%VS：进水悬浮固体中VS含量。

（2）生物反应器

V_1、V_2、V_3：不同池体的容积，m^3。

图4-9包括用于除碳和脱氮除磷的厌氧+缺氧+好氧工艺。

缺氧和好氧工艺只适用于除碳脱氮。请参见本章4.2.1和4.2.2节中所有的硝化/反硝化工艺图表。

仅用于除碳时，只需设置一个好氧池即可。

C_{MLSS1}、C_{MLSS2}、C_{MLSS3}：对应池体中MLSS的浓度（混合液体），g/L。

在此图示中，$C_{MLSS1}=C_{MLSS2}=C_{MLSS3}$。

在分段进水装置和膜反应器中，每个池体中均存在浓度梯度。

C_{VS}：池内单位容积生物量（VS）的浓度，g/L。

污泥负荷F/M，常用kg BOD_5/（kg SS·d）或kg BOD_5/（kg VS·d）表示，不包括厌氧区容积，即：

$$F/M=\frac{X_{BOD_5}Q}{C_{MLSS}(V_2+V_3)}$$

或只根据好氧池容积进行精确计算：

$$F/M=\frac{X_{BOD_5}Q}{C_{MLSS}V_3}$$

BOD负荷（BOD_L），单位为kg BOD_5/m^3，不包括厌氧区容积，即：

$$BOD_L=\frac{X_{BOD_5}Q}{V_2+V_3}$$

HRT：水力停留时间，指水在池体内的时间，h。

$$HRT=\frac{V_1+V_2+V_3}{Q/24}$$

A：好氧污泥龄，或称污泥在好氧池的平均停留时间，d。

$$A-\frac{C_{MLSS}V_3}{污泥产量}=\frac{C_{MLSS}V_3}{C_{sr}Q_{EX}}$$

为保证硝化作用的进行，A 必须大于一个最小时间，这个时间与温度有关。

SRT：平均污泥接触时间，总泥龄，d。

$$\mathrm{SRT}=\frac{C_{\mathrm{MLSS}}(V_1+V_2+V_3)}{污泥产量}=\frac{C_{\mathrm{MLSS}}(V_1+V_2+V_3)}{C_{\mathrm{sr}}Q_{\mathrm{EX}}}$$

R_{ML}：反硝化系统中从好氧池向缺氧池的混合液回流率，%。

ρ_{DN}：反硝化效率。

在缺氧-好氧阶段，待处理水的浓度 $Z_{\mathrm{NO_3^-}}$ 将由回流的混合液和污泥浓度决定。假设缺氧池的容积足够大，能够将所有回流的硝酸盐进行反硝化处理，则将获得最大的反硝化效率。

$$\rho_{\mathrm{DN}}=\frac{去除的\mathrm{N}}{产生的\mathrm{N}}=\frac{R_{\mathrm{ML}}QZ_{\mathrm{NO_3^-}}+R_{\mathrm{sr}}QZ_{\mathrm{NO_3^-}}}{R_{\mathrm{ML}}QZ_{\mathrm{NO_3^-}}+R_{\mathrm{sr}}QZ_{\mathrm{NO_3^-}}+QZ_{\mathrm{NO_3^-}}}=\frac{R_{\mathrm{ML}}+R_{\mathrm{sr}}}{R_{\mathrm{ML}}+R_{\mathrm{sr}}+100}$$

如果 $R_{\mathrm{ML}}=200\%$，同时 $R_{\mathrm{sr}}=100\%$，那么 ρ_{DN} 可能达到的最大值为 75%。

（3）沉淀池

R_{sr}：污泥回流率，%。

QR_{sr}：回流污泥流量，$\mathrm{m^3/d}$。

C_{sr}：从沉淀池排出的剩余污泥浓度。

$$C_{\mathrm{sr}}=\frac{R_{\mathrm{sr}}+100}{R_{\mathrm{sr}}}C_{\mathrm{MLSS}}$$

上式中，如果采用的污泥回流率为 100%，则有 $C_{\mathrm{sr}}=2C_{\mathrm{MLSS}}$。

Q_{EX}：剩余污泥流量，$\mathrm{m^3/d}$。

应注意到，Q_{EX} 远低于 QR_{sr}。

（4）污泥处理

Q_{R}：污泥处理系统可允许的回流污泥量，$\mathrm{m^3/d}$。

回流污泥中含有的 SS、BOD_5、COD、NH_4^+、NO_3^-、P 等额外增大了生物处理或者初沉单元的负荷。

4.2.1.2　含碳污染物去除中的基本关系

为了理解这些关系，引入了一些特征系数，特征系数取决于原水性质，及由总污泥或曝气污泥泥龄决定的微生物生理状况。

（1）需氧量和剩余污泥产量

当大量的微生物在好氧环境下消耗可生物降解的有机物时，一方面，这些微生物消耗的氧气用于自身耗能、进行细胞分裂再生（合成活性物质）和内源呼吸作用（细胞自氧化）；另一方面，产生多余的活性及非活性物质，其被称为剩余污泥。

活性污泥的活性浓度 C_{AMLSS} 很难通过实验来确定；但可以测定挥发物浓度 C_{VS} 和总 MLSS 浓度（矿物质和有机质）C_{MLSS}。

可以用能完全被生物分解的葡萄糖为例来说明这些不同现象。

在第一阶段，葡萄糖通过外加氮源被吸收为细胞内蛋白质，总分子式转变为 $C_5H_7O_2N$。

第二阶段这种蛋白质在细胞内分解产生能量。这两个阶段反应方程式如下：

合成代谢：

$$6C_6H_{12}O_6 + 4NH_3 + 16O_2 \longrightarrow 4C_5H_7O_2N + 16CO_2 + 28H_2O$$

自氧化或内源呼吸作用：

$$4C_5H_7O_2N + 20O_2 \longrightarrow 20CO_2 + 4NH_3 + 8H_2O$$

在上述示例中，完全氧化 6 个分子的葡萄糖需要 36 个氧分子。这 36 个氧分子与 6 个葡萄糖分子的 COD 相关，或者说与葡萄糖的总 BOD 相关。在这 36 个氧分子中，16 个氧分子用于合成代谢，另外 20 个用于内源呼吸。

a'_u 表示用于合成代谢的 BOD 的比例：

$$a'_u = \frac{16O_2}{36O_2} = 0.44$$

a_u 表示用于完全氧化活性物质的 BOD 的比例：

$$a_u = \frac{20O_2}{36O_2} = 0.56$$

对于分解总 BOD 的过程中所形成的生物量，a_{um} 可以看作是细胞效率。在上面的例子中：

$$a_{um} = \frac{4C_5H_7O_2N}{36O_2} = 0.39$$

因此，降解 1g 的 BOD 将会合成 0.39g 的活性物质。

① 需氧量的确定

氧的需求可以分成两类：

a. 用于细菌合成代谢，这类需氧量可表示为：$a'_u\,\Delta BOD$。

b. 用于内源呼吸，对于污水的生物处理，并不是所有合成的细胞最终都会被氧化为 CO_2 和 H_2O。只有一部分（b_u）合成的 $C_5H_7O_2N$ 会转化为 CO_2 和 H_2O。换句话说，仅需要 20 个氧分子中的一部分（b'_u）用于活性物质的自身氧化。

$$b'_u = \frac{b_u}{4C_5H_7O_2N} \times 20\ O_2$$

因此，内源呼吸的需氧量可表示为：b'_u 活性物质的量。

总需氧量 =$a'_u\,\Delta BOD + b'_u$ 活性物质的量

在计算中，需氧量的单位为 kg/d 或 kg/h（峰值）。

为便于计算，通常采用以下数值：a' 代表 BOD_5 而不是总 BOD；b' 代表挥发性物质（有时甚至是总物质）质量而不是活性物质质量。

② 剩余污泥产量的确定

如上所述，生物污泥的产量取决于两个因素：合成反应产生的生物量；内源呼吸作用消耗的生物量。

在合成反应中产生的生物量可以表示为 $a_m\,\Delta BOD_u$，内源呼吸消耗量为 b VS。

因此，总降解过程可以表示为：

$$a_m\,\Delta BOD_u - b\,VS$$

污泥产量用 kg SS/d 表示。就污泥量而言，还必须包括在原水中和残留在生物絮体内

的一部分不可生物降解物、无机矿物质（Sm）及挥发性悬浮物（Svi）。

因此，可用下面的公式表示总剩余污泥的产量：

$$PES = Sm + Svi + a_m BOD_u - b VS$$

在计算剩余污泥产量时，还需包括硝化工艺产生的自养污泥和同步化学除磷工艺产生的物理-化学污泥。

为便于计算，可以用系数 a_m 表示污泥量与 BOD_5（不是总 BOD）的关系，用系数 b 表示污泥量与挥发性物质（不是活性物质）的关系。

在城市污水生物处理系统中，图 4-10 的曲线表示在温度接近 15℃时，系统中生物污泥产量与污泥负荷 *F*/*M*、SS/BOD 的近似关系。

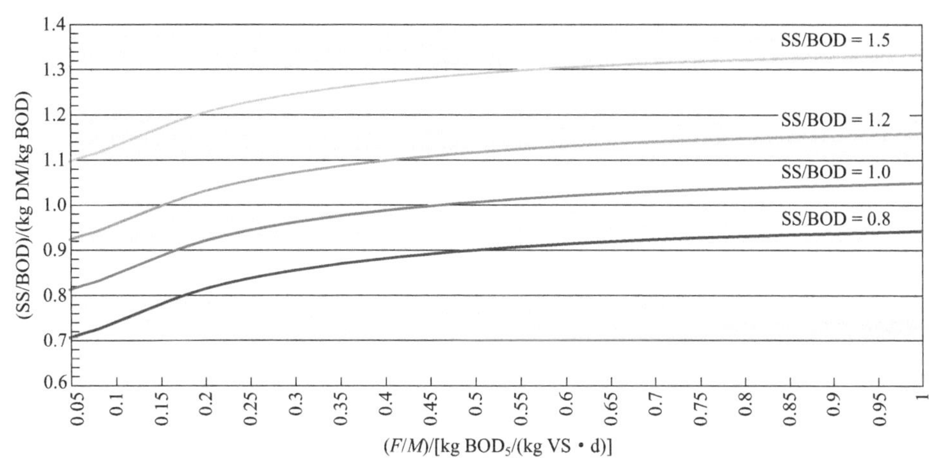

图 4-10　污泥产量与污泥负荷 *F*/*M* 及待处理水中 SS/BOD 的关系

注：DM为干物质。

（2）生物处理单元的运行参数

在图4-9所列出的污水处理厂运行参数中，四个主要参数分别为：污泥负荷 *F*/*M*、泥龄、污泥指数和曝气量。

① 污泥负荷 *F*/*M*

污泥负荷 *F*/*M* 是指每天进入反应器的污染物量与反应器内污泥量的比值，通常采用的单位为 kg BOD_5/（kg VS • d）。

在活性污泥法中，污泥负荷 *F*/*M* 能够表征：

a. 净化能力：*F*/*M* 与净化效果成反比，当 *F*/*M* 较低时净化效果好，而 *F*/*M* 较高时净化效果则较差；

b. 剩余污泥产量：受到有机物的限制，低负荷运行时的内源呼吸作用强于高负荷运行时，使得产生的生物量相应较低；

c. 生成剩余污泥的稳定程度：彻底的内源呼吸会产生完全的无机化污泥。因此在低负荷工况下产生的剩余污泥不易发酵；

d. 去除污染物的需氧量：在去除污染物过程中，由于内源呼吸，在低负荷运行条件下的需氧量高于高负荷运行下的需氧量。

其他常用的负荷还包括 BOD 负荷，其是指单位时间进入反应器单位容积的 BOD 量。

通常使用 *F*/*M* 和 BOD 负荷来对活性污泥法进行分类（表 4-4）。

表4-4 活性污泥法的分类

种类	有机负荷（F/M）/［kg BOD_5/（kg VS・d）］	BOD 负荷 /［kg BOD_5/（m^3・d）］	平均停留时间 HRT/h
超高负荷	>1.5	>3	1.0
高负荷	0.50～1.5	1.5～3	2.4
中负荷	0.25～0.50	0.7～1.50	4
低负荷	0.1～0.25	0.3～0.7	8
超低负荷	<0.1	<0.3	20

② 污泥龄

总泥龄 SRT 是指反应器中总污泥量与每日产生的污泥量的比值。

每日产生的污泥量（剩余污泥量）的定义见本节中的（1）。

因此，污泥龄（泥龄）与污泥负荷 F/M 成反比。泥龄这一参数十分重要，因为其是微生物生理状况的指示性参数：上文提到的呼吸系数 a' 和 b' 均与泥龄密切相关（如图 4-11）。此外，微生物硝化作用能否进行也与泥龄有关（见本章 4.2.1.3 节）。

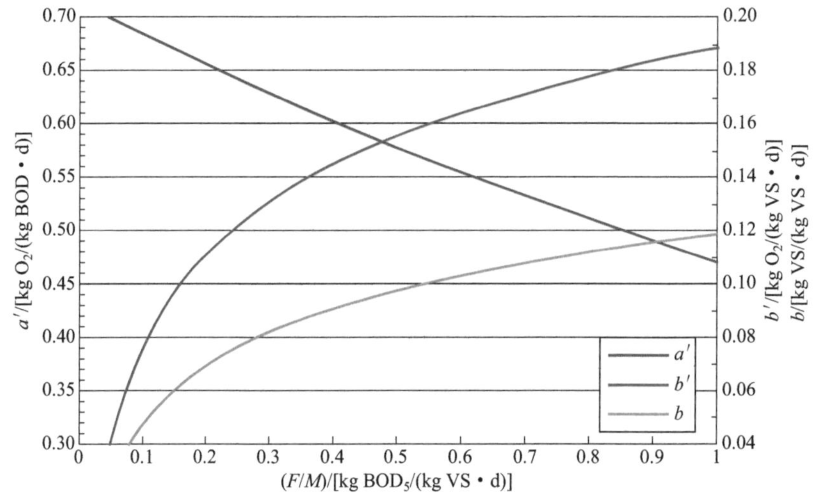

图 4-11 a'、b 和 b' 的变化与 F/M 的关系

③ 污泥沉降性能

对于采用活性污泥法的污水处理厂，其处理效果取决于曝气池和沉淀池的运行情况。若要使沉淀池能够高效地进行泥水分离，污泥需要形成合适的絮体。

在适宜条件下，微生物能够凝聚在一起并形成絮体，这称为生物絮凝。

在对数生长期，细菌分散于培养基质中。随着细菌生长速度减缓，其凝聚在一起形成直径达数毫米的褐色絮体。

在显微镜下，它们通常看起来就像“伸开手指的手套”。细菌被胶状物质包裹，絮体内的微生物处于内源呼吸阶段。但是，当监测游离态微生物的比例时（由于污泥龄的原因，这些游离态微生物未形成絮体），会发现其最小占比出现在泥龄为 4～9d 时。当泥龄大于 9d 时，虽然污泥的整体沉降性能仍然很好，但是可以观察到絮体尺寸开始缩小，同时脱离絮体的微小颗粒物增多（针状絮体）的现象，絮体即开始分解。

相反，当泥龄小于 4d 时，亲水性强的絮体不易沉淀，游离的微生物数量激增。

生物絮凝是一个极其复杂的现象，目前所了解的是：

a. 它由细胞的生理状况进行调节；

b. 它并不是某一菌群的特征性现象，而是常见微生物群的共同性现象；

c. 主要作用与分泌的聚合物有关，其中多糖聚合物起到特殊作用。

污泥体积指数（SVI）简单易测，可用于评估污泥沉降性能（见第 5 章 5.5.1.12 节）。

④ 曝气量

氧气以气泡的形式通过气水分界面进入水中。在两种流体的交界面处氧气达到饱和状态，同时气体开始向水的深处扩散。

单位时间（t）内氧气的扩散量为：

$$\frac{\mathrm{d}m}{\mathrm{d}t}=K_{\mathrm{La}}\frac{\mathrm{d}C}{\mathrm{d}t}$$

式中 K_{La}——总转移系数（见第 3 章 3.14.1 节）；

m——转移氧气的质量；

C——氧气在水中的浓度。

根据上述方程，提出了曝气系统的充氧能力（OX.CAP.）这一概念，用于表示在水温 20℃和标准大气压状态下，经过 1h 曝气向无氧清水中转移的氧气量，用 g/m^3 表示。

充氧能力取决于：

a. 气水分界面的大小以及表面更新性，因此，其与气泡大小和湍流度有关；

b. 气水之间的氧气梯度（Dc）；

c. 氧气扩散的时间。

此外，最优参数还会受到物理技术条件的限制。

在所有其他条件相同时，氧气的总转移系数 K_{La} 将取决于：

a. 水的性质（清水或含有悬浮物或溶解性物质的污水，溶解性物质包括表面活性剂）；

b. 所采用的曝气系统；

c. 反应器的几何形状。

气泡的大小取决于所采用的曝气系统（见第 11 章）。气泡尺寸有其下限，这是因为从水下孔隙喷出的气泡的直径远大于孔隙的直径。实际上，由微孔或膜片式曝气器形成的气泡直径约为 1mm。要获得更小的气泡只能通过压缩空气形成饱和溶气水并将其释放的方法（气浮工艺）。这种工艺用于活性污泥曝气的代价过于昂贵。机械装置产生的气泡的直径通常要大于微孔和膜片系统。

通常来说，曝气系统可以通过其充氧能力［kg O_2/（m^3·h）］进行比较。系统氧转移能力也可以用消耗每度电所转移的氧量来表示。

在第 11 章中将介绍如何根据环境［温度-大气压（与海拔有关）］、设备（曝气装置类型、池深）和所选工艺计算系统充氧能力（氧转移效率）。

4.2.1.3 脱氮

在城市污水和多种工业废水中，氮主要以有机态或氨氮形式存在。在一个旨在脱氮的污水处理厂中，氮通过下列四个反应最终得到去除（图 4-12）。

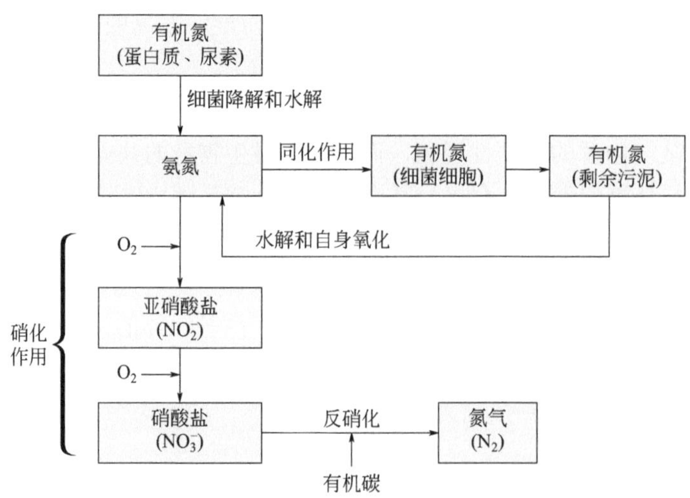

图 4-12　生物脱氮

① 氨化作用：将有机氮转化为氨氮；

② 同化作用：氨用于合成细菌并随剩余污泥排出；

③ 硝化作用：氨氮氧化成亚硝酸盐，之后进一步氧化为硝酸盐；

④ 反硝化作用：硝酸盐转化为氮气并排入大气。

（1）氨化作用

氨化作用是指有机氮在氨化菌的作用下，分解转化为氨氮。氨化速率与含碳污染物降解速率相同。

多数情况下，基于有机氮的特性和污水厂的运行参数（尤其是构筑物内的水力停留时间），大部分的有机氮较易氨化。

（2）同化作用

同化作用是指细菌将一部分氨氮合成为自身组成物质的过程。在处理一些碳氮比［BOD_5/（氨氮＋有机氮）］较高的工业废水时，同化作用在脱氮过程中起重要作用。

粗略计算，通过剩余污泥去除的氮约占剩余污泥量的 5%～8%。

（3）硝化作用

硝化作用是由专门的自养微生物分两个阶段进行的生物过程：

亚硝化细菌将 NH_4^+ 氧化为 NO_2^-：

$$2NH_4^+ + 3O_2 \longrightarrow 2NO_2^- + 4H^+ + 2H_2O$$

硝化细菌将 NO_2^- 氧化成硝酸盐 NO_3^-：

$$2NO_2^- + O_2 \longrightarrow 2NO_3^-$$

因此，总的氧化反应为：

$$NH_4^+ + 2O_2 \longrightarrow NO_3^- + 2H^+ + H_2O$$

根据上述反应式，氨氮完全氧化的需氧量为 4.57g O_2/g NH_4^+-N（不包括用于细胞合成代谢的氮）。

以下反应式可用于估算反应所需的碱度：

$$NH_4^+ + 2HCO_3^- + 2O_2 \longrightarrow NO_3^- + 2CO_2 + 3H_2O$$

即氧化 1g NH_4^+-N 需要 7.14g 碱度（以 $CaCO_3$ 计算）。此外，每克 NH_4^+-N 将合成大约 0.17g 新细胞。

① 生长速度和泥龄

亚硝化细菌和硝化细菌的生长速度较异养微生物更缓慢。通常来说，它是设计硝化反应器容积时最重要的限制性参数。更确切地说，主要的限制阶段是氨氮氧化生成亚硝酸盐，这与亚硝化细菌的活性有关（排除个别瞬时情况，例如水厂试运行阶段）。鉴于它们的生长速率较低，水厂在设计脱氮生物反应器负荷时通常受制于好氧污泥的泥龄。实际上，在系统中生长的硝化细菌数量必须等于或大于随剩余污泥排出的损失数量，否则将会导致硝化细菌的流失。

维持硝化作用的泥龄受温度影响很大。在 pH 值为 7.2～8 时，用以维持稳定硝化作用的好氧污泥最小泥龄与温度之间的关系如图 4-13 中的曲线所示。

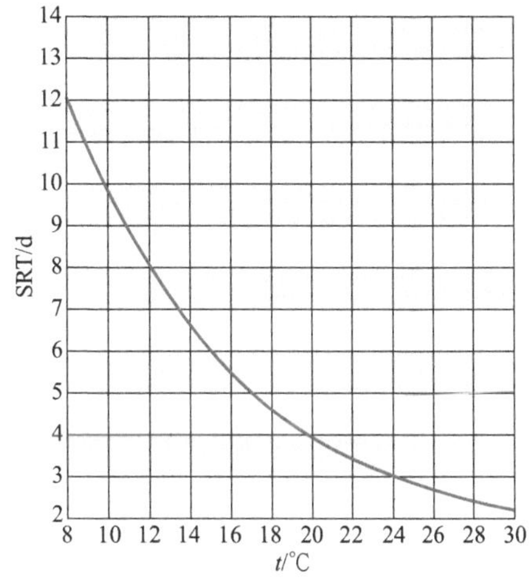

图 4-13　硝化作用所需的好氧污泥泥龄

该曲线表示，在 12℃时（通常采用这一温度设计反应器容积），为了完成硝化作用，污泥泥龄应超过 8d，此时需要采用低负荷工艺。在温度低于 8℃时，硝化作用很难进行。另一方面，如果在常温下提前培养驯化硝化细菌，硝化过程能够在低温下继续进行，但此时氨氮氧化效率较低，因为硝化细菌的流失会随时间的推移而逐渐恶化。同样，即使泥龄低于工艺所需的最小泥龄时，在短时间内仍可维持硝化作用的进行（例如降雨时）。

在某些应用中（进水 C/N 低），需要进一步判断由泥龄决定的曝气反应器负荷是否与硝化反应动力学相匹配（在对应温度下）。

② 硝化作用的影响因素

硝化作用会受到一系列环境因素的影响，包括 pH 值、溶解氧浓度、抑制剂或有毒物质的存在。

a. pH 值和碱度：硝化作用对 pH 条件比较敏感。硝化作用的最佳 pH 范围是 7.2～8.0，并且在 pH 值低于 6.8 时明显变弱。硝化作用需要消耗碱度，对于碱度不足的情况，必须向污水中补充碱度以达到适宜的 pH 条件（尤其是当硝化与除磷同步进行时）。可用的化学试剂有石灰、氢氧化钠或小苏打。

b. 溶解氧：硝化反应动力学受到混合液中溶解氧浓度的影响。当溶解氧浓度提高至 3～4mg/L 时，反应速率会随着溶解氧浓度的提高而加快；当溶解氧浓度低于 0.5mg/L 时，反应会受到抑制。通常建议的溶解氧浓度约为 1.5～2mg/L。但是，在设定参数相同时，由于溶解氧由生物絮体大小和混合液体的总需氧量决定，因此在不同位置会有不同的硝化反应动力学。实际上，氧气从液相向絮体内部扩散，絮体内部的溶解氧浓度随着与絮体边缘距离的增大而逐渐降低。

c. 抑制剂和有毒物质：硝化细菌对很多有机和无机化合物的耐受浓度远低于好氧异养细菌。表 4-5 给出了抑制硝化作用的有机化合物。

表4-5　抑制硝化作用的有机化合物

化合物	浓度[①]/(mg/L)	化合物	浓度[①]/(mg/L)
丙酮	2000	甲基异硫氰酸酯	0.8
丙烯醇	19.5	苯酚	5.6
异硫氰酸烯丙酯	1.9	硫氰酸钾	300
二硫化碳	35	粪臭素	7
三氯甲烷	18	二甲基二硫代氨基甲酸钠	13.6
甲酚	12.8	钠甲基二硫代氨基甲酸	0.9
2,4- 二硝基苯酚	460	硫代乙酰胺	0.53
乙醇	2400	硫脲	0.076[②]
肼	58	三甲胺	118
巯基苯并噻唑	3.0		

① 75% 抑制浓度。② 在测定 BOD_5 时抑制硝化作用

此外，由于可生物降解有机物的存在，会加剧硝化细菌与异养微生物对溶解氧的竞争，特别是氧气浓度维持在较高水平（3～4mg/L）时。可生物降解有机物的存在仍然会降低氨氮的氧化速度。这就是大批学者在阐释硝化作用时先假设有机碳已达到满意的去除效果的原因。实际上，碳、氮可在一定程度上被同时去除，但在高负荷运行条件下并非如此。

（4）反硝化作用

反硝化作用是指反硝化细菌在缺氧条件下，还原硝酸盐并产生氮气的过程。生物脱氮是通过硝化细菌和反硝化细菌的联合作用去除污水中的含氮污染物，使得水体中的总氮满足排放标准。实际上，反硝化作用包括两种对硝酸根的还原作用：同化作用和异化作用，自养菌或异养菌均可以进行异化作用。

异养菌异化作用的应用最为广泛。硝酸盐的还原是通过不同反应进行的，其反应途径如下：

$$NO_3^- \rightarrow NO_2^- \rightarrow NO \rightarrow N_2$$

反硝化作用是缺氧反应（无氧气，但有氧化态氮），需要提供电子供体。电子供体一般为原水中可生物降解的有机物，电子供体的提供也可通过内源呼吸或者外加碳源（如甲醇或者乙酸盐）来实现。

与硝化作用不同，异养反硝化作用会产生碱度，即每减少 1g NO_3^--N 会产生 3.57g 碱度（以 $CaCO_3$ 计）。

① 生长速率

在生物反硝化作用中，用于阐释细菌生长和底物关系的动力学方程与好氧异养型细菌类似，主要的区别在于硝酸盐代替氧作为电子受体。

温度对反硝化速率的影响类似于温度对有氧环境中 BOD 降解的影响（图 4-14）。

此外，一些其他参数对反硝化作用也有影响，如溶解氧、有机碳源以及 pH 值（pH 影响相对较小）。

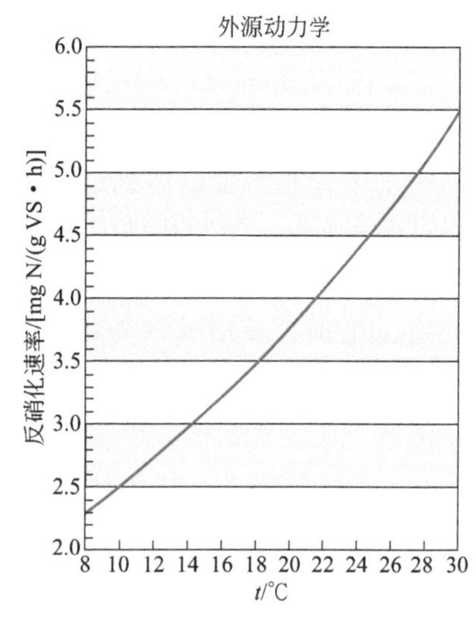

图 4-14　温度对反硝化速率的影响

② 反硝化作用的影响因素

a. pH 值和碱度：由于反硝化过程中会产生碱度，pH 值普遍较高。最佳 pH 值的范围为 7～8.2。

b. 溶解氧：溶解氧的存在会抑制反硝化作用。电子在从有机物向 O_2、NO_2^- 或 NO_3^- 转移的过程中会释放能量，这些能量会被反硝化细菌获得。若以上三种分子同时存在，其均可以作为电子受体，最终所选择的受体将是单位有机物被氧化时释放出最大能量的那一个。当氧作为电子受体时，释放的能量要高于其他两种分子，因此电子会优先转移至氧（而不是进行反硝化作用）。在实际应用中，很难明确界定抑制反硝化作用的溶解氧浓度，因为它也取决于絮体的大小、有机碳的性质和浓度［见本节中的（3）］。不过，当溶解氧浓度超出 0.3mg/L 时抑制作用就比较明显。另一种方法不是测定溶解氧浓度，而是测定相对于标准氢电极的氧化还原电位（ORP）。虽然所获得的数值尚未被公认，但反硝化作用一般仅在氧化还原电位低于 150mV 时进行。

c. 碳源：根据其性质和浓度，碳源对反硝化反应动力学有很大影响。

为进行反硝作用，有多种基础工艺，其反应动力学也不尽相同。

第一种工艺是在缺氧池下游设置好氧池，在好氧池中进行硝化反应［图 4-15（a），该工艺称为预缺氧］。好氧池产生的硝酸盐回流至缺氧池。原水中的有机物为硝酸盐的还原反应提供电子。这种反硝化作用被称为预缺氧反硝化。此工艺反应速度快，但是反应受限于硝酸盐的循环量。

在第二种工艺中［图 4-15（b）］，反硝化作用在硝化作用之后进行，电子供体仅来源于内源呼吸。这种反硝化作用被称为内源反硝化；由于进水中的 BOD 已被消耗，无法再提供能量，因此，此工艺的反硝化速率明显低于前一种工艺。

第三种工艺［图 4-15（c）］通过采用间歇曝气和连续机械搅拌的方式，使需要好氧条件的硝化作用和需要缺氧条件的反硝化作用在同一个反应器中进行。这种反硝化作用被称为联合反硝化，其反硝化速率介于上述两种工艺之间。

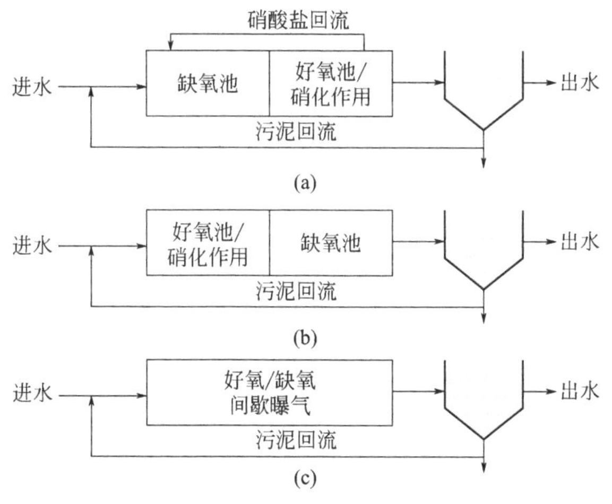

图 4-15　反硝化作用工艺流程

可在前置缺氧区或后置缺氧区外加碳源，如甲醇或乙酸，为还原硝酸盐提供所需的 BOD，同时能够显著提高反硝化作用的反应速率。

值得注意的是，当生物反应器中 F/M 值升高时，反硝化反应速率明显加快。通常情况下，该影响条件很少被利用，原因如上文所述，硝化 / 反硝化系统受硝化作用限制通常处于低负荷运行状态。然而，在某些特殊的工艺中（混合菌种，网状细胞），可以利用此特性提高脱氮效率。

4.2.1.4 生物除磷

生物除磷是 19 世纪 60 年代以来的研究热点，这种工艺不需要投加化学药剂同时不会产生额外污泥。在过去的数十年间，通过在厌氧阶段的下游设置好氧处理单元，衍生出多种活性污泥法，并实现了工业化应用。

其中的一些工艺（Phoredox 工艺或 A/O 工艺）在生物除磷的同时并不能实现同步脱氮的效果。但是，本节将仅讨论通过硝化和反硝化作用进行同步脱氮除磷的工艺。

（1）工艺描述

在生物除磷过程中，原水中的磷进入细菌细胞，然后以剩余污泥的形式排放到系统外。

一些细菌（聚磷菌 PAO），可以在厌氧和好氧交替的环境中，将磷以多聚磷酸盐的形式吸收、汇集在细胞内。

对于常见的异养菌，其磷含量通常为干固体重量的 1.5%～2%，而聚磷菌（PAO）的磷含量可达到干固体重量的 20%～30%。

图 4-16 描述了每个过程中发生的复杂生化反应。

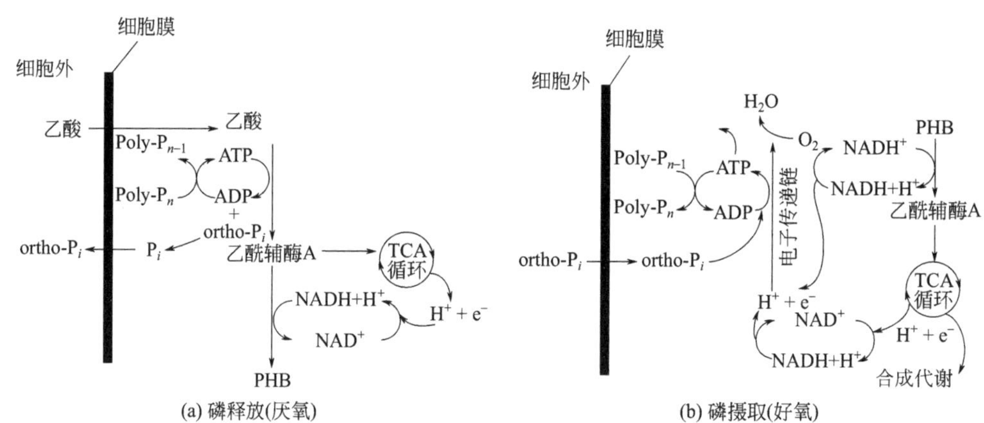

图 4-16 Comeau 和 Wentzel 提出的生物除磷示意图

注：烟酰胺腺嘌呤二核苷酸（NAD）是辅助代谢的辅助因子，以两种形式存在：氧化形式（NAD$^+$）和还原形式（NADH）。

① 厌氧区

乙酸是可快速生物降解的可溶性有机物（rbCOD）的发酵产物。实际上，取决于厌氧阶段的停留时间，一部分颗粒态或胶体态 COD 也可能水解转化为乙酸。

利用多聚磷酸盐获得的能量（好氧阶段储存的能量：见好氧阶段），聚磷菌吸收细菌细胞内的乙酸和糖原，合成聚羟基脂肪酸酯（PHAs）并储存于细胞内，其中最重要的是聚 β 羟基丁酸（PHB）。同时随着乙酸的吸收，正磷酸盐（ortho-P）将随镁、钾、钙等离子一起被释放。

至此，聚磷菌中的 PHB 将随着多聚磷酸盐的减少而增多。

② 好氧 / 缺氧区

在厌氧区所储存的 PHB 被代谢掉，为新细胞的生长提供能量和碳源（PHB 代谢过程中产生糖原）。

PHB 代谢所提供的能量形成了多聚磷酸键，使得可溶性正磷酸盐（ortho-P）被重新吸收并以多聚磷酸盐的形式进入细菌细胞中。细菌在生长过程中能够储存大量多聚磷酸盐，这正是磷被去除的原因。

最后，细胞内的磷以剩余污泥的形式从系统中排出。

图 4-17 总结了主要处理过程，图 4-18 展示了通过厌氧-缺氧和好氧阶段共同处理 BOD 和正磷酸盐的过程。

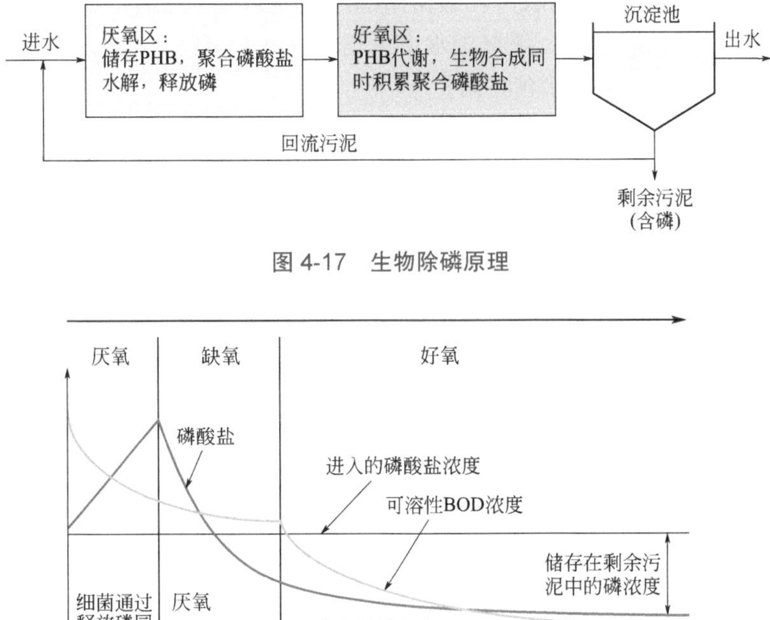

图 4-17　生物除磷原理

图 4-18　磷的消耗和释放现象以及伴随的 BOD 变化

（2）规模和运行参数

下文将介绍生物除磷所涉及的反应机理，以及影响处理效果的关键因素。

① 原水中可同化碳源

可同化碳源是本工艺中的关键因素，因为它是所有聚合物合成机理的启动开关。因此，原水中可生物同化碳源的浓度（乙酸、丙酸和其他挥发性脂肪酸）将直接决定可被生物去除的磷的最大量。此外，rbCOD 可通过厌氧发酵迅速转化为挥发性脂肪酸（VFA）。去除 1mg 磷需要 7～10mg 乙酸或 rbCOD。

重要的是，由于涉及不同反应，生物除磷和反硝化作用之间没有明显的相互作用。实际上，在厌氧条件下所发生的反应不能去除易降解有机物（只有少部分以 CO_2 排出）；这些反应将有机污染物转化为细胞内的聚合物，随后其被下游的反硝化反应所利用。

② 溶解氧和硝酸盐

保持厌氧状态是利用乙酸合成和储存 PHB 的必要条件。

因此必须做到：

a. 避免进水中含有溶解氧。例如避免原水在进入厌氧区前过曝气。如有必要，可采用推流式进水方式快速消耗掉水中的溶解氧，但代价是消耗少量 rbCOD。

b. 避免回流污泥中含有硝酸盐。要达到这一目的，必须保证待处理水中硝酸盐处于较低浓度，或者对回流污泥增设反硝化工艺，内源型或外源型均可［参照本节（3）中的不同工艺］。

③ 厌氧区容积

确定厌氧区的容积有很多种方法，尤其是：根据厌氧污泥量占系统总污泥量的比例，厌氧接触时间的计算与原水平均处理量或流过厌氧区的总流量有关。

参考德国实验方法（H. Scheer），最常用的方法是通过旱季高峰流量和污泥回流量来确定厌氧反应的最短接触时间。根据进水中可迅速降解 COD 的比例、厌氧区进口的污泥浓度和硝酸盐浓度，确定最短接触时间。

除非反应条件非常合适，接触时间可短于 1h，通常建议接触时间为 1～2h。生物反应器中厌氧污泥占总污泥比例约为 10%～20%。

需要注意的是，如果厌氧接触时间过长，处理效果可能较预期更差（所谓二次释放）。

④ 剩余污泥管理

磷的释放和吸收是可逆的，在污泥处理处置工艺中，必须避免磷释放和大量可溶性磷回流至污水厂进口处。

在污泥浓缩时应尤其注意：不应选用重力浓缩，而应采用机械浓缩如浮选、压滤、离心脱水，防止厌氧接触时间过长。

另一方面，与人们的预期相反，厌氧污泥在消化过程中释放的磷含量明显低于预期值。实际上，磷虽然被释放出来，但是大部分磷与镁、铵、铁等离子结合为沉淀，形成例如磷酸铵镁（$MgNH_4PO_4 \cdot 6H_2O$）、磷酸氢钙（$CaHPO_4 \cdot 2H_2O$）或磷酸铁［$Fe_3(PO_4)_3 \cdot 8H_2O$］等化合物，并留存在消化污泥中。

⑤ 除磷效果

生物除磷工艺对磷的去除率主要受进水 rbCOD 占比及 BOD/P 的影响。图 4-19 展示了生物除磷效率与传统城市污水 BOD_5/P 的关系（包括惰性磷）。

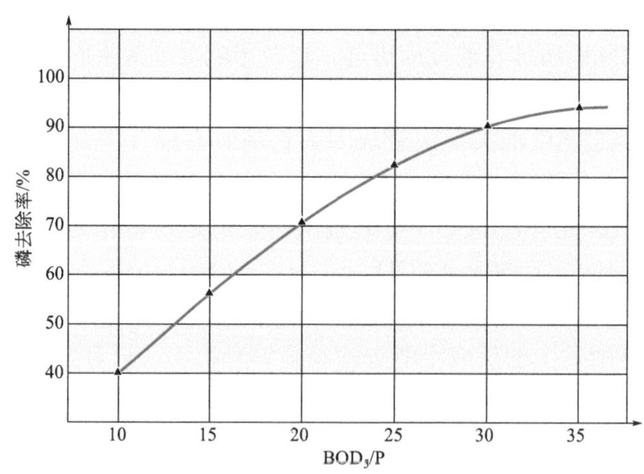

图 4-19 生物除磷效率与进水 BOD_5/P 的关系

当进水磷浓度较低同时 BOD_5/P 合适（30 以上）时，出水总磷含量可小于 1mg/L。但是，对于生活污水，通常需要借助额外的化学沉淀以保证这一出水值。

此外，日常进水浓度的变化也会影响除磷效果。同样，当有降雨时，尤其是在寒冷天气条件下，由于 rbCOD 浓度很低会导致除磷难以进行。

因此，任何生物除磷工艺必须与辅助的化学沉淀相结合，可采用协同沉淀或在某些情况下采用三级处理工艺。

（3）主要的净化工艺

得益于近年来生物除磷机理研究的不断发展，生物除磷工艺也衍生出很多变形工艺，但只为达到以下两个目的：即尽量减少向厌氧区引入硝酸盐和 / 或在厌氧区尽量多地生成挥发性脂肪酸。

有如下工艺可供选择：

① 改良 Phoredox 工艺

该工艺（图 4-20）利用传统的硝化-反硝化原理，在缺氧区上游增设一个厌氧区。这个工艺的简便性以及其与现有工艺的兼容性使其得到广泛应用，尤其是在法国，所有污水处理厂的初步方案基本选择此工艺。它的主要缺点是缺氧区在实际运行过程中并不能一直保持较低的出水硝酸盐浓度。

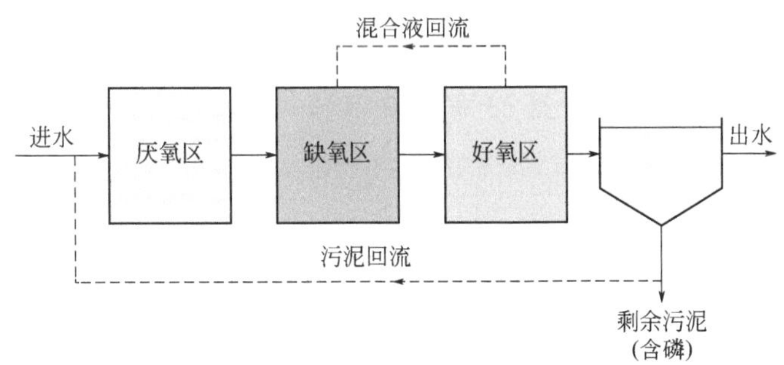

图 4-20　改良的 Phoredox 工艺

② 改良的 UCT（开普敦大学）工艺

该工艺（图 4-21）将缺氧区一分为二，使得污泥和水处理区得到单独控制。污水缺氧区容积和混合液回流量仅能根据残余硝酸盐进行计算。此外，该工艺的工作原理使得每个池体内的污泥浓度不同，厌氧区的污泥浓度比下游反应池的低。因此，为了在厌氧区保持与之前所述工艺相同的污泥量，需要增大厌氧区的容积。

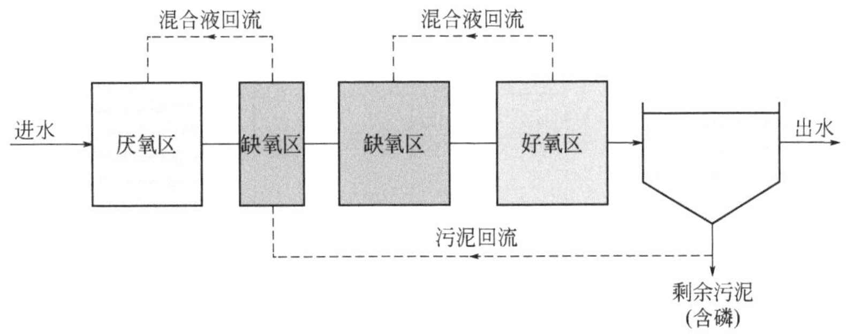

图 4-21　改良的 UCT 工艺

③ JHB（约翰内斯堡）工艺

该工艺（图 4-22）始于约翰内斯堡污水处理厂，用于消除硝酸盐带来的负面影响。在污泥回流至厌氧区之前，增设缺氧池使其完成内源反硝化反应。此工艺的关键是要确保反硝化作用能够完全进行（不同的接触时间，可能造成可利用碳源不足）。

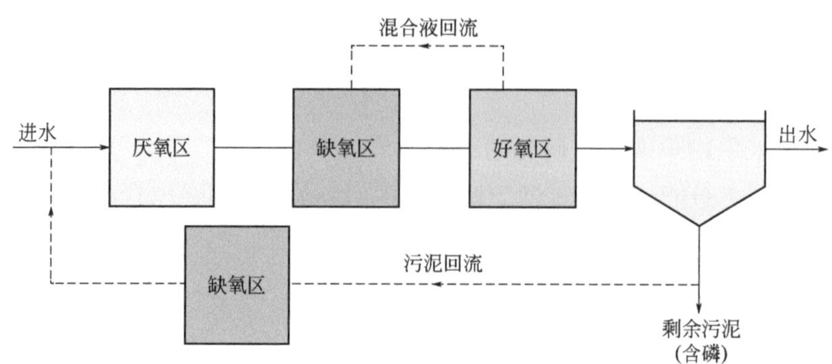

图 4-22　JHB（约翰内斯堡）工艺

④ ISAH（德国汉诺威大学城市供水和垃圾处理技术研究所）工艺

该工艺类似于前一工艺，不同之处在于其将回流污泥在厌氧区和缺氧区之间进行内循环（图 4-23）。该循环一方面能够在碳源不足时为硝酸盐还原提供所需营养物；另一方面，在无硝酸盐时，也能够优化厌氧区总容积。迄今为止，ISAH 是运行最为灵活的工艺，因此也是最常见的（见 Brno 水厂，第 23 章 23.3 节）。

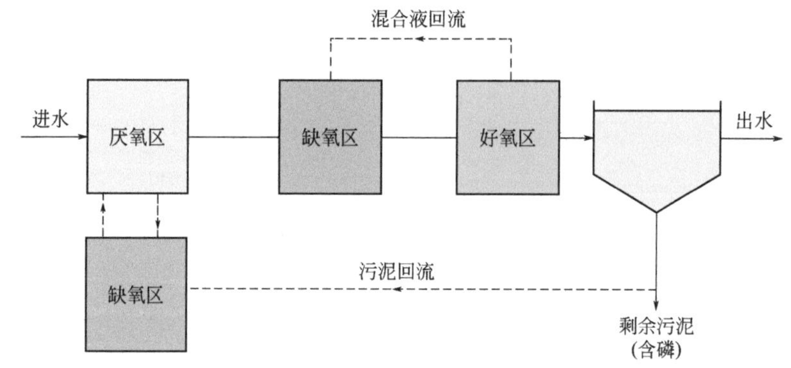

图 4-23　ISAH（德国汉诺威大学城市供水和垃圾处理技术研究所）工艺

⑤ 用于生物除磷的 SBR 工艺（图 4-24）

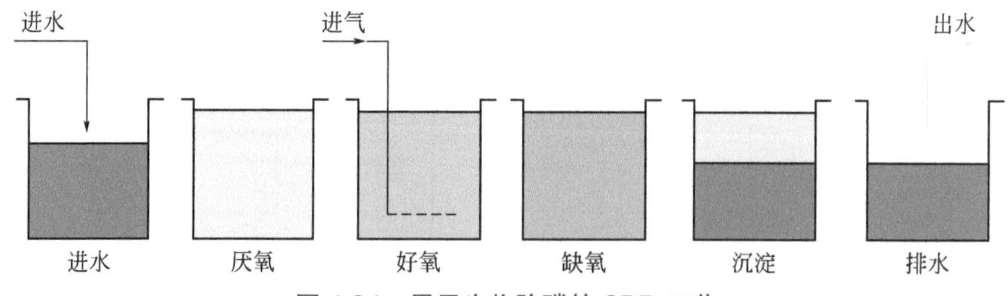

图 4-24　用于生物除磷的 SBR 工艺

在 SBR 工艺（见第 11 章 11.1.5 节）中，通过在反应过程中使用合适的曝气顺序，在沉淀和排水阶段完成对生成的硝酸盐的去除。在排水结束时硝酸盐浓度可以降到最低。此工艺能够在进水时和反应初期形成厌氧条件，并促进 rbCOD 的吸收和储存，从而避免 rbCOD 被反硝化细菌利用。

⑥ 现有的其他工艺

在其他现有的工艺中，以下方法可以解决厌氧消化区碳源的不足问题：

a. 直接补充外加碳源（乙酸或甲醇）；

b. 控制初沉污泥发酵（需要注意气味和污泥脱水问题），将上清液回流至厌氧区。

4.2.1.5　城市污水处理厂的建模及应用

（1）活性污泥法污水处理厂的池容设计

鉴于工艺的复杂性和排放标准的严苛性，应尽可能地基于复杂的数学模型（使用不同的软件工具）开展污水处理厂的设计。这些数学模型能够描述现有水厂工艺稳定运行状态：a. 基于污水厂的运行数据和排放标准；b. 设计人员从多个运行参数中择优选取。

第 11 章将介绍目前得利满（Degrémont）用于设计污水厂各工艺单元的计算工具。

（2）动态模拟

如果要考察一座污水处理厂在不同条件下的运行情况，需要进行动态模拟（包括原水水质随时间的波动情况和运行参数随时间的变化情况），或者说是建模。

建模主要用于测试已确定尺寸的水厂在不同运行条件下的出水水质。不同的条件包括：原水变化（流量、水质）、负荷峰值、降雨情况、温度变化、池体中污泥浓度的变化等。

建模也可以用于优化尺寸。实际上，建模可以为复杂的工艺（推流式、分段进水、多级 AO 等）确定最佳的设计参数（容积、需氧量、回流比、进水速率等）。

最后，这些模拟能够根据季节以及污染负荷变化（如逐年增加）优化运行成本（能耗、药剂费用、污泥处理量等）。

一些国际知名的私营公司已经开发了许多建模软件，其中应用最广泛的有：GPS-X（Hydromantis 公司）、Biowin（EnviroSim 公司）、Stoat、West 等。Degrémont 就采用上述软件进行建模，最常用的是 GPS-X 和 Biowin。

这些模型基于一系列方程式，这些方程式体现了污水处理厂中的生物（微生物生长和衰亡）、物理（曝气、水力学、沉淀等）和化学（结晶、氧化还原等）等现象。

以上基本方程均来自国际水协（IWA）开发的模型；1983 年，该组织成立了一个工作组，其任务是从当时开发出的模型中选定一个通用模型。

后来，一系列活性污泥模型（ASM）被开发出来，用于阐释活性污泥法对碳、氮和磷的处理。

这些方程以与微生物种群和进水 COD 分解直接相关的动力学和化学计量学参数为核心（见本章 4.1.8 节）。

动态模拟是极为重要的一个步骤，涉及对污水处理厂的运行参数进行调整。这种参数调整必须尽可能准确地反映水厂的实际运行情况。为此，需要进行现场监测（反硝化速率、内源呼吸作用等）并且使所选工艺参数适用于该污水处理厂的构造、配置及进水类型。

图 4-25 和图 4-28 展示了两个污水处理厂示例，对其进行建模并对处理效果进行模拟计算，结果分别如图 4-26、图 4-27 和图 4-29 所示。

① 设置预缺氧区的硝化 / 反硝化污水处理厂

在本示例中，污水处理厂包括（图 4-25）：a. 一座完全混合的缺氧池；b. 由 3 个串联的完全混合池模拟的推流式曝气池。

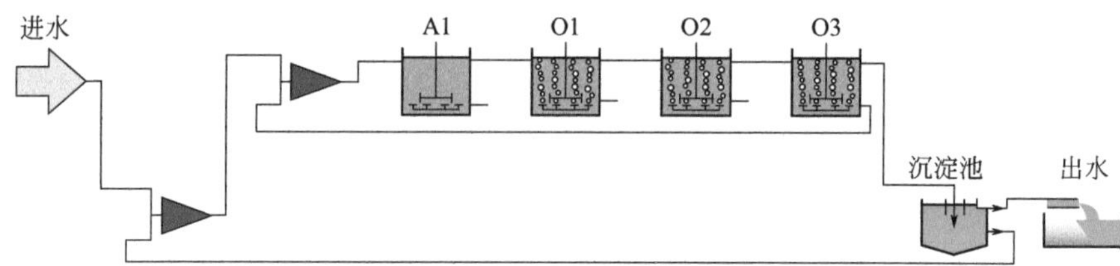

图 4-25　污水处理厂示意图

图 4-26 体现了降雨对池中污泥浓度的影响（第 4 天）。此外，也能够用于确定每个单元的需氧量及需采用的峰值系数（图 4-27）。

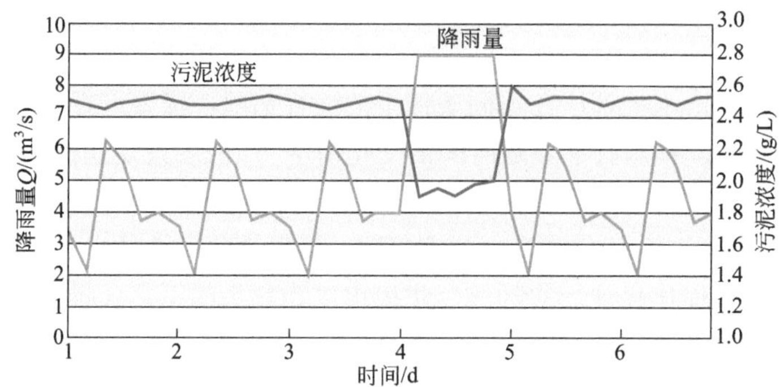

图 4-26　池中污泥浓度的变化

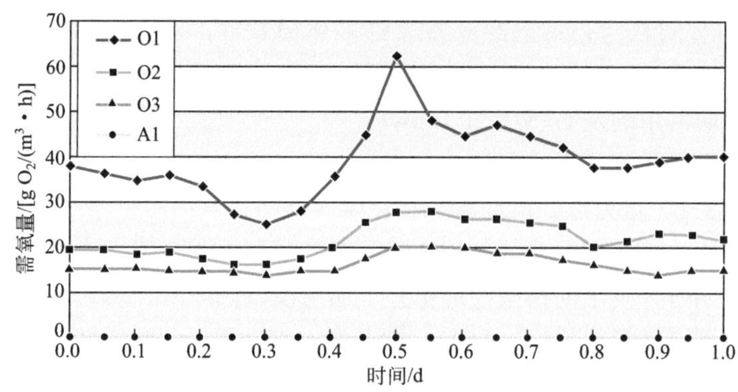

图 4-27　无雨天气时每个单元需氧量的变化（第一或第二天）

② 硝化 / 反硝化污水处理厂，序批式沟渠（图 4-28）

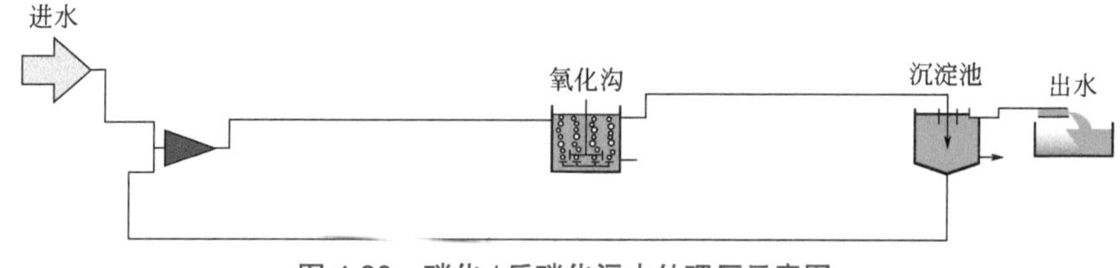

图 4-28　硝化 / 反硝化污水处理厂示意图

此示例用于模拟氧化沟中的分段式曝气。图 4-29 揭示了反应池内溶解氧浓度变化对出水 NO_3^--N 和 NH_4^+-N 的影响。

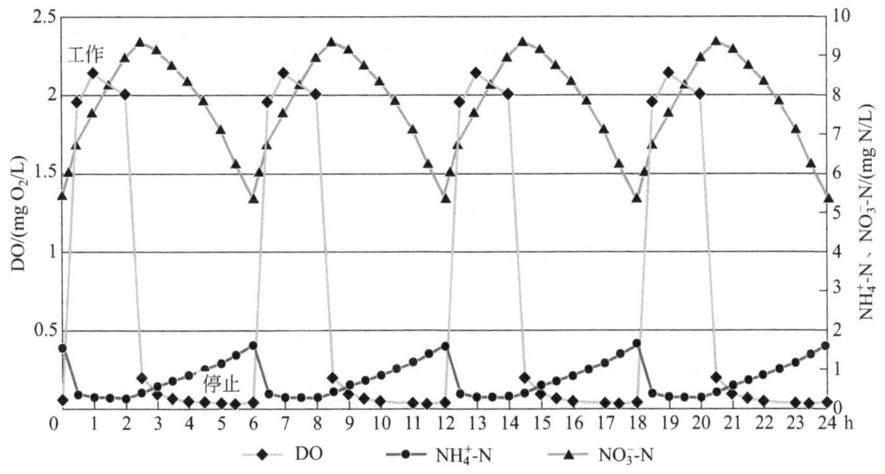

图 4-29　基于分段式曝气时出水 N 浓度变化

注意：本节仅对活性污泥法建模应用进行介绍。但所有城市污水处理单元均可以建模，如初级沉淀、生物过滤、污泥处理（浓缩、消化等）。

4.2.2　附着生长工艺

4.2.2.1　生物膜

大部分微生物在生长阶段能黏附在底物表面。细菌通过自身产生的胞外聚合物附着在底物上。最初，微生物首先附着在底物的某些有利位置上，之后生物膜逐渐扩散直至覆盖整个底物表面。与此同时，新细胞生成，生物膜增厚。

待处理水中的溶解氧和营养物质向膜内扩散，直到氧气无法再向深处扩散为止。因此，在较厚的膜中会出现分层现象：氧气能够扩散到内部的好氧层和更深处无氧的厌氧层。这两层的厚度会随反应器和底物类型而变化（图 4-30）。

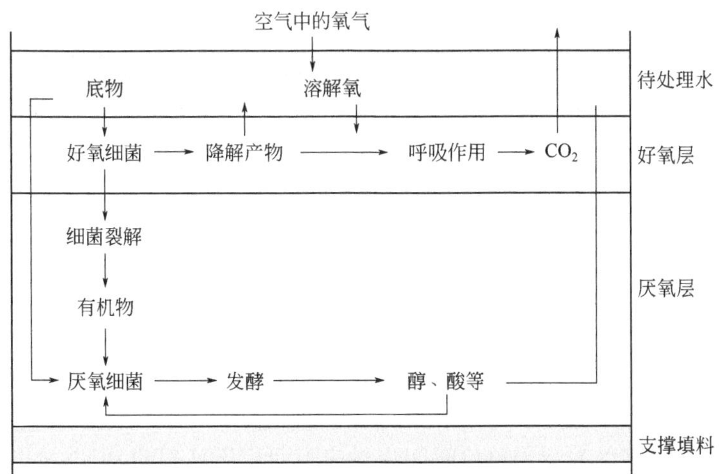

图 4-30　厚生物膜的横截面细节

利用生物膜处理水，可以得知：

① 只要生物膜的厚度使得氧气成为最深层生物膜中的一个限制因素，底物便会以一个恒定的速率被消耗；

② 在好氧生物膜上，附着生长的细菌的活性通常比悬浮生长的高。

基于这一原理，已经开发出多种附着生长工艺，既有传统工艺，又有新兴工艺。这些工艺可以被分成三类：非浸没式附着生长工艺（滴滤池），浸没式附着生长工艺（生物滤池）和采用固定或移动填料的混合工艺。

4.2.2.2 滴滤池

（1）运行方式

滴滤池的操作原理是待处理的水经过初沉池或格栅处理后，呈滴滤状态流经表面有生物膜附着的滤料（天然材料或塑料）。

附着的微生物能够吸附溶解态和悬浮态有机物。随着微生物生长，生物膜变厚，开始出现两层膜结构：好氧层和厌氧层。在厌氧层中，内源呼吸和产气作用导致生物膜局部脱落，同时产生新的微生物附着区。这种生物膜的分离现象或脱落主要取决于滤池的有机负荷和水力负荷。

好氧代谢所需的氧气通过自然通风或强制通风提供。

过膜后的出水进入二次沉淀池，产生的污泥随即进行泥水分离。通常将部分出水或沉淀后出水回流至滴滤池进口，用于稀释原水并进行喷洒，以确保生物膜充分润湿，如图 4-31 所示。滴滤池是 20 世纪 50 年代主要应用的生物净化工艺，其与活性污泥系统相比有很多优点：

图 4-31 滴滤池：上部及其喷洒系统

① 监控较少，运行管理简单；

② 能耗较低（不需要鼓入空气）；

③ 受有毒物质冲击后可以很快恢复。

但是，滴滤池也有一些缺点：

① 当 BOD 负荷相同时，滴滤池的净化效率很低；

② 有堵塞的风险，尤其是当采用传统的填充床时（3cm 火山岩填料）；

③ 建造费用昂贵；

④ 通常情况下污泥稳定性低；

⑤ 有产生其他环境危害的风险（蝇虫、臭气等）。

（2）分类

滴滤池可以根据水力负荷和有机负荷进行分类。水力负荷为单位时间内通过滤池横截面的流量，单位是 $m^3/(m^2 \cdot h)$，其中包括回流量。

有机负荷通常表示为单位时间内对应体积所处理的 BOD 量，单位为 kg BOD/$(m^3 \cdot d)$，但对于硝化作用，也可以表示为单位时间内对应表面积所处理的 BOD 量或 NH_4^+-N 量，单位为 kg BOD/$(m^2 \cdot d)$ 或 kg NH_4^+-N/$(m^2 \cdot d)$。

根据滴滤池的水力负荷或有机负荷，在表 4-6 中对其进行如下分类。

表4-6　滴滤池分类

参数	低负荷	中负荷	中高负荷	超高负荷
填料种类	传统	传统	塑料	塑料
水力负荷 / [m^3/(m^2·h)]	0.05～0.20	0.20～0.40	0.4～3	1.6～8
BOD 负荷 / [kg BOD/(m^3·d)]	0.07～0.22	0.24～0.48	0.6～3.2	>3.2
回流比	0	0～1	1～2	0～2
滤池深度 /m	1.8～2.4	1.8～2.4	3～12	1～6
BOD 去除率 /%	80～90	50～80	60～90	40～70
硝化作用	高	低	无	无

主要特点总结如下：

① 低负荷滴滤池：滤池较浅（1～2m），通常使用传统填料。在适宜条件下（气候、进水水质）会进行硝化反应，出水 BOD 浓度低。在同样的 BOD 负荷下，也可改用塑料填料进行深度硝化反应。

② 中负荷滴滤池：根据处理目标可采用单级或两级模式，带有水力循环。为了避免生物膜过度生长而导致滤床堵塞，可以根据污水类型和所选填料的性质，使滤池在最低水力负荷条件下运行。瞬时、连续或间歇水力负荷必须保持在 1.8～3m^3/(m^2·h) 之间。通常需要设置回流，回流水可采用滴滤池出水或下游沉淀池出水。

③ 高负荷滴滤池：通常设置于二级处理系统的上游，用于高浓度废水（通常为工业废水）的初级处理。其优势是去除 BOD 的单位能耗较低。

图 4-32 概括了不同的应用类型。但是，也可考虑采用将滴滤池和活性污泥处理系统相结合的其他方案。

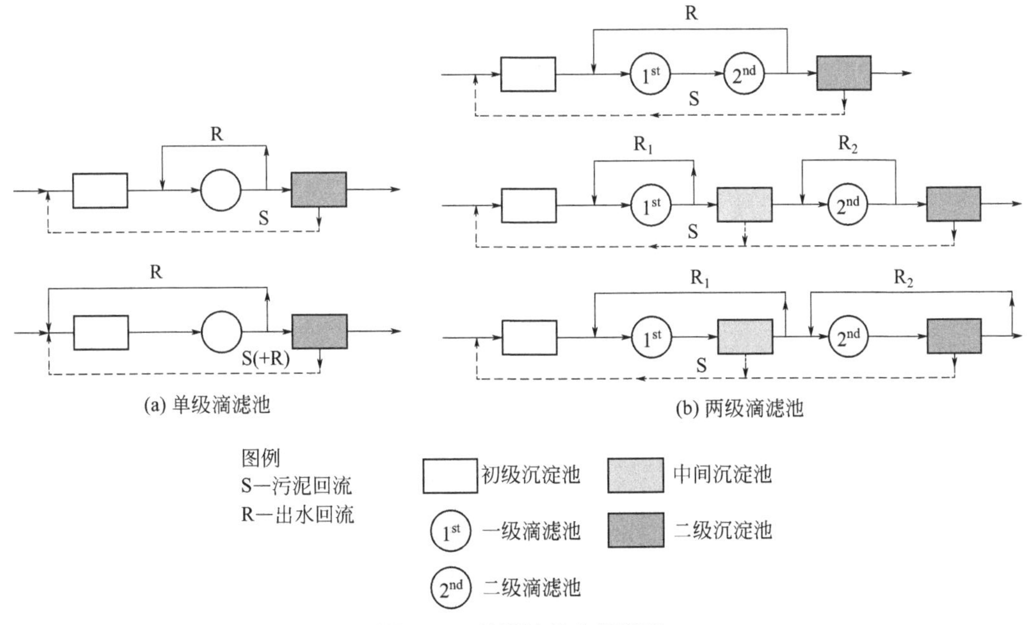

图 4-32　滴滤池的应用类型

（3）**一般规定**

滴滤池的设计安装包括几个要素：填料、布水装置、曝气系统、下游保护措施和沉淀系统。

① 填料

理想的填料必须具有较大的接触表面积、高孔隙率和足够的机械强度。表 4-7 详细列举了通常所采用的填料及其性能。

表4-7 用于滴滤池的填料性能

填料	有效粒径 /cm	堆积密度 /（kg/m^3）	比表面积 /（m^2/m^3）	孔隙率 /%	应用
碎石（小）	2.7～7.5	1250～1450	60	50	N
碎石（大）	10～13	800～1000	45	60	C、CN、N
塑料（常规）	61×61×122	30～80	90	>95	C、CN、N
塑料（大比表面积）	61×61×122	65～95	140	>90	N
散装塑料（常规）	变量	30～60	98	80	C、CN、N
散装塑料（大比表面积）	变量	50～80	150	70	N

注：N—硝化；C—除碳；CN—除碳及硝化。

填料主要分为：

a. 传统填料：火山岩、焦渣或碎卵石。它们的低孔隙率（约50%）使其具有堵塞风险，同时限制了其有机负荷。目前已很少使用。

图 4-33 装载于滴滤池中的填料

b. 塑料填料（图 4-33）：商用材料应符合下列要求：比表面积达到 80～220m^2/m^3，孔隙率通常大于 90%，重量轻，机械强度能够承受 4～10m 堆填深度。应注意的是，在正常运行条件下，填料表面覆有菌胶团，重量可达 300～350kg/m^3。填料类型可以根据其形状、蜂窝结构以及采用的材质（PVC 或聚丙烯）而变化。这些填料可以为组装式结构，例如平行六面体；也可以是散装填料。散装填料更易堵塞，它们仅适用于处理悬浮物浓度较低的水。

当采用组装式填料时，填料将以圆形塔或矩形塔的方式堆砌到一定的高度；塑料填料是自支撑式的。填料必须安放在栅网或者梁式结构上。在设计这种支撑结构时必须非常小心，因为可能会出现堵塞现象。

② 布水装置

待处理水（包括回流水）从安装在中心枢轴上慢速水平旋转的 2～6 根布水管中流出，分布至圆形滤池上方。水通过穿孔管形式的布水管布满整个滤池。布水管可以通过孔眼喷水的推力自行驱动，或采用变速电机驱动（推荐）。

对于矩形滴滤池，使用固定式布水器或固定旋转联合式布水器可达到布水的目的。

确保滤池正常运行的主要参数之一是喷洒率（spraying rate，德国为 SK 系数），即每次布水横管穿过填料时流到填料上的液体深度（单位：mm）。经验表明，喷洒率对填料上生物膜的脱落起重要作用，从而对生物膜厚度和滴滤池的净化效果产生很大的影响。布水器需设计成旋转速度和喷洒速率能够根据 BOD 负荷进行调整的形式，在中高负荷滤池中必须采用高强度间歇喷洒方式（冲洗作用）。

③ 曝气系统

通入适当的空气可以保持滴滤池处于好氧状态，同时能够保证处理效果和无异味产生。

通常，空气通过滤床底部的进气孔以自然通风的方式进入到系统中：如果有足够的自由通道，周围空气和滤床内空气之间的温度差会产生气流循环，进而提供足够的曝气量。但是，在一些国家，尤其是夏天的某些时间段，该温差较小从而无法保证足够的空气流通。在这种情况下推荐使用鼓风机进行强制通风，在提供流量稳定的氧气的同时可以避免产生异味。

④ 下游保护措施

此工艺需要采取以下具体的保护措施：

a. 保温。采用塑料填料的滴滤池类似于冷却塔。在寒冷国家，建议采用双层保温和能够调节通风的顶棚以减少热量损失；

b. 防腐蚀。必须特别注意保护金属部件，尤其是布水区和支撑板；

c. 防环境公害。对于某些工业废水（酿造厂、酿酒厂等）处理厂，滴滤池可能是明显的气味来源。必须对这些滴滤池进行加盖处理，有时还需要进行臭气处理；

d. 防虫（苍蝇、蚊子）：加盖（至少设一层细防虫网），以及提高喷洒率。

⑤ 沉淀系统

通过二沉池收集从支承介质（填料）上脱落的悬浮物（剩余污泥），同时生产澄清出水。与为活性污泥工艺配置的沉淀池相比，该系统主要有两处区别：一是进水悬浮物浓度明显较低，不需要污泥回流（在特殊情况下会保留污泥回流，但是回流量很低）；二是当最大上升流速为 1.5～2.5m/h 时，悬浮物浓度低于 30mg/L。

第 11 章将详细介绍这些滤池的主要应用及其处理效果。

4.2.2.3　生物滤池

(1) 概述和背景

微生物活性取决于其交换表面积（底物与氧气）。在活性污泥法中，由于微生物的絮凝作用，交换表面积是有限的。在滴滤池中，每立方米反应器内支承介质（填料）的表面积仍然较小。在工业化应用中，废水难以在整个生物膜上实现理想状态下的均匀分布。此外，较厚的生物膜会使其成为传质扩散的主要限制因素。

当微生物附着在有效粒径小于 4～5mm 的颗粒状滤料上时，会有较大的比表面积。此时，交换表面积远大于其他工艺。例如，当生物滤料（Biolite）的有效粒径为 2.7mm 时，其比表面积为 $700m^2/m^3$，相比之下，塑料填料的比表面积仅为 $100～200m^2/m^3$。

由于存在这种差异，在过去的数十年间，采用附着生长工艺的生物滤池迅速发展。其运行方式请参考图 4-34。

这些工艺涉及三相：接触滤料及其表面生物膜、液体和空气。液相中的 BOD 和 / 或 NH_4^+-N 在与生物膜接触时被氧化。通过向滤料内注入空气或在进水中预曝气来提供氧气。

根据水的流向将固定床工艺分为上向流式或下向流式反应器。正如所预期的，滤料类型和粒度是决定反应器处理效果和运行特性的主要因素。

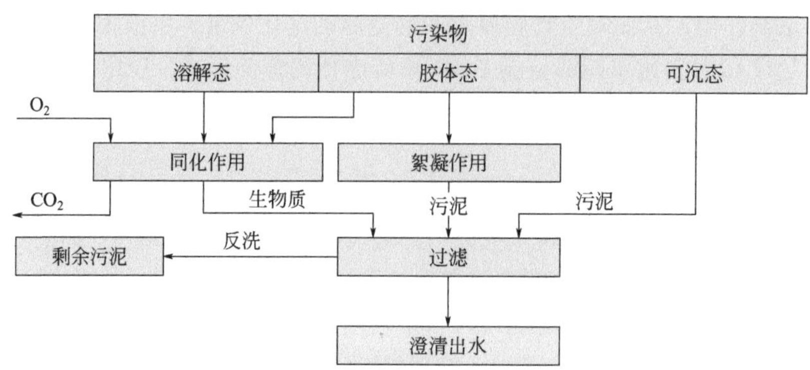

图 4-34 生物滤池运行方式

这些工艺无须设置沉淀池。由进水带入的悬浮物和细菌生长所产生的剩余污泥被滞留在系统中，需要通过反应器定期反冲洗来去除。

以上工艺既可以用作好氧滤池，也可用作进行反硝化作用的缺氧滤池。

有许多不同类型的生物滤池，下文将介绍最常用的两种工艺。

（2）好氧滤池

好氧滤池可用于除碳、同步除碳与硝化、深度硝化和深度处理，其池容根据 BOD 负荷［kg BOD/（m^3 • d）］或氨氮负荷［kg NH_4^+-N/（m^3 • d）］和滤速［m^3/（m^2 • h）或 m/h］确定。滤速取决于滤料的类型和废水的流向。充氧效率的概念，即实际转移到系统中的氧气量（在实际运行条件下）与注入氧气量的百分比，同样适用于好氧生物滤池工艺。

根据其原理，生物滤池对进水悬浮物比较敏感，该工艺适合设于初沉单元的下游（无论物理-化学沉淀与否）或处理浓度较低的进水。

当需要同时除碳脱氮时，可以选择单级系统（去除 BOD_5 和硝化作用同时进行）或二级系统（先去除 BOD_5 之后再进行硝化作用）。进水 BOD_5 浓度对 NH_4^+-N 的去除有直接影响，因为异养微生物会与自养微生物竞争氧气（如活性污泥法中的讨论）。以下是从技术-经济方面影响这两个系统选择的主要因素：a. 原水水质特征（BOD/TKN，BOD 浓度）；b. 硝化程度的要求（部分或完全硝化）；c. 处理能力。

从生物学角度来看，采用二级系统更合适。因为可以单独进行除碳和脱氮，这样每个阶段的负荷和性能都可以得到优化，同时能够为每个阶段单独优化反洗周期。

① 下向流式滤池

Biocarbone 是于 20 世纪 80 年代面世的第一批滤池之一。它采用下向流式工艺，空气与待处理水的流向相反。使用的滤料为 3～5mm 的膨胀黏土，滤料放置在下层滤板上，出水通过滤板上的滤头流出。反洗水和空气从滤池底部进入［图 4-35（a）］。

由于其有以下缺点：表面污堵迅速、气阻现象会限制滤速、滤层深度有限，这一工艺在 20 世纪 90 年代末期被弃用。

但是，下向流式工艺的原理仍然在实际中有所应用，如在污水的深度处理中，其目的主要是去除悬浮物和小部分的可溶性 BOD（低于 10mg/L）。实际上，可以对原水进行简单的预曝气，或者对滤出水进行循环（如有必要），以提供系统所需的氧气（见第 11 章 11.2.2.1 节，Flopac）。

② 上向流式滤池

与 Biocarbone 工艺同一时期推出的 Biofor 工艺，即为上向流式系统，空气通过 Oxazur 微气泡扩散器与水同向流经系统。采用 Biolite 生物滤料，其粒度和密度（通常大于 $1.2t/m^3$）根据实际应用选择［图 4-35（b）］。

近年来，已经开发出具有高 BOD 负荷和高滤速的新一代 Biofor。在第 11 章中将会详细阐述最新一代 Biofor 的运行参数、应用案例和处理效果。

最新的竞争工艺 Biostyr，也是一个上向流式滤池，其采用的滤料是直径为 3～5mm、密度远远低于水的发泡聚苯乙烯颗粒（比表面积约为 $600～1000m^2/m^3$）。漂浮态的滤料被配备有滤头的上滤板截留住［图 4-35（c）］。

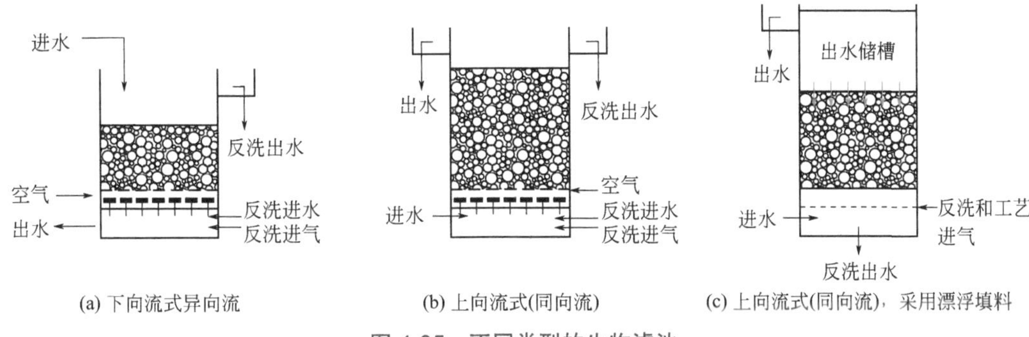

图 4-35　不同类型的生物滤池

原则上，该反应器可用于单独进行硝化作用或联合进行硝化-反硝化作用。空气可以从滤床底部（硝化滤池）注入或直接注入滤料中（联合硝化 / 反硝化滤池）。

出水储存于滤床上方并可以用于反冲洗；在反洗阶段，进气格栅将持续进气以增大搅拌能量。

Biostyr 非常适用于对悬浮物浓度较低的水进行硝化处理。但是，由于其具有堵塞滤料的风险，这一工艺在用于除碳时有一定局限性。

Biobead 工艺的原理与 Biostyr 相似，但 Biobead 滤池还有以下区别：

a. 滤料类型：再生聚烯烃，密度为 $0.90～0.95t/m^3$；

b. 采用折板布水器布水，无滤头；

c. 使用多孔金属板截留漂浮态滤料。

另一方面，与前两种滤池相比，其硝化作用的效果（结合滤速来看）仍然有限。

（3）缺氧生物滤池

生物滤池也可与采用悬浮或附着生长工艺的二级硝化处理相结合，用于反硝化处理。好氧和缺氧生物滤池的主要区别在于是否有曝气系统、滤料规格和是否需要外加碳源。

根据活性污泥法的硝化-反硝化工艺进行类推（同样的原理和限制条件），反硝化滤池可以置于硝化处理单元的上游或下游。

① 前置反硝化（预缺氧）：硝化阶段位于下游，包括硝酸盐回流。反硝化单元的处理效果取决于回流比、可快速生物降解 COD 的浓度以及进水 COD/TKN。

② 后置反硝化（后缺氧）：当上游好氧系统将可生物降解的有机碳消耗殆尽时，需要提供外加碳源——甲醇或乙酸。

(4)生物滤池处理效果及应用领域

由于其模块化的特性，生物滤池能够在多种水处理系统中“单独”使用，或与悬浮生长系统联合使用。

图4-36概括了与初沉(PS)、物理-化学沉淀(PS-PC)、除碳(C)、除碳+硝化(CN)、厌氧(AN)以及反硝化(DN)工艺相结合的生物滤池系统示例，其中只有部分系统设置除磷单元。

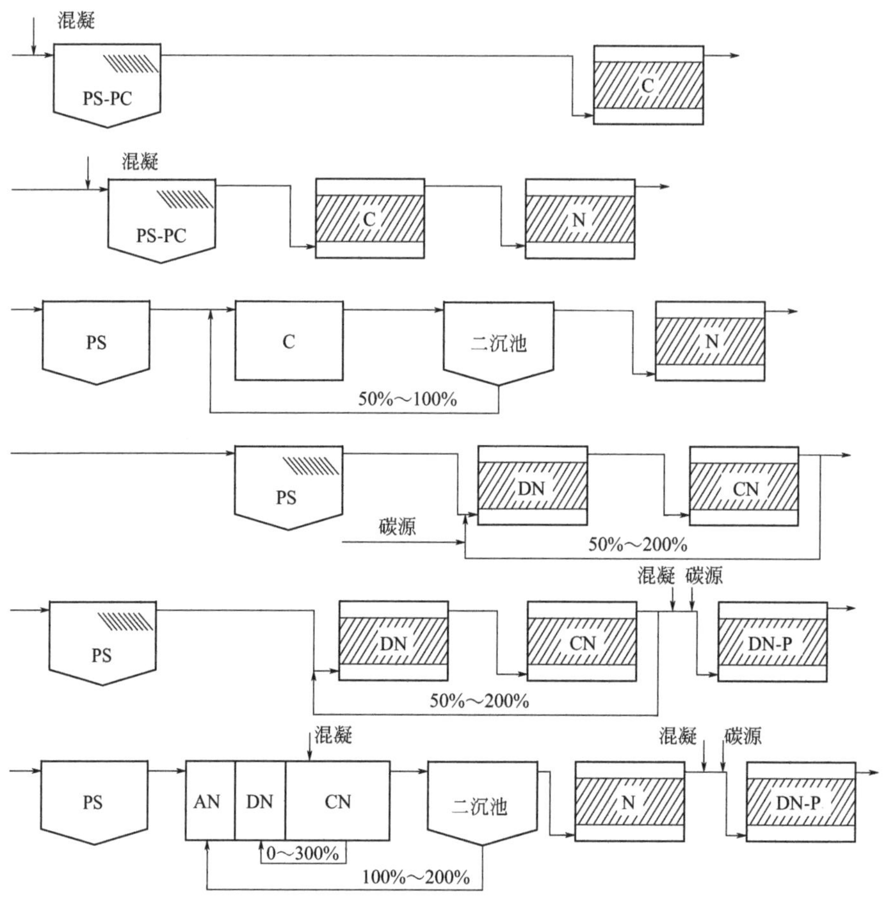

图4-36 生物滤池处理系统示例

此外，根据设定的出水水质目标，可以比较单独生物滤池系统与活性污泥系统在常规水处理中允许的BOD负荷。

表4-8列出了生物滤池与活性污泥法在BOD负荷上的差异，另外还可列出附着生长系统的其他优点(基于其运行原理)：

① 占地面积小(生物浓度高和BOD负荷高)；

② 无须设置沉淀池，因此不会出现污泥沉淀的问题；

③ 面对负荷波动时抗冲击性强；

④ 能处理低浓度水和低温水；

⑤ 占地紧凑，易于与现场其他系统集成(外观)。

它的缺点是：在自动化控制和仪器仪表配置方面相对复杂，投资成本比活性污泥法高

表4-8　生物滤池和活性污泥系统的BOD负荷比较

应用	单位	BOD 负荷	
		生物滤池	活性污泥
除碳	kg BOD/（m^3 • d）①	2.5～4	0.8～1.2
除碳和硝化	kg BOD/（m^3 • d）①	1.2	0.30～0.35
	kg NH_4^+-N/（m^3 • d）①	0.45	0.08
除碳和脱氮	kg BOD/（m^3 • d）①	1	0.25～0.30
	kg NH_4^+-N/（m^3 • d）①	0.4	0.07
深度硝化	kg NH_4^+-N/（m^3 • d）①	0.8～1	0.15～0.25

① 在活性污泥系统中，除沉淀池外所有池体的平均 BOD 负荷。在生物滤池中，计算负荷时考虑整个系统中使用的滤料（生物滤料）的体积。

（特殊情况除外），大型生物滤池污水处理厂管理的复杂程度与过滤地表水的水厂（砂滤和 / 或粒状活性炭滤池）管理一样。阀门需要定期检修，还需要监测反洗后的水头损失。

4.2.2.4　其他工艺

在附着生长工艺和活性污泥法的发展过程中，为了达到前者的处理效果，已经出现了一些结合二者共同特点的新工艺：在曝气池中保持较高的生物污泥，同时这些生物污泥并不会进入二次沉淀池，使其能够在保证硝化作用所需的最低泥龄的同时达到较高的反应速率。下文将会介绍这些新工艺，包括联合生长工艺、生物转盘工艺和浸没式固定膜工艺。

（1）联合生长工艺

联合生长工艺的特点在于，填料悬浮在活性污泥工艺的曝气池中。

这些填料的密度与水接近（在 0.95～1g/cm^3 之间），大小适中（3～15mm），在充分混合的条件下能够在水中保持悬浮状态。因为它们的比表面积较大（可达 200～500m^2/m^3），其表面能够附着大量微生物（至少在填料外部），因此，减小了所需池体容积。

在所有应用中，都需要在曝气池出口设置格栅，以防止填料从曝气池中流出。格栅的间距必须与填料大小相适应。市场上常见的支承填料包括：

① 海绵（Captor 工艺和 Linpor 工艺）：密度约为 0.95g/cm^3，填充体积为反应器容积的 20%～30%。

② 聚乙烯填料环，密度约为 0.96g/cm^3，直径约为 10mm。英美国家称这一工艺为移动床生物膜反应器（MBBR）。在此工艺中，填料能够以多种形式存在：

a. 加入大量的填料，约为反应器容积的 40%～60%，以处理 BOD 负荷较高的污水[3～6kg BOD/（m^3 • d）]。在这种情况下，原水中的胶体物质和从填料脱落的剩余污泥必须通过混凝-絮凝反应进行分离（沉淀或气浮工艺）。此外，这一工艺只能去除部分 BOD，其对 BOD 负荷较高（BOD_5>600mg/L）的工业废水较有吸引力。

b. 或将填料浸没在浓度较低的活性污泥（1.5～2.5g/L）中，因此容易沉淀分离。在这种情况下，胶体将会被污泥截留，同时异养微生物将降解可溶性 BOD。这些填料作为自养微生物的载体，能够保证硝化作用的进行。因为大部分微生物会被保留在曝气池中，该工艺的主要优点在于（尤其对于现有污水厂）无需增大沉淀池的固体负荷即可进行硝化作用。此外它的硝化动力学明显优于低负荷的活性污泥法。这就是 Météor N 的原理，将在第 11 章做进一步介绍。

最后，活性材料的开发已经启动，旨在将那些特种细菌固定在多孔和坚固的凝胶上。这就意味着很快就能达到高降解动力因数。但是，这些合成材料的使用目前因成本原因而受到限制。尽管如此，仍然可以期待其未来的发展，尤其是在采用驯化菌群处理特殊污水的应用方面。

（2）生物转盘（RBC）工艺

生物转盘工艺于 20 世纪 60 年代由联邦德国开创。它由装在水平轴上的一系列间距很近的圆盘组成，其中一部分浸没在待处理污水中（通常约 40%），另一部分暴露在空气中。这种旋转运动的方式使得转盘表面的微生物能够交替地与待处理水和空气中的氧接触。

转盘在减速齿轮的驱动下进行旋转。一些情况下会设置辅助旋转和充氧装置，通过底部的通气口鼓入空气，构成了一个完整的生物转盘。聚苯乙烯或聚氯乙烯转盘的标准直径可达 3.5m，长度可达 7.5m，且每个转盘表面积可达 9300m^2。转盘之间的间距为 2～3cm，旋转速度为 1～2r/min（图 4-37）。

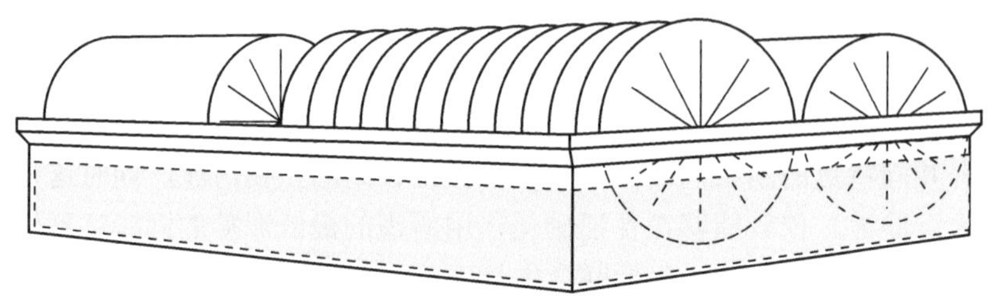

图 4-37　生物转盘

类似于滴滤池，在生物转盘工艺的上游也需要设置预处理单元，如初级沉淀池或细格栅，并需要设置沉淀池以收集剩余污泥。沉淀池设计最大上升流速约为 2m/h。该系统不需要进行污泥回流。

生物转盘和滴滤池还有其他相似之处。复杂的物理和水力学特性意味着其设计方案必须基于中试试验和工业化污水处理厂的实际运行情况。有机负荷会影响 BOD 的去除效果，进行完全硝化反应需要确保水中残余的 BOD 浓度较低。

该工艺系统通常由若干个（级）旋转接触池组成，第一级用于去除有机碳，后续接触池用于硝化处理。负荷通常用每天每平方米转盘面积处理的 BOD_5（g）或 NH_4^+-N（g）来表示。

表 4-9 列出了典型的设计参数。

表4-9　生物转盘工艺的典型设计参数

参数	去除 BOD	去除 BOD 及硝化
水力负荷 /[m^3/(m^2·d)]	0.08～0.16	0.03～0.08
有机负荷 /[g BOD/(m^2·d)] /[g BOD_5/(m^2·d)]	8～20 4～10	5～16 2.5～8
NH_4^+-N 负荷 /[g N/(m^2·d)]	—	0.75～1.5
水力停留时间 /h	0.7～1.5	1.5～4
出水 BOD/(mg/L)	15～30	7～15
出水 NH_4^+-N/(mg/L)	—	<2

该技术具有能耗低（2～4W/m^2 接触面积）的优点，但仍未获得大量应用，因为：

① 初沉污泥和生物污泥需要进行稳定化处理；

② 当出水 BOD 浓度要求低于 25mg/L 时，投资费用较高；

③ 一些机械问题（如传动装置）；

④ 转盘需要加盖以适应不同气候条件。

该技术主要适用于低负荷的小型污水处理厂，此时以上提到的缺点影响不大，而且系统检修维护也相对简单。

（3）浸没式固定膜工艺

该工艺将固定填料浸没在活性污泥池中。填料上生长的额外增加的微生物不增大沉淀池的负荷，从而能够在维持原有沉淀池尺寸的情况下提高生物净化效果。这一工艺通常用于污水厂的改造或扩建。

这类工艺的主要区别在于其所使用的填料：

① 平板型填料。使用的塑料填料与滴滤池所用的相似。BOD 负荷低于 2kg BOD/(m^3 • d)。相较于传统的活性污泥法，此工艺的微生物生长速率约高 20%～40%。然而，如何避免在池底沉泥是该工艺曝气系统设计需要解决的一个问题。

② 纤维填料。纤维填料有很多类型：环状、簇状分枝（Ringlace 工艺）等。

这类技术的主要缺点在于纤维填料可能会引发堵塞或缠绕在一起，尤其是在处理含有纤维和油脂的水时。因此，该工艺主要用于最终深度处理（日本是其主要应用市场），例如可保证最终出水中的 BOD 低于 5mg/L，NH_4^+-N 低于 1mg/L（称为接触曝气工艺）。

4.3 厌氧生物处理

4.3.1 甲烷产生的生物化学原理和微生物学原理

厌氧发酵过程涉及复杂的菌群，同时需要非常严格的环境条件（氧化还原电位在 −250mV 左右，pH 接近中性）以形成稳定菌群。在自然界中，当高浓度有机物（OM）持续处于厌氧条件下时（比如沼泽、湖泊沉积物、消化道等环境），通常会发生厌氧发酵。

有机物的沼气发酵可以发生在低温（10～25℃）、中温（30～40℃）或高温（> 50℃）生态系统中。

溶解性或颗粒态有机物在厌氧条件下发生的降解过程可概述如下（图 4-38）：

（1）水解酸化阶段——（1）

这个阶段需要多种异养菌：专性厌氧菌和兼性厌氧菌。

在反应初期会产生多种挥发性脂肪酸类（VFA）（乙酸、乳酸、丙酸、丁酸等），以及中性化合物（乙醇）、气体（CO_2 和 H_2）和铵。

这些微生物与后续阶段的其他微生物相比世代期更短。它们的自身作用能使 pH 降低，并抑制后续阶段所需菌群的生长。

（2）产乙酸阶段——（2）

产乙酸阶段是由质子还原菌将第一阶段的代谢产物转化为氢和乙酸的过程，反应如下：

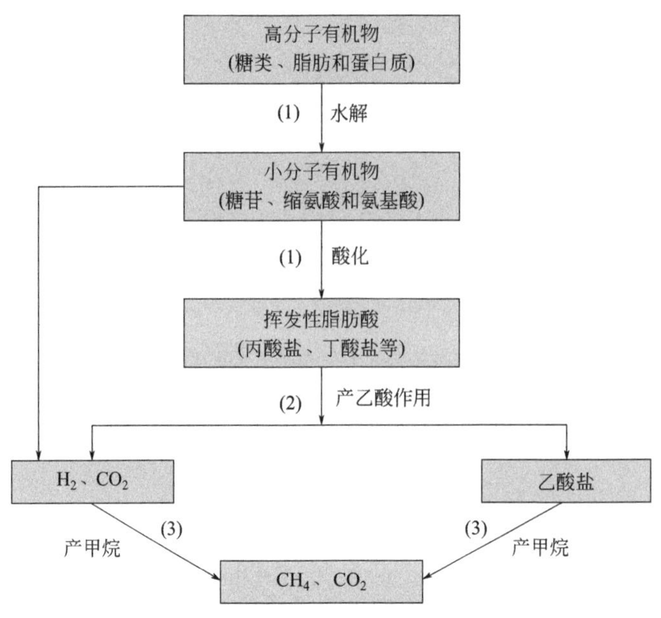

图 4-38 厌氧条件下，有机物分解过程

乳酸盐（lactate）+ $H_2O \rightleftharpoons$ 乙酸盐（acetate）+ $2H_2$ + CO_2 + 4.18kJ/mol

乙醇（ethanol）+ $H_2O \rightleftharpoons$ 乙酸盐（acetate）+ $2H_2$ – 9.6kJ/mol

丁酸盐（butyrate）+ $2H_2O \rightleftharpoons$ 乙酸盐（acetate）+ $2H_2$ – 48.1kJ/mol

丙酸盐（propionate）+ $2H_2O \rightleftharpoons$ 乙酸盐（acetate）+ $3H_2$ + CO_2 – 76kJ/mol

（3）产甲烷阶段（严格意义上的）——（3）

产甲烷的方式主要有两种：一种是利用氢气和二氧化碳反应产生水和甲烷，另一种称为乙酸化，即将乙酸分解成二氧化碳和甲烷。约有 70%的甲烷是通过后一种方式产生的。其他碳源如甲醇、甲醛和甲胺，也可以被产甲烷菌利用。

4.3.2 产甲烷菌的特性

产甲烷菌都是完全厌氧菌，几分之一毫克每升的溶解氧也会抑制其活性。可以通过辅酶或其他特殊因子（如 F420 因子）来识别甲烷菌。F420 因子具有荧光性，可以在显微镜下借助紫外灯观察到产甲烷菌。F430 因子含有的镍是菌群生长的基本元素。

主要的菌种见表 4-10。

表4-10 产甲烷菌

属	底物	属	底物
甲烷杆菌属	H_2/CO_2	甲烷八叠球菌属	H_2/CO_2/ 乙酸
甲烷短杆菌属	H_2/CO_2	甲烷丝菌属	乙酸
产甲烷球菌属	H_2/CO_2		

底物的种类不同，微生物倍增时间的差异很大：短如嗜氢菌的几小时，长至乙酸分解菌的几天时间。

菌群对底物的亲和常数也有很大差异，低浓度乙酸往往有利于甲烷丝菌属的生存。

4.3.3　厌氧消化的特性参数

根据上述反应机理，以下参数是最重要的：

① 温度；

② pH；

③ 厌氧消化总负荷 F/M 比值，以 kg COD/（kg VS・d）表示；

④ 实际接触时间和反应器的水力学特性；

⑤ 微生物浓度和微生物与污染物接触方式：这两个主要参数能够用于区分不同工艺，详见本章 4.3.4 节。

4.3.3.1　沼气

沼气成分和产量是用于监测厌氧消化过程的两个最重要参数。

沼气成分取决于底物组分和消化池的运行条件（负荷、接触时间），其大致可表示为：CH_4 55%～75%；CO_2 25%～40%；H_2 1%～5%；N_2 2%～7%。

反应过程中可能生成其他产物，包括硫化氢和硫醇，来源于待处理污水中的矿物质（通常是硫酸根）及有机硫；以及由微生物蛋白质分解所产生的氨气。正是这些成分，导致了沼气具有臭味。

甲烷的产量同样取决于底物的类型。表 4-11 提供了一些详细数据。

表4-11　不同类型底物的甲烷产量

底物	糖	蛋白质	脂肪
甲烷产量 /（m^3/kg 底物）	0.42～0.47	0.45～0.55	可达 1

在污泥消化中，每去除 1kg 挥发性固体可以产生 0.6～0.65m^3 的甲烷。

4.3.3.2　污泥产量

在应用于工业废水处理时，每去除 1kg 溶解性 COD 会产生 0.05～0.1kg 干物质。该污泥产量低于好氧降解所产生的污泥量（每去除 1kg 溶解性 COD 会产生 0.2～0.4kg 干物质）。产生可回收利用的甲烷（用于锅炉-热力发电机）以及较低的污泥产量使得厌氧消化具有巨大优势。

4.3.4　应用

厌氧消化工艺有多种形式。

如好氧降解一样，厌氧菌的生长也可以分为悬浮生长和附着生长。

4.3.4.1　絮凝悬浮生长工艺

由于产甲烷污泥的薄膜结构和反应过程中产生的气体（二氧化碳和甲烷），与好氧工艺相比，厌氧悬浮生长工艺中的絮体更难分离。这时就需要较大容积的沉淀池并对絮体进行脱气处理（通过负压室）。在此条件下，可以将污泥回流，反应器中的污泥浓度可达 10～15g/L，污染物负荷可达 2～12kg COD/（m^3・d）。

在污泥处理应用中，中温消化池的最高负荷可达 2.5kg VS/（m^3・d）。

（1）污泥颗粒化：显著特征

颗粒厌氧生物也能够进行悬浮生长。这些“颗粒”是密集的菌群，粒径在 2～8mm 之间（见图 4-39）。

颗粒的形成方式还远未研究透彻。但是，在污泥最初的颗粒化过程中，惰性微小颗粒的作用值得关注。钙浓度（超过 100mg/L）在颗粒硬化过程中发挥重要作用。淀粉也是促进颗粒形成的有利因素。

颗粒污泥具有良好的沉淀性能（15～80m/h），因此，其不会随流经污泥床的上升水流排出。

图 4-39　Anapulse 的厌氧污泥颗粒

目前，包括得利满 Anapulse 产品（将在第 12 章 12.2.2 节介绍）在内的 UASB 工艺（上流式厌氧污泥床反应器），已成为污水厌氧消化最常用的工艺，其有机物负荷可达 8～15kg COD/（m^3 • d）。应用颗粒污泥的最新工艺为三相湍流床，这种工艺强化了底物和微生物的接触，使其负荷可达 20～30kg COD/（m^3 • d）。

（2）两相厌氧消化和硫酸盐还原

两相厌氧消化是采用悬浮生长工艺的另一种技术。为创造最佳的环境条件，将水解-酸化和乙酸-产甲烷两个阶段分离开来。两相厌氧消化在下列情形下更加适用：

① 水解阶段是控制阶段，因此需要优化控制条件（pH 和温度），例如纤维素废水的处理。

② 第一阶段对第二阶段有抑制作用。例如：

a. 单糖在快速酸化过程中，微小的负荷变化也会导致显著的 pH 波动；

b. 当硫浓度超过 200mg/L 时，硫酸盐还原带来的风险（反应生成的硫化氢对乙酸产甲烷过程有毒性）。

当应用于污泥消化时，这种工艺能够使系统更加紧凑（详见第 18 章 18.4 节）。

4.3.4.2　附着生长工艺

与悬浮生长工艺不同，附着生长工艺在实际运行中不适用于污泥处理（污泥污堵及填料黏滞）。

（1）固定填料的使用

其使用的填料与滴滤池中的类似，不同之处在于：前者是浸没式的。这些材料的高孔隙率可以降低堵塞的风险（但无法完全避免）。因此，此工艺进水悬浮物的浓度不能太高（不超过 200～300mg/L），尤其是当这些悬浮物为纤维态或析出沉淀（碳酸钙、磷酸钙等）时。另一方面，此工艺的有机负荷通常为 10～15kg COD/（m^3 • d）。

（2）流化床的移动式填料

此类填料的粒径通常为几百微米。它们会随着上升的水流和气体而膨胀。这种反应器（包括得利满的 Anaflux，详见第 12 章 12.2.3 节）能够为生物-底物进行物质交换提供极好的反应条件，同时其具有很高的活性生物浓度。其有机负荷可达 50kg COD/（m^3 • d），对某些污水甚至可能更高。

对于三相系统水力学特性的全面理解，是避免出现非流态化区域至关重要的因素。

在本工艺中，为了防止填料上附着的微生物量减少，监测细菌生长状况是必不可少的。若污泥异常膨胀，或进水流量过大，会导致污泥和填料的流失。

4.4　膜分离在污水生物处理中的应用

4.4.1　膜生物反应器的优点

在微生物悬浮或附着生长的好氧或厌氧工艺中，可以使用微滤膜或超滤膜代替沉淀池，分离出水中的絮状菌和非絮状菌，该方法具有以下优点：

① 无论污泥或者污泥指数处于何种状态，该方法都能达到很好的澄清效果。因为膜甚至可以阻止非絮状菌的通过，使出水中不含悬浮物（浊度 <1NTU）。此外，当使用超滤膜时，出水相当于被全面消毒（能去除寄生虫卵、细菌、甚至是病毒等病原体）。

② 由于无需沉淀池，微生物浓度可提高至 6～12g/L。在相同的 F/M 负荷下，与传统活性污泥法比，曝气池容积可缩小至原来的 1/5～1/3。

③ 无需沉淀池和使用更小容积的生物反应器，土建费用和占地面积将显著降低。

④ 可以通过水泵提供很高的能量，使悬浮生长的菌群絮体更细小。如此形成的剧烈混合，可以很好地解决絮凝体中底物与氧气的扩散问题，从而加速了净化速度，降低了污泥产量（特别是应用于某些工业废水的处理时）。

⑤ 膜能够确保某些大分子代谢产物被截留并被逐渐降解，最终出水 COD 要低于传统活性污泥法。

该工艺的这些优点表明：增加的投资和能耗是值得的。例如，当排水标准很严格（自然环境非常敏感）或者出水需回收利用时。

4.4.2　膜生物反应器的主要形式

膜生物反应器主要有两种形式：

① 外置膜生物反应器（安装在曝气池外，见图 4-40）；

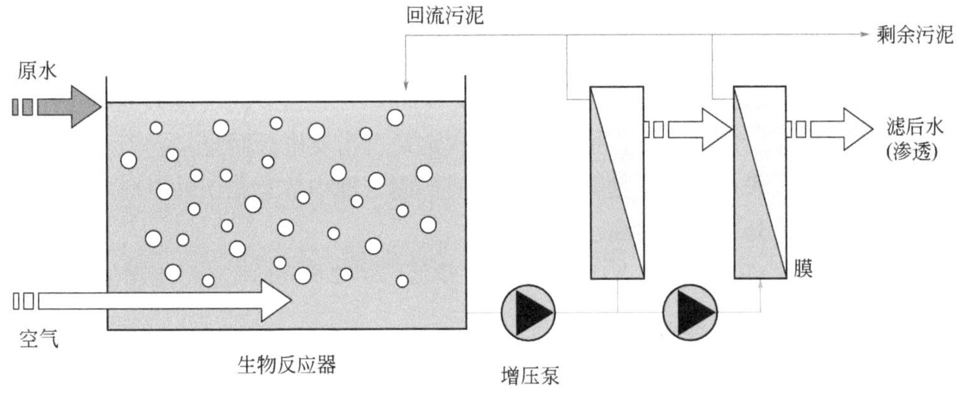

图 4-40　外置膜生物反应器

② 浸没式膜生物反应器（安装在曝气池内，见图 4-41）。

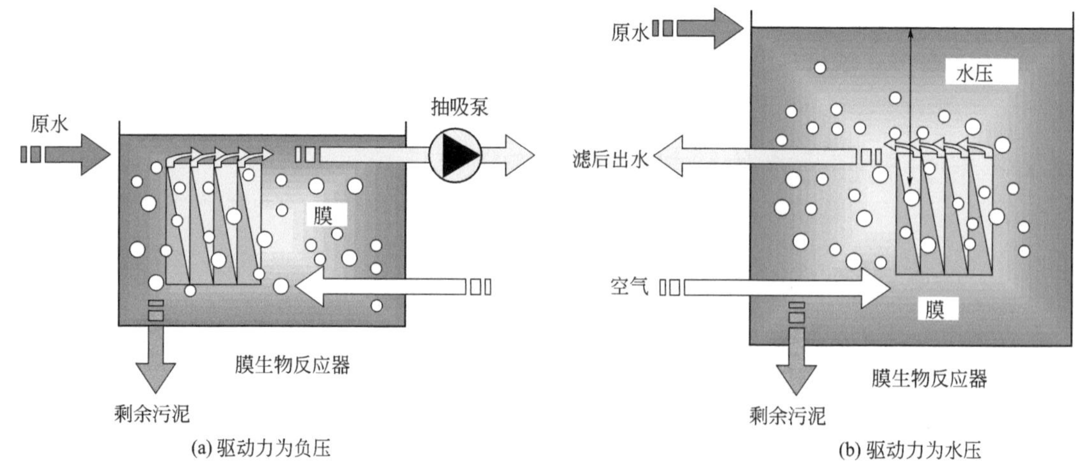

图 4-41 浸没式膜生物反应器

4.4.2.1 外置膜生物反应器

膜组件安装在膜架内。膜架可以并联或者串联安装。膜组件为管状或敞开式，膜材料可采用有机膜或者无机膜，一般为内压膜（过滤方向为由膜内至膜外）。由于污泥浓度高，不允许采用死端过滤模式，而选用错流过滤（详见第 3 章 3.9 节）。过滤的驱动力为膜内（进水侧）外（产水侧）压差。为控制膜表面的污堵，通常保持较高的流速（1～4m/s，压力为 2～5bar）。每月需要进行 2～4 次化学清洗。

滤速在 80～130L/（m^2 • h）之间变化。强度极高的陶瓷膜对 pH 和温度具有较高的适应性，使得得利满开发的陶瓷膜反应器（MBR）非常适用于工业废水的处理。但是，错流过滤模式的高能耗（4～8kWh/m^3）以及需对纤维物质进行彻底预处理的要求，使得这一工艺并不适用于城市污水处理。

4.4.2.2 浸没式膜生物反应器

膜组件直接放置于活性污泥中。这种膜为有机材料制成的中孔纤维膜或平板膜，被称为外压膜（过滤方向为由膜外至膜内）。过滤的驱动力为负压［图 4-41（a)］或水压［图 4-41（b)］。采用特殊的曝气系统进行自动清洗（反洗，停止过滤，见第 15 章 15.3.2.3 节），以控制积累在膜表面的物质。部分曝气被微生物所消耗。当膜组件安装在一个专用池中时，必须设置从这个池体到曝气池的回流系统。当膜组件直接安装在曝气池中时，可根据工艺配置情况（沟渠，完全混合，推流情况）决定是否需要进行回流。

此工艺的模块化设计特性，使其可以在现有的曝气池内放置膜组件以对现有污水处理厂进行改扩建（扩大处理量或提高水质）。

滤速一般为 15～30L/（m^2 • h）。运行压力较低，为 2～5m 水柱。化学清洗频率为每年 2～3 次，清洗时需停止过滤。

得利满开发出采用中空纤维有机膜的 Ultrafor 工艺，用于城市污水和工业废水处理。有关该系统的详细介绍和其处理效果，请参阅第 11 章 11.1.6 节和第 15 章 15.4.1.3 节。

表 4-12 总结了不同膜生物反应器的主要参数和性能，并与活性污泥系统作对比。

表4-12　膜生物反应器的参数和性能

项目	单位	外置膜生物反应器		浸没式膜生物反应器		对比：常规系统（不含三级处理）
膜类型		管式	平板	中空纤维	平板	
膜的性质		无机或有机	无机或有机	有机	有机	
应用		工业废水 具体来说：常温或热水系统，高浓度废水，水力峰值低		城市污水 / 工业废水 具体来说：常温或热水系统，高浓度废水，水力峰值低		城市污水 / 工业废水
分离的类型		MF/UF	MF/UF	MF/UF	MF	沉淀
控制沉积物的方式		错流过滤（4m/s）		序批曝气或连续曝气		
膜表层		内部		外部		
过滤方向		由内到外		由外到内		
回流		需要 300%～500%		根据工艺设置 300%～500%		需要 80%～150%
驱动力		压力		负压（吸力）或者水力压力		重力
推荐 MLSS 浓度	g/L	8～15		6～12		3～5
净通量	L/（m^2·h）	60～150		10～40		
对纤维的敏感性		高		中		低
运行压力	bar	2～5		0.2～0.5		
易磨损度（砂）		高		低		低
化学清洗频率		每月 1～4 次		每年 2～4 次		
流量控制		必须				不敏感
微生物去除		4～6lg①				1～2lg①
在上游进行彻底生物处理的需要		必须（控制污堵）				根据需要
悬浮物 <3mg/L		是				需要三级处理

① lg 表示数量级，减少 1lg 表示减少 1 个数量级。

注：MF—微滤；UF—超滤。

4.5 自然处理

粗放式自然处理是生物浓度较低的净化工艺。除了特殊情况，通常不设菌液回流系统。自然处理可分为悬浮生长工艺（稳定塘）和附着生长工艺（通过土壤净化）。

这类技术源于自然界中复杂的自净现象，其会受气候条件的影响，因此很难控制。

这类处理工艺占地面积较大，对场地要求也比较高，同时净化效果在一定程度上取决于施工和运行情况。

这类系统对电气机械设备通常无太多要求，主要是要经久耐用并能较好地适应有机负荷和水力负荷的波动。然而，除了曝气塘外，人们对这些工艺的了解仍然有限。

4.5.1 不同类型的稳定塘

在污水处理厂的实际应用中，稳定塘通常作为机械预处理或完整的活性污泥系统的后处理工艺（此时，稳定塘为三级处理单元）。稳定塘系统一般由一系列不同类型的生态净化塘组成。

4.5.1.1 厌氧塘（A）

在厌氧塘中，污染物沉淀形成污泥，并通过厌氧反应逐渐被消化（有机物被矿化，同时释放二氧化碳、甲烷和硫化氢气体）。这一系统能够作为初级处理单元去除污水中可沉淀的有机成分。

由于其属于厌氧发酵工艺，它只适用于处理浓度相对较高的污水（城市污水和工业废水均可），反应所需温度要高于 15℃，最适宜温度在 25℃以上。

当硫酸盐浓度达到几十毫克每升时，就可能会散发臭气（如硫酸盐浓度为 100mg/L 时，该风险很大）。为了消除臭味的影响，可考虑对池体加盖，并回收沼气。

在选址方面，厌氧塘应远离居民区，最好位于地中海气候或热带地区。

4.5.1.2 兼性塘（F）

兼性塘用作初级和二级处理单元，在上层进行好氧反应的同时在污泥底层进行厌氧反应。这两种反应存在的相对区域大小随进水污染物浓度的波动而变化。

有机物的去除主要依靠好氧菌完成。反应所需的氧主要来自藻类（微型植物）的光合作用，受风影响的水面气液交换起次要作用。因为最优先生长的是微藻类，这个系统也叫做微植物稳定塘。

太阳辐射为藻类生长提供了能量。这些藻类的生长利用细菌降解产物和污水中可被同化利用的组分。

实际上，污水的净化是通过由细菌、浮游植物和浮游动物所组成的生态系统完成的。

考虑到对光线穿透水面的影响，兼性塘中无需种植大型水生植物（浮萍、芦苇）。

兼性稳定塘的应用最为广泛，其适用于在温带和热带地区处理低浓度的污水。

图 4-42 介绍了稳定塘中主要的生物循环。

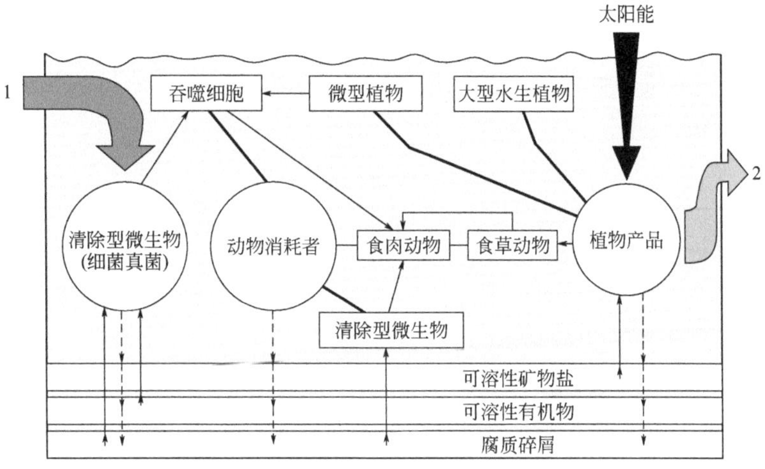

图 4-42　稳定塘中的生物循环（根据 CEMAGREF）

1—进水，有机物；2—经过大型水生植物（水草）和微生物净化后的出水

4.5.1.3　好氧塘（M）

这种稳定塘也是微植物稳定塘，其运行方式与兼性塘几乎一样，但由于处理的污水有机负荷低，在本质上是好氧型稳定塘。

作为二级处理尤其是三级处理工艺，好氧塘是排放处理水前的最后一级处理工艺，主要用于去除污水中的粪大肠菌。在实际应用中藻类会迅速繁殖（特别是在炎热天气时），这会对出水水质有一定影响（悬浮物），即使排放标准允许藻类存在（检测滤出水样）。

4.5.1.4　水生植物塘（Ma）

水生植物塘的生态系统中存在大型水生植物或肉眼可见的植物，其存在形式为浮游态（例如浮萍、水葫芦、水浮莲）或固定态（例如芦苇）。

这种稳定塘应用于低浓度污水的二级或三级处理，处理效果还有待检验。事实上，采用这种工艺意味着需要定期对水生植物收割清理，工作会非常繁重。

4.5.1.5　曝气塘（Ae）

这种人工稳定塘的占地面积明显小于自然形成的稳定塘。通过采用漂浮或固定安装的机械曝气装置或注入空气的方式进行混合和人工曝气。曝气塘内的生态平衡与传统活性污泥法类似。但是，由于系统中没有污泥回流，微生物浓度始终较低，沉淀速度缓慢。

作为整个处理系统的最后补充，或者设于厌氧塘下游的二级处理，这一工艺适用于城市污水和工业废水的处理。目前倾向于采用由若干个稳定塘串联而成的兼性曝气稳定塘工艺。

曝气塘能耗约为 2～3W/m^3，污泥在曝气区沉淀之后在厌氧区进行消化处理。

污水经曝气塘处理后，再通过最终出水稳定塘（见好氧塘）或者若干个能够降低细菌浓度的稳定塘进行深度处理。

4.5.1.6　其他稳定塘工艺

当新建或改建污水处理厂时，可采用其他的衍生型稳定塘工艺以减少占地面积：曝气及部分混合，分段进水，含藻出水的回流等。

4.5.2 稳定塘系统

根据污水性质、排放标准和污水厂的现场实际条件，稳定塘系统将包括不同的处理阶段和塘型，见表 4-13。

表4-13 稳定塘分类

稳定塘	符号	初级处理	二级处理	三级处理
厌氧塘	A	√		
兼性塘	F	√	√	
好氧塘	M		√	√
曝气塘	Ae	√	√	
水生植物塘	Ma		√	√

塘型配置参照以下顺序：a. 厌氧塘需要分成一组并联的单元；b. 当表面积超过 5ha 时，兼性塘也应如此；c. 为了达到最好的处理效果，好氧塘要串联布置；d. 曝气塘至少要两塘串联。

稳定塘可能组合成以下不同的系统：系统 1，A＋F＋M；系统 2，A＋Ae＋M；系统 3，F＋M＋M；系统 4，F＋Ma。

最常用的自然稳定塘实际上是由若干个不配置机电设备的稳定塘组合而成（组合形式为系统 1、系统 3 和系统 4）。

显然，稳定塘也可与其他工艺组合：

① 紧凑型二级生物处理工艺＋用于深度处理的串联好氧塘。

② 初级处理：厌氧塘＋紧凑型二级生物处理工艺。但这种组合很少使用（仅用于处理屠宰场废水）。

4.5.3 稳定塘的处理效果和工艺计算

稳定塘可以用于处理：a. 有机污染物（BOD）；b. 细菌污染（病原体）；c. 部分氮磷污染物。

不同类型的稳定塘以及与其相关联的生态系统均可以在不同程度上达到以上三种目的。

处理效果与温度相关，因此温度是一个决定性的设计参数。在设计时需要考虑到最低温条件以及最高负荷情况。

稳定塘在冬季的净化效率远低于温暖和高温季节。在冬季时，稳定塘处理所需表面积可达其他季节 3 倍之多！

在热带国家，更倾向于将厌氧塘纳入稳定塘处理系统。在法国，对于 F＋M＋M 系统，设计负荷一般选取为 10～12m^2/p.e.，而在热带国家，这一值大约为 2～3m^2/p.e.。

文献中提及过一些设计模型，但是这些模型有时过于简化，以 m^2/p.e. 为单位。然而，由于生物现象的复杂性和条件的多元性，必须格外注意公式的使用。

更准确的方法是基于不同类型稳定塘的标准进行设计：

① 对于曝气塘和厌氧塘，采用的 BOD 容积负荷以 g BOD/（m^3・d）表示；

② 对于兼性塘和好氧塘，采用的单位面积负荷以 kg BOD/（ha・d）表示；

③ 污水的停留时间用天表示；

④ 根据所选择的生物处理工艺确定最佳池深，池深可根据现场条件进行调整。

4.5.3.1　厌氧塘

厌氧塘至少要有 3m 深，若地质条件允许，为了创造最佳的厌氧条件，这一深度可达 5m。

随温度变化，BOD 负荷为 100～350g BOD/（m^3・d），停留时间可以相对较短，但至少也需要 1d。设计时必须考虑污泥产量和有效池容。

BOD 和悬浮物的去除率为 50%～70%，随着温度的升高而提高。

4.5.3.2　兼性塘

兼性塘深约 1.5m。

表面负荷用 kg BOD/（ha・d）表示，并随着温度的变化而波动。在温带地区（冬季温度 5～8℃）为 80kg BOD/（ha・d），热带区域为 350kg BOD/（ha・d）。

停留时间为 5～30d。

用于二级处理时，其对 BOD 的去除率约为 60%，用于初级处理时则为 80%。

4.5.3.3　好氧塘

一级好氧塘的最大容许负荷约为兼性塘的 75%。

根据气候条件，最少需要 3～5d 的停留时间（为了确保藻类生长）。

好氧塘深度约为 1m（大于 0.8m 是为了防止大型水生植物的生长）。

每级好氧塘对 BOD 的去除率约为 20%。

各级好氧塘（包括前级）的细菌降解情况一般需要利用一级反应动力学计算。采用 Marais 公式：

$$N_e = \frac{N_i}{(1+Kt)}$$

式中　N_e——100mL 进水中粪大肠菌（FC）的数量；

N_i——100mL 出水中 FC 的数量；

K——与温度相关的去除常数，K=2.6×1.19$^{(T-20)}$；

t——塘内停留时间。

实际上，温度大于 15℃时，每级好氧塘的去除率是 90%。

4.5.3.4　曝气塘

BOD 负荷在 20～30g BOD/（m^3・d）之间，停留时间必须大于 5d。

至少为两级串联，容积分别为 60% 和 40%，池深在 2.5～3.5m 之间。

对于城市污水，安装功率（曝气和搅拌）为 2～3W/m^3。实际上，每去除 1kg BOD 的能耗约为 1～2kW，具体能耗取决于所选用的曝气装置。

BOD 去除率通常高于 85%，同时去除效果随温度的变化而变化。去除效率通常采用 Eckenfelder 方程计算。

最后一级深度处理塘必须保持约 1m 水深，停留时间约为 1～3d。

4.5.3.5 总体系统的处理效果

根据去除率高低，下文依次列出适用于系统 1、系统 2 和系统 3 的处理效果（见本章 4.5.2 节）：

① 有机物去除率可达 90%，并且这一效率不受有机负荷或水力负荷波动的影响；

② 由于藻类的存在，出水中仍然含有较高浓度的悬浮物。欧洲标准允许这种情况发生，同时建议测定滤后水样的 COD 和 BOD；

③ 对于一个完整的、所谓的自然系统，氮和磷的去除率为 50%～70%，并且随季节显著变化；

④病原菌去除率与稳定塘的级数有直接关系，在天气炎热及阳光充足时去除率有所提高。

4.5.4 稳定塘的设计和维护

除了选择系统和确定尺寸之外，为了优化稳定塘的布局并保障结构的稳定性和塘体的不透水性（这是系统所必需的），稳定塘的设计需要进行深入的工艺研究。

为了便于维护和清洁，所有的措施（特别是与水力条件相关的措施）都必须在设计阶段考虑清楚。

工程质量（特别是不透水性）、沟渠和水力构筑物的防护，是系统稳定运行的关键。

由于工艺自身的抗冲击性和缓冲能力，毫无疑问，稳定塘的运行具有极大的灵活性。然而，如其他任何污水处理厂一样，稳定塘也需要及时监控和精心维护。认为稳定塘很少或不需要运行管理的观点是错误的。除曝气塘外，调整运行方式的手段很有限，仅能通过调整停留时间、水力循环，投加石灰及生物活性剂对系统进行优化。

稳定塘清理是维护管理中最困难的，因为它需要定期进行。而稳定塘类型不同，清理间隔时间也不相同。例如，厌氧塘一般要求大约每 3 年清理一次，兼性塘大约为 10 年，曝气塘大约为 6 年。现在，已经开发出在稳定塘充满水或部分排空的条件下对稳定塘进行清理的工艺和技术。清出的液态污泥矿化度较高，不会对环境造成危害。这种液态污泥可通过移动式设备直接撒播于农田，或通过干化床进行脱水处理。

4.5.5 土壤净化

最初采用的污水处理技术是将污水进行农田灌溉。将土壤用作处理系统利用了以下原理：

① 土壤的物理化学性能：过滤、吸附、离子交换。

② 土壤的生物性能：微生物群和植物种群作用。

因此，这一净化系统由土壤和作物构成。一些污染物被释放到大气中：一部分碳通过细菌和植物在夜间的呼吸作用转化成二氧化碳。其他的污染元素被植物吸收：首先是碳和氮，其次是磷、钾、钙和镁，最后还包括危险组分重金属。

三种主要的土壤处理模式是灌溉、渗滤和调节径流（图 4-43）。

表 4-14 概括了适用于这些处理系统的参数和常规处理效果。

灌溉是使用最广泛的系统。然而，在大多数国家，对于可进行灌溉处理的废水的监管也变得越来越严格（因为其涉及农业工作者和消费者的健康风险）。水通过沟渠浇灌或喷灌

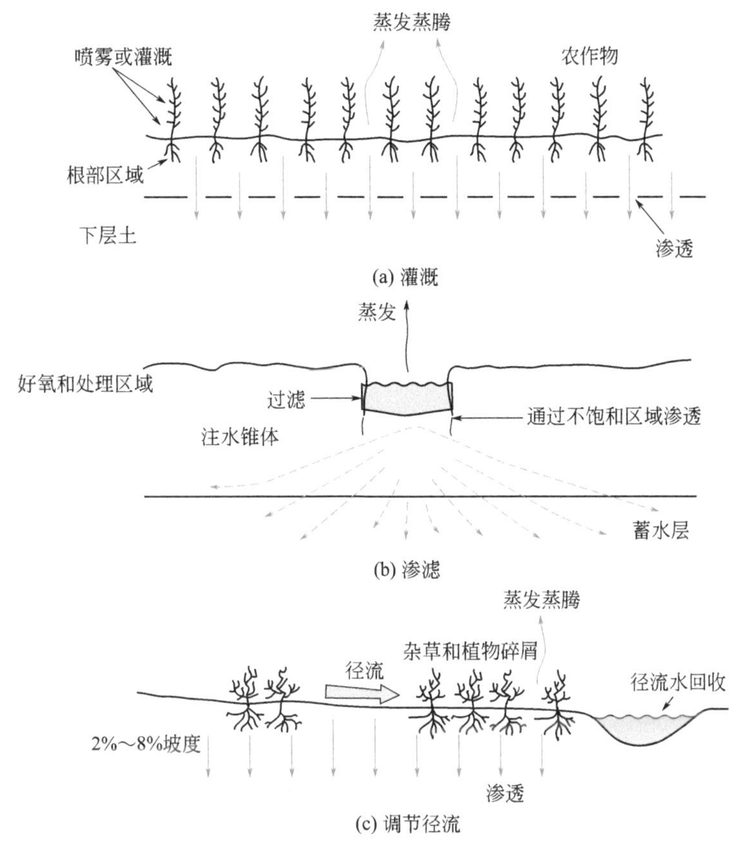

图 4-43　通过土壤的处理方法

表4-14　土壤处理参数和处理效果

处理方法	年水力负荷 /（m/a）	日水力负荷 /（mm/d）	预处理需求	出水指标 /（mg/L）		
				悬浮物	BOD_5	TKN
灌溉	0.5～10	3～10	初沉池	<5	<5	3～5
渗滤	4～50	20～200	初沉池	<5	<5	10
调节径流	1～10	10～30	格栅	<20	<15	5

（警告：具有传播病原体的风险）。地下水位深度不能低于约 1m。土壤要有合适的渗透性，要经常排水。灌溉水量随着农作物类型、土壤自然性质和气候条件的不同而显著变化。

近年来，渗滤系统被用于处理排自小型社区和当地的污水（在流入渗滤床之前可以进行简单的预处理，如初级处理、滴滤池）。这一系统根据占地面积的不同也有所差异。上游处理越彻底，所需占地的面积就越小。接触时间在 0.5～6d 之间。

这个系统最主要的优点是剩余污泥达到最高减量化效果。例如，在 Rhizopur 工艺（滴滤 + 渗滤）中，每隔 5～7 年才需要清除一次污泥。

芦苇滤池（或称芦苇人工湿地）是这一系统的一个变形工艺。在滤床上种有芦苇，它能够促进滤床透气并防止滤床板结堵塞。在用作小型社区排水的初级处理（1～1.5m ^{2}/p.e.）和二级处理（0.5～0.8m^2/p.e.）工艺时，其出水水质满足法国 D4 标准。

国内研究表明，在应用于城市污水处理时，如果进水浓度较低，芦苇滤池对 BOD_5 的去除率可达 85%～95%，COD 去除率可达 80% 以上。对某些进水浓度较高的废水，人工湿地对 BOD_5 与 COD 的去除率仍可达到 90% 左右。芦苇滤池对氮和磷的去除率可分别达到 60% 和 90% 以上。

还有其他类型的土壤滤池，如垂直流滤池（适用于初级处理）和水平流滤池（适用于二级处理）。大约每 10 年清理一次。与此同时，滤床的表层土壤也需要更换。

4.6 生物工程在饮用水处理中的应用

4.6.1 背景和一般特征

按时间顺序，饮用水处理技术的发展历经以下几个主要阶段：

① 19 世纪末和 20 世纪上半叶：广泛采用生物系统或慢滤系统处理地表水（见本章 4.6.2 节）。

② 20 世纪中期（40～70 年代）：慢滤工艺逐步被以混凝絮凝为基础的澄清工艺取代，其主要包括一个沉淀单元和一个快滤单元。然后系统化地应用氯化消毒工艺，氯的投加量超过临界点［见第 3 章 3.12.4.2 节中的（1)］，以确保在澄清水和过滤水中含有一定量的余氯。在这种条件下，该处理工艺不会发生生物生长现象。与此同时，一些慢滤工艺继续运行，但其应用逐渐减少（因为水源恶化及日益严格的处理标准）。

③ 20 世纪 70 年代以后：饮用水处理再次利用生物学功能，主要包括以下三个方面：

a. 在水源为地表水的处理厂中逐渐减少预加氯氧化（预氯化）工艺的应用，主要因为在地表水源受到污染或富含大量有机物时，预氯化会生成三卤甲烷（THM）前驱物和其他氧化副产物（见第 2 章 2.2.8.2 节）。预氯化同时促进具有生物降解功能的微生物在滤料上生长并形成生物膜，如在快滤池中（见第 10 章 10.3.3 节和 10.3.4 节）以及颗粒滤床中（石英砂和其他过滤介质，特别是活性炭过滤，在这一时期之后多被用作第二级过滤单元），从而去除有机物（矿化作用）和氨氮（硝化作用）。因此，这种类型的水处理厂均采用多种组合工艺，包括物理化学处理和生物处理，尤其是用于深度处理的臭氧 + 活性炭工艺（见本章 4.6.3 节）。

b. 对现有采用慢滤工艺的水处理厂进行升级改造，例如在原有处理线增设澄清预处理工艺段和臭氧 + 活性炭的深度处理工艺段（位于巴黎上游的 Ivry 和 Joinville 水厂改造案例）。

c. 特殊生物处理系统的发展：铁锰的去除（见本章 4.6.4 节）、硝化及反硝化（见本章 4.6.5 节）等工艺主要应用于地下水处理。

目前，应用于饮用水处理的生物工艺可以比作是无湍流颗粒床形式的附着生长工艺，因而主要应用于生物滤池（见本章 4.2.2.3 节）。除了反硝化作用外，这些工艺均需维持好氧条件，需要预先将氧气溶解到进水中或在滤池中同步注入空气。除了很少使用的所谓干式过滤器（水以滴滤的方式通过滤料），所有的滤池都是采用完全浸没式滤料的重力式或压力式过滤器。

4.6.2　慢滤

慢滤池有时也称慢速砂滤池（slow sand filtration，SSF），以各英文单词首字母命名，其起源于 19 世纪上半叶（如伦敦切尔西地区，1829 年）。当时地表水污染不严重，且饮用水水质标准不是很严格，慢滤似乎是理想的生态处理工艺，其模拟泉水的自然形成方式，水流经过滤介质而无须投加任何化学药剂。

这种处理工艺的原始设计为：原水首先经过物理预处理（流经细格栅，或在装填砂石的预过滤池中进行快速预过滤），再以约 5m/d 的滤速通过滤池（现代快滤池的滤速是其 30～50 倍，甚至更高）。慢滤有时仅利用微生物降解作用（尤其是在水池必须加盖的寒冷地区）。然而，滤池熟化后经常发生的现象是，在砂表面形成一个复杂的由藻类、细菌和浮游动物（后者仅作为捕食者，并对前两者作用有限）组成的生物群落（称为生物膜），藻类和细菌之间存在复杂的共生关系（图 4-44，类似天然池塘中发生的情形，见本章 4.5.1.2 节）。

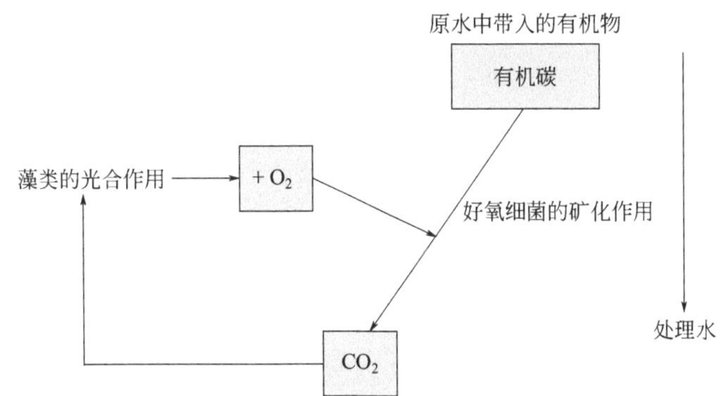

图 4-44　慢滤生物膜上的藻类 / 细菌共生现象

总体而言，慢滤池生物膜的各种作用可归纳如下：

① 机械截留和过滤作用，存在两个连续过滤介质——生物膜和砂本身；

② 生物絮凝作用，利用藻类和细菌分泌的胞外聚合物；

③ 细菌氧化作用，原水中含有溶解氧并且藻类进行光合作用产生氧气，包括氨氮硝化作用和对可生物降解有机物的矿化作用；

④ 螯合作用（重金属）、生物富集作用（洗涤剂、农药）、代谢作用（酚类、农药）；

⑤ 消除致病细菌，通过食物链系统、生物絮凝、捕食作用、杀菌剂（某些绿藻如小球藻或栅藻具有分泌杀菌物质的能力）实现。

低滤速使得水头损失的变化非常缓慢，因而滤池平均每月反冲洗一次。通常是手动清洗（使用加压喷水），有时进行机械清洗（除垢）。滤池经过清洗后的滤后水质并不总是令人满意，部分滤后水要排入污水渠直至生物膜恢复其活性，该过程需要数天。

如果原水悬浮固体含量较低，且最终维持较低滤速，则慢滤可实现良好的澄清效果。但是，一旦原水悬浮固体含量增大，预处理系统中的格栅和预过滤池将变得“力不从心”，如果滤速不能进一步降低的话，出水的浊度将会上升，超过标准要求的限值。此外，这种滤池对原水的浮游藻类（表面污堵）很敏感。事实证明，有些藻类能造成严重污堵［如星杆藻（硅藻），参见第 6 章中图 6-5 的序号 15；盘星藻（绿藻），参见第 6 章中图 6-4 的序号 7］。

在原水有机物和化学污染物含量较高的情况下，慢滤池处理出水将出现异味且微污染物（如酚、洗涤剂、农药）浓度会超出可接受范围。有机氯农药的去除率只有 50%，重金属也无法被彻底去除。

此外，由于慢滤池需要很大的占地面积并需配置大量操作人员，已不再广泛使用。但在以下情况下仍可考虑采用：

① 位于热带地区的小型、独立的水处理工程；

② 采用渗透床对预处理后的河水做进一步处理，以补给地下水［如在 Croissy-Le Pecq（法国）的里昂水务水处理厂，第 22 章 22.1.9 节］；

③ 慢滤和现代处理工艺相结合，如上所述（本章 4.6.1 节），对现有的老旧水处理厂进行升级改造。在这种情况下，慢滤池设于澄清工艺下游和 / 或深度处理工艺上游，构成一个更为复杂的水处理系统。

4.6.3 生物活性炭（BAC）概念

作为一种载体，颗粒活性炭（GAC）非常有利于某些微生物的生长，这些微生物在自然环境中广泛分布，如硝化细菌，或可降解有机物的异氧菌。

促进细菌的附着、生长与代谢有很多影响因素：

① 细菌分泌的胞外聚合物；

② 颗粒表面的不平整及物理化学吸附能力（类似有机分子）。这些性质使得即使在滤池进行气水反冲洗产生高剪切力的情况下，细菌也仍然能附着在 GAC 上；

③ 如处理水或反冲洗水中含有氯或有毒物质，细菌会因活性炭的保护而不受伤害，GAC 会吸附这些有毒物质，因此溶解在水中的残余量极低；

④ 截留在 GAC 孔隙中的有机分子可被用作细菌生长所需的营养物质。

因此，细菌首先附着到 GAC 上，该过程非常迅速。随后，当细菌数量达到平衡时，需要按照适当的频率进行反冲洗以控制其继续增殖（大约每隔一个星期冲洗一次）。反冲洗不可或缺，以确保以细菌为食的微型无脊椎动物的数量得到控制，使其在 GAC 滤池中不占主要地位。

GAC 所吸附的细菌生物量远远高于砂滤池的微生物量，但没有达到使用 Biolite 生物滤料的生物滤池中的生物量，这就是将生物降解功能与纯物理-化学吸附相结合的原因。图 4-45 呈现了出水的总有机碳（TOC）浓度随时间的变化情况，说明了这一双重作用的存在。从该图中可看出：

① 处理水中残余的微量 TOC 不能被新的 GAC 吸附去除；

② 快速的吸附过程很快达到饱和，但随后就因慢速吸附使吸附过程继续延长（有机分子向 GAC 内孔迁移）。这意味着可以通过纯粹的物理化学作用使 TOC 达到稳定的处理效果；

③ 生物作用可额外去除一部分 TOC，出水中 TOC 浓度显著低于仅经过 GAC 吸附处理的水。这个作用似乎不受 GAC 品种的影响，GAC 甚至被特殊设计为活性微生物的基质，主要用于去除可生物降解的溶解性有机碳（BDOC）。

生化反应动力学和水温密切相关：例如，若达到相同的 TOC 去除效果，当温度从 20℃降至 8℃时，接触时间将需延长近一倍，即使在这两个温度条件下附着细菌的平均生

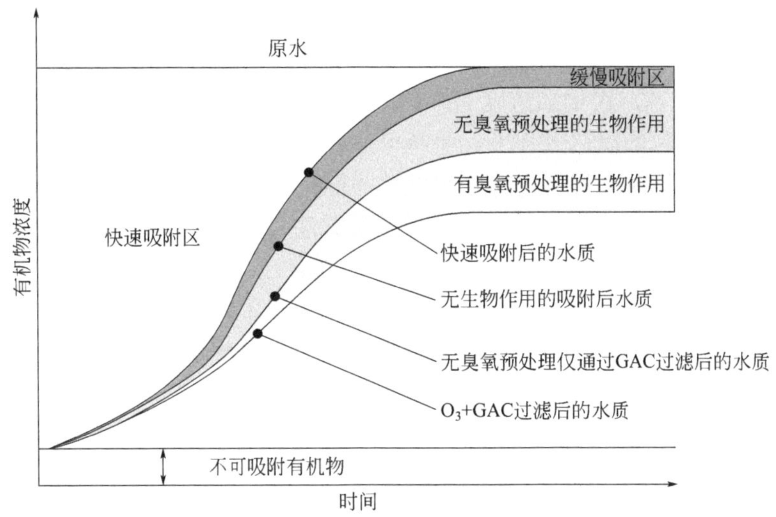

图 4-45　臭氧预处理对颗粒活性炭去除有机污染物的影响

物量相同。

经过充分的培养驯化，更复杂的诸如有机氯化物等有机物也能被附着于 GAC 滤床上的细菌代谢分解。但是，如果进入 GAC 中的水没有经过适当的预处理，这一作用的效果就比较有限。经过臭氧预处理后，活性炭滤池所发挥的生物作用将会大为强化，这是因为：

① 臭氧可氧化分解那些具有高氧化速率的物质。因此，这些有机物不再需要通过 GAC 吸附而被去除，从而可延长其使用寿命（更换或热再生）；

② 此外，臭氧会分解很多复杂分子（见第 3 章 3.12.4.4 节），使其转变成易生物降解的产物。因此通过生物降解去除的有机物的量多于前端未设置臭氧预氧化单元的 GAC 滤池（见图 4-45）。可以认为，采用这种设计和运行方式，GAC 滤池实际上成为一种生物活性炭（BAC）滤池。

臭氧氧化与颗粒活性炭吸附（O_3+GAC）联合使用可对以下污染物实现较好的处理效果：

① 嗅味物质；

② 称为三卤甲烷（THM）前驱物的有机物，这些前驱物加氯后导致三卤甲烷的形成，更普遍的是被各种消毒工艺处理后形成的氧化副产物；

③ 大部分无机微污染物（如重金属）和有机微污染物（农药、酚类、烃类化合物、洗涤剂和藻毒素等）。

这就是许多现代饮用水处理厂均在澄清单元之后设置这种深度处理工艺的原因（见第 22 章 22.1.5.3 节）。

4.6.4　生物法除铁锰

这种方法适用于处理溶解氧含量低且含有溶解性还原态铁（Fe^{2+}）、锰（Mn^{2+}）的地下水。很长一段时间，采用物理化学氧化工艺去除铁锰：分别利用空气中的氧气和强氧化剂进行除铁和除锰。因此，常规的处理工艺包括强化曝气后过滤，过滤采用砂滤料或双介质滤料（滤速 4～10m/h）。该系统还经常在曝气和过滤工艺之间引入以下药剂和工艺：

① 补充投加氧化剂（Cl_2、$KMnO_4$、O_3 和 ClO_2），主要用于在低 pH 条件下氧化 Fe^{2+}，

特别是 Mn^{2+} 的氧化；

② 其他药剂（pH 调节、絮凝等）；

③ 沉淀或气浮工艺，用于高浓度 Fe^{2+} 的处理。

后来发现，在受限的氧化条件下，系统可达到还原态（溶解）和氧化态（沉淀）的铁或锰共存的临界态，这时某种特殊细菌可生长并催化氧化这两种金属。由于分泌的酶和胞外聚合物的催化作用，其氧化速度高于物理化学方法（见第 2 章 2.1.8.2 节），形成的沉淀物更密实且不易结垢。

该发现促进了利用生物法除铁锰的新技术的发展，其处理效果优于传统工艺，特别是在滤速为 15～50m/h 时，取决于初始的溶解金属浓度。视具体情况，该技术有以下几种基本系统：

① 生物除铁，控制曝气和滤速；

② 生物除锰，强化曝气和滤速；

③ 在铁和锰同时存在的情况下，将以上两个系统串联运行，分段运行的原因在于控制各自氧化和沉淀的最佳氧化还原电位迥然不同。

得利满在 20 世纪 70 年代开发出上述工艺，用作特殊设计为高滤速的重力式滤池或压力过滤器（如 Ferazur 和 Mangazur 工艺），详细介绍请参阅第 22 章 22.2.1.3 节和 22.2.2.3 节。

4.6.5 氮的转化

天然水体中氮通常以氨氮或硝酸盐形式存在。因此，无需考虑处理城市污水和工业废水时所利用的氨化作用和同化作用（见本章 4.2.1.3 节），只有雨水处理才会关注对 NH_4^+ 和 NO_3^- 的去除。

4.6.5.1 硝化作用

（1）原理

可采取以下措施去除氨氮：

① 物理化学法：折点加氯［见第 3 章 3.12.4.2 节中的（1）］。这是一种昂贵的处理方法，而且有可能产生有机氯副产物（特别是三卤甲烷 THM）。因此，这种方法已经越来越少使用，除非待处理水非常洁净且所含氨氮浓度极低。

② 生物法：硝化作用，其是在特定细菌作用下使用酶催化氧化反应将氨氮转化为亚硝酸盐，进而转化为硝酸盐。

硝化细菌是自养菌。在此特定情况下，为了将水中所含的无机碳（CO_2，HCO_3^-）合成自身物质，硝化菌需要从还原态的氮中获得能量：

首先，氨氮在细菌的作用下转化成亚硝酸盐，其中亚硝化细菌占主要优势：

$$NH_4^+ + \frac{3}{2}O_2 \longrightarrow NO_2^- + 2H^+ + H_2O \tag{4-1}$$

然后，亚硝酸盐在其他细菌作用下转变为硝酸盐，主要菌种是硝化细菌：

$$NO_2^- + \frac{1}{2}O_2 \longrightarrow NO_3^- \tag{4-2}$$

总硝化作用［见本章 4.2.1.3 节中的（3）］由反应式（4-1）和式（4-2）相加如下：

$$NH_4^+ + 2O_2 \longrightarrow NO_3^- + 2H^+ + H_2O \tag{4-3}$$

在雨水处理中，按照标准，铵通常以 NH_4^+ 表示（但在城市污水和工业废水处理中，使用的单位是以 mg/L 计的氨氮）。从反应式（4-3）中可知，氧化 1g NH_4^+ 需要大约 3.6g 氧气（或者 1g NH_4^+-N 需要 4.6g 氧气），并且这是一个酸化的过程（产生 H^+）。

硝化细菌是自养好氧菌，它们仅需要氧气（通过曝气）和痕量的磷（0.1～0.2g/m^3，以 PO_4^{3-} 计）来合成其 DNA（脱氧核糖核酸）和 ATP（三磷酸腺苷）。针对高浓度 NH_4^+ 和低碱度原水的处理，如有必要，在处理过程中需补充碱度以维持水中 pH 值在 7.2 以上。

（2）硝化作用动力学

在所有的化学或生物化学反应中，反应时间对硝化作用的影响非常重要，与生物除铁锰工艺不同，硝化作用速率非常缓慢，其动力学受 pH 值和温度的影响很大。

在最适宜的 pH（7.2～8.5）条件下，可以使用经验公式快速计算硝化反应器的各项设计参数，方程式如下：

$$\Delta NH_4^+ = K\frac{V}{Q}A^{t-10} = K\frac{h}{v}A^{t-10} \tag{4-4}$$

式中　ΔNH_4^+——铵离子浓度的降幅，mg/L；

Q——水量，m^3/h；

V——生物载体接触体积，m^3；

h——生物载体接触高度，m；

v——过流速度，m/h 或 m^3/（m^2 • h）；

t——温度，℃；

A、K——经验系数，取决于微生物种类、载体种类［砂、生物滤料 Biolite（见本章 4.2.2.3 节）、颗粒活性炭等］和使用的技术（特别是反应器中是否曝气）。

（3）硝化作用的利用

硝化处理中的两个限制性因素包括：

① 溶解氧：去除 1mg/L 的 NH_4^+ 需要 3.6mg/L 溶解氧。需要注意的是，出水中溶解氧的浓度应为 1.5～2mg/L，通过曝气一般能达到 80% 的氧气饱和度，如没有额外供氧，通过硝化作用去除的 NH_4^+ 浓度将不会高于 1.5～2mg/L。对于同样的预曝气技术，硝化能力随着温度的下降而增强（氧气溶解度随温度变化）。

② 根据方程式（4-4）的硝化作用动力学，降低温度反而对硝化不利。

例如，在滤床中，可能发现在 5℃和 30℃温度条件下具有相同的硝化速率，但原因不同：在热水中溶解氧的浓度更低；在冷水中硝化作用更慢。

实际上：

① 经充分预曝气的水，在没有残余消毒剂存在的情况下（预臭氧除外，其反而能促进细菌的生长），低浓度（≤1mg/L）的 NH_4^+ 可以通过砂滤的方法直接去除。如更高的铵浓度（$1mg/L<NH_4^+<2mg/L$）出现在水温较低期间，为了增大生物量，可采用同样粒径的生物滤料代替砂滤料，形成一个硝化滤床［见第 22 章 22.2.3.2 节中的（3）］；另外还可采用漂浮滤料滤床［Filtrazur 滤池，见 13 章 13.4.1 节和 22 章 22.2.3.2 节中的（4）］。

② 对含有高浓度 NH_4^+ 的原水进行硝化处理需采用曝气生物滤池。气和水可为同向流也可为异向流，气水比［标准状态下空气（m^3/h）/ 水（m^3/h）］接近 1∶1。理论上，生物

滤池的填料可以采用砂滤料或细颗粒的火山岩滤料［见 22 章 22.2.3.2 节中的（2)］。但是，Biolite 生物滤料具有最佳的处理效果。例如，得利满开发的 Nitrazur N 型滤池（图 4-46），与污水处理中使用的 Biofor N 型滤池类似，气水为同向流。在这类反应器的下游应设置过滤处理单元。

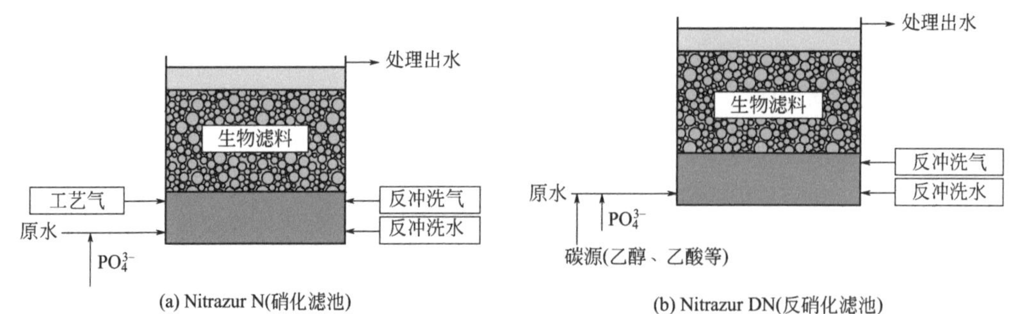

图 4-46　用于饮用水脱氮处理的生物反应器

4.6.5.2　反硝化作用

反硝化作用是应用最广泛的去除硝酸盐的生物工艺，反硝化脱氮微生物是需要依靠碳源（最常见的是乙醇）生长的异养菌，因为它们能利用硝酸盐中的氧并将硝酸盐转化成氮气。这类菌为兼性好氧菌，分解硝酸盐过程中必须无溶解氧的存在［见本章 4.2.1.3 节中的（4)］。另外，与硝化作用类似，磷源是必需的。

该处理技术可应用于装填特殊颗粒滤料（如 Biolite 生物滤料）的生物滤池。有关得利满发明的 Nitrazur DN 工艺（类似 Biofor DN）更加详细的说明见第 22 章 22.2.4.2 节中的（2)。图 4-46 展示了 Nitrazur N［见本章 4.6.5.1 节中的（3)］与 Nitrazur DN 过滤器之间的主要区别。

第5章 水质分析与可处理性测试

5.1 概述

对于饮用水厂或污水处理厂，在从设计到运行的任一阶段，水质的监测与分析均不可或缺：

① 对供水水源或污水原水的水质进行分析；

② 在水厂调试过程中，为控制处理效果需进行水质分析；

③ 在水厂运行过程中需开展常规水质分析以保证出水始终符合相关标准等。

水质检测与分析领域取得了快速的发展和长足的进步，这是因为：

① 新技术以及性能不断改进的快速分析方法的出现；

② 论证水或污水处理有效性和可行性的研究工作需要对各种微量有机物进行测定：

a. 第 2 章中表 2-26 展示了该领域所能达到的最高标准，该表格表明电子工业用水对金属离子浓度的要求极为严格，该浓度现在用 ng/L 或 $mg/1000m^3$ 来表示。目前的水质分析水平完全可以满足这一要求。

b.《生活饮用水卫生标准》（GB 5749—2006）对饮用水中农药 / 杀虫剂的浓度限值做了规定，如敌敌畏、滴滴涕和六氯苯的浓度应小于 1μg/L。

下列术语用于说明分析方法的有效性：

① 准确度是指实测平均值与真实值相符合的程度，以误差来表示。准确度取决于系统误差（干扰、取样、校准）；

② 可靠性是基于重复性（相同的操作条件以及同一位分析人员）和重现性（不同分析人员在相同操作条件下）所得的结果来判断的。标准偏差是描述这些差异的统计学表述。“实验室间”的分析用于评估某一特定分析方法的准确性和可靠性。相同样品的等分试样由不同的分析人员和 / 或不同的实验室进行分析；

③ 灵敏度是测定某个给定参数所得结果的统计学偏差；

④ 检出限是在置信度为95%时，可从样品中检出待测物质的最小浓度。对于所有的光谱分析法，某元素的检出限是光谱仪背景噪声产生的干扰信号对应浓度的两倍。

更多复杂的统计学方法能够用于评估系统误差，以及选择合适的分析方法或样品采集程序（采样点和采样频率）等。

5.2 样品采集

采集样品的主要目的是为了获得具有代表性的待测样品（水、污泥、油脂、砂、试剂、材料和气体等）。样品采集使用的方法取决于待测元素 / 样品的形态，即其为气态、液态还是固态。

采集的样品可分为：

① 攫取式样品或瞬时样品（在一天内随机采集的样品）；

② 混合样品或综合样品（将两个或两个以上的样品按适当比例混合以获得待测指标的平均值），混合比例与时间、流量或其他变量相关。

样品采集标准取决于待测物质的种类，具体信息请参阅国际标准化组织发布的ISO 5667标准。

5.2.1 水样的采集

ISO 5667-2/3/5标准适用于饮用水样品的采集。由于在所有情况下都仅需采集瞬时水样，因此不需要采用特殊的采样方法。

ISO 5667-2和ISO 5667-3标准介绍不同的样品采集方法，根据所需分析的参数，选择合适的容器形式和样品保存方法。

从自然水体中采集水样，需考虑如下注意事项：

① 河水：尽量避开死水区；并在水面下一定深度处取水，使用各种适合的采样工具（长筒靴、船只、桥梁等）；如果可能，样品的采集应该在一年中不同时段进行（雨季、旱季）。

② 湖水（人工湖/水库或天然湖泊）：应使用带有配重的专用采样器（带移动绞车和控制阀等）采集深层水样。需要指出的是，该采样器也能用于水厂采样（如从污泥床中采集泥样）。对于饮用水厂，应尽量在其规划取水处采集水样。若拟建多层取水设施，采集不同深度的水可了解湖水或水库水在不同水深处的物理化学性质和微生物生长情况，并为选择合适的取水水位提供指导。其次，在水体高度分层或出现环流的时期以及有富营养化趋势的不同季节应多次反复采集水样。

③ 地下水（泉井或钻井）：当没有配备取水设备或配备的设备不工作时，应安装一个临时取水系统，在其以设计取水流量至少运行48h后采集水样，然后开展日常分析直至结果趋于稳定。

④ 自来水（水井、水厂、输水管网）：先放水数分钟冲洗取样管线，直至管线中的水样得到全部更新，且水质稳定。如果可能，在采集原水或未处理的水样时取样龙头应保持常开以持续冲洗取样管线。

很多情况下可以使用塑料瓶储存采集的水样，但是对于需测定的某些特殊参数，宜使用玻璃瓶。取样瓶应该是干净清洁的并应单独使用。最简单的方法是要求分析实验室提供适合于分析要求的取样瓶（包括所需的保存剂）。

对于需进行饮用水细菌学分析的水样，应该用含有硫代硫酸钠的无菌瓶收集，硫代硫酸钠可以消除水中余氯的影响。该取样瓶只能在采集水样的时候打开。

在灌装取样瓶时有以下几个具体规定：

① 当采集饮用水水样做细菌学分析时，取样放水口应该在火焰上消毒并且应以恒定流量进行取水，该取水过程需维持 1～2min。注意：在取样瓶中应留有空间以使瓶中含有一定量的空气；

② 如果瓶中加入辅助药剂（酸等），在灌装水样时应确保水不溢流，也同样无需装满整个取样瓶。

采集污水水样应遵循标准 ISO 5667-10 中的规定。

考虑到污水水质的变化特性，采集的污水样品一般要求为混合水样或综合水样。

在污水处理的应用中，所有的质量平衡都与流量相关。

在大多数情况下，需要安装一些仪器以辅助采样，比如移动式或固定式自动采样器。

自动采样器主要用于采集污水或工业废水水样（如图 5-1 所示）：

① 设有滤网以防止进水软管堵塞；

② 采用管壁厚度为 10～15mm 的进水软管，且该软管应耐磨耐压；

③ 采用蠕动泵或真空泵；

④ 采用重力出水的分样系统；

⑤ 根据要求，使用 1～24 个取样瓶；

⑥ 配置可编程控制器存储用户设定的程序，采用延迟启动模式以确保进水软管在每次采样之前和之后均得到充分冲洗；

⑦ 自带全封闭且易充电的电池；

⑧ 便携式采样器配备防水密封外壳。对于固定式采样器，水样储存箱必须在 4℃条件下冷藏。

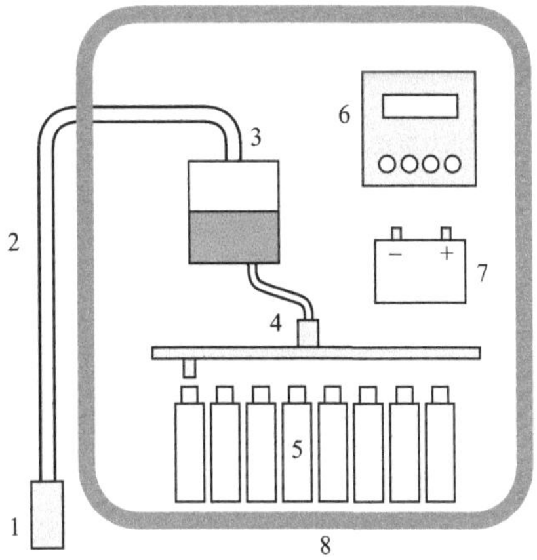

图 5-1　自动采样器的主要组成部分

1—过滤器；2—进水管；3—提升泵；4—分配器；5—取样瓶；6—控制器；7—供电单元；8—外壳

两种自动采样设备如图 5-2 所示。

若水厂安装了流量计，则将每个采样器与该流量计进行连锁控制。

若无法与流量计连锁，则样品的采集量应与时间成比例（例如对于一个有 24 个取样瓶的采样器，每瓶 4 个样，每 15min 一个样）。若用试管重新分配采集的样品，应按流量成比例分配，流量是基于提升泵或蠕动泵的运行记录确定的（最低要求是该泵的运行数据每小时记录一次）。选择合适的取样点的目的是为了确保采集的样品具有代表性。

对于固定采样器，无论是人工取样还是自动取样，在选择最安全和最方便的取样位置时，建议对系统的具体细节进行考察（例如是否容易取样，附近是否有电源可用等）。

在污水处理厂，原水取样点的选择非常重要。取样地点应位于所有回流液汇入之前的进水口处的紊流区（那里水流混合均匀）。

(a) 固定式采样器

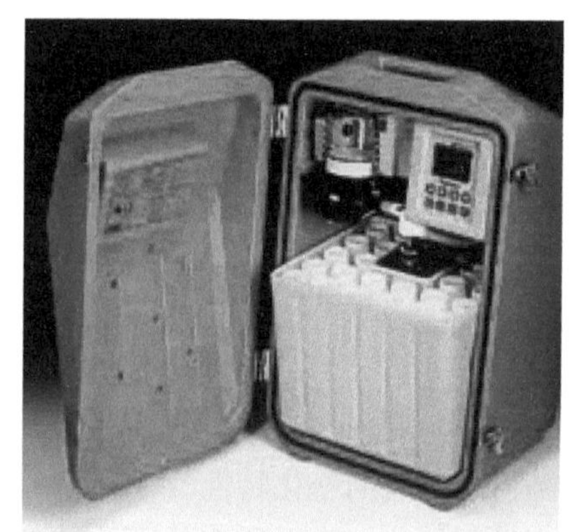

(b) 移动式采样器

图 5-2 自动采样设备

5.2.2 污泥样品的采集

ISO 5667-13 标准适用于任何一种污泥样品的采集。由于其流动性通常较差，故污泥样品的采集不宜使用自动采样器。

采集的污泥样品在大多数情况下为瞬时样，样品的代表性是取样的基础，如应选择高紊流区采集污泥样品，而关于采集大量膏状或固体状污泥样品的要求，请参阅 ISO 5567-13 标准。

只有当采集的泥样用于分析悬浮固体指标时，塑料取样瓶才可以重复使用，但在使用前必须清洗干净。

为确保样品的稳定，可加入保存剂（如酸等）；如果不加药剂，应保证样品充填满整个取样瓶。

5.2.3 样品的标识、运输及保存

本节适用于各种类型的液态或固态样品（根据标准 ISO 5667）。

（1）**标识**

采集的样品应标识清晰。每一个取样瓶都应贴上标签，标签上应标注如下信息：

① 采样人员的名字；

② 采样地点；

③ 采样点和样品类型；

④ 采样方法（瞬时水样或 24h 综合水样，以流量或时间按比例混合）；

⑤ 采样日期、取样开始的时间及取样历时；

⑥ 样品保存的技术信息。

随附一张表格详细列出要求实验室检测的指标，同时注明该厂在取样期间的运行状况

（如进水流量、产泥量等）。

（2）样品的运输和保存

通常，样品应该低温（2～5℃）冷藏，避光保存，即使在到实验室的运输过程中也需如此。

更多的信息可参考 ISO 5667-3 标准，其根据待分析的参数提供了相应的保存方法。表 5-1 列举了一些常见的水质参数和水样的保存建议。

表5-1　天然水、饮用水以及污水的水样保存

测定参数	取样瓶类型和容积	建议保存方法	水样不变质的最长保存时间
pH	塑料瓶、玻璃瓶 250mL	建议现场测定，运输水样时温度低于取样温度	6h
总硬度	塑料瓶、玻璃瓶 250mL		24h
	塑料瓶、玻璃瓶 250mL	酸化至 pH<2，但不能用硫酸	一个月
甲基橙碱度	塑料瓶、玻璃瓶 250mL	2～5℃冷藏	24h
氯化物	塑料瓶、玻璃瓶 100mL		一个月
亚硝酸盐	塑料瓶、玻璃瓶 100mL	2～5℃冷藏	24h
硝酸盐	塑料瓶、玻璃瓶 100mL	pH<2，2～5℃冷藏	24h（如果现场用 0.4μm 的过滤器过滤，可保存 48h）
氨氮	塑料瓶、玻璃瓶 100mL	2～5℃冷藏	6h（如果用硫酸酸化至 pH<2，可以保存 24h）
硫酸盐	塑料瓶、玻璃瓶 100mL	2～5℃冷藏（污水水样加入 H_2O_2）	一周
色度	塑料瓶、玻璃瓶 250mL	在 2～5℃冷藏，避光保存	24h
悬浮固体	塑料瓶、玻璃瓶 1L		24h
干固体	塑料瓶、玻璃瓶 1L	2～5℃冷藏	24h
气味	玻璃瓶 1L	2～5℃冷藏	24h
溶解氧	塑料瓶、玻璃瓶		现场测定
	带塞棕色玻璃瓶 100mL	加 1mL 硫酸锰及 1mL 碘化钾（根据 Winkler 法）	4d
阴离子洗涤剂	玻璃瓶 1L	加 H_2SO_4 酸化至 pH<2，2～5℃冷藏	48h
阳离子洗涤剂	玻璃瓶 1L	2～5℃冷藏	48h
磷酸盐	塑料瓶、玻璃瓶 100mL	2～5℃冷藏	24h
氰化物	塑料瓶 100mL	加 2mL NaOH 至 pH=10	一周
铝	塑料瓶 100mL	最好使用 HNO_3 酸化至 pH<2（现场过滤以测定其溶解态含量）	一个月
硼	塑料瓶 100mL	—	一个月
重金属	塑料瓶 1L	最好使用 HNO_3 酸化至 pH<2（现场过滤以测定其溶解态含量）	一个月
总有机碳	棕色玻璃瓶 100mL	加 H_2SO_4 酸化至 pH<2，2～5℃冷藏	一周
	塑料瓶 100mL	零下 20℃冷冻	一个月
烃类	玻璃瓶 1L，取样前用萃取溶剂清洗 1L	条件允许时在现场萃取，2～5℃冷藏	24h

续表

测定参数	取样瓶类型和容积	建议保存方法	水样不变质的最长保存时间
酚类化合物	棕色玻璃瓶 125mL	2～5℃冷藏	24h
苯酚指数	玻璃瓶 1L	加 H_3PO_4 酸化至 pH<2，以及 10mL 10% 的 $CuSO_4$ 溶液	24h
凯氏氮	塑料瓶、玻璃瓶 250mL	加 H_2SO_4 酸化至 pH<2，2～5℃冷藏，避光保存	24h
多环芳烃	玻璃瓶 1L，用萃取溶剂清洗	条件允许时在现场萃取，2～5℃冷藏	24h
农药	玻璃瓶 1L，用萃取溶剂清洗	条件允许时在现场萃取，2～5℃冷藏	24h
卤代甲烷	与负责分析的实验室讨论后保存		
标准细菌学	塑料瓶（无菌）500mL	加入硫代硫酸钠，在 2～5℃强制冷藏	8h
藻类	玻璃瓶 1L	加入 40% 的甲醛溶液 30mL	1 个月
化学需氧量	塑料瓶、玻璃瓶 100mL	加 H_2SO_4 酸化至 pH<2，2～5℃冷藏	5d
	塑料瓶 100mL	零下 20℃冷冻	1 个月
生化需氧量	塑料瓶、玻璃瓶 500mL	2～5℃冷藏并避光保存	24h

5.3 分析

5.3.1 现场分析

某些分析指标易于在现场测定。实际上，由于水样难以保存，这些指标很容易在运输过程中发生变化，例如 pH 值、温度、溶解性气体、溶解氧，以及所有不稳定的物质（如 Fe^{2+}、Mn^{2+}、NH_4^+ 等）。现场测定的最可靠的方法如下：

① 比浊法；

② 电位分析法：pH 值，氧化还原电位，溶解氧；

③ 比色法：使用显色试剂和分光光度计（可见光或紫外光）；

④ 某些容量测定法，但需要合适且洁净的玻璃器皿。

5.3.2 实验室分析方法（附总表）

表 5-2 汇总了水处理应用中主要指标的分析方法，包括欧洲、美国及中国通常采用的标准。

除此以外，还有其他标准（如德国标准 DIN，俄罗斯标准 GOST）。

5.3.2.1 萃取浓缩

分析水中的有机污染物时主要采用萃取浓缩法。有如下四种技术：

① 溶剂液液萃取浓缩，例如分析杀虫剂和多环芳烃时经常选择二氯甲烷作为萃取剂；

② 萃取挥发性有机物时经常使用闭环捕集法（CLSA）；

③ 萃取挥发性和半挥发性有机物时常使用同时蒸馏-萃取法（SDE）；

④ 低温测定技术。

表5-2　主要指标的分析方法汇总表

参数	法国 NF、国际 ISO 和欧洲 EN 标准方法				美国 APHA 及 EPA 标准方法		美国 ASTM 标准方法 D 系列	中国标准方法		
	法国 NF-T 序列号	欧洲（EN）国际（ISO）	分析方法	检出限	标准号	分析方法（灵敏度）	标准号	标准号	分析方法	检测下限 / 上限；最低检出限
感官性状										
色度	90-034	EN ISO 7887	铂钴比色法	5 度	2120 B	铂钴比色法（1 度）		GB 11903 GB/T 5750.4	铂钴比色法 稀释倍数法 铂钴比色法	5～50 度
浊度	90-033	EN ISO 7027	散射比浊法	0.1NTU	2130 B	散射比浊法（0.02NTU）	1889 6855	GB 13200 GB/T 5750.4	散射比浊法 目视比浊法-福尔马肼标准	1～10NTU；最低检测浊度 1NTU 2～10NTU；最低检测浊度 1NTU
嗅和味	90-035	EN ISO 1622	嗅气和尝味法		2150 B 2160 B	臭阈值测试（1 TON） 味阈值测试（1 FTN）	1296	GB/T 5750.4	嗅气和尝味法	
悬浮固体	90-105-1 90-105-2	EN 872 ISO 11923	重量法（过滤）（103～105℃烘干） 重量法（离心）（103～105℃烘干）	2mg/L 0.5mg/L	EPA 160.2 2540 D	重量法（过滤）（103～105℃烘干）（1mg/L）	5907	GB 11901	重量法（过滤）（103～105℃烘干）	
物理化学指标										
溶解性总固体					2540 C	重量法（过滤）（180℃烘干）	5907	GB/T 5750.4	重量法（过滤）(105℃ ±3℃或 180℃烘干）	
电导率或电阻率	90-031	EN 27888 ISO 7888	电极法		2510 B	电极法（0.1μs/cm）	1125	GB/T 5750.4	电极法	
碱度（以 $CaCO_3$ 计）	90-036	EN ISO 9963-1	酸碱指示剂滴定法	2mg/L	2320 B	酸碱指示剂滴定法	1067	GB/T 15451 GB/T 20780 （1）	酸碱指示剂滴定法 溴甲酚绿-甲基红滴定法 电位滴定法	<1000mg/L 0.5～200mg/L
总硬度（以 $CaCO_3$ 计）		ISO 6058 ISO 6059 ISO 7980	EDTA 滴定法 AAS	5mg/L	2340 C	EDTA 滴定法	1126	GB/T 7476 GB/T 7477 GB/T 5750.4	EDTA 滴定法 EDTA 滴定法 乙二胺四乙酸二钠滴定法	5～250mg/L 50mL 水样最低检测浓度 5mg/L 50mL 水样最低检测浓度 5mg/L

续表

参数	法国 NF、国际 ISO 和欧洲 EN 标准方法				美国 APHA 及 EPA 标准方法		美国 ASTM 标准方法 D 系列	中国标准方法		
	法国 NF-T 序列号	欧洲（EN）国际（ISO）	分析方法	检出限	标准号	分析方法（灵敏度）	标准号	标准号	分析方法	检测下限 / 上限；最低检出限
溶解氧	90-106 90-141	EN 25814 ISO 5814 EN 25813 ISO 5813	电化学探头法 碘量法	0.2mg/L	4500-O G	电极法（0.05mg/L）	888	HJ 506 GB 7489	电化学探头法 碘量法	溶解氧饱和百分率 0～20mg/L 过饱和溶解氧 >20mg/L 0.2～20mg/L
非金属										
氯化物（以 Cl^- 计）	90-014 90-042	ISO 9297 EN ISO 10304 EN ISO 15682	硝酸银滴定法 离子色谱法 流动注射法	5mg/L	4500-Cl^- B 4500-Cl^- C 4500-Cl^- D 4500-Cl^- E 4500-Cl^- G	硝酸银滴定法 硝酸汞滴定法 电位滴定法 连续流动法 流动注射法	512	GB/T 5750.5 GB 11896 GB/T 13580.5（1）	硝酸银容量法 离子色谱法 硝酸汞容量法 硝酸银滴定法 离子色谱法 电位滴定法	50mL 水样最低检测浓度 1mg/L 0.15～2.5mg/L 50mL 水样最低检测浓度 1mg/L 10～500mg/L 0.03～0.1mg/L >3.45mg/L
硫酸盐（以 SO_4^{2-} 计）	90-009 90-040 90-042	EN ISO 22743 EN ISO 10304	硫酸钡重量法 硫酸钡比浊法 连续流动法 离子色谱法		4500-SO_4^{2-} C，D 4500-SO_4^{2-} E 4500-SO_4^{2-} F 4500-SO_4^{2-} G	硫酸钡重量法（10mg/L） 硫酸钡比浊法（1mg/L） 连续流动法 流动注射法	516	GB/T 5750.5 GB 11899	硫酸钡比浊法 离子色谱法 铬酸钡分光光度法（热法） 铬酸钡分光光度法（冷法） 硫酸钡重量法	50mL水样最低检测浓度 5mg/L 0.75～12mg/L（进样 50μL） 5～200mg/L；50mL 水样最低检测浓度 5mg/L 5～100mg/L；10mL 水样最低检测浓度 5mg/L 10～5000mg/L；最低检出限 5mg/L
溶解性硅（以 SiO_2 计）	90-007		钼酸盐分光光度法	50μg/L	4500-SiO_2 C，D 4500-SiO_2 E 4500-SiO_2 F	钼酸盐分光光度法（1mg/L） 连续流动法 流动注射法	859	GB/T 12149	钼酸盐分光光度法	常量硅 0.1～5mg/L 微量硅 10～200μg/L
全硅（以 SiO_2 计）	90-136	EN ISO 11885	ICP-AES ICP-MS		3120 B 3125	ICP-AES ICP-MS	511	GB/T 12149	钼酸盐分光光度法 重量法 氢氟酸转化分光光度法	常量硅 0.1～5mg/L 微量硅 10～200μg/L >5mg/L 常量硅 1～5mg/L 微量硅 <100μg/L

续表

参数	法国 NF、国际 ISO 和欧洲 EN 标准方法				美国 APHA 及 EPA 标准方法		美国 ASTM 标准方法 D 系列	中国标准方法		
	法国 NF-T 序列号	欧洲（EN）国际（ISO）	分析方法	检出限	标准号	分析方法（灵敏度）	标准号	标准号	分析方法	检测下限 / 上限；最低检出限
总氰化物 游离氰化物（以 CN^- 计）	90-107 90-108 90-225	ISO 6703 EN ISO 14403	分光光度法 连续流动法和流动注射法	10μg/L 100μg/L	4500-CN^- D 4500-CN^-C，E， 4500-CN^-N，O 4500-CN^-F	滴定法 分光光度法 流动注射法 离子选择电极法	2036	HJ 484 GB 5750.5 HJ 823	硝酸银滴定法 异烟酸-吡唑啉酮分光光度法 异烟酸-巴比妥酸分光光度法 吡啶-巴比妥酸分光光度法 异烟酸-吡唑酮分光光度法 异烟酸-巴比妥酸分光光度法 异烟酸-巴比妥酸分光光度法 吡啶-巴比妥酸分光光度法	0.25～100mg/L；最低检出限 0.25mg/L 0.016～0.25mg/L；最低检出限 0.004mg/L 0.004～0.45mg/L；最低检出限 0.001mg/L 0.008～0.45mg/L；最低检出限 0.002mg/L 250mL 水样最低检测浓度 0.002mg/L 250mL 水样最低检测浓度 0.002mg/L 0.004～0.1mg/L；最低检测浓度 0.001mg/L 0.008～0.5mg/L；最低检测浓度 0.002mg/L
硝酸盐（以 N 计）	90-012 90-042	EN ISO 13395 EN ISO 10304	连续流动法和流动注射法 离子色谱法	0.13mg/L NO_3^-	4500-NO_3 B，C 4500-NO_3 E 4500-NO_3 D 4500-NO_3 F 4500-NO_3 I	紫外分光光度法 镉还原法（0.01mg/L） 离子选择电极法 连续流动法 流动注射法	3867	GB 7480 GB/T 5750.5 HJ/T 198	酚二磺酸分光光度法 离子色谱法 镉柱还原法 气相分子吸收光谱法	0.02～2mg/L；50mL 水样最低检测浓度 0.02mg/L 0.15～2.5mg/L 0.006～0.25mg/L；50mL 水样最低检测浓度 0.001mg/L 0.006～10mg/L；最低检出限 0.006mg/L
亚硝酸盐（以 N 计）	90-012 90-013	EN ISO 13395 EN ISO 10304	连续流动法和流动注射法 离子色谱法	0.10mg/L NO_2^- 1μg/L NO_2^-	4500-NO_2	分光光度法（0.05mg/L）	3867	GB 7493 GB/T 5750.5 HJ/T 197 （1）	分光光度法 重氮偶合分光光度法 气相分子吸收光谱法 离子色谱法	50mL 水样最低检测浓度 0.003mg/L（10mm 比色皿） 50mL 水样最低检测浓度 0.001mg/L 0.012～10mg/L；最低检出限 0.003mg/L（213.9nm） 100μL 进样最低检测浓度 0.05mg/L

续表

参数	法国 NF、国际 ISO 和欧洲 EN 标准方法				美国 APHA 及 EPA 标准方法		美国 ASTM 标准方法 D 系列	中国标准方法		
	法国 NF-T 序列号	欧洲（EN）国际（ISO）	分析方法	检出限	标准号	分析方法（灵敏度）	标准号	标准号	分析方法	检测下限 / 上限；最低检出限
氨氮（以 N 计）	90-015-1 90-015-2	EN ISO 11732	连续流动法和流动注射法 蒸馏和中和滴定法 纳氏试剂分光光度法	4mg/L NH_4^+ 10μg/L NH_4^+	4500-NH_3 B，C 4500-NH_3 D，E 4500-NH_3 F 4500-NH_3 G 4500-NH_3 H	蒸馏和中和滴定法 氨电极法（0.03mg/L） 酚盐分光光度法 连续流动法 流动注射法	1426	HJ 537 HJ 535 GB/T 5750.5 HJ/T 195 HJ 665 HJ 666	蒸馏-中和滴定法 纳氏试剂分光光度法 酚盐分光光度法 水杨酸盐分光光度法 气相分子吸收光谱法 连续流动-水杨酸分光光度法 流动注射-水杨酸分光光度法	0.8～1000mg/L；250mL 水样最低检出限 0.2mg/L 0.1～2mg/L；最低检出限 0.025mg/L 10mL 水样最低检测浓度 0.025mg/L 10mL 水样最低检测浓度 0.025mg/L 0.08～100mg/L；最低检出限 0.02mg/L 0.04～1mg/L；最低检出限 0.01mg/L 0.04～5mg/L；最低检出限 0.01mg/L
总凯氏氮（以 N 计）	90-110	EN 25663 ISO 5663	催化矿化法	2mg/L 0.2mg/L	4500-N_{org} B，C	催化矿化法（0.5mg/L）	3590	GB 11891 HJ/T 196	蒸馏光度法 气相分子吸收光谱法	最低检测浓度 0.2mg/L 0.1～200mg/L；最低检出限 0.02mg/L
总氮（以 N 计）		EN ISO 11905	过硫酸钾消解分光光度法		4500-N B，C	过硫酸钾消解分光光度法		HJ 636 HJ/T 199 HJ 667 HJ 668	碱性过硫酸钾消解紫外分光光度法 气相分子吸收光谱法 连续流动-盐酸萘乙二胺分光光度法 流动注射-盐酸萘乙二胺分光光度法	0.2～7mg/L；最低检出限 0.05mg/L 0.2～100mg/L；最低检出限 0.05mg/L 0.16～10mg/L；最低检出限 0.04mg/L 0.12～10mg/L；最低检出限 0.03mg/L
氟化物（以 F^- 计）	90-004 90-042	ISO 10359-1 ISO 10359-2 EN ISO 10304	离子选择电极法 蒸馏比色法 离子色谱法	0.2mg/L	4110 B，C，D 4500-F^- C 4500-F^- D	离子色谱法 离子选择电极法 氟试剂分光光度法	1179 4327	HJ 488 GB 7484 HJ 487 （1）	氟试剂分光光度法 离子选择电极法 茜素磺酸锆目视比色法 离子色谱法	0.08～1.8mg/L；最低检出限 0.02mg/L 0.1～1900mg/L；最低检出限 0.05mg/L 0.4～1.5mg/L；最低检出限 0.1mg/L <1900mg/L；最低检测浓度 0.05mg/L

续表

参数	法国 NF、国际 ISO 和欧洲 EN 标准方法				美国 APHA 及 EPA 标准方法		美国 ASTM 标准方法 D 系列	中国标准方法		
	法国 NF-T 序列号	欧洲（EN）国际（ISO）	分析方法	检出限	标准号	分析方法（灵敏度）	标准号	标准号	分析方法	检测下限 / 上限；最低检出限
硫化物（以 S^{2-} 计）		ISO 10530	亚甲基蓝分光光度法	0.04mg/L	4500-S^{2-} D，E，I 4500-S^{2-} F	亚甲基蓝分光光度法 碘量法	4658	GB/T 5750.5 HJ/T 60 GB/T 16489 HJ 824 HJ/T 200	DPD 分光光度法 碘量法 碘量法 亚甲基蓝分光光度法 流动注射-亚甲基蓝分光光度法 气相分子吸收光谱法	<1mg/L；50mL 水样最低检测浓度 0.02mg/L >1mg/L >0.4mg/L <0.7mg/L；最低检出限 0.005mg/L（10mm 比色皿） 0.016～2mg/L；最低检出限 0.004mg/L 0.02～10mg/L；最低检出限 0.005mg/L（202.6nm）
磷酸盐（以 P 计）	90-023 90-136	EN 1189 EN ISO 11885 EN ISO 15681 EN ISO 10304	比色法 ICP-AES 连续流动法和流动注射法 离子色谱法	5μg/L	4500-P C 4500-P E 4500-P G	钼锑抗分光光度法 抗坏血酸法 流动注射法	515	HJ 669 HJ 670 （1）	离子色谱法 连续流动-钼酸铵分光光度法 钼锑抗分光光度法 孔雀绿磷钼杂多酸分光光度法	>0.028mg/L；最低检测浓度 0.007mg/L（以 PO_4^{3-} 计） 0.04～1.0mg/L；最低检出限 0.01mg/L <0.6mgL；最低检测浓度 0.01mg/L 0～0.3mg/L；最低检测浓度 1μg/L
总磷（以 P 计）	90-023	EN ISO 6878 EN ISO 15681	钼酸铵分光光度法 连续流动法和流动注射法		4500-P H 4500-P I	消解-流动注射法 紫外过硫酸盐消解-流动注射法		GB 11893 HJ 593 HJ 670 HJ 671	钼酸铵分光光度法 磷钼蓝分光光度法 连续流动-钼酸铵分光光度法 流动注射-钼酸铵分光光度法	<0.6mg/L；最低检测浓度 25mL 水样最低检测浓度 0.01mg/L 0.01～0.17mg/L；最低检出限 0.003mg/L 0.04～5mg/L；最低检出限 0.01mg/L 0.02～1mg/L；最低检出限 0.005mg/L
硼	90-041		比色法	0.04mg/L	3500 B	ICP-AES	3082	GB/T 5750.6 HJ/T 49	甲亚胺-H 分光光度法 ICP-AES ICP-MS 姜黄素分光光度法	0.1～5mg/L 最低检测浓度 11μg/L 最低检测浓度 0.9μg/L <1.0mg/L；最低检测浓度 0.02mg/L

续表

参数	法国 NF、国际 ISO 和欧洲 EN 标准方法				美国 APHA 及 EPA 标准方法		美国 ASTM 标准方法 D 系列	中国标准方法		
	法国 NF-T 序列号	欧洲（EN）国际（ISO）	分析方法	检出限	标准号	分析方法（灵敏度）	标准号	标准号	分析方法	检测下限 / 上限；最低检出限
碘化物	90-047	EN ISO 10304	离子色谱法		4500-I^- B 4500-I^- C	无色结晶紫法 催化比色法		GB/T 5750.5 HJ 778	硫酸铈催化分光光度法及气相色谱法 高浓度碘化物比色法 高浓度碘化物容量法 离子色谱法	1～10μg/L（低浓度）和 10～100μg/L（高浓度）；10mL 水样最低检测浓度 1μg/L 10mL 水样最低检测浓度 0.05mg/L 100mL 水样最低检测浓度 0.025mg/L >0.008mg/L；最低检出限 0.002mg/L
金属										
钙	90-016 90-005 90-136	 EN ISO 7980 EN ISO 11885 EN ISO 14911	EDTA 滴定法 AAS ICP-AES 离子色谱法	2mg/L	3111 B，D，E 3120 B 3125 3500-Ca	FAAS ICP-AES ICP-MS EDTA 滴定法	511	GB/T 11905 GB/T 5750.6	AAS 法 ICP-AES ICP-MS	0.1～6.0mg/L；最低检测浓度 0.02mg/L 最低检测浓度 11μg/L 最低检测浓度 6.0μg/L
镁	90-005 90-136	EN ISO 7980 EN ISO 11885	AAS ICP-AES		3111 B 3120 B 3125 3500-Mg	FAAS ICP-AES ICP-MS EDTA 滴定法	511	GB/T 11905 GB/T 5750.6	AAS ICP-AES ICP-MS	0.01～0.6mg/L；最低检测浓度 0.002mg/L 最低检测浓度 13μg/L 最低检测浓度 0.4μg/L
钠	90-119		AAS	10μg/L	3111 B 3120 B 3125 3500-Na B	FAAS ICP-AES ICP-MS 火焰发射光谱法	4191	GB/T 11904 GB/T 5750.6	FAAS 离子色谱法 ICP-AES ICP-MS	0.01～2mg/L 0.06～90mg/L 最低检测浓度 5μg/L 最低检测浓度 7μg/L
钾	90-119		AAS	50μg/L	3111 B 3120 B 3125 3500-K C 3500-K B	FAAS ICP-AES ICP-MS 选择电极法 火焰发射光谱法	4192	GB/T 11904 GB/T 5750.6	FAAS 法 离子色谱法 ICP-AES ICP-MS	0.05～4mg/L 0.16～225mg/L 最低检测浓度 20μg/L 最低检测浓度 3.0μg/L

续表

参数	法国 NF、国际 ISO 和欧洲 EN 标准方法				美国 APHA 及 EPA 标准方法		美国 ASTM 标准方法 D 系列	中国标准方法		
	法国 NF-T 序列号	欧洲（EN）国际（ISO）	分析方法	检出限	标准号	分析方法（灵敏度）	标准号	标准号	分析方法	检测下限 / 上限；最低检出限
铝	90-119 90-138 90-136	 EN ISO 12020 EN ISO 11885	GFAAS FAAS ICP-AES	5μg/L 0.1μg/L	3111 D，E 3113 B 3120 B 3125 3500-Al	FAAS ETAAS ICP-AES ICP-MS 铬花青 R 分光光度法	857	GB/T 5750.6 （1）	铬天青 S 分光光度法 水杨基荧光酮-氯代十六烷基吡啶分光光度法 GFAAS ICP-AES ICP-MS 间接 FAAS	25mL 水样最低检测浓度 0.008mg/L 10mL 水样最低检测浓度 0.02mg/L 20μL 水样最低检测浓度 10μg/L 最低检测浓度 40μg/L 最低检测浓度 0.6μg/L 0.1～0.8mg/L
铁	90-017 90-112 90-136	 EN ISO 11885	比色法 FAAS ICP-AES	10μg/L 100μg/L	3111 B，C 3113 B 3120 B 3125 3500-Fe	FAAS ETAAS ICP-AES ICP-MS 二氮杂菲分光光度法	1068	GB/T 5750.6 GB/T 11911 （1）	AAS 二氮杂菲分光光度法 ICP-AES ICP-MS FAAS 邻菲啰啉分光光度法	0.3～5mg/L 50mL 水样最低检测浓度 0.05mg/L 最低检测浓度 4.5μg/L 最低检测浓度 0.9μg/L 0.1～5mg/L；最低检出限 0.03mg/L <5.00mg/L；最低检出限 0.03mg/L
锰	90-112 90-136	 EN ISO 11885	FAAS ICP-AES	50μg/L	3111 B，C 3113 B 3120 B 3125 3500-Mn B	FAAS ETAAS ICP-AES ICP-MS 过硫酸铵分光光度法	858	GB/T 5750.6 GB/T 11911 （1）	AAS ICP-AES ICP-MS FAAS 高碘酸钾分光光度法	0.1～3mg/L 最低检测浓度 0.5μg/L 最低检测浓度 0.06μg/L 0.05～3mg/L；最低检出限 0.01mg/L 最低检测浓度 0.05mg/L

续表

参数	法国 NF、国际 ISO 和欧洲 EN 标准方法				美国 APHA 及 EPA 标准方法		美国 ASTM 标准方法 D 系列	中国标准方法		
	法国 NF-T 序列号	欧洲（EN）国际（ISO）	分析方法	检出限	标准号	分析方法（灵敏度）	标准号	标准号	分析方法	检测下限 / 上限；最低检出限
铜	90-112 90-136	ISO 8288 EN ISO 11885	FAAS ICP-AES	50μg/L	3111 B，C 3113 B 3120 B 3125 3500-Cu B	FAAS ETAAS ICP-AES ICP-MS 新亚铜试剂法	1688	GB/T 5750.6 HJ 485 GB/T 7475 （1）	FAAS ICP-AES ICP-MS 二乙基二硫代氨基甲酸钠分光光度法 AAS 在线富集流动注射FAAS 阳极溶出伏安法	0.2～5mg/L 最低检测浓度 9μg/L 最低检测浓度 0.09μg/L >0.04mg/L；最低检出限 0.01mg/L 0.05～5mg/L 最低检测浓度 2μg/L 1～1000μg/L；最低检测浓度 0.5μg/L
锌	90-112 90-136	ISO 8288 EN ISO 11885	FAAS ICP-AES	50μg/L	3111 B，C 3113 B 3120 B 3125 3130 B	FAAS ETAAS ICP-AES ICP-MS 阳极溶出伏安法	1691	GB/T 5750.6 GB/T 7472 GB/T 7475 （1）	AAS ICP-AES ICP-MS 双硫腙分光光度法 AAS 在线富集流动注射FAAS 阳极溶出伏安法	0.05～1mg/L 最低检测浓度 1μg/L 最低检测浓度 0.8μg/L 5～50μg/L；最低检出限 5μg/L 0.05～1mg/L 最低检测浓度 2μg/L 1～1000μg/L；最低检出限 0.5μg/L
砷	90-026 90-135	EN 26595 ISO 17378	二乙氨基二硫代甲酸银分光光度法 HG-AFS 和 HG-AAS	1μg/L	3113 B 3114 B 3120 B 3125 3500-As	ETAAS CVAAS ICP-AES ICP-MS 二乙氨基二硫代甲酸银分光光度法	2972	GB/T 5750.6 GB 7485 （1）	ICP-AES ICP-MS 二乙基二硫代氨基甲酸银分光光度法 HG-AAS	最低检测浓度 35μg/L 最低检测浓度 0.09μg/L 0.007～0.5mg/L；最低检出限 0.007mg/L 1.0～12μg/L；最低检出限 0.25μg/L
硒	90-025 90-119 90-136	 EN ISO 11885	二氨基联苯胺分光光度法 GFAAS ICP-AES	5μg/L 2μg/L	3113 B 3114 B，C 3120 B 3125 3500-Se C	ETAAS CVAAS ICP-AES ICP-MS 比色法	3859	GB/T 5750.6 GB/T 15505	ICP-AES ICP-MS GFAAS	最低检测浓度 50μg/L 最低检测浓度 0.09μg/L 0.015～0.2mg/L；最低检测浓度 0.003mg/L

续表

参数	法国 NF、国际 ISO 和欧洲 EN 标准方法				美国 APHA 及 EPA 标准方法		美国 ASTM 标准方法 D 系列	中国标准方法		
	法国 NF-T 序列号	欧洲（EN）国际（ISO）	分析方法	检出限	标准号	分析方法（灵敏度）	标准号	标准号	分析方法	检测下限 / 上限；最低检出限
汞	90-113-1	EN ISO 12846 EN ISO 17852	AAS AFS	0.10μg/L	3112 B 3125	CVAAS ICP-MS	3223	GB/T 5750.6 HJ 597	ICP-MS CVAAS	最低检测浓度 0.07μg/L >0.08μg/L；100mL 水样最低检出限 0.02μg/L
镉	90-134 90-136	ISO 8288 EN ISO 11885 EN ISO 17294	AAS ICP-AES ICP-MS	0.05mg/L 0.3μg/L	3111 B，C 3113 B 3120 B 3125 3130 B	FAAS ETAAS ICP-AES ICP-MS 极溶出伏安法	3557	GB/T 5750.6 GB/T 7475 （1）	FAAS ICP-AES ICP-MS AAS 直接吸入 FAAS APDC-MIBK 萃取 FAAS 在线富集流动注射 FAAS 阳极溶出伏安法	0.05～2mg/L 最低检测浓度 4μg/L 最低检测浓度 0.06μg/L 0.05～2mg/L 0.05～1mg/L 1～50μg/L 最低检测浓度 2μg/L 1～1000μg/L；最低检测浓度 0.5μg/L
总铬	90-133 90-136	EN 1233 EN ISO 11885	AAS ICP-AES		3111 C 3120 B 3125	FAAS ICP-AES ICP-MS	1687	GB/T 5750.6 GB 7466 （1）	ICP-AES ICP-MS 高锰酸钾氧化-二苯碳酰二肼分光光度法 硫酸亚铁铵滴定法 FAAS	最低检测浓度 19μg/L 最低检测浓度 0.09μg/L <0.004mg/L <1mg/L 0.1～5mg/L；最低检测浓度 0.03mg/L
六价铬		ISO 11083	1,5- 二苯卡巴肼光度法		EPA 7196A	比色法		GB/T 5750.6	二苯碳酰二肼分光光度法	50mL 水样最低检测浓度 0.04mg/L
银	90-112 90-136	ISO 8288 EN ISO 11885	FAAS ICP-AES	50μg/L	3111 B，C 3113 B 3120 B 3125	FAAS ETAAS ICP-AES ICP-MS	3866	GB/T 5750.6 GB 11907 （1）	ICP-AES ICP-MS FAAS 3,5-Br_2-PADAP 法	最低检测浓度 13μg/L 最低检测浓度 0.03μg/L 0.03～5mg/L <1.4mg/L；最低检测浓度 0.02mg/L

续表

参数	法国 NF、国际 ISO 和欧洲 EN 标准方法				美国 APHA 及 EPA 标准方法		美国 ASTM 标准方法 D 系列	中国标准方法		
	法国 NF-T 序列号	欧洲（EN）国际（ISO）	分析方法	检出限	标准号	分析方法（灵敏度）	标准号	标准号	分析方法	检测下限 / 上限；最低检出限
钴	90-112 90-136	ISO 8288 EN ISO 11885	FAAS ICP-AES	100μg/L	3111 B，C 3113 B 3120 B 3125	FAAS ETAAS ICP-AES ICP-MS	3558	GB/T 5750.6 HJ 550 HJ 957 HJ 958	ICP-AES ICP-MS 5- 氯 -2-（吡啶偶氮）-1,3- 二氨基苯分光光度法 FAAS GFAAS	最低检测浓度 2.5μg/L 最低检测浓度 0.03μg/L 0.036～0.5mg/L；最低检测浓度 0.009mg/L 可溶性钴 >0.2mg/L；最低检测浓度 0.05mg/L 总钴 >0.24mg/L；最低检测浓度 0.06mg/L >8μg/L；最低检测浓度 2μg/L
镍		ISO 8288 EN ISO 11885	FAAS ICP-AES		3111 B，C 3113 B 3120 B 3125	FAAS ETAAS ICP-AES ICP-MS	1886	GB/T 5750.6 GB 11910 GB 11912 （1）	ICP-AES ICP-MS 丁二酮肟分光光度法 FAAS 示波极谱法	最低检测浓度 6μg/L 最低检测浓度 0.07μg/L <10mg/L；最低检出限 0.25mg/L 0.2～5mg/L；最低检出限 0.05mg/L 最低检测浓度 10^{-6}mol/L
钡	90-118 90-119 90-136	 EN ISO 11885	AAS 法 GFAAS ICP-AES	5μg/L 5μg/L	3111 D，E 3113 B 3120 B 3125	FAAS ETAAS ICP-AES ICP-MS	4382	GB/T 5750.6 GB/T 14671 HJ 602 HJ 603 （1）	ICP-AES ICP-MS 电位滴定法 GFAAS FAAS 铬酸盐间接分光光度法	最低检测浓度 1μg/L 最低检测浓度 0.3μg/L 47.1～1180μg；最低检出限 28μg >10μg/L；最低检出限 2.5μg/L 6.8～500mg/L；最低检出限 1.7mg/L <3.0mg/L；最低检出限 0.06mg/L
钒	90-119 90-136	 EN ISO 11885	GFAAS ICP-AES	5μg/L	3111 D，E 3113 B 3120 B 3125	FAAS ETAAS ICP-AES ICP-MS	3373	GB/T 5750.6 GB/T 15503 HJ 673 （1）	GFAAS ICP-AES ICP-MS 钽试剂（BPHA）萃取分光光度法 GFAAS 催化极谱法	20μL 水样最低检测浓度 10μg/L 最低检测浓度 5μg/L 最低检测浓度 0.07μg/L <10mg/L；最低检出限 0.018mg/L 0.012～0.2mg/L；最低检出限 0.003mg/L 0.2～16μg/L；最低检出限 0.05μg/L

续表

参数	法国 NF、国际 ISO 和欧洲 EN 标准方法				美国 APHA 及 EPA 标准方法		美国 ASTM 标准方法 D 系列	中国标准方法		
	法国 NF-T 序列号	欧洲（EN）国际（ISO）	分析方法	检出限	标准号	分析方法（灵敏度）	标准号	标准号	分析方法	检测下限 / 上限；最低检出限
锑	90-135 90-136	ISO 17378 EN ISO 11885	HG-AFS 和 HG-AAS ICP-AES		3111 B 3113 B 3120 B 3125	FAAS ETAAS ICP-AES ICP-MS	3697	GB/T 5750.6 HJ 1046 HJ 1047 （1）	ICP-AES ICP-MS FAAS GFAAS 5-Br-PADAP 光度法	最低检测浓度 30μg/L 最低检测浓度 0.07μg/L 可溶性锑 <0.8mg/L；最低检测浓度 0.2mg/L 总锑 <1.2mg/L；最低检测浓度 0.3mg/L >8μg/L；最低检测浓度 2μg/L <1.2mg/L；最低检测浓度 0.05mg/L
铅	90-136	ISO 8288 EN ISO 11885	FAAS ICP-AES		3111 B，C 3113 B 3120 B 3125 3500-Pb B	FAAS ETAAS ICP-AES ICP-MS 双硫腙分光光度法	3559	GB/T 5750.6 GB/T 7475 GB/T 13896 GB/T 7470 （1）	ICP-AES ICP-MS AAS 示波极谱法 双硫腙分光光度法 APDC-MIBK 萃取 FAAS 在线富集流动注射 FAAS 阳极溶出伏安法	最低检测浓度 20μg/L 最低检测浓度 0.07μg/L 0.2～10mg/L 0.10～10mg/L；最低检测浓度 0.02mg/L 0.01～0.30mg/L 10～200μg/L；最低检测浓度 5μg/L 最低检测浓度 5μg/L 1～1000μg/L；最低检测浓度 0.5μg/L
铍	90-136	EN ISO 11885 EN ISO 17294	ICP-AES ICP-MS		3111 D，E 3120 B 3125	FAAS ICP-AES ICP-MS	3645	GB/T 5750.6 （1）	ICP-AES ICP-MS 活性炭吸附铬天菁 S 光度法	最低检测浓度 0.2μg/L 最低检测浓度 0.03μg/L 0.001～0.028mg/L；最低检测浓度 0.0001mg/L
锂	90-136	EN ISO 11885 EN ISO 17294	ICP-AES ICP-MS		3111 B 3113 B 3120 B 3125 3500-Li B	FAAS ETAAS ICP-AES ICP-MS 火焰发射光谱法	3561	GB/T 5750.6	ICP-AES ICP-MS	最低检测浓度 1μg/L 最低检测浓度 0.3μg/L

续表

参数	法国 NF、国际 ISO 和欧洲 EN 标准方法				美国 APHA 及 EPA 标准方法		美国 ASTM 标准方法 D 系列	中国标准方法		
	法国 NF-T 序列号	欧洲（EN）国际（ISO）	分析方法	检出限	标准号	分析方法（灵敏度）	标准号	标准号	分析方法	检测下限 / 上限；最低检出限
钼	90-136	EN ISO 11885 EN ISO 17294	ICP-AES ICP-MS		3111 D，E 3113 B 3120 B 3125	FAAS ETAAS ICP-AES ICP-MS	3372	GB/T 5750.6 （1）	ICP-AES ICP-MS 催化极谱法	最低检测浓度 8μg/L 最低检测浓度 0.06μg/L 0.2～20μg/L；最低检出限 0.08μg/L
锶	90-136	EN ISO 11885 EN ISO 17294	ICP-AES ICP-MS		3111 B 3120 B 3125 3500-Sr B	FAAS ICP-AES ICP-MS 火焰发射光谱法	3352 3920 4328 5811	GB/T 5750.6	ICP-AES ICP-MS	最低检测浓度 0.5μg/L 最低检测浓度 0.09μg/L
铊	90-136	EN ISO 11885 EN ISO 17294	ICP-AES ICP-MS		3111 B 3113 B 3120 B 3125	FAAS ETAAS ICP-AES ICP-MS		GB/T 5750.6	ICP-AES ICP-MS	最低检测浓度 40μg/L 最低检测浓度 0.01μg/L
锡	90-136	EN ISO 11885 EN ISO 17294	ICP-AES ICP-MS		3111 B 3113 B 3120 B 3125	FAAS ETAAS ICP-AES ICP-MS		GB/T 5750.6	ICP-MS	最低检测浓度 0.09μg/L
钍	90-136	EN ISO 11885 EN ISO 17294	ICP-AES ICP-MS		3111 D，E 3125	FAAS ICP-MS		GB/T 5750.6 （1）	ICP-MS 钍试剂Ⅲ光度法	最低检测浓度 0.06μg/L 0.008～3mg/L
钛	90-136	EN ISO 11885 EN ISO 17294	ICP-AES ICP-MS		3111 D，E 3125	FAAS ICP-MS		GB/T 5750.6	催化示波极谱法 水杨基荧光酮分光光度法 ICP-MS	5mL 水样最低检测浓度 0.4μg/L 10mL 水样最低检测浓度 0.02mg/L 最低检测浓度 0.4μg/L
铀	90-136	EN ISO 11885 EN ISO 17294	ICP-AES ICP-MS		3125	ICP-MS	3972 5174 6329	（1）	TRPO-5-Br-PADAP 光度法	0.0013～1.6mg/L
有机物综合指标										
高锰酸盐指数	90-050	EN ISO 8467	热氧化还原（硫酸亚铁铵法） 热氧化还原（草酸盐法）	0.4mg O_2/L 0.5mg O_2/L				GB/T 5750.7 GB/T 11892	酸性高锰酸钾滴定法（适用于 Cl^-<300mg/L） 碱性高锰酸钾滴定法（适用于 Cl^->300mg/L）	100mL 水样最低检测浓度 0.05mg/L 100mL 水样最低检测浓度 0.05mg/L 0.05～4.5mg/L

续表

参数	法国 NF、国际 ISO 和欧洲 EN 标准方法				美国 APHA 及 EPA 标准方法		美国 ASTM 标准方法 D 系列	中国标准方法		
	法国 NF-T 序列号	欧洲（EN） 国际（ISO）	分析方法	检出限	标准号	分析方法（灵敏度）	标准号	标准号	分析方法	检测下限 / 上限；最低检出限
总有机碳（TOC） 溶解性有机碳（DOC）	90-102	EN 1484 ISO 8245	氧化-非分散红外线吸收法	0.3mg/L	5310 B 5310 C	燃烧氧化 紫外或热式过硫酸盐氧化（0.5mg/L） 湿式氧化	4129 4839	GB/T 5750.7 HJ 501	氧化-非分散红外线吸收法 燃烧氧化-非分散红外线吸收法	最低检测浓度 0.5mg/L <0.5mg/L；最低检出限 0.1mg/L
生化需氧量	90-103	EN 18991 ISO 5815	稀释与接种法	3mg O_2/L	5210 B 5210 C 5210 D	五日 BOD 测试 多日 BOD 测试 呼吸测试法	2329	HJ 505 GB/T 5750.7	稀释与接种法（五日） 非稀释与非稀释接种法（五日）	2～6000mg/L；最低检出限 0.5mg/L 2～6mg/L；最低检出限 0.5mg/L
化学需氧量	90-101	ISO 6060	重铬酸钾法（莫尔盐法）	30mg O_2/L	5220 C 5220 D	重铬酸钾消解滴定法 重铬酸钾消解比色法	1252	HJ 828 HJ 70 HJ 132	重铬酸钾消解滴定法（Cl^-<1g/L） 氯气校正法（1g/L<Cl^-<20g/L） 碘化钾碱性高锰酸钾法（Cl^->20g/L）	16～700mg/L；最低检出限 4mg/L <30mg/L；最低检出限 0.2mg/L <62.5mg/L；最低检出限 0.2mg/L
有机污染物、农药及消毒副产物										
阴离子合成洗涤剂 阴离子表面活性剂	90-039	EN 903 ISO 7875	亚甲蓝分光光度法	50μg/L	5540 C 5540 D	亚甲蓝分光光度法（0.01mg/L） 硫氰酸钴分光光度法	1681	GB/T 5750.4 GB 7494 HJ 826	二氮杂菲萃取分光光度法 亚甲蓝分光光度法 流动注射-亚甲蓝分光光度法	100mL 水样最低检测浓度 0.025mg/L（以 LAS 计） <2mg/L；最低检测浓度 0.05mg/L 0.13～2mg/L；最低检出限 0.04mg/L（以 LAS 计）
石油类和动植物油	90-203				5520 B 5520 C EPA 1664	液液萃取重量法 红外分光光度法	3921 4281	GB/T 5750.7 HJ 970 HJ 637	石油醚萃取重量法 紫外分光光度法 红外分光光度法	1L 水样最低检测浓度 0.005mg/L 0.04～20mg/L；最低检出限 0.01mg/L 0.24～20mg/L；最低检出限 0.06mg/L
苯及其衍生物		ISO 11423-1 ISO 11423-2	顶空气相色谱法 萃取气相色谱法		EPA 524.2	顶空毛细管柱气相色谱-质谱法		GB/T 5750.8 GB/T 11890	溶剂萃取-填充柱气相色谱法 顶空气相色谱法 二硫化碳萃取气相色谱法	0.01～1.0mg/L 0.005～0.1mg/L 0.05～12mg/L

续表

参数	法国 NF、国际 ISO 和欧洲 EN 标准方法				美国 APHA 及 EPA 标准方法		美国 ASTM 标准方法 D 系列	中国标准方法		
	法国 NF-T 序列号	欧洲（EN）国际（ISO）	分析方法	检出限	标准号	分析方法（灵敏度）	标准号	标准号	分析方法	检测下限 / 上限；最低检出限
苯酚					6420	液液萃取 / 气相色谱法		HJ 676 HJ 744	液液萃取 / 气相色谱法 气相色谱-质谱法	2～1000μg/L；最低检测浓度 0.5μg/L 0.4～50μg/L；最低检测浓度 0.1μg/L
挥发酚		ISO 6439	蒸馏后 4- 氨基安替比林萃取分光光度法		5530 D	蒸馏后 4- 氨基安替吡啉直接分光光度法	1783 2580	HJ 502 HJ 503 GB/T 5750.4	蒸馏后溴化容量法 蒸馏后 4- 氨基安替比林萃取分光光度法 蒸馏后 4- 氨基安替吡啉直接分光光度法	0.1～45mg/L 0.001～0.04mg/L；最低检出限 0.3μg/L 0.04～2.5mg/L；最低检测浓度 0.01mg/L
苯胺类					EPA 8131	气相色谱法		GB/T 11889 HJ 822	*N*-（1- 萘基）乙二胺偶氮分光光度法 气相色谱-质谱法	0.03～1.6mg/L 0.2～0.36μg/L；最低检出限 0.05～0.09μg/L
硝基苯类					EPA 525.2 EPA 526 EPA 609 EPA 625	顶空气相色谱-质谱法		HJ 592 HJ 648 HJ 716	气相色谱法 液液萃取 / 固相萃取气相色谱法 气相色谱-质谱法	0.008～2.8mg/L 最低检出限 0.002mg/L 液液萃取最低检出限 0.017～0.22μg/L 固相萃取最低检出限 0.032～0.048μg/L >0.16μg/L；最低检出限 0.05μg/L
氯乙烯					EPA 524.3 EPA 524.4	吹扫捕集 / 气相色谱-质谱法		GB/T 5750.8 HJ 639	填充柱气相色谱法 吹扫捕集 / 气相色谱-质谱法	5～50μg/L；最低检测浓度 1μg/L 全扫描方式 >6.0μg/L；最低检出限 1.5μg/L SIM 方式 >2.0μg/L；最低检出限 0.5μg/L
氯苯及氯苯类		EN ISO 6468	液液萃取-气相色谱法		EPA 524.3 EPA 524.4	吹扫捕集 / 气相色谱-质谱法		GB/T 5750.8 HJ 74 HJ 621	气相色谱法 气相色谱法 气相色谱法	250mL 水样最低检测浓度 0.008mg/L 100mL 水样最低检测浓度 0.01mg/L >48μg/L；最低检出限 12μg/L

续表

参数	法国 NF、国际 ISO 和欧洲 EN 标准方法				美国 APHA 及 EPA 标准方法		美国 ASTM 标准方法 D 系列	中国标准方法		
	法国 NF-T 序列号	欧洲（EN）国际（ISO）	分析方法	检出限	标准号	分析方法（灵敏度）	标准号	标准号	分析方法	检测下限 / 上限；最低检出限
五氯酚及五氯酚钠	90-126	EN 12673	气相色谱法	0.01μg/L	6640	液液萃取气相色谱法		HJ 591 GB 9803	气相色谱法 藏红 T 分光光度法	0.04～5μg/L；最低检出限 0.01μg/L（毛细管柱） 0.08～5μg/L；最低检出限 0.02μg/L（填充柱） 0.01～0.5mg/L
丙烯腈					EPA 8316	高效液相色谱法		HJ 73	气相色谱法	1～5mg/L；最低检出限 0.6mg/L
有机氯杀虫剂	90-120	EN ISO 6468	液液萃取-气相色谱法	10ng/L	6610 6630	氨基甲酸盐高效液相色谱法（0.5～4μg/L） 有机氯气相色谱法（0.01～0.025μg/L）	5812 5317	HJ 699	气相色谱-质谱法	检测下限 0.1～0.2μg/L
多氯联苯（PCBs）		EN ISO 6468	液液萃取-气相色谱法	20ng/L	6431	液液萃取气相色谱法	3534	HJ 715	气相色谱-质谱法	检测下限 5.6～8.8ng/L
多环芳烃（PAHs）苯并 [α] 芘	90-115		高效液相色谱法（HPLC）	10～50ng/L	6640	液液萃取气相色谱法	4657	GB/T 5750.8 HJ 478	高效液相色谱法 纸层析-荧光分光光度发 高效液相色谱法	0.5L 水样最低检测浓度 1.4ng/L 2L 水样最低检测浓度 2.5ng/L 检测下限 0.008～0.064μg/L；检出限 0.002～0.016μg/L（1L，液液萃取法） 检测下限 0.0016～0.0064μg/L；检出限 0.0004～0.0016μg/L（10L，固相萃取法）
生物指标										
菌落总数	90-401	EN ISO 6222	平皿计数法（22℃及 36℃培养）		9216	吖啶橙荧光显微法		GB/T 5750.12	平皿计数法（37℃培养）	
总大肠菌群	90-413 90-414	EN ISO 9308-1	液体培养基接种膜过滤		9221 B 9222 B，C EPA 1604	多管发酵法 滤膜法（<1 个大肠杆菌 /100mL）		GB/T 5750.12 HJ 1001 HJ 755	多管发酵法 酶底物法 酶底物法 纸片快速法	检出限 20MPN/L 检出限 11MPN/L 检出限 10MPN/L 检出限 20MPN/L

续表

参数	法国NF、国际ISO和欧洲EN标准方法				美国APHA及EPA标准方法		美国ASTM标准方法D系列	中国标准方法		
	法国NF-T序列号	欧洲（EN）国际（ISO）	分析方法	检出限	标准号	分析方法（灵敏度）	标准号	标准号	分析方法	检测下限/上限；最低检出限
耐热大肠菌群（粪大肠菌群）	90-413 90-414	EN ISO 9308-1	滤膜法		9221 E 9222 D，E，G EPA 1680 EPA 1681	多管发酵法 滤膜法 多管发酵法（采用LTB-EC培养基） 多管发酵法（采用A-1培养基）	3508	GB/T 5750.12 HJ 347.1 HJ 347.2 HJ 1001 HJ 755	多管发酵法 滤膜法 多管发酵法 酶底物法 纸片快速法	检出限20MPN/L 接种量100mL，10CFU/L；接种量500mL，2CFU/L 12管法，3MPN/L；15管法，20MPN/L 检出限10MPN/L 检出限20MPN/L
大肠埃希氏菌					9221 F 9222 H 9222 I 9223 B EPA 1603/1604	荧光底物多管发酵法 滤膜法：采用EC-MUG肉汤培养基 滤膜法：采用NA-MUG琼脂培养基 酶底物法		GB/T 5750.12 HJ 1001 HJ 755	多管发酵法 酶底物法 酶底物法 纸片快速法	检出限20MPN/L 检出限11MPN/L 检出限10 MPN/L 检出限20 MPN/L
亚硫酸盐还原菌	90-415 90-417	EN ISO 6461-1 EN ISO 6461-2	液体介质富集法 滤膜法				5916	CJ/T 149	液体培养基增菌法 滤膜法	
叶绿素a和b	90-116 90-117	ISO 10260	高效液相色谱法 分光光度法	0.1μg/L	10200 H	分光光度法		HJ 897	分光光度法	<8μg/L；最低检出限2μg/L
脱镁叶绿素	90-117	ISO 10260	分光光度法	0.1μg/L	10200 H	分光光度法	3731			
消毒剂										
总余氯（以Cl_2计）	90-037-1 90-037-2 90-037-3	EN ISO 7393-1 EN ISO 7393-2 EN ISO 7393-3	DPD滴定法 DPD分光光度法 碘量滴定法		4500-Cl B，C 4500-Cl F 4500-Cl G	碘量滴定法 DPD滴定法 DPD分光光度法	1253	GB/T 5750.11 HJ 585 HJ 586	容量法（滴定法） DPD滴定法 DPD分光光度法	0.08～5mg/L；最低检出限0.02mg/L 0.12～1.5mg/L；最低检出限0.03mg/L（高浓度） 0.016～0.2mg/L；最低检出限0.004mg/L（低浓度）

续表

参数	法国NF、国际ISO和欧洲EN标准方法				美国APHA及EPA标准方法		美国ASTM标准方法D系列	中国标准方法		
	法国NF-T序列号	欧洲（EN）国际（ISO）	分析方法	检出限	标准号	分析方法（灵敏度）	标准号	标准号	分析方法	检测下限/上限；最低检出限
游离余氯（以Cl_2计）	90-037	EN ISO 7393-1 EN ISO 7393-2	DPD滴定法 DPD分光光度法		4500-Cl B，C 4500-Cl F 4500-Cl G	碘量滴定法 DPD滴定法 DPD分光光度法	1253	GB/T 5750.11 HJ 585 HJ 586	3,3',5,5'-四甲基联苯胺比色法 DPD滴定法 DPD分光光度法	最低检测浓度0.005mg/L 0.08～5mg/L；最低检出限0.02mg/L 0.12～1.5mg/L；最低检出限0.03mg/L（高浓度） 0.016～0.2mg/L；最低检出限0.004mg/L（低浓度）
氯胺（以Cl_2计）					4500-Cl G	DPD分光光度法	1253	HJ 586	DPD分光光度法	0.12～1.5mg/L；最低检出限0.03mg/L（高浓度） 0.016～0.2mg/L；最低检出限0.004mg/L（低浓度）
臭氧					4500-O_3	靛蓝分光光度法		GB/T 5750.11	碘量法 靛蓝分光光度法 靛蓝现场检测法	 最低检测浓度0.01μg/L 0.01～0.75mg/L
二氧化氯					EPA 327 4500-ClO_2 B	 碘量法		GB/T 5750.11 HJ 551	DPD硫酸亚铁铵滴定法 碘量法 甲酚红分光光度法 现场检测法 连续滴定碘量法	0.025～9.5mg/L 0.5L水样最低检测浓度20μg/L 25mL水样最低检测浓度0.02mg/L 0～5.5mg/L；最低检出限0.01mg/L >0.36mg/L；最低检出限0.09mg/L

注：1. APHA—美国公共卫生协会；ASTM—美国材料实验协会；ICP-AES—电感耦合等离子发射光谱法；ICP-MS—电感耦合等离子质谱法；AAS—原子吸收光谱法；FAAS—火焰原子吸收光谱法；GFAAS—石墨炉原子吸收光谱法；ETAAS—电热原子吸收光谱法；AFS—原子荧光光谱法；CVAAS—冷蒸汽原子吸收光谱法；HG-AFS—氢化物发生原子荧光光谱法；HG-AAS—氢化物发生原子吸收光谱法；DPD—*N*,*N*-二乙基对苯二胺。

2. 中国标准方法中GB/T 5750适用于生活饮用水及其水源水的检测，其他标准适用于地表水、地下水、工业废水和生活污水等水的检测。

3. 中国标准方法中（1）为《水和废水监测分析方法（第四版）》，中国环境科学出版社。

5.3.2.2 味觉评价

为了更好地评价饮用水的口感，感官评价技术越来越多地被用于研究和水质控制。下文将对其中的两种技术做进一步介绍：

① 味阈值测定（法国标准 AFNOR NF T 90.035）：需要用无嗅水稀释待测水样，测试从气味最淡的水样开始，逐渐增大待测水浓度直至检测出气味。味阈值就是能被大多数的测试人员（每组至少 3 位测试人员）可辨别出的稀释倍数。

② 建立气味图谱：相比之前的方法，该法可提供更多的信息。由一组训练有素富有经验的测试人员（至少 4 位）建立嗅、味和感官图谱。每一个参数都需分级打分，分数从 1～12 不等，每一级的性质必须与其他级有所区别。

《生活饮用水标准检验方法　感官性状和物理指标》（GB/T 5750.4—2006）规定了使用嗅气法和尝味法测定生活饮用水及其水源水的嗅和味：将采集的水样置于锥形瓶中，振摇后从瓶口嗅水的气味，用适当文字描述，并按六级记录其强度（无、微弱、弱、明显、强、很强，对应 0～5 级）；与此同时，取少量水样放入口中（此水样应对人体无害），不要咽下，品尝水的味道，予以描述，并按六级记录强度。此外，该标准还要求测定原水煮沸后的嗅和味。

5.3.2.3 重量分析法

重量分析法的原理是称量物质的重量，该重量等于或按比例等于待测指标的测定结果。重量法应用的一个例子就是待测样品经固液分离后，其所含悬浮固体的重量可称重得出，通过测定硫酸钡沉淀的重量可计算出硫酸根离子的含量。

显然，这类方法的准确性受到所用称量天平精度的限制。

5.3.2.4 容量法

根据其定义，该方法测定与目标成分浓度成比例的滴定试剂的体积，包括以下几种反应：

（1）酸碱中和

例如，当测定酚酞碱度和甲基橙碱度时，一般用硫酸作滴定试剂。根据 pH 值变化范围选择不同颜色变化的指示剂。

（2）沉淀

例如，在中性或弱碱性的含 Cl^- 试液中，加入指示剂铬酸钾，用硝酸银溶液滴定，氯化银先沉淀，当砖红色的铬酸银沉淀生成时（其溶解度大于氯化银），表明 Cl^- 已被定量沉淀，指示终点已经到达。

（3）氧化还原

在测定高锰酸盐指数和化学需氧量 COD 时，加入过量的高锰酸钾和重铬酸钾，与待滴定的还原性有机物反应完全，再利用作为滴定剂的还原剂（如莫尔盐：硫酸亚铁铵）来测定多余的氧化剂，反应结束的标志是颜色发生变化。

（4）络合滴定

硬度是由钙、镁离子的量决定的，可以用 EDTA 络合剂滴定，通过颜色变化控制反应的终止。

5.3.2.5　比浊法

浊度测量（见第 1 章 1.4 节和第 8 章 8.1.3 节）的原理如图 5-3 所示。水中的颗粒物会使光线发生不同程度的散射。当测定人员站在与入射光线呈 90°的位置时，其所接收的散射光线与水中颗粒物的浓度成正比。某些仪器通过比较散射和透射光线来确定浊度，因为有些介质对光线的散射很少。

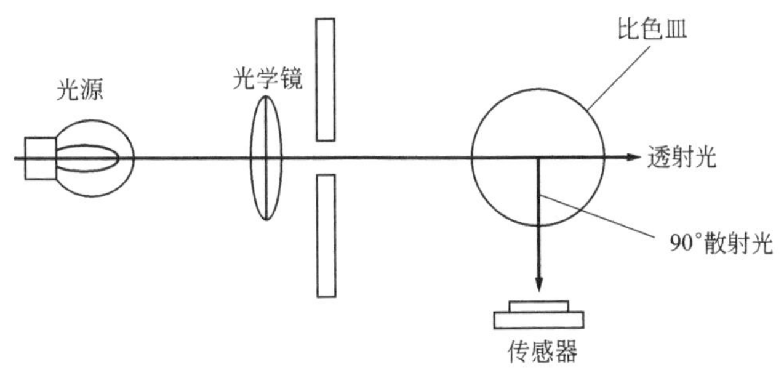

图 5-3　浊度的测量原理

在使用 ISO 7027 标准的欧洲国家，测试时必须使用波长为（860±60）nm 的红外光，并且：

① 浊度在 40FNU 以下时，须在与入射光线呈 90°的位置测量散射光强度（结果用单位 FNU 表示）；

② 浊度大于 40FAU 时，应测量透射光强度（结果用单位 FAU 表示）。

但美国 ASTM 标准继续使用可见光来测试，结果用 NTU 表示。

注意：NTU 与 FNU 均是指仪器在与入射光成 90°的方向上测定的散射光强度的单位。FAU 是指仪器在与入射光成 180°的方向上测量透射光强度的单位。但是，无论采用何种浊度单位，仪器校准均采用相同的福尔马肼混悬液。因此，对同一份福尔马肼标准液进行测量时，其浊度可用任一单位来表示。

浊度测量时还应注意：应避免产生气泡；高浊度样品在测试前要进行稀释，需采用同一设备进行浊度对比测定。

5.3.2.6　电位滴定法

诸如氯气、二氧化氯、臭氧等氧化剂的测定可采用电位滴定法。两个电极之间的去极化电流与氧化剂的浓度成正比。电位滴定法适用于现场的连续检测。为提高检测精度，加入还原剂（氧化苯胂）将去极化电流降至稳定水平，这表示反应已终止。该方法实际上是一种容量测定法，只是通过电流分析来判断其反应终点。

5.3.2.7　离子电极法

指示电极和参比电极之间所测得的电位差是待测元素活度的对数函数（能斯特方程）。pH 测定电极——玻璃电极是最好的指示电极。离子电极法也可以用于测定氧化还原电位（ORP）。

利用不同的指示电极和离子电极（如高性能 pH 计），该分析系统可同时测定大约 15 种不同的离子。此外，在电位测定中使用专用耦合电极（如指示电极）能提供更精确的测量结果。

测定游离 F^-、CN^-、S^{2-} 的离子电极应用最为广泛。另外，离子选择电极常用于对元素进行现场分析，但其要求待测水样保持恒温，并且具有一定的离子强度。

5.3.2.8 分光光度法

（1）分子吸收分光光度法

这是应用最广泛的水质分析方法之一。作为一项基本操作，待测成分须先进行特定的显色反应。该方法基于以下原理：一束平行光线通过任何一种有色溶液时只有一小部分的光线能通过，大部分被吸收，该吸光度与待测有色化合物的浓度成正比（朗伯-比尔定律）。这项技术常应用于连续流分析系统，包括实验室分析，以及工业应用中使用的光电比色计对某些参数（如二氧化硅、氨氮等）开展连续测定。

（2）紫外和红外吸收分光光度法

水处理行业中，该技术主要用于对各类有机物开展定量分析。

紫外分光光度法是测定被测物质在波长为 254nm 时的吸光度，一般用于鉴别含有一个或多个有双键特征的物质。

在其他波长范围内测定被测物质的吸光度能够实现有机物的全面检测（例如腐殖酸）。

总有机碳（TOC）（法国标准 NF EN 1484）的测定包括通过化学氧化、紫外氧化（如图 5-4 所示）或燃烧氧化将有机物矿化，然后利用红外吸收法测定其氧化产物二氧化碳的含量。这种方法的检出限是 0.2mg/L，检测精度为 10%。

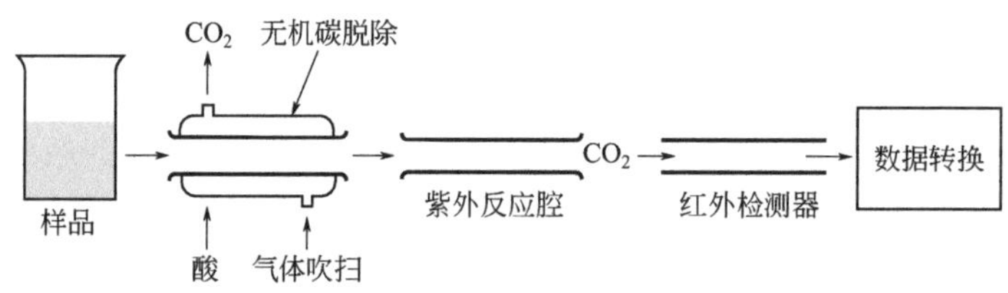

图 5-4 总有机碳（TOC）的检测原理

我国环境保护标准《水质　总有机碳的测定　燃烧氧化-非分散红外吸收法》（HJ 501—2009）的检出限为 0.1mg/L，检测下限为 0.5mg/L。

烃基指数用于衡量烃类化合物所引起的污染程度。该技术的原理是波长为 2800～3000nm 的红外光谱可以吸收—CH、—CH_2、—CH_3 键。目前有许多操作方法，但是各种基团的波长范围无法确定且相应的分析也比较困难。

（3）原子吸收（AA）光谱法

通过加热和电击获得的等离子态原子能够吸收离散的且具有特定波长的共振辐射。

在使用火焰原子吸收法（空气 / 乙炔或一氧化二氮 / 乙炔）测定时，含有目标金属元素的水样在热焰中形成雾状微细水滴。高温下，化学键在高温条件下被破坏，金属元素以游离的原子等离子体的形式释放出来，该雾化原子被特征波长激发。等离子体对光线的吸收程度（吸光度）与所测元素的浓度成正比。

非火焰原子化技术适用于低浓度元素的测定，开展测定时需将石墨管升温至 1500～2800℃。

（4）火焰发射光谱法

当含有待测金属的水溶液以雾化状态进入火焰时，原子态金属发生分解和电离，火焰产生的热量将金属原子激发为基态，同时伴随着具有特征波长的辐射产生，目标元素的电离辐射强度与其浓度成比例。这项技术适用于 Na、K、Li 等基础元素的测定。

（5）电感耦合等离子体发射（ICP）光谱法

电感耦合等离子体发射光谱法是一项基于由氩等离子体构成的原子源发射现象的技术。在高温下，在氩载气中，原子、离子、电子的等离子体混合物的形成过程如下：

$$Ar \longrightarrow Ar^{+} + e^{-}$$

通过电感高频发生器产生氩等离子体。

它的温度从 6000℃升高至 8000℃。将目标元素注入氩等离子体并且转变为原子蒸气，在合适条件下，当其与氩等离子体碰撞时被激发转变为离子蒸气并形成等离子体。

该技术具有比非火焰原子吸收法更广泛的应用范围，但其检出限较低。等离子体保持高温状态以限制基体的干扰。因此，ICP 被广泛用于检测城市污水处理厂排放污泥中的重金属含量，该污泥中的有机质中含有大量的干扰基质，因此检测前要求待测样品在酸性介质中矿化（消解）。

所有的光度计都装有光散射系统，目的是选择合适的波长以及光电倍增管以放大接收到的电信号。

图 5-5 比较了不同的原子发射或吸收光谱技术测定金属浓度的检测速度和灵敏度。

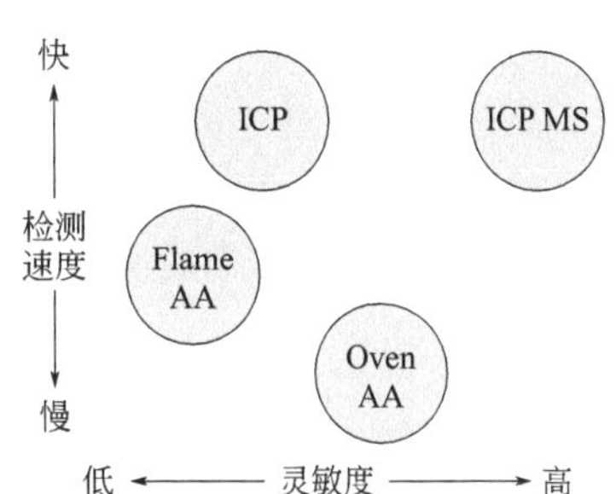

图 5-5　比较原子光谱法的检测速度和灵敏度

Flame AA—火焰原子吸收光谱法；
Oven AA—石墨炉原子吸收光谱法

5.3.2.9　荧光

荧光是一种光致发光的冷发光现象：从入射光源接收能量，分子向所有方向发射辐射能。发射荧光是芳香化合物的特征。

使用荧光分光光度计在与入射紫外线成 90°直角的方向测定荧光。

5.3.2.10　色谱法

有机物的鉴定和检测一般采用色谱技术。

毛细管气相色谱法是气相色谱法（GC）的一种，即采用毛细管柱作为色谱柱，其分辨率极高，可使用普通检测器并且可以与质谱（MS）联用。

气相或液相色谱仪由三部分组成：进样器、分离柱和检测器。水样用微量注射器注入，以分子状态进入选择吸附柱，并因洗脱浓度和温度梯度而分离。

当分离的化合物离开分离柱并先后通过检测器时，会转换成电信号。信号强度与注入化合物的浓度成正比。经过校准后该信号可提供定量分析（图 5-6）。普通检测器对大多数有机化合物具有基本相同的灵敏度，而专用检测器对某一类化合物的检测信号更为强烈。

最常用的检测器是火焰离子检测器（FID）。专用检测器包括：对卤素化合物很敏感的电子捕获检测器（ECD）；对氮、磷化合物敏感的热离子检测器以及用于检测芳香族化合物的光致电离检测器（PID）。

高效液相色谱法（HPLC）采用水或有机溶剂作为流动相。与气相色谱相比，该技术所用检测器的类型更多。利用极性液相洗脱非极性相和反相层析柱，该色谱法可用于检测多环芳烃（PAHs）。

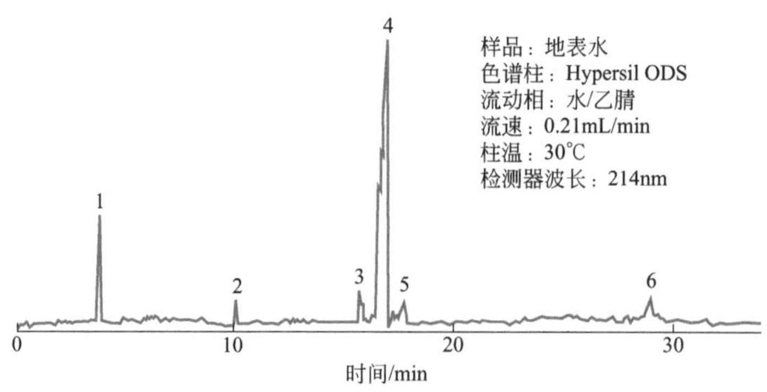

图 5-6 受污染地表水的检测谱图

1—苯嗪草酮；2—西玛津；3—阿特拉津；4—敌草隆；5—异丙隆；6—灭草呋喃

离子色谱法通过离子交换分离大量的阳离子和阴离子。

排阻（筛析）色谱法是一种根据试样分子通过多孔凝胶孔隙的尺寸进行分离的色谱技术，用于测定分子摩尔质量。因此通过该方法检测到的不同分子摩尔质量可用于其他的分析。

5.3.2.11 极谱法

极谱法通过测定电解过程中所得到的极化电极的电流-电位曲线来确定溶液中被测物质的浓度。在测定过程中，记录两个电极（通常为滴汞极化电极和参比电极）之间的电流强度相对于电位的连续变化情况。两个电流之间的强度差与被氧化或被还原物质的浓度成比例。该方法主要用于分析金属阳离子及其“形态”（氧化程度、螯合度），其变形技术的灵敏度有了较大提高。

5.3.2.12 质谱法（MS）

气相色谱-质谱联用（GC-MS）用于检测适合进行色谱分析的多组分化合物，只需要利用简单的萃取剂（如二氯甲烷）和简便的色谱分离操作即可测定。

从色谱柱洗脱分离的化合物与电子碰撞，使其电离。所有的待测离子（其相对原子数量和相对原子质量也同时被检测）形成分子特征光谱。计算机能协助该技术应用光谱来鉴别其中的分子，即使色谱柱的分离不是很理想，因此从这一点来说质谱仪要优于专用检测器（图 5-7）。

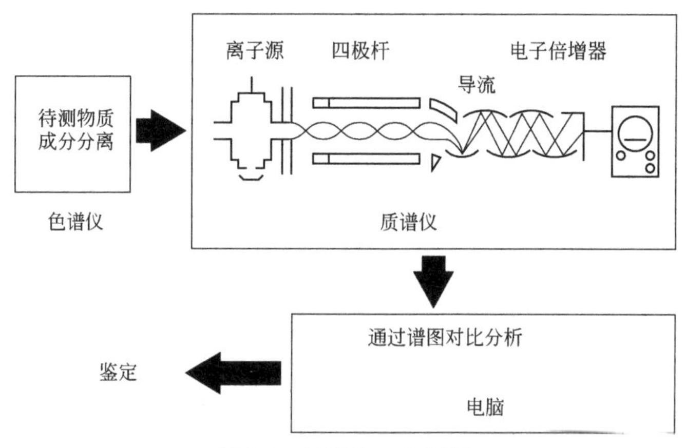

图 5-7 质谱仪工作原理

5.3.2.13　放射性检测

当检测输配管网中水样的放射性时，样品通常不进行预先的化学分离。该检测需要评估下列参数：a. 总 α 放射性；b. 总 β 放射性；c. 放射性核素 γ 能谱分析。

在较为复杂的情况下，详细的放射性分析要求测定经化学分离处理的样品。当检测水样时，只考虑用 β 和 γ 射线来监测放射性的变化。但是水的放射性很弱，因此只有少数仪器可以得到令人满意的结果。最常用的检测器包括：

① 电离气体流量计（盖格-弥勒计数器、比例式计数器）；

② 对辐射敏感的闪烁检测器或者半导体检测器。

5.3.2.14　联用技术

许多分析测定方法采用多种组合技术。例如气相色谱-质谱联用（GC-MS）：先分离后检测。

此外，有机物的测定一般可以分成两步：反应和检测（见表 5-3）。

表5-3　有机物的测定

有机物	反应	检测
COD	酸性介质中的热氧化	基于氧化还原的容量法
TOC	燃烧	CO_2 红外吸收法
	化学氧化 +UV	
BOD	生物化学氧化	溶解氧容量法或特殊电极法

5.3.3　微生物分析

第 6 章将对细菌以及水中主要微生物的鉴别方法进行全面的介绍，重点在于水体的卫生质量控制。

5.3.3.1　卫生控制原理

饮用水不应对人类的健康构成威胁，因此不得含有任何致病微生物。

检测并鉴定出水中所有的致病微生物（细菌、病毒、寄生虫），是一项难以完成的任务且代价极为高昂。微生物的种属非常多，包括沙门氏菌属、志贺氏菌属、弯曲杆菌属、霍乱弧菌属、钩端螺旋体属、贾第虫、隐孢子虫、轮状病毒、脊髓灰质炎病毒和甲型肝炎病毒等。微生物种属的鉴定往往是复杂且烦琐的，而且其只能在高度专业化的实验室完成。此外，这些微生物的出现是没有规律且随机的。

水体中携带的病原微生物大部分来自粪便，因此，建议的控制方法包括寻找某些物种或菌群作为粪便污染的指示物。这些指示菌在人体或恒温动物肠道内共生，在粪便排泄物中本来就大量且稳定存在。

水的饮用性标准的制定基于如下假设：病原微生物与指示微生物灭活的控制原理具有可比性。因此，指示微生物的锐减将导致病原微生物更进一步失活。理论上，指示微生物的出现是病原菌存在的征兆。类似地，如果水中没有检测到指示微生物，则表明水中不存在病原微生物。

相关标准曾将肠球菌和耐热大肠菌群作为受粪便污染的指示微生物。现在已经被大肠埃希氏菌所取代。

《生活饮用水卫生标准》(GB 5749—2006)规定，当水样检出总大肠菌群时，应进一步检验大肠埃希氏菌或耐热大肠菌群；如果水样未检出总大肠菌群，则不必检验大肠埃希氏菌或耐热大肠菌群。

如下备选指示物种可作为指示微生物的补充：

① 处理效率指示物种：厌氧硫还原菌的孢子（法国标准）或者产气荚膜梭菌孢子（欧洲标准）；

② 在22～36℃温度范围内再生的好氧菌的数量。作为“普通菌群”，其用于监测输配管网中的细菌浓度，它们的数量为可能发生的二次污染提供预警信息。事实上，微生物量的波动，特别是突然增大表明水的微生物质量在输配过程中发生了变化。

我国《生活饮用水卫生标准》(GB 5749—2006)将贾第鞭毛虫和隐孢子虫（俗称“两虫”）规定为非常规微生物指标，要求在10L水中的贾第鞭毛虫和隐孢子虫的数量均小于1。贾第鞭毛虫和隐孢子虫是两种严重危害水质安全的、寄生于人和动物体内的原生寄生虫（见第6章6.3.2.4节），其孢囊和卵囊的表面包裹着一层较厚的囊壁，且个体极小（最小仅为数微米），不易为常规的沉淀、过滤等处理方法去除（尤其是隐孢子虫），而且孢囊和卵囊对消毒剂的抵抗力远大于大肠菌群，对于常规指示微生物安全的饮用水并不能排除原虫感染的可能性。

5.3.3.2 细菌学分析

每个实验室都有一套满足细菌控制要求的标准操作方法。

微生物计数是将微量样品引入到固体培养基中，通过培养、观察形成的菌落数来推算样品中的菌数。

对于指示病原菌，最普遍的测定方法是利用膜过滤，然后将膜放置在一个特定的适于目标细菌生长的琼脂培养基中，在最佳的温度和时间范围内培养。

经过培养，样品中的每个细菌都会产生一个肉眼可见的菌落。然后对菌落进行生化鉴定实验，其特性被认为是目标细菌的特性。

结果在几天之后获得，单位以CFU（菌落形成单位）表示。样品采集条件（消毒、运输）对于确保结果的有效性是非常重要的（见第2章）。

更全面的分析要求实验室检测对人类致病的细菌，例如沙门氏菌、志贺氏菌、军团菌、金黄色葡萄球菌、绿脓杆菌等。

5.3.3.3 病毒学分析

应用最广泛的分析技术为肠道病毒计数法。

对水样的充分浓缩是必不可少的，使用最广泛的技术包括膜过滤或超滤技术以及使用各种介质的吸附-洗脱技术（硝酸纤维素、微型玻璃纤维滤芯、玻璃粉末）和有机絮凝等方法。

在含氢介质中发现的病毒可以采用不同的细胞培养法进行分离。最广泛使用的是可连续传代的BGM（布法罗绿猴）肾细胞或人类肿瘤细胞（海拉细胞）。分离病毒的可能性随着所使用细胞培养技术的增多而增大。因此，建议至少采用两种不同的细胞培养技术。

接种浓缩样品并进行体外培养，利用显微镜观察到的细胞病变效应的出现是病毒扩散和目标接种病毒出现的标志。感染病毒的斑块数量用如下单位来表示：对于细胞在液体介质中培养的情况，单位为 MPC（最可能数），在固体介质中培养的则为 PFU（平板形成单元）。该方法的回收率很低，通常 2～3 个星期才能获得最终计数结果。

5.3.3.4　寄生虫分析

废水中含有大量的寄生虫。贾第鞭毛虫和隐孢子虫这两种原生动物是目前水体中研究得最多的两种寄生虫，其在过去的数十年间引发了较多的水传播流行病。鉴别这些寄生虫有助于控制水体污染，且非常必要，尤其是对于受到地表水侵蚀的地下水而言。

贾第鞭毛虫和隐孢子虫的检测与鉴定采用相同的标准分析方法。主要包括以下几步：

① 浓缩去除大量水分：首先通过聚醚砜滤芯过滤，然后在洗涤剂溶液中进行机械搅拌洗脱。

② 离心分离进一步浓缩，通过磁免疫分离法（MIS）提取孢囊。

③ 采用免疫荧光法对提取的孢囊进行标记［单克隆抗体的标记使用荧光染料，异硫氰酸荧光法（FITC）专门用于固定存在于孢囊表面的抗原］以及使用 4',6- 二脒基 -2- 苯基吲哚（DAPI）对核酸染色。

④ 利用显微镜在波长为 490nm 处检测被苹果绿荧光标记的孢囊。

该方法可在一天内获得结果。

该方法仅用于检测被囊型寄生虫，而非传染性的营养型寄生虫。为了评估孢囊的成活力或感染性，现有的测试方法（特殊染色法、孢囊形成技术、幼鼠感染）不是特别适用于水样的检测，因为这些方法的灵敏度阈值通常太高。

5.3.3.5　分子生物学技术

应用于饮用水卫生控制的分子检测技术是水质分析领域的一项变革，其可对水的微生物质量进行更广泛及更有前瞻性的监测。目前虽然仅有少数几种投入使用的分子检测技术，但越来越多的学者正在进行相关的研究和开发。

传统检测方法只是观察微生物的形态和生理特性，而分子检测方法则是对所有活性微生物（细菌、寄生虫、病毒等）DNA 或 RNA 的一个或多个核酸序列进行识别。该分析技术的主要优点是快速、高选择性以及高灵敏度，还可以实现自动操作，并能够对那些传统方法难以鉴别的微生物进行分析。

在不同的分子生物技术中，聚合酶链反应（PCR）是最具前景的一项技术。在基因倍增阶段可以使目标微生物的特定 DNA 序列复制为原来的一百万倍，因此不再需要在培养皿中培养细菌或者用细胞培养分离病毒。为了提高微生物的存活率并确保微生物没有“死亡”，研究人员使用逆转录酶 PCR（RT-PCR）技术，这项技术主要用于检测 RNA（信使 RNA、核糖体 RNA），RNA 的出现则意味着细胞具有代谢活性。

这类分子生物技术的主要缺点是：目标病原微生物或者粪便污染指示微生物在固有菌群中只是少量存在（当它们出现时！），因此必须优化操作条件，克服潜在的干扰，并消除任何假阴性的风险。

5.3.3.6 藻类学

藻类计数可通过光学或电子显微镜来实现。藻的种类可通过其自身的天然色素、形态或繁殖方式加以区分（见第 6 章 6.3.1 节）。

测定前，水样通常加入甲醛溶液（100mL 水样中加入 3～5mL 40% 的甲醛）以使其保持稳定。当水中藻类含量很低时，需要采用离心（5000r/m）、沉淀（1L 量筒静置一周）、膜或细砂过滤等方法进行浓缩，再进行光学计数。其结果表示为有机体或细胞的数量，有时用每毫升或每升水的标准平面单位（1SPU=400μm^2）表示。

此外，也可以将水样经膜过滤浓缩后再用丙酮或甲醇萃取叶绿素，通过检测叶绿素（尤其是叶绿素 a 和叶绿素 b）的量来确定水中总的藻类含量。

5.4 饮用水与工业用水的检测

在设计水处理厂时，有必要全面掌握待处理水的物理化学性质，但这还不足以完成水处理厂的设计。根据待处理水的用途（饮用水或工业用水），为了选择合适的处理工艺并评估其处理效果，通常需要开展相关测试。这些测试需要在现场或者水样采集后的短时间内立即进行。

5.4.1 可处理性测试

5.4.1.1 自然沉降试验

含有高浓度悬浮固体（超过 2g/L）的原水通常需要经过粗筛处理。

该测试通过测量颗粒在量筒中的沉降时间来评估颗粒的沉降速率。污泥的产量和含固率通过测定澄清水和已沉降的污泥的悬浮固体浓度来确定。是否加入辅助药剂以及其与水样的反应需要通过混凝絮凝实验进行模拟（见下文）。

5.4.1.2 混凝絮凝试验

该试验的目的是在达到最佳处理效果目标时，确定所需药剂的类型和投加量（见第 3 章 3.1 节）：a. 投加混凝剂和絮凝剂；b. 调节 pH 值；c. 投加粉末活性炭（PAC）。

建议同时投加氧化剂（氯气、臭氧、二氧化氯）。

混凝剂的投加量可通过电泳试验或混凝絮凝试验即烧杯试验来确定。

（1）电泳

该技术主要是观察胶体颗粒在电场中的运动，其所使用的仪器（Zeta 电位仪）包括控制箱、电泳槽、照明设备以及用于检测粒径约为 1μm 的颗粒的双目显微镜。该方法可手动或自动测定胶体的运动变化。先测定原水，然后再逐渐增大混凝剂的投加量并测定胶体的运动变化。胶体颗粒的 Zeta 电位可通过胶体的运动速率和温度计算得出（请参考仪器操作指南）。

Zeta 电位（以 mV 计）随所用混凝剂投加量变化的曲线如图 5-8 所示。对于与曲线 1（浊度主要为胶体引起）对应的原水，当 Zeta 电位达到 3～4mV 时需投加的药剂量为 A。在另一方面，对于藻类或有机物含量高且与曲线 2 对应的原水，为消除 Zeta 电位的影响所

需的药剂投加量为 B。

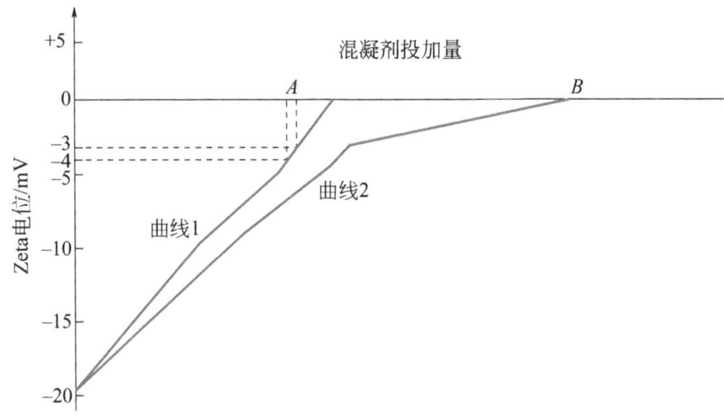

图 5-8　电位法确定混凝剂投加量

样品从现场到实验室的运输过程对电泳分析结果影响甚微。

（2）混凝絮凝试验：烧杯试验

除了用于确定所需混凝剂的投加量，该试验还可以更加直观地观察混凝絮凝效果，同时确定药剂对澄清水和污泥的影响程度。开展该试验的温度一定要接近于原水在现场处理过程中的实际温度。

首先使用单一药剂进行试验，考察不同投加量对测试水样的处理效果。若结果不理想，需要在相同条件下展开一系列新的试验，试验条件由先前不同剂量试验所得到的最佳结果决定。当考察不同药剂的联合处理效果时，也应该同时考察不同投加顺序及投加间隔时间对处理效果的影响。

为了客观地比较试验结果，建议使用能够同时搅拌全部烧杯并且可提供精确的搅拌转速的多联混凝试验搅拌机（图 5-9）。对于所有烧杯，应确保与其对应的搅拌器的转速和烧杯内的速度梯度均完全相同。在容量为 1L 的烧杯中，当叶片尺寸为 1cm×5cm 时，搅拌器最佳转速为 40r/min。

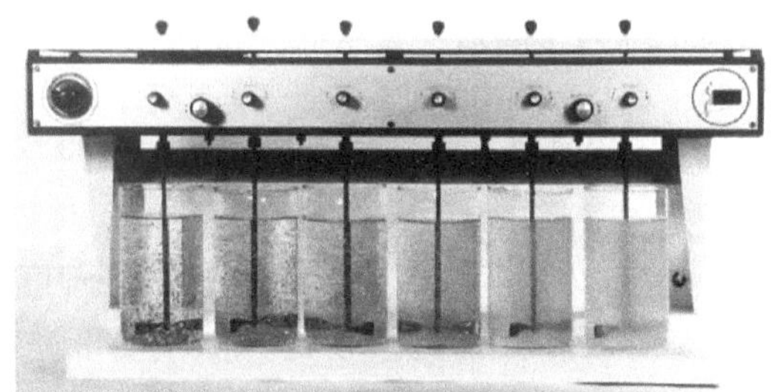

图 5-9　带转速控制和定时器的电动六联混凝试验搅拌机

试验连续进行 20min，需记录以下信息：

① 所用药剂的投加量以及投加顺序。

② 絮体的外观，按照下列标号表示其尺寸：a. 0，无絮体；b. 2，几乎见不到，极小絮体；c. 4，小絮体；d. 6，中等大小的絮体；e. 8，较好的絮体；f. 10，很大块的絮体（>1cm）。

③ 絮凝后的 pH 值。

对最佳试验结果应补充以下数据：

① 澄清水的色度和浊度；

② 污泥沉降百分比；

③ 絮体沉降速率；

④ 泥渣内聚力系数或污泥沉淀速率；

⑤ 澄清水的有机物含量（COD_{Mn}）；

⑥ 根据处理目标，测定相关指标：铁、锰、总有机碳、藻类、特征污染物等。

（3）沉降试验

由电泳试验和烧杯试验得到的结果还不足以使其放大到实际工程应用设计中，主要问题是这两种实验无法确定澄清池的上升流速，该数据应从沉降试验中获得。

会出现两种情况：

① 离散絮凝：如果将经过絮凝后的原水静置，会观察到每个颗粒沉降物彼此独立地向下沉降，有的沉速较快，有的较慢。该液体逐渐澄清，在烧杯底部形成沉积物。这就是熟知的自由沉淀或分散沉淀。

② 成层絮凝：所有的絮凝颗粒一同下沉，形成清晰的泥水分离界面。这种沉淀称为受阻沉降。若待处理原水中含有大量的易于沉淀的颗粒物就会发生该种沉淀。

对于这两种絮凝方式，采用不同的方法开展沉淀试验。

① 泥渣内聚力测定试验

对于自由沉淀，泥渣量增大导致颗粒沉降速度加快。这种现象一直存在直至原水中泥渣量浓度达到形成受阻沉降的程度。实际工程中使用的泥渣接触型澄清池就是根据此原理设计的。

泥层受到上升水流的影响发生膨胀，其表观容积与水的上升流速成正比。这种现象用泥渣内聚力进行表征。取一个容积为 250mL 的量筒（参见下文“阻滞沉淀速率的测定”），将从絮凝试验的若干烧杯内收集的污泥倒入该量筒，每个烧杯内投加的药剂种类和药剂量必须是相同的。静置 10min，然后利用虹吸法取出过剩泥渣，使量筒内只留表观容积大约为 50mL 的泥渣。

将一个小漏斗插入量筒中，漏斗的延伸管管底距量筒底约 10mm，漏斗一定要轻轻插入量筒的底部以防带入气泡，通过漏斗倒入澄清水；使用的水必须是在絮凝试验中制备好的澄清水，避免引起泥层 pH 值或温度上的任何变化。澄清水应逐步且少量加入，多余的水最终将从量筒顶部溢出。

澄清水的加入使泥床膨胀起来，可以测定泥床在不同膨胀程度时水的上升流速。

测定过程倒入 100mL 澄清水，分别记录使泥床表观容积 V 相应地增长为 100mL、125mL、150mL、175mL、200mL 时所需的时间 T（以 s 计）。

上升流速：

$$v=\frac{3.6A}{T}$$

式中　A——与 100mL 容积相对应的量筒的高度（即 250mL 的量筒上，100mL 与 200mL 刻度间的距离），mm。

结果用图 5-10 表示，纵轴为流速 v，横轴为表观容积 V。

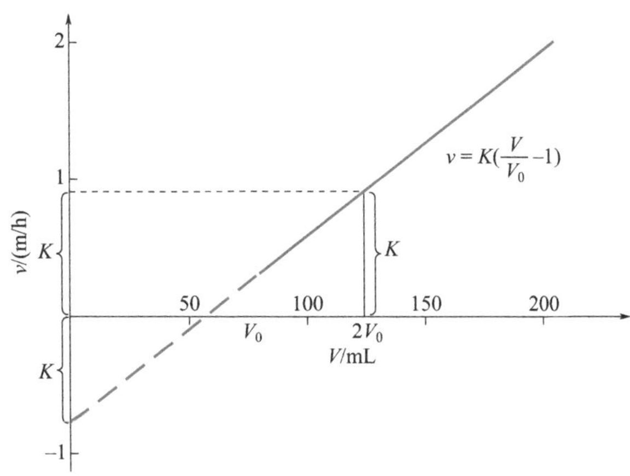

图 5-10　泥渣内聚力系数 K 的测定

上升流速与泥渣膨胀体积存在线性关系：

$$v = K\left(\frac{V}{V_0} - 1\right)$$

式中　v——泥床在量筒中获得膨胀体积 V 时的上升速度；

V——膨胀泥床的表观体积；

V_0——在图上求出的相应于上升流速 v 为零的密实泥床体积；

K——泥渣内聚力系数，表征泥渣的黏聚特性，该系数与温度有关，因此试验时应严格记录水温。

对于黏滞性好并能快速沉降的泥渣，K 值可达 0.8～1.2。

反之，对于高含水率的污泥，由易碎且质轻的絮体组成的泥渣层，K 值可低至 0.3。因此，K 值的测定对于确定沉淀絮体在泥渣接触型澄清池中的表现非常有价值，并可作为确定絮凝剂是否投加的判断依据。

通常，絮体尺寸和泥渣内聚力之间没有必然联系。

② 受阻沉降速率的测定

当絮凝试验中发生受阻沉降时，进一步增大污泥浓度就没有意义甚至产生不利影响。

本试验目的是利用从絮凝试验所获得的泥渣测定其浓缩速度。该浓缩现象在澄清池中实际发生。

除待测泥渣浓度采用按絮凝 1L 原水制备的浓度外，其他测定步骤与测定 K 系数相同。

在 250mL 的量筒中注入经絮凝处理的泥水，静置沉淀 5～10min，直至絮凝物重新生成；然后用漏斗分几批逐渐加入澄清水，直至泥渣膨胀至表观容积为 250mL。

该方法测得的上升流速可应用于澄清池的设计，其可由肯奇（Kynch）曲线的直线段的斜率计算得出（见第 3 章 3.3.1.3 节）。

该试验完成后，建议将泥渣在量筒中自然沉降，并记录在给定时间（0～2h）内泥渣层的表观容积与沉降时间的关系。该测试可作为澄清池排泥量的指示指标，并用于设计澄清池的排泥区，例如集泥斗的尺寸、刮泥板的形状等。

图 5-11 所示的操作包含以下几个参数：

a. 与 100mL 容积相对应的量筒高度 A（mm）；

b. 在 1min 内使泥层顶部到达 250mL 的液面所加入的水的体积 B（mL）；

c. 理论沉降速度 v_s（m/h）。

（4）气浮试验（图 5-12）

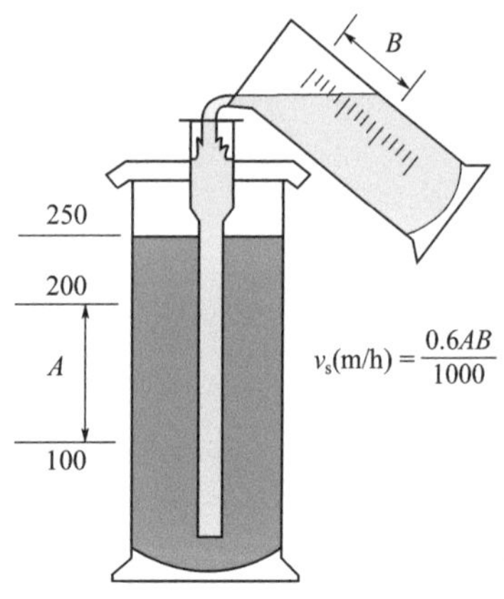

图 5-11　理论沉淀速率 v_s 的测定

图 5-12　混凝气浮试验装置

在开展气浮试验前，应先在烧杯中进行混凝絮凝反应，再使用加压水罐制备溶气水，并将其逐渐加入不同的烧杯中，实验过程应记录以下的数据：

① 通入的溶气水量（%）；

② 气泡上升速度；

③ 絮体上升速度；

④ 絮体外观；

⑤ 泥渣层厚度；

⑥ 澄清水水质检测：浊度、色度、有机物等；

⑦ 对形成的污泥层进行刮泥测试，以确定其抗刮性能及刮泥技术的适用性。

5.4.1.3　石灰软化试验

通常情况下，该试验经常选用三氯化铁作为混凝剂，但也可采用硫酸铝，絮凝剂投加与否均可。若选择硫酸铝作为混凝剂，将水样经滤纸过滤后才可进行残余铝的测定（因为铝盐在碱性介质中很易溶解）。

初步试验应在不投加混凝剂的条件下确定石灰用量，首先配制浓度为 10g/L 的石灰乳液，即向每升水中加入 10g 粉末状 $Ca(OH)_2$（粒径为 50μm）。然后根据设计的石灰投加量向水样中投加一定体积的石灰乳液。搅拌 5min，静置沉淀并取出上层清液，用慢速滤纸过滤，对滤后水进行滴定分析，将分析结果填于表 5-4。

表5-4　不同石灰投加量时的碱度和硬度

石灰投加量 /（mg/L）	100	150	200	250	300
酚酞碱度					
甲基橙碱度					
总硬度（TH）					
钙硬度（CaH）					

然后，用滤后水的酚酞碱度比总碱度的一半大 5mg/L（以 $CaCO_3$ 计）时的石灰剂量，或者采用将原水总硬度降至最低时的石灰剂量，在提高混凝剂用量的条件下，重复絮凝试验。

对于硅的去除，可以加入其他药剂（氧化镁、偏铝酸盐）以考察其对滤后水中的硅的去除效果。

也可以使用 Na_2CO_3 作为软化药剂。

5.4.1.4 氧化剂用量的测定

（1）氯气吸收试验（需氯量）

该试验使用一套由同一种玻璃制成的容积相等的烧瓶。

该试验应在恒温下进行并将烧瓶避光存放。向每个烧瓶中加入相同体积的水样，并依次增大逐个烧杯内的氯气剂量，氯气与水的接触时间一般相当于实际工程中的水力停留时间，经过一定时间后测定每个烧瓶中游离氯的浓度。对于不同的研究目的，建议采用不同的接触时间（例如：1h、2h、5h、…、24h）来开展该试验。

游离氯浓度与加氯量可绘制成一条曲线（见第 3 章 3.12 节中的图 3-94）。

强烈建议对总氯和游离氯浓度都开展分析，尤其是当氯的吸收曲线没有出现一个临界点时。因此，对于给定的一系列接触时间，需氯量是能够确定的，其他补充的检测包括：卤仿的形成、色度、有机物、絮凝的影响、口感阈值等。

① 折点的快速测定法

该方法只进行一个测定，即对原水投加过量的氯气（见第 3 章 3.12 节图 3-94 中的 E）；根据给定的接触时间，可从测定余氯（e）得出折点的近似值（$E-e$）。

② 生产性试验（出厂水的氯吸收动力学试验）

对于某一给定的加氯浓度，记录游离氯和总氯浓度随时间的变化情况。该试验曲线中的快速消耗段（不超过 1h）以及较长接触时间（长管网）的消耗段需要深入考察。该试验为输配管网再氯化的有效性提供相关信息。

（2）二氧化氯吸收试验

二氧化氯需求量的测定方法与需氯量的测定步骤相同，即绘制出加入的消毒剂量与残余量之间的关系曲线。由于氨的存在，该曲线不会出现临界点（这是因为二氧化氯与铵根离子不发生反应）。二氧化氯浓溶液是由过量的盐酸与亚氯酸钠反应制备而成。

二氧化氯储存液的浓度可配制为 15g/L，稀释液的浓度为 0.5g/L。需要确认该浓度是否为在存在亚氯酸盐的条件下测得。

（3）臭氧试验

在实验室或者生产现场，使用特殊的烧瓶测定臭氧需量（如图 5-13）。

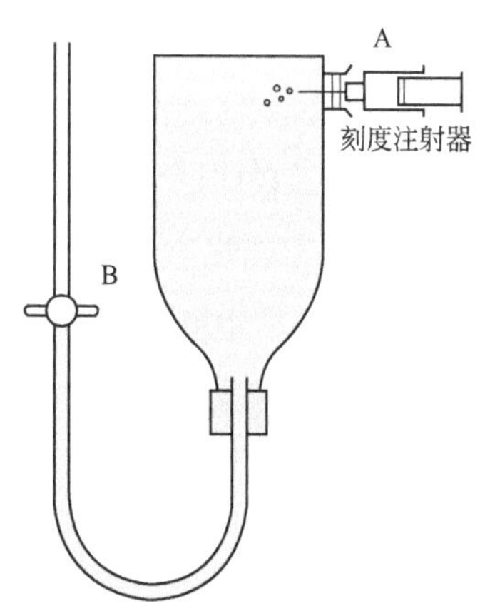

图 5-13 臭氧试验装置

用带有刻度的注射器从 A 处注入臭氧气体。打开阀门 B，则空气体积等于置换的臭氧体积。

关闭阀门 B，人工振摇取样瓶，振摇时间和臭氧在接触池中与水的接触时间相同。通过滴定分析法测定残余臭氧量，首先加入碘化钾，再使用二乙基苯二氨（DPD）进行滴定。

以下公式用于计算加入的臭氧量：

$$臭氧投加浓度（mg/L）= \frac{Co_3 V}{V - v}$$

式中 Co_3——载气中臭氧的浓度，mg/L；

V——烧瓶容量，L；

v——臭氧体积，L。

将残余臭氧的浓度和投加的臭氧浓度绘制成图。可得到具有以下典型点的曲线（见图 5-14）。

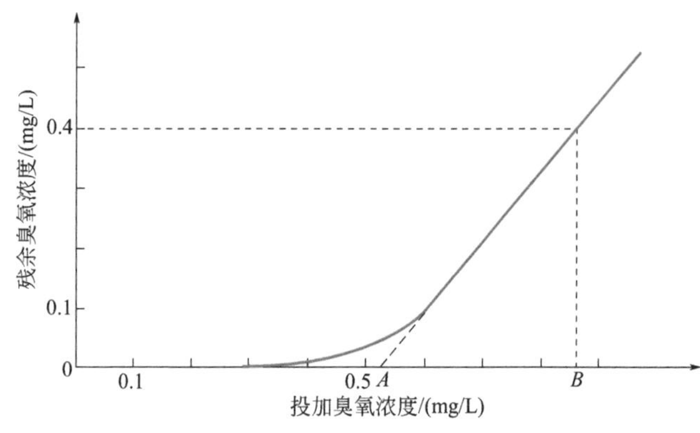

图 5-14 臭氧耗量：吸收曲线

① 点 A：该曲线直线段的延长线与 X 轴相交于点 A，代表为满足水的化学需臭氧量并产生残余臭氧所需加入的臭氧量；

② 点 B：位于直线段上，表示在给定的接触时间内为满足所需臭氧量并产生满意的残余臭氧量时所需加入的臭氧量（如 0.4mg/L）。

5.4.1.5 脱气-曝气试验

工程中有时需要将水在空气中滴滤以脱除游离的二氧化碳。为了确定该操作的处理效果，可开展如下试验：取两个容量为 1L 的烧杯，将水从一个烧杯倒入另一个烧杯，在倾倒过程中使水下落高度为 20cm，保证倾倒的流量约为 1L 水 10s；测定游离二氧化碳浓度及 pH 值，直至 pH 值不再有明显的变化，绘制出游离二氧化碳浓度与倾倒操作次数的关系图。

5.4.1.6 物理化学除铁试验

利用空气中的氧进行氧化除铁并不总是可行，尤其是水中含有大量有机物时。为此，需要开展测试以验证其处理的可行性。该试验应在现场取样后立即进行：

① 将水样快速地从一个烧杯倒入另一烧杯，重复 20 次，使水样迅速曝气；

② 用 Durieux 蓝带滤纸或者孔径为 0.45μm 的滤膜过滤水样；

③ 检测残余总铁量、pH 值变化、溶解氧和二氧化碳。

如果残余总铁量大于 0.1mg/L，需要开展进一步的测试（可能时开展中试试验），可

使用其他氧化剂和 / 或各种混凝剂或絮凝剂（例如藻酸盐）。

5.4.2　特征参数的测定

水处理行业中，特征参数用于表征原水的特性，以帮助选择合适的处理工艺。下文将介绍其中的 3 个特征参数。

5.4.2.1　污染指数 FI（淤泥密度指数 SDI）

当浊度标准不再适用，可采用过滤污堵测试装置（图 5-15）评估水中颗粒物的污染程度，该测试尤其适用于膜过滤工艺。

（1）原理

测定孔径为 0.45μm 的醋酸纤维膜在过滤样品 15min 后的堵塞情况。

（2）设备

① 直径为 47mm 的滤膜夹具；

② 醋酸纤维滤膜，直径为 47mm，孔径为 0.45μm；

③ 量程为 5bar 的压力计；

④ 调节压力的针阀。

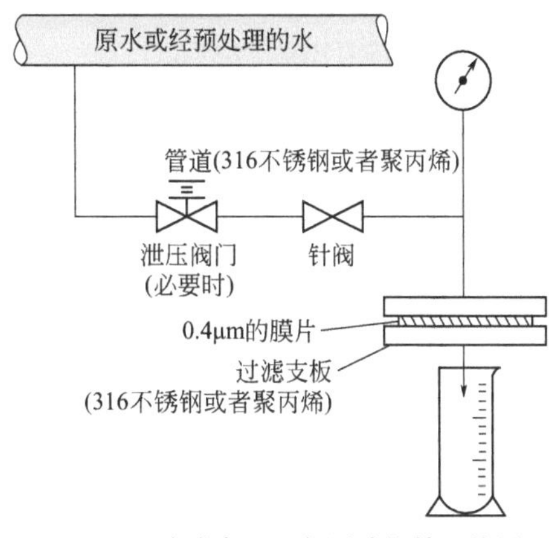

图 5-15　FI（或者 SDI）测试仪的工作原理

（3）步骤

将滤膜置于夹具上并将其润湿，调节 O 形密封圈。在水流动的情况下排除管路中的气体，并将夹具固定以使膜处于水平状态。调节阀门使压力保持为 2.1bar，用秒表测量过滤 500mL 水所需时间 t_0（t_0 应超过 10s）。如果测定过程中压力变化幅度达 ±5%，需重复试验。将过滤器置于正确位置并进行操作，必要时经常对压力进行校正。

水样流动 15min 后，再次用秒表测量过滤 500mL 水所需的时间 t，同时校核压力保持为 2.1bar。

关闭阀门，松开夹具，取出滤膜保留以备可能的补充分析之用。

（4）计算

堵塞能力 P 由下式求得：

$$P(\%)=\left(1-\frac{t_0}{t}\right)\times 100\%$$

如果过滤 15min 后该百分比大于 15%，需按表 5-5 重复本试验。目的是选择一个合适的时间，使得堵塞率约为 70%（在这种情况下，滤液的容积应减少到 100mL）。

污染指数可由 P 和两次测定的时间间隔 T 计算而得：

$$\mathrm{FI}=\frac{P}{T}$$

例如，压力为 2.1bar 时，t_0=28s，t=44s，T=15min：

$$P=\left(1-\frac{28}{44}\right)\times 100\%=36\%$$

$$\mathrm{FI}\ 或\ \mathrm{FI}_{15}=\frac{36}{15}=2.4$$

表5-5 不同污染指数时的过滤时间和取样量

污染指数	<5.0	<6.3	<7.5	<9.4	<15.0	<25.0	<40.0
过滤时间 T/min	15	12	10	8	5	3	2
取样量 V/mL	500	100	100	100	100	100	100

注：1. 这是得利满推荐的方法。公认的 ASTM 标准仅使用 FI_{15} = SDI 这一指标。

2. 如果没有具体指明过滤时间（作为一个指标），这就意味着 T=15min。相反，如果根据实验目的选择了不同的时间，则必须指明具体时间（见 FI_3 或 FI_{10}）。

3. FI_{15} 适用于较好的水质情况，能够检测的最高值为 5。FI_2 最大值 $\frac{75}{2}$ =37.5 对应的是劣质水。超过这个数值，污染指数检测没有意义，最好只标注 FI_2>40。

5.4.2.2 颗粒计数

颗粒计数这一标准方法的应用越来越广泛（补给水、超纯水、膜过滤及筒式过滤等）。

颗粒计数设备日益发展，其性能愈加优良：可测量的最小颗粒粒径为 0.1μm，可按颗粒大小分类，可根据颗粒数或体积绘制粒度曲线。然而，实际的测量仍是一项棘手的任务：如样品的运输影响，测量范围的选择，可能还需进行稀释等。

5.4.2.3 大理石试验

为了确定目标水的侵蚀能力或者结垢能力，除了进行碳酸盐平衡的计算外，还应开展化学测试对其进一步验证。

将水样灌入容积为 125mL 的烧瓶，加入 1～2g 经精细研磨的纯碳酸钙粉末，该粉末已在蒸馏水中清洗过数次。注意，必须将水灌满整个烧瓶，且无任何气泡出现。

缓慢搅拌水样 24h，过滤后测定滤液的 pH 值、总碱度和总硬度（TH）。

将测定结果（pH 值、总碱度和总硬度）与没有加入大理石粉末的原水进行对比，以确定水样是否具有侵蚀性或结垢趋势。

5.4.3 轻度矿化水

核电厂对冷凝水尤其是超纯水的水质有着非常高的要求，其涵盖的范围非常广泛：无机物、有机物、颗粒、细菌，对水质分析仪器性能的要求也在不断提高。

在实践中，只有进行连续分析才能获得精确的结果，因为任何样品的输送都会对水质检测产生不利影响。下文列出了需要考察的主要参数：

① 电阻率：电阻率测试仪的最大量程为 25MΩ·cm，电阻率的测量在循环池中进行。

② 盐和金属：对于钠、重金属及其他元素，可能需要将其浓度降至低于 1μg/L。要达到这一灵敏度需要将水样进行预富集浓缩，并采用配有特殊电极和洗脱剂抑制柱的离子色谱法进行分析。

③ TOC：TOC 的测定利用有机物经矿化后电阻率下降的原理（公布的检测限为20μg/L）。

④ 颗粒计数：如果样品的采集时间很短，试验应在现场进行，并不将样品稀释，该测试可重复进行。

⑤ 污染指数：该指数数值很小，只有利用可编程控制器（PLC）通过连续测定获得的结果才有意义。

⑥ 细菌学：瞬时样的结果通常具有代表性。采用膜技术过滤水样是合理的，因为它允许的过滤水量远远大于进行可饮用性测试所需的水量。

5.5　污水检测

5.5.1　特征分析指标

5.5.1.1　生化需氧量（BOD）

生化需氧量（BOD）是指在规定的条件下，微生物分解存在于水中的某些可氧化物质，特别是有机物所进行的生物化学过程所消耗的溶解氧量。一般以 5d 作为测定 BOD 的标准时间，因而称之为五日生化需氧量，记为 BOD_5，即为处于适应和细胞合成阶段的微生物的耗氧量。一些情况下，还有必要了解水的最终 BOD 值，即在反应 21d 后测定的耗氧量（包括微生物在自身氧化阶段，即内源代谢期的耗氧量）。

（1）稀释与接种法（HJ 505—2009）

将水样充满完全密闭的溶解氧瓶中，在（20±1）℃的暗处培养 5d±4h 或（2+5）d±4h［先在 0～4℃的暗处培养 2d，然后在（20±1）℃的暗处培养 5d，即培养（2+5）d］，分别测定培养前后水样中溶解氧的质量浓度（mg/L），由培养前后溶解氧的质量浓度之差，计算每升样品消耗的溶解氧量，以 BOD_5 形式表示。

若样品中的有机物含量较多，BOD_5>6mg/L，样品需适当稀释后测定；对于不含或含微生物少的工业废水，如酸性废水、碱性废水、高温废水、冷冻保存的废水或经过氯化处理等的废水，在测定 BOD_5 时应进行接种，以引进能分解废水中有机物的微生物。当废水中存在难以被一般生活污水中的微生物以正常的速度降解的有机物或含有剧毒物质时，应将驯化后的微生物引入水样中进行接种。

可直接购买接种微生物用的接种物质，根据说明书配制和使用接种液；也可以采用下列污水 / 水样作为接种液：

① 未受工业废水污染的生活污水：COD≤300mg/L，TOC≤100mg/L。

② 含有城镇污水的河水或湖水。

③ 污水处理厂的出水。

④ 分析含有难降解物质的工业废水时，在其排污口下游适当处取水样作为废水的驯化接种液；也可对中和或经适当稀释后的废水进行连续曝气，每天加入少量该种废水，同时加入少量生活污水，使适应该种废水的微生物大量繁殖。当水中出现大量的絮状物时，表明微生物已繁殖，可用作接种液。一般驯化过程需 3～8d。

应采用合适的稀释倍数使待测水样消耗的溶解氧不小于 2mg/L，培养后样品中剩余溶解氧不小于 2mg/L，且试样中剩余的溶解氧浓度为开始浓度的 1/3～2/3 为最佳。

稀释倍数可根据样品的总有机碳（TOC）、高锰酸盐指数或化学需氧量的测定值估计 BOD_5 的期望值。当不能准确地选择稀释倍数时，一个样品可采用 2～3 个不同的稀释倍数，若几种稀释倍数所得结果均有效，则以其平均值表示检测结果。

为了避免硝化作用对测定结果产生正干扰，分析时可向稀释水样中加入丙烯基硫脲以抑制硝化微生物的活性。

（2）**测压法**

压力测量装置可用于监测密闭反应器中气相的失氧过程。该方法同样要求对硝化微生物进行抑制。

在决定处理工艺时，通常需要知道以下几点：

① 原水的总 BOD_5 浓度；

② 经滤膜过滤后水样的溶解性 BOD_5 浓度；

③ 原水经澄清后的 BOD_5 浓度，其包括胶体和溶解性 BOD_5 浓度，该澄清过程通常耗时小于 2h。

对 BOD_5 的测定而言，其检测误差可能较大，特别是在工业废水原水进行不恰当接种的情况下。对于市政污水原水，其误差不应超过 10%。然而，对于某些经彻底生物净化处理后的水，其误差可能高达 50%（BOD_5<5mg/L）。

5.5.1.2 化学需氧量（COD）

标准方法（HJ 828—2017）适用于市政污水化学需氧量的测定。COD 是指在加热的条件下，在硫酸酸性介质中采用重铬酸钾为强氧化剂处理水样时，所消耗的氧化剂的量，以 O_2 的 mg/L 计。在 COD 浓度高于 30mg O_2/L 时，该分析方法的误差约为 10%。当溶解性 COD 的浓度（COD_S）较低时，宜采用其他替代方法。

COD 的浓度可代表水中所有能被氧化的物质的含量，其中包括一些还原性无机盐（如硫化物、亚硫酸盐等）以及大部分有机化合物，只有少量含氮化合物和烃类化合物不能被氧化。

当水样中氯离子含量大于 2g/L 时，COD 检测值就不再具有代表性（这是由于氯离子与氧化反应所需的催化剂产生沉淀）。在这种情况下，则需要增大作为螯合剂的硫酸汞（2 价）的投加量，其与氯离子反应生成可溶的但不能被氧化的氯化汞（2 价）。对于氯含量高的情况，最佳的解决办法还包括将样品稀释以减少干扰。需注意的是，水样经稀释后其 COD 浓度不能低于该方法的检测限。

高锰酸钾氧化指数的测定有冷法（4h）或者热法（煮沸 10min）两种，它可作为现场测定方法，用于监测污水处理厂（特别是处理出水）或者饮用水水源中不同位置的水质变化。

当测定 TOC［见本章 5.3.2.8 节中的（2）］时，有机物通常会比测定 COD 时的氧化程度更为彻底。

由于 COD/TOC 和 COD/BOD_5 的比值可以作为特定污染（工业废水）的指示性参数，故往往需要同时检测 TOC、COD 和 BOD_5 这三个指标。

5.5.1.3 悬浮固体

膜过滤法似乎是最简单的悬浮固体测定方法，然而，为了获得可靠结果，必须严格按照标准（GB 11901—1989）中的相关要求进行检测。检测误差主要来源于：滤膜的类型、真空度、采样器容量、分离后的清洗方法，还有特别是在样品采集和分析之间发生的后沉淀（氢氧化物、碳酸盐、磷酸盐、硫酸盐等）。

5.5.1.4 可沉淀物质的量

水样分析之前需通过一个孔径为 5mm 的滤网滤除其中的大块残渣。可沉淀物质是指按标准方法静置 2h 后液体中沉淀下来的物质。检测所用的测试管都标有刻度，其形状为圆锥形或者柱锥形，这样有利于检测可沉淀物质的量。

5.5.1.5　烃类

现有分析方法已经可以鉴定出存在于水中的烃类物质，但受所使用方法操作条件的影响，包括溶剂、萃取条件、重量测定或者红外吸收光谱（图 5-16）等，这些方法可能会得到不同的测定结果。针对特定的烃类必须采用特定的方法并且应严格遵循操作规程。因此，即使按照 HJ 637—2012 和 HJ 970—2018 这两个不同的标准进行检测，获得的结果也可能会大相径庭。

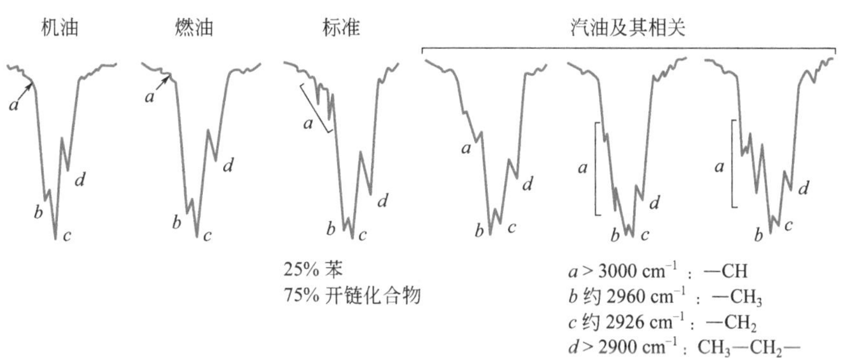

图 5-16　不同石油产品的红外吸收光谱（决定烃基指数的条件）

5.5.1.6　氮

为了理解整个水处理流程中氮的变化，首先必须了解氮的不同存在形式：

① 氨氮；

② 硝酸盐氮，用于了解微生物可能承受的极限浓度；

③ 亚硝酸盐氮；

④ 凯氏氮（TKN），氨氮和有机氮的总和。TKN 不包括氧化性氮化合物：亚硝酸盐、硝酸盐以及有机硝酸盐类化合物。如果水样中的 TKN 浓度较低，则难以对其进行测定。

所有形式的氮的总量称为总氮（TN）。

需确保在任何生物反应都停止后进行取样，随后再分析不同形式氮的浓度。

5.5.1.7　总磷

该分析方法需要区别以下三种形式的溶解态磷：

① 正磷酸盐；

② 聚磷酸盐（水样经酸化水解后测定）；

③ 有机磷酸盐（水样经酸化水解并氧化后测定）。

可采用电感耦合等离子体光谱法（ICP）测定总磷。

5.5.1.8　硫化物

硫化物的测定可以采用多种方法：将硫化物固定后再用碘量法测定；利用银指示电极进行电位测定的银滴定法；低浓度时可采用比色法或者通过一个指示电极和一个参比电极来测定硫化物离子活性的方法。其中第二种方法是目前为止准确性最高的方法。而测定工业废水中的还原态硫化物（如硫代硫酸盐、连二硫酸盐、亚硫酸盐和硫化氰等）仍有相当大的难度，必须避免采用涉及沉淀或螯合作用的检测方法。在某些特殊情况下，可以采用离子色谱法。

检测某些工业废水的厌氧处理（甲烷发酵作用）水样时也必须考虑硫酸盐的影响。

5.5.1.9 总碱度（甲基橙碱度）

在整个硝化反应（产酸）或者反硝化反应（产碱）过程中需要监测总碱度。

5.5.1.10 重金属

重金属总浓度需在水样矿化后立即检测。通常采用原子吸收分光光度法检测该指标。最常见的重金属包括镉、汞、铅、六价铬和总铬、铜和镍。下列样品需检测其重金属含量：

① 排放到受纳水体或者排水管网的处理后的废水；

② 经生物工艺处理前的污水；

③ 污泥（使其符合农业再利用标准）。

此外，还有可能需要对可促进甲烷发酵作用的某些微量元素进行测定（例如：镍、钴）。

5.5.1.11 废水的毒性

毒性这一概念很复杂，其涵盖以各种形态（螯合态、离子态、氧化态等）存在的多种化合物的复合作用。只能采用生物方法评价毒性。

使用水蚤（法国标准 NF T 90.301）检测毒性是最常用的测试方法，即通过检测废水对巨蚤（或是水蚤）（甲壳类、水蚤）活动性的短期抑制作用进行评价。结果用等毒性单位表示，该参数定义如下：在 24h 内，当有 50% 的水蚤静止不动时，表示 $1m^3$ 的废水中含有 1 个等毒性单位。

GB/T 15441—1995 利用发光细菌测定水环境急性毒性：基于发光细菌相对发光度与水样毒性组分总浓度呈显著负相关，因而通过生物发光光度计测定水样的相对发光度，以此表示其急性毒性水平。

5.5.1.12 莫尔曼（Mohlman）指数

莫尔曼（Mohlman）指数相关内容参见第 3 章 3.3.1.3 节中的（3）。

5.5.2 可处理性测试

5.5.2.1 耗氧量测定：呼吸法

正如第 4 章所讨论的，为了确定废水的可生物降解性 / 毒性（BOD），或者了解现有微生物的生理状况以及其对给定废水（BOD 或者特定污染成分的去除动力学）的可能的处理效果，测定好氧微生物的耗氧量是首选方法之一。

测压法采用沃伯格（Warburg）呼吸法，具体如下。

沃伯格呼吸器与其说是一台控制仪器不如说是一台测压设备。根据溶解氧含量只需取少量体积的水样（几毫升）即可研究活性污泥的呼吸作用。

如图 5-17 所示，呼吸器可以测定活性污泥（见第 4 章）的呼吸系数 a'、b'。

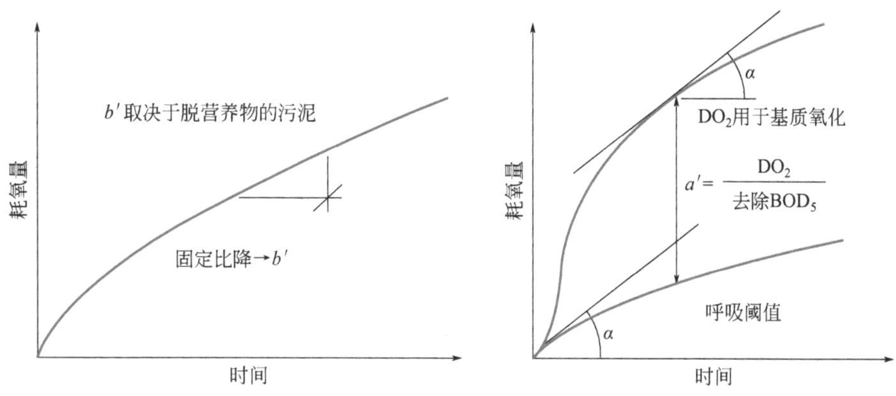

图 5-17　沃伯格呼吸系数测定的原理

该检测方法由于操作较困难，现在基本上已经不再使用。这种呼吸仪已经被图 5-18 所示的测试系统所取代，该系统可以在密闭的生物反应器中对耗氧速率进行直接且连续的测定。

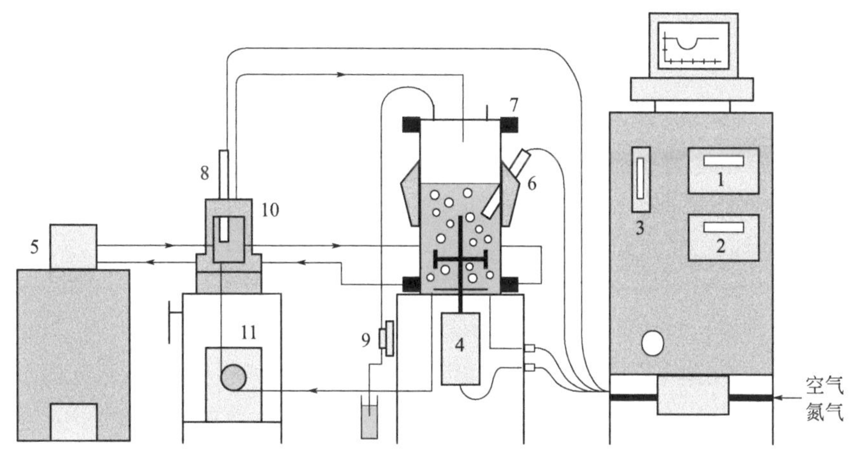

图 5-18　通过计算在密闭单元内氧浓度的降低速率测量耗氧速率

1—氧分析仪1；2—pH计；3—氧气流量计；4—搅拌电机；5—恒温循环水浴箱；6—温度调节器；7—双层PVC反应器；8—氧分析仪2；9—pH调节加药泵；10—测量池；11—循环泵

在测量池（10）中，在没有任何进气的情况下溶解氧浓度呈直线下降，且与微生物活性成正比（图 5-19）。

通过测定反应器中的生物量可以确定特定温度（通过恒温器保持）下的耗氧量[g O_2/（g VS・h）]。

这种呼吸器可以用于：

① 测定废水的毒性（以检测出的异常低的耗氧速率作为预警，可立即确定毒性阈值）；

② 确定废水可生物降解性（极易生物降解、较难生物降解、不可生物降解）；

③ 测定呼吸系数。

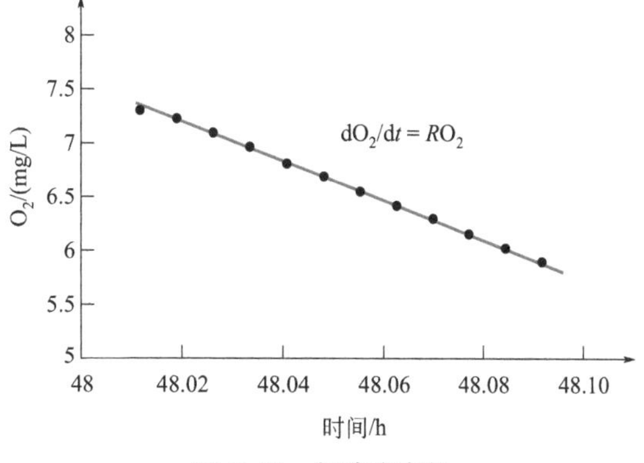

图 5-19　氧浓度变化

5.5.2.2 硝化测试

将接种硝化污泥或者特殊菌株的废水放入烧瓶中，随即开始曝气并搅拌，每隔一段时间检测其中 NO_3^-、NO_2^- 和 NH_4^+ 这几种不同形式的氮的含量，其随时间变化的浓度曲线可用于研究废水的可处理性和硝化动力学。该方法主要用于检测含有抑制微生物活性的物质的工业废水。

5.5.2.3 反硝化测试

这一定性测试主要用于评估工业废水或者经硝化处理后的城市污水（无论投加碳源与否，如甲醇）的反硝化动力学。

图 5-20 介绍了该测试的步骤。烧杯用隔膜密封，可以用注射器进行注水和采集水样，这样不会破坏缺氧环境（测试初期需进行氮气吹扫）。

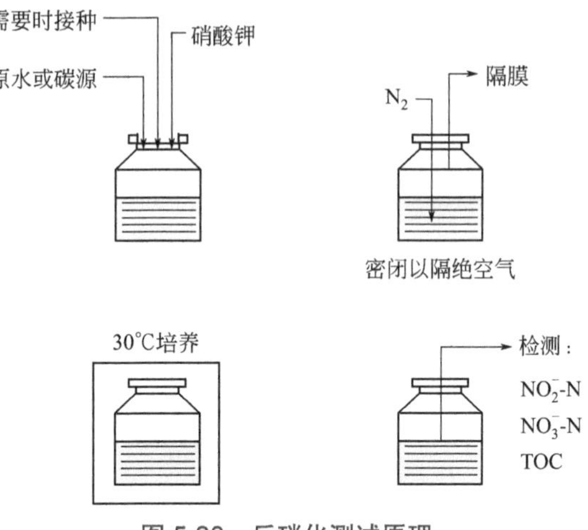

图 5-20 反硝化测试原理

5.5.2.4 小试生物降解试验

（1）好氧基质

在大多数情况下，连续式或者序批式（小型 SBR）反应器均处于过曝状态，即曝气量大于微生物耗氧量。检测总进水和出水在不同反应时间的COD和BOD浓度，同时还可以在反应器中连续监测 pH、氧化还原电位、溶解氧、TOC、悬浮固体和可挥发性悬浮固体等指标。

图 5-21 所示的实验装置模拟了一座实际的小型污水处理厂的曝气区和澄清区。在曝气之后，活性污泥被输送至圆筒型澄清器的底部，在与已处理水分离后采用乳化器（气提曝气器）将其循环回流。这是一个完全混合系统，因此阐释反应动力学的数学方程式能够得以简化，使其可用于描述系统的处理效果随运行参数的变化情况。

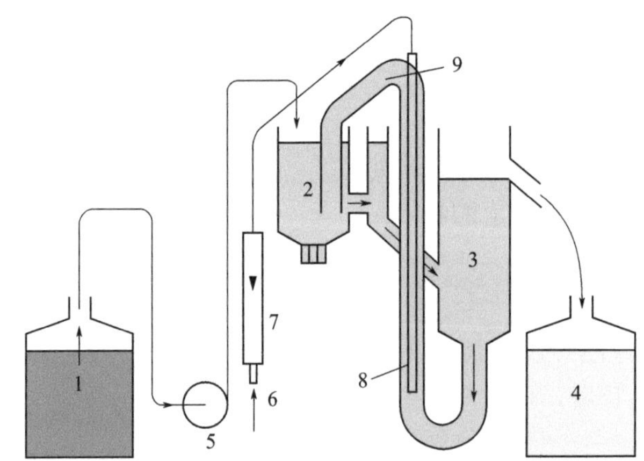

图 5-21 用于实验室小试研究的组合装置

1—原水罐；2—曝气罐；3—二沉池；4—清水罐；5—进水泵；6—空气；7—转子流量计；8—乳化器；9—污泥回流

可以用蠕动泵代替乳化器，其可精确调节循环流量并将曝气系统与回流污泥泵送系统分开。

对于难处理的工业废水，需要接种城市污水处理厂的污泥对活性污泥进行培养驯化。将城市污水和待测水样混合注入试验装置。在试验开始后的前十天内，按每一天或每两天为一阶段，逐渐增大工业废水所占比例。当工业废水达到总进水量的 100%，且系统性能没有任何明显下降时，就可认为此废水适合直接进行生物处理。否则，当工业废水比例提高时，需要选择合适的城市污水稀释比，以保证注入的混合液可以作为微生物的可用基质。显而易见的是，无论是待测水本身含有营养物质还是人工添加营养物质，此试验必须在含有可同化的碳、氮和磷的平衡基质中进行。

（2）厌氧基质

在如图 5-22 所示的小型反应器中进行间歇发酵。将从城市污水处理厂消化池中采集的污泥接种至反应器，接种的厌氧消化污泥中需含有大量不同种群的微生物。试验启动时利用氮气曝气，将密封瓶置于搅拌的热水浴中，温度保持在 37℃。每隔一段时间，分别对产气和反应器出水进行检测，以确定甲烷产气量及 COD 去除率。

本测试还可以使用采用附着生长、混合生长工艺或者连续进料的颗粒污泥床反应器（图 5-23）。

图 5-22　实验室发酵装置

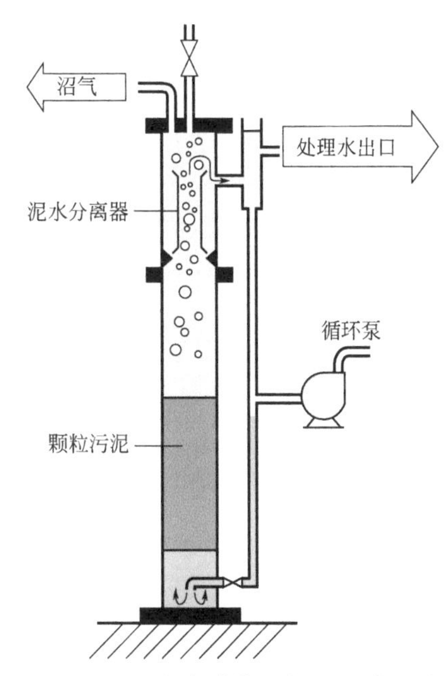

图 5-23　实验室沼气发酵装置（浸没于恒温水浴中）

定期测定产气率和气体成分。对反应器进水和反应器内的水质要进行必要的检测，包括 pH、温度、挥发性脂肪酸 VFA、总碱度、COD 等。

大量的监测数据可用于确定污水中可生物降解组分的含量，同样还可以获得降解动力学、抑制性和毒性的相关信息（注意：取决于污泥的活性恢复期和驯化期，试验研究往往需要历时 3～4 个月）。

5.6 污泥检测

5.6.1 液态污泥中的悬浮固体（SS）

当污泥未被浓缩时，其干重不应包括污泥间隙水中的溶解性物质。目前采用下列两种方法测定其悬浮固体（SS）浓度。

5.6.1.1 离心法

离心法使用实验室用离心机。向每个容积为100mL的离心管中注入80mL污泥，在4000～5000r/min的转速下离心分离10min。上述操作完成后，除去上清液，将全部污泥残渣仔细回收后置于105℃烘箱内烘干，直至恒重（通常这一过程至少耗时12h）。

注意：也可以在污泥样品中加入少量的PAM絮凝剂（可在离心管中直接絮凝），该操作能够产生方便回收的均质污泥且无污泥损失。

如果用M(g）表示所得干残渣的重量，V(mL）表示待离心污泥体积（V为160mL或者320mL），则可计算得出：

$$悬浮固体浓度\ (g/L) = \frac{1000M}{V}$$

5.6.1.2 过滤法

此法更适于测定悬浮固体浓度较低的污泥（例如浓度为2～10g/L）。

首先精确地称量滤纸（ϕ150mm的快速无灰滤纸，例如Durieux牌），然后使用玻璃漏斗过滤污泥（根据浓度高低，量取25～100mL污泥）。对于不易过滤的污泥，该方法耗时较长。过滤后将滤纸放入烘箱内在105℃烘干至恒重。

$$悬浮固体浓度 = \frac{M-F}{V} \times 1000\ (g/L)$$

式中 M——滤纸和滤饼的总干重，g；

F——滤纸重量，g；

V——过滤污泥体积，mL。

5.6.2 总固体含量或干物质量（DM）

总固体含量包括悬浮固体和溶解盐，同时可用总固体含量确定污泥干重［用a(%）表示］。

5.6.2.1 总固体含量（105℃）

总固体含量是污泥干燥前重量和干燥后重量的比值。它的测定方法是将污泥样品（根据污泥浓度，量取25～100mL的污泥）置于105℃烘箱内烘干至恒重。

将M_1表示为湿污泥的重量，M_2为干燥后重量，则

$$总固体含量 = \frac{M_2}{M_1} \times 100\%$$

5.6.2.2　总固体含量（175～185℃）

结晶水中的盐含量、极易挥发性物质（如油类等）的浓度以及其他参数可以通过比较分别在 105℃和 175～185℃温度条件下干燥后的结果加以评价。

5.6.2.3　总固体含量（550℃）和挥发性固体（VS）

将经 105℃烘干处理的残渣放入马弗炉中在 550℃温度条件下煅烧两小时，马弗炉已预先升温，并可以恒温控制。通常称取 10～20g 经研磨处理的微细干污泥，将其置于石英坩埚中，然后在马弗炉中煅烧。

不能将在 550℃时气化的挥发性物质含量与有机物含量混淆，这是因为：

① 部分无机物和盐类在温度达到 105～550℃时会发生分解；

② 部分有机物（特别是某些有机钙合物或有机金属络合物）即使在 550℃也不能气化，接近 650～700℃时才挥发；

③ 经过石灰处理后的污泥，其有机物质焚烧后产生的 CO_2 被石灰固定生成 $CaCO_3$，在温度达到 550℃以上时才会分解。

尽管如此，对大多数污泥来说，挥发性固体的含量粗略等同于其有机物含量。挥发性固体含量通常以干物质或悬浮固体的百分数 a（%）表示。

5.6.2.4　干固体（900℃）

污泥在 550～900℃温度条件下产生的挥发性固体主要由污泥中的碳酸盐分解产生的 CO_2 组成。

5.6.3　液态污泥的总碱度和挥发性脂肪酸（VFA）的快速测定

这些检测对于保障厌氧消化池的正常运行有重要意义。

尽量精确地量取 25mL 污泥，先将此污泥在 5000r/m 的转速下离心分离 10min，离心后将上清液收集到一个 400mL 的烧杯中。将离心分离后的沉降污泥溶解于 50mL 蒸馏水中，注意不使污泥固体残渣有任何损失。

在 5000r/m 的转速下再次离心 10min，并将上清液收集到烧杯中。再重复一次沉降污泥的离心洗涤操作。

最后，所收集的上清液中含有最初存在于污泥中的可溶性碳酸氢盐和挥发酸。

5.6.3.1　总碱度（甲基橙碱度）测定

使用磁力搅拌器搅拌烧杯中所回收的液体。将 pH 计的电极插入溶液，记录初始 pH 值。

使用刻度为 1mL 的 10mL 滴定管，加入 0.2mol/L H_2SO_4 直至 pH 等于 4，得到硫酸滴定体积 V（mL）：

$$总碱度 = V \times 4 \times 0.05\ (\text{g/L，以 } CaCO_3 \text{ 计})$$

5.6.3.2　挥发性脂肪酸（VFA）测定

在上述试验完成之后接着加入 0.2mol/L H_2SO_4 直至 pH 等于 3.5，在此 pH 条件下将液体煮沸 3min（精确计时），放置冷却，将 pH 电极插入冷却后的液体，边搅拌，边用 10mL 的滴定管滴加 0.1mol/L NaOH，直至 pH 等于 4，记录加入 NaOH 溶液的体积 V_2。

继续滴加 NaOH 直至 pH 等于 7，记录新体积 V_3。

$$挥发性酸度 = (V_3 - V_2) \times 4 \times 0.06（g/L，以乙酸计）$$

5.6.4 脂肪和油类的检测

对于通常以乳浊液或皂化液形式存在的烃类、脂肪和油类物质，现在已经开发出多种检测方法。

向经酸化处理的待测泥样中加入 NaCl 溶液，然后将其过滤，以分离出脂肪和油类。使用索氏萃取法（可选用的溶剂包括氟利昂、正己烷、三氯乙烯、氯仿等）对预处理后的固相残渣进行萃取处理。最后将萃取剂蒸馏后再进行称重。

可以采用《城市污水处理厂污泥检验方法》（CJ/T 221—2005）进行测定，但其主要适用于含有少量水溶性烃类的污泥的测定。

5.6.5 重金属

污泥在施用于农业时，必须检测其重金属含量（表 5-6）。

表5-6 污泥农用时的重金属含量限值及分析方法

微量元素	欧洲			中国		
	污泥含量限值 /（mg/kg DM）	最大允许施用量 /（g/m²）	分析方法	GB 4284—2018 中污泥含量限值 /（mg/kg DM）		分析方法
	1998 年 1 月 8 日颁布法令	1998 年 1 月 8 日颁布法令		A 级污泥	B 级污泥	
Cd	10（自 2004 年 1 月 1 日起执行）	0.015（自 2001 年 1 月 1 日起执行）	NF EN ISO 11-885（ICP-AES①）	3	15	GB/T 17141 CJ/T 221
Cr	1000	1.5	NF EN ISO 11-885（ICP-AES）	500	1000	HJ 491 CJ/T 221
Cu	1000	1.5	NF EN ISO 11-885（ICP-AES）	500	1500	HJ 491 CJ/T 221
Hg	10	0.015	基于 NF EN 12-338（热解后 AA②）	3	15	GB/T 17136 CJ/T 221
Ni	200	0.3	NF EN ISO 11-885（ICP-AES）	100	200	HJ 491 CJ/T 221
Pb	800	1.5	NF EN ISO 11-885（ICP-AES）	300	1000	HJ 491 CJ/T 221
Zn	3000	4.5	NF EN ISO 11-885（ICP-AES）	1200	3000	HJ 491 CJ/T 221

相关预处理及初步检测方法：
1. DM：依据 NF EN 12879（类别 X33-004）。
2. 破碎。
3. 萃取：王水，依据 NF EN 13657（类别 X-436）。

① 电感耦合等离子体原子发射光谱法。
② 原子吸收法。

《农用污泥污染物控制标准》（GB 4284—2018）规定，污泥产物农用时，年用量累积不应超过 7.5t/ha（以干基计），连续使用不应超过 5 年。

在酸性介质中对污泥进行矿化处理后，可以采用电感耦合等离子发射光谱法（ICP）检测金属含量。

5.6.6　过滤性能试验

5.6.6.1　布氏真空过滤性能试验

（1）真空度为 0.5bar 时污泥比阻的测定

这一方法通常用于评价工业化真空过滤机滤带的过滤性能，也可以用于确定带式压滤机所需药剂的最佳剂量，但后者需要考虑污泥的可压缩系数。

图 5-24 为试验装置图（便携式布氏漏斗，装有快速滤纸的过滤头）。

图 5-24　0.5bar 真空过滤装置

（2）操作方法

将经预处理的污泥注入漏斗，通常 100～150mL 的污泥足够形成一个 8～10mm 厚的滤饼。

快速使真空度达到所要求的 0.5bar，并确保在整个测试过程中真空度保持不变。

一旦达到所需真空度，则用秒表开始计时，并记录所收集滤液的体积（相应于时间 t=0 时的体积为 V_0，随后所得体积应减去此数）。记录试验过程中不同过滤时间（根据滤液流量大小每隔 10s、15s、20s、30s 或 60s 记录一次）时所收集滤液的体积。继续过滤直至滤饼干燥（此时滤饼会破裂而导致真空被破坏）。

（3）过滤比阻力的计算

分别记录相应于时间 t_0、t_1、t_2、t_3 等的滤液体积 V_0、V_1、V_2、V_3 等。绘制 V_x 与 $\dfrac{t_x}{V_x - V_0}$ 图。

理论上，这些点应该在一条直线上（除了过滤的开始阶段和排水阶段），曲线的直线部分的斜率等于系数 a（见第 18 章 18.7.1.1 节，图 18-44）。0.5bar（49×10³Pa）真空度下的过滤比阻力公式为：

$$r_{0.5} = \frac{2apS^2}{\eta C}$$

式中　a——过滤比阻力系数，s/m^6；

p——过滤真空度，Pa，为 49×10^{3}Pa；

S——过滤面积，m^2；

η——污泥黏度，Pa • s，20℃时，该值约为 1.1×10^{-3}Pa • s；

C——污泥浓度，kg/m^3；

$r_{0.5}$——过滤比阻力，m/kg。

注意：C，将经 105℃烘干处理的干固体含量除以污泥体积，与 W（单位体积滤液中沉淀的悬浮固体质量）相近。

5.6.6.2 压滤试验

压滤缸（图 5-25）不仅用于测定过滤比阻，也用于确定滤饼的压缩系数及其极限干重。原理同本章 5.6.6.1 节所述。

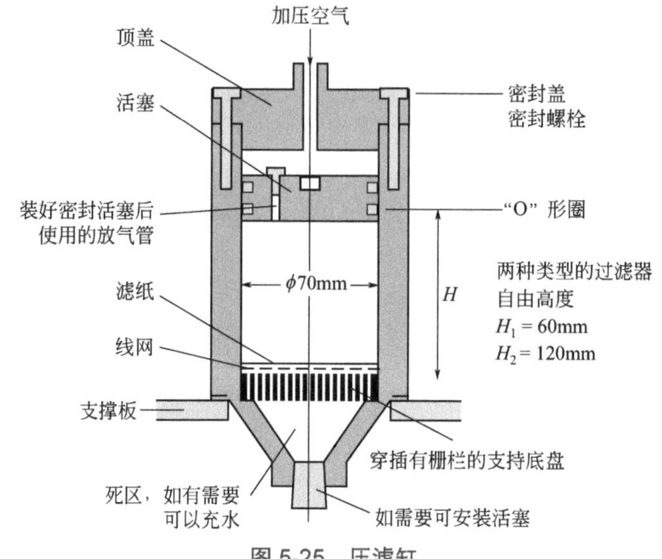

图 5-25 压滤缸

注：1.用于确定以下参数：① 不同压力下的比阻；② 压缩系数；③ 干固体含量限值。
2.活塞专门用于确定干固体含量限值。

操作方法如下：

① 将滤纸润湿，稍加过量压力使其将压滤缸底部密封，并排除滤纸上的多余水分；

② 将试管置于测试压滤缸漏斗下方；

③ 将污泥样品（100～500mL）倒入缸中；

④ 在加压之前，静置 15s，以形成一层预膜；

⑤ 逐步施加选定压力（0.1～15bar）。压力低于 2bar 时，不推荐使用活塞；

⑥ 滤液排出，并记录其体积 V_0（大约占过滤污泥体积的 10%）；

⑦ 用秒表计时，记录滤液的体积 V 及相应的时间。

$$\text{绘制曲线} = \frac{t_x}{V_x - V_0}$$

记录的时间间隔根据滤液流量大小而定。

比阻的计算参照本章 5.6.6.1 节。

5.6.6.3 压缩系数的测定

压缩系数的测定见图 5-26。

根据在不同压力（p）条件下测得的过滤比阻力（r），绘制出曲线 $\lg r = f(\lg p)$。确定其线性特性，其斜率即等于压缩系数。

试验装置与上一个试验相同。

为了获得最高的精确度，宜采用有规律的压力增幅。

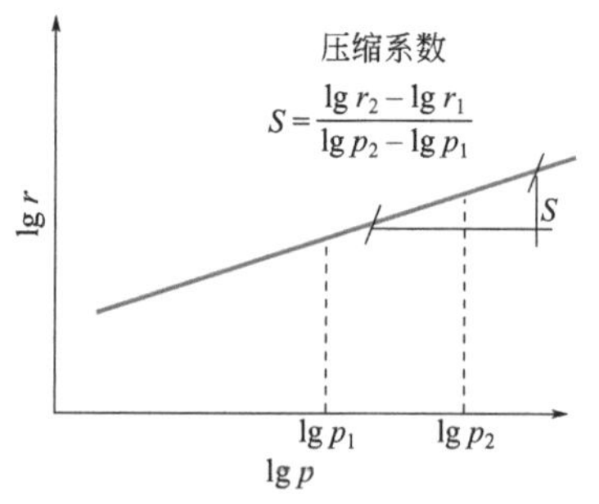

图 5-26 压缩系数的测定

建议使用以下各值：p=49kPa、147kPa、441kPa、1323kPa（或实验室设备所容许的最大压力）。

压缩系数是一个无量纲参数。

5.6.7　极限干重的测定

测定极限干重所使用的装置与本章 5.6.6.2 节所介绍的相同。

在这种情况下需要使用活塞以使施加于过滤泥饼上的压力均匀而不会使其破裂。

操作步骤与本章 5.6.6.2 节中介绍的相同。但当污泥样品置于压滤缸后，必须补充进行以下操作：

① 在移开放气阀后，将活塞压下，直至活塞与污泥接触；

② 重新插上放气阀并将其拧紧；

③ 按照测试程序其余步骤进行操作，测定污泥比阻，直至获得曲线的垂直渐近线。

$$f(V)=\frac{t}{V}$$

实际上，当出现某点的切线斜率为初始直线部分的斜率的 5 倍时，过滤试验即应该终止。

测定在选定的压力下滤饼的干固体含量（105℃ ±2℃下烘干至恒重）。

5.6.8　CST（毛细吸水时间）测试

（1）原理

层析滤纸在毛细管作用下对污泥样品（无论预处理与否）产生过滤作用力。

（2）装置（图 5-27）

装置主要由两部分组成：过滤装置和自动计时器。

过滤装置包括一张夹在两个长方形的透明塑料块中间的厚滤纸（通常使用 Whatman 17 号或是其他同类产品）。将一个空心圆筒放置在滤纸顶端，上层塑料块的中央，作为接收污泥样品的污泥筒。1A 和 1B 分别是装在污泥缸的第 1 个同心圆周围的传感器。传感器 2 装在第二个同心圆上，这三个传感器都分别与计时器相连。

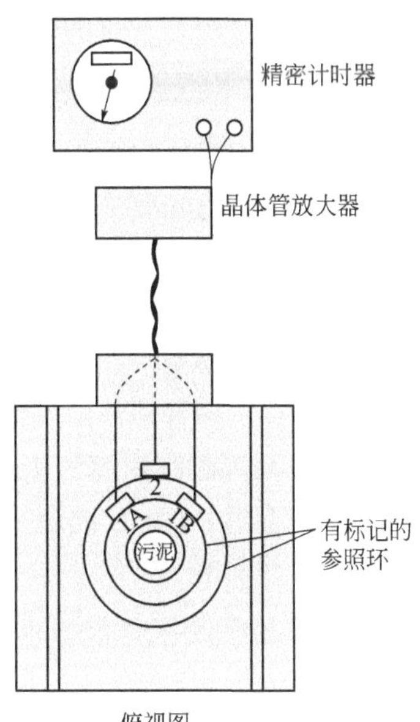

图 5-27　毛细吸水时间检测装置

1A，1B，2—装在滤纸上的传感器

（3）操作步骤

① 将具有代表性的污泥样品加入污泥筒（根据污泥过滤性能，直径为 10mm 或 18mm）。

如果是对少量污泥进行的控制测试，那么至少需要重复操作两遍。

如果是絮凝研究，则需重复进行污泥调质并取调质后污泥进行测定。

② 一旦向污泥筒中加入污泥，那么过滤液会在毛细吸升作用下经滤纸流出该污泥筒。与

污泥覆盖面积有关的湿圈以同心圆方式扩散的速率取决于滤纸的质量，但最主要的决定因素是污泥的过滤性能。当湿圈接触到传感器 1A 和 1B 时，由于电导率的增大因而启动计时器。当湿圈继续扩大至与传感器 2 接触时，传感器 2 和 1A 之间的电导率发生变化，计时器停止计时。

因此，该装置可以自动检测毛细吸水时间（CST），也就是滤液环由 32mm 直径扩大为 45mm 所需的时间。根据所使用的检测装置的类型，这种湿圈扩大所需的时间一般为 5～10s。

（4）说明

CST 越小则污泥的过滤性能越好。这一快速检测方法用于比较污泥进行矿化或加热预处理的处理效果（形成微小絮体）。

在标准适用条件下，对于给定的污泥而言（具有稳定的浓度），CST 与过滤比阻呈现出一定的相关性。因此，CST 可用于污泥过滤性能的快速测定，这足以使其用于控制压滤机或者真空过滤机的运行。

当利用 CST 考察 PAM 的絮凝性能时，如果有很明显的直径为几毫米的絮体产生，则不能采用该测定结果，因为该絮凝更利于带式压滤机的运行。在这种情况下，宜开展简单的排水试验考察 PAM 的絮凝性能。

5.6.9 脱水性能测试

下列应用在选择聚合物时需开展脱水性能测试：

① 使用 GDD 型、GDE6 型或者 GDE8 型（见第 18 章）进行动态浓缩；

② 使用带式压滤机、离心机或者板框压滤机（见第 18 章）进行脱水。

在上述两种情况下，絮凝剂的选择都十分重要，因为其决定了污泥的过滤性能及其处理后的干固体含量。

总共有三种方法，所需测试材料及设备包括：

① 一系列配制浓度为 1g/L 的粉状聚合物和 2mL/L 乳化聚合物（乳液）絮凝剂样品；

② 一套容积为 1L 的烧杯；

③ 一块秒表。

5.6.9.1 布氏脱水性能试验

此试验为不同过滤方式（排水、带式压滤机、板框压滤机）选择最佳絮凝剂的常用方法。

（1）使用设备

① 布氏过滤器；

② 250mL 带旁通短管的过滤器；

③ 快速滤纸；

④ 可产生 0.5bar 真空度的可调节真空泵。

（2）操作步骤

① 向每个已编号的烧杯中加入 200mL 污泥样品；

② 向每个烧杯中加入不同的絮凝剂，用一个抹刀状铲子用力搅拌直至有明显絮体产生（絮体直径 >3mm）；

③ 记录絮凝剂的投加量，并测试过量的絮凝剂是否会改变絮体性状；

④ 选择投加最低絮凝剂剂量的烧杯开展布氏试验。

（3）测定

如图 5-24 所示组装设备：

① 用大橡胶塞封住布式测压室并将真空度设定为 0.5bar；

② 立即将絮凝污泥样品倒在滤纸上；

③ 当收集到 50mL 滤液后开始用秒表计时；

④ 当收集到 150mL 滤液后停止计时，此时记录时间为 t（s）。

工业应用试验中，应选择可以使时间 t 最短（排水最快）的聚合物，此时与污泥絮体分离的间隙水的黏度最低。

5.6.9.2　使用 GDD 型、GDE6 型、GDE8 型栅式浓缩机的滤栅进行排水性能测试

此试验不需使用真空泵但必须有相应滤栅（滤筛）的样品：

① GDD 型滤栅（孔眼尺寸为 350～600μm）适用于生物污泥（2～8g/L）或浓度小于 10g/L 的工业污泥（在这种情况下，必须使用乳化絮凝剂）的测试；

② GDE6 型滤栅（600μm 孔眼）适用于浓度为 8～15g/L 的污泥的测试；

③ GDE8 型滤栅（800μm 孔眼）适用于浓度高于 15g/L 的污泥的测试。

每次试验需要 500m L 的污泥样品。

完成布氏脱水性能测试（本章 5.6.9.1 节）后：

① 将污泥絮凝；

② 立即将所有絮凝后污泥倒入滤筛中心；

③ 用宽刮板将滤筛上的污泥搅动使其排水 2min；

④ 测定排水后污泥的干固体含量并用烧杯收集滤液；

⑤ 选择含有滤液最多的烧杯（系列 1）；

⑥ 根据烧杯底部沉淀的干物质量从系列 1 中做第二次选择；

⑦ 分离出含有固体量最少的烧杯（系列 2）。

系列 2 中使用的絮凝剂即为最佳絮凝剂。

5.6.9.3　工业应用测试

（1）使用 GDD 型、GDE6 型或是 GDE8 型栅式浓缩机的测试

应通过考察以下的参数来选择絮凝剂：

① 排水速率；

② 用刮板从滤筛上刮走的脱水污泥和絮凝污泥应具有一定的机械强度（良好的增稠性能，絮体不被破坏，良好的回收率）；

③ 絮凝和脱水后的污泥黏附在滤筛上的情况（污堵倾向）。

选择的絮凝剂应能满足以下三个条件：a. 脱水最快；b. 回收率最高；c. 随着时间的推移，滤筛污堵程度最轻。

（2）带式压滤机测试

当脱水性能试验（本章 5.6.9.1 节）完成后：

① 系统仍在运行时，观察下部滤带上的进料污泥：

a. 高压带机（Superpress）：在絮凝器排放斗中有令人满意的絮体分离效果；快速脱水，也就是说，在经过最初 50cm 滤带压榨后，污泥表面只含有少量水分；

b. GDD 和 Superpress 组合：在 GDD 浓缩机出口处的絮凝污泥含水率不能过高。

② 栅栏效应：当污泥被辊筒压榨时渗水很少，在辊筒前形成小的污泥球；产生颗粒状絮体（避免形成“粗大 ”的絮体和极细的絮体）。

③ 在压榨区不会产生侧向移动。

④ 输送过程中泥饼易于分离：泥饼表面干燥且不会有很多黏附在滤带上。

5.6.10 离心机出泥干固体含量的测定方法

该实验操作适用于所有类型的污泥，可用于预测工业规模离心机排出脱水污泥的干固体含量。

5.6.10.1 测定原理

首先向污泥中投加适合的聚合物使污泥絮凝。所谓适合的絮凝剂是指能够产生抗剪切力强且粗大的絮体，同时在投加量最低时能释放出污泥中最大量的间隙水。按照本章 5.6.9.1 节中所述的方法选择絮凝剂，同时注意该絮凝剂应能形成可承受剧烈搅拌的絮体。

通过滤筛将絮凝污泥中水分的滤出。

将排水并浓缩后的污泥放入实验室离心机的带有过滤网的离心管中，以 2000g 离心加速度（g=9.81m/s^2）将污泥分别离心 5min、10min、15min 和 20min。

5.6.10.2 装置

① GDD 滤筛、GDE6 滤筛或者 GDE8 滤筛（脱水用）。

② 实验室离心机：

a. 离心加速度为 2000g；

b. 装有用于支撑离心液收集管和金属过滤槽的带夹具（4 杆星型）的转轴。

③ 离心管：最佳容量 =200～250mL。

④ 过滤槽：最佳容量 =100mL（图 5-28 和图 5-29）：

图 5-28 离心管及过滤槽

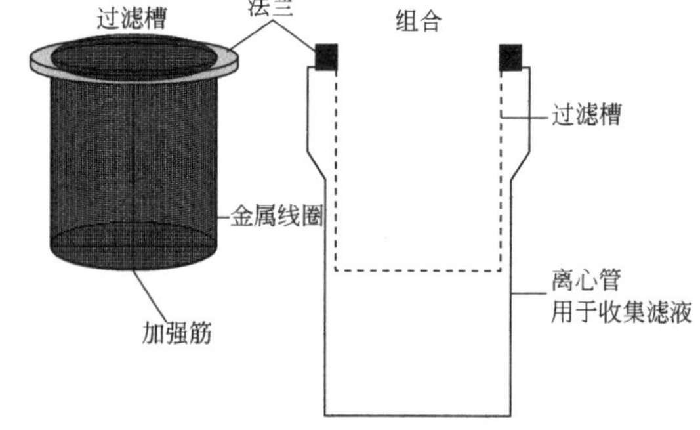

图 5-29 离心管及过滤槽示意图

a. 四个孔径为 100μm 的滤网槽：没有支撑，用于测定含有高比例生化污泥和氢氧化物的细污泥；

b. 四个孔径为 200μm 的滤网槽：用于测定密度不均匀或者纤维状的污泥，例如含有较大比例初沉污泥的污泥。

5.6.10.3　操作方法

（1）样品预处理

① 最少需要 10L 污泥；

② 确定污泥特性：悬浮固体含量（g/L）、干固体含量（%）、pH 值、烧失量（105～550℃）= DM−VS；

③ 絮凝剂选择（污泥样品体积最少 500mL）：参照布氏脱水性能试验（本章 5.6.9.1 节）；

④ 用标准离心管装入絮凝后污泥，在 2000g（g=9.81m/s^2）离心力条件下离心 5min 后再进行检测。

（2）过滤槽试验（100μm 或 200μm 筛孔）

在确定滤网筛孔规格后进行以下操作：

① 根据排水性能试验的操作流程（见本章 5.6.9.2 节）将 500mL 的絮凝污泥进行排水处理；

② 将排水后污泥装填满四个过滤槽。

注意：该试验所用的絮凝剂用量应比标准烧杯搅拌试验所用的剂量多 20%。

分别离心 5min、10min、15min 和 20min。

注意：为了防止“水窝”的产生，每隔 5min 需中断离心操作，并用一个金属铲捣碎槽中的泥饼。

5.6.10.4　结果分析

经验表明，在额定处理流量以及最佳药剂投加量的条件下，对于工业规模离心机产生的泥饼，其干固体含量与过滤槽试验获得的泥饼干固体含量接近（根据污泥类型，采用 10min 或 20min 的离心时间来预测工业规模离心机的泥饼干固体含量）。

5.7　颗粒和粉末材料的检测

5.7.1　材料特性

水处理中使用的颗粒物质（如砂、无烟煤、膨化黏土、活性炭、石灰石、树脂等）的性质各不相同。

样品准备：对于所有的粒状材料而言，所采集的待测样品应在实际生产应用中具有代表性。同样，从大量样品中所取的部分样品应能很好地代表这类样品。

5.7.1.1　过滤物料粒径分布

参照我国标准 CJ/T 43—2005 及法国标准 NF X 45.401 的建议，应尽可能在最好的条件下进行粒径分析。

CJ/T 43—2005 规定称取 100g 干燥后的滤料样品进行筛分。根据标准 NF ISO 2591-1 的要求，样品的用量必须适合检测用筛网。

使用一组标准筛（GB/T 6005—2008/NF ISO 565，表 5-7）对样品进行筛分，记录截留在每个筛子上的物料重量。

表5-7　标准筛网的标称筛孔尺寸

ISO/ 中国 / 英国			法国 / 德国			美国		
ISO 565—1990/GB/T 6005—2008/BSI 410—1986			ISO 565 1990/DIN 4188—1977			ASTM E11—2013		
基本	补充		基本	补充		公称筛孔		筛网编号
mm	系列 1 mm	系列 2 mm	mm	系列 1 mm	系列 2 mm	mm	in	
125			125			125	5	5in
	112				112			
		106				106	4.24	4.24in
	100		100			100	4	4in
90				90		90	3.5	$3\frac{1}{2}$in
	80		80					
		75				75	3	3in
	71				71			
63			63			63	2.5	$2\frac{1}{2}$in
	56				56			
		53				53	2.12	2.12in
	50		50			50	2	2in
45				45		45	1.75	$1\frac{3}{4}$in
	40		40					
		37.5				37.5	1.5	$1\frac{1}{2}$in
	35.5				35.5			
31.5			31.5			31.5	1.25	$1\frac{1}{4}$in
	28				28			
		26.5				26.5	1.06	1.06in
	25		25			25	1	1in
22.4				22.4		22.4	0.875	$\frac{7}{8}$in
	20		20					
		19				19	0.750	$\frac{3}{4}$in
	18				18			
16			16			16	0.625	$\frac{5}{8}$in
	14				14			
		13.2				13.2	0.53	0.53in
	12.5		12.5			12.5	0.500	$\frac{1}{2}$in
11.2				11.2		11.2	0.438	$\frac{7}{16}$in
	10		10					
		9.50				9.50	0.375	$\frac{3}{8}$in

续表

ISO/ 中国 / 英国			法国 / 德国			美国		
ISO 565—1990/GB/T 6005—2008/BSI 410—1986			ISO 565 1990/DIN 4188—1977			ASTM E11—2013		
基本	补充		基本	补充		公称筛孔		筛网编号
mm	系列 1 mm	系列 2 mm	mm	系列 1 mm	系列 2 mm	mm	in	
	9				9			
8			8			8	0.312	$\frac{5}{16}$in
	7.10				7.10			
		6.70				6.70	0.265	0.265in
	6.30		6.30			6.30	0.250	$\frac{1}{4}$in
5.60				5.60		5.60	0.223	2
	5		5					
		4.75				4.75	0.187	4
	4.50				4.50			
4			4			4	0.157	5
	3.55				3.55			
		3.35				3.35	0.132	6
	3.15		3.15					
2.80				2.80		2.80	0.11	7
	2.5		2.50					
		2.35				2.36	0.0937	8
	2.24				2.24			
2			2			2	0.0787	10
	1.80				1.80			
		1.70				1.70	0.0661	12
	1.60		1.60					
1.40				1.40		1.40	0.0555	14
	1.25		1.25					
		1.18				1.18	0.0469	16
	1.12				1.12			
1			1			1	0.0394	18
	0.90				0.90			
		0.85				0.85	0.0331	20
	0.8		0.8					
0.71				0.71		0.71	0.0278	25
	0.63		0.63					
		0.6				0.6	0.0234	30
	0.56				0.56			
0.5			0.5			0.5	0.0197	35
	0.45				0.45			
		0.425				0.425	0.0165	40

续表

ISO/中国/英国			法国/德国			美国		
ISO 565—1990/GB/T 6005—2008/BSI 410—1986			ISO 565 1990/DIN 4188—1977			ASTM E11—2013		
基本	补充		基本	补充		公称筛孔		筛网编号
mm	系列 1 mm	系列 2 mm	mm	系列 1 mm	系列 2 mm	mm	in	
	0.4		0.4					
0.355				0.355		0.355	0.0139	45
	0.315		0.315					
		0.3				0.3	0.0117	50
	0.28				0.28			
0.25			0.25			0.25	0.0098	60
	0.224				0.224			
		0.212				0.212	0.0083	70
	0.2		0.2					
0.18				0.18		0.18	0.0070	80
	0.16		0.16					
		0.15				0.15	0.0059	100
	0.14				0.14			
0.125			0.125			0.125	0.0049	120
	0.112				0.112			
		0.106				0.106	0.0041	140
	0.1		0.1					
0.09				0.09		0.09	0.0035	170
	0.08		0.08					
		0.075				0.075	0.0029	200
	0.071				0.071			
0.063			0.063			0.063	0.0025	230
	0.056				0.056			
		0.053				0.053	0.0021	270
	0.05		0.05					
0.045				0.045		0.045	0.0017	325
	0.04		0.04					
		0.038				0.038	0.0015	400
	0.036				0.036			
0.032			0.032			0.032	0.0012	450
	0.028				0.028			
0.025			0.025			0.025	0.0010	500
	0.022				0.022			
0.02			0.02			0.02	0.0008	635
0.016								
0.0125								
0.01								

续表

ISO/ 中国 / 英国			法国 / 德国			美国		
ISO 565—1990/GB/T 6005—2008/BSI 410—1986			ISO 565 1990/DIN 4188—1977			ASTM E11—2013		
基本	补充		基本	补充		公称筛孔		筛网编号
mm	系列 1 mm	系列 2 mm	mm	系列 1 mm	系列 2 mm	mm	in	
0.008								
0.0063								
0.005								

表 5-7 中说明了英、美等国标准中对应采用的筛网规格。我国标准《试验筛　金属丝编织网、穿孔板和电成型薄板　筛孔的基本尺寸》（GB 6005—2008）参考 ISO 565—1990 标准制定。

当待测材料具有特殊形状时，往往需确定其片状指数。

利用这些结果计算出通过每个筛的物料重量（物料总通过量或者是孔径略小于前面用过的筛截留的材料总重量），并以其在全部物料总重量中所占的百分数表示。

将这些百分数与相对应的每个筛的筛孔孔径绘制出关系曲线（图 5-30）。

该粒径分布曲线采用对数 X 轴。

（1）**有效粒径（ES）**

粒径分布曲线上小于该粒径的物料重量占物料总重量 10% 的粒径。

（2）**均匀系数（UC）**

从粒径分布曲线中找出小于该粒径的物料重量占物料总重量 60% 的粒径。

均匀系数由以下比值可得：

$$\mathrm{UC}=\frac{\text{通过量为 60\% 的筛网孔径}}{\text{通过量为 10\% 的筛网孔径}}$$

UC 的理想值在 1.5 以下。然而，根据待测材料不同，该系数有时达到 1.8 也是可以接受的。

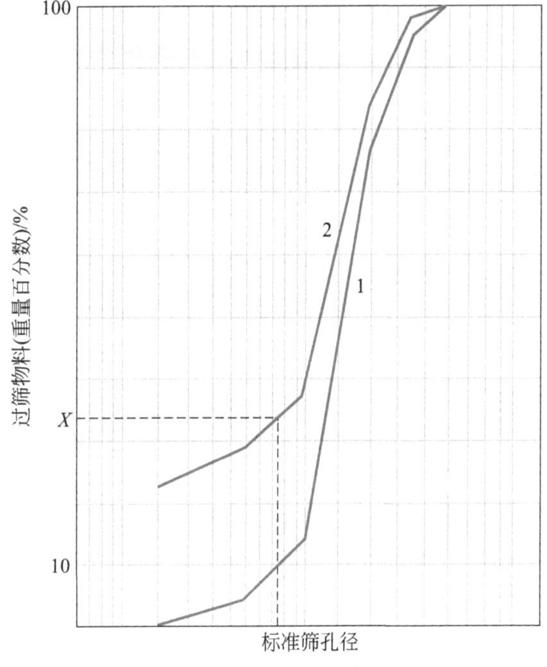

图 5-30　粒径分布曲线（磨损率评价）

1—原始物料；2—破碎试验后物料

5.7.1.2　片状指数

根据法国标准 NF P 18-561 的建议，应尽可能地在最佳分析条件下进行测试（仪器选择、样品准备、检测步骤等）。

片状指数可以反映出待测样品中扁平状成分的比例，其用不同粒径物料的片状指数的加权总和表示。

因此，首先要确定测试样品中物料的粒径分布，即必须首先进行粒度分析（见本章 5.7.1.1 节），然后再用平行板格筛对每一种粒径的物料进行筛分，筛网间距根据物料的粒径确定（请参照标准中的当量表）。

每一种颗粒状物料的片状指数对应的是样品穿过平行板格筛的比例，这一比例用下列百分数表示：

$$\frac{M_e}{M_g}\times 100\%$$

式中 M_g——每种粒径物料的质量，g；

M_e——每种粒径物料穿过标准当量表中定义的平行板格筛的组分的质量，g。

因此，该样品的片状指数 A 为：

$$A=\frac{\sum M_e}{\sum M_g}\times 100\%$$

目前我国还没有制定有关测定滤料片状指数的标准。如需测定片状指数，可参考法国标准。

5.7.1.3 磨损率（强度）

材料磨损率的评估可通过该材料经研磨后仍可使用的重量进行计算，即有效粒径是否仍与原来试样相同。

（1）操作方法

磨损率测试需要对同一批体积为 50mL 的筛分后物料试样进行连续三次测定。首先进行试验物料的粒度测定，然后将每个筛网收集的物料全部倒入一个直径为 40mm、有效深度为 100mm 的金属圆筒中。圆筒按径向固定在直径为 34cm 的转盘上。转盘绕中央轴旋转，转速为 25r/m。圆筒内放置有 18 个直径为 12mm 的钢珠。经过 15min 旋转后（也就是 375 转，750 次行程），再次测定物料的粒径分布。测试完毕后再将全部物料收集起来放回装有 18 颗钢珠的金属圆筒中，继续操作 15min（或者说 750 转，1500 次行程），再针对该物料绘制一条新的粒径分布曲线。

（2）磨损率的计算（图 5-30）

X 表示试样在破碎之后，试样中小于原始物料有效粒径的物料的百分数。大于有效粒径部分是 $1-X$，它代表了破碎后仍然可用的材料的 90%。如下式所示：

$$(1-X)/90\%$$

用 a（%）表示，损失率是指：$(X-10\%)/90\%$

这一损失率是图 5-30 中材料磨损率的特征值，例如：X=33% 时，物料磨损率表示如下：

$$(33\%-10\%)/90\%=25.6\%$$

这一示例评价的是一种石英砂物料的强度水平，按照表 5-8 中的评价标准，该物料不能使用。表 5-8 中提供了大多数物料磨损率的典型限值。

表5-8 磨损率限值

材料	石英砂、陶粒、无烟煤		活性炭	
使用的正常范围	15min 750 次行程	30min 1500 次行程	15min 750 次行程	30min 1500 次行程
非常好	6%～10%	15%～20%	6%～25%	30%～50%
好	10%～15%	20%～25%		
差	15%～20%	25%～35%		
必须禁用	>20%	>35%	>35%	>60%

5.7.1.4 盐酸可溶率（酸损失率）

根据法国标准 NF X 45.401，盐酸可溶率是试样与 20% 盐酸溶液接触 24h 后损失的重量占原重量的比例。石英砂的盐酸可溶率必须小于 2%。

我国标准《水处理用滤料》（CJ/T 43—2005）和《陶粒滤料》（QB/T 4383—2012）规定，盐酸可溶率是指将试样在室温下完全浸没于 1+1 盐酸溶液［1 体积分析纯盐酸（质量分数 36%～38%）与 1 体积蒸馏水混合］，待停止产生气泡 30min 后损失的重量与原重量的比例，其中要求石英砂和陶粒滤料的盐酸可溶率分别小于 3.5% 和 2%。

5.7.1.5 密度

进行该检测前，建议首先对测试量筒进行校准。

（1）堆积密度

称量 100g 材料倒入量筒中。

设 V（mL）为量筒中读得的体积，则未压实物料的堆积密度为：

$$\rho_a = \frac{100}{V} \quad (\text{g/mL})$$

也可将材料在量筒中经压实后测定其密度（压实物料的堆积密度）。

（2）真密度

① 非多孔性材料

称取 50g 材料并倒入 250mL 量筒中，量筒中已盛有 100mL 的水。以 V（mL）表示从量筒读出的体积，则真密度为：

$$\rho = \frac{50}{V-100} \quad (\text{g/mL})$$

② 多孔性材料

称取 50g 材料并倒入 250mL 量筒中，量筒中已盛有 100mL 的水。量筒上部带有螺纹，以连接真空泵。开启真空泵将量筒抽真空并保持 0.8bar 的负压 15min。

真空破坏后，以 V（mL）表示从量筒读出的体积，则真密度为：

$$\rho = \frac{50}{V-100} \quad (\text{g/mL})$$

5.7.1.6 含水率

这一检测同时适用于颗粒和粉末状的物料（例如粉末活性炭）。

准确称取约 50g 的颗粒物料（或 5g 粉末物料），其重量记为 P_1。试样置于 120℃的烘箱中烘干 4h。在干燥器中冷却后，再称重，其重量记为 P_2，含水率百分数 H 可以表示为：

$$H = \frac{P_1 - P_2}{P_1} \times 100\%$$

用重量百分数表示。

5.7.2 活性炭吸附能力的测定

5.7.2.1 粉末活性炭（PAC）的粒度分析

将粉末活性炭样品在 120℃温度条件下干燥 4h。精确称量 10g 活性炭并置于第一个筛上（筛网孔径为 125μm）。使用具有适度压力的水流冲洗仍留在筛上的活性炭，用白色搪瓷容器接冲洗水直至不再有活性炭颗粒穿过筛网。然后将筛子置于 120℃的烘箱中烘 4h，称取留在筛上的活性炭的重量。从原来的重量中减去此数得出通过筛子的活性炭量。计算通过的重量与原来重量的比率，用百分数表示。

使用筛网孔径较小的筛子重复以上步骤（90μm—63μm—45μm）。

5.7.2.2 吸附等温线：弗雷德里希（Freundlich）吸附等温线

活性炭的吸附能力可通过利用具体类型的活性炭和给定污染物所测得的吸附等温线来表示。

弗雷德里希（Freundlich）模型（见第 3 章 3.10 节）建立了单位重量活性炭吸附的污染物重量 $\frac{X}{m}$ 与吸附平衡时污染物浓度 C_e 之间的关系：

$$\frac{X}{m} = KC_e^{1/n}$$

式中 K、n——通过实验确定的两个系数。

等温吸附曲线（如图 5-31）可以确定活性炭的以下特性：

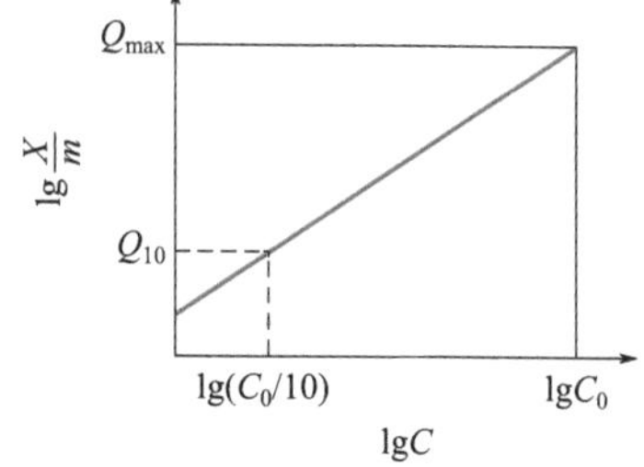

图 5-31 活性炭的等温吸附曲线

① 最大吸附容量：可以通过平衡时单位重量活性炭吸附的最大污染物重量来估算。最大吸附容量定义为当吸附平衡的污染物浓度等于初始污染物浓度时的吸附量；

② 特定污染物的吸附指数（Q_{10}）定义为单位重量活性炭吸附的污染物重量，此时污染物浓度相当于污染物初始浓度的 1/10。这一指数被用于评估常规条件下活性炭的吸附容量，接近于固定床系统中活性炭的正常运行情况。

如果用吸附容量与吸附指数比较不同供应商的活性炭的特性，首先要就活性炭评价的试验方法达成一致，同时还要确保各供应商均可采用精确的生产工艺。

（1）绘制等温线

① 取 6 个容积为 1.2L 的玻璃烧瓶；

② 加入 1L 含有待测污染物的水（注意：当处理挥发性污染物时，应将烧瓶灌满至瓶口以避免由于挥发而造成的物质损失）；

③ 对天然的污染水进行分析时，直接将天然水注满各瓶；

④ 对模拟的水进行分析时，通常每个烧瓶须注入 1mg 待测污染物。此法适用于评估水的可饮用性（注意：其同样适用于工业废水的测试，根据被模拟水的污染物量，每个烧瓶需加入 10mg、100mg 或 1000mg 的污染物）；

⑤ 把待测活性炭用研钵粉碎成粉末状，并在干燥状态下用筛网孔径为 40μm 的筛子筛分。收集过筛的活性炭样品待用；

⑥ 在蒸发皿中使活性炭在 120℃温度条件下干燥 4h；

⑦ 在装有污染水样的烧瓶中逐渐增大活性炭的投加量（表 5-9），注意确保称量的准确性。

经过至少 5d 的常温缓慢搅拌（30～40r/m）后，将每个水样经 0.45μm 醋酸纤维膜过滤。

表5-9　活性炭投加量

瓶号	1	2	3	4	5	6
投加量 /（mg/L）	0	10	20	30	40	50

弃去最初的 100mL 滤液，测定剩余滤液中的污染物含量，由此可以获得在不同投加量下经活性炭吸附后的污染物平衡浓度。

在双对数纸上绘制出吸附等温线。*X* 轴为测得的平衡浓度（以 mg/L 计），*Y* 轴表示单位重量活性炭吸附的污染物重量（图 5-32）。

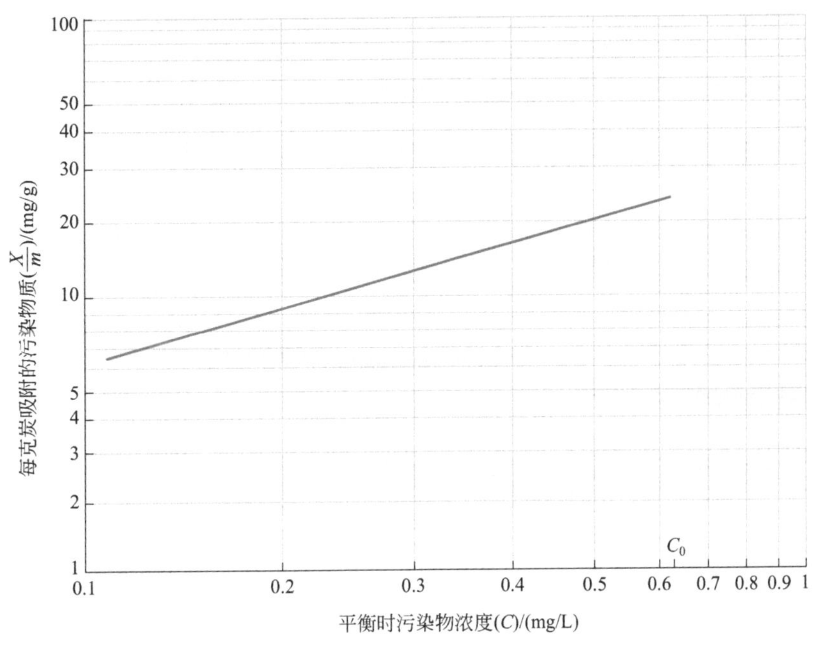

图 5-32　活性炭的吸附等温线

（2）动力学研究

采用颗粒活性炭时，选择合适的接触时间可无需对活性炭进行研磨处理。这需要通过延长连续搅拌的时间（几个星期）来实现。在接触阶段通过数次测定平衡时的污染物浓度可以模拟相关污染物的吸附情况。

5.7.2.3　炭灰分

准确称取 1g 干活性炭并将其放入坩埚中，称得的重量记为 P_1。

将炭样在（625±25）℃煅烧，仔细检查煅烧是否彻底，冷却后，称得灰重记为 P_2。灰分含量 *C* 表示如下：

$$C(\%)=\frac{P_2}{P_1}\times 100\%$$

5.7.2.4　碘值

与活性炭吸附碘等温线有关的碘指数表示吸附滤液中剩余碘浓度为 0.02mol/L 时单位重量的活性炭吸附的碘重量。

5.7.2.5 脱氯容量（活性炭半脱氯值）

活性炭的脱氯容量定义为在渗透速率为 20m/h 时，去除现有氯量一半所需的活性炭深度。

将活性炭置于蒸馏水中煮沸以去除炭样品中可能含有的空气。将排除空气的湿活性炭放入直径为 22mm 的试管中，至炭柱高度约为 10cm，精确测量其高度。

控制溶液的 pH 值为 7.5，用次氯酸钠配制含氯的水溶液，其中有效氯含量为 10mg/L。

此溶液以 20m/h 的速率通过活性炭柱。在 30min 操作之后，精确滴定炭柱顶部的加氯水（a mg/L）和炭柱底部的加氯水（b mg/L）。

柱层高度为 H（cm），计算去除一半的氯所需要的厚度 G（cm）：

$$G=\frac{0.301H}{\lg\left(\frac{a}{b}\right)}$$

在相同操作条件下，此法还可用于其他氧化剂（如氯胺、二氧化氯等）的测定。

5.7.3 应用于树脂的特定分析

5.7.3.1 粒度分析

树脂的粒度可通过湿筛法确定，即将树脂在水中进行筛分。

将体积为 50mL 或 100mL 的树脂置于筛网上。根据本章 5.7.1.1 节中规定的方法进行测定，记录各个筛上截留的树脂量并将其以百分数表示。

5.7.3.2 树脂交换容量

（1）阳离子树脂——总交换容量的测定

① 弱酸性阳离子树脂

使用纯水对通过盐酸溶液饱和再生的树脂样品进行漂洗，在除去过剩量的盐酸后与浓度已知的氢氧化钠溶液接触反应。然后对剩余氢氧化钠的量进行滴定测定并准确测定树脂体积。氢氧化钠消耗量与树脂体积的比值即为总交换容量。

② 强酸性阳离子树脂

使用纯水对通过盐酸溶液饱和再生的树脂样品进行漂洗，以除去过剩量的盐酸。

用 NaCl 溶液渗透直至流出液经 pH 试纸检测显示为中性。对流出液中被置换出的氢离子进行滴定并准确测量树脂体积。置换出的氢离子的量与树脂体积的比值即为总交换容量，有时也称为盐分解容量。

（2）阴离子树脂——盐分解容量以及总交换容量的测定

使用纯水对通过氢氧化钠溶液饱和再生的树脂样品进行冲洗，以除去过剩量的 NaOH。然后用 NaCl 溶液渗透直至流出液经 pH 试纸测试显示为中性。对流出液中被置换出的 OH^- 的量进行滴定测定并且将之与树脂体积比较从而得到盐分解容量（强碱基团的交换容量）。然后将相同的树脂样品与浓度已知的 HCl 溶液接触反应。对剩余氢离子的量进行滴定测定，被消耗的氢离子的量即表示树脂弱碱基团的交换容量。总交换容量为测定的盐裂解容量和弱碱基团的交换容量之和。

5.7.3.3 树脂污染

(1)有机物

将一定体积的树脂与浓度已知的NaCl(100g/L)和NaOH(20g/L)混合液接触反应12h。测定处理后溶液的TOC或者高锰酸盐指数，得到树脂洗脱出的有机物含量，以每升树脂的氧的重量或者有机碳重量表示。

(2)铁

在80~90℃温度条件下，将一定体积的树脂与浓度已知的盐酸溶液接触反应30min。利用处理后溶液中测得的铁含量计算由每升树脂中洗脱出的铁的重量。

(3)硅

在80℃温度时，将一定体积的树脂与浓度已知的氢氧化钠浓溶液接触反应。利用处理后溶液中测得的硅含量计算由每升树脂中洗脱出的硅的重量。

5.8 中试

即便是为人所熟知的成熟技术，在需要时仍然建议开展中试测试(小规模系统，处理能力一般为数立方米每小时，用于模拟实际工程所应用的各项工艺)。

中试测试主要用于：

① 针对某种技术对特定原水的处理效果进行验证(现场验证性试验);

② 改变某些设计参数(流量、接触时间、负荷等)，寻求最佳的处理效果，并根据水质的实际变化确定具有代表性的药剂投加量。

显而易见的是，如果采用n段工艺仍无法获得最佳的出水水质，那就需要采用$n+1$或$n+2$段工艺。这就需要考虑投资回报等问题。鉴于水厂的设计运行寿命一般为10年、20年甚至40年，从投资和运行成本角度考虑，这样可能不是最为经济有效的。

中试试验的优点如下：

① 考虑到季节、降水、制造业以及人类活动(旅游等)对实际水质波动的影响，试验周期可能会持续一年;

② 强调处理工艺的适用性以及一个工艺段与下一个工艺段间的相互影响(例如，物化处理单元下游及生物处理单元上游的磷浓度会因滤池定期反冲洗而急剧升高)。在这种情况下，应该对上游工艺进行模拟，这将是一个复杂的试验研究(图5-33为对难处理的海水进行反渗透处理前设有预处理单元的中试工艺简图);

③ 确定短时运行条件变化对系统处理效果的影响，如对于一个平时为平均或较低负荷的生物系统，考察其在临时超负荷情况下的处理效果(如旅游区滑雪场周末时段)。

值得注意的是，只有当需要研究的参数都被明确后才能确定中试装置的规模、流量和运行时间。例如过滤周期持续时间比较短的问题可以用一个直径为50mm的滤柱模拟;但是过滤出水水质的问题只能使用直径至少为200mm的滤柱进行研究。最后，关于滤料反冲洗周期(流速、各阶段持续时间、冲洗水量)的研究，则需要面积至少为2m^{2}的滤柱。对于图5-33所示的中试装置，其要求浮选装置的面积至少为0.8m^2，以优化Rictor浮选工艺的上升速率(20~30m/h);然而对于下游过滤阶段，直径为200mm的滤柱就足以满足

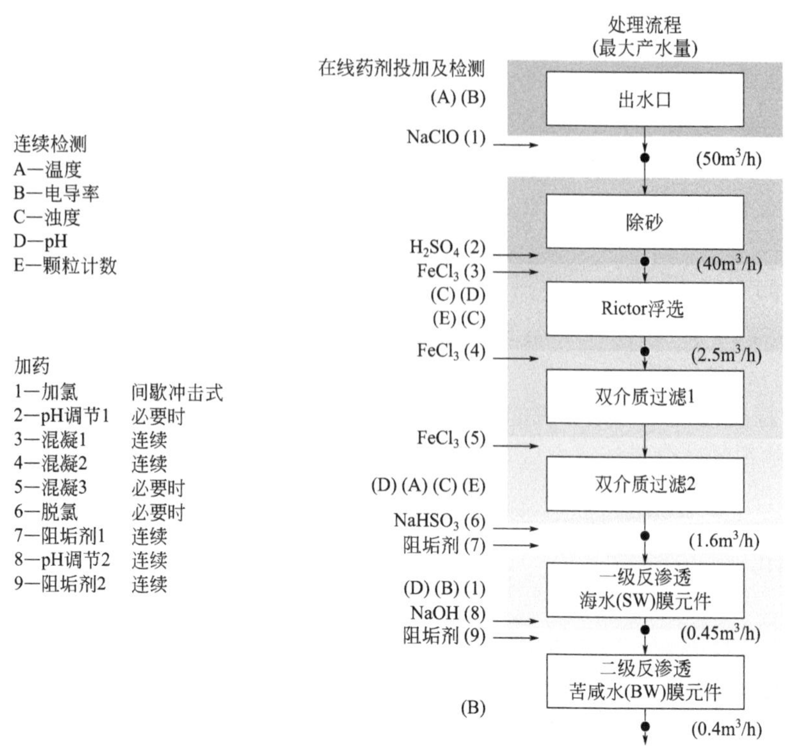

图 5-33 难处理海水的预处理和反渗透试验

测试需求。

双级反渗透试验系统配有满足测试需求的循环系统，使其能够模拟以下不同工艺路线：

① 两级反渗透系统串联运行，即一级反渗透系统的产水再经二级反渗透系统进一步处理；

② 一级反渗透系统的浓水经二级反渗透系统处理后再与一级反渗透系统的产水相混合（见第 15 章 15.2 节）。

值得注意的是，这种规模的中试试验需要配备一位专职运行人员及 2～3 位辅助运行人员（不包括复杂的化验分析工作所需的实验人员）。这样的试验系统设计为每天运行 24h，这就意味着必须配置可靠的自动化控制系统以实现连续运行或者配备一位或两位操作人员轮流值守。

第6章 水生生物学

6.1 概述

水是生命的源泉，几乎所有的生命现象都有水的参与，水是一切生命活动得以进行的重要介质。不仅仅是海洋，在河流、小溪、自然湖泊、蓄水池、池塘，甚至包括地下水、冰层表面乃至温泉等水体中每时每刻都在进行着各种生命过程。

水为生命过程的发生提供了必要的介质，同时，这些生命过程还使水体具备了各种不同的功能。举例而言，水中生物的矿化作用使水体具有自净能力，尤其是细菌对由光合作用及人类活动产生的有机物质的降解，矿化作用不仅使水体自身得到了净化，同时也保证了基本矿物营养物质的再生并重新进入有关生命活动的重要循环中（参见第 2 章 2.1 节）。

同样，（污）水生物处理方法就是利用了经人类培养驯化后的水生微生物的水质净化功能。

相反，当水中的生物过多时，其也会对人类及水环境产生不利的影响（如加速富营养化的现象）。在自然环境中，微生物可以释放出难以降解的物质而使得水体散发出强烈的土腥味、污臭味以及霉变的味道等。当这些微生物进入输水管道并侵染管壁的时候，还会导致水体浑浊及“红水”等现象（铁细菌）的发生。水体中的微生物可以通过菌体自身（病原微生物）或通过其代谢产物（藻毒素）对水体接触者的身体健康产生危害。

生态学是一门研究生物及其生境之间相互关系的学科。从某种意义上来说，水处理专家同样也是生态学家：城市污水（UWW）及工业废水（IWW）是引起自然水体富营养化及污染的罪魁祸首，水处理领域的专业人士通过选取适当的城市污水和工业废水处理工艺使得自然水体的生态环境得以恢复，从而保护自然水体免受富营养化及污染的危害（参见第 2 章 2.1.9 节）。

本章主要介绍与淡水生物学相关的如下内容：

① 从专业层面阐述自然水体的重要组分；

② 对目前较为适用的有关淡水水体生物的分类系统进行简要的概述；

③ 详细介绍影响淡水水体水生生物生长的相关因素及这些生物的主要作用，尤其是那些引发水传染疾病及影响城市污水处理效果的关键微生物；

④ 本章还将提供一些简单的关于这类生物的检索表。需要注意的是，尽管本章提供了一些检索表，但读者若需要了解相关生物的详细信息，仍需要参考借鉴其他更为专业的书籍文献。

6.2 生物的分类原则

在最初的生物学分类中，生物根据其细胞自身成分的不同被分为如下两个域（参阅第1章1.3.2节）。

① 原核生物域（细胞不含有独立的细胞核），包括细菌界和蓝绿藻，后者在之后的分类中被赋予了新的名称——蓝细菌，并包括在细菌域中。

② 真核生物域（通过核膜的包被使得染色体组包裹在细胞核中而与细胞质分开），涵盖除蓝绿藻之外的植物界及动物界。

之后，随着分子生物学方法的应用，人们再度发现了一个新的生物域——古菌域（1977）。在该域被正式分离出来之前，古菌域的生物多与细菌域相混淆，然而这些单细胞生物的核糖体RNA（rRNA）具有与真细菌物种完全不同的核苷酸序列。因此，随着古菌域被系统地划分出来，现代科学所普遍接受的生物界三域分类得到了正式的确立：古菌域、真细菌域（细菌域）、真核生物域（植物和动物域）。

从古菌到细菌到真核生物的转变勾勒出了一幅关于生物进化的蓝图，然而另外一种生物——病毒却具有与之完全不同的结构。病毒是一类含有单一核酸大分子（DNA或RNA），单个或多个染色体（如流感病毒具有8个核糖体）同时结合有蛋白质（其包被着核酸构成了病毒的外壳——衣壳）的生物；病毒被认为存在于生物和惰性物质的边缘，构成了一个完全独立的世界。

表6-1～表6-5是各个域的分类简表，表中仅涵盖了在淡水水体中发现的、较为重要的微生物种群的部分分类（门、纲、目、科和属）。表中在目、科及属的层面上仅提供了其中几个类别作为示例，更加深入和详细的信息可以参见细菌学及浮游生物学的相关书籍。

6.2.1 病毒

相对于生物体而言，一些学者更倾向于用“亚生物系统”来定义病毒的存在，病毒被定义为仅仅是遗传信息而非细胞；被分离出来的病毒不具备代谢和增殖能力；病毒只有当存在于被感染的活细胞的情况下才能完成增殖过程，故其又被认为是完全的寄生体。病毒的大小一般介于10～300nm之间。病毒可通过其遗传物质（DNA和RNA）以及其形态学（如对称体病毒，详见本章6.3.2.1节，图6-15；及是否具有包裹着衣壳的脂蛋白层）进行分类。详细信息请参见表6-1。

表6-1　病毒的分类

核酸种类	衣壳		所属科	引起的疾病（举例）
	对称类型	是否具有囊膜		
RNA	立方体对称	否	呼肠病毒科	呼吸障碍，腹泻，肠胃炎
			杯状病毒科	肠胃炎（诺瓦克病毒），戊型肝炎
			小核糖核酸病毒科	甲型肝炎，肠病毒疾病（脊髓灰质炎病毒，ECHO 病毒，柯萨奇病毒）
		是	黄病毒科（虫媒病毒[①]）	丙型肝炎，黄热病，登革热
			披膜病毒科	风疹
	螺旋对称	是	冠状病毒科	肠胃炎，非典型肺炎（SARS）
			弹状病毒科	狂犬病
			副黏液病毒科	风疹，流行性腮腺炎
			正黏病毒科	流行性感冒
	复合对称	是	沙粒病毒科	发烧并伴有大出血
			逆转录病毒科	艾滋 AIDS（HIV）
DNA	立方体对称	否	乳头瘤病毒科	疣
			小 DNA 病毒科	肠胃炎
			腺病毒科	支气管肺炎
		是	虹彩病毒科	
			疱疹病毒科	水痘，带状疱疹，疱疹
	不确定对称	是	肝脱氧核糖核酸病毒科	乙型肝炎，丁型肝炎
	复合对称	是	痘病毒科	天花，多发黏液瘤病

① 虫媒病毒：节肢动物带有的病毒（通过昆虫的叮咬传播）。

病毒同样可以根据寄生的种类进行分类，如细菌病毒（噬菌体、DNA）、植物病毒（RNA）和动物病毒（DNA 或 RNA）。

6.2.2　古菌域

古细菌是一类原始细菌，可以作为很多种典型原核生物的原始模型，多发现于一些极端环境中（该现象从侧面佐证了古细菌可能出现在地球早期的极端环境中）；现阶段古菌多发现于酸性和 / 或极度高温条件下的温泉、盐度极高的水体和海床中，同时在一些动物的消化系统、水处理系统和甲烷发酵罐中都有所发现。表 6-2 对存在于不同介质中的古菌进行了简单的描述。

6.2.3　细菌域

细菌域包括以单一的或以菌落形式存在的单细胞的、显微镜可见的生物体。此前主要阐述了细菌和动物及植物在原核及真核上的区别；然而，细菌域的物种同样与其他两个域有着密切的联系；表 6-3 中展示了细菌的分类。在这里，细菌域被分为 4 部分：其中最大的部分为真细菌，其他三个部分都在一定程度上与真菌（分枝杆菌）、藻类（藻菌）及单细胞动物或原生动物（原生生物）相似。本章 6.3.1.1 节中的图 6-1 概括了细菌的多态性。

表6-2　古菌域的简单分类

亚族	属（举例）	所处介质
甲烷菌（又叫产甲烷菌）	甲烷杆菌属 甲烷螺菌属 甲烷八叠球菌属 甲烷球菌属	海床，动物消化道，甲烷发酵罐等装置
嗜盐菌		高盐度水体
嗜酸耐热菌	硫化叶菌 热源体属	酸性和（或）极度高温温泉

表6-3　细菌域的分类

细菌域				
门	纲	目	科	属（举例）①
真细菌门	无芽孢厌氧菌纲	微球菌目	奈瑟氏球菌科	奈瑟氏菌属
			微球菌科	**链球菌属** **葡萄球菌属**
		杆菌目	假单胞菌科	**假单胞菌属** **沙雷氏菌属**
			肠杆菌科	**埃希氏杆菌属** **沙门氏菌属** **志贺氏菌属** **耶尔森氏菌属**
			细小杆菌科	**巴氏杆菌属** **布鲁氏菌属**
			Ristellaceae	***Ristella***
			Protobacteriaceae	**硝化菌属** **亚硝化单胞菌属** **硫杆菌属**
			杆菌科	杆菌属 乳杆菌属
		螺旋菌目	弧菌科 螺菌科	**弧菌属** 纤维弧菌属 螺菌属 **弯曲菌属**
	产芽孢厌氧菌纲	杆菌目	芽孢杆菌科	**枯草芽孢杆菌**
			Innominaceae	*Innominatus*
		梭菌目	内孢菌科	内孢菌属
			梭菌科	**梭菌属**
		槌形菌目	端胞菌科	端胞菌属
			槌形菌科	槌形菌属
		弧菌目	弧菌科	**弧菌属**

续表

细菌域				
门	纲	目	科	属（举例）[1]
分枝杆菌门	放线菌纲	放线菌目	球状菌科	球状菌属
			放线菌科	**放线菌属** **诺卡氏菌属**
			链霉菌科	**链霉菌属** 小单胞菌属
		分枝杆菌目	分枝杆菌科	**分枝杆菌属**
	黏细菌纲	黏球菌目	黏液球菌科	黏球菌属
		囊菌目	原囊黏细菌科	原囊黏细菌属
			堆囊黏细菌科	堆囊黏细菌属
			多囊黏细菌科	多囊黏细菌属 粒杆黏细菌属
		噬纤维菌目	噬纤维菌科	噬纤维菌属 屈挠杆菌属
	固氮菌纲	固氮菌目	固氮菌科	固氮菌属
藻菌门	鞘菌纲	鞘杆菌目	鞘杆菌科	**球衣菌属** **纤毛菌属**
			泉发菌科	**泉发菌属** 细枝发菌属
			鞘铁细菌科	**鞘铁菌属** **铁单胞菌属** **铁杆菌属**
		柄菌目	柄杆菌科	柄杆菌属
			披毛菌科	**披毛菌属**
	噬硫细菌纲	Rhodothio bacteriales	色硫菌科	囊硫菌属 **着色硫菌属**
			硫杆菌科	硫细杆菌属 硫螺菌属
			红色无硫菌科	红假单胞菌属
		绿弯菌目	绿硫菌科	绿菌属 *Pelodyction*
			着色菌科	绿着色菌属
		贝日阿托氏菌目（贝氏菌目）	白硫菌科(贝氏菌科)	**贝氏硫菌属** **丝硫细菌属**
			无色硫菌科	无色菌属
	蓝藻细菌纲	参见植物域中的蓝藻部分		
原生动物	螺旋体纲	螺旋体目	螺旋体科	**螺旋体属**
			密螺旋体科	**密螺旋体属** **细螺旋体属**

① 表中加粗的菌属表示其在水处理过程中经常被提及：包括一些病原菌，功能菌及有净化能力的微生物。

6.2.4 植物界

生物界“三域”分类系统的末端是黏菌纲（低等真菌）和真菌纲（高等真菌）。之后是一些有关藻类、苔藓植物（藓类植物）和蕨类植物（隐花维管植物）的分类，最后的部分是关于高等植物的分类（表 6-4）。

表6-4 植物界的简单分类（节选）

植物界					
门（举例）		纲（举例）	目（举例）	科（举例）	属（举例）[①]
原植体植物（低等植物）					
黏菌门		黏菌纲	绒泡菌目	钙皮菌科	钙皮菌属
真菌门	鞭毛菌亚门	卵菌纲	水节霉目	水节霉科	水节霉属
	接合菌亚门	接合菌纲	毛霉目	毛霉科	毛霉属
	子囊菌亚门	不整囊菌纲	曲霉目	曲霉科	曲霉属
	担子菌亚门	层菌纲	伞菌目	鹅膏菌科	鹅膏菌属
	半知菌亚门	腔孢纲	球壳孢目	球壳孢科	球壳孢属
绿藻门		绿藻纲	团藻目	衣藻科	衣藻属
			色球藻目（绿球藻目）	水网藻科	**盘星藻属**
			丝藻目	丝藻科	丝藻属
			胶毛藻目	胶毛藻科	**竹枝藻属**
		接合藻纲	双星藻目	双星藻科	**水绵属**
裸藻门		裸藻纲	裸藻目	裸藻科	**裸藻属**
硅藻门		中心硅藻纲	圆筛藻目	圆筛藻科	小环藻属
		羽纹硅藻纲	无壳缝目	脆杆藻科	**针杆藻属**
			舟形藻目	舟形藻科	**舟形藻属**
金藻门		金藻纲	金鞭藻目	黄群藻科	**黄群藻属**
黄藻门		黄藻纲	异丝藻目	黄丝藻科	黄丝藻属
			异管藻目	无隔藻科	无隔藻属
蓝藻门		蓝藻纲[②]	色球藻目	色球藻科	**微囊藻属**
			颤藻目	颤藻科	**颤藻属**
红藻门		红藻纲	红毛菜目	红毛菜科	红毛菜属
			串珠藻目	串珠藻科	串珠藻属
隐藻门		隐藻纲	隐鞭藻目	隐鞭藻科	**隐藻属**
甲藻门		横裂甲藻纲	多甲藻目	多甲藻科	**多甲藻属**
褐藻门		圆子纲	墨角藻目	墨角藻科	墨角藻属
		褐子纲	海带目	海带科	海带属

续表

植物界					
门（举例）		纲（举例）	目（举例）	科（举例）	属（举例）①
茎叶体植物（高等植物）					
苔藓植物门		苔纲	叶苔目	叶苔科	叶苔属
		藓纲	泥炭藓目	泥炭藓科	泥炭藓属
蕨类植物门	松叶蕨亚门	松叶蕨纲	松叶蕨目	松叶蕨科	松叶蕨属
	石松亚门	石松纲	石松目	石松科	石松属
	水韭亚门	水韭纲	水韭目	水韭科	水韭属
	楔叶亚门	木贼纲	木贼目	木贼科	木贼属
	真蕨亚门	薄囊蕨纲	水龙骨目	水龙骨科	水龙骨属
			槐叶苹目	槐叶苹科	槐叶苹属
裸子植物门③		松杉纲	松杉目	松科	松属
		银杏纲	银杏目	银杏科	银杏属
被子植物门③		单子叶植物纲	茨藻目	眼子菜科	眼子菜属
			禾本目	禾本科	芦苇属
				香蒲科	香蒲属
			天南星目	浮萍科	浮萍属
		双子叶植物纲	毛茛目	金鱼藻科	金鱼藻属
				睡莲科	睡莲属，萍蓬草属
			山毛榉目（壳斗目）	桦木科	桦木属
			豆目	蝶形花科	大豆属，豌豆属

① 以**粗体**标注的藻类可产生毒素或产生气味并污染水体。

② 经常与蓝藻门细菌重叠共生。

③ 裸子植物与被子植物统称为种子植物，是植物界最高等的类群。

6.2.5　动物界

单细胞动物（原生动物）被认为是最简单的动物体，其中包括了很大一部分的寄生虫（在有鞭毛的原生生物类群中，只有多鞭毛目和双滴亚目的原生动物可以不依赖宿主生存；孢子虫类也是寄生虫）。

在污水处理厂活性污泥中同样发现有原生生物的存在，其作用极为重要（详见本章 6.3 节）。

海绵动物门物种的出现标志着生物由原生动物向后生动物的过渡，由该类动物所组成的“海绵”包含着一群典型的原生动物。之后，当观察高阶的生物时，从浮游生物活性的角度来看，可发现其具有明显的分工，尤其是在蠕虫、轮虫和节肢动物（甲壳类动物和昆虫的幼虫）中表现最为明显。

表 6-5 中展示的分类系统并不是单一的，其中包括很多种变型。

表6-5 动物界的简单分类（节选）

门（举例）	纲（举例）	亚纲（举例）	目（举例）	属（举例）[1]
动物界：第一亚界，原生动物				
肉鞭动物亚门	鞭毛虫纲	植鞭毛亚纲	眼虫目	眼虫属
		动鞭毛亚纲	双滴虫目	**贾第虫属**
			动质体目	**锥虫属**
			毛滴虫目	**毛滴虫属**
	肉足虫纲	根足亚纲	阿米巴目（变形虫目）[2]	**内阿米巴属，纳氏虫属**
		辐足亚纲	太阳虫目	太阳虫属
顶复动物亚门	孢子纲	簇虫亚纲	簇虫目	**单房簇虫属**
		球虫亚纲	真球虫目	**隐孢子虫属，环孢子虫属，弓形体属，疟原虫属**
微孢子虫亚门	微孢子纲		微孢子虫目	**脑炎微孢子虫属，肠上皮细胞微孢子虫属，小孢子虫属**
囊孢子虫亚门	星孢子纲		孔盖孢子目	肤孢子虫属
纤毛动物亚门	寡膜纲	膜口亚纲	膜口目	草履虫属
		缘毛亚纲	缘毛目	钟虫属，累枝虫属，盖虫属，聚缩虫属
	多膜纲	旋毛亚纲	异毛目	喇叭虫属
	动基片纲	前庭亚纲	毛口目	**肠袋虫属**
		吸管亚纲	吸管目	足吸管虫属
黏体动物亚门	黏孢子虫纲		双壳目	四棘虫属
动物界：第二亚界，后生动物				
海绵动物门（多孔动物门）	钙质海绵纲	钙质海绵亚纲	同腔海绵目	单沟属
腔肠动物门	水螅纲	软水母亚纲	淡水水母目	桃花水母属
	钵水母纲		根口水母目	海蜇属
	珊瑚纲	六射珊瑚亚纲	海葵目	海葵属
棘皮动物门	海参纲	楯手海参亚纲	楯手目	刺参属
扁形动物门	涡虫纲	新卵巢涡虫亚纲	三肠目	三角涡虫属
	吸虫纲	复殖亚纲	复殖吸虫目	*裂体吸虫属（血吸虫属）*
	绦虫纲	多节绦虫亚纲	圆叶目	*带绦虫属*
纽形动物门	有刺纲		蛭纽目	蛭纽虫属
线形动物门	线虫纲	无尾感器亚纲	刺嘴目	*旋毛虫属*
		尾感器亚纲	蛔目	*蛔虫属，伍氏线虫属*
轮虫动物门	单巢纲		单巢目	龟甲轮属[3]
螠虫动物门	螠纲		无管螠目	刺螠属

续表

门（举例）		纲（举例）	亚纲（举例）	目（举例）	属（举例）①
环节动物门		多毛纲	隐居多毛亚纲	小头虫目	沙蠋属
		寡毛纲		颤蚓目	颤蚓属③，仙女虫属③
软体动物门		腹足纲	肺螺亚纲	基眼目	椎实螺属
		瓣鳃纲		贻贝目	贻贝属③
		头足纲	鹦鹉螺亚纲	鹦鹉螺目	鹦鹉螺属
节肢动物门	三叶虫亚门	三叶虫纲		球接子目	球接子属
	螯肢亚门	蛛形纲	广腹亚纲	蜱螨目	恙螨属③
	甲壳亚门	鳃足纲	叶足亚纲	双甲目	象鼻溞属③
		软甲纲	真软甲亚纲	等足目	栉水虱属③
				端足目	钩虾属③
半索动物门		肠鳃纲		柱头虫目	舌形虫属
脊索动物门	尾索动物亚门	海鞘纲		单海鞘目	海鞘属
	头索动物亚门	头索纲		文昌鱼目	文昌鱼属
	脊椎动物亚门	圆口纲	七鳃鳗亚纲	七鳃鳗目	七鳃鳗属
		软骨鱼纲	板鳃亚纲	虎鲨目	虎鲨属
		硬骨鱼纲	肉鳍亚纲	腔棘目	矛尾鱼
		两栖纲	滑体亚纲	蚓螈目	吻蚓属
		爬行纲	无孔亚纲	龟鳖目	海龟属
		鸟纲	今鸟亚纲	鹃形目	杜鹃属
		哺乳纲	后兽亚纲	负鼠目	负鼠属
			真兽亚纲	灵长目	人属

① 以**粗体**标注的属种表示可以人体为宿主；以*斜体*标注的属种表示能够引起人体的不适。
② 阿米巴原虫根据生活环境不同可分为内阿米巴原虫（寄生于人和动物体内）和自由生活阿米巴原虫（独立存活在环境中）。
③ 会给水的输配带来问题的生物。

6.3　水生微生物对水处理工程的重要性

本节主要描述水生微生物对水体造成的不良影响，其中本章 6.3.1 节和本章 6.3.2 节将着重介绍饮用水体中水生微生物的作用和影响，在本章 6.3.3 节中将重点介绍待净化水体中微生物的作用。每一章节都会对该类微生物分类鉴定的依据进行介绍。

第 4 章、第 11 章、第 12 章、第 18 章、第 22 章、第 23 章和第 25 章将详细介绍微生物在水处理工程中的积极影响。

6.3.1　以淡水为自然栖息地的微生物

很多微生物都是以水体为栖息地的，包括水生的植物类生物（含植物和微生物）以及动物类生物。其中包括以无机物为营养源的自养生物（autotrophic）和以有机物为营养源的异养生物（heterotrophic），不管是自养生物还是异养生物，其在维护生物群落结构平衡方面的作用都是不可替代的。然而，它们的增殖和代谢同样会对水体的性状产生不良影响。尤其是在合适的条件下，藻类和水生植物会通过光合作用将简单的无机物 C、N、P 转化为多种有机物，从而影响生态系统中的食物链和水体水质（详见第 2 章 2.1.9 节）。

6.3.1.1 细菌

在细菌生物界（图 6-1）中，自养微生物［化能自养型细菌，详见第 1 章 1.3.1.2 节中的（1）和第 2 章 2.1.5 节、2.1.7 节以及 2.1.8 节］和异养型细菌（多是能分解有机物的细菌）大多相伴而生，后者的代谢功能与在污水处理厂活性污泥及生物滤池中的细菌类似（见本章 6.3.3.1 节）。

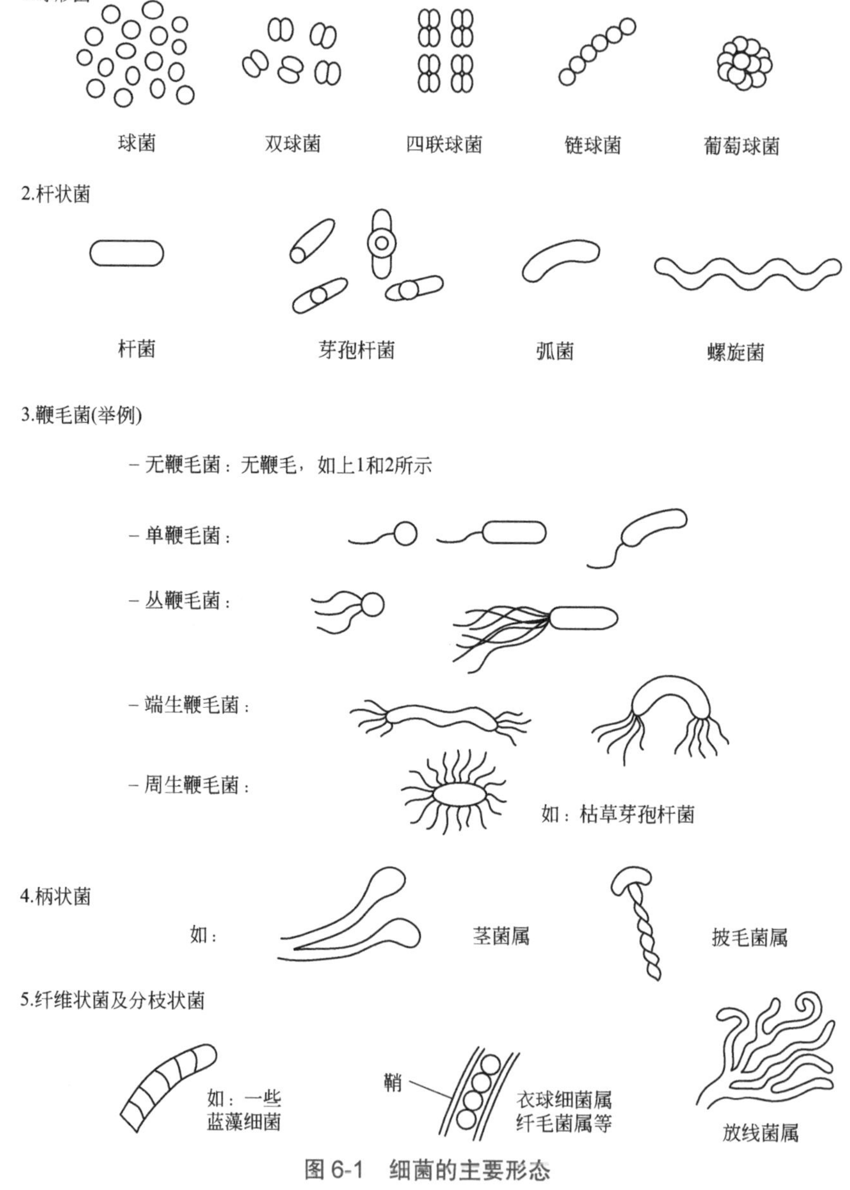

图 6-1 细菌的主要形态

6.3.1.2　藻类

关于藻类的分类学和形态学请参照本章 6.2.4 节的内容。藻类的生长形式不同，一些藻类具有浮游性，比如浮游藻类；还有一些藻类的生长需要附着在某些载体上而被称为固着藻类。

根据先前大量的文献报道，当浮游藻类在一定条件下通过增殖使其浓度达到每毫升数以万计的细胞时，会使水体带有浓重的颜色（根据浮游藻类的种类呈现出绿色、蓝绿或棕色等）。当其浓度进一步升高后，藻类会在水体的表面形成一层连续的带有光泽的薄膜，这层薄膜叫作藻华（有些蓝藻细菌的存在会产生此类现象）。

在水处理工程中，当污水被微型藻类污染时，该类污水需要投加大量混凝剂进行预处理；这样可以使污水中大量的藻类在进入滤池之前得以去除，保护滤池不被污堵；处理后出水中的残余藻类会增大水体的有机质含量，将导致水体余氯含量以及水体溶氧量的降低；同时，残余的藻类会增大水体中营养物质的含量，从而使得水体中无脊椎动物的数量增加（见本章 6.3.1.3 节）；因此，在藻类进入水处理系统之前就将其进行最大程度的去除是十分必要的。

当固着藻类（其包含微型藻类和大型藻类）吸附在水处理工程设备上并固着生长时会对水处理系统造成另一种危害，这种危害在水体中没有投加氧化剂的时候尤为频繁。

藻类并不仅仅具有合成自身物质的能力，其同样可以通过释放出代谢产物的方式影响水体水质；当水体中存在大量藻类时，这种代谢产物可以通过如下两种方式影响水体，尤其是饮用水水体的水质。

① 妨碍干扰水处理工艺的正常运行。混凝剂投加量显著增大；产生三卤甲烷前驱物质及难以被絮凝处理的物质；因与溶解于水中的气体结合，污泥会出现在沉淀过程中上浮的现象；同样也会造成滤池出现异常的水头损失，黏附污染滤池，或在配水之后出现后絮凝现象。

② 产生特殊的味道和气味。在此方面区别如下：

a. 由藻类（或放线菌）产生的挥发性代谢产物直接散发出很多特殊的气味。

有如下几个例子：i. 土臭素，见图 6-2（土霉味物质）；ii. 2-甲基异莰醇，见图 6-2（土霉味物质）；iii. 己醛和庚醛（鱼腥味）；iv. 其他物质（芳香味，草味，腐烂的味道等）。藻类产生的异常气味是多种多样的，其主要气味来源于占优势的藻类群落（参见表 6-6）。

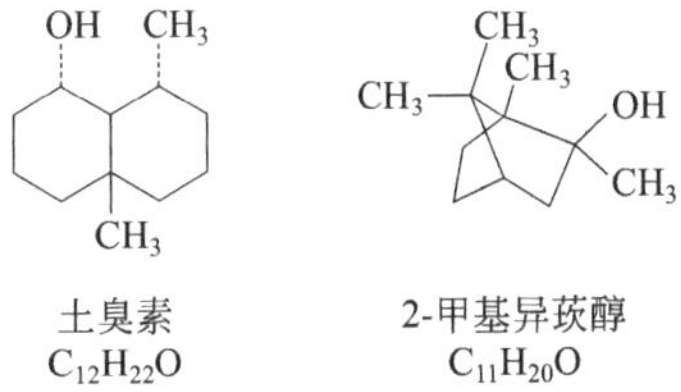

图 6-2　土臭素和 2- 甲基-异莰醇的分子结构

b. 有些由蓝藻分泌出的酚类物质在有氯元素存在的情况下会形成酚氯而产生特殊的气味。

c. 其中还有一些气味来自死亡生物体的腐烂和有机物的分解，尤其是含硫化合物的分解。

表6-6　藻类产生的味道及气味的种类和性质

藻类	包含的主要类型	藻类数量所对应的味道	
		中等数量	大量
蓝藻纲（见图6-3）	鱼腥藻属 胶刺藻属 束丝藻属 束球藻属 微囊藻属 颤藻属	草的味道，土霉味	恶臭、药味、草味、霉味、辛辣味
绿藻纲（见图6-4）	衣藻属 小球藻属 刚毛藻属 新月藻属 鼓藻属 空球藻属 突球藻属 盘星藻属 栅列藻属 水绵属 角星鼓藻属	草味	草味、霉味、鱼腥味
硅藻纲（见图6-5中的10～20）	星杆藻属 小环藻属 等片藻属 脆杆藻属 直链藻属 针杆藻属 冠盘藻属	草味、辛辣味、天竺葵味	鱼腥味、腐烂味
金藻纲（见图6-5中的5～7）	锥囊藻属 鱼鳞藻属 黄群藻属	紫罗兰味、鱼腥味、黄瓜味、腐烂味	鱼腥味
裸藻纲（见图6-5中的3和4）	裸藻属		鱼腥味
鞭毛藻纲（见图6-5中的2）	角藻属 多甲藻属	黄瓜味、鱼腥味	恶臭、药味、鱼腥味
隐藻纲（见图6-5中的1）	隐藻属	紫罗兰味	紫罗兰味、鱼腥味

③ 一些藻类会通过分泌毒性物质的方式影响水质。这类现象多出现于水体中有大量蓝藻存在时，蓝藻可以分泌出多种毒素：

a. 皮肤毒素：引起急性皮炎和结膜炎。

b. 神经毒素：神经毒素是一类由项圈藻属、束丝藻属、颤藻属等分泌出的生物碱，较为常见的有类毒素 -a（图6-6）、类毒素 -a（s）。同样地，海洋中的鞭毛藻类也会分泌出蛤蚌毒素和新蛤蚌毒素，这些毒素会快速作用于神经系统，引起麻痹，心血管痉挛等症状而造成死亡。

c. 肝毒素：肝毒素是一类由多种蓝藻（微囊藻属、节球藻属、项圈藻属、颤藻属等）分泌出的环状多肽类物质，它们的名字取决于其来源的藻类名称［微囊藻素（图6-7），节球藻素］。根据摄入量的多少，肝毒素可以通过在血液中的积累抑制肝细胞的合成（几小时内死亡）或造成肝功能的损失（几个星期内死亡），长此以往会导致肝癌的发生。

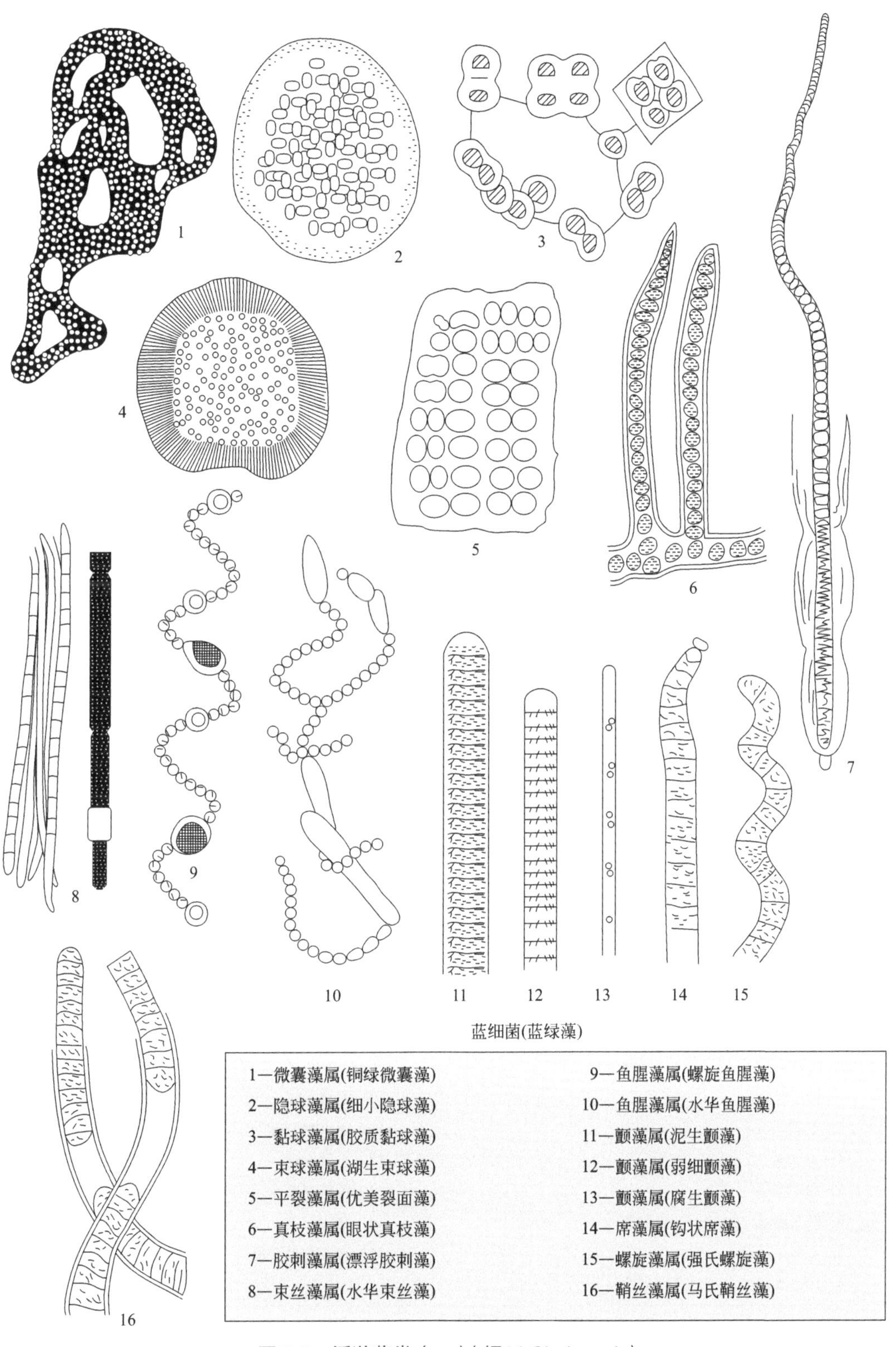
1
2
3
4
5
6
7
8
9
10
11
12
13
14
15
16
蓝细菌(蓝绿藻)
1—微囊藻属(铜绿微囊藻)
2—隐球藻属(细小隐球藻)
3—黏球藻属(胶质黏球藻)
4—束球藻属(湖生束球藻)
5—平裂藻属(优美裂面藻)
6—真枝藻属(眼状真枝藻)
7—胶刺藻属(漂浮胶刺藻)
8—束丝藻属(水华束丝藻)
9—鱼腥藻属(螺旋鱼腥藻)
10—鱼腥藻属(水华鱼腥藻)
11—颤藻属(泥生颤藻)
12—颤藻属(弱细颤藻)
13—颤藻属(腐生颤藻)
14—席藻属(钩状席藻)
15—螺旋藻属(强氏螺旋藻)
16—鞘丝藻属(马氏鞘丝藻)

图 6-3　浮游藻类（一）（据 V. Sladececk）

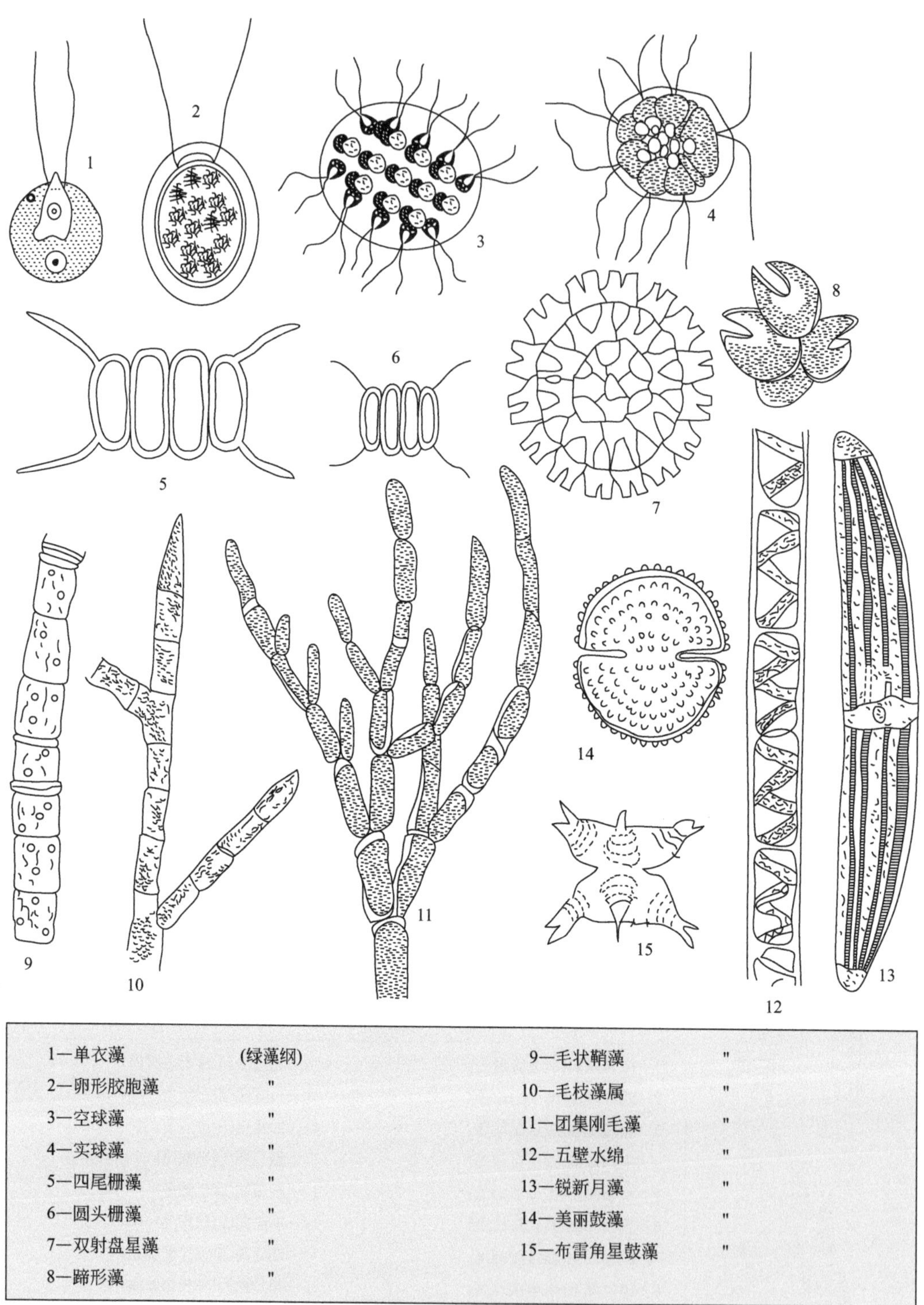

图 6-4 浮游藻类（二）（据 V. Sladececk）

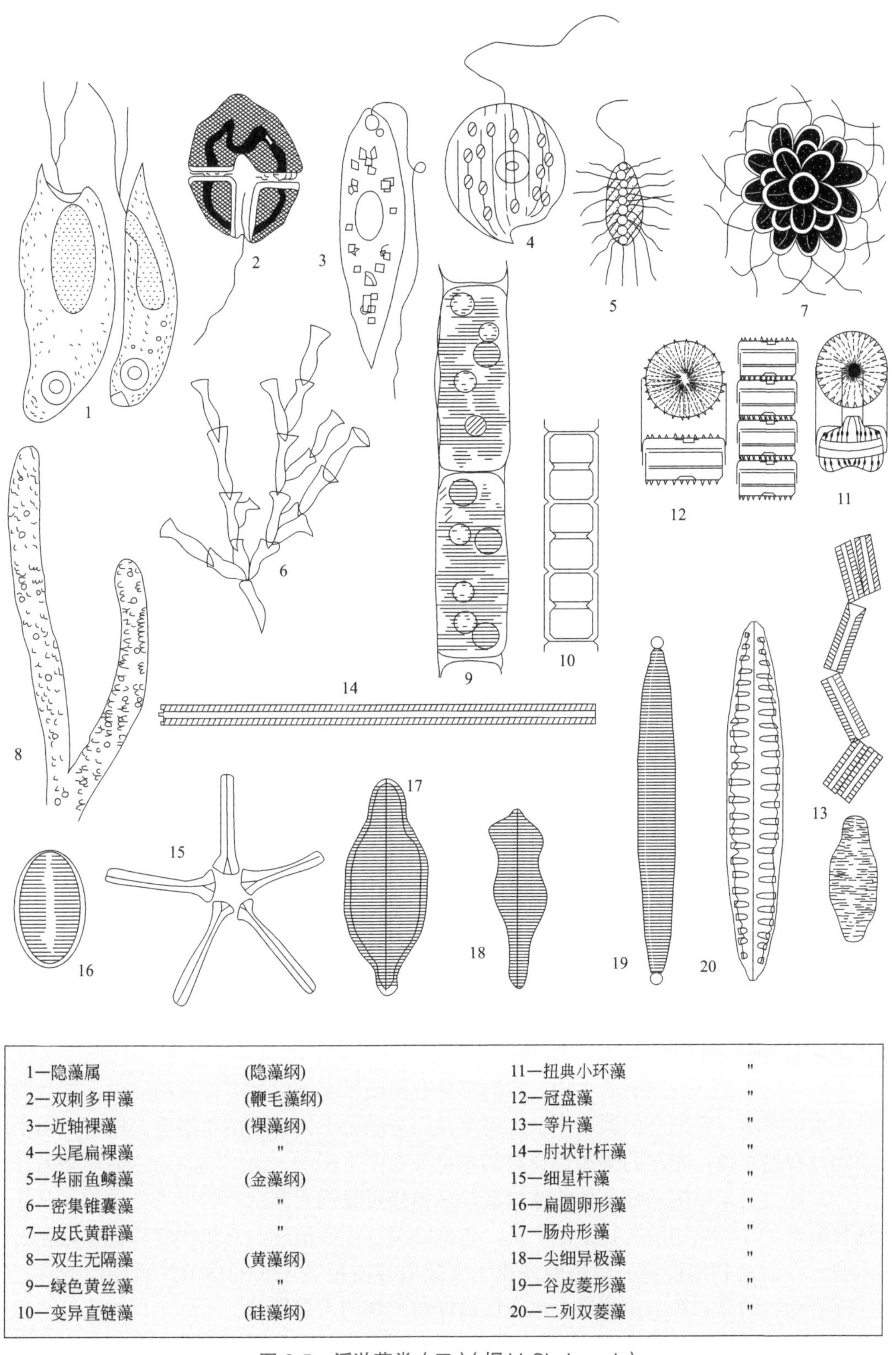

1—隐藻属	(隐藻纲)	11—扭典小环藻	"
2—双刺多甲藻	(鞭毛藻纲)	12—冠盘藻	"
3—近轴裸藻	(裸藻纲)	13—等片藻	"
4—尖尾扁裸藻	"	14—肘状针杆藻	"
5—华丽鱼鳞藻	(金藻纲)	15—细星杆藻	"
6—密集锥囊藻	"	16—扁圆卵形藻	"
7—皮氏黄群藻	"	17—肠舟形藻	"
8—双生无隔藻	(黄藻纲)	18—尖细异极藻	"
9—绿色黄丝藻	"	19—谷皮菱形藻	"
10—变异直链藻	(硅藻纲)	20—二列双菱藻	"

图 6-5　浮游藻类（三）（据 V. Sladececk）

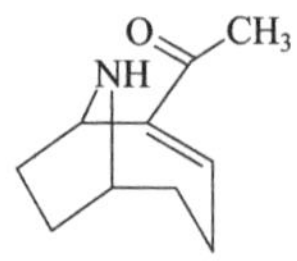

图 6-6 类毒素 -a 的分子结构

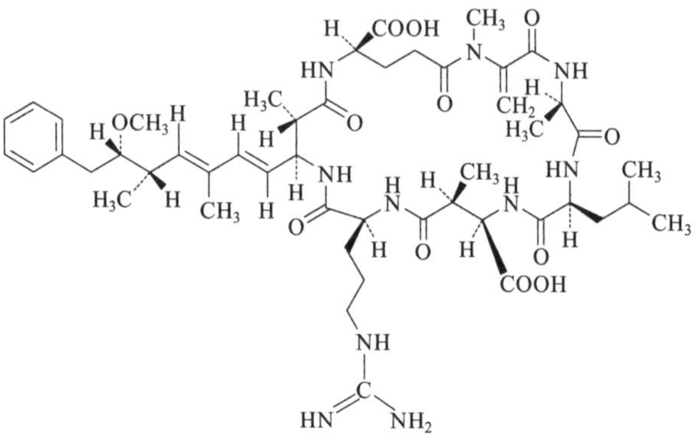

图 6-7 微囊藻素的分子结构

一般而言，通过混凝-絮凝沉淀作用很难能去除像藻毒素这一类的嗅味物质；而传统的深度处理（如臭氧或活性炭）或者某些膜处理工艺（PAC+UF 或 NF）可以有效去除这类物质。

浮游藻类（或浮游植物）的鉴定：藻类的初步鉴定依据其颜色（其中除最常见的叶绿素外，藻类所含色素主要可分为胡萝卜素、藻胆色素、藻青蛋白、藻红蛋白），然后根据形态学、储存物质及是否具有鞭毛等进行分类。这个分类体系可以将微生物区分为 2000 多个属，许多属中还能分出数十个种。

藻类的分类鉴定是一项需要专人完成的工作，需要长期的工作经验和大量的参照性实验（藻类计数请参阅第 5 章 5.3.3.6 节）。图 6-3～图 6-5 中的分类系统并没有提供分类到种的能力，但其可以把大部分属的藻类区分开来。

6.3.1.3 浮游动物

淡水浮游动物的种属并不丰富。人们很少在河流及小溪中发现大量存在的浮游动物，但是在池塘和湖泊中的情况相反。浮游动物主要由甲壳类动物、轮虫类动物及原生动物组成（图 6-8～图 6-10）。

浮游动物多是一些透明的生物，它们都具有附肢以及一定程度的游动能力，使其能够维持在水中生活。它们会根据表层水流的流动而分布于不同深度的水层中。同时，由于浮游动物具有趋光性，光线的强弱也会对其垂直分布产生影响。不同浮游动物的体型差异很大，一些轮虫类及原生动物个体的体型仅仅是显微可见的，其余一些甲壳类动物，其体长可达数毫米。浮游动物的食物来源广泛，包括细菌、浮游植物、有机物碎片甚至是浮游动物本身。浮游动物的侵染、增殖的规律主要随着浮游植物生长的季节性规律而变化，同时，浮游动物的死亡在一定程度上也会促进浮游植物的大量繁殖。实际上，河流及水库中藻类的大量增殖也出现在浮游动物在投加化学药剂后大量死亡的情况下。

除了上述三种主要的浮游动物，还有一类浮游幼虫，当它们成年后会附着在支承介质

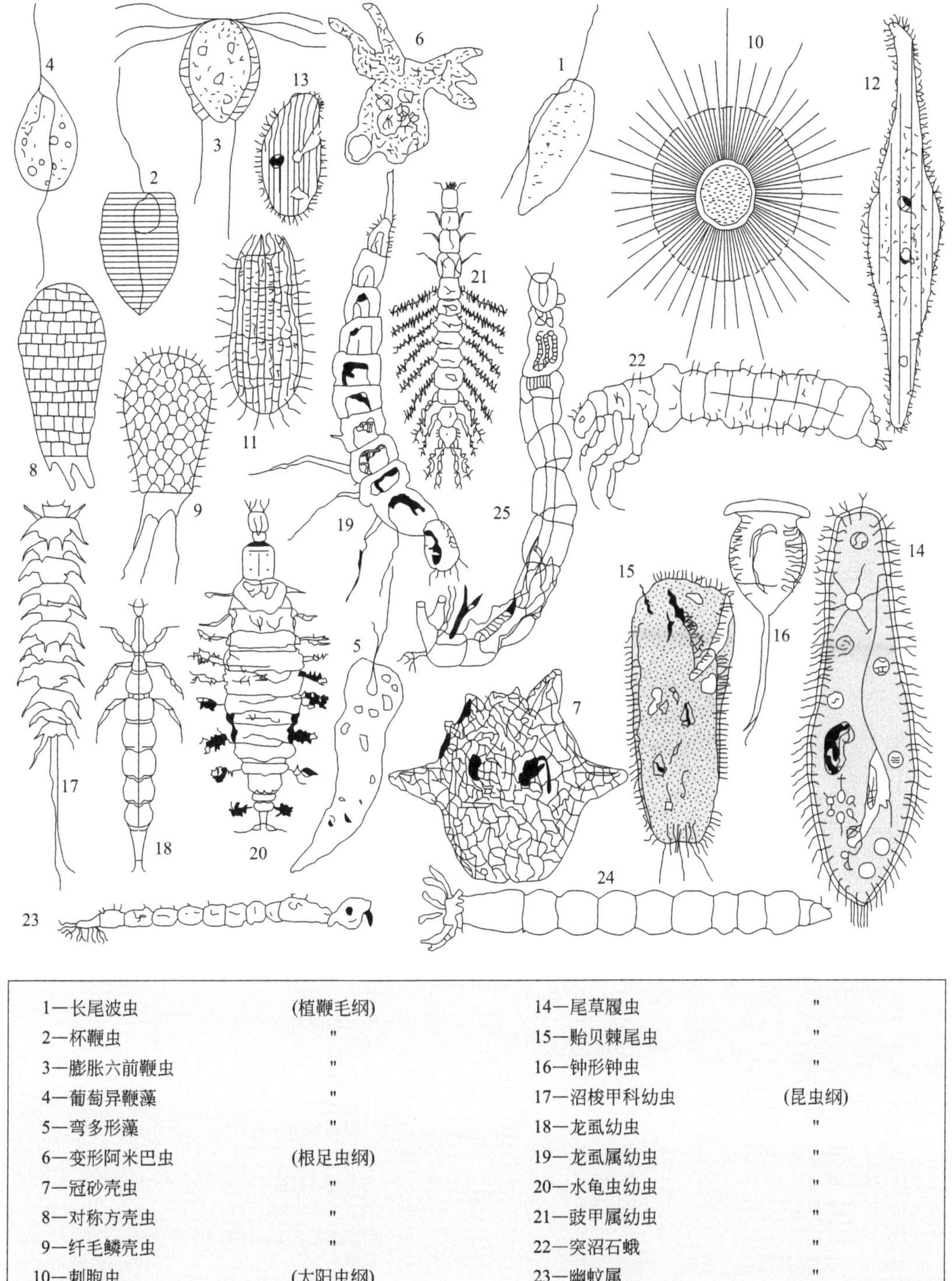

1—长尾波虫	(植鞭毛纲)	14—尾草履虫	"
2—杯鞭虫	"	15—贻贝棘尾虫	"
3—膨胀六前鞭虫	"	16—钟形钟虫	"
4—葡萄异鞭藻	"	17—沼梭甲科幼虫	(昆虫纲)
5—弯多形藻	"	18—龙虱幼虫	"
6—变形阿米巴虫	(根足虫纲)	19—龙虱属幼虫	"
7—冠砂壳虫	"	20—水龟虫幼虫	"
8—对称方壳虫	"	21—豉甲属幼虫	"
9—纤毛鳞壳虫	"	22—突沼石蛾	"
10—刺胞虫	(太阳虫纲)	23—幽蚊属	"
11—毛板壳虫	(纤毛虫纲)	24—大蚊属	"
12—版状漫游虫	"	25—羽摇蚊属	"
13—弯豆形虫	"		

图 6-8　浮游动物（一）(据 V. Sladececk)

1—河轮海绵	(海绵动物门)	19—尾蚴吸虫幼虫	(蠕虫类)
2—湖针海绵	"	20—水生杆线虫	"
3—湖针海绵，骨针	"	21—颤蚓	"
4—湖针海绵，芽球	"	22—螺栖毛腹虫	"
5—河轮海绵，双盘体	"	23—特氏颗体虫	"
6—普通水螅	(刺胞动物门)	24—双凸杆吻虫	"
7—水螅属未定种		25—大毛腹虫	"
8—薄细水螅，刺丝囊	"	26—尺蠖鱼蛭	"
9—寡柄水螅	"	27—胶膜鸡冠苔虫	"
10—索氏桃花水母	"	28—匍匐羽苔虫	"
11—高山蠕虫	(蠕虫类)	29—有节沼苔藓虫	"
12—三角真涡虫	"	30—羽苔虫未定种，休眠芽	"
13—叶状软体涡虫	"	31—胶膜鸡冠苔虫，休眠芽	"
14—角形多目涡虫	"	32—盾螺	(软体动物类)
15—欧洲多目涡虫	"	33—静水椎实螺	"
16—欧洲三角涡虫	"	34—胎生螺	"
17—圆头扁涡虫	"	35—角质扁卷螺	"
18—乳白涡虫	"	36—南方螨	(水螨群)

图 6-9　浮游动物（二）（据 V. Sladececk）

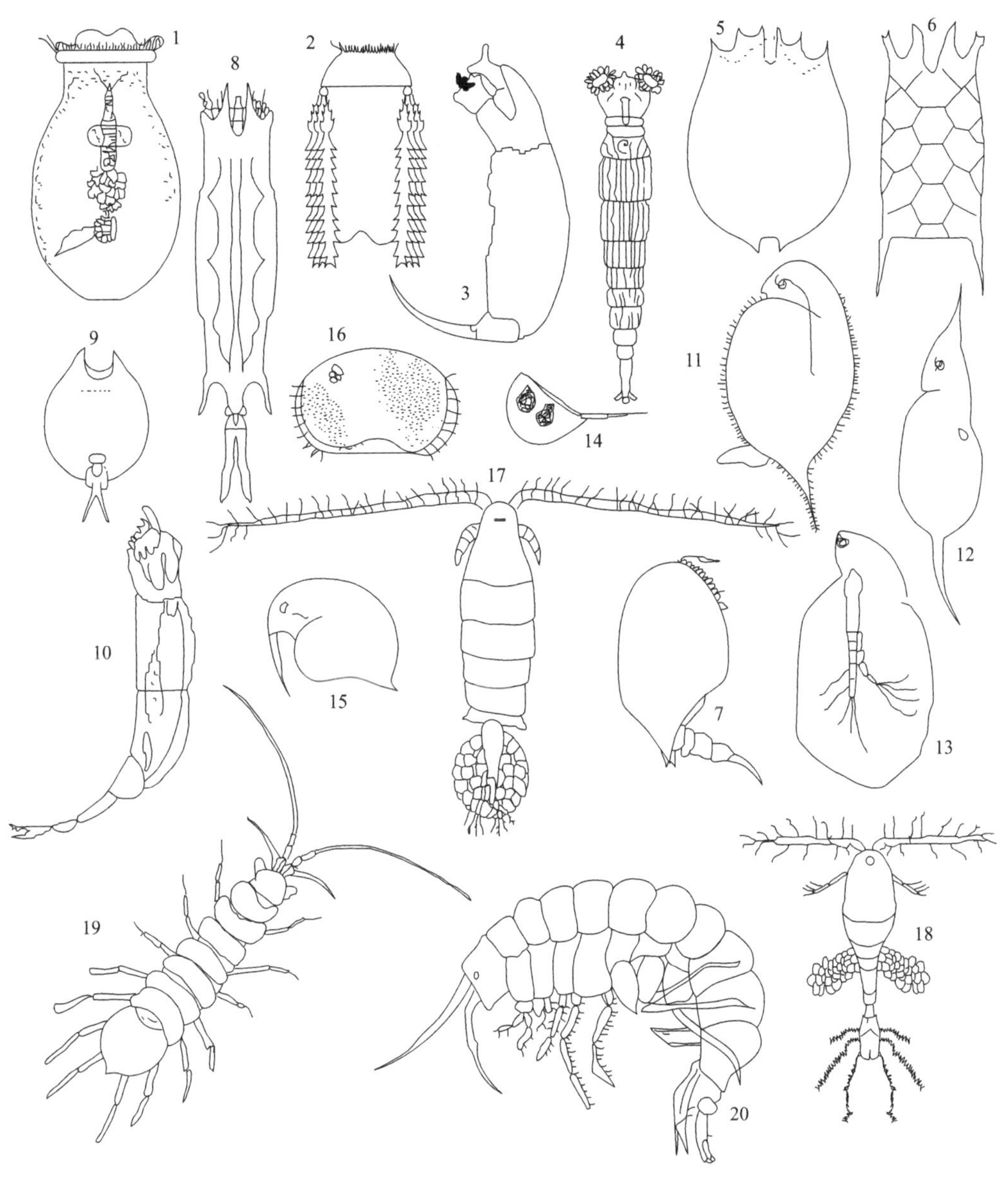

1—前节晶囊轮虫	(轮虫类)	11—大型溞	(甲壳纲)
2—广生多肢轮虫	"	12—僧帽溞	"
3—刺盖异尾轮虫	"	13—老年低额溞	"
4—橘色轮虫	"	14—水蚤未定种，卵鞍	"
5—壶状臂尾轮虫	"	15—长额象鼻溞	"
6—尖刺龟甲轮虫	"	16—眼状腺介虫	"
7—双尖狭甲轮虫	"	17—镖水蚤未定种	"
8—具刺棘管轮虫	"	18—剑水蚤未定种	"
9—盘状鞍甲轮虫	"	19—栉水虱	"
10—长中吻轮虫	"	20—蚤状钩虾	"

图6-10　浮游动物（三）（据 V. Sladececk）

上面。只要这些浮游动物的数量足够多，就能导致输水管道的堵塞（例如斑马贻贝），同时也会妨碍滤池的正常运行（软体动物、海绵动物、苔藓动物等），浮游动物的卵、囊和幼虫同时还会通过滤膜并进行增殖而对整个系统产生影响，例如一些寡毛类、甲壳类、双翅目、线虫类的浮游动物。

以下两种环境非常适合微型无脊椎动物的生长：

① 颗粒活性炭可以为该类生物的生长提供极度适宜的环境，因为颗粒活性炭的存在可以减轻消毒剂对生物生长的危害，同时富集残余有机物（可以通过定时使用加氯水洗涤活性炭来解决）。

② 管网（管道和储水池）里，尤其是当出现以下情况时：

a. 水中没有余氯；

b. 上游处理不完全（例如水中仍有残余的微型浮游藻类，它们此后可以作为浮游动物的食物）；

c. 处理系统和管网系统没有得到很好的定期维护（清扫，冲洗等）。

有活性炭存在的系统或管网系统非常适于所有微型无脊椎原生动物的生存，尤其是对于以下种类：

① 原生动物（图 6-8 中 1～16）：纤毛虫，鞭毛虫及根足虫等。

② 轮虫类（图 6-10 中 1～10）。

③ 蠕虫类：线虫（图 6-9 中 20 及图 6-11），寡毛纲（图 6-9 中 21～24 及图 6-12）。

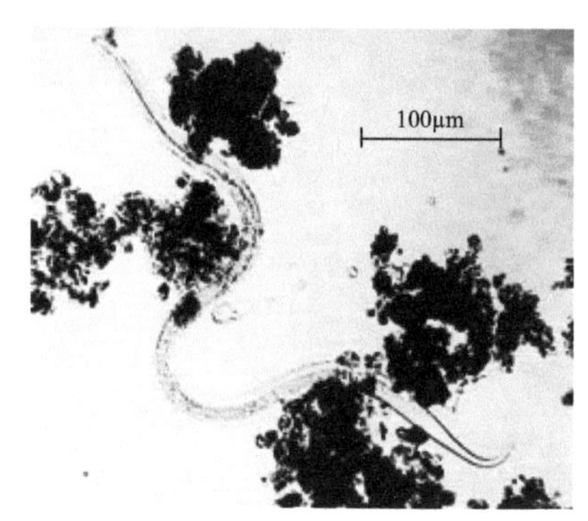

图 6-11　线虫（*Nematode*）

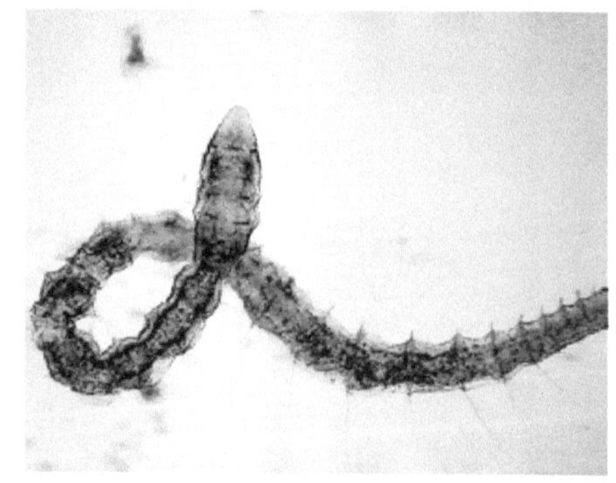

图 6-12　蠕虫（环节动物门，寡毛纲）

④ 甲壳类：

a. 枝角目（图 6-10 中 11～15），如水蚤和象鼻蚤；

b. 桡足目（图 6-10 中 17～18），如镖水蚤属；

c. 等足目如栉水虱（图 6-10 中 19 及图 6-13），其体长可达 0.8～1.2cm，故其出现肯定会招致自来水用户的投诉。

⑤ 昆虫幼虫（图 6-8 中 23～25）：尤其是双翅目幽蚊属幼虫（图 6-14），双翅目大蚊属等。多数摇蚊科的种属幼虫如孤雌拟长跗摇蚊，该类生物十分特殊，可以长期保持孤雌生殖（幼虫可以不通过成长为成虫而直接产卵），并且可以像蠕虫和一些甲壳类动物一样形成适合自身生存的栖息地。

浮游动物对余氯的耐受性随种类的不同差别很大，有些浮游动物具有很强的耐余氯性（表 6-7）。

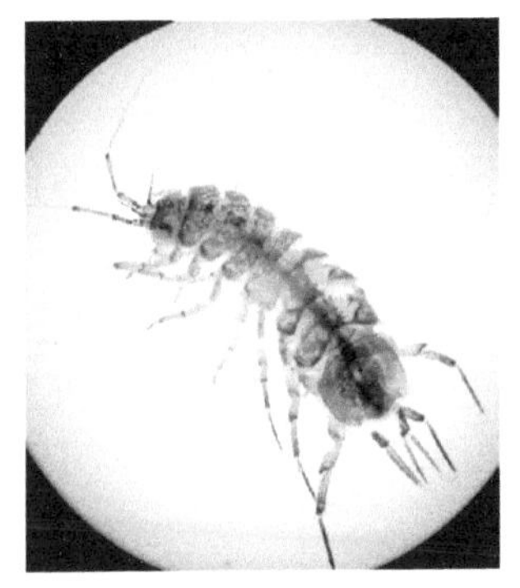

图 6-13　栉水虱（等足目 甲壳纲）

图 6-14　幽蚊的幼虫

表6-7　浮游动物对余氯的耐受性

微型无脊椎动物	CTl（mg・min/L）	微型无脊椎动物	CTl（mg・min/L）
寡毛纲	30～60	栉水虱	约 10000
桡足类和角枝目	60～500	羽摇蚊幼虫	约 10000
线虫类	200～3000		

注：*CT* 为氯消毒的基本参数，参见第 17 章 17.2.3.1 节。

一般而言，成虫发生扩散以后很难将其从主系统中去除；但是，保持整个系统的余氯含量在 0.2mg/L 时，可以有效地防止这种群集现象的发生，其原理是该浓度的氯可以有效地杀死虫卵，而虫卵是这种原生动物突破水处理工程系统屏障进行扩散的主要形式。

6.3.2　病原微生物

病原微生物与之前介绍的水生微生物种类不同，其主要通过寄生的方式在高等生物（尤其是人类）体内进行增殖，同时会对宿主健康造成不同程度的伤害；而水体，恰恰成为了这些病原微生物扩散的载体，对人类及其他宿主而言，水体就成为了病原微生物的污染来源。一般而言，病原微生物在环境中单独生存的能力有限，但其可以特定的形态存活于一些中间载体中，从而增强其在环境中的生存能力：举例而言，产芽孢厌氧菌和被囊包裹的微生物可以很有效地抵抗外界环境的变化；一些细菌和病毒可以存活于某些寄生虫的贮液囊中；一些蠕虫的幼虫可以存在于水体中的一种或多种中间载体上，如软体动物、贝壳类动物及鱼类等。它们的存活能力还取决于外界环境的物理化学条件及捕食者的数量等因素。

被用作饮用水的水体有时也会含有多种多样的病原微生物。由于其种类繁多，故对它们的分类鉴定以及去除也需要采用不同的技术方法。

有些病原微生物甚至仅仅是近十年才发现的，比如：

① 细菌：包括军团菌属、弯曲菌属、螺杆菌属、分枝杆菌属和埃希式杆菌属大肠杆菌 O157：H7 菌种等；

② 轮状病毒、杯状病毒（诺瓦克病毒及戊型肝炎病毒）及 SARS 冠状病毒等；

③ 孢子虫类（寄生性原生生物）中的球虫目（隐孢子虫、环孢子虫及弓形虫）和微孢子虫目（孢子虫属、脑炎虫属、微孢子虫属等）。

人类对上述病原菌的发现如此之迟的原因是多方面的，包括以下几点：

① 人类对流行病学研究的逐步深入及更多鉴定方法的开发；

② 随着社会的发展和科技的进步，病原微生物的传播也变得更为容易（比如海外群体会携带海外的病原微生物进入本土以及空调系统的使用扩散了病原微生物的传播）；

③ 人口的迁移；

④ 生态平衡的打破；

⑤ 有的时候，还有些病原微生物是通过寄生在宿主微生物后经过基因突变、基因重组，以及由噬菌体导致的质粒传播而产生的新菌种。举例而言，大肠杆菌 O157：H7 被认为可能是由此原因导致，因为其毒性很像贺志氏杆菌。

这些病原微生物可分为病毒、细菌、真菌、原生动物、蠕虫及昆虫。

6.3.2.1 病毒

病毒（图 6-15）是一种极小的病原微生物，只有使用电子显微镜才能发现其存在，同时，病毒的增殖仅能在活细胞内完成（详情参见本章 6.2.1 节）。当活细胞受到病毒的侵染后，病毒会很快在其中进行增殖，同时侵染其他细胞。

下面所介绍的病毒均可以在水中被发现：

① 肠道病毒：这类病毒属于微小核糖核酸病毒（picornavirus）的一部分，其具有数十种不同的类型：

a. 脊髓灰质炎病毒：这类病毒可以攻击神经中枢，引起麻痹和淋巴细胞性脑膜炎。

b. 埃可病毒（enteric cytopathogenic human orphan virus）：这类病毒通常会引起良性的肠道疾病（如儿童的腹泻）；但是其中一些病毒同样也能传播淋巴细胞性脑膜炎。

c. 柯萨奇病毒 A 和柯萨奇病毒 B：这类病毒可以引起淋巴细胞性脑膜炎、呼吸道疾病、肌肉疼痛及心肌衰竭等，其同样也会引起婴幼儿的肠胃炎。

② 甲肝病毒：这类病毒是最古老的，也是在水体中最常见的水传性病毒（其他型病毒如乙肝病毒、丙肝病毒及丁肝病毒等是通过体液传播或通过不同形式的个体接触进行传播）。这类病毒同样也是一种地方性病毒，尤其是在温度较高的地区。甲肝病毒在水中的存活时间要长于脊髓灰质炎病毒及埃可病毒，同时，这类病毒对氯的耐受性较强。

③ 状病毒科：这类病毒中尤为需要注意的是诺沃克病毒（引起肠胃炎）和戊型肝炎病毒（对孕妇有极强的危险性）。直接饮用污水、用污水洗浴和食用贝壳类水生生物都有可能导致这类病毒的感染。

④ 腺病毒：这类病毒可以感染上呼吸道系统和眼睛（游泳时引起的结膜炎），同时，其也会存在于肠道中。

⑤ 呼吸肠道病毒：这类病毒可以引起腹泻、皮疹和上呼吸道感染。

⑥ 轮状病毒：这类病毒多发现于在对胃肠炎病人的治疗中（在 2000—2003 年间，英国发现了 64000 例病患），其污染多与家畜对水体的污染有关。

⑦ SARS 冠状病毒：这种病毒于 2002 年末在亚洲引起了大规模的致死性肺炎，同时在 2003 年传播至整个世界。这是一种风媒病毒，但是，该病毒同样发现于病人的尿液及粪便中，预示着其在水体中传播的可能性。

⑧ 流感病毒：由于该类病毒能大量存在于鼻涕中，故在游泳池中也经常被发现。

⑨ 乳头瘤病毒：这类病毒可存在于游泳池中，并引起疣。

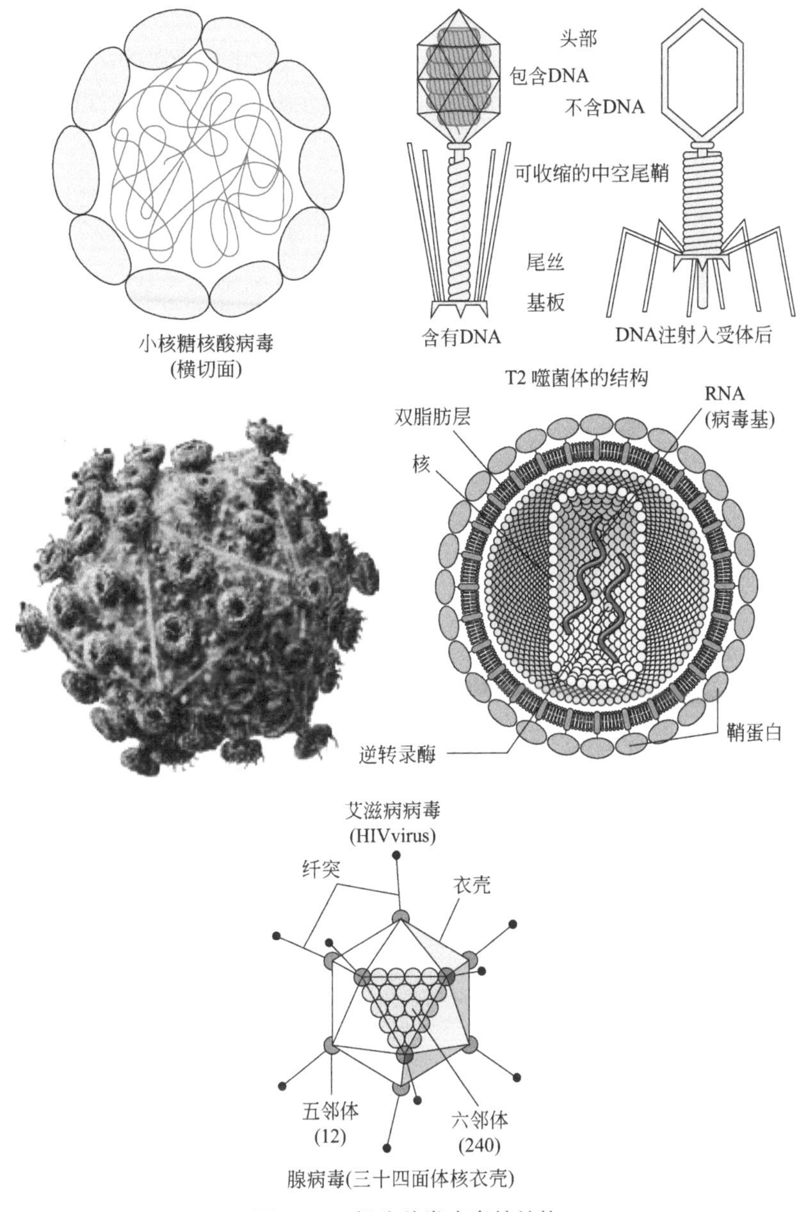

图 6-15　部分种类病毒的结构

实际上，对于一些由病毒引起的疾病，水体在其传播上起到的作用是非常有争议的。另外，在查阅一些由病毒引起的稀有流行性病例报告时，可发现仅仅在水体中大量存在此类病原微生物时才会引起感染，而这类病毒能引起感染的最低剂量尚不得知。

当水体中存在有病原微生物的时候，通常情况下都是以低浓度存在的，因此，当需要对其进行分析时，首先要做的就是对水样进行浓缩处理（参见第 5 章 5.3.3.3 节）。

6.3.2.2　细菌

自然界中某些类型的细菌是明确致病的。然而，还有些细菌在正常条件下并没有明显的毒性，但在环境条件适合时，它们会表现出一定程度的致病性；或者由于偶然因素，其能够以不同寻常的途径渗透进入人体或其他生物体（如血液中的大肠杆菌）。

当这类细菌被分离出来后，它们会被接种于含有特定化学物质的培养基，同时采用血清凝集技术对其生物化学性质、细胞质特性、生物膜性质及生物毒性进行放大研究（图 6-16 和图 6-17）。

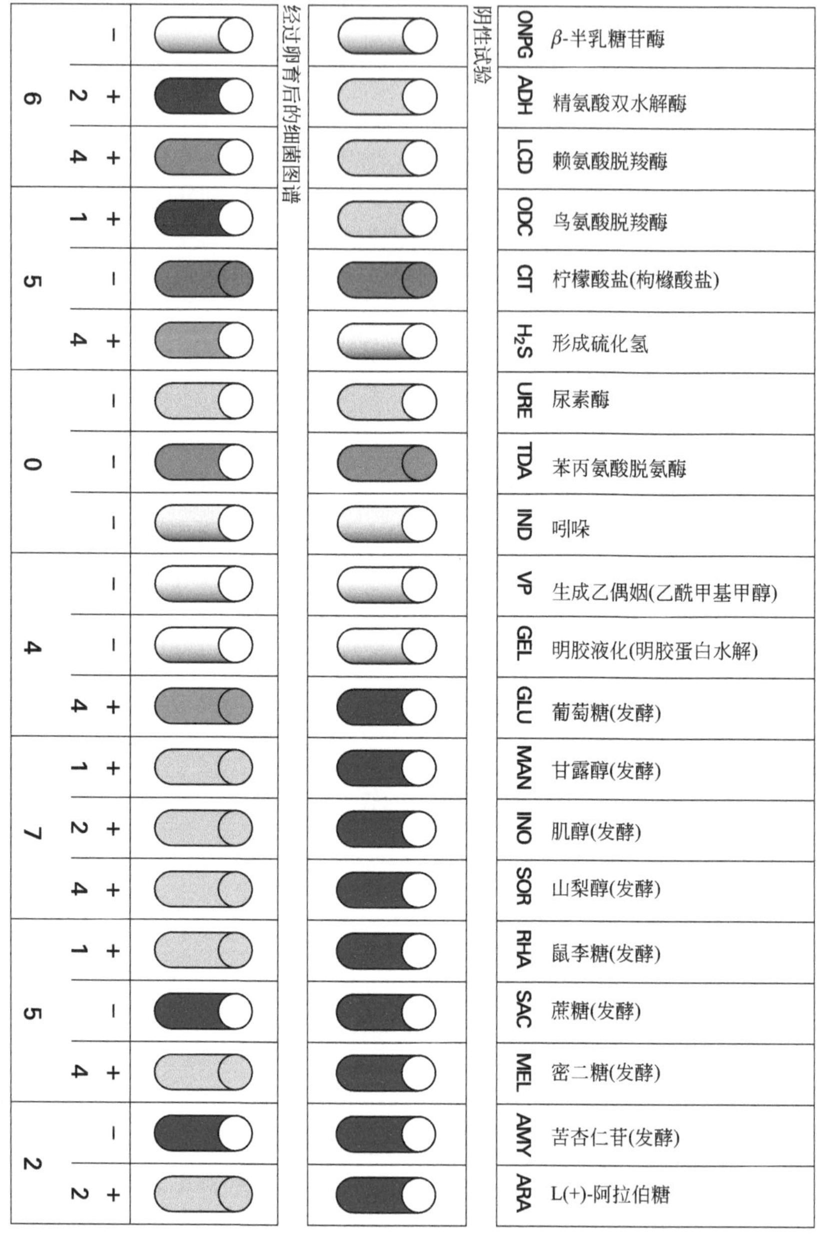

图 6-16　沙门氏菌的图卡鉴定方法举例：检测其酶学特性（据 API 20 E 方法）

水中的细菌数量必须经系统性检测，以保证其不含致病微生物。这种检测通常采用间接的检测方法，仅检测水中是否存在粪便污染指示性微生物（见第 5 章 5.3.3 节）。

尽管如此，自从巴斯德（Pasteur）时期以来，采用专门的培养基或反应来放大所有病原菌的性质和毒性就已经取得长足的发展。水体中病原菌的检测方法大多来源于之前对医院环境的检测方法，但是水环境的病原微生物检测具有其与生俱来的缺点：a. 水环境中病原微生物的量过于稀少；b. 由于环境压力，病原微生物在水体中的存在形式可能会发生变化。因此，水环境中病原微生物的检测需要使其达到特定的浓度（采用滤膜浓缩），并且需采用增殖（温度梯度孵育）技术。

通过污染源向外界水体中排放的致病菌的主要类型及所传播的疾病列举如下。

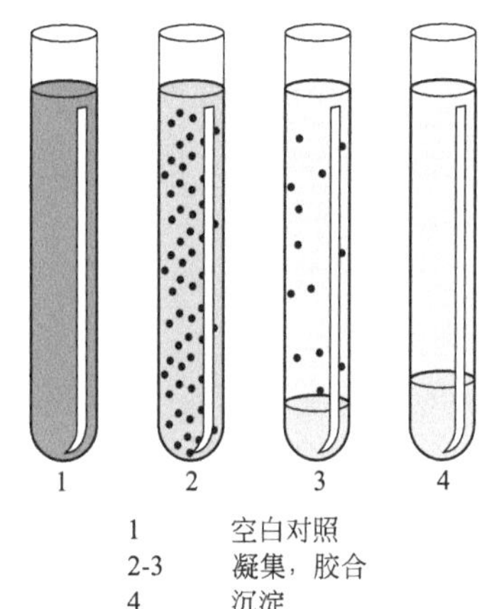
1
2
3
4
1　空白对照
2-3　凝集，胶合
4　沉淀
细菌凝聚表现为细菌形成絮状物并随即沉降(沉淀)。
絮凝后的细菌在特定的血清中进行沉降，不同种的细菌具有不同的沉降速度，这有助于对细菌的种类进行鉴定。

图 6-17　血清凝集方法举例

（1）*肠杆菌*

① 引起伤寒及副伤寒发热的杆菌：

a. 斑疹伤寒杆菌或埃伯斯的芽孢杆菌：伤寒沙门菌属；

b. 乙型副伤寒沙门菌 A 和 B，分别是乙型副伤寒沙门菌和肖氏沙门菌。

② 引起痢疾的杆菌：

a. 痢疾志贺氏菌和副痢疾志贺氏菌；

b. 弗氏志贺氏菌或弗累克斯讷氏杆菌（引起地方性疾病）。肠胃方面的疾病多分为沙门氏菌病（如肠道沙门氏菌）及志贺氏菌病，但并没有得到完善的描述，其中包括很多良性的菌株。

③ 大肠杆菌会引起大肠杆菌病，实际上，大肠杆菌包括非常多的类型，其中有一些是无毒无害的（大肠杆菌是构成人体肠道菌群的一部 分，通常大肠杆菌的数量被用于监测水体的粪便污染），另一些则是病原微生物并会引起痢疾（是引起旅游者腹泻的重要原因之一）、泌尿系统感染和新生儿脑膜炎。大肠杆菌 O157：H7 菌株是近期发现的具有强烈毒性的菌种（在美国、加拿大、苏格兰等地造成了多起致死事故），这种菌株吸附在肠壁上诱发出血性腹泻，其同样会分泌出有毒代谢产物，这种毒物可以进入人体，并随血液流动，对肾脏、肠道、胰腺及大脑等器官造成不可逆性损伤。

（2）*弧菌*

① 可以引起霍乱的弧菌（霍乱弧菌）：Koch 首先发现了霍乱弧菌的存在，这种弧菌的外形很像小型的鞭毛虫和可运动的弓形视杆细胞。霍乱病如今仍然时有发生，目前认为，未对饮用水进行彻底消毒是该病在第三世界国家经常发生的重要原因之一。

② 嗜水气单胞菌：可以引起肠胃炎和腹泻。

（3）*螺旋菌*

① 弯曲菌属：曾经一度被认为是引起动物疾病的致病微生物，现在随着人类对该类微生物研究的深入，逐步发现其也会引起人类的肠炎，甚至对其的重视程度与沙门氏菌及大肠杆菌 O157：H7 菌株不相上下，这两种菌一样是引起人类恶性肠炎的罪魁祸首。

② 幽门螺杆菌：可引起肠胃炎、溃疡和肠道癌症。

（4）*假单胞菌*

绿脓假单胞菌：这类微生物是一类经常在下水道中被发现的绿脓杆菌，和荧光假单胞菌一样可以引起腹泻。

（5）微小杆菌

巴斯德氏菌或弗朗西斯氏菌是引起兔热病的重要原因。这种疾病在人类之间的传播多以吸血蚊虫为载体，但是，水体同样可以帮助其传播。

（6）其他细菌

① 摩氏变形杆菌：这类细菌可以引起恶臭性腹泻，特别是在夏季引起婴幼儿的恶臭性腹泻。

② 普通变形杆菌：这类细菌可以引起腹泻、肠黏膜炎（有点类似于伤寒症）和许多其他类型的传染病。

③ 单增利斯特菌：这类细菌可以引起利斯特菌病（对血液、脑膜及黏膜造成伤害）。

④ 金黄色酿脓葡萄球菌：这类细菌可以引起多种皮肤和肠胃中的疾病（脓肿、疖病、中毒等），且大多数情况下发现于泳池中。

⑤ 军团杆菌（其中，嗜肺军团杆菌是主要的种类）：1976 年，该类细菌由于引起了在许多美国退伍军人（由此得名“军团杆菌”）中传播的流行病而被发现。当时这些军人在宾馆参加会议，细菌经由宾馆的空调系统传染人体。实际上，该类微生物引起的疾病可以分为两种，一种是极为严重的肺病（军团杆菌病），另一种为较为良性的类型（庞提阿克热）。这类细菌更易于在热水系统中进行传播，值得注意的地方为空调循环系统、空气冷却塔、家用热水系统等，同时，淋浴头上未及时擦洗的污垢以及存在的变形虫可以加大其生存和传播的可能性。这类细菌的最适宜生长温度为 35℃，但是可以耐受 50～60℃的高温。其远距离传播主要是通过风媒，尤其是喷雾装置的喷洒（如空调的吹风系统、漩水浴缸、淋浴设施等），同时该类细菌感染的致死率可高达 10%～25%。

⑥ 细螺旋体又叫螺旋体属：这类细菌中 *L. icterohaemorragiae* 尤为重要，因为其可引起细螺旋体病，该病在世界范围内非常流行。主要通过啮齿动物（老鼠、河狸鼠）的尿液传播，洗澡及直接饮用的方式均可染病，该病有时也会威胁下水道工人的身体健康。

除了这些已经被临床医学深度研究过的微生物之外，仍然需要注意一些“机会主义者”，其同样可能具有很高的生物毒性和致病性，尤其是那些在免疫抑制剂中经过驯化的微生物。举例来说，这些细菌包括以下种属：耶尔森菌属（如小肠结肠炎耶尔森氏菌，其可以引起肠胃炎和腹泻）、气单胞菌属和分枝杆菌属（尤其是该两种菌属的结合产物鸟型结核分枝杆菌 *M. avium complex*，其对氯的耐受性极高，并会引起和结核分枝杆菌类似的肺病）。

与前文所介绍的病原微生物不同，这些微生物非常适应水体环境条件，并可以存在于非常低浓度有机质的条件下，甚至在 0℃条件下进行增殖，因此其可以在输水管网中大量增殖。

6.3.2.3 真菌

输水管道有时会滋生大量的微型真菌，这类真菌被称为荚膜组织胞浆菌，其可以引发组织胞浆病。

与此同时，同样不能忽视念珠菌病，该病是由一类白色念珠菌引起的。当人们在海中游泳时，可能会染上该种疾病。

除了上述两种类型的疾病，尚未发现其他的由真菌引起的水传流行病。

6.3.2.4　原生动物

下面列举的原生动物在原生动物分类系统中的地位可以参考表6-5（本章6.2.5节）。

（1）阿米巴变形虫

由于存在有10～15μm的囊，变形虫可以在水中存活一个月之久，但是，其可以被臭氧工艺（*CT*大约2mg•min/L）完全消除掉。有几个水生物种对人体的健康有严重的影响：

① 痢疾变形虫：这种原生动物是最严格意义上的寄生虫，其可以引起阿米巴痢疾，甚至有时候能够危及感染者的生命安全（1934年在芝加哥曾引起流行病）。

② 尾刺耐格里原虫及福氏耐格里变形虫、多食棘阿米巴原虫，其同属于棘变形虫属、多食目。正常的阿米巴变形虫偶尔会以病原微生物的形式存在于温水中：这些阿米巴虫可以引起水传播脑膜炎，尤其是在泳池及冷却系统中，这些阿米巴虫同样可以作为细菌和病毒的载体（如军团杆菌）。

（2）鞭毛虫

在此主要介绍鞭毛虫类中的双滴虫目蓝伯氏贾第虫（或蓝伯氏贾第鞭毛虫），又被称作肠贾第虫或者十二指肠鞭毛虫。其可以引起多种肠胃炎（贾第虫病）且在全世界的水体中均有发现。如此广泛的传播是由于其具有大量的健康带菌者。肠贾第虫对消毒剂的耐受性很高，尤其是在其以囊的形式存在时。肠贾第虫囊的大小可参考图6-18，长8～16μm，宽6～9μm。按照最佳加药量对含有肠贾第虫的水进行絮凝处理再经快速砂滤池过滤，可对其有较好的去除效果。

（3）孢子虫

这个分类包括了很多种需要紧急处理的寄生虫，尤其是那些双孢子虫（隐孢子虫、环孢子虫、等孢子球虫、弓浆虫）。当其以孢囊形式存在时，用常规方法很难将其去除。这是目前推动饮用水处理系统升级改造的一个原因，尤其是促进臭氧及紫外消毒工艺（见第17章），以及更为重要的微滤和超滤（见第15章和第22章）的发展。

① 隐孢子虫：可引起隐孢子虫病，其卵囊非常圆，直径为3～6μm，明显小于贾第虫（图6-18）。很多种动物（尤其是牛类和羊类）都可是其携带者。隐孢子虫病的临床症状和贾第虫病类似（腹泻、呕吐、胃部痉挛、头痛和发烧），同时，这类疾病对免疫力低下的人群威胁极大（婴幼儿、老人、艾滋病患者）。氯对这种微生物几乎无任何作用；臭氧虽有一定效果，但所需投加浓度过高根本无法承受。采取有效固液分离（最好采用膜工艺）的多重屏障处理并同时采用紫外消毒是唯一有效的处理方法。

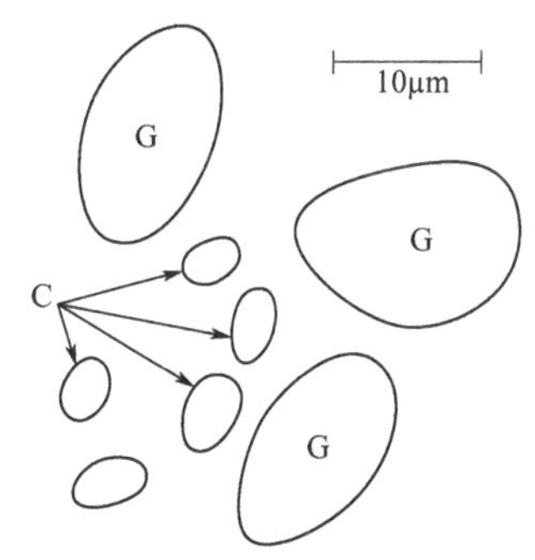

图6-18　肠伯氏贾第鞭毛虫孢囊（G）和隐孢子虫卵囊（C）的大小对比

② 环孢子虫：其球形卵囊直径为8～10μm，仅在孢子阶段才具有传染性（因此与隐孢子虫不同，环孢子虫在刚被排放至环境中时并不具有传染性）。尚无其他哺乳动物作为环孢子虫传播载体的相关报道，环孢子虫引起的病症在临床症状上与隐孢子虫病类似。相比于其他孢子虫类微生物，环孢子虫对氯的耐受性尤为突出。

③ 弓浆虫：弓浆虫具有两个生命周期，第一个周期在哺乳动物（包括人）或鸟类体内度过，而最终的生活周期在猫科动物体内度过，其可以对婴幼儿的大脑造成伤害或引起与艾滋病相关的疾病。对水体中这类病原微生物的去除目前尚无较为可行的措施。

④ 小孢子虫：对孢子目昆虫的统称，这类原生生物包括很多种类的病原微生物属种：肠微孢子虫、脑炎微孢子虫、微孢子虫、匹里虫、气管普孢子虫、角膜条微孢虫和一些尚未得到鉴定的零零散散的种属。这些生物可以产生长度为1～5μm的孢子，其引起的病症及对应的易感人群与隐孢子虫类似。到目前为止，除了膜过滤工艺，人们尚未发现其他可以有效去除该类病原微生物的方法。

6.3.2.5 蠕虫

寄生在人类及动物体内的蠕虫可以引起蠕虫病。这类微生物有以下两种分类（见本章6.2.5节中表6-5）：

① 扁形动物门又称扁形蠕虫，其同样可分为以下两类：

a. 吸虫类：包括血吸虫（可引起血吸虫病）、肝吸虫等。

b. 绦虫类：包括绦虫属及膜壳绦虫属。

② 线形动物门：这类动物包括蛔虫、弓蛔虫、鞭虫（此三种蠕虫经常在污水处理厂污泥及水体中发现）、线虫、十二指肠虫，能引起麦地那龙线虫病的丝虫、蛲虫等。另外，还有很多种不具有寄生性的、可独立生存的线虫（图6-11），大量存在于土壤、表面径流、地下水，及一些含有较高浓度有机质的介质中（比如活性污泥和疏于清理的活性炭滤池）。

对于蠕虫而言，水是一种非常适合其传播的载体，这种蠕虫的幼体、卵等很难通过使用常规浓度的消毒剂进行去除。然而，由于其体型较大（体型在不同种属间差别较大，见下文详述）可以通过沉淀和过滤的方式将其轻松去除：因此，其不会对饮用水水质产生任何影响。另外，残余蛔虫卵的数量在用于农田灌溉的城市污水中被严格控制（<1个卵/L，参考第2章2.4节）。

许多肠寄生虫可以在多种宿主的肠道内继续生长：

（1）吸虫类

① 血吸虫属（裂体吸虫属）：该类病原微生物能够引起非常严重的被称为血吸虫病的疾病，血吸虫主要分布在地球上较为炎热的地区，其被分为三个种，同时可以引起两种不同类型的疾病：

a. 膀胱血吸虫病（又叫泌尿血吸虫病）是一种由埃及血吸虫引起的疾病，该种血吸虫主要分布于热带非洲、中东地区及马达加斯加岛；

b. 肠道血吸虫病由曼氏血吸虫或日本血吸虫引起，前者多存活于热带非洲、马达加斯加岛、埃及和拉丁美洲，后者主要分布于远东地区。

血吸虫成虫多寄生于人体的血管之中，其产的卵呈卵球形（50μm×150μm）并具有一个长达25μm的尖端。它可以随尿液排出，并以纤毛幼虫的形式侵染并存活于静水中的螺类动物（如沼泽泡螺、扁卷螺等）体内。在这些螺类动物体内，纤毛幼虫会成长为尾部带有分叉的摇尾幼虫，并通过皮肤或口腔黏膜进入人体内。摇尾幼虫的存活周期约为2~~3d。

控制该类流行病的方法主要为消灭其中间载体（螺类生物），可以投加化学药剂直接批量杀死其中间载体，或采用生物学方式改变该类生物的生存环境。

在饮用水处理中，通过砂滤（在不投加任何混凝剂的条件下最大有效粒径为0.35mm）的方法可以有效地消除摇尾幼虫的污染。同时，有效的预加氯氧化作用和最终消毒（氯气或臭氧）可保证该类摇尾幼虫的去除效果，要有足够的投加量和接触时间，例如加氯的 *CT* 值为10～30mg・min/L，具体取决于水温和摇尾幼虫的种类。

② 肝吸虫属：肝吸虫属的蠕虫是引起双盘吸虫病的罪魁祸首，其中较为关键的是牛羊肝吸虫和支双腔吸虫。肝吸虫成虫在许多环境中均有发现，但多数发现于人类及草食类动物尤其是绵羊的肝脏内。肝吸虫卵的尺寸可达70～130μm，其同样可在水中孵化出纤毛幼虫：该类纤毛幼虫的中间宿主为软体动物，其中，牛羊肝吸虫多以椎实螺为中间宿主，而支双腔吸虫多以扁卷螺为中间宿主。在中间宿主中，该类幼虫大量增殖并以摇尾幼虫的形式大量释放出来，肝吸虫属摇尾幼虫又被称为后囊蚴，其可以附着在水生植物上，通过草食性动物对水生植物的摄入进入最终的宿主体内（进入人体内的肝吸虫多以水芹为附着物）。

（2）多节绦虫类

① 猪肉绦虫：其长达35μm的球状虫卵可在猪的体内形成一个囊肿。

② 牛肉绦虫：其长达25μm×35μm的椭球形虫卵可在牛的体内形成一个囊肿。

③ 阔节裂头绦虫或头槽绦虫：这两类绦虫可以侵入人体，在成人的小肠中其可生长至20m长，会造成患者贫血。水体中这类绦虫卵的尺寸为45μm×70μm，其释放出的幼虫可以侵染桡脚类动物。当这类动物被鱼类吞食后，绦虫的幼虫会在鱼类体内生长至8～30mm并吸附在鱼类的肌肉组织上，人类主要是通过食用没有充分烹饪的鱼类而感染上此类绦虫。

（3）线形动物类

① 蛔虫：蛔虫多发现于人和猪的小肠中，成虫可长至10～20cm，并排出50μm×75μm大小的椭球形卵。蛔虫的卵可在水体或潮湿的土壤中生长发育，当其长至0.3mm大时就可以直接侵染人体。

② *Oxyurus vermiculis*：经常在孩童体内发现，该类线形动物的卵的尺寸约为20μm×50μm，卵呈椭球形，其一端较为扁平。目前尚没有发现该类微生物在水中可长期存活的直接证据。

③ 肾虫：肾虫可以侵染泌尿管，它的椭球形卵的尺寸约为40μm×60μm，两端的颜色较浅。肾虫的卵可生长至0.25mm，之后其以鱼类为中间宿主，而后接触人体。

④ 十二指肠钩虫：这类钩虫可以寄生在人体的肠道中，小尺寸（6～20mm）的蠕虫可以刺穿肠道黏膜，引起持续出血和腹泻（同时，美洲钩虫同样可引起类似的钩虫病）。钩虫的卵的尺寸约为30μm×60μm，当其在水中存活时，其需要的水温在22℃以上。由卵生长出0.2mm的幼虫具备穿透皮肤，直接侵染宿主的能力。

⑤ 麦地那龙线虫：麦地那龙线虫是一种龙形蠕虫，在几内亚被发现，故又被称为几内亚龙线虫。这是一种胎生动物，由母体孕育而生。由母体孕育出的“芽”长度为0.5～1mm，其可以侵染桡足动物（剑水蚤）从而长成幼虫。人饮用含有桡足动物的水时会给这类寄生虫以可乘之机，该类线虫可以穿透肠壁造成亚皮层脓肿，又被称为棘唇虫病，更严重的时候该类疾病最终可引起破伤风。通过水处理工艺除去桡足类动物是避免寄生虫感染的有效手段。但是，该类寄生虫仍然可以通过穿透皮肤的方式在个体间传播。

⑥ 粪类圆线虫：该类线虫在十二指肠中寄生，长度可达2～3mm。虫卵可在水体中生

存发育形成新的幼虫，后者可通过饮水或直接经过皮肤进入人体。

6.3.2.6 昆虫

蚊子是水体中威胁人类健康的主要昆虫之一。蚊子可以传播多种疾病，其幼虫必须生活在水体中。

疟疾（沼地热）的传播多与疟蚊有关（五斑按蚊、催命按蚊或冈比亚按蚊），除此之外，拉弗朗血原虫也可以传播此类疟疾。黄热病是由埃及伊蚊传播。库蚊属昆虫同样也会携带不同种类寄生虫而引起不同疾病（如库蚊属可携带含有脑膜炎病毒的丝虫）。

另外一种叫做盘尾丝虫病的丝虫病是由盘尾丝虫所引起的，该类微生物可由小苍蝇辅助传播，这种小型黑蝇的幼体可以生长在流速较为湍急的河流中。这类小苍蝇还可以携带某些原生动物而引起利什曼病。

6.3.3 污水净化系统中所使用的生物质

在活性污泥或其他支承填料（如生物填料，滴滤装置等）中采用的具有净化作用的微生物大多是由下列物质组合而成的：

① 微生物的活细胞或死亡细胞：真细菌或放线菌（如诺卡氏菌属）。

② 植物和矿物残屑。

③ 胶体。

④ 由小型动物构成的生物群体：这些动物的体型尺寸大多在几微米至 1mm 之间，同时具有鲜明的地域性差异。

对于从稳定运行的延时曝气活性污泥反应池中采集的样品，其生物种群数量一般在下列范围内：a. 后生动物（轮虫类、线虫类），（1～5）×10^5 个 /L；b. 原生动物（鞭毛虫、根足虫、纤毛虫），10^7 个 /L；c. 细菌（絮状、丝状、分散状），10^{12} 个 /L。

备注：藻类为微型植物仅有的代表，它只在用作深度处理工艺的稳定塘中起到作用。

6.3.3.1 有净化能力的微生物

在污水处理厂具备净化能力的功能微生物群体中，细菌占绝大多数，其功能主要为通过代谢作用分解有机物和降解污染物，以及通过聚合作用产生絮凝体。

构成这种功能微生物的主要微生物菌属列举如下：a. 假单胞菌属；b. 氨化细菌；c. 节细菌属；d. 产碱杆菌属；e. 菌胶团；f. 柠檬酸杆菌；g. 黄质菌属；h. 无色菌。

生长基质的性质可能会使一种菌属的细菌对其他细菌产生拮抗作用。比如：a. 在蛋白类物质中所富集的产碱杆菌属细菌；b. 在糖类中所富集的假单胞菌属细菌。

一些化合物的出现或一些环境参数的改变可能会促进丝状细菌和 / 或放线菌的生长，阻碍污泥的沉淀（污泥膨胀现象）而产生生物质混乱。表 6-8 中列举了有关丝状污泥出现的情况。

丝状菌污泥膨胀是许多活性污泥系统共同面临的问题，采用如下三个步骤能使出现该种现象的活性污泥系统快速恢复正常。

（1）鉴别

第一步采用快速实用的光学显微镜进行检测，如广泛应用容易解读的 Eikelboom 形态学分类鉴定方法，无需开展任何生物培养及生化实验。

表6-8　出现丝状污泥的原因

丝状体名称	出现该种丝状体最可能的原因
丝状菌	腐败性，存在沉积物或漂浮物
0041 型菌	低负荷：缺乏 BOD_5，O_2
0992 型菌	低负荷，存在漂浮物，略微缺少氮和磷
发硫菌属（1，2，3）和贝日阿托氏菌	还原态硫（S^{2-}，亚硫酸盐）
021N 型菌	腐败性，突然改变负荷
诺卡氏放线菌	高泥龄，漂浮物，沉积物，油脂
0675 型菌	低负荷，多种条件的不足
Nostocoida limicola Ⅰ型，Ⅱ型和Ⅲ型	缺乏氮素和许多其他原因

（2）排除原因

一旦污泥丝状菌的种类得到鉴定，就可以根据表 6-8 中提供的信息对其产生的原因进行有效的分析。

（3）处理

多数情况下，此时需要采用投加化学药剂的方式使活性污泥系统尽快恢复正常；但更重要的是，只有消除产生这些丝状菌的原因才能使活性污泥系统长期稳定地运行。

在大多数情况下（除了一些耐受性非常高的污泥丝状菌），采用加氯氧化法（或其他含氯化合物）都可以较容易地使活性污泥系统大体恢复正常。

氯气在曝气系统中的使用量一般为每吨干污泥每天需要 2～6kg 的 Cl_2。只要氯气的使用量合理，同时处理方法得当，操作正确，这一方法可以快速（几天即可）使污泥系统恢复正常运行。

过氧化氢（H_2O_2）同样可以用于污泥丝状菌的控制。

6.3.3.2　微动物区系

在活性污泥及固定载体附着的生物膜上生长的微动物区系由原生动物和后生动物（见本章 6.2.5 节）构成。与细菌不同，其可以在光学显微镜下被清晰地观察到。由于微动物区系对环境的变化极为敏感，故其可以提供有关生物对环境的适应程度的信息，并能反映出其所面临的环境压力。

对于一个活性污泥系统的效率而言，其在很大程度上取决于系统内微动物群体的密度。如果活性污泥中微动物群体的浓度高于每升 10^7 个个体（不包括鞭毛虫的数量），则标志着该系统运行良好。

举例来说，表 6-9 概括了在活性污泥系统中常见的动物，以及在观察到某一特定属种繁殖时的现象。

6.3.3.3　微植物区系

栖息于水底的藻类一般生长于水处理设备的边缘，其细胞会随着生物膜的破裂而从活性污泥反应池或硝化反应滤池中流失。其中，硅藻的细胞膜在光学显微镜下清晰可见。然而，与稳定塘不同，对于活性污泥处理系统中的藻类来说，其水质净化功能完全可以忽略。

表6-9　净化水微生物中发现的微动物

<table>
<tr><th colspan="2">微生物群体</th><th>大量出现时反映出的主要信息</th></tr>
<tr><td rowspan="3">原生动物（参见本章 6.2.5 节）</td><td>鞭毛虫（图 6-8 中 1～5）</td><td>污泥未完全驯化，遭受负荷冲击
曝气不足
出水水质较差</td></tr>
<tr><td>根足类动物
阿米巴虫（图 6-8 中 6）
小型
大型
变形虫（图 6-8 中 7～9）</td><td>类似于鞭毛虫
处理效果好
低负荷，水处理系统稳定性高（水质好，硝化较彻底）</td></tr>
<tr><td>纤毛虫（图 6-8 中 11～16）
如漫游虫、草履虫等
<50μm
>50μm
如累枝虫、钟虫等
如楯纤虫等
如喇叭虫、杆尾虫等</td><td>水处理效果不稳定
接触时间过短或曝气量不足
负荷过高
低负荷污泥系统有机负荷激增
水处理系统稳定性较高，水质较好（尤其出现 >100μm 的大型生物）
污泥负荷低且硝化效果较好</td></tr>
<tr><td>后生动物
多见于低负荷活性污泥工艺（参见本章 6.2.5 节）</td><td>轮虫类（图 6-10 中 1～10）
线虫类（图 6-9 中 20 和图 6-11）
寡毛类（图 6-9 中 21～24 和图 6-12）
螨虫类（图 6-9 中 36），缓步类</td><td>体系稳定性较高，净化效果较好
有污泥沉淀或附着生长生微型生质
负荷非常低且存在硝酸盐
负荷非常低且水质非常好</td></tr>
</table>

在稳定塘中，好氧细菌和微型藻类的共生是构成整个生态系统的基础（见第 4 章 4.5.1 节），后者一般是浮游藻类，其体型较小且以单细胞的形式存在于水体中。这种藻类包括绿藻、蓝绿藻、鞭毛藻和硅藻类。

第7章 金属和混凝土的腐蚀

引言

水在输送或使用过程中，可能对其所接触的各种材料造成不同方式的破坏。最常见的情况是金属的腐蚀，特别是钢的腐蚀。其他的破坏形式也会发生，例如对混凝土的腐蚀。需要注意的是，本章前三节主要以低合金钢为例，对不同的腐蚀过程及其形式进行介绍。虽然其腐蚀机理与低合金钢相同，但合金钢以及其他材料如铸铁、铝、铜及其合金的腐蚀特性需要参阅 7.4 节的相关内容。

7.1 金属的腐蚀：局部电池模型

由水引起的金属腐蚀可以用局部电池模型来系统化解释。该模型阐释了导致金属溶解的电化学反应过程，其以瓦格纳和特容德（Wagner & Traud）“混合电位理论”为基础，包括以下两个基本原理：

① 每一种电化学反应都能分解为至少两个局部的氧化还原反应；

② 电化学反应中不存在净电荷的累积。

在这个模型中，金属通过氧化和溶蚀作用而被破坏的过程可以用如下反应表示：

$$\mathrm{M} \longrightarrow \mathrm{M}^{n+} + n\mathrm{e}^- \qquad \text{相关电位 } E = E_\mathrm{a}$$

这种氧化反应即被定义为阳极反应，为了满足电中性的要求，氧化和还原反应必须同时发生，从而消耗相同的电子数：

$$\mathrm{Ox} + n\mathrm{e}^- \longrightarrow \mathrm{Red} \qquad E = E_\mathrm{c}$$

这种还原反应即为阴极反应。

对于达到平衡状态的氧化还原反应，其反应式可写为：

$$M + Ox \longrightarrow M^{n+} + Red \qquad E = E_a + E_c = E_{corr}$$

E_a，E_c 分别为金属表面的阳极电位和阴极电位。E_{corr} 为腐蚀电位。

图 7-1 描述了整个氧化还原过程。

氧化还原反应的整体电位将决定该反应是否能够发生，即是否存在腐蚀的可能性。

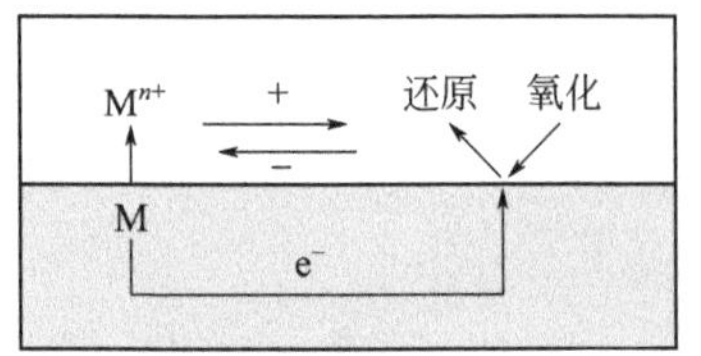

图 7-1　金属腐蚀的氧化还原过程示意

7.1.1　阳极反应和腐蚀倾向

在一系列给定的条件下，电位可以用能斯特方程表示（详见第 1 章 1.2.3 节及第 3 章 3.8.1.1 节）。在 25℃条件下的阳极腐蚀反应可以用能斯特方程表示如下：

$$E = E_a^{\ominus} + \frac{0.058}{n}\lg M$$

式中　$E_a^{\ominus}$——阳极反应的标准电位；

M——金属离子在溶液中的活度。

第 3 章中的表 3-16 给出了一些金属的标准电位（以标准氢电位为基准）。标准电位为正的金属，被定义为惰性金属，这些惰性金属不易受到腐蚀。金属的标准电位越低，其惰性也就越低。标准电位为负的金属，在温度为 25℃且 pH 值为 7.0 的纯净水中，显现出热力学不稳定的性质。例如，铁的标准电位为 −0.44V，因此铁不属于惰性金属。而铜的标准电位为 +0.34V，即为惰性金属。

7.1.2　阴极反应和在水中的腐蚀

7.1.2.1　缺氧条件下的钢铁腐蚀

惰性金属这个概念用于定义金属被腐蚀的倾向，仅适用于金属与 25℃纯水接触的情况。而要完整地定义金属在水中的腐蚀倾向，需要将水的全部性质均考虑在内。举例来说，如将铁置于 25℃缺氧的纯水中，将发生以下阳极反应：

$$Fe \longrightarrow Fe^{2+} + 2e^- \qquad E_a = -0.44V$$

阴极反应就是氢离子还原而形成氢气：

$$2H^+ + 2e^- \longrightarrow H_2 \qquad E_c = 0.0V$$

因此，完整的腐蚀反应可以写成以下形式：

$$Fe + 2H^+ \longrightarrow Fe^{2+} + H_2 \qquad E_{corr}^{\ominus} = -0.44V$$

该反应用能斯特方程表示如下：

$$E = 0.44 + \frac{0.058}{2}\lg\left(\frac{[Fe^{2+}]p_{H_2}}{[H^+]^2}\right)$$

式中　p_{H_2}——氢气分压，在这个示例中设为 1。

当该反应发生时，两个半电池之间会产生电流，消耗 H^+ 并增大 Fe^{2+} 的累积。

反应持续进行直到所产生的 Fe^{2+} 和 H^+ 的浓度使得电势 E 达到 0V，此时，系统处于平衡状态。假设 Fe^{2+} 和 H^+ 无损失，可使用下式近似表示该反应的进行：

$$\lg(Fe^{2+}) = 15.1 - 2pH$$

对于铁和水，当 pH 低于 10.5 时，一般没有实际的共同稳定范围；当 pH 为 10.5 时，铁在水中的溶解度为 10^{-6}mol/kg，其腐蚀可以忽略不计。

当 pH 降低，Fe^{2+} 仍然可溶并且不会形成沉淀，因此会在整个金属表面上形成无数的阴阳极，发生缓慢而全面的腐蚀。

7.1.2.2　在有溶解氧条件下的钢铁腐蚀

（1）电化学机理

在腐蚀机理，特别是铁的腐蚀机理中，溶解氧起到了主要且复杂的作用。氧气在阴极半电池中发生如下反应：

$$O_2 + 2H_2O + 4e^- \longrightarrow 4OH^-$$

半电池阴极反应的电位通过能斯特方程表示如下：

$$E = E_c^{\ominus} + \frac{0.58}{4}\ln\left[\frac{[OH^-]^4}{(p_{O_2})^2}\right]$$

以下因素影响阴极电位：a. 因 pH 而改变的 OH^- 浓度；b. 氧的分压 p_{O_2}。

当这一电位高于金属电极电位时，腐蚀反应的净电位将会是正的，因此该腐蚀反应将会发生。在一般情况下，该反应的电位为 +1.21V，含有氧气的水与铁接触将会发生剧烈的热力学反应。

（2）腐蚀产物的作用

阳极和阴极半电池反应的产物分别是 Fe^{2+} 和 OH^-。氧和水中的其他成分的反应对于形成保护膜或者有害沉淀起着重要的作用。

溶解氧参与二级反应，在阳极产生腐蚀产物：

$$2Fe^{2+} + \frac{1}{2}O_2 + H_2O \longrightarrow 2Fe^{3+} + 2OH^-$$

Fe^{3+} 的溶解度远远低于 Fe^{2+} 的溶解度。当沉淀发生时，Fe^{3+} 将减缓腐蚀反应的进行，这也解释了氧在许多腐蚀抑制机理中起到的本质性作用。

7.2　保护膜的形成和钝化

金属在水基溶液中的腐蚀倾向有三种不同的状态：

① 免蚀：腐蚀在热力学上不可能。

② 腐蚀：腐蚀在热力学上可能，并且反应进程不受任何阻碍。

③ 钝化：腐蚀在热力学上可能，但是腐蚀速率会随着反应的进行而降低甚至受阻。

普尔贝（Pourbaix）图展示了钢在处于上述三种状态时的电位和 pH 范围（见第 3 章图 3-91）。

用作结构件的很多金属将会与水充分反应，使其难以甚至无法形成免蚀态，这就是防腐经常需要对金属进行钝化处理的原因。某些金属可利用其自身性质实现自钝化（例如本章 7.4.2 节将介绍的不锈钢），或者通过改变腐蚀性液体成分的方式使金属处于钝态（例如旨在保护饮用水管网的再矿化处理，见本章 7.2.2 节及第 3 章 3.13 节）。

7.2.1 腐蚀反应动力学

腐蚀或者免蚀态的不同是由腐蚀反应的电化学电位决定的（如前所述）。但是，对钝化状态进行界定则需要研究电化学反应动力学和极化的概念，也就是由净电流导致的电极电位的变化。半电池反应速率与其电位之间的关系可用下式表示：

$$E = E_0 - K\ln(I)$$

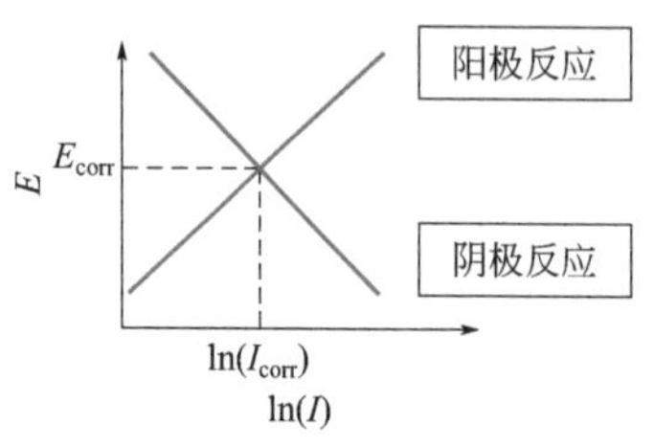

图 7-2 伊文思（Evans）腐蚀极化图

上式中，对于电化学反应，E 是测量所得电位，E_0 是热力学电位，反应速率由阴阳极之间的电流（I）决定。伊文思（Evans）极化图可用于阐释极化对腐蚀进程的影响，如图 7-2 所示。

在施加一定的电位（纵坐标所示）时，阴极和阳极反应产生方向相反的电流。伊文思图中横坐标表示半电池电流的绝对值的对数。因此，在阴极和阳极反应线的相交点，呈电中性。此点的电位（E_{corr}）和电流（I_{corr}）即为腐蚀电位和总体的电化学反应电流 / 速率。

如果发生阴极极化现象，伊文思图中的阴极反应曲线会向低电流方向移动（在恒定电位下），如图 7-3 所示（从曲线 b 到曲线 c）。

阴极极化作用很明显，腐蚀电流（I）减小且腐蚀电位（E）降低。同样地，如果一个系统的腐蚀遭受阳极极化，伊文思图中的阳极反应曲线会向左上方，即由 a → b 移动，导致腐蚀电流减小但是腐蚀电位升高（如图 7-4 所示）。

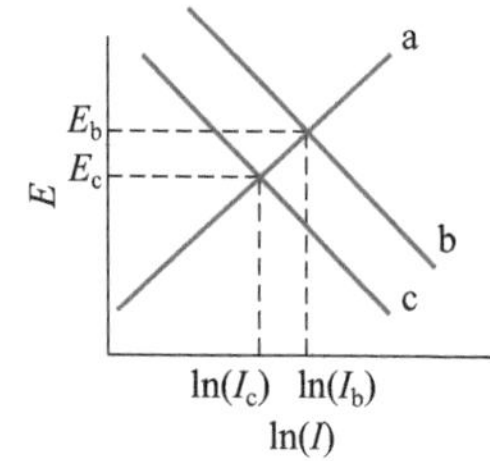

图 7-3 发生阴极极化反应的伊文思腐蚀极化图

a—阳极反应；b—阴极反应（非极化）；
c—阴极反应（极化）

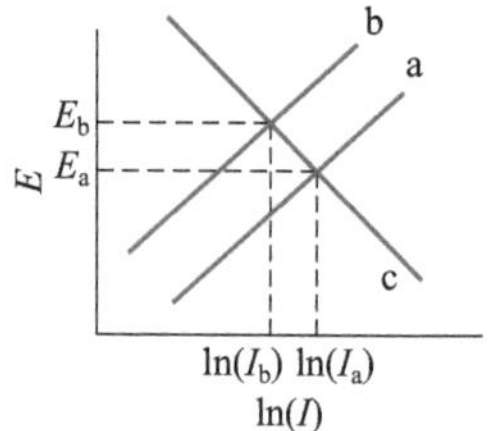

图 7-4 发生阳极反应的伊文思腐蚀极化图

a—阳极反应（非极化）；b—阳极反应（极化）；
c—阴极反应

上述的极化现象构成了阴极或阳极腐蚀抑制过程的基本分类原则。

7.2.2 天然水应用于碳钢钝化

在大多数情况下，纯水会腐蚀碳钢（见本章 7.1.2.1 节和本章 7.1.2.2 节）。然而，天然水体中含有溶解的气体和矿物质（第 2 章，表 2-1），这些溶解性物质的量和类型对于金属腐蚀会产生很重要的影响，尤其是对碳钢的腐蚀。

20 世纪初，蒂尔曼（Tillmans）、贝利斯（Bayless）、朗格利尔（Langelier）、拉森 / 斯科尔德（Larson/Skold）和雷兹纳（Ryznar）等学者提出利用一些简单指数来量化这种现象。在这些一直被用于防止饮用水管网腐蚀的方法中，根据碳酸盐的平衡，将水分为侵蚀性水和结垢性水。第 3 章 3.13 节详细介绍了实现和改变碳酸盐平衡的方法。

缓蚀机理包括以下两种钝化反应。

（1）$CaCO_3$ 用作阴极缓蚀剂

氧在阴极被还原为OH^-。在含有大量钙硬度（Ca^{2+}）和碱度（HCO_3^-）的水中，活性阴极附近会生成难溶的 $CaCO_3$ 沉淀。

生成的 $CaCO_3$ 形成一个屏障，一方面阻碍氧在金属表面继续扩散，另一方面由于 $CaCO_3$ 膜不导电，从而阻碍电子的转移。

（2）构成碱度的物质用作阳极缓蚀剂

阳极腐蚀反应的初级产物是二价铁离子（Fe^{2+}）。由 Fe^{2+} 沉淀形成的大多数固体物质易溶于水，而且将这些物质聚合在一起的沉淀物较易破碎，因而不会用作缓蚀剂。若要形成稳定的阳极钝化层，需要将 Fe^{2+} 氧化为 Fe^{3+}。

溶解氧在热力学上能够发生这个氧化反应。然而，该反应的动力学特性由很多因素决定（详见第 22 章 22.2.1 节）。Fe^{2+} 的缓慢氧化使得 Fe^{2+} 迁移至腐蚀表面，并被氧化为胶体铁，产生“红水”，或者形成无保护功能的多孔层。但是，如果 Fe^{2+} 被迅速氧化，会在腐蚀反应剧烈发生的邻近区域形成一个稳定的 Fe^{3+} 层，从而起到有效的缓蚀作用。

蒂尔曼、贝利斯和雷兹纳等学者的早期研究发现，在饮用水循环系统中，与单独的 $CaCO_3$ 沉淀相比，碱度和 pH 对缓蚀作用有着更为显著的影响。这个影响随后被宗特海默尔（Sontheimer）教授在“菱铁矿模型”中证实。在这个模型中，通过 Fe^{2+} 形成 $FeCO_3$（菱铁矿），进而转化为有缓蚀作用的纤铁矿（γ-FeOOH）的过程，解释了 pH 和 Fe^{2+} 氧化动力学的关系。

纤铁矿中的铁以稳定的氧化态的形式存在，能够产生阳极极化作用。

因此，pH 和碱度（TAC）都对阳极极化和阴极腐蚀机理产生影响。

由 $CaCO_3$、$FeCO_3$、γ-FeOOH 形成的保护膜，被称作蒂尔曼膜。

7.2.3 高温下铁的磁性钝化

碳钢在高温下有着良好的导电和热传导性能。而由于其在高温、高 pH 和低溶解氧的条件下能够形成一个磁性保护膜，因此蒸汽锅炉可选用碳钢材质。

7.2.4 自钝化合金

当诸如铬、镍、钼或者铜等元素被添加到铁合金中时，所制备出的合金可发生自钝化反应。这些合金被广泛称作不锈钢。当合金裸露时，表面会形成一个薄膜层，发生钝化。这个薄膜层由合金的初始腐蚀产物构成，成分为尖晶石结构的铬-铁氧化物，见本章 7.4.2 节。

7.3 腐蚀的形式

不同的腐蚀机理造成的危害呈现出多种形式。

7.3.1 全面腐蚀

如果腐蚀反应的产物可溶，并且如果被腐蚀材料是均匀同质的，腐蚀就会在其整个表面发生。这种类型的侵蚀被称作全面腐蚀。下文将介绍其中几个示例。

7.3.1.1 酸腐蚀

当水中的 H^+ 浓度足够低时，水通过阴极还原反应转变为氢气，引发酸腐蚀。

当腐蚀产物在酸性介质中的溶解度较高从而没有金属氧化物沉积时，酸腐蚀通常为全面腐蚀。发生酸腐蚀时，阴极反应生成分子态氢气并通过金属扩散，从而导致金属变脆，在高温或者强酸性环境（酸洗）下容易破裂。

7.3.1.2 碱腐蚀

碱性腐蚀是由一些金属的两性本质引起的。例如，铝通过以下反应产生氢氧化铝沉淀形成缓蚀层。

$$Al^{3+} + 3OH^- \longrightarrow Al(OH)_3 \downarrow$$

但是在高 pH 条件下，氢氧化铝沉淀会再次溶解：

$$Al(OH)_3 + OH^- \longrightarrow Al(OH)_4^-$$

在强碱性溶液中，这种沉淀物的再溶会导致碱性腐蚀。铝和锌都很容易产生此种腐蚀，甚至锅炉中的铁也可能由于以下原因产生碱性腐蚀：a. 循环水的 pH 过高；b. 局部过热和水中含有过量的 OH^- 离子。

7.3.1.3 络合物腐蚀

络合剂是可以与金属离子反应生成稳定可溶络合物的化学药剂。这些药剂一般用于锅炉水的处理或其他的场合以阻止沉淀的生成或者溶解已生成的沉淀。由于这些反应大多发生在钝化层，因此会引起或促进基底金属的腐蚀。

7.3.2 局部腐蚀

不是均匀分布在整个表面而是集中在一个小区域内的腐蚀称为局部腐蚀。这往往代表最严重的腐蚀形式，因为这种腐蚀会对金属元件产生自持性的深层穿透损害，导致其被迅速破坏。

以下是几种局部腐蚀。

7.3.2.1 氧差腐蚀

当铁基合金元件部分暴露于氧浓度变化的环境时，会发生此类型的腐蚀。氧浓度的不同导致电化学电位的差异，即在大型阴极区形成小而稳定的阳极，使金属在这些很小的区域内得以快速溶解。

7.3.2.2 锈蚀堆积

当铁或含铁金属溶解时，会生成不溶性的腐蚀产物。这种发生在局部的腐蚀会导致腐蚀产物成为锈壳，这就是所谓的锈蚀堆积。当锈蚀堆积形成时，在由不溶性腐蚀产物形成的硬壳下的蚀洞内会形成加速腐蚀的附加条件：

① 高浓度的腐蚀性阴离子，如氯离子（Cl^-）；

② 由于腐蚀产物水解，pH 值降低；

③ 由于腐蚀产物的次级反应对氧的消耗，使氧浓度逐渐降低；

④ 提供有助于微生物（如硫酸盐还原菌）生长的环境条件，这些微生物对腐蚀起着重要作用。

图 7-5 显示了锈蚀堆积的整体外观。

图 7-5　锈蚀堆积的整体外观（《纳尔科冷却水系统故障分析指南》）

图 7-6 示意了钢表面上局部腐蚀区域（锈蚀堆积）的物理结构。图 7-7 表明了所发生的化学反应。

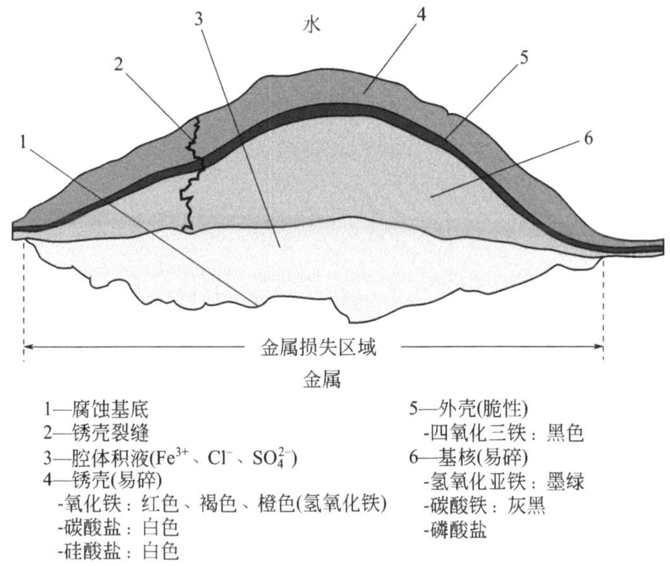

图 7-6　锈蚀堆积（《纳尔科冷却水系统故障分析指南》）

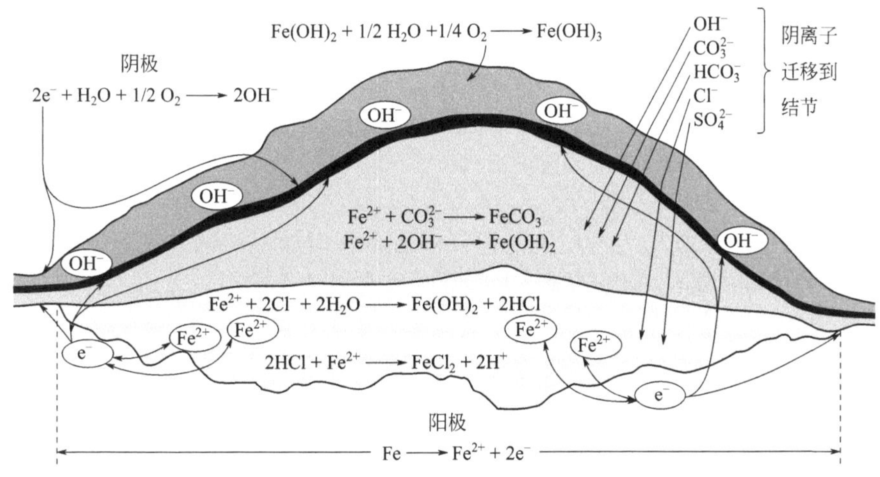

图 7-7　导致锈蚀堆积的化学反应过程

7.3.2.3 电化学腐蚀

当两种处于电接触状态的金属浸没于导电溶液中，电化学腐蚀就会发生。这种腐蚀是由两种金属之间的电化学电位差造成的。与惰性较高的金属相比，低惰性金属所产生的腐蚀会随着金属表面积的缩小而愈发剧烈。电化学腐蚀现象在两种金属接触的交界面最为严重。

7.3.2.4 点蚀

点蚀是在金属表面发生的局部腐蚀，这种腐蚀表现为在金属表面形成蚀孔或凹陷。在实践中，当侵蚀的深度大于宽度时，使用点蚀这个术语。点状腐蚀经常由缓蚀反应不完全引起。对于碳钢，点蚀通常归因于阳极钝化剂（铬酸盐或亚硝酸盐）的不足。阴极缓蚀剂和阳极缓蚀剂的结合使用可以有效抵抗点蚀并已获得成功的应用。

点蚀也可由腐蚀性离子（例如 Cl^-）的局部过度集中引起。防腐性能差的不锈钢（例如 SS304）如与高浓度的氯化物长期接触，极易发生点蚀（见本章 7.4.2 节）。

7.3.2.5 缝隙腐蚀

这是由于少量的水积存于金属构件不规则缝隙中引起的腐蚀。在这种腐蚀环境下，氧气不足并且腐蚀性阴离子（如 Cl^-）的浓度逐渐增大。缝隙腐蚀一般发生在未焊透的焊缝处、搭接接缝或其他可积存水的机械接缝处。

7.3.2.6 应力腐蚀

应力腐蚀是由于压力形变导致金属表面保护膜遭到破坏而产生的一种腐蚀。这种形式的腐蚀往往产生裂纹从而导致锈蚀的部件发生断裂。

表 7-1 给出了一些易于引发应力腐蚀的几种合金和介质的组合。

表7-1 金属和引起腐蚀的化合物（《纳尔科冷却水系统故障分析指南》）

金属	引起腐蚀的化合物	金属	引起腐蚀的化合物
奥氏体钢	氯化物 高浓度热氢氧化钠 硫化氢	铜合金	氨（蒸气和溶液） 胺类 二氧化硫 硝酸盐、亚硝酸盐
碳钢	高浓度氢氧化钠 高浓度硝酸盐 无水氨 碳酸盐、碳酸氢盐溶液	钛	乙醇 甲醇 海水（由合金决定） 盐酸（10%）

7.3.2.7 晶间腐蚀

虽然目视观察金属是均匀同质的，但许多合金（例如不锈钢）实际上是由不同成分（晶界）的金属组成的颗粒状组合物。大多数时候晶界的影响可以忽略不计，然而由于晶界有着不同于晶粒的基本结构，因此其一般比晶粒更具易腐性。这些特征会导致电化学腐蚀的发生从而使合金被破坏，这种腐蚀被称为晶间腐蚀。

奥氏体不锈钢容易发生晶间腐蚀，一般认为这是由于晶间区域存在铬的消耗。而事实上，在不锈钢退火不良的焊缝附近也可以观测到晶间腐蚀的发生。

其他合金，如高强度铝和一些铜基合金也具有晶间腐蚀的倾向。

7.3.2.8　磨损腐蚀

磨损腐蚀是指在物理侵蚀和化学腐蚀的联合作用下引起的一种加速恶化的腐蚀形式。其可以看作是由流体或流体中的悬浮物质的冲刷造成缓蚀产物的损失而形成。在水流湍急或紊流区域，例如三通、接头、弯头或泵的过流部件处（如图 7-8），这种腐蚀情况会加剧。

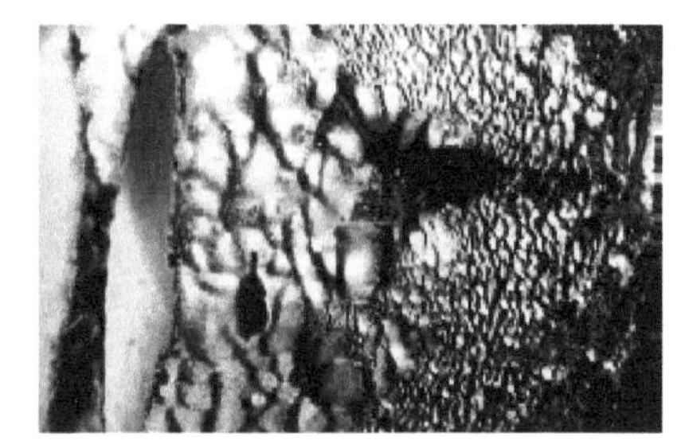

图 7-8　在热交换器钢管入口末端的沙丘类型冲刷腐蚀（《纳尔科冷却水系统故障分析指南》）

7.3.2.9　气蚀

类似前述的情况，气蚀是由于微小蒸汽气泡的释放和内爆导致金属表面上产生极高的物理张力，由这种现象形成的腐蚀被称为“气蚀”。这种腐蚀通常会发生在高速或者高水平振动的设备部件上，如泵的叶轮或内燃机内部组件。

7.3.3　微生物腐蚀

一段时间以来，微生物腐蚀已成为深入研究的热点。微生物腐蚀是指与微生物作用有关的金属材料腐蚀，可进一步加快金属的腐蚀进程。这是一种快速的局部腐蚀并可能导致金属部件过早损坏。

微生物腐蚀有多种类型，其中最常见的将在下文进行介绍。

7.3.3.1　硫酸盐还原菌

硫酸盐还原菌造成的腐蚀是工业冷却系统和废水输送管网中最常见的微生物腐蚀。与这种腐蚀相关的细菌种类包括脱硫弧菌属、惰性脱硫单胞菌、脱硫肠菌属。厌氧菌的特殊特征在于其具有将硫酸盐和亚硫酸盐转化为硫化物的代谢能力。

虽然产生此类腐蚀的准确机理还存在争论，但一般认为其利用了阴极去极化作用，即通过消除阴极部位的氢元素而形成的（加速）去极化。在腐蚀部位出现的硫离子由于酸化作用会产生臭味，这可以作为硫酸盐还原菌引起腐蚀的标志。

7.3.3.2　产酸菌

许多细菌的代谢产物包括多种矿物质或有机酸。这些酸使周围环境的 pH 降低从而引起金属的腐蚀。硫杆菌、氧化硫杆菌、梭菌属等细菌可引起钢铁的微生物腐蚀。硫杆菌和氧化硫杆菌可以将还原态硫化物氧化成硫酸，而梭菌则产生有机酸（使 pH 降低并与铁生成络合物）。

7.3.3.3　铁锰细菌

此类细菌包括披毛菌属、球衣菌属、泉发菌属和纤毛菌属。这些细菌通过内源性氧化，将亚铁离子（Fe^{2+}）转化为三价铁状态（Fe^{3+}）。这些细菌会促进腐蚀在沉淀物之下继续发生。此外，许多其他因素如氯化作用和溶解氧也会引起或促进金属离子的氧化。

7.3.3.4　细菌形成的生物膜

许多种类的细菌可形成生物膜。这种生物膜是由细菌的胞外多聚物与水黏合而形成，并且这种生物膜可通过获取胶状物或其他生物体残骸进行快速增殖。

腐蚀可以在生物膜下发生：

① 在任何沉淀物下均可发生氧差腐蚀；

② 可以与其他腐蚀性厌氧菌联合作用；

③ 可以将不锈钢的腐蚀电位升高直至超钝态区域。

7.3.3.5 藻类

当光线充足时，藻类会大量繁殖。在合适的条件下，藻类可以形成阻塞流道的致密纤维层，为厌氧菌在其下方生长创造条件。这些较厚的微生物很难通过杀菌剂去除。死亡的藻类腐烂后会产生腐蚀性的有机酸，并可以分解成大量的残屑，造成下游堵塞。

防治藻类增殖的最简单有效的方法就是在设计中考虑遮光措施。

7.3.3.6 硝化细菌

所谓的硝化细菌是指可通过自身的代谢将氨（NH_3）或亚硝酸盐（NO_2^-）转化为硝酸盐（NO_3^-）的微生物种群。其中，最常见的是亚硝化菌和硝化菌。

氨在转化为硝酸盐时 pH 值会降低，这是硝化细菌有助于引起腐蚀的原因。

7.3.3.7 鉴别

金属材料的损毁或破损极难归咎于微生物腐蚀。仅仅存在潜在的腐蚀性细菌并不能证明其与所发生的腐蚀相关。任何结论必须基于以下四个因素：a. 微生物或者其副产物的存在；b. 微生物腐蚀的特殊形态；c. 特殊沉淀物和腐蚀产物；d. 利于微生物生长的环境。

有关此专题的更多信息，请参阅 H. M. Herro 和 R. D. Port 所著的文章，其中引用的大量实例见《纳尔科冷却水系统故障分析指南》。

7.4 金属材料的腐蚀

7.4.1 铸铁腐蚀（石墨化）

与钢不同，由于铸铁中碳（>2%）和硅（>1%）的含量更高，因此铸铁比钢的生产成本更低。

但是铸铁的耐腐蚀性能却可以与钢相媲美，甚至根据所含合金成分不同而具有更好的防腐性能。由于铸铁的含碳量较高，石墨相对于铸铁而言是阴极并可与铁形成合金组织。根据成分和热处理的工艺不同铸铁可分为灰铸铁或球墨铸铁。这种潜在的差异形成了石墨腐蚀或石墨化的机理。这种腐蚀现象常见于暴露在酸性或软水中的非合金铸铁。水中含有微量硫化氢时（1mg/L 即可）也会促进石墨化的发生。石墨化是指腐蚀以很缓慢的速度向金属内渗透。当此类腐蚀发生时，在金属表面形成一层含有石墨的氧化铁膜层，并在腐蚀进程中保持其原来的形状，因此石墨化腐蚀难以被肉眼察觉。

在常规的环境温度下，大多数与含氧的和微碱性的生活用水接触的铸铁部件，均具有令人相当满意的使用寿命，这主要是由于铸造构件的厚度足够大，发生在其表面的腐蚀均匀且腐蚀速率适中。

在输水系统中，铸铁管网的寿命可以超过一百年，但总的来说这些系统在长期的使用过程中仍然需要进行保护。以前采用在铸铁管内涂刷沥青漆作为简单衬层的方式进行保护，而如今更多使用水泥基砂浆作为内衬，这种管道也能耐受含硫废水的腐蚀。同时塑料材质的内衬也有越来越多的应用。

外部防腐通常使用厚度为几百微米的沥青涂料，而额外的防护可根据土壤的腐蚀性，通过牺牲阳极、喷涂锌或阴极保护的形式实现。

由于其具有较高的机械强度，球墨铸铁管材的应用日益广泛。相较于灰铸铁，球墨铸铁管材的使用寿命较短，这是因为其管壁更薄并且初始腐蚀速度更快。

7.4.2 不锈钢

7.4.2.1 概念和种类

传统意义上的不锈钢是指铬含量超过 10.5% 的铁铬合金。事实上，除了此成分外，在氧化性条件下（空气中的氧或溶解在水中的氧就已足够）不锈钢表面会形成一层薄而稳定的保护层并且逐渐增厚（见如下添加了铬、镍、钼等成分的不锈钢）。根据其晶体结构，不锈钢分为五个类别：奥氏体型、铁素体型、双相钢型、马氏体型和沉淀硬化型。

（1）奥氏体不锈钢（表 7-2）

对于水处理领域常用的奥氏体不锈钢，其铬含量和镍含量分别超过 16% 和 6%（重量比），通常至少为 18% 和 8%。镍能促进奥氏体微观结构（面心立方晶体结构）的形成，从而使其具有其他种类不锈钢所不具备的良好延展性和可机械加工性。奥氏体不锈钢是除双相钢之外的最佳耐腐蚀材质。添加一定量的钼（最多 6%）会进一步增强奥氏体不锈钢的耐腐蚀性，尤其是对于含氯水溶液的耐点蚀性。但应注意到，在有氯化物存在时奥氏体不锈钢更容易发生应力腐蚀。

（2）铁素体不锈钢

铁素体不锈钢含有 10.5%～27% 的铬。铁素体不锈钢的机械性能稍差，特别是延展性低。与其他不锈钢相比，其耐腐蚀性能也较差。但另一方面，铁素体不锈钢坚固耐磨，可以有效抵抗氯化物存在时的应力腐蚀开裂。

（3）双相（或奥氏体铁素体）不锈钢（表 7-2）

双相钢含有 18%～29% 的铬和 1%～4% 的钼，同时含有 3.5%～7.5% 的镍和 / 或促进在室温条件下形成稳定铁素体和奥氏体结构的奥氏体稳定剂（氮、锰）。此合金中的两相使其兼有奥氏体和铁素体不锈钢的特点。奥氏体相产生更大的延展性，并且其机械强度高于其他相。高含量的铬和钼为合金提供了比其他所有不锈钢更佳的耐腐蚀性（抵抗点蚀和应力腐蚀开裂）。这也解释了在海洋环境中使用的泵、阀以及管道广泛采用双相钢材质的原因。

（4）马氏体不锈钢

与其他种类的不锈钢相比，马氏体不锈钢通常含有 11.5%～14% 的铬和稍高含量的碳（0.15%），热处理会使马氏体组织具有极高的硬度和机械强度。因此，蒸汽涡轮机、轴以及硬质涂层常采用马氏体不锈钢材质。但由于铬的含量较低同时碳含量高，使得马氏体不锈钢是耐腐蚀性最差的不锈钢。但其对由氯化物引起的应力腐蚀开裂具有极好的耐受性。

（5）沉淀硬化钢

沉淀硬化钢不仅含有 12.25%～18% 的铬和 3%～8.5% 的镍，还含有铜（1.25%～2.5%）

表7-2 主要的奥氏体不锈钢和双相钢

NF EN 10088 标号	NF EN 10088 编号	AISI	结构	C/%	Cr/%	Ni/%	Mo/%	N/%	抗点蚀当量数 PREN①
GX5CrNi 18-10	1.4301	304	奥氏体不锈钢	<0.07	17～19.5	8～10		<0.11	18
GX2CrNi 19-11	1.4306	304L	奥氏体不锈钢	<0.03	17～20	8～12		0.1～0.2	19
GX5CrNiMo 17-12-2	1.4401	316	奥氏体不锈钢	<0.07	16.5～18.5	9～13	2～2.5	<0.11	25
GX2CrNiMo 17-12-2	1.4404	316L	奥氏体不锈钢	<0.03	16.5～18.5	9～13	2～2.5	<0.11	25
GX2CrNiMo 17-11-2	1.4406	316LN	奥氏体不锈钢	<0.03	16.5～18.5	8～12	2～2.5	0.1～0.2	27.5
GX2CrNiMo 18-14-3	1.4435	316L	奥氏体不锈钢	<0.03	17～19	13～15	2.5～3	<0.11	27
GX6CrNiMo Ti17-12-2	1.4571	316Ti	奥氏体不锈钢	<0.08	16.5～18.5	9～13	2～2.5		25
GX1CrNiMo Cu25-20-5	1.4539	904L	奥氏体不锈钢	<0.02	19～21	24～26	4～5	<0.15	36
GX3CrNiMo N26-6-3	1.4468		双相钢	<0.03	24.5～26.5	5.5～7	2.5～3.5	0.12～0.25	38
GX2CrNiMo N26-7-4	1.4469		双相钢	<0.03	25.0～27.0	6～8	3～5	0.12～0.22	42
GX3CrNiMo N26-7-6			双相钢	<0.08	24～27	6～8	8.4～6.6	>0.14	40
GX2CrNiMo N25-7-4	1.4410		双相钢	<0.03	25	7	4	0.27	41.5
GX1CrNiMo N20-18-6	1.4547		奥氏体不锈钢	0.01	20	16	6.1	0.2.	46

① 参见本章 7.4.2.2 节中的（2）。

注：AISI 为美国钢铁协会。

或铝（0.9%～1.35%），所以在热处理后形成金属间沉淀使合金硬化。虽然有些具有马氏体结构，但大部分沉淀硬化钢具有双相结构。与马氏体钢相似，沉淀硬化钢具有优异的机械性能和硬度特性。沉淀硬化钢的耐腐蚀性能接近于奥氏体钢，但不如标准双相钢。

7.4.2.2 不锈钢的各种腐蚀形式

（1）全面腐蚀

当钝化膜从表面消失且不能重新形成时，整个不锈钢表面会被均匀地侵蚀。当合金表面暴露在氧化性不足的介质中时，全面腐蚀就会发生。

（2）特殊腐蚀

不锈钢的腐蚀有以下两种典型的形式（点蚀和缝隙腐蚀）。

① 点蚀

当钝化膜被破坏或损坏时（化学腐蚀、机械损伤、机械加工中非金属夹杂物导致的微观结构异常），均会导致点蚀的发生。不锈钢的耐点蚀性能由温度、pH 值、侵蚀性阴离子浓度和合金成分决定，特别是其中的铬和钼的含量。某种特殊钢材的耐点蚀性能可以通过以下公式来表征，计算出铬当量或 PREN（抗点蚀当量）：

$$PREN = Cr\ 含量 + 3.3 \times Mo\ 含量 + k \times N\ 含量（表 7\text{-}2 和图 7\text{-}9）$$

其中，$k=0$（铁素体不锈钢），$k=16$（双相钢）或 $k=30$（奥氏体不锈钢）。

当不锈钢与海水接触时，要求 PREN>35；对于高温和滞留海水，则要求 PREN>40；如果要求不锈钢具有耐缝隙腐蚀性能时，则 PREN 应 >45。

② 缝隙腐蚀（见本章 7.3.2.5 节）

缝隙腐蚀是一种更严重的点蚀。裂缝会阻碍氧气在不锈钢表面扩散从而导致表面钝化终止。侵蚀性的阴离子，如氯化物，在整个缝隙腐蚀区域扩散，营造出明显高于水中阴离子浓度的环境，pH 显著降低。缝隙腐蚀会随着阴离子浓度的增大而逐渐发生，潜伏期或可持续数月。一旦潜伏期结束，腐蚀会继续发展，直到缝隙被堵塞。沉积层也会形成类似机械缝隙腐蚀的环境。

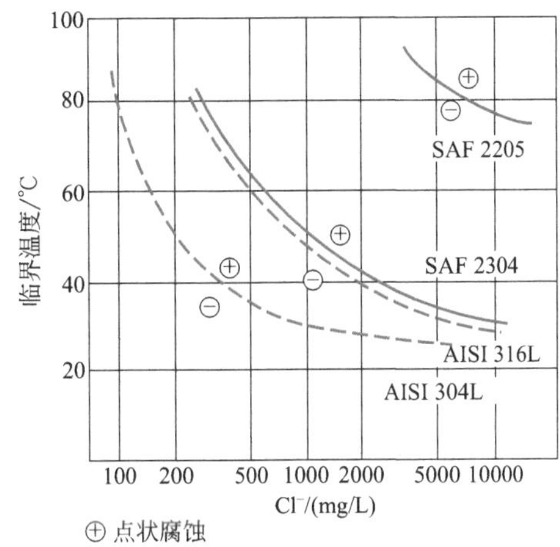

图 7-9　300mV 汞电极电位、中性 pH 值条件下不同氯化钠浓度的不锈钢临界点蚀温度（根据 Sandvick S 120 ENG，2000 年 2 月）

③ 应力腐蚀开裂

奥氏体不锈钢在高于 60℃且有溶解氧存在的条件下很容易发生这种腐蚀，如图 7-10 所示。残余应力是由最初的金属加工和焊接操作造成，通过对受热部位进行适当退火等处理可避免应力腐蚀的发生。

④ 不锈钢的晶间腐蚀

这主要是由于沿晶界形成碳化铬时消耗了附近的铬从而引起的腐蚀。可通过使用碳含量较低的钢（<0.03%）或使用含有一定量钛或铌等稳定元素的钢来防止腐蚀的发生。

⑤ 微生物腐蚀

氧气扩散受阻，或为还原性环境，或者硫酸盐还原菌的存在会引起不锈钢的微生物腐蚀。

其中，后三种腐蚀形式比较少见。

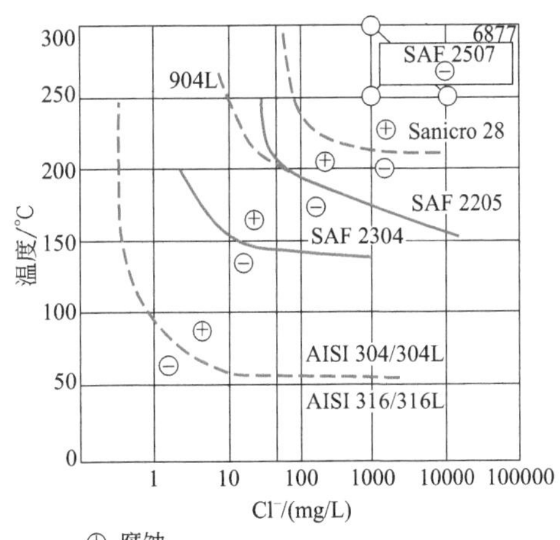

图 7-10　在 pH=7 的富氧氯离子溶液中，不锈钢对应力腐蚀敏感 / 不敏感的分区曲线（根据 Sandvick S 120 ENG，2000 年 2 月）

7.4.2.3　不锈钢的使用

在使用不锈钢时依据的主要原则概括如下。

（1）设计阶段

① 确保流体有好的流态，避免出现死区（在无法避免的死区必须设置排污措施）。

② 不能有缝隙产生。如果这是不可避免的，应确保裂缝会被适当地填补。

当碳钢与不锈钢进行焊接时，碳钢会在焊缝处稀释不锈钢，从而在焊接过程中容易形成缝隙。为避免这一问题，在不锈钢与碳钢焊接时需要选用适当的焊条和焊接技术。

（2）加工与制造阶段

① 避免不锈钢和碳钢或者与其他低含量合金或者其他活性金属之间发生金属与金属的直接接触，这样可以防止在活性金属交界面发生电化学腐蚀。

② 要采用不影响结构耐腐蚀性的焊接工艺。选用适当的焊基金属和焊条并采用适合的焊接技术进行焊接。

③ 不锈钢部件在成型后且使用前必须经过机械清洗，然后进行化学清洗和钝化处理。

（3）密封性测试

如果水力试验用水的水质不合格，可能会导致不锈钢表面马上或很快就产生点蚀。

7.4.3 铝

铝制品表面被破坏后，其裸露的金属与空气接触后形成稳定的氧化铝膜。在空气中，此氧化保护膜可以在其钝化状态下的pH范围内（大约4～8.5）表现得非常稳定。超出这个范围，铝就很容易发生腐蚀，因为其氧化铝保护膜可溶解于多种酸和碱溶液。

当铝置于弱酸性条件下，往往会发生点蚀或局部腐蚀，腐蚀发生在氧化层被破坏或被沉淀覆盖的区域，氯化物是造成腐蚀的主要因素。

铝对非常纯净的水具有高耐腐蚀性。然而当铝与其他惰性更低的金属如铜、铅、镍或锡接触后就很容易发生电化学腐蚀。当这些惰性金属的离子溶解于水中（例如0.02mg/L的铜离子就足以）并附着在铝的表面时，就会引起电化学腐蚀的发生。铝也容易发生微生物腐蚀。

与清洁海水接触的应用场合可选用氧化膜厚度等级合适的铝材。铝的腐蚀速率与温度、pH及流速成反比，而与溶解氧和金属离子的浓度成正比。

7.4.4 铜

在含氧水中铜会在其表面形成一层较薄的Cu_2O氧化膜，即被钝化。然而，铜容易发生以下三种类型的腐蚀：

（1）Ⅰ型点蚀

这种腐蚀是由两个因素促成：

① 介质中含有少量的残余氧和碳酸氢盐；

② 管道表面形成一层碳酸膜（并形成微量的对人体有害的氧化物，如氧化铜）。当限制铜表面的单位面积上碳的数量时，后者的影响将会被消除。

（2）Ⅱ型点蚀

这种点蚀不太常见，主要发生在温度高于60℃的低矿化度水中。这种点蚀因发生在管道内壁上且常被硫酸铜膜层覆盖，因此难以观察得到。

（3）磨损腐蚀

这种类型的腐蚀主要与由管件几何结构（如弯头、管颈等）造成的过高流速有关。

（4）其他类型的腐蚀

还有其他类型的腐蚀。特别是当含氧水中含有氨时（工业用水），保护膜的溶解会导致大规模的均匀腐蚀。

7.4.5　镀锌钢

可将碳钢浸没于锌浴中或通过电解沉积法对碳钢进行镀锌处理。由于热镀锌涂层一般较厚，所以热镀锌碳钢适用于水处理应用场合。当裸露的锌在空气中与氧及二氧化碳和水蒸气接触，在其表面就会形成坚固的碳酸锌层。因此，锌层可屏蔽腐蚀性介质并作为牺牲阳极以起到保护钢材的作用。相对于钢材，锌是阳极，所以阳极镀锌层可以对钢材提供保护，即便在镀锌层的总面积有少许的损耗或腐蚀的情况下。

在含有溶解性钙的碱性水中，镀锌层表面会形成一层碳酸钙-锌保护层，对镀锌层形成保护。理想情况下，在 pH 为中性的硬度中等的水中（pH 7.0～8.0，100mg/L 钙硬度，100～300mg/L 总碱度，均以 $CaCO_3$ 计），镀锌层表面会形成碳酸锌保护膜，该保护膜增强了镀锌层对一些腐蚀性介质，例如氯化物（浓度最高 450mg/L）、硫酸盐（浓度最高 1200mg/L）或硝酸盐的耐受性。相反地，镀锌层在高 pH（pH>8.3）和高碱度（>300mg/L，以 $CaCO_3$ 计）条件下与软水（<50mg/L，以 $CaCO_3$ 计）接触会迅速发生腐蚀。在这种情况下产生的被称为“白锈”的多孔性腐蚀产物对锌层不仅不能提供任何保护，还会促进腐蚀的发生。在这种应用之前，应对镀锌层表面进行适当的磷酸盐基化学处理以减缓腐蚀的发生。

锌的腐蚀速率随温度的升高而升高，在 60℃时达到峰值。当金属温度达到 70℃时，锌相对于下层的钢铁成为阴极并引发点蚀，此时的锌层已经遭到破坏。

当类似于铜一类的重金属在锌表面发生沉积时（如上游铜合金成分发生腐蚀），则会对镀锌层造成电化学腐蚀。

针对家用热水系统中广泛使用的镀锌钢和铜材，表 7-3 提供了相关防腐建议。

表7-3　家用热水系统腐蚀防护建议

材质	镀锌钢	铜
最大流速[①]	在管道内 <1.5m/s，在沟槽内 <2m/s	
温度	<55～60℃	
碱度（以 $CaCO_3$ 计）	>100mg/L	>50mg/L
水质	轻微结垢	无 NH_4^+
氯离子含量	>100mg/L	
构造		混合器下游管件必须要相配（减少湍流的影响）
排气	高点放气	

① 连续流动速度必须保持非常低。

7.4.6　铅

在含有溶解氧或溶解氧与二氧化碳同时存在的软水中，铅及铅基焊接点容易发生腐蚀。当两种气体都存在时，二氧化碳的浓度将决定腐蚀的严重程度。

在硬度超过 120mg/L（以 $CaCO_3$ 计），溶解性二氧化碳浓度较低和弱碱性条件下，铅的表面会形成碳酸铅薄膜，造成钝化从而使其耐受腐蚀。另一方面，在硬度非常高的水中，即使碳酸盐处于稳定状态，达到高平衡浓度的二氧化碳也会使水再次具有侵蚀性。

铅的腐蚀产物通常为氢氧碳酸铅［$Pb_3(CO_3)_2(OH)_2$］。该产物的附着性较差，因此不具备防腐蚀性能。

当水中含有磷酸盐时（几毫克每升含量），就会使铅的表面形成具有良好附着性和防腐蚀能力的氢氧磷酸铅保护膜。

现在饮用水输配系统已经禁止使用铅制管材，这是因为饮用水中所允许的溶解性铅的浓度非常低（<0.01mg/L）。对于已在使用的铅制管道，请参考第 22 章 22.2.9.3 节中的应对措施。

7.4.7　铜合金

7.4.7.1　黄铜

黄铜由铜-锌合金和其他成分组成，其适用范围和牌号见表 7-4。

表7-4　应用于不同工况的黄铜的牌号

适用范围	牌号	适用范围	牌号
闸门和阀门		壳管式换热器	
切削	CuZn37Pb3 或 CuZn4Pb3	船用黄铜	CuZn30As 或 CuZn29As1
锻压	CuZn39Pb2		
铸造	CuZn40		

在高盐和低硬度水中，普通黄铜会出现脱锌或锌溶解现象，从而只剩下残余的铜。此时黄铜会呈现出多孔易碎的形态。使用抗脱锌黄铜（CuZn35Pb2As）可以避免这种现象的发生。

在介质为海水或氯化物浓度很高的情况下，壳管式换热器的换热管材质必须为船用黄铜或钛材。

7.4.7.2　铜镍合金

品质良好的铜镍合金可能会受到海水中微量氨氮（数毫克每升）和微量 H_2S 的影响。

超过几毫克每升浓度的氨氮会导致铜镍合金出现缝隙腐蚀，但可以通过添加微量 Fe^{2+} 来消除这种腐蚀发生的可能。

7.5　次要腐蚀因素

前面已经介绍了影响腐蚀的两个主要因素：二氧化碳-碳酸盐平衡及氧含量。其他在腐蚀过程中对腐蚀形式和腐蚀速率有较重要影响的因素称为次要腐蚀因素，包括溶解性盐浓度（主要为氯化物）、温度、水中物理杂质含量及微生物作用。本节将结合以上因素对海水的腐蚀性进行阐述。

7.5.1　矿物质影响

在含氧去离子水中，钢的腐蚀率可忽略不计；然而，在去离子水中溶有极少量的矿物盐后，就可以导致多种腐蚀的发生。

7

7.5.1.1　总矿化度

水中总矿化度的升高会提高水的导电性，在相同电位下会将增大腐蚀电流（参见本章 7.2.1 节中 I_{corr}）。低于 1mg/L 的痕量氯化物和硫酸盐就可导致腐蚀的发生。

Cl^-、F^-、Br^-、SO_4^{2-}、NO_3^- 这类离子会加速腐蚀的发生。因为当存在这类阴离子时，过电位下降，钢溶解所需的能量降低。这类阴离子在阳极区的吸附会使铁元素更易向界面迁移：相比于更高原子量或化合价的阴离子，卤化物的吸附作用更显著。

相反地，OH^-、CrO_4^{2-} 和 SiO_3^{2-} 此类离子则可以促进金属表面保护膜的形成从而减缓腐蚀。

7.5.1.2　氯化物

很多文献都阐述了氯化物对不锈钢的不利影响，同样地，氯化物对于低碳钢的腐蚀也有重要影响。高浓度的游离氯离子被吸引到阳极区域，与氢离子结合生成氯化氢，同时防止局部产生铁的氢氧化物沉淀。

水中氯离子浓度的升高会增大发生点蚀的可能性，更重要的是，氯离子和氧元素的协同作用会导致非常严重的腐蚀。

当完全没有氧时，水中的碳酸处于非侵蚀性状态，氯化物的存在对腐蚀的影响可以忽略不计。然而，在有氧存在的情况下，即使含量很低，氧浓差过程也会开始产生腐蚀性，并随着氯化物含量的升高而迅速加剧，甚至对于碳酸盐平衡的水也是如此。

将待测金属材料置于含氧水中开展腐蚀性能试验，在不同氯离子浓度条件下，将测定的腐蚀速率与雷兹纳稳定指数的关系绘制成图，如图 7-11 所示。

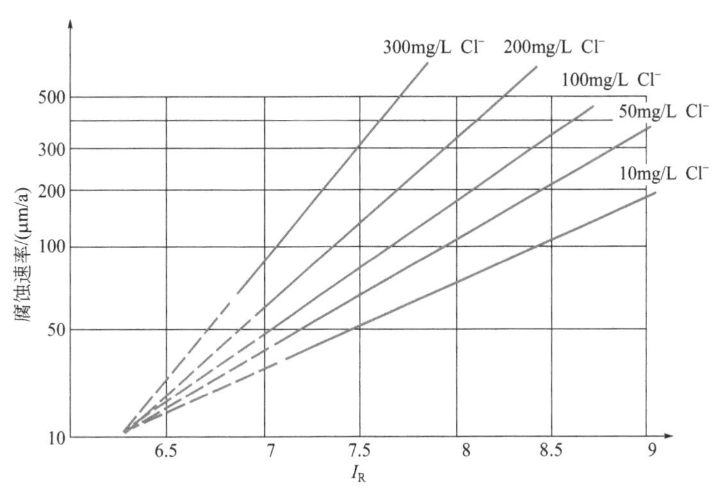

图 7-11　低碳钢在 20℃下的腐蚀速率与氯化物浓度和雷兹纳稳定指数 I_R 的关系

注：1.水质条件：① TAC为150mg/L（以$CaCO_3$计）；② SO_4^{2-} 折算为Cl^- 质子摩尔浓度；③ Na^+ 折算为$Ca^{2+}+Mg^{2+}$ 质子摩尔浓度。

2. I_R—雷兹纳稳定指数，理想情况下I_R=6.3。

7.5.1.3　硫酸盐

硫酸盐通过以下三种方式对腐蚀产生影响：

① 提高溶液的导电性从而直接影响腐蚀进程；

② 通过参与硫酸盐还原菌的循环及微生物腐蚀的进程而对腐蚀产生间接影响；

③ 对特殊混凝土的性能退化产生影响（见本章 7.8 节）。

7.5.2 温度对含氧水的影响

7.5.2.1 水温低于 60℃

在封闭容器中，加热将促进水中的碳酸氢盐转化为碳酸盐并形成水垢直至达到二氧化碳-碳酸盐平衡。这时尽管水对钢的腐蚀性有所增强，但是存在的碳酸钙沉淀能够保护钢不被腐蚀。反之，当水已升温并通过生成碳酸钙沉淀的方式达到平衡，随后将其冷却至初始温度，此时溶液的腐蚀性变强，由于已没有碳酸钙沉淀的保护，将会发生腐蚀。

因此，敞开式的工业系统中有以下两种作用发生：

① 化学作用：该过程与发生在封闭容器内的反应相同，但二氧化碳-碳酸盐平衡被逸出的二氧化碳破坏，向加剧结垢趋势的方向移动。

② 电化学效应：热区（此处 pH 较低）和冷区（此处 pH 较高）的共存会形成存在热阳极区和冷阴极区的不均匀表面。

20℃的温度差即可产生 55mV 的电位差。因此在系统回路的高点形成的二氧化碳气囊及酸性冷凝水膜将会成为非常活跃的阳极区。

7.5.2.2 水温高于 60℃

此时氧气的逸出占优势，会在原电池基础上形成氧浓差电池，产生更高的电位并导致更严重的腐蚀。

因此，由于建筑物中的热水系统温度梯度更大，其防腐蚀保护较工业系统更为困难。

7.5.3 系统表面条件和水中杂质的影响

在老旧系统中已经存在的沉淀物或水中未完全过滤的杂质能从两个方面成为腐蚀发生的源头：

① 在沉淀物下部形成的无氧区域成为阳极区；

② 形成有助于不同菌株的生长区域并减少钝化反应的发生。

这种影响对不锈钢尤为严重。

7.5.4 流速的影响

流速在以下复杂的物理和电化学过程中是极其重要的因素：a. 气蚀；b. 磨损腐蚀或者磨耗腐蚀。

7.5.5 pH 对含氧水的影响

Fe^{2+} 的溶解度随着 pH 的上升而显著降低，因此会形成一层氢氧化亚铁（以及前述的其他氧化物）保护膜，显著增大阴极表面积；阳极区会缩小成点状区域，腐蚀电流密度会随着阳极表面积的减小而增大。

在有氧存在的情况下，当 pH 小于 10 时，出现点蚀的风险随着 pH 的升高而增大；当 pH 大于 10 时，点蚀的风险随 pH 升高而减小；当 pH 升高至 10.5 时，点蚀会停止（见图 7-12）。

这就是在 pH 为 9～10 的脱碳酸盐水中（其碱度不足以维持蒂尔曼保护膜的存在）常会发现局部腐蚀的原因（见本章 7.2.2 节和图 7-5）。

7.5.6　氧化剂的影响

7.5.6.1　溶解氧

溶解氧对电极电位的重要影响已于前文阐述。然而需要注意的是，溶解氧在腐蚀过程中呈现多种作用：

① 当溶解氧浓度低于 1mg/L 时，金属在 pH 为中性的软水中可以发生钝化反应（如图 7-13 所示）；

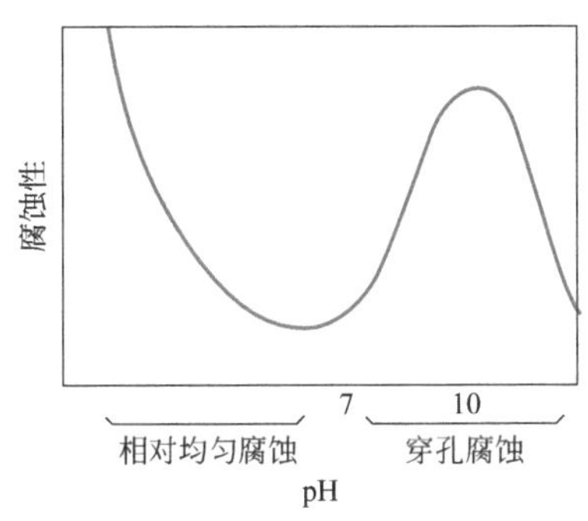

图 7-12　pH 值对铁在含氧水中腐蚀速率的影响

图 7-13　被软化水腐蚀的试件

② 当溶解氧浓度在 1～4mg/L或1～6mg/L 之间，中等含盐量水的腐蚀性与溶解氧浓度呈线性关系；

③ 在饱和溶解氧状态下，当水中含有足够浓度的 Ca^{2+} 和碱度时，二氧化碳-碳酸盐达到平衡会在金属表面形成保护膜。

7.5.6.2　氧化剂

臭氧是一种短时存在的过渡物质，对管网没有任何直接影响。但有时由于水中存在过饱和溶解氧而引发脱气过程，这可能会导致局部出现氧浓差从而引起腐蚀。

氯气或次氯酸盐会显著提高含氧水的氧化还原电位，不锈钢对这一变化最为敏感，因此有必要采用具有更高点蚀电位的替代材料。但是，对于温度低于 30℃的海水，工程经验表明当有效氯低于 1～2mg/L 时，点蚀并不会加剧；只有当有效氯达到 5mg/L 时，才会发生重度腐蚀。

7.5.7　海水

海水（因为其含有 Cl^-、SO_4^{2-} 等离子）对钢具有高度腐蚀性。这种腐蚀性会受到海水中氧含量及温度的影响。海洋深处温度较低的海水的腐蚀性低于温度高的海水。雷兹纳稳定指数不适用于表征这种特性的腐蚀。

当金属表面长期浸没于静水中时，氧气通过氧化膜的转移速率对钢的全面腐蚀起决定性作用，其腐蚀速率大约为每年 100～200μm。在流动的管道和水池中，点蚀产生的腐蚀速率可达每年 400～700μm，在这种情况下未经防腐处理的钢材是禁止使用的。

海水已广泛应用于近海区域的冷却系统中，但需要确保这些系统设计或所使用的材料具有较强的耐腐蚀性能（例如：使用不锈钢、钛金属等）。

7.5.7.1 腐蚀的控制措施

（1）防腐蚀结构设计

① 使用混凝土、玻璃钢或带有涂层的钢质管道；

② 使用衬塑的热交换器、水箱和分配歧管等；

③ 管壳式换热器材质可选用具有抗脱锌性能的船用黄铜或者使用铜镍合金或金属钛；

④ 采用高耐点蚀当量的不锈钢（例如：双相不锈钢）。

（2）动力学防护

① 阴极保护（见本章 7.6.2 节）。

② 化学抑制作用（见本章 7.6.1 节）。

③ 去除水中溶解氧：

a. 采用真空脱气或气吹脱法（见第 16 章），此方法广泛地应用于海水经处理后用作油田注水的场合；

b. 采用亚硫酸氢钠催化还原工艺。

7.5.7.2 海洋生物污损的控制措施

海洋生物污损是产生垢下腐蚀和热交换器能力降低的主要原因。

（1）来源

① 由藻类和细菌产生的有机黏液。

② 附着在金属表面的软体生物，如海鞘和海葵。

③ 硬壳类生物（甲壳类、贻贝、牡蛎、藤壶）聚集形成难以去除的坚硬外壳。这些群落在氧浓差的作用下，会在沉积物下产生穿孔腐蚀。

（2）处理方法

在流动缓慢的铜合金管路中，溶解在水中的铜离子足以防止此类生物污染。

冲击式或者连续投加氯或其他氧化性杀菌剂可以有效控制微生物的增殖。其中，甲壳类动物能够长时间耐受大剂量的氯，一些非氧化性杀菌剂可能会对甲壳类生物的去除更加有效。但是，当使用这类产品时必须考虑后续的处理或者进行充分降解以避免危及其他海洋生物。

当氯投加浓度高于 0.5mg/L 时会造成腐蚀。

7.6 防腐保护

抵抗腐蚀的方法包括：

① 使用金属镀层（如镀锌钢），但更常用有机材料（如油漆、衬胶），甚至矿物涂料（如在铸铁表面衬水泥砂浆）以提供表面的物理隔绝；

② 将水的化学性质维持在腐蚀速率尽可能低的水平；

③ 向水中投加缓蚀剂；

④ 利用牺牲性材料或外加能源（阴极保护）进行防腐。

7.6.1 缓蚀剂

缓蚀剂是一种化学制剂，当将其投加至水或其他工艺流体中时可以起到降低腐蚀速率的效果。缓蚀剂按照其作用机理通常可分为阳极缓蚀剂、阴极缓蚀剂、成膜缓蚀剂及脱氧剂。对于大部分缓蚀剂来讲，水的化学性质以及物理状态如温度和流速都会对其效能产生极大的影响。

7.6.1.1 阳极缓蚀剂

阳极缓蚀剂通过在阳极表面形成一层保护膜以阻止溶解金属的电化学反应发生：

$$Fe \longrightarrow Fe^{2+} + 2e^-$$

根据是否会加速亚铁离子被氧化为铁离子的反应，铁的阳极缓蚀剂可分为氧化性及非氧化性药剂：

$$Fe^{2+} \longrightarrow Fe^{3+} + e^-$$

如前所述，迅速生成 Fe^{3+} 对于形成稳定的阳极保护膜至关重要。氧化性阳极缓蚀剂的效能与水中溶解氧浓度无关，而非氧化性阳极缓蚀剂的缓蚀效果则与氧浓度有关。当反应的速率足够快时，通过形成 γ-FeOOH 保护层达到阳极缓蚀的目的。

非氧化性缓蚀剂与氧共同作用时，可通过催化 Fe^{2+} 的氧化、提高 γ-FeOOH 层的不可渗透性或以上两者结合的方式达到缓蚀的效果。

氧化性阳极缓蚀剂包括：铬酸盐（CrO_4^{2-}）、亚硝酸盐（NO_2^-）。

非氧化性阳极缓蚀剂包括：磷酸盐（PO_4^{3-}）、苯酸盐（$C_7H_5O_2^-$）、钼酸盐（MoO_4^{2-}）。

7.6.1.2 阴极缓蚀剂

氧通过阴极还原反应产生氢氧根离子（OH^-）。阴极缓蚀剂在 pH 为中性的水中是可溶的。但在高 pH 条件下，它通过产生一种绝缘的不可溶化合物而在阴极表面形成一层保护膜。

阴极缓蚀剂包括：锌离子（Zn^{2+}）、多磷酸盐（连同钙离子 Ca^{2+}）、膦酸酯（连同钙离子 Ca^{2+}）。

阴极缓蚀剂通常用于强化其他类型缓蚀剂的作用。

7.6.1.3 阴阳极复合型缓蚀剂

在水处理中常用的缓蚀剂是阴阳极复合型缓蚀剂，有以下两个原因：

① 在达到同等防腐效果时，复合型缓蚀剂的总投加量少于单一种类的缓蚀剂；

② 当处理过程受到干扰、投加剂量不足，或者其他原因造成防腐不当时，仅使用阳极型缓蚀剂的系统会更容易发生点蚀。

复合型缓蚀剂在 20 世纪 50 年代开始使用，随后锌-铬酸盐的使用日益普遍。其中，锌是单一型阴极型缓蚀剂，铬酸盐为阳极型缓蚀剂。

在抑制钢铁腐蚀时，单独使用铬酸盐时的投加量需达到 400～600mg/L，而如果在系统中加入锌（约 5mg/L 的 Zn^{2+}）后，铬酸盐的投加量可降至 20～30mg/L。

常见的复合型缓蚀剂包括：a. 磷酸盐-锌；b. 膦酸盐-锌；c. 磷酸盐-聚磷酸盐；d. 磷酸盐-膦酸盐。

7.6.1.4 脱氧剂

上述的阳极型缓蚀剂和阴极型缓蚀剂可以在常规的溶解氧浓度条件下起到缓蚀效果。但在高温或封闭系统中，如锅炉或家用中央供热系统，随着水中溶解氧浓度的降低，缓蚀剂的缓蚀效果将降至很低。适用于此类系统的还原性化学产品即为所谓的脱氧剂。

常见的脱氧剂有以下几类：a. 亚硫酸盐；b. 氢气；c. 水合联氨或碳酰肼；d. 有机还原剂（异抗坏血酸盐、对苯二酚、棓酸盐）。

有些脱氧剂不仅可以降低氧浓度，还可以促进磁铁矿保护膜的形成。例如，水合联氨和碳酰肼反应产生的过氧化氢可以起到促进钝化过程的作用。

7.6.1.5 有机缓蚀剂

有机缓蚀剂通过在金属和水之间形成单分子膜的方式起到减缓腐蚀的作用。有机缓蚀剂通常是具有成膜特性、拥有疏水性和亲水性基团的表面活性剂。亲水性基团附着于金属的表面，而疏水性基团在水和金属表面之间形成隔断。

成膜胺类缓蚀剂常常用于蒸气冷凝系统。这些拥有 4～18 个碳原子的脂肪胺分子彼此平行且与结构表面垂直排布，形成连续且不可渗透的膜。其投加量为 2～20mg/L。在冷凝水回水系统中，大量产生的二氧化碳会导致中和胺类缓蚀剂的消耗量过高，因此在此情况下推荐使用成膜胺类缓蚀剂。

7.6.1.6 对有色金属的保护：铜和铝

众多的冷却循环管路系统使用铜材或铜合金材料。如前所述，铜的惰性比铁高。在纯净的去离子水中铜处于免蚀（稳定）状态。在实际情况中，当系统存在氯等强氧化剂或氨等有腐蚀性的污染物时，铜合金却会更容易被腐蚀。

铜合金腐蚀的危害不仅在于对受影响的部件带来损坏，溶解的铜离子（Cu^{2+}）也会对冷却水系统中其他金属部件的腐蚀造成影响。因为，铜离子可在其他含铁金属表面被还原成铜金属，形成有利于发生电化学腐蚀的条件。

铜合金防腐最常用的缓蚀剂是唑衍生物，有以下几种：a. 巯基苯并噻唑；b. 苯并三唑和它的衍生物；c. 苯并咪唑和它的衍生物；d. 锌（Zn^{2+}）。

由于巯基苯并噻唑的化学稳定性和毒性问题，已经广泛地被苯并三唑衍生物取代。所有铜缓蚀剂的处理效果都会受卤素杀菌剂影响，其中苯并三唑所受影响较小。

铝对电解腐蚀特别敏感，常见的缓蚀剂包括硅酸盐、磷酸盐、有机唑类和钼酸盐。

7.6.1.7 工业系统中缓蚀剂的应用

缓蚀是防治工业系统腐蚀的其中一种方法，其作用机理与预防结垢和阻止微生物生长相关。在工程应用中，缓蚀剂的选用需要结合系统中的其他防腐处理、腐蚀系统特性和操作参数等因素进行综合考虑（见第 14 章和第 24 章）。

7.6.2 阴极保护

阴极保护是在被腐蚀结构件上施加外部电位，有如下方法：

① 使用外部电源施加一个外部电位，产生由外部电源输入的电流；

② 使用惰性低于铁的镁、锌、铝金属作为牺牲阳极，通过其溶解产生保护性的原电池电流。

这种保护形式使得整个金属结构成为阴极，只要能维持足够的负电位使得需要保护的表面完全极化并处于钝化状态，这个金属结构就不会被腐蚀。

在以下情况下可以考虑采用阴极保护措施：

① 接触不同的电解质（如含盐量波动的水或湿度变化的土壤）；

② 同一种电解质接触数种不同的金属。

通常来说，当施加在钢铁上的（在 Cu-$CuSO_4$ 电极上测得）电位在 −0.85～−1.0V 之间时，可以认为对钢铁进行了有效的阴极保护。电流密度则与所需要保护的金属表面相关。例如：

① 对于浸没于海水中的未经防腐处理的金属格栅，需要 $60mA/m^2$；

② 对于涂有环氧涂层的格栅，需要 $5mA/m^2$；

③ 对于带有环氧树脂沥青的管道或敷设于潮湿的、导电性不高的泥土中的管道，需要 $0.1mA/m^2$。

正电极接地体通常采用抗腐蚀性材料，如硅铁合金或镀铂钛金属，相应的阳极表面电流密度分别为 $0.1A/dm^2$ 与 $10A/dm^2$。所需电位差在淡水中为 5～10V，在海水中为 1.5～2V。

对于几何外形简单的浸没结构，或在由于机械原因造成使用其他方式受限制的情况下（如沉淀池刮泥桥）可以考虑采用牺牲阳极的方法（见表 7-5）。

表7-5　不同使用条件下的阳极消耗量

阳极	电极电位 /V	每年消耗质量 kg/（A・a）	环境
Mg	−1.7	10	苦咸水
Al	−0.8	4	海水
Zn	−1	10	海水

在实际应用方面，阴极保护技术有一些限制，例如，外加过高的电位会产生氢，导致结构发生氢脆现象，这对高强度合金的影响尤为明显。阴极保护的有效作用范围受限于设备的几何外形与水的导电性。

7.7　腐蚀速率的测定

7.7.1　概述

当采用防腐措施后，腐蚀速率必须系统性地进行测定和记录，以用于诊断或者制定防腐蚀策略。常用的测定方法见表 7-6。

7.7.2　挂片法

挂片法是目前最广泛使用的测定方法，试件是从被测定金属上切割而成的已知尺寸及

表7-6　腐蚀速率的测定方法

系统种类	挂片法	线性极化法	试验换热器	化学分析法
敞开式冷却系统	√	√	√	√
饮用水管网	√	√		√
封闭式冷却系统	√	√		√
半敞开式冷却系统	√	√	√	√

重量（清洁后）的金属。暴露试验最重要的参数如下：a. 水中成分；b. 水温；c. 沿整个试样的流速；d. 金属表面状态（粗糙度、钝化度等）；e. 暴露时间。

暴露时间的选择需要综合考虑持续试验的可行性及结果的有效性。裸露金属的腐蚀速率通常在腐蚀开始发生时较高，在腐蚀进程中金属表面形成保护膜后，腐蚀速率会逐渐降低到一个稳定的数值。因此当试验时间较短时，会测得一个过高的腐蚀速率。所以挂片试验的测试周期通常为1～3个月，需要将试样固定在不导电的基础上并直接浸没于系统溶液中或系统旁通回路中。

达到设定的暴露时间后，对挂片进行清洗、称重，计算试验前后的重量损失（ΔP），得到单位时间内金属材料平均损失的厚度，计算公式如下：

$$每年损失层厚度（mm/a）= \frac{3.65\Delta P}{S\rho\Delta t}$$

式中　ΔP——重量损失，mg；

S——裸露面积，cm^2；

ρ——金属密度，g/cm^3；

Δt——暴露时间，d。

不同的腐蚀速率单位可按表7-7进行换算：其中mdd为毫克每平方分米每天，mpy是千分之一英寸每年。

表7-7　腐蚀速率单位换算

腐蚀率	μm/a	mdd	mpy
μm/a	1	0.2	0.04
mdd	5	1	0.2
mpy	25	5	1

除了测定挂片的平均重量损失外，还需对挂片进行必要的检测，以助于确定腐蚀类型及其他相关信息，如点蚀厚度（利用显微镜检测以确定深度）、腐蚀产物的性质等。

7.7.3　试验换热器

在有些条件下，金属因受高热力梯度的影响导致其表面温度高于溶液温度。高温不仅会导致腐蚀速率变快，有时也会引起沉淀，而不同的沉淀可以延缓或加速腐蚀。将试验换热器的换热管升温，以模拟工业化应用的实际条件。其试验和测定方法与挂片法一致。

7.7.4　线性极化（LPR）法

线性极化法是一种电化学测量方法，可用于对腐蚀进程的连续监测。经过几天的暴露时间后，不需要将试件从腐蚀溶液中取出，就可以进行电子化测量，不会干扰系统的运行。因此，这种测量方法特别适用于需要快速查明过度腐蚀原因的紧急情况。

其原理是对腐蚀金属电极施加低电压（10～20mV）并测量产生的电流：电流密度与腐蚀速率相关（LPR 法假设系统中的水具有很低的导电性，通常为 100μS/m，甚至更低）。

7.7.5　化学分析法

化学分析法可用于预测及检测水的侵蚀性。

利用测定的影响水的侵蚀性的化学指标（特别是 pH、TAC、Ca^{2+}、Mg^{2+}、PO_4^{3-}、Cl^-、SO_4^{2-}），及缓蚀剂投加量（若使用），可以计算出水质指数参数，如朗格利尔指数和雷兹纳指数。这些指数也可用于预测腐蚀速率，如 Calgnord 法（纳尔科公司）。

同样，通过对水中腐蚀产物的分析可提供有关腐蚀强度的数据。最常用的方法是分析溶解性铁离子和悬浮性铁（钢腐蚀）及铜合金腐蚀产生的铜离子（注意：铜离子可以在钢材表面及腐蚀产物的表面重新沉积）。

7.7.6　管路系统检查

管路系统检查虽不是常用方法，但同样可以提供有价值的信息。根据腐蚀破坏的范围及引起腐蚀原因的不同，管路系统可以用多种方法进行直接检查，常用的有如下几种方法：a. 目视检查；b. 视频摄像头观察；c. 对沉淀物进行化学或微生物分析；d. 切割金属样品进行金相检验；e. 超声测量金属厚度。

7.7.7　防腐蚀效果的评价

防腐蚀方案的效果评价目前仍然是一个有待研究的课题。利用挂片法测得的局部或全体腐蚀速率，为判断腐蚀的严重程度提供了较好的参考指标。表 7-8 为常见的防腐效果评价。

表7-8　常见的防腐效果评价

评价标准	碳素钢 /（μm/a）	铜合金 /（μm/a）	评价标准	碳素钢 /（μm/a）	铜合金 /（μm/a）
超好	<30	<3	满意	130～200	9～12
非常好	30～80	3～6	不好	200～250	12～30
好	80～130	6～9	严重	>250	>30

除了腐蚀速率之外，还必须监测腐蚀的形态。实际操作中，如果有一种新的腐蚀形态出现时，需要及时地采取相应措施以查明造成腐蚀的原因。

7.8　混凝土剥蚀

混凝土是由多种骨料和水泥组成的材料，常包裹有钢筋以提高机械强度。

钢筋在混凝土内（pH 为 11.6，ORP=+100mV）近乎处于免蚀状态，在混凝土表面剥蚀发生（图 7-14）前，其所包裹的钢筋不会发生腐蚀。因此，除预应力混凝土外，防止钢筋混凝土性能的退化需要从混凝土着手。而在预应力钢筋混凝土中，由于其中的钢筋轻细且应力高，更容易发生应力脆裂和由渗透水引发的化学腐蚀。综上，混凝土性能的退化首先受物理因素（机械力）的影响，其次受化学因素的影响。

图 7-14　被严重腐蚀的钢筋混凝土

7.8.1　物理因素

有三种类型的物理原因（机械因素）：

① 渗透性过高：接触腐蚀性水的混凝土要有非常高的密实度，水泥用量至少在 300～400kg/m^3 之间。

② 因混凝土制备工艺或施工条件不佳而存在缝隙和裂纹（例如混凝土接缝处）：采用低于 0.45 的水灰比或添加塑化剂以提高混凝土的塑性，能够使情况得到改善。

③ 过高的水流速度（>4m/s）或过大的热力梯度所造成的侵蚀。

7.8.2　化学因素

化学因素的影响与水泥的成分以及水泥所接触水的侵蚀性有关。

水泥的主要组分为由二氧化硅、石灰和氧化铝形成的各种硅酸盐，次要组分包括铁、氧化镁和碱。因此水泥是含有大量溶解性盐的强碱性介质。

当水泥尤其是硅酸盐水泥凝固时，大量石灰以 $Ca(OH)_2$ 的形式释放出来，会生成铝酸三钙（C_3A）。

各种水泥的主要成分含量见表 7-9。

表7-9　水泥中主要成分的含量

成分	硅酸盐水泥 CPA	高铝水泥	硫酸盐水泥 CSS	高炉硅酸盐水泥 CLK
SiO_2	20%～25%	5%～16%		
Al_2O_3	2%～8%	30%		
CaO	60%～65%	35%～40%	50%	40%～45%
SO_3	<4%	<2.5%	>5%	<5%

以下几种原因可引起水泥化学性能的退化：a. 二氧化碳的侵蚀；b. 强酸腐蚀；c. 铵根腐蚀；d. 硫酸盐腐蚀；e. 强碱腐蚀；f. 硫化氢作用下的细菌腐蚀。

7.8.2.1　二氧化碳的侵蚀（碳化腐蚀）

当淡水中含有二氧化碳，或二氧化碳含量高于 15mg/L 时，二氧化碳均会侵蚀构筑物。

然而，二氧化碳一般仅侵蚀混凝土表面，不会危及构筑物的寿命。实际上，由二氧化碳与混凝土中的石灰［$Ca(OH)_2$］作用而产生的碳酸氢盐，将与石灰继续反应生成碳酸钙，可以提高混凝土的密实度从而减缓其性能的退化。

为了避免混凝土表面剥蚀的发生，不宜使用硅酸盐水泥（CPA）制备混凝土，可使用混合硅酸盐水泥（CPJ 或 CLC），甚至高炉硅酸盐水泥（CHF 或 CLK）。

其他预防建议：a. 增大钢筋保护层厚度；b. 使用 2～3cm 厚的水泥砂浆；c. 避免使用有冲击效应的清洗系统，如高压水枪。

7.8.2.2　强酸腐蚀

强酸腐蚀随着所生成的钙盐溶解度的升高而愈发严重。当水中存在磷酸、硫酸、硝酸、盐酸时，腐蚀性将会增强。有机酸同样也具有破坏作用，对于乳品厂或果汁生产废水来说，其对混凝土的破坏作用尤为明显。

对于与中度酸性水接触的构筑物，可通过降低水灰比、使用高铝水泥（施工难度高）来增强混凝土的耐腐蚀性。此建议适用于水的 pH 高于 2 并采取了一定预防措施的情况。

但是，一般来说，构筑物常面临产生裂缝即开裂的风险，只有采用适当类型的涂层才能彻底加以保护。因此，一些废水排放规范建议，对于与构筑物接触的废水，其 pH 宜在 4.5（或 5.5）～9.5 之间。

7.8.2.3 铵根腐蚀

污水中的铵根离子能通过以下两种方式对混凝土起破坏作用：

① 在有氧环境中，例如冷却塔，铵根离子通过微生物的硝化作用使水发生酸化反应；

② 与混凝土中的石灰发生置换反应释放氨气，使石灰的溶解度得到提高并加速其溶解，从而导致水泥性能的退化。

镁盐也能起到同样的作用（形成水镁石：$MgO \cdot H_2O$）。

因此，应当避免水中出现 NH_4^+ 和 Mg^{2+} 浓度过高的情形，特别是当水中含有硫酸盐时。

7.8.2.4 硫酸盐腐蚀

硫酸盐腐蚀的机理较为复杂：

① 硫酸盐与混凝土中的游离 $Ca(OH)_2$ 反应生成硫酸钙；

② 硫酸钙与铝酸钙会反应生成高度膨胀的钙矾石（膨胀系数 2～2.5）：

$$3CaO \cdot Al_2O_3 \cdot 12H_2O + 3CaSO_4 \cdot 2H_2O + 13H_2O \longrightarrow 3CaO \cdot Al_2O_3 \cdot 3CaSO_4 \cdot 31H_2O$$

氧化镁的存在会引发水泥中的碱性硅酸盐分解，这个反应可以和前述两个机理相叠加。

法国标准 AFNOR P18.011 定义了海水对常规混凝土的侵蚀类别（表 7-10），以及保护措施的原则。

表7-10 溶液和土壤的侵蚀性（摘自1992年6月AFNOR P. 18.011标准）

侵蚀程度		A_1	A_2	A_3	A_4
环境		轻微侵蚀性	中等侵蚀性	高度侵蚀性	超高侵蚀性
侵蚀剂 /（mg/L）	侵蚀性 CO_2	15～30	30～60	60～100	>100
	SO_4^{2-}	250～600	600～1500①	1500～6000	>6000
	Mg^{2+}	100～300	300～1500	1500～3000	>3000
	NH_4^+	15～30	30～60	60～100	>100
pH		6.5～5.5	5.5～4.5	4.5～4	<4

① 海水浓度限定为 3000mg/L。

对于与超高侵蚀性水（A4）接触的构筑物，建议采用涂层防腐措施，而对于仅由硫酸盐导致的高度侵蚀性水，可使用具有高水硬性的高炉矿渣水泥。例如：

① 颗粒熟料含量为 80% 的高炉矿渣水泥 85（CLK）；

② 颗粒熟料含量为 60%～75% 的高炉矿渣水泥 35～80（CHF）。

还有多种适于海水环境的低 C_3A 含量的水泥。

我国有关环境水对混凝土的腐蚀性判别详见表 7-11（摘自 GB 50487—2008）。

表7-11　环境水对混凝土腐蚀性判别标准

腐蚀性类型	腐蚀性判定依据	腐蚀程度	界限指标
一般酸性型	pH 值	无腐蚀	pH>6.5
		弱腐蚀	6.5≥pH>6.0
		中等腐蚀	6.0≥pH>5.5
		强腐蚀	pH≤5.5
碳酸型	侵蚀性 CO_2 含量 /（mg/L）	无腐蚀	CO_2<15
		弱腐蚀	15≤CO_2<30
		中等腐蚀	30≤CO_2<60
		强腐蚀	CO_2≥60
重碳酸型	HCO_3^- 含量 /（mmol/L）	无腐蚀	HCO_3^->1.07
		弱腐蚀	1.07≥HCO_3^->0.70
		中等腐蚀	HCO_3^-≤0.70
		强腐蚀	—
镁离子型	Mg^{2+} 含量 /（mg/L）	无腐蚀	Mg^{2+}<1000
		弱腐蚀	1000≤Mg^{2+}<1500
		中等腐蚀	1500≤Mg^{2+}<2000
		强腐蚀	Mg^{2+}≥2000
硫酸盐型	SO_4^{2-} 含量 /（mg/L）	无腐蚀	SO_4^{2-}<250
		弱腐蚀	250≤SO_4^{2-}<400
		中等腐蚀	400≤SO_4^{2-}<500
		强腐蚀	SO_4^{2-}≥500

注：1. 本表规定的判别标准所属场地应是不具有干湿交替或冻融交替作用的地区和具有干湿交替或冻融交替作用的半湿润、湿润地区。当所属场地为有干湿交替或冻融交替作用的干旱、半干旱地区以及高程 3000m 以上的高寒地区时，应进行专门论证。

2. 混凝土建筑物不应直接接触污染源。有关污染源对混凝土的直接腐蚀作用应做专门研究。

7.8.2.5　强碱腐蚀（NaOH、KOH、Na_2CO_3）

NaOH、KOH、Na_2CO_3 等引起的强碱腐蚀可作用于各种类型的混凝土。强碱会导致混凝土胺基中的一些组分发生溶解。因此不建议没有防腐涂层的混凝土与 pH 值超过 12 的水直接接触。

7.8.2.6　硫化氢作用下的细菌腐蚀

此类腐蚀常见于城市污水输送系统。发生在厌氧介质中的腐蚀的机理已在前文的冷却水系统中阐述。但在高浓度或水质极差的污水中，前述的化学腐蚀会进一步加剧，通常这是由沉淀物中的厌氧微生物发酵引起的，包括两个阶段：

① H_2S 的生成与释放；

② 在空气作用下，H_2S 被氧化，生成 H_2SO_4。

当水的 pH 值降至 6 以下或温度上升时，上述反应会加速。

在污水管道中，由于逸出的硫化氢和凝结水的作用，腐蚀一般发生在气水交界面之上。投加氧化剂（H_2O_2）、沉淀剂（Fe^{2+}）或硝酸盐在一定程度上有助于抑制硫化氢的生成。

第8章 基本数据和公式

引言

编写《得利满水处理手册》的初衷是为读者提供水处理领域最常用的基本数据及资料。

虽然随着时代的进步，水处理工程领域的知识迅速拓展并更加多元化，但其中的一些基本数据和简单图表仍极具价值，特别是在快速方案设计及工程调试方面。这也是本章的编写目的。但限于篇幅，本章只节选部分内容，无法一一详述。

为了满足尽可能多的读者的需要，本章所介绍的内容对于一些读者来讲可能显得并不完整，而另一些读者则可能认为汇集的常识性数据过多。本手册毕竟只是一本工具书，请读者根据自身需要从中选择。

8.1 计量单位

8.1.1 单位制

由公制推导而来的单位制（CGS，MTS，MKS，MKSA）已逐步让位于统一的国际单位制（SI）。本小节将介绍国际单位制。

鉴于某些国家仍在沿用英制和美制单位，本章 8.1.2 节介绍了英制单位和 SI 单位之间的换算关系。

8.1.1.1 国际单位制（SI）

国际单位制（SI）诞生于 1960 年，由国际计量大会（GCWM）确立并通过国际计量委员会（ICWM）制定和实施，并对其进行修订。

国际单位制包括基本单位（表 8-1）和辅助单位（表 8-2）。其使用不同的词头表示十进倍数和分数（表 8-3）。国际单位制还包括具有专门名称的导出单位（表 8-4）。

8.1.1.2 主要原则

（1）符号的书写规则

单位符号只能用于以数字表示的数值之后，必须是正体字母，复数时没有变化，在书写完整个数值之后，不用句号并需在数值和符号之间留适当的空隙。

符号通常为小写字母，但当单位来自某个专有名词时，首字母要大写。

通常一行中只用一个分数线表示这个单位是由两个单位相除得来，可以使用括号避免歧义。在一些更复杂的情况下可以使用负次幂。

（2）国际单位制的基本单位（表 8-1）

表8-1 国际单位制的基本单位

物理量	单位名称	单位符号	物理量	单位名称	单位符号
长度	米	m	热力学温度	开［尔文］	K
质量	千克	kg	物质的量	摩［尔］	mol
时间	秒	s	发光强度	坎［德拉］	cd
电流	安［培］	A			

注：［ ］里的字，是在不致混淆的情况下可以省略的字，下同。

摄氏温度 t 和热力学温度 T 由下式换算：

$$t(℃) = T(K) - 273.15$$

温度差可以用开尔文或摄氏度来表示。在这种情况下：

$$1℃ = 1K$$

摩尔是一个系统的物质的量，此系统所包含粒子的数目等于 0.012kg C^{12} 所含原子（基本粒子）的个数。基本粒子可以是原子、分子、离子、电子、其他粒子或这些粒子的特定组合体，所以使用摩尔时应予指明。

（3）国际单位制的辅助单位（这些单位可以用作基本单位）（表 8-2）

表8-2 国际单位制的辅助单位

物理量	单位名称	单位符号
平面角	弧度	rad
立体角	球面度	sr

（4）用于构成十进倍数和分数单位的词头（表 8-3）

表8-3 用于构成十进倍数和分数单位的词头

所表示的因数	词头名称	词头符号	所表示的因数	词头名称	词头符号
10^{18}	exa（艾［可萨］）	E	10^{3}	kilo（千）	k
10^{15}	peta（拍［它］）	P	10^{2}	hecto（百）	h
10^{12}	tera（太［拉］）	T	10	deca（十）	da
10^{9}	giga（吉［咖］）	G	10^{-1}	deci（分）	d
10^{6}	mega（兆）	M	10^{-2}	centi（厘）	c

续表

所表示的因数	词头名称	词头符号	所表示的因数	词头名称	词头符号
10^{-3}	milli（毫）	m	10^{-12}	pico（皮［可］）	p
10^{-6}	micro（微）	μ	10^{-15}	femto（飞［母托］）	f
10^{-9}	nano（纳［诺］）	n	10^{-18}	atto（阿［托］）	a

8.1.1.3　导出单位及其他（表 8-4 和表 8-5）

表8-4　国际单位制的导出单位及其他一同使用或暂时认可的单位

物理量		单位		其他的 SI 单位表达式	基本单位表示（BU）或辅助单位表示（SU）	和 SI 一同使用的单位或暂时认可（T）的单位		
		名称	符号			名称	符号	单位值
空间和时间	长度	米	m		（BU）	海里（T）[①]		1n mile=1852m
	面积	平方米	m^2		m^2	公亩（T） 公顷（T）	a ha	$1a=100m^2$ $1ha=10^4m^2$
	体积	立方米	m^3		m^3	升[①]	L	$1L=1dm^3$
	平面角	弧度	rad		（SU）	度[①] ［角］分[①] ［角］秒[①]	（°） （′） （″）	1°=(π/180) rad 1′=1°/60 1″=1′/60
	立体角	球面度	sr		（SU）			
	时间	秒	s		（BU）	分[①] ［小］时[①] 天（日）[①]	min h d	1min=60s 1h=60min 1d=24h
	角速度	弧度每秒	rad/s		rad/s			
	速度	米每秒	m/s		m/s	海里/小时（T）	kn	kn=1852m/h
	加速度	米每二次方秒	m/s^2		m/s^2			
	频率	赫［兹］	Hz		1/s			
力学	质量	千克	kg		（BU）	吨[①]	t	$1t=10^3kg$
	［质量］密度，体积质量	千克每立方米	kg/m^3		kg/m^3			
	质量流量	千克每秒	kg/s		kg/s			
	体积流量	立方米每秒	m^3/s		m^3/s			
	动量	千克米每秒	kg・m/s		kg・m/s			
	动量矩，角动量	千克二次方米每秒	$kg \cdot m^2/s$		$kg \cdot m^2/s$			
	转动惯量（惯性矩）	千克二次方米	$kg \cdot m^2$		$kg \cdot m^2$			
	力，重力	牛［顿］	N	$kg \cdot m \cdot s^2$	$m \cdot kg/s^2$			
	力矩	牛［顿］米	N・m		$m^2 \cdot kg/s^2$			

续表

物理量		单位		其他的SI单位表达式	基本单位表示（BU）或辅助单位表示（SU）	和SI一同使用的单位或暂时认可（T）的单位		
		名称	符号			名称	符号	单位值
力学	压力，压强	帕［斯卡］	Pa	N/m^2	$kg/(m\cdot s^2)$	巴（T） 标准大气压（T）	bar atm	$1bar=10^5Pa$ 1atm=101325Pa
	［动力］黏度	帕［斯卡］秒	$Pa\cdot s$	$kg/(m\cdot s^2)$				
	运动黏度	二次方米每秒	m^2/s	m^2/s				
	表面张力	牛［顿］每米	N/m					
	能［量］，功，热量	焦［耳］	J	$N\cdot m$	$m^2\cdot kg/s^2$			
	功率，辐射［能］	瓦［特］	W	J/s	$m^2\cdot kg/s^3$			

① 我国选定的非国际单位制单位。

表8-5　基本单位，基本物理量的导出单位

物理量		单位		其他国际单位制表示	基本单位表示（BU）或辅助单位表示（SU）
		名称	符号		
热力学	热力学温度	开［尔文］	K		（BU）
	摄氏温度	摄氏度	℃		
	热导率（导热系数）	瓦［特］每米开［尔文］	$W/(m\cdot K)$		$m\cdot kg/(s^3\cdot K)$
	质量热容，比热容	焦［耳］每千克开［尔文］	$J/(kg\cdot K)$		$m^2/(s^2\cdot K)$
	熵、热容	焦［耳］每开［尔文］	J/K		$m^2\cdot kg/(s^2\cdot K)$
	能［量］，功，热量	焦［耳］	J		$m^2\cdot kg/s^2$
光学	发光强度	坎［德拉］	cd		
	光通量	流［明］	lm		$cd\cdot sr$
	［光］照度	勒［克斯］	lx	lm/m^2	$cd\cdot sr/m^2$，lx/m^2
电磁学	电流	安［培］	A		
	电荷［量］	库［仑］	C	$A\cdot s$	$s\cdot A$
	电位，电压，电动势	伏［特］	V	W/A	$m^2\cdot kg/(s^3\cdot A)$
	电场强度	伏［特］每米	V/m		$m\cdot kg/(s^3\cdot A)$
	电容	法［拉］	F	C/V	$s^4\cdot A^2/(m^2\cdot kg)$
	磁场强度	安［培］每米	A/m		A/m
	磁通［量］	韦［伯］	Wb	$V\cdot s$	$m^2\cdot kg/(s^2\cdot A)$
	磁通［量］密度，磁感应强度	特［斯拉］	T	Wb/m^2	$kg/(s^2\cdot A)$
	电感	亨［利］	H	Wb/A	$m^2\cdot kg/(s^2\cdot A^2)$
	电阻	欧［姆］	Ω	V/A	$m^2\cdot kg/(s^3\cdot A^2)$
	［直流］电导	西［门子］	S	A/V	$s^3\cdot A^2/(m^2\cdot kg)$
	电阻率	欧［姆］米	$\Omega\cdot m$		$m^3\cdot kg/(s^3\cdot A^2)$
	电导率	西［门子］每米	S/m		$s^3\cdot A^2/(m^3\cdot kg)$

续表

物理量		单位		其他国际单位制表示	基本单位表示（BU）或辅助单位表示（SU）
		名称	符号		
物理化学，分子物理学	物质的量	摩［尔］	mol		
	摩尔质量	千克每摩［尔］	kg/mol		kg/mol
	摩尔体积	立方米每摩［尔］	m^3/mol		m^3/mol
	质量浓度	千克每立方米	kg/m^3	g/L	kg/m^3
	［物质的量］浓度	摩［尔］每立方米	mol/m^3		mol/m^3
	偶极矩	德拜	D		

8.1.1.4　不推荐的或应避免使用的单位：CGS 和其他系统（表 8-6）

表8-6　不推荐或应避免使用的单位

物理量	SI 单位符号	CGS 单位①	其他单位（应避免使用）②
体积	m^3	$1cm^3=10^{-6}m^3$	方，公方，1 方 $=1m^3$
质量	kg	g	克拉（Ct），1Ct=0.2g
力，重力	N	达因（dyne），$1dyne=10^{-5}N$	千克力（kgf），1kgf=9.80665N
力矩	N • m	1dyne • cm=10^{-7}N • m	
压力，压强	Pa	巴列（barye），$1barye=10^{-1}Pa$	标准大气压（atm），1atm=101325Pa 米水柱（mH_2O），$1mH_2O$=9810Pa 毫米汞柱（mmHg），1mmHg=133.322Pa
［动力］黏度	Pa • s	泊（P），1P=10^{-1}Pa • s	
运动黏度	m^2/s	斯托克斯（St），$1St=10^{-4}m^2/s$	
能［量］，功，热量	J	尔格（erg）②，$1erg=10^{-7}J$	卡路里（cal），1cal=4.187J 千卡（kcal）= 大卡（mth），1kcal=4187J
功率	W	erg/s，1erg/s=10^{-7}W	［米制］马力（ps），1ps=0.735kW ［英制］马力（hp），1hp=0.746kW
磁通［量］	Wb	麦克斯韦（Mx），1Mx=10^{-5}Wb	
磁通［量］密度，磁感应强度	T	高斯（Gs）②，1Gs=10^{-4}T	
［直流］电导	S		欧姆（Ω）；1Ω =1S

① CGS 即 Centimeter-Gram-Second（system of units）厘米-克-秒单位制，一种国际通用的单位制，通常在重力学科及相关力学科目中使用。

② 我国常见非法定计量单位。

8.1.2　国际单位制和英制单位

8.1.2.1　长度单位

长度的国际单位和英制单位的换算表见表 8-7。

8.1.2.2　面积单位

面积的国际单位和英制单位的换算表见表 8-8。

表8-7　长度的国际单位和英制单位的换算表

符号	名称	换算关系	符号	名称	换算关系
in	英寸	0.0254m	m	米	1.0936yd 39.37in 3.281ft
ft	英尺	0.3048m			
yd	码	0.9144m			
mi	英里	1.609km	km	千米	0.6215mi

表8-8　面积的国际单位和英制单位的换算表

符号	名称	换算关系	符号	名称	换算关系
in^2	平方英寸	$6.4516cm^2$	cm^2	平方厘米	$0.1550in^2$
ft^2	平方英尺	$9.2903dm^2$	m^2	平方米	$10.764ft^2$
yd^2	平方码	$0.83613m^2$	dam^2 或 a	平方十米或公亩	$119.6yd^2$
$mile^2$	平方英里	$2.5900km^2$	hm^2 或 ha	平方百米或公顷	2.471acres
acre	英亩	0.40469ha	km^2	平方千米	$0.3861mile^2$

8.1.2.3　体积和容量单位

体积和容量的国际单位和英制单位的换算表见表 8-9。

表8-9　体积和容量的国际单位和英制单位的换算表

符号	名称	换算关系	符号	名称	换算关系
in^3	立方英寸	$16.3871cm^3$	cm^3 或 mL	立方厘米或毫升	$0.0611in^3$
ft^3	立方英尺	$28.317dm^3$	dm^3 或 L	立方分米或升	$0.0353ft^3$ 0.220UK gal 0.264US gal
yd^3	立方码	$0.7646m^3$			
UK gal	英制加仑	4.5461L			
US gal	美制加仑	3.7854L	m^3 或 st	立方米或千升	$35.30ft^3$ $1.3079yd^3$ 220UK gal 264US gal
bbl	美制桶（石油）	158.987L			
A.f.	英亩英尺	$1233.5m^3$			

8.1.2.4　线速度单位

线速度的国际单位和英制单位的换算表见表 8-10。

表8-10　线速度的国际单位和英制单位的换算表

符号	名称	换算关系	符号	名称	换算关系
in/s	英寸每秒	91.44m/h	m/s	米每秒	3.280ft/s
ft/s	英尺每秒	1.09728km/h	m/h	米每小时	3.280f/h
yd/s	码每秒	0.9144m/s	km/h	千米每小时	0.622mile/h
n mile/h	英里每小时（法定英里）	1.609km/h			

8.1.2.5　速度单位

速度的国际单位和英制单位的换算表见表 8-11。

表8-11　速度的国际单位和英制单位的换算表

符号	名称	换算关系
US gal/（ft^2 • min）或（US gpm/sq ft）	美加仑每平方英尺分钟	2.445m/h
US gal/（ft^2 • d）（GFD）	美加仑每平方英尺天	1.7L/(m^2 • h)
UK gal/（ft^2 • min）或（UK gpm/sq ft）	英加仑每平方英尺分钟	2.936m/h
ft/min 或［ft^3/（ft^2 • min）］	立方英尺每平方英尺分钟	18.29m/h
m/h	米每小时线速度	0.0547ft/min 0.409US gpm/sq ft 0.341UK gpm/sq ft

8.1.2.6　质量单位

质量的国际单位和英制单位的换算表见表 8-12。

表8-12　质量的国际单位和英制单位的换算表

符号	名称	换算关系	符号	名称	换算关系
gr	格令	64.799mg	kg	千克	35.274 oz 2.205 lb
lb	磅（法国里弗）	453.592g			
UK ton	英吨（英国）	1.016t	t	公吨	1.1205 sh. ton 0.9842 UK ton
sh. ton	美吨（美国）	0.907t			

8.1.2.7　力单位

力的国际单位和英制单位的换算表见表 8-13。

表8-13　力的国际单位和英制单位的换算表

符号	名称	换算关系	符号	名称	换算关系
pdl	磅达（英尺法国里弗每秒）	0.138N	tonf	吨力（英国）	9664.02N
lbf	磅力（法国里弗力）	4.48N		吨力（美国）	8896.44N

8.1.2.8　压力单位

压力的国际单位和英制单位的换算表见表 8-14。

表8-14　压力的国际单位和英制单位的换算表

符号	名称	换算关系	符号	名称	换算关系
lbf/in^2 或 psi	磅力每平方英寸	6894.76Pa 0.0689476bar	in H_2O	英寸水柱	2.49×10^2Pa
lbf/ft^2	磅力每平方英尺	47.87Pa	Pa	帕斯卡	1.45×10^{-4}psi
tonf/in^2	吨力每平方英寸	154.44bar 137.90bar	bar	巴	14.504psi

8.1.2.9　黏度单位

黏度的国际单位和英制单位的换算表见表 8-15。

表8-15 黏度的国际单位和英制单位的换算表

符号	名称	换算关系	符号	名称	换算关系
pb/（ft·s）	动力黏度，磅每英尺秒	1.4882Pa·s	in^2/s	运动黏度，平方英寸每秒	6.452×10^{-4}m^2/s

8.1.2.10 密度和浓度单位

密度和浓度的国际单位和英制单位的换算表见表8-16。

表8-16 密度和浓度的国际单位和英制单位的换算表

符号	名称	换算关系	符号	名称	换算关系
lb/in^3	磅每立方英寸	27.6799g/cm^3	gr/ft^3	格令每立方英尺	2.296mg/L
lb/ft^3	磅每立方英尺	16.0185kg/m^3	g/cm^3	克每立方厘米	0.036127lb/in^3
gr/UK gal	格令每英加仑	14.25mg/L	kg/dm^3	千克每立方分米	62.427lb/ft^3
gr/US gal	格令每美加仑	17.12mg/L	mg/L	毫克每升	0.0703gr/UK gal
lb/UK gal	磅每英加仑	99.77g/L	g/m^3	克每立方米	0.0584gr/US gal 0.4356gr/ft^3
lb/US gal	磅每美加仑	119.3g/L			

8.1.2.11 能量、功、热量单位

能量、功、热量的国际单位和英制单位的换算表见表8-17。

表8-17 能量、功、热量的国际单位和英制单位的换算表

符号	名称	换算关系	符号	名称	换算关系
hp·h	［英制］马力小时	2.685×10^{6}J	kJ	千焦	0.3725×10^{-3}hph 0.948BTU
		0.746kWh			
		0.641th	Wh	瓦小时	3600J
BTU	英制热量单位	1055.06J 0.293Wh 0.252kcal	kWh	千瓦时	3600kJ
			cal	卡路里	4.187J
			kcal	千卡	3.97BTU
	小卡	105500kJ 25200kcal	mth	或大卡	1.56×10^{-3}hph
			th	兆卡	10^{3}kcal

8.1.2.12 热值单位

热值的国际单位和英制单位的换算表见表8-18。

表8-18 热值的国际单位和英制单位的换算表

符号	名称	换算关系
BTU/lb	英制热量单位每磅	2.326J/g 0.556kcal/kg
BTU/ft^3	英制热量单位每立方英尺	37.259kJ/m^3 8.901kcal/m^3
kcal/m^3 或 mth/m^3	千卡每立方米或大卡每立方米	0.1124 BTU/ft^3

8.1.2.13　功率单位

功率的国际单位和英制单位的换算表见表 8-19。

表8-19　功率的国际单位和英制单位的换算表

符号	名称	换算关系	符号	名称	换算关系
hp 或 HP	［英制］马力	0.74570kW	kW	千瓦	1.341hp 0.948BTU/s
BTU/h	英制热量单位每小时	0.2931W 0.252kcal/h			
BTU/s	英制热量单位每秒	1.055kW 0.252kcal/s	mth/h	大卡每小时	3.968BTU/h
			mth/s	大卡每秒	3.968BTU/s

8.1.2.14　单位换算

（1）压力单位换算

压力单位换算表见表 8-20。

表8-20　压力单位换算表

单位物理量	bar	atm	mmHg	mH_2O	Pa（SI）
Pa（SI）	10^{-5}	9.87×10^{-6}	0.0075	1.020×10^{-4}	1
bar	1	0.98692	749.75	10.1972	10^5
atm	1.01325	1	760	10.3323	101325
kgf/cm^2	0.98066	0.96784	735.514	10	9.81×10^4
mHg	1.33377	1.316	1000	13.596	1.33×10^5
mH_2O（4℃）	0.09807	0.09678	73.551	1	9.81×10^3

（2）能量单位换算

能量、功、热量单位换算表见表 8-21。

表8-21　能量、功、热量单位换算表

单位物理量	J	kWh	kcal	hp・h	BTU
J	1	27.78×10^{-8}	238×10^{-6}	37.25×10^{-4}	948×10^{-6}
kWh	3.6×10^6	1	860	1.341	3413
kcal	4186	116×10^{-5}	1	156×10^{-5}	3.968
hp・h	2.68×10^6	0.746	641	1	2545
BTU	1055	293×10^{-6}	0.252	393×10^{-6}	1

（3）温度单位换算

$$T(℉)=32+\frac{9}{5}t(℃)$$

$$t(℃)=\frac{5}{9}T(℉)-32$$

（4）速度单位换算

速度单位换算表见表 8-22。

表8-22　速度单位换算表

单位 物理量	m^3/h	m^3/s	L/s	$1000m^3/d$	ft^3/s	ft^3/min	US gpm	US mgd	UK gpm	UK mgd
m^3/h	1	278×10^{-6}	0.2778	0.024	9.81×10^{-3}	0.588	4.403	6.34×10^{-3}	3.667	5.28×10^{-3}
m^3/s	3600	1	1000	86.4	35.30	2118	15852	22.82	13198	19.00
L/s	3.6	0.001	1	0.0864	35.3×10^{-3}	2.118	15.85	22.8×10^{-3}	13.198	19×10^{-3}
$1000m^3/d$	41.67	11.6×10^{-3}	11.575	1	0.4085	24.5	183.47	0.264	152.85	0.220
ft^3/s	102	28.3×10^{-3}	28.317	2.448	1	60	449	0.647	374	0.538
ft^3/min	1.70	472×10^{-6}	0.472	0.0408	0.0167	1	7.48	0.0108	6.235	8.98×10^{-3}
US gpm	0.2271	6.3×10^{-5}	0.0631	5.45×10^{-3}	2.223×10^{-3}	0.1336	1	1.44×10^{-3}	0.833	1.20×10^{-3}
US mgd①	157.7	43.8×10^{-3}	43.80	3.785	1.546	92.80	694	1	578	0.832
UK gpm	0.2728	7.58×10^{-5}	0.0758	6.54×10^{3}	2.764×10^{-3}	0.1605	1.201	1.73×10^{-3}	1	1.44×10^{-3}
UK mgd②	189.42	52.6×10^{-3}	52.61	4.545	1.857	111.4	834	1.20	694	1

①常写作 MGD。②常写作 MIGD。

8.1.3　其他单位

8.1.3.1　放射性计量单位

（1）贝可（Bq）

放射性活度（放射性强度）的国际单位是贝可，即单位物质在单位时间内发生衰变的原子核数。

$$1Bq = 1dps$$

（2）戈瑞（Gy）

被照射物质能够吸收辐射能量。单位质量被照射物质所吸收的平均能量用戈瑞衡量：

$$1Gy = 1J/kg$$

（3）希沃特（Sv）

相同的辐照剂量下，由于生物体的特性和暴露部位的不同，由不同类型辐照造成的影响也会不同。关于辐射的防护，首先必须研究辐射的相对生物效应（RBE）：该效应等于参考射线引起某种生物学效应需要的吸收剂量与研究的射线引起相同的生物学效应所需吸收剂量的比值（倍数），并且此效应随辐照剂量的降低而增大。

剂量当量是指当所考虑的效应是随机性效应时，在生物体全身受到非均匀照射的情况下，受到危险的各器官和组织的吸收剂量和其他一切修正因数的乘积，单位为希沃特（Sv）。

在随机且低辐照剂量条件下，辐射的权重因子（Q_F）如下表示：

$$1Sv = 1Gy\times Q_F$$

式中　Q_F——X、β、γ 射线取 1；中子、光子取 10；α 射线取 20。

注意：当前倾向于引入如下两个定义。

① 当量剂量，即器官或组织的平均吸收剂量与辐射权重因子的乘积；

② 有效剂量，即剂量当量与生物体主要器官或组织的组织权重因子的乘积。

这些剂量可以由计算得出，单位也是希沃特 Sv（或 J/kg）。

某些旧的非官方的放射性单位，如居里（Ci）、拉德（rad）和雷姆（rem）等在一些国家仍在使用。

$$1\text{Ci} = 3.7\times 10^{10}\ \text{Bq}$$
$$1\text{rad} = 10^{-2}\text{Gy}$$
$$1\text{rem} = 10^{-2}\text{Sv}$$

8.1.3.2　色度单位

水的色度是通过铂钴标准比色法来测定的，即使用由氯铂酸钾（K_2PtCl_6）和氯化钴（$CoCl_2\cdot 6H_2O$）配制成的标准溶液测定色度。

色度的标准单位为度：在每升溶液中含有 1mg 的铂（以六氯铂酸计）和 2mg 六水合氯化钴时产生的颜色为 1 度。

8.1.3.3　浊度单位

浊度用于表征水样的光学特性，即样品使穿过其中的光发生散射或吸收而不是沿直线穿透。

散射光测浊法通过测定与入射光呈 90° 方向的散射光强度，即可测出水样的浊度，其单位为福尔马肼浊度（FNU）。

福尔马肼标准液由硫酸肼（50mg/L）和六亚甲基四胺（500mg/L）在严格条件下配制而成，其浊度为 40NTU。

8.2　数学

8.2.1　代数 / 算术

（1）数列

等差数列采用下面的形式来表示：

$$a,\ a+r,\ a+2r,\ \cdots,\ a+(n-1)r$$

式中　a——等差数列的首项；

r——公差。

第 n 项的 p 值：

$$p = a + (n-1)r$$

前 n 项和：

$$S = \frac{(a+p)n}{2}$$

等比数列采用下面的形式来表示：

$$a,\ aq,\ aq^2,\ \cdots,\ aq^{n-1}$$

式中　a——等比数列的首项；

q——公比。

第 n 项的 p 值：

$$p = aq^{n-1}$$

前 n 项的和：

$$S = \frac{a(q^n - 1)}{q - 1}$$

当 $q < 1$ 时无限多项数的总和：

$$S = \frac{a}{1 - q}$$

（2）排列

从 m 个不同元素中取出 n 个元素的所有排列的总数如下：

$$A_m^n = m(m-1)(m-2)(m-3)\cdots(m-n+1)$$

（3）置换

从 m 个不同元素中取出 m 个元素的排列组合的个数，公式如下：

$$P_m = 1 \times 2 \times 3 \times 4 \times 5 \cdots \times m = m!$$

（4）组合

从 m 个不同元素中取出 n 个元素的所有组合的个数，公式如下：

$$C_m^n = \frac{m(m-1)(m-2)\cdots(m-n+1)}{1 \times 2 \times 3 \times 4 \times 5 \cdots (n-1)n} = \frac{A_m^n}{n!}$$

（5）复利

$$A = C(1+r)^n$$

式中　A——n 年后的资本所得（复利）；

C——启动资金；

r——年利率。

（6）年度分期付款

年度分期付款值为 a，连续的 n 年的终值为：

$$A = a\frac{(1+r)^n - 1}{r}$$

式中　A——n 年后终值；

a——年度分期付款额；

n——年度分期付款期数。

（7）摊销

$$T = \frac{r}{(1+r)^n - 1}$$

$$a = \frac{Vr(1+r)^2}{(1+r)^n - 1} = V(T+r)$$

式中　V——摊销总和；

T——摊销率。

8.2.2　三角函数公式（角度以弧度表示）

（1）任意三角形

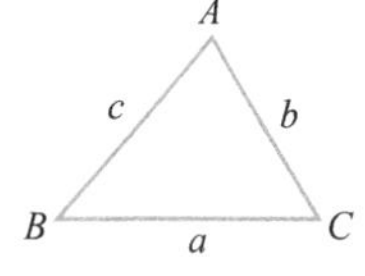

$$A+B+C=\pi$$

$$a^2=b^2+c^2-2b\cos A$$

$$\frac{a}{\sin A}=\frac{b}{\sin B}=\frac{c}{\sin C}$$

（2）直角三角形

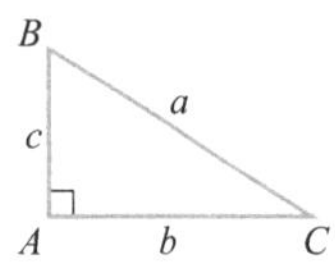

$$A=\frac{\pi}{2}\qquad B+C=\frac{\pi}{2}$$

$$a^2=b^2+c^2$$

$$b=a\sin B=a\cos C=c\tan B$$

$$c=a\cos B=a\sin C=b\tan C$$

8.2.3　几何公式

8.2.3.1　平面面积

（1）三角形

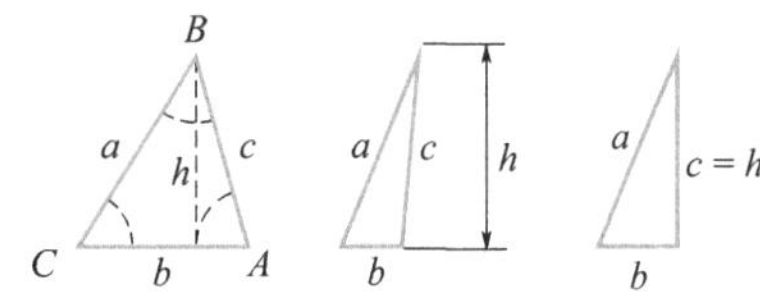

$$S=\frac{bh}{2}$$

$$S=\sqrt{p(p-a)(p-b)(p-c)}$$

此处

$$p=\frac{a+b+c}{2}$$

$$S=\frac{abc}{4R}$$

式中　R——外切圆半径。

$$S=pr$$

式中　r——内切圆半径。

$$S=\frac{ab}{2}\sin C=\frac{ac}{2}\sin B=\frac{bc}{2}\sin A$$

（2）正方形、矩形、平行四边形、梯形、菱形

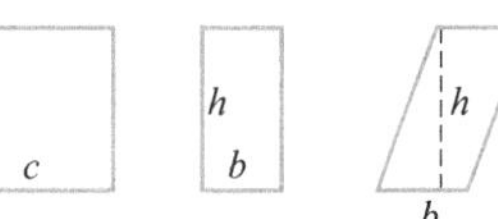

① 正方形

$$S=c^2$$

② 矩形

$$S=bh$$

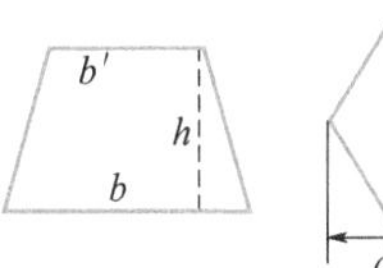

③ 平行四边形

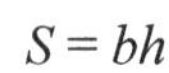

$$S=bh$$

④ 梯形

$$S=\frac{(b+b')h}{2}$$

⑤ 菱形

$$S=\frac{de}{2}$$

（3）不规则多边形

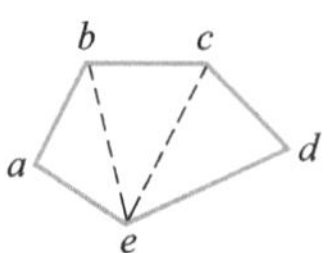

可以将多边形分解为三角形来计算其面积：

$$S=abe\text{ 的面积}+bce\text{ 的面积}+cde\text{ 的面积}$$

（4）圆形、扇形、弓形、环形、椭圆形（α、β 以度数表示）

① 圆

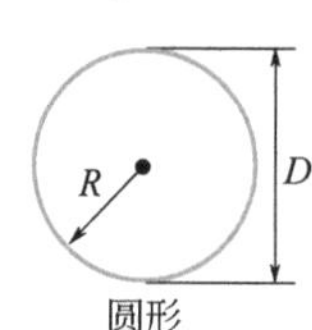

圆形

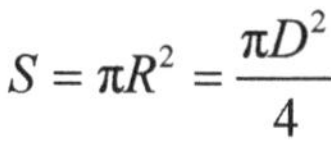

$$S=\pi R^2=\frac{\pi D^2}{4}$$

$$\text{圆周长}=2\pi R$$

② 扇形

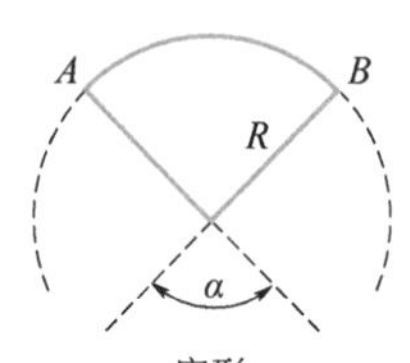

扇形

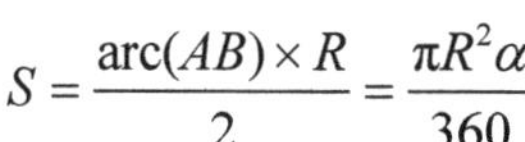

$$S=\frac{\text{arc}(AB)\times R}{2}=\frac{\pi R^2\alpha}{360}$$

③ 弓形

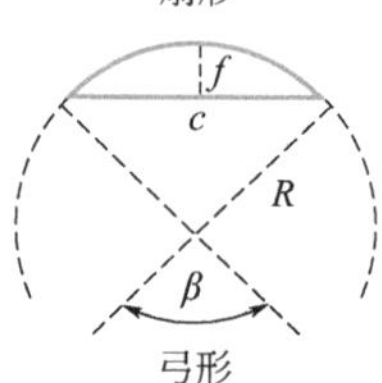

弓形

$$S=\frac{\pi R^2\beta}{360}-\frac{c}{2}(R-f)=\frac{R^2}{2}\left(\frac{\pi\beta}{180}-\sin\beta\right)$$

④ 弦

$$c=2\sqrt{f(2R-f)}=2R\sin\frac{\beta}{2}$$

$$\text{arc}(AB)=\frac{R\pi\alpha}{180}$$

⑤ 正矢

$$f=R\left(1-\cos\frac{\beta}{2}\right)=R\pm\sqrt{R^2-\frac{c^2}{4}}$$

⑥ 环

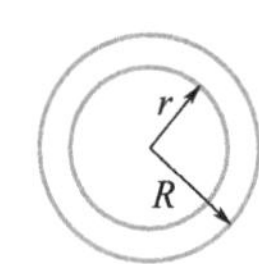

$$S=\pi(R^2-r^2)=\pi(R-r)(R+r)$$

⑦ 椭圆

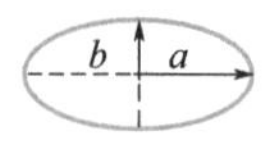

$$S=\pi ab$$

8.2.3.2　实心物体的面积和体积

（1）立方体

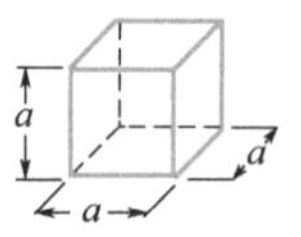

$$\text{总表面积}\ (S)=6a^2$$

$$\text{体积}\ (V)=a^3$$

（2）长方体

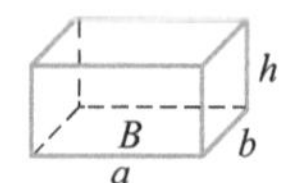

$$S=2(ab+bh+ah)$$

$$V=Bh=abh$$

式中　B——底面面积；

h——垂直两个底面的距离。

（3）直或斜棱柱

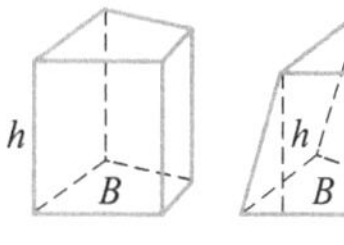

$$V = Bh$$

（4）棱台

① 三角形底面

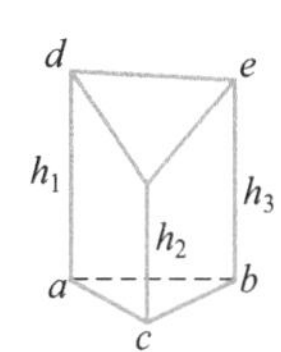

$$V = S_{abc} \times \frac{h_1 + h_2 + h_3}{3}$$

式中　S_{abc}——底面面积。

② 四边形底面

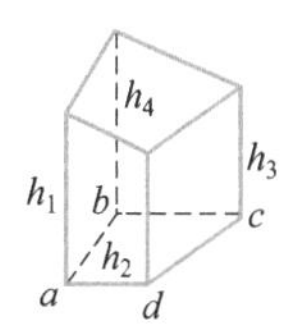

$$V = S_{abcd} \times \frac{h_1 + h_2 + h_3 + h_4}{4}$$

式中　S_{abcd}——底面面积。

（5）具有平行的多边形底面的体积

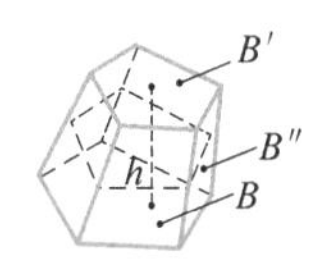

$$V = \frac{h}{6}\ (B+B'+4B'')$$

式中　h——两底面之间的距离；

B、B'——两个底面的面积；

B''——穿过 h 的中心，并与底面平行的部分的面积。

（6）圆柱

① 直圆柱体

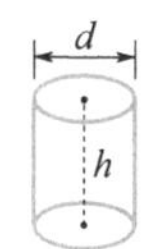

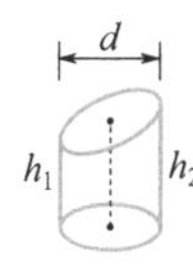

$$V = \frac{\pi d^2 h}{4}$$

② 带斜剖面的直圆柱体

$$V = \frac{\pi d^2}{4} \times \frac{h_1 + h_2}{2}$$

③ 有平行底面的斜圆柱体

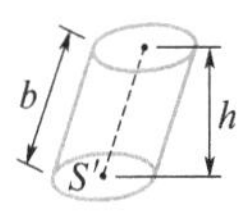

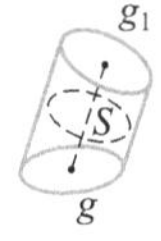

$$V=S'h$$

式中　S'——底面面积；

h——两底面之间的距离。

④ 带任何类型倾斜底面的圆柱体

$$V = S \times gg_1$$

式中　S——直段的截面面积；

gg_1——底面重心之间的距离。

（7）棱锥和带平行底面的棱台

① 棱锥

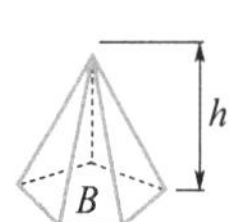

$$V= \frac{Bh}{3}$$

式中　B——底面面积；

h——从顶部到底部平面的距离。

② 带平行底面的棱台

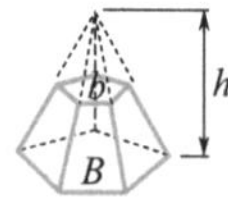

$$V=\frac{h(B+b+\sqrt{Bb})}{3}$$

式中 B、b——底面的面积；

h——平行底面间的距离。

（8）圆锥体和圆锥台

① 直圆锥

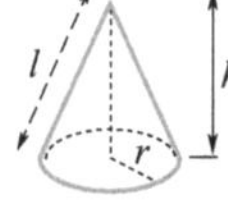

$$S=\pi rl$$

② 直或斜圆锥

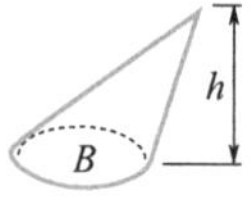

$$V=\frac{\pi r^2 h}{3}$$

③ 直或斜非圆锥体

$$V=\frac{Bh}{3}$$

式中 h——顶点和底面平面之间的距离。

④ 有平行底面的棱台

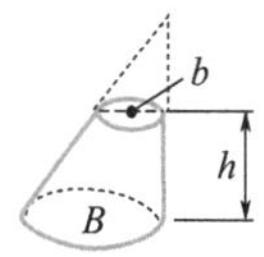

$$V=\frac{h}{3}(B+b+\sqrt{Bb})$$

式中 B、b——底面的面积；

h——平行底面间的距离。

（9）球体、球心角体、球台、球带

① 球体

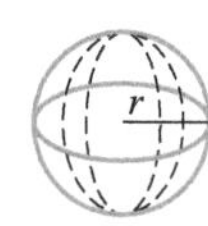

总表面积：$S=4\pi r^2$

体积：$V=\dfrac{4}{3}\pi r^3=\dfrac{\pi d^3}{6}$

② 球心角体

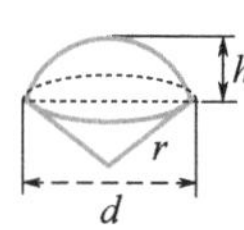

总表面积：$S=\dfrac{\pi r}{2}(4h+d)$

体积：$V=\dfrac{2}{3}\pi r^2 h$

③ 球台

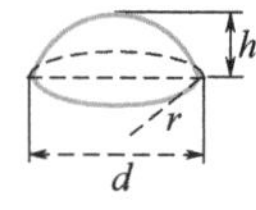

侧面积：$S=2\pi rh=\dfrac{\pi}{4}(d^2+4h^2)$

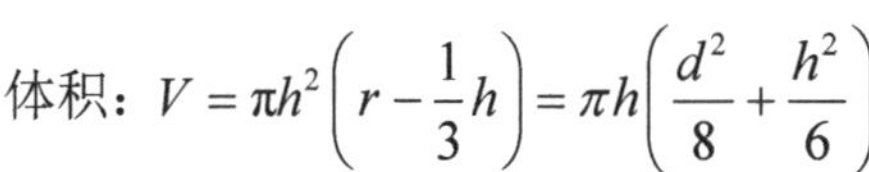

体积：$V=\pi h^2\left(r-\dfrac{1}{3}h\right)=\pi h\left(\dfrac{d^2}{8}+\dfrac{h^2}{6}\right)$

④ 球带

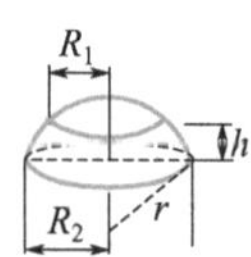

侧面积：$S=2\pi rh$

体积：$V=\dfrac{\pi h}{6}(3R_1^2+3R_2^2+h^2)$

（10）**圆环体**

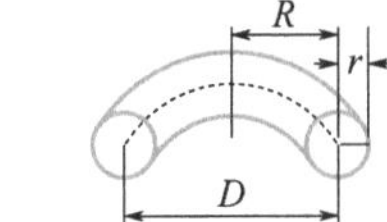

完整的圆环体的面积：$S = 4\pi^2 Rr$

完整的圆环体的体积：$V = 2\pi^2 r^2 R$

（11）**圆桶**

近似的体积：$V = 0.262\, l\,(2D^2 + d^2)$

（12）**旋转椭球体**

$V = \frac{4}{3}\pi a^2 b$　或　$V = \frac{4}{3}\pi ab^2$（取决于旋转是绕着短轴还是长轴）

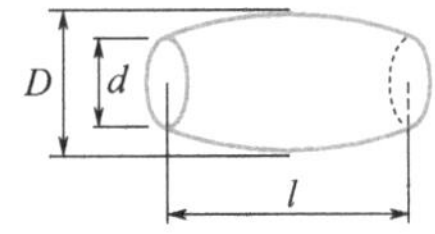

式中　a——1/2 的长轴；

b——1/2 的短轴。

8.2.4　统计学

表达式之上的符号（—）表示对其求取平均值。

8.2.4.1　定义

（1）**总和**

假设 n 个值 X_1，X_2，…，X_j，…，X_n，则

$$\sum_{j=1}^{n} X_j = X_1 + X_2 + \cdots + X_j + \cdots + X_n = \sum X$$

（2）**算术平均值**

$$\bar{X} = \frac{\sum X}{n}$$

（3）**加权算术平均值**

$$\bar{X} = \frac{W_1 X_1 + W_2 X_2 + \cdots + W_n X_n}{W_1 + W_2 + \cdots + W_n} = \frac{\sum WX}{\sum W}$$

（4）**中位数**

在一个递增数列中，中位数是中间值，或两个中间值（在偶数个值的情况下）的算术平均值。

（5）**众数**

众数是指一个数列中出现最为频繁的那个数字，也就是说这个数具有最高的出现频率。众数可能不存在，也可能不是唯一的。

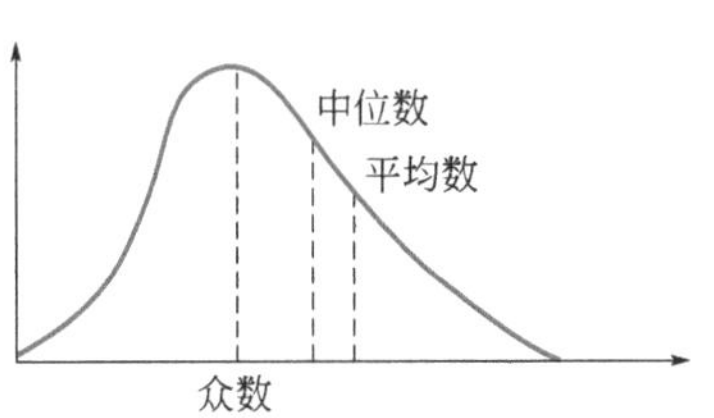

图 8-1　平均数、中位数和众数的经验关系

平均数、中位数和众数之间的经验关系如图 8-1 所示。

以下的经验公式适用于适度不对称的单峰密度曲线：

平均数 − 众数 = 3（平均数 − 中位数）

（6）**几何平均数 G**

$$G = \sqrt[n]{X_1 X_2 X_3 \cdots X_n}$$

（7）平方平均数 QM

$$QM=\sqrt{\frac{\sum X^2}{n}}=\sqrt{\frac{X_1^2+X_1^2+\cdots+X_n^2}{n}}$$

（8）平均偏差 AD

$$AD=\frac{1}{n}\sum_{j=1}^{n}\left|X_j-\bar{X}\right|$$

（9）标准偏差 SD

对于 n 个数字，如果 $X=X_j-\bar{X}$（数值 X_j 偏离平均值的偏差），则：

$$SD=\sqrt{\frac{\sum_{j=1}^{n}(X_j-\bar{X})^2}{n}}$$

（10）方差 V

方差是标准偏差的平方：

$$V=SD^2$$

8.2.4.2 标准偏差的性质

就正态分布或拉普拉斯-高斯分布（图 8-2）而言，其结果为：

① 68.27% 的情况被包括在 $\bar{X}-SD$ 和 $\bar{X}+SD$ 之间；

② 95.45% 的情况被包括在 $\bar{X}-2SD$ 和 $\bar{X}+2SD$ 之间；

③ 99.73% 的情况被包括在 $\bar{X}-3SD$ 和 $\bar{X}+3SD$ 之间。

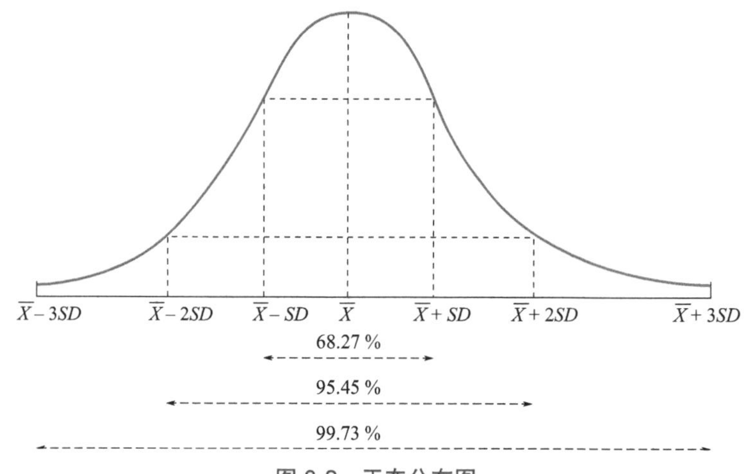

图 8-2 正态分布图

8.2.4.3 曲线拟合的图解方法

散布关系图（图 8-3）通常可以用一条与数据点接近的连续曲线来表示。这种类型的曲线称为拟合曲线。

最典型的曲线拟合方法是最小二乘法。

（1）定义

在给定的一系列数据点的不同拟合曲线中，最为接近的那条拟合曲线有以下属性：

$$D_1^2 + D_2^2 + \cdots + D_n^2 \text{ 最小}$$

D_1，D_2，D_n 即为曲线和实验点之间的距离（图 8-4）。

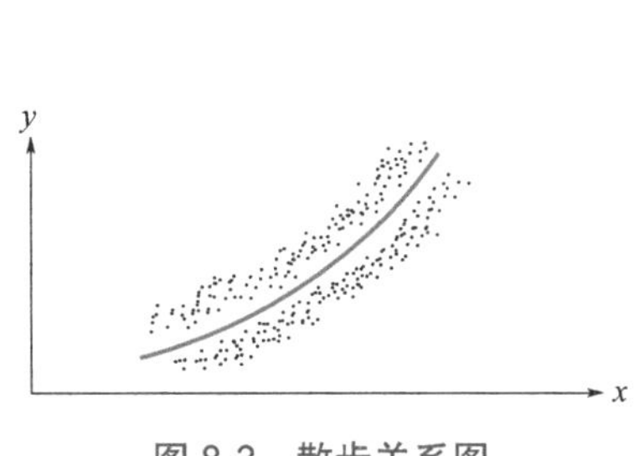

图 8-3　散步关系图

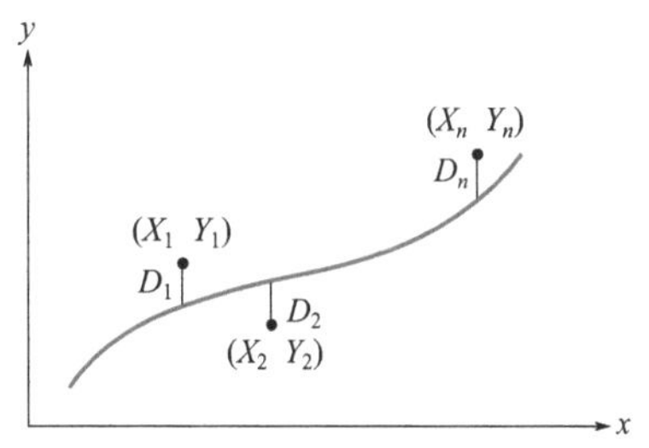

图 8-4　最小二乘法拟合曲线

这就是所谓的最小二乘法的拟合曲线。

（2）最小二乘回归线的直线

设（X_1，Y_1），（X_2，Y_2），…，（X_n，Y_n）是变量 X 和 Y 的 n 次方个样本点，由这些样本点通过最小二乘法得到线性拟合直线。

$$Y = a_0 + a_1 X \tag{8-1}$$

或

$$X = b_0 + b_1 Y \tag{8-2}$$

$$a_0 = \frac{(\sum Y)(\sum X^2) - (\sum X)(\sum XY)}{n\sum X^2 - (\sum X^2)}$$

$$a_1 = \frac{n\sum XY - (\sum X)(\sum Y)}{n\sum X^2 - (\sum X^2)}$$

为了获得系数 b_0 和 b_1，在上式中用 b 代替 a，用 Y 代替 X，用 X 代替 Y。

通过假设 $x = \overline{X} - X$ 和 $y = \overline{Y} - Y$，式（8-1）和式（8-2）可以改写为：

$$y = \left(\frac{\sum xy}{\sum x^2}\right)x \qquad x = \left(\frac{\sum xy}{\sum x^2}\right)y$$

8.3　化学与药剂

8.3.1　物质的组成

纯净物是指由一种单质或一种化合物组成的物质，无论样品采集量如何，其成分都是固定不变的。纯净物具有固定的物理性质和化学性质，可以用专门的化学符号来表示。

对于由分子构成的纯净物，分子是保持物质的物理化学性质的最小粒子。

分子可以通过化学或物理方法进行分解，但需要大量的能量。原子和原子之间通过化学键组合在一起，形成了分子：由相同的原子组成的纯净物称为单质，由不同的原子组成的纯净物称为化合物。

原子是构成化学元素的最小单元，它由一个带正电荷的原子核以及其周围被吸引的带负电荷的电子组成。原子核由两种核子组成：质子和中子（如图 8-5）。

① 电子带有一个负电荷，$e = -1.602\times10^{-19}$C，其质量为 9.10956×10^{-31}kg。电子绕其轴线旋转使电子具有一个角动量，该角动量产生了一个磁偶极矩。这个磁偶极矩决定了大部分顺磁性物质和铁磁性物质的特性。

② 质子带有一个正电荷，$e = +1.602\times10^{-19}$C，其质量是电子的 1836 倍（1.67262×10^{-27}kg）。

③ 中子是一种电中性的粒子，其质量是质子的 1.0014 倍。

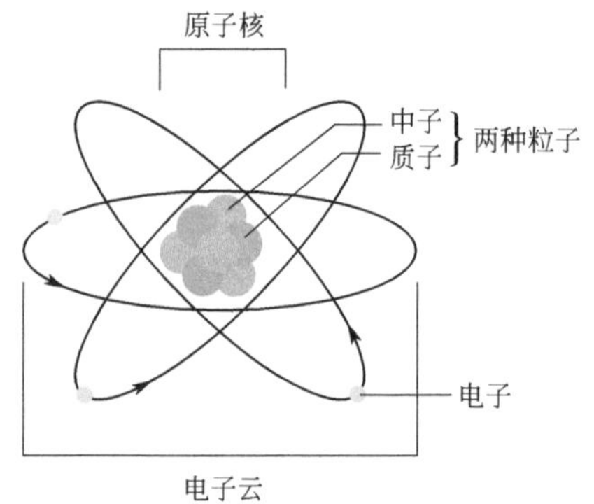

图 8-5　原子结构示意图

在空间上，原子的体积约为一个直径为十分之几纳米的球体，其质量约为 10^{-26}kg。原子核的直径约为 1fm（10^{-15}m），与原子相比非常小。原子核半径是原子半径的十万分之一，但几乎集中了整个原子的质量。

原子有如下定义：

① 原子核中的质子数代表了其原子序数 Z；

② 其质子数 Z 与中子数 N 之和即为其原子量 A。

原子中的电子数等于其质子数 Z，质子数决定着原子的性质。电子在原子核的吸引之下高速旋转，其以原子核为中心在不同能级的轨道上运动。根据物理学定律，通过吸收或释放一定的能量（是一个量子或一个光子的整数倍），电子可以从一个能级跃迁到另一个能级上。在两个相邻能级之间转换所需的能等于 $h\nu$，其中，h 是普朗克常数（6.6260755×10^{-34}J • s）；ν 是光子频率，与其波长 λ 成反比（$\lambda=c/\nu$，式中 c 代表光速，299792458m/s）。

除了惰性气体是单原子之外，其他气体、液体、固体中的物质均不是由单独的原子构成，而是由原子构成的原子晶体（相邻原子之间通过强烈的共价键结合而成的空间网状结构的晶体）、分子晶体［分子间通过分子间作用力（包括范德华力和氢键）构成的晶体］、金属晶体（晶格结点上排列金属原子-离子时所构成的晶体）或离子晶体（由正、负离子或正、负离子集团按一定比例通过离子键结合形成的晶体）组成。这种组合是原子间通过外围电子相互作用形成的稳定结构。

8.3.1.1　离子和同位素

原子在热能或电能的作用下得失电子产生离子。正电性元素如铁元素产生带正电的离子，即阳离子；负电性元素如氯元素和硫元素产生带负电的离子，即阴离子。一个离子也可以由几个带电的原子组成（如碳酸根）。通常情况下，阴离子和阳离子都不会单独存在，而是以离子化合物的形式存在。

核素是指具有一定数目质子和一定数日中子的一种原子。而具有相同质子数、不同中子数（或不同质量数）的同一元素的不同核素互为同位素。因此，互为同位素的原子有着相同的化学性质，仅在运动学机理上有所不同。一般通过在元素符号之前加上字母 A 和 Z 来区分元素的同位素：

$$ {}_{Z}^{A}\text{元素符号} $$

这样，所有 Z=1 的原子组成了氢元素。例如，^{1}H 为氕（轻氢），^{2}H 为氘（重氢），^{3}H 为氚（超重氢）。氯元素有 ^{35}Cl 和 ^{37}Cl。碳元素有 ^{11}C、^{12}C、^{13}C、^{14}C 等。

一些元素的同位素是通过核反应人工制造的，这些元素通常具有放射性。

8.3.1.2　元素的原子质量、摩尔、摩尔质量

由于电子的质量极小因而可以忽略不计，原子的质量即为原子核的质量。由于原子质量数量级特别小，使用起来并不方便，为了便于表述，将 ^{12}C 原子质量的 1/12 定义为一个单位原子质量（u=1.66054×10^{-27}kg）（1971 年第十四届国际计量大会上确定）。英国学者以及生物化学家们通常采用道尔顿（D）作为原子质量单位，1D=1u。因此，某元素的原子质量是其各同位素原子质量分别与丰度乘积之和（例如，氯元素的原子质量为 35.453u）。

由于样品中含有的粒子数目十分庞大，化学家们引入了“摩尔”来表征物质的量（符号为 mol）。根据其定义，摩尔是一个系统的物质的量，该系统所包含粒子的数目与 12g ^{12}C（碳 12）中所含的碳原子数相同。

1mol 物质所含粒子的数量为 6.022×10^{23}（阿伏伽德罗常数）。

1mol ^{12}C 原子的质量为 12g，1mol 氯原子的质量为 35.5g，1kg 水的物质的量（即水分子的数量）为 55.533mol。

摩尔质量的定义为单位物质的量的物质所具有的质量，单位为 g/mol。由几种原子组成的分子的摩尔质量通常用下式计算：

$$ M=\sum M_i n_i $$

式中　n_i——该原子的数量；

　M_i——该原子的相对原子质量。

8.3.1.3　元素的分类和化合物的分子式

化学元素的特性由其原子的电子结构决定：两个具有相同外围电子层的不同原子，有着相似的化学性质（例如碱金属、卤族元素等）。元素周期表起源于门捷列夫表（如图 8-6），该表在分类的时候将具有相似之处的元素列为一列。在该表中，每个元素都由其特有的符号和原子序数表示，每个元素的相对原子质量（简称为原子量）表示在其方框内的左下角。

化学物质可用分子式表示，分子式是由组成该物质的元素的符号组成的。每个元素符号下都标注指数，表明元素原子的数量，如水的分子式 H_2O 表示水分子中有 2 个氢原子和 1 个氧原子。

表 8-23 提供了一些水处理中常用无机盐的化学式及摩尔质量。

对于有机物，通常将分子结构式简化成特定的官能团来表示分子的组成。例如，乙酸的分子式 CH_3COOH 表示乙酸中的甲基（—CH_3）通过一个碳原子和其中的羧基（—COOH）相连。

原子序数 —— 92 U —— 元素符号，红色指放射性元素

元素名称 注*的是人造元素 —— 铀

$5f^{3}6d^{1}7s^{2}$ —— 外围电子层排布，括号指可能的电子层排布

238.0 —— 相对原子质量（加括号的数据为该放射性元素半衰期最长同位素的质量数）

非金属　金属　过渡元素

周期＼族	ⅠA 1	ⅡA 2	ⅢB 3	ⅣB 4	ⅤB 5	ⅥB 6	ⅦB 7	Ⅷ 8	Ⅷ 9	Ⅷ 10	ⅠB 11	ⅡB 12	ⅢA 13	ⅣA 14	ⅤA 15	ⅥA 16	ⅦA 17	0 18	电子层	0族电子数
1	1 H 氢 $1s^{1}$ 1.008																	2 He 氦 $1s^{2}$ 4.003	K	2
2	3 Li 锂 $2s^{1}$ 6.941	4 Be 铍 $2s^{2}$ 9.012											5 B 硼 $2s^{2}2p^{1}$ 10.81	6 C 碳 $2s^{2}2p^{2}$ 12.01	7 N 氮 $2s^{2}2p^{3}$ 14.01	8 O 氧 $2s^{2}2p^{4}$ 16.00	9 F 氟 $2s^{2}2p^{5}$ 19.00	10 Ne 氖 $2s^{2}2p^{6}$ 20.18	L K	8 2
3	11 Na 钠 $3s^{1}$ 22.99	12 Mg 镁 $3s^{2}$ 24.31											13 Al 铝 $3s^{2}3p^{1}$ 26.98	14 Si 硅 $3s^{2}3p^{2}$ 28.09	15 P 磷 $3s^{2}3p^{3}$ 30.97	16 S 硫 $3s^{2}3p^{4}$ 32.06	17 Cl 氯 $3s^{2}3p^{5}$ 35.45	18 Ar 氩 $3s^{2}3p^{6}$ 39.95	M L K	8 8 2
4	19 K 钾 $4s^{1}$ 39.10	20 Ca 钙 $4s^{2}$ 40.08	21 Sc 钪 $3d^{1}4s^{2}$ 44.96	22 Ti 钛 $3d^{2}4s^{2}$ 47.87	23 V 钒 $3d^{3}4s^{2}$ 50.94	24 Cr 铬 $3d^{5}4s^{1}$ 52.00	25 Mn 锰 $3d^{5}4s^{2}$ 54.94	26 Fe 铁 $3d^{6}4s^{2}$ 55.85	27 Co 钴 $3d^{7}4s^{2}$ 58.93	28 Ni 镍 $3d^{8}4s^{2}$ 58.69	29 Cu 铜 $3d^{10}4s^{1}$ 63.55	30 Zn 锌 $3d^{10}4s^{2}$ 65.41	31 Ga 镓 $4s^{2}4p^{1}$ 69.72	32 Ge 锗 $4s^{2}4p^{2}$ 72.64	33 As 砷 $4s^{2}4p^{3}$ 74.92	34 Se 硒 $4s^{2}4p^{4}$ 78.96	35 Br 溴 $4s^{2}4p^{5}$ 79.90	36 Kr 氪 $4s^{2}4p^{6}$ 83.80	N M L K	8 18 8 2
5	37 Rb 铷 $5s^{1}$ 85.47	38 Sr 锶 $5s^{2}$ 87.62	39 Y 钇 $4d^{1}5s^{2}$ 88.91	40 Zr 锆 $4d^{2}5s^{2}$ 91.22	41 Nb 铌 $4d^{4}5s^{1}$ 92.91	42 Mo 钼 $4d^{5}5s^{1}$ 95.94	43 Tc 锝 $4d^{5}5s^{2}$ [98]	44 Ru 钌 $4d^{7}5s^{1}$ 101.1	45 Rh 铑 $4d^{8}5s^{1}$ 102.9	46 Pd 钯 $4d^{10}$ 106.4	47 Ag 银 $4d^{10}5s^{1}$ 107.9	48 Cd 镉 $4d^{10}5s^{2}$ 112.4	49 In 铟 $5s^{2}5p^{1}$ 114.8	50 Sn 锡 $5s^{2}5p^{2}$ 118.7	51 Sb 锑 $5s^{2}5p^{3}$ 121.8	52 Te 碲 $5s^{2}5p^{4}$ 127.6	53 I 碘 $5s^{2}5p^{5}$ 126.9	54 Xe 氙 $5s^{2}5p^{6}$ 131.3	O N M L K	8 18 18 8 2
6	55 Cs 铯 $6s^{1}$ 132.9	56 Ba 钡 $6s^{2}$ 137.3	57~71 La~Lu 镧系	72 Hf 铪 $5d^{2}6s^{2}$ 178.5	73 Ta 钽 $5d^{3}6s^{2}$ 180.9	74 W 钨 $5d^{4}6s^{2}$ 183.8	75 Re 铼 $5d^{5}6s^{2}$ 186.2	76 Os 锇 $5d^{6}6s^{2}$ 190.2	77 Ir 铱 $5d^{7}6s^{2}$ 192.2	78 Pt 铂 $5d^{9}6s^{1}$ 195.1	79 Au 金 $5d^{10}6s^{1}$ 197.0	80 Hg 汞 $5d^{10}6s^{2}$ 200.6	81 Tl 铊 $6s^{2}6p^{1}$ 204.4	82 Pb 铅 $6s^{2}6p^{2}$ 207.2	83 Bi 铋 $6s^{2}6p^{3}$ 209.0	84 Po 钋 $6s^{2}6p^{4}$ [209]	85 At 砹 $6s^{2}6p^{5}$ [210]	86 Rn 氡 $6s^{2}6p^{6}$ [222]	P O N M L K	8 18 32 18 8 2
7	87 Fr 钫 $7s^{1}$ [223]	88 Ra 镭 $7s^{2}$ [226]	89~103 Ac~Lr 锕系	104 Rf 𬬻* $(6d^{2}7s^{2})$ [261]	105 Db 𬭊* $(6d^{3}7s^{2})$ [262]	106 Sg 𬭳* [266]	107 Bh 𬭛* [264]	108 Hs 𬭶* [277]	109 Mt 鿏* [268]	110 Ds 𫟼* [281]	111 Rg 𬬭* [272]	112 Uub * [285]	……							

镧系	57 La 镧 $5d^{1}6s^{2}$ 138.9	58 Ce 铈 $4f^{1}5d^{1}6s^{2}$ 140.1	59 Pr 镨 $4f^{3}6s^{2}$ 140.9	60 Nd 钕 $4f^{4}6s^{2}$ 144.2	61 Pm 钷 $4f^{5}6s^{2}$ [145]	62 Sm 钐 $4f^{6}6s^{2}$ 150.4	63 Eu 铕 $4f^{7}6s^{2}$ 152.0	64 Gd 钆 $4f^{7}5d^{1}6s^{2}$ 157.3	65 Tb 铽 $4f^{9}6s^{2}$ 158.9	66 Dy 镝 $4f^{10}6s^{2}$ 162.5	67 Ho 钬 $4f^{11}6s^{2}$ 164.9	68 Er 铒 $4f^{12}6s^{2}$ 167.3	69 Tm 铥 $4f^{13}6s^{2}$ 168.9	70 Yb 镱 $4f^{14}6s^{2}$ 173.0	71 Lu 镥 $4f^{14}5d^{1}6s^{2}$ 175.0
锕系	89 Ac 锕 $6d^{1}7s^{2}$ [227]	90 Th 钍 $6d^{2}7s^{2}$ 232.0	91 Pa 镤 $5f^{2}6d^{1}7s^{2}$ 231.0	92 U 铀 $5f^{3}6d^{1}7s^{2}$ 238.0	93 Np 镎 $5f^{4}6d^{1}7s^{2}$ [237]	94 Pu 钚 $5f^{6}7s^{2}$ [244]	95 Am 镅* $5f^{7}7s^{2}$ [243]	96 Cm 锔* $5f^{7}6d^{1}7s^{2}$ [247]	97 Bk 锫* $5f^{9}7s^{2}$ [247]	98 Cf 锎* $5f^{10}7s^{2}$ [251]	99 Es 锿* $5f^{11}7s^{2}$ [252]	100 Fm 镄* $5f^{12}7s^{2}$ [257]	101 Md 钔* $(5f^{13}7s^{2})$ [258]	102 No 锘* $(5f^{14}7s^{2})$ [259]	103 Lr 铹* $(5f^{14}6d^{1}7s^{2})$ [262]

图 8-6　元素周期表

注：相对原子质量录自2001年国际原子量表，并全部取4位有效数字。

表8-23 常用无机盐类化合物的摩尔质量（另见本章8.3.5节）

物质	化学式	摩尔质量 /（g/mol）	物质	化学式	摩尔质量 /（g/mol）
水合硫酸铝	$Al_2(SO_4)_3 \cdot 18H_2O$、$Al_2(SO_4)_3 \cdot 14H_2O$	666.4 594.0	碳酸镁	$MgCO_3$	84.3
			水合氯化镁	$MgCl_2 \cdot 6H_2O$	203.3
硝酸铵	NH_4NO_3	80.0	水合硫酸镁	$MgSO_4 \cdot 7H_2O$	246.5
亚硝酸铵	NH_4NO_2	64.0	氢氧化锰	$Mn(OH)_2$	89.0
硫酸铵	$(NH_4)_2SO_4$	132.1	碳酸锰	$MnCO_3$	115.0
氯化银	$AgCl$	143.3	碳酸铅	$PbCO_3$	267.2
水合氢氧化钡（重晶石）	$Ba(OH)_2 \cdot 8H_2O$	315.5	硫酸铅	$PbSO_4$	303.2
硫酸钡	$BaSO_4$	233.0	铝酸钠	Na_2AlO_4	137.0
水合氯化钡	$BaCl_2 \cdot 2H_2O$	244.3	碳酸氢钠	$NaHCO_3$	84.0
碳酸钙	$CaCO_3$	100.1	碳酸钠	Na_2CO_3	106.0
碳酸氢钙	$Ca(HCO_3)_2$	162.1	水合碳酸钠	$Na_2CO_3 \cdot 10H_2O$	286.1
水合氯化钙	$CaCl_2 \cdot 6H_2O$	219.1	氯化钠	$NaCl$	58.4
水合硫酸钙	$CaSO_4 \cdot 2H_2O$	172.2	水合磷酸氢钠	$Na_2HPO_4 \cdot 12H_2O$	358.1
水合硫酸铜	$CuSO_4 \cdot 5H_2O$	249.7	水合磷酸钠	$Na_3PO_4 \cdot 12H_2O$	380.1

8.3.1.4 化合物命名和化学式书写的规则

有机化合物是根据国际纯粹和应用化学联合会（IUPAC）提出的《有机化学命名法》（Nomenclature of Organic Chemistry）来命名的，而且该命名系统还在不断地修订和补充，并已经建立一个长期处理命名问题的运行机制，因而其成为全球有机化学界使用最广泛的系统。除此之外，还有一些其他的系统命名方法，如美国化学学会有因《化学文摘》索引需要而建立的 CAS（Chemical Abstracts Service）命名系统；德国也有从贝尔斯坦数据库（Beilstein）发展起来的命名法，但这些系统的基本框架与 IUPAC 的差别不大。

中国化学学会参考 IUPAC 历年来推荐的命名原则文件，并结合中文构词的习惯，发布了《有机化合物命名原则 2017》。因此我国有机化合物中文系统命名的基本原则与当前国际命名规则一致。

中国化学学会发布的《无机化学命名原则 1980》确定了元素的中文名称并建立了一套无机化合物的命名法，使根据这套命名法定出的名称，能够确切而简明地表示无机化合物的组成和结构。其中，化合物的系统名称是由其基本构成部分名称连缀而成的，即利用连缀词（化学介词）表明化合物基本构成部分相应的结合情况。例如：

化——表示简单的化合。如氯原子（Cl）与钠原子（Na）化合而成的 NaCl 就叫氯化钠；又如氢氧基（HO—）与钾原子（K）化合而成的 KOH 就叫氢氧化钾。

合——表示分子与分子或分子与离子相结合，如 $CaCl_2 \cdot H_2O$ 叫一水合氯化钙。H_3O^+ 叫水合氢离子。

代——表示取代了母体化合物中的氢原子，如 $ClCH_2 \cdot COOH$ 叫氯代乙酸，NH_2Cl 叫氯代氨，$NHCl_2$ 叫二氯代氨。或表示硫（或硒、碲）取代氧，如 $H_2S_2O_3$ 叫硫代硫酸，HSeCN 叫硒代氰酸。

聚——表示两个以上同种的分子互相聚合，如 $(HF)_2$ 叫二聚氟化氢，$(HOCN)_3$ 叫三聚氰酸，$(NaPO_3)_6$ 叫六聚偏磷酸钠。

在法国无机化合物的命名规则是由法国化学学会于 1975 年 2 月颁布的，与我国的《无机化学命名原则 1980》基本一致，下文摘述一些基本内容：

（§2.15）一般来讲，在分子式中，正电性物质（阳离子）的元素符号必须写在前面，如：KCl、$CaSO_4$ 等。当化合物中包含一种以上阳离子或阴离子时，其位置次序应遵循元素符号的字母顺序。酸的书写与含氢的盐一样，如：H_2SO_4 和 H_2PtCl_6 等，氢的位置可参见下文中的 §6.2 和 §6.32.3 部分。

（§2.16.1）对于非金属的二元化合物来说，前置元素的排列应遵循下列顺序：B、Si、C、Sb、As、P、N、H、Te、Se、S、At、I、Br、Cl、O、F。如：NH_3、H_2S、SO_2、ClO_2、OF_2。

（§6.2）当盐中含有酸性氢原子时，在这些盐的命名中通常在阴离子元素前加上一个氢来显示该盐中存在氢元素。显然，这种盐不能叫做酸式盐。例如：

- $NaHCO_3$：碳酸氢钠
- LiH_2PO_4：磷酸二氢锂
- KHS：硫化氢钾

（§6.3）复盐、三价盐。

（§6.31）阳离子：在分子式中，所有的阳离子都需写在阴离子之前。

（§6.32.1）除了氢元素之外，阳离子必须按照字母表顺序排列，该次序在化学式和名称表达中可能会有所不同。例如，$KNaCO_3$：碳酸钠钾（对于混盐和复盐，当有几个电负性组分同时存在时，在名称中将电负性较强者放在前面；有几个电正性组分同时存在时，在名称中将电正性较弱者放在前面。混盐和复盐也可视作分子化合物来命名，在名称中将分子量较小者放在前面）。

（§6.32.3）酸：当 §6.2 不适用时，氢元素应写在阳离子的末端。例如：

$NaNH_4HPO_4 \cdot 4H_2O$：四水磷酸氢铵钠

（§6.33）阴离子：阴离子顺序必须按字母表顺序排列，该次序在化学式和名称表达中可能会有所不同。

8.3.1.5 浓度表示方法

（1）用毫克当量表示[1]

为了方便计算，在结果分析中通常不用 g/L 表示浓度，而是用克当量 / 升（eq/L）表示，该单位下一级的单位为毫克当量 / 升（meq/L）。

例如，氯元素的摩尔质量为 35.5g/mol，如果每升水中含有 2g 氯元素，则结果可以表示如下：

$$\frac{2\times1}{35.5}=0.056\ \text{（eq/L）}$$

每升水中氯元素的毫克当量浓度为 56meq/L。

对于多价态的元素，浓度单位 meq/L 可以通过摩尔质量除以化合价得到单位为 mg/L 的浓度。例如，对于钙元素，二价钙元素的摩尔质量为 40g/mol，浓度为 1meq/L，相当于 40/2=20（mg/L）。

[1] 此单位我国现在已禁止使用，但在国外以及我国较早的资料中经常出现，故此处保留换算关系，以供读者参考。

这种计算方法的优点是可以直接计算盐的浓度。对于上文中的示例，如果溶液中氯元素的毫克当量为 56meq/L，则在纯净的 $CaCl_2$ 溶液中 $CaCl_2$ 的浓度为：

$$0.056\left(\frac{40}{2}+\frac{35.5}{1}\right)=3.1\ (\text{g/L})$$

对应的钙元素浓度为：

$$0.056\times\frac{40}{2}=1.1\ (\text{g/L})$$

通常需要了解的不是溶液中溶解的不同盐的种类，而是阴离子和阳离子的平衡。以上的等效计算法能够立刻反映出溶液中的阴阳离子平衡。

（2）用度表示（表 8-24）

当量和毫克当量概念的优点是比较国际化。但是在法国，经常使用法国度（1℉=10mg/L）来表示浓度，在英美国家，通常使用 ppm（1ppm $CaCO_3$= 1mg/L），在德国则使用德国度（1° dh=1.786℉=0.3572meq/L）。

表8-24　溶液浓度

物质	化学式	摩尔质量 /（g/mol）	其他单位与 mg/L 的关系①	
			meq/L	法国度（℉）
1. 硬度相关的钙镁盐类和钙镁氧化物（滴定法）				
碳酸钙	$CaCO_3$	100	50	10.0
碳酸氢钙（又称重碳酸钙）	$Ca(HCO_3)_2$	162	81	16.2
硫酸钙	$CaSO_4$	136	68	13.6
氯化钙	$CaCl_2$	111	55.5	11.1
硝酸钙	$Ca(NO_3)_2$	164	82	16.4
生石灰	CaO	56	28	5.6
熟石灰	$Ca(OH)_2$	74	37	7.4
碳酸镁	$MgCO_3$	84	42	8.4
碳酸氢镁（又称重碳酸镁）	$Mg(HCO_3)_2$	146	73	14.6
硫酸镁	$MgSO_4$	120	60	12.0
氯化镁	$MgCl_2$	95	47.5	9.5
硝酸镁	$Mg(NO_3)_2$	148	74	14.8
氧化镁	MgO	40	20	4.0
氢氧化镁	$Mg(OH)_2$	58	29	5.8
2. 阴离子				
碳酸根	CO_3^{2-}	60	30	6.0
碳酸氢根（又称重碳酸根）	HCO_3^-	61	61	12.2
硫酸根	SO_4^{2-}	96	48	9.6
亚硫酸根	SO_3^{2-}	80	40.	8.0
氯离子	Cl^-	35.5	35.5	7.1
硝酸根	NO_3^-	62	62	12.4
亚硝酸根	NO_2^-	46	46	9.2
正磷酸根	PO_4^{3-}	95	31.6	6.32
硅酸根（用 SiO_2 表示）	SiO_2	60	60	12.0

续表

物质	化学式	摩尔质量/(g/mol)	其他单位与mg/L的关系①	
			meq/L	法国度(°F)
3. 酸				
硫酸	H_2SO_4	98	49	9.8
盐酸	HCl	36.5	36.5	7.3
硝酸	HNO_3	63	63	12.6
正磷酸	H_3PO_4	98	32.7	6.5
4. 阳离子和氧化物				
铵根离子	NH_4^+	18	18	3.6
钙离子	Ca^{2+}	40	20	4.0
镁离子	Mg^{2+}	24.3	12.1	2.4
钠离子	Na^+	23	23	4.6
氧化钠	Na_2O	62	31	6.2
钾离子	K^+	39	39	7.8
亚铁离子	Fe^{2+}	55.8	28	5.6
铁离子	Fe^{3+}	55.8	18.6	3.7
氧化铁	Fe_2O_3	159.6	26.6	5.3
铝离子	Al^{3+}	27	9	1.8
氧化铝	Al_2O_3	102	17	3.4
5. 碱				
氢氧化钠	NaOH	40	40	8.0
氢氧化钾	KOH	56	56	11.2
氨水	NH_4OH	35	35	7.0
6. 盐类				
碳酸氢钠	$NaHCO_3$	84	84	16.8
碳酸钠	Na_2CO_3	106	53	10.6
硫酸钠	Na_2SO_4	142	71	14.2
氯化钠	NaCl	58.5	58.5	11.7
正磷酸钠	Na_3PO_4	164	54.7	10.9
硅酸钠	Na_2SiO_3	122	61	12.2
碳酸钾	K_2CO_3	138	69	13.8
碳酸氢钾	$KHCO_3$	100	100	20
硫酸钾	K_2SO_4	174	87	17.4
氯化钾	KCl	74.5	74.5	14.9
硫酸亚铁	$FeSO_4$	152	76	15.2
硫酸铁	$Fe_2(SO_4)_3$	400	66.6	13.3
氯化铁	$FeCl_3$	162.5	54.2	10.8
硫酸铝	$Al_2(SO_4)_3$	342	57	11.4
氯化铝	$AlCl_3$	133.5	44.5	8.9
高锰酸钾	$KMnO_4$	158	158	31.6

① 此列表示其他单位换算成mg/L的数值。如，对于碳酸钙，1meq/L=50mg/L，1°F =10mg/L。

8.3.2　溶液的特征参数

8.3.2.1　相对密度

酸碱溶液和盐溶液中相对密度与浓度的换算分别见表 8-25 和表 8-26。

表8-25　酸碱溶液中相对密度与浓度的换算

相对密度	1L 溶液中的含量 /g				$NH_3 \cdot H_2O$	
	H_2SO_4	HCl	HNO_3	NaOH	相对密度	NH_3/g
1.000	1.2	2	1.6	0.8	0.998	4.5
1.005	8.4	12	10.7	5	0.996	10
1.010	15.7	22	20.0	10	0.994	13.6
1.015	23	32	28	14	0.9915	19.8
1.020	31	42	38	19	0.990	22.9
1.025	39	53	47	23	0.9875	29.6
1.030	46	64	56	28	0.986	32.5
1.040	62	85	75	38	0.983	39.3
1.050	77	107	94	47	0.982	42.2
1.060	93	129	113	57	0.979	49
1.070	109	152	132	67	0.978	51.8
1.080	125	174	151	78	0.974	61.4
1.090	142	197	170	88	0.970	70.9
1.100	158	220	190	99	0.966	80.5
1.120	191	267	228	121	0.962	89.9
1.140	223	315	267	143	0.958	100.3
1.160	257	366	307	167	0.954	110.7
1.180	292	418	347	191	0.950	121
1.200	328	469	388	216	0.946	131.3
1.220	364		431	241	0.942	141.7
1.240	400		474	267	0.938	152.1
1.260	436		520	295	0.934	162.7
1.280	472		568	323	0.930	173.4
1.300	509		617	352	0.926	184.2
1.320	548		668	382	0.923	188
1.340	586		711	412	0.922	195.7
1.360	624		780	445	0.918	205.6
1.380	663		843	478	0.914	216.3
1.400	701		911	512	0.910	225.4
1.420	739		986	548	0.906	238.3
1.440	778		1070	584	0.902	249.4
1.460	818		1163	623	0.898	260.5
1.480	858		1270	662	0.894	271.5
1.500	897		1405	703	0.890	282.6

续表

相对密度	1L 溶液中的含量 /g				$NH_3 \cdot H_2O$	
	H_2SO_4	HCl	HNO_3	NaOH	相对密度	NH_3/g
1.510	916		1474	723		
1.520	936		1508	744		
1.530	956			766		

注：15℃下每升纯溶液的重量 (g)。

表8-26　盐溶液（以及石灰乳）中相对密度与浓度的换算

相对密度	1L 溶液中的含量 /g						
	$Al_2(SO_4)_3 \cdot 18H_2O$	$FeCl_3$	$FeSO_4 \cdot 7H_2O$	Na_2CO_3	NaCl	漂白剂（Cl_2）（近似值）	CaO（近似值）
1.007	14	10.1	13.1	6.3	10.1	2.8	7.5
1.014	28	20	26.4	13.1	20.5	5.5	16.5
1.021	42	29	40.8	19.5	30.5	8	26
1.028	57	37	55.5	29	41	10.5	36
1.036	73	47	70.5	35.4	51	13.5	46
1.044	89	57	85.5	41.1	62	16	56
1.051	103	66	102	50.8	73	18.5	65
1.059	119	76	116.5	58.8	85	21	75
1.067	135	86	132	67.9	97	23	84
1.075	152	96	147	76.1	109	25	94
1.083	168	106	163	85.0	121	27.5	104.5
1.091	184	116	179	93.5	134	30	115
1.099	200	126	196	101.2	147	32	126
1.108	218	138	213	110.6	160	34	137
1.116	235	150	230	122	174	36	148
1.125	255	162	247	131	187	38	159
1.134	274	174	265	141.5	200	40	170
1.143	293	186	284	150.5	215		181
1.152	312	198	304	162.5	230		193
1.161	332	210	324		248		206
1.170	351	222	344		262		218
1.180	373	236	365		277		229
1.190	395	250	387		292		242
1.200	417	263	408		310		255
1.210	440	279	430				268
1.220	462	293	452				281
1.230	485	308	474				295
1.241	509	323	501				309
1.252	534	338					324
1.263	558	353					339
1.285	609	384					

续表

相对密度	1L 溶液中的含量 /g						
	$Al_2(SO_4)_3 \cdot 18H_2O$	$FeCl_3$	$FeSO_4 \cdot 7H_2O$	Na_2CO_3	NaCl	漂白剂（Cl_2）（近似值）	CaO（近似值）
1.308	663	416					
1.332	720	449					
1.357		483					
1.383		521					
1.411		561					
1.437		601					
1.453		626					
1.468		650					

注：15℃时每升纯溶液的重量（g）。

注意：次氯酸钠（商品名称为漂白剂）的特性在于其有效氯含量，通常用氯度表示，1°氯度 =3.17g/L 有效氯。18°氯度的 1L 漂白剂中含 57g 有效氯，48°氯度的 1L 漂白剂中含 152g 有效氯。

8.3.2.2　电导率和电阻率

电导率是在一定温度下，在截面积为 1cm²，相距 1cm 的两平行电极之间的溶液电导。

电导率随着溶解盐含量的提高而增大，并会随温度的变化而波动（如图 8-7）。电导率的单位是西门子 / 米（S/m），次一级的单位为微西门子 / 厘米（μS/cm），是水处理中最常用的单位之一。

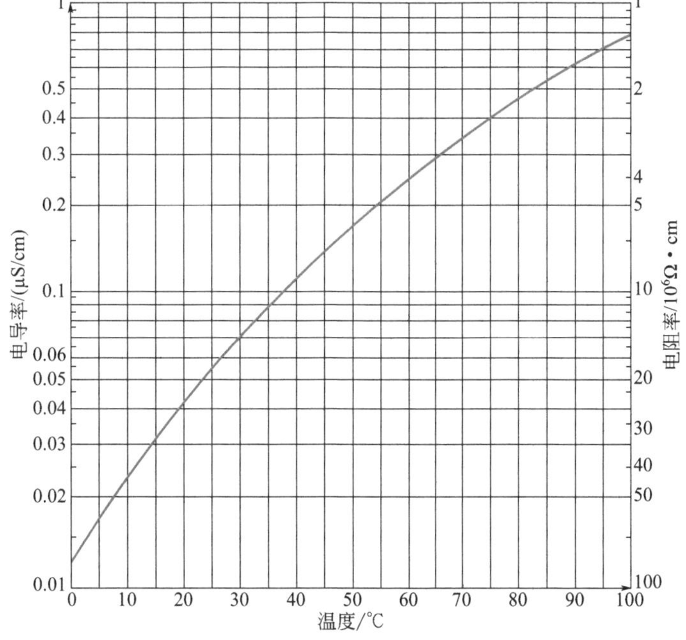

图 8-7　纯水电导率随温度变化曲线

电阻率是电导率的倒数，其单位为 Ω • cm，两者之间的关系如下：

$$电阻率（\Omega \cdot cm）= \frac{10^6}{电导率（\mu S/cm）}$$

例如，电导率为 10μS/cm 就相当于电阻率为 100000Ω • cm。

（1）校正电阻系数

电阻率的测量单元每隔一定时间必须要利用 0.02mol/L 或 0.01mol/L 的氯化钾溶液进行重新标定（如表 8-27）。

表8-27　电阻率　　单位：Ω • cm

温度 /℃	KCl（0.02mol/L）	KCl（0.01mol/L）	温度 /℃	KCl（0.02mol/L）	KCl（0.01mol/L）
15	446	872	21	392	766
16	436	852	22	384	751
17	426	834	23	376	736
18	417	817	24	369	721
19	408	800	25	362	708
20	400	782			

电池常数 K= 理论电阻率 / 实测电阻率。

（2）与溶解盐的关系

对于每一种溶解盐，根据其浓度可由经验公式计算得出该溶液的电导率。例如，对于浓度为 1mg/L 的不同种类的稀溶液而言，其 25℃时的电导率会在 1.25μS/cm（纯碳酸氢钙溶液）至 2.5μS/cm（纯氯化钠溶液）之间变化（后者为强电解质，可以离解为高活度离子，如图 8-8）。自然水体的电导率在 1.5～1.6μS/cm 之间。电导率随溶液浓度的提高而增大这一原则也适用于海水（如图 8-9）。而在纯酸或纯碱溶液中这种变化更为明显（如图 8-10）。

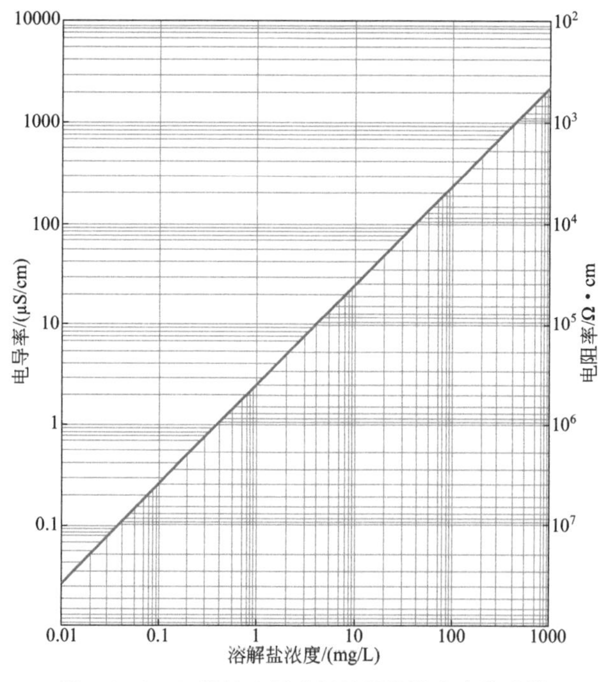

图 8-8　NaCl 溶液电导率随溶解盐浓度变化曲线

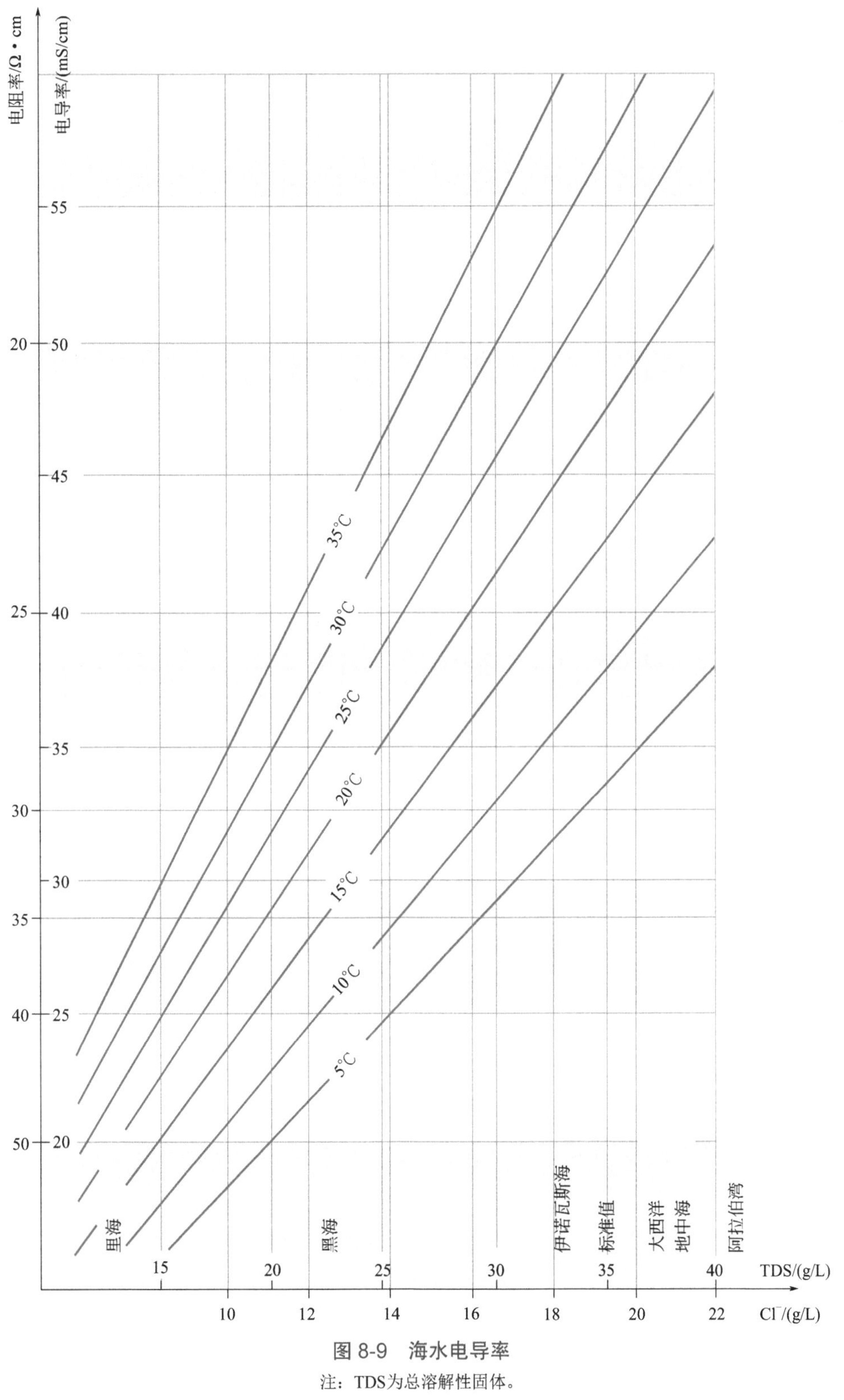

图 8-9　海水电导率

注：TDS为总溶解性固体。

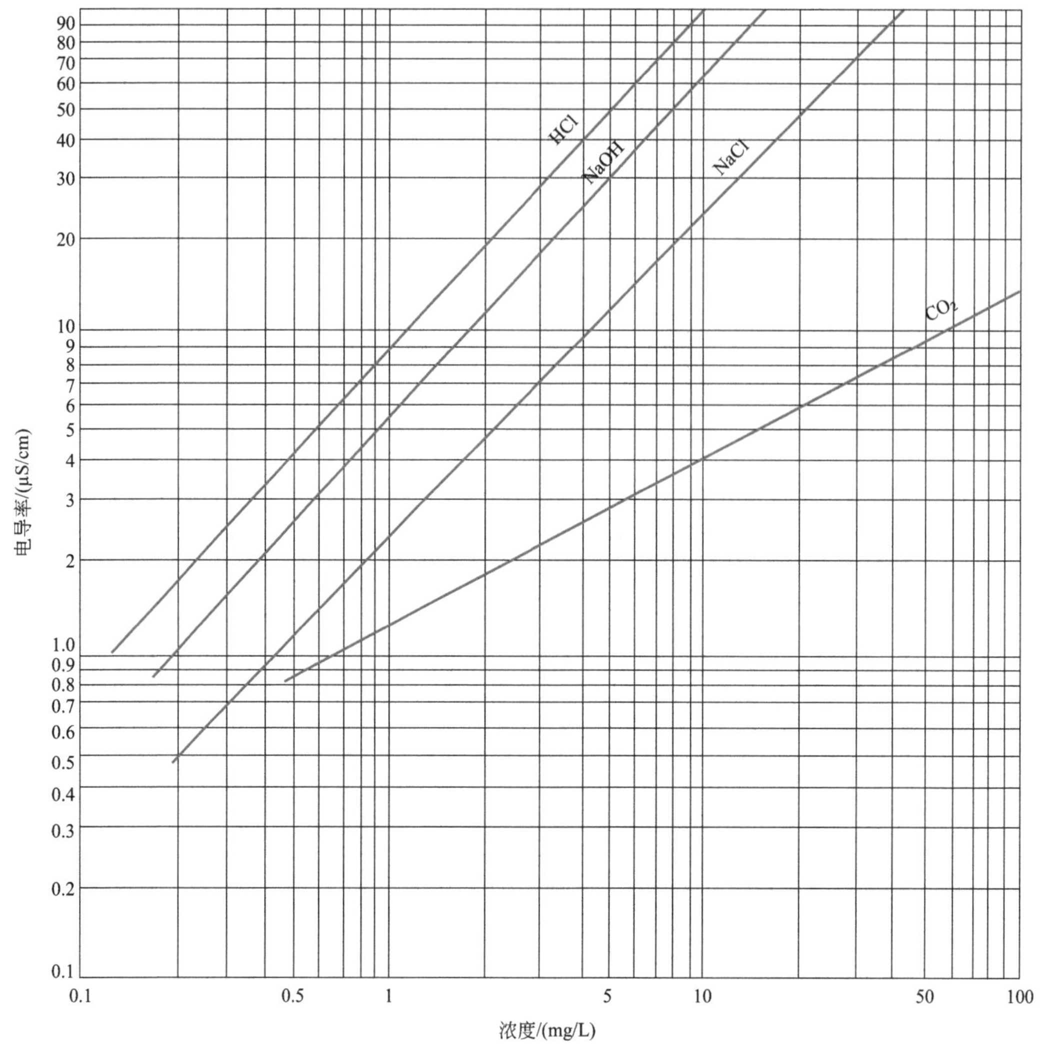

图 8-10　去离子水电导率随电解质浓度变化曲线（25℃）

因此，即使浓度非常低，水的电导率（或电阻率）的变化也能为水的盐度变化提供精确信息（如图 8-11）。另外，自然水体可以根据其电导率进行分类（例如，电导率低于 200μS/cm 时为低矿化度水，电导率在 200～600μS/cm 之间时为中矿化度水，电导率高于 600μS/cm 为高矿化度水）。

8.3.2.3　液体黏度

一些液体的运动黏度见表 8-28，水的动力黏度随温度变化曲线见图 8-12。

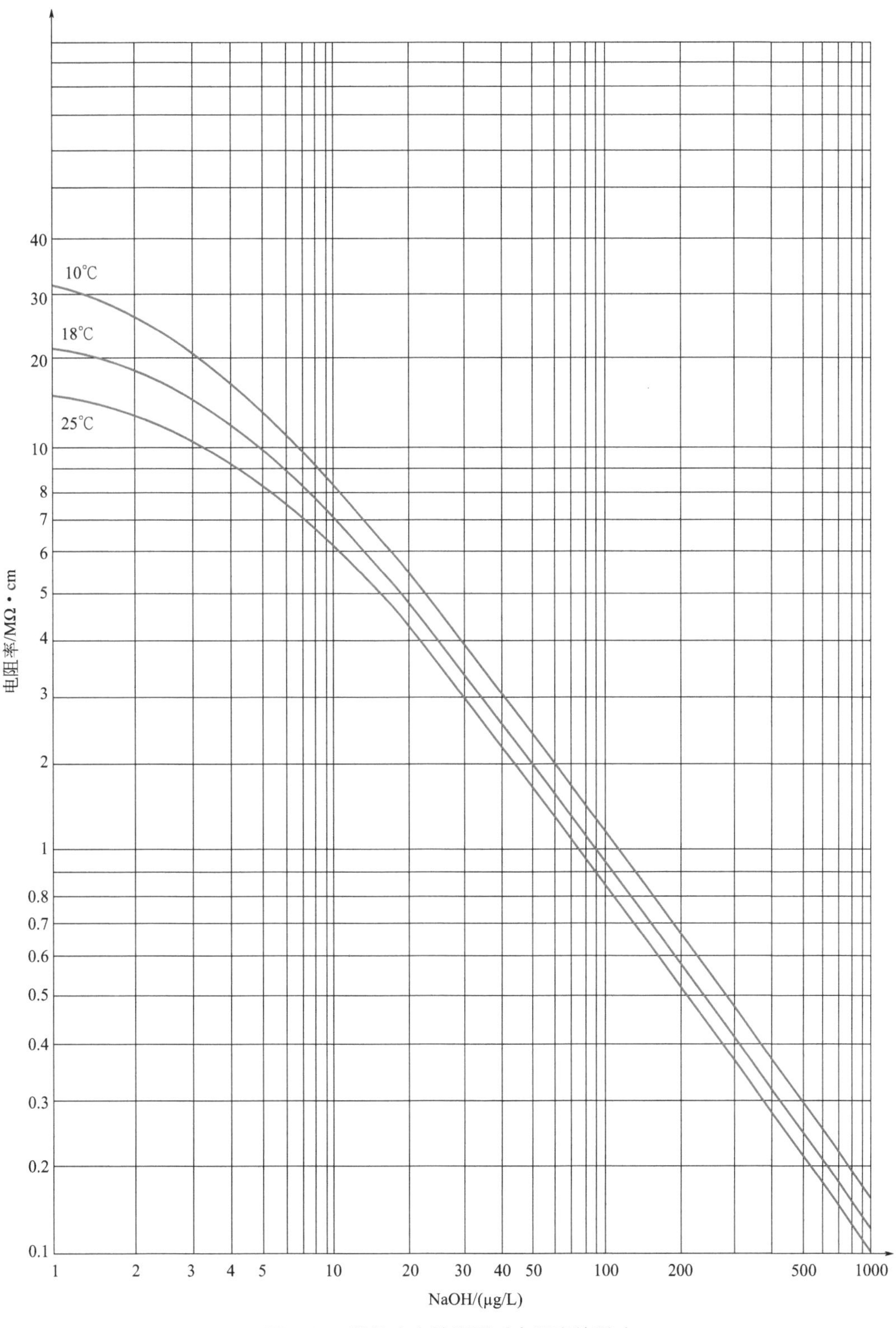

图 8-11　脱盐水中钠泄漏对电阻率的影响

表8-28　一些液体的运动黏度

液体	温度/℃	运动黏度/(m^2/s)
水	0 20	1.8×10^{-6} 1.0×10^{-6}
饱和 NaCl 溶液	0 10	2.5×10^{-6} 1.8×10^{-6}
100% 乙酸	20	1.2×10^{-6}
95% 硝酸	0 10	1.5×10^{-6} 1.2×10^{-6}
92% 硫酸	−10 0 15 25 50	4.4×10^{-5} 2.6×10^{-5} 1.7×10^{-5} 1.3×10^{-5} 6×10^{-6}
33%～35% 盐酸	−10 0 10 20	2.6×10^{-6} 2.2×10^{-6} 2.0×10^{-6} 1.7×10^{-6}

液体	温度/℃	运动黏度/(m^2/s)
49% 氢氧化钠溶液	15 20 25	7.9×10^{-5} 5.4×10^{-5} 3.6×10^{-5}
41% 氢氧化钠溶液	15 20 25	4.5×10^{-5} 3.4×10^{-5} 1.7×10^{-5}
24%～28% 硅酸钠溶液	0 5 10 20	5.5×10^{-4} 2.9×10^{-4} 2.05×10^{-4} 1.13×10^{-4}
7.5%～8%（以 Al_2O_3 计）硫酸铝溶液	8	1.38×10^{-5}
41% 氯化铁溶液	−15 0 20	2.5×10^{-5} 1.0×10^{-5} 3.0×10^{-6}

注意：一些絮凝剂（参见本章 8.3.5.7 节）的运动黏度极高，必须向供应商咨询具体细节。

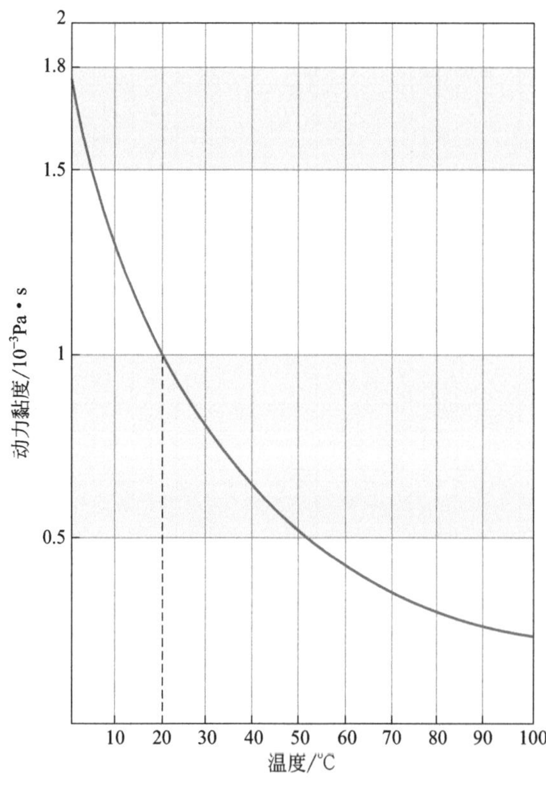

图 8-12　水的动力黏度随温度变化曲线

8.3.2.4　普通溶液

（1）溶解度（表 8-29 和表 8-30）

表8-29　石灰的溶解度

温度/℃	0	10	20	30	40	50	60	70	80	90	100
CaO/（g/L）	1.40	1.33	1.25	1.16	1.06	0.97	0.88	0.80	0.71	0.64	0.5
$Ca(OH)_2$/（g/L）	1.85	1.76	1.65	1.53	1.41	1.28	1.16	1.06	0.94	0.85	0.7
石灰水滴定碱度（TAC）（以 $CaCO_3$ 计）/（mg/L）	2500	2380	2230	2070	1900	1730	1570	1430	1270	1150	1040

表8-30　一些固体药剂的溶解度[1]（按所给化学式计算，每升水中的物质质量）　单位：g/L

物质	化学式[2]	0℃	10℃	20℃	30℃
硫酸铝	$Al_2(SO_4)_3 \cdot 18H_2O$	636	659	688	728
氯化钙	$CaCl_2$	595	650	745	1020
硫酸钙	$CaSO_4 \cdot 2H_2O$	2.22	2.44	2.58	2.65
硫酸铜	$CuSO_4 \cdot 5H_2O$	233	264	297	340
氯化铁	$FeCl_3$	744	819	918	
	$FeCl_3 \cdot 6H_2O$	852	927	1026	
硫酸亚铁	$FeSO_4 \cdot 7H_2O$	282	331	391	455
高锰酸钾	$KMnO_4$	28	44	64	90
磷酸二氢铵	$NH_4H_2PO_4$	184	219	261	
磷酸氢铵	$(NH_4)_2HPO_4$	364	386	408	
	$(NH_4)_2HPO_4 \cdot 2H_2O$	340	388		
硫酸铵	$(NH_4)_2SO_4$	413	420	428	
碳酸钠	$Na_2CO_3 \cdot 10H_2O$	250	305	395	568
氯化钠	NaCl	357	358	360	363
氟化钠	NaF	40		42.2	
碳酸氢钠	$NaHCO_3$	69	81.5	96	111
磷酸二氢钠	$NaH_2PO_4 \cdot 2H_2O$	615	735	888	1101
磷酸氢钠	$Na_2HPO_4 \cdot 12H_2O$	233	252	293	424
磷酸钠	Na_3PO_4	15	41	110	200
	$Na_3PO_4 \cdot 12H_2O$	231	257	326	416
氢氧化钠	NaOH	420	515	1090	1190

① 溶解度的计算基于纯净溶液。

② 当商品试剂（药剂）的化学式与所给化学式不同时，需重新计算其溶解度。

① 硫酸钙的溶解度（图 8-13 和图 8-14）

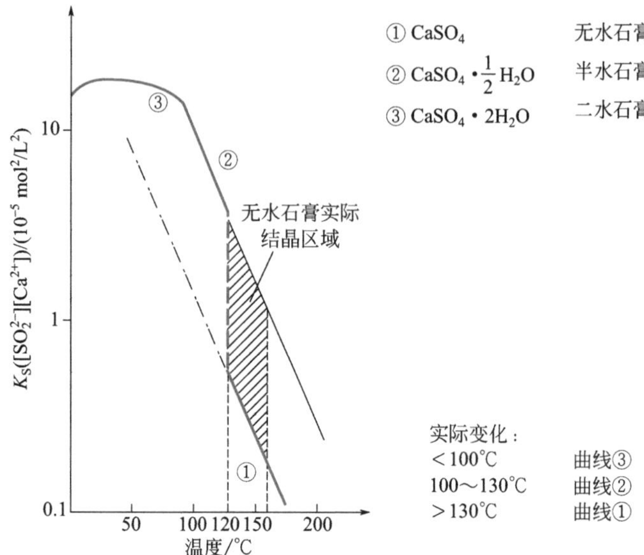

图 8-13 纯水中 $CaSO_4$ 的溶度积（K_S）随温度变化曲线

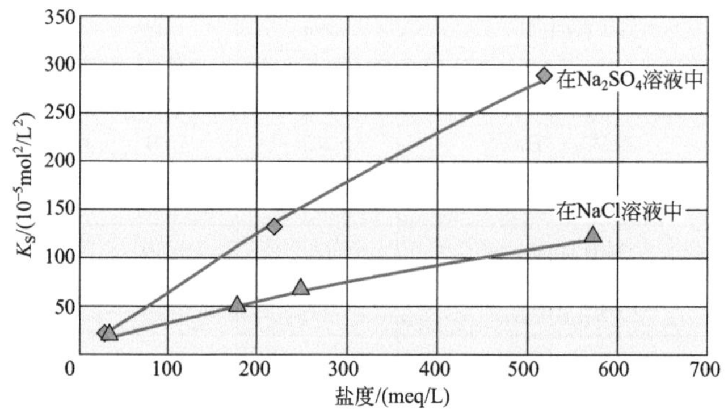

图 8-14 25℃时 $CaSO_4 \cdot 2H_2O$ 的溶度积随盐度变化曲线

② 氟化钙的溶解度（图 8-15 和图 8-16）

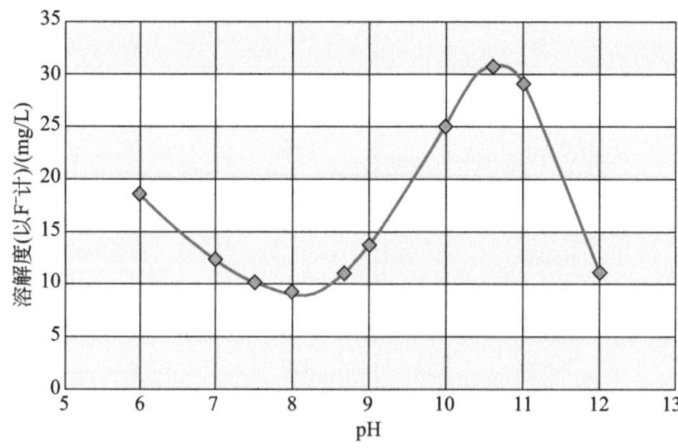

图 8-15 CaF_2 的溶解度随 pH 变化曲线

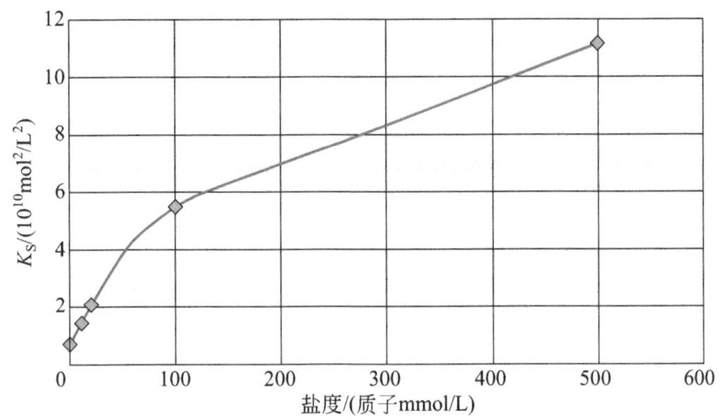

图 8-16　CaF_2 的溶度积随盐度变化曲线

③ 二氧化硅的溶解度（图 8-17 和图 8-18）

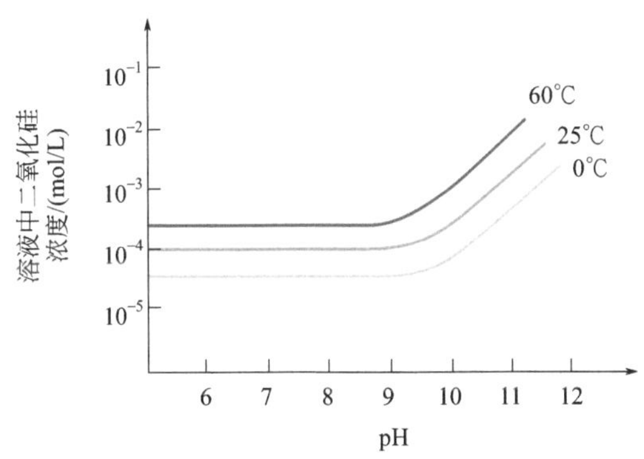

图 8-17　二氧化硅溶解度随温度和 pH 的变化曲线

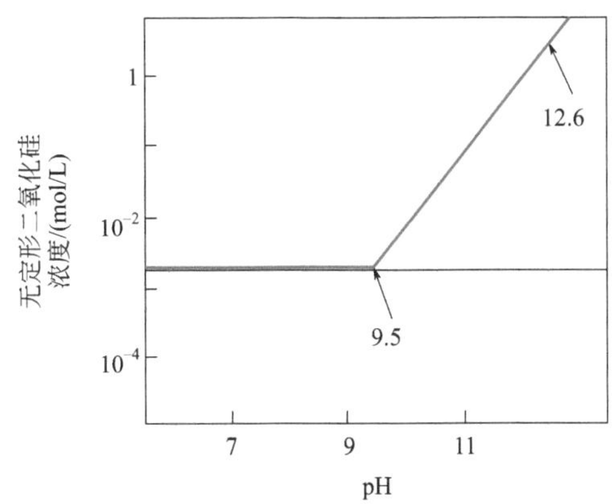

图 8-18　25℃时无定形二氧化硅的溶解度

注意：

① 二氧化硅在水中的溶解度是针对没有聚合反应抑制剂存在的情况而言。

② 盐的存在尤其是 Ca^{2+} 和 Mg^{2+} 会显著地降低二氧化硅的溶解度。

③ 石英（二氧化硅的自然晶体状态）和其他无定形氧化硅在水中的溶解度会随着 pH 和温度的变化而变化。二氧化硅溶解变为硅酸（H_4SiO_4）。在水溶液中，石英的溶解度低于无定形氧化硅。

（2）酸碱溶液的近似 pH 值（表 8-31）

表8-31 酸碱溶液的近似pH值

溶液		摩尔浓度 /（mol/L）	pH	溶液		摩尔浓度 /（mol/L）	pH
酸	HCl	1	0.1	碱	NaOH	1	14.0
	HCl	0.1	1.0		NaOH	0.1	13.0
	HCl	0.01	2.0		NaOH	0.01	12.0
	H_2SO_4	2	0.3		Na_2SiO_3	0.2	12.6
	H_2SO_4	0.2	1.2		Na_2CO_3	0.2	11.6
	H_2SO_4	0.02	2.1		NH_3	1	11.6
	CH_3COOH	1	2.4		NH_3	0.1	11.1
	CH_3COOH	0.1	2.9		NH_3	0.01	10.6
	CH_3COOH	0.01	3.4		$CaCO_3$	饱和	9.4
	H_2CO_3	饱和	3.8		$Na_2B_4O_7$	0.2	9.2
	H_3BO_3	0.3	5.2		$NaHCO_3$	0.2	8.4

（3）氢氧化钠溶液（表 8-32、图 8-19 和图 8-20）

表8-32 氢氧化钠纯溶液的pH

pH	NaOH/（mg/L）	pH	NaOH/（mg/L）
7.5	0.013	9.5	1.3
8.0	0.04	10.0	4
8.5	0.13	10.5	13
9.0	0.4	11.0	40

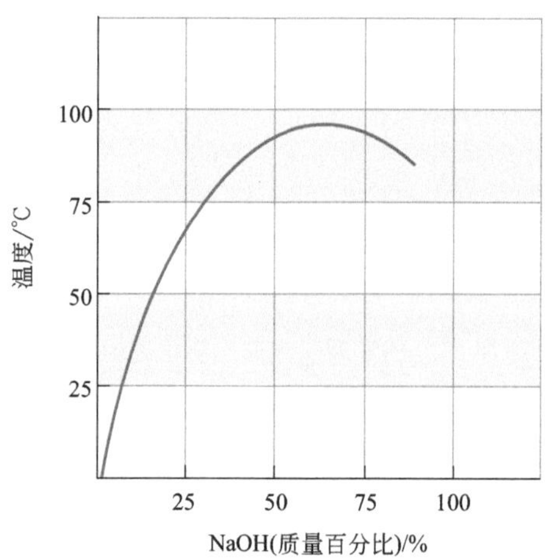

图 8-19 氢氧化钠颗粒溶解过程中达到的最高温度

溶解反应过程中释放出大量的热量。

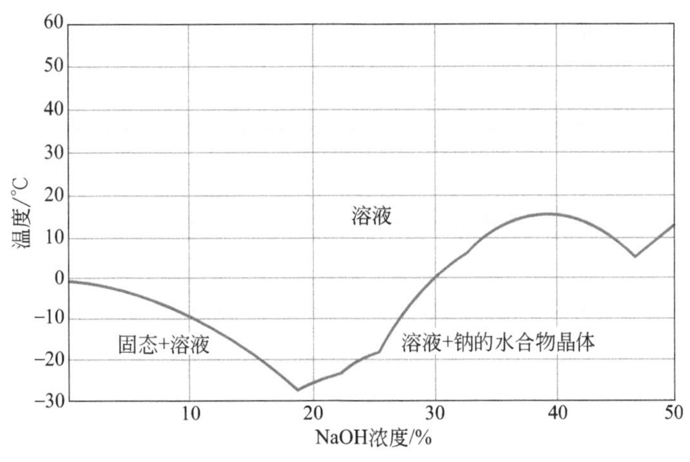

图 8-20 氢氧化钠的溶解度

（4）硫酸溶液（表 8-33、图 8-21）

表8-33 硫酸溶液的性质

H_2SO_4 浓度		15℃时密度 /（kg/L）	熔点 /℃	18℃时比热容 /（kJ/kg）
%	g/L			
5	51.6	1.033	−2	3.992
10	106	1.068	−5	3.857
15	165	1.104	−8	3.666
20	228	1.142	−14	3.532
25	295	1.182	−22	3.361
30	365	1.222	−36	3.200
40	522	1.306	−68	2.830
50	699	1.399	−37	2.533
70	1130	1.615	−41	1.985
90	1640	1.820	−6	1.659
91	1660	1.825	−11	1.597
92	1680	1.829	−24	1.584
93	1700	1.833	−38	1.513
94	1725	1.836	−28	1.496
95	1725	1.839	−19	1.484
96	1770	1.8406	−11	1.450
97	1786	1.8414	−5	1.434
98	1804	1.8411	0	1.404
99	1821	1.8393	6	1.409
100	1836	1.8357	10.4	1.400

溶解反应过程放出大量的热。配制溶液时的顺序要清楚：一定是将酸加入水中，而不能将水加入酸中。

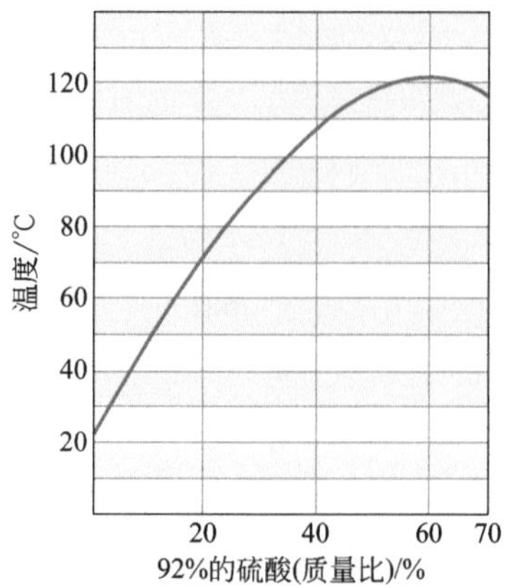

图 8-21　硫酸与水混合时的放热反应

（5）氨和吗啉溶液（图 8-22 和图 8-23）

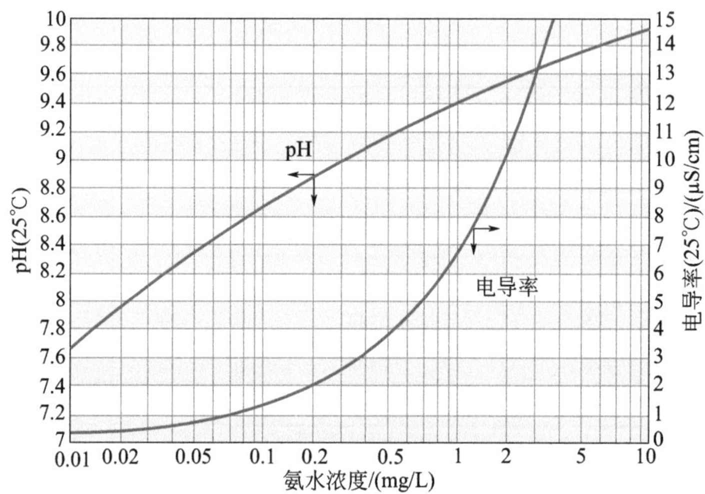

图 8-22　25℃时氨水的 pH 值和电导率

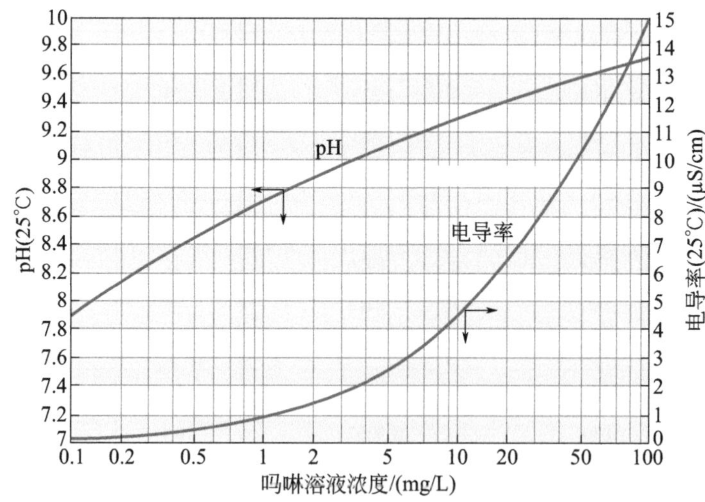

图 8-23　25℃时吗啉溶液的 pH 值和电导率

（6）氯化铁溶液（图 8-24 ~ 图 8-26）

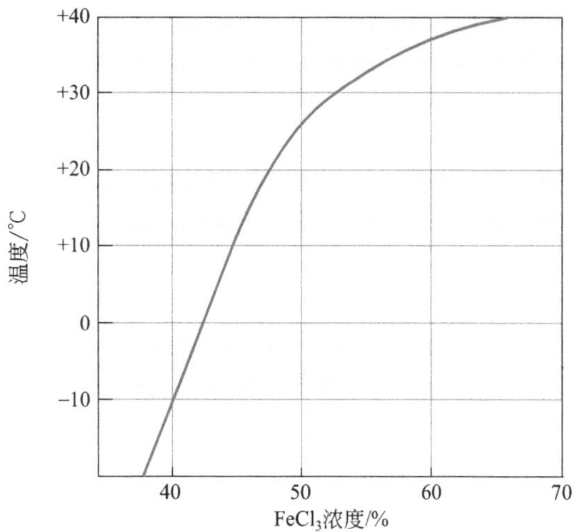

图 8-24　不同温度下 $FeCl_3$ 的溶解度

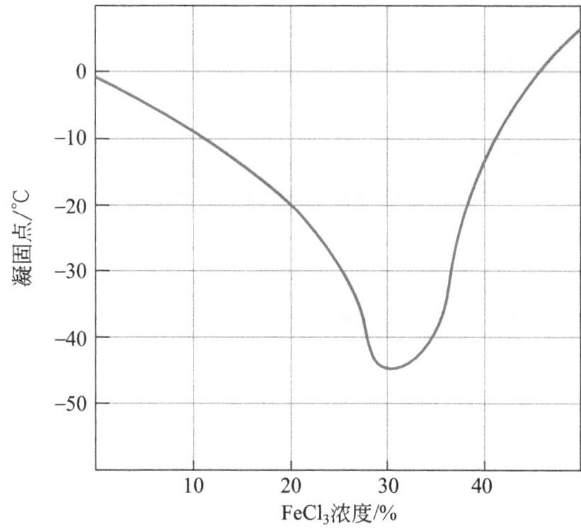

图 8-25　$FeCl_3$ 溶液的凝固点曲线

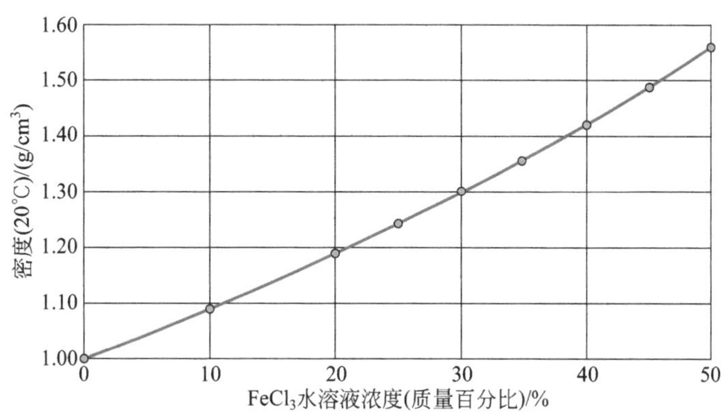

图 8-26　常见不同质量分数 $FeCl_3$ 溶液的密度

（7）生石灰

图8-27表示了在石灰消化过程中：a.温度升高；b.CaO和$Ca(OH)_2$的浓度；c.相对密度。横坐标为石灰消化过程中每克CaO所耗的水的质量（g H_2O/g CaO）。

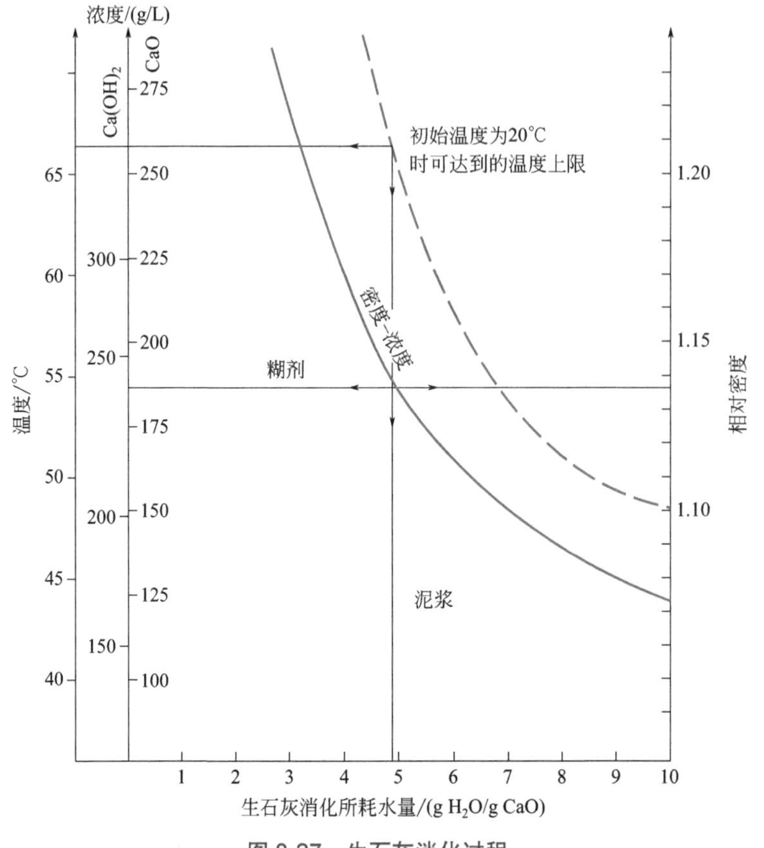

图 8-27　生石灰消化过程

8.3.2.5　pK 值表

25℃时常用酸碱溶液的 pK 值见表 8-34。

表8-34　25℃时常用酸碱溶液的pK值

酸	酸的化学式	相应的碱的化学式	pK
硫酸	H_2SO_4	HSO_4^-/SO_4^{2-}	1.9
铬酸	H_2CrO_4	$HCrO_4^-/CrO_4^{2-}$	0.7/6.4
草酸	$H_2C_2O_4$	$HC_2O_4^-/C_2O_4^{2-}$	1.2/4.1
亚磷酸	H_3PO_3	$H_2PO_3^-/HPO_3^{2-}/PO_3^{3-}$	1.6/6.4
亚硫酸	H_2SO_3	HSO_3^-/SO_3^{2-}	1.8/7.1
EDTA			2.0/2.7/6.2/10.3
磷酸	H_3PO_4	$H_2PO_4^-/HPO_4^{2-}/PO_4^{3-}$	2.2/7.2/12.0
柠檬酸	$C_6H_8O_7$		3.1/4.8/6.4
氢氟酸	HF	F^-	3.2

续表

酸	酸的化学式	相应的碱的化学式	pK
亚硝酸	HNO_2	NO_2^-	3.4
甲酸	HCOOH	$HCOO^-$	3.7
氰酸	HCNO	CNO^-	3.8
乙酸	CH_3COOH	CH_3COO^-	4.8
铝离子	Al^{3+}	$AlOH^{2+}$ (aq)	4.9
碳酸	H_2CO_3	HCO_3^- /CO_3^{2-}	6.4/10.2
硫化氢	H_2S	HS^- /S^{2-}	7.1/14
次氯酸	HClO	ClO^-	7.3
次溴酸	HBrO	BrO^-	8.7
硼酸	H_3BO_3	$H_2BO_3^-$ /HBO_3^{2-}/BO_3^{3-}	9.1/12.7/13.8
氢氰酸	HCN	CN^-	9.1
铵根离子	NH_4^+	NH_3 或 NH_4OH	9.2
次碘酸	HIO	IO^-	10.7
钙离子	Ca^{2+}	$CaOH^+$/$Ca(OH)_2$	11.6/12.6

注：强酸强碱按完全电离考虑。

例如，硼酸的电离如图 8-28 所示。

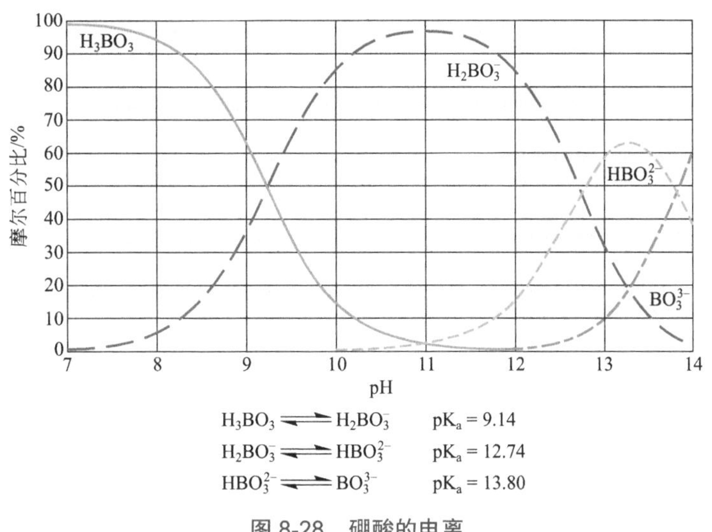

$$H_3BO_3 \rightleftharpoons H_2BO_3^- \quad pK_a = 9.14$$
$$H_2BO_3^- \rightleftharpoons HBO_3^{2-} \quad pK_a = 12.74$$
$$HBO_3^{2-} \rightleftharpoons BO_3^{3-} \quad pK_a = 13.80$$

图 8-28　硼酸的电离

8.3.2.6　pH、碱度以及游离二氧化碳之间的关系

pH、碱度以及游离二氧化碳之间的关系见图 8-29。

8.3.2.7　有机化合物的 COD、BOD_5、ThOD、TOC 之间的关系

有机化合物的 COD、BOD_5、ThOD、TOC 之间的关系见表 8-35。ThOD（theoretical oxygen demand）为理论需氧量。

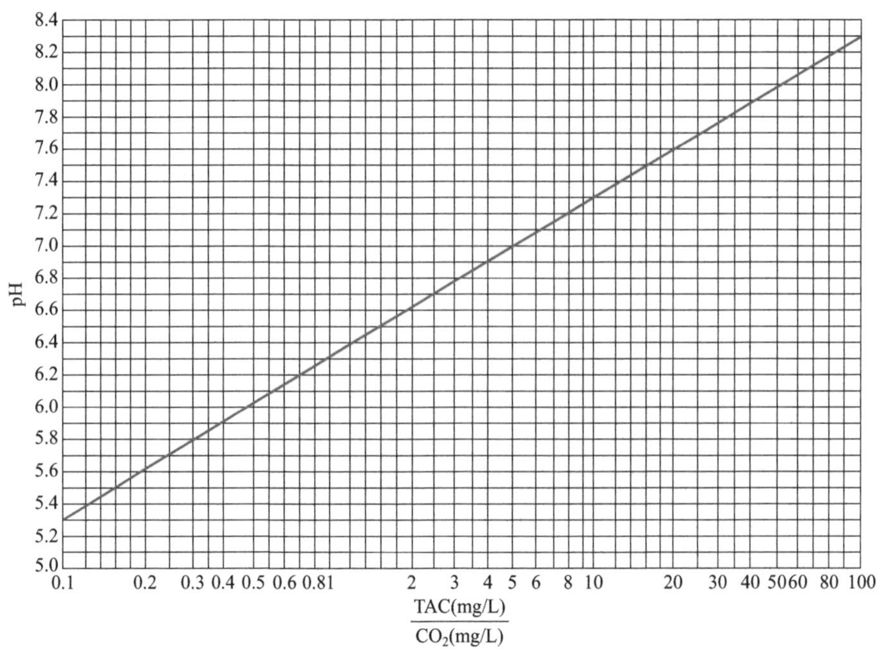

图 8-29 pH、碱度以及游离二氧化碳之间的关系

表8-35 有机化合物的COD、BOD_5、ThOD、TOC之间的关系 单位：g/g

名称		COD	BOD_5	ThOD	TOC
有机酸					
甲酸酸酐	甲酸	0.30	0.24	0.34	0.26
乙酸酸酐	乙酸	1	0.65	1.06	0.40
丙酸酸酐	丙酸	1.4	1.1	1.51	0.49
硬脂酸酸酐	硬脂酸烯丙酯	1.6	1.4～0.5	2.13	0.76
乳酸酸酐	羟基丙酸	0.9	0.6	1.06	0.40
柠檬酸酸酐		0.6	0.4	0.68	0.37
草酸酸酐	乙二酸二乙酯	0.18	0.15	0.18	0.27
酒石酸酸酐	二氢琥珀酸二乙酯	0.5	0.3	0.53	0.32
醇					
甲基	甲醇	1.4	1	1.5	0.37
乙基	乙醇	2	1.6	2.1	0.52
正丙基	正丙醇	2.2	1.5	2.4	0.60
异丙基	异丙醇	2.2	1.2	2.4	0.60
正丁基	正丁醇	2.4	1.7	2.59	0.65
丙三醇	丙三醇	1.1	0.8	1.22	0.39
醛和酮					
甲酸	甲醛	1.02	0.9～0.3	1.07	0.40
乙酸	乙醛	1.8	1.3	1.82	0.54
呋喃甲醛	α-呋喃甲醛	1.6	0.8～0.3	1.66	0.62
丙酮	2-丙酮	1.9	0.8～0.5	2.2	0.62
甲基乙基酮	2-丁酮	2.3	1.8	1.8	0.67
碳水化合物					
淀粉		0.9	0.4～0.8	1.18	
葡萄糖		0.9	0.6～0.8	0.93	0.40

续表

名称		COD	BOD_5	ThOD	TOC
酰胺和胺					
单乙醇胺 MEA	2- 氨基乙醇	1.3	0.95	2.4	0.39
二乙醇胺 DEA	2- 羟乙基二胺	1.5	0.9	2.13	0.46
三乙醇胺 TEA	2- 羟乙基三胺	1.5	0.5	2.04	0.48
丙烯腈	2- 丙烯腈	1.4	0.7	3.17	0.68
苯胺	氨基苯	2.4	1.5	3.09	0.77
三聚氰胺	2,4,6- 三胺三嗪		0	3.04	0.29
蛋氨酸	2- 氨基 -4- 甲基硫代丁酸		0.4～1.4	2.07	0.40
吗啉	吗啉		0～0.2	2.6	0.55
尿素	尿素	0	0.1	1.06	0.20
二甲基甲酰胺 DMF				1.86	0.49
烃类化合物					
正己烷		0.8	0.3～0	1.94	0.84
正癸烷		1.6	1.2～0.1	2.12	0.84
正十六烷		2.2	0.6～0.1	2.23	0.85
苯		2.8	2.1～0.5	3.1	0.92
苯乙烯	乙烯基苯	2.9	1.5	3.07	0.92
甲苯	甲苯	1.8	1.2～0.5	3.13	0.91
邻二甲苯	1,2- 二甲苯	2.6	1.6～1	3.12	0.90
杂环物质					
吡啶		0.0	0～1.2	3.03	0.76
喹啉	非那吡啶	2.3	1.7	2.5	0.84
特殊物质					
丙烯醛	2- 丙烯醛	1.7	0	2.0	0.64
丙烯酰胺	2- 丙烯酰胺	1.3	0～1	2.35	0.51
己内酰胺	2- 己内酰胺	0.6	0.4	2.12	0.64
表氯醇	氯甲基环氧乙烷	1.1	0	1.21	0.39
环氧乙烷	环氧乙烷	1.7	0.1	1.82	0.54
氧化丙烯	甲基环氧乙烷	1.8	0.2	2.21	0.62
苯酚	苯酚	2.3	1.7	2.38	0.76
硫化物					
硫	S^{2-}			2	
氰化物	SCN^-			2.2	
磺胺类				1.5	
硫代硫酸盐	$S_2O_3^{2-}$			0.6	
连四硫酸盐	$S_4O_6^{2-}$			0.5	
亚硫酸盐	SO_3^{2-}			0.2	

注：1. 对于某些化合物，BOD_5 值主要取决于驯化条件或适应性（酮类、氰化物等）以及初始浓度，如果初始浓度升高，将会对化合物的降解产生不利的影响，甚至导致这些物质产生毒性（尤其是芳香烃）。

2. 当化合物没有完全氧化（芳香烃、吡啶等）或极易挥发性化合物由于蒸发导致未被氧化时，COD 值将有可能小于 ThOD 值。

8.3.3　气体的特征常数

8.3.3.1　气体密度

主要气体的密度见表 8-36。

表8-36 主要气体的密度

气体	相对于空气的相对密度	在0℃，101.3kPa下，1L气体的质量/g	气体	相对于空气的相对密度	在0℃，101.3kPa下，1L气体的质量/g
空气	1	1.29349	氯气（Cl_2）	2.491	3.222
氧气（O_2）	1.1052	1.4295	氨气（NH_3）	0.5971	0.772
氮气（N_2）	0.967	1.2508	二氧化硫（SO_2）	2.263	2.927
氢气（H_2）	0.06948	0.08987	硫化氢（H_2S）	1.1895	1.539
二氧化碳（CO_2）	1.5287	1.978			

若1L气体在0℃时的质量为M_0，则在相同压强下，该气体在t℃的质量为：

$$M_t = \frac{M_0}{1+0.00366t}$$

若1L气体在101.3kPa压强下的质量为M_0'，则该升气体在实际压强p下的质量为：

$$M_p = \frac{p}{101.3} M_0'$$

8.3.3.2 水中主要气体的溶解度

利用下列公式，可以由亨利常数（图8-30）得到溶解于液体中的气体量：

$$py_i = Hx_i$$

式中 p——总气压，kPa；

H——亨利常数，kPa；

x_i——液体中该气体的摩尔分数；

y_i——混合气体中该气体的摩尔分数。

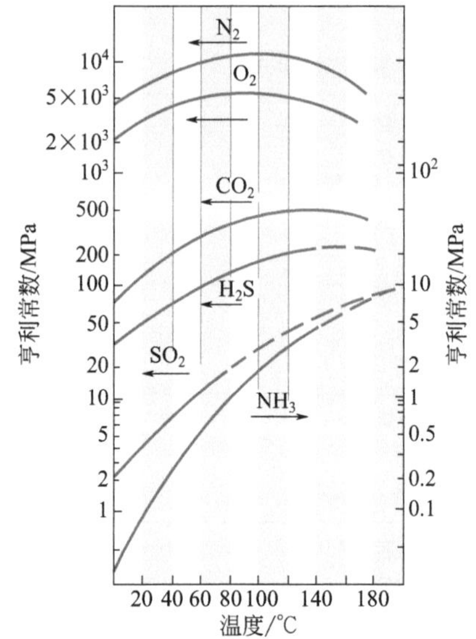

图8-30 不同气体的亨利常数

注：NH_3对应右侧坐标；其余对应左侧坐标。

水中主要气体的标准体积见表8-37，溶解度见图8-31和图8-32。

表8-37 在1bar分压下每升水中相应气体的标准体积　　单位：L

温度/℃	空气	O_2	N_2	CO_2	H_2S	Cl_2	NH_3	SO_2
0	0.0288	0.0489	0.0235	1.713	4.621	4.61	1135	75.00
5	0.0255	0.0429	0.0208	1.424	3.935	3.75	1005	62.97
10	0.0227	0.038	0.0186	1.194	3.362	3.095	881	52.52
15	0.0205	0.0342	0.0168	1.019	2.913	2.635	778	43.45
20	0.0187	0.0310	0.0154	0.878	2.554	2.260	681	36.31
25	0.0172	0.0283	0.0143	0.759	2.257	1.985	595	30.50
30	0.0161	0.0261	0.0134	0.665	2.014	1.769	521	25.87
35	0.0151	0.0244	0.0125	0.592	1.811	1.570	460	22.00
40	0.0143	0.0231	0.0118	0.533	1.642	1.414	395	18.91
50	0.0131	0.0209	0.0109	0.437	1.376	1.204	294	15.02
60	0.0123	0.0195	0.0102	0.365	1.176	1.006	198	11.09

续表

温度 /℃	空气	O_2	N_2	CO_2	H_2S	Cl_2	NH_3	SO_2
70	0.0118	0.0183	0.0097	0.319	1.010	0.848		8.91
80	0.0116	0.0176	0.0096	0.275	0.906	0.672		7.27
90	0.0115	0.0170	0.0095	0.246	0.835	0.380		6.16
100	0.0115	0.0169	0.0095	0.220	0.800			
110		0.0172		0.204				
120		0.0176		0.194				
130		0.0183						
140		0.0192						

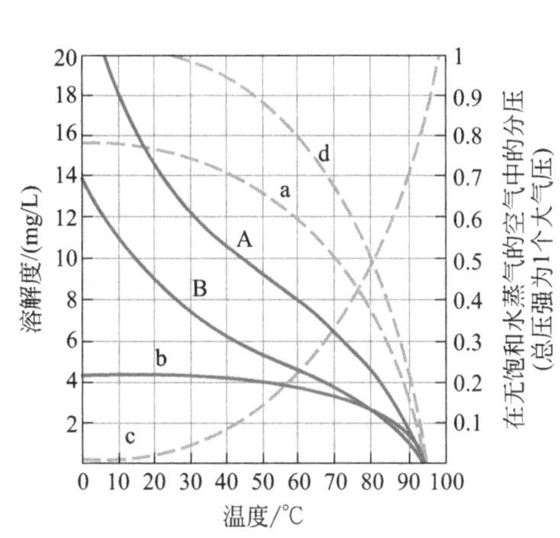

图 8-31　大气压力下空气中各组分在水中的溶解度

A—氮气溶解度；B—氧气溶解度；a—氮气分压；b—氧气分压；c—水蒸气分压；d—空气分压

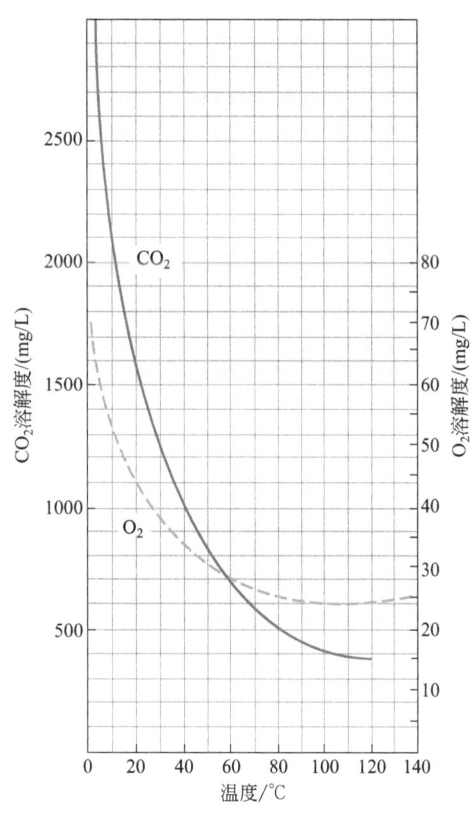

图 8-32　在大气压下和在纯气体环境中，CO_2 和 O_2 在水中的溶解度

8.3.3.3　常见气体的运动黏度

表 8-38 列出了在一个标准大气压 101.3kPa 下，不同温度时一些常见气体的运动黏度 ν，单位为 m^2/s。

在不同的气压下，此运动黏度还需要根据下列公式进行修正（不适用于水蒸气）：

$$\nu'=\nu\frac{p}{p'}$$

表8-38　常见气体的运动黏度　　单位：$10^{-6}m^2/s$

t/℃	0	20	40	60	80	100
空气	13.20	15.00	16.98	18.85	20.89	23.00
水蒸气	11.12	12.90	14.84	16.90	18.66	21.50
Cl_2	3.80	4.36	5.02	5.66	6.36	7.15
CH_4	14.20	16.50	18.44	20.07	22.90	25.40
CO_2	7.00	8.02	9.05	10.30	12.10	12.80
NH_3	12.00	14.00	16.00	18.10	20.35	22.70
O_2	13.40	15.36	17.13	19.05	21.16	23.40
SO_2	4.00	4.60				7.60

式中　v'——修正后的运动黏度，m^2/s；

p'——实际绝对压力，kPa；

p——标准绝对压力，kPa。

在温度 t'（℃）下，液体的密度为 ρ'，单位为 kg/m^3。在正常条件下，使用下列等式，可以由液体的密度 ρ 计算出其绝对流动压力 p'。

$$\rho' = \rho \times \frac{p'}{p} \times \frac{273}{273 + t'}$$

8.3.3.4　饱和时大气的绝对湿度随露点温度变化关系

饱和时大气的绝对湿度随露点温度变化关系见图 8-33。

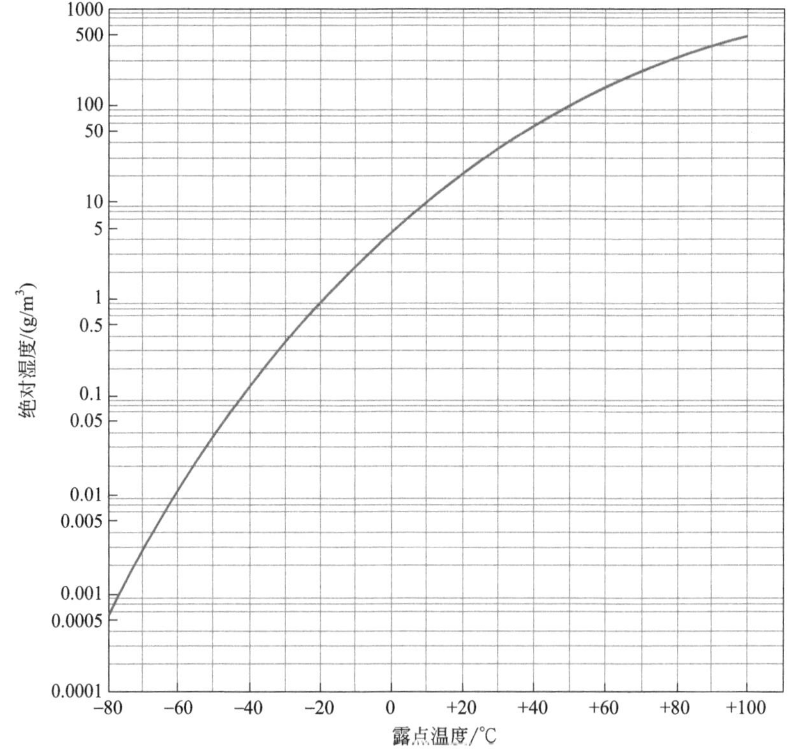

图 8-33　饱和时大气的绝对湿度随露点温度变化关系

8.3.3.5　氯气

（1）一般特性

在正常状态下，氯气是一种黄绿色气体，其物理常量参见第 3 章 3.12.4.2 节。

在 15℃、101.3kPa 下，1kg 氯气体积为 314L，1L 液氯与 456L 氯气的质量相等。氯气可以通过冷却和加压来实现液化，其液化压力随温度而变化：40℃时为 1000kPa；18℃时为 500kPa。

氯气在水中的溶解度见图 8-34。

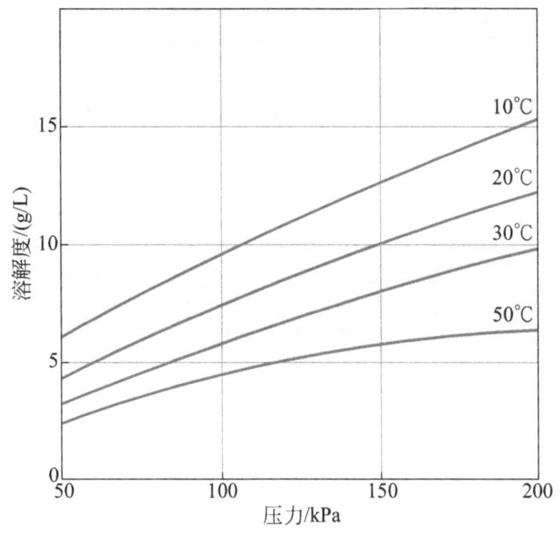

图 8-34　氯气在水中的溶解度

（2）压力和温度的影响

氯气是一种刺激性的、令人窒息的气体；纯净干燥的氯气不具有腐蚀性。然而，即使只有少量水分存在，氯气也会产生很强的腐蚀性。它具有以下特性：对最简单的化合物有很高的反应活性，并可能与氨、氢气等发生爆炸反应。

氯气的汽化潜热和蒸气压分别见表 8-39 和表 8-40。

表8-39　氯气的汽化潜热

温度 /℃		0	10	20	30	40	50	60
汽化潜热	J/mol	17.64	17.14	16.59	16.01	15.47	14.88	14.30
	kJ/kg	249.1	242	234.1	226.1	218.2	209.8	201.5
	kcal/kg	56.6	58.9	56.1	54.1	52.2	50.2	49.2

表8-40　氯气的蒸气压

温度 /℃	−30	−20	−10	0	10	20	30	40	50	60	70
压力 /kPa	121	181	261	367	501	670	877	1127	1426	1779	2193

氯气在不同压力条件下的密度如图 8-35 所示。

8.3.3.6　氨

液氨蒸气压见表 8-41。

表8-41　液氨蒸气压

温度 /℃	−31	0	10	20	30	40	50
压力 /kPa	100	420	610	850	1160	1570	1960

根据相关法规的要求，液氨存储须使用安全工作压力为 2000kPa 并且测试压力为 3000kPa 的容器。

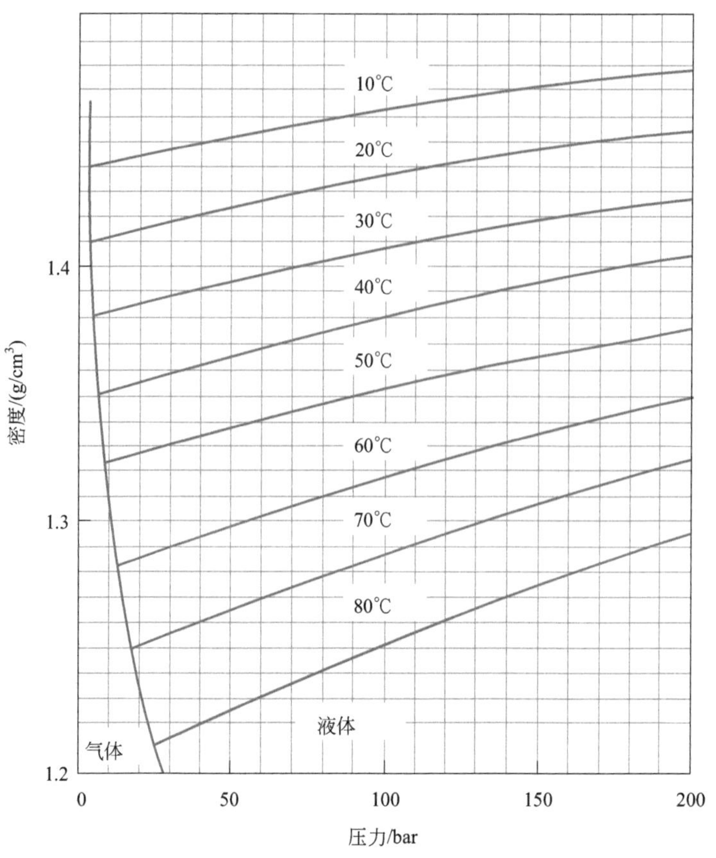

图 8-35　氯气在不同压力条件下的密度

8.3.3.7　臭氧

（1）臭氧在水中的溶解度（图 8-36）

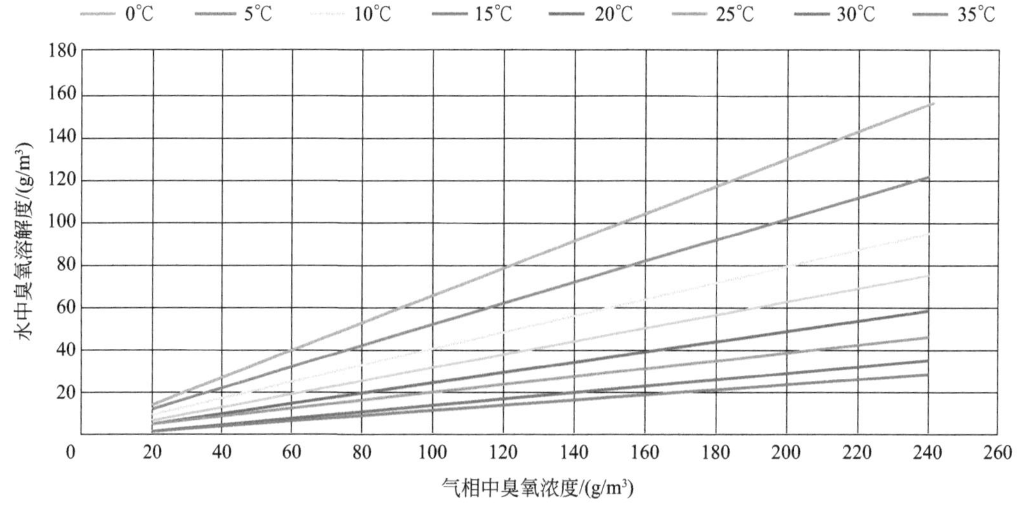

图 8-36　在不同水温以及在 101.3kPa（1atm）时不同气相臭氧浓度下，臭氧在纯水中的溶解度或饱和浓度

（2）水中残余臭氧随 pH 值和温度的变化（图 8-37）

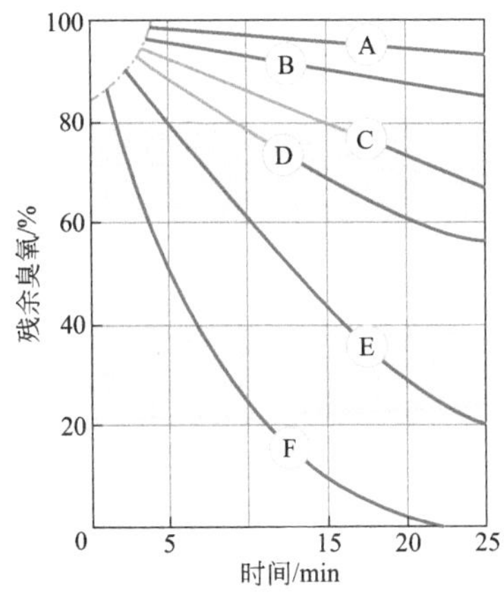

曲线	温度/℃	pH
A	1	7.6
B	10	7.6
C	15	7.6
D	20	7.6
E	15	8.5
F	15	9.2

图 8-37　残余臭氧在不同温度和 pH 值时的分解率

8.3.4　金属氢氧化物的沉淀极限

不同 pH 值下金属在蒸馏水中的溶解度见图 8-38。

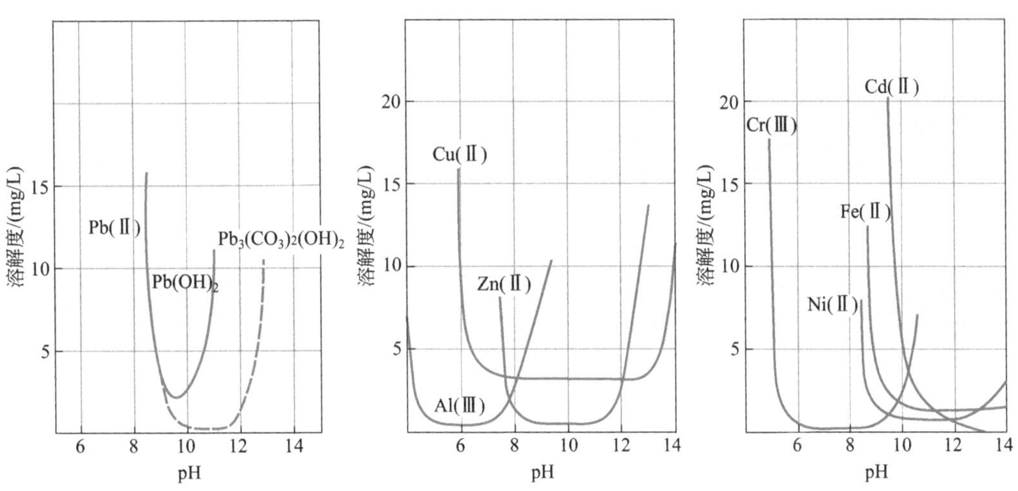

图 8-38　不同 pH 值下金属在蒸馏水中的溶解度

8.3.5　用于水处理的主要药剂

8.3.5.1　澄清

澄清所用主要药剂的性质见表 8-42。

8.3.5.2　酸

常用酸的性质见表 8-43。

8.3.5.3　碱

常用碱的性质见表 8-44。

表8-42 澄清所用主要药剂的性质

名称	分子量	用途	可用形态	特性[①]	相对密度	20℃时的溶解度	结晶点/℃	备注
硫酸铝 $Al_2(SO_4)_3 \cdot 18H_2O$	666	混凝	碎块或粒状或粉末	15.2% Al_2O_3	1.7[②]	660g/L		酸性产品，危险性较低
			液体	7.5% ～ 8% Al_2O_3 ［630 ～ 650g/L $Al_2(SO_4)_3 \cdot 18H_2O$］	1.30		+3	
羟基-氯磺酸铝 $Cl_mSO_{4n}Al(OH)_{3-(m+2n)}$		混凝	液体	8% ～ 10% Al_2O_3				酸性产品，市场上有很多可用产品
硫酸亚铁 $FeSO_4 \cdot 7H_2O$	278	混凝	绿色粉末	20% Fe	1.9[②]	390g/L		酸性产品，危险性较低
氯化铁（固体）$FeCl_3 \cdot 6H_2O$	270	混凝	结晶粉末或块状升华物	60% $FeCl_3$ 99% $FeCl_3$		1026g/L		腐蚀性酸性产品，熔点为34℃
氯化铁（溶液）$FeCl_3$	162	混凝	液体	41% $FeCl_3$ （600g/L）	1.45		−10	
氯化硫酸铁 $FeClSO_4$	187	混凝	棕红色溶液	14% Fe （200g/L）	1.5		−8	酸性产品（160g/L 的溶液在30℃时结晶）
硅酸钠 $Na_2O \cdot nSiO_2$	122	絮凝（由活性二氧化硅制备）	液体	24%～26% SiO_2 26%～28% SiO_2 27%～28% SiO_2	1.35 1.38 1.4		0	黏稠溶液
铝酸钠 $nNa_2O \cdot Al_2O_3 \cdot H_2O$		絮凝 除硅	结晶	20%～40% Al_2O_3	1.6[②]	1000g/L		
			液体	35% Na_2O 21% Al_2O_3（310g/L） 18% Na_2O 60% H_2O	1.48		−20	

① 均为质量分数。② 堆积密度，t/m^3。

表8-43 常用酸的性质

名称	分子量	用途	可用形态	性质	相对密度	结晶点/℃	备注
硫酸 H_2SO_4	98	脱盐 中和	液体	92% 96% 98%	1.83 1.84 1.84	−24 −11 0	高度危险的酸，稀释时会释放大量的热
盐酸 HCl	36.5	脱盐 中和	液体	33%～35%（380～410g/L）	1.18	−30～−40	极其危险的强酸
硝酸 HNO_3	63	脱盐 中和	无色液体	56%～58%（750g/L）	1.35		极其危险的强酸，能与有机物质反应的强力氧化剂

表8-44 常用碱的性质

名称	分子量	用途	可用形态	性质	相对密度	20℃时的溶解度	结晶点/℃	备注
氢氧化钠 NaOH	40	脱盐 中和	片状的固体	98%		52%（即800g/L）		高度危险的碱性产品
			液体	33%（450g/L） 49%（790g/L）	1.36 1.51		+7 +10	
熟石灰 $Ca(OH)_2$	74	絮凝 碳酸盐去除 中和 再矿化	筛分粉末	92%～99%	0.4～0.5	1.6g/L		最常用的为过120目筛，粒径为50～60μm的粉末
生石灰 CaO	56	絮凝 碳酸盐去除 中和	粉末或颗粒	90%～95%	0.8～1.2	1.3g/L		极易吸湿的危险产品，稀释时放热
氨 NH_3	17	脱盐 调节	液体	28% 20%	0.92 0.95			碱性产品

8.3.5.4 消毒（氧化剂）

消毒常用的氧化剂的性质见表8-45。

8.3.5.5 碳酸盐去除药剂（硅去除）

主要的碳酸盐去除药剂的性质见表8-46。

8.3.5.6 锅炉水处理

锅炉水处理常用药剂的性质见表8-47。

8.3.5.7 聚合电解质

常见聚合电解质（混凝剂和絮凝剂）的性质见表8-48。

表8-45　消毒常用的氧化剂的性质

名称	分子量	用途	可用形态	性质	相对密度	20℃时的溶解度	结晶点/℃	备注
过硫酸 H_2SO_5	114	氧化剂，用于氰化物的去除	液体	200g/L	1.3		−25	危险的酸性产品（2.1% 的活性氧）商品名称：卡罗酸
过氧乙酸 CH_3COOOH	76.1	消毒	液体		1.2		−20	强氧化剂-弱酸-空气/蒸汽混合40.5℃以上爆炸
三氯异氰尿酸 $C_3N_3O_3Cl_3$	232	消毒	颗粒 片剂 （白色）	90% 有效氯	当其为颗粒状时 1.2	12		有刺鼻气味，水解时释放氯，用于处理游泳池水，并在紧急情况下可以用于处理饮用水
亚氯酸钠 $NaClO_2$	90.5	制备消毒所用二氧化氯	结晶碎片	80%	0.65	390 g/L		刺激性产品，避免与有机试剂或还原试剂接触，有爆炸的风险
			溶液	25%	1.21		−8～−10	
次氯酸钠 NaClO （漂白剂）	74.5	消毒	黄绿色液体	47°～50°氯度，等价于150g/L 的活性 Cl_2	1.21		−15	碱性氧化性产品，不稳定的溶液
次氯酸钙 $Ca(ClO)_2 \cdot 2H_2O$	179	消毒	粉末	92%～94% 600g/kg 的活性 Cl_2	1	易溶 （见实测值）		氧化性产品，鉴于该产品中含有杂质，浓度不要超过 60g/L
高锰酸钾 $KMnO_4$	158	消毒 氧化剂	紫色粉片		0.8～1.2	30g/L		氧化性产品
过氧化氢 H_2O_2	34	消毒 氧化	无色液体	35% H_2O_2 50% H_2O_2 70% H_2O_2	1.13 1.19 1.29		−33 −43 −38	无毒的刺激性产品，存放时应当远离可燃物质

表8-46　主要的碳酸盐去除药剂的性质

名称	分子量	用途	可用形态	性质	相对密度	20℃时的溶解度	备注
碳酸钠 $Na_2CO_3 \cdot 10H_2O$	286	絮凝中和 碳酸盐去除	白色固体 粉末		2.53	395g/L	呈碱性但不是很危险
氯化镁 $MgCl_2 \cdot 6H_2O$	203	碳酸盐去除	结晶	46% $MgCl_2$ （19% MgO）		1.67g/L	
氧化镁 MgO	40	碳酸盐去除 （硅去除）	粉末	98% MgO		难溶 （6mg/L）	使用通过沉淀法得到的氧化镁

表8-47　锅炉水处理常用药剂的性质

名称	分子量	用途	可用形态	性质	相对密度	20℃时的溶解度	备注
磷酸氢二钠 $Na_2HPO_4 \cdot 12H_2O$	358	调质	结晶体	20% P_2O_5	1.52	41g/L	危险性较低的碱性产品；80℃时的溶解度为874g/L
磷酸三钠 $Na_3PO_4 \cdot 12H_2O$	380	调质	结晶体	20% P_2O_5	1.62	15g/L	80℃时的溶解度为157g/L

表8-48　常见聚合电解质（混凝剂和絮凝剂）的性质

名称	分子量	用途	可用形态	性质	相对密度	20℃时的溶解度	结晶点/℃	备注
混凝剂 kemazur 4516 型	10^4	澄清 过滤 浮选	液体 （溶液）	多胺 pH =2.5 一般为阳离子	1.06	以任何比例与水混合	−2	当大量稀释时（5%）不稳定，无需前期制备
混凝剂 kemazur 4533 型	5×10^4	澄清 过滤 浮选	液体 （溶液）	多胺 pH =5.5 有很强的阳离子性	1.16	以任何比例与水混合	−18	
阳离子絮凝剂 CS 245 型	1.1×10^7	有机污泥脱水	粉末	丙烯酰胺共聚物，表观密度 0.85	溶液中为 1	5g/L	0	浓度 5g/L 时的黏度为 750cP
阴离子絮凝剂 AS25 或 ASP25 型	10^7	澄清	粉末	丙烯酰胺共聚物，表观密度 0.8	溶液中为 1	5g/L	0	浓度 5g/L 时的黏度为 120cP
阳离子絮凝剂 PE23 型	6×10^6	澄清 浮选	液体 （乳液）	溶剂型丙烯酰胺聚合物乳液	1.02	10g/L	−10	需要类似适用于粉末产品形式的制备单元
阴离子絮凝剂 PE14 型	1.5×10^7	澄清 浮选	液体 （乳液）	溶剂型丙烯酰胺聚合物乳液	1.02	15g/L	−10	

8.3.5.8　氧化剂

常用氧化剂见本章 8.3.5.4 节。

8.3.5.9　还原剂

常用还原剂的性质见表 8-49。

表8-49　常用还原剂的性质

名称	分子量	用途	可用形态	性质	相对密度	20℃时的溶解度	结晶点/℃	备注
亚硫酸氢钠 $NaHSO_3$	84	脱氧 脱氯	液体	23%～25% SO_2 （300g/L）	1.32		+3	腐蚀性产品
硫代硫酸钠 $Na_2S_2O_3$	118	同上	粉末		1.2	700g/L		碱性还原性产品
亚硫酸钠 $Na_2SO_3·7H_2O$	252	同上	结晶	48% SO_2		见备注		中性产品 0℃时的溶解度：328g/L 40℃时的溶解度：1960g/L
无水亚硫酸钠 Na_2SO_3	126	同上	结晶	60%～62% SO_2		见备注		0℃时的溶解度：125g/L 40℃时的溶解度：283g/L

8.3.5.10　其他

其他常用药剂的性质见表8-50。

表8-50　其他常用药剂的性质

名称	分子量	用途	可用形态	性质	相对密度	20℃时的溶解度	备注
磷酸 H_3PO_4	98	养分	液体	75% 85%	1.57 1.68		危险的酸性产品
硫酸铵 $(NH_4)_2SO_4$	132	养分	绿粉末	20%～21% N 23%～24% S	1.77	见备注	0℃时的溶解度：706g/L 100℃时的溶解度：1040g/L
磷酸氢二铵 $(NH_4)_2HPO_4$	132	养分	固体 （粉末）	40% N		见备注	0℃时的溶解度：575g/L 70℃时的溶解度：1060g/L
碳酸钙 $CaCO_3$	100	矿化 中和污泥 处理	晶体		2.70	14mg/L	无害产品：用于悬浮液
碳酸氢钠 $NaHCO_3$	84	滴定 回调	晶体粉末	99.7%	2.22	96mg/L	无害产品，压实表观密度：0.9～1.4t/m^3
氯化钠 NaCl（海盐）	58.5	软化剂 （再生）	结晶颗粒 微丸小球	97%	2.16	300g/L	非危险品
氟化钠 NaF	42	氟化	白色晶体 粉末			43g/L	危险的腐蚀性产品
柠檬酸 $C_6H_8O_7$	192	反透膜 清洗	白色晶体 粉末或是 无色晶体		1.52	高度溶解	酸性产品，不是特别危险

8.3.5.11　气体

常见气体的性质见表8-51。

表8-51　常见气体的性质

名称	分子量	用途	外观	相对于空气的密度	在大气压下的液化点 /℃	备注
二氧化硫 SO_2	64	铬酸盐去除还原剂	无色气体	2.264	−10	强烈刺激性气体
氨气 NH_3	17	处理除盐	无色气体	0.597	−33	强烈刺激性气体，易溶于水，20℃时水中溶解度为 33%（质量比）
氯气 Cl_2	70.9	氧化消毒	黄绿色气体	2.49	−34	强烈刺激性气体，20℃时水中的溶解度为 7.3g/L
二氧化碳 CO_2	44	矿化	无色气体	1.96	−78	如果用于饮用水处理，必须为食品级产品
臭氧 O_3	参见本章 8.3.5.4 节					

8.4　水力学

8.4.1　管道中的阻力损失

8.4.1.1　经验公式

普罗尼（Prony）、弗拉曼特（Flamant）、达西（Darcy）和列维（Levy）等很多学者根据大量实验数据进行回归分析，得到了计算水头损失的经验公式。但是这些实验所使用的管道和接头现已不再生产；而且这些公式的适用情况有限，并不能体现其物理本质，计算得到的结果有时也很粗略。因此，基于上述原因，已不再使用这些公式进行水头损失的计算。

威廉（Williand）和哈真（Hazen）经验公式，虽然已经时间久远，但仍在美国使用。公式如下（以公制单位）：

$$J = 6.815\left(\frac{v}{C_{wh}}\right)^{1.852} D^{-1.167}$$

系数 C_{wh} 随管道直径及其内表面状况而变化。

8.4.1.2　由尼库拉兹 Nikuradze 实验导出的科尔布鲁克 (Colebrook) 公式

$$J = \frac{\lambda}{D} \times \frac{v^2}{2g}$$

$$\frac{1}{\sqrt{\lambda}} = -2\lg\left(\frac{k}{3.7D} + \frac{2.51}{Re\sqrt{\lambda}}\right)$$

式中　J——摩擦阻力引起的水头损失，mH_2O/m 管长；

λ——水头损失系数；

D——管径，或非圆柱形管渠的水力直径（见本章 8.4.1.3 节），m；

v——流速，m/s；

g——重力加速度，9.81m/s^2；

k——管壁的当量粗糙度，m；

Re——雷诺数，$Re=\dfrac{vD}{\nu}$，ν 为水的运动黏度，在标准压力下数值如表 8-52 所示。

表8-52　水的运动黏度（标准压力下）

t/℃	0	5	10	15	20	30	40	50	60	70	80	90	100
ν/(10^{-6} m^2/s)	1.792	1.52	1.31	1.14	1.006	0.8	0.66	0.56	0.48	0.41	0.36	0.33	0.3

（1）粗糙度的选择

水头损失计算结果的精确性取决于粗糙度系数的初始选择。对于输水管道，该选择不仅和管壁性质及其随时间的变化有关，也和所输送水的物理化学性质有关。

① 不易沉积和腐蚀的光滑管道

清水通过由塑料、石棉水泥、离心水泥或其他非腐蚀材料制成的管道，或具有光滑衬里的管道时，即为这种情况。实际上，考虑到随时间流逝，管道将不可避免地发生微小的劣化，一般选取 k=0.1mm 的粗糙度。然而对于全新管道，理论上可接受 k=0.03mm 的粗糙度。常用材料包括接头在一般使用条件下的粗糙度 k 值如表 8-53 所示。

表8-53　常用材料一般使用条件下的粗糙度

材料	k/mm	材料	k/mm
新钢管	0.1	新黄铜、铜和铅管	0.01
塑料衬里管 光滑、无孔衬里	0.03	新铝管	0.015～0.06
		新离心混凝土管	0.03
新铸铁管	0.1～1	新的 / 光滑的模板	0.2～0.5
沥青衬里管	0.03～0.2	新的 / 粗糙的模板	1.0～2.0
水泥衬里管	0.03～0.1	新石棉水泥管	0.03～0.1
塑料管	0.03～0.1	釉面粗陶瓷	0.1～1

② 可能沉积和腐蚀的管道

若用这样的管道输送相对具有侵蚀性、腐蚀性、易结垢或浑浊的水，则认为平均粗糙度 k=2mm。对于低侵蚀性、低结垢倾向的无氯原水，则 k=1mm。对低浊度的原水和经过除藻处理的无侵蚀性不易结垢的过滤水，也可认为 k=0.5mm。

在平均水质条件下，作为初步近似值，可以使用新管道和结垢管道的算数平均值作为初始赋值进行压力降（J）的计算。

（2）使用通用图表计算

对于具有不规则粗糙度的工业管道，根据实际水流条件下的雷诺数 Re 和相对管壁粗糙度 $\dfrac{k}{D}$，然后根据图 8-39 可以查到科尔布鲁克公式中使用的水头损失系数 λ。

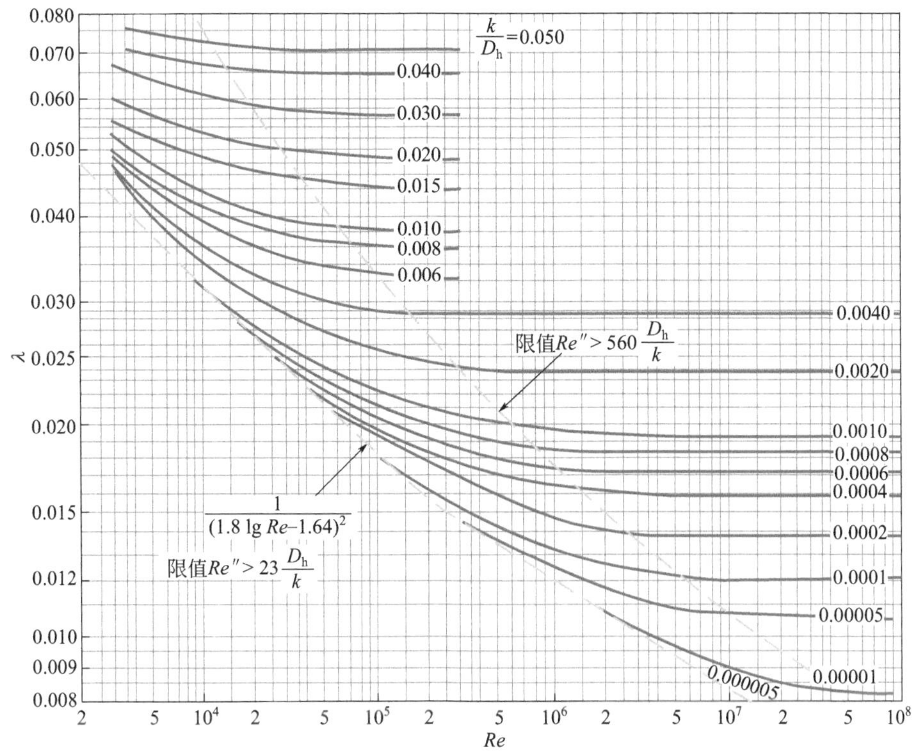

图 8-39　标准阻力损失图

注：D_h为水力直径。

表 8-54 则根据通用算表，给出了一些常用粗糙度 k 下的 λ/D。

表8-54　$\frac{\lambda}{D}$ 系列

直径 /m	不同粗糙度下的 $\frac{\lambda}{D}$ 系数			
	k=0.1mm	k=0.5mm	k=1mm	k=2mm
0.025	1.26	2	2.84	
0.03	1.02	1.54	2	2.71
0.04	0.7	1.04	1.34	1.8
0.05	0.528	0.78	0.985	1.3
0.065	0.35	0.5	0.615	0.8
0.08	0.29	0.413	0.512	0.66
0.1	0.222	0.31	0.38	0.49
0.125	0.168	0.232	0.284	0.36
0.15	0.133	0.182	0.223	0.28
0.2	0.0935	0.128	0.153	0.19
0.25	0.071	0.096	0.114	0.141
0.3	0.0573	0.076	0.09	0.11
0.35	0.0475	0.0625	0.0735	0.09

续表

直径 /m	不同粗糙度下的 $\frac{\lambda}{D}$ 系数			
	k=0.1mm	k=0.5mm	k=1mm	k=2mm
0.4	0.04	0.053	0.0625	0.0758
0.45	0.0351	0.046	0.0538	0.065
0.5	0.0308	0.04	0.047	0.0566
0.6	0.0245	0.0322	0.0371	0.0477
0.7	0.0206	0.0266	0.0307	0.0368
0.8	0.0175	0.0225	0.026	0.031
0.9	0.0151	0.0194	0.0225	0.0267
1	0.0134	0.017	0.0197	0.0234
1.1	0.01163	0.015	0.01754	0.0209
1.2	0.0104	0.01358	0.01583	0.01875
1.25	0.0102	0.013	0.015	0.0177
1.3	0.00946	0.0123	0.0142	0.01676
1.4	0.00878	0.01128	0.01307	0.01535
1.5	0.00827	0.104	0.012	0.014
1.6	0.00737	0.00956	0.01106	0.0131
1.7	0.00694	0.00882	0.0103	0.01235
1.8	0.00655	0.00833	0.00966	0.0111
1.9	0.00605	0.00773	0.00894	0.0104
2	0.00586	0.00735	0.0084	0.0098
2.1	0.00538	0.0069	0.00785	0.00928
2.2	0.00513	0.0065	0.0074	0.00881
2.3	0.00491	0.00621	0.00708	0.00834
2.4	0.00466	0.00591	0.00675	0.00791
2.5	0.00453	0.0056	0.0064	0.00745
近似流速范围	1～3m/s	1～3m/s	≥1m/s	≥0.5m/s

可以将摩擦产生的沿程阻力损失和局部水头损失统一考虑为压力降（Δh）以简化计算。Δh 的单位为 mH_2O。

$$\Delta h = JL + K\frac{v^2}{2g} = \left(\frac{\lambda}{D}L + K\right)\frac{v^2}{2g}$$

式中　L——总长度，m；

v——流速，m/s；

K——所有的局部阻力损失系数之和（见本章 8.4.2 节）。

注意：若定义 L_e 为所有局部损失系数的等效直管长度，则可得到如下关系：

$$L_e = K\frac{D}{\lambda} \qquad \Delta h=\frac{\lambda}{D}(L+L_e)\frac{v^2}{2g}$$

8.4.1.3　各种形状的管道

为了应用上述公式，需要使用水力直径 D_h，即等效圆柱形管直径的概念。

若 S 为管道湿截面面积，P 为湿周长：

$$D_h = \frac{4S}{P}$$

对于尺寸为 a 和 b 的矩形截面管道：

$$D_h = \frac{2ab}{a+b}$$

8.4.1.4　非满流的圆形管道

令：

① q（L/s）为具有坡度 p（mm/m）、充满度为其直径的 X（%）、直径为 D 的管道的流量；

② Q（L/s）为一个直径为 D、水头损失（mm/m）等于坡度的管道在满流时的流量。

已知 D 和 p（从而已知 Q），则流量 q 可通过以下公式计算：

$$q = mQ$$

m 与 X 的关系见表 8-55。

表8-55　m与X的对应关系

X/%	20	25	30	35	40	45	50	55	60	65	70	75
m	0.08	0.13	0.185	0.25	0.32	0.4	0.5	0.58	0.67	0.74	0.82	0.89

8.4.2　管道、管件、阀门等局部阻力损失

8.4.2.1　突然收缩

$$\Delta h=\frac{1}{2}\left(1-\frac{D_2^2}{D_1^2}\right)\frac{v^2}{2g}$$

式中　h——水头损失，mH_2O；

v——收缩后平均流速，m/s；

g——重力加速度，9.81m/s^2；

D_1——收缩前管径，m；

D_2——收缩后管径，m。

特殊情况：水池出水管，具体如下。

（1）一般情况

$$\Delta h=\frac{1}{2}\times\frac{v^2}{2g}$$

（2）出水管伸入水池中（伸入长度超过 1/2 管径）

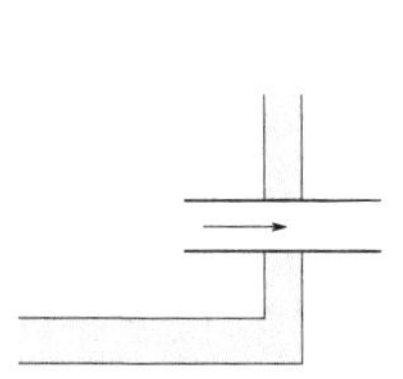

$$\Delta h=\frac{v^2}{2g}$$

（3）圆边缘入口接头

如果 $\frac{r}{D}$ >0.18，则

$$\Delta h = 0.05\frac{v^2}{2g}$$

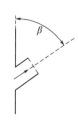

（4）圆管锐角连接

$$\Delta h = K\frac{v^2}{2g}$$

其中：$K=0.5+0.3\cos\beta+0.2\cos^2\beta$

不同圆管锐角 β 所对应的局部阻力损失系数 K 见表 8-56。

表8-56　不同圆管锐角 β 所对应的局部阻力损失系数 K

β	20°	30°	45°	60°	70°	80°	90°
K	0.96	0.91	0.81	0.7	0.63	0.56	0.5

（5）开口短管管嘴

$$\Delta h = 1.5\frac{v^2}{2g}$$

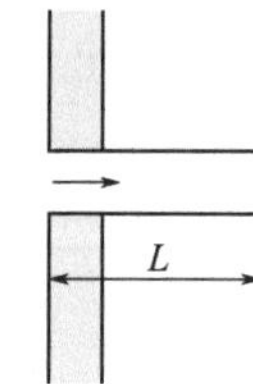

适用于 $2D<L<5D$。

8.4.2.2　突然扩大

$$\Delta h = \frac{(v_1 - v_2)^2}{2g} = \frac{v_1^2}{2g}\left(1 - \frac{D_1^2}{D_2^2}\right)^2$$

式中　v_1——扩大前的平均流速，m/s；

v_2——扩大后的平均流速，m/s；

D_1——扩大前管径，m；

D_2——扩大后管径，m。

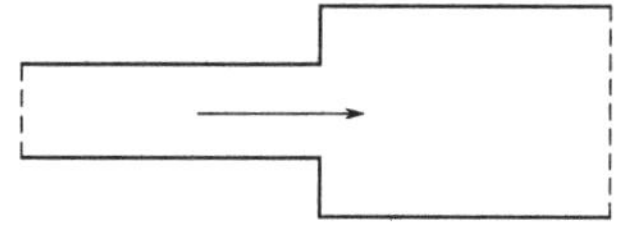

特殊情况：水池进水管，如下。

$$\Delta h = \frac{v^2}{2g}$$

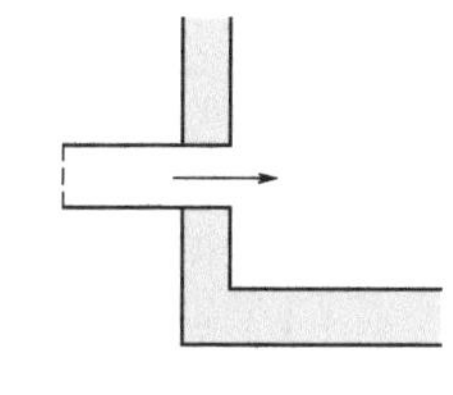

以下公式通常更适用：

$$\Delta h = \alpha\frac{v^2}{2g}$$

其中，$1.06<\alpha<1.1$。

8.4.2.3　渐缩管

$$\Delta h = \Delta h_1 + \Delta h_2$$

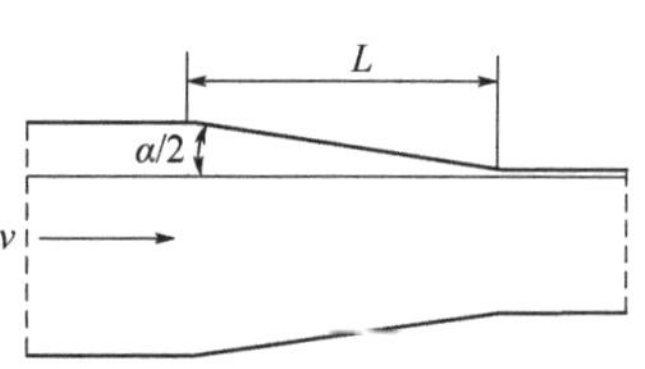

（1）摩擦损失（Δh_1）

计算长度相同、截面等于较大截面的圆柱形管道的压降 $\Delta h_1'$：

$$\Delta h_1 = x\Delta h_1'$$

其中，$x=\dfrac{n(n^4-1)}{4(n-1)}$，$n=\dfrac{D}{d}$

式中　D——进口直径；

　　d——出口直径。

（2）**脱离损失（Δh_2）**

$$\Delta h_2 = K\frac{v^2}{2g}$$

式中　v——根据较大截面计算出的流速，m/s。

K 值见表 8-57。

表8-57　渐缩管K值

顶角 \ $n=D/d$	1.15	1.25	1.5	1.75	2	2.5
6°	0.006	0.018	0.085	0.23	0.5	1.5
8°	0.009	0.028	0.138	0.373	0.791	2.42
10°	0.012	0.04	0.2	0.53	1.05	3.4
15°	0.022	0.07	0.344	0.934	1.98	6.07
20°	0.045	0.12	0.6	1.73	3.5	11
30°	0.28	0.25	1.25	3.4	7	

8.4.2.4　渐扩管

劳伦兹（Lorenz）公式：

$$\Delta h=\left(\frac{4}{3}\mathrm{tg}\frac{\alpha}{2}\right)\frac{v_1^2}{2g}$$

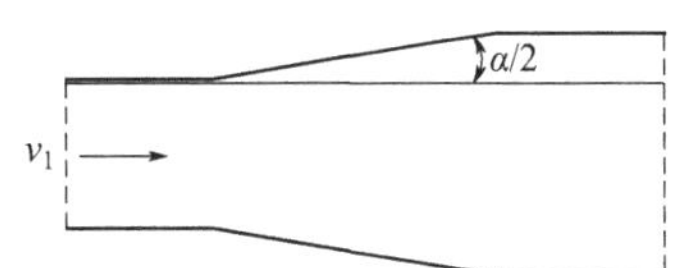

式中　α——渐扩管顶角；

　　v_1——渐扩管前管道内流速。

8.4.2.5　弯管

（1）**圆角弯管**

$$\Delta h = K\frac{v^2}{2g}$$

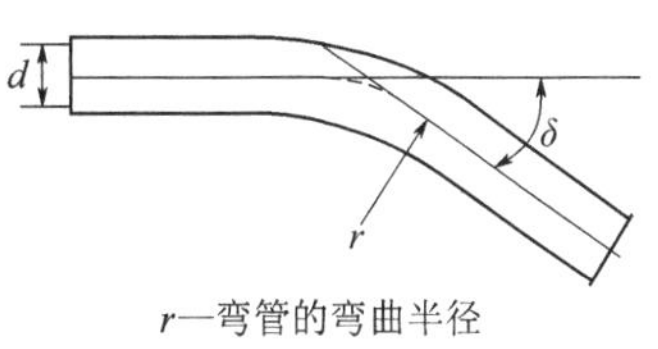

r—弯管的弯曲半径

K 值与 δ 和 r/d 有关，见表 8-58。

对于“三 d 弯管”：$2r=3d$，即 $r/d=1.5$。

连接到封闭水池的弯管总 K 值见表 8-59。

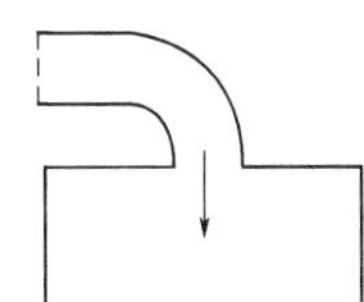

表8-58　圆角弯管K值

δ \ r/d	1	1.5	2	3	4
22°5	0.11	0.1	0.09	0.08	0.08
45°	0.19	0.17	0.16	0.15	0.15
60°	0.25	0.22	0.21	0.2	0.19
90°	0.33	0.29	0.27	0.26	0.26
135°	0.41	0.36	0.35	0.35	0.35
180°	0.48	0.43	0.42	0.42	0.42

表8-59　连接到封闭水池的弯管总K值

r/d	1	1.5	2	3	4
δ=90°	1.68	1.64	1.62	1.61	1.61

（2）锐角弯管

$$\Delta h=K\frac{v^2}{2g}$$

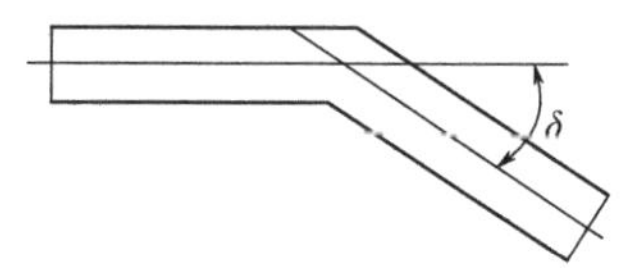

其中 K 值见表 8-60。

表8-60　锐角弯管K值

δ	22°5	30°	45°	60°	75°	90°
K	0.17	0.2	0.4	0.7	1	1.5

8.4.2.6　三通

假设：a. 支管与主管具有相同的直径；b. 接头为尖角。

（1）支管出水

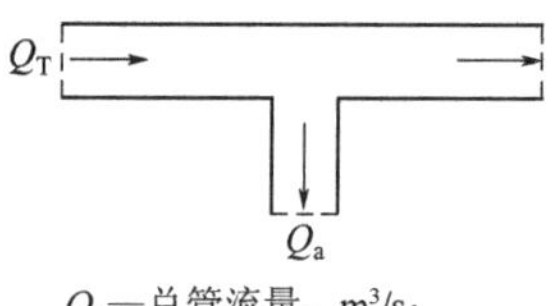

Q_T—总管流量，m³/s；
Q_a—支管出水流量，m³/s

$$\Delta h=K\frac{v_T^2}{2g}$$

式中　v_T——总管流速，m/s。

支管出水时三通的 K 值见表 8-61。

表8-61　支管出水时三通的K值

$\frac{Q_a}{Q_T}$	0	0.1	0.2	0.3	0.4	0.5	0.6	0.7	0.8	0.9	1
K_b	−1	1	1.01	1.03	1.05	1.09	1.15	1.22	1.32	1.38	1.45
K_r	0	0.004	0.02	0.04	0.06	0.1	0.15	0.2	0.26	0.32	−0.4

注：K_b 为支管段阻力系数；K_r 为直管段阻力系数。

（2）支管进水

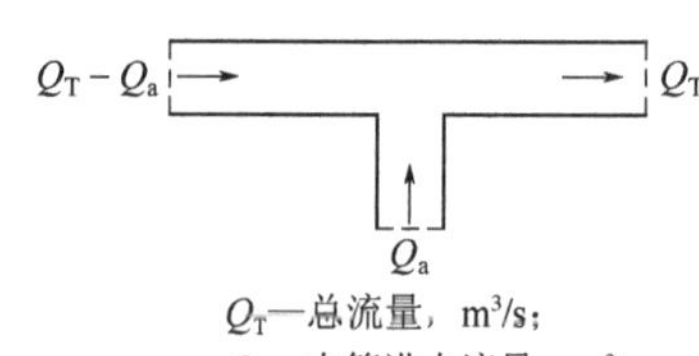

Q_T—总流量，m³/s；
Q_a—支管进水流量，m³/s

$$\Delta h=K\frac{v_T^2}{2g}$$

支管进水时三通的 K 值见表 8-62。

表8-62　支管进水时三通的K值

$\frac{Q_a}{Q_T}$	0	0.1	0.2	0.3	0.4	0.5	0.6	0.7	0.8	0.9	1
K_b	−0.6	−0.37	−0.18	−0.07	0.26	0.46	0.62	0.78	0.94	1.08	1.2
K_r	0	0.16	0.27	0.38	0.46	0.53	0.57	0.59	0.6	0.59	0.55

（3）对称三通，主管分流（焊接钢管三通）

$$\Delta h_i = K_{ri}\frac{v_T^2}{2g}$$

$$K_{r1} = 1+0.3\left(\frac{Q_{a1}}{Q_T}\right)^2$$

$$K_{r2} = 1+0.3\left(\frac{Q_{a2}}{Q_T}\right)^2$$

（4）对称三通，主管合流

$$\Delta h_i = K_{ri}\frac{v_T^2}{2g}$$

$$K_{r1} = 2+3\left[\left(\frac{Q_{a1}}{Q_T}\right)^2 - \frac{Q_{a2}}{Q_T}\right]$$

$$K_{r2} = 2+3\left[\left(\frac{Q_{a2}}{Q_T}\right)^2 - \frac{Q_{a1}}{Q_T}\right]$$

8.4.2.7　阀门和接头

$$\Delta h = K\frac{v^2}{2g}$$

（1）旋转阀或蝶阀

阀门不同开度下的水头损失系数取决于蝶阀的水力形状，表 8-63 给出了几个典型值作为参考，如需更精确计算建议参考制造商的技术文件。

表8-63　旋转阀或蝶阀K值

β	0°～5°	10°	20°	30°	40°	45°	50°	60°	70°
K	0.25～0.30	0.52	1.54	3.91	10.8	18.7	32.6	118	751

（2）闸阀

闸阀 K 值见表 8-64。

表8-64　闸阀K值

闸板下降距离（L）	0	1/8	2/8	3/8	4/8	5/8	6/8	7/8
K	0.12	0.15	0.26	0.81	2.06	5.52	17	98

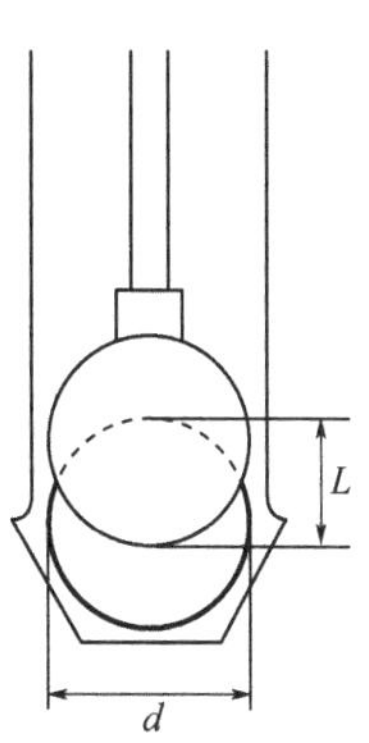

（3）旋塞阀

旋塞阀 K 值见表 8-65。

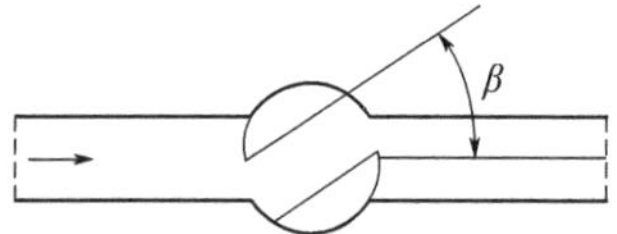

表8-65 旋塞阀K值

β	10°	20°	30°	40°	45°	50°	55°
K	0.31	1.84	6.15	20.7	41	95.3	275

（4）瓣阀（拍门）

瓣阀（拍门）K 值见表 8-66。

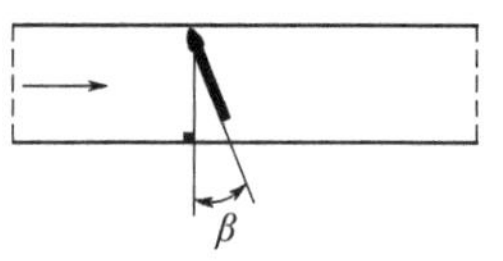

表8-66 瓣阀（拍门）K值

β	15°	20°	25°	30°	35°	40°	45°	50°	60°	70°
K	90	62	42	30	20	14	9.5	6.6	3.2	1.7

8.4.2.8 全开阀门及连接件

$$\Delta h=K\frac{v^2}{2g}$$

全开阀门及连接件 K 值见表 8-67。

表8-67 全开阀门及连接件K值

阀门及连接件	典型 K 值	K 的变化范围
平行阀座闸板阀	0.12	0.08～0.2
锥形阀座闸板阀		0.15～0.19
角阀		2.1～3.1
针阀		7.2～10.3
直杆螺纹阀杆截止阀	6	4～10
角式截止阀		2～5
浮球阀	6	
旋塞阀		0.15～1.5
旋启式止回阀	2～2.5	1.3～2.9
底阀（不包括滤网）	0.8	
套筒接头		0.02～0.07

阀门系数 C_v 值：通常的做法是为不同的开度指定一个流量系数 C_v。根据定义，C_v 值是指 15℃的水通过阀门产生 1psi（6894.76Pa）水头损失时的流量（单位为 US gpm），相当于产生 5mbar 或 0.05mH_2O 水头损失时的流量（单位为 L/min）。

因此，对于水，可得到：

$$C_v=\frac{Q}{\sqrt{\Delta h}}$$

式中 Q——流量，US gpm；

Δh——水头损失，psi。

在公制单位下：

$$C_v = 13.3\frac{Q}{\sqrt{\Delta h}}$$

式中　Q——流量，L/s；

Δh——水头损失，mH_2O。

8.4.3　差压流量测量系统的计算

文丘里管：

孔板：

喷嘴：

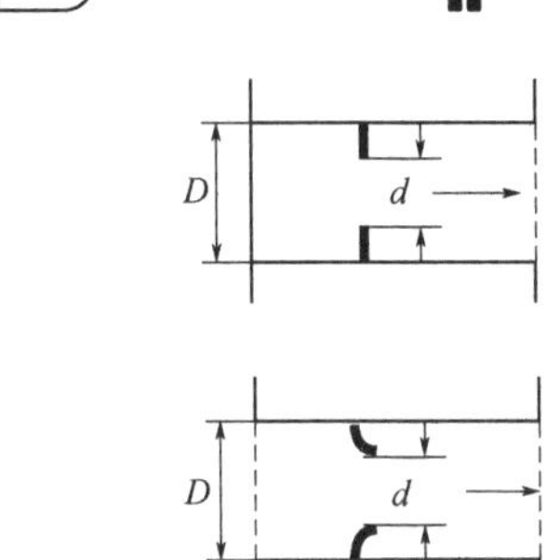

8.4.3.1　近似计算方法

$$h = K\frac{\rho}{1000}\times\frac{v^2}{2g}(m^2-1)$$

即

$$\frac{D^2}{d^2} = \sqrt{\frac{1000\times 2gh}{K\rho v^2}+1}$$

式中　h——设备产生的负压，mH_2O（4℃，密度为 $1000kg/m^3$）；

K——实验系数（在 1 左右）；

ρ——实际流态下流体的密度，kg/m^3；

v——设备进口处的流体流速，m/s；

g——重力加速度，$9.8m/s^2$；

D——管道直径，m；

d——在最大限流处流体的直径，m；

m——管截面和最大限流处截面之比。

孔板水头损失（对于 $Re>10^5$）如下：

$$\Delta h = K\frac{\rho}{1000}\times\frac{v^2}{2g}$$

其中：$K = \left(1+0.707\sqrt{1-\frac{d^2}{D^2}}-\frac{d^2}{D^2}\right)^2\times\left(\frac{D^2}{d^2}\right)^2$

适用于尖锐边缘的孔板，其中孔的直径 d 和管道内径 D 采用相同的单位来表示。

8.4.3.2 压差流量测量系统的精确计算

参考标准 ISO 5167-1～ISO 5167-4。

安装条件：孔板、喷嘴和文丘里喷嘴必须安装在管道的直管段上，并且上游直管段长度至少等于 10D，下游直管段长度大于 5D，对于低节流量的情况上下游直管段长度还应加长。对于经典的文丘里管，根据节流量的不同，最小的上游直管段要求只有（1.5～6）D（参见标准 ISO 5167-1）。

文丘里管的长度是根据标准系数（见如上标准）和收缩比 D/d 来确定的。

8.4.4 孔口和短管出流

出流量（m³/s）： $Q = kS\sqrt{2gh}$

平均流速（m/s）： $v = k\sqrt{2gh}$

式中 S——外截面孔口面积，m²；

g——重力加速度，9.81m/s²；

k——系数；

h——孔口水头，流体的上游液位到孔口中心的距离，m。

这里所用的系数 k 和本章 8.4.2 节内所定义的系数 K 之间存在如下关系：

$$k = K^{-\frac{1}{2}}$$

当 k=0.62 时，简化的计算公式：

$$Q = S\sqrt{h}$$

其中，Q 的单位是 m³/h，S 的单位是 cm²，h 的单位是 m。

当建造或安装差压流量测量系统比较困难时，可使用毕托管（图 8-40）测量流量。在管道中进行流量测量时，测压毕托管的弯曲端一般沿管道轴线放置。

测压装置所测得的压力差 h_c 为静压力和总压力之间的差值，即测压点的动压。若 v_c 为沿轴线的瞬时流速（m/s），而 v_m 为通过直径为 D（m）的截面的平均流速（m/s），对

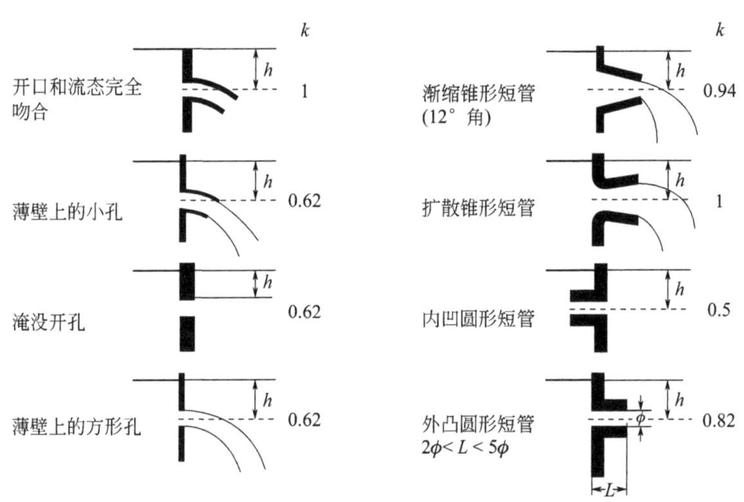

图 8-40 不同形式的毕托管

于流量为 Q（m³/s），密度为 ρ（kg/m³）的流体，以 mmH_2O 计的压差值 h_c 为：

$$h_c = \rho \frac{v_c^2}{2g} = \rho \left(\frac{0.2874 Q v_c}{D^2 v_m} \right)^2$$

其中，在实际温度 T 和实际压力 p 下的密度可由标准条件下的 ρ_0 通过以下等式推出：

$$\rho = \rho_0 \frac{p}{p_0} \times \frac{T_0}{T}$$

当直管段足够长时，通过截面的流体对称分布，则可通过图 8-41 根据雷诺数 Re 得到 v_m/v_c 的值。

当雷诺数 Re 较小时，必须通过在截面内移动毕托管的方法来测量平均流速。

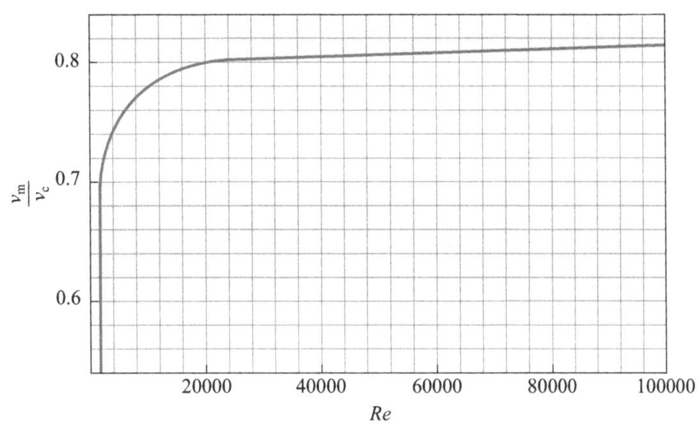

图 8-41　用毕托管测量流速时的 v_m/v_c 值

8.4.5　渠道内的水流

8.4.5.1　计算水头损失的经验公式

通常用于渠道内水流水头损失的计算公式有如下两个，其中曼宁-斯特里克勒公式由于形式简单，并且具有对渠道或河流流动均适用的特点而有着更广泛的应用。

（1）巴赞（Bazin）公式

$$v = \frac{87\sqrt{RI}}{1 + \frac{\gamma}{\sqrt{R}}}$$

式中　v——通过截面的平均流速，m/s；

R——水力半径，m，等于渠道中的液体截面积 S_m（m²）和湿周 P_m（m）的比率，$R = \frac{S_m}{P_m}$；

I——渠坡度，m/m；

γ——渠壁粗糙度常数，见表 8-68。

（2）曼宁-斯特里克勒（Manning-Strickler）公式

$$v = K_S R^{2/3} I^{1/2}$$

式中　K_S——渠壁粗糙度常数，见表 8-68。

表8-68　不同质地的渠壁粗糙度常数

渠壁的质地	γ	K_s
非常光滑的渠壁（光滑的水泥抹面，刨光木面）	0.06	100
普通水泥抹面		90
光滑渠壁（砖、块石、粗糙混凝土）	0.16	70～80
粗糙渠壁（碎石）	0.46	60～70
混合渠壁（装饰或石砌边坡）	0.85	50～60
土渠壁（普通边坡）	1.3	40
有卵石底和草边坡的土渠壁	1.75	25～35

湿周是流体和给定截面的渠壁之间的总接触长度。

渠壁的质地和坚实性会限制渠壁附近的最大允许速度。

对于宽度为 L 的矩形截面渠，当水深为 H_c 时，流量 Q 满足：$Q^2=gL^2H_c^3$，即达到了临界流量。临界流速为：

$$v_c = \sqrt{gh_c}$$

若流速更高，则为激流，激流遵循的定律较复杂因而需要进行专门的研究（数学模型、实物模型等）。流速低于临界值，则认为水流为缓流，此时 $H>H_c$ 和 $v<v_c$。在水处理构筑物中，水流通常为缓流；因此以上两种情况必须进行验证区分。

在均匀缓流中，过水断面和速度在连续剖面内是恒定的，摩擦阻力产生的水头损失恰好可以由坡度补偿。

巴赞或曼宁-斯特里克勒公式将速度、水力半径和坡度联系起来，因此可以已知其中两个数值来计算第三个数值，即下列四个参数中已知三个：流量、过水断面、湿周和坡度。

在以这种方式定义的平衡状态的基础上，由于流速增大或不规则布置导致的能量恢复引起的水位上升或水跃，需要根据本章8.4.5.3节中的方法进行计算。

在水处理厂中，由于直线管线长度通常较短，由局部水力条件导致的水位的变化相对更为重要。

8.4.5.2　使用通用计算图表

通用计算图表（图8-39）提供了管道流动中由摩擦引起的压降系数 λ，也适用于具有不规则粗糙度渠壁的渠道。对于混凝土渠道，粗糙度系数 k 通常在0.5mm（光滑抹面）到2mm（普通素混凝土）之间。水力直径的计算方法与管道流动（本章8.4.1.2节）中相同：

$$D_h = \frac{4S_m}{P_m}$$

式中　S_m——过水截面，m^2；

P_m——湿周长，m。

8.4.5.3　计算局部损失

局部水头损失的计算方法与管道流动中的相同（本章8.4.2节），从下游开始按照均匀缓流计算。上游的局部水跃反映了不规则段的局部水头损失。

8.4.5.4　通过格栅的水头损失

$$\Delta h = K_1 K_2 K_3 \frac{v^2}{2g}$$

式中　v——渠道中的接近流速，m/s。

① K_1 值（污堵程度）：清洁格栅 K_1=1，污堵格栅 $K_1=\left(\frac{100}{m}\right)^2$。其中 m 是在最大允许堵塞情况下可通过部分的百分比。

② K_2 值（栅条横截面的形状）（图 8-42）。

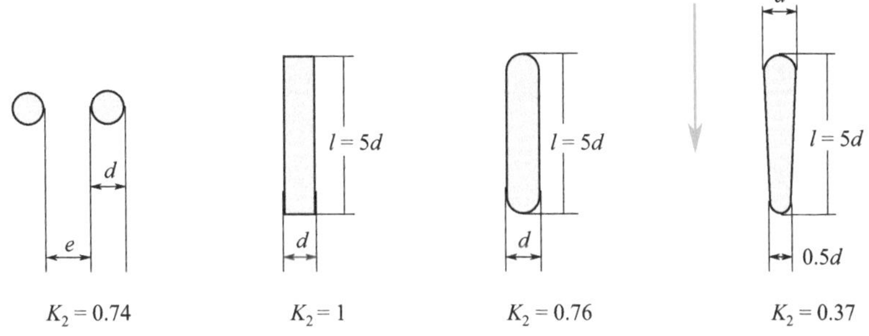

图 8-42　不同栅条的 K_2 值

③ K_3 值（栅条之间的间隙截面）（表 8-69）。

表8-69　栅条之间的间隙截面积K_3

$\frac{l}{4}\left(\frac{2}{e}+\frac{1}{h}\right)$ \ $\frac{e}{e+d}$	0.1	0.2	0.3	0.4	0.5	0.6	0.7	0.8	0.9	1
0	245	51.5	18.2	8.25	4	2	0.97	0.42	0.13	0
0.2	230	48	17.4	7.7	3.75	1.87	0.91	0.4	0.13	0.01
0.4	221	46	16.6	7.4	3.6	1.8	0.88	0.39	0.13	0.01
0.6	199	42	15	6.6	3.2	1.6	0.8	0.36	0.13	0.01
0.8	164	34	12.2	5.5	2.7	1.34	0.66	0.31	0.12	0.02
1	149	31	11.1	5	2.4	1.2	0.61	0.29	0.11	0.02
1.4	137	28.4	10.3	4.6	2.25	1.15	0.58	0.28	0.11	0.03
2	134	27.4	9.9	4.4	2.2	1.13	0.58	0.28	0.12	0.04
3	132	27.5	10	4.5	2.24	1.17	0.61	0.31	0.15	0.05

注：e—栅条之间的间隙；d—栅条宽度；l—栅条厚度；h—栅条淹没深度，垂直或倾斜的。以上各参数单位保持一致。

8.4.5.5　一些物质的携带速度

（1）1m 水深，顺直渠道（表 8-70）

表8-70　1m水深顺直渠道的携带速度

质地	直径 /mm	平均流速 /（m/s）	质地	直径 /mm	平均流速 /（m/s）
淤泥	0.005～0.05	0.15～0.2	粗砂	1～2.5	0.55～0.65
细砂	0.05～0.25	0.2～0.3	细砾石	2.5～5	0.65～0.8
中砂	0.25～1	0.3～0.55	中等砾石	5～10	0.8～1
未压实的黏土		0.3～0.4	粗砾石	10～15	1～1.2

（2）其他水深时的修正系数（表 8-71）

表8-71　其他水深时的修正系数

H/m	0.3	0.5	0.75	1	1.5	2.5
k	0.8	0.9	0.95	1	1.1	1.2

8.4.6　堰

堰的流量由以下通用公式给出：

$$Q=\mu L_{s}h\sqrt{2gh}$$

式中　Q——流量，m^3/s 或 L/s；

μ——堰的流量系数；

L_s——堰顶宽度，m；

h——壅水高度，m 或 cm；

g——重力加速度，$9.81m/s^2$。

此外，P 用于表示渠道底部至堰顶部的高度，L 为堰上游的渠道宽。

8.4.6.1　低接近流速的薄壁矩形堰

$$\mu\approx0.40$$

例如水库的出水口。

特殊情况：圆形溢流堰，如下。

$$\mu\approx0.34$$

适用于直径 0.20m<ϕ<0.70m，且水舌跌落足以避免下游影响的圆形溢流堰。

8.4.6.2　在渠道上的矩形薄壁堰

（1）无侧向收缩自由跌水堰（L_s=L）

这个定义适用于堰顶厚度 e 小于堰上水头 h 的一半的堰，并且满足以下水流条件：在大气压力下，水流的水层和下游的堰墙之间留有一个充满空气的空间，并且溢流水层与渠道宽度相同（图 8-43）。

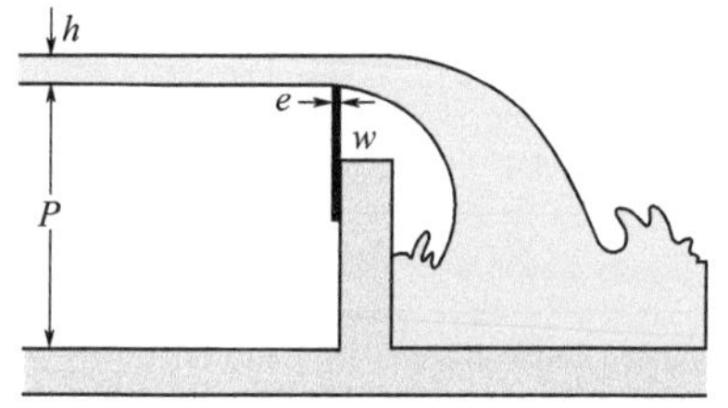

图 8-43　无侧向收缩自由跌水堰

流量系数 μ 可由以下两个公式计算：

① 巴赞公式（1898），法国常用：

$$\mu_1=\left(0.405+\frac{0.003}{h}\right)\left[1+0.55\frac{h^2}{(h+P)^2}\right]$$

② 瑞士工程师和建筑师协会（SIA）推荐公式：

$$\mu_2=0.410\left(1+\frac{1}{1000h+1.6}\right)\left[1+0.5\frac{h^2}{(h+P)^2}\right]$$

在这些公式中，h 和 P 以 m 为单位来表示。巴赞公式适用于堰上水头 h 在 0.10～0.60m 之间的情况，SIA 公式适用于堰上水头 h 在 0.025～0.80m 之间的情况。根据 SIA 公式计算出的流量系数略小于根据巴赞公式的计算结果。

同时以下条件也需要满足：

① 对于巴赞公式：P 在 0.20～2m 之间。

② 对于 SI A 公式：$P>h$。

最后，堰上水头 h 的测量位置与堰顶的距离应至少大于 5 倍的 h。当水舌以下没有足够的空气时（受抑水舌），过流量将增大而且难以定义其规律，这对测量堰来说是不可接受的。

根据巴赞公式和 SIA 公式，每米堰长的过流量分别见表 8-72 和表 8-73。

表8-72　根据巴赞公式每米堰长的过流量[①]　　单位：L/s

h/m \ P/m	0.20	0.30	0.40	0.50	0.60	0.80	1.00	1.50	2.00
0.10	64.7	63.0	62.3	61.9	61.6	61.3	61.2	61.1	61.0
0.12	85.3	82.7	81.5	80.8	80.4	79.9	79.7	79.4	79.3
0.14	108.2	104.4	102.6	101.5	100.9	100.1	99.8	99.3	99.2
0.16	133.2	128.1	125.5	124.0	123.0	122.0	121.4	120.7	120.5
0.18	160.2	153.7	150.2	148.1	146.8	145.3	144.5	143.5	143.2
0.20	189.3	181.0	176.6	173.9	172.1	170.0	168.9	167.7	167.1
0.22	220.2	210.2	204.6	201.2	198.9	196.2	194.8	193.1	192.4
0.24	253.0	241.0	234.2	230.0	227.2	223.8	221.9	219.7	218.8
0.26	287.6	273.6	265.5	260.3	256.9	252.7	250.3	247.5	246.4
0.28	323.9	307.8	298.2	292.1	288.0	282.9	280.0	276.5	275.1
0.30	361.8	343.6	332.5	325.4	320.5	314.4	310.9	306.6	304.9
0.32		380.9	368.3	360.1	345.3	347.2	343.0	337.9	335.7
0.34		419.8	405.6	396.1	389.5	381.2	376.2	370.2	367.2
0.36		460.1	444.2	433.5	426.0	416.4	410.7	403.6	400.5
0.38		502.0	484.3	472.3	463.8	452.8	446.3	438.0	434.4
0.40		545.2	525.8	512.4	502.9	490.5	483.0	473.5	469.3
0.45		659.4	635.3	618.3	606.0	589.6	579.6	566.5	560.6
0.50			752.9	732.1	716.7	696.0	682.9	665.7	657.8

续表

P/m h/m	0.20	0.30	0.40	0.50	0.60	0.80	1.00	1.50	2.00
0.55			878.2	853.4	834.8	809.2	792.9	770.9	760.5
0.60			1011.1	982.1	960.0	929.2	909.3	881.9	868.7

① 侧向不收缩薄壁矩形堰。

表8-73 根据SIA公式每米堰长的过流量[①] 单位：L/s

P/m h/m	0.10	0.20	0.30	0.40	0.50	0.60	0.80	1.00	2.00	3.00
0.02	5.4	5.4	5.4	5.4	5.4	5.4	5.4	5.4	5.4	5.4
0.04	15.5	15.1	15.0	14.9	14.9	14.9	14.9	14.9	14.9	14.9
0.06	29.0	27.8	27.5	27.4	27.3	27.2	27.2	27.2	27.1	27.1
0.08	45.7	43.3	42.5	42.2	42.0	41.9	41.8	41.7	41.6	41.6
0.10		61.2	59.8	59.2	58.8	58.6	58.3	58.2	58.1	58.0
0.12		81.5	79.2	78.1	77.5	77.2	76.8	76.5	76.2	76.2
0.14		103.9	100.6	99.0	98.1	97.5	96.9	96.5	96.0	95.9
0.16		128.5	124.0	121.7	120.4	119.5	118.6	118.1	117.3	117.1
0.18		155.1	149.2	146.2	144.3	143.2	141.8	141.1	139.9	139.7
0.20			176.3	172.3	169.9	168.3	166.5	165.5	163.9	163.5
0.22			205.1	200.1	197.0	195.0	192.6	191.3	189.2	188.7
0.24			235.6	229.5	225.7	223.1	220.1	218.4	215.6	215.0
0.26			267.7	260.4	255.8	252.7	248.9	246.3	243.3	242.4
0.28			301.5	292.9	287.4	283.7	279.1	276.5	272.0	271.0
0.30				326.9	320.4	316.0	310.5	307.4	301.9	300.6
0.32				362.3	354.9	349.7	343.2	339.4	332.9	331.3
0.34				399.2	390.7	384.7	377.1	372.1	364.9	362.9
0.36				437.5	427.8	421.0	412.3	407.1	397.9	395.6
0.38				477.1	466.3	458.6	448.6	442.7	431.9	429.2
0.40					506.0	497.4	486.1	479.3	466.9	463.7
0.45					611.0	599.9	585.0	575.9	558.7	554.1
0.50						709.8	690.9	679.1	656.2	649.9
0.55						826.9	803.6	788.8	759.3	751.0
0.60							923.0	904.8	867.9	857.1
0.65							1048.9	1027.1	981.8	968.2
0.70							1181.0	1155.4	1100.9	1084.1
0.75							1319.3	1289.5	1225.0	1204.7
0.80								1429.5	1354.1	1329.9

① 侧向不收缩薄壁矩形堰。

（2）侧向收缩堰

对于流量系数 μ，SIA 提出以下公式：

$$\mu=\left[0.385+0.025\left(\frac{l}{L}\right)^2+\frac{2.410-2\left(\frac{l}{L}\right)^2}{1000h+1.6}\right]\left[1+0.5\left(\frac{l}{L}\right)^4\left(\frac{h}{h+P}\right)^2\right]$$

适用于 $P \geqslant 0.30\text{m}$；$l>0.3\text{L}$；$0.025\frac{L}{l} \leqslant h \leqslant 0.80\text{m}$；$h \leqslant P$ 的情况。

也有简化的弗朗西斯公式：

$$Q=1.83(1-0.2h)\,h^{3/2}$$

弗朗西斯公式适用于堰顶两侧的收缩宽度至少等于 $3h$ 的情况，堰上水头至少在堰顶上游 2m 的位置测量。

8.4.6.3　薄壁三角堰

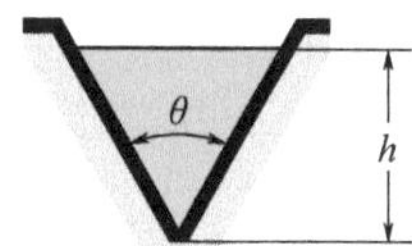

$$Q=\frac{4}{5}\mu h^2\sqrt{2gh}\ \text{tg}\frac{\theta}{2}$$

式中　Q——流量，m^3/s；

μ——适用于无侧向收缩薄壁矩形堰的巴赞流量系数（见本章 8.4.6.2 节）；

h——堰上水头，m；

θ——堰口顶角。

三角堰的流量可根据无侧向收缩矩形堰的流量推导，对于堰上水头及渠底至堰口高度相同的情况，三角堰流量为矩形堰流量乘以 $\frac{4}{5}h\text{tg}\frac{\theta}{2}$。

当 θ=90°时，也可采用汤姆森公式：

$$Q=1.42h^{\frac{5}{2}}$$

这是一个比较粗略的公式，因为它没有考虑渠底至堰口高度的影响。

8.4.7　任何流体的水头损失

以下通式适用于任何未知截面的管道或渠道：

$$\Delta h=\Delta h_0+\Delta h_1+\cdots$$

对于紊流：

$$\Delta h_0=\underbrace{J_0L_0}_{\text{沿程损失}}+\underbrace{K_0\rho\frac{v_0^2}{2}}_{\text{局部损失}}$$

其中，$J_0=\frac{\lambda}{D_\text{h}}\frac{v_0^2}{2}$

对于层流，计算 Δh_0 的公式相同，其中 $J_0=\frac{64}{ReD_\text{h}}\rho\frac{v_0^2}{2}$

K_0 需要专门参考文件来计算具体数值。

式中　Δh——总水头损失，Pa；

Δh_0、Δh_1、…——每段管线在分别为 v_0、v_1、…的恒定速度下的基本水头损失；

J_0——流速为 v_0 时的水头损失系数，Pa/m 管道（或渠道）长；

L_0——流速为 v_0 的管道（或渠道）长度，m；

K_0——流速为 v_0 时的局部损失系数之和；

ρ——实际温度和压力条件下流体的密度，kg/m^3；

v_0、v_1、…——实际流动条件下的流速，m/s；

λ——阻力系数，由通用计算图表（图 8-39）根据雷诺数 Re 和相对粗糙度 $\frac{k}{D_h}$（k 为壁面粗糙度，单位为m，数据参见本章8.4.1.2 节）得出（见本章8.3.2.3 节、8.3.3.3 节和 8.4.1.2 节）。

$$Re = \frac{v_0 D_h}{\nu}$$

式中　ν——流动条件下流体的运动黏度，m^2/s；

D_h——管道（或渠道）的水力直径，m，$D_h = \frac{4S_m}{P_m}$；

S_m——管道（或渠道）被流体填充的截面积，m^2；

P_m——在这个截面上的湿周长，m。

D_h 是水力半径或常用平均半径的 4 倍。对于直径为 D 的圆形管道，$D_h=D$。水头损失的计算详见本章8.4.1.2 节（管道）和本章8.4.5 节（渠道），局部水头损失的计算见本章 8.4.2 节和 8.4.5 节。通常以 mH_2O 为单位来表示水头损失（水的密度：4℃时为 1000kg/m^3）。因此上式成为：

① 对于紊流：

$$\Delta h_0 = \frac{\rho}{1000} \times \frac{\lambda}{D_h} \times \frac{v_0^2}{2g} L_0 + \frac{\rho}{1000} K_0 \frac{v_0^2}{2g}$$

$$= \frac{\rho}{1000}\left(\frac{\lambda}{D_h} L_0 + K_0\right)\frac{v_0^2}{2g}$$

② 对于层流：

$$\Delta h_0 = \frac{\rho}{1000}\left(\frac{64}{ReD_h} L_0 + K_0\right)\frac{v_0^2}{2g}$$

其中 K_0 需要专门参考文件来计算具体数值。

8.4.8　其他信息

（1）等水平截面的池体由池底孔口排空所需的时间

以秒计的排水时间为：

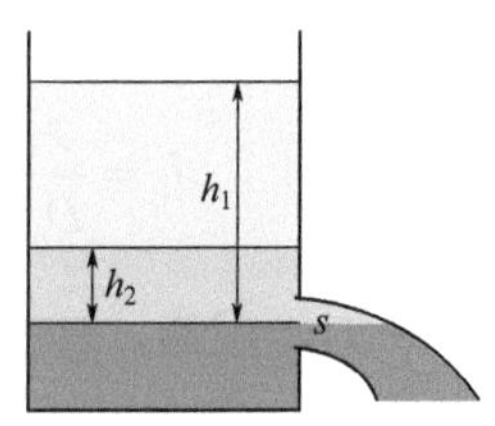

$$t = \frac{2S(\sqrt{h_1} - \sqrt{h_2})}{ks\sqrt{2g}}$$

式中　S——水池表面积，m^2；

s——孔口面积，m^2；

k——孔口收缩系数（见本章 8.4.4 节）；

g——重力加速度，$9.8m/s^2$；

h_1——孔口上方的初始水深，m；

h_2——孔口上方的最终水深，m，$h_2=0$ 即全部放空。

（2）圆锥形水箱的排水时间

$$t=\frac{2\pi}{5}\times\frac{\mathrm{tg}^2\dfrac{\alpha}{2}}{ks\sqrt{2g}}H^{\frac{5}{2}}$$

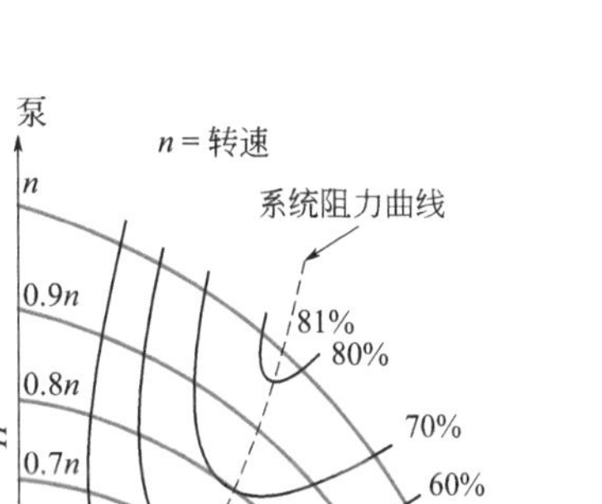

假设该开口是在圆锥体的底部。

（3）泵（图 8-44）

水泵的输出功率（以 kW 为单位）可以表示为：

$$P=\frac{Q(H+\Delta h)}{366r}$$

式中　Q——泵送的流量，m^3/h；

H——总静扬程，mH_2O；

Δh——管路的水头损失，mH_2O；

r——泵的效率（范围为 0.6～0.9）。

当转速 n 变为 $n'=kn$ 时，离心泵的特性遵从下列关系：

$$Q'=kQ；H'=k^2H；P'=k^3P$$

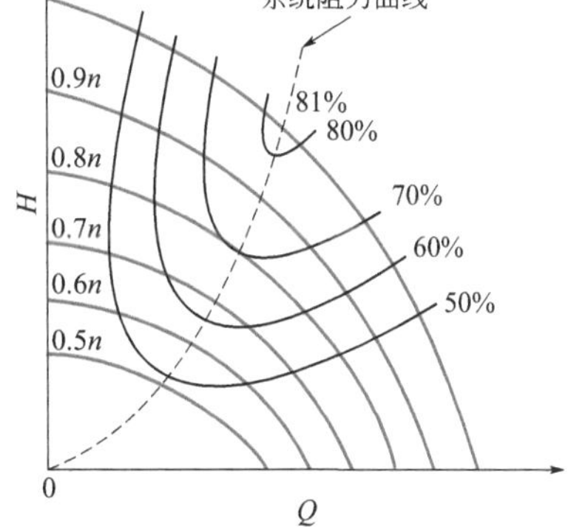

图 8-44　泵的效率曲线图

（4）水力发动机（水轮发动机）

水力发动机（水轮发动机）的输出功率可以表示为：

$$P(\mathrm{kW})=\frac{QHr}{366}$$

式中　Q——流量，m^3/h；

H——水的跌落高度，m；

r——叶轮效率。

不同叶轮的效率值：a. 水力叶轮为 0.70～0.75；b. 螺旋水轮机及混流式水轮机为 0.70～0.88；c. 卡普兰式及培尔顿式水轮机为 0.70～0.92。

8.5　电学

8.5.1　单位、符号

电学常用单位及符号见表 8-74。

表8-74　电学常用单位及符号

电学符号	名称	单位名称	单位符号
I	电流	安［培］	A
u	直流电压或单相交流电压（单相电压）	伏［特］	V
U	三相交流电压（两相之间）	伏［特］	V
P	有功功率	瓦［特］	W
P_a	视在功率	伏安	VA
R	电阻	欧［姆］	Ω
X	电抗（感抗，容抗）	欧［姆］	Ω
Z	阻抗	欧［姆］	Ω
$\cos\phi$	功率因数（或 tg ϕ）		
ρ	效率		
C	电容	法［拉］	F
L	电感	亨［利］	H

8.5.2　常见定义和公式

8.5.2.1　直流

（1）**电流**

$$I = \frac{P}{U}$$

（2）**电阻**

$$R = r\frac{l}{s}\times 10^{-2}$$

式中　r——电阻率，μΩ • cm；

l——长度，m；

s——截面积，mm^2。

8.5.2.2　交流

（1）**功率因数（$\cos\phi$）**

在交流电路中，电流和电压的相位关系很少是同相的。功率因数的定义是电压矢量和电流矢量夹角的余弦，用符号 $\cos\phi$ 表示。

在交流电路中，由于有感抗的存在电流的相位要滞后于电压的相位；当电路中存在容抗时，电流的相位超前于电压。

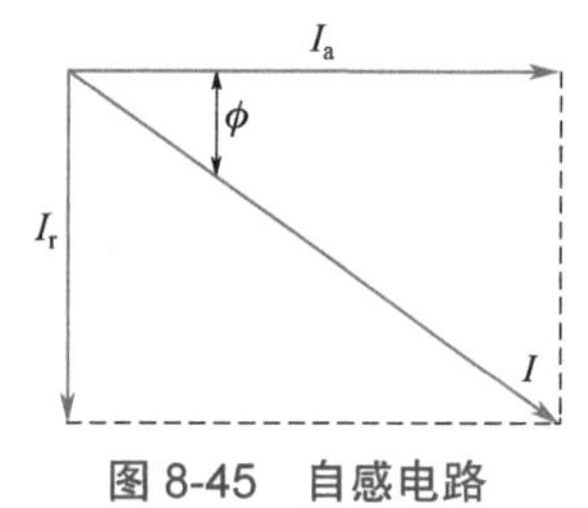

图 8-45　自感电路

在这两种情况下有功功率都将会降低（图 8-45）。

对于正弦型的工业电流（一般情况）：a. $I_a = I\cos\phi$ 是有功电流；b. $I_r = I\sin\phi$ 是无功电流。

（2）视在功率、有功功率、无功功率

I 是电流表测得的读数，U 是三相交流电在两相之间的电源电压，u 是单相交流电源的相与中性线之间的相电压。

各种功率的详细说明见表 8-75。

表8-75 各种功率

类型	单相	三相
视在功率	uI	$\sqrt{3}UI$
有功功率	$uI\cos\phi$	$\sqrt{3}UI\cos\phi$
无功功率	$uI\sin\phi$	$\sqrt{3}UI\sin\phi$

视在功率的单位为伏安（VA）。有功功率的单位为瓦（W）。无功功率的单位为无功伏安（乏）（VAr）。

较低的功率因数 $\cos\phi$ 对用户和供电方都不利。它要求配置截面积较大的导体和视在功率更高的交流发电机和变压器。

（3）电路阻抗

电路的阻抗是欧姆电阻和电抗的矢量和。

$$Z=\sqrt{R^2+X^2}$$

当电路的电阻为 R，在 t（单位为 s）时间内通过的电流为 I 时电路发热量（以 J 为单位）：

$$W=Pt=RI^2t$$

（4）三角形接法和星形接法

电阻和电动机线圈可以连接成星形或三角形结构。图 8-46 表明了两种接法的特性。

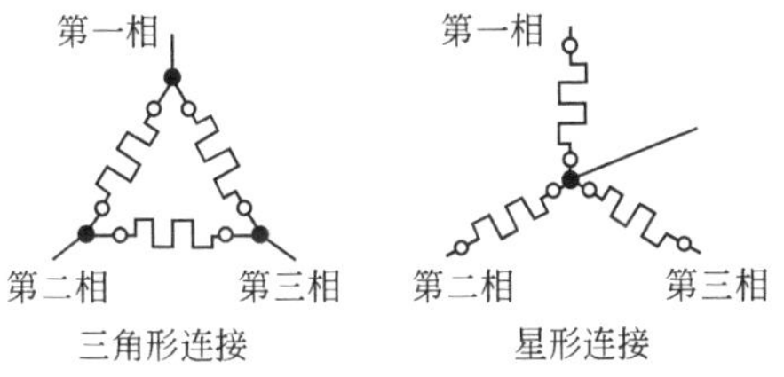

图 8-46 三角形连接和星形连接示意图

8.5.3 工业应用

8.5.3.1 一般装置

（1）装置的平均 $\cos\phi$ 值的测定

设 Q_a 为在一定时间内由有功电表测得的有功能耗，Q_r 为在同一时间段内由无功电表测得的无功能耗，则在此期间内装置的平均 $\cos\phi$ 值可用下式表示：

$$\cos\phi=\frac{Q_a}{\sqrt{Q_a^2+Q_r^2}}$$

（2）$\cos\phi$ 的提高

由于焦耳效应引起的线路损耗与 I^2 成正比，而有功能耗仅与 $I\cos\phi$ 成正比，因此电力管理部门会对装置的功率因数低于某一数值（在法国电源系统中大约 $\cos\phi=0.93$，相当于 $\mathrm{tg}\phi=0.4$）的用户加以处罚。

在中国，供电企业对不同用电企业的功率因数的要求有所不同，如要求 160kVA 以上高压供电的工业用户的功率因数要大于 0.90；对于一般低压供电的工业用户，功率因数则要大于 0.85。

如果 $\cos\phi$ 的降低是由于装置的电感造成的，可以使用并联电容器组加以改进。然而只有在污水处理厂运行 4～6 个月后，才能精确计算得出 $\cos\phi$ 达到期望值所需的电容器组的功率（单位为 kVAr）。

在设计水厂时，需要根据各单体设备的功率及功率因数，同时考虑工艺单元内以及全厂的设备的同时工作系数，并结合全厂目标功率因数计算出所需配置的无功电容器补偿的容量。

8.5.3.2 异步电动机

水厂使用的电动机一般是异步电动机，以下内容仅针对此类型的电动机。

（1）额定功率、输入功率

电动机的额定功率会在产品目录中或电动机铭牌上标明。它相当于电动机轴上输出的机械功率，单位为 kW。

输入功率可以用下式表示：

$$P_{输入功率}=\frac{输出的机械功率}{效率}$$

输入功率也可以以 kW 为单位，用于表示电气设备消耗的功率。

电动机应该以制造厂家规定的频率运行。设计运行频率为 50Hz 的电动机，如果供电频率为 60Hz，则电动机的转矩将会降低。

（2）效率

一般来说，电动机的功率越大，效率 ρ 越高。例如：50kW 的电动机 $\rho=0.85$；1kW 的电动机 $\rho=0.70$。

对于一台给定的电动机，制造厂家提供的效率相当于满载时的运行效率，随着负荷的变化，效率会稍有降低。

以一台 50kW 的电动机为例：a. 4/4 负载时，$\rho=0.85$；b. 3/4 负载时，$\rho=0.82$；c.1/2 负载时，$\rho=0.80$。

（3）电动机功率的计算

在确定电动机的额定功率时，需要考虑由于传动装置的损耗而增加一些裕量（压碎机、粉碎机等特殊情况除外）：

① 使用直接联轴器时，功率裕量系数为 10%～15%；

② 使用皮带传动时，功率裕量系数为 20%。

（4）供电电压

由于功率约与电压的平方成正比，因此有必要使电动机的工作电压与电网基准电压保持一致。

例如，一台电动机在 380V 电压时的输出轴功率为 15kW，而在 350V 电压时仅输出约 12.5kW。

大多数制造厂家提供包含 6 个端子的端子盒（接线盒，图 8-47），通过移动端子板可连成星形接法（图 8-48）和三角形接法（图 8-49）：例如，星形接法将在 380V 三相电源条件下使用，三角形接法将在 220V 三相电源条件下使用。

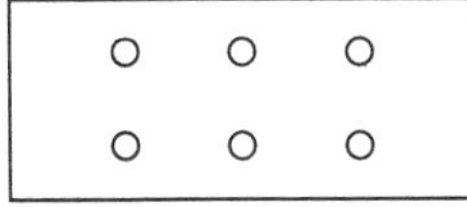

图 8-47 有 6 个端子的端子盒

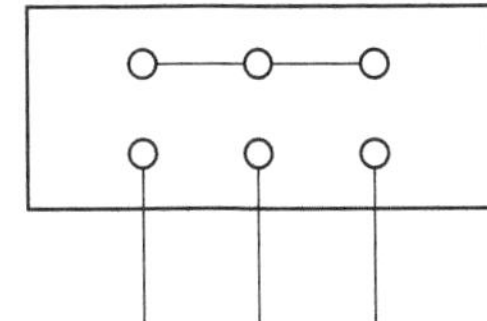

图 8-48 星形接法 220V/380V 电动机电源 380V

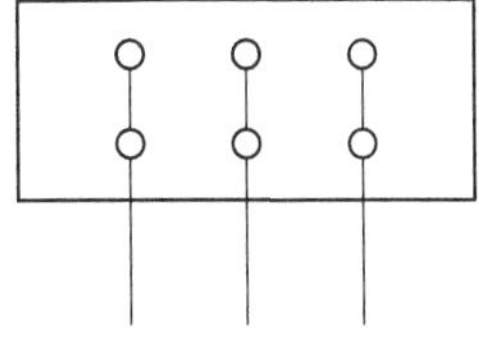

图 8-49 三角形接法 220V/380V 电动机电源 220V

如果电动机需要星形三角形启动，6 个端子必须引出，并设计成以下电压（表 8-76）。

表8-76 采用星形三角形启动方法的电动机电压

电源电压	电动机电压
220V	220V/380V
380V	380V/660V
440V	440V/762V

对于这种启动方法，接线盒中不需要装连接片。

（5）空载异步电动机转速

单相或三相异步电动机的空载转速几乎等于同步转速，并可用下式表示：

$$N=\frac{60F}{n}$$

式中 N——每分钟的转数，r/min；

F——频率；

n——磁极的极对数。

举例如下（表 8-77）。

表8-77 空载异步电动机转速

电动机	F/Hz	N/（r/min）	电动机	F/Hz	N/（r/min）
二极	50	3000	二极	60	3600
四极	50	1500	四极	60	1800
六极	50	1000	六极	60	1200

带载：带载转速稍低于空载转速。其差别在于转差，如下式所示：

$$g=\frac{\text{同步转速}-\text{带载转速}}{\text{同步转速}}$$

g 为同步速度的 2%～8%。

（6）电动机和启动模式的选择

两者都和待驱动的设备（从动机）以及供电要求有关。

对于驱动的设备，无论采用何种启动方法，加速转矩（电动机转矩与负载转矩的差）一定要足够大从而使机组达到所需转速。这与两个主要因素有关：a. 惯性转矩（G_d'），N/m²；b. 启动转矩（C_d），N·m。

某些机器（例如通风机）几乎是在空载下启动的，但是由于其转动部分的质量和直径很大（特性是 G_d'），需要有较高的能量并将这些能量转化成动能，才可以使之达到所需的转速。

对于其他机器（粉碎泵、压缩机），当它们刚与电动机接通就需要在加速的同时开始作机械功，因此需要考虑启动所需的转矩。

通常推荐采用“直接”启动的方式：a. 设备转速提升的速度更快；b. 整体发热减少。

电动机的直接启动需要有两个前提条件：a. 电源容量足够大；b. 设备能够承受启动转矩。

在使用应急电源情况下，由于电源容量是有限的，因此在大多数情况下不得不采用逐步启动的模式。

表 8-78 列出各种启动方法的特性。

表8-78 电动机启动方法的特性

启动方法	启动转矩	所需电流	启动方法	启动转矩	所需电流
直接启动	C_d	I_d	定子电阻	kC_d	$\sqrt{kI_d}$
星形三角形	$0.3C_d$	$0.3I_d$	自耦变压器	kC_d	kI_d

注：k—变比系数；I_d—启动电流。

对于电动机启动电流与额定电流比值及启动转矩与额定转矩比值，表 8-79 提供了它的标幺值（近似值）。

表8-79 电动机启动电流与额定电流比值及启动转矩与额定转矩比值

电动机类型	$\frac{I_d}{I_n}$	$\frac{C_d}{C_n}$
鼠笼式转子（直接启动）	6	1.6
鼠笼式转子（星形三角形启动）	2	0.6
绕组转子	1.33	0.8～2

注：I_d—启动电流；I_n—满载时额定电流；C_d—启动转矩；C_n—额定转矩。

C_n 的单位是 N·m。如果转速 N 的单位是 r/min，额定功率 P 的单位是 kW，则额定转矩 C_n 为：

$$C_n = \frac{9564P}{N}$$

注意：旧的单位是 kgf·m，1kgf·m=9.81N·m。

（7）电流消耗

直流电流：$I - \frac{10^3 P_n}{u\rho}$

单相电流：$I=\dfrac{10^3 P_n}{u\rho\cos\phi}$

三相电流：$I=\dfrac{10^3 P_n}{u\sqrt{3}\rho\cos\phi}$

式中　P_n——电动机的额定功率，kW。

（8）电流消耗的近似值（1～10kW 的电动机）（表 8-80）

表8-80　电流消耗的近似值

电源类型	1500r/min	3000r/min
单相 220V	5.5A/kW	5A/kW
三相 220V	4.3A/kW	3.8A/kW
三相 380V	2.5A/kW	2.2A/kW

在一给定功率下，cosϕ 和效率按极数的增加而降低，因此额定转速越低，电流消耗越高。

因此，转速为 750r/min 的电动机会比相同额定功率的转速为 3000r/min 的电动机大约多消耗 20% 的电流，而比相同额定功率的转速为 1500r/min 的电动机大约多消耗 10% 的电流。

（9）供电电缆

由于电动机在满载时两端的最大允许电压降是 5%，因此在计算供电电缆的截面积时，应特别考虑满载时的电流消耗和电缆的长度。

表 8-81 给出了供电电缆在三相电压为 380V、最大长度为 25m 时的参数以及所使用端子盒的电缆护套直径等参数。

表8-81　供电电缆及电缆护套的参数

电动机额定功率	铜导线的数量和截面积	电缆护套直径 ϕ/mm
8kW 以下	4×2.5mm^2	13
8～14kW	4×4mm^2	16
14～18kW	4×6mm^2	16
18～25kW	4×10mm^2	21

第四根导线可以用于电动机的接地，一般在接线盒中进行。禁止利用地脚螺栓进行电动机接地。

在星形三角形启动情况下，一定要设两条电缆，导线的截面积可以是一样的。其中一条电缆将包括电动机接地的第四根导线在内。

（10）配电系统中允许的线电压降

法国标准 NF C 15.100 规定了基于电源电压的百分比的电压降数值：照明配电系统的 3%；供电配电系统的 5%。

在电动机启动时，通常可接受的供配电系统的电压降为 10%。

我国《电能质量　供电电压偏差》（GB/T 12325—2008）规定了电压偏差的限值，电源端的电压降具体要求是：

① 35kV 及以上供电电压正、负偏差绝对值之和不超过标称电压的 10%；

② 20kV 及以下三相供电电压偏差为标称电压的 ±7%；

③ 220V 单相供电电压偏差为标称电压的 +7%，−10%。

在电动机启动时，在电气柜母线处允许的最大电压降：a. 通常情况下为 10%；b. 对于非频繁启动的电动机，可以为 15%。

8.5.3.3 签署电力供应合同

供电合同一定要以电网同时输入的功率为基础来协商，必要时可以在电力供应商提供的不同时段报价的基础上进行优化。

实际上，根据不同的季节，电力供应商会基于不同时段的电量消耗，提供一个三档甚至四档的收费范围。

因此在签署电力供应合同前，应全面了解当地的价格体系，并据此制定详细的运行说明。

8.5.4 接线图中使用的图形符号

我国电气制图及电气图形符号的绘制主要依据国家标准《电气简图用图形符号》（GB/T 4728），该标准共分为 13 个部分，修改采用国际电工委员会 IEC 60617 系列标准。下文将简单介绍一些常用电气图形符号。

8.5.4.1 接线和开关

接线和开关符号见表 8-82。

表8-82 接线和开关符号

符号	名称	符号	名称
	动合（常开）触点		接触器 接触器的主动断触点
	动断（常闭）触点		断路器
	隔离开关		负荷隔离开关
	接触器 接触器的主动合触点		提前闭合的动合触点

续表

符号	名称	符号	名称
	提前断开的动断触点		先断后合的转换触点
	吸合时的过渡动合触点		先合后断的双向转换触点
	释放时的过渡动合触点		带动断触点的位置开关
	带动合触点的位置开关		延时闭合的动合触点
	带自动释放功能的负荷隔离开关		延时断开的动合触点
	熔断器式隔离开关		延时闭合的动断触点
	带自动释放功能的接触器		延时断开的动断触点
	熔断器开关		

8.5.4.2　选择开关

选择开关符号见表 8-83。

表8-83　选择开关符号

符号	名称	符号	名称
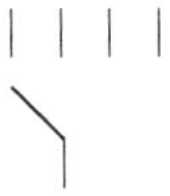	多位开关，最多四位		位置图示
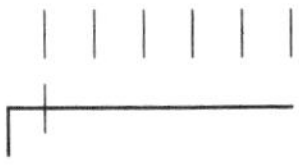	多位开关	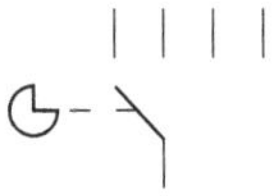	凸轮位置开关

8.5.4.3　控制单元

控制单元符号见表 8-84。

表8-84　控制单元符号

符号	名称	符号	名称
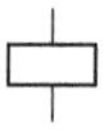	控制单元 继电器线圈		（钥匙操作）
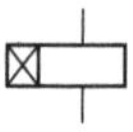	缓慢吸合继电器线圈		自锁
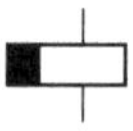	缓慢释放继电器线圈		机械联锁
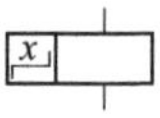	激动继电器的控制单元（步骤数 =x）	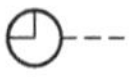	电钟操作
	带有触点的时钟		蘑菇头锁定紧急执行器
	操作件，应急	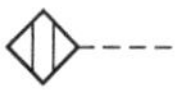	操作件（接近效应操作）
	操作件（按动操作）	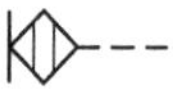	操作件（接触操作）
	操作件（旋转操作）		

8.5.4.4　变压器

变压器符号见表 8-85。

表8-85　变压器符号

符号	名称	符号	名称
	双绕组变压器	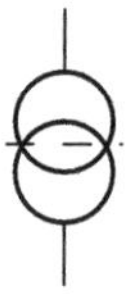	绕组间有屏障的双绕组变压器
	电流变换器		星形-三角形连接的三相变压器
	自耦变压器		电压互感器

8.5.4.5 电动机

电动机符号见表 8-86。

表8-86 电动机符号

符号	名称	符号	名称
M Y △	星三角电动机	M 3～	三相串励电动机
M 1～	串励电动机	M 3～	三相鼠笼式 感应电动机
M 1～	单相串励电动机	M 3～	串励电动机，三相， 异步电动机， 三相，鼠笼转子

8.5.4.6 指示器和电器

指示器和电器符号见表 8-87。

表8-87 指示器和电器符号

符号	名称	符号	名称
*	指示仪表	Wh	电度表
*	记录仪表	Wh	复费率电度表
*	积算仪表		灯
	脉冲计		闪光型信号灯
V	电压表		音响信号装置
A	电流表		蜂鸣器
θ	温度计		报警器
h	计时器		

8.5.4.7 电气标准

各个国家均制定了一系列的电气设备标准，常见标准包括：

① 法国 UTE（电工技术联盟）；

② CEN（欧洲标准化委员会）；

③ IEC（国际电工委员会）或 CEI（国际电工委员会）；

④ VDE（德国工程师电工协会）；

⑤ BS（英国标准）；

⑥ CEI（意大利电工委员会）；

⑦ NEMA（美国电器制造商协会）；

⑧ ANSI（美国国家标准协会）；

⑨ GB（中国国家标准）。

8.5.5 各种数值

（1）主要导电金属和合金的电阻率

在 t℃下的电阻率的计算公式如下所示：

$$r_t = r_0(1 + at)$$

式中 r_0——0℃下的电阻率；

a——温度系数；

t——温度，℃。

不同导体的电阻率及温度系数见表 8-88。

表8-88 不同导体的电阻率及温度系数

导体	0℃时的电阻率 /μΩ·cm	温度系数	导体	0℃时的电阻率 /μΩ·cm	温度系数
电解铜	1.593	0.00388	通讯级硅青铜	3.84	0.0023
软铜	1.538	0.0045	镍铁	78.3	0.00093
铝	2.9	0.0039	铜镍锌合金	30	0.00036
银	1.505	0.0039	康铜	50	0
纯铁	9.065	0.00625	水银	95	0.00099
铁丝	13.9	0.00426	锌	6	0.0037
钢丝	15.8	0.0039			

（2）铅蓄电池的电压

每一电池为 2V。

（3）低压电动机每伏特的最低绝缘电阻

每一工作伏为 1000Ω。

8.5.6 人身安全

人体可承受的最大安全电压为：a. 直流 50V；b. 单相 24V；c. 三相，中性线接地 42V。

人体能够承受的安全电流是 25mA 的交流电和 50mA 的直流电。如果将人体电阻视为 2000～1000Ω 之间，则：

$$I = \frac{U}{1000}$$

U=50V（直流）；U=25V（交流）。

在一般环境条件下，允许人体持续接触的安全电压为 36V，潮湿环境下为 24V。人触电后能够自己摆脱的最大电流称为摆脱电流：交流为 10mA，直流为 50mA。一般电源插座需要配置 30mA 漏电保护开关。对于一些特定环境或条件，如潮湿环境、高空作业等，漏电保护器脱扣电流还要设计得更低。

8.6　仪表

包含仪表的流程图通常被称为管道和仪表（P & I）或管道仪表图（PID）。

表 8-89 中的通用符号可以用于表示仪表，其中符号的上半部分定义了仪表的功能。

表8-89　通用仪表符号

安装形式	就地安装	主机房立面[1]	电气柜内部[1]
单块仪表		[2]	
可编程控制器（PLC）			

① 当安装在盘柜背面或操作人员无法接近的地方时，使用相同的符号和水平虚线表示。

② 代表分析仪表的类型。

根据美国标准 ISA 5.1（US Instruments, Systems Association，美国仪器、系统和自动化协会）及我国标准《过程测量与控制仪表的功能标志及图形符号》（HG/T 20505—2014），表 8-90 给出了常用的测量参数（变量）及其功能的表示方式。

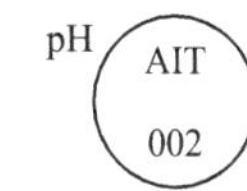

图 8-50　就地安装的 pH 分析仪表符号

例如，就地安装的 pH 分析仪表符号如图 8-50 所示。

8.6.1　编码原则

编码由二到四个大写字母组成，分为两部分：

① 第一部分：首位字母或变量及其修饰词，在同一回路上的仪表首字母相同。

② 第二部分：后继字母用于表示其功能（表 8-90）。

8.6.2　字母组合

表 8-91 提供了最常用的功能性标识。

下面是一些容易被错误理解的组合：

FE= 基本流量测量元件，如隔膜，文丘里管等

FO = 限流器校准孔

PCV= 独立式压力控制器，如减压阀

PSV= 独立式压力安全装置，如安全阀

PC= 压力控制器

PV= 压力控制阀

表8-90　仪表功能标志字母

项目	首位字母		后继字母		
	被测变量或引发变量	修饰词	读出功能	输出功能	修饰词
A	分析		报警		
B	烧嘴、火焰		供选用	供选用	供选用
C	电导率			控制	关位
D	密度	差			偏差
E	电压（电动势）		检测元件、一次元件		
F	流量	比率			
G	可燃气体和有毒气体		视镜、观察		
H	手动				高（高高 -HH）
I	电流		指示		
J	功率		扫描		
K	时间、时间程序	变化速率		操作器	
L	物位		灯		低（低低 -LL）
M	水分或湿度				中、中间
N	供选用		供选用	供选用	供选用
O	供选用		孔板、限制		开位
P	压力		连接或测试点		
Q	数量	积算、累积	积算、累积		
R	核辐射		记录		运行
S	速度、频率	安全		开关	停止
T	温度			传送（变送）	
U	多变量		多功能	多功能	
V	振动、机械监视			阀 / 风门 / 百叶窗	
W	质量、力		套管、取样器		
X	未分类	*X* 轴	附属设备，未分类	未分类	未分类
Y	事件、状态	*Y* 轴		辅助设备	
Z	位置、尺寸	*Z* 轴		驱动器、执行元件，未分类的最终控制元件	

表8-91　设备名称和设备功能的字母组合示例

首位字母			后继字母												
被测变量或引发变量			一次元件	功能						控制机构			指示	
首位字母	含义	修饰词	传感器	I 指示器	T 变送器	R 记录或打印	C 控制器	S 触点	Y 杂项和计算继电器	阀门，闸板阀	动作和其他控制	自动	L 指示灯	A 报警
	后继字母常用组合	-D -F -J -Q -S	-E -P -O -W	-I -IS -G	-I -IT	-R -RS	-C -IC -RC	-SH(H) -SM -SL(L)	-Y	-V	-Z	-CV -SV	-LH（H） -LM -LL（L）	-AH（H） -AM -AL（L）
A	分析		AE AP	AI AIS	AT AIT	AR	AC AIC ARC	ASH …	AY	AV	AZ		ALH…	AAH …
B	烧嘴、火焰		BE		BT			BSL…			BZ		BLH BLL	BALL
C	电导率		CE	CI CIS	CIT CT	CR	CC CIC CRC	CSH…	CY	CV	CZ		CLH… CLL…	CAH …
D	密度		DE	DI	DT DIT	DR	DC DIC DRC	DSH …	DY	DV	DZ		DLH…	DAH …
E	电压（电动势）			EI	ET EIT	ER	EC EIC ERC	ESH ESL	EY	EV	EZ		ELLL … ELH	EAH… EALL
F	流量 流量比例 总流量 显示流量	FF FQ	FE FO FQ	FI FIS FFI FQI FG	FT FIT FFT	FR FFR FQR	FC FIC FFC FFIC	FSH… FFSH	FY FFY	FV FFV	FZ FFZ	FCV	FLH… FFLH …	FAH… FFAH
G	可燃气体和有毒气体													

续表

首位字母			后继字母											
被测变量或引发变量			一次元件	功能						控制机构			指示	
首位字母	含义	修饰词	传感器	I	T	R	C	S	Y	阀门，闸板阀	动作和其他控制	自动	L	A
				指示器	变送器	记录或打印	控制器	触点	杂项和计算继电器				指示灯	报警
	后继字母常用组合	-D -F -J -Q -S	-E -P -O -W	-I -IS -G	-I -IT	-R -RS	-C -IC -RC	-SH(H) -SM -SL(L)	-Y	-V	-Z	-CV -SV	-LH（H） -LM -LL（L）	-AH（H） -AM -AL（L）
H	手动						HC HIC	HSH …		HV	HZ	HCV		
I	电流		IE	II IIS	IT	IR IRS	IC IRC IIC	ISH… ISHH …	IY		IZ			IAH… IAHH
J	功率		JE	JI JIS		JR JRS	JC JIC JRC	JSHH …						
K	时间、时间程序	KQ		KI		KR		KQS						
L	物位		LE	LI LIS LG	LT LIT	LR	LC LIC LRC	LSH LSL	LY	LV	LZ	LCV	LLH…	LAH…
M	水分或湿度		ME	MI	MT MIT	MR	MC MIC MRC	MSL MSHH…	MY	MV	MZ	MCV MSV	MLH …	MAH …
N	供选用		NE	NI	NT NIT	NR	NC NIC NRC	NSL L NSH …	NY	NV	NZ		NLHH	NAL L
O	供选用													
P	绝对 / 相对压力 压差 压力安全	PD PS	PP PSE	PI PIS PDI	PT PIT PDT	PR PDR	PC PIC PDC	PSH PDSH	PY PDY	PV PDV	PZ PDZ PSZ	PCV PDCV PSV	PLH PDLH	PAH PDAH

续表

首位字母			后继字母											
被测变量或引发变量			一次元件	功能						控制机构			指示	
首位字母	含义	修饰词	传感器	I 指示器	T 变送器	R 记录或打印	C 控制器	S 触点	Y 杂项和计算继电器	阀门，闸板阀	动作和其他控制	自动	L 指示灯	A 报警
	后继字母常用组合	-D -F -J -Q -S	-E -P -O -W	-I -IS -G	-I -IT	-R -RS	-C -IC -RC	-SH(H) -SM -SL(L)	-Y	-V	-Z	-CV -SV	-LH（H） -LM -LL（L）	-AH（H） -AM -AL（L）
Q	数量 计数		QE	QI QIS	QT QIT	QR QRS		QSH/HH QSL/LL···	QY	QV	QZ		QLL···	QAL···
R	核辐射		RE	RI RIS	RT	RR							RLH···	RAH ···
S	速度		SE	SI SIS	ST SIT	SR	SC SIC SRC	SSH/HH SSL/LL···	SY		SZ		SLH···	SAL··· SAH ···
T	温度 温度安全	TD TJ TS	TE TDE TW TSE	TI TIS TDI	TT TIT TDT	TR TDR	TC TIC TDC	TSH··· TDSH	TY TDY	TV TDV	TZ TDZ	TCV TSV	TLH··· TDLH	TAH··· TDAH
U	多变量			UI		UR								
V	振动、机械监视		VE	VI VIS	VT VIT	VR VRS		VSH··· VSHH···	VY		VZ		VLH··· VLHH	VAH··· VAHH
W	质量、力 总质量	WQ	WE	WI WQI	WT WIT	WR	WC WIC	WSH	WY	WV	WZ		WLH	WAH
X	未分类													
Y	事件、状态							YSH···					YL YLH···	YA YAH ···
Z	位置、尺寸		ZE	ZI	ZT ZIT			ZSH ZSL					ZLH···	ZAH···

注：本表格只显示了重要的组合。

8.7 热力学

8.7.1 气体的物理性质和热力学性质

8.7.1.1 理想气体

理想气体遵循玻意耳定律（即在恒温下，一定量气体的体积与压强的乘积为恒定值）和盖-吕萨克定律（体积恒定时，一定量气体的压强和热力学温度成正比）。

（1）**玻意耳定律**（Mariotte law）

$$pV_m=RT$$

式中 p——气体压强，Pa；

V_m——摩尔体积，m^3/mol；

T——绝对温度，K；

R——理想气体的摩尔常数，8.314J/（mol・K）。

（2）**盖-吕萨克定律**（Gay-Lussac law）

$$\frac{\rho(1+\alpha T)}{p}=\frac{\rho_1(1+\alpha T_1)}{p_1}$$

式中 ρ、ρ_1——气体在压强为 p 和 p_1，温度为 T 和 T_1 时的密度。

$$\alpha=\frac{1}{273}=0.00367$$

（3）**道尔顿定律**（Dalton's law）

道尔顿定律描述了理想气体混合物的特性，即某一气体在气体混合物中产生的分压（内能、焓和熵）等于在相同温度下它单独占有与混合物相同容积时所产生的压力，而气体混合物的总压强（内能、焓和熵）等于其中各气体分压（内能、焓和熵）之和。

$$p_iV=n_iRT$$

$$p=\sum p_i$$

式中 p_i——气体混合物各组分的分压；

n_i——气体混合物各组分的摩尔数。

（4）**阿伏伽德罗-安培定律**（Avogadro-Ampère law）

$$M=29d$$

该定律表明了气体的摩尔质量 M（g/mol）与在标准温度和压力下该气体相对于空气的相对密度 d 之间的关系。

（5）**比热容**

单位质量的某种物质温度升高 1℃吸收的热量（或降低 1℃释放的热量）叫做这种物质的比热容，以符号 c 表示。

气体的比热容分为定压比热容 c_p 和定容比热容 c_V。

气体在标准状态下（温度为 0℃，压力为 760mmHg 时）的定压比热容 c_p［kJ/（kg•℃）］如表 8-92 所示。

表8-92 气体在标准状态下的c_p 单位：kJ/（kg·℃）

气体	c_p	气体	c_p
空气	1	二氧化碳	0.88
氧气	0.92	氯气	0.48
氮气	1.06	二氧化硫	0.63
氨气	2.09		

气体的定压比热容与定容比热容之比称为比热容比，用符号γ表示，$\gamma=\dfrac{C_p}{C_V}$近似值：a. 单原子的气体 1.67；b. 双原子的气体 1.4；c. 多原子的气体 1.3。

8.7.1.2 水蒸气

（1）饱和蒸汽

气液两相平衡的状态称为饱和状态，处于饱和状态的蒸汽为饱和蒸汽，当蒸汽中不含任何液滴时，称为干饱和蒸汽。

饱和蒸汽焓：指的是1kg 0℃的水转化t℃的饱和蒸汽所需要吸收的热量。它是水的液态焓和蒸发焓的总和。液态焓指1kg的水从0℃加热至t℃所需要吸收的热量，蒸发焓指t℃的水完全转换为t℃的蒸汽所需要吸收的热量。

30～190℃温度范围内的焓值可采用Regnault公式进行初步估算，估算公式为：

① 以kJ/kg计：$2538+1.276t$

② 以kcal/kg计：$606.5+0.305t$

式中温度t的单位为℃。

（2）湿蒸汽

湿蒸汽是干饱和蒸汽和极细小液滴的混合物，单位质量的湿蒸汽与所含饱和蒸汽的质量比称为干度，用符号x表示。

（3）过热蒸汽

蒸汽的温度高于其压力所对应的饱和温度时，这种蒸汽称为过热蒸汽。进行初步估算时，过热蒸汽可按照理想气体来考虑。

过热蒸汽的焓值可按照如下公式进行计算：

① 以kJ/kg计：$2538+1.276t+c_p(t-t_1)$

② 以kcal/kg计：$606.5+0.305t+c_p(t-t_1)$

式中$t-t_1$是在压力恒定时过热蒸汽与饱和蒸汽之间的温度差。进行初步估算时，c_p值可按照2.1kJ/kg来考虑。该公式可用于估算焚烧炉中水蒸气的焓值，在这种情况下，烟气排放温度为t，t_1为100℃。

（4）蒸汽图（图8-51～图8-53）

8.7.1.3 湿气体

（1）定义

① 干球温度：使用干球温度计（即普通的温度计）测量的未饱和湿气体的温度。

② 湿球温度：通过与液体层相接触而饱和的湿气体的温度。

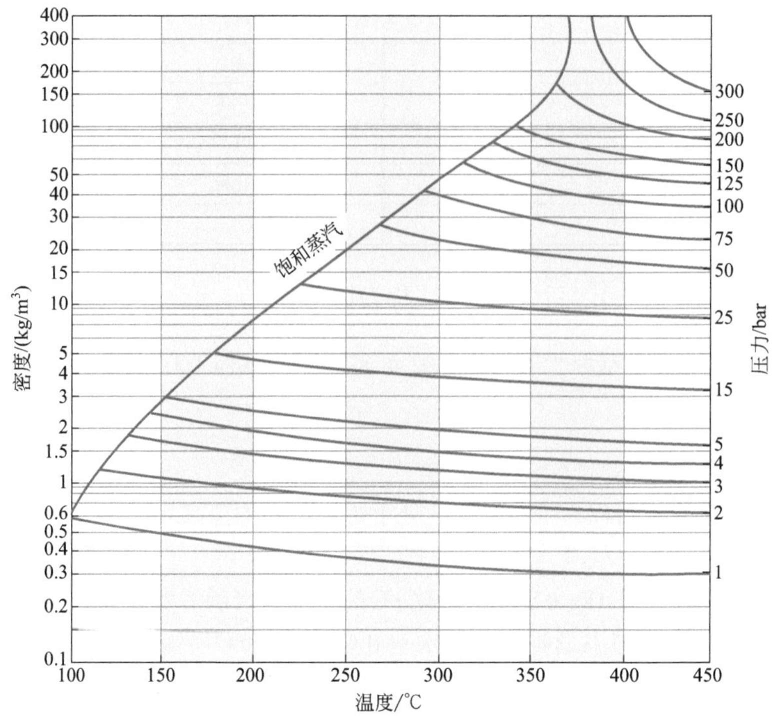

图 8-51 蒸汽的密度与压力和温度的关系

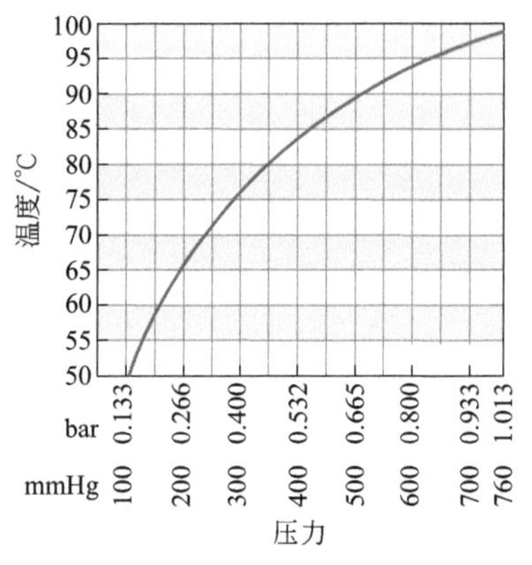

图 8-52 水在真空压力下的沸点

图 8-53 饱和蒸汽在大气压下绝热膨胀后的气化水百分比

③ 露点：气体中的蒸汽由于冷却而开始冷凝的温度。

④ 饱和蒸汽压力：气体中的蒸汽在露点时的分压。

⑤ 相对湿度：湿气体中水蒸气的分压与相当于该气体干球温度时的饱和蒸汽压的比值，一般以 % 计。

（2）湿气体的含湿量（*m*）

也称比湿度或绝对湿度。假设 p 是摩尔质量为 M 的气体的总压力，p_v 是水蒸气的分压，则该气体的含湿量（以 kg/kg 干空气计）为：

$$m=\frac{18}{M}\times\frac{p_v}{p-p_v}$$

对于空气则为：

$$m = 0.622\frac{p_v}{p - p_v}$$

因此，在 20℃和标准大气压 $p = 1.013\times10^5$Pa 的条件下，饱和湿空气中的 $p_v=0.023\times10^5$Pa，可得 m=0.0145kg/kg。

（3）湿气体的焓

由于混合产生的热可以忽略不计，因此，湿气体的焓等于干气体的焓与水蒸气的焓之和。

空气的焓可由下列公式求得：

① 以 kJ/kg 干空气计：$(2538+1.276t)\ m+1.003t$

② 以 kcal/kg 干空气计：$(606.5+0.305t)\ m+0.24t$

根据温度和空气的含水量，通过查询第 19 章 19.5.2 节中的图 19-44 可获得湿空气的焓值。

8.7.2　热量

可燃性物质的燃烧极限：对于可燃性物质与助燃物质（空气或氧气）所组成的混合物，可燃物在一定的浓度范围内和在着火温度下才能进行稳定的燃烧，这个极限浓度称为燃烧极限。对于某一可燃物其燃烧极限可分为燃烧下限 L_i 和燃烧上限 L_s，低于 L_i（可燃物浓度不足）或高于 L_s（空气不足）时均不能燃烧。L_i 和 L_s 以可燃性物质在混合物所占百分比（%）来表示。

表 8-93 列出了氢气或甲烷与空气或氧气这 4 种气体混合物以及甲醇 / 乙醇或氨气和空气的混合物的燃烧极限。

表8-93　常见可燃气体混合物的燃烧极限及着火温度

混合物	氢气 / 空气	氢气 / 氧气	甲烷 / 空气	甲烷 / 氧气	甲醇 / 空气	乙醇 / 空气	氨气 / 空气
L_i/%	4	4	4.4	4.4	5.5	3.3	15
L_s/%	77	94	17	60	38	19	33
燃点 /℃	560		537		386	363	630

注：见标准 BSEN 60079 及《石油化工可燃气体和有毒气体检测报警设计标准》（GB/T 50493—2019）附录 A。

着火温度为可燃物与空气（或氧气）的混合物在燃烧极限范围内开始燃烧的最低温度。

燃烧热：可燃物与氧气进行完全燃烧反应时放出的热量。一种化合物的燃烧热等于它的生成热与化合物中各种元素燃烧时所释放的热量之和。

8.7.2.1　热值

单位质量或是单位体积燃料的燃烧热即为热值，单位为 kJ/kg、kJ/m^3、kcal/kg。

① 可燃基热值：单位质量或单位体积燃料发生燃烧反应时释放的热量，它以无水、无灰、无惰性气体的燃料成分总量作为计算基数。

② 干燥基热值：以除了水分之外的燃料成分总量作为计算基数。

③ 收到基热值：以实际收到的燃料（含水分和灰分）为基准进行计算。

当燃料中含有氢或其他化合物时，燃烧反应会生成水。根据这种水是气态或是液态而分别定义为净热值和总热值。

（1）**净热值（NCV）**

当燃料完全燃烧时，其燃烧产物中的水蒸气仍以气态存在的反应热即为净热值，净热值也称低位热值。

（2）**总热值（GCV）**

当燃料完全燃烧时，其燃烧产物中的水蒸气（包括燃料中所含水分生成的水蒸气和燃料中氢燃烧时生成的水蒸气）凝结为水时的反应热为总热值。助燃物（例如湿空气）中的水分假定仍为蒸汽，总热值也称高位热值。

总热值和净热值之差相当于水的汽化潜热。工程设计中通常采用净热值，在测得燃料中氢和水的含量后，净热值就可从它与总热值的关系求得。

表 8-94 为一些燃料的平均净热值。

表8-94　燃料的平均净热值

燃料	NCV（净热值）			
	kJ/kg	kcal/kg	kJ/m^3	$kcal/m^3$
烟煤（收到基）	31000	7400		
城市污泥（每千克挥发性总固体）	21000	5000		
家用燃油	43000	10000		
生活垃圾	5000～8000	1200～1900		
商品丙烷			45800	11000
商品丁烷			44600	10700
焦炉煤气			26000～33000	6200～7900
天然气 中国，一类天然气① 中国，二类天然气①			 ≥ 34000 ≥ 31400	 ≥ 8123 ≥ 7501
消化气			22000	5300

① 指高位发热量，根据《天然气》（GB 17820—2018）。

干有机物的总热值和净热值相差在 10%～15% 左右，家用燃油相差在 5%～9% 范围内。

注意：国际上通常采用吨油当量（按 1t 标准油的热值计算各种能源热值的换算指标）这一概念。1t 油当量相当于 1t 液化气或是 $1000m^3$ 天然气的净热值，即 36000kJ。在中国，通常采用吨煤当量（标准煤）这一概念。

8.7.2.2　燃烧

以空气为助燃剂的常规燃烧分为如下几类：

① 理论燃烧：燃烧中使用的空气量等于燃料的燃烧能力（定义见后）。这类燃烧为完全燃烧。

② 氧化和部分氧化燃烧：燃烧中使用的空气量大于燃料的燃烧能力。氧化燃烧为完全燃烧，部分氧化燃烧为不完全燃烧。在空气供给充分而燃烧完全的情况下，所产生的无烟而透明的火焰被称为氧化焰。

③ 还原和部分还原燃烧：燃烧中使用的空气量小于燃料的燃烧能力。还原燃烧时空气完全反应，半还原燃烧时空气部分反应。在燃烧过程中，由于氧气供应不足而使燃烧不充分，产生含有一氧化碳等还原性气体的火焰被称为还原焰。

④ 混合燃烧：产生的烟气中含有氧气和未燃烧的物质。在实践中，由于技术问题，这类燃烧反应有时会发生。

⑤ 中性燃烧：在燃烧过程中，氧量的供给量恰好等于燃料（可燃物）完全燃烧的需氧量，而无剩余的一氧化碳或氧气存在，这时的燃烧火焰为中性焰。中性燃烧只存在于理论中，实际上很难获得完全的中性燃烧。但是，可以用它来确定表征燃烧特性的各种参数。

燃料的燃烧能力指单位燃料进行严格意义上的中性燃烧时所需的空气量。近似计算时，可以假设每千克净热值为 4000kJ/kg 的固体或是液体燃料需要 1m^3（标准状态下）的空气。

在标准状态下，对于气体燃料而言，通常采用 m^3 为单位，即 1m^3 净热值为 4000kJ/m^3 的气体燃料需要 1m^3 的空气。

对于城市污泥，燃烧每千克挥发性有机物需 6.5m^3 空气（标准状态下）。

理论燃烧烟气量即燃料完全燃烧后生成的烟气体积。实际中通常采用湿烟气量，即假设烟气中的水蒸气未凝结。可采用 Véron 公式进行初步估算：

① 对于固体燃料：净热值为 3500kJ/kg 的固体燃料产生的烟气量为 1m^3/kg。

② 对于液体燃料：净热值为 3800kJ/kg 的液体燃料产生的烟气量为 1m^3/kg。

③ 对于气体燃料：净热值为 3500kJ/m^3 的气体燃料产生的烟气量为 1m^3/m^3（以上的体积均为标准状态下，不适用于净热值低于 8000kJ/m^3 的贫气）。

8.7.3 热交换

8.7.3.1 定义

传导是指热量通过直接接触的物体，从温度较低部位传递到温度较高部位的过程。

傅里叶定律给出了通过长度 x 和与热量传输方向相垂直的面积 S 上的热通量 ϕ：

$$\phi = \lambda S \frac{T_1 - T_2}{x}$$

式中　$T_1 - T_2$——通过长度 x 的温差，K；

λ——导热系数，W/（m・K）。

对于大多数固体物质来说，λ 近似为温度的线性函数：

$$\lambda=\lambda_0(1+\alpha T)$$

式中　λ——固体物质在温度为 t℃时的导热系数，W/（m・K）；

λ_0——固体物质在 0℃时的导热系数，W/（m・K）；

α——常数，又称温度系数。对于绝缘体材料，α 为正值；对于除黄铜、铝之外金属材料，α 为负值。

导热系数受温度变化的影响比较小，在 0～100℃时，可用下列值进行估算（表 8-95）。

表8-95　常见材料的导热系数

材料	λ/［W/（m・K）］	材料	λ/［W/（m・K）］
低碳钢（1% C）	45	玻璃棉	0.038
不锈钢（72 CN 18-10）	15	软木	0.040
纯铜	384	发泡聚苯乙烯	0.035
铝	200	静水（常温）	0.58
黄铜（30% Zn）	99	不流动的空气（常温）	0.027

傅里叶公式也可表示为：

$$\phi = \frac{\Delta T}{R}$$

式中 R——导热热阻，$R = \frac{x}{\lambda S}$。

当传导通过几种串联在一起的材料，总的温降为 ΔT 时，该公式也可表示为：

$$\phi = \frac{\Delta T}{\sum R}$$

对流传热（热对流）是指流体和与之接触的固体壁面之间的热量传递过程。由于引起流体运动（流动）的原因不同，对流分为自然对流和强制对流。若流体的流动是由密度差异所致，则称为自然对流。若由于外力作用引起流体的流动，则称为强制对流。

实际上，温度为 T 的固体与温度为 T_1 的流体之间的传热是一种包含了对流和传导的复杂过程。传热系数 k 通过下式定义：

$$\phi = kS(T - T_1)$$

k 值与流体的物理性质、流量以及固体的几何形状有关，因此 k 值的变化范围很大，举例如下（表 8-96）。

表8-96 常见流体的传热系数

流体	k/[W/(m²·K)]	流体	k/[W/(m²·K)]
沸水	1700～24000	热水或冷却水	300～1700
膜状冷凝水	5800～15000	热空气或冷空气	1.2～45

热辐射是以电磁波的形式传递热量。由于电磁波的传播无需任何介质，所以热辐射是在真空中唯一的传热方式。

斯特藩-玻尔兹曼（Stefan-Boltzmann）定律描述了辐射产生的热量为：

$$\phi = k\varepsilon ST^4$$

式中 T——辐射物体的绝对温度；

ε——辐射系数，对于完全反射物，其值为 0，对于黑体，其值为 1；

k——常量。

8.7.3.2 换热器

通过换热器壁面传递的热量通常按如下公式进行计算：

$$Q = kSd_m$$

式中 S——换热表面积 m²；

d_m——壁面两侧的平均温差，按流体进入和流出温度的对数平均值计；

k——传热系数，W/（m²·K）或 kcal/（m²·h·℃），其值与流体的性质和换热条件有关，也与壁面性质有关；

Q——换热量，W/h 或 kcal/h。

复杂介质如污泥的传热系数大多数是通过实验确定的。以管式热交换器为例：

① 在污泥消化系统中，流速为 1～2m/s 时的传热系数可达 1300W/（m²·K）或是 1100kcal/（m²·h·℃）；

② 在使用污泥-污泥热交换器的污泥热处理中，流速为 0.5～1m/s 的总传热系数可达 350W/（m^2 • K）或是 300kcal/（m^2 • h • ℃）。

对数平均温度的确定如下。

逆流换热器的两股流体流动如下。其中 T_0、T_1 分别为热流体的进口、出口温度；t_0、t_1 分别为冷流体的进口、出口温度。

$$T_0 \xrightarrow{\text{热流体}} T_1$$

$$t_1 \xleftarrow{\text{冷流体}} t_0$$

对数平均值（d_m）为：

$$d_m = \frac{d_1 - d_2}{\ln(d_1 / d_2)}$$

其中，$d_1 = T_0 - t_1$；$d_2 = T_1 - t_0$。

Hausband 表格（表 8-97）给出了当 $d_1>d_2$ 时，d_m/d_1 与 d_2/d_1 的对应值，以便于 d_m 的计算。

表8-97　Hausband表格

$\frac{d_2}{d_1}$	$\frac{d_m}{d_1}$	$\frac{d_2}{d_1}$	$\frac{d_m}{d_1}$	$\frac{d_2}{d_1}$	$\frac{d_m}{d_1}$
0.01	0.215	0.13	0.430	0.50	0.724
0.02	0.251	0.14	0.440	0.55	0.756
0.03	0.277	0.16	0.458	0.60	0.786
0.04	0.298	0.18	0.478	0.65	0.815
0.05	0.317	0.20	0.500	0.70	0.843
0.06	0.335	0.22	0.518	0.75	0.872
0.07	0.352	0.24	0.535	0.80	0.897
0.08	0.368	0.26	0.557	0.85	0.921
0.09	0.378	0.30	0.583	0.90	0.953
0.10	0.391	0.35	0.624	0.95	0.982
0.11	0.405	0.40	0.658	1.00	1.000
0.12	0.418	0.45	0.693		

注意：通过数学方法可以证明，当 $0.5<d_2/d_1<2$ 时，对数平均值与算术平均值相差不到 5%。这意味着可以用算术平均值来计算用于污泥处理的大多数的热交换器。

8.7.4　空气冷却器

空气冷却器是以空气为冷却介质，对温度较高的水进行冷却的一种设备，简称空冷器。空冷器可以分为三种（见第 2 章 2.3.3.1 节图 2-20）：湿式（敞开式）、干式（闭式）和联合式（闭式-敞开式混合型）。

设计空冷器时需了解如下几项参数：

① 热负荷（J/h）或是冷却能力；

② 待冷却水的流量 q_v（m^3/h）；

③ 水温差 ΔT（通常为 8～12℃），可推导出：冷却能力 $Pr = q_v \Delta T c_p$。

必须在确认如下几项问题后，才能计算热流体的出口温度：

① 满足系统运行的最高允许温度是多少？

② 若在某一有限时间范围内温度值略大于此最高允许温度，是否可以接受？

③ 最高允许温度是否受到气候因素的限制？一般要待冷却水的出口温度与湿冷空气的温差为 5～6℃（湿式冷却器），对干空气而言温差至少为 5℃（干式冷却器）。

8.7.4.1 湿式空冷器

湿式空冷器中温度较高的水与空气直接接触，通过水分的部分蒸发、空气的增湿（85%～90% 的热交换），以及空气的直接加热或是对流传热来进行传热。因此，这种热交换的效果取决于空气的湿度。

传统的工业空冷器的介绍见第 2 章 2.3.3.2 节图 2-21。

湿式空冷器有如下几种形式：

① 自然通风，因塔中空气的密度较小而进行循环；

② 逆流空气与水循环；

③ 根据水的特性在热交换表面区域形成一层薄膜或是水滴（最小填料体积）；

④ 机械通风，通常情况下采用引风机通风，在特殊场合，采用鼓风机通风。

通过如上这些方式，对空气进行增温增湿来达到换热的目的。

湿空气条件下的比湿度随温度的变化如下（图 8-54）：

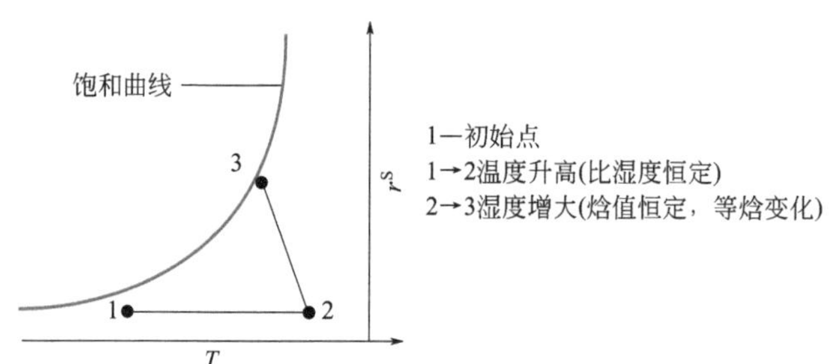

图 8-54 湿式空冷器中湿空气比湿度（r^S）随温度的变化

注意：假设空冷器出口的空气为饱和空气。点 2 的冷却能力（Pr）可以根据温度较高的水的流量和温度 T 计算。

$$Pr = m_{as}\,(H_3^S - H_1^S) = m_{as}\,(H_2^S - H_1^S)$$

式中 H_3^S——点 3 的比空气焓，kJ/kg；

H_2^S——点 2 的比空气焓，kJ/kg；

H_1^S——点 1 的比空气焓，kJ/kg；

m_{as}——干空气流量，kg/h。

根据点 2 的等焓线与饱和曲线的交点 3 得出结果。

8.7.4.2 干式空冷器

对于干式空冷器，水在翅片管中循环而不与空气接触。在此过程中，仅依靠空气进行换热。湿空气条件下比湿度随温度的变化如图 8-55 所示。

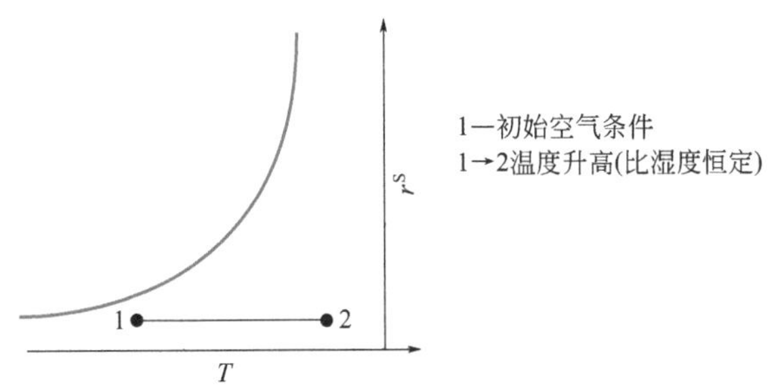

图 8-55 干式空冷器中湿空气比湿度随温度的变化

点 2 可以根据热负荷（或是冷却能力 Pr）来计算。

$$Pr=(H_2^S-H_1^S)\ m_{as}=q_v c_p \Delta T_{水}$$

8.7.4.3 湿式-干式联合空冷器：无烟气羽流冷却塔

这是一种将一系列的干式换热器与湿式对流或错流冷却系统集成在一起的空冷器。

湿式区 / 干式区有很多种组合形式。例如，水先通过换热器管束然后进入湿式区（大部分的热负荷在湿式区被消除）。

混合两个区域出口的空气使得空气呈未饱和状态。在这种情况下，空冷器的出口不会形成烟气羽流。

湿空气条件下比湿度随温度的变化见图 8-56。

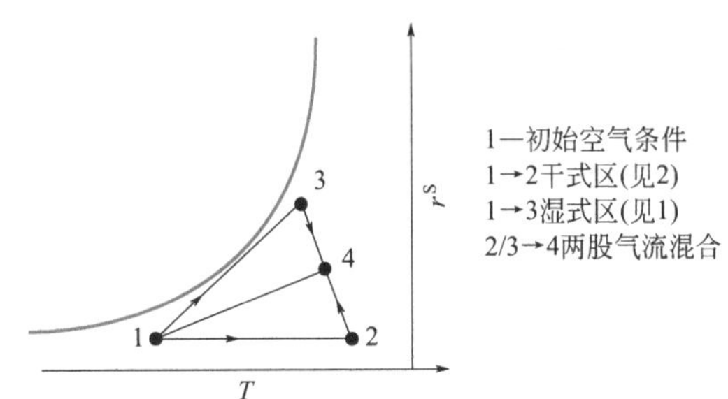

图 8-56 联合式空冷器中湿空气比湿度随温度的变化

注意：

① 点 2 和点 3 不能构成等焓线；

② 需要根据空冷器的设计参数来计算点 2 和点 3（不适用于本例）；

③ 点 4 通过如下的公式计算：

$$\frac{3\text{-}4\ 部分}{2\text{-}4\ 部分}=\frac{m_{as}2}{m_{as}3}$$

式中 $m_{as}2$——通过干式区的干空气流量，kg/h；

$m_{as}3$——通过湿式区的干空气流量，kg/h。

8.7.4.4 污水的冷却

使用循环气对水进行洗涤或是对未经净化处理的污水进行冷却会造成空冷器结垢、积垢甚至腐蚀。可以采用滴滤式冷却塔来缓解这一问题，塔内装有填料，将污水喷淋至塑料格栅以产生滴滤效果。

8.7.5 材料的膨胀

某些固体材料的线性膨胀系数见表8-98。

表8-98 某些固体材料的线性膨胀系数

物质		密度/(kg/dm³)	20～100℃间的线性膨胀系数/[10^{-6}m/(m·℃)]或[μm/(m·℃)]
金属	普通碳钢	7.85	12.4
	奥氏体不锈钢	7.9	16.5
	铁素体不锈钢	7.7	10.5
	耐热钢	7.9	15.5
	铝	2.7	23.8
	青铜	8.9	15.5
	铜	8.9	16.8
	锡	7.28	27
	铁	7.87	11.4
	灰铸铁	7.2	11～12
	球墨铸铁	7.4	17.5～19.5
	黄铜（含30%Zn）	8.45	20.3
	铅	11.4	28.6
	钛	4.5	8.35
	锌	7.14	30
塑料	缩醛树脂（聚甲醛树脂）	1.4	130
	玻璃纤维增强环氧树脂（40%树脂）	1.7～1.8	10
	玻璃纤维增强聚酯（40%树脂）	1.8	30
	聚酰胺6（尼龙）	1.12～1.15	70～140
	聚酰胺11（耐纶）	1.04	110～150
	聚碳酸酯	1.2	60～70
	聚氯乙烯（PVC）	1.35～1.45	50～180
	氯化聚氯乙烯	1.5～1.55	60～80
	高密度聚乙烯（HDPE）	0.95	110～140
	聚甲基丙烯酸酯（有机玻璃）	1.17～1.2	50～90
	聚丙烯（PP）	0.9	70～150
	聚四氟乙烯PTFE（特氟龙）	2.1～2.3	80～120
	聚苯乙烯（PS）	1～1.1	35～210